今すぐ使える かんたん Access《アクセス》 完全《コンプリート》 ガイドブック

困った解決 & 便利技

[2019/2016/2013/365対応版]

門脇香奈子 著

技術評論社

本書の使い方

- 本書は、Access の操作に関する質問に、Q&A 方式で回答しています。
- 目次やインデックスの分類を参考にして、知りたい操作のページに進んでください。
- 画面を使った操作の手順を追うだけで、Access の操作がわかるようになっています。

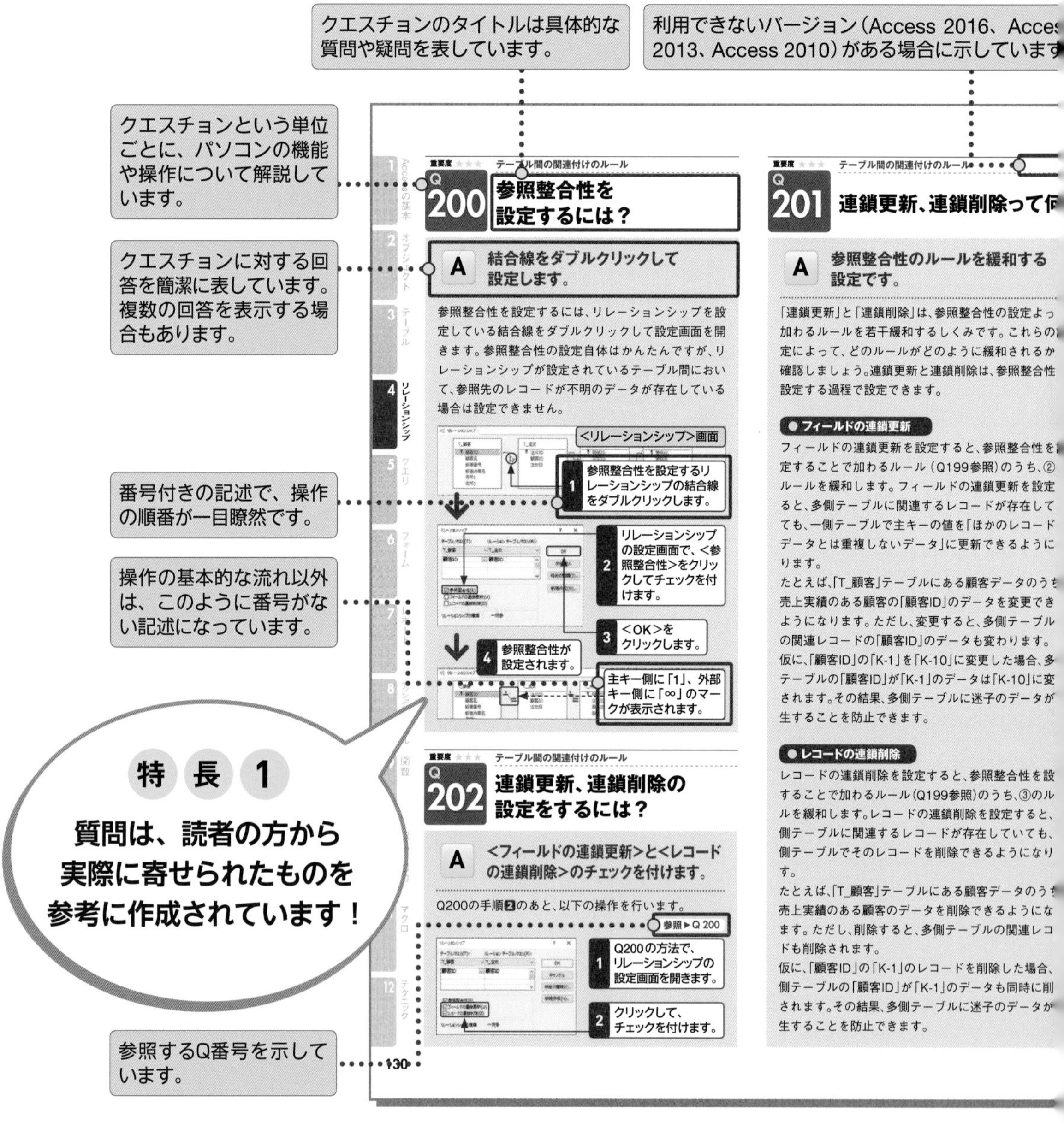
クエスチョンのタイトルは具体的な質問や疑問を表しています。
利用できないバージョン（Access 2016、Access 2013、Access 2010）がある場合に示しています。
クエスチョンという単位ごとに、パソコンの機能や操作について解説しています。
クエスチョンに対する回答を簡潔に表しています。複数の回答を表示する場合もあります。
番号付きの記述で、操作の順番が一目瞭然です。
操作の基本的な流れ以外は、このように番号がない記述になっています。
参照するQ番号を示しています。
特長1
質問は、読者の方から実際に寄せられたものを参考に作成されています！
Q 200 参照整合性を設定するには？
A 結合線をダブルクリックして設定します。
Q 201 連鎖更新、連鎖削除って何
A 参照整合性のルールを緩和する設定です。
Q 202 連鎖更新、連鎖削除の設定をするには？
A <フィールドの連鎖更新>と<レコードの連鎖削除>のチェックを付けます。

特 長 2

やわらかい上質な紙を使っているので、開いたら閉じにくい！

『この操作を知らないと困る』という意味で、各クエスチョンで解説している操作を3段階の「重要度」で表しています。

重要度★★★
重要度★★★
重要度★★★

クエスチョンの分類を示しています。

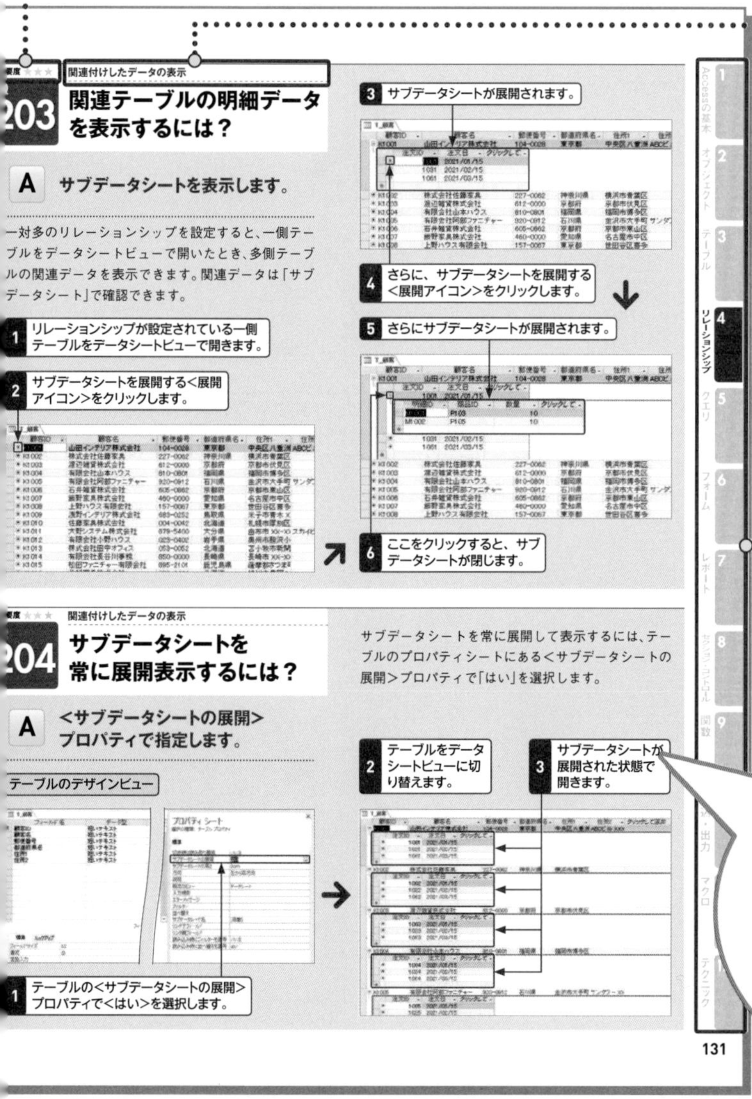

重要度★★★
関連付けしたデータの表示
203 関連テーブルの明細データを表示するには？
A サブデータシートを表示します。
一対多のリレーションシップを設定すると、一側テーブルをデータシートビューで開いたとき、多側テーブルの関連データを表示できます。関連データは「サブデータシート」で確認できます。
1 リレーションシップが設定されている一側テーブルをデータシートビューで開きます。
2 サブデータシートを展開する<展開アイコン>をクリックします。
3 サブデータシートが展開されます。
4 さらに、サブデータシートを展開する<展開アイコン>をクリックします。
5 さらにサブデータシートが展開されます。
6 ここをクリックすると、サブデータシートが閉じます。
重要度★★★
関連付けしたデータの表示
204 サブデータシートを常に展開表示するには？
A <サブデータシートの展開>プロパティで指定します。
サブデータシートを常に展開して表示するには、テーブルのプロパティシートにある<サブデータシートの展開>プロパティで「はい」を選択します。
テーブルのデザインビュー
1 テーブルの<サブデータシートの展開>プロパティで<はい>を選択します。
2 テーブルをデータシートビューに切り替えます。
3 サブデータシートが展開された状態で開きます。
1 Accessの基本
2 オブジェクト
3 テーブル
4 リレーションシップ
5 クエリ
6 フォーム
7 レポート
8 セクション・コントロール
9 関数
出力
マクロ
テクニック
131

目的の操作が探しやすいように、ページの両側にインデックス（見出し）を表示しています。

特 長 3

読者が抱く小さな疑問を予測して、できるだけていねいに解説しています！

パソコンの基本操作

- 本書の解説は、基本的にマウスを使って操作することを前提としています。
- お使いのパソコンのタッチパッド、タッチ対応モニターを使って操作する場合は、各操作を次のように読み替えてください。

1 マウス操作

▼クリック（左クリック）

クリック（左クリック）の操作は、画面上にある要素やメニューの項目を選択したり、ボタンを押したりする際に使います。

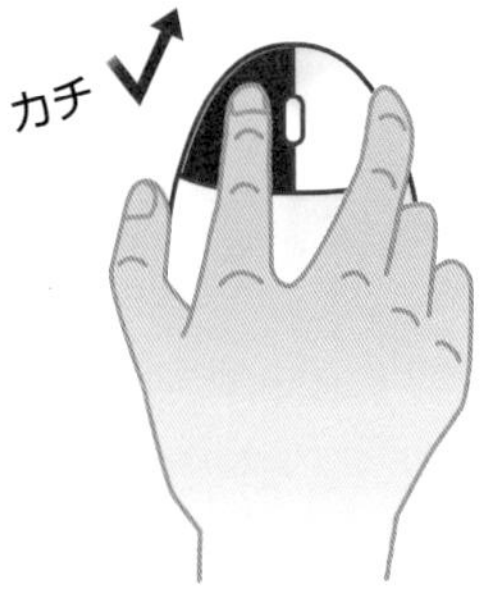

マウスの左ボタンを1回押します。

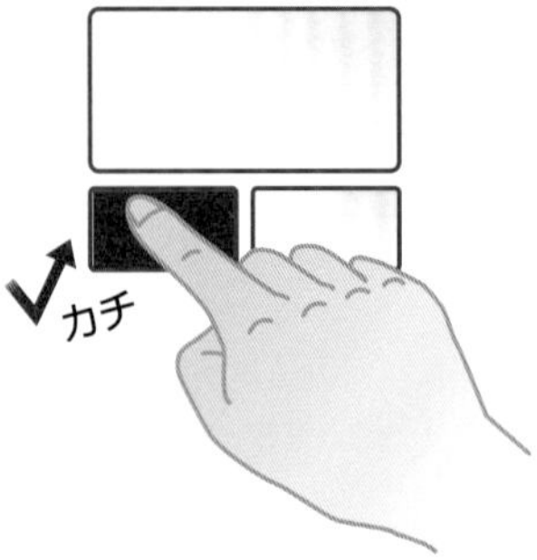

タッチパッドの左ボタン（機種によっては左下の領域）を1回押します。

▼右クリック

右クリックの操作は、操作対象に関する特別なメニューを表示する場合などに使います。

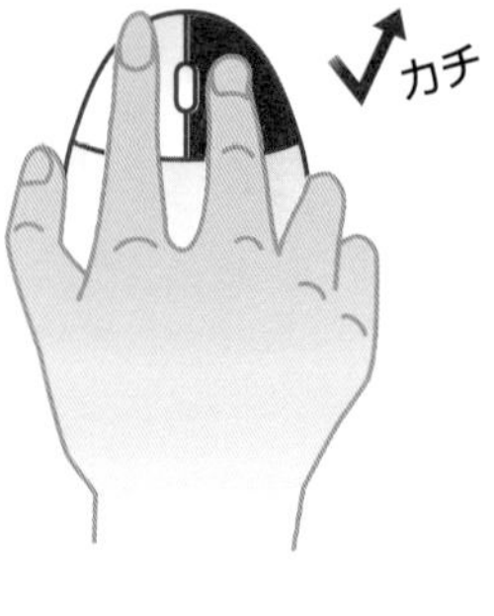

マウスの右ボタンを1回押します。

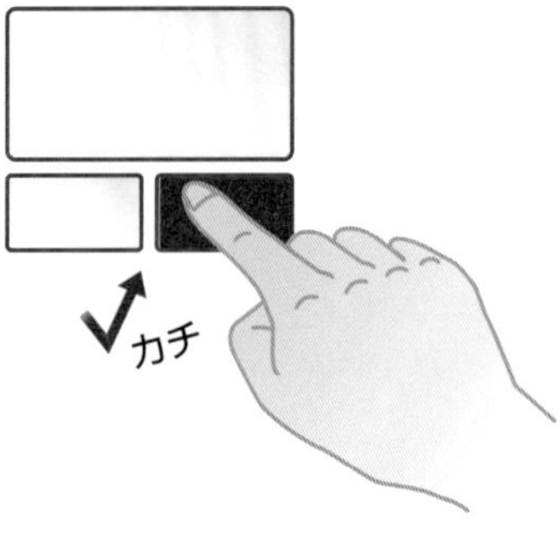

タッチパッドの右ボタン（機種によっては右下の領域）を1回押します。

▼ダブルクリック

ダブルクリックの操作は、各種アプリを起動したり、ファイルやフォルダーなどを開く際に使います。

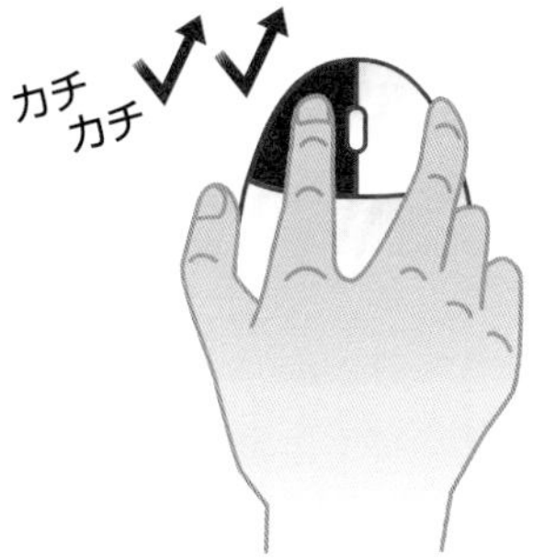

マウスの左ボタンをすばやく2回押します。

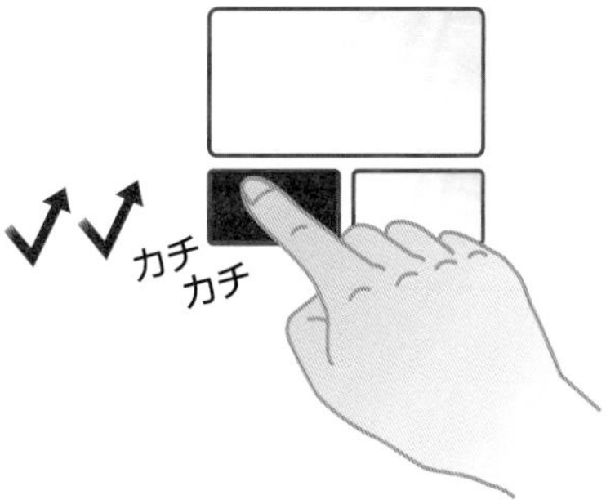

タッチパッドの左ボタン（機種によっては左下の領域）をすばやく2回押します。

▼ドラッグ

ドラッグの操作は、画面上の操作対象を別の場所に移動したり、操作対象のサイズを変更する際などに使います。

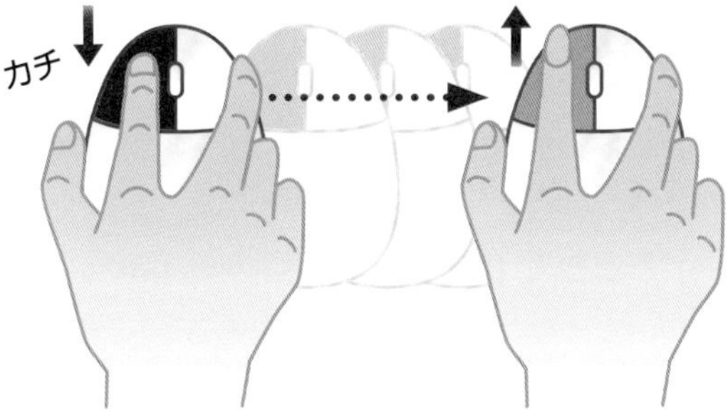

マウスの左ボタンを押したまま、マウスを動かします。目的の操作が完了したら、左ボタンから指を離します。

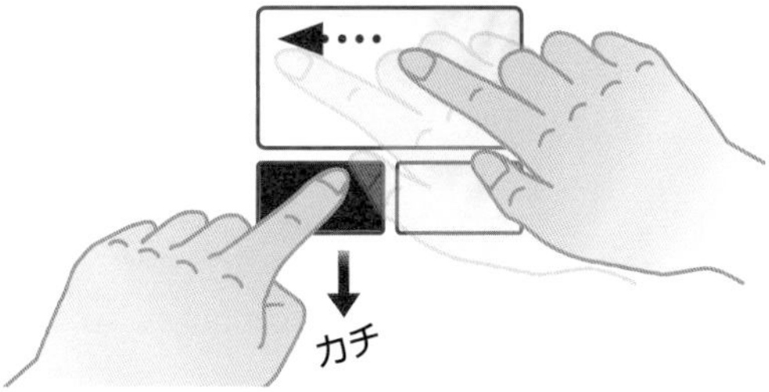

タッチパッドの左ボタン（機種によっては左下の領域）を押したまま、タッチパッドを指でなぞります。目的の操作が完了したら、左ボタンから指を離します。

ホイールの使い方

ほとんどのマウスには、左ボタンと右ボタンの間にホイールが付いています。ホイールを上下に回転させると、Web ページなどの画面を上下にスクロールすることができます。そのほかにも、Ctrl を押しながらホイールを回転させると、画面を拡大／縮小したり、フォルダーのアイコンの大きさを変えることができます。

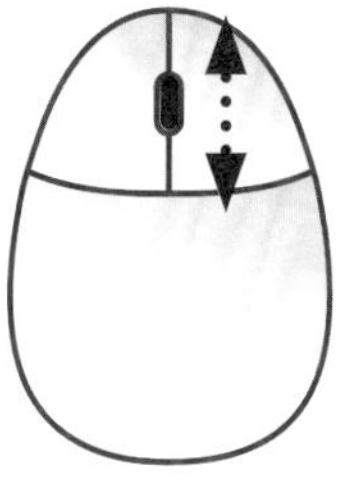

2 利用する主なキー

▼半角／全角キー

半角／全角 漢字

日本語入力と英語入力を切り替えます。

▼ファンクションキー

F1 ～ F12

12個のキーには、ソフトごとによく使う機能が登録されています。

▼デリートキー

Delete

文字を消すときに使います。「del」と表示されている場合もあります。

▼文字キー

文字を入力します。

▼バックスペースキー

Back Space

入力位置を示すポインターの直前の文字を1文字削除します。

▼エンターキー

Enter

変換した文字を決定するときや、改行するときに使います。

▼オルトキー

Alt

メニューバーのショートカット項目の選択など、ほかのキーと組み合わせて操作を行います。

▼Windows キー

画面を切り替えたり、<スタート>メニューを表示したりするときに使います。

▼方向キー

↑ ← ↓ →

文字を入力するときや、位置を移動するときに使います。

▼スペースキー

ひらがなを漢字に変換したり、空白を入れたりするときに使います。

▼シフトキー

Shift

文字キーの左上の文字を入力するときは、このキーを使います。

3 タッチ操作

▼タップ

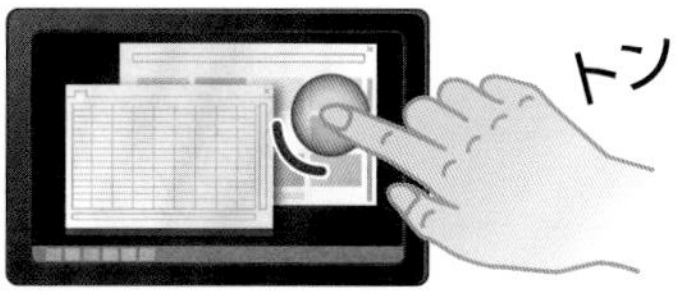

画面に触れてすぐ離す操作です。ファイルなど何かを選択するときや、決定を行う場合に使用します。マウスでのクリックに当たります。

▼ダブルタップ

タップを2回繰り返す操作です。各種アプリを起動したり、ファイルやフォルダーなどを開く際に使用します。マウスでのダブルクリックに当たります。

▼ホールド

画面に触れたまま長押しする操作です。詳細情報を表示するほか、状況に応じたメニューが開きます。マウスでの右クリックに当たります。

▼ドラッグ

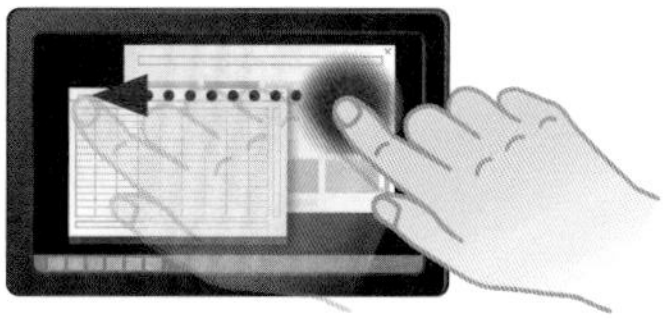

操作対象をホールドしたまま、画面の上を指でなぞり上下左右に移動します。目的の操作が完了したら、画面から指を離します。

▼スワイプ／スライド

画面の上を指でなぞる操作です。ページのスクロールなどで使用します。

▼フリック

画面を指で軽く払う操作です。スワイプと混同しやすいので注意しましょう。

▼ピンチ／ストレッチ

2本の指で対象に触れたまま指を広げたり狭めたりする操作です。拡大（ストレッチ）／縮小（ピンチ）が行えます。

▼回転

2本の指先を対象の上に置き、そのまま両方の指で同時に右または左方向に回転させる操作です。

ショートカットキー一覧

●ショートカットキーは、キーボードの特定のキーを押すことで、操作を実行する機能です。ショートカットキーを利用すれば、すばやく操作を実行できます。ここでは、Access や Windows で利用できる主なショートカットキーを紹介します。

Accessで利用できる主なショートカットキー

よく使われる操作	
内容	ショートカットキー
＜ホーム＞タブを開く。	Alt+H
リボンの［操作アシスト］ボックスを開く。	Alt+Q → キーワード入力
選択している項目のショートカットメニューを表示する。	Shift+F10
フォーカスをウィンドウの別のペインに移動する。	F6
既存のデータベースを開く。	Ctrl+O または Ctrl+F12
ナビゲーションウィンドウの表示／非表示を切り替える。	F11
プロパティシートの表示／非表示を切り替える。	F4
データシートビュー／デザインビューで編集モードとナビゲーションモードを切り替える。	F2
フォームのデザインビューからフォームビューに切り替える。	F5
データシートビューの次のフィールド／前のフィールドに移動する。	Tab または Shift+Tab
データシートビューで特定のレコードに移動する。	Alt+F5 → レコード番号を入力して Enter
＜印刷＞から＜印刷＞ダイアログボックスを開く（データシート、フォーム、レポートの場合）。	Ctrl+P
フォーム／レポートで＜ページ設定＞ダイアログボックスを開く。	S
ページの一部分を拡大または縮小する。	Z
データシートビュー／フォームビューで＜検索と置換＞画面の＜検索＞タブを開く。	Ctrl+F
データシートビュー／フォームビューで＜検索と置換＞画面の＜置換＞タブを開きく。	Ctrl+H
データシートビュー／フォームビューで新しいレコードを追加する。	Ctrl+ 正符号（+）
＜ヘルプ＞ウィンドウを開く。	F1
Access を終了する。	Alt+F4

リボン内の移動	
内容	ショートカットキー
＜ホーム＞画面（＜ファイル＞タブの画面）を開く。	Alt+F
［ホーム］タブを開く。	Alt+H
＜作成＞タブを開く。	Alt+C
＜外部データ＞タブを開く。	Alt+X または Alt+X → 1
＜データベースツール＞タブを開く。	Alt+Y
＜フィールド＞タブを開く。	Alt+J → B
＜テーブル＞タブを開く。	Alt+J → T
＜アドイン＞タブが表示されている場合は開く。	Alt+X → 2
リボンの＜操作アシスト＞を開く。	Alt+Q → キーワードを入力

リボンのタブの操作	
内容	ショートカットキー
リボン上のコマンドにフォーカスを移動する。	Tab または Shift+Tab
リボン上のアイテム間で上下左右に移動する。	↓↑←→
リボンを展開する／折りたたむ。	Ctrl+F1
選択している項目のショートカットメニューを表示する。	Shift+F10
フォーカスをウィンドウの別のペインに移動する。	F6
リボン上の次／前のコマンドに移動する。	Tab または Shift+Tab
リボン上の選択したコマンド／コントロールをアクティブにする。	Space または Enter
リボン上の選択したメニュー／ギャラリーを開く。	Space または Enter
リボン上の選択したリストを開く。	↓
開いているメニューまたはギャラリー内の項目間を移動する。	Tab
リボンのコントロールの値の変更を終了し、フォーカスをドキュメントに戻す。	Enter

データベースファイルの操作

内容	ショートカットキー
新しいデータベースを開く。	Ctrl+N
既存のデータベースを開く。	Ctrl+O または Ctrl+F12
選択したフォルダーまたはファイルを開く。	Enter
選択したフォルダーの１つ上のフォルダーを開く。	Back space
選択したフォルダー／ファイルを削除する。	Delete
選択したアイテムのショートカットメニューを表示する。	Shift+F10
次のオプションを選択する。	Tab
前のオプションを選択する。	Shift+Tab
［保存先］ボックスの一覧を開く。	F4 または Alt+I
データベースオブジェクトを保存する。	Ctrl+S または Shift+F12
＜名前を付けて保存＞画面を開く。	F12 または Alt+F+S

データベースの情報の印刷

内容	ショートカットキー
現在のオブジェクト／選択したオブジェクトを印刷する。	Ctrl+P
印刷プレビューから＜印刷＞画面を開く。	P または Ctrl+P
印刷プレビューから＜ページ設定＞画面を開く。	S
印刷プレビューまたはレイアウトプレビューを取り消す。	C または Esc
Backstageビューからデータベースに戻る。	Esc

Accessワークスペース内の移動

内容	ショートカットキー
ナビゲーションウィンドウの表示／非表示を切り替える。	F11
ナビゲーションウィンドウの［検索］ボックスに移動する（フォーカスがナビゲーションウィンドウにある場合）。	Ctrl+F
ワークスペース内で次のウィンドウ／前のウィンドウに切り替える。	F6 または Shift+F6（F6 キーを２回以上押す必要がある場合あり）
次／前のデータベースウィンドウに切り替える。	Ctrl+F6 または Ctrl+Shift+F6"
すべてのウィンドウを最小化したときに、指定したウィンドウを元の大きさに戻す。	Enter
アクティブウィンドウが最大化されていない場合、サイズ変更モードを有効にする。	Ctrl+F8
アクティブなデータベースウィンドウを閉じる。	Ctrl+W または Ctrl+F4
Visual Basic Editorと以前のアクティブウィンドウを切り替える。	Alt+F11
選択されたウィンドウを最大化する／元のサイズに戻す。	Ctrl+F10

ダイアログボックスの操作

内容	ショートカットキー
ダイアログボックス内の次のタブ前のタブに切り替える。	Ctrl＋Tab または Ctrl＋Shift＋Tab
ダイアログボックス内の前のタブに切り替える。	Ctrl＋Shift＋Tab
次／前のオプション／オプショングループに移動する。	Tab または Shift ＋Tab
ドロップダウンリストボックス内のオプション間を移動する。オプショングループ内のオプション間を移動する。	↑↓←→
選択したボタンのアクションを実行する。チェックボックスをオン／オフにする。	Space
リストを開く。リスト内のオプションに移動する。	ドロップダウンリスト内のオプションの最初の文字キー
オプションを選択する。オプション名に下線が付いた文字でチェックボックスをオン／オフする。	Alt＋文字キー
選択したドロップダウンリストボックスを開く。	Alt＋↓
選択したドロップダウンリストボックスを閉じる。	Esc
画面内の既定のボタンに割り当てられたアクションを実行する。	Enter
コマンドを取り消し、ダイアログボックスを閉じる。	Esc

Contents

第1章 Accessの基本

Accessの概要

Accessの起動・終了

Accessのファイルと基本操作

フィールドの追加

フィールドの設定

主キー・インデックス

データの並べ替え・抽出

レコードの移動

データの入力・検索・置換

テーブルで困った

第4章 テーブルのリレーションシップ

テーブル間の関連付けで困った

第5章 クエリの作成

クエリの基本

データの並べ替えの条件

データを抽出する条件

Contents

データの集計

クエリの実行時に抽出条件を入力

複数のテーブルの利用

第6章 フォームの作成

フォームの基本

フォームの作成

分割形式のフォーム

フォームの編集

データの表示

データの入力

データの並べ替え・抽出

データ入力の効率化

Contents

第7章 レポートの作成

レポートの基本

レポートの作成

レポート全体の設定

セクションのカスタマイズ

印刷の実行

第8章 セクションやコントロールの扱い

セクションの基本

コントロールの基本

コントロールの追加・配置

文字の操作

日付の操作

数値の操作

条件分岐

第10章 データの取込・出力

外部データの利用

外部データの取り込み

外部データの参照

外部へのデータの出力

第11章 マクロによる自動化

マクロとは?

メニュー画面でマクロを活用

埋め込みマクロ

マクロによるフォームの操作

マクロによるデータの操作

条件付きマクロ

マクロの整理

VBA

第12章 覚えておきたいテクニック

オブジェクトのテクニック

データベースの設定のテクニック

データベースファイルのテクニック

データベース共有のテクニック

Accessのバージョンに関するテクニック

データシートのテクニック

データベース保存のテクニック

セキュリティに関するテクニック

時短のテクニック

索　引

ご注意：ご購入・ご利用の前に必ずお読みください

- 本書に記載された内容は、情報提供のみを目的としています。したがって、本書を用いた運用は、必ずお客様自身の責任と判断によって行ってください。これらの情報の運用の結果について、技術評論社および著者はいかなる責任も負いません。

- ソフトウェアに関する記述は、特に断りのないかぎり、2021年5月末日現在での最新バージョンをもとにしています。ソフトウェアはアップデートされる場合があり、本書の説明とは機能内容や画面図などが異なってしまうこともあり得ます。特にMicrosoft 365は、随時最新の状態にアップデートされる仕様になっています。あらかじめご了承ください。

- インターネットの情報については、URLや画面などが変更されている可能性があります。ご注意ください。

以上の注意事項をご承諾いただいた上で、本書をご利用願います。これらの注意事項をお読みいただかずに、お問い合わせいただいても、技術評論社および著者は対処しかねます。あらかじめご承知おきください。

第1章

Accessの基本

重要度★★★ Accessの概要

Q 001 Accessって何？

A データを集めて活用するためのソフトです。

Accessは、マイクロソフト社が発売しているソフトです。データを集めて、管理して、活用するデータベースソフトです。

Accessはデータベースソフトの中でも、リレーショナルデータベースという種類に入ります。リレーショナルデータベースは顧客データ、商品データ、注文データなど、テーマごとに集めた個々のリストに関連付けを設定し、複数のリストを効果的に活用できるしくみを作ることができます。

●Accessの画面例

重要度★★★ Accessの概要

Q 002 Accessにはどんなバージョンがある？

A 発売された時期などによって複数のバージョンがあります。

2021年6月時点でのAccessの最新バージョンは、2018年に発売された「Acces 2019」です。右の表のように、数年おきに新しいバージョンのAccessが発売されています。使用しているAccessのバージョンや種類によって、画面の表示は若干異なります。

なお、お使いのAccessのバージョンによって、サポートの終了期限は異なります。メインストリームサポートとは、通常のサポート期間です。製品のさまざまな更新プログラムなどが配布されます。延長サポートとは、メインストリームサポートが終了したあと一定期間だけ受けられるものです。延長サポート期間は、セキュリティ上の問題がある場合に、セキュリティに関する更新プログラムの提供を受けられます。

また、Microsoft Officeを使用する権利を年単位や月単位で購入するサブスクリプション版の「Microsoft 365」を使用している場合は、常に最新のバージョンのAccessを使用できます。

●Accessのバージョン例

バージョン	発売年	メインストリームサポート終了日	延長サポート終了日
Access 2019	2018年	2023/10/10	2025/10/14
Access 2016	2015年	2020/10/13	2025/10/14
Access 2013	2013年	2018/4/10	2023/4/11
Access 2010	2010年	2015/10/13	2020/10/13

重要度★★★ Accessの概要

Q 003 データベースソフトって何？

A データベースを設計し、データを集めて活用するソフトです。

ルールに沿って集めたデータをデータベースといいます。たとえば、顧客データを集める場合、顧客名や住所、電話番号など、指定した項目に沿って集めたデータの集合がデータベースです。

データベースソフトとは、どのようなデータを集めるのか、データベースの土台を作成し、ルールに沿ってデータを集めるしくみを作るソフトです。さらに、集めたデータを活用するための機能も備えています。

なお、Accessで作成したデータベースは「データベースファイル」のほか、単純に「ファイル」と呼ばれます。

参照▶Q 004

●顧客情報のデータベース

顧客名	郵便番号	都道府県名	住所1	住所2	電話番号
高橋株式会社	1620846	東京都	新宿区区…	東京ビルXF	03-0000-XXXX
株式会社佐藤	5300000	大阪府	大阪市北区…	大阪ビルXF	06-0000-XXXX
株式会社渡辺	0600000	北海道	札幌市中央区…	札幌ビルXF	011-000-XXXX

重要度★★★ Accessの概要

Q 004 「データベースを作る」ってどういう意味？

A データベースを活用できるように、さまざまなしくみを作ることです。

データベースを作成する際は、どのようなデータを利用するのかに応じて、オブジェクトというさまざまな部品を作成し、それらを組み合わせて総合的に活用できるしくみを作ります。
たとえば、どのようなデータを集めるのか、データを入れる器の役割を持つオブジェクトを作ります。また、集めたデータから、条件に一致したデータのみを抽出する役割を持つオブジェクトを作ります。さらに、データを入力する画面や、データを見やすく表示する役割を持つオブジェクト、データを綺麗に印刷する役割を持つオブジェクトなどを作成して完成させます。
どのようなオブジェクトが必要なのかは、作成するデータベースやデータベースを使う人の要望などによって異なります。便利なデータベースになるように、必要なオブジェクトを作成しましょう。

重要度★★★ Accessの概要

Q 005 完成したデータベースファイルを使うのはかんたん？

A データベースファイルによって異なります。

ひとくちにAccessを使うといっても、データベースを設計・作成する側と完成したデータベースを利用する側では、Accessで行う作業が全く異なります。
設計をする側は、データをどのように集めたり活用したりするのか、目的に応じてデータベースを設計します。データベースを完成させたあとでも、必要に応じて便利な機能を追加したり、さまざまな部品を追加したり、不都合を修正したりすることもあるでしょう。誰でもかんたんに使いこなせるデータベースになるように、データベースを設計・作成することが重要です。
一方、完成したデータベースを利用する側は、データを入力したり、データを表示・印刷したりすることで活用します。データベースを設計・作成する側が使うAccessの機能を知らなくても、問題なく操作できます。

重要度★★★ Accessの概要

Q 006 Accessを使うためにどんな準備が必要？

A Accessをパソコンにインストールします。

Accessを使うには、Accessのソフトをパソコンにインストールします。Accessを入手する主な方法は、Accessが含まれているMicrosoft Officeをインストールすることです。そのほか、Access単体のソフトを購入してインストールする方法もあります。
なお、OfficeやAccessのバージョンによって、Accessを使用するために必要な条件は異なります。

参照 ▶ Q 007、Q 008

● Office2019の仕様

項目	内容
OS	Windows10、Windows Server2019
CPU	1.6GHz以上、2コア
メモリ	4GB RAM、32ビットの場合は2GB RAM
ハードディスク	4GB以上
ディスプレイ	画面解像度1280×768

● サブスクリプション版の利用

Accessを利用する方法には、Q010で紹介しているMicrosoft 365 Personalというサブスクリプション版のOfficeを利用する方法もあります。Microsoft 365 Personalというサブスクリプション版のOfficeは、1か月間無料で試用できる場合もあります。Microsoft 365 Personalのホームページで確認してみましょう。

● Microsoft365 の無料試用版の紹介ページ（例）

https://www.microsoft.com/ja-jp/microsoft-365/try

重要度★★★ Accessの概要 2016 2013 365

Q 007 Office 2019って何？

A 複数のOfficeソフトをセットにしたパッケージソフトです。

Officeとは、WordやExcelなど複数のソフトをセットにして販売しているパッケージソフトです。２０２１年６月時点での最新のOfficeは、Office 2019というバージョンです。Officeには、右の表のようにいくつかの種類があります。種類によっては、Accessが含まれていないものもあります。また、Officeには、年や月単位でOfficeの利用権を購入するサブスクリプション版や、パソコンにプリインストールされたOfficeもあります。

なお、パソコンにプリインストールされたOfficeは、家電量販店などで購入したデスクトップ版と比べて、利用できる機能が若干異なる場合があります。また、プリインストールされたOfficeの中には、常に新しいバージョンを利用できるOffice Premiumというものもあります。いずれも、使用しているOfficeによってはAccessが含まれていない場合もあります。

参照▶Q 008

●Office 2019/Microsoft 365の主なエディションに含まれるソフトについて

	Microsoft 365 Personal	Office Personal 2019	Office Home& Business 2019	Office Professional 2019
Word	○	○	○	○
Excel	○	○	○	○
Outlook	○	○	○	○
PowerPoint	○	—	○	○
Publisher	○（Windowsのみ）	—	—	○
Access	○（Windowsのみ）	—	—	○

重要度★★★ Accessの概要 2016 2013

Q 008 Accessを購入する方法は？

A ダウンロード版やPOSAカードを購入する方法があります。

Accessを利用するには、いくつかの方法があります。パソコンにAccessを含むOfficeがインストールされている場合は、それを使用できます。Accessを含むOfficeや単体のAccessを購入する場合は、ダウンロード版やPOSAカード（ネットでの買い物や課金などに使うプリペイド式カード）を購入する方法があります。また、サブスクリプション版のOfficeを使用する方法もあります。

参照▶Q 007

●ダウンロード版

インターネットのオンラインショップなどで、Officeのダウンロード版やAccess単体のダウンロード版（オンラインコード版）などを購入する方法です。オンラインショップの案内に沿って購入し、インストールします。

●POSAカード

家電量販店などで、OfficeやAccess単体を使用するためのPOSAカードを購入する方法です。POSAカードには、OfficeやAccess単体をインストールして使用するために必要なプロダクトキーが書かれています。POSAカードに書かれている説明に従ってインストールします。

重要度★★★ Accessの概要

Q 009 Microsoftアカウントって何？

A Microsoft社が提供するサービスを利用するためのアカウントです。

Microsoftアカウントは、Webサイト「https://signup.live.com/」から無料で取得できます。Officeをインストールする際も使用します。Microsoft アカウントを取得すると、次のようなことができます。

●Officeにログインできる

Office 2013以降のバージョンでは、Microsoftアカウントで Officeにサインインできます。サインインすると、OneDriveのフォルダーにかんたんに接続できます。

●メールアドレスを利用できる

Microsoft アカウントを取得するときは、既存のメールアドレスを使用するほか、新しいメールアドレスを取得して利用することもできます。

重要度 ★★★ Accessの概要 ✕2019 ✕2016 ✕2013

Q 010 Microsoft 365 Personalを使うには？

A 年や月単位でOfficeを利用する権利を購入します。

Microsoft365とは、年単位や月単位などでOffice製品やそのほかのサービスを利用できるサブスクリプション版のOfficeです。Microsoft 365にはさまざまな種類があり、種類によって利用できるOffice製品の種類なども異なります。

Microsoft 365 Personalとは、個人向けのMicrosoft 365のプランです。次のようなサービスを利用できます。

● Microsoft 365 Personalの概要

契約形態	年や月単位で利用権を購入するサブスクリプション版
インストール台数	何台でも可能（Windows/Mac/タブレット/モバイルデバイス）。ただし、同時に接続できるデバイスの数などには制限があります。
使用できるバージョン	常に最新バージョンを使用できます。
OneDrive	1 TB
Skype	毎月60分の通話ができます。ただし、通話できない地域もあります。
テクニカルサポート	テクニカルサポートを利用できます。

重要度 ★★★ Accessの概要

Q 011 使っているOfficeのバージョンを確認するには？

A Backstageビューのアカウントの画面を確認します。

使用中のOfficeやAccessのバージョンを確認するには、Q038の方法でBackstageビューを表示して<アカウント>をクリックします。表示される画面で、製品名やバージョンを確認しましょう。

参照 ▶ Q 038

● 使用しているOfficeのバージョンを確認する

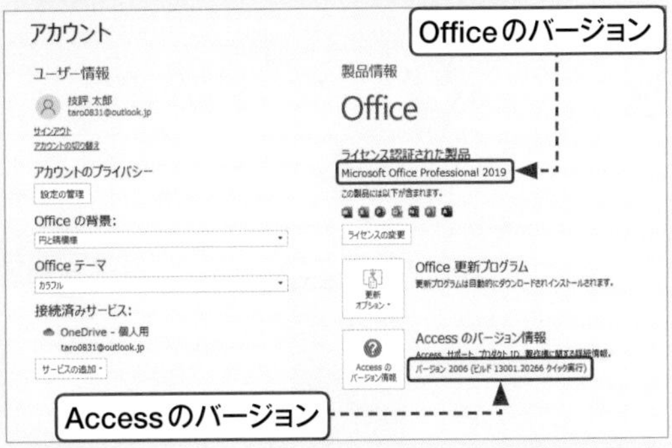

重要度 ★★★ Accessの概要

Q 012 AccessとExcelはどこが違う？

A Accessはデータベースとしての機能がより充実しています。

Excelでもテーマに沿ってデータを入力して、集めたデータから必要なデータを抽出するなど、データベース機能を利用できます。

Accessでも同様のことができますが、Accessのメリットは、ユーザーの要望に合わせて、より使いやすいデータベースを作れることです。まずは、データを集める器を作ります。そこには、間違ったデータが入力されないようなさまざまな工夫ができます。さらに、データを入力する画面を作成したり、必要なデータを表示する画面、必要なデータを見やすく印刷するときに使う画面などを作成したりできます。また、Accessは、Excelよりも大量のデータを扱うことが可能です。

● Accessの画面例

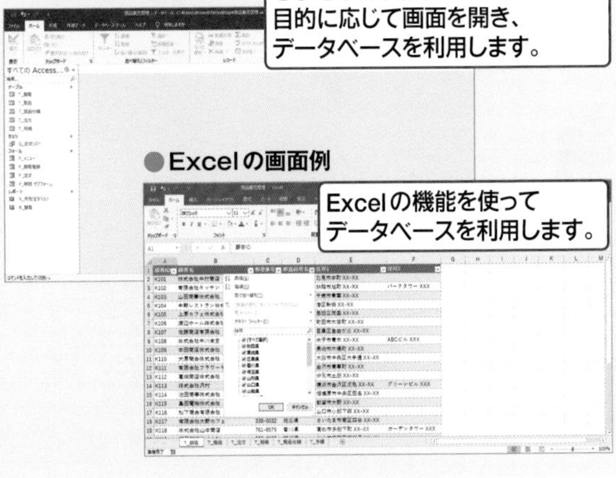

● Excelの画面例

重要度★★★ Accessの起動・終了

Q 013 Accessを起動するには？

A 基本的なのは、スタート画面から起動する方法です。

Accessを起動する方法はいくつかあります。基本的なのは、スタート画面を表示して＜Access＞の項目をクリックする方法です。

なお、Accessの項目の表示は、Officeのバージョンによって異なる場合があります。たとえば、Office 2013の場合は、＜Microsoft Office 2013＞をクリックし、＜Access 2013＞をクリックします。 参照▶Q 014、Q 015、Q 016

1 デスクトップの＜スタート＞をクリックします。
ここに入力して検索
2 スタートメニューで＜Access＞を探してクリックします。
3 Accessが起動しました。

重要度★★★ Accessの起動・終了

Q 014 Accessをスタート画面から起動するには？

A スタート画面にAccessを起動するタイルを表示します。

Accessを起動する際、毎回スタート画面でAccessの項目を探すのが面倒な場合は、手早く起動する方法を試してみましょう。

ここでは、スタート画面にAccessを起動するタイルを表示します。追加したタイルを削除するには、タイルを右クリックして＜スタートからピン留めを外す＞をクリックします。 参照▶Q 015、Q 016

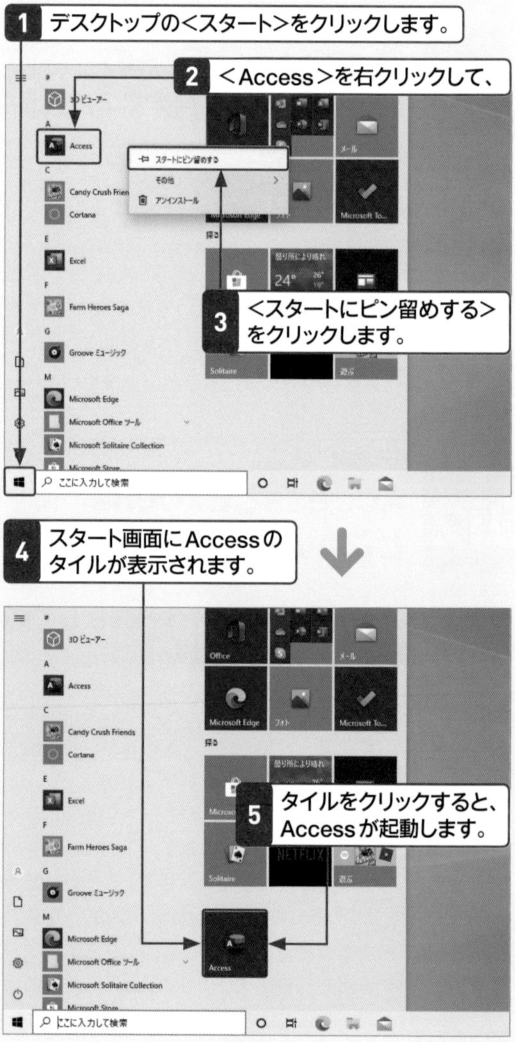
1 デスクトップの＜スタート＞をクリックします。
2 ＜Access＞を右クリックして、
スタートにピン留めする
その他
アンインストール
3 ＜スタートにピン留めする＞をクリックします。
4 スタート画面にAccessのタイルが表示されます。
5 タイルをクリックすると、Accessが起動します。

Q 015 Accessをタスクバーから起動するには？

A タスクバーにAccessを起動するプログラムアイコンを追加します。

スタート画面を表示せずに、タスクバーからかんたんにAccessを起動するには、タスクバーにAccessを起動するプログラムアイコンを追加します。追加したプログラムアイコンを削除したい場合は、プログラムアイコンを右クリックして、＜タスクバーからピン留めを外す＞をクリックします。 参照▶Q 746、Q 747

1 デスクトップの＜スタート＞をクリックします。

2 ＜Access＞を右クリックして、

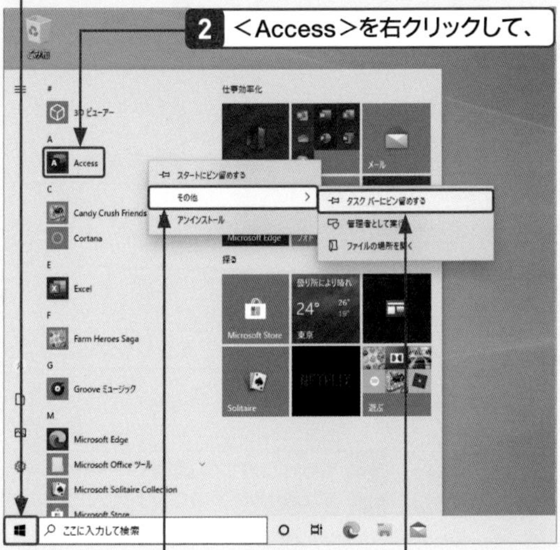

3 ＜その他＞をクリックし、

4 ＜タスクバーにピン留めする＞をクリックします。

5 タスクバーにAccessのアイコンが表示されます。

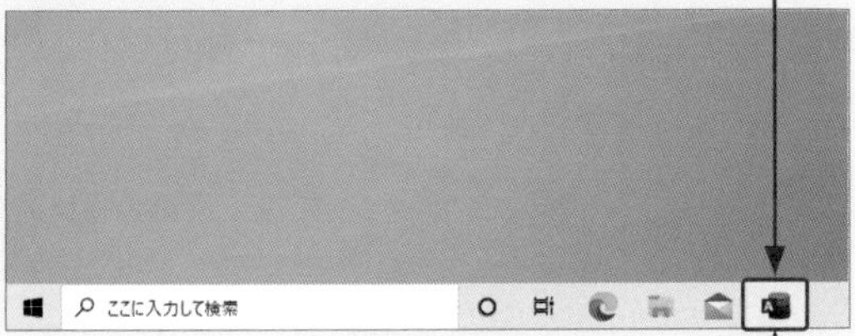

6 アイコンをクリックすると、Accessが起動します。

Q 016 Accessをデスクトップ画面から起動するには？

A デスクトップ画面にAccessを起動するショートカットを配置します。

Accessを起動するショートカットアイコンをデスクトップ画面に配置すると、ショートカットアイコンをダブルクリックしてかんたんにAccessが起動できるようになります。ショートカットアイコンは、Accessを起動する入り口です。ショートカットアイコンを削除しても、Access自体は削除されません。

1 デスクトップの＜スタート＞をクリックします。

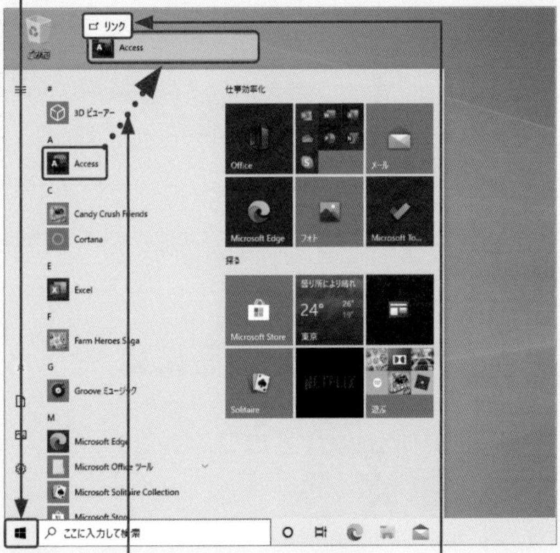

2 ＜Access＞の項目をデスクトップ画面の空いている場所にドラッグします。

3 「リンク」の文字を確認して、マウスから指を離します。

4 デスクトップにAccessを起動するショートカットアイコンが表示されます。

重要度 ★★★　Accessの起動・終了

Q 017 よく使うAccessのファイルをすばやく開くには？

A デスクトップ画面にAccessファイルを起動するショートカットアイコンを配置します。

よく使うAccessのファイルを開くショートカットアイコンをデスクトップ画面に配置すると、ショートカットアイコンをダブルクリックしてかんたんにファイルを開けるようになります。ショートカットアイコンを削除しても、ファイルの本体は削除されません。

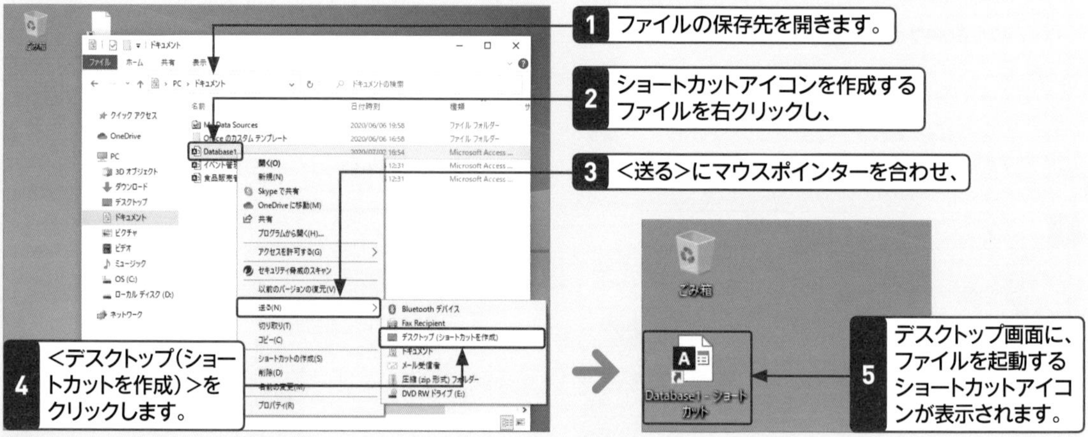
1 ファイルの保存先を開きます。
2 ショートカットアイコンを作成するファイルを右クリックし、
3 <送る>にマウスポインターを合わせ、
4 <デスクトップ（ショートカットを作成）>をクリックします。
5 デスクトップ画面に、ファイルを起動するショートカットアイコンが表示されます。
ごみ箱
Database1 - ショートカット

重要度 ★★★　Accessの起動・終了

Q 018 Officeにサインインするには？

A Microsoftアカウントでサインインします。

Officeにサインインするには、Microsoftアカウントを利用します。Officeにサインインすると、<Officeの背景>の設定などを指定でき、ほかのパソコンでOfficeにサインインしたときにも同じ設定をそのまま利用できます。また、インターネット上のファイル保存スペースのOneDriveのフォルダーにかんたんに接続できるようになります。ただし、AccessのデータベースファイルはWordやExcelなどのファイルとは異なり、OneDriveのデータベースファイルを直接開いて利用したり、OneDrive上のデータベースファイルを複数の人が同時に開いて編集するなど、データベースファイルを共有することはできません。
なお、サインアウトするには、ユーザー名が表示されている箇所をクリックし、<サインアウト>をクリックします。

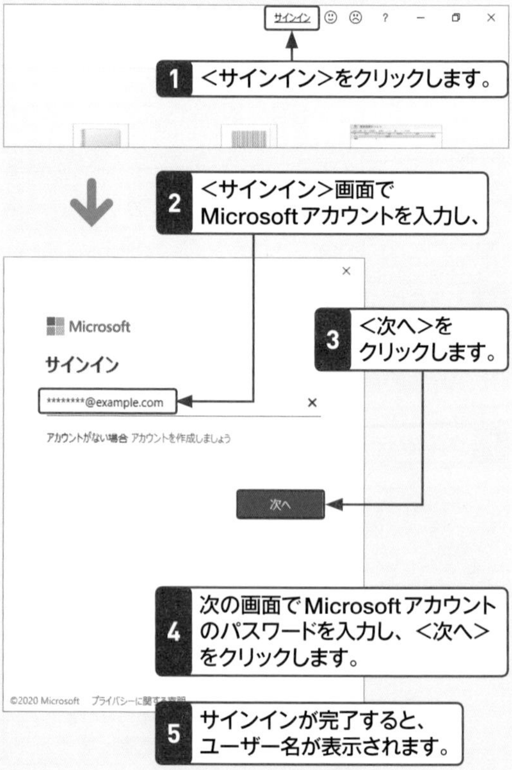
サインイン
1 <サインイン>をクリックします。
2 <サインイン>画面でMicrosoftアカウントを入力し、
Microsoft
サインイン
********@example.com
アカウントがない場合 アカウントを作成しましょう
次へ
3 <次へ>をクリックします。
4 次の画面でMicrosoftアカウントのパスワードを入力し、<次へ>をクリックします。
©2020 Microsoft
5 サインインが完了すると、ユーザー名が表示されます。

重要度★★★　Accessの起動・終了

Q 019 ライセンス認証って何？

A Office製品を使えるようにするために必要な認証です。

ライセンス認証とは、ソフトの使用を開始する際などに、そのソフトが正規に入手されたものであることを証明するための確認作業のことです。ライセンス認証をしない場合は、使用できる機能が限定されてしまいます。Officeのライセンス認証をする方法は、Officeのバージョンや種類によって異なります。インストール時にライセンス認証をする画面が表示された場合は、画面の指示に従ってライセンス認証を済ませましょう。Officeのプロダクトキーの入力が求められた場合は、パッケージに同封されているプロダクトキーを入力してインストールを進めます。ライセンス認証ウィザード画面が表示されて、インターネットに接続されている場合は、インターネット経由でかんたんにライセンス認証を行えます。インターネットに接続されていない場合は、電話を使用してライセンス認証を済ませる方法があります。

重要度★★★　Accessの起動・終了

Q 020 Accessの画面を大きく表示したい！

A ＜最大化＞をクリックします。

Accessのウィンドウを最大化して表示するには、＜最大化＞をクリックするか、ウィンドウのタイトルバーをダブルクリックします。Accessのウィンドウが最大化されているときに、ウィンドウをもとの大きさに縮小するには、＜元に戻す（縮小）＞をクリックするか、タイトルバーをダブルクリックします。

● **＜最大化＞をクリックすると画面が最大化する**

重要度★★★　Accessの起動・終了

Q 021 Accessの画面をタスクバーに隠すには？

A ＜最小化＞をクリックします。

Accessのウィンドウをタスクバーに隠すには、＜最小化＞をクリックします。タスクバーに隠れたAccessのウィンドウを再表示するには、タスクバーのAccessのアイコンをクリックします。

● **＜最小化＞をクリックすると画面がタスクバーに隠れる**

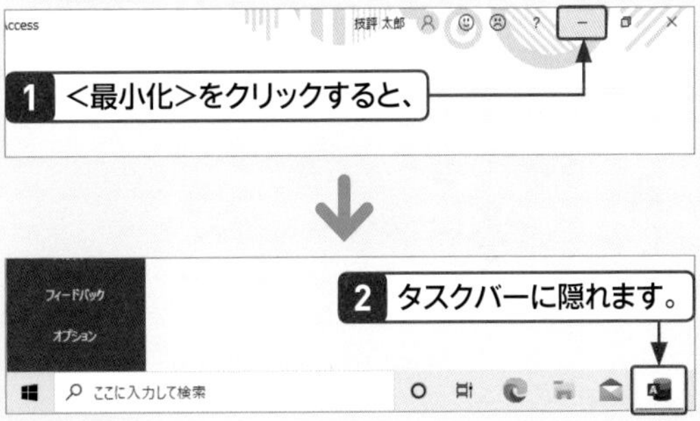

重要度★★★　Accessの起動・終了

Q 022 Accessを終了するには？

A ＜閉じる＞をクリックします。

Accessを終了するには、＜閉じる＞をクリックします。すると、ファイルが閉じてAccessのウィンドウも閉じます。複数のファイルを開いている場合、ほかのファイルのウィンドウは表示されたままになります。複数のファイルをまとめて閉じて終了するには、タスクバーのAccessのアイコンを右クリックして＜すべてのウィンドウを閉じる＞をクリックします。

● **＜閉じる＞をクリックするとAccessが終了する**

重要度 ★★★　Accessの起動・終了

Q 023 Accessを終了する前にファイルは保存しなくてよい？

A データ入力以外は、保存の操作が必要です。

Accessでは、ファイルを作成するときに、オブジェクトというさまざまな部品を作成します。その場合は保存が必要です。ただし、データの入力や編集に関しては自動的にデータが保存されるしくみになっています。また、リレーションシップの設定など自動的に保存される操作もあります。何が自動保存なのかそうでないのか、最初はわかりづらいと思いますが、基本的には、データの入力や編集以外の操作をしているときは、頻繁に保存の操作を行いましょう。

なお、保存をせずに、操作中のオブジェクトのウィンドウを閉じたりAccessを終了したりしようとすると、保存をするかを確認するメッセージが表示されます。その場合は必要に応じて保存を行います。　参照▶Q 028

重要度 ★★★　Accessの起動・終了

Q 024 Accessを最新の状態に更新するには？

A 更新プログラムをインストールしましょう。

Accessを最新の状態にするには、更新プログラムが適用されているかを確認しましょう。通常、更新プログラムは自動的にインストールされる設定になっています。Backstageビューの<アカウント>の<更新オプション>をクリックすると、更新プログラムがインストールされる設定になっているか確認できます。<今すぐ更新>をクリックすると、更新プログラムがあるかを確認できます。

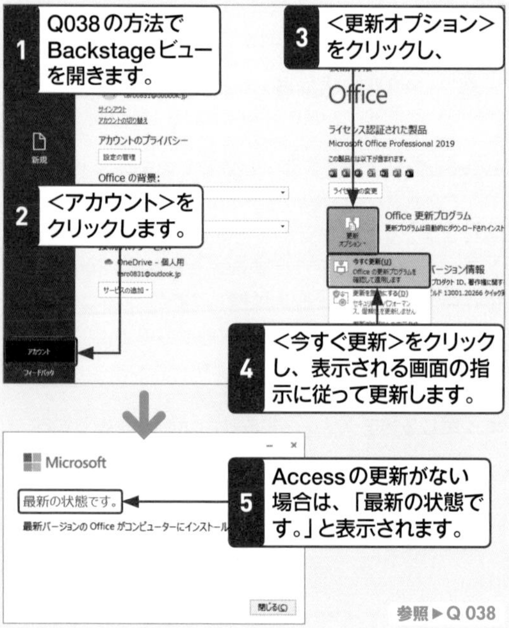
1 Q038の方法でBackstageビューを開きます。
2 <アカウント>をクリックします。
3 <更新オプション>をクリックし、
4 <今すぐ更新>をクリックし、表示される画面の指示に従って更新します。
5 Accessの更新がない場合は、「最新の状態です。」と表示されます。
Office
Microsoft
最新の状態です。

参照▶Q 038

重要度 ★★★　Accessの起動・終了

Q 025 Accessが動かなくなった！

A 強制的に終了する方法があります。

Accessの画面が反応しなくなって操作ができない場合、少し待つと回復する可能性があります。回復しないときは、Accessを強制的に終了しましょう。ただし、強制的に終了すると、保存していない内容が消えてしまうこともあります。強制的に終了したあとは、Accessを再起動して内容を確認しましょう。

なお、保存をせずに、操作中のオブジェクトのウィンドウを閉じたりAccessを終了したりしようとすると、保存するか確認するメッセージが表示されます。その場合は必要に応じて保存を行います。　参照▶Q 028

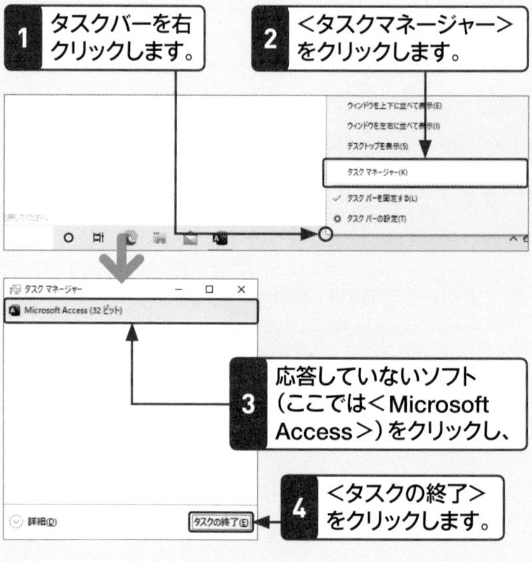
1 タスクバーを右クリックします。
2 <タスクマネージャー>をクリックします。
3 応答していないソフト（ここでは<Microsoft Access>）をクリックし、
4 <タスクの終了>をクリックします。

重要度 ★★★ Accessのファイルと基本操作

Q 026 最初に表示される画面は何？

A ファイルを作成したり開いたりする画面です。

スタート画面から＜Access＞をクリックすると、通常はAccessのファイルを新しく作成したり、ファイルを開いたりする画面が表示されたりします。ここから、Accessの操作を始めることができます。左側の項目から操作を選択しましょう。

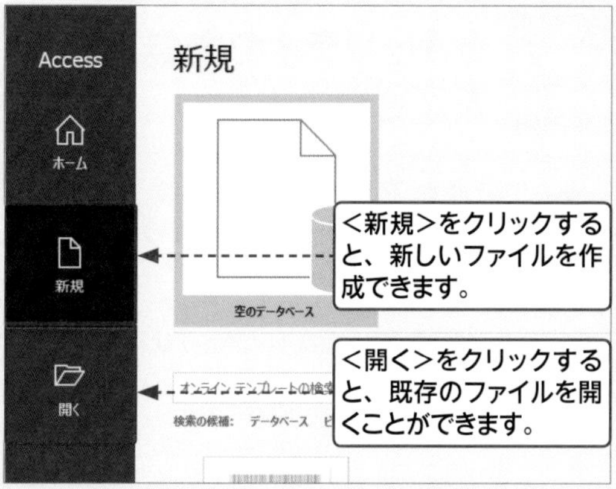

重要度 ★★★ Accessのファイルと基本操作

Q 027 ファイルを保存するには？

A ＜上書き保存＞をクリックします。

ファイルを新しい状態に更新して保存するには、＜上書き保存＞をクリックします。編集中のオブジェクトを閉じたりすると、保存の確認メッセージが表示されます。また、オブジェクトの表示画面で列幅などのレイアウトを変更後、オブジェクトを閉じた場合もメッセージが表示されます。

参照▶Q 028

● 手動で上書き保存する

＜上書き保存＞をクリックすると、ファイルが保存されます。

● レイアウトの変更後にメッセージが表示されたら？

レイアウトを変更したオブジェクトを閉じると、メッセージが表示されます。保存する場合は、＜はい＞をクリックします。

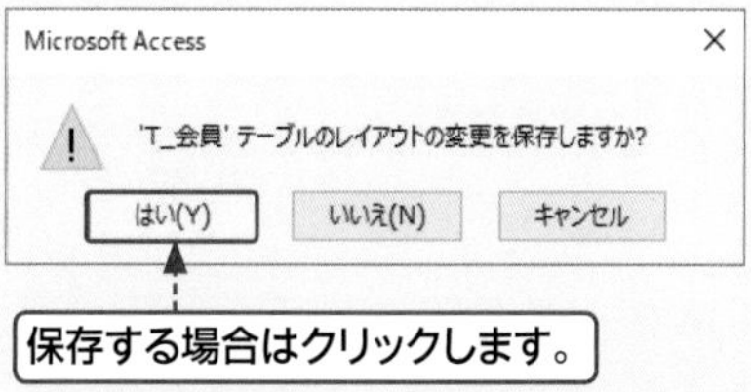

● オブジェクトの編集後にメッセージが表示されたら？

編集中のオブジェクトを閉じると、メッセージが表示されます。保存する場合は、＜はい＞をクリックします。

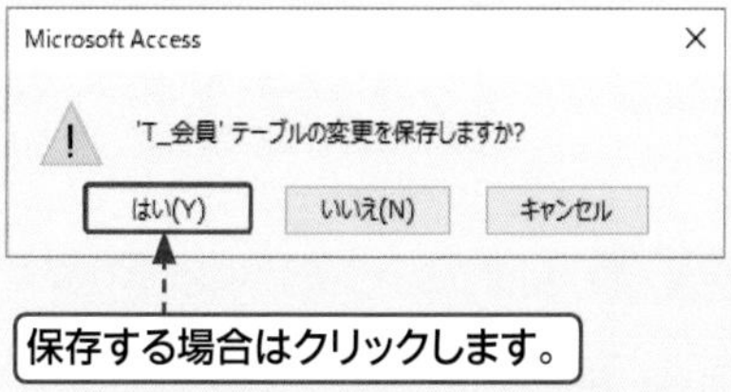

重要度 ★★★ Accessのファイルと基本操作

Q 028 ファイルを保存するタイミングは？

A ファイルの編集中は、頻繁に保存しましょう。

ファイルのオブジェクトの構造や、見た目のレイアウトを変更した場合などは、編集中にこまめに＜上書き保存＞をクリックして、変更した内容を保存しましょう。なお、ファイルのオブジェクトの構造の変更などではなく、ファイルへのデータの入力やデータの編集などは、決められたタイミングで自動的に保存されます。そのため、データの編集中に、新規に入力したデータ、または編集したデータを保存する目的で、自主的に上書き保存する必要はありません。

参照▶Q 172

重要度★★★ Accessのファイルと基本操作

Q 029 セキュリティの警告が表示された！

A 安全なファイルの場合は、<コンテンツの有効化>をクリックします。

ファイルを開くと、安全上の都合で<セキュリティの警告>メッセージバーが表示され、一部のマクロやクエリなどの機能の実行が制限される場合があります。安全性に問題がないことが確実な場合は、<コンテンツの有効化>をクリックすると、これらの機能が有効になります。この操作を1回行うと、次回からはメッセージバーが表示されずに機能が有効になります。一時的に機能を有効にするには、Backstageビューで<情報>を選択して、<コンテンツの有効化>→<詳細オプション>の順でクリックして設定を変更します。
なお、メッセージバーが表示されない場合は、Q742の方法で<トラストセンター>画面を表示し、左のメニューから<メッセージバー>を選択して、メッセージバーの表示に関する設定を確認します。

参照▶Q 742、Q 743

● コンテンツを有効化する

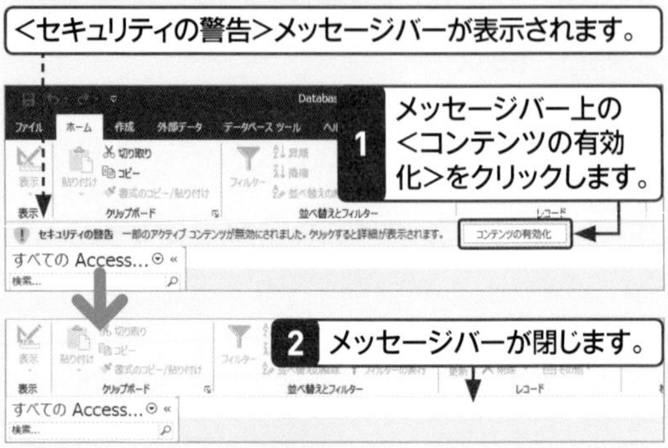
<セキュリティの警告>メッセージバーが表示されます。
1 メッセージバー上の<コンテンツの有効化>をクリックします。
セキュリティの警告 一部のアクティブ コンテンツが無効にされました。クリックすると詳細が表示されます。
コンテンツの有効化
すべての Access...
2 メッセージバーが閉じます。

● あとから有効化する

1 Q038の方法でBackstageビューを表示します。

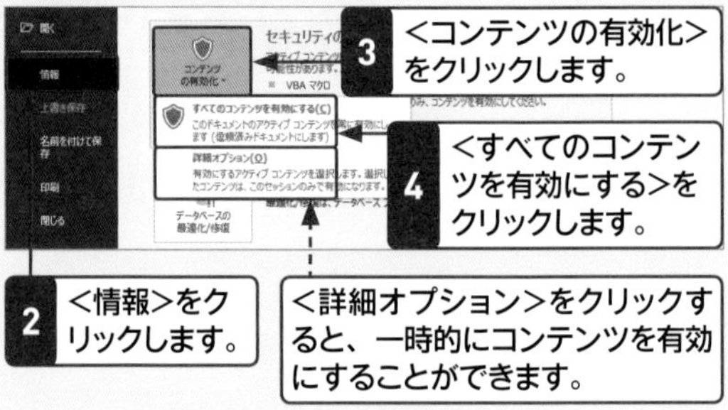
3 <コンテンツの有効化>をクリックします。
4 <すべてのコンテンツを有効にする>をクリックします。
2 <情報>をクリックします。
<詳細オプション>をクリックすると、一時的にコンテンツを有効にすることができます。

重要度★★★ Accessのファイルと基本操作

Q 030 操作を取り消したい！

A <元に戻す>をクリックします。

ファイルやデータの編集中に操作を間違えた場合は、<元に戻す>をクリックすると操作を取り消して、もとの状態に戻すことができます。1つ前の操作だけでなく、さらに前の操作を取り消すことも可能です。ただし、取り消すことができない操作もあります。 参照▶Q 031

● 操作を取り消す

オレンジに設定した画面の色をもとに戻します。

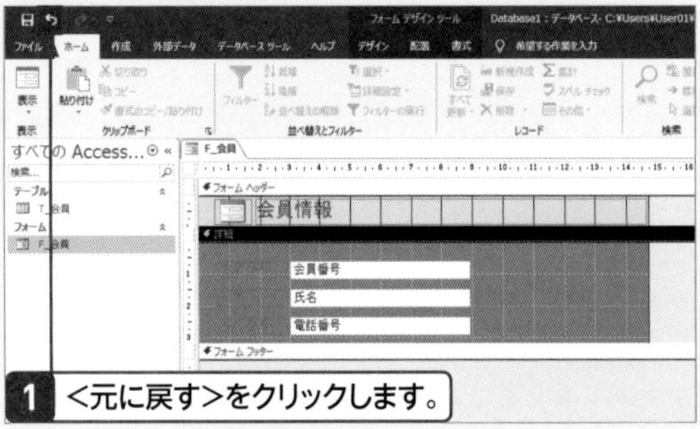
会員情報
会員番号
氏名
電話番号
1 <元に戻す>をクリックします。

2 操作を行う前の状態に戻ります。
会員情報
会員番号
氏名
電話番号

● 複数の操作を取り消す

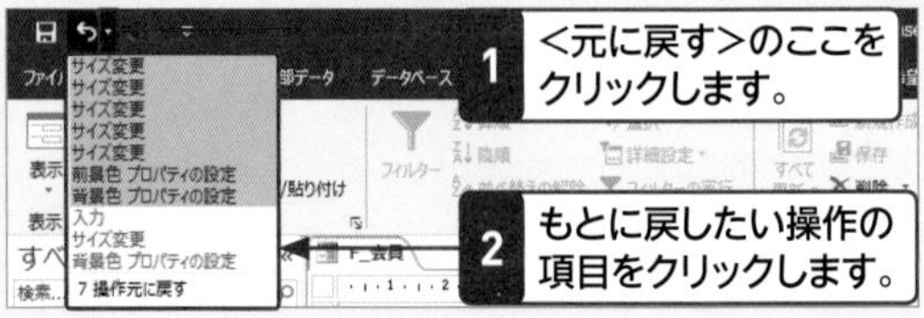
1 <元に戻す>のここをクリックします。
サイズ変更
前景色 プロパティの設定
背景色 プロパティの設定
入力
7 操作元に戻す
2 もとに戻したい操作の項目をクリックします。

重要度★★★　Accessのファイルと基本操作

Q 031 操作を取り消す前に戻したい！

A ＜やり直し＞をクリックします。

実行した操作を取り消してもとに戻したあとに、やはり取り消す前の状態に戻したい場合は、＜やり直し＞をクリックします。すると、＜元に戻す＞をクリックする前の状態に戻ります。複数の操作を取り消した場合は、どの状態まで操作をやり直すか指定することも可能です。

参照▶Q 030

● 操作をやり直す

Q30の操作を行った後に、再び画面の色をオレンジに設定します。

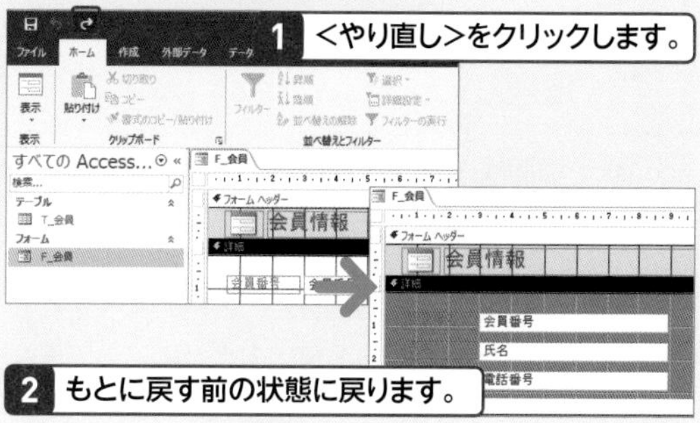
1 ＜やり直し＞をクリックします。
会員情報
会員番号
氏名
電話番号
2 もとに戻す前の状態に戻ります。

重要度★★★　Accessのファイルと基本操作

Q 032 ファイルを閉じるには？

A Backstageビューからファイルを閉じられます。

開いているファイルはBackstageビューから閉じることができます。このとき、Accessのウィンドウは開いたままです。ファイルを閉じてAccessのウィンドウも閉じたい場合は、＜閉じる＞をクリックします。

参照▶Q 038

● ファイルを閉じる

1 ファイルが開いている状態で、Backstageビューを表示します。
情報
上書き保存
名前を付けて保存
印刷
閉じる
最近使ったアイテム
ピン留め
2 ＜閉じる＞をクリックします。

● Accessのウィンドウを閉じる

1 ＜閉じる＞をクリックします。

重要度★★★　Accessのファイルと基本操作

Q 033 ファイルを開くには？

A ファイルの保存先とファイル名を指定します。

ファイルを開くには、Backstageビューから開きたいファイルを選択します。また、ファイルのアイコンやショートカットアイコンが表示されているときは、それらをダブルクリックしてファイルを開くこともできます。頻繁に使うファイルを手早く開く方法を覚えておくと便利です。

参照▶Q 016、Q 017、Q 038

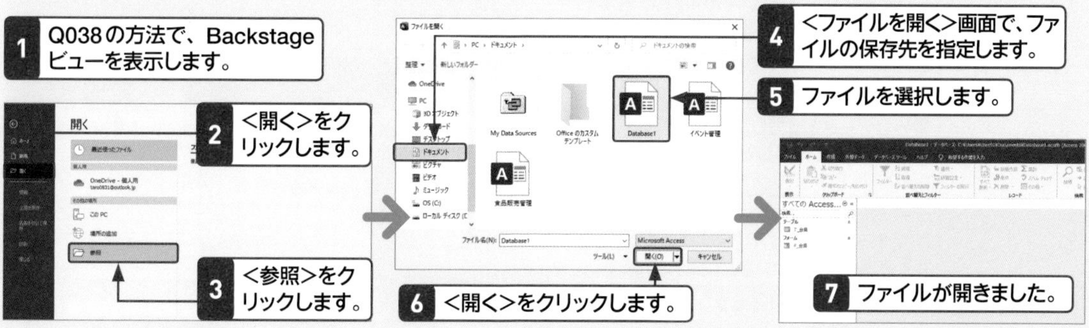
1 Q038の方法で、Backstageビューを表示します。
開く
2 ＜開く＞をクリックします。
3 ＜参照＞をクリックします。
ファイルを開く
My Data Sources
Database1
イベント管理
食品販売管理
4 ＜ファイルを開く＞画面で、ファイルの保存先を指定します。
5 ファイルを選択します。
6 ＜開く＞をクリックします。
7 ファイルが開きました。

重要度★★★ Accessの画面

Q 034 Accessの画面構成はどうなっている？

A 画面を構成する要素や役割を理解しましょう。

Accessの画面構成は、下の図のようになっています。画面上部のタブをクリックすると、リボンの内容が切り替わります。ナビゲーションウィンドウには、ファイルを構成するさまざまなオブジェクトが表示されます。タブの表示内容などは、お使いの環境によって異なる場合があります。

● Accessの画面構成

❶タイトルバー
ファイル名が表示されます。

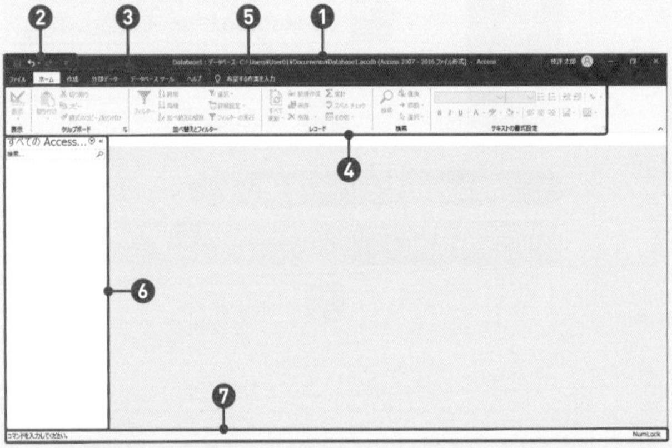

❷クイックアクセスツールバー
よく使う機能のボタンを配置しておくところです。最初は、<上書き保存><元に戻す><やり直し>の3つのボタンが表示されています。

❸タブ
操作を実行するボタンは、タブごとに分類されています。タブをクリックすると、リボンの内容が変わります。

❹リボン
操作を実行するボタンが表示されます。ボタンはグループごとにまとまって表示されます。グループ名はリボンの下に表示されています。

❺操作アシスト
実行したい操作や機能名などを入力すると、機能を実行する項目やヒントが表示されます。表示された内容をクリックすると、機能を実行したり詳細を確認したりできます。

❻ナビゲーションウィンドウ
ファイルに含まれるオブジェクトが表示されます。ここからオブジェクトを開けます。

❼ステータスバー
さまざまな情報が表示される領域です。

●タブの種類

名前	内容
<ファイル>タブ	<ファイル>タブをクリックするとBackstageビューが表示されます。Backstageビューは基本的なファイル操作などを行うところです。
<ホーム>タブ	ビューを切り替えるボタンが表示されます。また、データの並べ替えや検索など、基本的な操作をするボタンが並びます。
<作成>タブ	さまざまなオブジェクトを作成する際に使用するボタンが並んでいます。
<外部データ>タブ	集めたデータを出力したり、ほかのソフトで作成したデータを取り込んだりする際に使うボタンが並んでいます。
<データベースツール>タブ	テーブルにリレーションシップを設定する際に使用するボタンが並んでいます。また、ファイルを最適化するボタンなども表示されます。
<ヘルプ>タブ	ヘルプ画面を表示するボタンなどが並びます。

● コンテキストタブ

ファイルの使用中に、操作に応じて自動的に表示されたり隠れたりするタブがあります。そのようなタブを<コンテキストタブ>といいます。コンテキストタブは、<○○ツール>というコンテキストツールの中に表示されます。

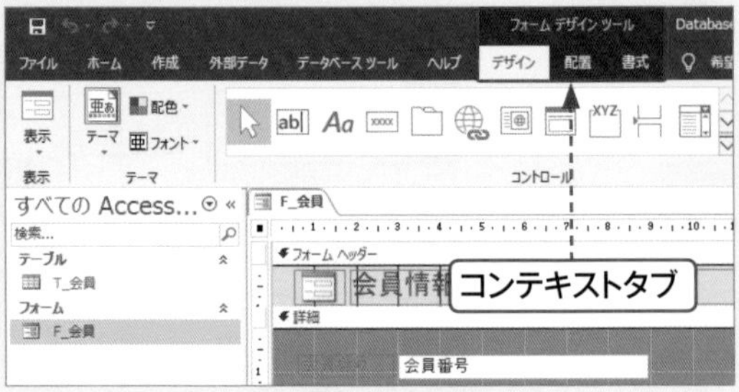

重要度★★★ Accessの画面

Q 035 リボンやタブが消えた！

A タブをダブルクリックして表示します。

リボンが消えてしまった場合は、いずれかのタブをダブルクリックすると表示されます。なお、リボンが表示されていない状態でも、タブをクリックするとリボンが表示されます。

タブの一部が表示されない場合は、<Accessのオプション>画面で設定を確認します。

参照▶Q 039

● リボンを表示する

1 タブの1つをダブルクリックすると、リボンが非表示になります。

2 タブの1つをダブルクリックすると、リボンが表示されます。

● タブを表示する

1 Q039の方法で<Accessのオプション>画面を表示します。

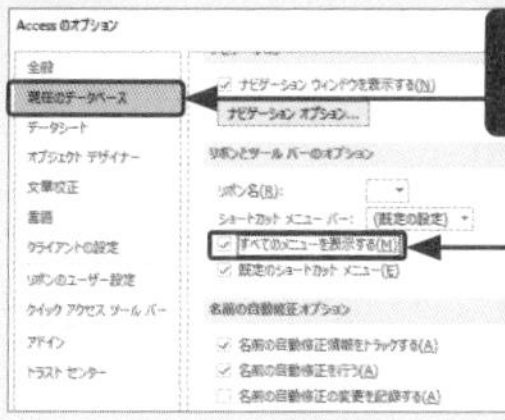

2 <現在のデータベース>をクリックします。

3 <すべてのメニューを表示する>のチェックがオンになっていることを確認します。

重要度★★★ Accessの画面

Q 036 ナビゲーションウィンドウって何？

A ファイルに含まれるオブジェクトが表示されるところです。

空のファイルを作成した直後は、ナビゲーションウィンドウには何も表示されません。オブジェクトを作成すると、ナビゲーションウィンドウにオブジェクトが表示され、ここからオブジェクトを開くことができます。

参照▶Q 076、Q 077

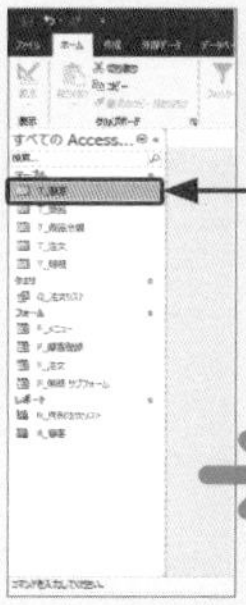

ナビゲーションウィンドウにオブジェクトが表示されています。

1 開きたいオブジェクトをダブルクリックします。

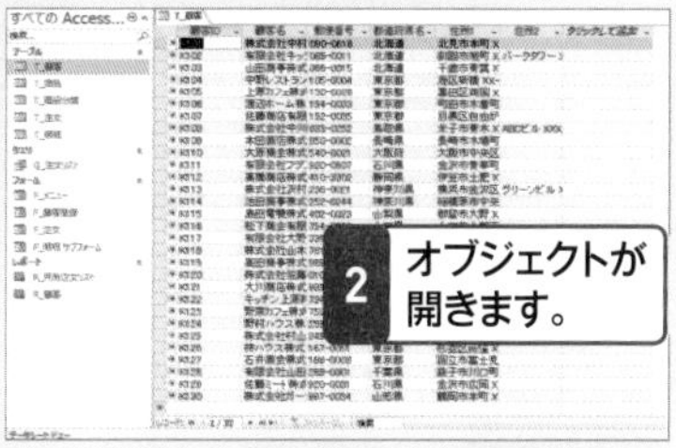

2 オブジェクトが開きます。

重要度★★★ Accessの画面

Q 037 ナビゲーションウィンドウを閉じるには？

A <シャッターバーを開く/閉じるボタン>をクリックします。

ナビゲーションウィンドウの表示の有無を切り替えるには、<シャッターバーを開く/閉じる>をクリックします。また、ナビゲーションウィンドウの右側の境界線部分を左右にドラッグすると、ナビゲーションウィンドウの幅を変更できます。

● ナビゲーションウィンドウを表示する／閉じる

1 <シャッターバーを開く／閉じる>ボタンをクリックします。

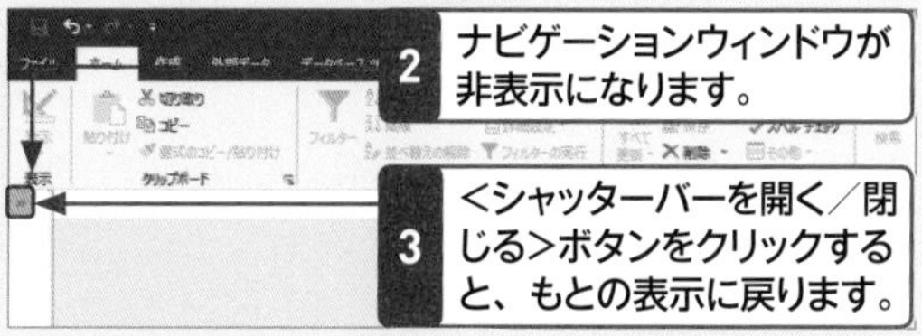

2 ナビゲーションウィンドウが非表示になります。

3 <シャッターバーを開く／閉じる>ボタンをクリックすると、もとの表示に戻ります。

重要度★★★　Accessの画面

Q 038 Backstageビューって何？

A ファイルに関する基本操作を行ったりする画面です。

Backstageビューでは、ファイルを開いたり、名前を付けて保存したりするなど、ファイルに関する基本操作を行えます。また、BackstageビューからAccessのさまざまな設定を行う＜Accessのオプション＞画面を表示できます。

＜ファイル＞タブからBackstageビューを表示する方法を知りましょう。

参照▶Q 039

1 ＜ファイル＞タブをクリックします。

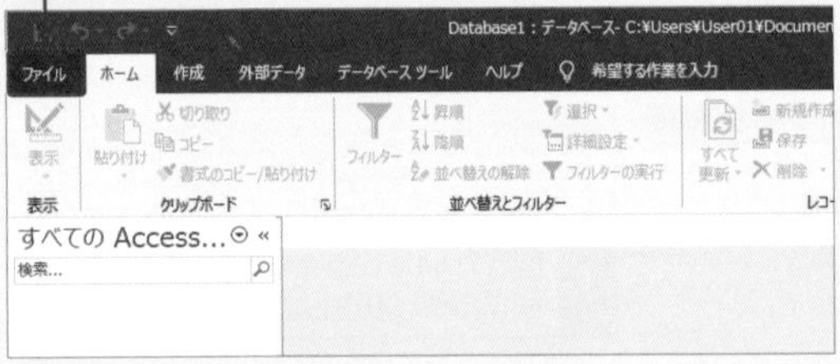

2 Backstageビューが表示されます。

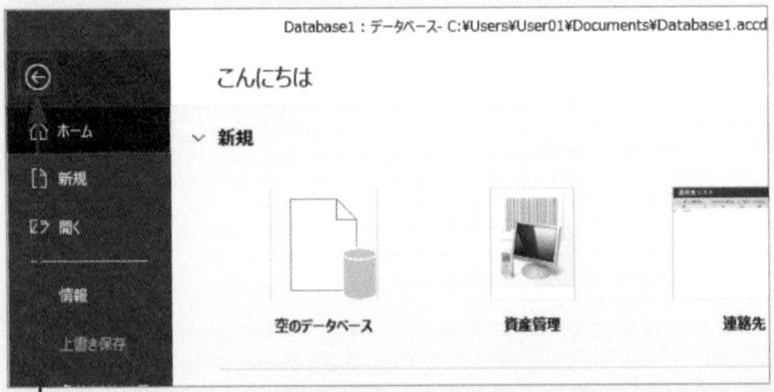

3 ここをクリックします。

4 もとの画面に戻ります。

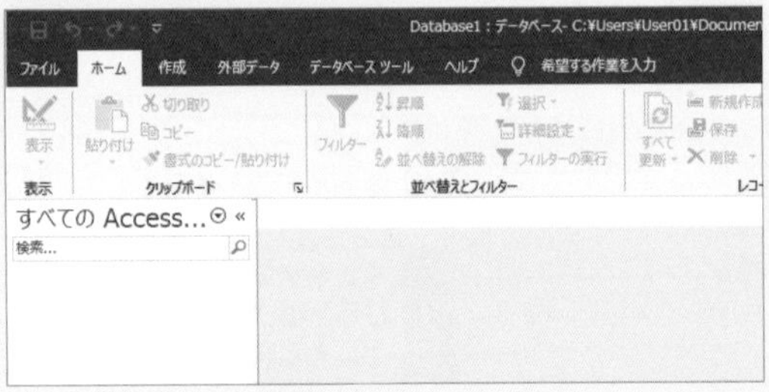

重要度★★★　Accessの画面

Q 039 Access全体の設定を変更するには？

A ＜Accessのオプション＞画面を表示します。

＜Accessのオプション＞画面とは、Access全体や現在開いているファイルのさまざまな設定などをまとめて行う画面です。Backstageビューから＜Accessのオプション＞画面を表示する方法を知りましょう。

＜Accessのオプション＞画面の左側に表示される項目をクリックすると、右側に表示される内容が切り替わります。左側の項目を選択し、右側の画面で設定を変更して＜OK＞をクリックすると、設定が反映されます。＜キャンセル＞をクリックすると、設定を変更せずに画面を閉じます。

1 Q038の方法でBackstageビューを表示します。

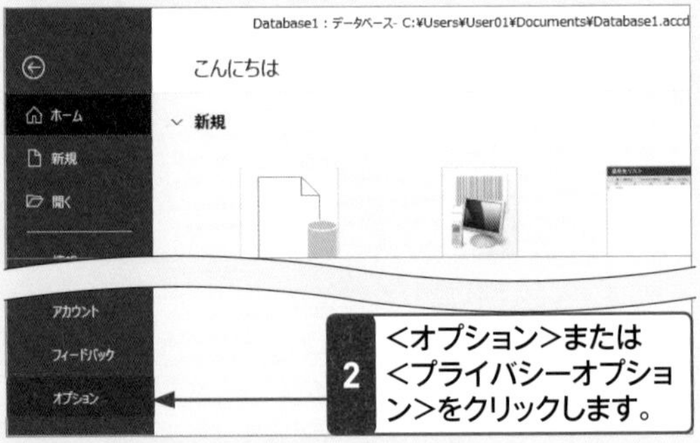

2 ＜オプション＞または＜プライバシーオプション＞をクリックします。

3 ＜Accessのオプション＞画面が表示されます。

4 ここでは、＜キャンセル＞をクリックします。

重要度 ★★★ Accessの画面

Q 040 画面表示に関するテーマって何？

A 画面全体の色合いを指定するものです。

Accessの画面全体の色合いを変更するには、Officeテーマから指定します。画面全体を黒く表示するほか、落ち着いたグレー、明るい白で表示するなど切り替えられます。なお、Accessでテーマを変更すると、WordやExcelなどほかのOfficeアプリケーションを起動したときにも画面の色合いが変わります。

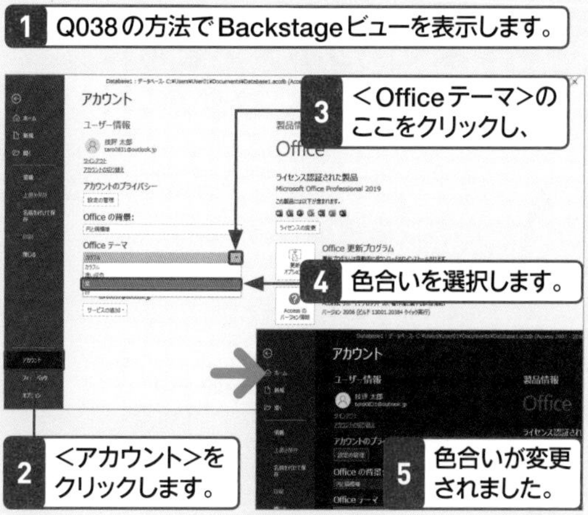
1 Q038の方法でBackstageビューを表示します。
2 ＜アカウント＞をクリックします。
3 ＜Officeテーマ＞のここをクリックし、
4 色合いを選択します。
5 色合いが変更されました。

重要度 ★★★ Accessの画面

Q 041 画面上の模様を変更したい！

A Officeの背景を指定します。

Officeにサインインをしているときは、Officeアプリケーションを起動した際に画面の右上に表示される模様を変更できます。また、模様をなしにすることもできます。なお、Accessで背景を変更すると、ほかのOfficeアプリケーションを起動したときも同じ模様が表示されます。

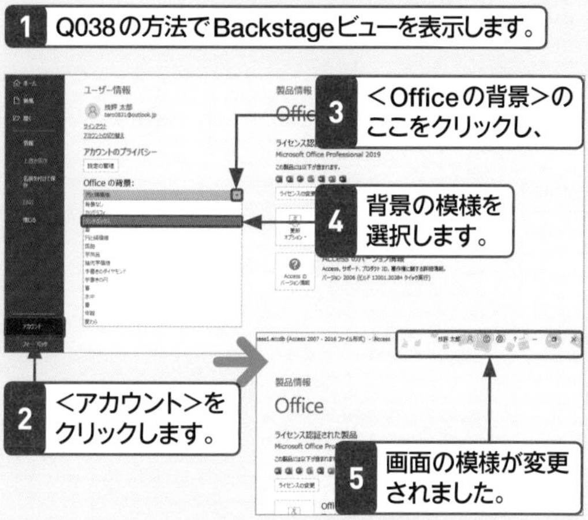
1 Q038の方法でBackstageビューを表示します。
2 ＜アカウント＞をクリックします。
3 ＜Officeの背景＞のここをクリックし、
4 背景の模様を選択します。
5 画面の模様が変更されました。

重要度 ★★★ Accessの画面

Q 042 クイックアクセスツールバーが消えた！

A リボンの下に表示されていないか確認しましょう。

クイックアクセスツールバーは、頻繁に使用する機能のボタンを表示しておくところです。クイックアクセスツールバーにあるボタンは、どのタブが選択されていてもすばやく機能を実行できて便利です。
クイックアクセスツールバーが消えてしまった場合は、リボンの下に表示する設定に変更されてしまっていないかを確認しましょう。

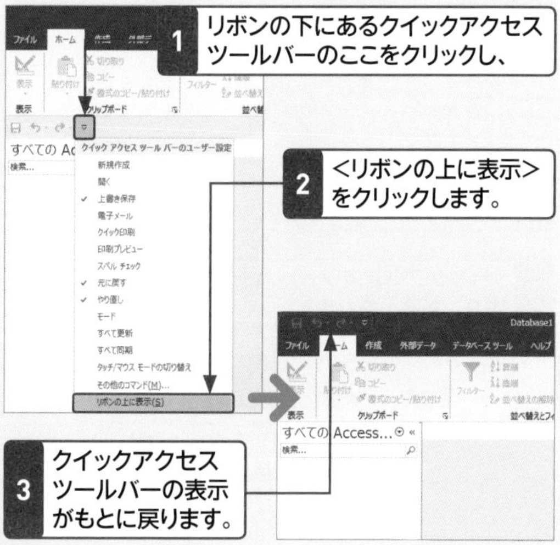
1 リボンの下にあるクイックアクセスツールバーのここをクリックし、
2 ＜リボンの上に表示＞をクリックします。
3 クイックアクセスツールバーの表示がもとに戻ります。

重要度 ★★★ Accessの画面

Q 043 よく使うボタンを常に表示させておきたい！

A クイックアクセスツールバーにボタンを追加しましょう。

クイックアクセスツールバーには、よく使う機能のボタンを追加できます。<クイックアクセスツールバーのユーザー設定>からは、いくつかの機能の中からボタンを選んで追加できます。<クイックアクセスツールバーのユーザー設定>に表示したい機能がない場合は、<Accessのオプション>画面で指定します。

● 一覧から選択する

1 <クイックアクセスツールバーのユーザー設定>をクリックし、

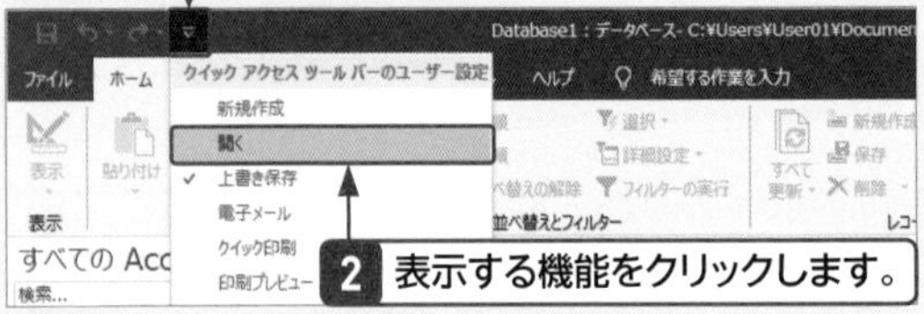

2 表示する機能をクリックします。

3 クイックアクセスツールバーにボタンが表示されます。

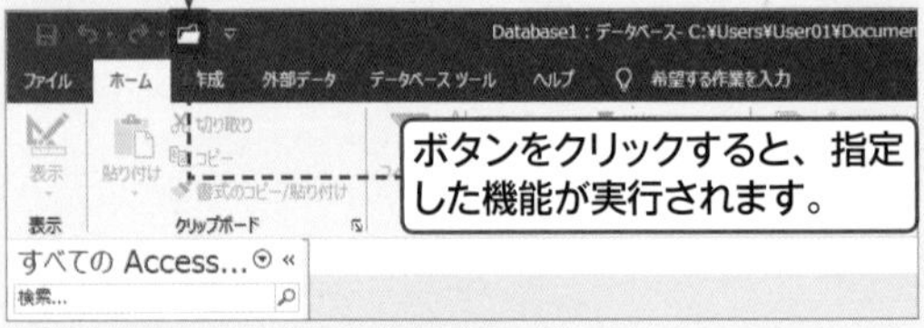

ボタンをクリックすると、指定した機能が実行されます。

● 既存のボタンを表示する

1 既存のボタンを右クリックし、

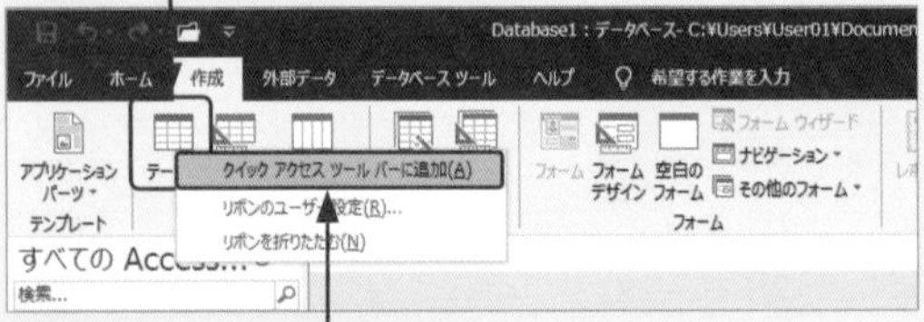

2 <クイックアクセスツールバーに追加>をクリックします。

3 クイックアクセスツールバーにボタンが表示されます。

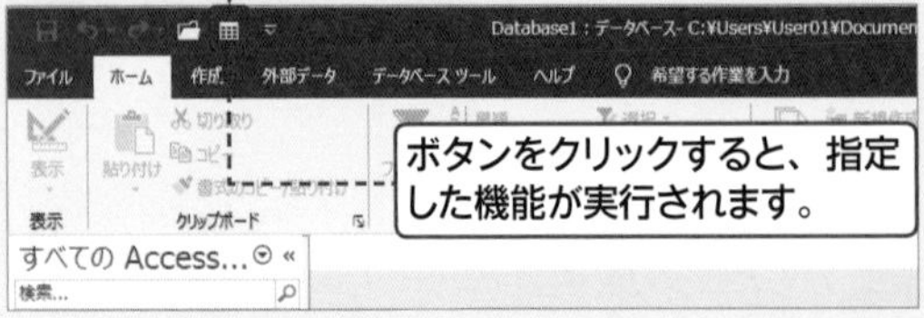

ボタンをクリックすると、指定した機能が実行されます。

● <Accessのオプション>画面で指定する

1 <クイックアクセスツールバーのユーザー設定>をクリックし、

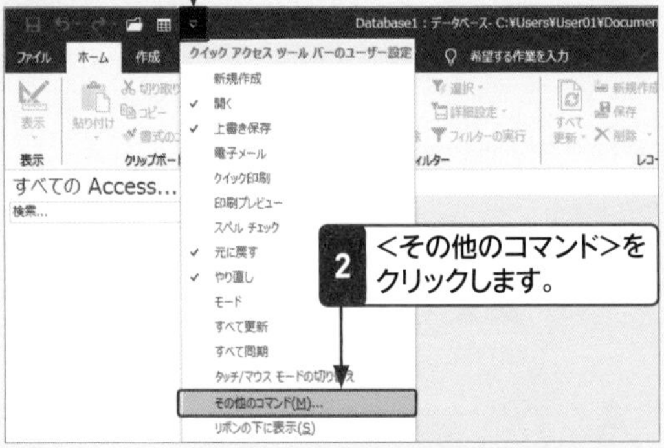

2 <その他のコマンド>をクリックします。

3 <コマンドの選択>から、ここでは<すべてのコマンド>を選択します。

4 どのファイルが開いているときでもボタンを表示するか、指定したファイルが開いているときのみ表示するか選択します。

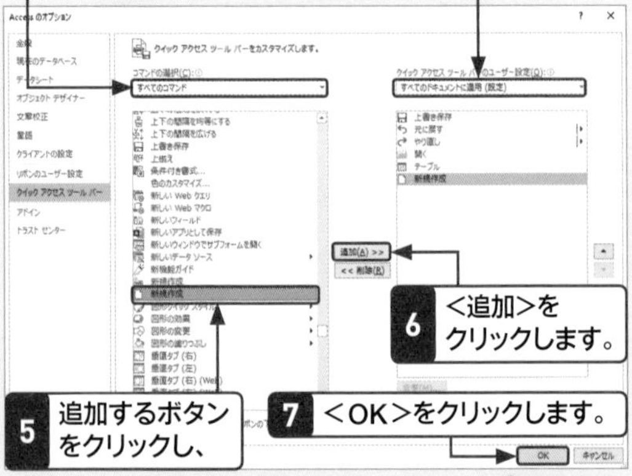

5 追加するボタンをクリックし、

6 <追加>をクリックします。

7 <OK>をクリックします。

8 クイックアクセスツールバーにボタンが表示されます。

重要度★★★ Accessの画面

Q 044 クイックアクセスツールバーのボタンを消したい！

A ボタンを右クリックして削除します。

クイックアクセスツールバーに表示したボタンを削除するには、削除するボタンを右クリックして操作します。指定したファイルでなく、常に表示するボタンを削除した場合は、ほかのファイルを開いたときにもそのボタンは表示されません。

参照▶Q 043

1 削除するボタンを右クリックし、

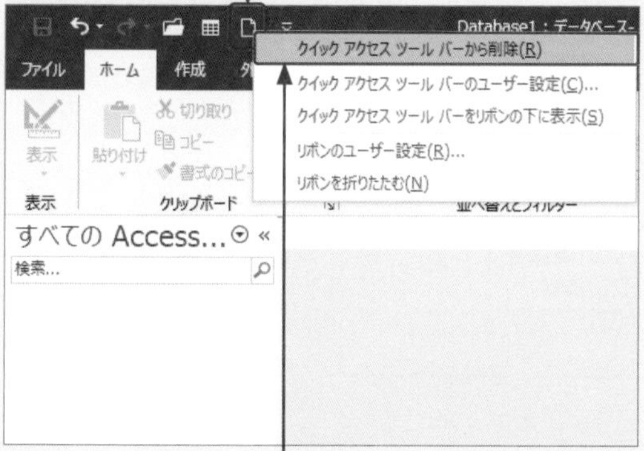

2 <クイックアクセスツールバーから削除>をクリックします。

3 クイックアクセスツールバーからボタンが削除されます。

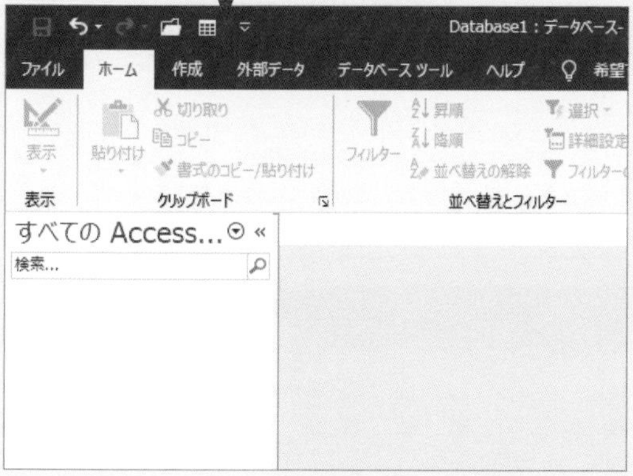

重要度★★★ Accessの画面 2013

Q 045 機能を検索して呼び出したい！

A 操作アシストに、機能名などを入力します。

Office2016以降では、タブの右端に<操作アシスト>が表示されます。「何をしますか ？」と表示されている部分に、実行したい操作や使用したい機能名を入力すると、機能を実行するメニューやヒントなどが表示されます。項目をクリックすると、設定画面やヘルプ画面を表示できます。

1 実行したい操作や調べたい項目を入力し、Enter キーを押します。

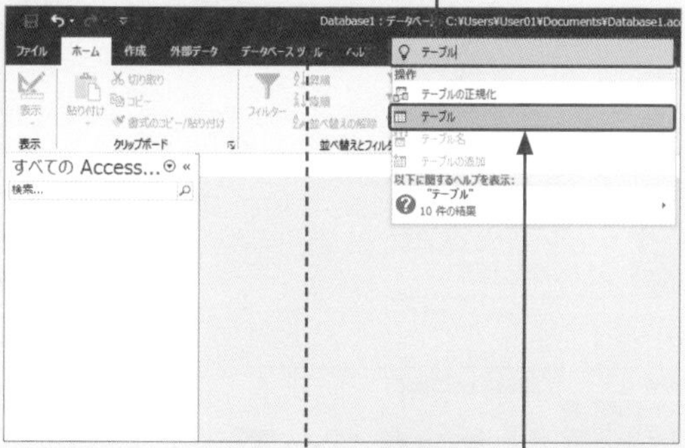

ここが操作アシストです。

2 表示される項目をクリックします。

3 ここでは、新規テーブルが作成されます。

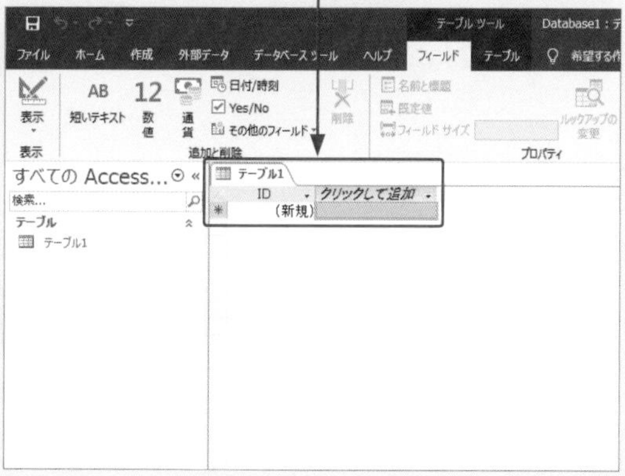

重要度 ★★★ Accessの画面

Q 046 ヘルプ画面を見たい！

A ＜ヘルプ＞タブから表示できます。

操作方法がわからない場合や、設定項目の意味がわからない場合などは、ヘルプ画面を表示するとヒントが見つかる可能性があります。ヘルプ画面では、実行したい操作や機能名などのキーワードを入力してヘルプを検索できます。また、一覧から見たい項目をクリックして画面を表示することもできます。
なお、ヘルプ画面の表示内容は、Accessのバージョンによって異なります。

1 ＜ヘルプ＞タブをクリックし、

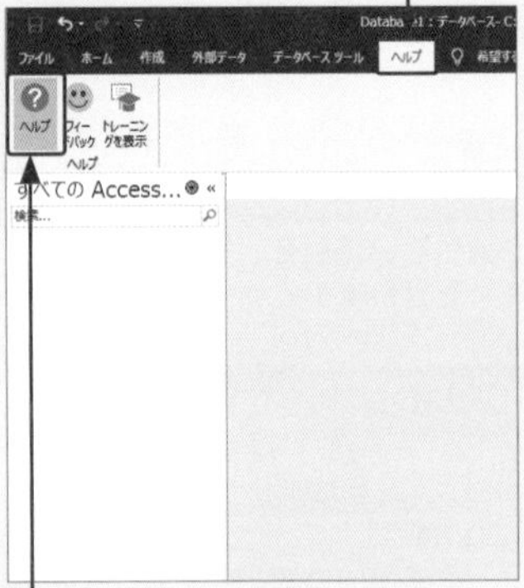

2 ＜ヘルプ＞ボタンをクリックします。

3 ヘルプ画面が表示されます。

4 キーワードを入力します。

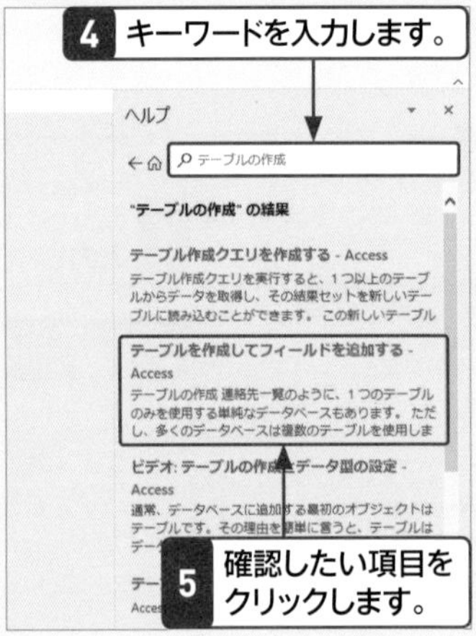

5 確認したい項目をクリックします。

6 ヘルプの内容が表示されます。

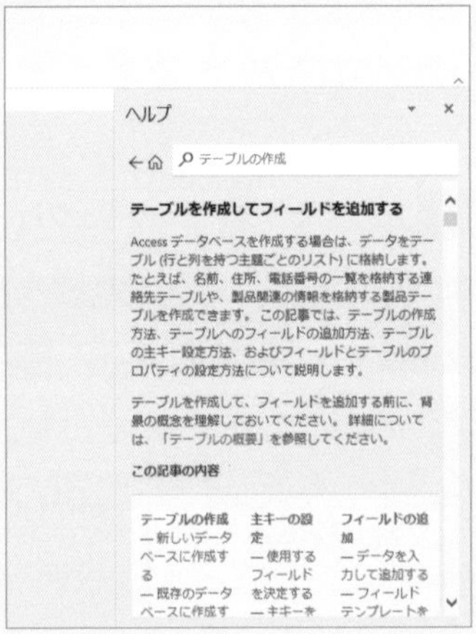

重要度 ★★★ Accessの画面

Q 047 リボンをキーで操作するには？

A Altキーを押してタブやリボンを選択します。

Access画面を表示しているときに、Altキーを押すと、タブやクイックアクセスツールバーのボタンなどに割り当てられたキーを示す英字や数字などが表示されます。たとえば、タブに表示されたキーを押すと、そのタブに切り替えられます。リボンのボタンに表示された英字のキーを押すと、機能を実行できます。

1 Altキーを押します。

2 英字や数字などが表示されます。

3 たとえばCキーを押すと…

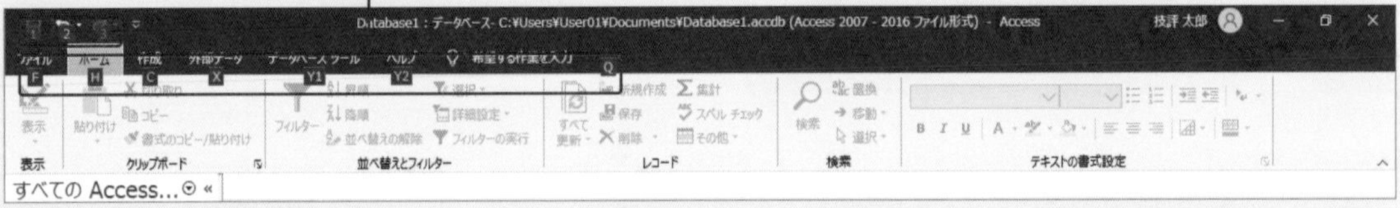

4 ＜作成＞タブが選択されます。

5 表示されたキーを押すと、割り当てられた機能を実行できます。

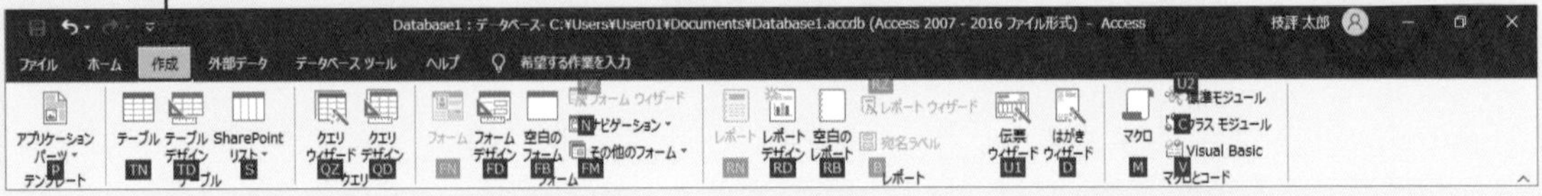

第2章

データベースを構成するオブジェクト

重要度★★★ データベースの作成

Q 048 データベースを作る手順は？

A データベースの目的に合わせて必要なものを作成します。

データベースを作る手順は、データベースの目的によって異なりますが、一般的に次のような方法があります。事前に、どんなデータを集めて、どのように活用したいのかを考えて、完成をイメージするとよいでしょう。必要に応じて、データベースはあとから自由に修正できます。

● 1. データベースを作る目的を明確にする

どのようなデータを集めて活用するかを考えます。たとえば、次のような内容を確認します。

確認する項目	例
どのようなデータを管理したいのか？	「いつ、だれが、何をどれくらい購入したのか」を管理したい。
どんなデータを抽出して表示したいか？	今月の売上データを抽出して顧客別に並べ替えたい。
データの入力画面は必要か？	顧客や商品、売上げなどを入力する画面を利用したい。
どのような形式で印刷したいか？	顧客ごと、月別の売上履歴のデータを印刷したい。

● 2. データを入力するテーブルを作る

データを集める器の役割を持つテーブルを作成します。テーブルの設計は重要です。テーマごとに必要なテーブルを用意して、それぞれ、どのようなデータを集めるかを指定します。

● 3. リレーションシップを設定する

複数のテーブルに関連付けを設定して、相互にデータを参照できるしくみを作ります。

● 4. クエリを作る

必要なデータのみ絞り込んで表示するクエリを作ります。クエリをもとに、フォームやレポートを作ることもできます。

● 5. フォームを作る

データを見やすく表示するための画面や、データを効率よく入力するための画面を作ります。

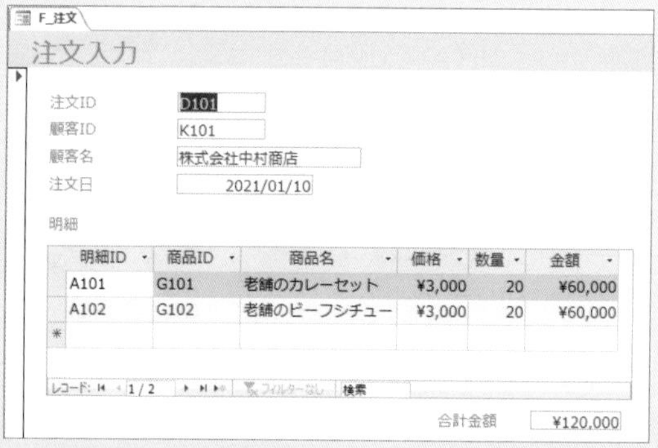

● 6. レポートを作る

データを見やすく印刷するための画面を作ります。

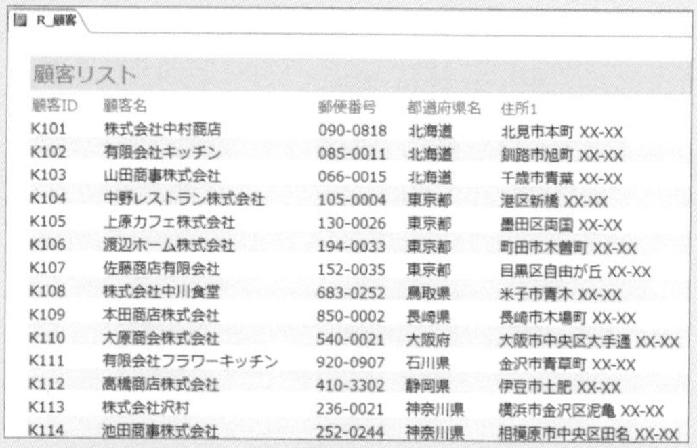

● 7. メニュー画面を作る

作成したデータベースをかんたんに使いこなすためには、メニュー画面があると便利です。メニュー画面の操作で、入力画面や印刷画面を表示できます。

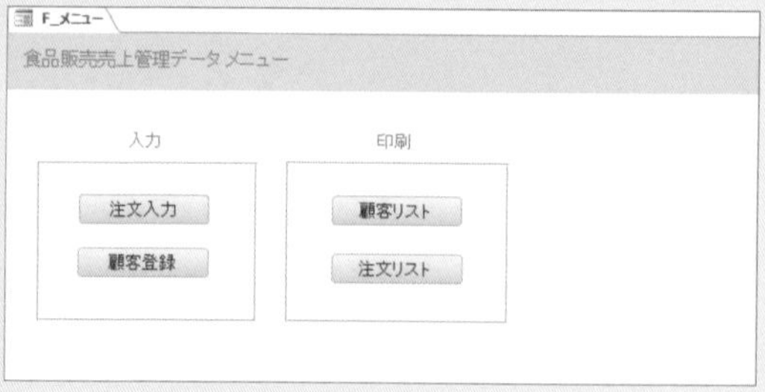

重要度 ★★★ データベースの作成

Q 049 新規ファイルを作成するには？

A 空のファイルを保存します。

データベースのファイルを一から作るには、まず、新しいファイルを作成します。Accessでは、新しいファイルを作成するときに、ファイルを保存する必要があります。これは、WordやExcelなどのソフトと異なる点です。ファイルの保存先とファイル名を指定して保存しましょう。

参照▶Q 038

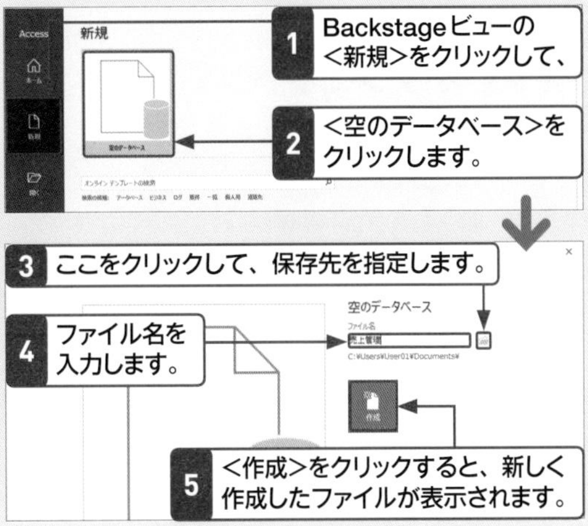

Access
新規
空のデータベース
1 Backstageビューの<新規>をクリックして、
2 <空のデータベース>をクリックします。
3 ここをクリックして、保存先を指定します。
空のデータベース
ファイル名
売上管理
4 ファイル名を入力します。
作成
5 <作成>をクリックすると、新しく作成したファイルが表示されます。

重要度 ★★★ データベースの作成

Q 050 テンプレートをもとにデータベースを作成するには？

A テンプレートの一覧から作成するデータベースを選びます。

Accessには、データベースの目的別に複数のテンプレート（ひな形）が用意されています。利用するデータベースのイメージに近いものがあれば、テンプレートをもとに作成するのもひとつの方法です。テンプレートをもとにファイルを作成すると、あらかじめ複数のオブジェクトが含まれるファイルを利用てきます。もちろん、修正もできます。

参照▶Q 038

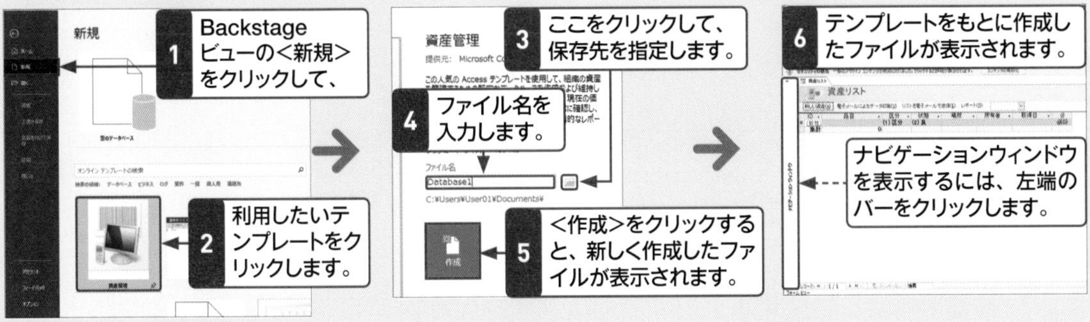

新規
1 Backstageビューの<新規>をクリックして、
空のデータベース
2 利用したいテンプレートをクリックします。
資産管理
3 ここをクリックして、保存先を指定します。
4 ファイル名を入力します。
ファイル名
Database1
作成
5 <作成>をクリックすると、新しく作成したファイルが表示されます。
6 テンプレートをもとに作成したファイルが表示されます。
資産リスト
ナビゲーションウィンドウを表示するには、左端のバーをクリックします。

重要度 ★★★ データベースの作成

Q 051 Webアプリって何？

A 以前利用されていたWeb上で利用するデータベースです。

Webアプリとは、Accessで作成したり編集したりできる、Web上で利用するデータベースです。以前のAccessで利用されていました。データベースの利用者は、Access以外にブラウザーからデータベースを操作できるため、Accessがインストールされていないパソコンからデータベースを利用できるメリットがありました。たとえば、Access 2013などでは、<カスタムWebアプリ>テンプレートなど、アイコンに地球儀が付いたテンプレートを選択すると、Webアプリを作成する画面が開きました。
なお、現在はWebアプリの利用は推奨されていません。Webアプリを利用する環境を整える機能も廃止されています。Web上で利用するデータベースを利用するには、Webアプリの代わりに、Microsoft Power Appsを利用して作成する方法などが推奨されています。

重要度 ★★★ Accessのオブジェクト

Q 052 オブジェクトって何？

A データベースを構成する部品のことです。

データベースは「オブジェクト」という部品で構成されています。オブジェクトには、役割によっていくつかの種類があります。データベースを作るときは、必要なオブジェクトを必要な数だけ作成します。一般的に、データを保存するテーブルを最初に作成します。

● Accessのオブジェクト

オブジェクトの種類	内容
テーブル	データを集めて保存する器です。
クエリ	テーブルやクエリのデータを並べ替えて表示したり、必要なデータを抽出したりします。
フォーム	データを入力したり、見やすく表示したりします。
レポート	データを見やすく印刷します。
マクロ	Accessで行う操作をかんたんな手順で自動化します。
モジュール	Accessで行う操作をVBAというプログラム言語を使って自動化します。

重要度 ★★★ Accessのオブジェクト

Q 053 オブジェクトとオブジェクトの関係は？

A ほかのオブジェクトをもとに作成したオブジェクトとの関係です。

Accessでオブジェクトを作成するときは、そのオブジェクトのもとのオブジェクトを指定できる場合があります。たとえば、クエリやフォーム、レポートなどのオブジェクトは、既存のテーブルやクエリをもとに作成できます。

そのため、テーブルのデータから指定したデータを抽出するクエリを作成し、そのクエリのデータを表示するフォームを作成したり、そのクエリのデータを印刷するレポートを作成したりできます。

データが保存されるのはテーブルです。クエリやフォーム、レポートに、データが保存されるわけではありません。オブジェクトを開いたときに、もとのテーブルにデータの問い合わせが行われて、その結果が表示されるしくみになっています。最初はわかりづらいかもしれませんが、オブジェクトを作成しながら慣れていきましょう。

参照▶Q 714、Q 715

重要度 ★★★ Accessのオブジェクト

Q 054 プロパティって何？

A 性質や特徴を指定する設定項目のことです。

かんたんにいうと、プロパティは「さまざまな設定をする項目」のことです。Accessでは、データベースのファイルを作る過程で、頻繁にプロパティの設定をします。たとえば、テーブルのプロパティを設定したり、フォームに配置したテキストボックスのプロパティを設定したりします。設定をする対象によって、設定できるプロパティの項目は異なります。

● プロパティシート

プロパティは＜プロパティシート＞から設定できます。その際は、設定対象のオブジェクトやコントロールが選択されていることを確認しましょう。設定対象が違う場合は、プロパティシートが表示されている状態で正しい設定対象をクリックすると、プロパティシートの内容が切り替わります。

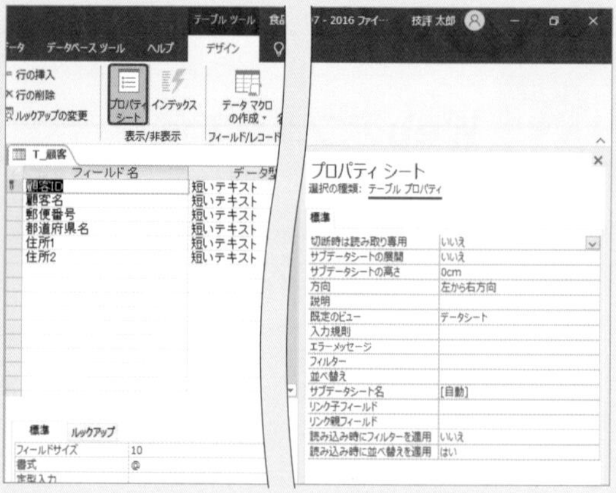

重要度 ★★★　Accessのオブジェクト

Q 055 テーブルって何？

A データを入れる器の役割を持つオブジェクトです。

テーブルとは、データを集めて保存する重要な役割を持つオブジェクトです。テーブルをもとにクエリやフォーム、レポートなどのオブジェクトを作成できます。なお、テーブルを開く方法には、「データシートビュー」と「デザインビュー」があります。

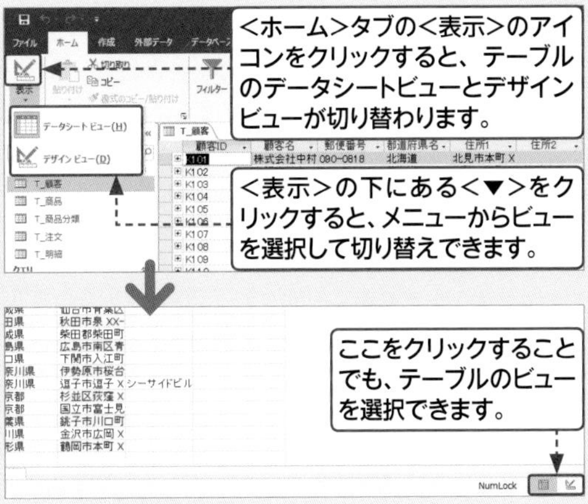

＜ホーム＞タブの＜表示＞のアイコンをクリックすると、テーブルのデータシートビューとデザインビューが切り替わります。
＜表示＞の下にある＜▼＞をクリックすると、メニューからビューを選択して切り替えできます。
ここをクリックすることでも、テーブルのビューを選択できます。

重要度 ★★★　Accessのオブジェクト

Q 056 テーブルを開くには？

A ナビゲーションウィンドウのテーブルをダブルクリックします。

テーブルを開くには、ナビゲーションウィンドウでテーブル名をダブルクリックするか、テーブル名を右クリックして＜開く＞をクリックします。すると、テーブルがデータシートビューで表示されます。
通常、テーブルの名前がタブに表示されて、データの内容がその下に表示されます。データ件数は左下に表示されます。

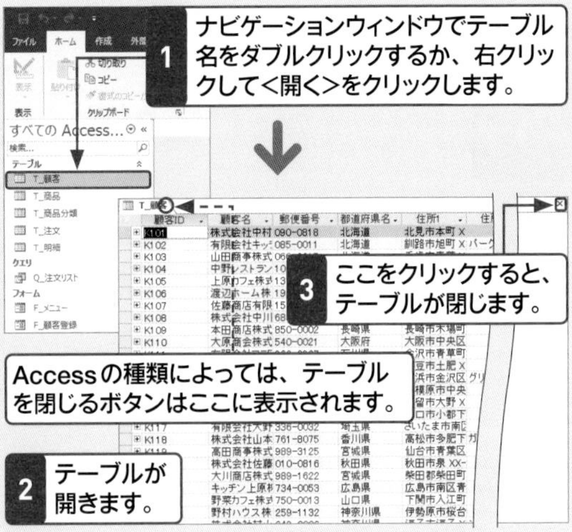

1 ナビゲーションウィンドウでテーブル名をダブルクリックするか、右クリックして＜開く＞をクリックします。
2 テーブルが開きます。
3 ここをクリックすると、テーブルが閉じます。
Accessの種類によっては、テーブルを閉じるボタンはここに表示されます。

重要度 ★★★　Accessのオブジェクト

Q 057 テーブルの設計画面はどうなっている？

A テーブルをデザインビューで開きます。

オブジェクトを開くときは、どの表示方法で見るのか、ビューを指定します。単純にテーブルをダブルクリックして開くと「データシートビュー」で開きます。テーブルを設計する画面を開くには「デザインビュー」で開きます。
ビューを切り替えるには、画面右下のボタンをクリックする、＜ホーム＞タブの＜表示＞をクリックする、＜表示＞の下の＜▼＞をクリックしてメニューから選択する、タブを右クリックして選択する、などの方法などがあります。

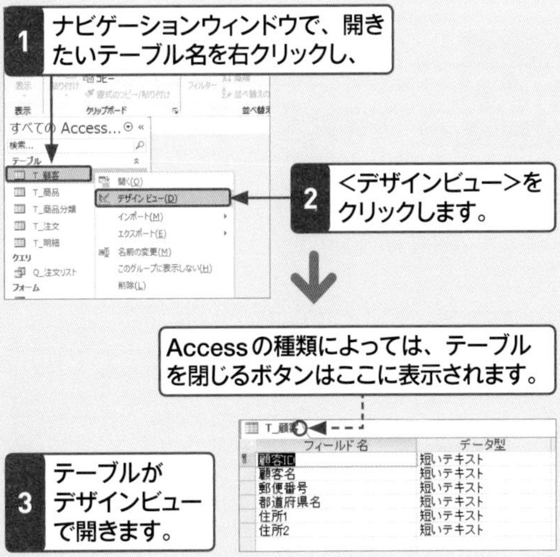

1 ナビゲーションウィンドウで、開きたいテーブル名を右クリックし、
2 ＜デザインビュー＞をクリックします。
Accessの種類によっては、テーブルを閉じるボタンはここに表示されます。
3 テーブルがデザインビューで開きます。

重要度 ★★★ Accessのオブジェクト

Q 058 クエリって何？

A データを並べ替えたり抽出したりするオブジェクトです。

クエリはオブジェクトの一種ですが、いくつかの種類があります。テーブルやほかのクエリのデータを並べ替えたり、抽出したりして表示するクエリを「選択クエリ」といいます。また、データを集計する「クロス集計クエリ」や、テーブルのデータをまとめて更新するなど、テーブルのデータを操作する「アクションクエリ」などがあります。

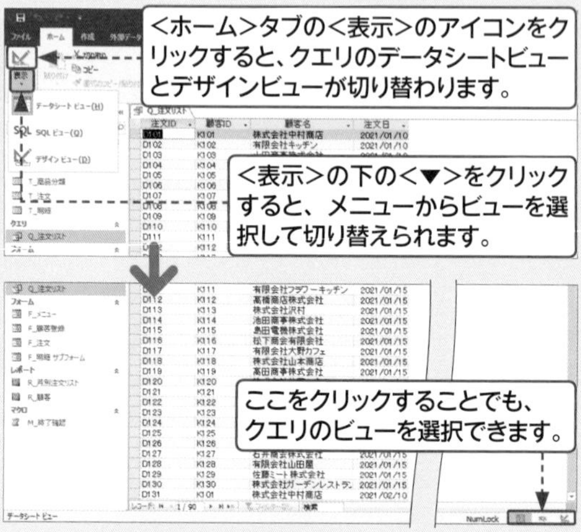
<ホーム>タブの<表示>のアイコンをクリックすると、クエリのデータシートビューとデザインビューが切り替わります。
<表示>の下の<▼>をクリックすると、メニューからビューを選択して切り替えられます。
ここをクリックすることでも、クエリのビューを選択できます。

重要度 ★★★ Accessのオブジェクト

Q 059 クエリを開くには？

A ナビゲーションウィンドウのクエリをダブルクリックします。

クエリを開くには、ナビゲーションウィンドウでクエリ名をダブルクリックするか、クエリ名を右クリックして<開く>をクリックします。なお、ナビゲーションウィンドウからアクションクエリを開くと、テーブルのデータを変更・削除してしまうので注意しましょう。

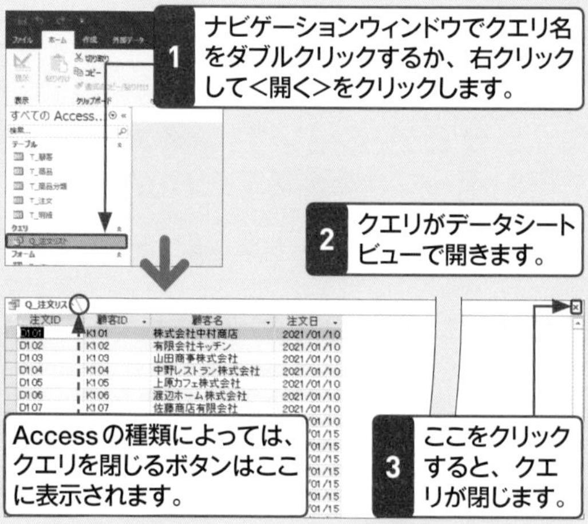
1 ナビゲーションウィンドウでクエリ名をダブルクリックするか、右クリックして<開く>をクリックします。
2 クエリがデータシートビューで開きます。
Accessの種類によっては、クエリを閉じるボタンはここに表示されます。
3 ここをクリックすると、クエリが閉じます。

重要度 ★★★ Accessのオブジェクト

Q 060 クエリの設計画面はどうなっている？

A クエリをデザインビューで開きます。

クエリの設計画面を表示するには、デザインビューでクエリを開きます。選択クエリの場合、どの項目を表示するか、どの項目に並べ替え条件が指定されているか、どの項目に抽出条件が指定されているかなどがわかります。
クエリをデータシートビューに切り替えると、クエリのもとのテーブルにデータの問い合わせが行われ、条件に合うデータが表示されます。

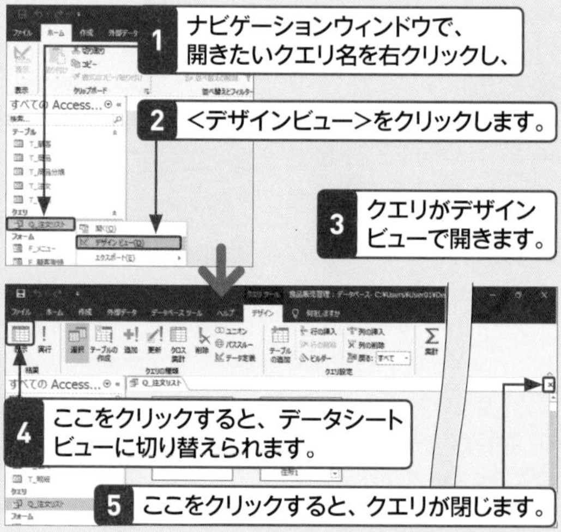
1 ナビゲーションウィンドウで、開きたいクエリ名を右クリックし、
2 <デザインビュー>をクリックします。
3 クエリがデザインビューで開きます。
4 ここをクリックすると、データシートビューに切り替えられます。
5 ここをクリックすると、クエリが閉じます。

重要度 ★★★ Accessのオブジェクト

Q 061 フォームって何？

A データを見やすく表示したり、データを入力したりするオブジェクトです。

フォームは、テーブルやクエリのデータを見やすく表示したり、テーブルにデータを入力したりする画面を作れるオブジェクトです。テーブルやクエリをもとに作れます。また、メインメニューなどの画面を用意して、データベースを使いやすくする目的にも利用できます。この場合は、テーブルやクエリをもとにするのではなく、白紙の状態からフォームを作ります。

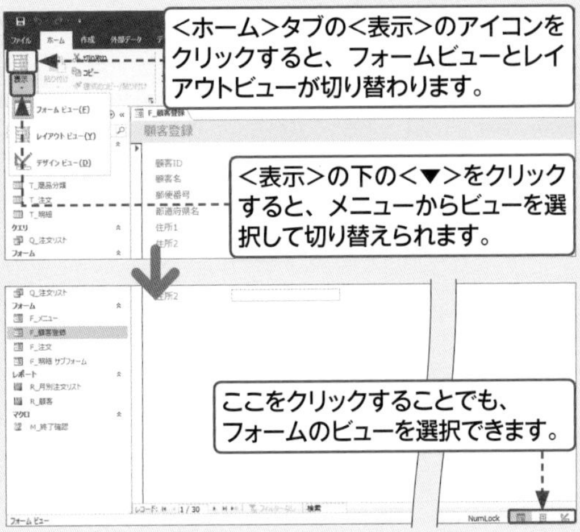
<ホーム>タブの<表示>のアイコンをクリックすると、フォームビューとレイアウトビューが切り替わります。
<表示>の下の<▼>をクリックすると、メニューからビューを選択して切り替えられます。
ここをクリックすることでも、フォームのビューを選択できます。

重要度 ★★★ Accessのオブジェクト

Q 062 フォームを開くには？

A ナビゲーションウィンドウのフォームをダブルクリックします。

フォームを開くには、ナビゲーションウィンドウでフォーム名をダブルクリックするか、フォーム名を右クリックして<開く>をクリックします。フォームを開くと、フォームのもとになっているテーブルやクエリのデータが表示されます。

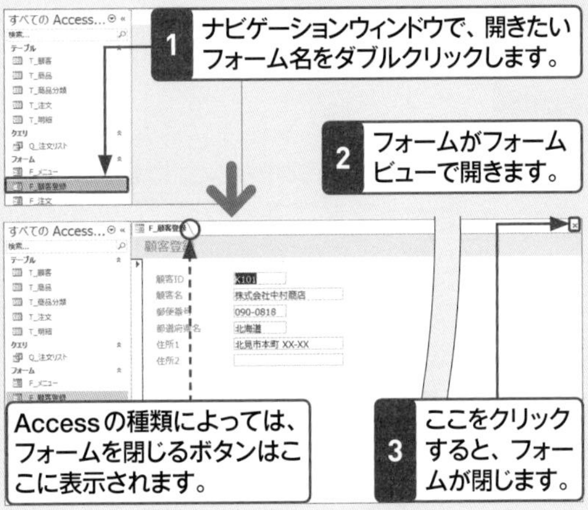
1 ナビゲーションウィンドウで、開きたいフォーム名をダブルクリックします。
2 フォームがフォームビューで開きます。
Accessの種類によっては、フォームを閉じるボタンはここに表示されます。
3 ここをクリックすると、フォームが閉じます。

重要度 ★★★ Accessのオブジェクト

Q 063 フォームの設計画面はどうなっている？

A フォームをデザインビューで開きます。

フォームにどのようなデータを表示するかなどを指定するには、フォームをデザインビューで開いて操作します。また、フォームには、レイアウトビューというビューも用意されています。レイアウトビューは、実際のデータを見ながら項目の位置や大きさなどを変更できる表示方法です。

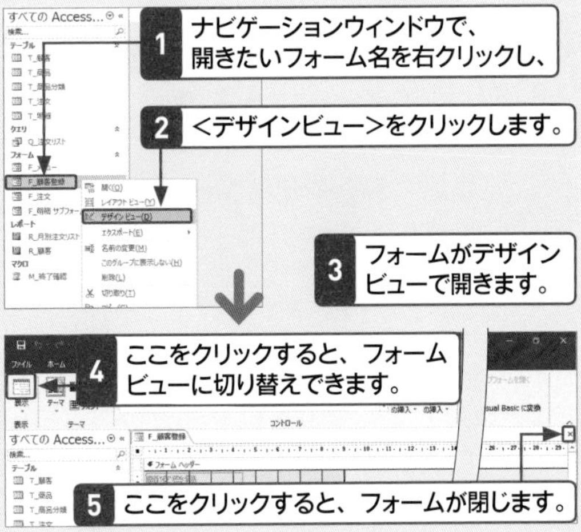
1 ナビゲーションウィンドウで、開きたいフォーム名を右クリックし、
2 <デザインビュー>をクリックします。
3 フォームがデザインビューで開きます。
4 ここをクリックすると、フォームビューに切り替えできます。
5 ここをクリックすると、フォームが閉じます。

重要度 ★★★ Accessのオブジェクト

Q 064 レポートって何？

A データを見やすく印刷するためのオブジェクトです。

レポートは、テーブルやクエリのデータを見やすく表示して、印刷する画面を作れるオブジェクトです。レポートはテーブルやクエリをもとに作れます。

テーブルやクエリのデータをグループごとに集計して印刷するレポートや、宛名ラベルシートに宛名を印刷するレポートなどを作成できます。

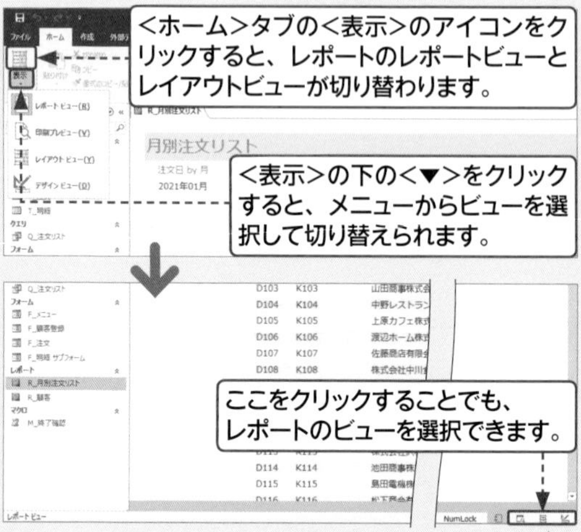
<ホーム>タブの<表示>のアイコンをクリックすると、レポートのレポートビューとレイアウトビューが切り替わります。
<表示>の下の<▼>をクリックすると、メニューからビューを選択して切り替えられます。
ここをクリックすることでも、レポートのビューを選択できます。

重要度 ★★★ Accessのオブジェクト

Q 065 レポートを開くには？

A ナビゲーションウィンドウのレポートをダブルクリックします。

レポートを開くには、ナビゲーションウィンドウでレポート名をダブルクリックするか、レポート名を右クリックして<開く>をクリックします。レポートを開くと、レポートのもとになっているクエリの並べ替えや抽出条件などに応じて、もとのテーブルからデータが抽出されます。

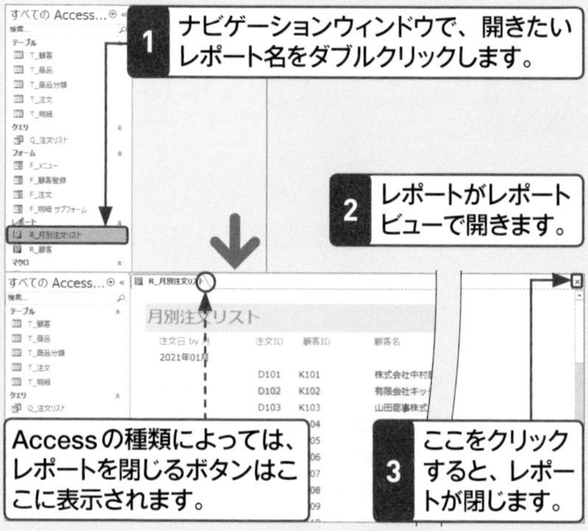
1 ナビゲーションウィンドウで、開きたいレポート名をダブルクリックします。
2 レポートがレポートビューで開きます。
Accessの種類によっては、レポートを閉じるボタンはここに表示されます。
3 ここをクリックすると、レポートが閉じます。

重要度 ★★★ Accessのオブジェクト

Q 066 レポートの設計画面はどうなっている？

A レポートをデザインビューで開きます。

レポートにどのようなデータを表示するかなどを指定するには、レポートをデザインビューで開いて操作します。

また、レポートには、レイアウトビューや印刷プレビューというビューもあります。レイアウトビューは、実際のデータを見ながら項目の位置や大きさなどを変更できる表示方法です。印刷プレビューは、印刷イメージを表示する表示方法です。

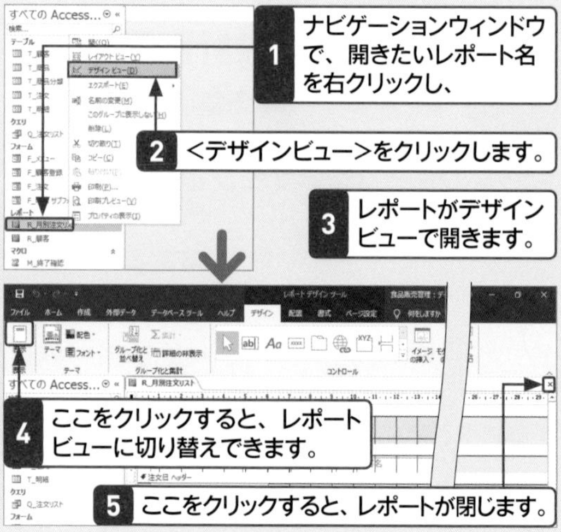
1 ナビゲーションウィンドウで、開きたいレポート名を右クリックし、
2 <デザインビュー>をクリックします。
3 レポートがデザインビューで開きます。
4 ここをクリックすると、レポートビューに切り替えできます。
5 ここをクリックすると、レポートが閉じます。

重要度★★★ Accessのオブジェクト

Q 067 マクロって何？

A 操作を自動化するオブジェクトです。

マクロは、フォームを開く、レポートを印刷するなど、さまざまな操作を自動化するときに作るオブジェクトです。マクロを作成する方法はいくつかありますが、たとえば、一覧から実行したい操作を選択するだけで作る方法もあります。
フォームにマクロを実行するボタンを配置することもできます。

● マクロの表示

マクロを作成すると、ナビゲーションウィンドウに表示されます。

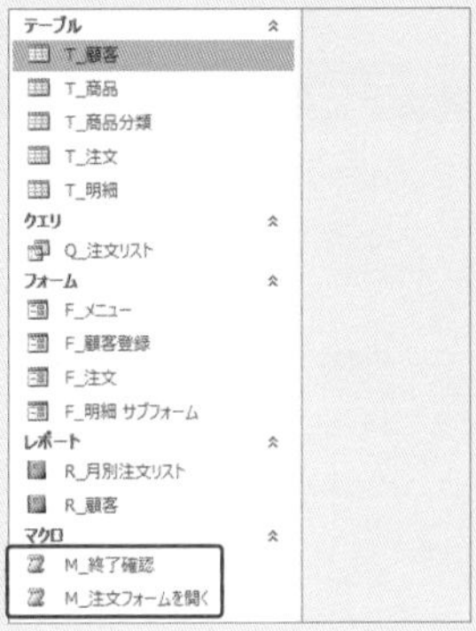

● ボタンにマクロを割り当てる

ボタンのクリック時の操作にマクロを割り当てることができます。マクロが割り当てられたボタンをクリックすると、フォームを開くなどのマクロが実行されます。

ここでは、「F_注文」という名前のフォームを開くマクロの実行例を紹介します。

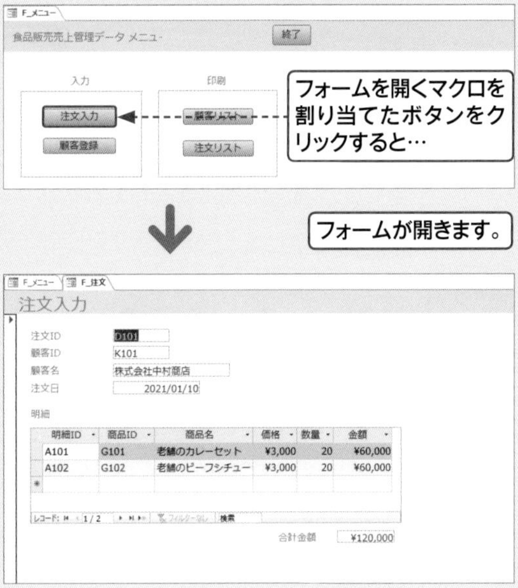

重要度★★★ Accessのオブジェクト

Q 068 マクロを実行するには？

A ナビゲーションウィンドウのマクロをダブルクリックします。

マクロを実行する方法は、いくつかあります。ナビゲーションウィンドウからもマクロを実行できます。マクロを使って実行した操作はもとに戻せないこともあるので、実行するときは注意しましょう。

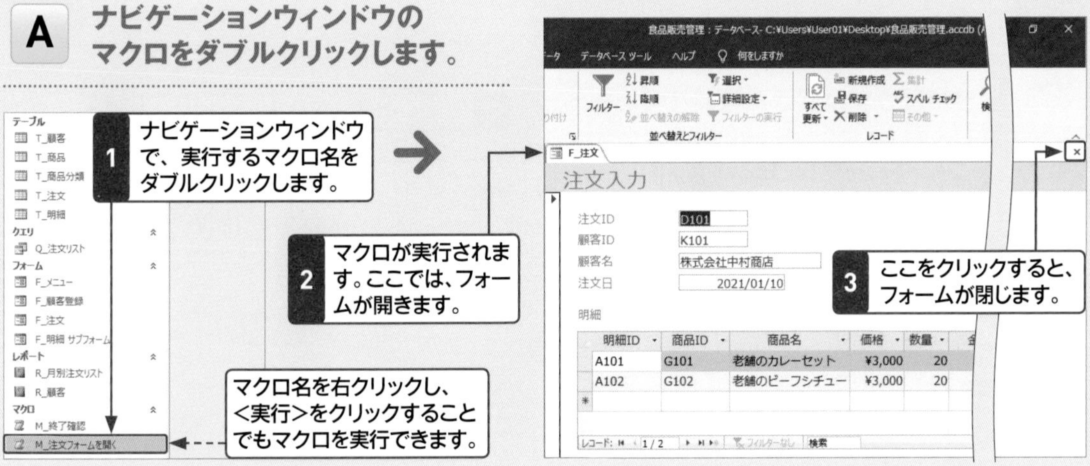

重要度 ★★★ Accessのオブジェクト

Q 069 マクロの設計画面はどうなっている？

A マクロをデザインビューで開きます。

マクロで実行する内容を指定するには、マクロをデザインビューで開いて操作します。ナビゲーションウィンドウのマクロを単純にダブルクリックすると、マクロが実行されてしまうので注意しましょう。

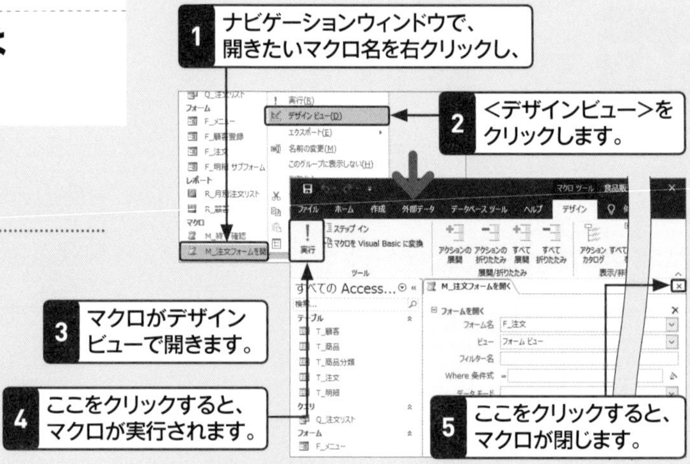
1 ナビゲーションウィンドウで、開きたいマクロ名を右クリックし、
2 <デザインビュー>をクリックします。
3 マクロがデザインビューで開きます。
4 ここをクリックすると、マクロが実行されます。
5 ここをクリックすると、マクロが閉じます。
実行
デザイン ビュー(D)
M_注文フォームを開く
フォーム名 F_注文
ビュー フォーム ビュー

重要度 ★★★ Accessのオブジェクト

Q 070 モジュールって何？

A プログラム言語を使って操作を自動化するためのオブジェクトです。

モジュールとは、VBAというプログラミング言語を使って操作を自動化する内容を書くオブジェクトです。マクロでも操作を自動化できますが、モジュールを利用すると、より複雑な操作を自動化できます。

● モジュールの表示

モジュールを作成した場合も、ナビゲーションウィンドウに表示されます。

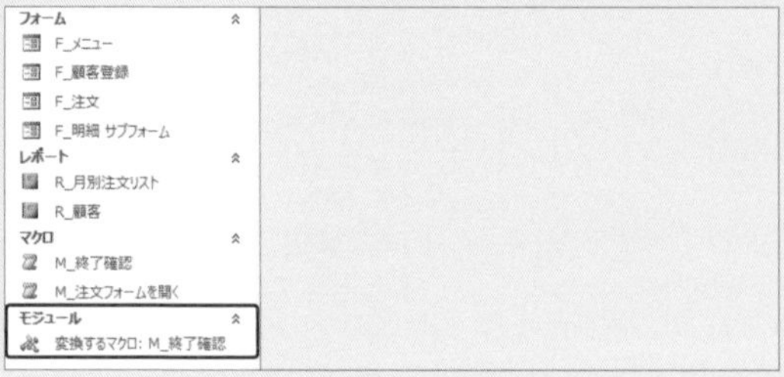
フォーム
F_メニュー
F_顧客登録
F_注文
F_明細 サブフォーム
レポート
R_月別注文リスト
R_顧客
マクロ
M_終了確認
M_注文フォームを開く
モジュール
変換するマクロ: M_終了確認

重要度 ★★★ Accessのオブジェクト

Q 071 VBAって何？

A モジュールで自動化する操作を書くときに使うプログラム言語です。

モジュールで操作内容を書くときに使うプログラム言語をVBA（Visual Basic for Applications）といいます。また、AccessではマクロでE指定した内容をVBAに変換することができます。VBAの知識があれば、変換された内容を修正することも可能です。

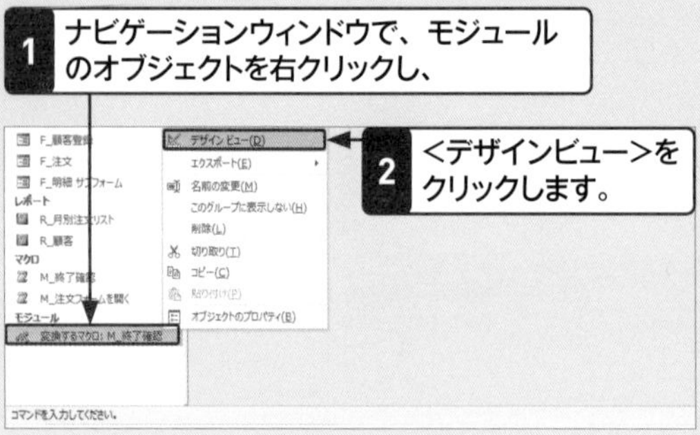
1 ナビゲーションウィンドウで、モジュールのオブジェクトを右クリックし、
2 <デザインビュー>をクリックします。
デザイン ビュー(D)
変換するマクロ: M_終了確認

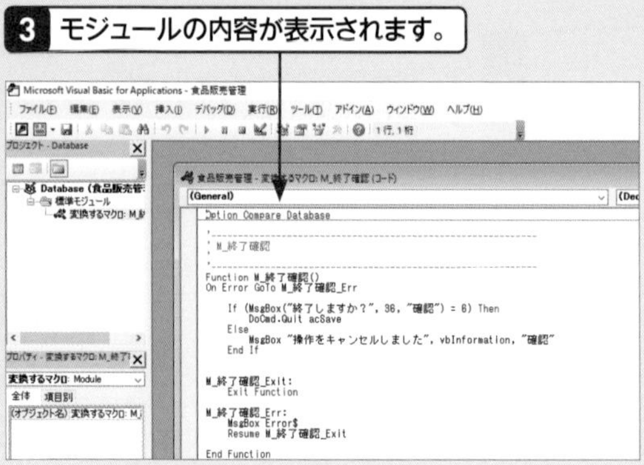
3 モジュールの内容が表示されます。
Microsoft Visual Basic for Applications - 食品販売管理
Option Compare Database
Function M_終了確認()
On Error GoTo M_終了確認_Err
If (MsgBox("終了しますか？", 36, "確認") = 6) Then
DoCmd.Quit acSave
Else
MsgBox "操作をキャンセルしました", vbInformation, "確認"
End If
M_終了確認_Exit:
Exit Function
M_終了確認_Err:
MsgBox Error$
Resume M_終了確認_Exit
End Function

重要度 ★★★ ナビゲーションウィンドウ

Q 072 オブジェクトの有無はどこでわかる？

A ナビゲーションウィンドウで確認します。

オブジェクトを作ると、ナビゲーションウィンドウにオブジェクトの名前が表示されます。なお、オブジェクトの種類によって、オブジェクトのアイコンが異なります。

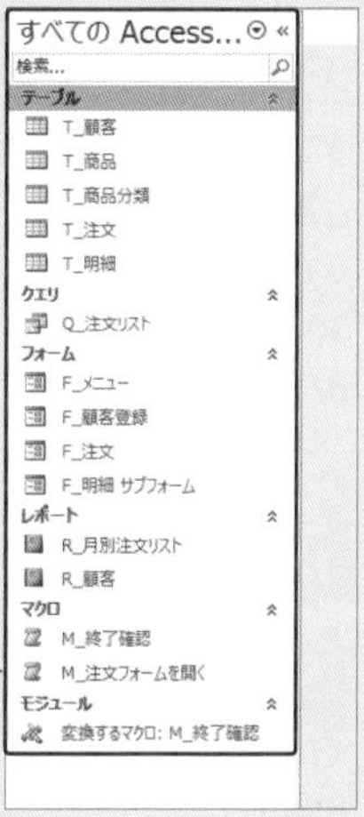

●オブジェクトのアイコン例

オブジェクトの種類	アイコン
テーブル	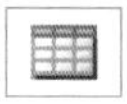（テーブル）
	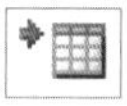（リンクテーブル）
クエリ	（選択クエリ）
	（テーブル作成クエリ）
	（追加クエリ）
	（更新クエリ）
	（削除クエリ）
	（クロス集計クエリ）
フォーム	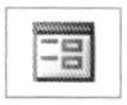
レポート	
マクロ	
モジュール	

重要度 ★★★ ナビゲーションウィンドウ

Q 073 オブジェクトの表示方法を切り替えるには？

A ナビゲーションウィンドウの上部のボタンをクリックします。

ナビゲーションウィンドウに表示されるオブジェクトは、通常、オブジェクトの種類ごとにまとまって表示されています。作成日や更新日ごとにまとめて表示したい場合は、表示方法を切り替えます。

また、表示するオブジェクトを絞り込むことなどもできます。

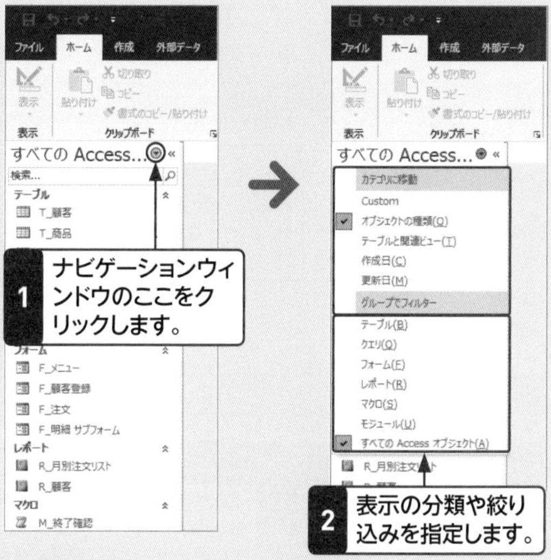

●分類の選択

カテゴリ	内容
Custom（ユーザー設定）	分類を指定します。 分類のグループは、ナビゲーションウィンドウの空いているところを右クリックし、＜ナビゲーションオプション＞を選択し、表示される画面の＜ユーザー設定＞（Custom）をクリックして指定できます。
	ナビゲーションウィンドウのオブジェクトをグループにドラッグすると、そのグループにオブジェクトへのショートカットが表示されます。
オブジェクトの種類	オブジェクトの種類ごとに表示します。
テーブルと関連ビュー	個々のテーブルに関連のあるオブジェクトをまとめて表示します。
作成日	作成日ごとに表示します。
更新日	更新日ごとに表示します。
グループでフィルター	表示するオブジェクトの種類や作成日などを選択して抽出できます。

重要度 ★★★ ナビゲーションウィンドウ

Q 074 オブジェクトのアイコンの表示方法を変更するには？

A ナビゲーションウィンドウの上部やカテゴリー名を右クリックします。

ナビゲーションウィンドウには、オブジェクトが種類ごとにまとまって表示されます。オブジェクトの数が増えてきたら、必要に応じてグループ内のオブジェクトを折りたたんで表示すると便利です。

また、オブジェクトを表示するときの形式は、<アイコン><詳細>などから選択できます。<詳細>に設定している場合などは、不要なグループを折りたたんで表示すると見やすくなります。

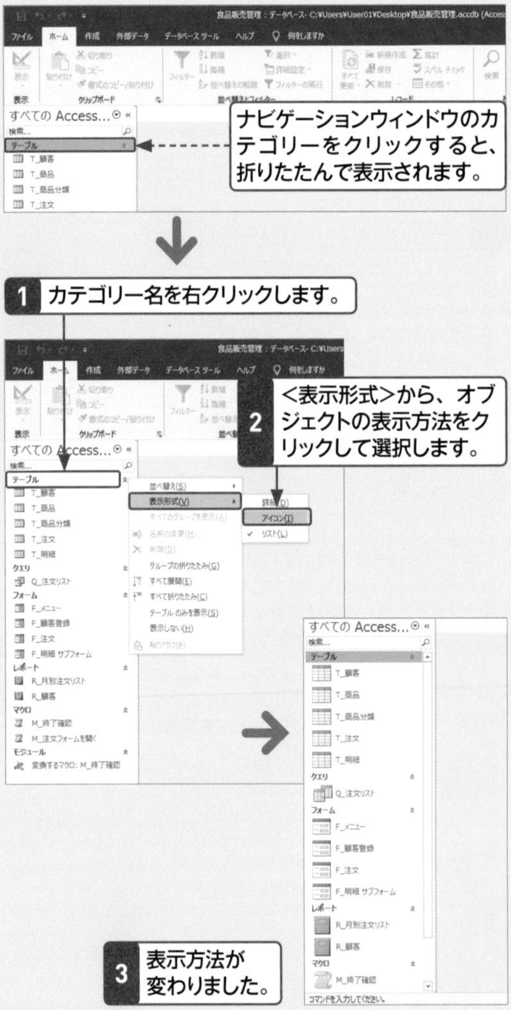
ナビゲーションウィンドウのカテゴリーをクリックすると、折りたたんで表示されます。
1 カテゴリー名を右クリックします。
2 <表示形式>から、オブジェクトの表示方法をクリックして選択します。
3 表示方法が変わりました。

重要度 ★★★ ナビゲーションウィンドウ

Q 075 オブジェクトを検索するには？

A <検索バー>ボックスにキーワードを入力します。

目的のオブジェクトを素早く見つけるには、<検索バー>ボックスを使ってオブジェクトを検索します。オブジェクトやオブジェクトへのショートカット名の一部を入力して、検索してみましょう。

<検索バー>ボックスが表示されていない場合は、Q076の方法で<ナビゲーションオプション>画面を表示して<検索バーを表示する>をクリックします。

参照▶Q 076

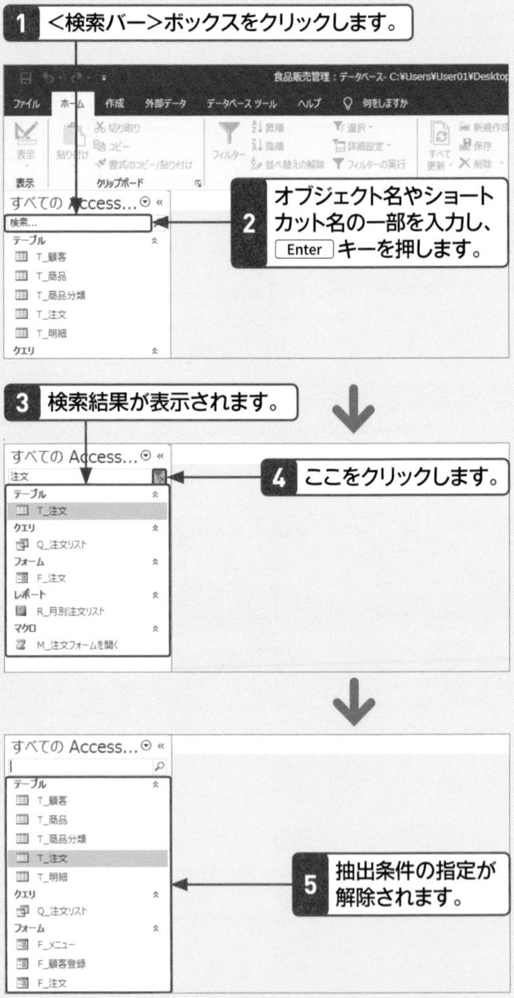
1 <検索バー>ボックスをクリックします。
2 オブジェクト名やショートカット名の一部を入力し、Enter キーを押します。
3 検索結果が表示されます。
4 ここをクリックします。
5 抽出条件の指定が解除されます。

重要度★★★ ナビゲーションウィンドウ

Q 076 作った覚えのないオブジェクトが表示されている!

A ナビゲーションウィンドウの表示オプションを確認しましょう。

ナビゲーションウィンドウには、作ったオブジェクトが表示されます。通常、Accessが自動的に作る「システムオブジェクト」や、ナビゲーションウィンドウに表示されないように指定された「隠しオブジェクト」は非表示になっています。＜ナビゲーションオプション＞画面を表示して、システムオブジェクトや隠しオブジェクトの表示方法を確認してみましょう。

ナビゲーションウィンドウに作った覚えのない
オブジェクトが表示されています

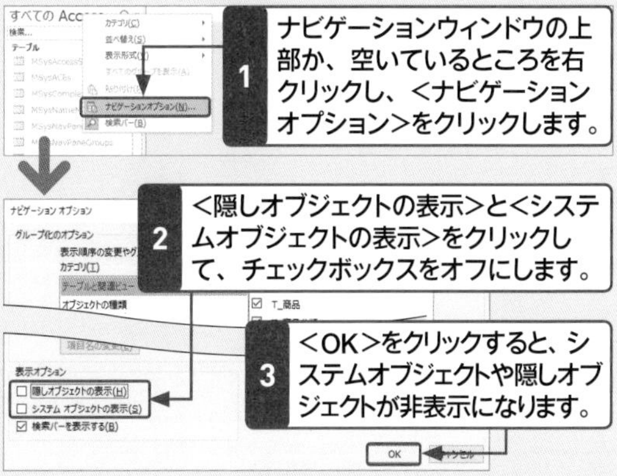
1 ナビゲーションウィンドウの上部か、空いているところを右クリックし、＜ナビゲーションオプション＞をクリックします。
2 ＜隠しオブジェクトの表示＞と＜システムオブジェクトの表示＞をクリックして、チェックボックスをオフにします。
3 ＜OK＞をクリックすると、システムオブジェクトや隠しオブジェクトが非表示になります。

重要度★★★ ナビゲーションウィンドウ

Q 077 オブジェクトが見つからない!

A オブジェクトが非表示になっている可能性があります。

あるはずのオブジェクトがナビゲーションウィンドウに表示されない場合は、オブジェクトを非表示にしてしまった可能性があります。グループに表示するかどうかを指定しましょう。非表示のオブジェクトを表示して、オブジェクトが薄く見えたら、表示方法を変更します。オブジェクトが見つからない場合、オブジェクトを隠しオブジェクトにしている可能性もあります。その場合は、ここで紹介する操作を行った後に、隠しオブジェクトの設定を解除します。

参照▶Q 712、Q 713

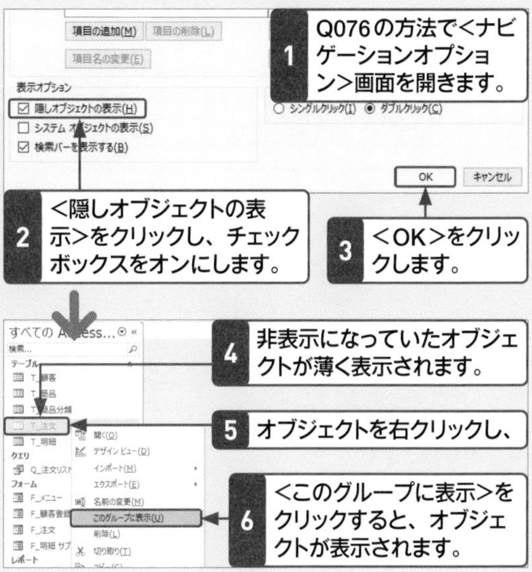
1 Q076の方法で＜ナビゲーションオプション＞画面を開きます。
2 ＜隠しオブジェクトの表示＞をクリックし、チェックボックスをオンにします。
3 ＜OK＞をクリックします。
4 非表示になっていたオブジェクトが薄く表示されます。
5 オブジェクトを右クリックし、
6 ＜このグループに表示＞をクリックすると、オブジェクトが表示されます。

重要度★★★ ナビゲーションウィンドウ

Q 078 オブジェクトの並び順を変更したい!

A ナビゲーションウィンドウで並べ替え条件を指定します。

オブジェクトの並び順は変更できます。目的のオブジェクトが見つけづらい場合などは、並び順を変更してみましょう。分類ごとにオブジェクトの種類や日付順などで並べ替えられます。

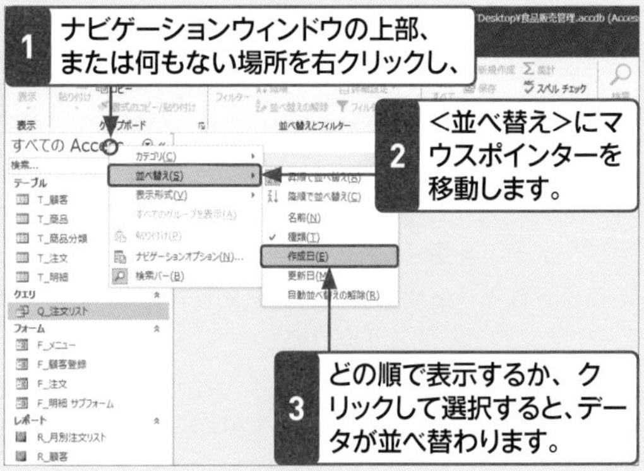
1 ナビゲーションウィンドウの上部、または何もない場所を右クリックし、
2 ＜並べ替え＞にマウスポインターを移動します。
3 どの順で表示するか、クリックして選択すると、データが並べ替わります。

重要度 ★★★ オブジェクトを開く／閉じる

Q 079 複数のオブジェクトをまとめて閉じたい！

A タブを右クリックして操作を選びます。

オブジェクトを開くと、通常は、タブごとにオブジェクトが開きます。複数のオブジェクトをすべて閉じるには、タブを右クリックすると表示されるメニューから操作を選択します。
オブジェクトをウィンドウで開く設定にしている場合は、オブジェクトのウィンドウのタイトルバーを右クリックして操作を選択します。 参照▶Q 080

複数のオブジェクトが開いている状態です。

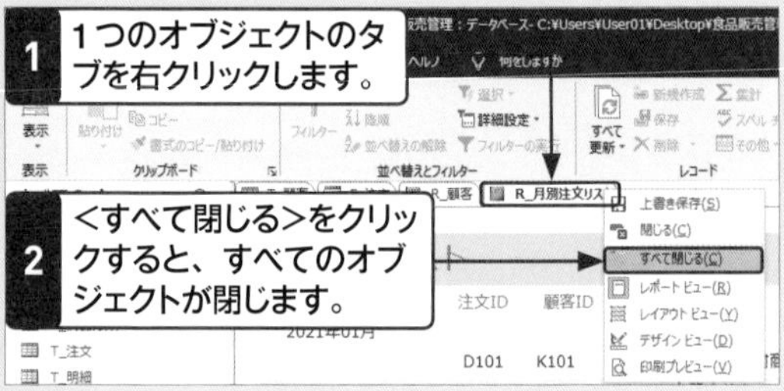
1 1つのオブジェクトのタブを右クリックします。
2 <すべて閉じる>をクリックすると、すべてのオブジェクトが閉じます。

重要度 ★★★ オブジェクトを開く／閉じる

Q 080 オブジェクトをタブではなくウィンドウで開くには？

A <ウィンドウを重ねて表示する>設定に変更します。

オブジェクトを開くと、通常は、ナビゲーションウィンドウの横にタブが付いた状態で開きます。複数のオブジェクトを開いた場合は、タブをクリックして表示するオブジェクトを切り替えられます。オブジェクトを個々のウィンドウの形で開くには、設定を変更します。

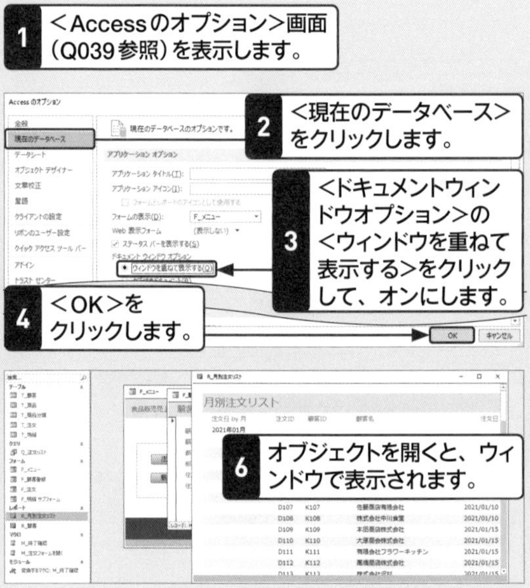
1 <Accessのオプション>画面（Q039参照）を表示します。
2 <現在のデータベース>をクリックします。
3 <ドキュメントウィンドウオプション>の<ウィンドウを重ねて表示する>をクリックして、オンにします。
4 <OK>をクリックします。
6 オブジェクトを開くと、ウィンドウで表示されます。

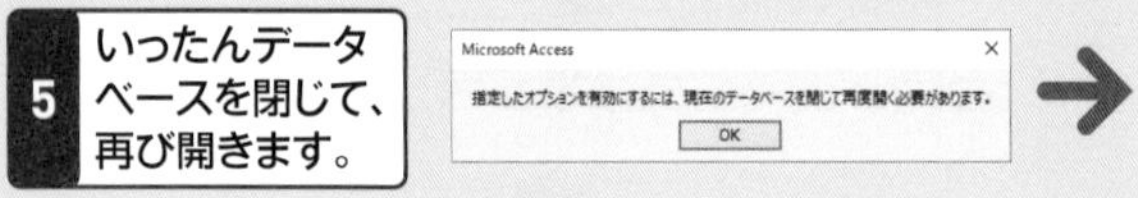
5 いったんデータベースを閉じて、再び開きます。
Microsoft Access
指定したオプションを有効にするには、現在のデータベースを閉じて再度開く必要があります。
OK

重要度 ★★★ オブジェクトを開く／閉じる

Q 081 オブジェクトをクリックで開けるようにするには？

A <オブジェクトを開く方法>を<シングルクリック>にします。

オブジェクトを開くには、ナビゲーションウィンドウに表示されているオブジェクトをダブルクリックしますが、オブジェクトを1回クリックするだけで開くように設定を変更することもできます。
ただし、この設定を変更すると、マクロのオブジェクトなどは、クリックするだけでマクロが実行されるので注意しましょう。

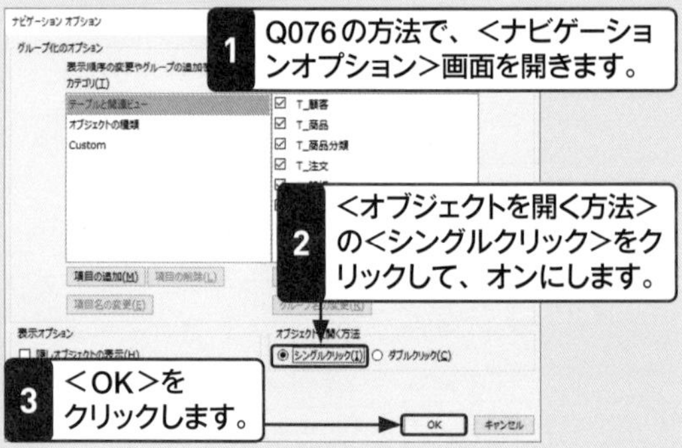
1 Q076の方法で、<ナビゲーションオプション>画面を開きます。
2 <オブジェクトを開く方法>の<シングルクリック>をクリックして、オンにします。
3 <OK>をクリックします。

第3章

テーブルの作成

重要度★★★ テーブルの基本

Q 082 テーブルにはどんな種類がある？

A 普通のテーブルとリンクテーブルがあります。

テーブルには、普通のテーブルとリンクテーブルがあります。普通のテーブルは、データを集めて保存する役割を持つオブジェクトです。リンクテーブルは、ほかのデータベースファイルや、Excelなどほかのアプリケーションで作成したファイルに保存されているデータを参照して表示するオブジェクトです。

リンクテーブルは、アイコンの左上に矢印が表示されます。アイコンの形によって、リンクもとのファイルの種類がわかります。 参照▶Q 636、Q 640

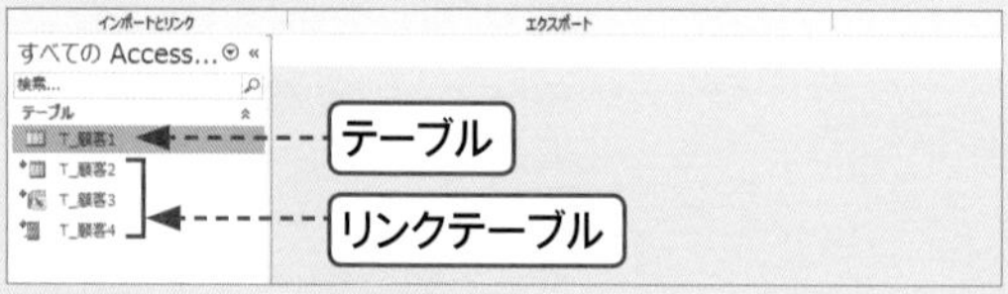
テーブル
リンクテーブル

テーブルをダブルクリックすると開きます。

ダブルクリックすると…
テーブルが開きます。

リンクテーブルにマウスポインターを移動すると、リンクもとのファイルの情報が表示されます。
リンクテーブルをダブルクリックすると開きます。

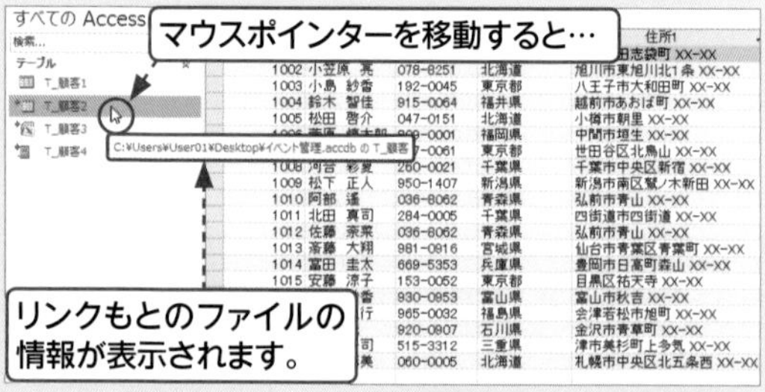
マウスポインターを移動すると…
リンクもとのファイルの情報が表示されます。

重要度★★★ テーブルの基本

Q 083 新規にテーブルを作成するには？

A テーブルを作成するには、いくつかの方法があります。

テーブルを新規に作成するには、いくつかの方法があります。新規にファイルを作成すると、新しいテーブルをデータシートビューで作成する画面が表示されます。デザインビューに切り替えれば、フィールド名やフィールドのデータ型を確認しながらテーブルを作成できます。Accessの操作に慣れないうちは、デザインビューでテーブルを作成するほうがわかりやすいでしょう。 参照▶Q 089

●テーブルを新規に作成する方法

操作方法	内容
データシートビューで作成する	データシートビューでデータの項目名を入力し、データを入力しながら作成する方法です。手軽に利用できる方法ですが、どのようなデータを集めるのか詳細を指定する場合は、デザインビューで操作するとよいでしょう。
デザインビューで作成する	デザインビューで作成する方法です。データの項目名を指定し、その項目にどんなデータを入力するか細かく指定できます。
データをインポートして作成する	ほかのAccessファイルやほかのアプリケーションのファイルに保存されているデータを取り込んで、テーブルとして保存する方法です。
データをリンクして作成する	ほかのAccessファイルやほかのアプリケーションのファイルに保存されているデータを参照して、テーブルに表示する方法です。

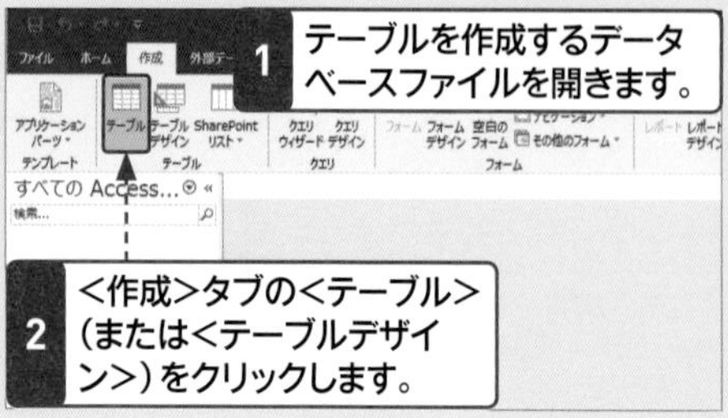
1 テーブルを作成するデータベースファイルを開きます。
2 <作成>タブの<テーブル>(または<テーブルデザイン>)をクリックします。

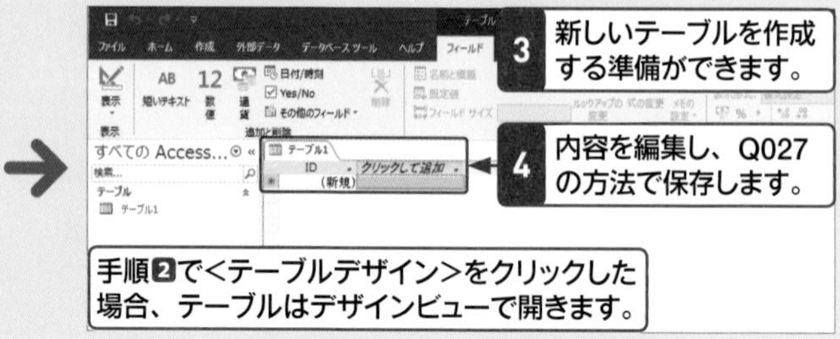
3 新しいテーブルを作成する準備ができます。
4 内容を編集し、Q027の方法で保存します。
手順2で<テーブルデザイン>をクリックした場合、テーブルはデザインビューで開きます。

重要度★★★ テーブルの基本

Q 084 データを入力しながらテーブルを作成するには？

A データシートビューでテーブルを作成します。

一般的に、データシートビューはテーブルのデータを表示して確認する時に使います。ただし、データシートビューでもテーブルの構造を変更できます。

ここでは、フィールドを追加してデータ型を指定してデータを入力しています。データ型を指定せずにデータを入力すると、入力されたデータによって自動的にデータ型が設定されます。データを入力していくだけでテーブルを完成させられます。 参照▶Q 086

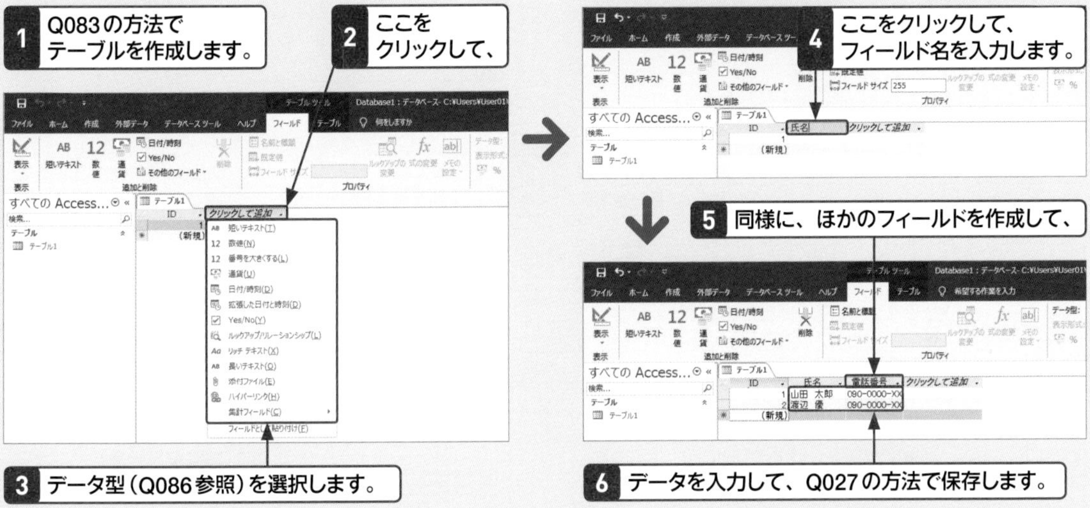

1 Q083の方法でテーブルを作成します。
2 ここをクリックして、
3 データ型（Q086参照）を選択します。
4 ここをクリックして、フィールド名を入力します。
5 同様に、ほかのフィールドを作成して、
6 データを入力して、Q027の方法で保存します。

重要度★★★ テーブルの基本

Q 085 フィールドって何？

A テーブルに表示される列の事です。

テーブルは、会員情報や商品情報など、関連するテーマごとにデータを集めたリストです。たとえば、会員情報であれば「会員番号」「氏名」「連絡先」などの項目を用意します。これらの項目を「フィールド」といいます。

また、1件分の会員データはテーブル上の1行で入力します。この1件分のデータを「レコード」といいます。

● テーブルのデータシートビュー

1件分のデータ＝レコードが上から順に表示されます。

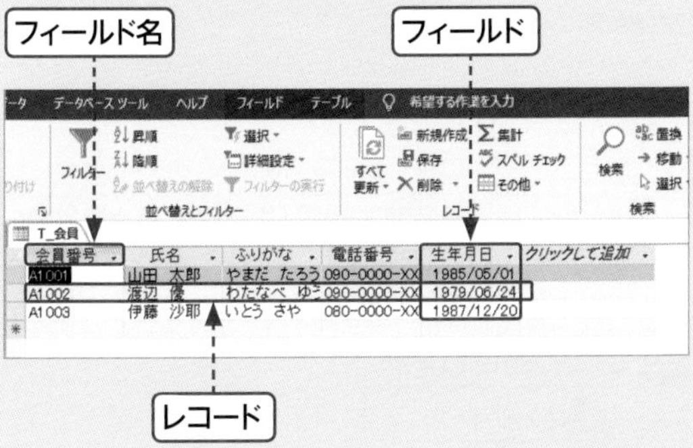

フィールド名
フィールド
レコード

● テーブルのデザインビュー

テーブル上のフィールド名が上から順に表示されます。

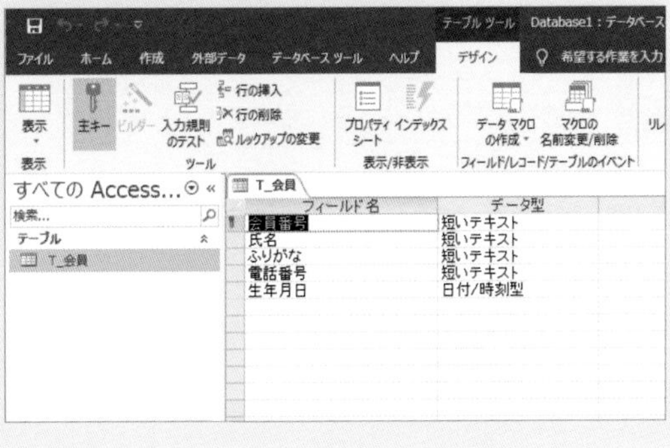

重要度 ★★★　テーブルの基本

Q 086 データ型って何？

A フィールドに入力するデータの種類を指定するものです。

フィールドを作成するときは、どのようなデータを入力するのかを示す「データ型」を指定します。Accessには下記のデータ型が用意されています。

たとえば、商品情報を入力するテーブルでは、「商品名」は「短いテキスト」、「価格」は「通貨型」、「発売日」は「日付/時刻型」のように指定します。テーブルのデザインビューで操作します。

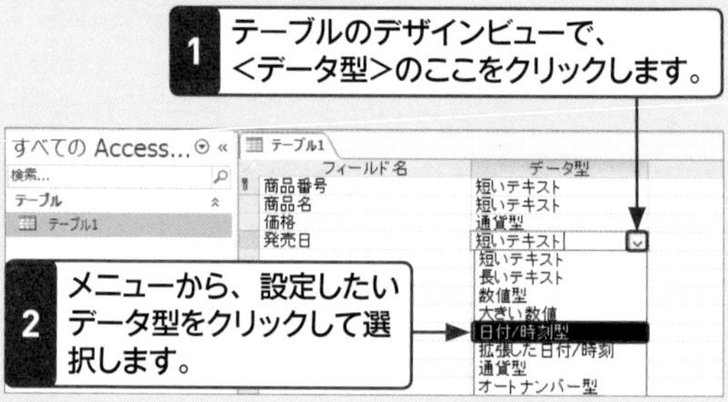

●Accessの主なデータ型

データ型	内容	サイズ	利用例
短いテキスト	文字や、計算の対象にならない数字を入力します。	最大255文字	「商品名」「顧客名」「電話番号」
長いテキスト	長い文字や、計算の対象にならない長い数字を入力します。	最大1GB	「商品説明」「備考」
数値型	数値を指定します。	Q095参照	「数量」「定員」
大きい数値	大きい数値。SQL Serverのデータ型bigintと互換性がありますが、Access 2016バージョン16.0.7812より前のバージョンでは使用が制限されるため注意が必要です。	8バイト	数値型では扱えないほどの大きな数値データ。
日付/時刻型	日付や時刻のデータを入力します。	8バイト	「発売日」「登録日」
通貨型	通貨のデータを入力します。	8バイト	「価格」「参加費」
オートナンバー型	Accessが自動的に割り当てる番号が入ります。	Q093参照	「明細番号」「管理番号」
Yes/No型	二者択一のデータを入力します。	1バイト	「送付済」「入金済」
OLEオブジェクト型	画像などのファイルを指定します。	最大2GB	「顔写真」「地図」
ハイパーリンク型	URLやメールアドレスなどのリンクを入力します。	最大8,192文字	「HPアドレス」「メールアドレス」
添付ファイル	画像やOfficeソフトなどで作成したファイルなどを入力します。利用できるファイルの種類はOLEオブジェクト型より多いのが特徴です。	最大2GB	「顔写真」「見積書」
集計	ほかのフィールドの値を使用して計算し、その結果を表示します。	「結果の型」によって異なる	「計」「税込金額」
ルックアップウィザード	ほかのテーブルにある値や指定した値から、値を選択する時に使います。	ルックアップフィールドのデータ型によって異なる	「会員種別」「入金方法」

重要度 ★★★　テーブルの基本

Q 087 フィールドの説明を入力するには？

A ＜説明（オプション）＞欄に入力します。

フィールドについてのメモ書きを残すには、＜説明（オプション）＞欄に入力します。ここに入力した内容は、このテーブルをもとに作成したフォームなどで、そのフィールドを選択するとステータスバーに表示されます。

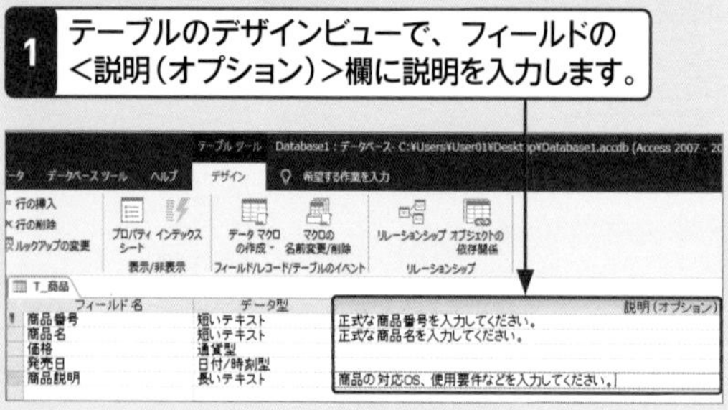

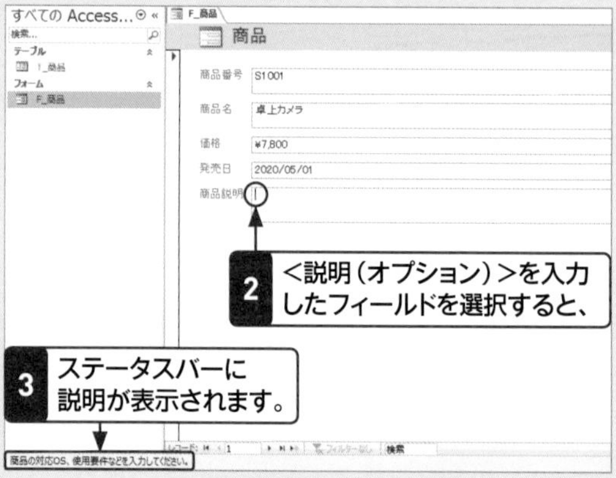

重要度 ★★★　テーブルの基本

Q 088 データ型はあとから変更できる？

A できる場合とできない場合があります。

データ型を変更する場合、テーブルにデータを入力する前であれば、かんたんに変更できます。

ただし、データを入力したあとは、データ型によっては変更できない場合があります。たとえば、「オートナンバー型」への変更は、仮にそのフィールドにデータが入力されていなくても、ほかのフィールドにデータが入力されていると変更できません。この場合、新規にフィールドを作成して「オートナンバー型」を指定します。また、「長いテキスト」から「短いテキスト」に変更するようなケースでは、「短いテキスト」では収まりきらない文字が消えてしまいます。どのデータ型からどのデータ型に変更するのかによって、注意点が異なります。

ここでは、データ型を「長いテキスト」から「短いテキスト」に変更する例を説明します。

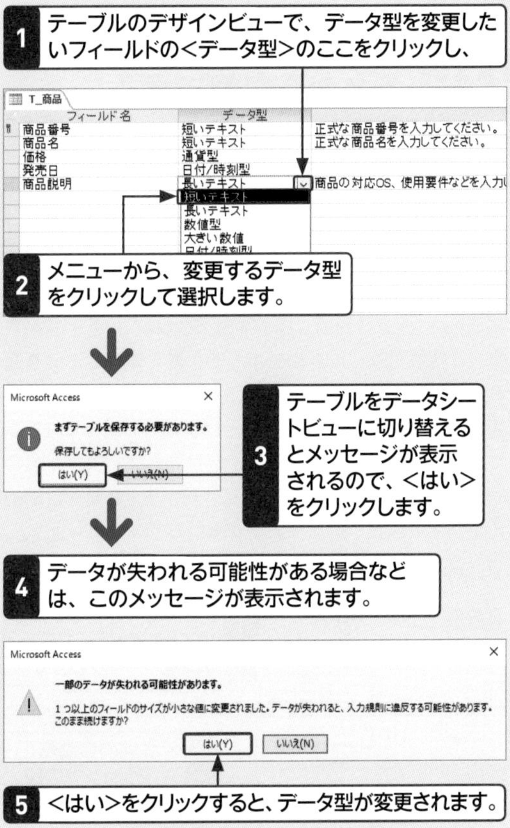

重要度 ★★★　テーブルの基本

Q 089 フィールドを設定するには？

A フィールド名とデータ型を指定します。

フィールドを設定するには、フィールド名とデータ型を指定します。必要に応じて＜説明(オプション)＞を入力しましょう。フィールド名はルールに沿って、わかりやすい名前を指定しましょう。

ここでは、テーブルをデザインビューで開いてフィールドを設定します。

参照 ▶ Q 085、Q 086、Q 087

●フィールドに名前を付けるときのルール

・64文字までの文字を指定します。
・文字や数字などを組み合わせて指定できます。
・「.」「!」「[」「]」など、一部の記号は使えません。
・先頭に空白を入れることはできません。

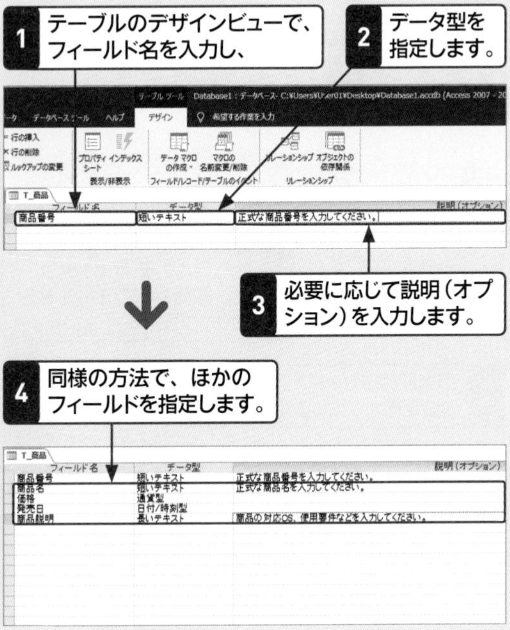

重要度 ★★★ テーブルの基本

Q 090 フィールド名はあとから変更できる？

A 変更できますが、注意点もあります。

テーブルのフィールド名は、あとから変更できます。データベースを作成するはじめの段階でフィールド名を変更する場合、大きな影響はありません。しかし、テーブルをもとに複数のフォームやレポートなどを作成している場合は注意が必要です。通常は、テーブルのフィールド名を変更すると、そのテーブルをもとに作成しているフォームやレポートに配置しているフィールドのフィールド名のラベルなどの文字が自動的に変わります。名前を自動的に修正する設定になっているか確認しておきましょう。

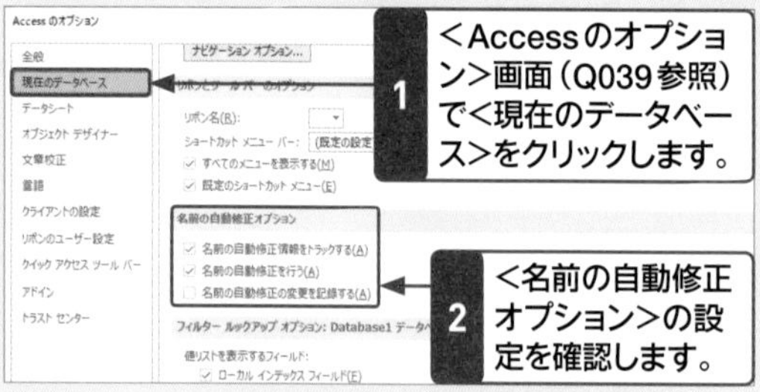

重要度 ★★★ テーブルの基本

Q 091 フィールドプロパティって何？

A フィールドに関する設定項目のことです。

フィールドプロパティとは、フィールドに対して設定するさまざまな設定項目のことです。設定項目の内容は、フィールドのデータ型によって異なります。フィールドプロパティの欄をクリックすると、右にヒントが表示されます。

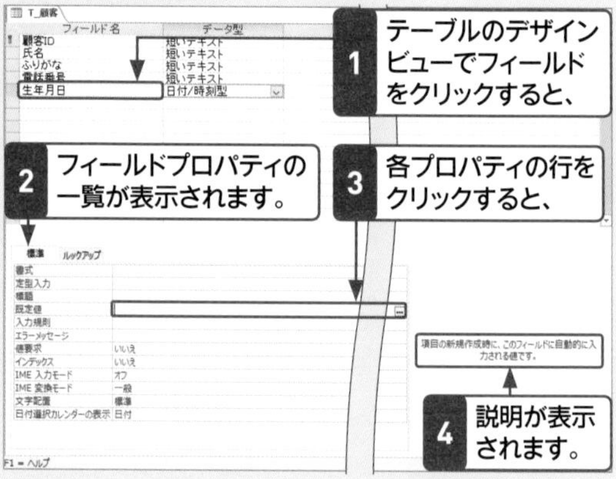

重要度 ★★★ テーブルの基本

Q 092 フィールドプロパティはあとから変更できる？

A ほとんどの場合は変更できますが、注意点もあります。

フィールドプロパティは、あとから変更できますが、すでにデータが入力されている場合は注意が必要です。変更後のプロパティの設定が既存のデータの内容に合わない場合は、データが消えてしまう可能性があります。

また、設定対象のテーブルをもとに作成しているフォームやレポートがある場合、フィールドプロパティの設定の変更を反映させるか否かを選択する画面が表示されます。設定の変更を反映させるか選択しましょう。

ここでは、「電話番号」フィールドの＜IME入力モード＞プロパティの設定を変更しています。この変更を既存のフォームの「電話番号」フィールドの＜IME入力モード＞プロパティの設定にも反映させます。

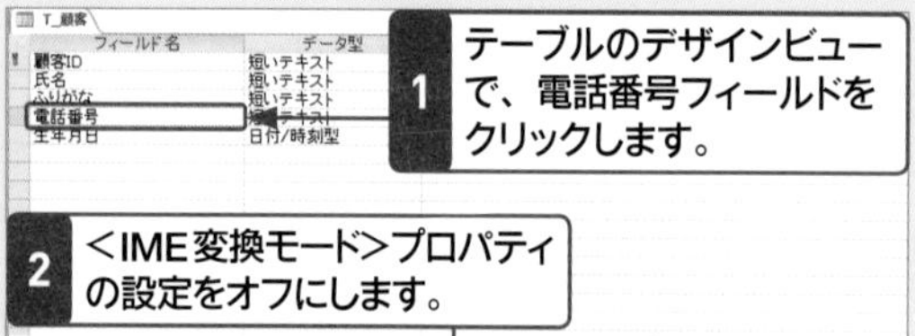

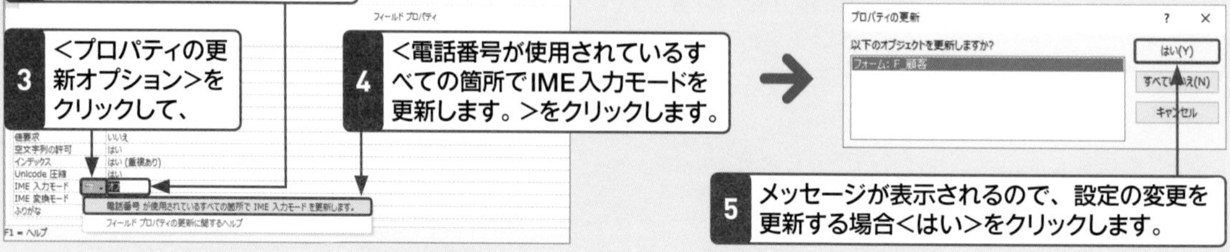

重要度 ★★★ フィールドの追加

Q 093 オートナンバー型のフィールドを作成するには？

A データ型からオートナンバー型を選択すると、自動的に番号が振られます。

オートナンバー型とは、Accessが自動的に番号を振るタイプのデータ型です。Q086の方法で、データ型を指定します。オートナンバー型のフィールドの番号は、ほかのデータとは必ず異なる番号になります。番号の修正はできないので、データを削除すると番号が不連続になることもあります。「番号は気にせず、ほかのデータと区別できる数字が自動的に入るフィールドを用意したい」という場合に利用します。

なお、自動的に番号が振られるので便利な反面、番号を修正できないので将来的に困る可能性もあります。番号を管理したい場合は、数値型を使用しましょう。

また、オートナンバー型のフィールドは、1つのテーブルに1つしか作成できません。

● 番号が自動的に入力される

「ID」フィールドのデータ型はオートナンバー型になっています。

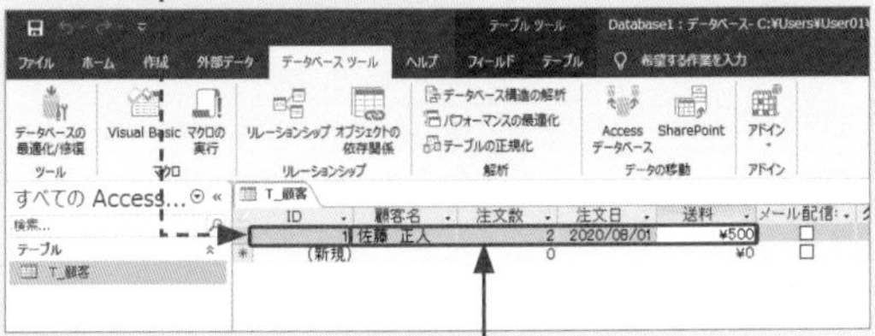

1 「ID」フィールド以外のデータを入力し、Enter キーを押します。

↓

2 次のデータの入力を開始すると、番号が自動的に表示されます。

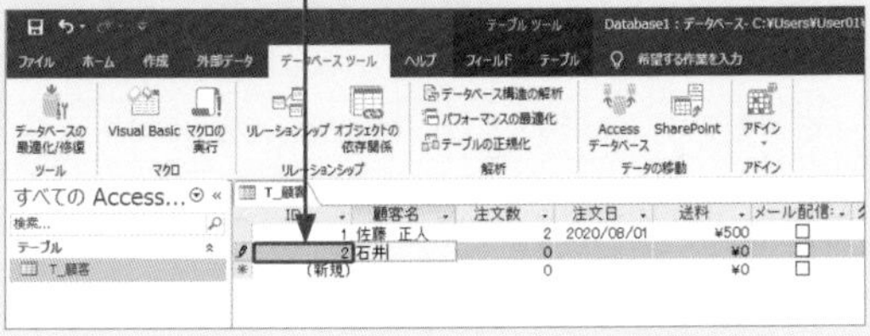

重要度 ★★★ フィールドの追加

Q 094 テキスト型のフィールドを作成するには？

A 文字の長さに応じて「短いテキスト」「長いテキスト」を選びます。

文字を入力するデータ型には、短いテキスト型と長いテキスト型があります。Q086の方法で、データ型を指定します。短いテキスト型のフィールドの主なプロパティは下の表のとおりです。

入力する文字の長さが255文字を超える場合は、長いテキスト型を指定します。長いテキスト型のフィールドのプロパティは、短いテキスト型のフィールドプロパティと同じものが多いので、下の表を参照してください。

●短いテキスト型の主なフィールドプロパティ

フィールドプロパティ	内容
フィールドサイズ	入力可能な文字の長さを1～255の範囲で指定します。255を超える場合は、データ型「長いテキスト」を指定します。
書式	データを表示するときの形式を指定します。
定型入力	データを入力するときの形式を指定します。
標題	このテーブルをもとに、フォームやレポートを作成したときなどに表示するフィールドの名前を指定します。空欄の場合、フィールド名が使われます。
既定値	このフィールドに入力する既定値を指定します。
入力規則	入力できるデータを制限するときのルールを指定します。
エラーメッセージ	入力規則に合わないときに表示するメッセージを指定します。
値要求	データの入力を必須にするか否かを指定します。
空文字列の許可	長さ0の空文字列("")を入力できるようにするか否かを指定します。
インデックス	インデックスを設定するか否かを指定します。
Unicode圧縮	文字が長い場合、テキストを圧縮します。
IME入力モード	IME入力モードの状態を指定します。
IME変換モード	IME変換モードの状態を指定します。
ふりがな	入力された文字の読み仮名を入力するフィールドを指定します。
住所入力支援	郵便番号から住所、住所から郵便番号を入力したい場合に指定します。
文字配置	コントロール内の文字の配置を指定します。

重要度 ★★★　フィールドの追加

Q 095 数値型のフィールドを作成するには？

A 数値の大きさによってフィールドプロパティを指定しましょう。

計算の対象になる数字のデータを入力するフィールドは、データ型を「数値型」にします。入力する数字の大きさや、小数点以下の数字を扱うか否かなどによって、フィールドプロパティ＜フィールドサイズ＞を指定します。

● 大きい数値型のサポートオプションについて

大きい数値型をサポートする場合は、この設定をオンにします。この場合、Access 2013以前のバージョンとのファイルの互換性はなくなります。

●Accessのオプション＞画面（Q039参照）

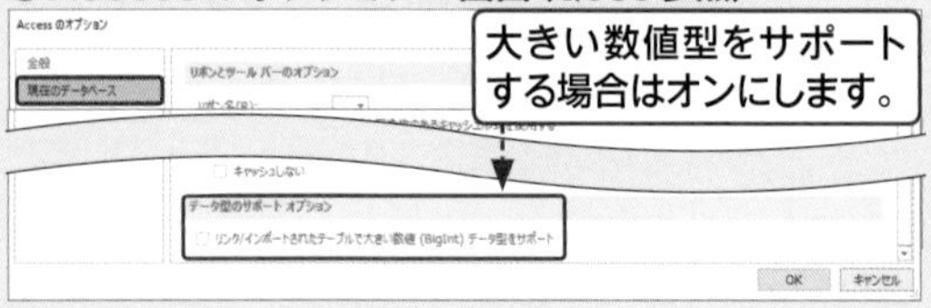

●数値型の主なフィールドプロパティ

フィールドプロパティ	内容		
	フィールドサイズ	サイズ	内容
フィールドサイズ	バイト型	1バイト	0～255の整数に使用します。
	整数型	2バイト	-32,768～32,767の整数に使用します。
	長整数型	4バイト	-2,147,483,648～2,147,483,647の整数に使用します。
	単精度浮動小数点型	4バイト	最大有効桁数7桁の-3.4×10^{38}～$+3.4\times10^{38}$の数値。小数点以下の数値も使用できます。
	倍精度浮動小数点型	8バイト	最大有効桁数15桁の-1.797×10^{308}～$+1.797\times10^{308}$の数値。小数点以下の数値も使用できます。
	レプリケーションID型	16バイト	個々のデータを識別するための値（GUID）を保存します。古いバージョンのAccessで使用されていたレプリカというデータベースのコピーのようなものを作成する機能を利用するときに使います。
	十進型	12バイト	-10^{28}～$+10^{28}$の数値。小数点以下の数値も使用できます。
書式	データを表示するときの形式を指定します。		

重要度 ★★★　フィールドの追加

Q 096 日付/時刻型のフィールドを作成するには？

A データ型から「日付/時刻型」を選択します。

日付や時刻のデータを入力するフィールドは、データ型を「日付/時刻型」にします。日付や時刻の表示方法は、一覧から選択できるほか、書式指定文字を使って細かく指定することもできます。 参照▶Q 086

● 拡張した日付/時刻型について

サブスクリプション版のAccessなど、Accessの種類やバージョンによっては、データ型で「拡張した日付/時刻」のデータ型を選択できます。拡張した日付/時刻は日付/時刻型より扱える範囲が広く、より精度が高いデータ型です。SQL Serverのdatetime2と互換性があります。

●日付/時刻型の主なフィールドプロパティ

フィールドプロパティ	内容
書式	データを表示するときの形式を指定します。
定型入力	データを入力するときの形式を指定します。
標題	このテーブルをもとにフォームやレポートを作成したときなどに表示するフィールドの名前を指定します。空欄の場合、フィールド名が使われます。
既定値	このフィールドに入力する既定値を指定します。
入力規則	入力できるデータを制限するときのルールを指定します。
エラーメッセージ	入力規則に合わないときに表示するメッセージを指定します。
値要求	データの入力を必須にするか指定します。
インデックス	インデックスを設定するかを指定します。
IME入力モード	IME入力モードの状態を指定します。
IME変換モード	IME変換モードの状態を指定します。
文字配置	コントロール内の文字の配置を指定します。
日付選択カレンダーの表示	データを入力する際、カレンダーを表示して日付を選択できるようにするか指定します。

重要度 ★★★　フィールドの追加

Q 097 通貨型のフィールドを作成するには？

A お金のデータを入力するフィールドは「通貨型」を指定します。

お金のデータを入力するフィールドは、データ型を「通貨型」にします。通貨型は、15桁の整数部分と4桁の小数部分を使って値を扱います。
データの表示方法は、＜書式＞プロパティで指定します。通常は、「¥1,234」のような形式で表示されます。

●通貨型フィールドの表示例

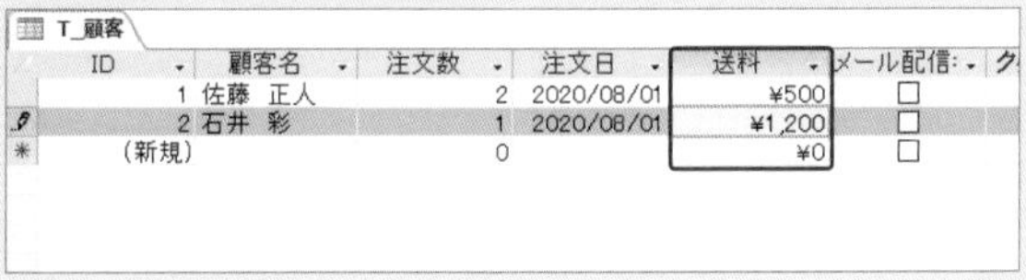

T_顧客

ID	顧客名	注文数	注文日	送料	メール配信	ク
1	佐藤 正人	2	2020/08/01	¥500	☐	
2	石井 彩	1	2020/08/01	¥1,200	☐	
(新規)		0		¥0	☐	

●通貨型の主なフィールドプロパティ

フィールドプロパティ	内容
書式	データを表示するときの形式を指定します。
小数点以下表示桁数	小数点以下の表示する桁数を指定します。
定型入力	データを入力するときの形式を指定します。
標題	このテーブルをもとにフォームやレポートを作成したときなどに表示する、フィールドの名前を指定します。空欄の場合、フィールド名が使われます。
既定値	このフィールドに入力する既定値を指定します。
入力規則	入力できるデータを制限するときのルールを指定します。
エラーメッセージ	入力規則に合わないときに表示するメッセージを指定します。
値要求	データの入力を必須にするかを指定します。
インデックス	インデックスを設定するかを指定します。
文字配置	コントロール内の文字の配置を指定します。

重要度 ★★★　フィールドの追加

Q 098 Yes/No型のフィールドを作成するには？

A 二者択一のデータを入力するフィールドは、データ型を「Yes/No型」にします。

「送付済」「発送済」などの二者択一のデータを入力するフィールドのデータ型は「Yes/No」型に設定します。False（Off、No）の場合は「0」、True（On、Yes）の場合は「-1」の数値が保存されます。
Yes/No型のフィールドをデータシートビューで見ると、通常、チェックボックスが表示されてチェックの有無でFalseかTrueを区別できます。FalseやTrueの文字を表示する場合は、フィールドプロパティを設定する下の画面で＜ルックアップ＞タブを選択して、＜表示コントロール＞を＜テキストボックス＞に設定します。続いて、＜書式＞プロパティで表示方法を指定します。

●Yes/No型フィールドの表示例

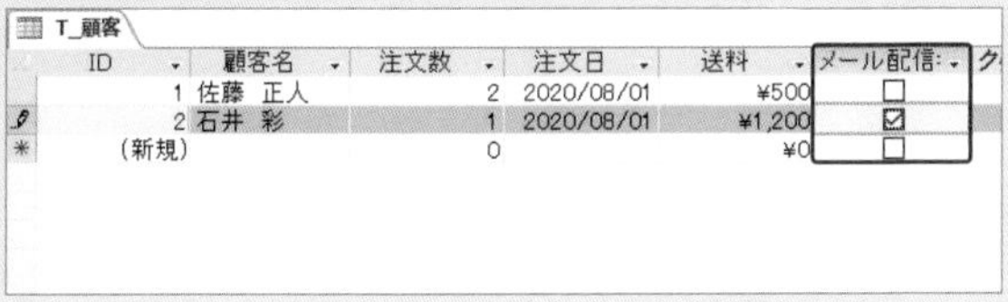

T_顧客

ID	顧客名	注文数	注文日	送料	メール配信	ク
1	佐藤 正人	2	2020/08/01	¥500	☐	
2	石井 彩	1	2020/08/01	¥1,200	☑	
(新規)		0		¥0	☐	

●Yes/No型の主なフィールドプロパティ

フィールドプロパティ	内容
書式	データを表示するときの形式を指定します。「True/False」「Yes/No」「On/Off」のいずれかを選択します。このフィールドをテキストボックスで表示している場合などに表示を確認できます。
標題	このテーブルをもとにフォームやレポートを作成したときなどに表示する、フィールドの名前を指定します。空欄の場合、フィールド名が使われます。
既定値	このフィールドに入力する既定値を指定します。
入力規則	入力できるデータを制限するときのルールを指定します。
エラーメッセージ	入力規則に合わないときに表示するメッセージを指定します。
インデックス	インデックスを設定するかを指定します。
文字配置	コントロール内の文字の配置を指定します。

重要度 ★★★　フィールドの追加

Q 099 添付ファイル型のフィールドを作成するには？

A 添付ファイルを保存するフィールドは、データ型を「添付ファイル型」に指定します。

画像ファイルや文書などを添付するフィールドは「添付ファイル型」を指定します。一般的な画像ファイルの形式や、Officeソフトで作成した文書ファイルなどを添付できます。複数のファイルを添付することも可能です。ただし、ファイルの種類(拡張子)によっては、添付できないものもあるため注意してください。

なお、添付ファイル型のフィールドにビットマップ(.bmp)形式の画像ファイルやWindowsのメタファイル(.emf)などを添付した場合、自動的にファイルが圧縮されます。

参照▶Q 372、Q 373

●添付ファイル型の主なフィールドプロパティ

フィールドプロパティ	内容
標題	このテーブルをもとにフォームやレポートを作成したときなどに表示する、フィールドの名前を指定します。空欄の場合、フィールド名が使われます。
値要求	データの入力を必須にするか指定します。

● 添付ファイル型フィールドの表示例

「添付ファイル型」のフィールドは、クリップのマークが表示されます。

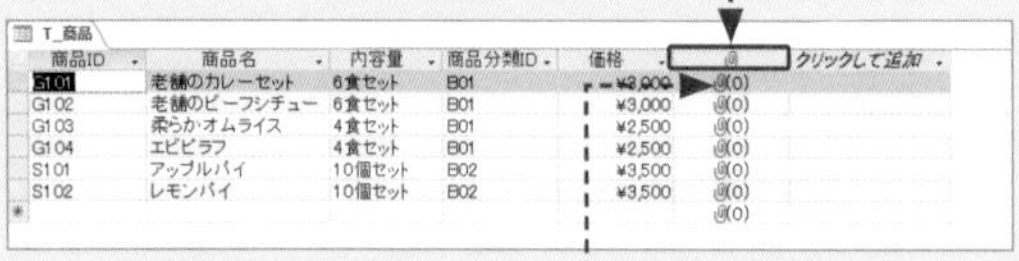

1 クリップのマークをダブルクリックします。

2 添付ファイルの管理画面が表示されます。

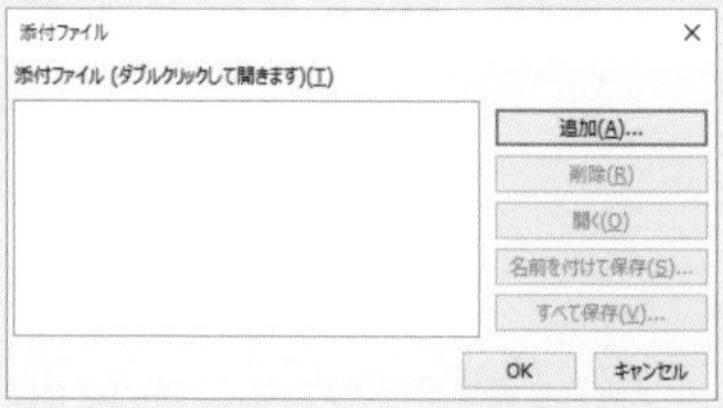

重要度 ★★★　フィールドの追加

Q 100 OLEオブジェクト型のフィールドを作成するには？

A 「OLEオブジェクト型」を選択しますが、「添付ファイル型」の適用を検討しましょう。

OLEオブジェクト型は、古いバージョンのAccessで、データに添付ファイルを保存するときに使用していたデータ型です。ファイル形式が「.accdb」の場合は(Q735参照)、ファイルを添付するフィールドは、一般的に添付ファイル型を指定しましょう。添付ファイル型の方が、添付できるファイルの種類が豊富です。また、OLEオブジェクト型には複数のファイルを添付できません。

●OLEオブジェクト型の主なフィールドプロパティ

フィールドプロパティ	内容
標題	このテーブルをもとにフォームやレポートを作成したときなどに表示する、フィールドの名前を指定します。空欄の場合、フィールド名が使われます。
値要求	データの入力を必須にするか指定します。
文字配置	コントロール内の文字の配置を指定します。

● OLEオブジェクト型のフィールドの表示例

1 添付する箇所を右クリックし、

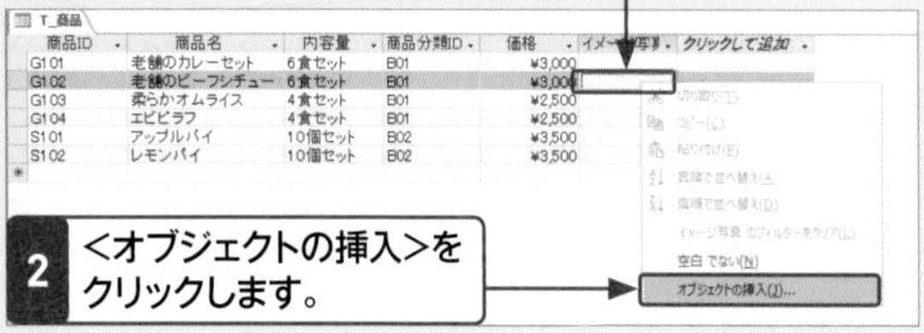

2 <オブジェクトの挿入>をクリックします。

3 表示される画面で、添付するファイルを選択します。

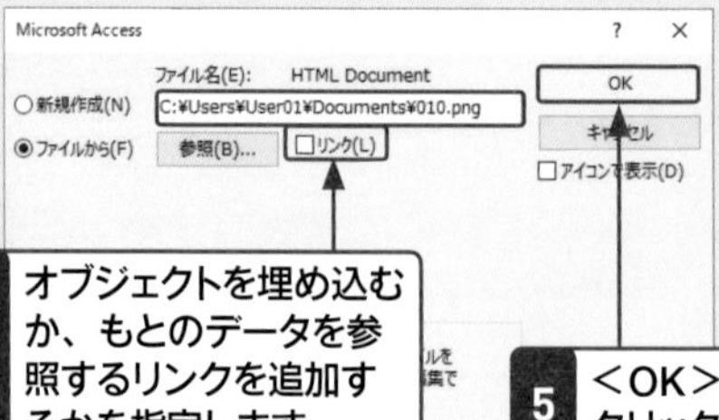

4 オブジェクトを埋め込むか、もとのデータを参照するリンクを追加するかを指定します。

5 <OK>をクリックします。

重要度 ★★★ フィールドの追加

Q 101 ハイパーリンク型のフィールドを作成するには？

A 「ハイパーリンク型」を設定します。

ホームページのURLやメールアドレスなどのデータを入力するフィールドは「ハイパーリンク型」を設定します。ハイパーリンク型は、入力された文字をクリックするとリンク先に移動できます。リンク先を編集する方法は、Q371を参照してください。表示文字列やリンク先の情報などを指定できます。

参照▶Q 371

●ハイパーリンク型フィールドの表示例

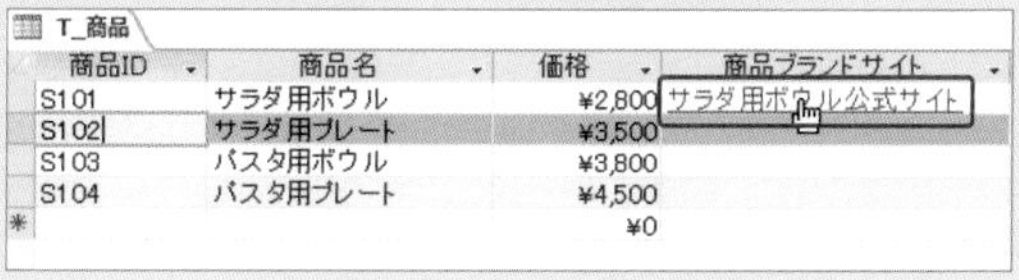

重要度 ★★★ フィールドの追加

Q 102 テーブルのデータをかんたんに集計するには？

A フィールドのデータ型から<集計>を選択します。

テーブルのデザインビュー

1 集計をするフィールドのここをクリックして、<集計>を選択します。

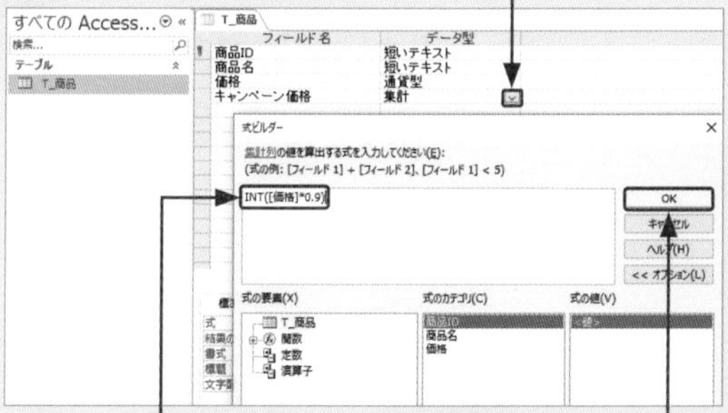

2 <式ビルダー>画面で式を入力します。

3 <OK>をクリックします。

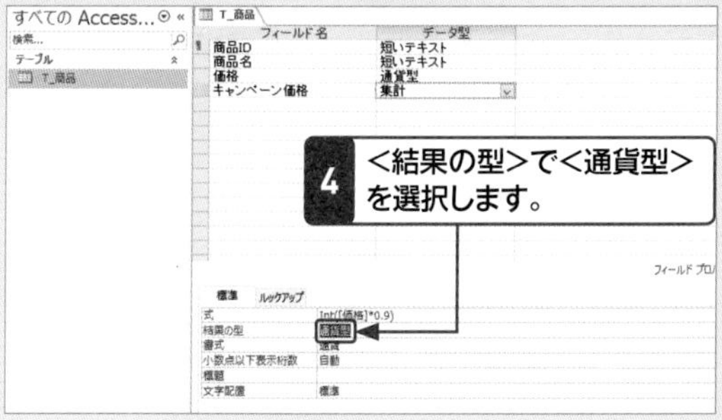

4 <結果の型>で<通貨型>を選択します。

ほかのフィールドのデータを使って計算した結果を表示したい場合は、一般的にクエリを利用しますが、テーブルでもかんたんな集計を実行できます。それには、データ型から「集計」を選択します。このデータ型を選択すると、計算式を入力する画面が表示されます。計算式を入力後、テーブルをデータシートビューに切り替えると計算結果が表示されます。

なお、このデータ型は、ファイル形式が「.accdb」(Q735参照)で使用できます。

参照▶Q 735

●集計の主なフィールドプロパティ

フィールドプロパティ	内容
式	計算式の内容を指定します。
結果の型	計算結果のデータ型を指定します。
書式	データを表示するときの形式を指定します。
標題	このテーブルをもとにフォームやレポートを作成したときなどに表示する、フィールドの名前を指定します。空欄の場合、フィールド名が使われます。
文字配置	コントロール内の文字の配置を指定します。

5 テーブルをデータシートビューで開くと、集計結果が表示されます。

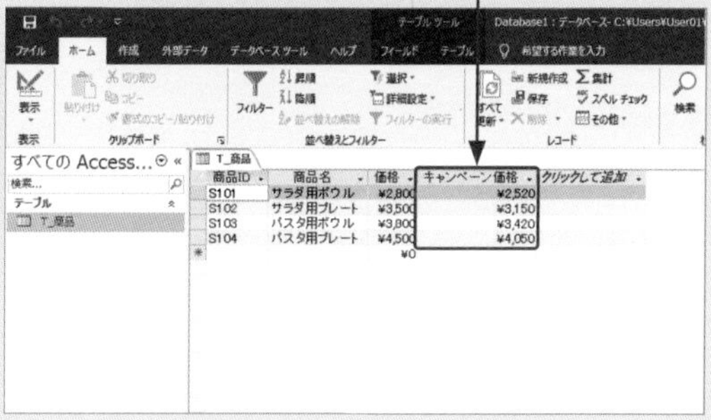

重要度 ★★★ フィールドの追加

Q 103 フィールドの順番を入れ替えるには？

A デザインビューで行セレクターをドラッグします。

テーブルをデザインビューで開いているときに、フィールドの並び順を変更するには、フィールドの行頭の行セレクターを上下にドラッグして移動先に移動します。デザインビューでフィールドの順番を入れ替えた場合、テーブルをデータシートビューに切り替えると、列の並び順が変わります。なお、データシートビューで列の表示順を変更した場合は、デザインビューでの列の並びは変わりません。

テーブルのデザインビュー

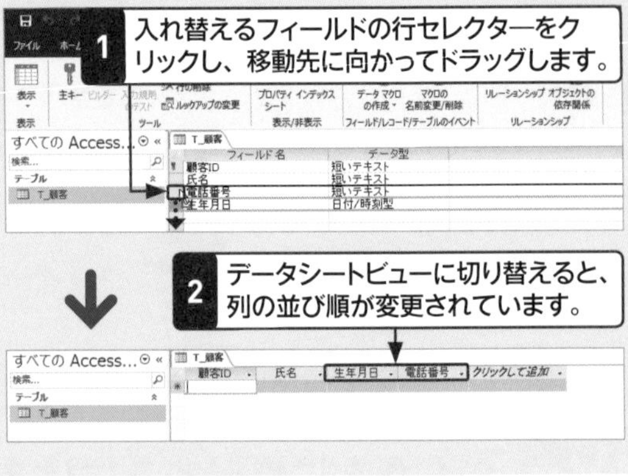

重要度 ★★★ フィールドの追加

Q 104 フィールドをあとから追加するには？

A 追加する場所の行セレクターを選択します。

テーブルのフィールドとフィールドの間に、新しいフィールドを追加するには、行を追加してから操作します。新しい行を追加したら、フィールド名とデータ型を指定しましょう。

テーブルのデザインビュー

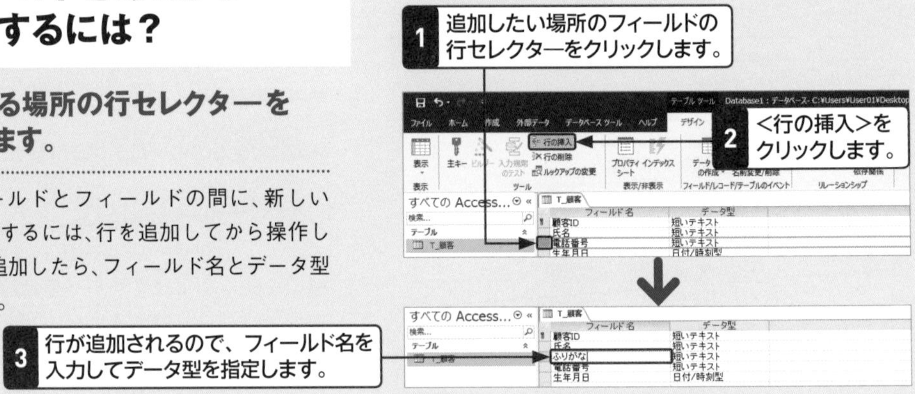

重要度 ★★★ フィールドの追加

Q 105 フィールドを削除するには？

A 削除するフィールドの行セレクターを選択します。

不要になったフィールドは、デザインビューで削除できます。ただし、フィールドにデータが入力されている場合、データの内容も削除されます。

なお、データシートビューでは、指定したフィールドの列を非表示にすることもできます。あとでまた必要になる可能性がある場合は、削除せずに非表示にしておくとよいでしょう。

参照▶Q 144

テーブルのデザインビュー

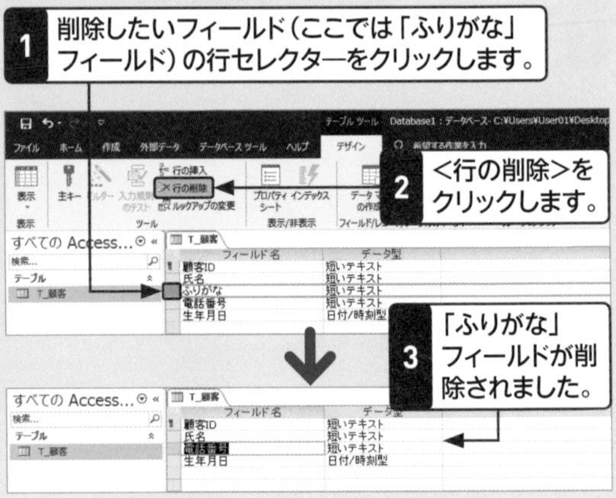

重要度★★★　フィールドの設定

Q 106 入力時に入力する桁数がわかるようにするには？

A <定型入力>プロパティで設定する方法があります。

「会員番号フィールドは7桁で入力する」など、データを入力するときに入力する文字の桁数のルールがわかるようにするには、<定型入力>プロパティで設定をします。定型入力は「①入力するデータ; ②保存の有無; ③表示する記号」のように、3つの情報を「;（セミコロン）」で区切って指定します。

参照▶Q 108

●<定型入力>プロパティで指定する3つの情報

設定項目	内容
①入力するデータ	Q108の表の記号を使って、入力する文字の種類を指定します。
②保存の有無	入力時に入力を補佐するために表示する「-（ハイフン）」などの文字について、実際のデータとして保存する場合は「0」、保存しない場合は「1」を指定します。省略時は「1」とみなされます。
③表示する記号	入力時に入力する桁に表示する記号を指定します。省略時は「_（アンダースコア）」になります。

重要度★★★　フィールドの設定

Q 107 英字2桁+ハイフン+数値2桁のような形式で入力するには？

A <定型入力>プロパティで英字や数値を示す記号を指定します。

商品番号などを入力するときは、「SA-1001」のように、先頭に2桁のアルファベット、ハイフンで区切って4桁の数値など、入力するパターンが決まっているケースもあるでしょう。このような場合は、パターンに合うように定型入力を指定します。定型入力に使う記号については、Q108を参照してください。

ここでは、商品データを入力するとき「商品番号」フィールドで「英字2桁、数字4桁」を入力できるようにします。

参照▶Q 108

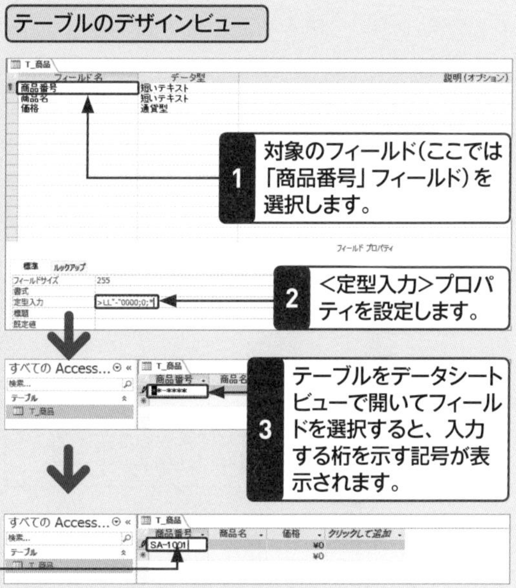

重要度★★★　フィールドの設定

Q 108 定型入力を指定する記号とは？

A 入力する文字の種類によって記号を使い分けます。

定型入力を指定するときは、3つの情報を「;」で区切って指定します（Q106参照）。入力するデータは、次のような記号を使って指定します。その他の記号は、ヘルプ画面で確認してください。

参照▶Q 106

●入力時の形式の指定に使う記号

記号	内容
0	半角数字1字。省略不可。
9	半角数字1字。省略可。
L	半角英字1字。省略不可。
?	半角英字1字。省略可。
A	半角英字または数字1字。省略不可。
a	半角英字または数字1字。省略可。
&	半角英字またはスペース1字。省略不可。
C	半角英字またはスペース1字。省略可。
>(<)	この記号のあとの英字をすべて大文字（小文字）に変換します。
"文字"	" "で囲んだ文字をそのまま表示します。

重要度 ★★★ フィールドの設定

Q 109 郵便番号から住所を入力したい！

A <住所入力支援>プロパティで設定します。

郵便番号を入力することで住所が自動的に表示されるようにしたり、逆に住所を入力することで郵便番号を入力できるようにするには、<住所入力支援>プロパティで指定します。

設定は<住所入力支援ウィザード>で行います。テーブルで郵便番号や住所を表すフィールドのフィールド名を確認して操作します。 参照▶Q 387

● <住所入力支援>プロパティを設定する

テーブルのデザインビュー

1 対象のフィールド（ここでは「郵便番号」フィールド）を選択します。

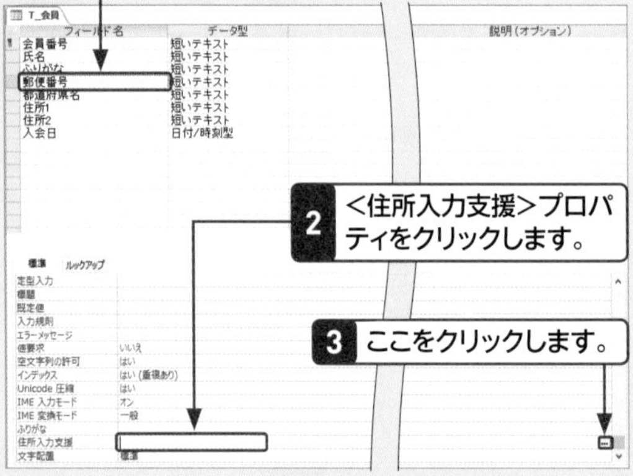

2 <住所入力支援>プロパティをクリックします。

3 ここをクリックします。

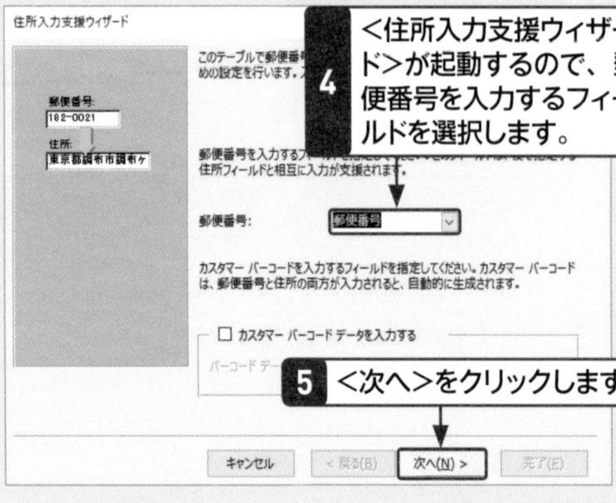

4 <住所入力支援ウィザード>が起動するので、郵便番号を入力するフィールドを選択します。

5 <次へ>をクリックします。

6 住所を入力するフィールドがどのように分割されているかを選択します。

7 選択した内容に合わせて、それぞれの内容が入力されるフィールドを選択します。

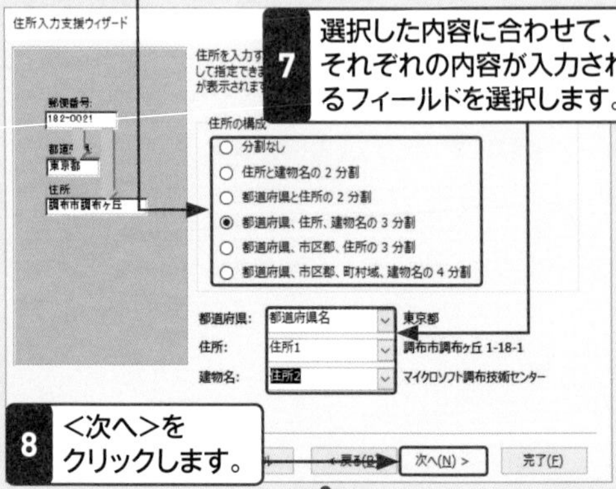

8 <次へ>をクリックします。

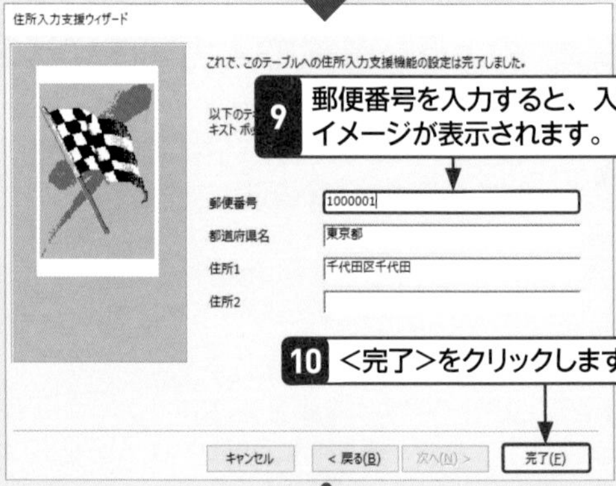

9 郵便番号を入力すると、入力イメージが表示されます。

10 <完了>をクリックします。

11 メッセージが表示されたら、<OK>をクリックします。

● 郵便番号から住所を入力する

1 テーブルをデータシートビューに切り替えます。

2 「郵便番号」に文字カーソルを移動します。

3 郵便番号を入力すると…

4 途中までの住所が表示されます。

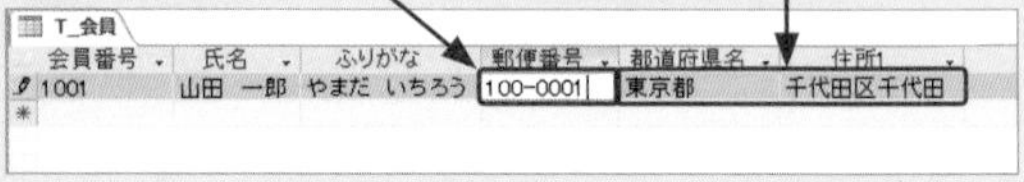

Q 110 ふりがなを自動入力したい!

「氏名」を入力したとき、「ふりがな」フィールドに自動的によみがなが表示されるようにするには、<ふりがな>プロパティを指定します。操作のポイントは、漢字を入力する方のフィールドで設定をすることです。

A 漢字を入力するフィールドの<ふりがな>プロパティを指定します。

● <ふりがな>プロパティを設定する

テーブルのデザインビュー

1 対象のフィールド(ここでは(「氏名」フィールド)を選択します。

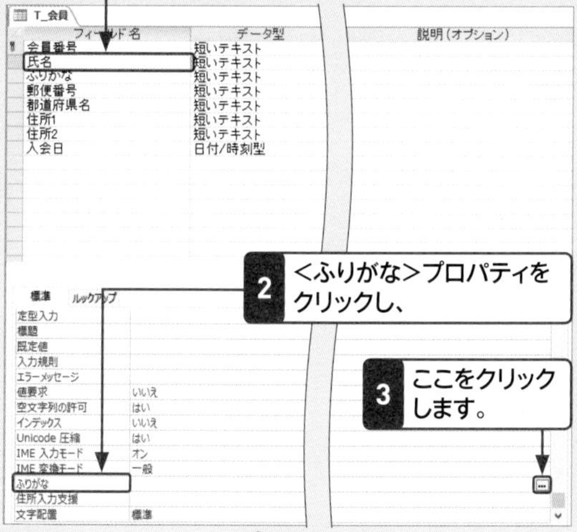

2 <ふりがな>プロパティをクリックし、

3 ここをクリックします。

4 ふりがなの文字の種類を選択します。

5 ふりがなを表示するフィールドを選択します。

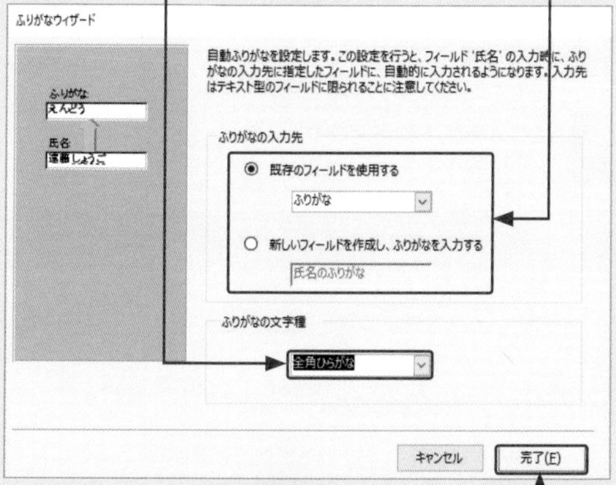

6 <完了>をクリックします。

7 メッセージが表示されたら、<OK>をクリックします。

● 氏名のふりがなを自動入力する

1 テーブルをデータシートビューに切り替えます。

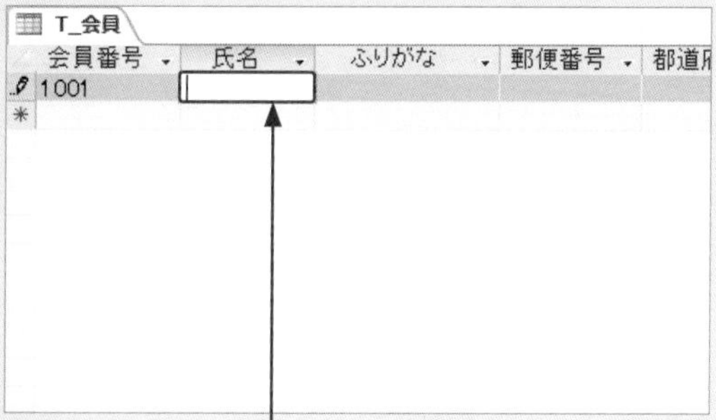

2 「氏名」フィールドに氏名を入力すると…

3 「ふりがな」フィールドによみがなが表示されます。

重要度 ★★★　フィールドの設定

Q 111 入力日に今日の日付を入力したい！

A ＜既定値＞プロパティに今日の日付を求める関数を指定します。

「登録日」などの日付を入力するフィールドに、あらかじめ今日の日付が自動入力されるようにするには、＜既定値＞プロパティを設定します。今日の日付を求める「Date関数」を使って式を入力します。Date関数の引数は不要です。

参照▶Q 590

テーブルのデザインビュー

1 対象のフィールド（ここでは「入会日」フィールド）を選択します。

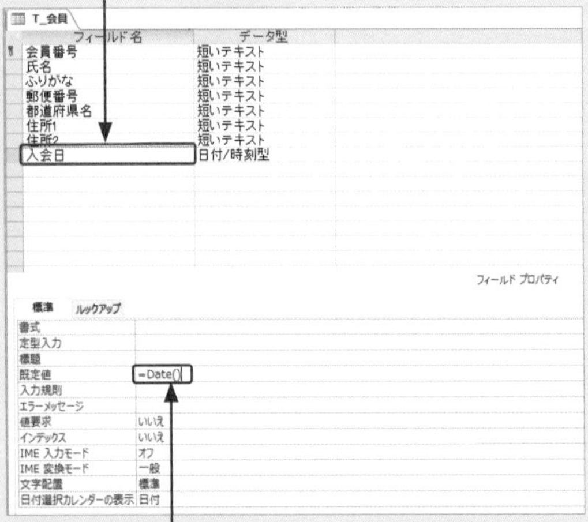

2 ＜既定値＞プロパティに「=Date()」と入力します。

3 テーブルをデータシートビューに切り替えます。

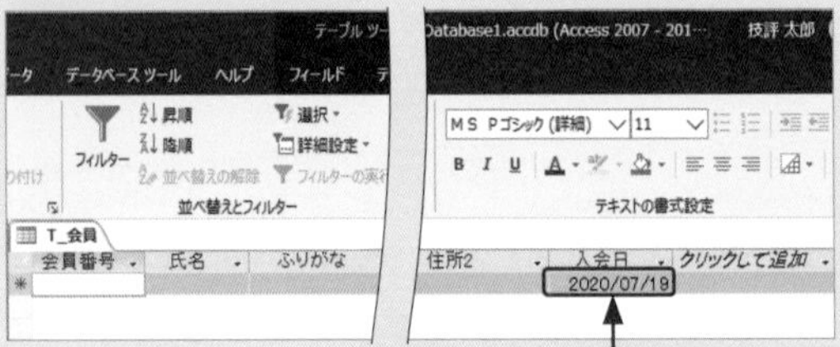

4 「入会日」に今日の日付が表示されます。

重要度 ★★★　フィールドの設定

Q 112 入力時の既定値を設定したい！

A ＜既定値＞プロパティに入力したいデータを指定します。

新しいデータを入力するときの既定値を指定するには、＜既定値＞プロパティで指定します。

ここでは、「所属」フィールドのデータの既定値を「大阪」にします。新しいデータを追加すると、「所属」に「大阪」の文字が自動的に入力されるようにします。

テーブルのデザインビュー

1 対象のフィールド（ここでは「所属」フィールド）を選択します。

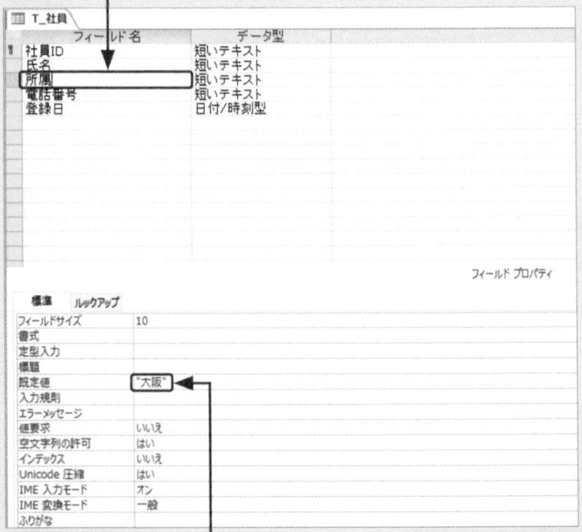

2 ＜既定値＞プロパティに「大阪」と入力します。

3 テーブルをデータシートビューに切り替えます。

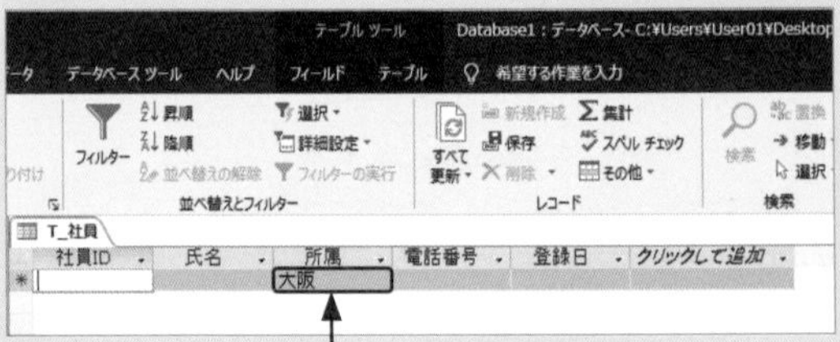

4 「所属」に既定値のデータが表示されます。

重要度 ★★★　フィールドの設定

Q 113 日本語入力モードの設定を自動化したい！

A ＜IME入力モード＞プロパティでIMEの状態を設定します。

データを入力するときは、フィールドのデータ型によって日本語入力モードの状態が変わります。たとえば、「数値型」や「日付/時刻型」のフィールドにカーソルを移動すると、日本語入力モードがオフになります。文字を入力する「短いテキスト」や「長いテキスト」では、日本語入力モードがオンになります。
文字を入力するフィールドでも、たとえば、電話番号を入力するフィールドを選択した場合は日本語入力モードの状態がオフになるようにするには、＜IME入力モード＞プロパティで設定を変更します。
また、＜IME変換モード＞プロパティを指定すると、データを入力するときのIME変換モードを指定できます。

テーブルのデザインビュー

1 対象のフィールドを選択します。

2 ＜IME入力モード＞プロパティで「オフ」を選択します。

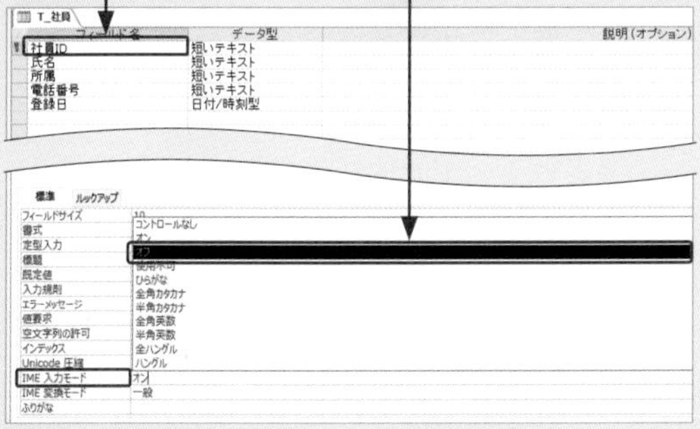

3 テーブルをデータシートビューに切り替えます。

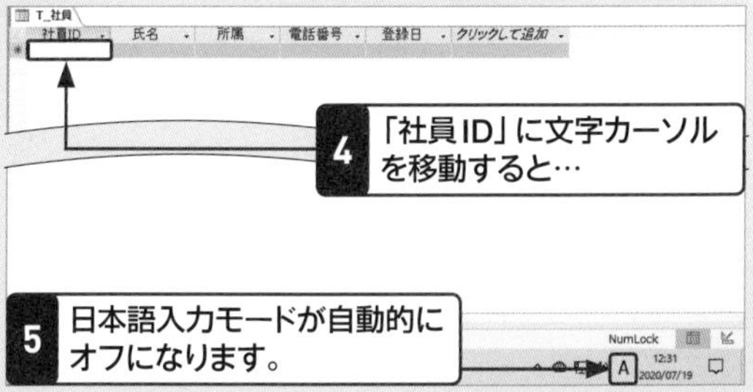

4 「社員ID」に文字カーソルを移動すると…

5 日本語入力モードが自動的にオフになります。

重要度 ★★★　フィールドの設定

Q 114 入力を必須に設定するには？

A ＜値要求＞＜空文字の許可＞プロパティを設定します。

データの入力を必須にするか否かを指定するには、＜値要求＞プロパティを設定します。＜値要求＞プロパティは、＜空文字の許可＞プロパティの設定と組み合わせて指定するとよいでしょう。＜空文字の許可＞プロパティは、長さ0の文字列（""）の入力を許可するかを指定します。＜値要求＞プロパティと＜空文字の許可＞プロパティの設定の組み合わせによって、入力できる値を制限できます。
たとえば、「未入力の状態」と「わざと空欄にしている状態」を区別できます。同じ未入力に見えても、クエリなどでデータを抽出することで、未入力なのか長さ0の文字列("")が入力されているのかなどを確認できます。

参照▶Q 255

テーブルのデザインビュー

1 対象のフィールドを選択します。

2 ＜値要求＞プロパティに「はい」を指定します。

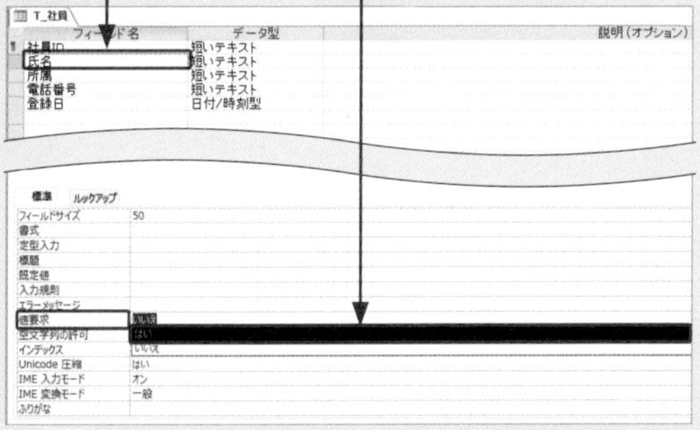

●＜値要求＞＜空文字の許可＞プロパティの設定

値要求	空文字の許可	入力するデータ	格納される値
はい	はい	半角スペース	空文字列「""」
		空文字列「""」	空文字列「""」
はい	いいえ	半角スペース	（入力不可）
		空文字列「""」	（入力不可）
いいえ	はい	半角スペース	Null値
		空文字列「""」	空文字列「""」
いいえ	いいえ	半角スペース	Null値
		空文字列「""」	（入力不可）

重要度 ★★★　フィールドの設定

Q 115 「登録日は今日以前の日付」など、入力時のルールを設定するには？

A ＜入力規則＞プロパティで設定します。

新しいデータを入力するときに、ほかのフィールドのデータや指定したデータを使って入力の条件を設定するには、＜入力規則＞プロパティで設定します。
ここでは、「登録日」フィールドには、今日以前の日付しか入力できないようにします。 参照▶Q 116

テーブルのデザインビュー

1 対象のフィールドを選択します。

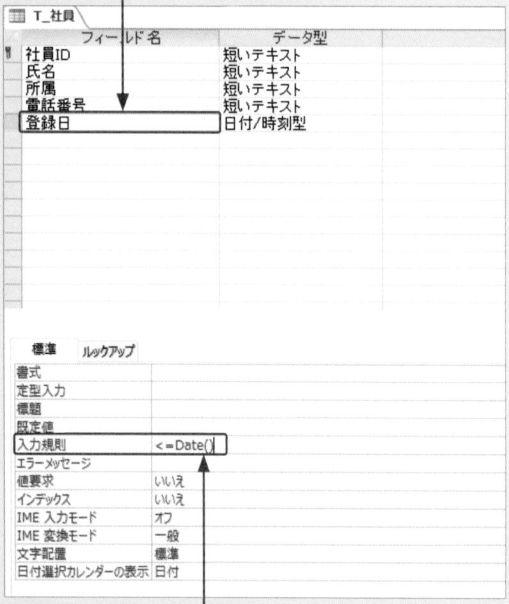

2 ＜入力規則＞プロパティにルールを入力します。

3 テーブルをデータシートビューに切り替えます。

4 ルールに合わないデータを入力するとメッセージが表示されるので、＜OK＞をクリックします。

重要度 ★★★　フィールドの設定

Q 116 ルールに合わない場合、指定したメッセージを表示するには？

A ＜エラーメッセージ＞プロパティに文字を入力します。

Q115で解説した方法では、入力時のルールを守らなかった場合、Accessが用意した機械的なメッセージが表示されます。ここでは、入力時のルールに合わないデータを入力したときに、ユーザーが指定したメッセージが表示されるようにします。 参照▶Q 115

テーブルのデザインビュー

1 対象のフィールドを選択します。

2 ＜入力規則＞プロパティの設定を確認します。

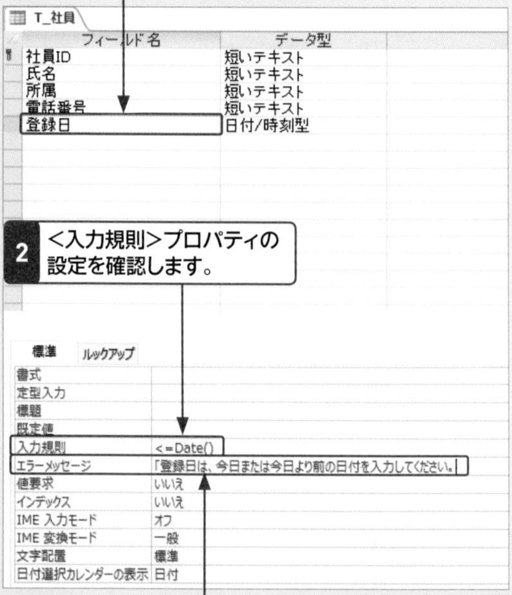

3 ＜エラーメッセージ＞プロパティを指定します。

4 テーブルをデータシートビューに切り替えます。

5 ルールに合わないデータを入力すると、指定したメッセージが表示されるので、＜OK＞をクリックします。

Q 117 主キーって何？

A 個々のデータを区別する唯一無二のデータを入力するフィールドです。

「主キー」とは、社員ID や商品番号のように重複するデータがなく、各データを区別できるフィールドに設定するしくみです。テーブル内に主キーを設定することで、データを効率よく・正確に管理できます。一般的には、テーブルを作成したあとは主キーを設定して利用します。

また、主キーの存在は、ほかのテーブルと関連付けを設定してデータを参照できる「リレーションシップ」のしくみを作るときにも役立ちます。 参照▶Q 180

●主キーを設定するフィールドに課されるルール

・ほかのデータと重複するデータを入力できなくなる
・空欄のままデータを保存できなくなる

● 主キーを設定するフィールドについて

以下のようなフィールドを持つテーブルで、どのフィールドに主キーを設定したらよいか考えてみましょう。

●「会員」テーブル

会員番号
会員名
住所
電話番号
メールアドレス

まず、「会員名」は同姓同名の会員がいる可能性があります。「住所」や「電話番号」は、同じ家族の会員では重複してしまいます。「メールアドレス」は頻繁に変更する人もいるほか、すべての会員がメールアドレスを持っているとは限りません。それに対して、「会員番号」は各会員に必ず設定されるデータであり、ほかの会員と重複することがないので、主キーを設定するのに適しています。

主キーに適したフィールドがない場合は、「会員番号」や「商品ID」など、ほかと重複しないデータを入力するフィールドを用意しましょう。

Q 118 主キーを設定するには？

A フィールドを選択して<主キー>をクリックします。

主キーはフィールドを選択して設定します。テーブルをデザインビューで開いているとき、主キーのフィールドは、行セレクターに「鍵」のマークが表示されます。なお、すでにデータが入力されているテーブルで主キーを設定する場合、重複するデータが入力されたフィールドや、空欄が含まれるフィールドには設定できません。

テーブルのデザインビュー

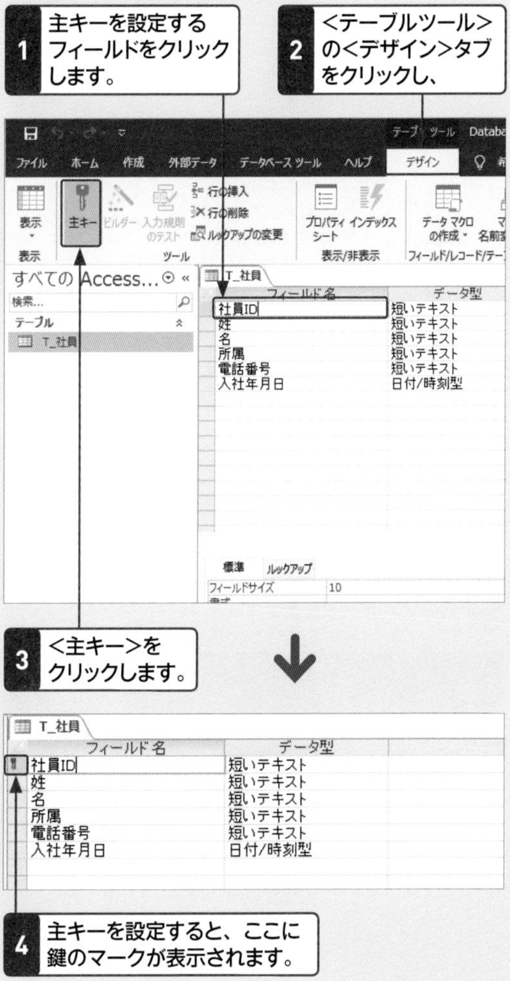

重要度★★★ 主キー・インデックス

Q 119 主キーを解除するには？

A 主キーのフィールドを選択して解除します。

主キーの設定はかんたんに解除できます。ただし、テーブルにリレーションシップを設定している場合は、主キーを解除することで問題が発生する可能性があるため、解除できない場合があります。主キーを解除しようとしたときに、メッセージが表示された場合は内容を確認し、リレーションシップの設定を一時的に削除するなどしてから操作します。

参照▶Q 180

テーブルのデザインビュー

1 主キーが設定されているフィールド内をクリックします。

2 <テーブルツール>の<デザイン>タブをクリックし、

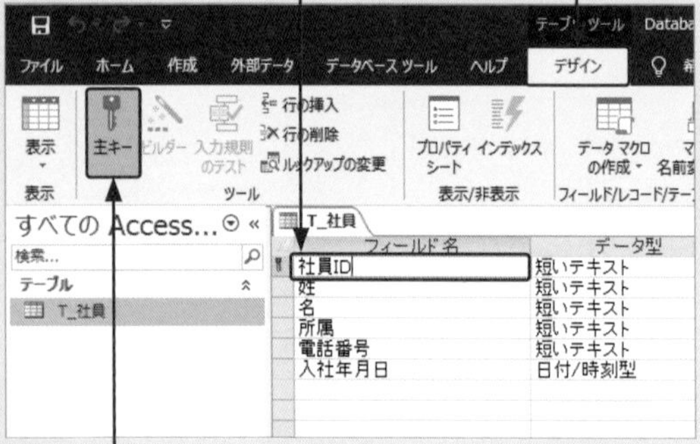

3 <主キー>をクリックします。

4 主キーの設定が解除され、鍵のマークが消えます。

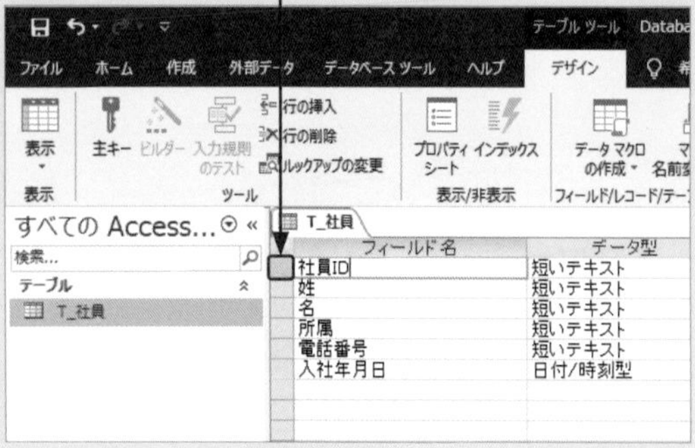

重要度★★★ 主キー・インデックス

Q 120 複数のフィールドの値の組み合わせを主キーにするには？

A 複数のフィールドを選択して設定します。

一般的には、主キーは1つのフィールドに設定しますが、複数のフィールドの組み合わせに設定することもできます。たとえば、単独では重複するデータが入力される可能性があるフィールドでも、複数のフィールドを組み合わせたときに、データが重複しない場合は、複数のフィールドの組み合わせに主キーを設定できます。
ここでは、受注の明細データを入力するテーブルで、「受注番号」と「商品番号」のフィールドの組み合わせに主キーを設定します。

テーブルのデザインビュー

1 主キーを設定するフィールドの行セレクターをクリックします。

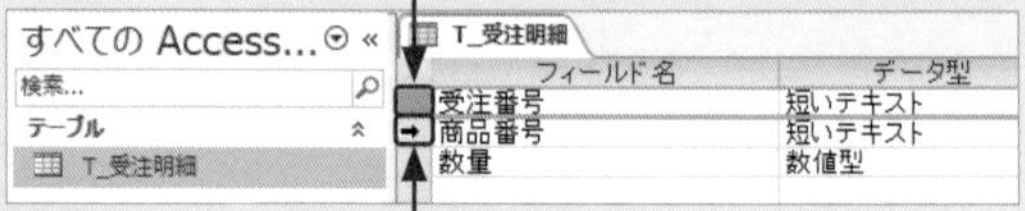

2 Ctrl キーを押しながら、ほかのフィールドの行セレクターをクリックします。

3 <テーブルツール>の<デザイン>タブをクリックし、

4 <主キー>をクリックします。

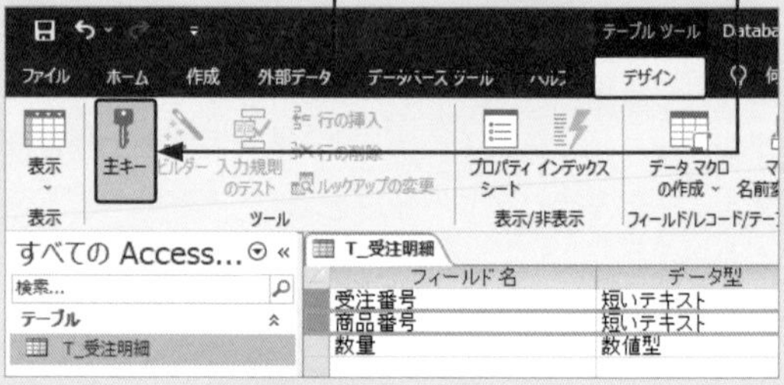

5 複数のフィールドに鍵のマークが表示されます。

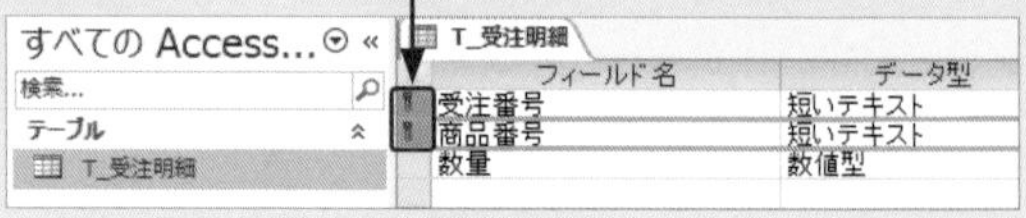

重要度 ★★★　主キー・インデックス

Q 121 インデックスって何？

A データの検索や並べ替えが効率よく行われるように設定するものです。

データの検索や並べ替えをするときに頻繁に使用するフィールドには、インデックスを設定すると便利です。インデックスを設定すると、Accessの内部で「本の索引のようなもの」が作成されるため、検索や並べ替えが高速になる可能性があります。ただし、むやみにインデックスを設定しても効果はありません。検索や並べ替えの対象にするフィールドに対して設定しましょう。

なお、主キーのフィールドには自動的にインデックスが設定されます。また、「ID」「キー」「番号」などの文字を含むフィールドにも自動的にインデックスが設定されます。設定内容は＜Accessのオプション＞画面で確認できます。

「電話番号」や「郵便番号」などのフィールドに意図せずにインデックスが設定されてしまった場合、＜インデックス＞プロパティを＜いいえ＞にすると設定を解除できます。

参照▶Q 122

●＜Accessのオプション＞画面（Q039参照）

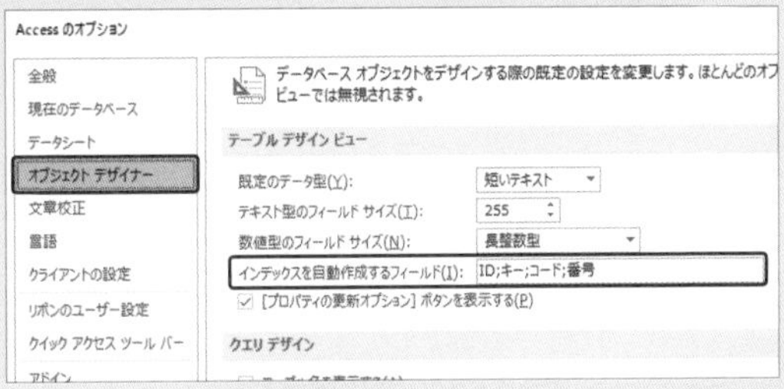

重要度 ★★★　主キー・インデックス

Q 122 インデックスを設定するには？

A デザインビューや＜インデックス＞画面で設定します。

1つのフィールドにインデックスを設定する場合は、フィールドプロパティで設定します。インデックスは複数のフィールドの組み合わせに設定することもできます。その場合は、＜インデックス＞画面で設定します。たとえば、社員を検索するときに＜姓＞と＜名＞のフィールドを使って頻繁に検索する場合などは、＜姓＞＜名＞の組み合わせでインデックスを作成すると検索の効率化が期待できます。

● 1つのフィールドに設定する

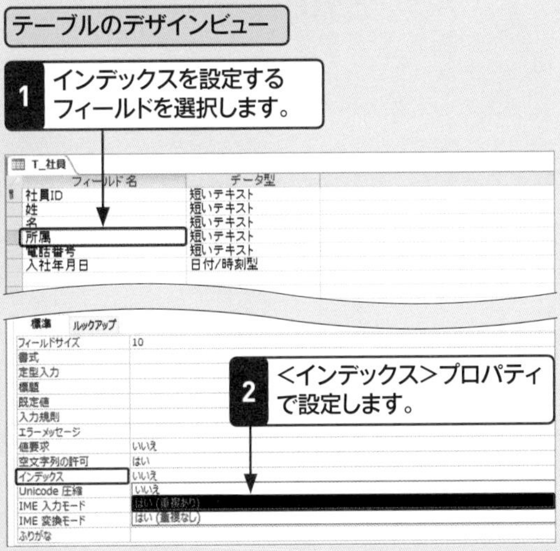

● 複数のフィールドに設定する

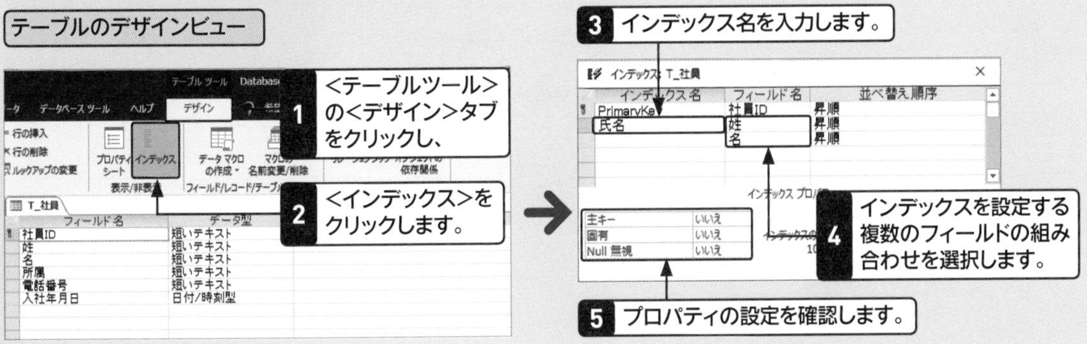

重要度★★★　ルックアップフィールド

Q 123 ルックアップフィールドって何？

A 選択肢の中から入力するデータを選べるようにするフィールドです。

データを入力する際に入力候補を表示するには、フィールドのデータ型を「ルックアップ型」に設定します。入力候補の内容は、①文字で入力して指定する、②ほかのテーブルのフィールドに入力されているデータを指定する、という2つの方法で表示できます。

ルックアップフィールドを設定するには、フィールドを選択し、データ型から＜ルックアップ＞を選択します。入力候補の内容などは、＜ルックアップウィザード＞の画面で指定できます。

参照▶Q 124

●ルックアップフィールドの表示例

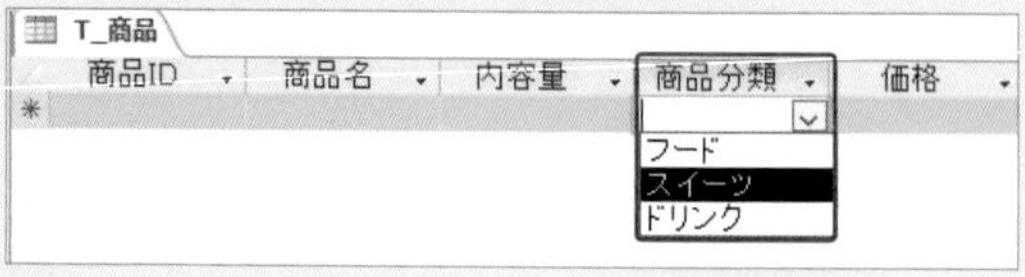

重要度★★★　ルックアップフィールド

Q 124 入力時に選択肢を表示するには？

A ルックアップウィザードで指定できます。

ルックアップフィールドで入力候補を表示するとき、表示する項目は＜ルックアップウィザード＞の画面で指定できます。

ここでは、＜ルックアップウィザード＞画面の中で、表示する入力候補を文字で入力して指定する方法を紹介します。設定後は、テーブルのデザインビューで内容を確認しましょう。

参照▶Q 125

ここでは、商品データを入力するテーブルで、「商品分類」フィールドのデータをリストから選択できるようにします。

テーブルのデザインビュー

1 ルックアップフィールドを設定するフィールドのここをクリックし、

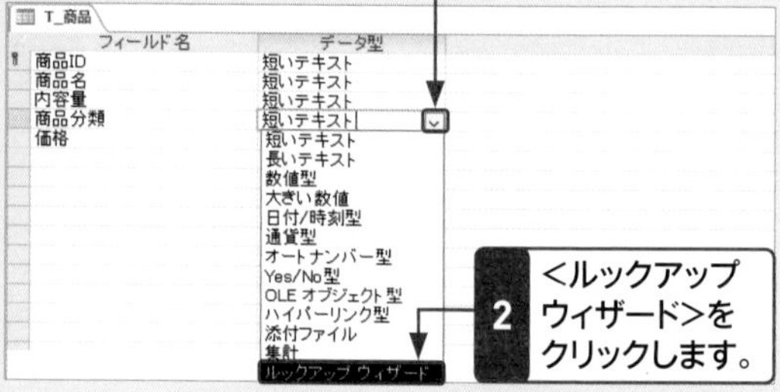

2 ＜ルックアップウィザード＞をクリックします。

3 ルックアップウィザードが起動したら、ルックアップフィールドに表示する値の種類を指定します。ここでは、＜表示する値をここで指定する＞をクリックします。

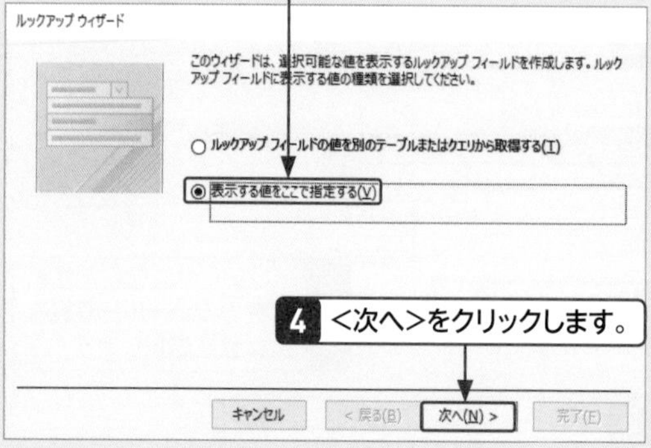

4 ＜次へ＞をクリックします。

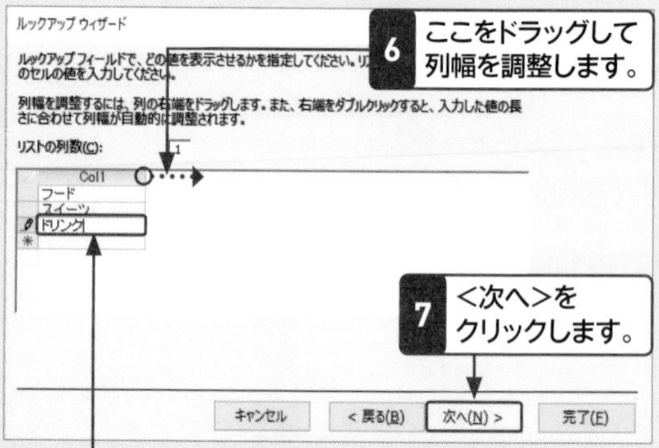

5 入力候補に表示する項目を入力します。

6 ここをドラッグして列幅を調整します。

7 ＜次へ＞をクリックします。

この後は、Q125の方法でウィザード画面を進めます。

重要度★★★　ルックアップフィールド

Q 125 ほかのテーブルのデータを選択肢として表示するには？

A <ルックアップウィザード>画面でテーブルやクエリを指定します。

ルックアップフィールドで入力候補にほかのテーブルやクエリのデータを表示するには、<ルックアップウィザード>画面で指定します。この設定を行うと、設定しているルックアップフィールドを含むテーブルと、ルックアップフィールドに表示するデータとして指定したテーブルやクエリとの間に、自動的にリレーションシップが設定されます。

ここでは、商品データを入力するテーブルで「商品分類ID」を入力するとき、商品分類データを入力するテーブルの「商品分類」フィールドのデータの中から選択できるようにします。

テーブルのデザインビュー

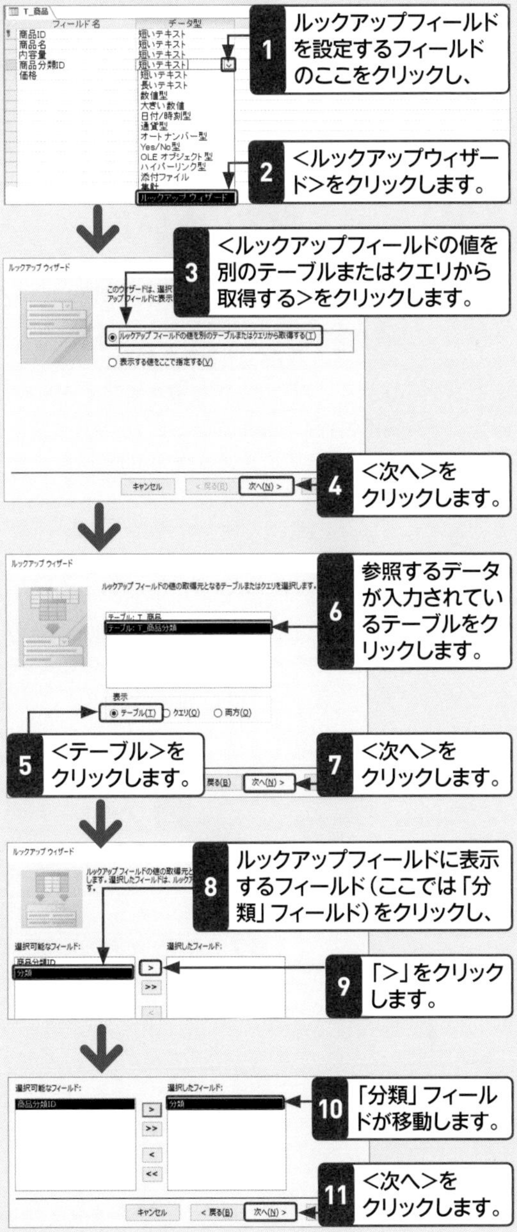

1 ルックアップフィールドを設定するフィールドのここをクリックし、
2 <ルックアップウィザード>をクリックします。
3 <ルックアップフィールドの値を別のテーブルまたはクエリから取得する>をクリックします。
4 <次へ>をクリックします。
5 <テーブル>をクリックします。
6 参照するデータが入力されているテーブルをクリックします。
7 <次へ>をクリックします。
8 ルックアップフィールドに表示するフィールド(ここでは「分類」フィールド)をクリックし、
9 「>」をクリックします。
10 「分類」フィールドが移動します。
11 <次へ>をクリックします。

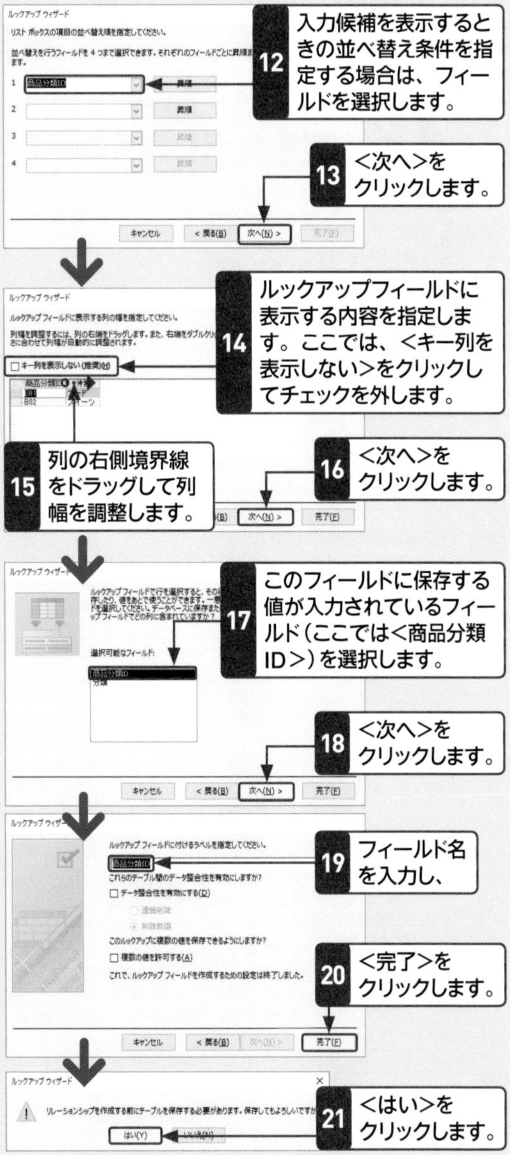

12 入力候補を表示するときの並べ替え条件を指定する場合は、フィールドを選択します。
13 <次へ>をクリックします。
14 ルックアップフィールドに表示する内容を指定します。ここでは、<キー列を表示しない>をクリックしてチェックを外します。
15 列の右側境界線をドラッグして列幅を調整します。
16 <次へ>をクリックします。
17 このフィールドに保存する値が入力されているフィールド(ここでは<商品分類ID>)を選択します。
18 <次へ>をクリックします。
19 フィールド名を入力し、
20 <完了>をクリックします。
21 <はい>をクリックします。

重要度 ★★★ ルックアップフィールド

Q 126 フィールドのキーって何？

A データを参照するために利用するフィールドです。

Q125の方法でルックアップフィールドを設定すると、<ルックアップウィザード>の画面で、キー列を表示するかを確認するメッセージが表示されます。これは、「ほかのテーブルやクエリのデータを参照するためにリレーションシップを設定する、共通フィールドに入力されているデータを表示しますか？」という意味です。

●キー列を表示する場合

●キー列を表示しない場合

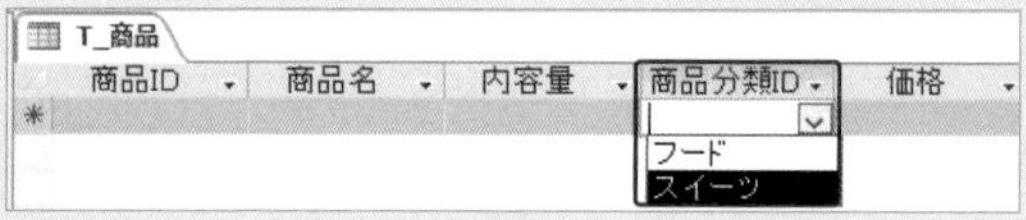

重要度 ★★★ ルックアップフィールド

Q 127 ルックアップフィールドのキー列を表示したくない！

A <ルックアップウィザード>画面で指定できます。

ルックアップフィールドを設定するときに、<ルックアップウィザード>画面でキー列を表示するかを指定できます。すでに設定済みのフィールドで、この設定を変更したい場合は、フィールドプロパティで指定します。

参照 ▶ Q 128

1 Q125の方法で、ルックアップフィールドの設定画面を表示します。

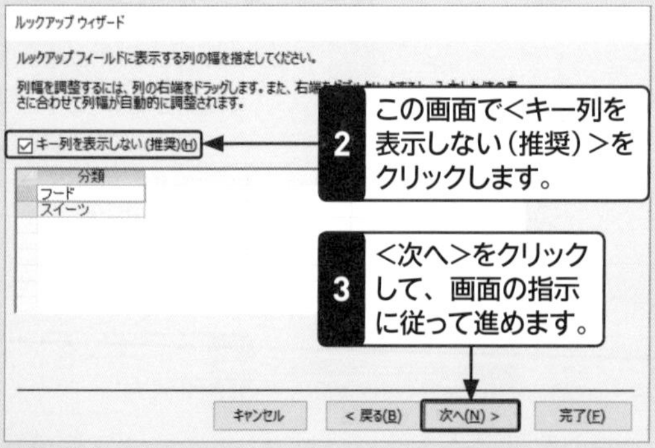

4 設定を完了させて、テーブルをデータシートビューで開きます。

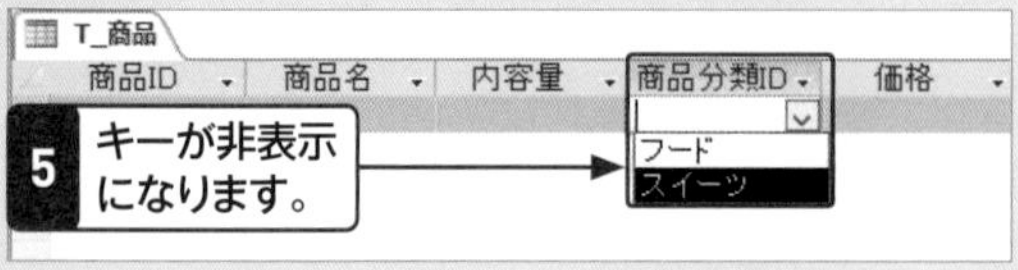

重要度 ★★★ ルックアップフィールド

Q 128 リストに表示する列や列幅を指定したい！

A 列数を確認して各列の幅とリスト全体の幅を指定します。

ルックアップフィールドで入力候補を表示するとき、入力候補が表示される列幅を調整します。ルックアップフィールドのフィールドプロパティの、<リスト幅>にリスト全体の幅を指定します。リストに表示する列数は<列数>で指定し、個々の列の<列幅>を指定します。列幅は左の列から順に、各列の幅を「;（セミコロン）」で区切って指定します。

ここではリスト幅は「1.5cm」にして、1列目を表示せずに、2列目だけが表示されるようにします。この場合、表示する列幅は「0cm」と「1.5cm」にします。

テーブルのデザインビュー

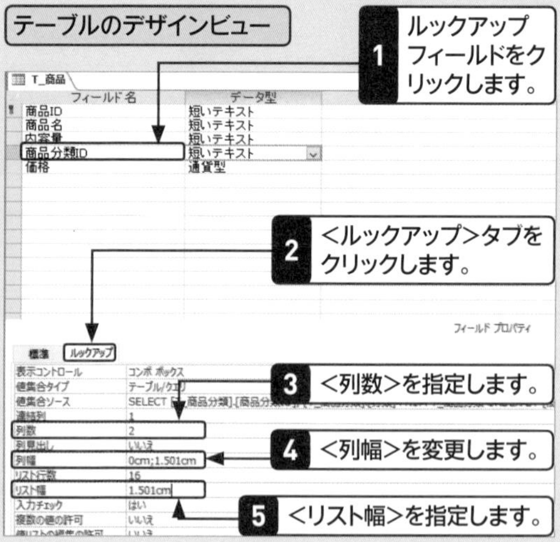

重要度 ★★★　ルックアップフィールド

Q 129 ルックアップフィールドのコントロールの種類を変更したい！

A <表示コントロール>でコントロールの種類を選択します。

ルックアップフィールドでは、データシートビューでフィールドを選択するとコンボボックスが表示されて、ボタンをクリックすると入力候補が表示されます。コントロールの種類は変更できます。

ここでは、コンボボックスのコントロールをリストボックスに変更します。テーブルのデータシートビューではあまり違いがわかりませんが、このテーブルをもとにフォームを作成した場合などは、コントロールの種類によって表示方法が変わることが確認できます。リストボックスでは、入力候補の一覧が常に表示される状態になります。

テキストボックスに変更すると、ルックアップフィールドのプロパティ情報は削除されるので注意しましょう。

テーブルのデザインビュー

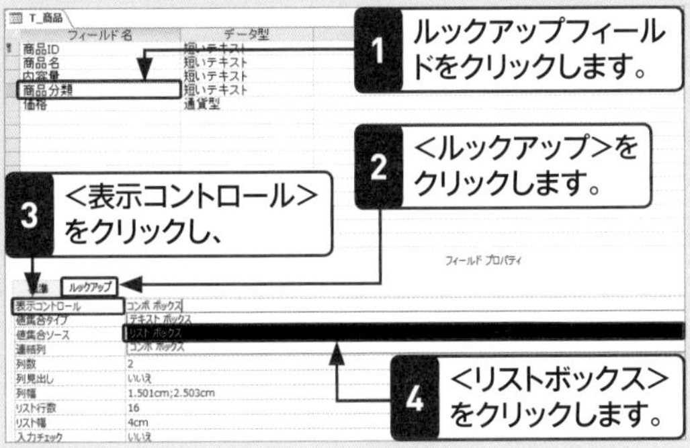

● フォームに表示したときの違い

●コンボボックスの表示

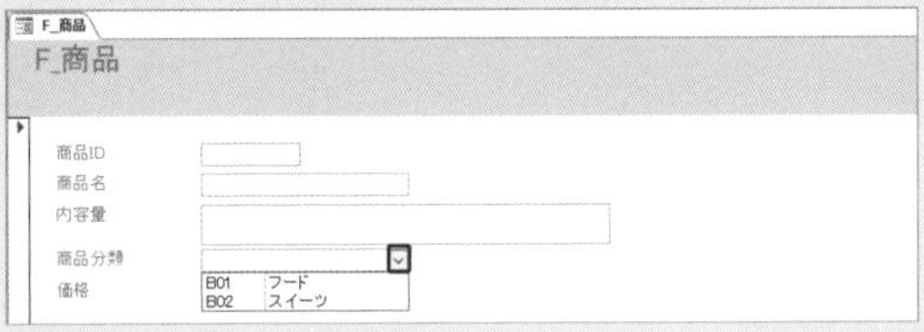

●リストボックスの表示

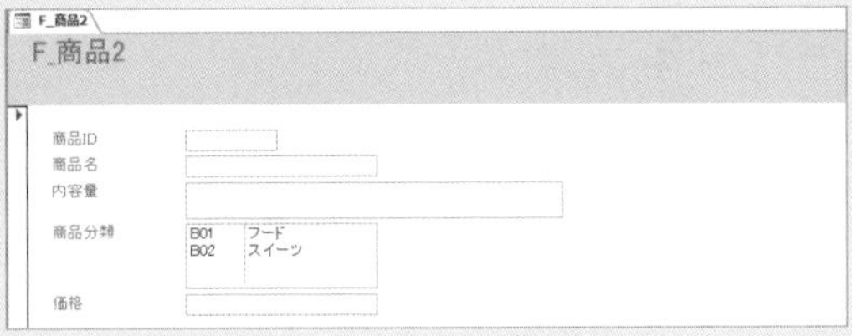

重要度 ★★★　ルックアップフィールド

Q 130 1つのフィールドに複数の値を入力できるようにするには？

A <ルックアップウィザード>画面で指定できます。

ルックアップフィールドを使用すると、1つのフィールドに複数のデータを入力できるように設定することもできます。この方法は便利ですが、Access以外のデータベースソフトと連携して活用する場合に、データをかんたんに移行できなくなる可能性があるので注意しましょう。

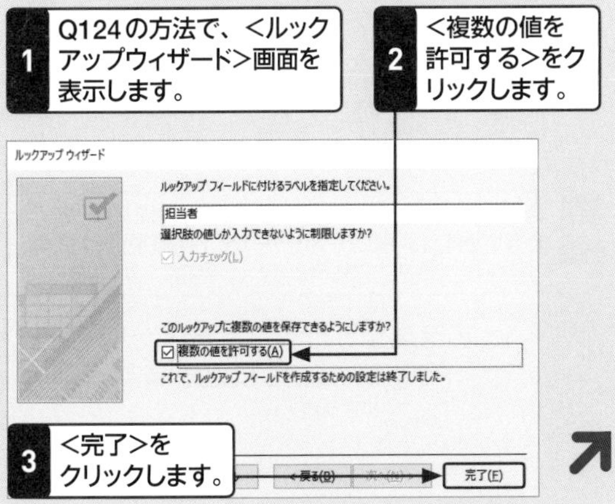

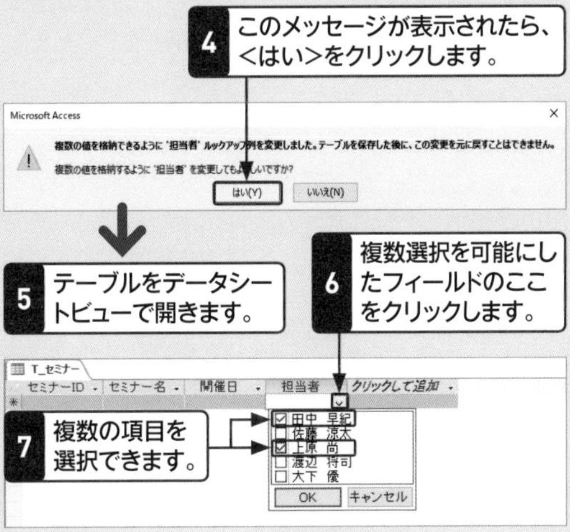

重要度 ★★★　データの表示方法

Q 131 データシートの行の高さを変更したい!

A データシートビューで行の境界線をドラッグします。

テーブルのデータをデータシートビューで見るとき、行の高さを変更するには、画面を見ながら調整できます。行の高さを変更すると、すべての行の高さが変わります。
なお、行の高さなど、データシートビューのレイアウトを変更すると、テーブルを閉じるときにレイアウトの変更を保存するかの確認メッセージが表示されます。

参照▶Q 178

● マウスで行の高さを調整する

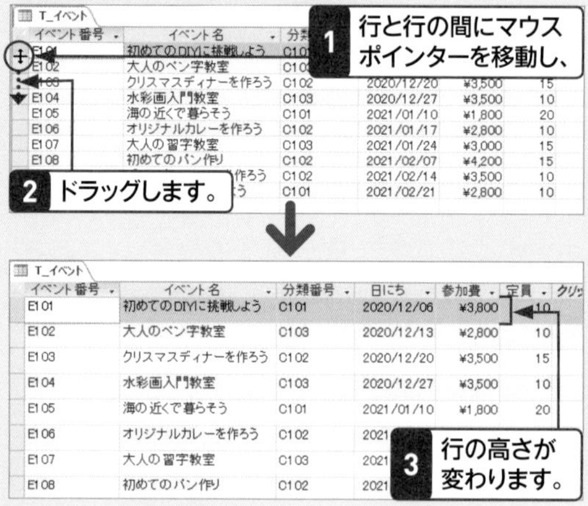
1 行と行の間にマウスポインターを移動し、
2 ドラッグします。
3 行の高さが変わります。

● 数値で行の高さを指定する

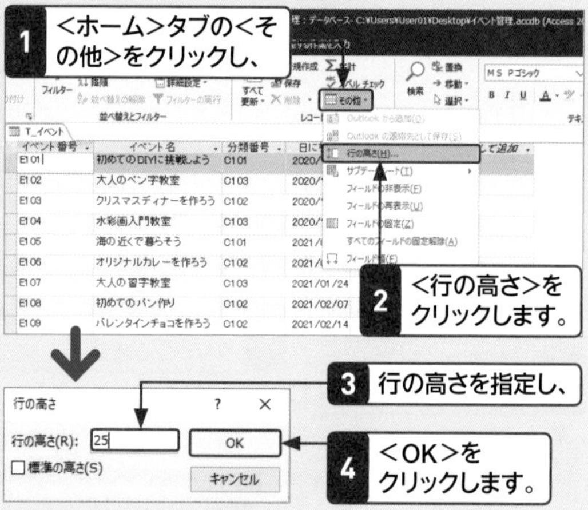
1 <ホーム>タブの<その他>をクリックし、
2 <行の高さ>をクリックします。
3 行の高さを指定し、
4 <OK>をクリックします。
行の高さ
行の高さ(R): 25
OK
キャンセル
標準の高さ(S)

重要度 ★★★　データの表示方法

Q 132 文字の大きさを変更したい!

A <ホーム>タブでフォントや文字の大きさを指定できます。

データシートビューの文字が小さくて見づらい場合などは、フォント（文字の種類）や文字の大きさを変更しましょう。
フォントや文字の大きさを変更すると、すべての文字に適用されます。また、フィールドのデータ型が<長いテキスト>で、<文字書式>プロパティが<リッチテキスト形式>の場合は、一部の文字を選択してフォントや文字大きさを変更できます。
なお、数値や日付が入力されているフィールドで表示が欠けてしまうと、「####」のように表示されます。この場合は、列幅を広げると正しく表示されます。

テーブルのデータシートビュー

1 <ホーム>タブの<フォント>のここをクリックして、
2 フォントを選択します。

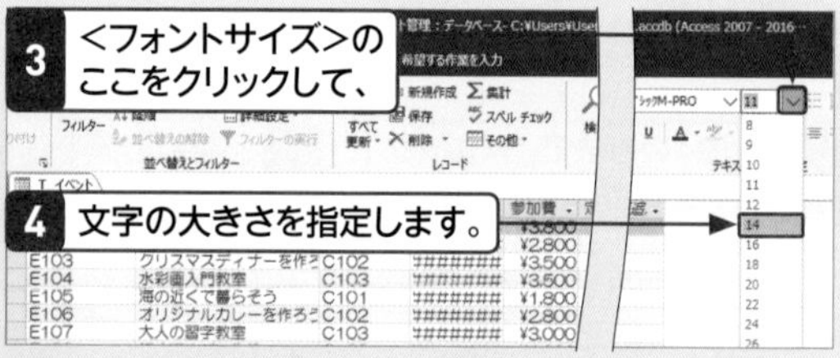
3 <フォントサイズ>のここをクリックして、
4 文字の大きさを指定します。

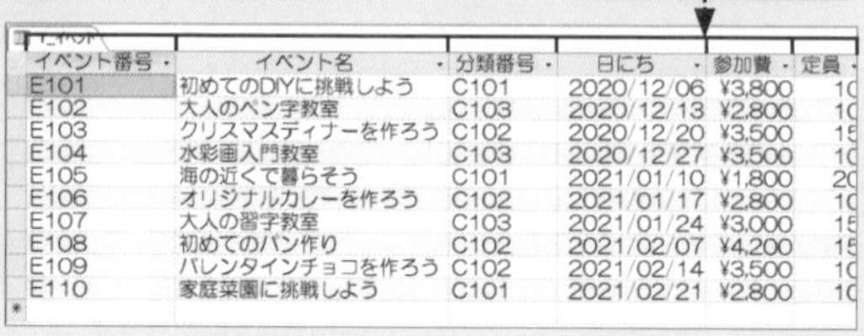
5 フォントや文字の大きさが変わります。
Q142の方法で、列幅を広げます。

重要度 ★★★　データの表示方法

Q 133 文字を太字で表示したい！

A <ホーム>タブで太字や斜体、下線の飾りを付けられます。

データシートビューの文字を太字で表示するには、<ホーム>タブから指定します。太字以外に、斜体や下線の飾りを付けることもできます。

テーブルのデータシートビュー

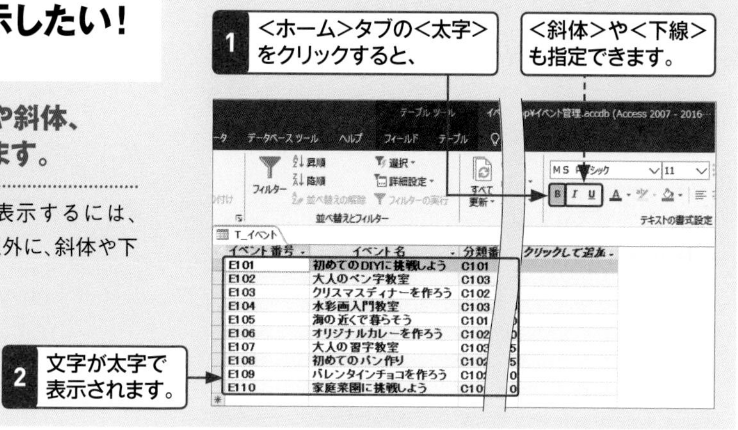

1 <ホーム>タブの<太字>をクリックすると、
<斜体>や<下線>も指定できます。
2 文字が太字で表示されます。

重要度 ★★★　データの表示方法

Q 134 文字の色を変更したい！

A <ホーム>タブで文字や背景の色を指定できます。

データシートビューで行の背景の色や文字の色を変更するには、<ホーム>タブで指定します。なお、データシートビューの行には、1行おきに色が付いています。1行おきの行の色については、Q139を参照してください。

テーブルのデータシートビュー

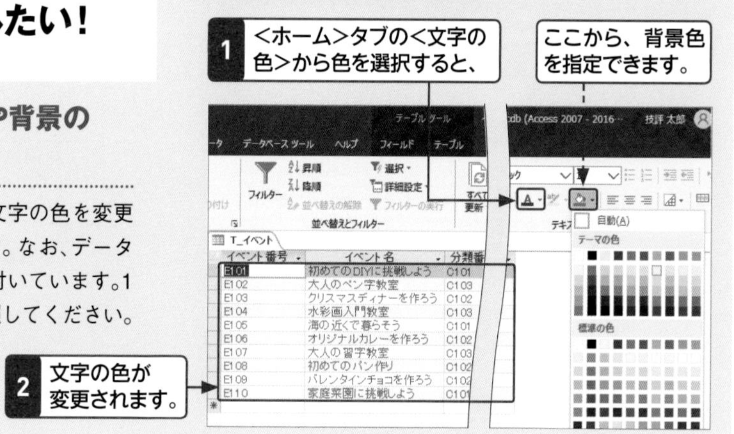

1 <ホーム>タブの<文字の色>から色を選択すると、
ここから、背景色を指定できます。
2 文字の色が変更されます。

重要度 ★★★　データの表示方法

Q 135 文字の配置を変更したい！

A <ホーム>タブやフィールドプロパティで指定できます。

データシートビューでフィールド内の文字の配置を変更するには、対象のフィールドをクリックして<ホーム>タブで指定します。設定を変更すると、フィールドの<文字配置>フィールドプロパティに設定が反映されます。

テーブルのデータシートビュー

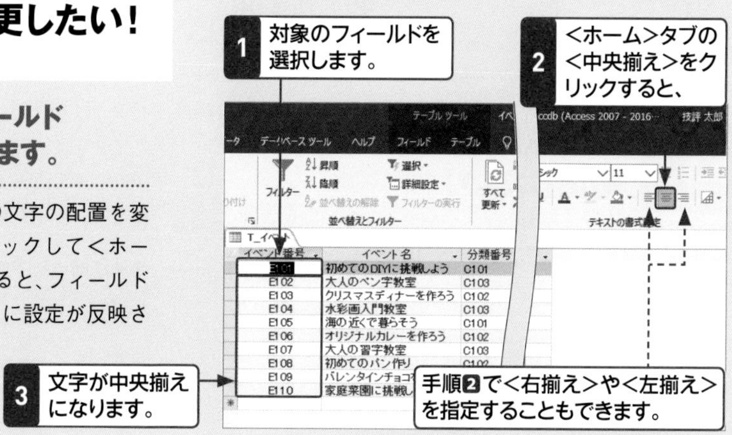

1 対象のフィールドを選択します。
2 <ホーム>タブの<中央揃え>をクリックすると、
3 文字が中央揃えになります。
手順2で<右揃え>や<左揃え>を指定することもできます。

重要度 ★★★ データの表示方法

Q 136 数字の表示方法を変更したい!

A ＜書式＞プロパティで指定します。

数字の表示方法は＜書式＞プロパティで指定します。設定は、あらかじめ用意されている定義済み書式の中から選択できるほか、「書式文字」という記号を使って独自に指定することもできます。

参照▶Q 095

●定義済み書式

設定	内容	例
数値	入力されたとおりに、そのまま表示されます。	数字が「12345」の場合→「12345」
通貨	通貨記号と桁区切り記号を表示します。負の数、小数点や通貨の記号、小数点以下の桁数については、コントロールパネルの＜地域＞の設定に従って表示します。	数字が「12345」の場合→「¥12,345」
ユーロ	ユーロ記号(€)を付けて表示します。	数字が「12345」の場合→「€12,345.00」
固定	桁区切り記号を付けずに表示します。負の数、小数点や通貨の記号、小数点以下の桁数については、コントロールパネルの＜地域＞の設定に従って表示します。	数字が「12345」の場合→「12345.00」
標準	桁区切り記号を付けて表示します。負の数、小数点の記号、小数点以下の桁数については、コントロールパネルの＜地域＞の設定に従って表示します。	数字が「12345」の場合→「12,345.00」
パーセント	パーセントの形式で表示します。負の数、小数点の記号、小数点以下の桁数については、コントロールパネルの＜地域＞の設定に従って表示します。	数字が「0.5」の場合→「50%」
指数	指数形式で表示します。	数字が「12345」の場合→「1.23E+04」

● 書式文字を使って指定する

書式文字の記号を使って表示方法を指定する場合、1～4までのセクションをセミコロンで区切って指定できます。

●セクションの内容

セクション	内容
1	正の数の書式
2	負の数の書式
3	0の書式
4	Null値の書式

●主な書式文字

記号	内容	指定例
#	数字の桁を示します。数値の桁が「#」より多い場合は、数値はすべて表示されます。数値の桁が「#」の数より少ない場合は、その桁には何も表示されません。数値が0の場合は何も表示しません。	#,### 数字が「1234」の場合→「1,234」 数字が「0」の場合→何も表示されない
0	数字の桁を示します。数値の桁が「0」より多い場合は、数値はすべて表示されます。「0」の数より少ない場合は、その桁には「0」が表示されます。数値が0の場合は「0」を表示します。	0000 数字が「12」の場合→「0012」 数字が「0」の場合→「0000」
小数点の区切り文字「.(ピリオド)」	小数点の表示位置を指定します。小数点の区切り記号は、コントロールパネルの＜地域＞の設定に従って表示します。	0.000 数字が「12.3」の場合→「12.300」
桁区切り記号	数値や通貨の桁区切り記号を表示します。	#,##0 数字が「1234」の場合→「1,234」
¥	「¥」の直後の文字をそのまま表示します。	¥金額#,##0 数字が「1234」の場合→「金額1,234」
%	数値を100倍して「%」を付けて表示します。	0% 数字が「0.5」の場合→「50%」
E-または e-	数値を指数表記で表示します。指数が負の場合は「-」を追加し、指数が正の場合は何も追加しません。ほかの書式文字と組み合わせて指定します。	0.00E-00 数字が「12345」の場合→「1.23E04」
E+または e+	数値を指数表記で表示します。指数が負の場合は「-」を追加し、指数が正の場合は「+」を表示します。ほかの書式文字と組み合わせて指定します。	0.00E+00 数字が「12345」の場合→「1.23E+04」

重要度 ★★★ データの表示方法

Q 137 小数点以下の表示桁数を指定したい!

A ＜小数点以下表示桁数＞プロパティで設定できます。

数値の小数点以下の表示桁数を指定するには、＜小数点以下表示桁数＞プロパティで設定します。設定値は一覧から選択できます。なお、＜小数点以下表示桁数＞プロパティの設定は、＜書式＞プロパティと組み合わせて指定できます。ただし、＜書式＞プロパティが空白、または「数値」が指定されていると、＜小数点以下表示桁数＞を指定しても小数点以下の表示桁数は変わりません。

●＜小数点以下表示桁数＞プロパティの設定

設定	内容
自動	＜書式＞プロパティで設定された内容にもとづいて表示されます。
0～15	小数点以下の表示桁数を指定します。

Q 138 日付の表示方法を変更したい！

A <書式>プロパティで指定できます。

日付の表示方法を変更するには、<日付/時刻型>のフィールドの<書式>プロパティで指定します。定義済み書式の中から選択するほか、書式文字を使って一覧にない書式を指定することもできます。 参照▶Q 096

●定義済み書式

設定	内容	例
日付(標準)	「日付(S)」と「時刻(L)」を組み合わせて指定します。日付だけの場合は、時刻は表示されません。時刻だけの場合は、日付は表示されません。	日付が「2020/5/19 7:45」の場合→「2020/05/19 7:45:00」
日付(L)	コントロールパネルの<地域>の<日付(長い形式)>と同じように表示します。	日付が「2020/5/19 7:45」の場合→「2020年5月19日」
日付(M)	年、月、日の形式で表示します。	日付が「2020/5/19 7:45」の場合→「20-05-19」
日付(S)	コントロールパネルの<地域>の<日付(短い形式)>と同じように表示します。	日付が「2020/5/19 7:45」の場合→「2020/05/19」
時刻(L)	コントロールパネルの<地域>の<時刻(長い形式)>と同じように表示します。	日付が「2020/5/19 7:45」の場合→「7:45:00」
時刻(M)	「時：分(午前)」のように12時間制で表示します。	日付が「2020/5/19 7:45」の場合→「7:45 午前」
時刻(S)	コントロールパネルの<地域>の<時刻(短い形式)>と同じように表示します。	日付が「2020/5/19 7:45」の場合→「7:45」

● 書式文字を使って指定する

次のような書式文字を使って、独自に書式を指定できます。

●書式文字による指定

記号	内容	指定例とデータが「2020/5/19 7:45:08」の場合の表示例
/	日付を区切る記号です。コントロールパネルの<地域>で指定されている区切り文字を使用します。	yy/mm → 20/05
:	時刻を区切る記号です。コントロールパネルの<地域>で指定されている区切り文字を使用します。	h:nn → 7:45
c	定義済み書式の「日付(標準)」の方法で表示します。	c → 2020/05/19 7:45:08
d	日付を1桁または2桁(10日以降)で表示します。	d → 19
dd	日付を2桁で表示します。	dd → 19
ddd	曜日を英語の省略形で表示します。	ddd → Tue
aaa	曜日を日本語の省略形で表示します。	aaa → 火
dddd	曜日を英語で表示します。	dddd → Tuesday
aaaa	曜日を日本語で表示します。	aaaa → 火曜日
ddddd	定義済み書式の「日付(S)」の方法で表示します。	ddddd → 2020/05/19
dddddd	定義済み書式の「日付(L)」の方法で表示します。	dddddd → 2020年5月19日
w	曜日を数値(1～7)で表示します。	w → 3
ww	1年のうちの何週目(1～53)にあたるかを表示します。	ww → 21
m	月を1桁または2桁(10月以降)で表示します。	m → 5
mm	月を2桁で表示します。	mm → 05
mmm	月を英語の省略形で表示します。	mmm → May
mmmm	月を英語で表示します。	mmmm → May
q	1年のうちのどの四半期(1～4)にあたるかを表示します。	q → 2
g	年号をアルファベット1文字(S、H、R)で表示します。	g → R
gg	年号の先頭の1文字(昭、平、令)を表示します。	gg → 令
ggg	年号(昭和、平成、令和)を表示します。	ggg → 令和
e	年号の数字を1桁または2桁で表示します。	e → 2
ee	年号の数字を2桁で表示します。	ee → 02
y	1月1日からの日数を表示します。	Y → 140
yy	西暦の最後の2桁を表示します。	yy → 20
yyyy	西暦を表示します。	yyyy → 2020
h	時間を1桁または2桁(10時以降)で表示します。	h → 7
n	分を1桁または2桁(10分以降)で表示します。	n → 45
nn	分を2桁で表示します。	nn → 45
s	秒を1桁または2桁(10秒以降)で表示します。	s → 8
ss	秒を2桁で表示します。	ss → 08
ttttt	定義済み書式の「時刻(L)」の方法で表示します。	ttttt → 7:45:08
AM/PM	時刻にAM/PMを付けて12時間制で表示します。	AM/PM → AM 7:45
am/pm	時刻にam/pmを付けて12時間制で表示します。	am/pm → am 7:45
A/P	時刻にA/Pを付けて12時間制で表示します。	A/P → A 7:45
a/p	時刻にa/pを付けて12時間制で表示します。	a/p → a 7:45
AMPM	コントロールパネルの<地域>で指定されている午前や午後を示す文字を付けて12時間制で表示します。	AMPM → 午前 7:45

重要度★★★ データの表示方法

Q 139 1行おきに色を付けたい！

A <ホーム>タブで1行おきの色を指定します。

テーブルのデータシートビューで1行おきに色を付けるには、<ホーム>タブの<交互の行の色>から指定します。1行おきの色を表示しない場合は、<色なし>を選択します。

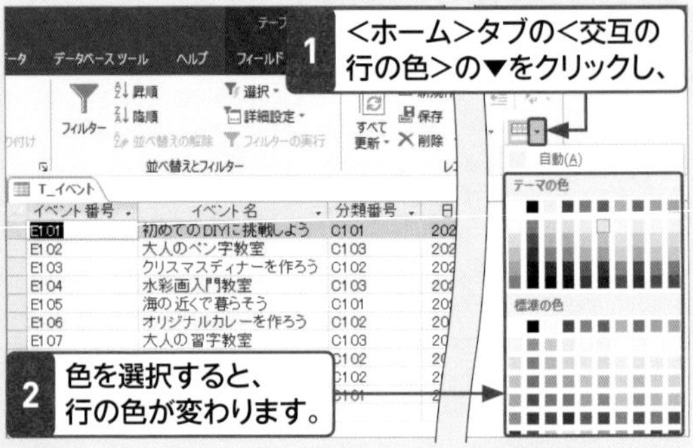
1 <ホーム>タブの<交互の行の色>の▼をクリックし、
2 色を選択すると、行の色が変わります。

重要度★★★ 列の操作

Q 140 列に表示する名前を変えたい！

A <標題>プロパティで指定します。

フィールドの名前を変更せずに、データシートビューで表示される列の名前を変更するには、<標題>プロパティに表示する文字列を入力します。ここで指定した文字は、テーブルをもとにフォームを作成した場合などにも、フィールドのラベル文字として表示されます。

テーブルのデザインビュー

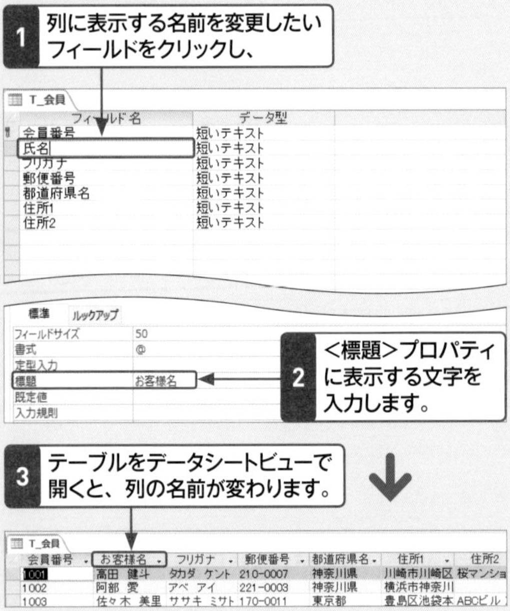
1 列に表示する名前を変更したいフィールドをクリックし、
2 <標題>プロパティに表示する文字を入力します。
3 テーブルをデータシートビューで開くと、列の名前が変わります。

重要度★★★ 列の操作

Q 141 列の表示順を変えたい！

A ドラッグ操作で入れ替えます。

テーブルのデータシートビューで列の並び順を変更するには、フィールド名が表示されている箇所をドラッグして入れ替えます。ドラッグ時に表示される、移動先を示す線に注目しながら操作します。

テーブルのデータシートビュー

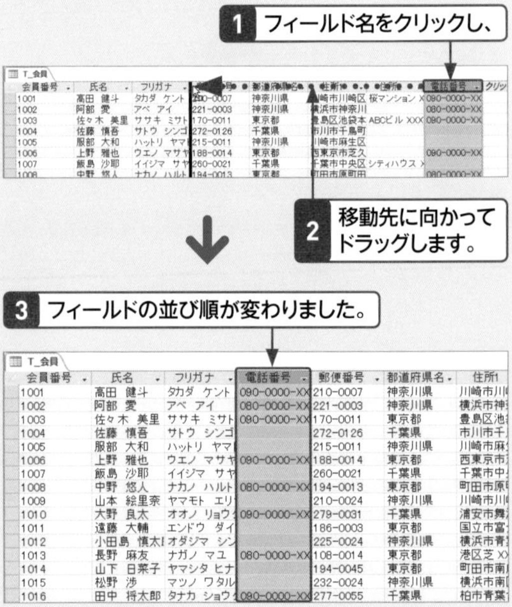
1 フィールド名をクリックし、
2 移動先に向かってドラッグします。
3 フィールドの並び順が変わりました。

重要度 ★★★　列の操作

Q 142 列幅を変更するには？

A 列の境界線部分をドラッグします。

テーブルのデータが列の幅に収まらない場合は、列幅を調整しましょう。列の境界線部分をドラッグして列幅を指定します。数値で指定する場合は、<列の幅>画面から操作します。標準の幅に戻すこともできます。

● ドラッグ操作で列幅を指定する

テーブルのデータシートビュー

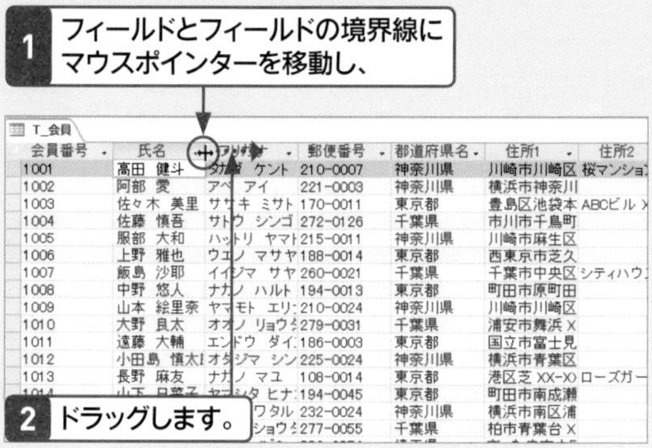
1 フィールドとフィールドの境界線にマウスポインターを移動し、
2 ドラッグします。

● 数値で列幅を指定する

テーブルのデータシートビュー

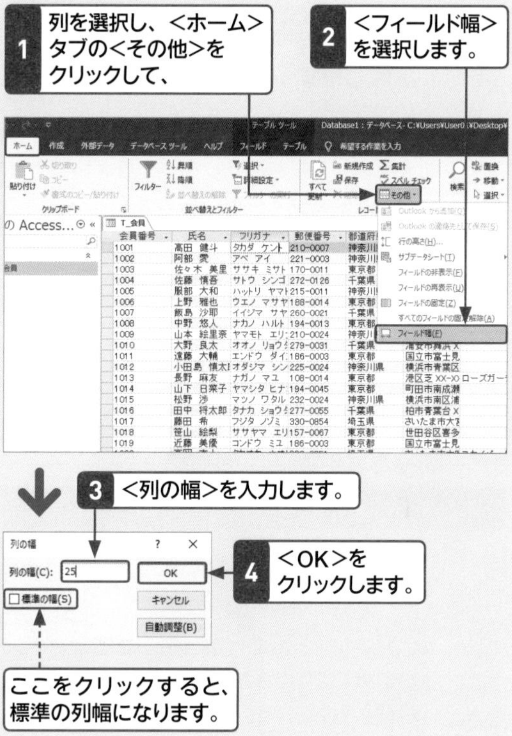
1 列を選択し、<ホーム>タブの<その他>をクリックして、
2 <フィールド幅>を選択します。
3 <列の幅>を入力します。
4 <OK>をクリックします。
ここをクリックすると、標準の列幅になります。
列の幅
列の幅(C): 25
OK
キャンセル
標準の幅(S)
自動調整(B)

重要度 ★★★　列の操作

Q 143 文字の長さに合わせて列幅を自動調整するには？

A 境界線部分をダブルクリックします。

データの文字の長さに合わせて列幅を自動的に調整するには、調整したい列の右側の境界線部分をダブルクリックします。複数の列の列幅を自動的に調整するには、複数の列を選択し、いずれかの列の右側の境界線部分をダブルクリックします。すべての列幅を一度に変えるには、左端のフィールド名の左のグレーのボタンをクリックして、すべての列を選択してから操作します。

● 複数の列幅を調整する

テーブルのデータシートビュー

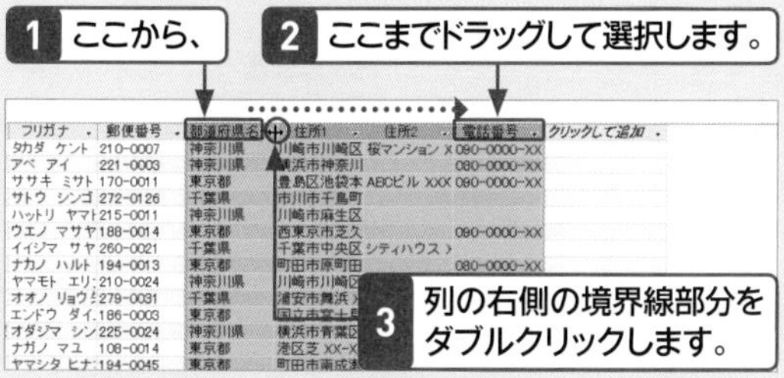
1 ここから、
2 ここまでドラッグして選択します。
3 列の右側の境界線部分をダブルクリックします。

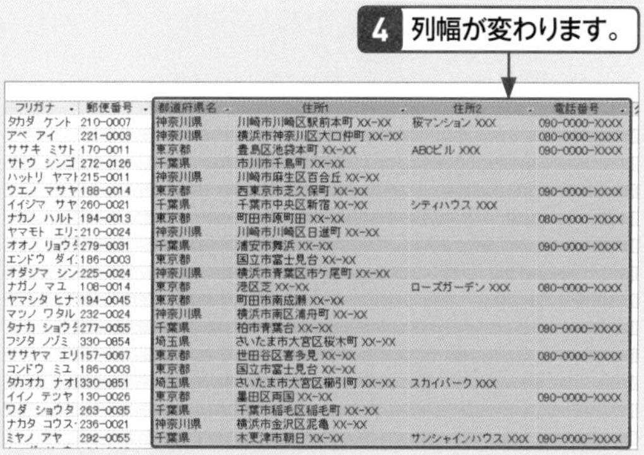
4 列幅が変わります。

重要度★★★ 列の操作

Q 144 列を非表示にするには？

A 非表示にする列を選択して操作します。

フィールドの数が多くてデータが見づらい場合は、一時的にフィールドを非表示にして見た目を調整しましょう。非表示にしたフィールドは、＜ホーム＞タブの＜その他＞→＜フィールドの再表示＞の順でクリックすると、かんたんに再表示できます。

テーブルのデータシートビュー

1 非表示にしたいフィールドのフィールド名を横方向にドラッグして、選択します。

2 ＜ホーム＞タブの＜その他＞をクリックし、

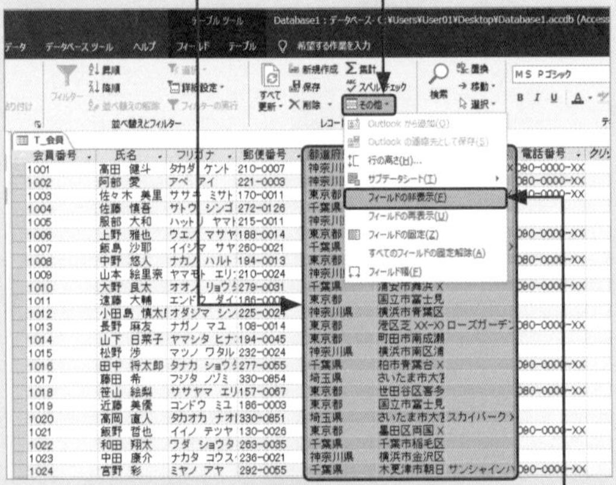

3 ＜フィールドの非表示＞をクリックします。

4 選択したフィールドが非表示になります。

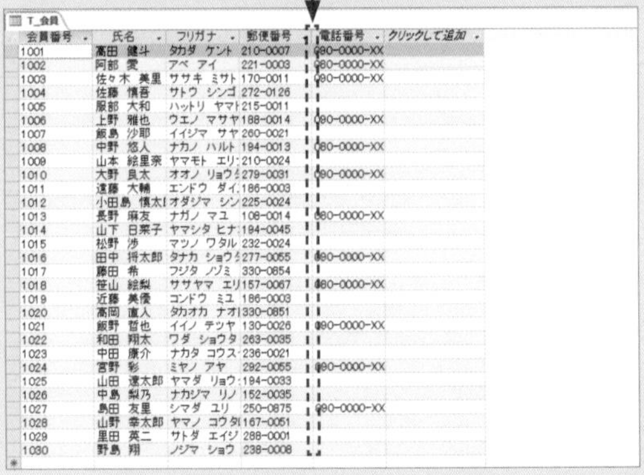

重要度★★★ 列の操作

Q 145 氏名の列が常に見えるように固定表示するには？

A フィールドを選択して固定します。

フィールドの数が多いときは、画面を横にスクロールしても常に左端に固定して表示するフィールドを指定すると便利です。たとえば、顧客のデータを表示しているときに、横にスクロールしても「氏名」のフィールドが常に表示されるようにします。固定されたフィールドとそうでないフィールドの境目には、グレーの線が表示されます。

テーブルのデータシートビュー

1 表示を固定したいフィールドのフィールド名をクリックします。

2 ＜ホーム＞タブの＜その他＞をクリックし、

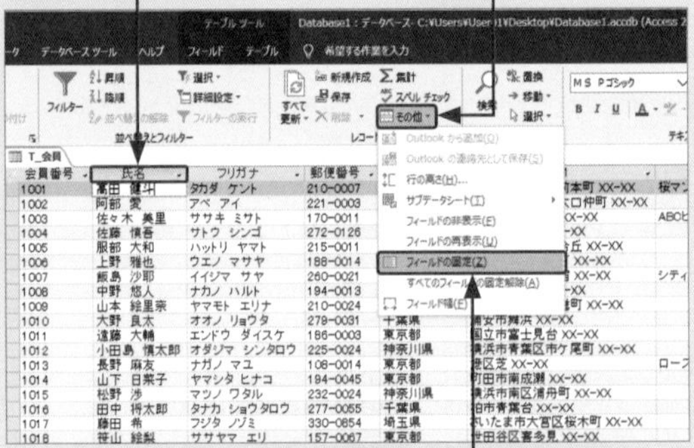

3 ＜フィールドの固定＞をクリックします。

4 フィールドの表示が固定されます。

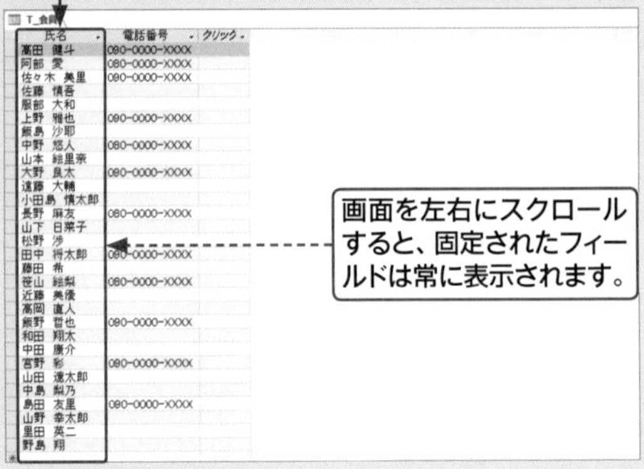

画面を左右にスクロールすると、固定されたフィールドは常に表示されます。

重要度★★★ 列の操作

Q146 複数の列を固定表示するには？

A 複数の列を選択してから固定します。

データシートビューでは、左側に常に固定して表示したいフィールドを指定できます。フィールドは、複数指定することもできます。たとえば、「氏名」フィールドと「ふりがな」フィールドを左端に固定して表示することができます。

テーブルのデータシートビュー

1 固定したい複数のフィールドのフィールド名を横方向にドラッグして、選択します。

2 <ホーム>タブの<その他>をクリックし、

3 <フィールドの固定>をクリックします。

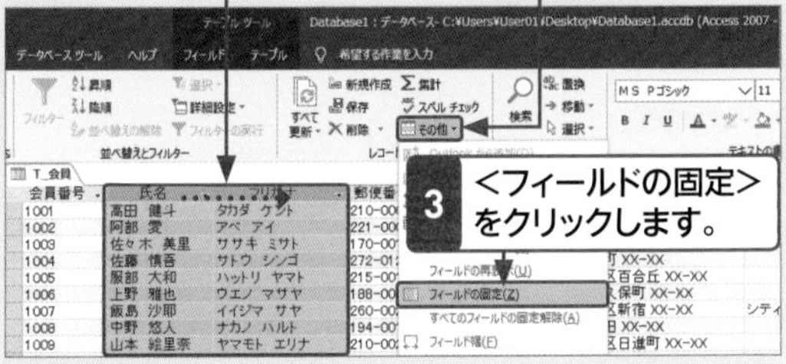

4 複数のフィールドの表示が固定されます。

画面を左右にスクロールすると、固定した複数のフィールドは常に表示されます。

重要度★★★ 列の操作

Q147 列を固定するフィールドを追加するには？

A 左端に固定するフィールドを追加しましょう。

テーブルのデータシートビューで、左端に固定するフィールドを追加するには、追加したいフィールドを選択して設定します。フィールドを追加すると、すでに固定されているフィールドの右側にフィールドが追加されます。

テーブルのデータシートビュー

1 表示を固定したいフィールドのフィールド名をクリックします。

2 <ホーム>タブの<その他>をクリックし、

3 <フィールドの固定>をクリックすると、表示が固定されます。

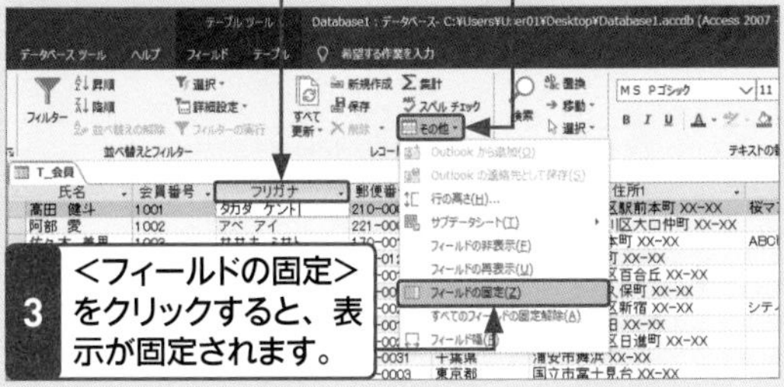

重要度★★★ 列の操作

Q148 列の固定をすべて解除するには？

A 列の固定を解除します。

テーブルのデータシートビューで列の固定を解除します。複数のフィールドを固定表示している場合は、すべての列の固定が解除されます。なお、列の固定を解除しても、列の並び順は変わりません。必要に応じて並び順を変更しましょう。

参照▶Q 103、Q 141

テーブルのデータシートビュー

1 <ホーム>タブの<その他>をクリックし、

2 <すべてのフィールドの固定解除>をクリックします。

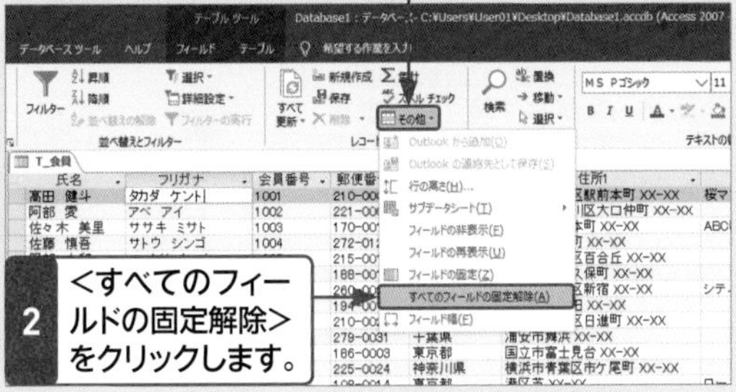

重要度 ★★★ データの並べ替え・抽出

Q 149 テーブルのデータを並べ替え・抽出する理由は？

A テーブルのデータを手軽に整理するときに使用しましょう。

クエリはデータの並べ替えや抽出をするために作るオブジェクトです。クエリを使うと、データを思い通りに並べ替えたり、抽出したり、集計したりして表示できます。
ただし、テーブルでもかんたんな条件によるデータの並べ替え・抽出はできます。クエリを作らなくても、データを整理して表示できます。なお、テーブルで並べ替えや抽出の条件を指定すると、テーブルの＜並べ替え＞プロパティや＜フィルター＞プロパティに反映されます。
また、そのテーブルをもとにフォームやレポートを作成すると、フォームやレポートにもそれらの条件が反映されます。フォームやレポート側で並べ替え条件や抽出条件などを変更することもできますが、設定を変更せずに利用すると、意図せずにデータが抽出されてしまうこともあります。テーブルで指定した並べ替え・抽出条件の設定が不要になったら、解除しておきましょう。

参照▶Q 152、Q 156、Q 157、Q 158

重要度 ★★★ データの並べ替え・抽出

Q 150 データを並べ替えるには？

A データシートビューで＜昇順＞や＜降順＞を指定します。

テーブルのデータを並べ替えるには、並べ替え条件を指定するフィールドを選択して、＜昇順＞または＜降順＞を指定します。指定した内容は、テーブルの＜並べ替え＞プロパティに反映されます。
ここでは、商品データを「価格」の安い順に並べ替えます。

参照▶Q 158

●並べ替え条件の昇順と降順の指定について

並べ替え	内容
昇順（ASC）	小さい順、あいうえお順、日付の古い順で並べ替えます。省略時は昇順で並びます。
降順（DESC）	大きい順、あいうえお順の逆、日付の新しい順で並べ替えます。

テーブルのデータシートビュー

1 並べ替え条件を指定するフィールドをクリックし、

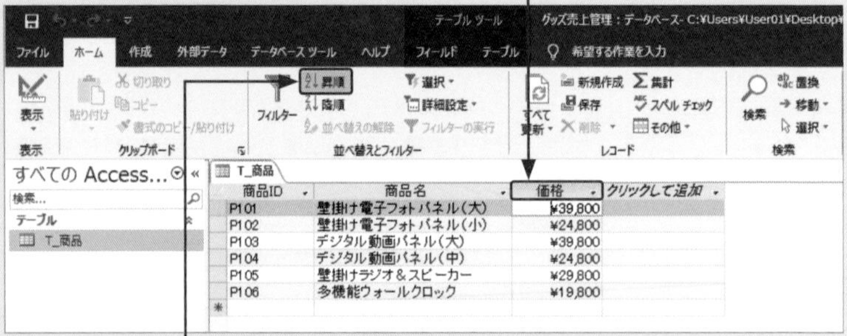

2 ＜ホーム＞タブの＜昇順＞または＜降順＞をクリックします。

3 データが並べ替えられます。

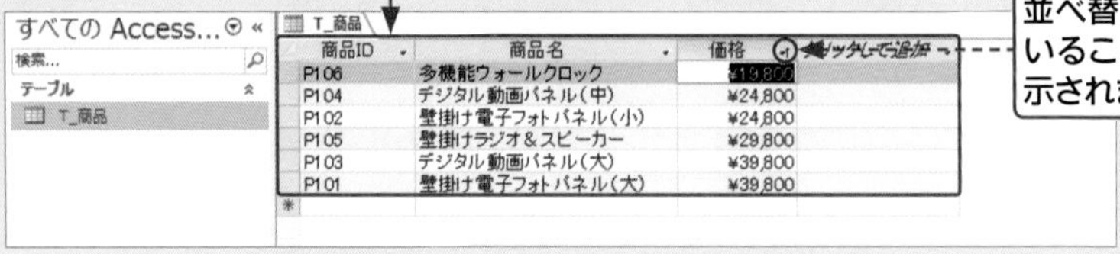

並べ替え条件が指定されていることを示すマークが表示されます。

重要度 ★★★　データの並べ替え・抽出

Q 151 並べ替えを解除するには？

A データシートビューでかんたんに解除できます。

並べ替え条件を指定すると、データが並べ替わります。もとの順番で表示するには、並べ替え条件を解除します。並べ替え条件は、<ホーム>タブでかんたんに解除できます。複数の並べ替え条件が指定されていた場合は、すべての並べ替え条件が解除されます。

テーブルのデータシートビュー

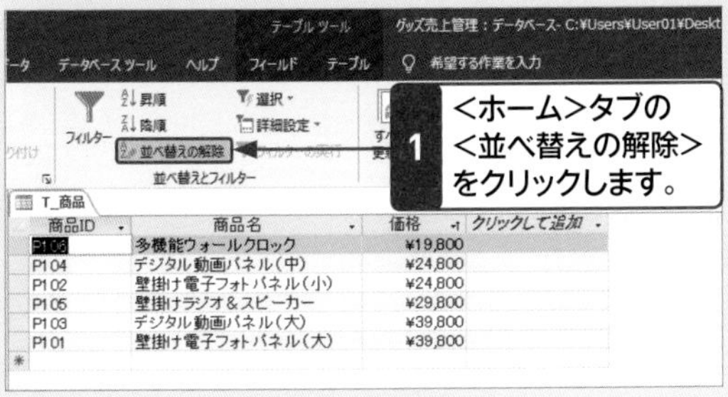

1 <ホーム>タブの<並べ替えの解除>をクリックします。

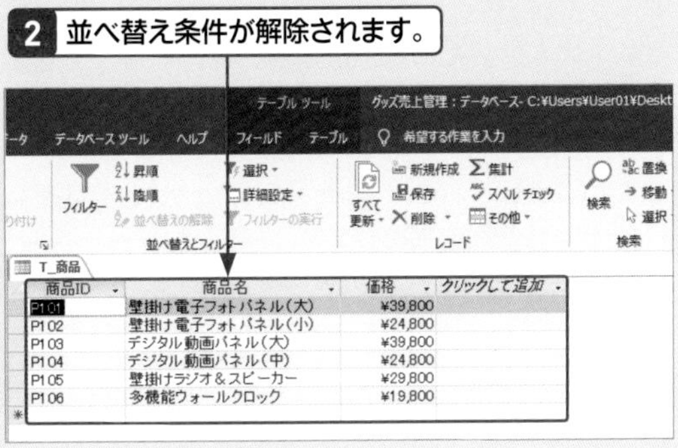

2 並べ替え条件が解除されます。

重要度 ★★★　データの並べ替え・抽出

Q 152 指定したデータを抽出するには？

A 抽出条件を一覧から選択します。

テーブルのデータから目的のデータを絞り込んで表示するには、フィールドに含まれるデータから抽出条件をクリックして選択します。すると、抽出条件が指定されてフィルターが実行されます。抽出条件は複数のフィールドに対して設定できます。

なお、フィルターの実行をオフにしても、抽出条件は残っていることに注意してください。設定はテーブルの<フィルター>プロパティに反映されます。<ホーム>タブの<フィルターの実行>をクリックすると、再びデータの抽出結果が表示されます。

ここでは、「T_商品」テーブルから、「商品ID」フィールドで指定した商品のみ表示します。 参照▶Q 157、Q 158

テーブルのデータシートビュー

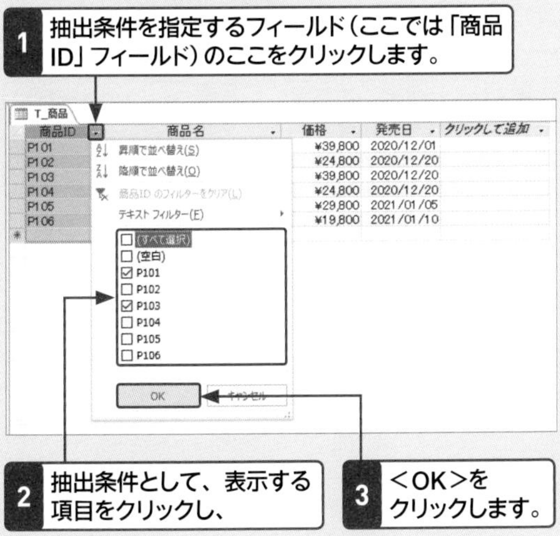

1 抽出条件を指定するフィールド（ここでは「商品ID」フィールド）のここをクリックします。
2 抽出条件として、表示する項目をクリックし、
3 <OK>をクリックします。

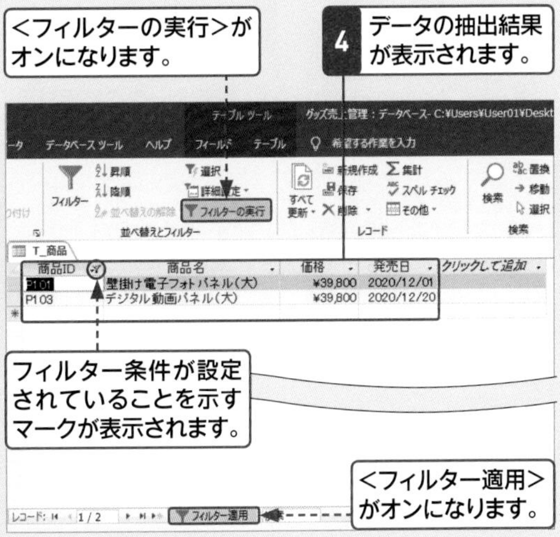

<フィルターの実行>がオンになります。
4 データの抽出結果が表示されます。
フィルター条件が設定されていることを示すマークが表示されます。
<フィルター適用>がオンになります。

重要度 ★★★ データの並べ替え・抽出

Q 153 指定した文字を含むデータを抽出したい！

A テキストフィルターで抽出条件を指定します。

データ型が「短いテキスト」などのフィールドでは、<テキストフィルター>から抽出条件を指定できます。たとえば、<指定した値で始まる>や<指定した値を含む>など、あいまいな条件を指定できます。
ここでは、商品データから「商品名」フィールドが「壁掛け」で始まる商品を抽出します。

テーブルのデータシートビュー

1 抽出条件を指定するフィールドのここクリックします。

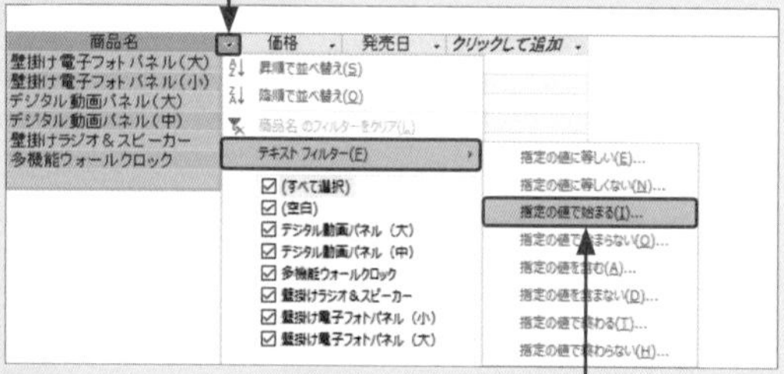

2 <テキストフィルター>にマウスポインターを移動して、項目をクリックします。

3 <ユーザー設定フィルター>画面で抽出条件を指定し、

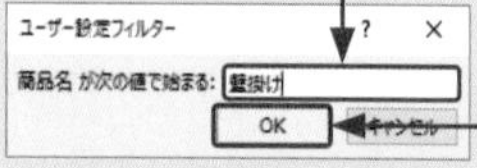

4 <OK>をクリックします。

<フィルターの実行>がオンになります。

5 データの抽出結果が表示されます。

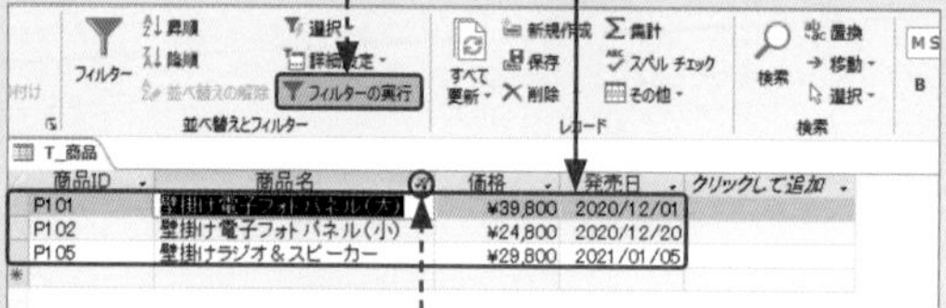

フィルター条件が設定されていることを示すマークが表示されます。

<フィルター適用>がオンになります。

重要度 ★★★ データの並べ替え・抽出

Q 154 指定した値以上のデータを抽出したい！

A 数値フィルターで抽出条件を指定します。

データ型が「数値型」などのフィールドでは、抽出条件を指定するときに、<数値フィルター>から条件を指定できます。たとえば、<指定した値より小さい>や<指定の範囲内>など、あいまいな条件を指定できます。
ここでは、商品データから「価格」フィールドが「3万円」以上の商品を抽出します。

テーブルのデータシートビュー

1 抽出条件を指定するフィールドのここクリックします。

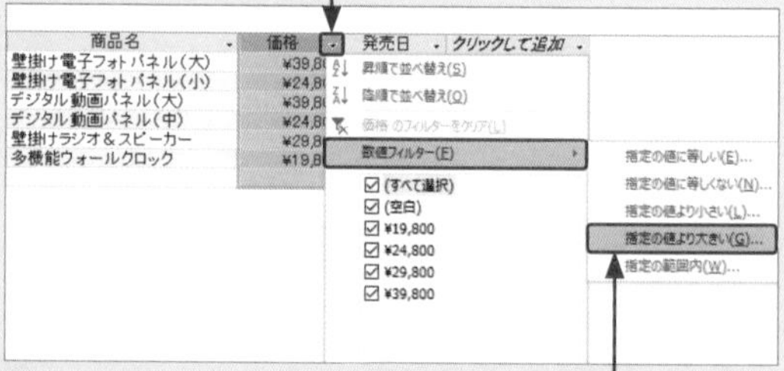

2 <数値フィルター>にマウスポインターを移動して、項目をクリックします。

3 <ユーザー設定フィルター>画面で抽出条件を指定し、

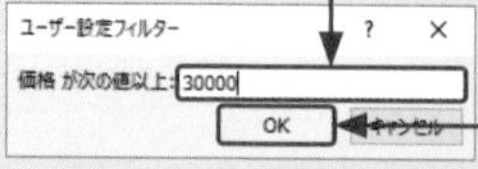

4 <OK>をクリックします。

<フィルターの実行>がオンになります。

5 データの抽出結果が表示されます。

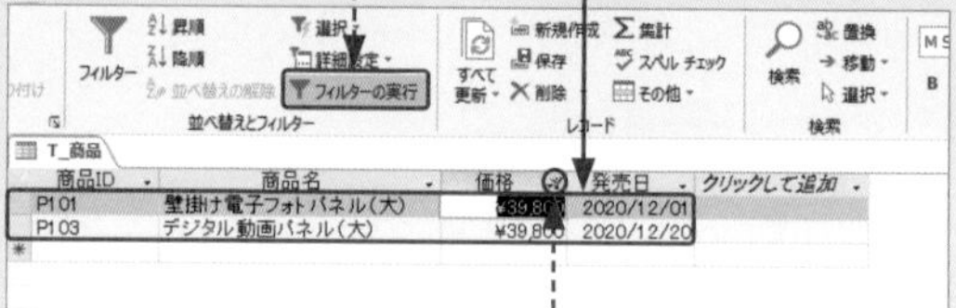

フィルター条件が設定されていることを示すマークが表示されます。

<フィルター適用>がオンになります。

重要度★★★　データの並べ替え・抽出

Q 155 指定した日付以降のデータを抽出したい!

A 日付フィルターで抽出条件を指定します。

データ型が「日付/時刻型」などのフィールドでは、<日付フィルター>から抽出条件を指定できます。たとえば、<指定の範囲内>や<指定の値より前>など、あいまいな条件を指定できます。
ここでは、商品データから「発売日」フィールドが「2021年」以降のデータを抽出します。

テーブルのデータシートビュー

1 抽出条件を指定するフィールドのここクリックします。

2 <日付フィルター>にマウスポインターを移動して、項目をクリックします。

3 <ユーザー設定フィルター>画面で抽出条件を指定し、

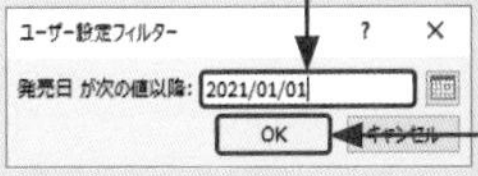

4 <OK>をクリックします。

<フィルターの実行>がオンになります。

5 データの抽出結果が表示されます。

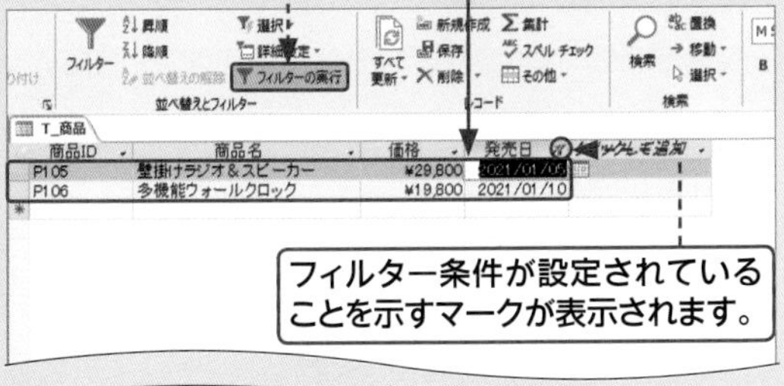

フィルター条件が設定されていることを示すマークが表示されます。

<フィルター適用>がオンになります。

重要度★★★　データの並べ替え・抽出

Q 156 データの抽出を解除するには?

A フィルター条件を解除します。

フィルター条件を設定後、データシートビューで<ホーム>タブの<フィルターの実行>をクリックすると、データの抽出結果が表示されます。<フィルターの実行>をオフにすると、すべてのデータが表示されますが、フィルター条件は残っていることに注意してください。フィルター条件を解除するには、次のように操作します。

● 指定したフィールドの条件を解除する

1 Q152～155の方法でフィルターを実行します。

2 抽出条件を解除するフィールドのここをクリックします。

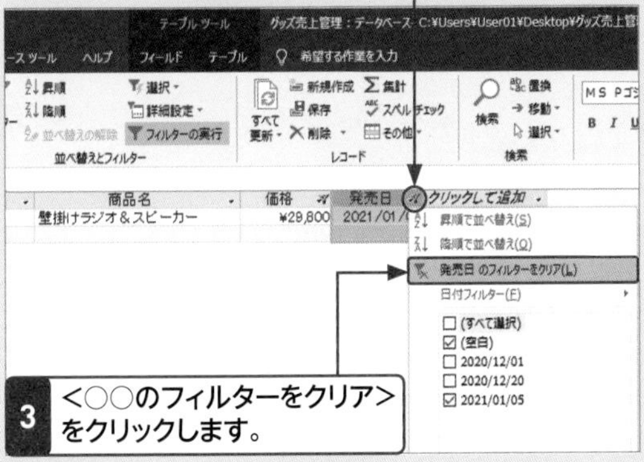

3 <○○のフィルターをクリア>をクリックします。

● すべての条件を解除する

1 <ホーム>タブの<詳細設定>をクリックし、

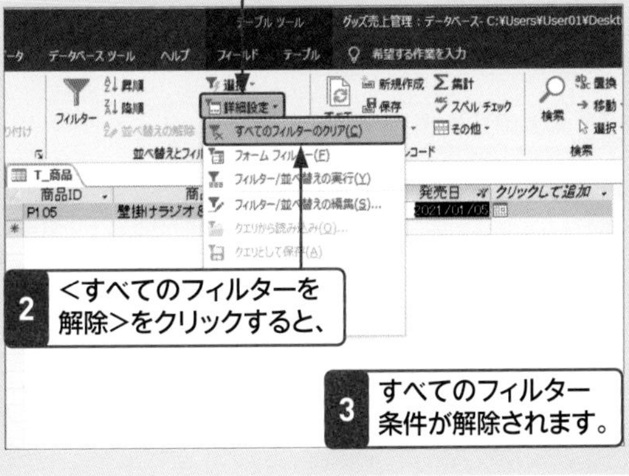

2 <すべてのフィルターを解除>をクリックすると、

3 すべてのフィルター条件が解除されます。

重要度 ★★★ データの並べ替え・抽出

Q 157 並べ替えや抽出条件の指定を確認するには？

A ＜フィルター/並べ替えの編集＞画面に切り替えます。

並べ替え条件やフィルター条件は、＜フィルター/並べ替えの編集＞画面で確認できます。ここで設定されている並べ替えや抽出条件をもとに、クエリを作成することもできます。クエリとして保存するには、並べ替えや抽出条件の編集画面で＜ホーム＞タブの＜詳細設定＞をクリックして、＜クエリとして保存＞をクリックして保存します。

テーブルのデータシートビュー

1 ＜ホーム＞タブの＜詳細設定＞をクリックし、

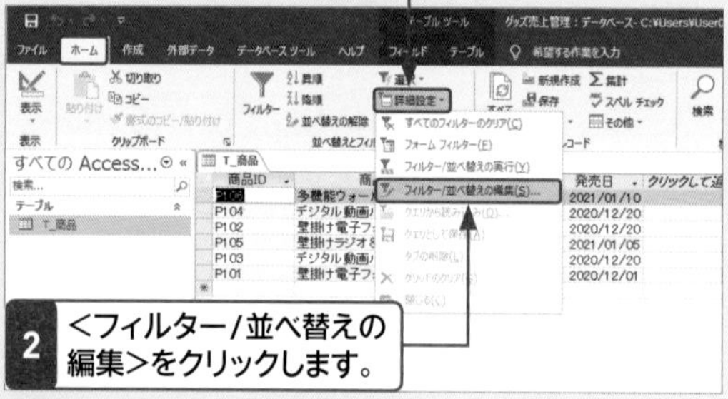

2 ＜フィルター/並べ替えの編集＞をクリックします。

3 ＜フィルター/並べ替えの編集＞画面が表示されます。

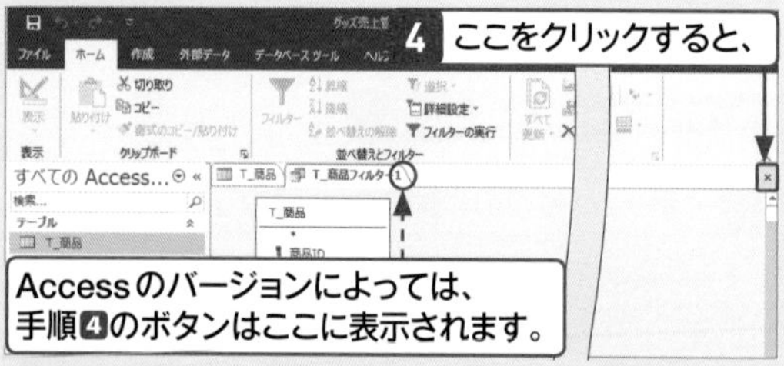

4 ここをクリックすると、

Accessのバージョンによっては、手順4のボタンはここに表示されます。

5 編集画面が閉じます。

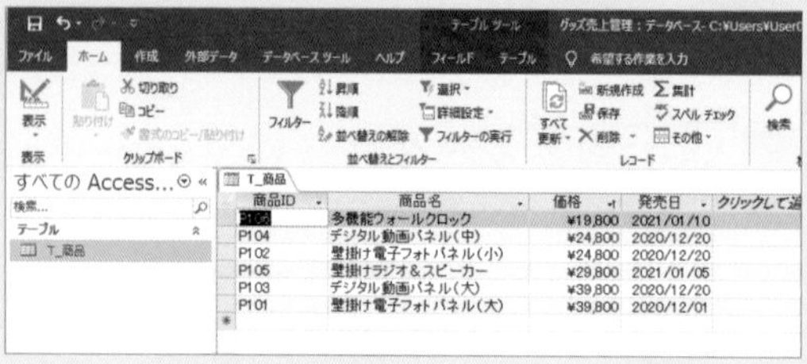

重要度 ★★★ データの並べ替え・抽出

Q 158 テーブルを開くときに並べ替えや抽出を実行するには？

A テーブルのプロパティで指定しましょう。

テーブルのデータシートビューで並べ替えや抽出条件を指定しているとき、テーブルを開いた際に並べ替え条件や抽出条件を適用するかを選択できます。テーブルの＜読み込み時に並べ替えを適用＞や＜読み込み時にフィルターを適用＞プロパティで確認します。

テーブルのデザインビュー

1 ＜デザイン＞タブの＜プロパティシート＞をクリックします。

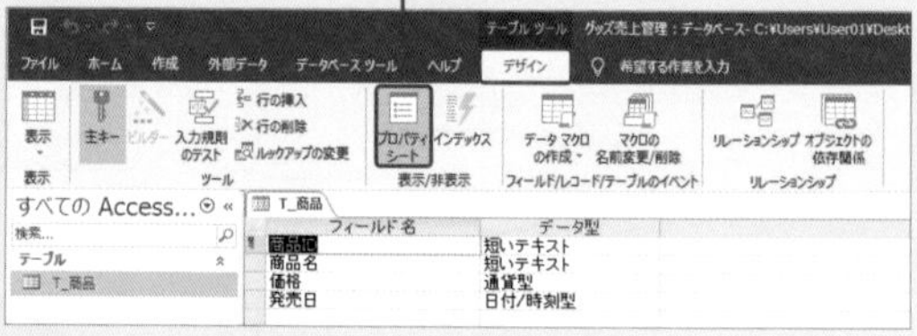

2 テーブルの＜プロパティシート＞が表示されます。

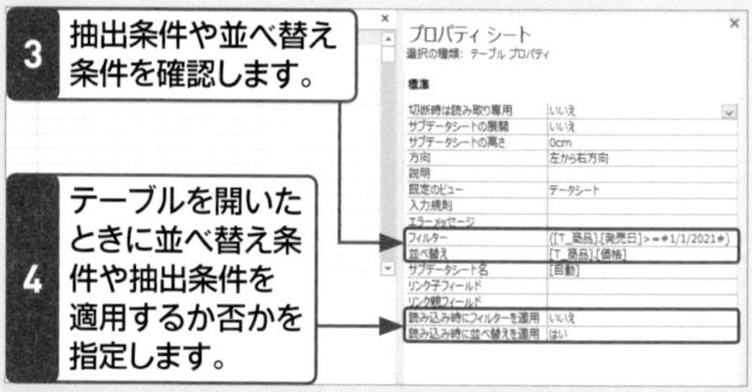

3 抽出条件や並べ替え条件を確認します。

4 テーブルを開いたときに並べ替え条件や抽出条件を適用するか否かを指定します。

5 テーブルをデータシートビューで開きます。

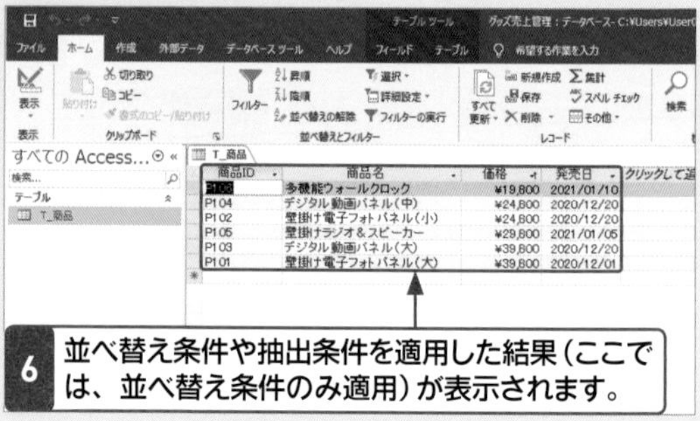

6 並べ替え条件や抽出条件を適用した結果（ここでは、並べ替え条件のみ適用）が表示されます。

Q 159 レコードって何？

A テーブルに入力された1件1件のデータのことです。

テーブルには、1件のデータが1行で表示されます。この1行分のデータが「1レコード」です。現在選択されているレコードを「カレントレコード」といいます。各レコードの左横に表示されているボタンは「レコードセレクター」で、カレントレコードのレコードセレクターは色がつきます。また、テーブルに含まれるレコード件数は、データシートビューの左下で確認できます。

テーブルのデータシートビュー

ここをクリックすると、全レコードを選択します。

1レコード：1件分のデータ

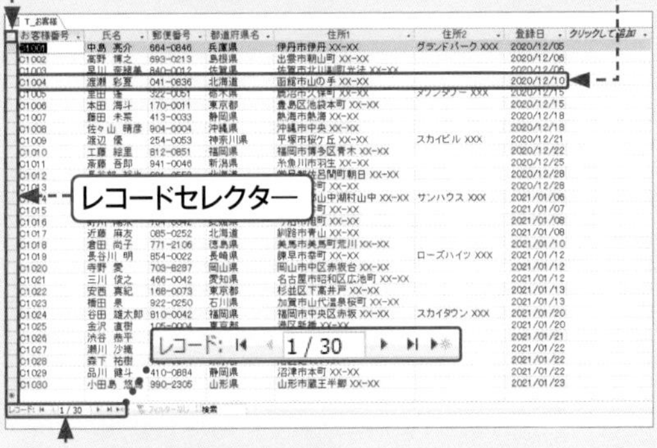

レコード数が表示されます。

テーブルをデータシートビューで表示したとき、1行が1レコードとなります。

●レコードセレクターの表示

表示	内容
	レコードセレクター。クリックするとレコードを選択できます。
	カレントレコードのレコードセレクターには色がつきます。
	編集中のレコードのレコードセレクターには、鉛筆のマークが表示されます。
	ほかの人によって編集されているため、レコードがロックされている状態です。
	新しいレコードを入力できる行です。

Q 160 レコードを移動するには？

A ＜前のレコード＞＜次のレコード＞をクリックします。

現在選択されているレコードを「カレントレコード」といいます。カレントレコードを移動する（前後のレコードを選択する）には、＜前のレコード＞や＜次のレコード＞をクリックします。

テーブルのデータシートビュー

1 現在選択されているレコードを確認します。

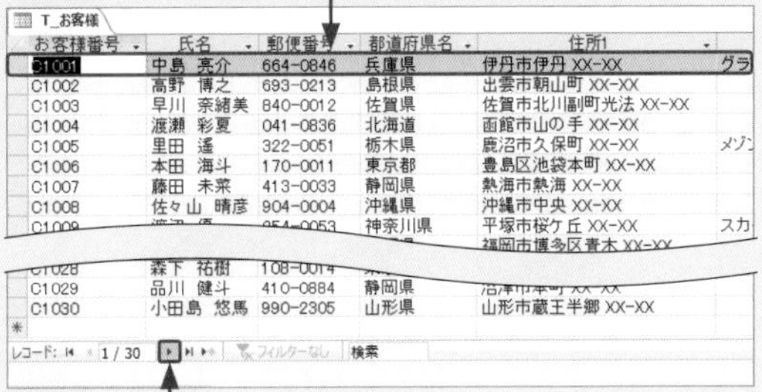

2 ＜次のレコード＞をクリックすると、

3 次のレコードが選択されます。

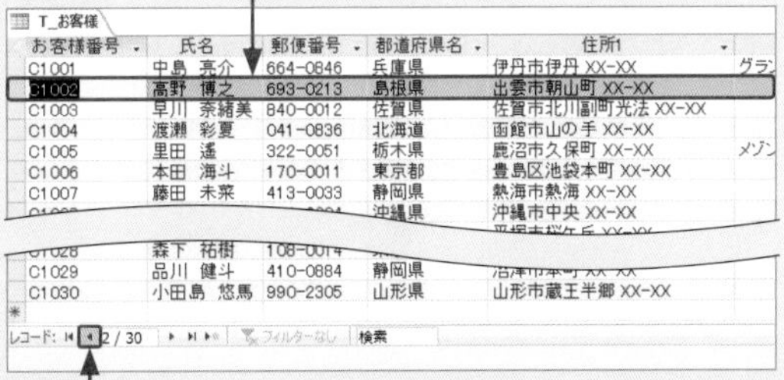

4 ＜前のレコード＞をクリックすると、

5 1つ前のレコードが選択されます。

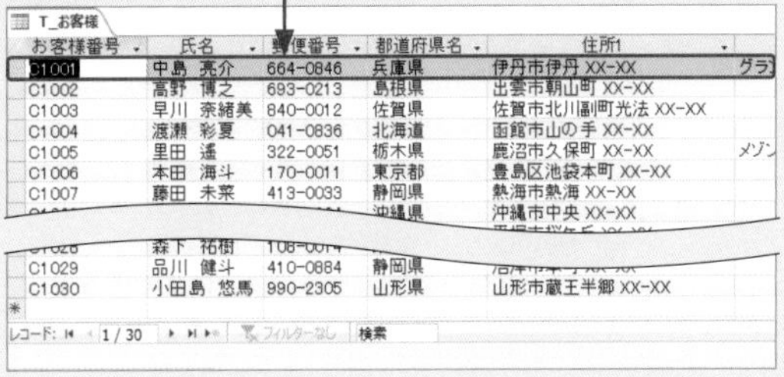

重要度 ★★★　レコードの移動

Q 161 先頭レコードや最後のレコードに移動するには？

A <先頭レコード><最後のレコード>をクリックします。

テーブル内の先頭のレコードや最後のレコードに移動します。レコード件数が多い場合でも、一気に移動できます。レコードの移動の操作は、フォームなどでも同様です。

テーブルのデータシートビュー

1 現在選択されているレコードを確認します。

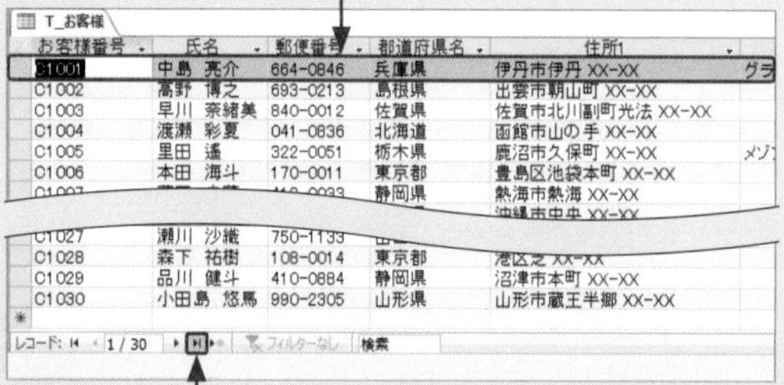

2 <最終レコード>をクリックすると、

3 最後のレコードが選択されます。

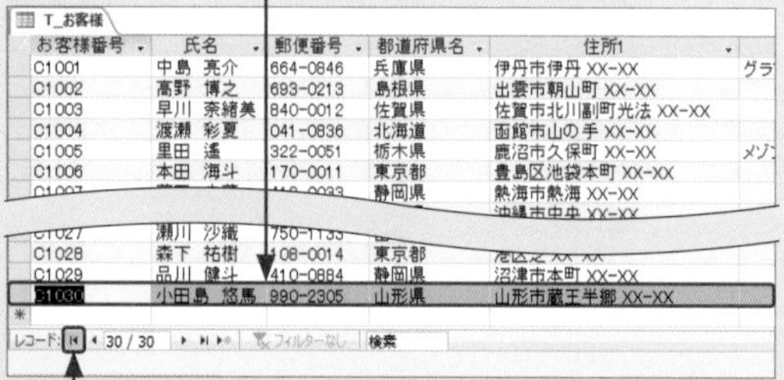

4 <先頭レコード>をクリックすると、

5 先頭のレコードが選択されます。

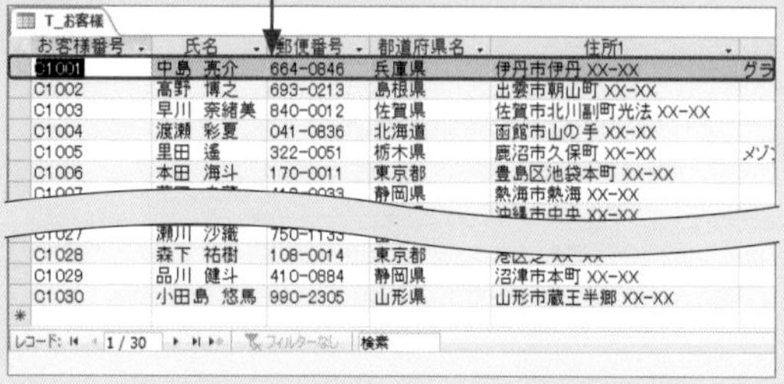

重要度 ★★★　レコードの移動

Q 162 指定したレコードに移動するには？

A <レコード番号>ボックスに番号を入力します。

<レコード番号>ボックスには、「カレントレコード番号/総レコード数」の形式でレコード番号が表示されます。指定した番号のレコードに移動するには、<レコード番号>ボックスに移動先の番号を直接入力する方法があります。

テーブルのデータシートビュー

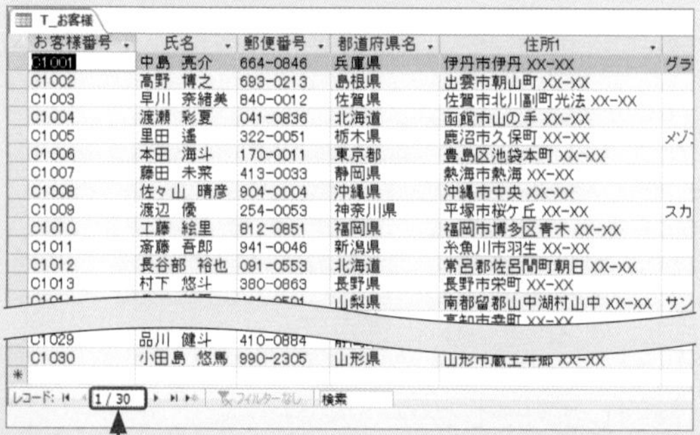

1 <レコード番号>ボックスをクリックします。

2 移動先のレコード番号（ここでは「12」）を入力し、Enter キーを押します。

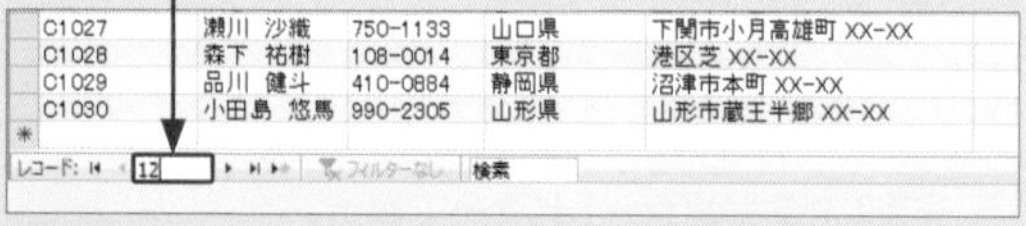

3 指定したレコード（ここでは12番目のレコード）が選択されます。

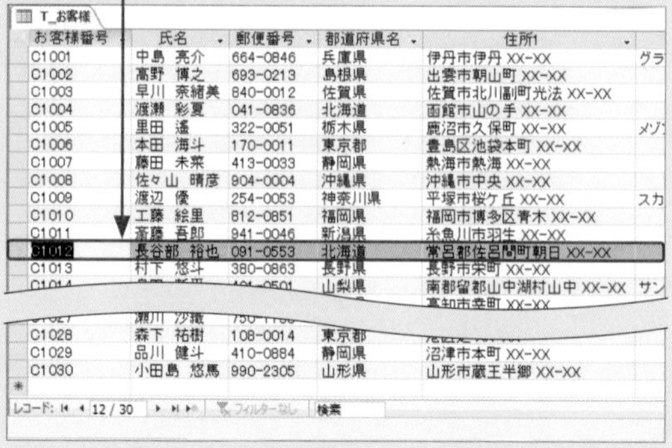

重要度 ★★★ データの入力・検索・置換

Q 163 テーブルで新規データを入力するには？

A <新しい（空の）レコード>をクリックします。

テーブルのデータシートビューで新規のデータ（新規レコード）を入力するには、<新しい（空の）レコード>をクリックします。すると、新規レコードを入力する状態になります。

データの入力中は、レコードセレクターに編集中であることを示す印が表示されます。データを入力すると、自動的に保存されます。

参照▶Q 172

テーブルのデータシートビュー

1 画面の下部にある<新しい（空の）レコード>をクリックします。

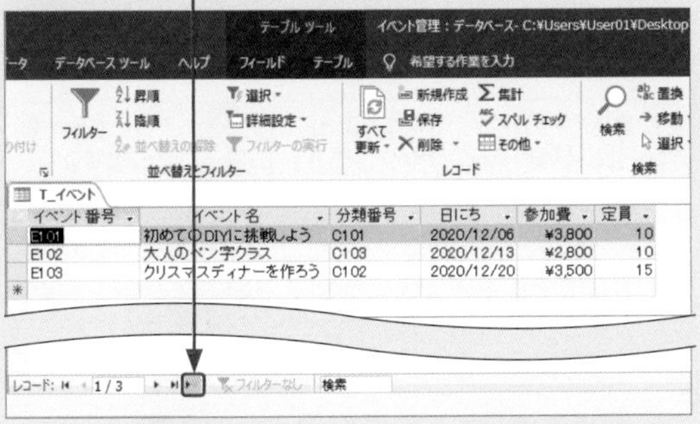

2 データを入力し、

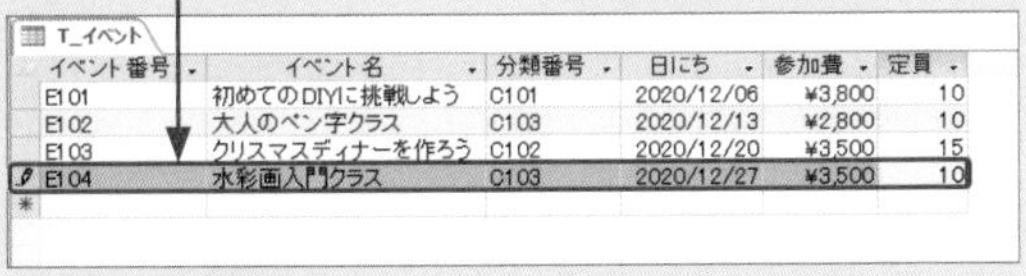

3 ほかのレコードをクリックします。

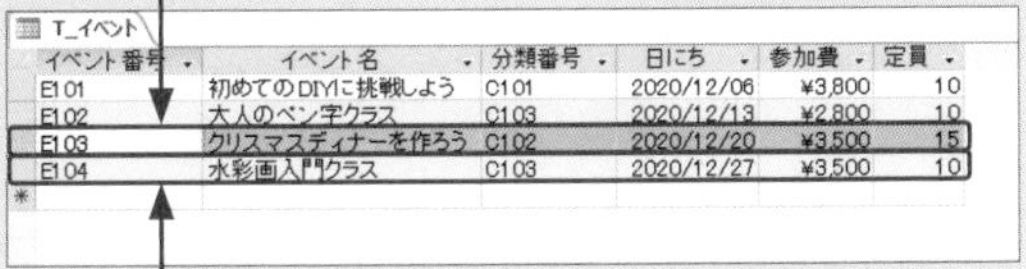

4 入力したデータが保存されます。

重要度 ★★★ データの入力・検索・置換

Q 164 入力済みのデータを編集するには？

A 鉛筆マークを確認しながら編集しましょう。

誤りの修正など、入力済みのデータを編集するには、データシートビューで目的のレコードに移動して、該当箇所をクリックして修正します。修正中は、レコードセレクターに編集中であることを示す鉛筆の印が表示されます。ほかのレコードをクリックしたりすると、レコードが保存されます。

テーブルのデータシートビュー

1 修正するレコードの、修正するフィールドをクリックします。

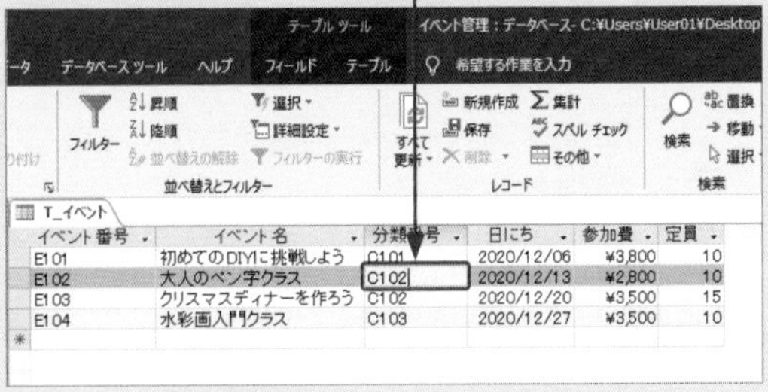

2 データを編集します。

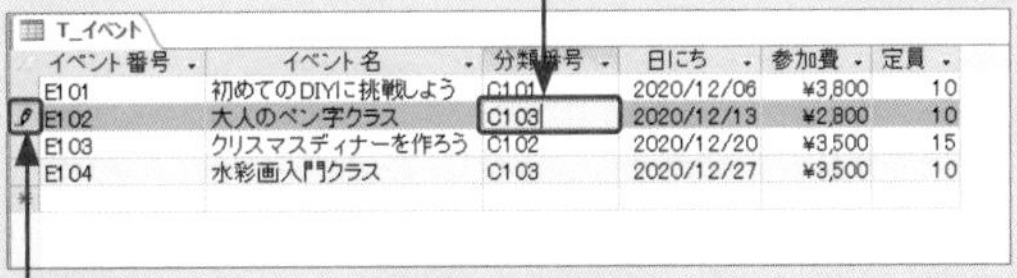

3 編集中のレコードセレクターに鉛筆のマークが表示されます。

4 ほかのレコードをクリックすると、編集したレコードが保存されます。

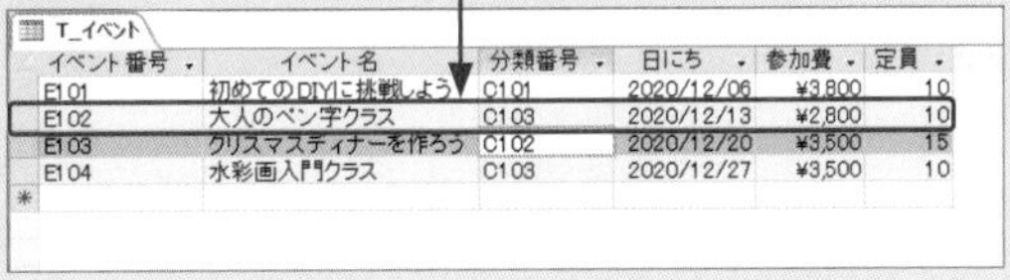

重要度★★★　データの入力・検索・置換

Q 165 データの入力をキャンセルするには？

A Esc キーを押してキャンセルします。

データの入力中は、編集中のレコードのレコードセレクターに編集中であることを示す鉛筆のマークが表示されます。この状態で Esc キーを押すと、編集中のフィールドのデータが取り消されます。

また、新規データを入力中に Esc キーを押すと、編集中のフィールドのデータが取り消されます。もう一度 Esc キーを押すと、入力中のレコードが取り消されます。

テーブルのデータシートビュー

1 Q163の方法で新規データを入力します。

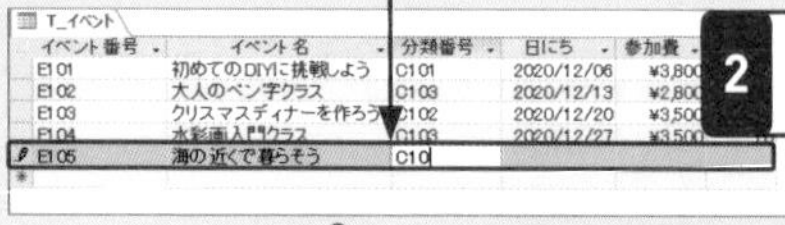

2 Esc キーを押すと、

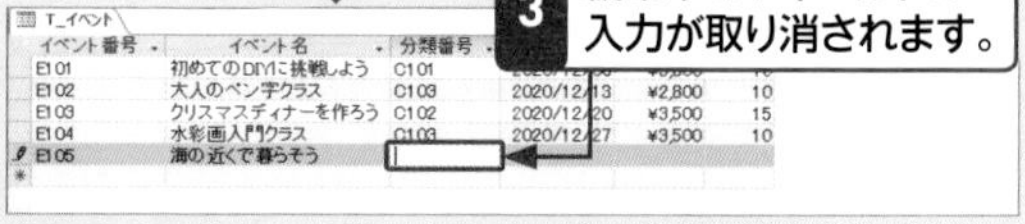

3 編集中のフィールドの入力が取り消されます。

4 もう一度 Esc キーを押すと、新規データの入力が取り消されます。

重要度★★★　データの入力・検索・置換

Q 166 データを削除するには？

A 削除するデータを選択して操作します。

データ（1件のレコード）を削除するには、削除するレコードを選択して操作します。1つのレコードを選択するには、レコードセレクターをクリックします。複数のデータを選択するには、レコードセレクターを上下にドラッグして、選択する範囲を指定します。削除するには、レコードを選択した状態で Delete キーを押すか、<ホーム>タブの<削除>をクリックします。

テーブルのデータシートビュー

1 削除するレコードのレコードセレクターをクリックします。

2 Delete キーを押します。

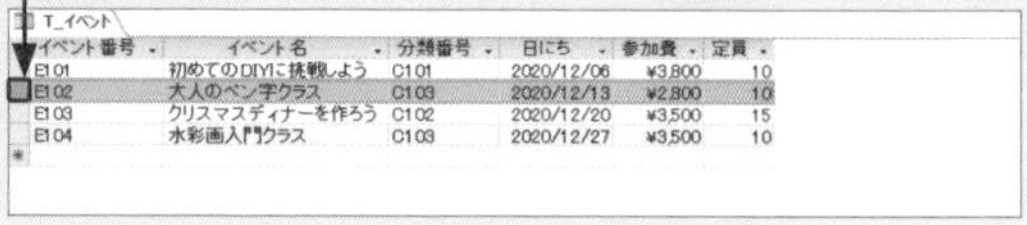

重要度★★★　データの入力・検索・置換

Q 167 データをコピーするには？

A データをコピーして新規レコードに貼り付けます。

データ（1件のレコード）をコピーするには、コピーするレコードを選択して新規のレコードに貼り付けます。複数のレコードを選択してコピーすることもできます。ただし、主キーのフィールドなど、重複するデータを入力できないフィールドが存在する場合などは、データをコピーできません。

テーブルのデータシートビュー

1 コピーするレコードのレコードセレクターをクリックします。

2 <ホーム>タブの<コピー>をクリックし、

3 <新しい（空の）レコード>または、最終行の下の<*>が表示されているレコードセレクターをクリックします。

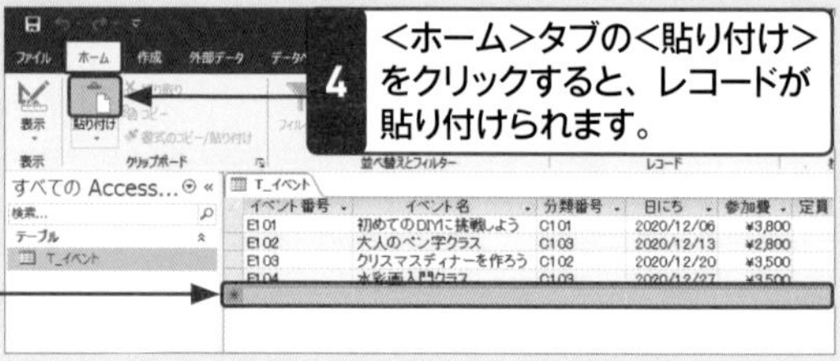

4 <ホーム>タブの<貼り付け>をクリックすると、レコードが貼り付けられます。

重要度★★★　データの入力・検索・置換

Q 168 データを検索するには？

A <検索する文字列>を指定して検索します。

テーブルの中から指定したデータを検索するには、データシートビューから<検索と置換>画面で操作します。<検索する文字列>を指定し、検索条件を指定して検索します。現在選択しているフィールドを対象に検索するか、テーブル全体を検索対象にするかを選択できます。また、<検索するキーワード>がフィールド全体のデータか、フィールドの一部か、先頭の文字かを指定します。ここでは、イベントデータからイベント番号を指定してデータを検索します。

テーブルのデータシートビュー

1 先頭のレコードの「イベント番号」フィールド内をクリックします。

2 <ホーム>タブの<検索>をクリックします。

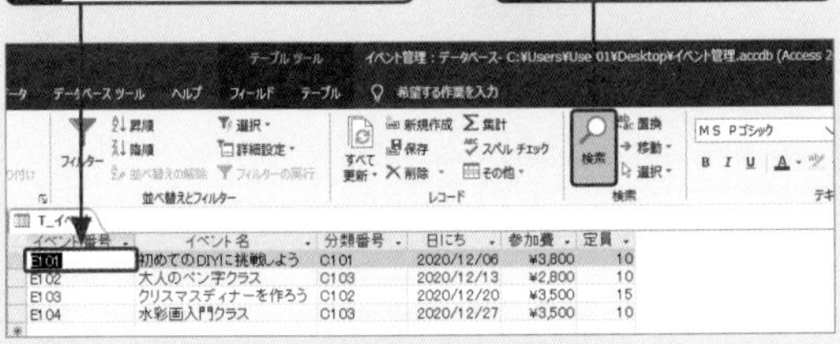

3 <検索する文字列>を指定し、

4 検索条件を指定して、

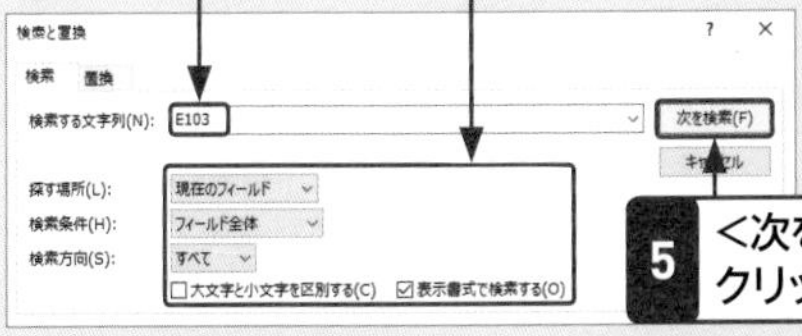

5 <次を検索>をクリックします。

6 検索結果が表示されます。

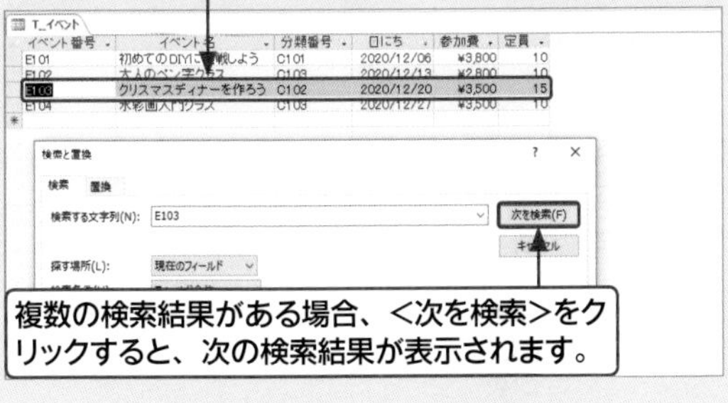

複数の検索結果がある場合、<次を検索>をクリックすると、次の検索結果が表示されます。

重要度★★★　データの入力・検索・置換

Q 169 データを置き換えるには？

A <置換後の文字列>を指定して置き換えます。

検索した文字列を別の文字列で置き換えるには、「置換」の機能を使います。検索結果を1つずつ確認しながら置き換えたり、すべての検索結果を一度に置き換えたりできます。ただし、データを置換すると、置換する前の状態に戻すことはできないので注意しましょう。ここでは、イベントデータからイベント名の「○○クラス」を「○○教室」に置き換えます。

テーブルのデータシートビュー

1 先頭のレコードの「イベント番号」フィールド内をクリックします。

2 <ホーム>タブの<置換>をクリックします。

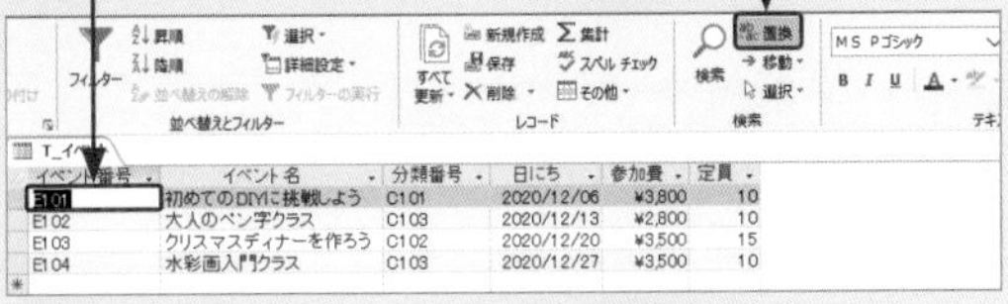

3 <検索する文字列>を指定し、

4 <置換後の文字列>を指定します。

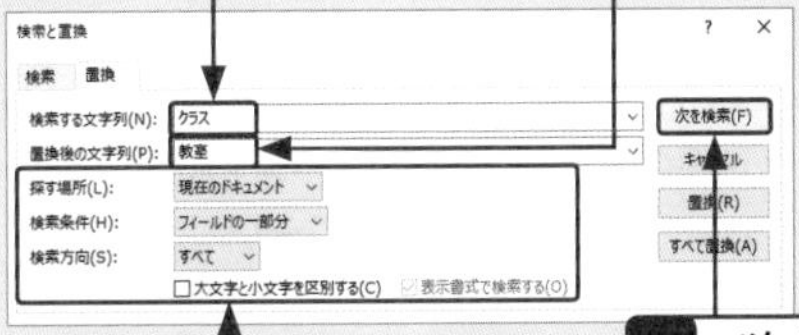

5 検索条件を指定し、

6 <次を検索>をクリックします。

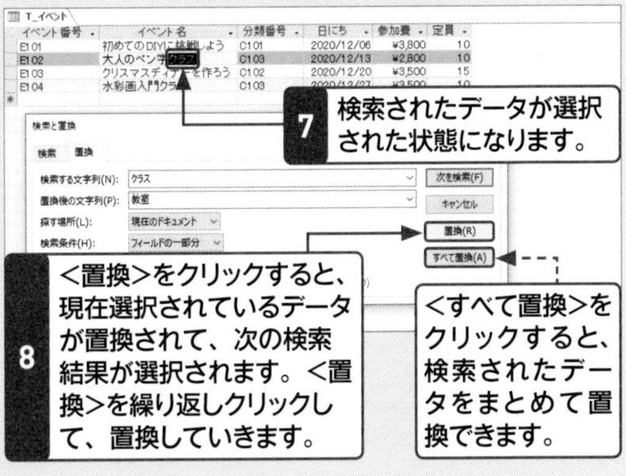

7 検索されたデータが選択された状態になります。

8 <置換>をクリックすると、現在選択されているデータが置換されて、次の検索結果が選択されます。<置換>を繰り返しクリックして、置換していきます。

<すべて置換>をクリックすると、検索されたデータをまとめて置換できます。

Q 170 オートナンバー型の番号を連番にするには？

A フィールドを作り直す方法があります。

オートナンバー型のフィールドは、自動的に番号が振られます。フィールドの＜フィールドサイズ＞プロパティが長整数型で、＜新規レコードの値＞プロパティがインクリメントに指定されているときは、データを入力すると、オートナンバー型のフィールドには「1」から順に番号が振られます。レコードを削除した場合、そのレコードに振られていた番号は欠番になります。欠番を詰めて連番にするには、次のように操作します。

また、すべてのデータを削除してデータがない状態の場合、ファイルを最適化すると、オートナンバー型のフィールドは、「1」から番号が振られる状態になります。

なお、オートナンバー型の数字を振り直す場合などは、万が一に備えて、必ずテーブルのコピーを作成しておきましょう。

● フィールドを新規に作成する

テーブルのデータシートビュー

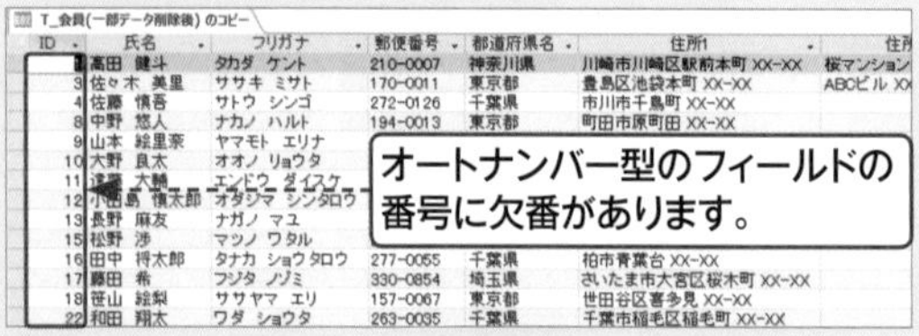

1 テーブルをデザインビューに切り替えます。

2 オートナンバー型のフィールドの行セレクターをクリックします。

3 Delete キーを押します。

4 確認のメッセージが表示されたら、＜はい＞をクリックします。

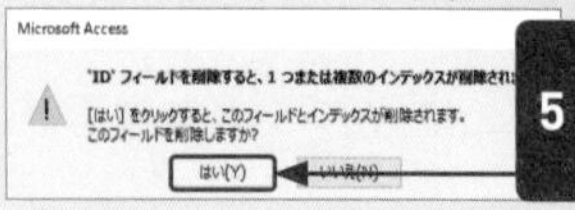

5 続いてメッセージが表示されたら、＜はい＞をクリックします。

6 フィールドを追加する行が選択されていることを確認し、

手順6の時点では、1行目にあった「氏名」フィールドが選択されています。

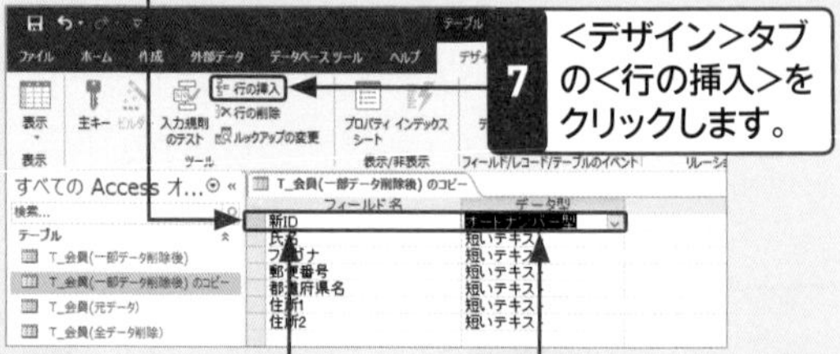

7 ＜デザイン＞タブの＜行の挿入＞をクリックします。

8 新規に作成されたフィールドのフィールド名を入力し、

9 データ型は＜オートナンバー型＞を指定します。

10 テーブルをデータシートビューに切り替えると、

11 新たに連番が表示されます。

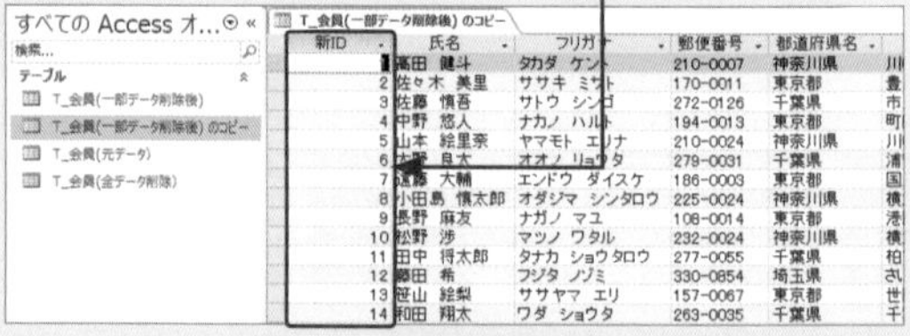

● データを削除している場合

テーブルのデータシートビュー

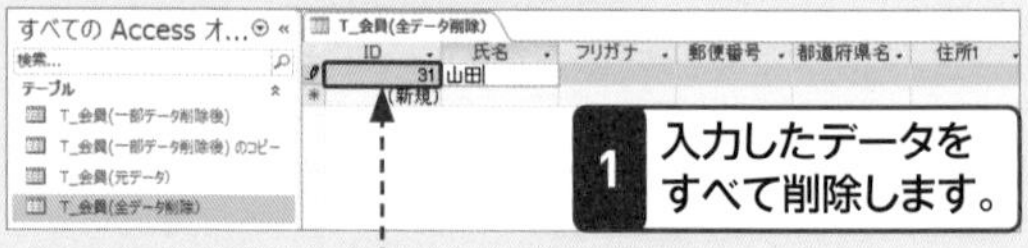

1 入力したデータをすべて削除します。

データを入力しようとすると、途中の番号が表示されます。

2 すべてのデータを削除した後、Q721の方法でデータベースを最適化します。

3 テーブルをデータシートビューで開きます。

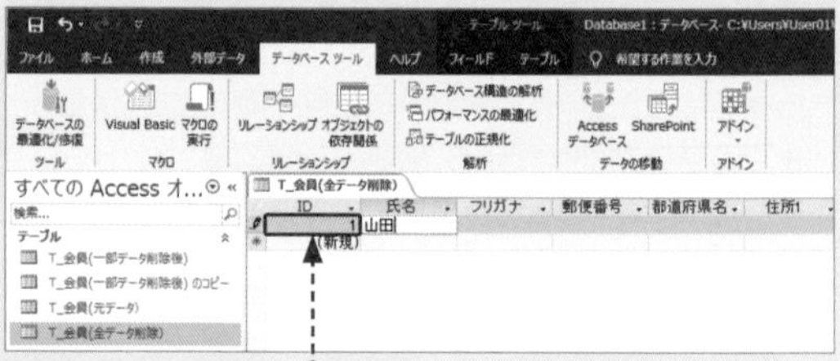

4 データを入力しようとすると、「1」番が表示されます。

重要度 ★★★ データの入力・検索・置換

Q 171 主キーフィールドにデータを入力できない！

A 重複するデータを入力していないか確認します。

主キーには、ほかのデータと同じデータを入力することはできません。また、空欄のまま別のデータを入力することもできないので注意しましょう。

なお、テーブルにリレーションシップを設定している場合、参照整合性の設定によっては、多側テーブル側に関連データがあると、主キーのデータを修正できません。その場合は、参照整合性の設定で＜フィールドの連鎖更新＞の設定を行うなどして対応します。

参照 ▶ Q 180、Q 199、Q 201

● 重複するデータを入力した場合

主キーに重複するデータを入力し、ほかのデータをクリックすると、

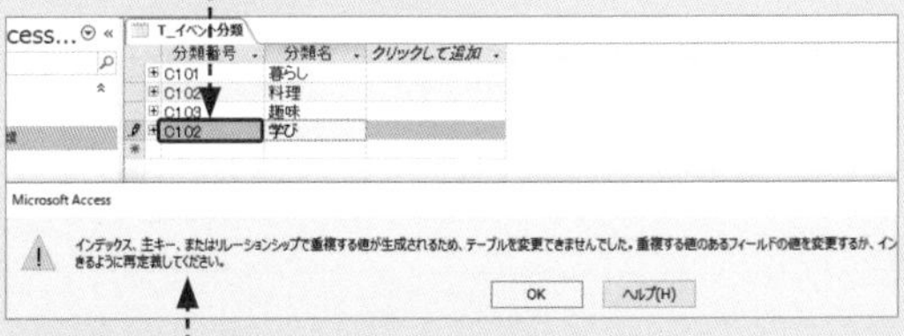

このようなメッセージが表示されるので、重複しないデータを入力します。

● 参照整合性の設定がされている場合

主キーの値を更新し、ほかのデータをクリックすると、

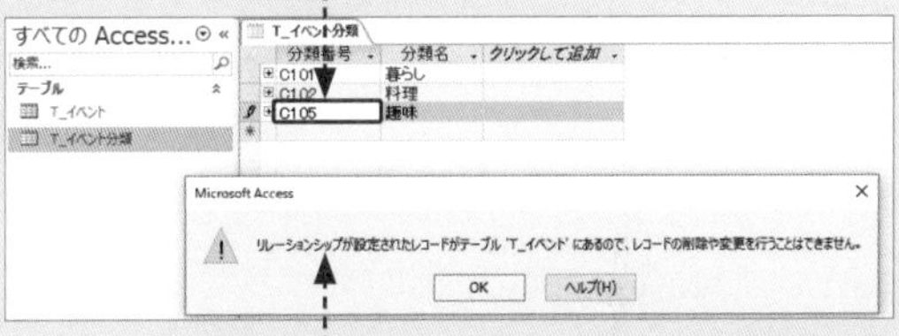

多側テーブル側に関連するデータがある場合は、このようなメッセージが表示されます。

重要度 ★★★ データの入力・検索・置換

Q 172 データを保存できない！

A データの保存は、自動的に行われます。

Access でデータを入力すると、通常は自動的に保存されます。データを保存できない場合は、フィールドプロパティで指定したルールに違反していないか確認しましょう。たとえば、主キーに設定したフィールドには、重複するデータを入力できません。

なお、テーブルにリレーションシップが設定されている場合、参照整合性の設定に反するデータは編集できません。

参照 ▶ Q 199、Q 201

●データが保存されるタイミング

- レコードセレクター をクリックしたとき
- テーブルを閉じたとき
- ほかのレコードをクリックするなど、カレントレコードを移動したとき

テーブルのデータシートビュー

1 テーブルに入力規則に違反するデータを入力します。

2 ほかのレコードをクリックすると、

3 メッセージが表示されるので、＜OK＞をクリックします。

4 正しいデータを入力します。

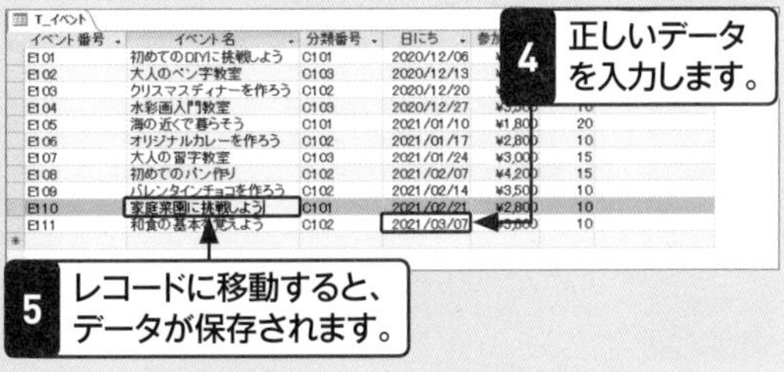

5 レコードに移動すると、データが保存されます。

重要度 ★★★ テーブルで困った

Q 173 データを入力したいのにテーブルを開けない！

A ほかの人がテーブルを開いている場合などは開けません。

テーブルをデータシートビューで開こうとしたとき、ほかの人がテーブルをデザインビューで開いている場合などは、テーブルを開くことができません。また、ほかの人がファイルを排他的に開いている場合は、ファイルを開けません。ほかの人の操作が終了するまで待ちましょう。

また、リンクテーブルでは、リンク先のファイルの保存先やファイル名が変更されている場合などもテーブルを開けません。リンク先を更新して対応しましょう。

参照▶Q 640、Q 731

● ほかの人が排他モードで開いている場合

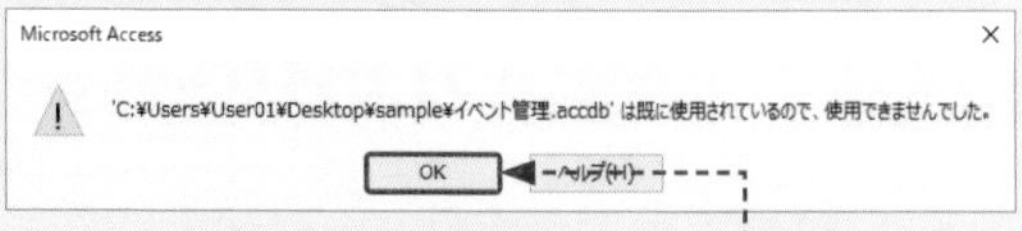
Microsoft Access
'C:¥Users¥User01¥Desktop¥sample¥イベント管理.accdb' は既に使用されているので、使用できませんでした。
OK
ヘルプ(H)

ファイルを開こうとすると、メッセージが表示されます。

<OK>をクリックします。

● リンクテーブルが開けない場合

リンクテーブルを開こうとすると、メッセージが表示されます。

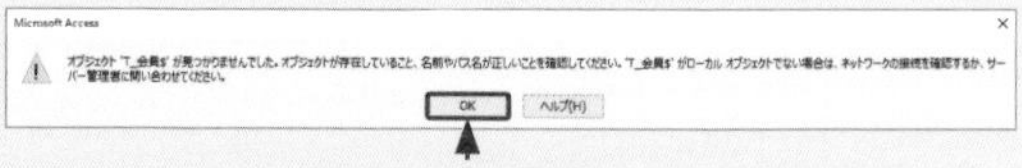

<OK>をクリックし、Q640の方法でリンク先を更新します。

重要度 ★★★ テーブルで困った

Q 174 テーブルのデータを印刷したい！

A データシートビューから<印刷>画面を表示します。

テーブルのデータを印刷するには、「レポート」というオブジェクトを作成すると、データを見やすく整理して印刷できます。しかし、テーブルのデータシートビューで表示しているデータをそのまま印刷することもできます。レポートを作る必要はなく、一時的にデータの一覧をそのまま印刷したい場合などは、印刷プレビューを表示して印刷しましょう。

テーブルのデータシートビュー

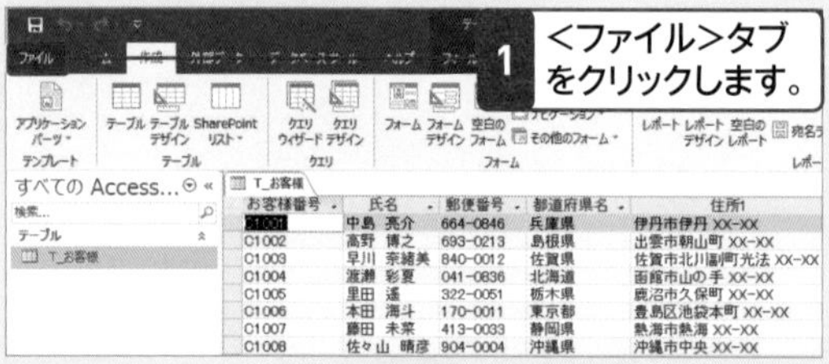

1 <ファイル>タブをクリックします。

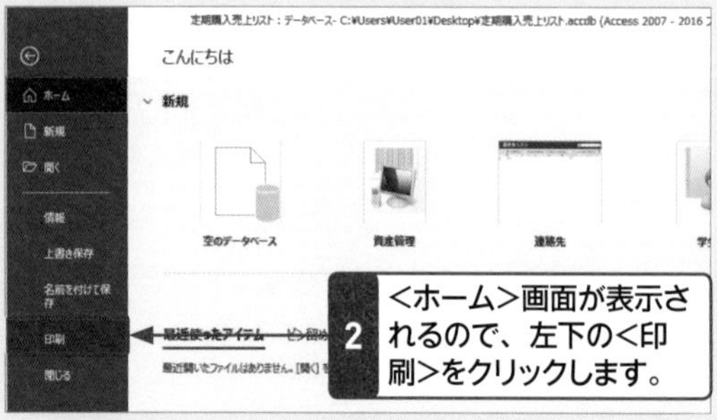

2 <ホーム>画面が表示されるので、左下の<印刷>をクリックします。

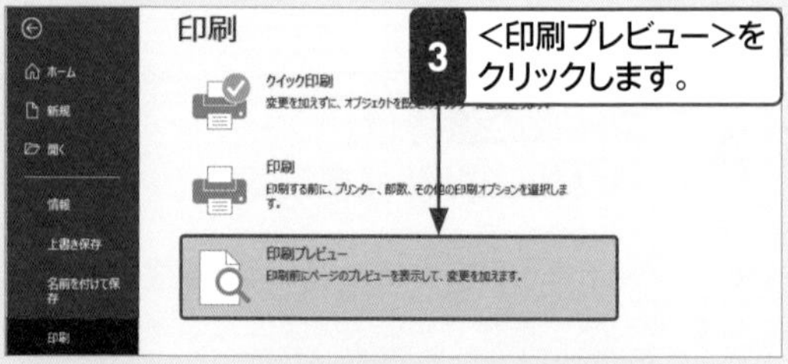

3 <印刷プレビュー>をクリックします。

4 印刷イメージを確認します。

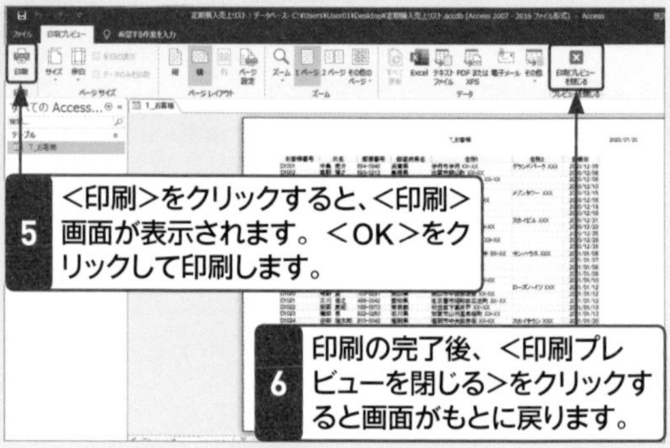

5 <印刷>をクリックすると、<印刷>画面が表示されます。<OK>をクリックして印刷します。

6 印刷の完了後、<印刷プレビューを閉じる>をクリックすると画面がもとに戻ります。

重要度 ★★★　テーブルで困った

Q 175 データシートビューでテーブルの設計を変更できないようにしたい！

A ＜Accessのオプション＞画面で設定を変更します。

テーブルのフィールドを設定したり、フィールドのプロパティを変更したりするなど、テーブルの設計を変更するときは、デザインビューで操作することが多いでしょう。ただし、データシートビューでも、テーブルの設計を一部変更できます。データベースファイルをほかの人に使ってもらうケースなどで、データシートビューでうっかりテーブルの設計が変更されてしまうことを防ぐには、設定を変更しておきましょう。

テーブルのデータシートビュー

1 ＜テーブルツール＞の＜フィールド＞タブをクリックします。

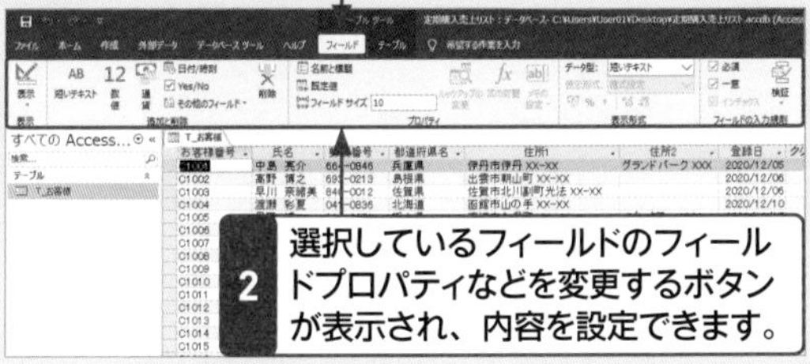

2 選択しているフィールドのフィールドプロパティなどを変更するボタンが表示され、内容を設定できます。

3 Q039の方法で、＜Accessのオプション＞画面を開きます。

4 ＜現在のデータベース＞をクリックします。

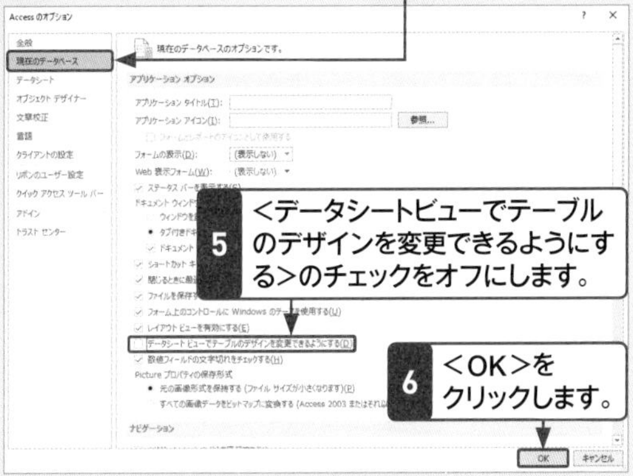

5 ＜データシートビューでテーブルのデザインを変更できるようにする＞のチェックをオフにします。

6 ＜OK＞をクリックします。

7 ファイルを閉じてから再度開き、テーブルをデータシートビューで表示します。

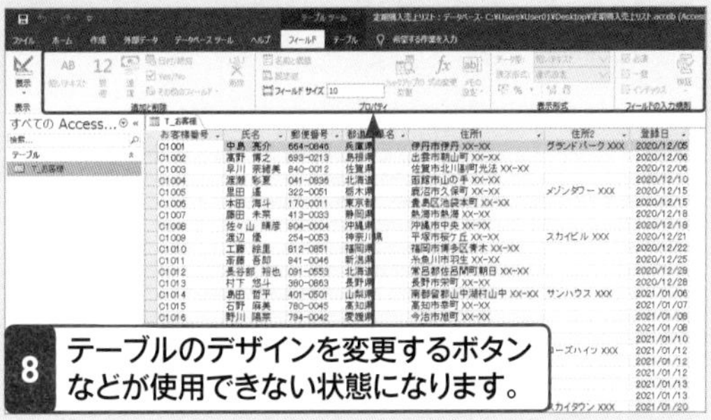

8 テーブルのデザインを変更するボタンなどが使用できない状態になります。

重要度 ★★★　テーブルで困った

Q 176 テーブルが読み取り専用でしか開けない！

A テーブルに関連するオブジェクトが開いていないか確認しましょう。

テーブルをもとにして作成したフォームやレポートなどが開いた状態で、もとのテーブルをデザインビューで開こうとすると、メッセージが表示される場合があります。読み取り専用ではなく、通常の方法で開くには、ほかのフォームやレポートなどを閉じてから操作します。

テーブルをもとに作成したフォームが開いています。

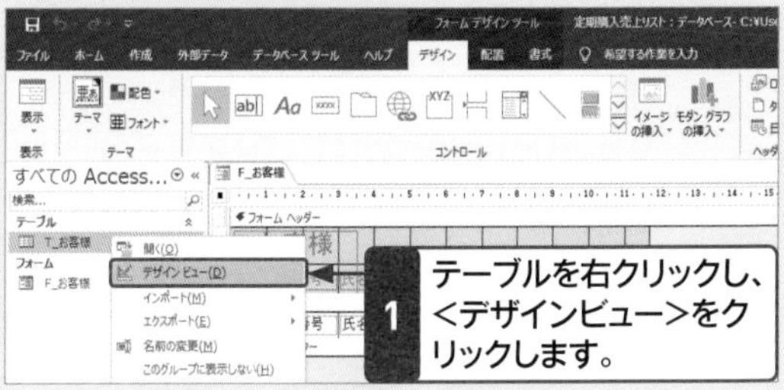

1 テーブルを右クリックし、＜デザインビュー＞をクリックします。

2 このようなメッセージが表示されます。

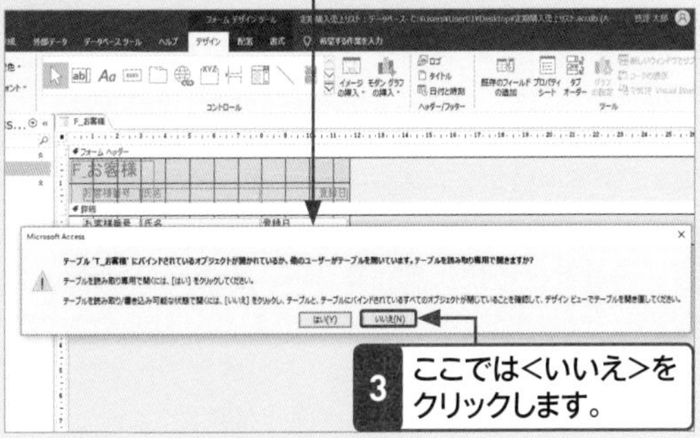

3 ここでは＜いいえ＞をクリックします。

重要度 ★★★ テーブルで困った

Q 177 「テーブルを変更できませんでした」と表示されたら？

A 重複するデータを入力していないか確認します。

テーブルのデータシートビューでデータを変更し、ほかのレコードをクリックしたりしたときに、メッセージが表示されてデータを保存できない場合は、ルールに違反したデータを入力しようとしている可能性があります。メッセージの内容を確認して対応しましょう。データを修正せずにテーブルを閉じると、「このレコードを保存できません」というメッセージが表示されます。

●メッセージ例

メッセージの内容	対応
「〇〇」フィールドに値を入力してください。	データ入力を必須にしているフィールドに、データが入力されていない可能性があります（Q114参照）。
「〇〇」に設定されている入力規則「〇〇」に違反する値が1つ以上あります。・・・・」	入力規則の設定に違反しているデータを入力しようとしている可能性があります（Q115、Q116）。
「インデックス、主キー、またはリレーションシップで重複する値が生成されるため、テーブルを変更できませんでした。・・・・」	主キーフィールドや、値の重複を許可していないフィールドに、ほかの値と重複するデータを入力しようとしている可能性があります（Q117参照）。

重要度 ★★★ テーブルで困った

Q 178 レイアウトを保存するって、どういうこと？

A テーブルの列幅など表示方法の変更を保存することです。

テーブルの設計ではなく、テーブルのレイアウトを変更した後、テーブルを閉じるとメッセージが表示されます。たとえば、テーブルのデータシートビューの列幅を変更した場合など、テーブルを閉じるとメッセージが表示されます。レイアウトの変更を保存するには、＜はい＞をクリックします。

Microsoft Access
'T_お客様' テーブルのレイアウトの変更を保存しますか?
はい(Y)
いいえ(N)
キャンセル
<はい>をクリックします。

重要度 ★★★ テーブルで困った

Q 179 テーブルを保存したい！

A 上書き保存以外に、自動的に表示されるメッセージからも保存できます。

テーブルの設計などを変更した後、変更内容を保存するには、クイックアクセスツールバーの＜上書き保存＞をクリックする方法があります（Q027参照）。また、テーブルの設計を変更後、データシートビューに切り替えたり、テーブルを閉じたりした場合は、テーブルの変更を保存するかを確認するメッセージが表示されます。＜はい＞をクリックすると、変更が保存されます。

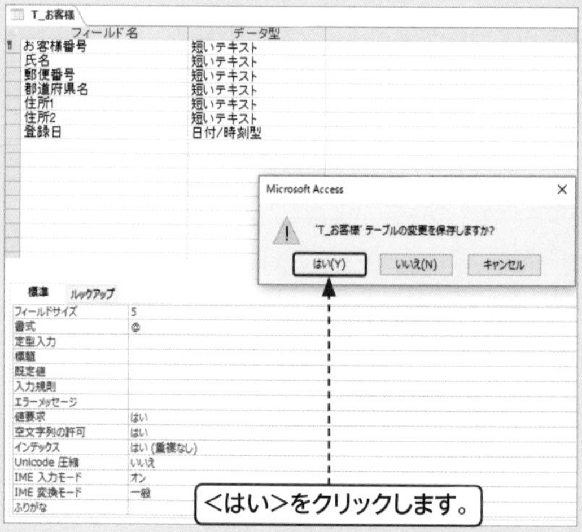
Microsoft Access
'T_お客様' テーブルの変更を保存しますか?
はい(Y)
いいえ(N)
キャンセル
<はい>をクリックします。

第4章

テーブルのリレーションシップ

Q 180 リレーションシップって何？

A テーブルにほかのテーブルとの関連付けを設定することです。

Accessでは、売上データなどを管理するデータベースのファイルを作成するとき、顧客に関するデータを集めるテーブル、商品に関するデータを集めるテーブル、注文に関するデータを集めるテーブルなどのように、テーマごとにテーブルを分けて管理します。必要に応じて、ほかのテーブルのデータを参照して活用できるように「リレーションシップ」という関連付けの設定を行います。

リレーションシップを設定することで、データをより効率よく管理できます。

● 1つのテーブルで全データ管理する場合

テーブルの作成がかんたんになるかわりに、以下のようなデメリットがあります。

- フィールドの数が増えてしまう！
- 住所など、同じデータを何度も入力する手間が発生する！
- 同じデータを何度も入力することで、ファイルサイズが膨大になる！
- 住所などが変更になったときに、同じデータをすべて修正する手間が発生する！

1つのテーブルで売上のデータをまとめて管理しようとすると、いくつかの無駄が発生します。たとえば、以下のようにすべてのデータを1つにまとめたテーブルがあると仮定します。

●すべてのデータを1つのテーブルにまとめた場合

注文ID	注文日	明細ID	顧客名	郵便番号	住所	商品名	価格	数量
T-1	2021/2/1	M-1	山田商店	100-0005	東京都千代田区丸の内XX	蟹セット	9,000	10
T-1	2021/2/1	M-2	山田商店	100-0005	東京都千代田区丸の内XX	海鮮セット	12,000	20
T-2	2021/2/3	M-3	佐藤商事	980-0000	宮城県仙台市青葉区XX	蟹セット	9,000	15
T-3	2021/2/4	M-4	野島商会	539-0000	大阪府大阪市中央区XX	帆立セット	8,000	10
T-3	2021/2/4	M-5	野島商会	539-0000	大阪府大阪市中央区XX	海鮮セット	12,000	15

● テーブルを分けた場合

テーブルを分けて管理する場合は、同じ仲間のデータをまとめるようにテーマごとにグループに分けて、1つのテーブルにします。

データをグループに分けるには、データが発生するタイミングを考慮すると、同じグループのフィールドが見えてくることもあります。1つのテーブルに何度も同じデータが出てくる場合は、さらにテーブルを分けて管理することを検討しましょう。ただし、テーブルをあまり細かく分けすぎると、かえって使いづらくなることもあります。状況に応じて検討しましょう。

続いて、個々のテーブル内のデータを区別する主キーを用意します。この主キーを利用して、ほかのテーブルのデータを参照するしくみを作ります。

●「T_顧客」テーブル

顧客ID（主キー）	顧客名	郵便番号	住所
K-1	山田商店	100-0005	東京都千代田区丸の内XX
K-2	佐藤商事	980-0000	宮城県仙台市青葉区XX
K-3	野島商会	539-0000	大阪府大阪市中央区XX

●「T_注文」テーブル

注文ID（主キー）	注文日	顧客ID
T-1	2021/2/1	K-1
T-2	2021/2/3	K-2
T-3	2021/2/4	K-3

●「T_明細」テーブル：注文明細

明細ID（主キー）	注文ID	商品ID	数量
M-1	T-1	S-1	10
M-2	T-1	S-2	20
M-3	T-2	S-1	15
M-4	T-3	S-3	10
M-5	T-3	S-2	15

●「T_商品」テーブル

商品ID（主キー）	商品名	価格
S-1	蟹セット	9,000
S-2	海鮮セット	12,000
S-3	帆立セット	8,000

● リレーションシップを設定する画面

リレーションシップは、<リレーションシップ>ウィンドウで指定します。どのフィールドを使ってほかのテーブルのデータを参照するのか、線で結んで指定します（Q187参照）。

重要度★★★　テーブル間の関連付け

Q 181 リレーションシップを設定すると何が便利？

A データを効率よく管理できるようになります。

同じテーマのデータをまとめて複数のテーブルで管理すると、1つのテーブルの場合より効率よくデータを管理できます。たとえば、顧客ごとの売上を集計して表示するフォームやレポートなどをかんたんに作成できます。表示や印刷時のレイアウトも柔軟に整えられます。

●リレーションシップを設定すると？

- 住所など、同じデータを何度も入力する手間は不要になる！
- 住所などが変更になったときは、1か所の修正で済む！
- ほかのテーブルのデータを参照するしくみを作るので、ファイルサイズを抑えられる！
- データを効率よく管理できる！

リレーションシップを設定すると、顧客ごとの注文などもかんたんに確認できます。

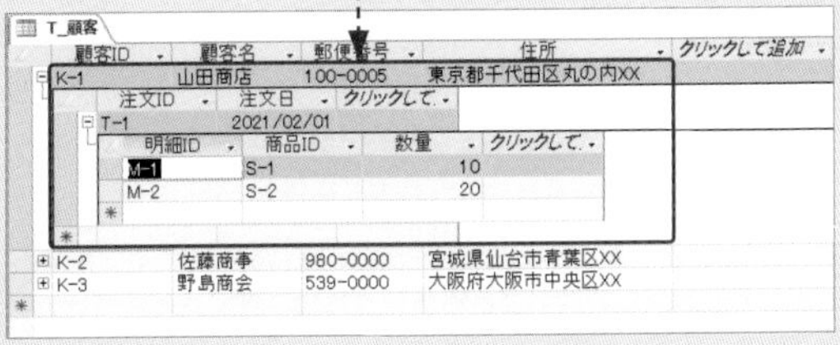

顧客ごとの注文をわかりやすく表示したり、印刷したりする画面もかんたんに作成できます。

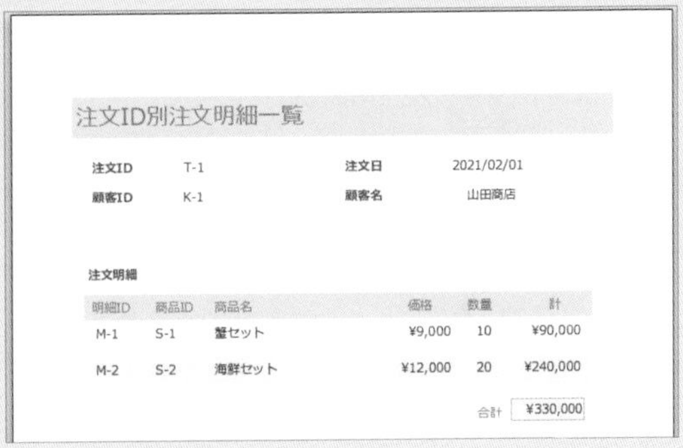

重要度★★★　テーブル間の関連付け

Q 182 Excelと比較した、Accessのリレーションシップの利点は？

A Accessは、Excelよりかんたんにリレーションシップを設定できます。

Excelでほかのリストのデータを参照して表示する場合は、VLOOKUP関数を使ってデータを参照するしくみを作るなどの必要があります。Excel 2013以降は、Excelで作成した複数のテーブルにリレーションシップを設定してデータを管理できます。ただし、リレーションシップをかんたんに設定する画面を利用するには、Power Pivotというアドインを使用する準備をするなど、いくつかの手順が必要です。

一方、Accessはもっとかんたんにリレーションシップを設定できます。また、リレーションシップを設定したテーブルのデータを正しく保てるように、さまざまなルールを指定できます。

●Excelのテーブル

「T_顧客」テーブル

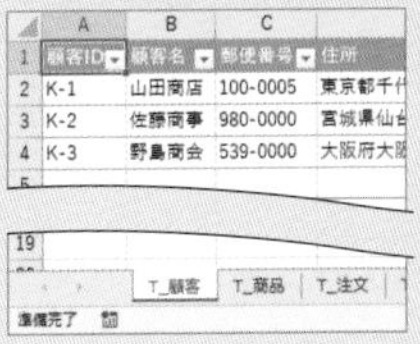

「T_商品」テーブル

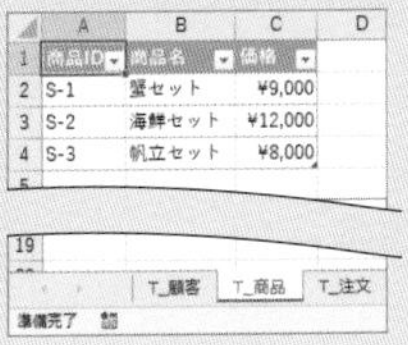

「T_注文」テーブル

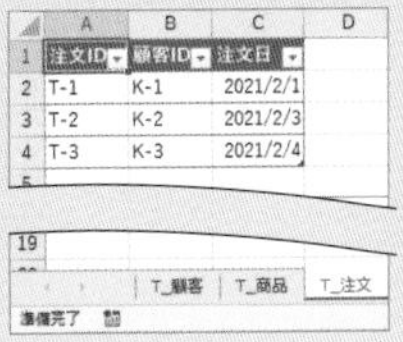

「T_明細」テーブル

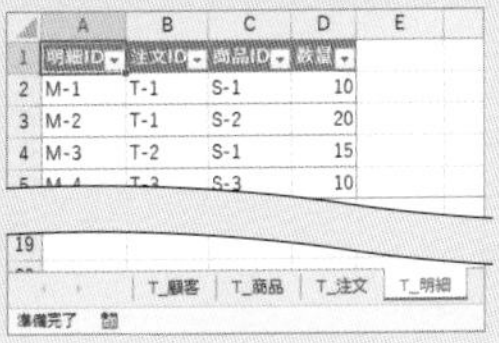

●Excelのリレーションシップの設定画面

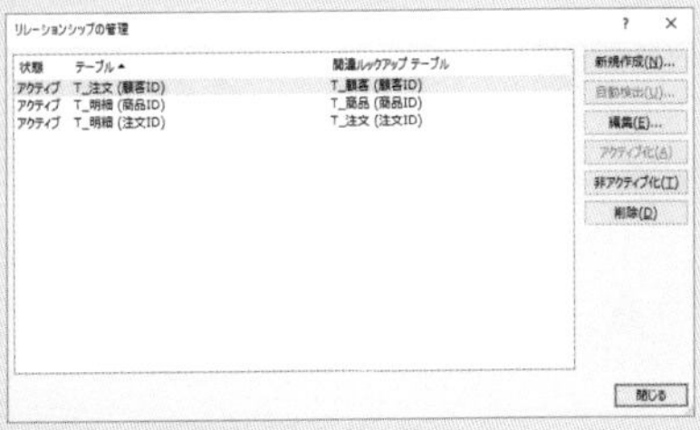

重要度★★★ テーブル間の関連付け

Q 183 主キーと外部キーって何？

A リレーションシップを設定するときに結ぶフィールドです。

リレーションシップを設定するとき、多くの場合、一方のテーブルの「主キー」と、もう一方のテーブルの「外部キー」を結び付けます。主キーのフィールドは、テーブル内の個々のデータを区別できるようにするものです。そのため、重複するデータは入力できません。一方の外部キーは、「主キー側のテーブルのデータを参照するために用意するフィールド」のことです。

たとえば、顧客データを集めた「T_顧客」テーブルと、注文データを集めた「T_注文」テーブルを結び付けるとき、「T_注文」テーブルにどの顧客からの注文かわかるように「顧客ID」というフィールドを用意します。これは、「T_顧客」テーブルから顧客の情報を参照するために用意する外部キーです。「T_顧客」テーブルで主キーを設定した「顧客ID」フィールドと「T_注文」テーブルの「顧客ID」フィールドを結び付けることで、「T_注文」テーブルから、「T_注文」テーブルの「顧客ID」フィールドを手掛かりに、「T_顧客」テーブルの「顧客ID」フィールドのデータをたどり、顧客の「顧客名」「郵便番号」「住所」などを参照できます。

● 主キーと外部キー

●<リレーションシップ>画面

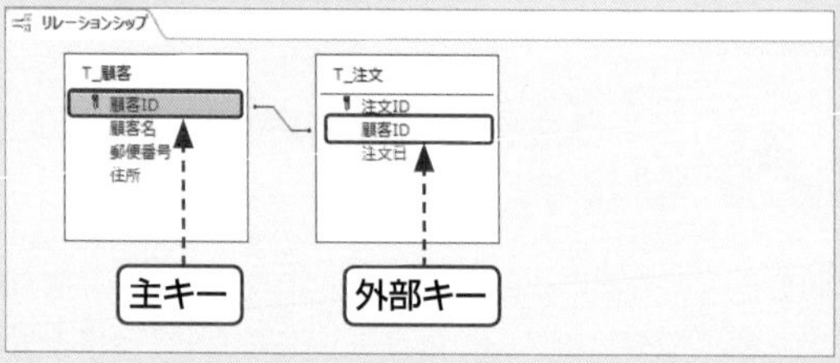

●「T_注文」テーブル

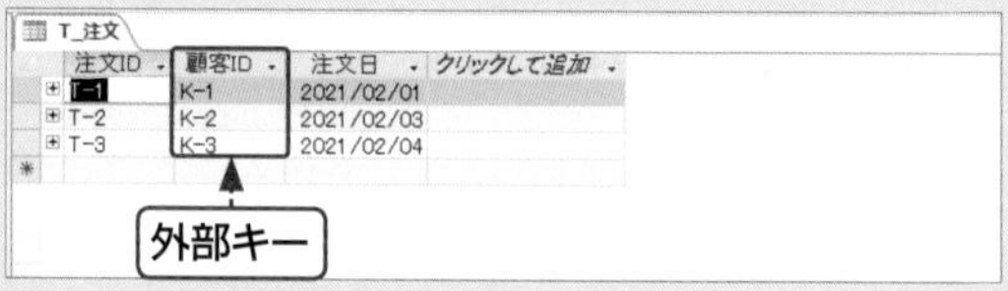

注文ID	顧客ID	注文日	クリックして追加
T-1	K-1	2021/02/01	
T-2	K-2	2021/02/03	
T-3	K-3	2021/02/04	

●「T_顧客」テーブル

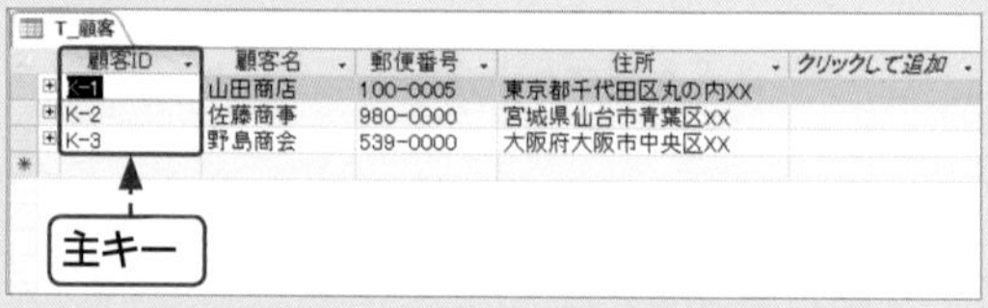

顧客ID	顧客名	郵便番号	住所	クリックして追加
K-1	山田商店	100-0005	東京都千代田区丸の内XX	
K-2	佐藤商事	980-0000	宮城県仙台市青葉区XX	
K-3	野島商会	539-0000	大阪府大阪市中央区XX	

クエリで「T_注文」テーブルと「T_顧客」テーブルのデータをつなげて、データを表示できます。

「T_注文」テーブルのデータ

「T_顧客」テーブルのデータ

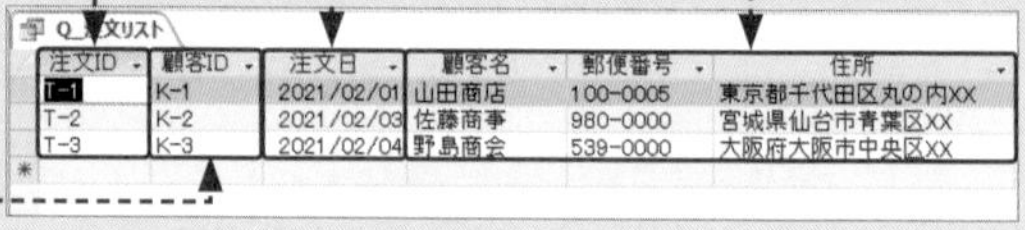

Q_注文リスト

注文ID	顧客ID	注文日	顧客名	郵便番号	住所
T-1	K-1	2021/02/01	山田商店	100-0005	東京都千代田区丸の内XX
T-2	K-2	2021/02/03	佐藤商事	980-0000	宮城県仙台市青葉区XX
T-3	K-3	2021/02/04	野島商会	539-0000	大阪府大阪市中央区XX

「T_注文」テーブルと「T_顧客」テーブルのリレーションシップを設定したデータ

重要度★★★ テーブル間の関連付け

Q 184 一側テーブルと多側テーブルって何？

A 主キーの側のテーブルが一側テーブルです。

リレーションシップを設定する際、主キーのフィールドと外部キーを結び付けるとき、主キーのフィールドがあるテーブルを「一側テーブル」、外部キーのフィールドがあるテーブルを「多側テーブル」といいます。

たとえば、「T_顧客」テーブルと「T_注文」テーブルを結び付けるとき、「T_注文」テーブルに、どの顧客からの注文かわかるように「顧客ID」というフィールドを用意します。これは、「T_顧客」テーブルから顧客の情報を参照するために用意する外部キーです。このとき、主キーが設定された「顧客ID」がある「T_顧客」テーブルが一側テーブル、外部キーの「顧客ID」がある「T_注文」テーブルが多側テーブルとなります。

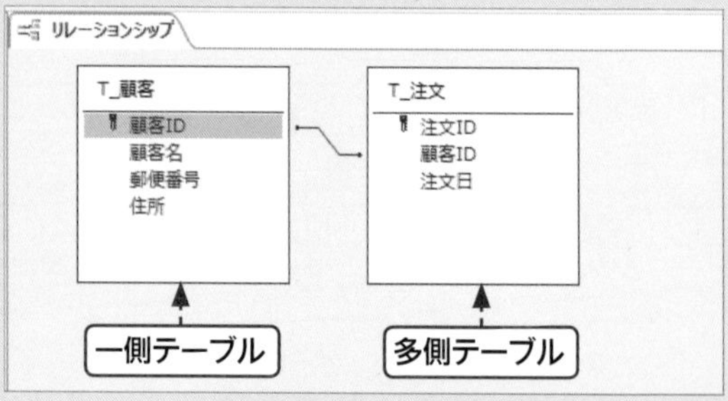

重要度 ★★★ テーブル間の関連付けの設定

Q 185 リレーションシップを設定する画面を開くには？

リレーションシップを設定する際は、<リレーションシップ>画面を利用します。最初にリレーションシップを設定するときは、<リレーションシップ>画面を開いた際にテーブルを追加する画面が表示されます。

参照▶Q 186

A <リレーションシップ>ボタンをクリックします。

1 オブジェクトが開いている場合は、閉じておきます。

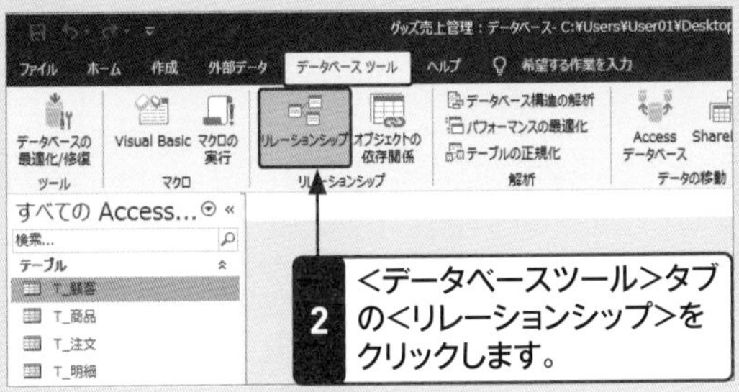

2 <データベースツール>タブの<リレーションシップ>をクリックします。

3 <リレーションシップ>画面が開きます。

<テーブルの表示>画面が表示された場合は、Q186を参照してください。

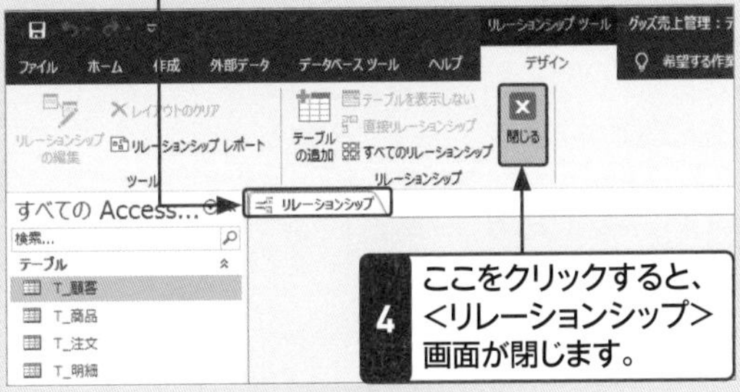

4 ここをクリックすると、<リレーションシップ>画面が閉じます。

重要度 ★★★ テーブル間の関連付けの設定

Q 186 <リレーションシップ>画面にテーブルを追加するには？

リレーションシップを設定するときは、関連付けを設定する複数のテーブルをリレーションシップ画面に追加します。

<リレーションシップ>画面にテーブルを追加すると、テーブルごとにフィールドリストが表示され、テーブル内のフィールドが並びます。主キーのフィールドには、鍵のマークが表示されます。

A <テーブルの追加>をクリックします。

1 Q185の方法で<リレーションシップ>画面を開きます。

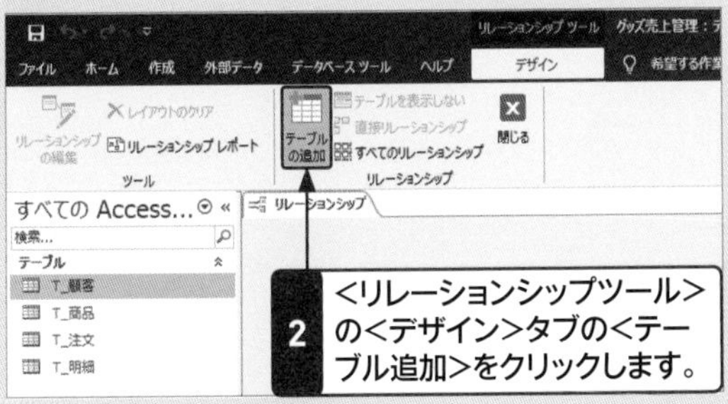

2 <リレーションシップツール>の<デザイン>タブの<テーブル追加>をクリックします。

3 <テーブルの表示>画面が表示されます。

4 追加するテーブルをクリックします。

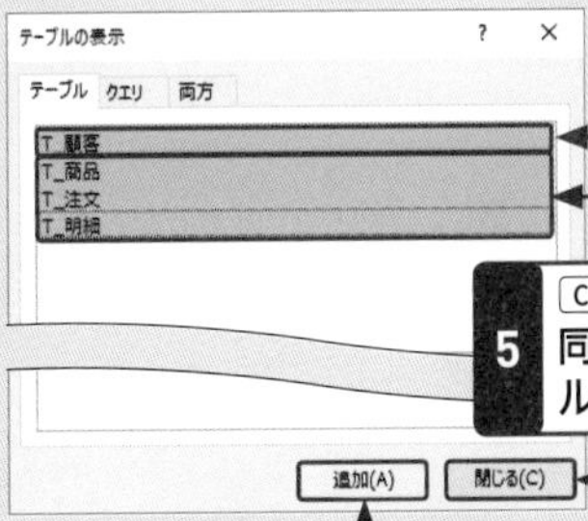

5 Ctrl キーを押しながら、同時に追加するテーブルをクリックします。

6 <追加>をクリックします。

7 <閉じる>をクリックします。

8 テーブルが追加されます。

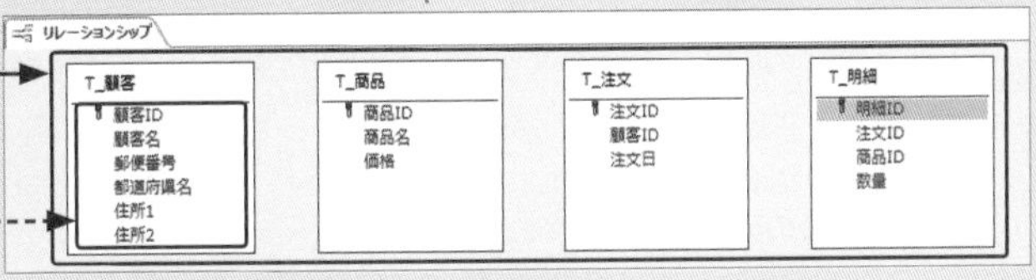

テーブルごとにフィールドリストが表示されます。

重要度★★★　テーブル間の関連付けの設定

Q 187 リレーションシップを設定するには？

A フィールドをドラッグして線で結びます。

リレーションシップを設定する際、通常は主キーのフィールドと外部キーのフィールドをつなげます。このとき、つなげる「共通のフィールド」はいくつかのルールを満たしている必要があります。一側テーブルと多側テーブルに「一対多」の関係のリレーションシップを設定するときは、一方のテーブルのフィールドをもう一方のテーブルのフィールドに向かってドラッグします。

●共通のフィールドのルール

- フィールドのデータ型が同じであること。
- フィールドプロパティの<フィールドサイズ>プロパティが同じであること。
- フィールド名は同じでなくてもよい。

※ただし、主キー側のフィールドのデータ型がオートナンバー型の場合、もう一方のフィールドは数値型にします。オートナンバー型と数値型のフィールドの<フィールドサイズ>プロパティは長整数型にします。

<リレーションシップ>画面

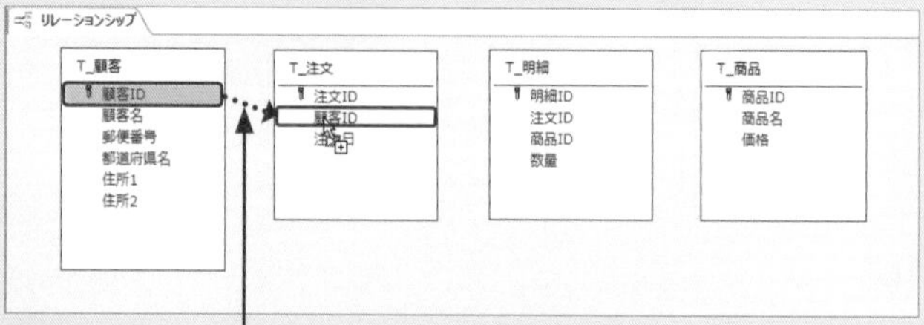

1 共通のフィールドの一方のフィールドを、もう一方のフィールドに向かってドラッグします。

2 リレーションシップを設定するテーブルや共通のフィールドの名前を確認します。

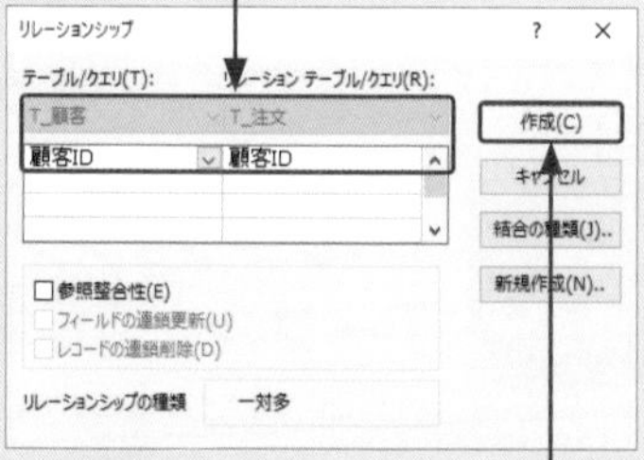

3 <作成>をクリックします。

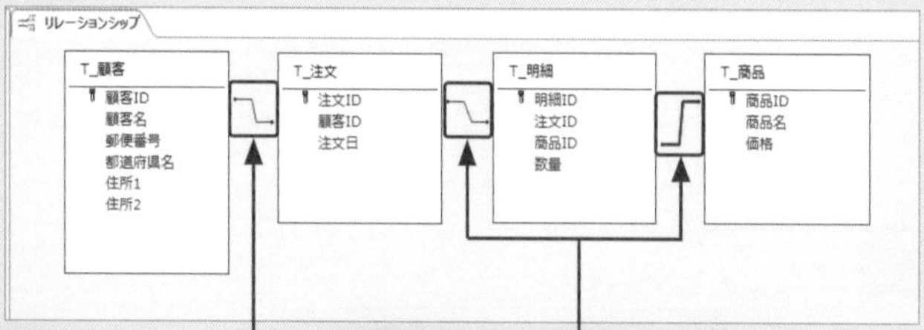

4 リレーションシップが設定されます。

5 同様に、ほかのテーブルにもリレーションシップを設定します。

● リレーションシップの種類

リレーションシップには、次の種類があります。多くの場合は、一対多の関係です。

種類	内容
一対多	「テーブル1」の各レコードが「テーブル2」の複数のレコードに関連付けられる関係です。
一対一	「テーブル1」の各レコードが「テーブル2」の1つのレコードに関連付けられる関係です。
多対多	「テーブル1」と「テーブル2」の各レコードが、お互いの複数のレコードに関連付けられる関係です。中間テーブルという3つめのテーブルを介して設定します。

重要度 ★★★　テーブル間の関連付けの設定

Q 188 結合の種類って何？

A どのようにデータを表示するか結合方法を指定するものです。

リレーションシップの設定を確認するには、2つのフィールドをつないでいる結合線をダブルクリックして、リレーションシップの設定画面を表示します。結合方法などは、この設定画面から確認できます。通常は「内部結合」を選択します。「外部結合」はクエリで2つのテーブルを結合して、共通フィールドのデータが見つからない迷子のデータを見つける場合などに使用します。 参照▶Q310

●結合プロパティの種類

結合の種類	内容
内部結合	既定の設定です。両方のテーブルの共通フィールドのデータを介して、データを結び付けて表示します。
左外部結合	一側テーブルの全レコードと、対応する多側テーブルのレコードを表示します。「販売実績がない商品」を表示する場合などに使います。
右外部結合	多側テーブルの全レコードと、対応する一側テーブルのレコードを表示します。「どの商品の注文なのかわからないデータ」を表示する場合などに使います。

<リレーションシップ>画面

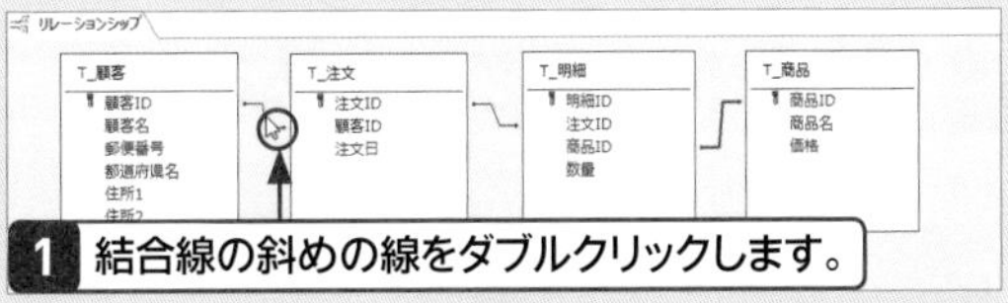

1 結合線の斜めの線をダブルクリックします。

2 リレーションシップの設定画面が表示されます。

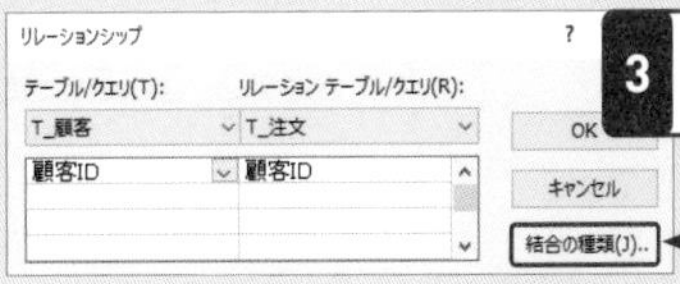

3 <結合の種類>をクリックします。

4 結合プロパティの設定画面が表示されます。

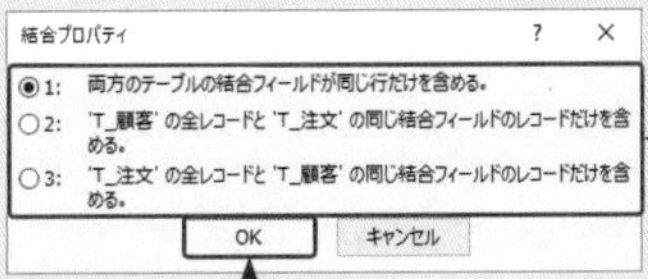

5 内容を確認し、

6 <OK>をクリックして、画面を閉じます。

重要度 ★★★　テーブル間の関連付けの設定

Q 189 リレーションシップを削除するには？

A 結合線を選択して削除します。

リレーションシップを設定している共通フィールドのデータ型を変更する場合などは、リレーションシップが設定されたままでは操作できません。そのような場合は、一時的にリレーションシップを削除しましょう。なお、リレーションシップの設定を解除したあとに、リレーションシップが設定されていたテーブルのデータを編集したりすると、リレーションシップを再設定できなくなる可能性があります。

<リレーションシップ>画面

1 リレーションシップを設定している結合線をクリックします。

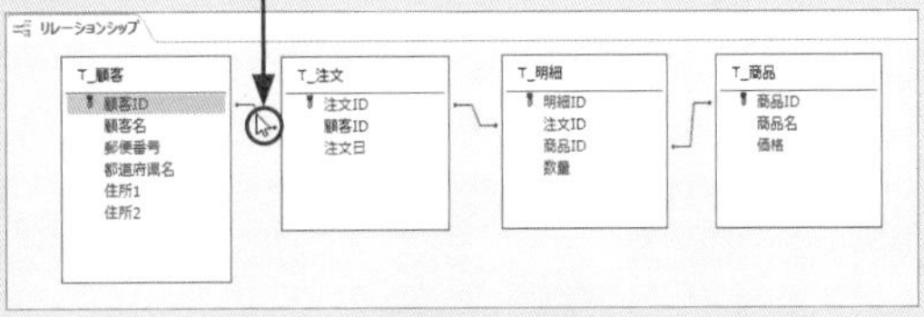

2 結合線が選択されるので、Delete キーを押します。

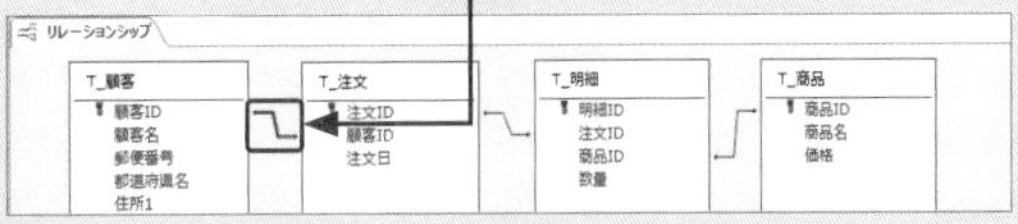

3 メッセージが表示されます。

4 <はい>をクリックします。

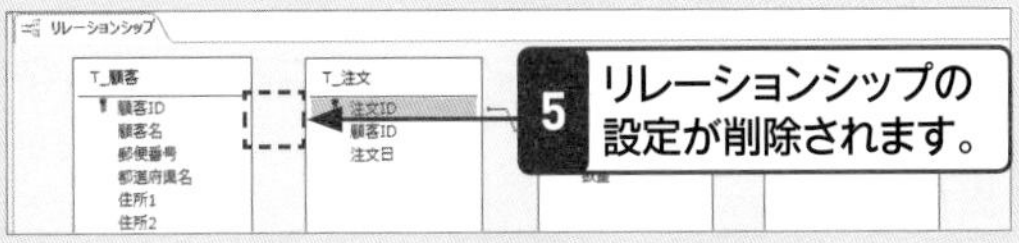

5 リレーションシップの設定が削除されます。

重要度 ★★★　テーブル間の関連付けの設定

Q 190 リレーションシップは保存する必要がある？

A リレーションシップは自動的に保存されます。

リレーションシップの設定・解除をすると、自動的に保存されます。たとえば、リレーションシップを設定した後にリレーションシップの設定画面を閉じても、<リレーションシップ>画面を開くとリレーションシップの設定を確認できます。
ただし、<リレーションシップ>画面でフィールドリストを移動するなどしてレイアウトを変更した場合、レイアウトの情報は自動的に保存されません。

参照▶Q 185、Q 187、Q 191

重要度 ★★★　テーブル間の関連付けの設定

Q 191 <リレーションシップ>画面を閉じるには？

A <閉じる>をクリックします。

<リレーションシップ>画面を閉じる際、リレーションシップの設定・解除の内容は自動的に保存されますが、確認のメッセージなどは表示されません。<リレーションシップ>画面でレイアウトを変更した場合などは、レイアウトを保存するかを確認するメッセージが表示されます。

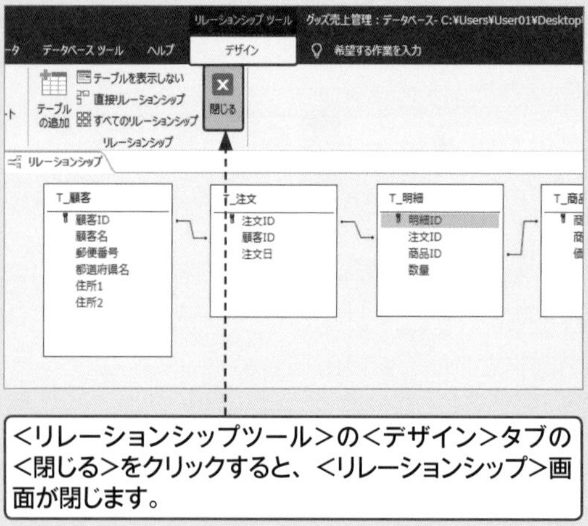
<リレーションシップツール>の<デザイン>タブの<閉じる>をクリックすると、<リレーションシップ>画面が閉じます。

重要度 ★★★　テーブル間の関連付けの設定

Q 192 リレーションシップの設定を印刷するには？

A <リレーションシップレポート>を作成する方法があります。

リレーションシップの設定内容を印刷して保存しておきたいときは、リレーションシップレポートを作成します。リレーションシップレポートはかんたんに作成できます。なお、リレーションシップレポートを作成後、リレーションシップの設定を変更しても、リレーションシップレポートにその変更は反映されません。新しい設定内容を印刷する場合は、再度、リレーションシップレポートを作成します。

<リレーションシップ>画面

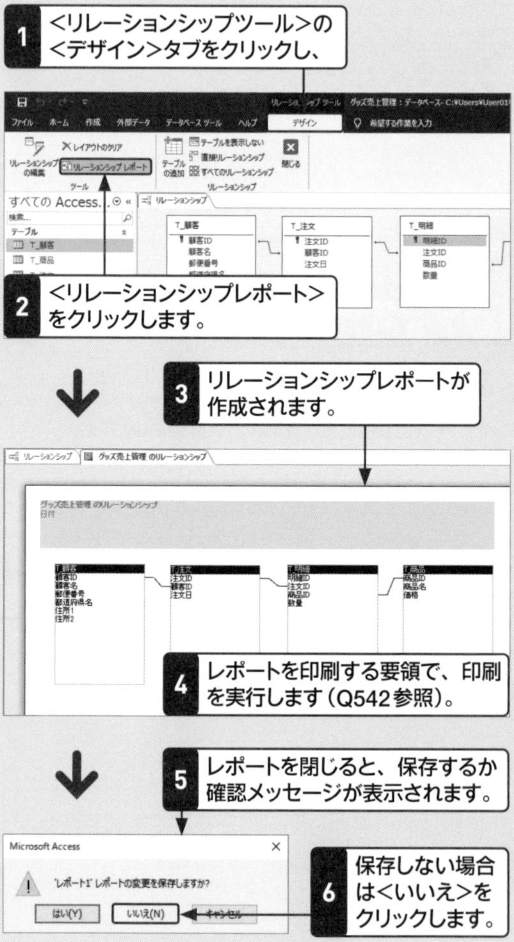
1 <リレーションシップツール>の<デザイン>タブをクリックし、
2 <リレーションシップレポート>をクリックします。
3 リレーションシップレポートが作成されます。
4 レポートを印刷する要領で、印刷を実行します（Q542参照）。
5 レポートを閉じると、保存するか確認メッセージが表示されます。
6 保存しない場合は<いいえ>をクリックします。

重要度 ★★★ テーブル間の関連付けの設定

Q 193 フィールドリストのサイズを変更するには？

A フィールドリストの境界線部分をドラッグします。

リレーションシップの設定をする際、複数のフィールドリストを見やすいように配置できます。フィールドリストが小さくてフィールド名が見づらい場合は、フィールドリストのサイズを変更します。

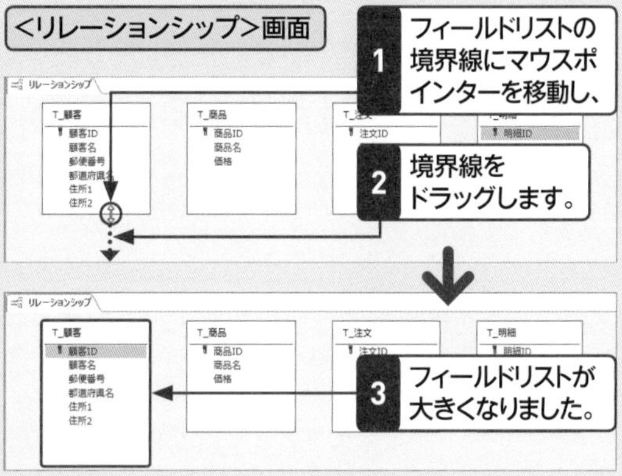
<リレーションシップ>画面
1 フィールドリストの境界線にマウスポインターを移動し、
2 境界線をドラッグします。
3 フィールドリストが大きくなりました。

重要度 ★★★ テーブル間の関連付けの設定

Q 194 フィールドリストを移動するには？

A タイトルバーをドラッグします。

フィールドリストの配置は変更できます。リレーションシップの設定を行うときは、設定内容が見やすいように、適宜フィールドリストの配置を変更して操作しましょう。

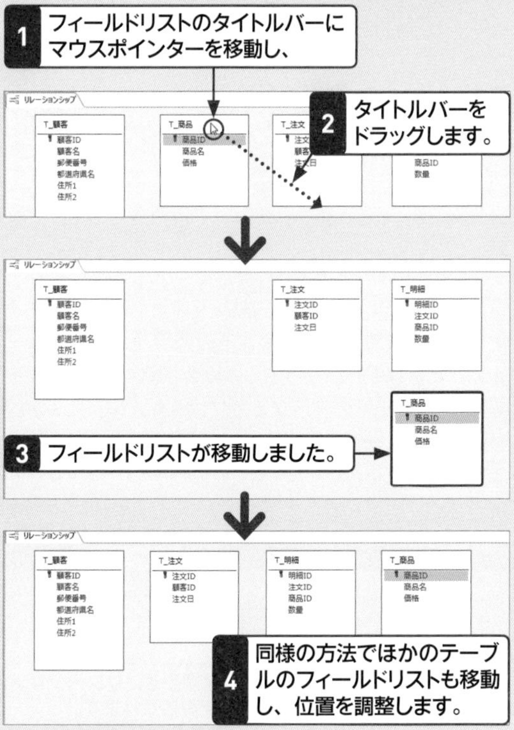
1 フィールドリストのタイトルバーにマウスポインターを移動し、
2 タイトルバーをドラッグします。
3 フィールドリストが移動しました。
4 同様の方法でほかのテーブルのフィールドリストも移動し、位置を調整します。

重要度 ★★★ テーブル間の関連付けの設定

Q 195 フィールドリストを非表示にするには？

A フィールドリストを選択して操作します。

フィールドリストの数が多くて<リレーションシップ>画面の表示が煩雑になる場合は、フィールドリストを非表示にすることもできます。リレーションシップが設定されているフィールドリストを非表示にしても、リレーションシップの設定は解除されません。 参照▶Q 198

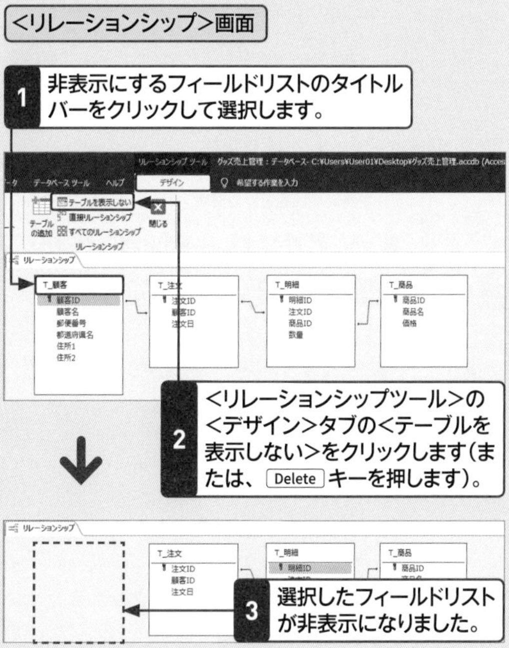
<リレーションシップ>画面
1 非表示にするフィールドリストのタイトルバーをクリックして選択します。
2 <リレーションシップツール>の<デザイン>タブの<テーブルを表示しない>をクリックします（または、Delete キーを押します）。
3 選択したフィールドリストが非表示になりました。

重要度★★★　テーブル間の関連付けの設定

Q 196 「レイアウトの変更を保存しますか？」と表示されたら？

A フィールドリストの位置などを保存するか指定します。

リレーションシップの設定を行ったあと、＜リレーションシップ＞画面を閉じたときに、レイアウトの変更を保存するかメッセージが表示された場合は、フィールドリストの配置や大きさなどの見た目を保存するならば＜はい＞をクリックします。レイアウトを保存しない場合でも、リレーションシップの設定は残っています。

＜リレーションシップ＞画面

1 リレーションシップやフィールドリストの配置・サイズなどを設定します。

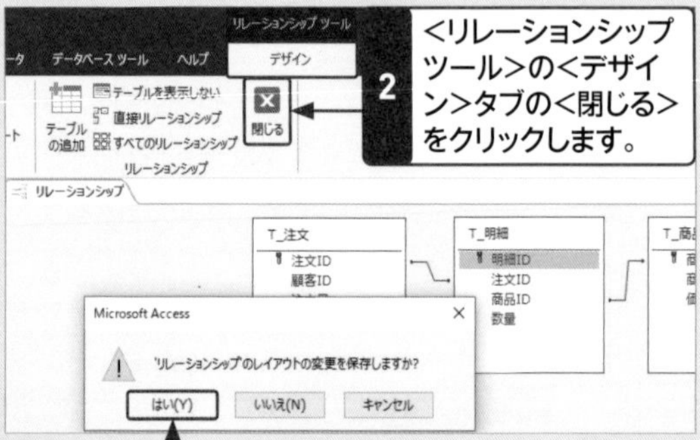

2 ＜リレーションシップツール＞の＜デザイン＞タブの＜閉じる＞をクリックします。

3 確認画面で、レイアウトを保存する場合は＜はい＞をクリックします。

重要度★★★　テーブル間の関連付けの設定

Q 197 レイアウトの表示をクリアするには？

A ＜レイアウトのクリア＞をクリックします。

リレーションシップのレイアウトをクリアすると、＜リレーションシップ＞画面ですべてのフィールドリストが削除されます。なお、レイアウトをクリアしてフィールドリストを非表示にしても、リレーションシップの設定は解除されません。

参照▶Q 198

＜リレーションシップ＞画面

1 ＜リレーションシップツール＞の＜デザイン＞タブの＜レイアウトのクリア＞をクリックします。

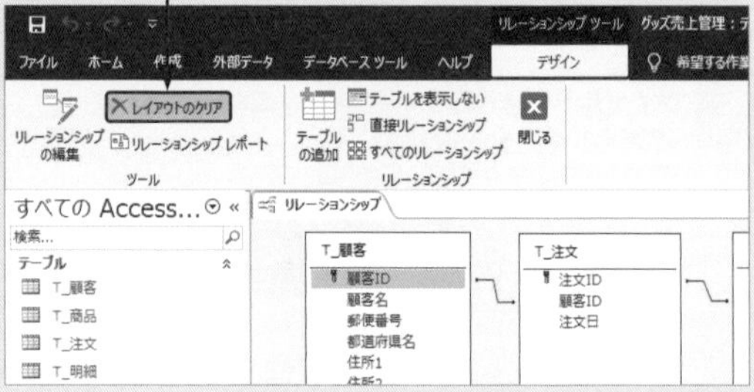

重要度★★★　テーブル間の関連付けの設定

Q 198 すべてのリレーションシップを表示するには？

A ＜すべてのリレーションシップ＞をクリックします。

＜リレーションシップ＞画面で、レイアウトをクリアするなどしてフィールドリストを非表示にした後に、再びリレーションシップの設定を確認するには、＜リレーションシップツール＞の＜デザイン＞タブの＜すべてのリレーションシップ＞をクリックします。
なお、リレーションシップ設定されているテーブルが隠しオブジェクトになっており、＜ナビゲーションオプション＞の＜隠しオブジェクトの表示＞がオフになっているときは要注意です。この場合、隠しオブジェクトのテーブルと、そのテーブルとリレーションシップが設定されているテーブルとのリレーションシップの設定は表示されません。

参照▶Q 077

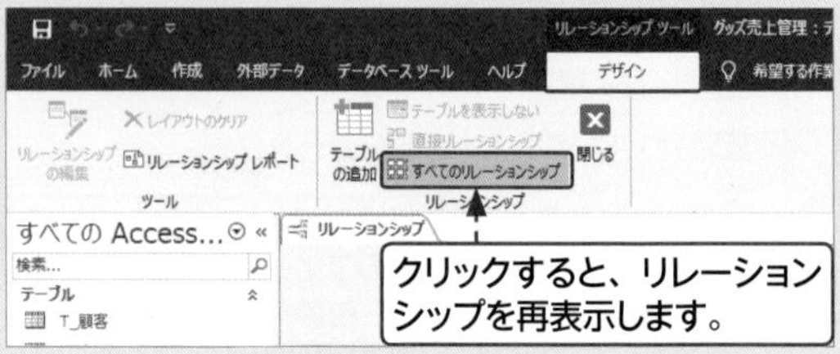

クリックすると、リレーションシップを再表示します。

Q 199 参照整合性って何？

A 参照先が不明のレコードが発生しないようにするための設定です。

リレーションシップを設定しているテーブルのレコードの編集や削除、追加などを行ってもデータを正しく参照できる状態を維持するには、「参照整合性」を設定します。参照整合性の設定をすることで、3つの制限が加わります。これにより、“データを参照できない迷子のデータ”が発生しないようにします。

●参照整合性の設定によって加わる3つのルール

①多側テーブルの共通フィールドに、一側テーブルの共通フィールドにないデータを入力できません。ただし、多側テーブルの外部キーにNull値（空欄）を設定することはできます。

②一側テーブルで主キーフィールドの値を編集する際、多側テーブルにそのレコードの関連レコードが存在する場合は、主キーフィールドの値を更新できません。

③一側テーブルでレコードを削除する際、多側テーブルにそのレコードの関連レコードが存在する場合は、そのレコードは削除できません。

● 参照整合性を設定していない場合の問題

以下の2つのテーブルにリレーションシップが設定されている場合、レコードの追加や編集、追加によって問題が発生する可能性があります。

・「T_顧客」テーブル（一側テーブル）

顧客ID	顧客名	郵便番号	住所
K-1	山田商店	100-0005	東京都千代田区丸の内XX
K-2	佐藤商事	980-0000	宮城県仙台市青葉区XX
K-3	野島商会	539-0000	大阪府大阪市中央区XX

・「T_注文」テーブル（多側テーブル）

注文ID	注文日	顧客ID
T-1	2021/2/1	K-1
T-2	2021/2/3	K-2
T-3	2021/2/4	K-3

問題① 「T_注文」テーブルに注文データを追加する際、「T_顧客」テーブルに存在しない「顧客ID」を入力されると、顧客が不明の“迷子の注文データ”が発生します。

注文ID	注文日	顧客ID
T-4	2021/2/6	K-6

「T_顧客」テーブルに存在しない「顧客ID」を入力されると、迷子のデータが発生する！

問題② 「T_顧客」テーブル内にある顧客データのうち、注文実績がある顧客の主キーのデータが変更されると、顧客が不明の“迷子の注文データ”が発生します。

顧客ID	顧客名	郵便番号	住所
~~K-1~~K-10	山田商店	100-0005	東京都千代田区丸の内XX

「T_顧客」テーブルで、注文実績がある顧客の主キーのデータが変更されると、迷子のデータが発生する！

問題③ 「T_顧客」テーブルにある顧客データの中で、注文実績のある顧客のデータが削除されると、顧客が不明の“迷子の注文データ”が発生します。

顧客ID	顧客名	郵便番号	住所
~~K-1~~	~~山田商店~~	~~100-0005~~	~~東京都千代田区丸の内XX~~

「T_顧客」テーブルで、注文実績がある顧客のデータが削除されると、迷子のデータが発生する！

● 参照整合性を設定した場合の利点

利点① 「T_注文」テーブルに注文データを入力する際、「T_顧客」テーブルに存在しない「顧客ID」は入力できないため、顧客が不明の注文データが発生しなくなります。

注文ID	注文日	顧客ID
T-4	2021/2/6	K-6

「顧客ID」が「K-6」の顧客が存在しないため、入力できない。

利点② 「T_顧客」テーブルにある顧客データのうち、注文実績のある顧客の「顧客ID」のデータは変更できないため、顧客が不明の注文データが発生しなくなります。

顧客ID	顧客名	郵便番号	住所
~~K-1~~K-10	山田商店	100-0005	東京都千代田区丸の内XX

「T_注文」テーブルに「顧客ID」が「K-1」の顧客の注文データがあるため、変更できない。

利点③ 「T_顧客」テーブルにある顧客データの中で、注文実績のある顧客のデータを削除できないため、顧客が不明の注文データが発生しなくなります。

顧客ID	顧客名	郵便番号	住所
~~K-1~~	~~山田商店~~	~~100-0005~~	~~東京都千代田区丸の内XX~~

「T_注文」テーブルに「顧客ID」が「K-1」の顧客の注文データがあるため、削除できない。

重要度 ★★★　テーブル間の関連付けのルール

Q 200 参照整合性を設定するには？

A 結合線をダブルクリックして設定します。

参照整合性を設定するには、リレーションシップを設定している結合線をダブルクリックして設定画面を開きます。参照整合性の設定自体はかんたんですが、リレーションシップが設定されているテーブル間において、参照先のレコードが不明のデータが存在している場合は設定できません。

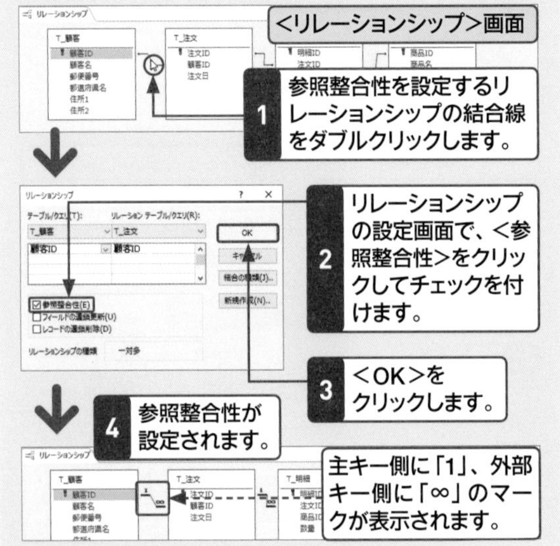
<リレーションシップ>画面
1 参照整合性を設定するリレーションシップの結合線をダブルクリックします。
2 リレーションシップの設定画面で、<参照整合性>をクリックしてチェックを付けます。
3 <OK>をクリックします。
4 参照整合性が設定されます。
主キー側に「1」、外部キー側に「∞」のマークが表示されます。

重要度 ★★★　テーブル間の関連付けのルール

Q 202 連鎖更新、連鎖削除の設定をするには？

A <フィールドの連鎖更新>と<レコードの連鎖削除>のチェックを付けます。

Q200の手順2のあと、以下の操作を行います。

参照 ▶ Q 200

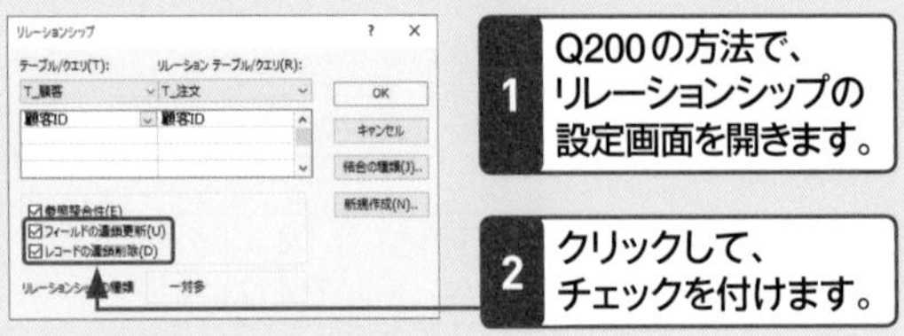
1 Q200の方法で、リレーションシップの設定画面を開きます。
2 クリックして、チェックを付けます。

重要度 ★★★　テーブル間の関連付けのルール

Q 201 連鎖更新、連鎖削除って何？

A 参照整合性のルールを緩和する設定です。

「連鎖更新」と「連鎖削除」は、参照整合性の設定よって加わるルールを若干緩和するしくみです。これらの設定によって、どのルールがどのように緩和されるかを確認しましょう。連鎖更新と連鎖削除は、参照整合性を設定する過程で設定できます。

● フィールドの連鎖更新

フィールドの連鎖更新を設定すると、参照整合性を設定することで加わるルール（Q199参照）のうち、②のルールを緩和します。フィールドの連鎖更新を設定すると、多側テーブルに関連するレコードが存在していても、一側テーブルで主キーの値を「ほかのレコードのデータとは重複しないデータ」に更新できるようになります。
たとえば、「T_顧客」テーブルにある顧客データのうち、売上実績のある顧客の「顧客ID」のデータを変更できるようになります。ただし、変更すると、多側テーブル側の関連レコードの「顧客ID」のデータも変わります。
仮に、「顧客ID」の「K-1」を「K-10」に変更した場合、多側テーブルの「顧客ID」が「K-1」のデータは「K-10」に変更されます。その結果、多側テーブルに迷子のデータが発生することを防止できます。

● レコードの連鎖削除

レコードの連鎖削除を設定すると、参照整合性を設定することで加わるルール(Q199参照)のうち、③のルールを緩和します。レコードの連鎖削除を設定すると、多側テーブルに関連するレコードが存在していても、一側テーブルでそのレコードを削除できるようになります。
たとえば、「T_顧客」テーブルにある顧客データのうち、売上実績のある顧客のデータを削除できるようになります。ただし、削除すると、多側テーブルの関連レコードも削除されます。
仮に、「顧客ID」の「K-1」のレコードを削除した場合、多側テーブルの「顧客ID」が「K-1」のデータも同時に削除されます。その結果、多側テーブルに迷子のデータが発生することを防止できます。

重要度 ★★★　関連付けしたデータの表示

Q 203 関連テーブルの明細データを表示するには？

A サブデータシートを表示します。

一対多のリレーションシップを設定すると、一側テーブルをデータシートビューで開いたとき、多側テーブルの関連データを表示できます。関連データは「サブデータシート」で確認できます。

1 リレーションシップが設定されている一側テーブルをデータシートビューで開きます。

2 サブデータシートを展開する<展開アイコン>をクリックします。

3 サブデータシートが展開されます。

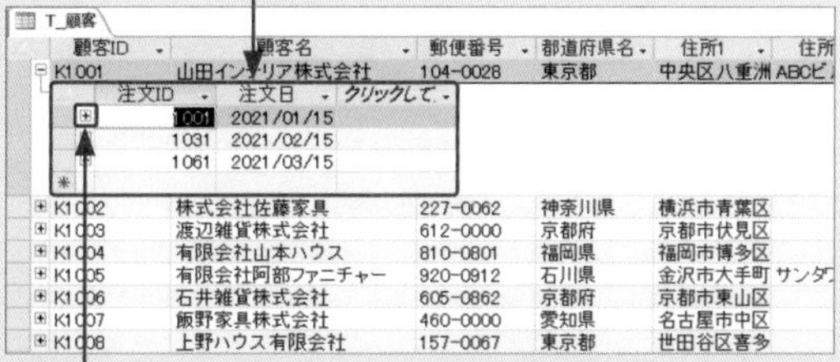

4 さらに、サブデータシートを展開する<展開アイコン>をクリックします。

5 さらにサブデータシートが展開されます。

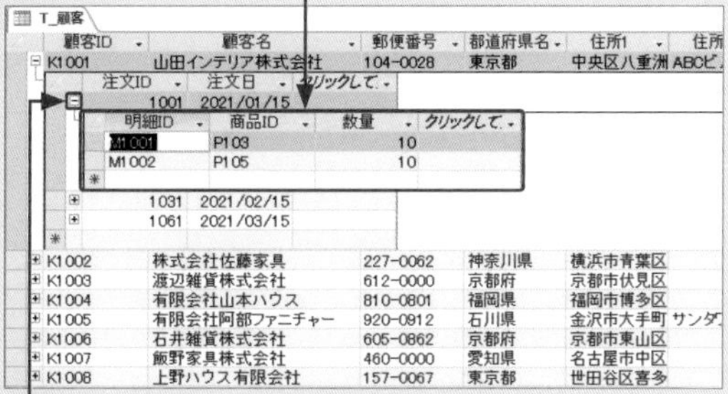

6 ここをクリックすると、サブデータシートが閉じます。

重要度 ★★★　関連付けしたデータの表示

Q 204 サブデータシートを常に展開表示するには？

A <サブデータシートの展開>プロパティで指定します。

サブデータシートを常に展開して表示するには、テーブルのプロパティシートにある<サブデータシートの展開>プロパティで「はい」を選択します。

テーブルのデザインビュー

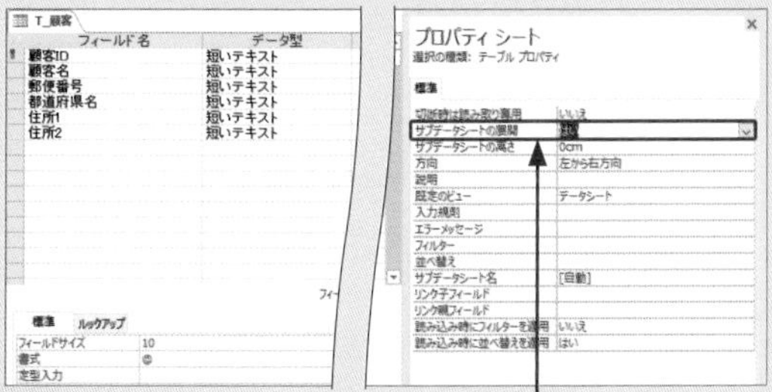

1 テーブルの<サブデータシートの展開>プロパティで<はい>を選択します。

2 テーブルをデータシートビューに切り替えます。

3 サブデータシートが展開された状態で開きます。

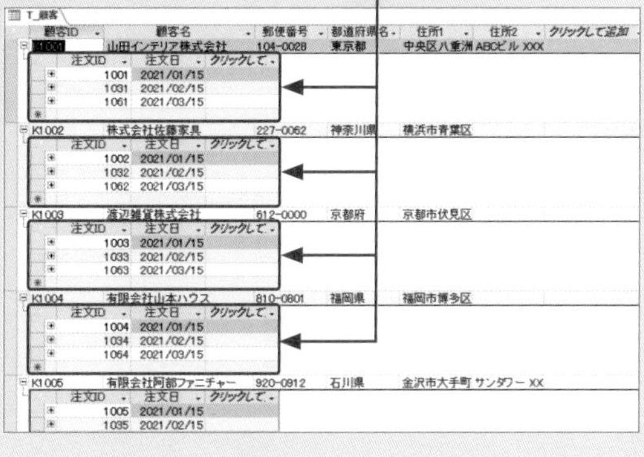

重要度★★★　関連付けしたデータの表示

Q 205 サブデータシートを表示する高さを指定するには？

A <サブデータシートの高さ>プロパティで指定します。

サブデータシートを展開したときに、サブデータシートの高さを指定するには、テーブルの<サブデータシートの高さ>プロパティで設定します。指定した高さに収まらないレコードがある場合は、右側にスクロールバーが表示されます。

テーブルのデザインビュー

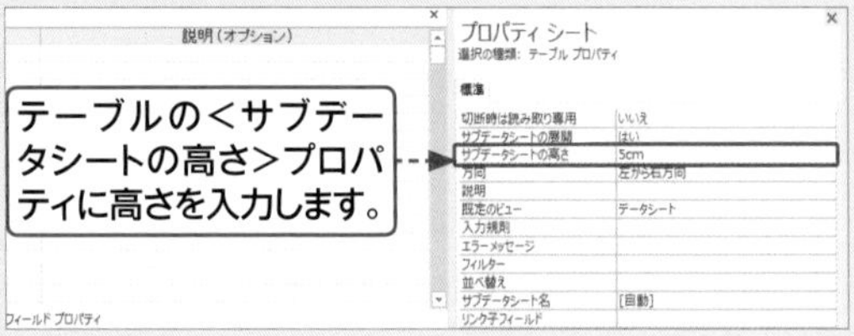

重要度★★★　関連付けしたデータの表示

Q 206 サブデータシートが表示されないようにするには？

A <サブデータシート名>プロパティで指定します。

一対多のリレーションシップを設定すると、通常は、一側テーブルを開いたときに関連するデータを表示するサブデータシートが表示されます。サブデータシートを非表示にするには、<サブデータシート名>プロパティで指定します。

テーブルのデザインビュー

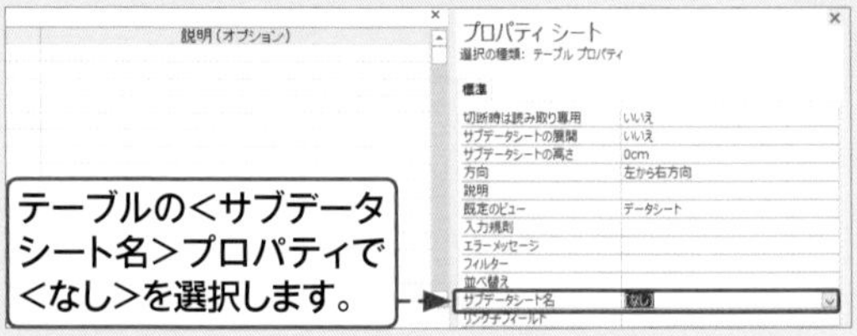

重要度★★★　関連付けしたデータの表示

Q 207 サブデータシートに表示するテーブルやクエリを指定するには？

A <サブデータシート名>プロパティでテーブルやクエリ名を指定しています。

テーブルのデータシートビュー

一側テーブルを開いたときに、どのテーブルやクエリをサブデータシートに表示するのかを指定できます。一側テーブルに関連するテーブルやクエリを選択しましょう。ここで指定した内容は、テーブルの<サブデータシート名><リンク子フィールド><リンク親フィールド>の各プロパティに反映されます。<リンク子フィールド>と<リンク親フィールド>は、テーブルとサブデータシートに表示するテーブルやクエリのデータとを関連付けるために使用するフィールドを指定するプロパティです。

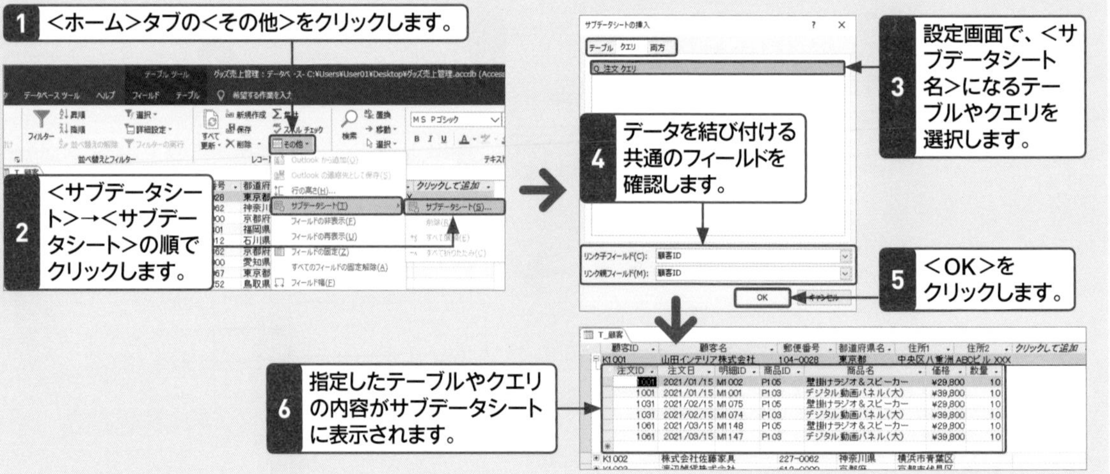

Q 208 一側テーブルのデータを編集したらメッセージが表示された！

A 参照整合性のフィールドの連鎖更新の設定によってメッセージが表示されます。

参照整合性の設定後、一側テーブルの主キーのデータを編集しようとしても、多側テーブルに関連データがある場合は編集できません。ただし、参照整合性の＜フィールドの連鎖更新＞が設定されている場合は編集が可能です。編集すると、多側テーブルの関連データのレコードの内容も変更されます。

ここでは、多側テーブル側に関連レコードが存在する、「顧客ID」が「K1001」の顧客の「顧客ID」を変更しようとする例を見てみましょう。 参照 ▶ Q 200、Q 202

1 一側テーブルを開き、主キーのフィールドのデータを書き換えます。

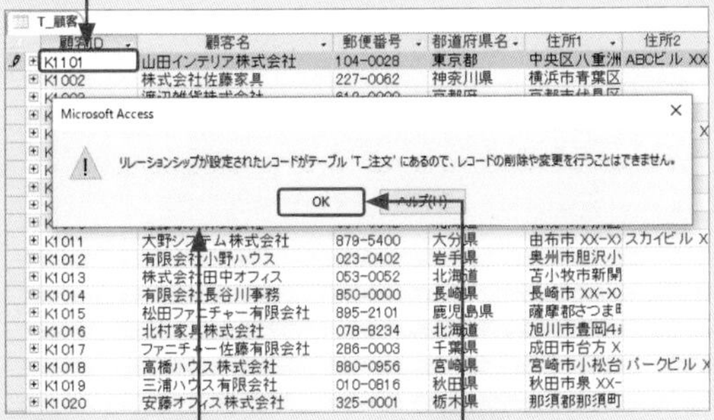

2 多側テーブルに関連データがある場合、メッセージが表示されます。

3 ＜OK＞をクリックします。

4 Esc キーを押して入力をキャンセルします。

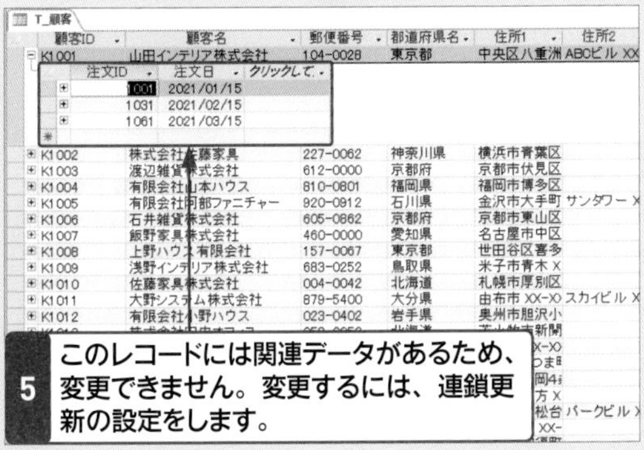

5 このレコードには関連データがあるため、変更できません。変更するには、連鎖更新の設定をします。

重要度 ★★★ テーブル間の関連付けで困った

Q 209 一側テーブルのデータを削除したらメッセージが表示された！

A 参照整合性のレコードの連鎖削除の設定によってメッセージが表示されます。

参照整合性の設定後、一側テーブルのレコードを削除しようとしても、多側テーブルに関連データがある場合は削除できません。ただし、参照整合性の＜レコードの連鎖削除＞が設定されている場合は削除できます。削除すると、多側テーブルの関連データのレコードも削除されます。

ここでは、多側テーブル側に関連レコードが存在する、「顧客ID」が「K1001」の顧客を削除しようする例を見てみましょう。 参照 ▶ Q 200、Q 202

1 一側テーブルを開き、レコードセレクターを選択し、 Delete キーを押します。

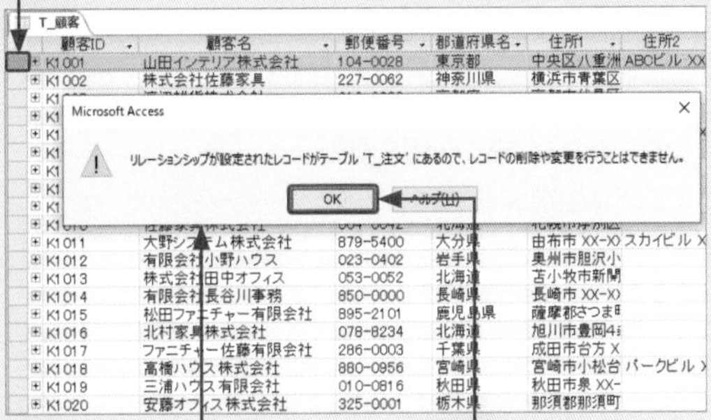

2 ＜OK＞をクリックします。

3 多側テーブルに関連データがある場合、メッセージが表示されます。

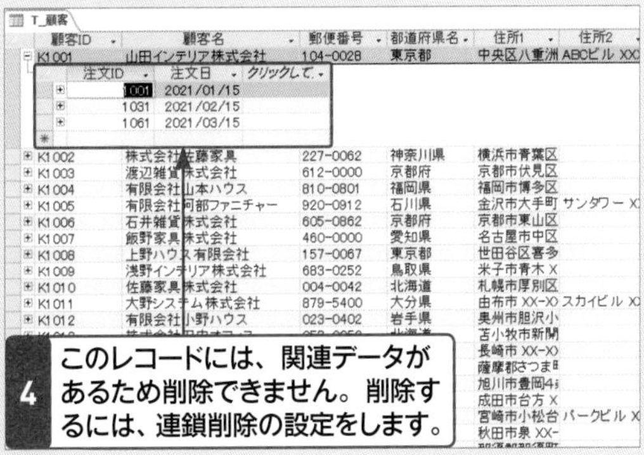

4 このレコードには、関連データがあるため削除できません。削除するには、連鎖削除の設定をします。

重要度 ★★★ テーブル間の関連付けで困った

Q 210 多側テーブルにデータを入力できない！

A 一側テーブルにないデータを入力しようとしていないか確認します。

多側テーブル側にデータを追加するとき、リレーションシップが設定されている一側テーブルの主キーにないデータを追加しようとすると、迷子のデータが発生してしまうため入力できません。
ここでは、存在しない顧客の「顧客ID」で注文データを入力しようとする例を見てみましょう。

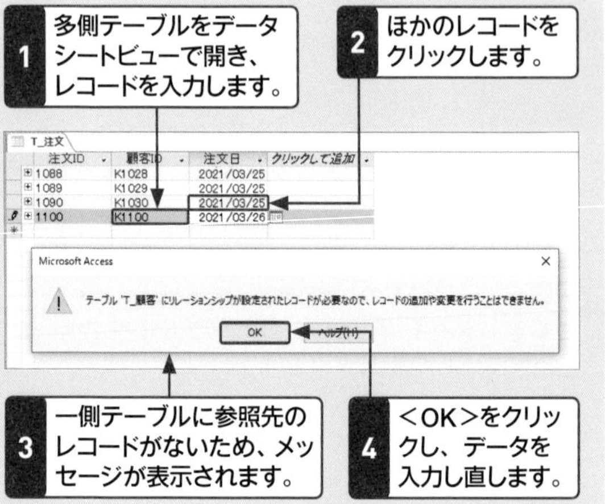
1 多側テーブルをデータシートビューで開き、レコードを入力します。
2 ほかのレコードをクリックします。
T_注文
注文ID 顧客ID 注文日 クリックして追加
1088 K1028 2021/03/25
1089 K1029 2021/03/25
1090 K1030 2021/03/25
1100 K1100 2021/03/26
Microsoft Access
テーブル 'T_顧客' にリレーションシップが設定されたレコードが必要なので、レコードの追加や変更を行うことはできません。
OK
ヘルプ(H)
3 一側テーブルに参照先のレコードがないため、メッセージが表示されます。
4 <OK>をクリックし、データを入力し直します。

重要度 ★★★ テーブル間の関連付けで困った

Q 211 多側テーブルのデータを編集できない！

A 一側テーブルにないデータに変更しようとしていないか確認します。

多側テーブルのデータを編集するとき、リレーションシップが設定されている一側テーブルの主キーにないデータを入力しようとすると、迷子のデータが発生してしまうため変更できません。
ここでは、注文データを編集して、存在しない顧客の「顧客ID」を入力しようとする例を見てみましょう。

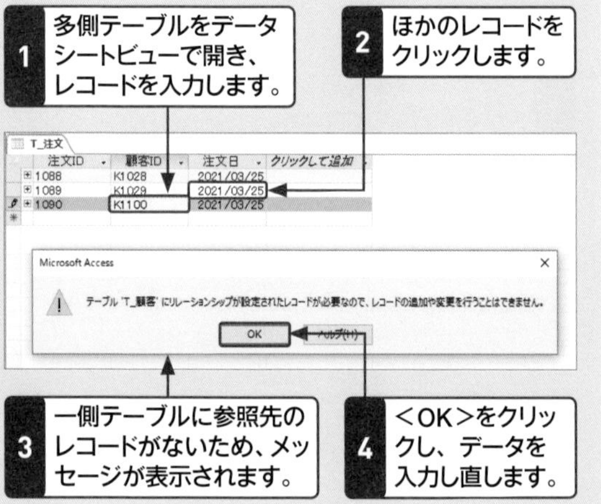
1 多側テーブルをデータシートビューで開き、レコードを入力します。
2 ほかのレコードをクリックします。
T_注文
注文ID 顧客ID 注文日 クリックして追加
1088 K1028 2021/03/25
1089 K1029 2021/03/25
1090 K1100 2021/03/25
Microsoft Access
テーブル 'T_顧客' にリレーションシップが設定されたレコードが必要なので、レコードの追加や変更を行うことはできません。
OK
ヘルプ(H)
3 一側テーブルに参照先のレコードがないため、メッセージが表示されます。
4 <OK>をクリックし、データを入力し直します。

重要度 ★★★ テーブル間の関連付けで困った

Q 212 複数テーブルにデータをまとめて入力するには？

A メイン／サブフォームを利用すると便利です。

リレーションシップを設定すると、複数のテーブルにまとめてデータを入力するしくみを作ることもできます。複数のテーブルにデータを効率よく入力するには、メインのフォームの中に別のサブのフォームを表示する「メイン／サブフォーム」のようなしくみを作成すると便利です。

参照▶Q 434

●複数テーブルのデータを表示・入力する「注文入力」フォームの例

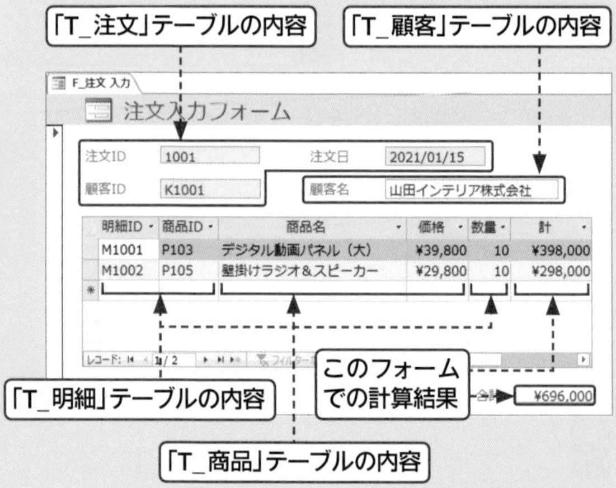
「T_注文」テーブルの内容
「T_顧客」テーブルの内容
F_注文入力
注文入力フォーム
注文ID 1001
注文日 2021/01/15
顧客ID K1001
顧客名 山田インテリア株式会社
明細ID 商品ID 商品名 価格 数量 計
M1001 P103 デジタル動画パネル（大） ¥39,800 10 ¥398,000
M1002 P105 壁掛けラジオ＆スピーカー ¥29,800 10 ¥298,000
「T_明細」テーブルの内容
このフォームでの計算結果
¥696,000
「T_商品」テーブルの内容

第5章

クエリの作成

重要度 ★★★ クエリの基本

Q 213 クエリには どんな種類がある？

A 選択クエリやアクションクエリなどがあります。

Accessのクエリにはさまざまな種類があります。最も基本的なクエリは、テーブルのデータの中から条件に一致するデータを抽出したり、並べ替えたりする「選択クエリ」です。フォームやレポートを作る際に、選択クエリをもとに作成することもできます。

このほか、「クロス集計クエリ」「テーブル作成クエリ」「更新クエリ」「追加クエリ」「削除クエリ」などがあります。

●主なクエリの種類

種類		内容
選択クエリ		テーブルから目的のデータを抽出して表示するタイプのクエリです。
クロス集計クエリ		テーブルのデータを集計し、縦横に配置した項目ごとに集計結果をまとめて表示します。
アクションクエリ	テーブル作成クエリ	テーブルのデータをルールに沿ってまとめて書き換えたりするときに使います。
	更新クエリ	
	追加クエリ	
	削除クエリ	
SQLクエリ	ユニオンクエリ	SQLという言語で記述するタイプのクエリです。データをどう操作するか、目的に応じていくつかの種類があります。
	パススルークエリ	
	データ定義クエリ	

● 選択クエリ

テーブルのデータを表示するときに、並べ替えや抽出条件などを指定して、思うようにデータを表示できます。複数のテーブルのデータをつなげて表示することもできます。

重複しているデータを探す重複クエリや、リレーションシップが設定されているテーブルなどで、参照先のデータが見つからない迷子のデータを探す不一致クエリも、選択クエリの一種として作成できます。

Q_明細一覧

明細ID	注文ID	商品ID	商品名	価格	数量	計
M1001	1001	P103	デジタル動画パネル(大)	¥39,800	10	¥398,000
M1002	1001	P105	壁掛けラジオ&スピーカー	¥29,800	10	¥298,000
M1003	1002	P101	壁掛け電子フォトパネル(大)	¥39,800	5	¥199,000
M1004	1002	P103	デジタル動画パネル(大)	¥39,800	5	¥199,000
M1005	1002	P106	多機能ウォールクロック	¥19,800	5	¥99,000
M1006	1003	P101	壁掛け電子フォトパネル(大)	¥39,800	10	¥398,000
M1007	1003	P102	壁掛け電子フォトパネル(小)	¥24,800	10	¥248,000
M1008	1004	P103	デジタル動画パネル(大)	¥39,800	5	¥199,000
M1009	1004	P104	デジタル動画パネル(中)	¥24,800	5	¥124,000
M1010	1004	P105	壁掛けラジオ&スピーカー	¥29,800	5	¥149,000
M1011	1004	P106	多機能ウォールクロック	¥19,800	5	¥99,000
M1012	1005	P102	壁掛け電子フォトパネル(小)	¥24,800	10	¥248,000
M1013	1005	P104	デジタル動画パネル(中)	¥24,800	10	¥248,000
M1014	1006	P101	壁掛け電子フォトパネル(大)	¥39,800	5	¥199,000
M1015	1006	P102	壁掛け電子フォトパネル(小)	¥24,800	5	¥124,000
M1016	1006	P103	デジタル動画パネル(大)	¥39,800	5	¥199,000
M1017	1006	P104	デジタル動画パネル(中)	¥24,800	5	¥124,000
M1018	1007	P105	壁掛けラジオ&スピーカー	¥29,800	10	¥298,000
M1019	1007	P106	多機能ウォールクロック	¥19,800	10	¥198,000
M1020	1008	P101	壁掛け電子フォトパネル(大)	¥39,800	10	¥398,000
M1021	1008	P103	デジタル動画パネル(大)	¥39,800	10	¥398,000
M1022	1008	P105	壁掛けラジオ&スピーカー	¥29,800	10	¥298,000
M1023	1009	P105	壁掛けラジオ&スピーカー	¥29,800	5	¥149,000
M1024	1009	P106	多機能ウォールクロック	¥19,800	5	¥99,000
M1025	1010	P101	壁掛け電子フォトパネル(大)	¥39,800	10	¥398,000
M1026	1010	P102	壁掛け電子フォトパネル(小)	¥24,800	10	¥248,000
M1027	1011	P103	デジタル動画パネル(大)	¥39,800	10	¥398,000
M1028	1011	P104	デジタル動画パネル(中)	¥24,800	10	¥248,000
M1029	1011	P105	壁掛けラジオ&スピーカー	¥29,800	10	¥298,000
M1030	1011	P106	多機能ウォールクロック	¥19,800	10	¥198,000
M1031	1012	P101	壁掛け電子フォトパネル(大)	¥39,800	5	¥199,000

● クロス集計クエリ

縦横の項目ごとの集計結果を表示できます。

Q_明細リストのクロス集計

商品ID	商品名	合計 計	1月	2月	3月
G101	老舗のカレーセット	¥5,310,000	¥1,710,000	¥1,800,000	¥1,800,000
G102	老舗のビーフシチュー	¥2,970,000	¥930,000	¥1,020,000	¥1,020,000
G103	柔らかオムライス	¥1,325,000	¥425,000	¥450,000	¥450,000
G104	エビピラフ	¥900,000	¥300,000	¥300,000	¥300,000
S101	アップルパイ	¥1,785,000	¥595,000	¥595,000	¥595,000
S102	レモンパイ	¥1,785,000	¥595,000	¥595,000	¥595,000

● アクションクエリ

テーブルのデータをまとめて書き替えるなど、データを操作するクエリです。クエリを実行すると、メッセージが表示されます。メッセージの＜はい＞をクリックすると、テーブルのデータを変更・削除できます。

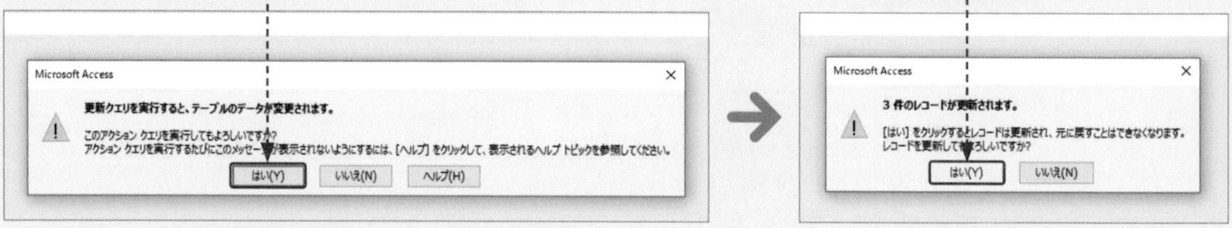
クリックする
Microsoft Access
更新クエリを実行すると、テーブルのデータが変更されます。
このアクション クエリを実行してもよろしいですか?
アクション クエリを実行するたびにこのメッセージが表示されないようにするには、[ヘルプ] をクリックして、表示されるヘルプ トピックを参照してください。
はい(Y)
いいえ(N)
ヘルプ(H)
クリックする
Microsoft Access
3 件のレコードが更新されます。
[はい] をクリックするとレコードは更新され、元に戻すことはできなくなります。
レコードを更新してもよろしいですか?
はい(Y)
いいえ(N)

Q 214 新しいクエリを作成するには？

A 一から作成するほか、ウィザード画面を利用する方法があります。

クエリを作成するには、<作成>タブの<クエリデザイン>をクリックして一から作る方法があります。また、ウィザード画面を利用し、画面に表示される質問に答えることで作成する方法があります。
ここでは、<クエリウィザード>を使ってクエリの土台を作成します。ウィザードを使って作成したクエリも、もちろんあとから修正できます。

1 クエリのもとにするテーブルやクエリを選択します。

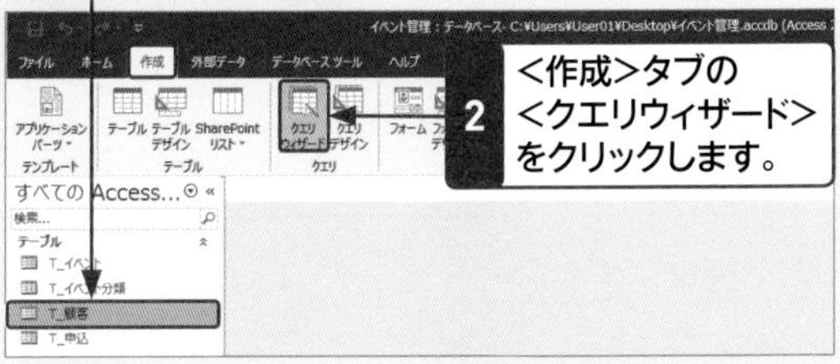

2 <作成>タブの<クエリウィザード>をクリックします。

3 クエリウィザードの画面が表示されます。

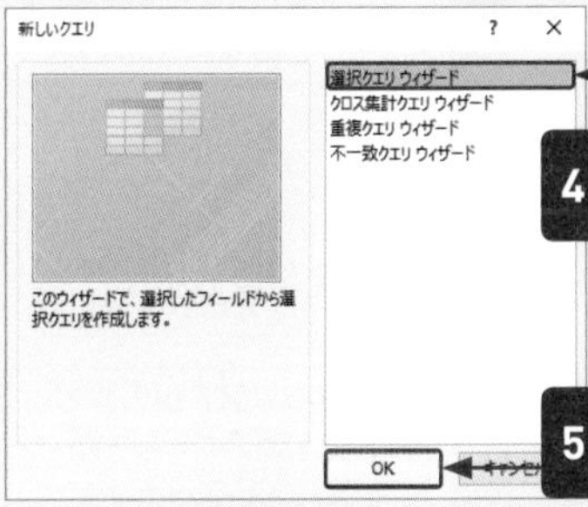

4 クエリの種類を選択して、

5 <OK>をクリックします。

6 クエリのもとにするテーブルやクエリが選択されていることを確認します。

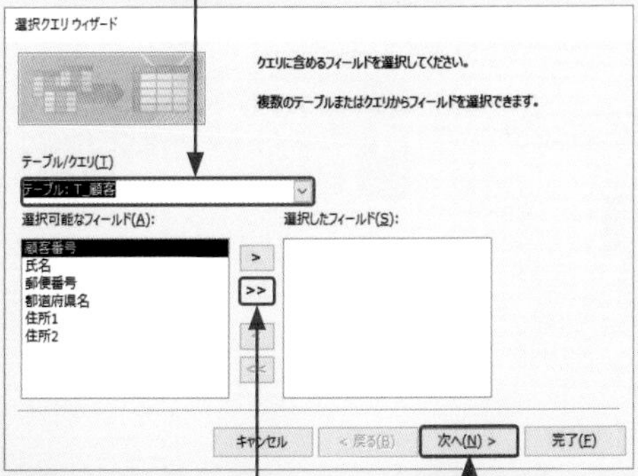

7 ここでは「>>」をクリックして、すべてのフィールドを<選択したフィールド>に追加します。

8 <次へ>をクリックします。

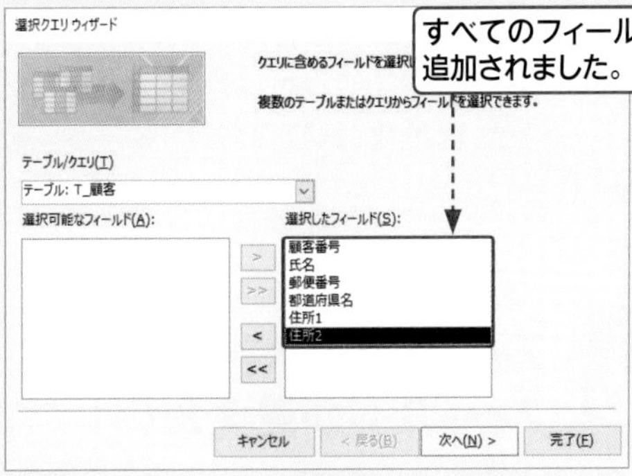

すべてのフィールドが追加されました。

9 クエリ名を指定します。

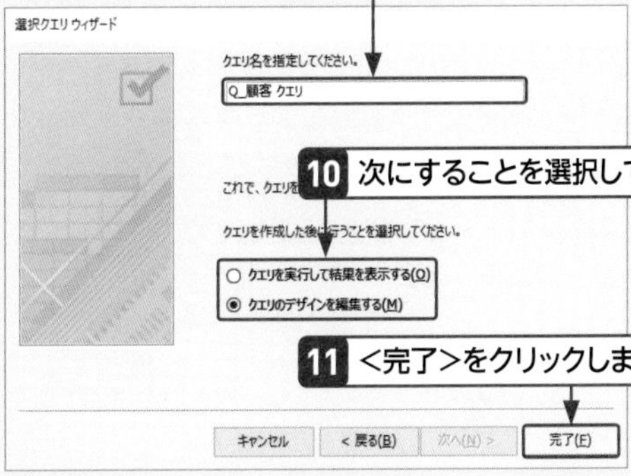

10 次にすることを選択して、

11 <完了>をクリックします。

ここでは、クエリがデザインビューで開きます。

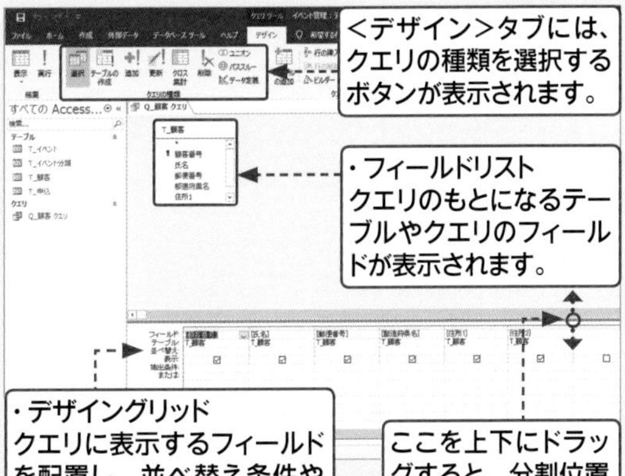

<デザイン>タブには、クエリの種類を選択するボタンが表示されます。

・フィールドリスト
クエリのもとになるテーブルやクエリのフィールドが表示されます。

・デザイングリッド
クエリに表示するフィールドを配置し、並べ替え条件や抽出条件などを指定します。

ここを上下にドラッグすると、分割位置を調整できます。

重要度★★★ クエリの基本

Q 215 フィールドリストの配置を整えたい！

A タイトルバーを移動先に向かってドラッグしましょう。

クエリに表示したフィールドリストの配置を整えるには、フィールドリストのタイトルバーをドラッグします。複数のテーブルをもとにクエリを作成する場合などは、テーブルどうしの関係がわかりやすいように配置を整えましょう。

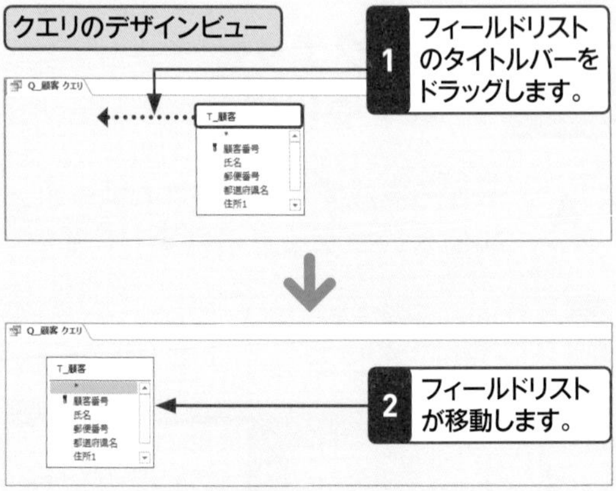
クエリのデザインビュー
Q_顧客 クエリ
T_顧客
顧客番号
氏名
郵便番号
都道府県名
住所1
1 フィールドリストのタイトルバーをドラッグします。
2 フィールドリストが移動します。

重要度★★★ クエリの基本

Q 216 フィールドリストのフィールドが見えない！

A フィールドリストの境界線をドラッグし、サイズを調整します。

テーブルやクエリのフィールドの数が多くてフィールドが見づらい場合は、フィールドリストのサイズを調整しましょう。境界線部分をドラッグします。

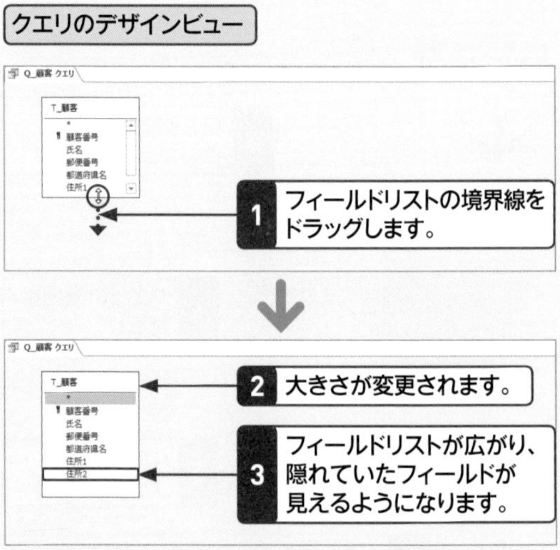
クエリのデザインビュー
Q_顧客 クエリ
T_顧客
顧客番号
氏名
郵便番号
都道府県名
住所1
住所2
1 フィールドリストの境界線をドラッグします。
2 大きさが変更されます。
3 フィールドリストが広がり、隠れていたフィールドが見えるようになります。

重要度★★★ クエリの基本

Q 217 フィールドリストを削除したい！

A フィールドリストを選択して Delete キーを押します。

余計なフィールドリストが表示されているときは、フィールドリストを削除しましょう。フィールドリストを削除しても、あとからまた追加できます。追加するときは、<クエリツール>の<デザイン>タブの<テーブルの追加>をクリックして、追加するテーブルやクエリを選択します。

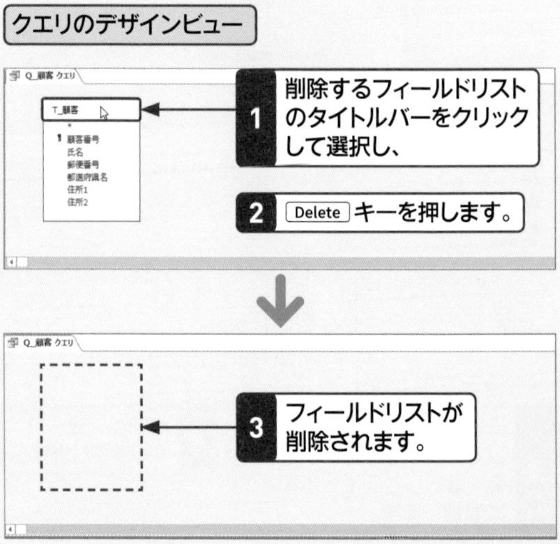
クエリのデザインビュー
Q_顧客 クエリ
T_顧客
顧客番号
氏名
郵便番号
都道府県名
住所1
住所2
1 削除するフィールドリストのタイトルバーをクリックして選択し、
2 Delete キーを押します。
3 フィールドリストが削除されます。

重要度 ★★★　クエリの基本

Q 218 表示するフィールドを追加するには？

A デザイングリッドの列に向かってドラッグしましょう。

クエリに表示するフィールドをデザイングリッドに追加します。フィールドリストのフィールドをデザイングリッドの表示する場所に向かってドラッグします。また、フィールドリストのフィールドをダブルクリックすると、デザイングリッドの右端に追加されます。

クエリのデザインビュー

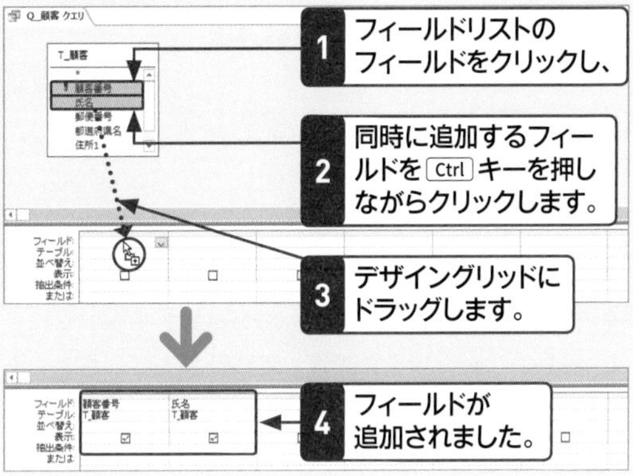

1 フィールドリストのフィールドをクリックし、
2 同時に追加するフィールドを Ctrl キーを押しながらクリックします。
3 デザイングリッドにドラッグします。
4 フィールドが追加されました。

重要度 ★★★　クエリの基本

Q 219 すべてのフィールドを追加するには？

A フィールドリストのタイトルバーをダブルクリックして選択します。

フィールドリストからすべてのフィールドを選択してデザイングリッドに追加するには、すべてのフィールドを選択してドラッグします。
また、フィールドリストの先頭の「＊」をデザイングリッドに追加すると、そのフィールドリストのすべてのフィールドが表示されます。この場合、並べ替えや抽出条件を設定するフィールドは、別途フィールドを追加して指定します。

● すべてのフィールドを追加する

クエリのデザインビュー

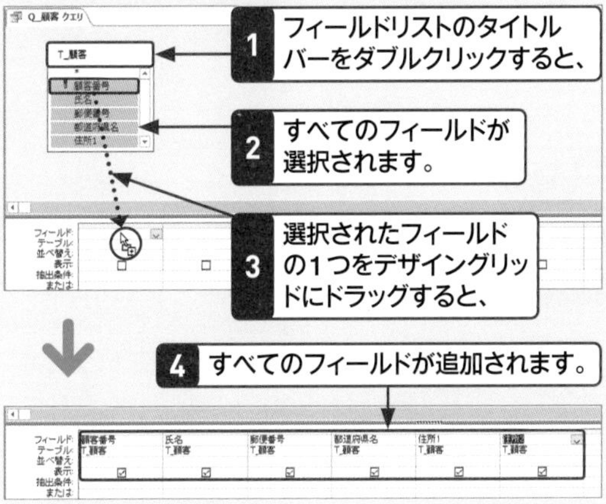

1 フィールドリストのタイトルバーをダブルクリックすると、
2 すべてのフィールドが選択されます。
3 選択されたフィールドの1つをデザイングリッドにドラッグすると、
4 すべてのフィールドが追加されます。

重要度 ★★★　クエリの基本

Q 220 フィールドを削除するには？

A フィールドを選択して Delete キーを押します。

デザイングリッドに追加したフィールドをデザイングリッドから削除するには、削除するフィールドの列セレクターを選択して Delete キーを押します。複数のフィールドをまとめて削除するには、列セレクターを横方向にドラッグして、削除する列を選択して Delete キーを押します。途中のフィールドを削除した場合、削除した右側のフィールドが左に詰められます。

クエリのデザインビュー

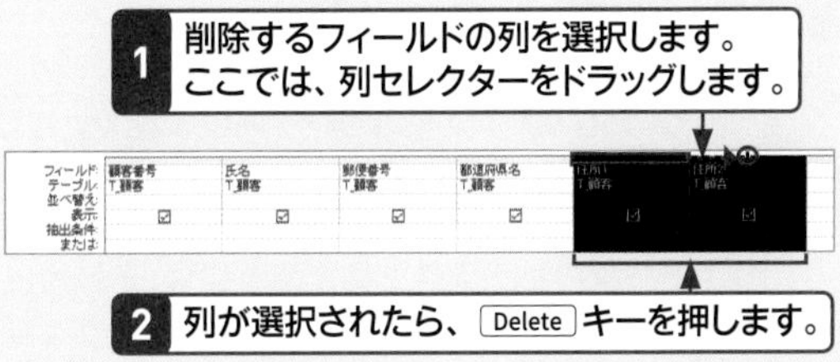

1 削除するフィールドの列を選択します。ここでは、列セレクターをドラッグします。
2 列が選択されたら、 Delete キーを押します。

重要度★★★ クエリの基本

Q 221 フィールドの表示順を入れ替えるには？

A 列セレクターを選択してドラッグします。

デザイングリッドでフィールドの並び順を変更するには、移動するフィールドの列セレクターをクリックして選択し、列セレクターを移動先に向かってドラッグします。複数のフィールドを選択して移動することもできます。移動先を示す目安の線に注目して操作します。

クエリのデザインビュー

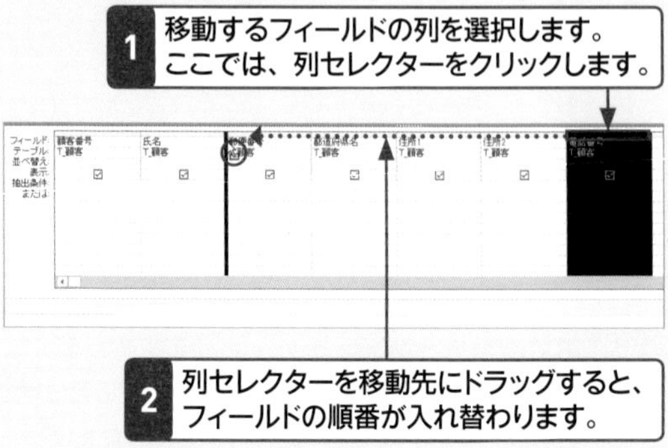
1 移動するフィールドの列を選択します。ここでは、列セレクターをクリックします。
2 列セレクターを移動先にドラッグすると、フィールドの順番が入れ替わります。

重要度★★★ クエリの基本

Q 222 クエリでデータを入力するとどうなる？

A クエリのもとになっているテーブルにデータが追加されます。

選択クエリをデータシートビューで開き、データを入力すると、選択クエリのもとになっているテーブルにデータが入力されます。このとき、クエリにデータが保存されるのではありません。選択クエリを実行すると、クエリのもとになっているテーブルにデータの問い合わせが行われて、その結果が表示されるしくみです。

重要度★★★ クエリの基本

Q 223 並べ替えの指定を解除できない！

A クエリの＜並べ替え＞プロパティを確認しましょう。

クエリでデータの並べ替え条件を指定するには、一般的にクエリのデザイングリッドで指定します。一方、クエリのデータシートビューで並べ替えを行うこともできます。この場合、クエリの＜並べ替え＞プロパティに設定が反映されます。

デザイングリッドで並べ替え条件が指定されていないのに、並べ替えが行われている場合は、クエリの＜並べ替え＞プロパティを確認してみましょう。並べ替えを解除するには、設定内容を削除します。クエリを開いたときに、＜並べ替え＞プロパティの設定を適用するか否か指定できます。

参照▶Q 149

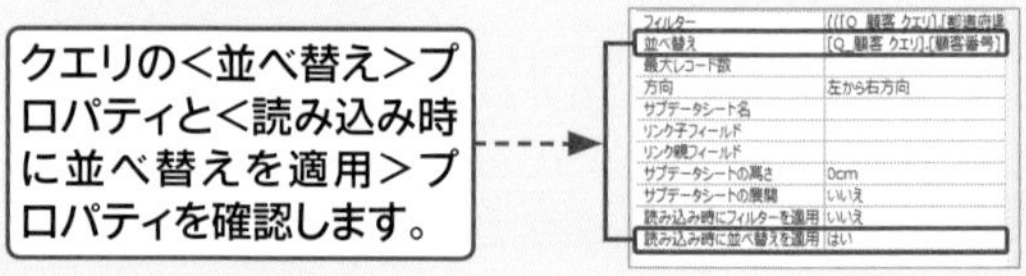
クエリの＜並べ替え＞プロパティと＜読み込み時に並べ替えを適用＞プロパティを確認します。
フィルター
並べ替え
方向
左から右方向
サブデータシート名
リンク子フィールド
0cm
いいえ
読み込み時にフィルターを適用
いいえ
読み込み時に並べ替えを適用
はい

重要度★★★ クエリの基本

Q 224 データの抽出条件を削除できない！

A クエリの＜フィルター＞プロパティを確認しましょう。

クエリでデータの抽出条件を指定するには、一般的にクエリのデザイングリッドで指定します。一方、クエリのデータシートビューでデータのフィルター条件を指定することもできます。この場合、クエリの＜フィルター＞プロパティに設定が反映されます。

デザイングリッドで抽出条件が指定されていないのに、すべてのデータが表示されていない場合は、クエリの＜フィルター＞プロパティを確認してみましょう。抽出条件を解除するには、設定内容を削除します。クエリを開いたときに、＜フィルター＞プロパティの設定を適用するか否かも指定できます。

参照▶Q 149

重要度 ★★★　データの並べ替えの条件

Q 225 レコードを並べ替えるには？

A デザイングリッドの＜並べ替え＞欄で指定します。

クエリでレコードの並び順を指定するには、デザイングリッドの＜並べ替え＞の行で指定します。並べ替え条件を指定するフィールドの＜並べ替え＞の行で「昇順」や「降順」を選択します。

ここでは、会員データを「フリガナ」の昇順で並べ替えます。

クエリのデザインビュー

1 並べ替え条件を指定するフィールドの＜並べ替え＞の行をクリックします。

2 ＜昇順＞または＜降順＞を選択します（Q150参照）。

3 並べ替え条件が設定されました。

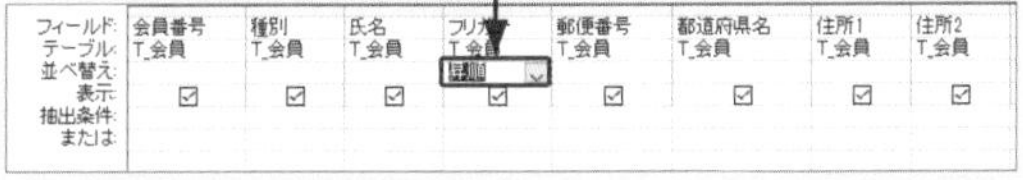

4 クエリをデータシートビューに切り替えます。

「フリガナ」フィールドの「昇順」で、レコードが並べ替わりました。

重要度 ★★★　データの並べ替えの条件

Q 226 並べ替えの条件を複数指定するには？

A 複数のフィールドの＜並べ替え＞欄で設定します。

会員データを並べ替えて表示するときに、まず会員の「種別」順でデータを並べ替え、「種別」が同じ場合は「フリガナ」順で並べ替えるといった場合は、複数のフィールドに並べ替え条件を指定します。このとき、デザイングリッドのより左に配置されているフィールドの並べ替え条件が優先されます。

クエリのデザインビュー

1 並べ替え条件を指定するフィールドの＜並べ替え＞の行をクリックします。

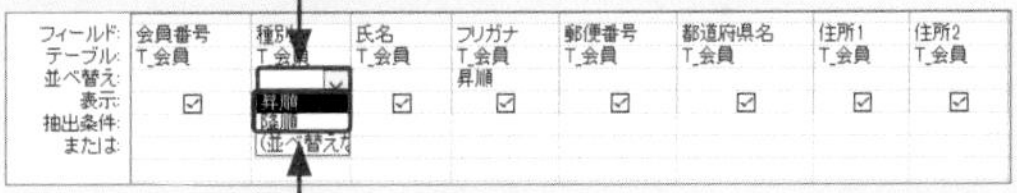

2 ＜昇順＞または＜降順＞を選択します（Q150参照）。

3 同様に「フリガナ」のフィールドに並べ替え条件を指定します。

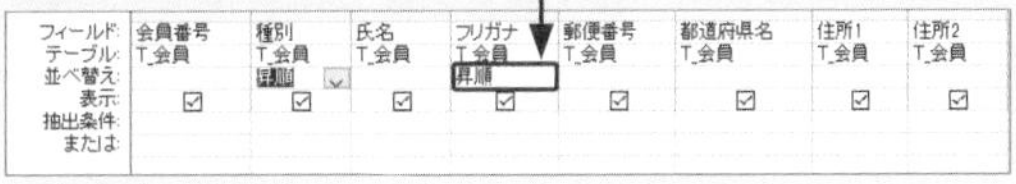

4 クエリをデータシートビューに切り替えると、レコードが指定した順で並べ替わります。

「フリガナ」順より「種別」順の並べ替え条件が優先されています。

重要度 ★★★　データの並べ替えの条件

Q 227 フィールドを非表示にするには？

A デザイングリッドの<表示>欄で指定します。

デザイングリッドに配置したフィールドは、通常、データシートビューにも表示されます。データシートビューに表示されないようにするには、デザイングリッドで指定します。たとえば、並べ替え条件や抽出条件を指定するのに必要なフィールドで、データシートビューに表示する必要はない場合は、非表示にしておくとよいでしょう。
ここでは、並べ替え条件の基準に指定した「フリガナ」フィールドを非表示にします。並べ替え条件の指定は有効のままです。

クエリのデザインビュー

1 デザインビューに表示しないフィールドの<表示>のチェックをオフにします。

2 クエリをデータシートビューに切り替えます。

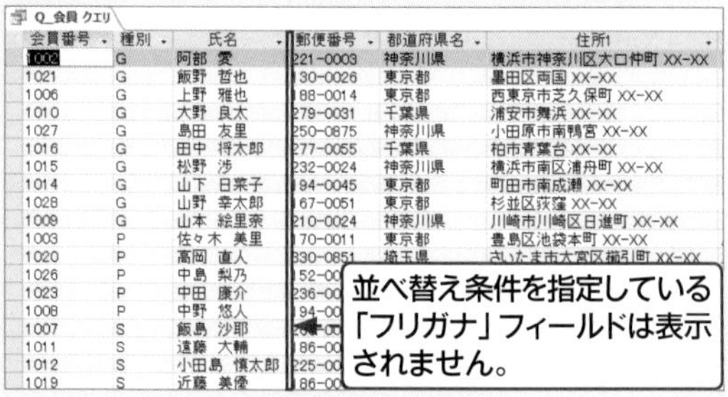

並べ替え条件を指定している「フリガナ」フィールドは表示されません。

重要度 ★★★　データの並べ替えの条件

Q 228 並べ替えの優先順位を変更するには？

A デザイングリッドでフィールドの配置を変更します。

デザイングリッドで並べ替え条件を複数指定すると、デザイングリッドで左に配置されているフィールドの並べ替え条件が優先されます。並べ替え条件の優先順位を変更するには、フィールドの並び順を入れ替えます。なお、デザイングリッドでフィールドの並び順を変更すると、データシートビューでのフィールドの表示順も変わります。ただし、データシートビューでフィールドの表示順を変更することもできます。データシートビューで表示順を変更した場合、並べ替えの優先順位は変わりません。
ここでは、会員データを最初に「都道府県名」順で並べ替え、「都道府県名」が同じ場合は「種別」順で並べ替えます。

1 クエリをデータシートビューで開きます。

最初に「種別」順、「種別」が同じ場合は「都道府県名」順に並んでいます。

2 クエリをデザインビューに切り替えます。

3 ここでは、「都道府県名」フィールドを「種別」フィールドの左側にドラッグします。

4 クエリをデータシートビューに切り替えると、並べ替えの優先順位が変わります。

最初に「都道府県名」順、「都道府県名」が同じ場合は「種別」順に並びました。

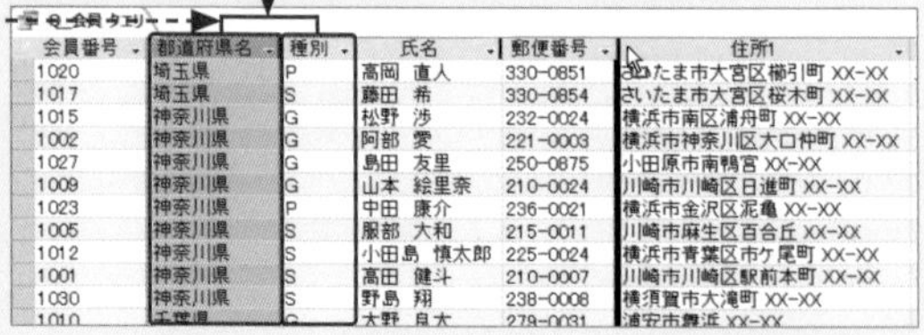

データシートビューで「都道府県名」フィールドを選択し、「郵便番号」フィールドの右にドラッグしても、並べ替え条件の優先順位はそのまま保たれます。

重要度 ★★★　データの並べ替えの条件

Q 229 列の表示順を変えずに並べ替えの優先順位を指定するには？

A デザイングリッドに同じフィールドを配置する方法があります。

並べ替え条件を複数指定した場合、デザイングリッドの左側に配置されているフィールドの並べ替え条件が優先されます。並べ替え条件の優先順位を変えずにデータシートビューでの列の並び順を変えるには、Q228の方法を使います。または、デザイングリッドに同じフィールドを複数配置する方法もあります。

ここでは、会員データを「都道府県名」順で並べ替え、「都道府県名」が同じ場合は「種別」順で並べ替えます。

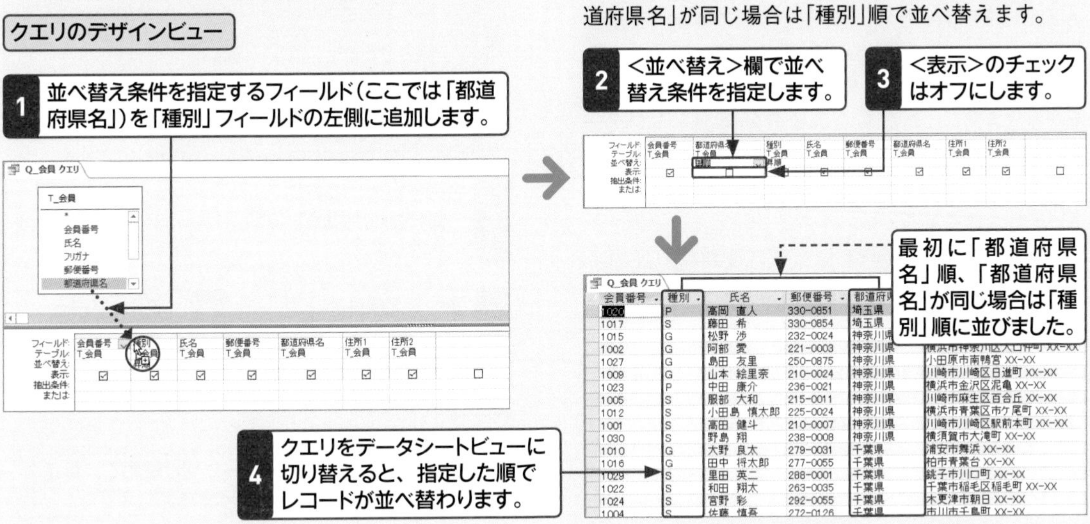
クエリのデザインビュー
1 並べ替え条件を指定するフィールド（ここでは「都道府県名」）を「種別」フィールドの左側に追加します。
2 <並べ替え>欄で並べ替え条件を指定します。
3 <表示>のチェックはオフにします。
4 クエリをデータシートビューに切り替えると、指定した順でレコードが並べ替わります。
最初に「都道府県名」順、「都道府県名」が同じ場合は「種別」順に並びました。

重要度 ★★★　データの並べ替えの条件

Q 230 文字として保存されている数字の順で並べ替えたい！

A Val関数を使って文字を数値に変換して並べます。

数字が入力されているフィールドを基準にデータを並べ替えるとき、そのフィールドのデータ型が数値型ではなく短いテキスト型など、文字を入力するデータ型になっていると、思うようにデータが並べ替わらない場合があります。たとえば、「商品番号」フィールドに入力されている数字の小さい順に並べるとき、「1」「10」「13」「5」「8」のように並んでしまいます。テーブルのデータ型を変更すると正しい順番でデータを並べ替えられますが、あとからデータ型を変換するのは難しいケースもあるでしょう。その場合は、「Val関数」を使って文字を数値に変換して並べ替える方法があります。

ここでは、「商品番号」フィールドに入力されている数字の小さい順に並べます。「1」「10」「13」「5」「8」…ではなく、「1」「5」「8」「10」「13」…のように並べます。

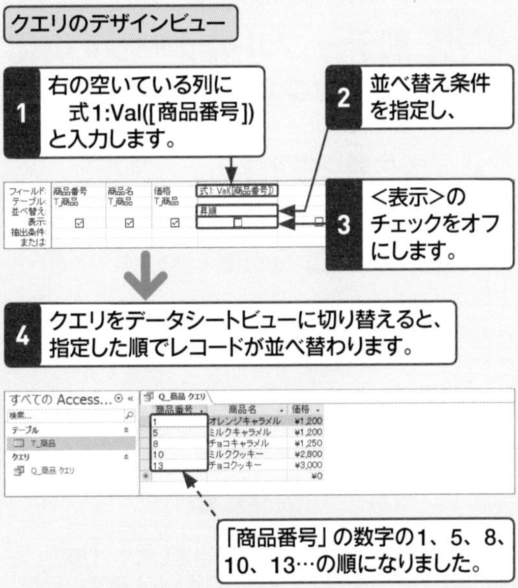
クエリのデザインビュー
1 右の空いている列に 式1:Val([商品番号]) と入力します。
2 並べ替え条件を指定し、
3 <表示>のチェックをオフにします。
4 クエリをデータシートビューに切り替えると、指定した順でレコードが並べ替わります。
「商品番号」の数字の1、5、8、10、13…の順になりました。

書式 Val(文字列)

文字列に含まれる数値を返します。
文字列：文字列を指定します。

重要度 ★★★　データの並べ替えの条件

Q 231 昇順や降順ではなく任意の順番でデータを並べたい！

A 指定した値を返すSwitch関数を利用します。

並び順を指定するときに、昇順や降順ではなく指定した項目の順に並べ替えるには、項目の値に対応する数字を返す「Switch関数」を使って並び順を指定する方法があります。たとえば、会員種別を「S」(スタンダード)、「G」(ゴールド)、「P」(プラチナ)の順に並べるには、「S」は「1」、「G」は「2」、「P」は「3」の値を返す式を作成し、返ってきた値を昇順で並べます。

ここでは、Switch関数を使って式を作成していますが、「IIf関数」を使って指定する方法もあります。

参照▶Q 618

書式　Switch(式1 ,値1,式2,値2,式3,値3,…)

指定した内容に一致するか順番に判定し、判定結果を返します。いずれの項目にも一致しない場合は、Null値を返します。

引数　式と値をセットで指定します。式1に一致した場合は値1を返し、式2に一致した場合は値2を返します。以降、順番に判定していきます。

クエリに表示したデータを「種別」の「S」「G」「P」の順でデータを並べ替えます。

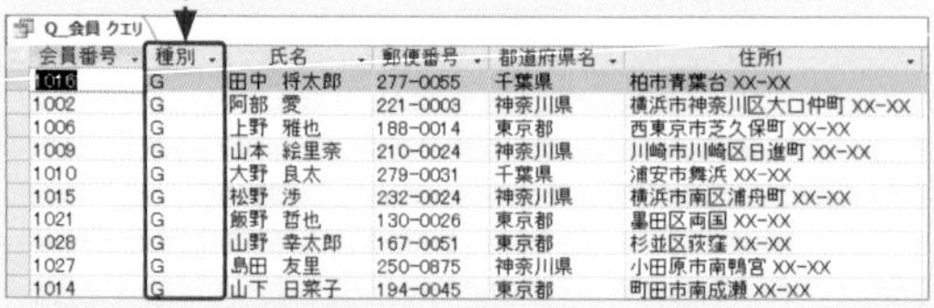

クエリのデザインビュー

1 右の空いている行に
　式1:Switch([種別]="S",1,[種別]="G",2,[種別]="P",3)
と入力します。

2 並べ替え条件を指定し、

3 <表示>のチェックをオフにします。

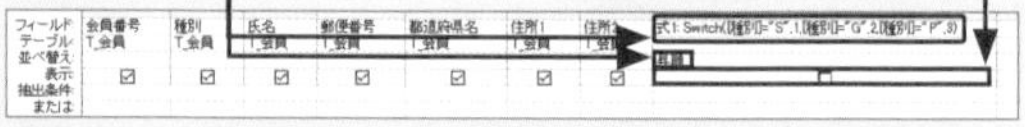

4 クエリをデータシートビューに切り替えて、指定どおりに並べ替えられることを確認します。

重要度 ★★★　データの並べ替えの条件

Q 232 別テーブルのデータの順にデータを並べたい！

A 並べ順を指定するテーブルを用意する方法があります。

クエリでデータを任意の順で並べ替えるにはQ231の方法がありますが、並べ替えの基準にする項目が多いと式が長くなり、混乱する場合もあるでしょう。そんなときは、ここで紹介する方法を試してみましょう。

ここでは、会員データを「所属」順に並べます。所属が「仙台」「東京」…の順で会員データを表示します。

● 並び順のテーブルを用意する

1 並び順を指示するテーブルを用意します。「順番」フィールドのデータ型は数値型にします。

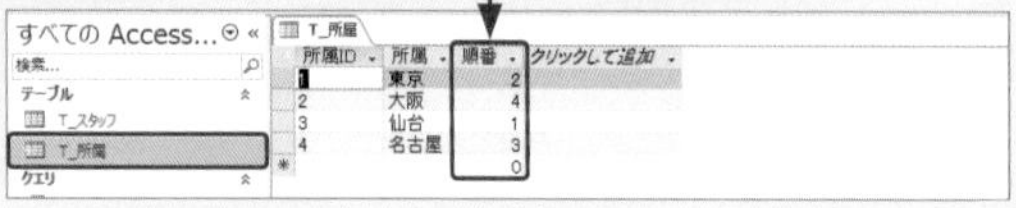

● 並べ替えを設定する　クエリのデザインビュー

1 クエリを作成し、2つのテーブルを追加します。「所属」フィールドをもう一方の「所属」フィールドにドラッグし、テーブルどうしに関連付けを設定します。

3 並べ替えの基準にするテーブルの、並べ替えの順番が入力されているフィールドをデザイングリッドに追加します。

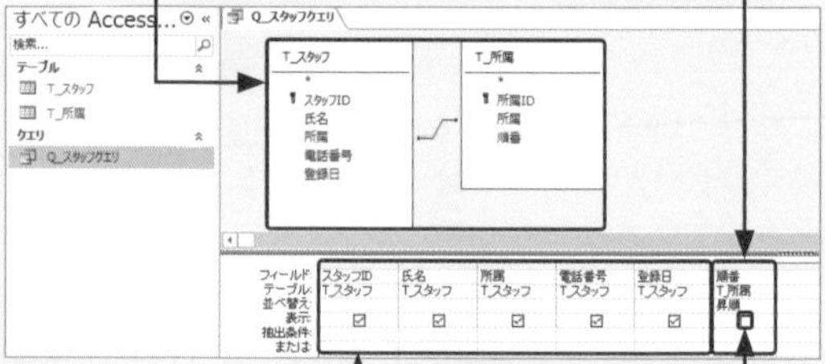

2 クエリの結果に表示するテーブルのフィールドをデザイングリッドに追加します。

4 並べ替え条件を指定し、<表示>のチェックをクリックしてオフにします。

5 クエリをデータシートビューに切り替えて確認します。

重要度 ★★★ データを抽出する条件

Q 233 条件に一致するデータを表示したい！

A <抽出条件>欄で条件を指定します。

クエリのデザイングリッドでデータの抽出条件を指定します。条件を指定したいフィールドの<抽出条件>の行に条件を入力します。なお、デザイングリッドで条件を入力すると、条件の指定方法が自動的に調整されることがあります。たとえば、条件を文字で入力後、ほかの行をクリックすると文字が「"」で囲まれます。Accessでは、抽出条件や式の中などで文字を指定する場合は、文字を「"」で囲む決まりがあります。
ここでは、会員データから「都道府県名」が「東京都」のデータを抽出します。

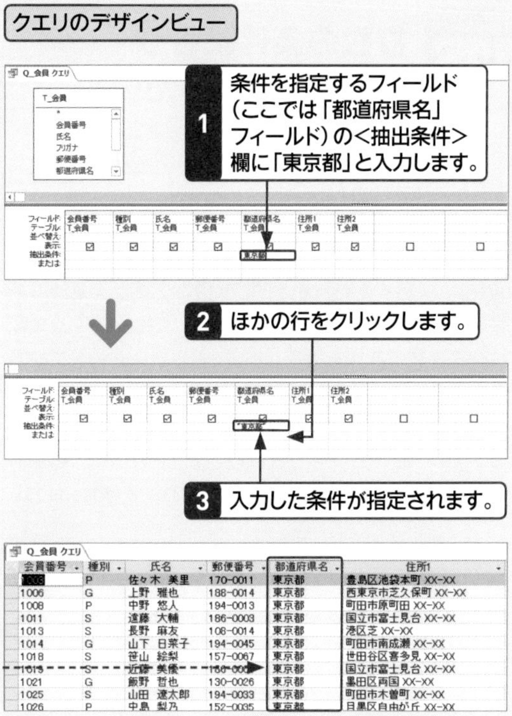
クエリのデザインビュー
1 条件を指定するフィールド（ここでは「都道府県名」フィールド）の<抽出条件>欄に「東京都」と入力します。
2 ほかの行をクリックします。
3 入力した条件が指定されます。
4 クエリをデータシートビューに切り替えると、「都道府県名」が「東京都」のデータが表示されます。

重要度 ★★★ データを抽出する条件

Q 234 条件に合わないデータを表示したい！

A < >演算子やNot演算子を使います。

指定した項目以外のデータを抽出したい場合は、「< >演算子」を使って抽出条件を指定します。「< >」のあとに入力した項目以外のデータを抽出します。また、「Not演算子」のあとに半角スペースに続いて「Not ○○」のように項目名を指定する方法もあります。これらの演算子は半角文字で入力します。
ここでは、会員データから「都道府県名」が「東京都」以外の会員のデータを抽出します。

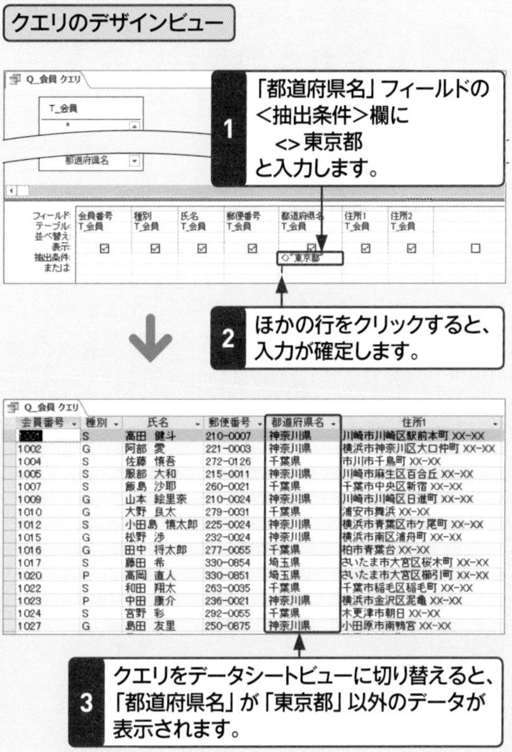
クエリのデザインビュー
1 「都道府県名」フィールドの<抽出条件>欄に <>東京都 と入力します。
2 ほかの行をクリックすると、入力が確定します。
3 クエリをデータシートビューに切り替えると、「都道府県名」が「東京都」以外のデータが表示されます。

重要度 ★★★ データを抽出する条件

Q 235 複数の条件に合うデータを表示したい！

A AND条件とOR条件の違いを知りましょう。

複数の条件を指定してデータを抽出するときは、「AND条件」で指定するか「OR条件」で指定するかを意識しましょう。AND条件で指定するときは、<抽出条件>の同じ行に複数の条件を指定します。同じフィールドに複数の条件を指定する例はQ245を参照してください。また、OR条件で指定する方法はQ236を参照してください。

ここでは、会員データから「種別」が「P」、かつ「都道府県名」が「東京都」の会員を表示します。 参照▶Q 236

●複数の条件の指定

条件の指定方法	内容
AND条件	複数の条件のすべてを満たすデータを抽出します。
OR条件	複数の条件のいずれかを満たすデータを抽出します。

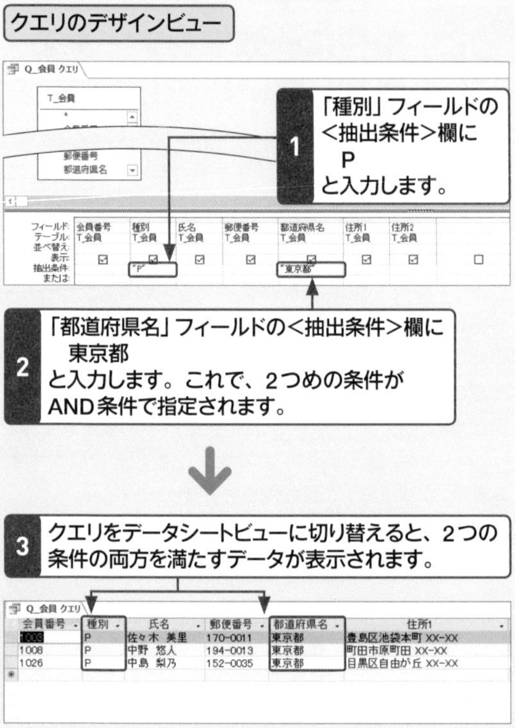
クエリのデザインビュー
1 「種別」フィールドの<抽出条件>欄に P と入力します。
2 「都道府県名」フィールドの<抽出条件>欄に 東京都 と入力します。これで、2つめの条件がAND条件で指定されます。
3 クエリをデータシートビューに切り替えると、2つの条件の両方を満たすデータが表示されます。

重要度 ★★★ データを抽出する条件

Q 236 いずれかの条件に合うデータを表示したい！

A <または>の行に条件を指定します。

複数の条件のうち、いずれかの条件を満たすデータを抽出するには、異なる行に抽出条件を入力します。

ここでは、会員データから「種別」が「P」、または「都道府県名」が「東京都」の会員を表示します。

なお、同じフィールドにOR条件を指定する場合は、同じ列に抽出条件を指定します。たとえば、都道府県名が「東京都」または「神奈川県」のデータを抽出するには、クエリのデザインビューの「都道府県名」フィールドの<抽出条件>欄に「東京都」、<または>欄に「神奈川県」と指定します。あるいは、「都道府県名」フィールドの<抽出条件>欄に「東京都 Or 神奈川県」のようにOr演算子を使用して指定する方法もあります。

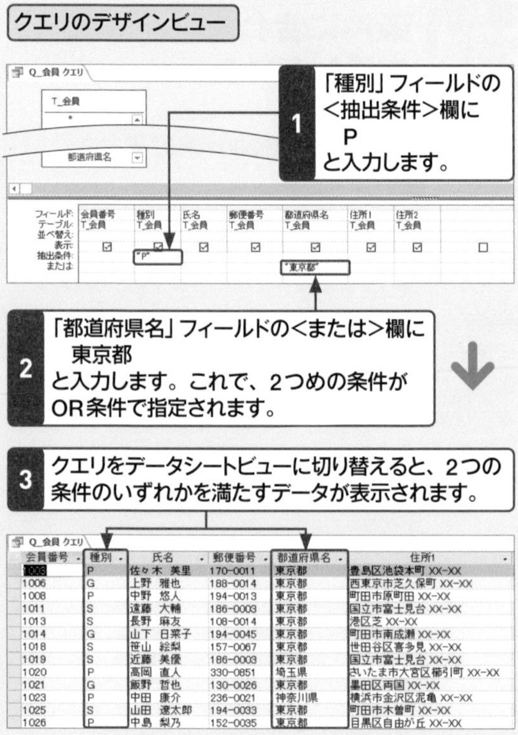
クエリのデザインビュー
1 「種別」フィールドの<抽出条件>欄に P と入力します。
2 「都道府県名」フィールドの<または>欄に 東京都 と入力します。これで、2つめの条件がOR条件で指定されます。
3 クエリをデータシートビューに切り替えると、2つの条件のいずれかを満たすデータが表示されます。

重要度 ★★★　データを抽出する条件

Q 237 上位5つまでのデータを表示したい！

A ＜トップ値＞を指定します。

商品価格が高い商品データを表示するなど、トップ5やワースト5などのデータを抽出するには、データの並べ替え条件と、「いくつ」または「何パーセント」を表示するか＜トップ値＞を指定します。

ここでは、イベントのデータから「参加費」が高い5つのデータを表示します。トップ値を指定すると、クエリのプロパティの＜トップ値＞プロパティに反映されます。

クエリのデザインビュー

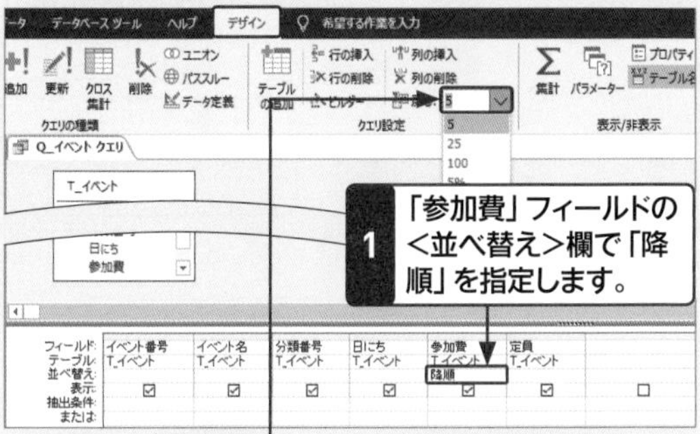

1 「参加費」フィールドの＜並べ替え＞欄で「降順」を指定します。

2 ＜クエリツール＞の＜デザイン＞タブの＜トップ値＞に、何件表示するか（ここでは「5」）を指定します。

3 クエリをデータシートビューに切り替えると、参加費が高い上位5つのデータが抽出されます。

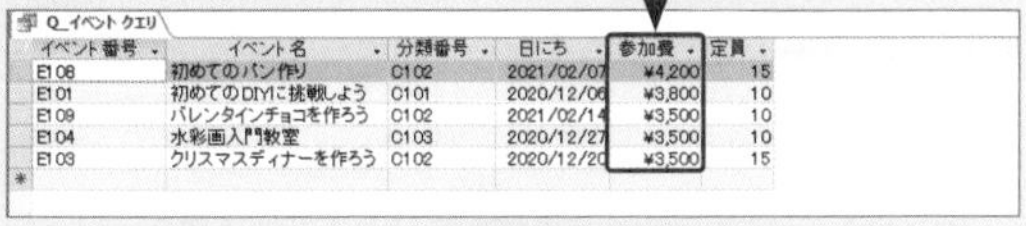

4 クエリの＜トップ値＞プロパティが指定されます。

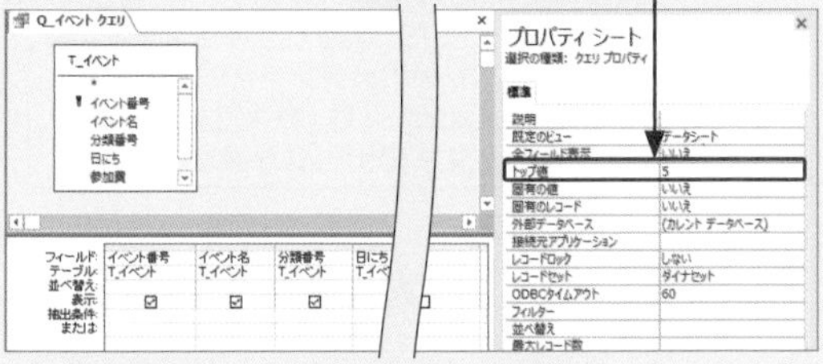

重要度 ★★★　データを抽出する条件

Q 238 抽出条件を入力する枠が小さくて見づらい！

A ＜ズーム＞ウィンドウを表示して入力する方法があります。

クエリで抽出条件を入力するときに、入力欄が小さくて入力しづらい場合は、フィールドを表示する列の幅を広げて入力します。また、＜ズーム＞ウィンドウを表示して入力欄を大きく表示したり、＜ビルダー＞を表示したりする方法があります。＜ズーム＞ウィンドウや＜ビルダー＞は、＜抽出条件＞の入力欄を右クリックして表示されるメニューから開くこともできます。

参照▶Q 593

● 列幅を広げる

クエリのデザインビュー

1 条件を指定するフィールドの列セレクターの境界線をドラッグして、列幅を広げます。

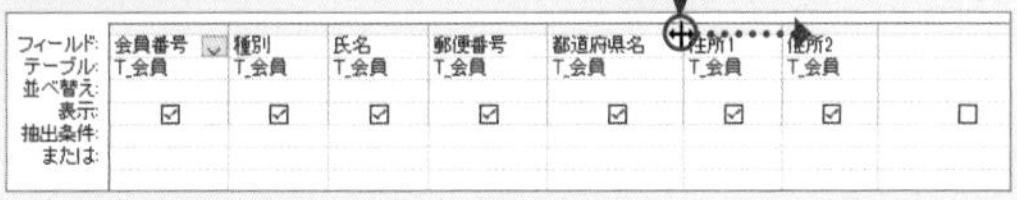

● ＜ズーム＞画面を表示する

クエリのデザインビュー

1 抽出条件欄をクリックして、Shift ＋ F2 キーを押します。

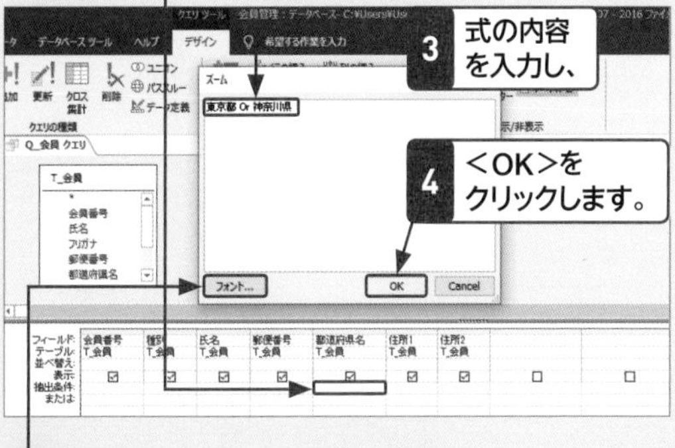

3 式の内容を入力し、

4 ＜OK＞をクリックします。

2 ＜ズーム＞ウィンドウが開くので、ここをクリックして文字サイズなどを指定します。

重要度 ★★★　データを抽出する条件

Q 239 指定した文字で始まるデータを表示したい!

A あいまいな条件を指定するワイルドカードという記号を使います。

文字のデータに抽出条件を指定するとき、「指定した文字から始まる」や「指定した文字を含む」など、曖昧な条件を指定するときは「ワイルドカード」という記号を使います。ワイルドカードを使って抽出条件を指定すると、抽出条件の文字を検索するときのパターンを指定する「Like演算子」が自動的に指定されます。
ここでは、会員データから「住所1」が「川崎市」で始まるデータを抽出します。

クエリのデザインビュー

1 「住所1」フィールドの<抽出条件>欄に
　川崎市*
と入力します。

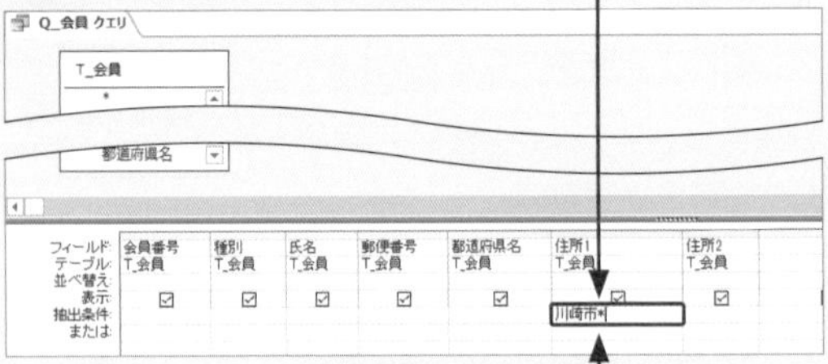

2 ほかの欄をクリックすると、

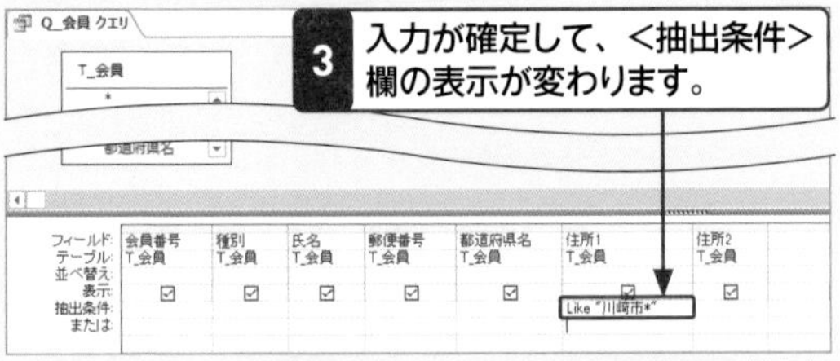

3 入力が確定して、<抽出条件>欄の表示が変わります。

4 クエリをデータシートビューに切り替えると、「住所1」が「川崎市」で始まるデータが抽出されます。

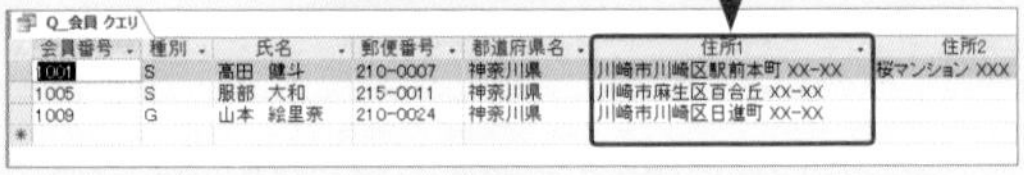

重要度 ★★★　データを抽出する条件

Q 240 ワイルドカードって何?

A 任意の文字列や任意の1文字などを表す記号です。

ワイルドカードとは、あいまいな条件でデータを抽出するときに使う記号です。よく利用される記号は、任意の文字列を示す「*」と、任意の1文字を示す「?」です。
ここでは、会員データの「姓」フィールドが「竹」から始まる2文字のデータを抽出します。

クエリのデザインビュー

1 「姓」フィールドの<抽出条件>欄に
　竹?
と入力します。

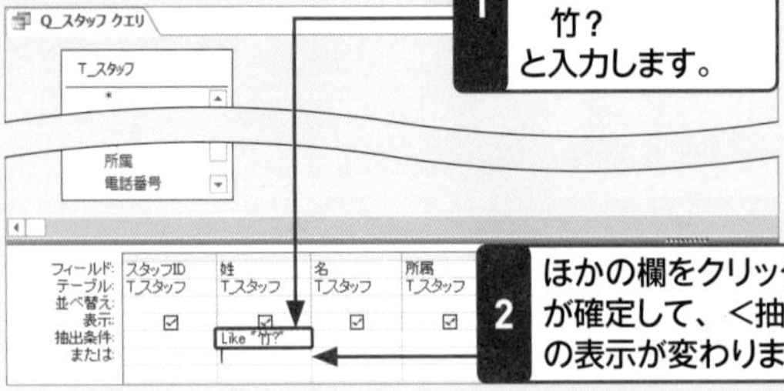

2 ほかの欄をクリックすると入力が確定して、<抽出条件>欄の表示が変わります。

●主なワイルドカード

記号	意味	指定例
*	任意の文字列	Like"*竹*"→「竹」を含む。 Like"*竹"→「竹」で終わる。
?	任意の1文字	Like"竹?"→「竹」から始まる2文字。「竹田」「竹野」は該当するが、「竹之内」は該当しない。
[]	角かっこ内の任意の1文字	Like"[東南]方面"→「東方面」「南方面」は該当するが、「西方面」は該当しない。
!	角かっこ内の文字以外	Like "[!東南]方面"→「西方面」「北方面」は該当するが、「南方面」は該当しない。
-	範囲内の任意の文字	Like"[あ-う]お*"→「あおの」「いおか」「うおの」は該当するが、「おおの」は該当しない。
#	任意の数字1文字	Like"東#丁目"→「東1丁目」「東3丁目」は該当するが、「東10丁目」は該当しない。

3 クエリをデータシートビューに切り替えると、「姓」が「竹」から始まる2文字のデータが抽出されます。

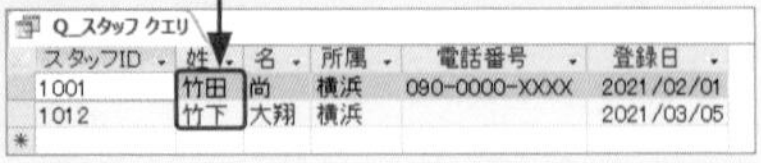

重要度 ★★★ データを抽出する条件

Q 241 「*」や「?」などの文字が含まれるデータを抽出したい!

A <抽出条件>欄で[ ]で囲んで指定します。

「?」の文字を含むデータを抽出する場合など、ワイルドカードの文字そのものを抽出条件に指定するには、ワイルドカードの文字を[ ]で囲んで指定します。

ここでは、スタッフデータから「名」フィールドに「?」の記号が含まれるデータを抽出します。

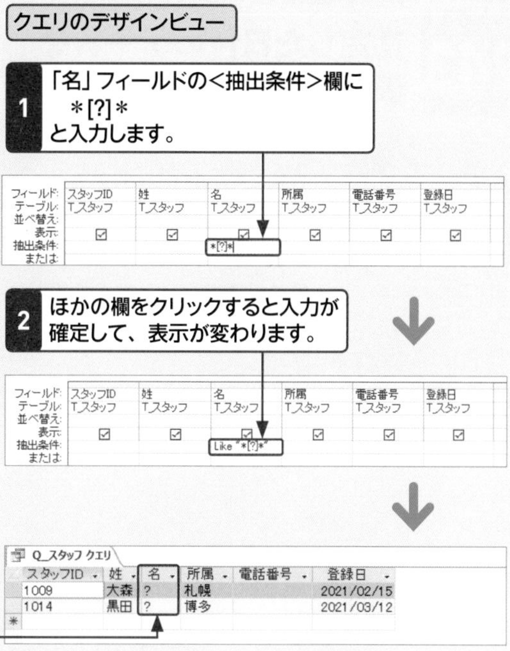

重要度 ★★★ データを抽出する条件

Q 242 文字をつなげて表示したい!

A 「&演算子」を利用する方法があります。

たとえば、「姓」フィールドと「名」フィールドに入力されている文字をつなげて表示するには、「&(アンパサンド)演算子」を使って指定する方法があります。&演算子を使うと、フィールドに保存されているデータだけでなく、任意の文字列をつなげて表示することもできます。なお、既存のフィールドのデータを使ってデータを表示したり計算したりするには、新しいフィールドに演算フィールドを作成します。

ここでは、スタッフデータから「姓」フィールドと「名」フィールドのデータをつなげて表示します。「姓」と「名」の間には空白文字を入れています。 参照 ▶ Q 268

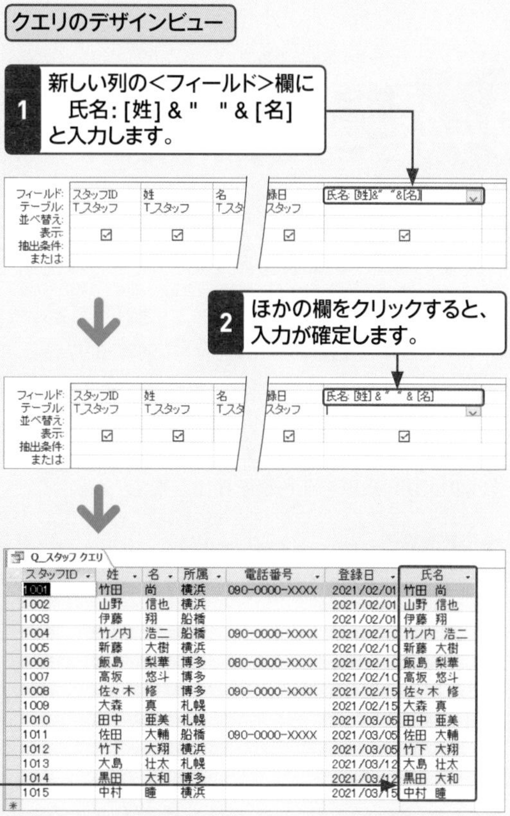

重要度 ★★★ データを抽出する条件

Q 243 指定した日付のデータを表示したい！

A ＜抽出条件＞欄に日付を入力します。

指定した日付のデータを抽出するには、日付が入力されているフィールドの抽出条件欄に日付を指定します。日付を指定してほかの欄をクリックすると、日付は「#」の記号で囲まれます。
ここでは、スタッフデータから「登録日」フィールドの日付を指定してデータを抽出します。

クエリのデザインビュー

1 「登録日」フィールドの＜抽出条件＞欄に
2021/2/15
と入力します。

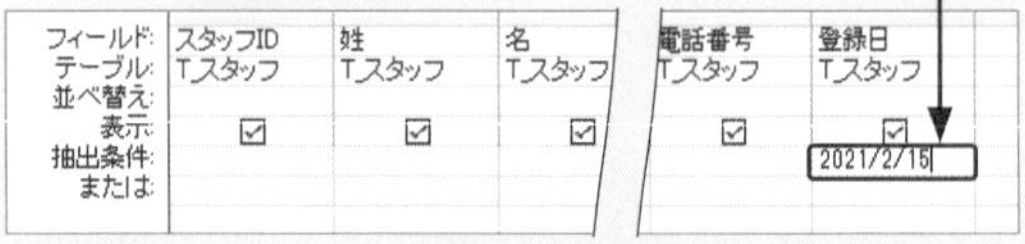

2 ほかの欄をクリックすると、入力が確定します。

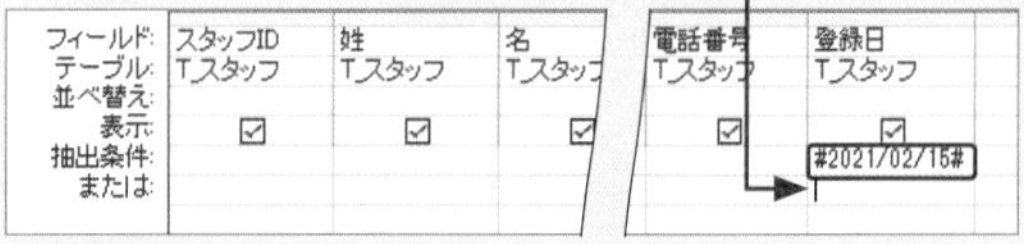

3 クエリをデータシートビューに切り替えると、「登録日」が「2021/02/15」のデータが抽出されます。

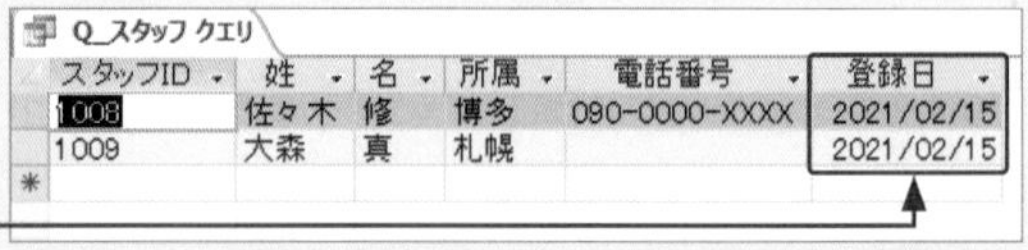

重要度 ★★★ データを抽出する条件

Q 244 指定した日付以降のデータを表示したい！

A 比較演算子を使って条件を指定します。

「○○以上」「○○より大きい」「○○以降」「○○より前」のような条件を指定するには、「比較演算子」を使って条件を指定します。日付の場合、新しい日付が古い日付より大きい値になります。
ここでは、スタッフデータから「登録日」フィールドが「2021/3/1」以降のデータを抽出します。

●比較演算子

演算子	意味
>	より大きい
>=	以上
<	より小さい
<=	以下
=	等しい
<>	等しくない

クエリのデザインビュー

1 「登録日」フィールドの＜抽出条件＞欄に
>=2021/3/1
と入力します。

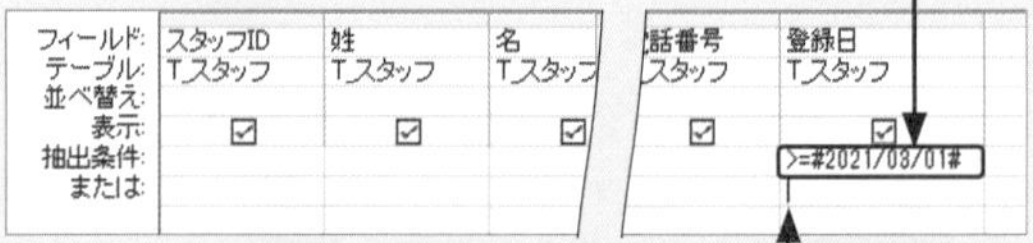

2 ほかの欄をクリックすると入力が確定して、日付が「#」で囲まれます。

3 クエリをデータシートビューに切り替えると、「登録日」が「2021/3/1」以降のデータが抽出されます。

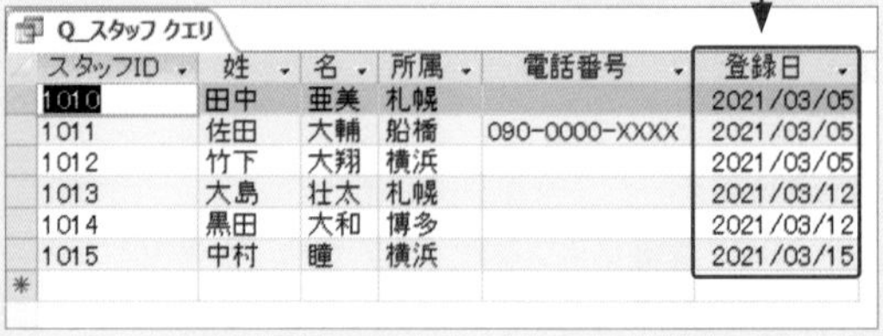

重要度 ★★★　データを抽出する条件

Q 245 指定した期間のデータを表示したい！

A Between～And～演算子を使って条件を指定します。

「○○以上で○○以下」のように、指定した範囲のデータを抽出するには「Between～And～演算子」を使います。「Between」のあとに範囲の最初のデータ、「And」のあとに範囲の最後のデータを入力します。

ここでは、「登録日」が「2020/12/25から2020/12/31」のデータを抽出します。

クエリのデザインビュー

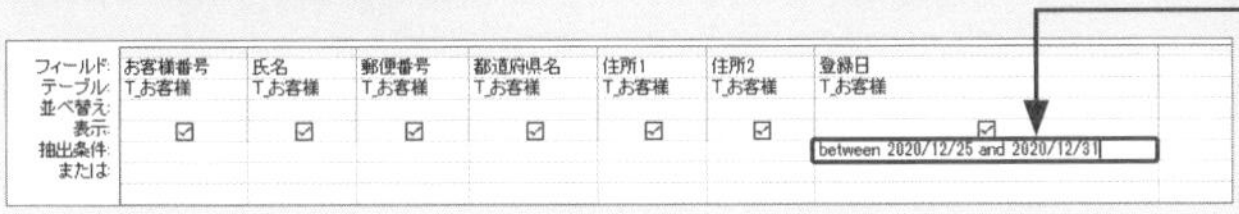

1 「登録日」フィールドの<抽出条件>欄に
between 2020/12/25 and 2020/12/31
と入力します。

「AND演算子」を利用して
>=#2020/12/25# And <=#2020/12/31#
のように指定する方法もあります。

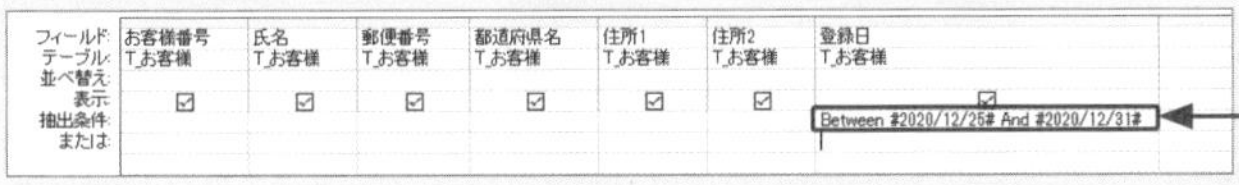

2 ほかの欄をクリックすると、入力が確定します。

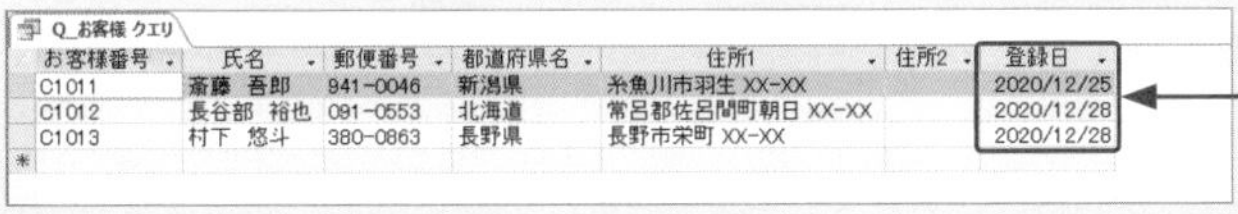

3 クエリをデータシートビューに切り替えると、「登録日」が「2020/12/25から2020/12/31」のデータが抽出されます。

重要度 ★★★　データを抽出する条件

Q 246 日付の表示形式を指定したい！

A Format関数を利用して表示形式を指定します。

日付の表示形式を指定するには「Format関数」を使います。引数には、表示する日付と表示形式を指定します（Q138参照）。日付の書式は「日付」フィールドの<書式>プロパティでも指定できますが、このクエリを保存した後にエクスポートするときなど、Format関数で書式を指定した場合は、指定した書式でデータをエクスポートできます。

ここでは、日付を「2021年01月01日」の形式で表示します。

参照▶Q 138

書式	Format（日付,表示形式）
	日付を指定した方法で表示します。 日付：日付データを指定します。 表示形式：表示方法を指定します。

クエリのデザインビュー

1 新しい列の<フィールド>欄に
顧客登録日: Format([登録日],"yyyy年mm月dd日")
と入力します。

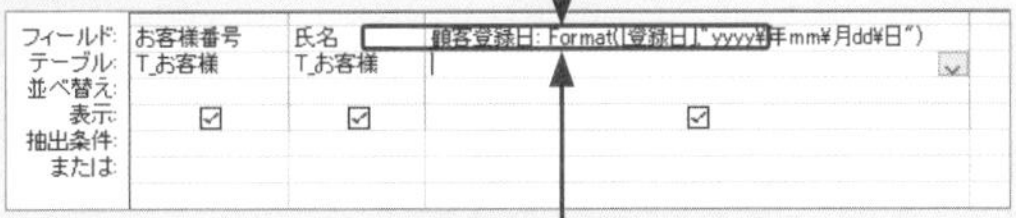

2 ほかの欄をクリックすると、入力が確定します。

3 クエリをデータシートビューに切り替えると、日付が指定した形式で表示されます。

重要度 ★★★　データを抽出する条件

Q 247 指定した値以上のデータを表示したい！

A 比較演算子と組み合わせて条件を指定します。

指定した値以上／以下、指定した値より大きい／小さいなどの抽出条件を指定するには、「比較演算子」を使います（Q244参照）。

クエリのデザインビュー

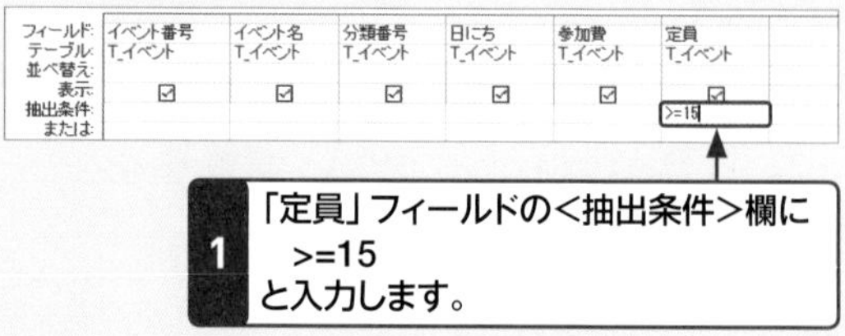

ここでは、イベントデータから「定員」フィールドが「15」人以上のイベントを表示します。

重要度 ★★★　データを抽出する条件

Q 248 数値にカンマや小数点以下の値を表示したい！

A <書式>プロパティや<小数点以下表示桁数>プロパティを指定します。

演算フィールドを作成して表示した計算結果のデータの表示方法を変更するには、<書式>プロパティで指定する方法があります。
ここでは、注文明細データの「価格」×「数量」の金額に「0.8」を掛けた割引額を求め、その表示方法を<書式>プロパティの一覧から選択します。なお、数値の表示形式はFormat関数を使って指定することもできます。

参照 ▶ Q 268

クエリのデザインビュー

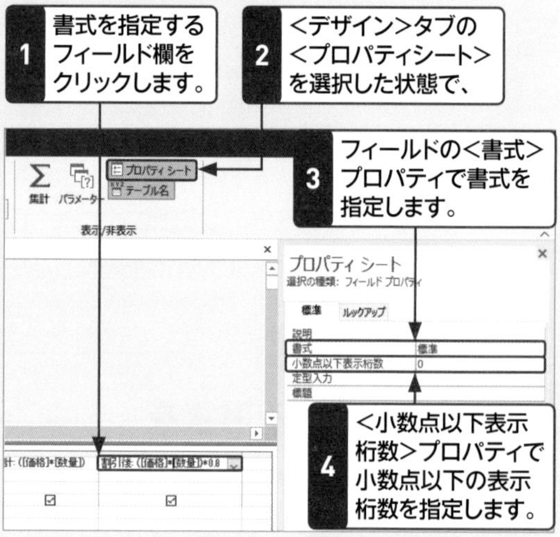

重要度 ★★★　データを抽出する条件

Q 249 数値を通貨形式で表示したい！

A <書式>プロパティで指定する方法があります。

数値を通貨の形式で表示するには、フィールドの<書式>プロパティで「通貨」を指定します。
ここでは、注文明細データの「価格」×「数量」の金額に「0.8」を掛けた割引額を求め、その表示方法を<書式>プロパティの一覧から選択します。なお、Format関数を使用して通貨形式を指定する方法もあります。

クエリのデザインビュー

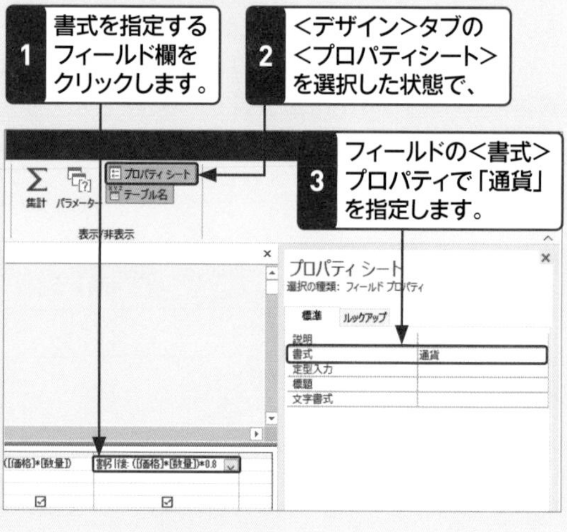

重要度 ★★★ データの抽出

Q 250 クエリの実行結果が見たい!

A ナビゲーションウィンドウから実行できます。

クエリを実行するには、ナビゲーションウィンドウから実行するクエリをダブルクリックします。また、デザインビューで開いている状態から実行することもできます。選択クエリの場合は、クエリをデータシートビューに切り替えることでも実行結果を確認できます。

● デザインビューから実行する

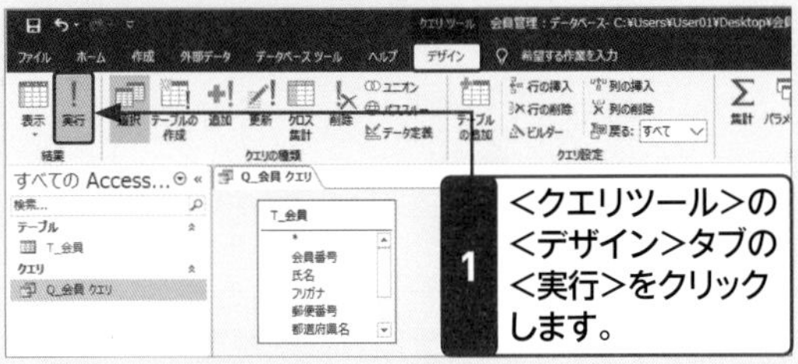
1 <クエリツール>の<デザイン>タブの<実行>をクリックします。

● ナビゲーションウィンドウから実行する

1 ナビゲーションウィンドウで実行するクエリをダブルクリックします。

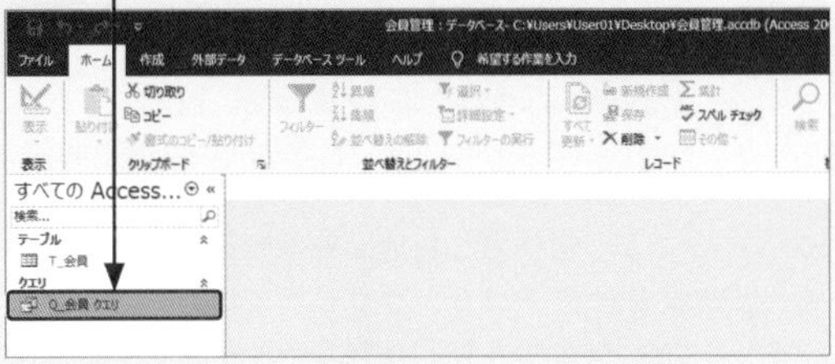

2 クエリが実行されて、データシートビューで開きます。

重要度 ★★★ データの抽出

Q 251 クエリの実行中にデータを編集できないようにするには?

A <レコードセット>プロパティで指定できます。

選択クエリでデータを編集・追加すると、クエリのもとになっているテーブルにデータが入力されます。クエリでデータを編集・追加できないようにするには、クエリの<レコードセット>プロパティで指定します。

●<レコードセット>プロパティ

設定	内容
ダイナセット(既定値)	データを編集できます。リレーションシップが設定されているテーブルどうしを結び付けたクエリなどでは、共通のフィールドを介してデータを参照・表示しながらデータを入力できます。
ダイナセット(矛盾を許す)	データを編集できます。リレーションシップで参照整合性が設定されていない場合などは、参照先が見つからないデータの入力も許可されます。データの矛盾を許すことにもなるため、注意が必要です。
スナップショット	データの編集はできません。

クエリのデザインビュー

1 クエリの<レコードセット>プロパティで<スナップショット>を選択します。

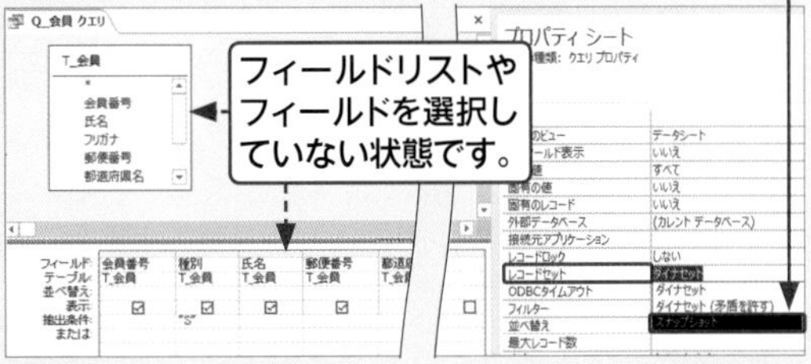
フィールドリストやフィールドを選択していない状態です。

2 クエリをデータシートビューに切り替えます。

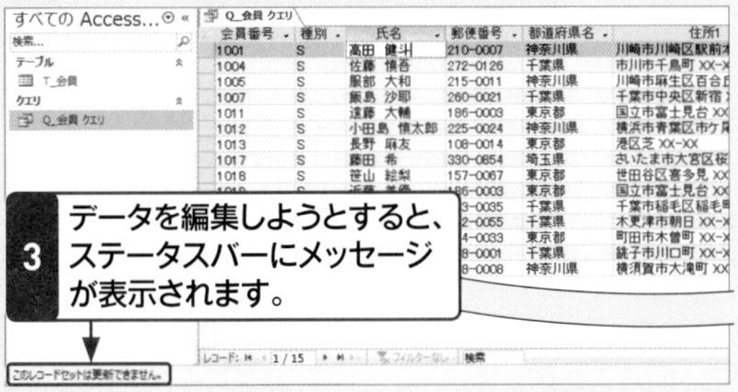
3 データを編集しようとすると、ステータスバーにメッセージが表示されます。
このレコードセットは更新できません。

重要度 ★★★　データの抽出

Q 252 クエリを実行するとエラーが表示された!

A クエリで指定した式の内容などを確認しましょう。

クエリを実行したときにエラーが発生する原因は複数あります。クエリで指定した抽出条件の書き方などに間違いがある場合は、デザイングリッドで指定内容を修正します。また、クエリのもとのテーブルが削除された場合、テーブルの設計が変更された場合、テーブルのデザインを編集している場合などもエラーが発生します。

● 指定内容が間違っている場合の例

式に入力したフィールド名が違っている場合などに表示されます。

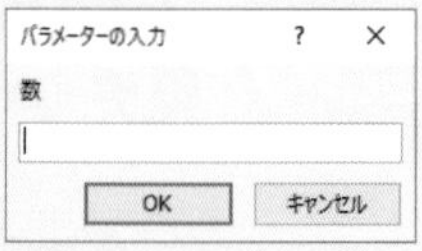
パラメーターの入力
数
OK
キャンセル

式に入力した関数名が違っている場合などに表示されます。

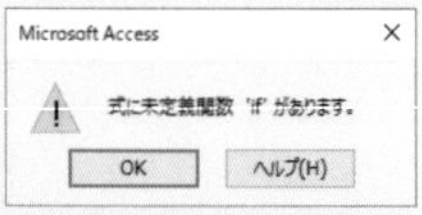
Microsoft Access
式に未定義関数 'if' があります。
OK
ヘルプ(H)

● クエリのもとのテーブルが編集中の場合の例

次のようなメッセージが表示されたら、<OK>をクリックします。クエリのもとのテーブルを閉じてから、再度クエリを実行します。

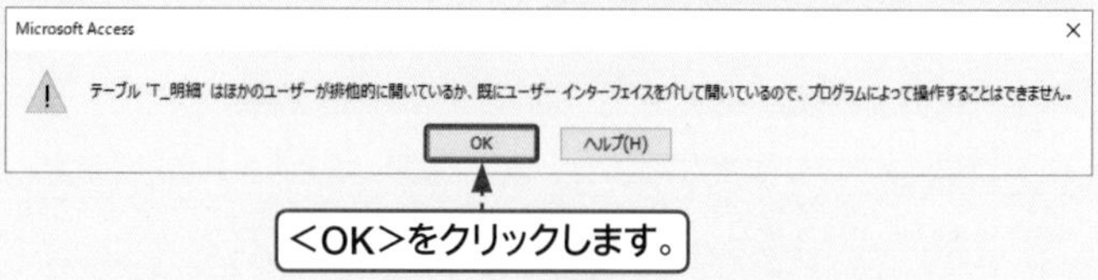
Microsoft Access
テーブル 'T_明細' はほかのユーザーが排他的に開いているか、既にユーザー インターフェイスを介して開いているので、プログラムによって操作することはできません。
OK
ヘルプ(H)
<OK>をクリックします。

重要度 ★★★　データの抽出

Q 253 クエリでデータを編集できない!

A 計算式が入力された列などは編集できません。

クエリでデータを編集できない場合は、ステータスバーの表示を確認しましょう。たとえば、クエリで計算式が入力されているフィールドなどは、データを入力することができません。また、クエリで入力しようとしているデータが、もとのテーブルのフィールドプロパティの設定と合っていない場合なども入力できません。

● 計算式が指定されている場合

クエリのデータシートビューで、計算結果が表示されているフィールドでデータを入力すると、編集はできないというメッセージがステータスバーに表示されます。

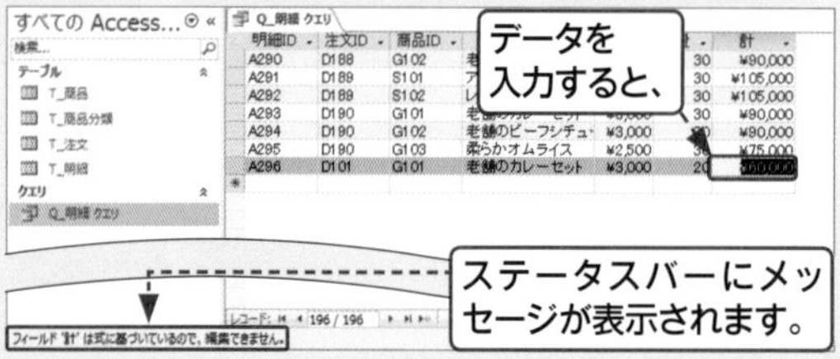
すべての Access...
テーブル
T_商品
T_商品分類
T_注文
T_明細
クエリ
Q_明細 クエリ
データを入力すると、
ステータスバーにメッセージが表示されます。
フィールド '計' は式に基づいているので、編集できません。

● テーブルで指定した内容と異なる場合

クエリのデータシートビューで、テーブルで指定した内容と異なるデータを入力すると、もとのテーブルの入力規則に違反しているというメッセージが表示されます。

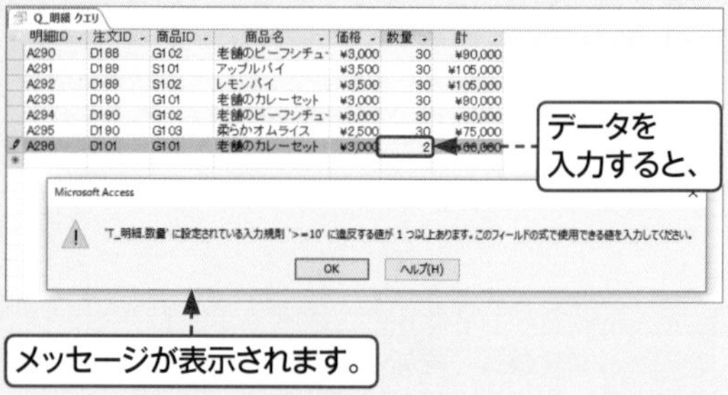
Q_明細 クエリ
データを入力すると、
Microsoft Access
'T_明細.数量' に設定されている入力規則 '>=10' に違反する値が 1 つ以上あります。このフィールドの式で使用できる値を入力してください。
OK
ヘルプ(H)
メッセージが表示されます。

テーブルどうしに関連付けが設定されている場合、参照先が不明のデータを入力しようとすると、メッセージが表示されます。

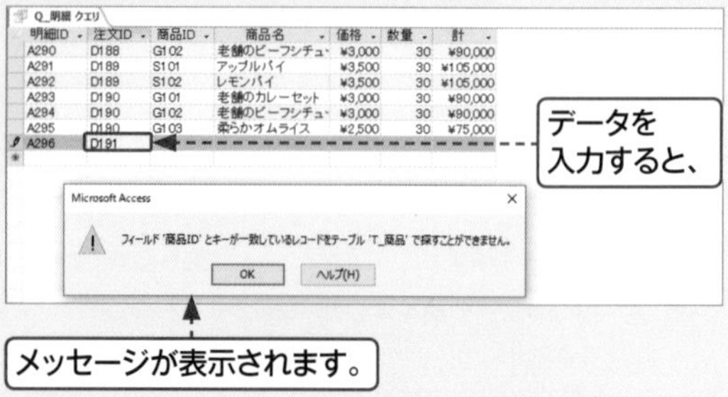
Q_明細 クエリ
データを入力すると、
Microsoft Access
フィールド '商品ID' とキーが一致しているレコードをテーブル 'T_商品' で探すことができません。
OK
ヘルプ(H)
メッセージが表示されます。

重要度 ★★★ データの抽出

Q 254 クエリの実行をキャンセルするには？

A Ctrl＋Breakキーを押します。

クエリを実行すると、クエリのもとのテーブルにデータの問い合わせが行われて、データを並べ替えたり、目的のデータを抽出した結果を表示したりします。ただし、テーブルに保存されているデータ件数が多い場合や、ほかの場所にあるデータを参照している場合などは、クエリの実行結果が表示されるまでに時間を要することもあります。このような場合にクエリの実行を中断するには、実行中にCtrl＋Break（Pause）キー、またはEscキーを押します。パソコンのキーボードにBreakキーがない場合、Ctrl＋Scroll Lockキーで代用できる場合もあるので試してみましょう。

重要度 ★★★ データの抽出

Q 255 空欄のデータを検索できない！

A スペースや「""」が入っていないか確認しましょう。

値が入力されていないデータを抽出する場合、見た目は空欄でも、単純に未入力の場合とそうでない場合があります。たとえば、未入力に見えても、長さ0の文字列や複数のスペースなどが入力されている可能性があります。思うようにデータが抽出されない場合、抽出条件の指定を使い分けてみましょう。

ここでは、スタッフデータから「電話番号」フィールドが空欄に見えるデータを抽出します。

クエリのデザインビュー

1 条件を指定するフィールドの<抽出条件>欄に Null を入力します。

2 <または>欄に「""」を入力します。

3 <または>欄に Like "＊" と入力します。

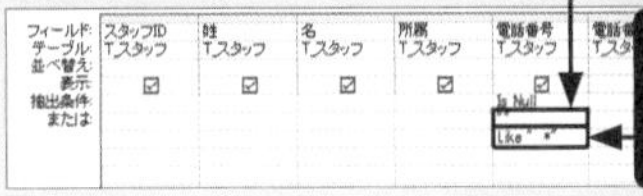

4 クエリをデータシートビューに切り替えると、「電話番号」フィールドが空欄に見えるデータが抽出されます。

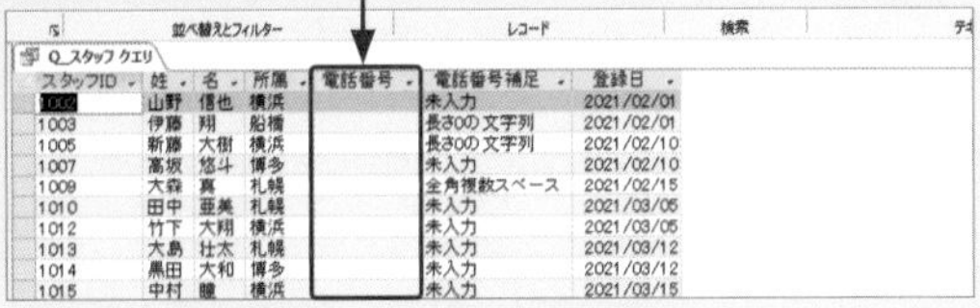

重要度 ★★★ データの抽出

Q 256 ルックアップフィールドでデータを抽出できない！

A 保存する値と表示する値の違いに注意しましょう。

ルックアップフィールドとは、ほかのテーブルの項目などを入力候補として表示し、データを入力できるようにするタイプのフィールドです。このフィールドでは、「入力候補として表示する値」と「実際に保存されている値」が異なる場合があります。「抽出条件を指定するときは、保存されている値を指定する」などの注意が必要です。

参照 ▶ Q 125

● ルックアップフィールドの表示例

ルックアップフィールドで入力候補を表示しています。ここで表示している内容は、「T_商品分類」テーブルのデータを参照しています。実際には、「商品分類ID」フィールドの値が保存されるようにしています。

クエリのデザインビュー

「T-商品」テーブルのデータを参照して表示しています。

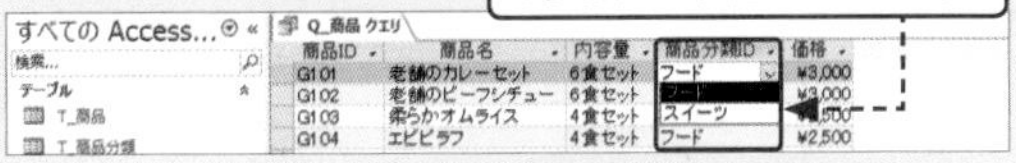

●ルックアップフィールドで参照している「T_商品分類」テーブル

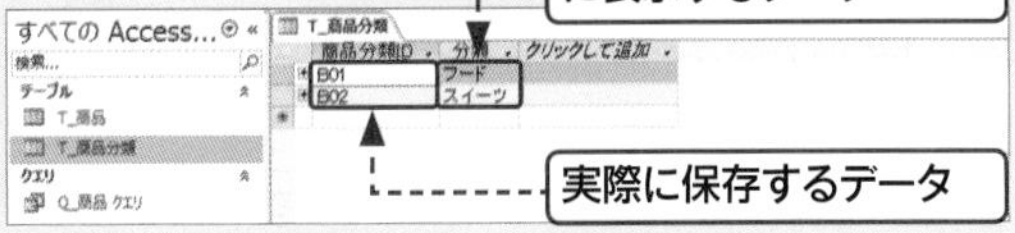

重要度★★★ クエリ上のデータの表示

Q 257 文字を大きく表示したい！

A データシートビューで文字の大きさを変更します。

クエリのデータシートビューでは、<ホーム>タブで文字の大きさやフォントなどを指定できます。文字を太字にしたり、文字の色を変更したりすることもできます。

参照▶Q 739、Q 740

クエリのデータシートビュー

1 <ホーム>タブの<フォントサイズ>を選択します。

太字や斜体、下線などの書式も設定できます。

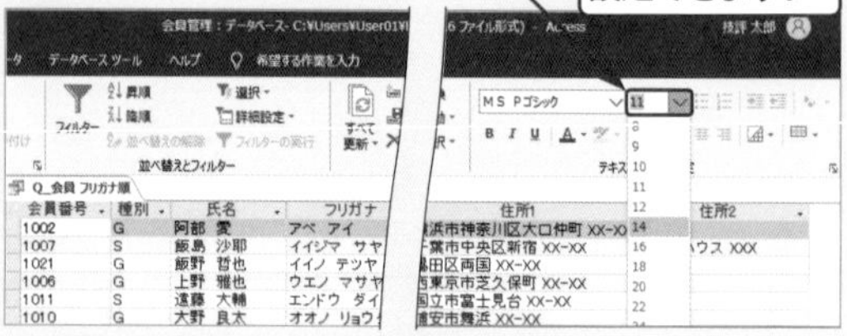

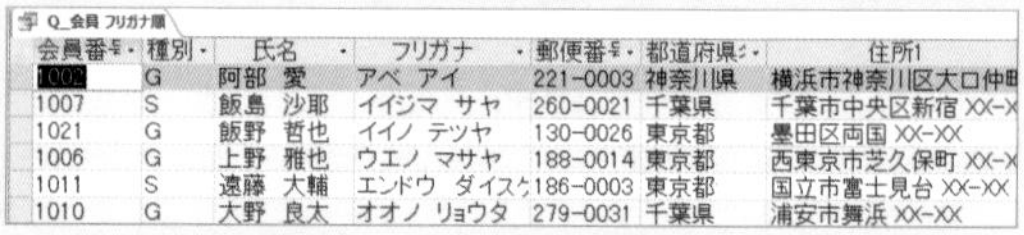

2 文字の大きさが変わります。

重要度★★★ クエリ上のデータの表示

Q 258 列幅を変更するには？

A データシートビューでフィールドの幅を変更します。

クエリのデザイングリッドでフィールドの幅を変更しても、データシートビューに切り替えたときの列幅は変わりません。データシートビューでの列幅の調整方法を知りましょう。文字の長さに合わせて自動調整もできます。

クエリのデータシートビュー

1 ここをクリックして、すべての列を選択します。

2 フィールドとフィールドの境界線をダブルクリックします。

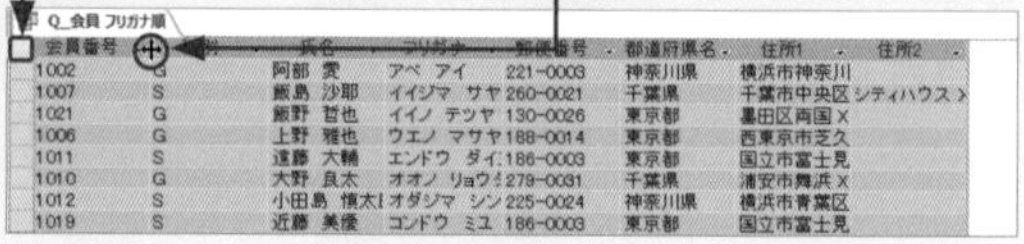

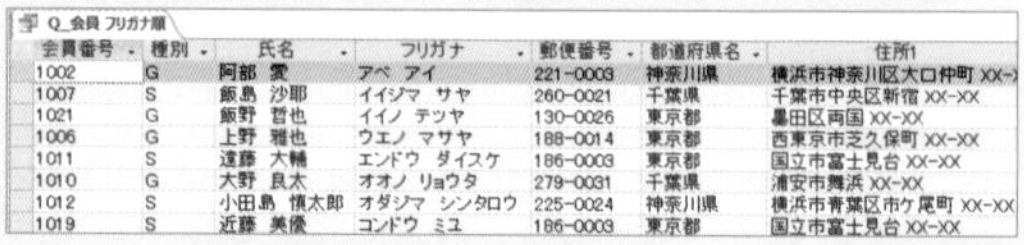

3 入力済みのデータが収まるように、列幅が自動調整されました。

重要度★★★ クエリ上のデータの表示

Q 259 列の表示順を変更したい！

A フィールドを選択してドラッグします。

クエリのデザインビューでフィールドの表示順を入れ替えるには、フィールド名にマウスポインターを移動してドラッグします。ドラッグ時に表示される、移動先を示す線を確認しながら操作します。クエリで複数の並べ替え条件を指定しているときは、デザインビューでの列の並びに注意します。

参照▶Q 225、Q 226、Q 228、Q 229

クエリのデザインビュー

1 表示順を変更するフィールドの上部をクリックして選択します。

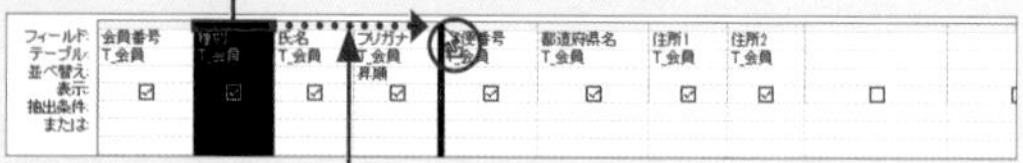

2 フィールドの上部を移動先に向かってドラッグすると、フィールドの並び順が変わります。

重要度 ★★★　クエリ上のデータの表示

Q 260 列の名前を変更したい！

A フィールドの<標題>プロパティで指定します。

クエリのデータシートビューに表示する列の名前を変更するには、フィールドの<標題>プロパティで指定します。<標題>プロパティを指定していない場合は、フィールド名がそのまま表示されます。

ここでは、会員データの「会員番号」フィールドの列に「お客様番号」と表示されるようにします。

クエリのデザインビュー

1 列の名前を変更するフィールドをクリックします。

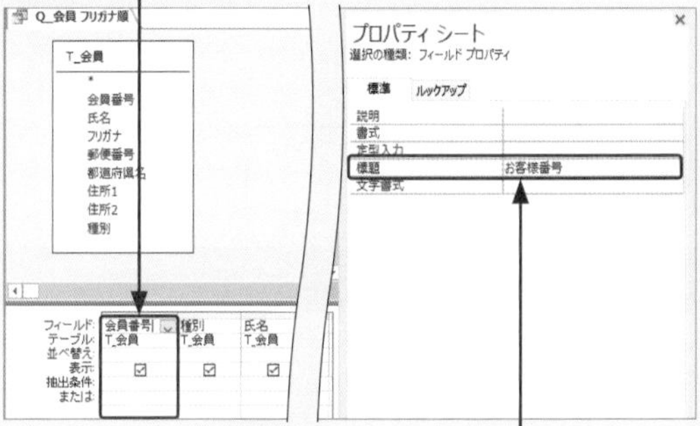

2 フィールドの<標題>プロパティに名前を入力します。

3 クエリをデータシートビューに切り替えると、列の名前が変わります。

重要度 ★★★　クエリ上のデータの表示

Q 261 指定した列が常に見えるように固定したい！

A フィールドを固定表示にします。

クエリのデータシートビューで常に「フリガナ」フィールドが見えるようにしたい場合は、フィールドの表示を固定します。フィールドを固定すると、フィールドが左端に固定されます。表示の固定を解除するには、<ホーム>タブの<その他>をクリックし、<すべての固定解除>をクリックします。なお、表示の固定を解除してもフィールドの位置は変わりません。必要に応じて表示順を変更します。 参照▶Q 145

クエリのデータシートビュー

1 表示を固定したいフィールド内をクリックします。

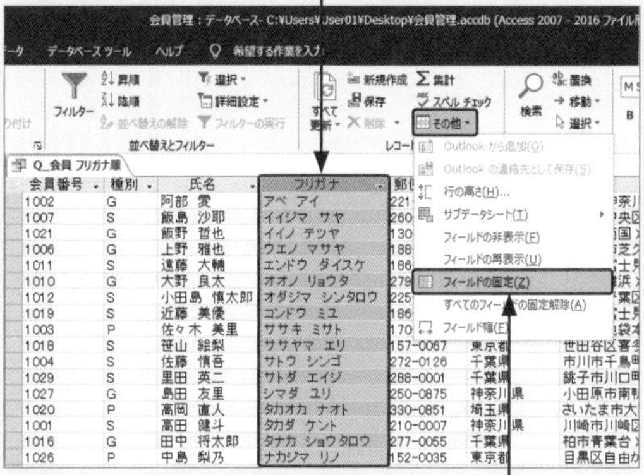

2 <ホーム>タブの<その他>をクリックし、<フィールドの固定>をクリックします。

3 指定したフィールドが左端に固定されて、左右にスクロールしても移動しません。

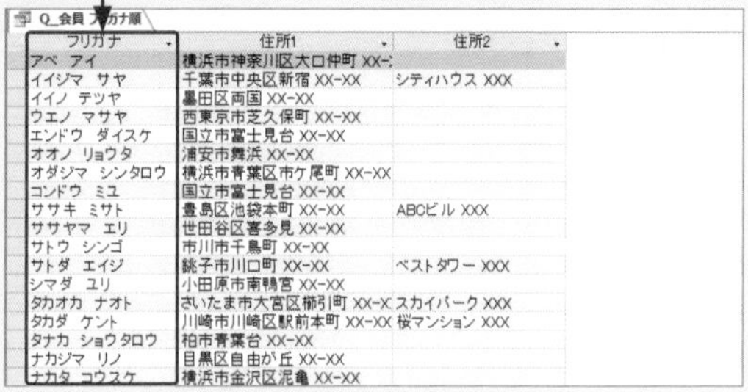

重要度★★★　クエリ上のデータの表示

Q 262 1行おきに色を付けたい！

A <交互の行の色>を指定します。

クエリのデータシートビューでは、1行おきに色が表示されます。背景色や1行おきの色を指定するには、<ホーム>タブで設定します。1行おきに色分けしない場合は、<交互の行の色>から<色なし>をクリックします。

クエリのデータシートビュー

1 <ホーム>タブの<交互の行の色>から色を指定します。

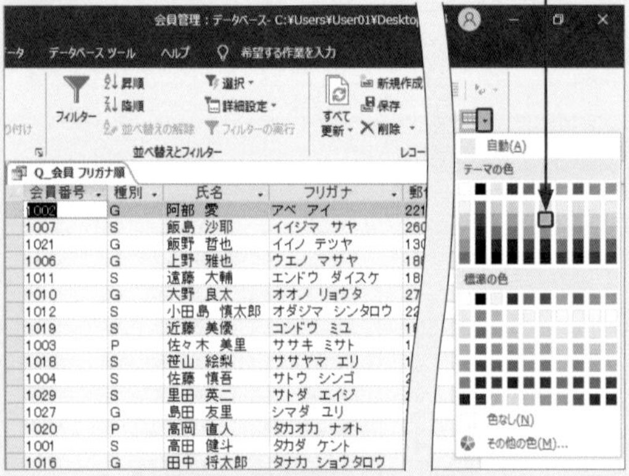

2 1行おきの色が変わります。

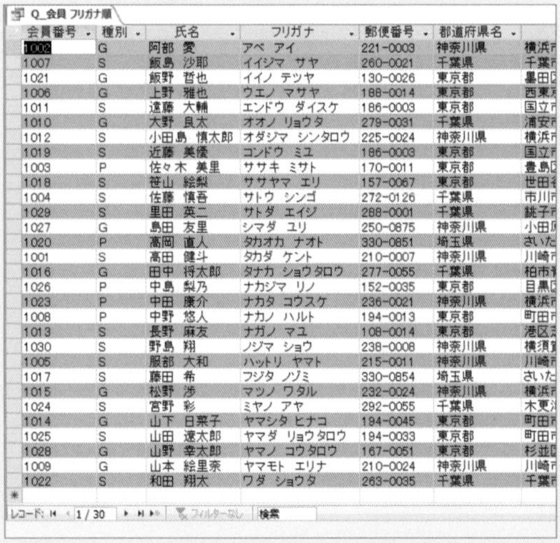

重要度★★★　クエリ上のデータの表示

Q 263 データシートビューでデータを並べ替えるには？

A <ホーム>タブで並べ替え条件を指定できます。

クエリでデータの並べ替え条件を指定するには、一般的にデザイングリッドの<並べ替え>欄で指定します。一方、クエリで抽出したデータを一時的に並べ替えて表示したい場合などは、データシートビューで指定することもできます。この方法は、データを手軽に並べ替えられますが、デザイングリッドでも並べ替え条件を設定している場合は、混乱する可能性もあるので注意しましょう。

ここでは、イベントデータを「参加費」フィールドのデータが小さい（＝参加費が安い）順に並べ替えます。

参照▶Q 264

クエリのデータシートビュー

1 並べ替え条件を指定するフィールド内をクリックします。

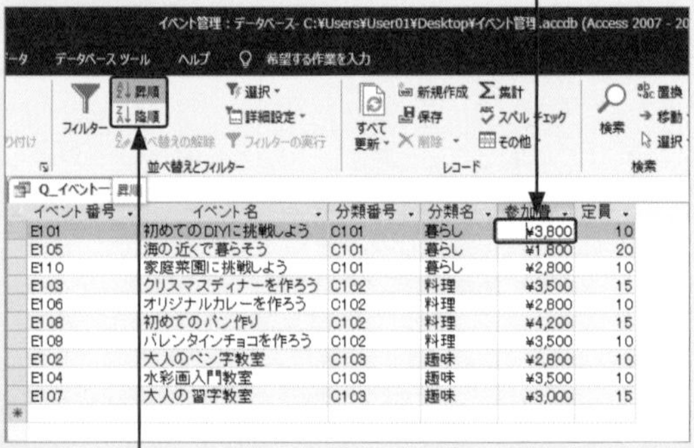

イベント番号	イベント名	分類番号	分類名	参加費	定員
E101	初めてのDIYに挑戦しよう	C101	暮らし	¥3,800	10
E105	海の近くで暮らそう	C101	暮らし	¥1,800	20
E110	家庭菜園に挑戦しよう	C101	暮らし	¥2,800	10
E103	クリスマスディナーを作ろう	C102	料理	¥3,500	15
E106	オリジナルカレーを作ろう	C102	料理	¥2,800	10
E108	初めてのパン作り	C102	料理	¥4,200	15
E109	バレンタインチョコを作ろう	C102	料理	¥3,500	10
E102	大人のペン字教室	C103	趣味	¥2,800	10
E104	水彩画入門教室	C103	趣味	¥3,500	10
E107	大人の習字教室	C103	趣味	¥3,000	15

2 <ホーム>タブの<昇順>または<降順>をクリックします。

3 データが並べ替わります。

並べ替えを指定したフィールドに昇順「↑」と降順「↓」を示すマークがつきます。

重要度 ★★★ クエリ上のデータの表示

Q 264 データシートビューでの並べ替えを解除するには？

A <並べ替えの解除>をクリックします。

クエリのデータシートビューで並べ替え条件を指定して、データを並べ替えた後、並べ替えの条件を解除してもとの状態に戻すこともできます。並べ替え条件を解除すると、フィールド名に表示されていた並べ替えを示すマークも消えます。 参照▶Q 263

1 クエリをデータシートビューで開き、データを並べ替えます（Q263参照）。

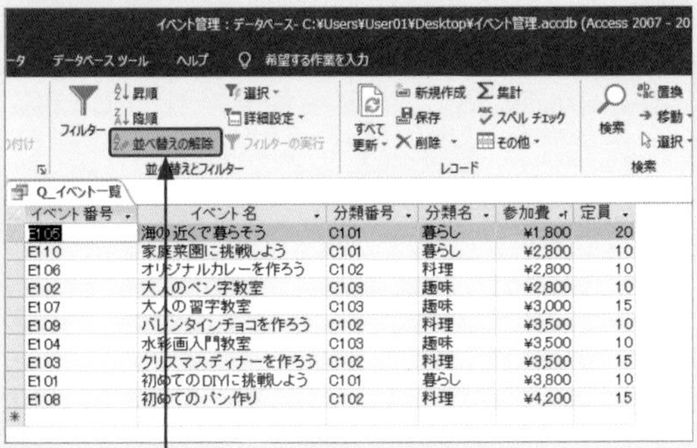

2 <ホーム>タブの<並べ替えの解除>をクリックします。

3 並べ替えが解除されます。

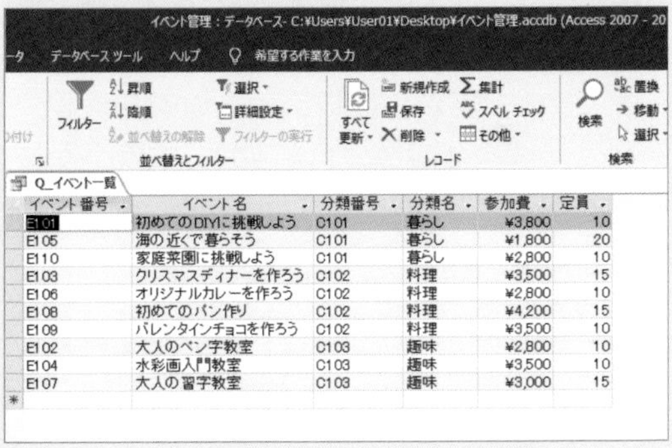

重要度 ★★★ クエリ上のデータの表示

Q 265 データシートビューでデータを抽出したい！

A <ホーム>タブでフィルター条件を指定できます。

クエリでデータの抽出条件を指定するには、一般的にデザイングリッドの<抽出条件>欄で指定します。一方、クエリで表示したデータの中から一時的に指定した条件でデータを抽出したい場合は、データシートビューで指定することもできます。この方法はデータを手軽に抽出できますが、デザイングリッドでも抽出条件を設定している場合などは、混乱する可能性があるので注意しましょう。 参照▶Q 266

1 抽出条件を指定するフィールドの<▼>をクリックします。

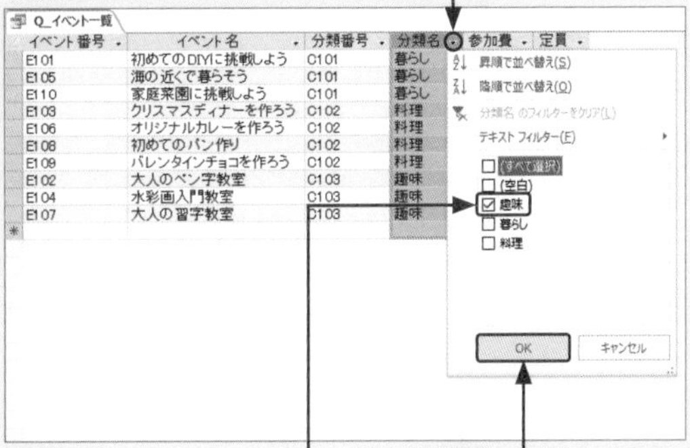

2 抽出条件をクリックして選択して、

3 <OK>をクリックします。

4 データが抽出されます。

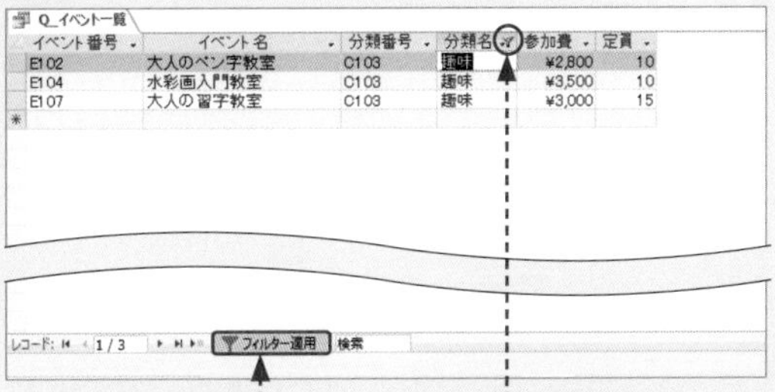

「フィルター適用」と表示されます。

抽出条件を指定したフィールドにマークがつきます。

重要度 ★★★　クエリ上のデータの表示

Q 266 データシートビューで抽出したデータをもとに戻すには？

A ＜フィルターの実行＞をオフにします。

クエリのデータシートビューでフィルターを実行したあと、フィルターの実行をオンにするかオフにするかを選択できます。オフにしたあとに、再び＜フィルターの実行＞をクリックすると、同じ条件でデータが抽出されます。フィルター条件自体は残っているので注意しましょう。

フィルター条件を解除するには、フィルター条件が設定されているフィールドの＜▼＞をクリックし、＜○○のフィルターを解除＞をクリックします。　参照 ▶ Q 265

● フィルターの実行をオフにする

1 クエリのデータシートビューでフィルター条件を指定して、データを抽出しておきます（Q265参照）。

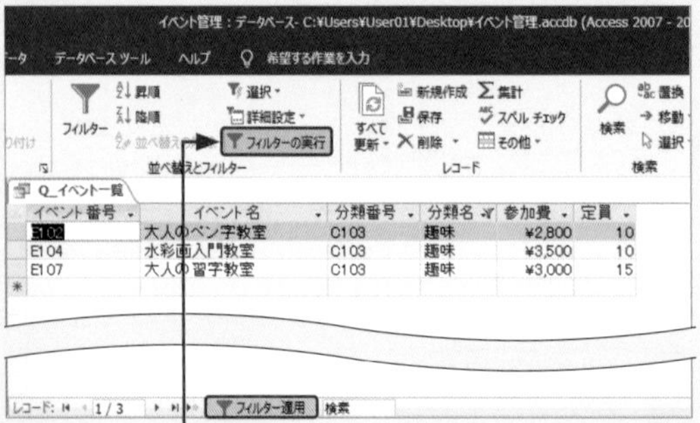

2 ＜ホーム＞タブの＜フィルターの実行＞をクリックします。

3 すべてのデータが表示されます。

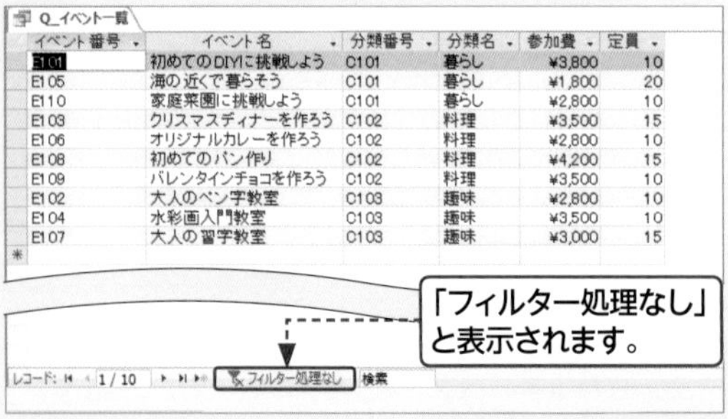

「フィルター処理なし」と表示されます。

重要度 ★★★　クエリ上のデータの表示

Q 267 フィルター条件をまとめて解除するには？

A すべてのフィルターをクリアします。

データシートビューで指定したフィルター条件をすべて削除するには、＜ホーム＞タブから操作します。複数のフィルター条件が指定されていた場合、すべてのフィルター条件が解除されます。

ここでは、データシートビューで指定されていたフィルター条件を解除します。　参照 ▶ Q 224

1 ＜ホーム＞タブの＜詳細設定＞をクリックし、＜すべてのフィルターのクリア＞をクリックします。

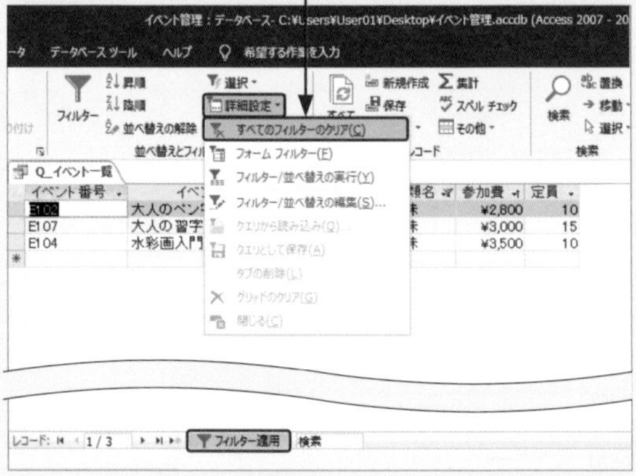

2 フィルター条件が削除されます。

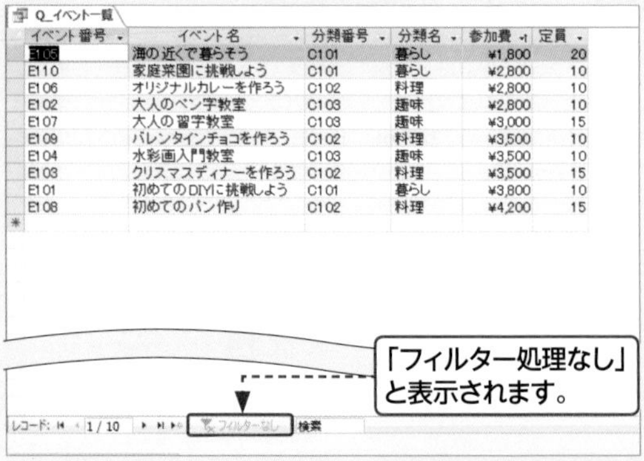

「フィルター処理なし」と表示されます。

重要度 ★★★　データの集計

Q 268 「価格」×「数量」を計算したい！

A 演算フィールドを作成しましょう。

既存のフィールドの値を使って計算をするには、演算フィールドを追加して式を入力します。式は「新フィールド名:式の内容」のように、フィールド名と式の内容を「:(コロン)」で区切って指定します。
ここでは、売上明細データの「価格」フィールドと「数量」フィールドのデータを掛け算した結果を表示します。

クエリのデザインビュー

1 新しい列の<フィールド>欄をクリックし、
　計: [価格] * [数量]
と入力します。

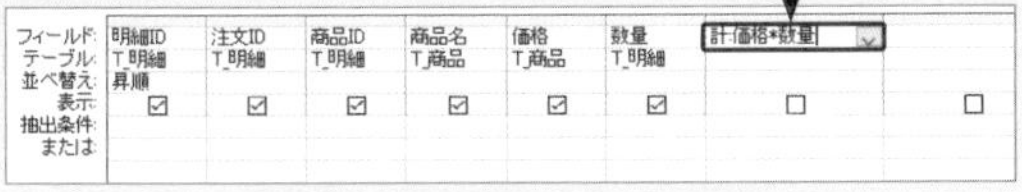

2 ほかの欄をクリックすると、入力が確定します。

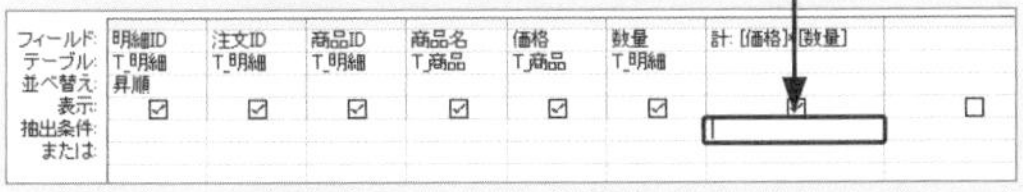

3 クエリをデータシートビューに切り替えると、計算結果が表示されます。

Q_明細一覧

明細ID	注文ID	商品ID	商品名	価格	数量	計
M1001	1001	P103	デジタル動画パネル(大)	¥39,800	10	¥398,000
M1002	1001	P105	壁掛けラジオ＆スピーカー	¥29,800	10	¥298,000
M1003	1002	P101	壁掛け電子フォトパネル(大)	¥39,800	5	¥199,000
M1004	1002	P103	デジタル動画パネル(大)	¥39,800	5	¥199,000
M1005	1002	P106	多機能ウォールクロック	¥19,800	5	¥99,000
M1006	1003	P101	壁掛け電子フォトパネル(大)	¥39,800	10	¥398,000
M1007	1003	P102	壁掛け電子フォトパネル(小)	¥24,800	10	¥248,000
M1008	1004	P103	デジタル動画パネル(大)	¥39,800	5	¥199,000
M1009	1004	P104	デジタル動画パネル(中)	¥24,800	5	¥124,000
M1010	1004	P105	壁掛けラジオ＆スピーカー	¥29,800	5	¥149,000
M1011	1004	P106	多機能ウォールクロック	¥19,800	5	¥99,000
M1012	1005	P102	壁掛け電子フォトパネル(小)	¥24,800	10	¥248,000
M1013	1005	P104	デジタル動画パネル(中)	¥24,800	10	¥248,000
M1014	1006	P101	壁掛け電子フォトパネル(大)	¥39,800	5	¥199,000
M1015	1006	P102	壁掛け電子フォトパネル(小)	¥24,800	5	¥124,000
M1016	1006	P103	デジタル動画パネル(大)	¥39,800	5	¥199,000
M1017	1006	P104	デジタル動画パネル(中)	¥24,800	5	¥124,000
M1018	1007	P105	壁掛けラジオ＆スピーカー	¥29,800	10	¥298,000
M1019	1007	P106	多機能ウォールクロック	¥19,800	10	¥198,000
M1020	1008	P101	壁掛け電子フォトパネル(大)	¥39,800	10	¥398,000
M1021	1008	P103	デジタル動画パネル(大)	¥39,800	10	¥398,000
M1022	1008	P105	壁掛けラジオ＆スピーカー	¥29,800	10	¥298,000
M1023	1009	P105	壁掛けラジオ＆スピーカー	¥29,800	5	¥149,000
M1024	1009	P106	多機能ウォールクロック	¥19,800	5	¥99,000
M1025	1010	P101	壁掛け電子フォトパネル(大)	¥39,800	10	¥398,000
M1026	1010	P102	壁掛け電子フォトパネル(小)	¥24,800	10	¥248,000
M1027	1011	P103	デジタル動画パネル(大)	¥39,800	10	¥398,000
M1028	1011	P104	デジタル動画パネル(中)	¥24,800	10	¥248,000
M1029	1011	P105	壁掛けラジオ＆スピーカー	¥29,800	10	¥298,000
M1030	1011	P106	多機能ウォールクロック	¥19,800	10	¥198,000
M1031	1012	P101	壁掛け電子フォトパネル(大)	¥39,800	5	¥199,000

レコード: 1 / 219　フィルターなし　検索

重要度 ★★★　データの集計

Q 269 計算式がエラーで入力できない！

A メッセージを確認して式を修正します。

クエリで演算フィールドを作成したときに、エラーメッセージが表示されることがあります。次のようなメッセージが表示された場合、内容を確認して、正しい式を入力し直しましょう。入力欄が小さくて見づらい場合は、<ズーム>ウィンドウを表示して入力しましょう。

参照▶Q 238

● 構文が違う場合

演算子が入力されていないなど、式の構文を間違えている場合にメッセージが表示されます。

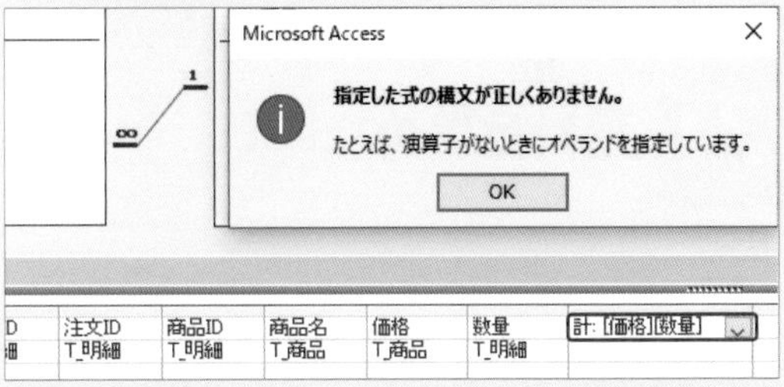

計算式で「( )」の位置が違っている場合なども、メッセージが表示されます。

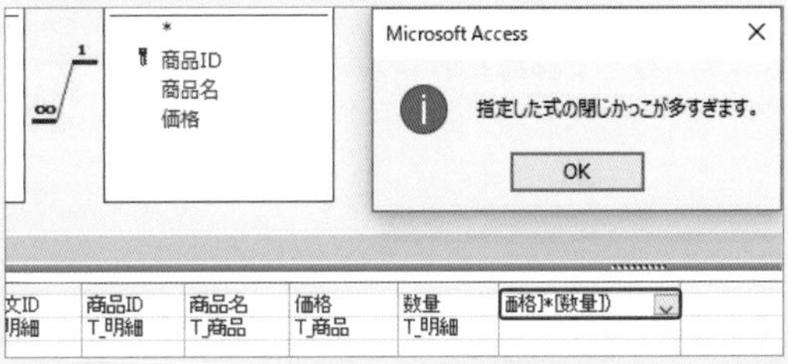

計算式で「( )」の数が合わない場合なども、メッセージが表示されます。

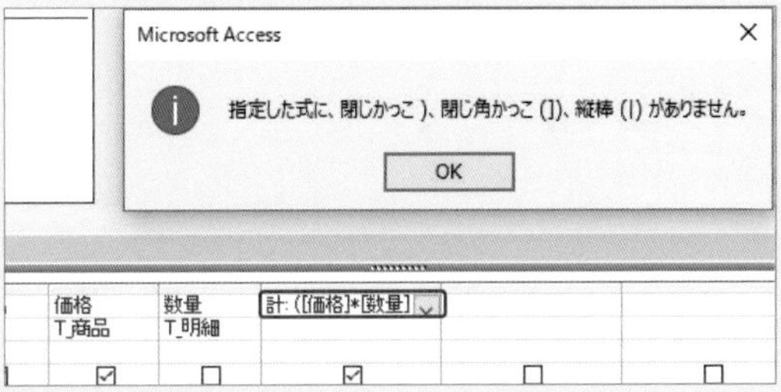

重要度★★★ データの集計

Q 270 計算結果がエラーになった!

A デザインビューで式の内容を確認します。

クエリで演算フィールドを作成したときに、計算式を入力できていても、クエリを表示するとエラーになることがあります。次のようなエラーやメッセージが表示された場合は、デザインビューに切り替えて式の内容を確認し、正しい式を入力し直しましょう。

● 結果にエラーが表示される

計算対象のフィールドの値では計算ができない場合などは、エラーになります。

Q_明細一覧

明細ID	注文ID	商品ID	商品名	価格	数量	計
M1001	1001	P103	デジタル動画パネル(大)	¥39,800	10	#エラー
M1002	1001	P105	壁掛けラジオ&スピーカー	¥29,800	10	#エラー
M1003	1002	P101	壁掛け電子フォトパネル(大)	¥39,800	5	#エラー
M1004	1002	P103	デジタル動画パネル(大)	¥39,800	5	#エラー
M1005	1002	P106	多機能ウォールクロック	¥19,800	5	#エラー
M1006	1003	P101	壁掛け電子フォトパネル(大)	¥39,800	10	#エラー
M1007	1003	P102	壁掛け電子フォトパネル(小)	¥24,800	10	#エラー

● エラーメッセージが表示される

演算フィールドのフィールド名が重複している場合なども、メッセージが表示されます。

フィールド名を囲む[ ]の位置が違う場合なども、メッセージが表示されます。

重要度★★★ データの集計

Q 271 累計を求めたい!

A DSum関数を使って求める方法があります。

数量の累計などを求めるには、条件に一致するデータの合計を求める「DSum関数」を利用する方法があります。ここでは、注文明細データを「注文ID」フィールドの小さい順に並べて、「注文ID」の数字の大きさがそれぞれの「注文ID」の数字以下のデータの「数量」フィールドの値の合計、つまり累計を表示します。

「注文ID」フィールドのデータ型は「数値型」で、「注文ID」の小さい順に並んでいることを前提としています。また、「CLng関数」を使って、計算結果が「1,000」のように表示されるようにします。

書式 DSum(フィールド名,テーブル/クエリ名,データ範囲)

フィールドの値の合計を求めます。
フィールド名:合計を求めるフィールドを指定します。
テーブル/クエリ名:フィールドが含まれるテーブル名やクエリ名を指定します。
データ範囲:計算対象にするデータの範囲を指定するときに指定します。

クエリのデザインビュー

1 新しい列の<フィールド>欄に 累計: CLng(DSum("数量","T_注文","注文ID<=" & [注文ID])) と入力します。

2 ここではQ248の方法で、演算フィールドの<書式>プロパティを指定します。

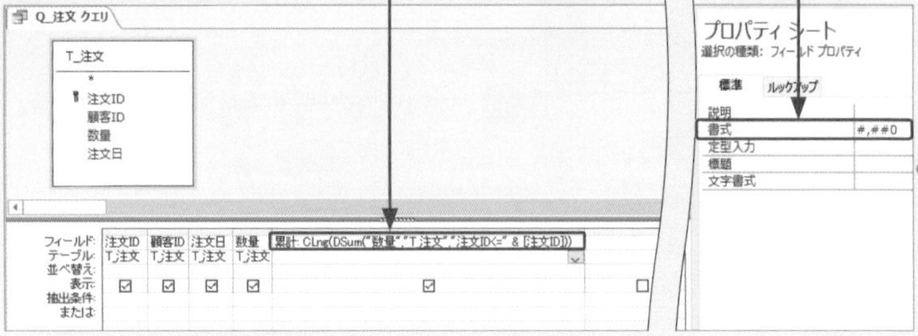

3 クエリをデータシートビューに切り替えると、計算結果が表示されます。

Q_注文 クエリ

注文ID	顧客ID	注文日	数量	累計
10	1001	2021/01/05	20	20
11	1002	2021/01/05	30	50
12	1003	2021/01/05	40	90
13	1004	2021/01/07	20	110
14	1005	2021/01/07	10	120
15	1001	2021/01/15	20	140
16	1004	2021/01/15	20	160
17	1005	2021/01/25	30	190
18	1006	2021/01/25	10	200
19	1007	2021/02/03	20	220
20	1008	2021/02/03	20	240
0	0		0	

重要度 ★★★　データの集計

Q 272 グループごとにまとめて集計したい！

A 集計クエリを作成しましょう。

商品ごとの売上数の合計などを求めるには、「集計クエリ」を作成して、グループ化するフィールドや集計するフィールドを指定します。
ここでは、注文明細データを商品ごとにグループ化し、商品ごとの注文数量の合計を表示します。

1 <デザイン>タブの<集計>をクリックします。

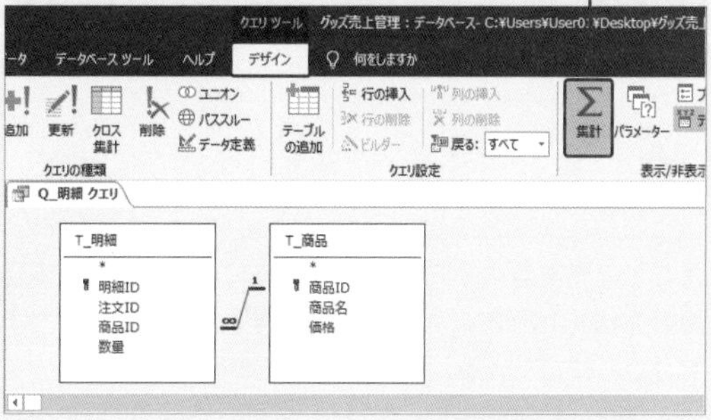

手順❶により、<集計>行が追加されます。

2 値を集計するフィールド（ここでは「数量」フィールド）の<集計>欄で「合計」を選択します。

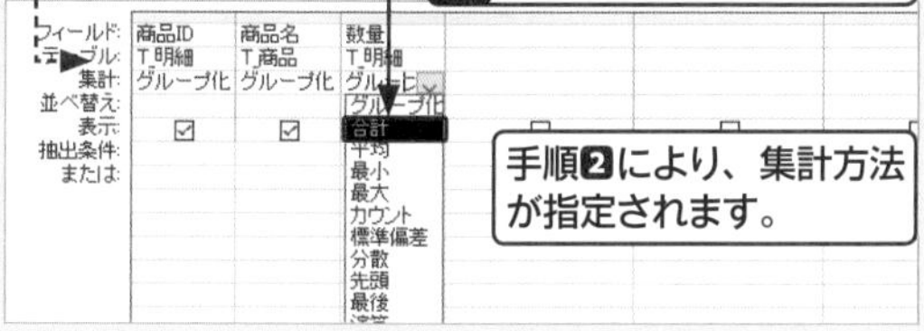

手順❷により、集計方法が指定されます。

3 クエリをデータシートビューに切り替えると、グループごとの合計が表示されます。

重要度 ★★★　データの集計

Q 273 月ごとに集計したい！

A Format関数で月ごとにグループ化します。

月ごとの売上数の合計などを求めるには、集計クエリを作成して日付をグループ化します。このとき、「Format関数」を使うと、日付の月の部分を求めて月ごとにグループを分けられます。
ここでは、注文明細データから、月ごとの注文数量の合計を表示します。

参照▶Q 246

クエリのデザインビュー

1 Q272の方法で<集計>行を表示します。

2 月を表示するフィールドの<フィールド>欄に
月: Format([注文日],"yyyy/mm")
と入力します。

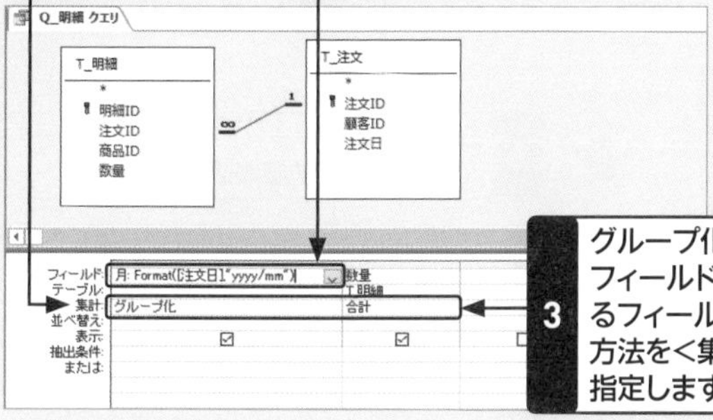

3 グループ化するフィールドと集計するフィールドの集計方法を<集計>欄で指定します。

4 クエリをデータシートビューに切り替えると、集計結果が表示されます。

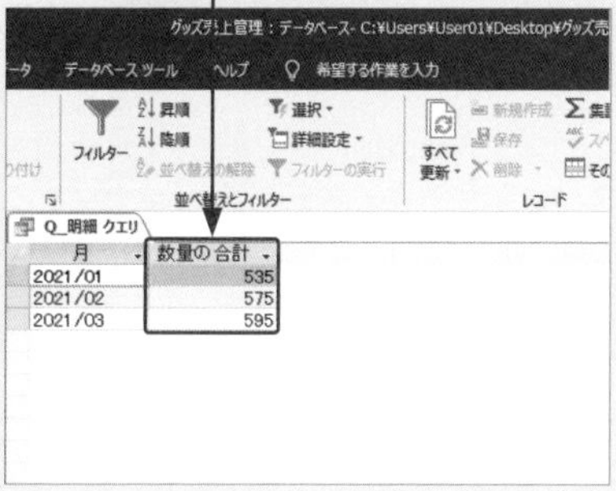

重要度 ★★★ データの集計

Q 274 月ごとの平均を求めたい！

A 集計方法から「平均」を指定します。

月ごとの売上数の平均などを求めるには、集計クエリの集計方法を「平均」にして計算します。なお、日付データを月ごとにまとめるには「Format関数」を利用します。ここでは、注文明細データから、月ごとの注文数量の平均を表示しています。

参照 ▶ Q 246

クエリのデザインビュー

1 Q272の方法で＜集計＞行を表示します。

2 月を表示するフィールドの＜フィールド＞欄に
月: Format([注文日],"yyyy/mm")
と入力します（Q246参照）。

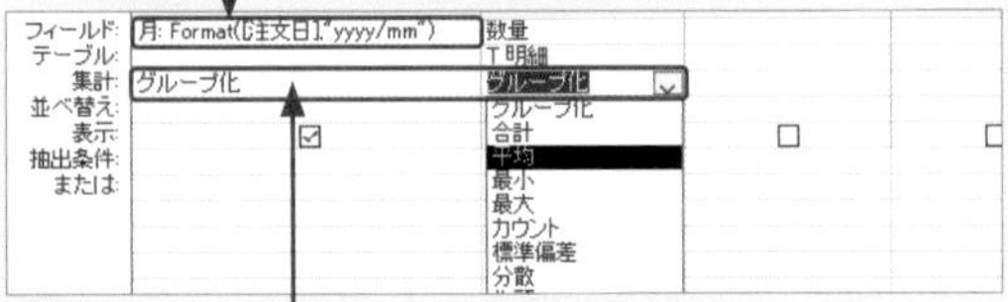

3 グループ化するフィールドと集計するフィールドの集計方法を＜集計＞欄で指定します。

4 書式を指定するフィールド欄をクリックします。

5 フィールドの＜書式＞プロパティで書式を指定します。

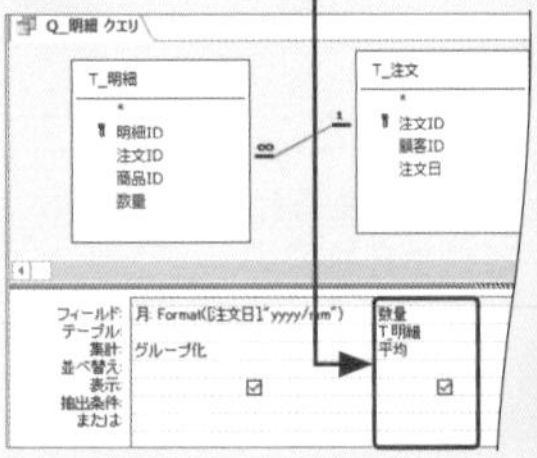

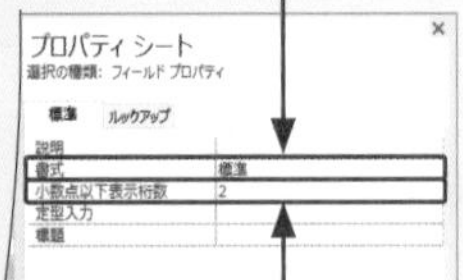

6 ＜小数点以下表示桁数＞プロパティで小数点以下の表示桁数を指定します。

7 クエリをデータシートビューに切り替えると、集計結果が表示されます。

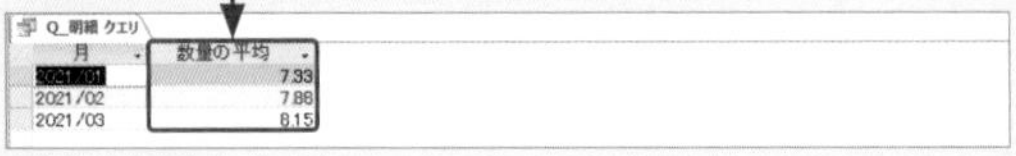

重要度 ★★★ データの集計

Q 275 月ごとの最大値や最小値を求めたい！

A 集計方法から「最大」や「最小」を指定します。

月ごとに売上数の最大値や最小値を求めるには、集計クエリの集計方法を「最大」や「最小」にして計算します。日付データを月ごとにまとめるには、Format関数を利用します。
ここでは、注文明細データから、月ごとの注文数の最大値と最小値を表示しています。

参照 ▶ Q 246

クエリのデザインビュー

1 Q272の方法で＜集計＞行を表示します。

2 月を表示するフィールドの＜フィールド＞欄に
月: Format([注文日],"yyyy/mm")
と入力します（Q246参照）。

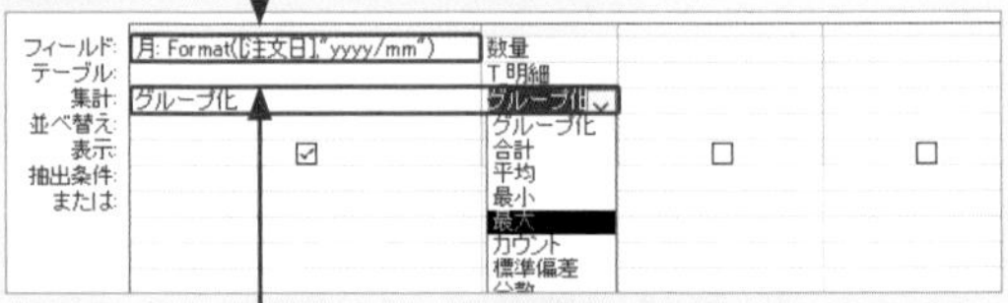

3 グループ化するフィールドと集計するフィールドの集計方法を＜集計＞欄で指定します。

4 集計するフィールドを追加し、集計方法を＜集計＞欄で選択します。

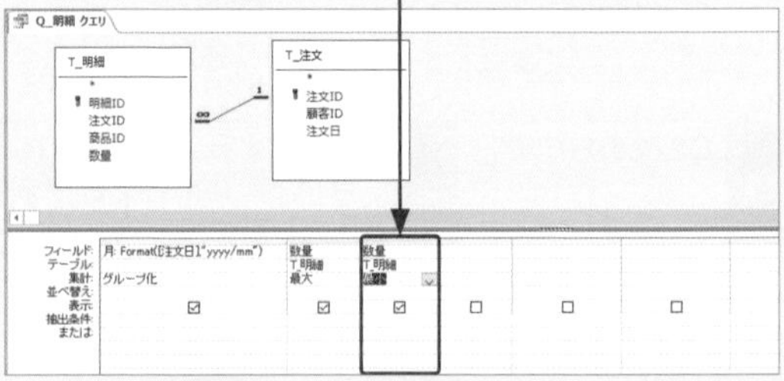

5 クエリをデータシートビューに切り替えると、集計結果が表示されます。

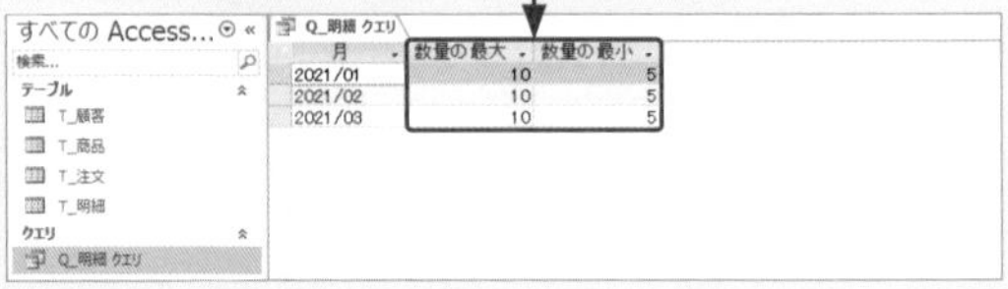

重要度 ★★★　データの集計

Q 276 月ごとの件数を求めたい！

A 集計方法から「カウント」を指定します。

月ごとの注文件数などを求めるには、集計クエリの集計方法を「カウント」にして計算します。日付データを月ごとにまとめるには、Format関数を利用します。

ここでは、イベントデータの一覧から、月ごとのイベント件数を表示します。イベントの件数を数えるフィールドは、たとえば「イベント番号」のように、必ずデータが入力されているフィールドを指定します。 参照▶Q 246

クエリのデザインビュー

1 Q272の方法で<集計>行を表示します。

2 月を表示するフィールドの<フィールド>欄に
　月: Format([日にち],"yyyy/mm")
と入力します（Q246参照）。

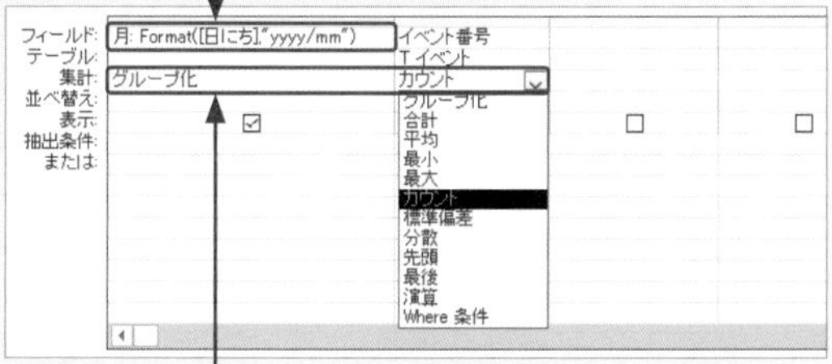

3 グループ化するフィールドと集計するフィールドの集計方法を<集計>欄で指定します。

4 クエリをデータシートビューに切り替えると、集計結果が表示されます。

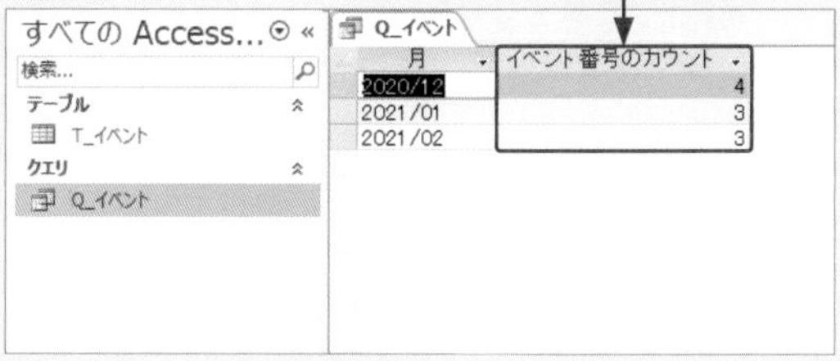

重要度 ★★★　データの集計

Q 277 グループごとの最初と最後のデータを知りたい！

A 集計方法から「最小」や「最大」を指定します。

フィールドをグループごとにまとめて集計するときなどに、グループ内で最初に登場するデータや最後に登場するデータを求めるには、集計クエリの集計方法で「最小」や「最大」を指定します。

ここでは、注文データから顧客ごとの最初の注文日と最後の注文日を表示します。

クエリのデザインビュー

1 Q272の方法で<集計>行を表示します。

2 集計結果を表示する<フィールド>欄に
　初回注文日: 注文日
と入力します。

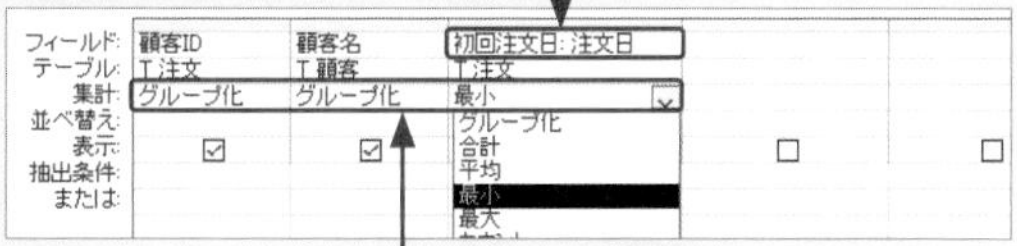

3 グループ化するフィールドと集計するフィールドの集計方法を指定します。

4 集計するフィールド
　最近の注文日: 注文日
を追加し、集計方法を選択します。

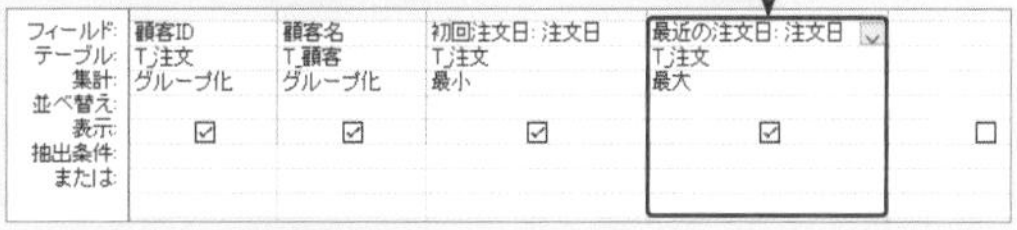

5 クエリをデータシートビューに切り替えると、集計結果が表示されます。

顧客ID	顧客名	初回注文日	最近の注文日
K101	株式会社中村商店	2021/01/10	2021/03/10
K102	有限会社キッチン	2021/01/10	2021/03/10
K103	山田商事株式会社	2021/01/10	2021/03/10
K104	中野レストラン株式会社	2021/01/10	2021/03/10
K105	上原カフェ株式会社	2021/01/10	2021/03/10
K106	渡辺ホーム株式会社	2021/01/10	2021/03/10
K107	佐藤商店有限会社	2021/01/10	2021/03/10
K108	株式会社中川食堂	2021/01/10	2021/03/10
K109	本田商店株式会社	2021/01/15	2021/03/15
K110	大原商会株式会社	2021/01/15	2021/03/15
K111	有限会社フラワーキッチン	2021/01/15	2021/03/15
K112	高橋商店株式会社	2021/01/15	2021/03/15

重要度 ★★★　データの集計

Q 278 条件に合うデータのみグループごとに集計したい！

A ＜集計＞欄で「Where条件」を選択します。

グループごとにデータを集計するとき、条件に一致するデータのみを集計対象にするには、条件を指定するフィールドを追加して、＜集計＞行から「Where条件」を選択して条件を指定します。なお、Where条件を指定したフィールドは、＜表示＞行のチェックボックスがオフになり、クエリの結果には表示されません。
ここでは、注文データから指定した商品の注文数の合計を求めます。

クエリのデザインビュー

1 Q272の方法で＜集計＞行を表示します。

2 グループ化するフィールドと集計するフィールドの集計方法を指定します。

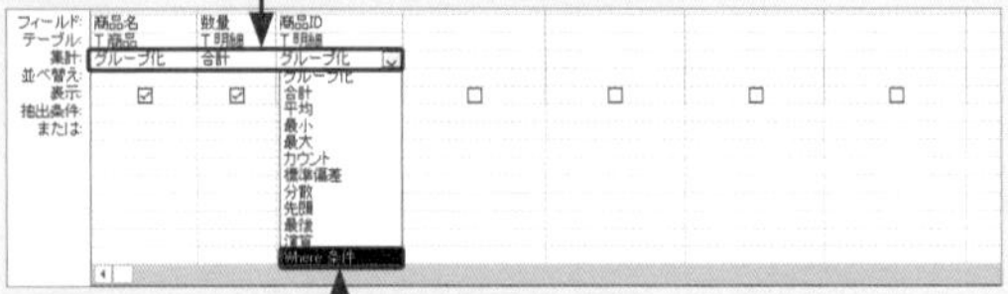

3 抽出条件を指定するフィールド（ここでは「商品ID」フィールド）の集計方法として、＜集計＞欄で「Where条件」を選択します。

4 条件を指定するフィールドの＜抽出条件＞欄に抽出条件を入力します。

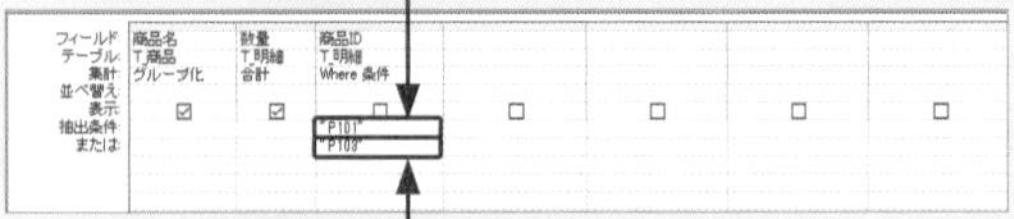

5 ＜または＞欄に抽出条件を入力します。

6 クエリをデータシートビューに切り替えると、集計結果が表示されます。

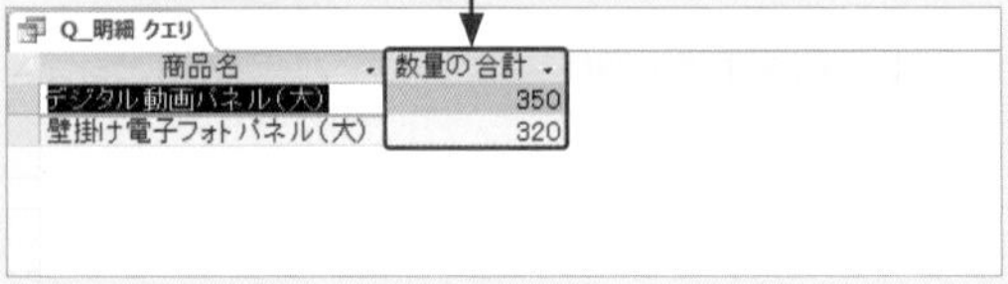

重要度 ★★★　データの集計

Q 279 指定した期間のデータを集計したい！

A Where条件を指定したフィールドで期間を指定します。

指定した期間のデータを対象に集計するには、日付フィールドを追加して集計対象の期間を指定します。日付フィールドの集計方法を「Where条件」にして集計します。
ここでは、注文明細データから「2021/02」の期間を対象に商品ごとの売上金額の合計を表示します。

クエリのデザインビュー

1 Q272の方法で＜集計＞行を表示します。

2 新しい列の＜フィールド＞欄をクリックし、
　計：[価格]＊[数量]
と入力します。

3 グループ化するフィールドと集計するフィールドの集計方法を指定します。

4 月を表示するフィールドの＜フィールド＞欄に
　月：Format([注文日],"yyyy/mm")
と入力します（Q246参照）。

5 条件を指定するフィールドの＜集計＞欄から「Where条件」を選択します。

6 ＜抽出条件＞欄に抽出条件「"2021/02"」を入力します。

7 クエリをデータシートビューに切り替えると、集計結果が表示されます。

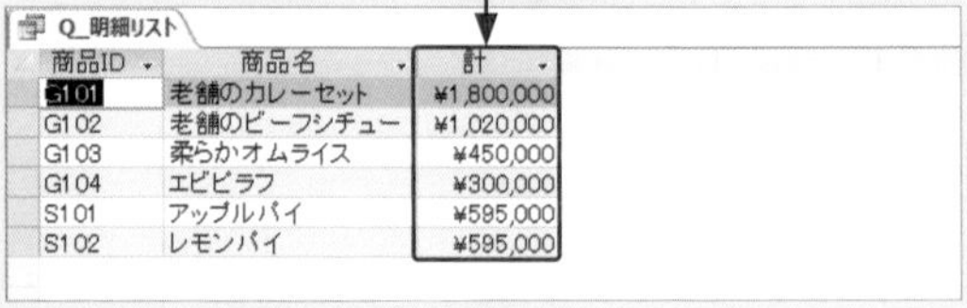

重要度 ★★★ データの集計

Q 280 集計結果が指定した値以上のデータを表示したい!

A 集計をするフィールドの抽出条件を指定します。

グループごとに集計結果を見るとき、集計結果が指定した値以上のデータを表示するには、集計結果を表示するフィールドの抽出条件欄に条件を指定します。

ここでは、注文明細データから商品ごとの売上金額を表示します。金額が150万円以上の商品のみ表示します。

クエリのデザインビュー

1 Q272の方法で＜集計＞行を表示します。

2 新しい列の＜フィールド＞欄をクリックし、
　計: [価格] * [数量]
と入力します。

3 ＜集計＞行で各フィールドの集計方法を指定します。

4 ＜抽出条件＞欄に抽出条件「>=1500000」を入力します。

5 クエリをデータシートビューに切り替えると、集計結果が表示されます。

重要度 ★★★ データの集計

Q 281 集計行を使ってグループごとの合計の合計を求めたい!

A 累計を求める方法があります。

グループごとにデータを集計しているとき、集計結果の累計を求めるには「DSum関数」を使う方法があります(Q271参照)。

ここでは、注文データを顧客ごとにまとめて、顧客ごとの注文の数量の合計を求めます。「顧客ID」フィールドの小さい順に並べて、「顧客ID」の数字の大きさがそれぞれの「顧客ID」の数字以下のデータの「数量」フィールドの値の合計、つまり、顧客ごとの売上数量の累計を表示します。

参照▶Q 271

クエリのデザインビュー

1 Q272の方法で＜集計＞行を表示します。

2 新しい列の＜フィールド＞欄をクリックし、
　累計: CLng(DSum("数量","T_注文","顧客ID<=" & [顧客ID]))
と入力します。

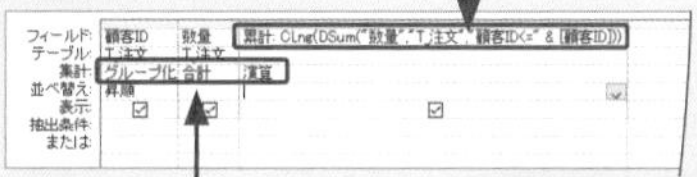

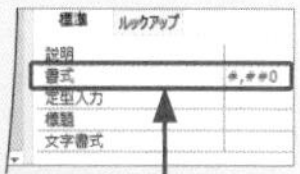

3 ＜集計＞行で各フィールドの集計方法を指定します。

4 累計を表示するフィールドの＜書式＞プロパティで書式を指定します。

5 クエリをデータシートビューに切り替えると、集計結果が表示されます。

重要度 ★★★ データの集計

Q 282 集計行での集計方法を変更したい!

A ＜集計＞欄で集計方法を選択し直します。

集計クエリの作成後に集計方法を変更するには、一覧から集計方法を選択し直します。

ここでは、注文明細データから商品ごとの注文数量の合計を求める集計クエリを変更します。商品ごとの注文数量の合計ではなく、注文件数を表示します。注文件数を数えるフィールドは「明細ID」のように、必ずデータが入力されているフィールドを指定します。

1 集計するフィールドを変更し、

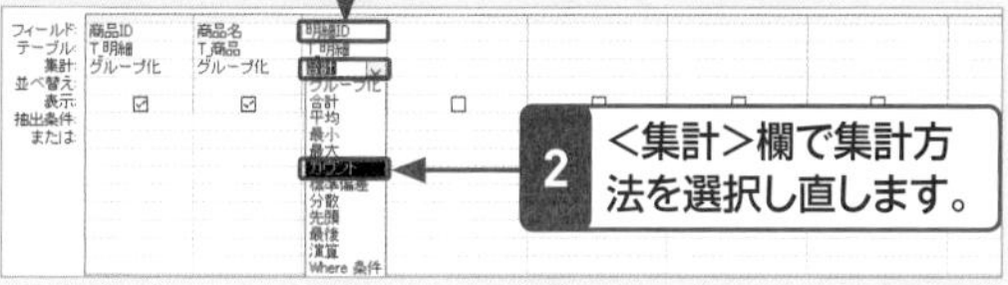

2 ＜集計＞欄で集計方法を選択し直します。

重要度 ★★★　クエリの実行時に抽出条件を入力

Q 283 クエリの実行時に抽出条件を入力するには？

A パラメータークエリを作成します。

クエリの抽出条件はあらかじめ指定するだけでなく、実行時に「パラメーター」というデータを入力することで指定する方法もあります。具体的には、抽出条件を指定するフィールドの<抽出条件>欄に、正しいデータの入力を促すメッセージを[ ]で囲んで指定します。クエリの実行時にメッセージが表示されて、そこで入力したデータを抽出条件として抽出が行われます。このように設定したクエリを「パラメータークエリ」といいます。

ここでは、会員データの中から指定した「種別」のデータを抽出するため、「種別」の記号の入力を促すメッセージを表示させます。

● 条件を指定する

クエリのデザインビュー

1 条件を指定するフィールドの<抽出条件>欄をクリックし、条件の入力を促すメッセージを[ ]で囲んで指定します。

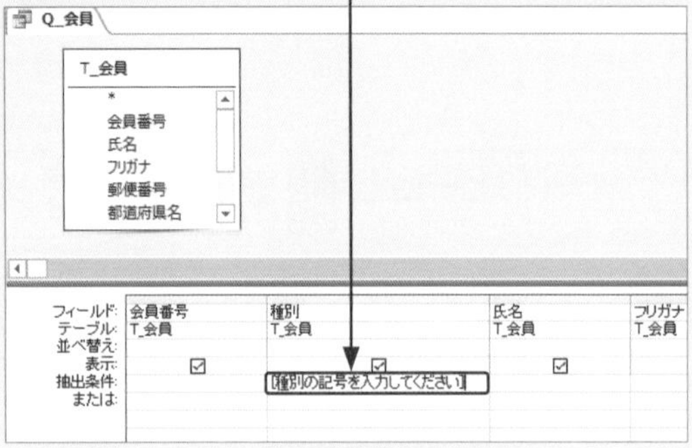

● パラメータークエリを実行する

1 クエリをデータシートビューに切り替えると、メッセージが表示されます。

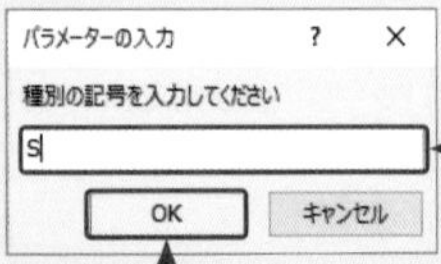

2 抽出条件を入力し、

3 <OK>をクリックします。

4 抽出結果が表示されます。

Q_会員

会員番号	種別	氏名	フリガナ	郵便番号	都道府県名	住所1
1001	S	高田　健斗	タカダ　ケント	210-0007	神奈川県	川崎市川崎区駅前本町 XX-XX
1004	S	佐藤　慎吾	サトウ　シンゴ	272-0126	千葉県	市川市千鳥町 XX-XX
1005	S	服部　大和	ハットリ　ヤマト	215-0011	神奈川県	川崎市麻生区百合丘 XX-XX
1007	S	飯島　沙耶	イイジマ　サヤ	260-0021	千葉県	千葉市中央区新宿 XX-XX
1011	S	遠藤　大輔	エンドウ　ダイスケ	186-0003	東京都	国立市富士見台 XX-XX
1012	S	小田島　慎太郎	オダジマ　シンタロウ	225-0024	神奈川県	横浜市青葉区市ケ尾町 XX-XX
1013	S	長野　麻友	ナガノ　マユ	108-0014	東京都	港区芝 XX-XX
1017	S	藤田　希	フジタ　ノゾミ	330-0854	埼玉県	さいたま市大宮区桜木町 XX-X
1018	S	笹山　絵梨	ササヤマ　エリ	157-0067	東京都	世田谷区喜多見 XX-XX
1019	S	近藤　美優	コンドウ　ミユ	186-0003	東京都	国立市富士見台 XX-XX
1022	S	和田　翔太	ワダ　ショウタ	263-0035	千葉県	千葉市稲毛区稲毛町 XX-XX
1024	S	宮野　彩	ミヤノ　アヤ	292-0055	千葉県	木更津市朝日 XX-XX
1025	S	山田　遼太郎	ヤマダ　リョウタロウ	194-0033	東京都	町田市木曽町 XX-XX
1029	S	里田　英二	サトダ　エイジ	288-0001	千葉県	銚子市川口町 XX-XX
1030	S	野島　翔	ノジマ　ショウ	238-0008	神奈川県	横須賀市大滝町 XX-XX

● 複数の条件を指定する

1 2つめの条件を指定するフィールドの<抽出条件>欄をクリックし、メッセージを[ ]で囲んで指定します。

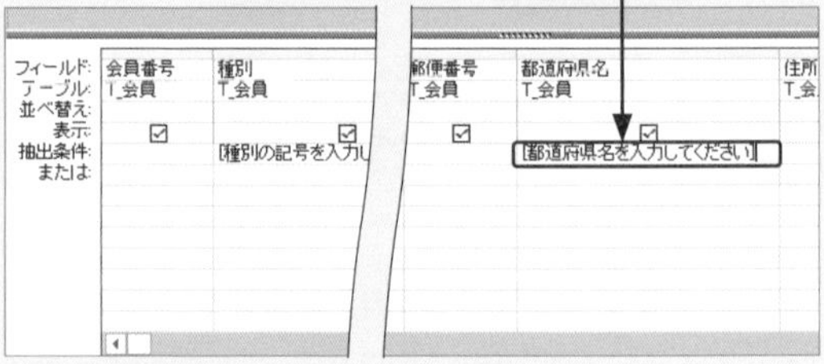

● パラメータークエリを実行する

1 クエリをデータシートビューに切り替えます。

2 複数のメッセージが続けて表示されるので、それぞれ抽出条件を入力して<OK>をクリックします。

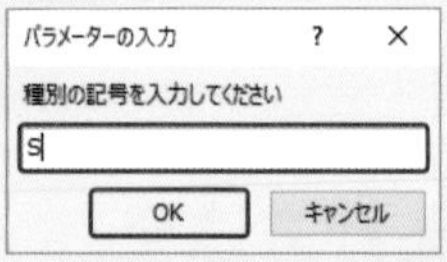

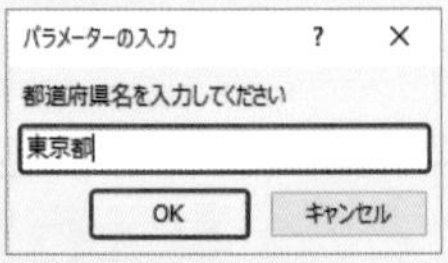

3 抽出結果が表示されます。

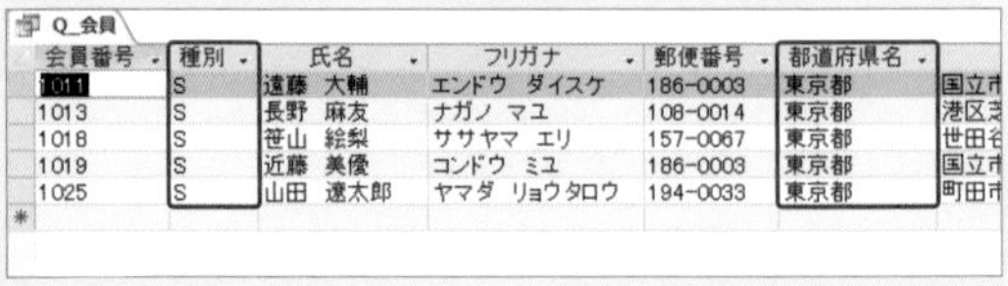

Q_会員

会員番号	種別	氏名	フリガナ	郵便番号	都道府県名	
1011	S	遠藤　大輔	エンドウ　ダイスケ	186-0003	東京都	国立市
1013	S	長野　麻友	ナガノ　マユ	108-0014	東京都	港区芝
1018	S	笹山　絵梨	ササヤマ　エリ	157-0067	東京都	世田谷
1019	S	近藤　美優	コンドウ　ミユ	186-0003	東京都	国立市
1025	S	山田　遼太郎	ヤマダ　リョウタロウ	194-0033	東京都	町田市

重要度 ★★★　クエリの実行時に抽出条件を入力

Q 284 クエリの実行時にあいまいな条件を指定するには？

A ワイルドカードを活用しましょう。

パラメータークエリで抽出条件を入力してもらうメッセージを指定するとき、「○○で始まる」や「○○以上」のようにあいまいな条件でデータを抽出できるようにするには、「ワイルドカード」を活用します。

ここでは、会員データから「フリガナ」フィールドが指定した文字で始まるデータを表示します。

クエリのデザインビュー

1 条件を指定するフィールドの<抽出条件>欄をクリックし、 Like [フリガナの先頭文字を入力してください] & "*" と入力します。

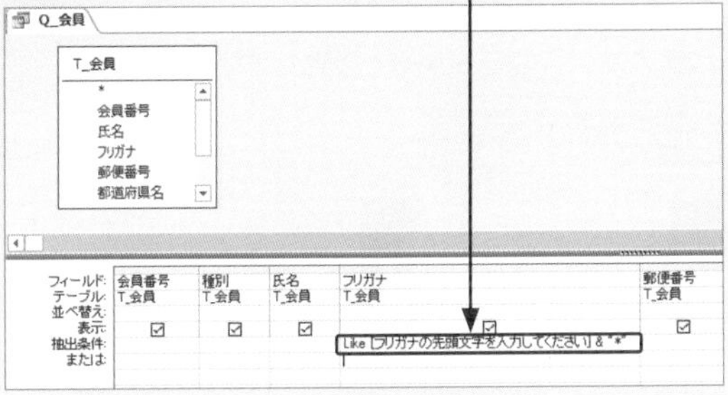

● パラメータークエリの実行

1 クエリをデータシートビューに切り替えます。

2 メッセージが表示されます。

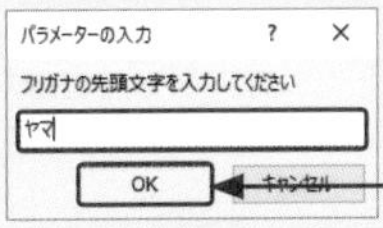

3 抽出条件を入力し、<OK>をクリックします。

4 抽出結果が表示されます。

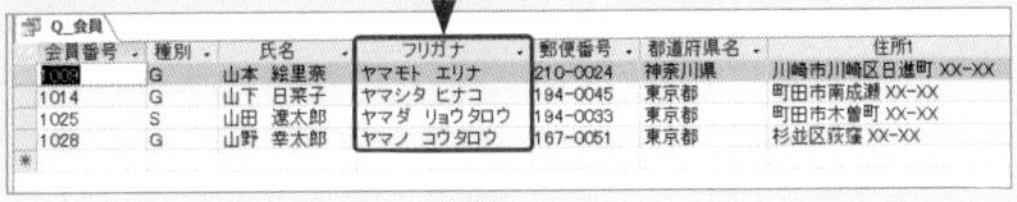

重要度 ★★★　クエリの実行時に抽出条件を入力

Q 285 クエリの実行時に抽出期間を指定するには？

A 「Between ～ And ～」演算子を使いましょう。

パラメータークエリの抽出条件として日付の範囲を指定するには、「Between ～ And ～」を使ってメッセージの内容を指定します。

ここでは、イベントデータから指定した期間に開催されるイベントを表示します。

クエリのデザインビュー

1 条件を指定するフィールドの<抽出条件>欄をクリックし、 Between [いつから] And [いつまで] と入力します。

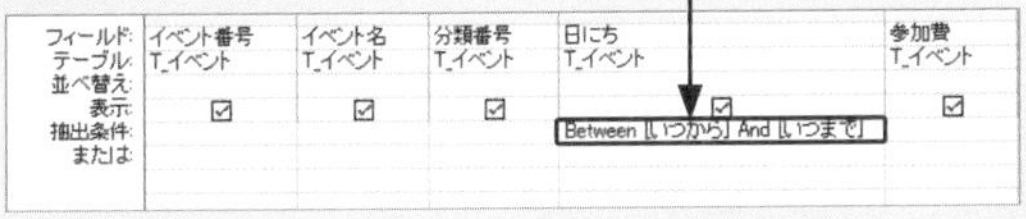

● パラメータークエリの実行

1 クエリをデータシートビューに切り替えます。

2 最初のメッセージが表示されます。

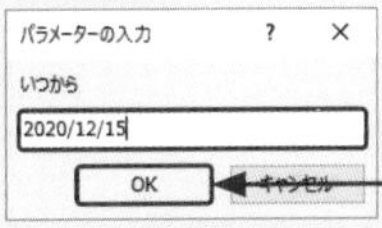

3 抽出条件を入力し、<OK>をクリックします。

4 次のメッセージが表示されます。

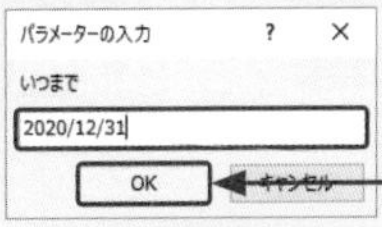

5 抽出条件を入力し、<OK>をクリックします。

6 抽出結果が表示されます。

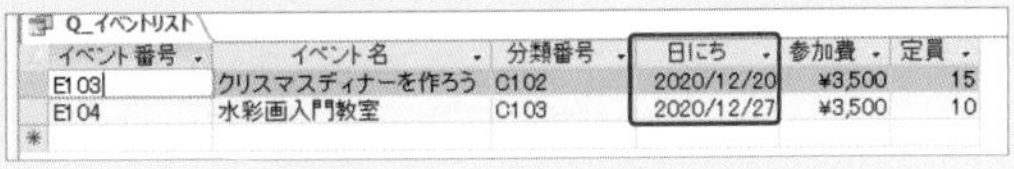

Q 286 クエリの実行時に指定した期間のクロス集計表を表示するには？

A パラメーターのデータ型を「日付/時刻」型に指定します。

パラメータークエリを使用して、クロス集計クエリのもとになるデータを抽出するには、パラメーターのデータ型を指定します。

ここでは、売上明細データから、指定した期間の顧客別・商品分類別の売上金額をクロス集計表で表示します。注文日を条件にするため、データ型を「日付/時刻型」に指定します。

参照▶Q 301

クエリのデザインビュー

1 クロス集計クエリを作成しておきます。

2 <行列の入れ替え>欄で行見出しや列見出し、値を指定します。

3 抽出条件を入力するフィールドの<注文条件>欄に条件を指定します（Q285参照）。

4 <デザイン>タブの<パラメーター>をクリックします。

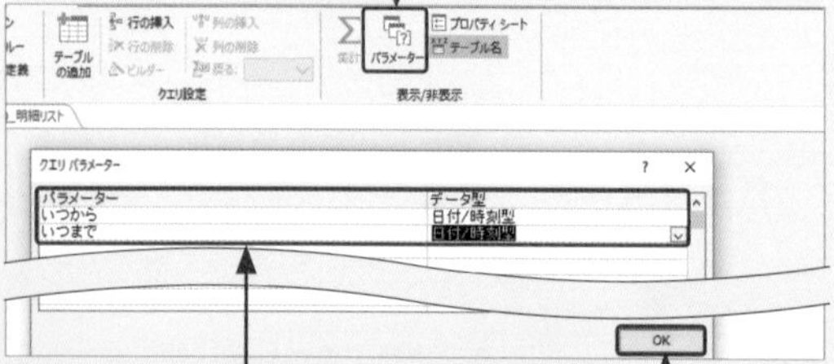

5 <クエリパラメーター>画面で<パラメーター>と<データ型>を指定します。

6 <OK>をクリックします。

● パラメータークエリの実行

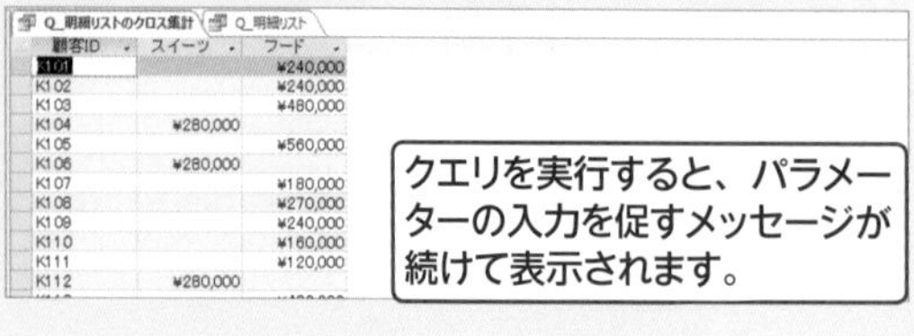

クエリを実行すると、パラメーターの入力を促すメッセージが続けて表示されます。

Q 287 YesかNoかを指定して抽出するには？

A パラメーターのデータ型を「Yes/No」型に指定します。

パラメータークエリで抽出条件を入力するとき、特に指定しない場合は「テキスト」型と認識されます。多くの場合これでも問題はありませんが、「Yes/No」型のフィールドに抽出条件を入力する場合などは、このままではYesを示す「-1」、Noを示す「0」という値しか抽出条件として認識されません。抽出条件として、Yesを示す「Yes」「True」などでも抽出できるようにするには、パラメーターのデータ型を指定します。

クエリのデザインビュー

1 パラメータークエリを作成しておきます。

2 「Yes/No」型のフィールドの<抽出条件>欄に、条件の入力を促すメッセージを[]で囲って指定します。

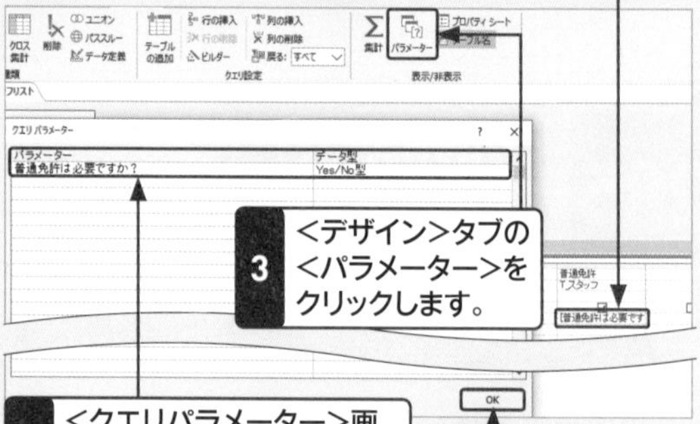

3 <デザイン>タブの<パラメーター>をクリックします。

4 <クエリパラメーター>画面で<パラメーター>と<データ型>を指定します。

5 <OK>をクリックします。

● パラメータークエリの実行

1 クエリをデータシートビューに切り替えます。

2 メッセージが表示されます。

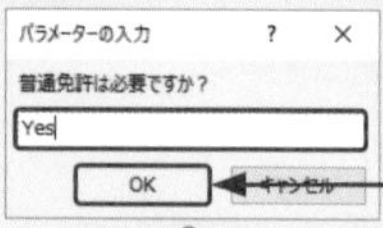

3 抽出条件を入力し、<OK>をクリックします。

4 抽出結果が表示されます。

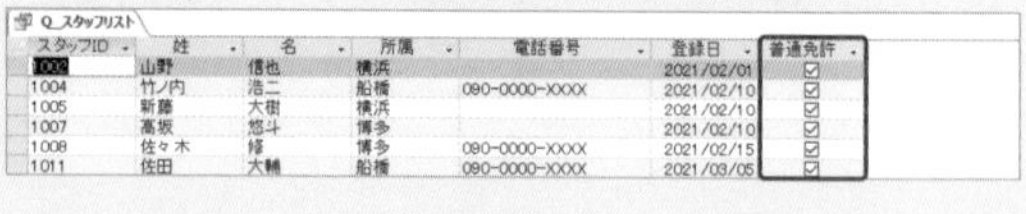

重要度 ★★★　クエリの実行時に抽出条件を入力

Q 288 条件を入力するメッセージの表示順を変更するには？

A <クエリパラメーター>画面でメッセージの順番を指定します。

パラメータークエリで複数の抽出条件を指定した場合、通常はデザイングリッドの左側に配置されているフィールドのメッセージから表示されます。メッセージの表示順を変更するには、<クエリパラメーター>画面で順番を指定します。

クエリのデザインビュー

1 パラメータークエリを作成しておきます。

2 <デザイン>タブの<パラメーター>をクリックします。

3 <クエリパラメーター>画面で、メッセージを表示する順に<パラメーター>と<データ型>を指定します。

4 <OK>をクリックします。

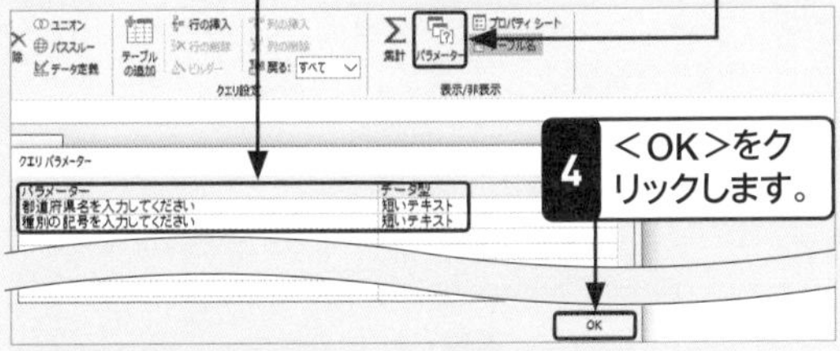

● パラメータークエリの実行

1 クエリをデータシートビューに切り替えます。

2 最初のメッセージが表示されます。

3 抽出条件を入力し、<OK>をクリックします。

4 続いて、メッセージが表示されます。

5 抽出条件を入力し、<OK>をクリックします。

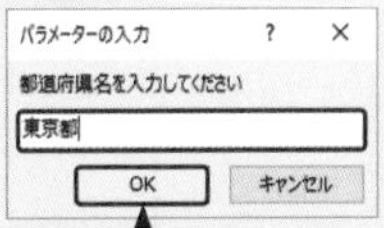

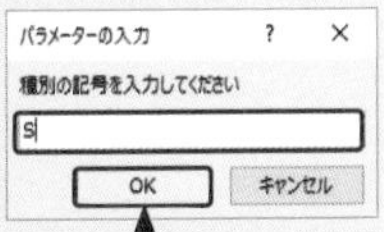

6 抽出結果が表示されます。

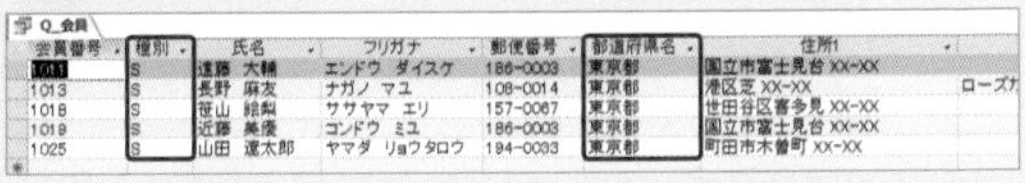

Q_会員

会員番号	種別	氏名	フリガナ	郵便番号	都道府県名	住所1	
1011	S	遠藤 大輔	エンドウ ダイスケ	186-0003	東京都	国立市富士見台 XX-XX	
1013	S	長野 麻友	ナガノ マユ	108-0014	東京都	港区芝 XX-XX	ローズガ
1018	S	笹山 絵梨	ササヤマ エリ	157-0067	東京都	世田谷区喜多見 XX-XX	
1019	S	近藤 美優	コンドウ ミユ	186-0003	東京都	国立市富士見台 XX-XX	
1025	S	山田 遼太郎	ヤマダ リョウタロウ	194-0033	東京都	町田市木曽町 XX-XX	

重要度 ★★★　クエリの実行時に抽出条件を入力

Q 289 条件を入力しない場合は全データを表示するには？

A 未入力のデータを抽出する条件の指定方法を知りましょう。

パラメータークエリは条件を入力せずに実行すると、結果が表示されません。条件を指定しない場合はすべてのデータが表示されるようにするには、パラメータークエリで入力された条件を受けるフィールドを別途準備して、そのフィールドがNull値だった場合、すべてのデータが表示されるように抽出条件を入力します。

クエリのデザインビュー

1 条件を指定するフィールドの<抽出条件>欄をクリックし、条件の入力を促すメッセージを[ ]で囲って指定します。

2 新しい列の<フィールド>欄をクリックし、式を入力します。

3 <抽出条件>欄に Is Not Null と入力します。

4 <または>欄に Is Null と入力します。

5 <表示>欄はチェックをオフにします。

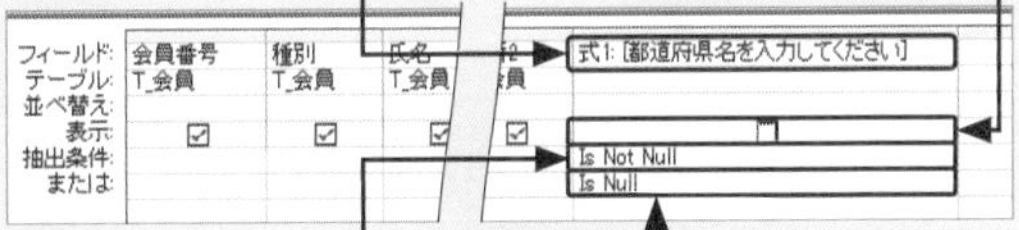

● パラメータークエリの実行

1 クエリをデータシートビューに切り替えます。

2 メッセージが表示されます。

3 抽出条件を入力せずに、<OK>をクリックします。

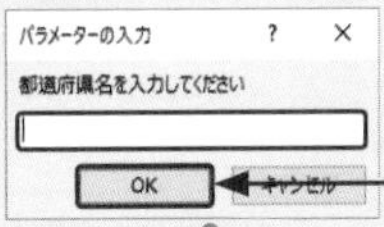

4 すべてのデータが抽出されて、表示されます。

Q_会員

会員番号	種別	氏名	フリガナ	郵便番号	都道府県名	住所1	
1001	S	高田 健斗	タカダ ケント	210-0007	神奈川県	川崎市川崎区駅前本町 XX-XX	桜マンシ
1002	G	阿部 愛	アベ アイ	221-0003	神奈川県	横浜市神奈川区大口仲町 XX-XX	
1003	P	佐々木 美里	ササキ ミサト	170-0011	東京都	豊島区池袋本町 XX-XX	ABCビル
1004	S	佐藤 慎吾	サトウ シンゴ	272-0126	千葉県	市川市千鳥町 XX-XX	
1005	S	服部 大和	ハットリ ヤマト	215-0011	神奈川県	川崎市麻生区百合丘 XX-XX	
1006	G	上野 雅也	ウエノ マサヤ	188-0014	東京都	西東京市芝久保町 XX-XX	
1007	S	飯島 沙耶	イイジマ サヤ	260-0021	千葉県	千葉市中央区新宿 XX-XX	シティハ
1008	P	中野 悠人	ナカノ ハルト	194-0013	東京都	町田市原町田 XX-XX	
1009	G	山本 絵里奈	ヤマモト エリナ	210-0024	神奈川県	川崎市川崎区日進町 XX-XX	
1010	G	大野 良太	オオノ リョウタ	279-0031	千葉県	浦安市舞浜 XX-XX	
1011	S	遠藤 大輔	エンドウ ダイスケ	186-0003	東京都	国立市富士見台 XX-XX	
1012	S	小田島 慎太郎	オダジマ シンタロウ	225-0024	神奈川県	横浜市青葉区市ケ尾町 XX-XX	
1013	S	長野 麻友	ナガノ マユ	108-0014	東京都	港区芝 XX-XX	ローズガ

重要度 ★★★　複数のテーブルの利用

Q 290 複数のテーブルをもとにクエリを作る意味は？

A 共通フィールドを介して、複数テーブルのデータをつなげて表示できます。

クエリは複数のテーブルをもとに作成できます。たとえば、イベントの申込データが保存されている「申込」テーブルと、顧客に関するデータが保存されている「顧客」テーブル、イベントに関するデータが保存されている「イベント」テーブルをもとにクエリを作成すると、申込データの情報に加えて、申込をした顧客の情報や申込されたイベントの情報を確認できます。
データを入力するときは、複数のテーブルを結び付けるための共通のフィールドのデータを頼りに、ほかのテーブルのデータを参照しながらデータを入力したりできます。

●1つのテーブルのフィールドを表示したクエリ

クエリ1

申込明細番号	イベント番号	顧客番号	申込日
M101	E101	1001	2020/11/01
M102	E104	1001	2020/11/01
M103	E103	1002	2020/11/01
M104	E102	1003	2020/11/01
M105	E104	1003	2020/11/01
M106	E104	1004	2020/11/01
M107	E107	1005	2020/11/01
M108	E102	1006	2020/11/01
M109	E107	1006	2020/11/01
M110	E106	1007	2020/11/02
M111	E101	1008	2020/11/02
M112	E104	1009	2020/11/02
M113	E103	1010	2020/11/02
M114	E101	1002	2020/11/02
M115	E105	1011	2020/11/02
M116	E102	1012	2020/11/02
M117	E103	1005	2020/11/03
M118	E106	1005	2020/11/03

●複数のテーブルのフィールドを参照して表示したクエリ

クエリ1

申込明細番号	イベント番号	イベント名	分類名	顧客番号	氏名	申込日
M101	E101	初めてのDIYに挑戦しよう	暮らし	1001	杉野　美咲	2020/11/01
M111	E101	初めてのDIYに挑戦しよう	暮らし	1008	河合　彩夏	2020/11/02
M114	E101	初めてのDIYに挑戦しよう	暮らし	1002	小笠原　亮	2020/11/02
M120	E101	初めてのDIYに挑戦しよう	暮らし	1014	富田　圭太	2020/11/04
M124	E101	初めてのDIYに挑戦しよう	暮らし	1009	松下　正人	2020/11/05
M125	E101	初めてのDIYに挑戦しよう	暮らし	1016	曽根　紗香	2020/11/06
M126	E101	初めてのDIYに挑戦しよう	暮らし	1017	相沢　正行	2020/11/06
M129	E101	初めてのDIYに挑戦しよう	暮らし	1019	外山　将司	2020/11/07
M104	E102	大人のペン字教室	趣味	1003	小島　紗香	2020/11/01
M108	E102	大人のペン字教室	趣味	1006	菅原　慎太郎	2020/11/01
M116	E102	大人のペン字教室	趣味	1012	佐藤　奈菜	2020/11/02
M121	E102	大人のペン字教室	趣味	1015	安藤　涼子	2020/11/04
M130	E102	大人のペン字教室	趣味	1020	里田　麻美	2020/11/07
M103	E103	クリスマスディナーを作ろう	料理	1002	小笠原　亮	2020/11/01
M113	E103	クリスマスディナーを作ろう	料理	1010	阿部　遥	2020/11/02
M117	E103	クリスマスディナーを作ろう	料理	1005	松田　啓介	2020/11/03
M119	E103	クリスマスディナーを作ろう	料理	1013	斎藤　大翔	2020/11/03
M123	E103	クリスマスディナーを作ろう	料理	1009	松下　正人	2020/11/05
M102	E104	水彩画入門教室	趣味	1001	杉野　美咲	2020/11/01

重要度 ★★★　複数のテーブルの利用

Q 291 デザインビューにほかのテーブルを追加するには？

A <テーブルの追加>ボタンからテーブルを追加します。

クエリのデザイングリッドの画面で、ほかのテーブルのフィールドリストを追加するには、<テーブルの追加>ボタンから追加するテーブルを選択します。複数のテーブルをまとめて追加することもできます。

クエリのデザインビュー

1 <デザイン>タブの<テーブルの追加>をクリックします。

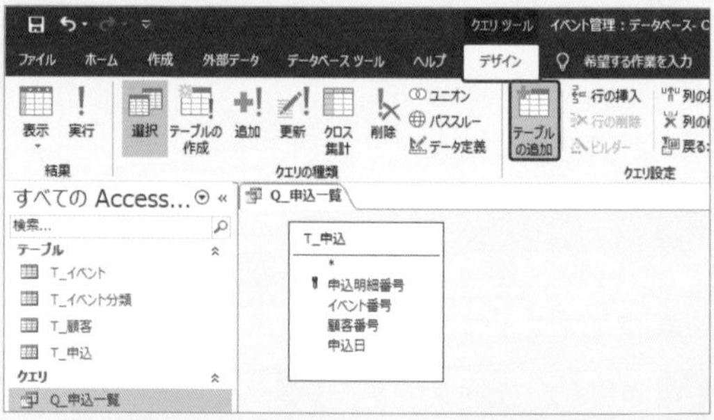

2 <テーブルの表示>画面で追加するテーブルやクエリをクリックします。

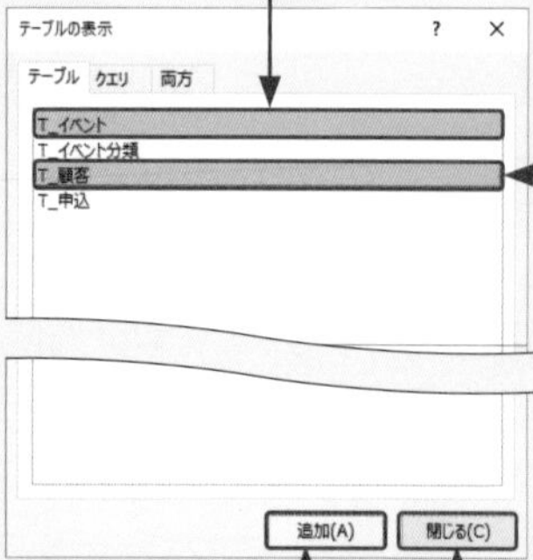

3 Ctrl キーを押しながら、ほかに追加するテーブルをクリックします。

4 <追加>をクリックします。

5 <閉じる>をクリックします。

6 テーブルのフィールドが追加されました。

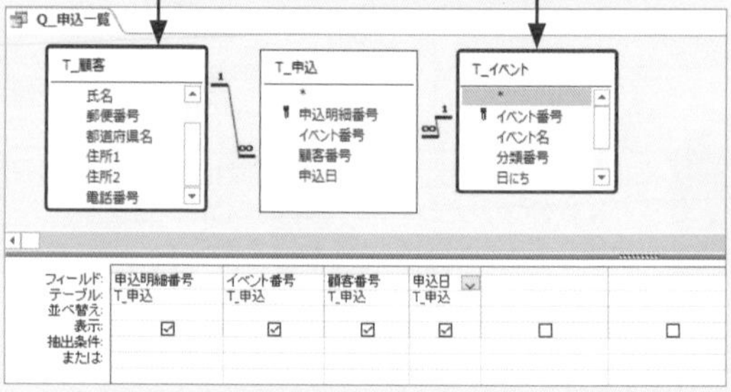

あとは、Q218の方法で、クエリに表示するフィールドをデザイングリッドに追加します。

重要度★★★ 複数のテーブルの利用

Q 292 ほかのテーブルのフィールドを追加するには？

A フィールドリストから目的のフィールドをドラッグします。

ほかのテーブルのフィールドを追加するには、フィールドリストから目的のフィールドをデザイングリッドに向かってドラッグします。フィールドが見えていない場合は、Q216の方法でフィールドリストの外枠部分をドラッグして、フィールドリストを大きく表示します。

クエリのデザインビュー

1 クエリに表示するフィールドをデザイングリッドにドラッグします。

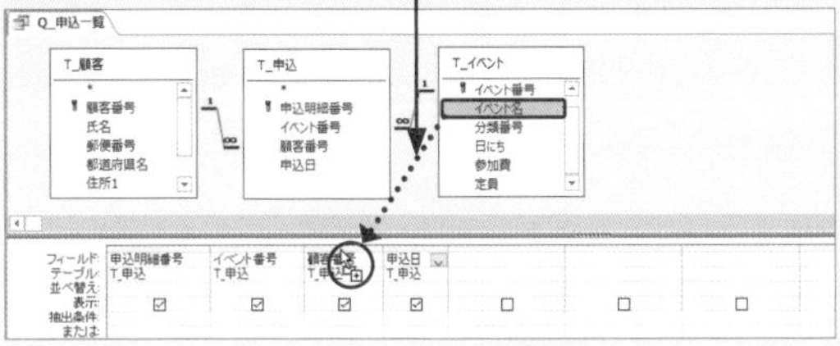

2 同様に、別のフィールドをデザイングリッドに追加します。

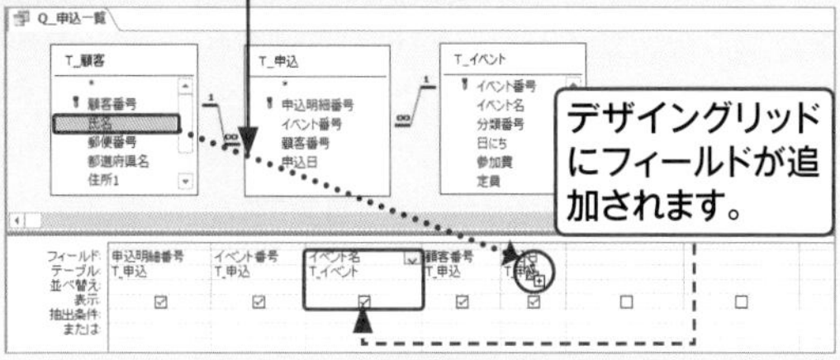

3 クエリをデータシートビューに切り替えます。

複数のテーブルからデータが参照されて表示されます。

重要度★★★ 複数のテーブルの利用

Q 293 複数のテーブルにあるフィールドのどちらを追加する？

A 多くの場合は、多側テーブルのフィールドを追加します。

テーブルどうしの関連付けを設定するために使用する共通フィールドをクエリのデザイングリッドに追加するときは、2つのテーブルのどちら側の共通フィールドを追加するか迷うことがあります。この場合、このクエリを使って新しいデータを入力することを考えてみましょう。たとえば、以下は申込データを入力するクエリです。入力する「顧客番号」は、「T_申込」テーブルの「顧客番号」のデータです。そのため、「T_申込」テーブル側の「顧客番号」フィールドをデザイングリッドに追加します。追加した「顧客番号」フィールドのデータを手掛かりに、「顧客」テーブルの「顧客番号」を介して、該当する顧客の情報を参照できます。

クエリのデザインビュー

1 「T_申込」テーブルの「申込明細番号」「イベント番号」「顧客番号」「申込日」フィールドを追加します。

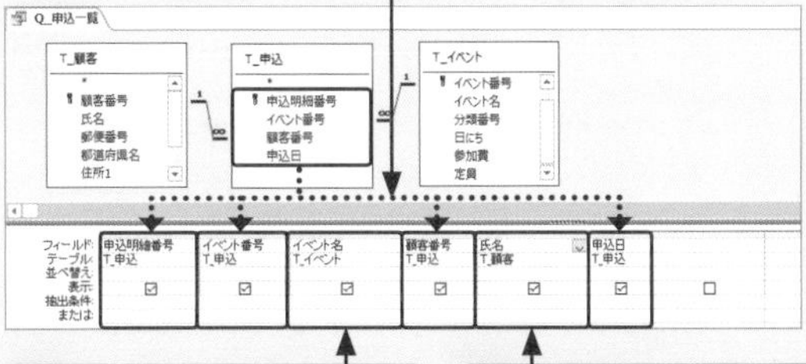

2 「T_申込」テーブルの「イベント番号」に該当する「イベント名」を「T_イベント」テーブルから参照して表示します。

3 「T_申込」テーブルの「顧客番号」に該当する顧客の「氏名」を「T_顧客」テーブルから参照して表示します。

4 クエリをデータシートビューに切り替えます。

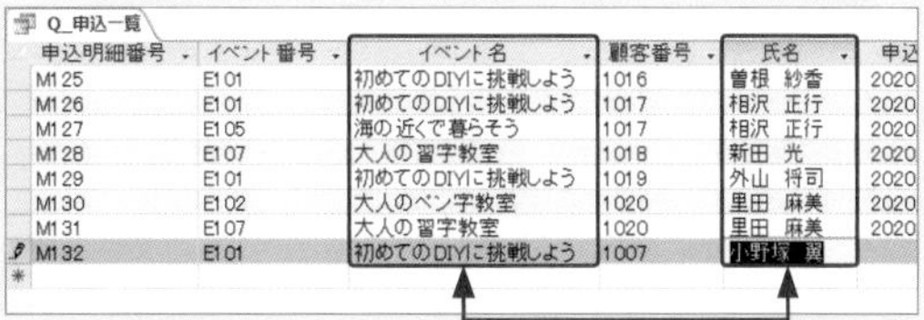

5 「T_申込」テーブルの「イベント番号」に該当する「イベント名」や、「顧客番号」に該当する「氏名」などが表示されます。

重要度 ★★★　複数のテーブルの利用

Q 294 リレーションシップを設定していないのにテーブルが結合された！

A ある条件を満たす場合は、自動的に結合線が表示されます。

リレーションシップが設定されている複数のテーブルをクエリのデザイングリッドに追加すると、テーブルどうしの関連付けを示す結合線が表示されます。ただし、リレーションシップが設定されていないテーブルでも、次の条件を満たす場合は、自動的にテーブルどうしをつなげる結合線が表示されます。

●自動的にフィールドが結合される条件

・フィールドの名前が同じ
・フィールドのデータ型が同じ
・フィールドサイズが同じ
・片方または両方が主キー

この条件を満たすテーブルを追加すると、自動的に結合線が表示されます。

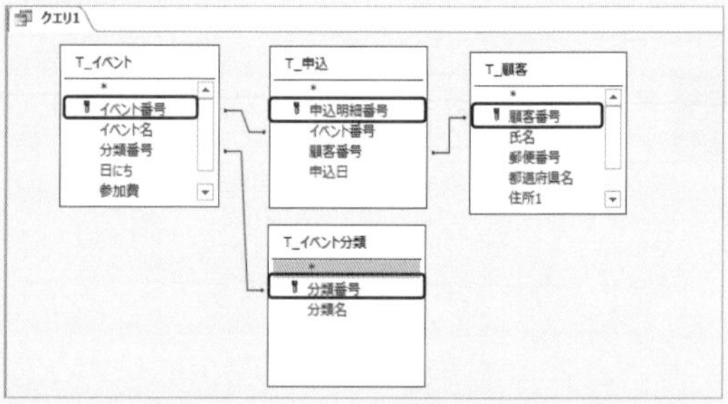

重要度 ★★★　複数のテーブルの利用

Q 295 複数のテーブルをもとにしたクエリにデータを入力するとどうなる？

A 共通フィールドを介してデータを参照しながら入力できます。

複数のテーブルをもとにしたクエリにデータを入力するときは、共通フィールドのデータを介して、互いのテーブルのデータを参照しながらデータを入力できます。

たとえば、申込データを表示するクエリで、申込をするイベントや氏名のデータを参照しながらデータを入力できます。入力した内容は、申込データを管理するテーブルに保存されます。

入力した内容は、クエリのもとのテーブルに入力されます。

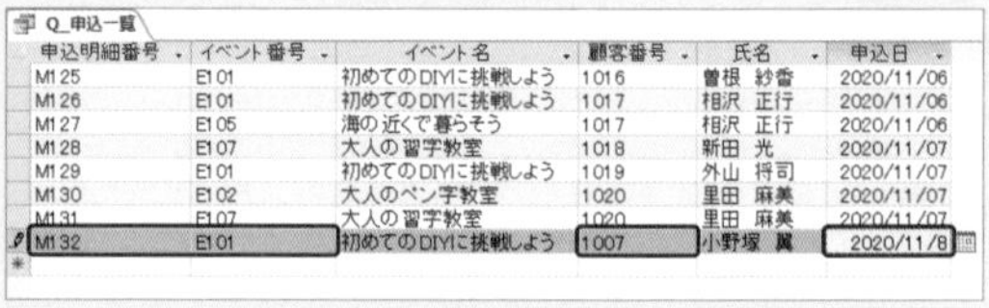

重要度 ★★★　複数のテーブルの利用

Q 296 複数のテーブルをもとにしたクエリでデータを入力できない！

A データの参照先が見つからないデータを入力している可能性があります。

複数のテーブルをもとにクエリを作成するとき、異なるテーブルのデータを参照するフィールドを追加します。このとき、参照先のデータが見つからない場合はデータを入力することはできません。

たとえば、注文した顧客の情報を識別する「顧客ID」を入力するとき、入力しようとしている「顧客ID」に該当する顧客がいない場合は、データを入力できません。

入力した値に該当するデータが見つからない場合はエラーになります。

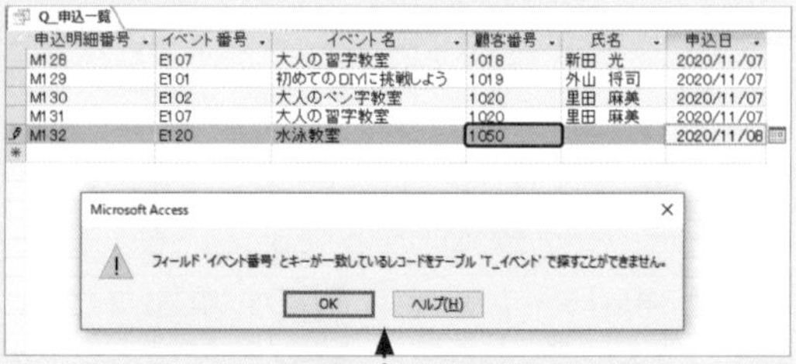

入力した値に該当するデータが見つからないので、エラーメッセージが表示されました。

重要度 ★★★ 複数のテーブルの利用

Q 297 ほかのテーブルのデータが自動的に表示されない！

A 共通フィールドのテーブルを確認しましょう。

ほかのテーブルのデータを参照して表示するには、2つのテーブルを関連付けるための共通のフィールドを利用します。
たとえば、注文データを保存する「注文」テーブルと、顧客データを保存する「顧客」テーブルの2つを1つのクエリで表示するとします。このとき、共通のフィールドは「顧客ID」フィールドです。そして、クエリに追加するのは「注文」テーブル側の「顧客ID」フィールドです。注文データ側で、どの顧客からの注文かを示す「注文」テーブル側の「顧客ID」フィールドに入力すると、共通フィールドの「顧客ID」フィールドを通じて、「顧客」テーブルから該当する顧客名を参照して表示するしくみを作ります。
もし、間違えて「顧客」テーブル側の「顧客ID」フィールドをクエリに追加すると、クエリで注文データを入力するときに「顧客ID」の値を入力できないうえ、該当する顧客名を正しく参照できなくなります。

重要度 ★★★ 複数のテーブルの利用

Q 298 ほかのテーブルの関連データを表示するには？

A サブデータシートを表示します。

テーブルにリレーションシップを設定すると、テーブルの関連データがサブデータシートに表示されます。クエリでも、関連するテーブルやクエリのデータをサブデータシートに表示できます。サブデータシートは展開して表示したり、隠したりすることができます。必要に応じて表示してデータを確認しましょう。 参照 ▶ Q 299

●Q299の方法でサブシートを追加した例

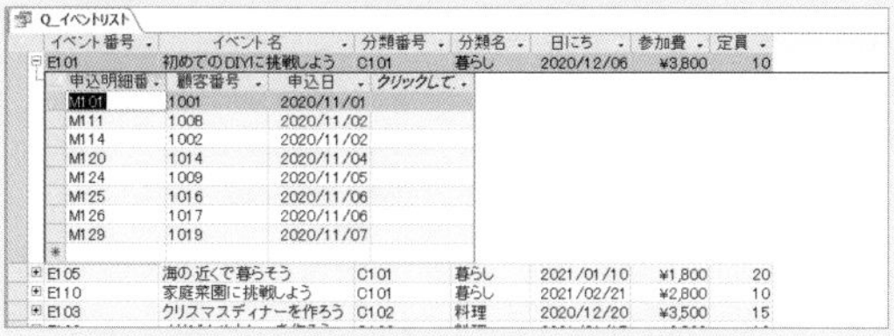

重要度 ★★★ 複数のテーブルの利用

Q 299 データの明細をサブデータシートに表示するには？

A <サブデータシート名>プロパティで指定します。

テーブルどうしの関連付けを設定すると、テーブルを開いたときに関連するテーブルのデータがサブデータシートに表示されます。クエリでも、関連するテーブルやクエリのデータをサブデータシートに表示できます。表示される関連テーブルは、自動で指定されます。手動で指定するには、クエリの＜サブデータシート名＞プロパティで指定します。クエリとサブデータシートに表示するテーブルやクエリのデータの関連付けは、＜リンク子フィールド＞＜リンク親フィールド＞プロパティで指定します。 参照 ▶ Q 300

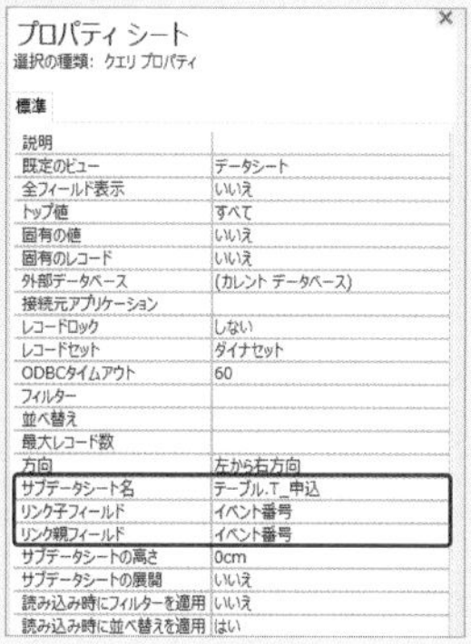

重要度 ★★★ 複数のテーブルの利用

Q 300 サブデータシートの表示方法を変更するには？

A クエリプロパティで指定します。

リレーションシップが設定されているテーブルでは、関連するテーブルのデータがサブデータシートに表示されます。クエリでも、関連するテーブルやクエリのデータをサブデータシートに表示できます。サブデータシートの表示方法は、クエリのプロパティで指定できます。たとえば、サブデータシートの高さなどを指定できます。

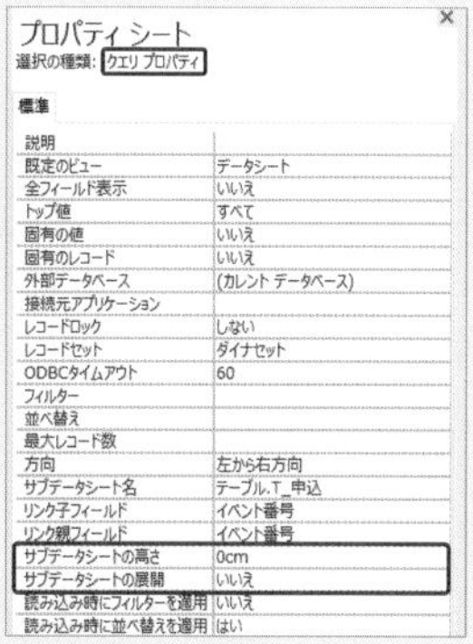

重要度★★★　2つの項目で集計する表

Q 301 クロス集計表を作成するには？

A ウィザード画面で作成する方法があります。

クロス集計表とは、行や列に配置した項目ごとに集計結果を表示するしくみです。1つのテーブルやクエリをもとにクロス集計クエリを作成するには、ウィザード画面を利用するとかんたんです。

ここでは、注文明細データをまとめたクエリをもとに、商品別、月別の売上金額を集計するクロス集計表を作成します。なお、ここで紹介する方法で作成したクエリでは、異なる年のデータでも、同じ月のデータは同じグループにまとめられてしまいます。年ごと、月ごとのデータをまとめるには、Q306を参照してください。

また、複数のテーブルをもとにクロス集計表を作るには、クエリのデザイングリッドでクエリの種類を「クロス集計」に指定し、行や列の見出しを指定します。

参照▶Q 273

1 <作成>タブの<クエリウィザード>をクリックします。

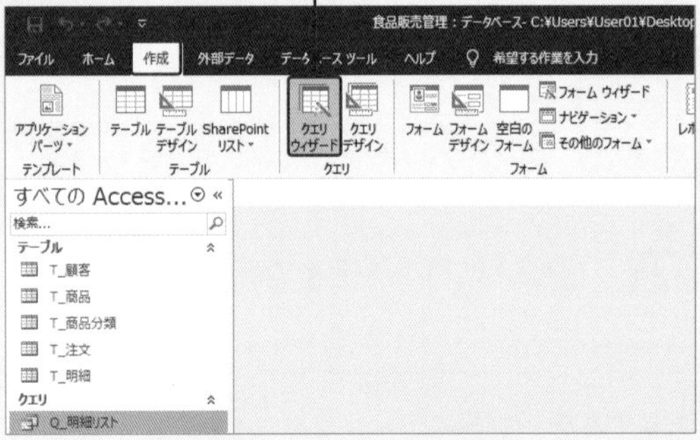

2 <新しいクエリ>画面で<クロス集計クエリウィザード>をクリックし、

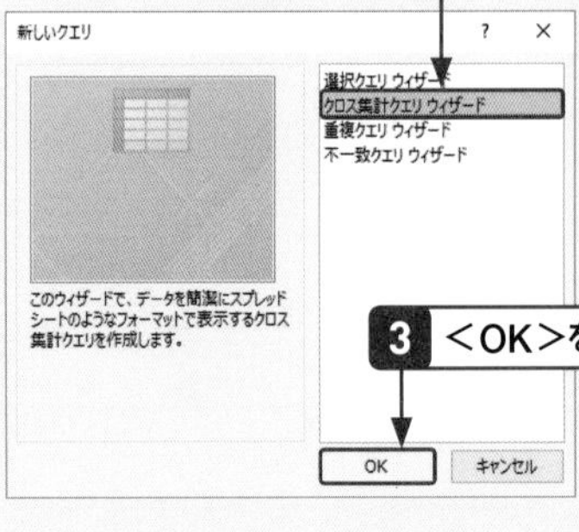

3 <OK>をクリックします。

4 <クロス集計クエリウィザード>の画面で、クエリのもとになるテーブルまたはクエリを選択し、

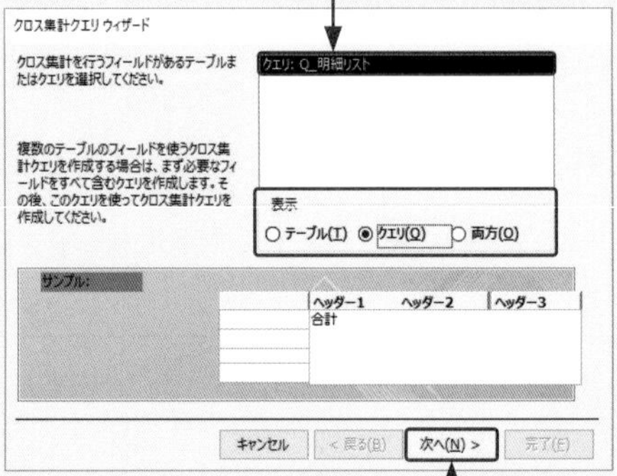

5 <次へ>をクリックします。

6 行見出しに表示するフィールドを選択し、

7 ここをクリックします。

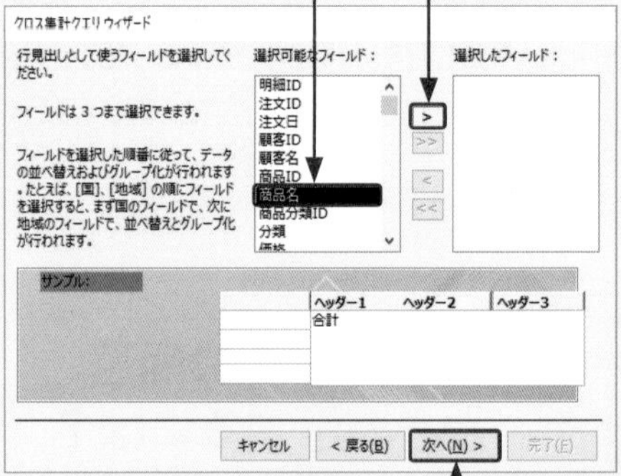

8 <次へ>をクリックします。

9 行見出しが指定されます。

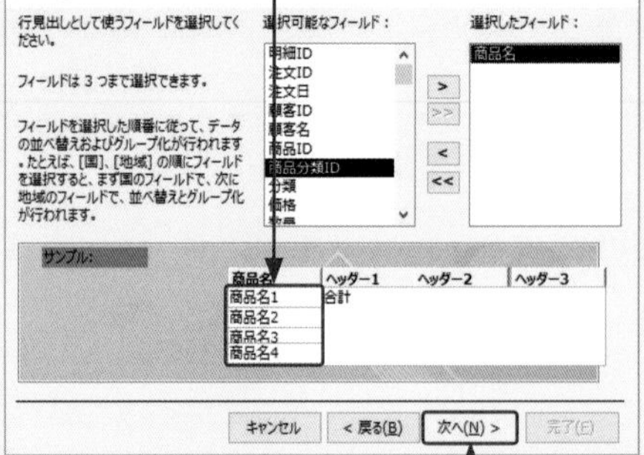

10 <次へ>をクリックします。

11 列見出しに表示するフィールドをクリックし、

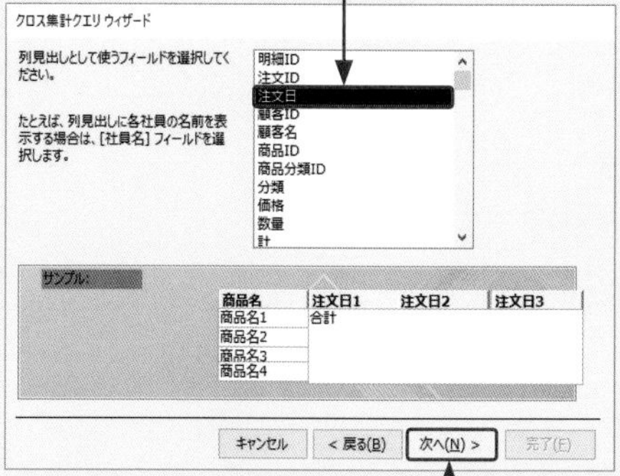

12 <次へ>をクリックします。

13 列見出しに指定した日付のフィールドをどの単位で表示するか指定し、

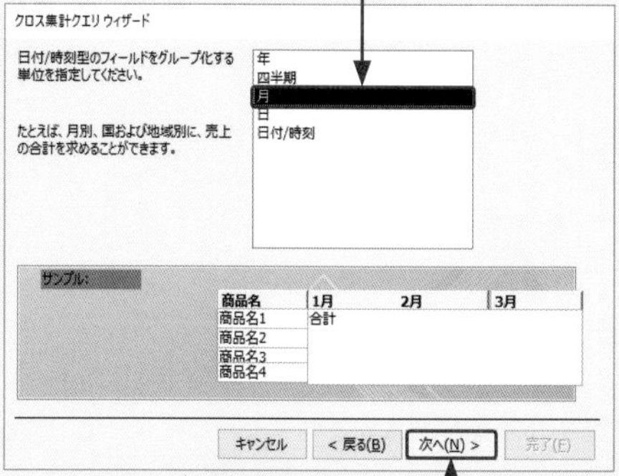

14 <次へ>をクリックします。

15 集計するフィールドを選択し、

16 集計方法を選択して、

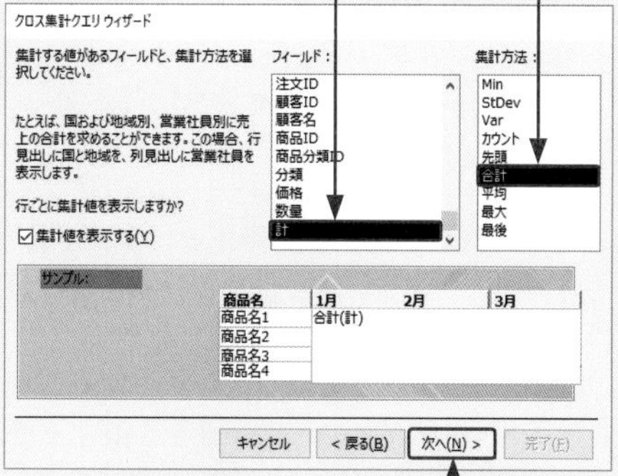

17 <次へ>をクリックします。

18 クエリ名を指定し、

19 このあと実行する内容を指定して、

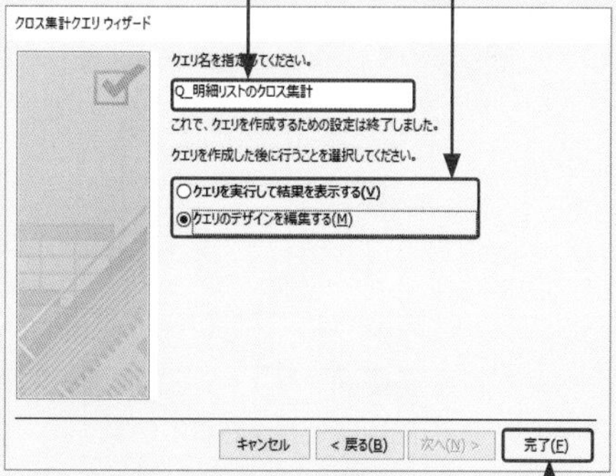

20 <完了>をクリックします。

21 ここでは、デザインビューが表示されます。

クエリの種類が<クロス集計>クエリに指定されています。

22 ここでは、「商品ID」フィールドをデザイングリッドに追加します。

<行列の入れ替え>欄で、ウィザードで指定した内容を確認できます。

23 <行列の入れ替え>欄で<行見出し>を選択します。

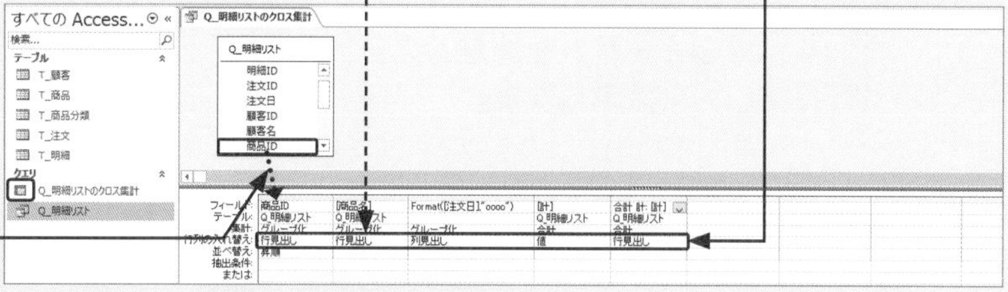

24 クエリをデータシートビューに切り替えると、集計結果が表示されます。

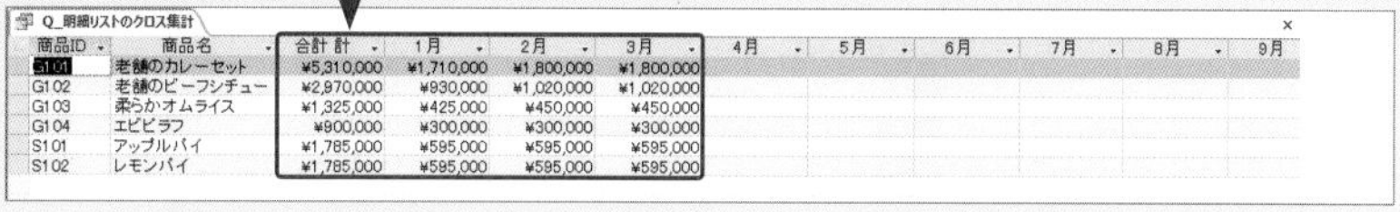
Q_明細リストのクロス集計

商品ID	商品名	合計 計	1月	2月	3月	4月	5月	6月	7月	8月	9月
G101	老舗のカレーセット	¥5,310,000	¥1,710,000	¥1,800,000	¥1,800,000						
G102	老舗のビーフシチュー	¥2,970,000	¥930,000	¥1,020,000	¥1,020,000						
G103	柔らかオムライス	¥1,325,000	¥425,000	¥450,000	¥450,000						
G104	エビピラフ	¥900,000	¥300,000	¥300,000	¥300,000						
S101	アップルパイ	¥1,785,000	¥595,000	¥595,000	¥595,000						
S102	レモンパイ	¥1,785,000	¥595,000	¥595,000	¥595,000						

重要度 ★★★　2つの項目で集計する表

Q 302 クロス集計表の集計内容を変更するには？

A デザイングリッドの<集計>欄で指定します。

クロス集計クエリの集計方法を変更するには、クロス集計クエリをデザイングリッドで開き、行や列、計算対象に表示するフィールドを指定します。

ここでは、顧客ごと・商品ごとの売上金額の集計表を修正し、顧客ごと・商品ごとの注文数量を合計する集計表に変更します。

参照 ▶ Q 301

1 Q301の方法で、クロス集計表を作成します。

顧客ID	G101	G102	G103	G104	S101	S102
K101	¥180,000	¥180,000				
K102	¥180,000	¥180,000				
K103	¥270,000		¥225,000	¥225,000		
K104					¥210,000	¥210,000
K105	¥270,000	¥270,000	¥150,000	¥150,000		
K106					¥210,000	¥210,000
K107	¥270,000					
K108	¥180,000		¥150,000	¥75,000		
K109	¥180,000	¥180,000				
K110	¥90,000		¥75,000	¥75,000		
K111	¥180,000					
K112					¥210,000	¥210,000
K113	¥270,000		¥225,000	¥225,000		
K114	¥180,000					
K115	¥180,000					
K116	¥270,000	¥270,000				
K117	¥180,000					
K118	¥270,000					
K119					¥315,000	¥315,000

顧客別・商品ごとの売上金額の集計表が表示されています。

2 クエリをデザインビューで開きます。

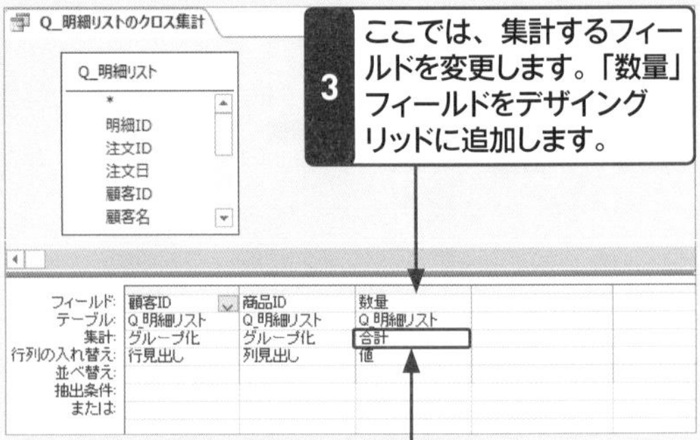

3 ここでは、集計するフィールドを変更します。「数量」フィールドをデザイングリッドに追加します。

4 <集計>欄で集計方法を指定します。

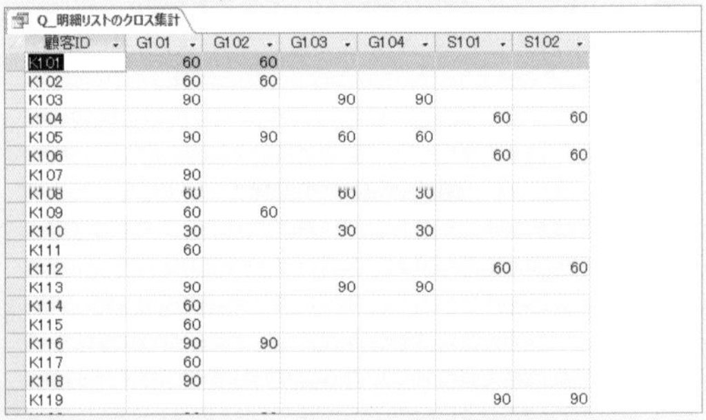

顧客ID	G101	G102	G103	G104	S101	S102
K101	60	60				
K102	60	60				
K103	90		90	90		
K104					60	60
K105	90	90	60	60		
K106					60	60
K107	90					
K108	60		60	30		
K109	60	60				
K110	30		30	30		
K111	60					
K112					60	60
K113	90		90	90		
K114	60					
K115	60					
K116	90	90				
K117	60					
K118	90					
K119					90	90

5 クエリをデータシートビューに切り替えると、集計結果が表示されます。

重要度 ★★★　2つの項目で集計する表

Q 303 クロス集計表に合計列を表示するには？

A 合計を示すフィールドを追加して<行見出し>を指定します。

クロス集計表で行ごとの合計を表示するには、合計を表示する列を追加して、<行見出し>として指定します。また、集計方法などを指定します。

ここでは、商品ごと・月ごとの売上金額の集計表に、月ごとの売上合計が表示されるようにします。

クエリのデザインビュー

1 クロス集計表を作成し、集計するフィールドをデザイングリッドに追加しておきます。

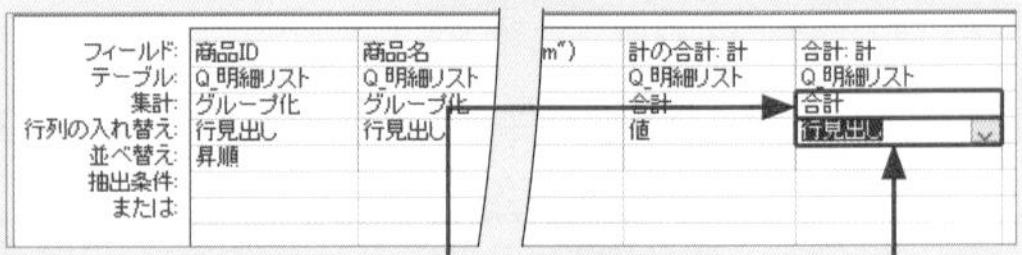

2 <集計>欄から集計方法を選択します。

3 <行列の入れ替え>欄から<行見出し>を選択します。

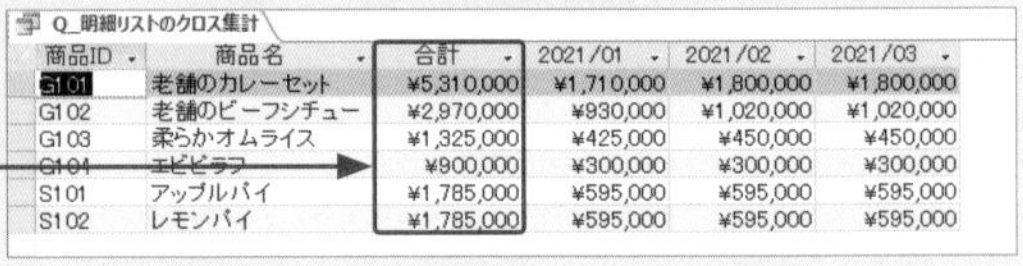

商品ID	商品名	合計	2021/01	2021/02	2021/03
G101	老舗のカレーセット	¥5,310,000	¥1,710,000	¥1,800,000	¥1,800,000
G102	老舗のビーフシチュー	¥2,970,000	¥930,000	¥1,020,000	¥1,020,000
G103	柔らかオムライス	¥1,325,000	¥425,000	¥450,000	¥450,000
G104	エビピラフ	¥900,000	¥300,000	¥300,000	¥300,000
S101	アップルパイ	¥1,785,000	¥595,000	¥595,000	¥595,000
S102	レモンパイ	¥1,785,000	¥595,000	¥595,000	¥595,000

4 クエリをデータシートビューに切り替えると、集計結果が表示されます。

重要度 ★★★ 2つの項目で集計する表

Q 304 条件に合うデータを対象にクロス集計表を作成したい！

A 「Where条件」を指定します。

クロス集計表を作成して、条件に一致するデータを対象に集計表を作成するには、条件を指定するフィールドの<集計>欄から「Where条件」を選択して、条件の内容を入力します。
ここでは、指定した顧客の商品ごとの月別の売上集計表を作成します。

クエリのデザインビュー

1 クロス集計表を作成します（Q301参照）。

フィールド:	商品ID	商品名	Format([注文日],"oooo")	計の合計: 計	顧客ID
テーブル:	Q_明細リスト	Q_明細リスト		Q_明細リスト	Q_明細リスト
集計:	グループ化	グループ化	グループ化	合計	Where 条件
行列の入れ替え:	行見出し	行見出し	列見出し	値	
並べ替え:	昇順				
抽出条件:					"K130"
または:					

2 抽出条件を指定するフィールドを追加し、<集計>行で集計方法（ここでは「Where条件」）を選択します。

3 <抽出条件>欄に「K130」と入力します。

Q_明細リストのクロス集計

商品ID	商品名	1月	2月	3月	4月	5
G101	老舗のカレーセット	¥60,000	¥90,000	¥90,000		
G102	老舗のビーフシチュー	¥60,000	¥90,000	¥90,000		
G103	柔らかオムライス	¥50,000	¥75,000	¥75,000		

4 クエリをデータシートビューに切り替えると、集計結果が表示されます。

重要度 ★★★ 2つの項目で集計する表

Q 305 クロス集計表の列の順番を変更したい！

A <クエリ列見出し>プロパティで指定します。

クロス集計表を作成すると、列見出しに指定したフィールドの項目が自動的に並びます。指定した順に表示したい場合は、クエリの<クエリ列見出し>プロパティで列の表示順を指定します。
ここでは、顧客ごと・商品ごとのクロス集計表を修正し、商品の表示順を変更します。

1 クロス集計表を作成し、データシートビューで開きます。

2 商品の表示順を確認します。

Q_顧客別商品別クロス集計クエリ

顧客ID	顧客名	G101	G102	G103	G104	S101	S102
K101	株式会社中村商店	¥180,000	¥180,000				
K102	有限会社キッチン	¥180,000	¥180,000				
K103	山田商事株式会社	¥270,000		¥225,000	¥225,000		
K104	中野レストラン株式会社					¥210,000	¥210,000
K105	上原カフェ株式会社	¥270,000	¥270,000	¥150,000	¥150,000		
K106	渡辺ホーム株式会社					¥210,000	¥210,000
K107	佐藤商店有限会社	¥270,000					
K108	株式会社中川食堂	¥180,000		¥150,000	¥75,000		
K109	本田商店株式会社	¥180,000	¥180,000				
K110	大原商会株式会社	¥90,000		¥75,000	¥75,000		
K111	有限会社フラワーキッチン	¥180,000					
K112	高橋商店株式会社					¥210,000	¥210,000
K113	株式会社沢村	¥270,000		¥225,000	¥225,000		
K114	池田商事株式会社	¥180,000					
K115	島田電機株式会社	¥180,000					
K116	松下商会有限会社	¥270,000	¥270,000				
K117	有限会社大野カフェ	¥180,000					
K118	株式会社山本商店	¥270,000					
K119	高田商事株式会社					¥315,000	¥315,000
K120	株式会社佐藤ハウス	¥240,000	¥240,000				
K121	大川商店株式会社	¥180,000	¥180,000	¥150,000	¥150,000	¥210,000	¥210,000
K122	キッチン上原株式会社	¥270,000	¥270,000				
K123	野菜カフェ株式会社	¥240,000	¥240,000				
K124	野村ハウス株式会社	¥180,000	¥180,000				

3 クエリをデザインビューに切り替えます。

プロパティ シート
選択の種類: クエリ プロパティ

標準

説明	
既定のビュー	データシート
クエリ列見出し	"S101","S102","G101","G102","
外部データベース	(カレント データベース)
接続元アプリケーション	
レコードロック	しない
レコードセット	ダイナセット
ODBCタイムアウト	60
方向	左から右方向
サブデータシート名	
リンク子フィールド	
リンク親フィールド	
サブデータシートの高さ	0cm
サブデータシートの展開	いいえ

4 クエリの<クエリ列見出し>プロパティに、「商品ID」を表示する順に「" "」で囲んで、「,」で区切って入力します。

5 クエリをデータシートビューに切り替えると、集計結果が表示されます。

商品の表示順が変更されています。

Q_顧客別商品別クロス集計クエリ

顧客ID	顧客名	S101	S102	G101	G102	G103	G104
K101	株式会社中村商店			¥180,000	¥180,000		
K102	有限会社キッチン			¥180,000	¥180,000		
K103	山田商事株式会社			¥270,000		¥225,000	¥225,000
K104	中野レストラン株式会社	¥210,000	¥210,000				
K105	上原カフェ株式会社			¥270,000	¥270,000	¥150,000	¥150,000
K106	渡辺ホーム株式会社	¥210,000	¥210,000				
K107	佐藤商店有限会社			¥270,000			
K108	株式会社中川食堂			¥180,000		¥150,000	¥75,000
K109	本田商店株式会社			¥180,000	¥180,000		
K110	大原商会株式会社			¥90,000		¥75,000	¥75,000
K111	有限会社フラワーキッチン			¥180,000			
K112	高橋商店株式会社	¥210,000	¥210,000				
K113	株式会社沢村			¥270,000		¥225,000	¥225,000
K114	池田商事株式会社			¥180,000			
K115	島田電機株式会社			¥180,000			
K116	松下商会有限会社			¥270,000	¥270,000		
K117	有限会社大野カフェ			¥180,000			
K118	株式会社山本商店			¥270,000			
K119	高田商事株式会社	¥315,000	¥315,000				
K120	株式会社佐藤ハウス			¥240,000	¥240,000		
K121	大川商店株式会社	¥210,000	¥210,000	¥180,000	¥180,000	¥150,000	¥150,000
K122	キッチン上原株式会社			¥270,000	¥270,000		
K123	野菜カフェ株式会社			¥240,000	¥240,000		
K124	野村ハウス株式会社			¥180,000	¥180,000		

重要度 ★★★　2つの項目で集計する表

Q 306 集計データがない月を非表示にするには？

A 表示する列を<クエリ列見出し>プロパティで指定する方法があります。

Q301の方法で、月ごとの値を集計するクロス集計クエリを作成すると、集計データがない月も項目名として表示されます。集計データがない月が表示されないようにするには、クエリの<クエリの列見出し>プロパティに指定されている列見出しを削除します。
また、ここでは、月ごとの集計結果を表示するのに、年ごと・月ごとの集計結果が表示されるように列見出しの表示の設定を変更します。

1 クロス集計表を作成し、デザインビューで開きます。

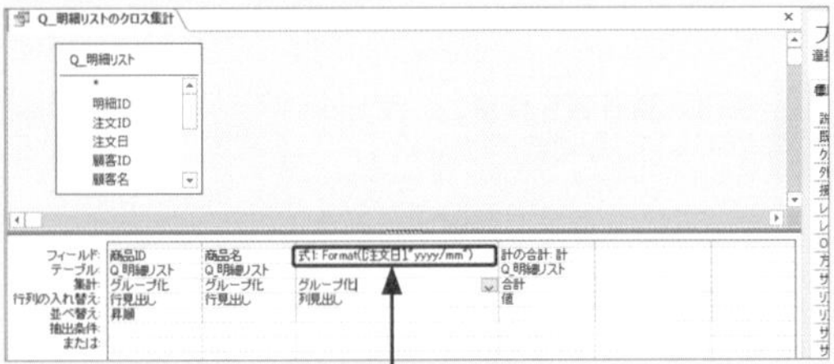

2 クエリの<クエリ列見出し>プロパティで指定されている、月の表示方法を確認します（Q273参照）。

3 <クエリ列見出し>プロパティの内容を削除します。

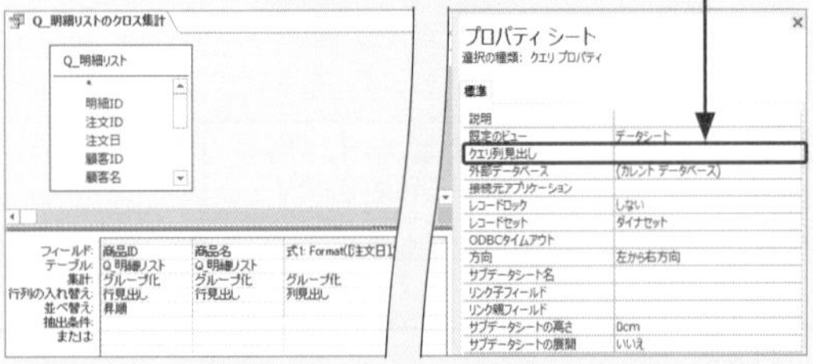

4 クエリをデータシートビューに切り替えると、集計結果が表示されます。

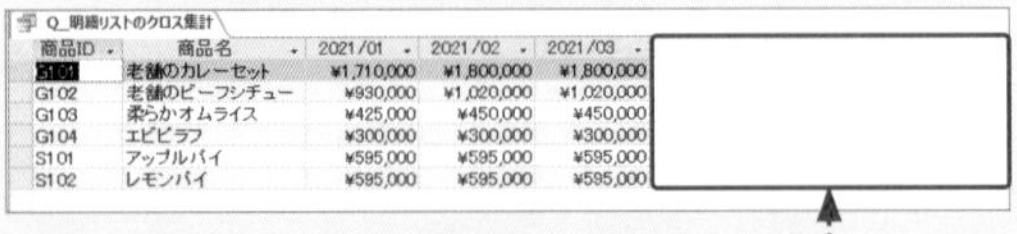
Q_明細リストのクロス集計

商品ID	商品名	2021/01	2021/02	2021/03
G101	老舗のカレーセット	¥1,710,000	¥1,800,000	¥1,800,000
G102	老舗のビーフシチュー	¥930,000	¥1,020,000	¥1,020,000
G103	柔らかオムライス	¥425,000	¥450,000	¥450,000
G104	エビピラフ	¥300,000	¥300,000	¥300,000
S101	アップルパイ	¥595,000	¥595,000	¥595,000
S102	レモンパイ	¥595,000	¥595,000	¥595,000

集計データがない月（4月以降）は表示されません。

重要度 ★★★　2つの項目で集計する表

Q 307 空欄に「0」を表示したい！

A Nz関数を使ってNull値かどうかを判定します。

クロス集計クエリで集計するデータがない場合、集計値は空になります。集計値がないときに「0」を表示するには「Nz関数」を使います。Nz関数は引数に指定した数値がNull値かどうかを調べて、Null値の場合指定したデータを表示します。
ここでは、「計」フィールドの合計がNull値の場合に「0」を表示するようにします。また、引数に指定したデータを通貨型に変換する「CCur関数」を使って、計算結果が「¥1,000」のように表示されるようにします。

1 クロス集計表を作成し、デザインビューで開きます。

2 <行列の入れ替え>で<値>のフィールドの<フィールド>欄に
式1: CCur(Nz(Sum([計]),0))
と入力します。

3 <集計>欄で集計方法を指定します。

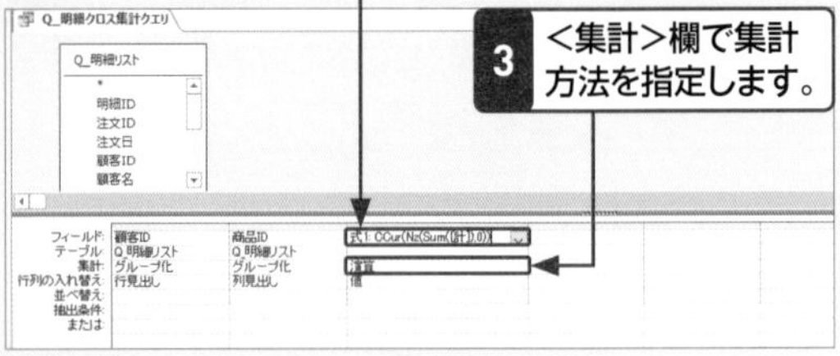

4 クエリをデータシートビューに切り替えると、集計結果が表示されます。

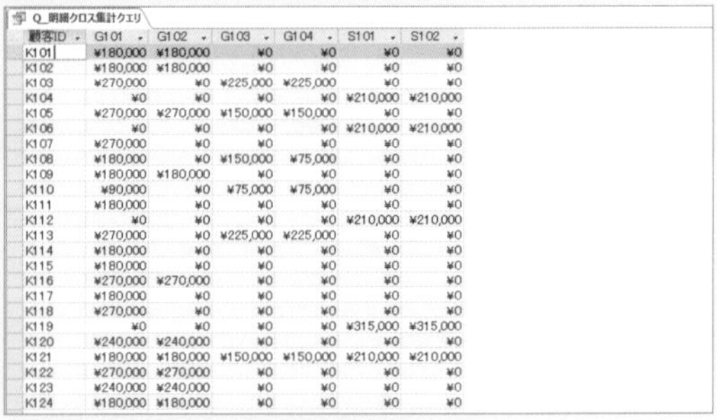
Q_明細クロス集計クエリ

顧客ID	G101	G102	G103	G104	S101	S102
K101	¥180,000	¥180,000	¥0	¥0	¥0	¥0
K102	¥180,000	¥180,000	¥0	¥0	¥0	¥0
K103	¥270,000	¥0	¥225,000	¥225,000	¥0	¥0
K104	¥0	¥0	¥0	¥0	¥210,000	¥210,000
K105	¥270,000	¥270,000	¥150,000	¥150,000	¥0	¥0
K106	¥0	¥0	¥0	¥0	¥210,000	¥210,000
K107	¥270,000	¥0	¥0	¥0	¥0	¥0
K108	¥180,000	¥0	¥150,000	¥75,000	¥0	¥0
K109	¥180,000	¥180,000	¥0	¥0	¥0	¥0
K110	¥90,000	¥0	¥75,000	¥75,000	¥0	¥0
K111	¥180,000	¥0	¥0	¥0	¥0	¥0
K112	¥0	¥0	¥0	¥0	¥210,000	¥210,000
K113	¥270,000	¥0	¥225,000	¥225,000	¥0	¥0
K114	¥180,000	¥0	¥0	¥0	¥0	¥0
K115	¥180,000	¥0	¥0	¥0	¥0	¥0
K116	¥270,000	¥270,000	¥0	¥0	¥0	¥0
K117	¥180,000	¥0	¥0	¥0	¥0	¥0
K118	¥270,000	¥0	¥0	¥0	¥0	¥0
K119	¥0	¥0	¥0	¥0	¥315,000	¥315,000
K120	¥240,000	¥240,000	¥0	¥0	¥0	¥0
K121	¥180,000	¥180,000	¥150,000	¥150,000	¥210,000	¥210,000
K122	¥270,000	¥270,000	¥0	¥0	¥0	¥0
K123	¥240,000	¥240,000	¥0	¥0	¥0	¥0
K124	¥180,000	¥180,000	¥0	¥0	¥0	¥0

書式 Nz(値,返す値)

Null値かどうか調べます。
値：Null値かどうかを調べる値を指定します。
返す値：Nullの場合に表示する値を指定します。

Q 308 複数テーブルからクロス集計表を作成するには？

A デザイングリッドでクロス集計クエリを選択します。

1つのテーブルからクロス集計クエリを作る場合、ウィザード画面を利用するとかんたんです（Q301参照）。リレーションシップが設定されている複数のテーブルをもとにクロス集計クエリを作成するには、クエリのデザイングリッドで指定する方法があります。クロス集計表の行や列に、どのフィールドの項目を配置するかを指定します。

ここでは、商品ごと・月ごとの売上数量の合計を表示します。

クエリのデザインビュー

1 クロス集計クエリのもとになるテーブルやクエリを追加します。

2 <デザイン>タブの<クロス集計>をクリックします。

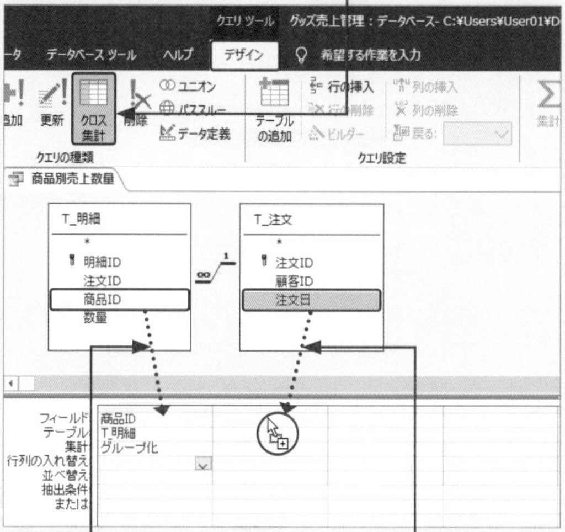

3 クロス集計クエリの「行」に配置するフィールドをデザイングリッドに追加します。

4 クロス集計クエリの「列」に配置するフィールドをデザイングリッドに追加します。

5 クロス集計クエリで集計するフィールドをデザイングリッドに追加します。

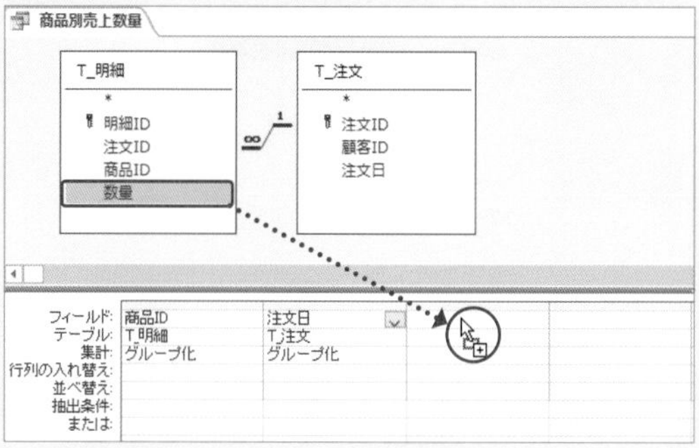

6 <行列の入れ替え>欄で<行見出し>に指定するフィールドを選択します。

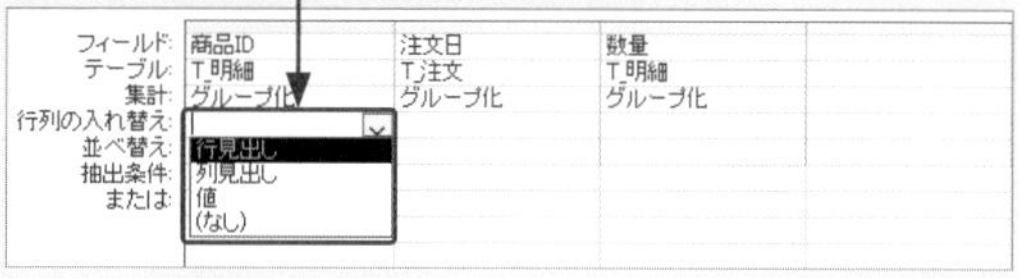

7 ここでは、注文日を月ごとに集計できるように式を入力します。

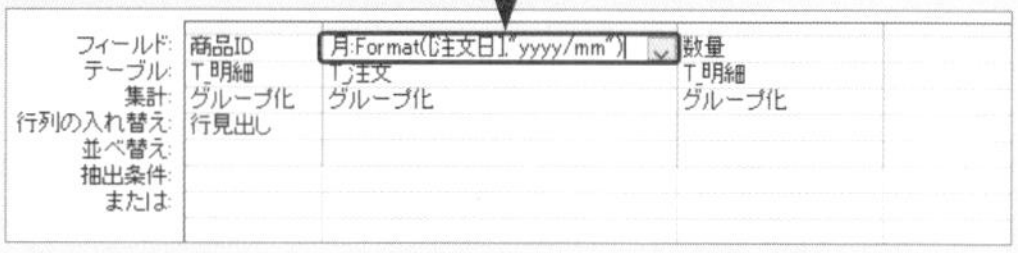

8 <行列の入れ替え>欄で<列見出し>に指定するフィールドを指定します。

9 <集計>欄で集計方法を指定します。

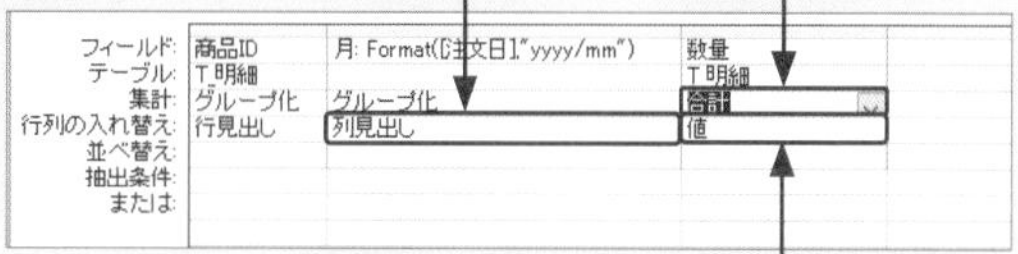

10 <行列の入れ替え>欄で<値>に指定するフィールドを指定します。

11 クエリをデータシートビューに切り替えると、集計結果が表示されます。

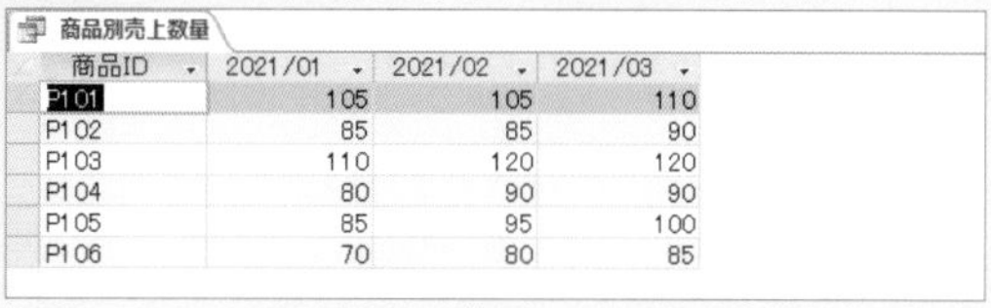

商品別売上数量

商品ID	2021/01	2021/02	2021/03
P101	105	105	110
P102	85	85	90
P103	110	120	120
P104	80	90	90
P105	85	95	100
P106	70	80	85

重要度 ★★★　矛盾・重複するデータの抽出

Q 309 一方のテーブルにしか存在しないデータを抽出するには？

A 不一致クエリを作成しましょう。

リレーションシップが設定されている2つのテーブルのデータの中から、参照先が見つからない迷子のデータを見つけるには、「不一致クエリ」を作成します。たとえば、注文実績のない顧客や、どの顧客からの注文かわからないデータなどを抽出できます。
ここでは、イベントのデータを保存する「T_イベント」テーブルと、申込データを保存する「T_申込」テーブルを比較し、申込のないイベントデータを探します。

1 <作成>タブの<クエリウィザード>をクリックします。

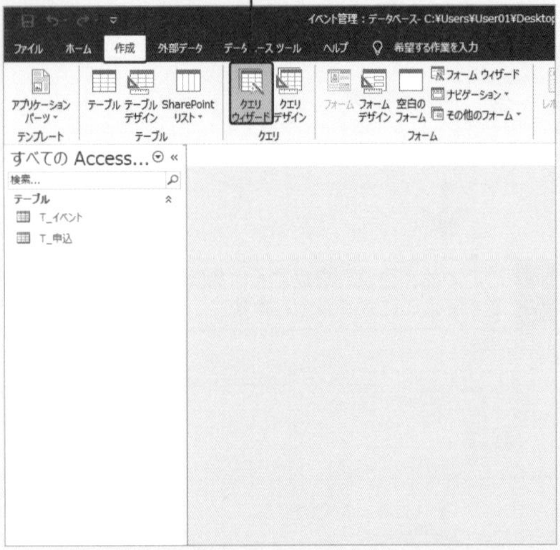

2 <新しいクエリ>画面の<不一致クエリウィザード>をクリックします。

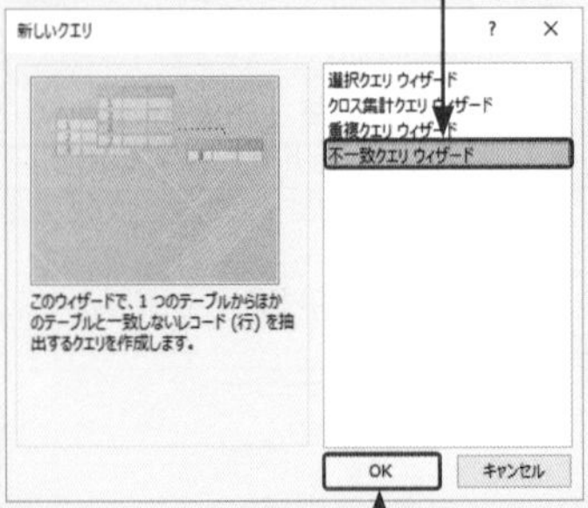

3 <OK>をクリックします。

4 クエリの結果に表示するテーブルまたはクエリを選択します。

5 ここでは、申込のないイベントデータを表示するため、「T_イベント」テーブルを選択しています。

6 <次へ>をクリックします。

7 比較対象のテーブルまたはクエリを選択します。

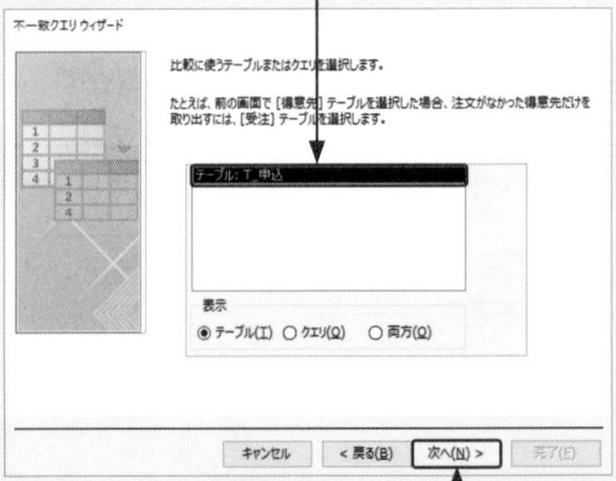

8 <次へ>をクリックします。

9 クエリに表示するテーブルまたはクエリと、比較対象のテーブルまたはクエリを結び付ける共通フィールドを選択します。

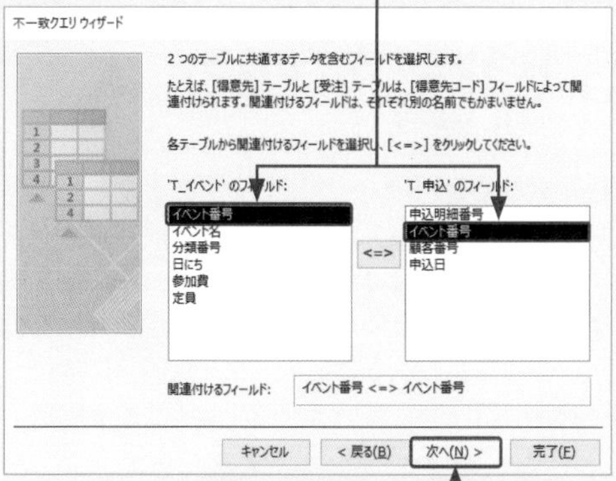

10 <次へ>をクリックします。

11 クエリに表示するフィールドを選択します。ここでは「>>」をクリックして、すべてのフィールドを追加します。

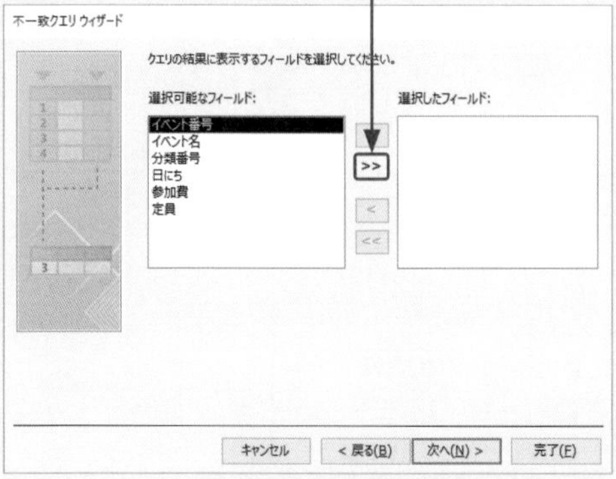

すべてのフィールドが追加されました。

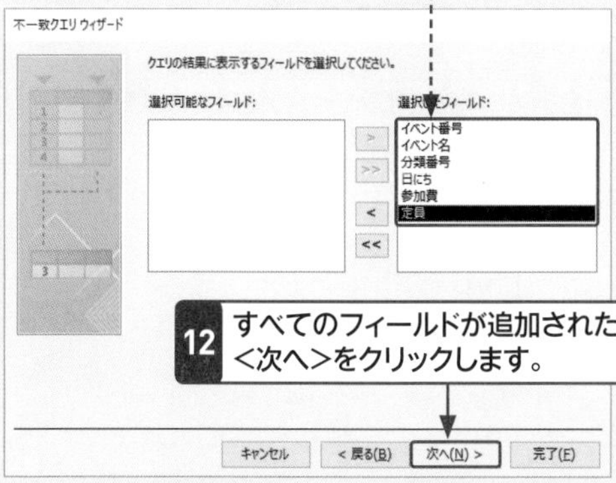

12 すべてのフィールドが追加されたら、<次へ>をクリックします。

13 クエリ名を指定します。

14 このあと行う内容を指定します。

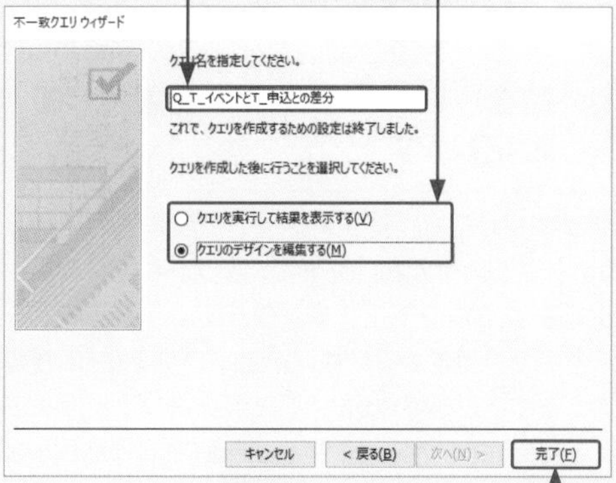

15 <完了>をクリックします。

16 クエリの指定内容を確認します。

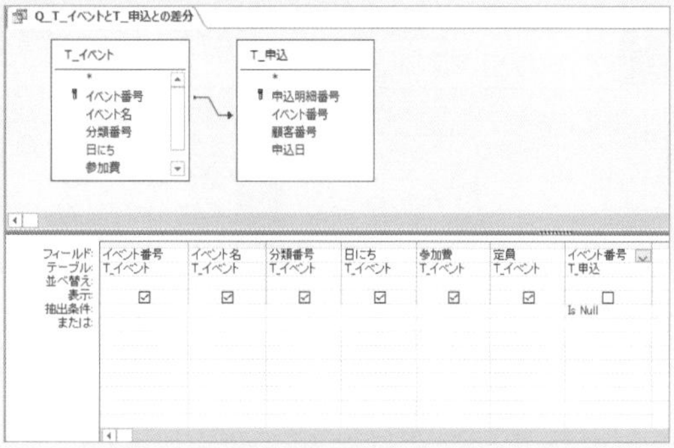

17 クエリをデータシートビューに切り替えると、集計結果が表示されます。

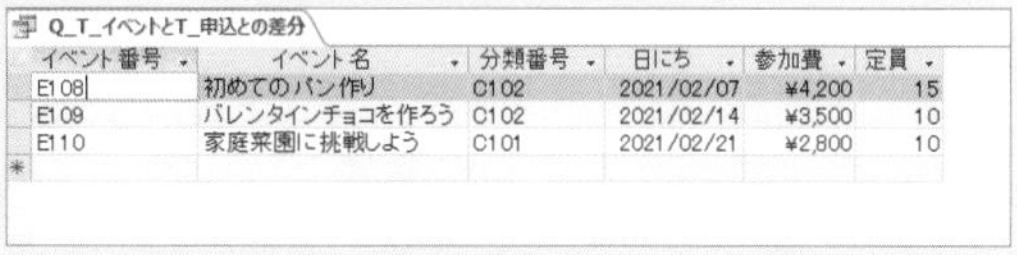
Q_T_イベントとT_申込との差分

イベント番号	イベント名	分類番号	日にち	参加費	定員
E108	初めてのパン作り	C102	2021/02/07	¥4,200	15
E109	バレンタインチョコを作ろう	C102	2021/02/14	¥3,500	10
E110	家庭菜園に挑戦しよう	C101	2021/02/21	¥2,800	10

ここでは、申込データのないイベントデータが表示されます。

重要度 ★★★ 矛盾・重複するデータの抽出

Q 310 ウィザードを使わずに不一致クエリを作成するには？

A 結合プロパティの設定を確認して設定します。

不一致クエリはリレーションシップが設定されている2つのテーブルの中から、参照先が見つからないデータを抽出します。2つのテーブルからどのようなデータを抽出するのかを指定するには、「結合プロパティ」の種類を指定します。Q309の方法で不一致クエリウィザードを使うと、結合プロパティの設定が自動的に行われますが、ウィザード画面を使用しない場合は、あとから結合プロパティの設定を変更する必要があります。

ここでは、イベントデータから申込のないイベントデータを表示します。ウィザード画面を使わずに不一致クエリを作成しています。

クエリのデザインビュー

1 比較する2つのテーブルを追加し、クエリに表示するフィールド（ここでは、「T_イベント」テーブルのフィールド）を追加します。

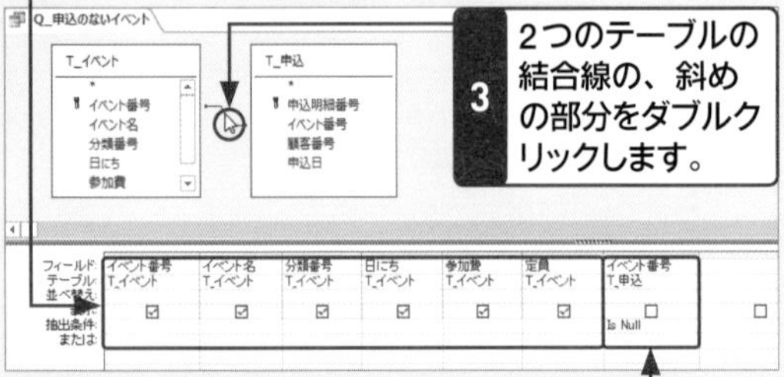

3 2つのテーブルの結合線の、斜めの部分をダブルクリックします。

2 もう一方のテーブル側のテーブルどうしを結び付ける共通フィールドをデザイングリッドに追加し、＜抽出条件＞欄に「Is Null」と入力します。＜表示＞のチェックはオフにします。

4 結合方法を指定します。ここでは「2:」を選択します。

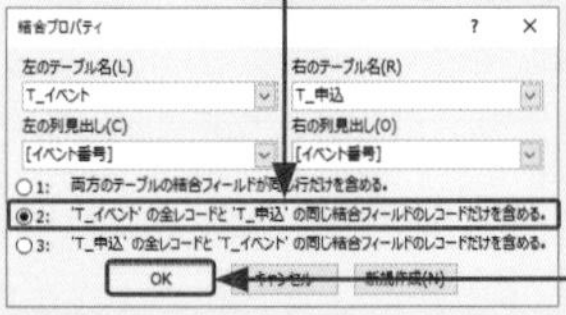

5 ＜OK＞をクリックします。

6 クエリをデータシートビューに切り替えると、申込データのないイベントが表示されます。

重要度 ★★★ 矛盾・重複するデータの抽出

Q 311 不一致クエリでデータが抽出されない！

A 結合プロパティの種類を指定します。

不一致クエリでは、リレーションシップを設定しているテーブルのうち、どのようにデータを取り出すかを結合プロパティの種類で指定します。たとえば、注文実績のない顧客を調べるには「2.」の「左外部結合」、どの顧客からの注文かわからないデータを調べるには「3.」の「右外部結合」になっているか確認しましょう。

不一致クエリを表示しています。

申込データがないイベントがあるはずなのに、表示されません。

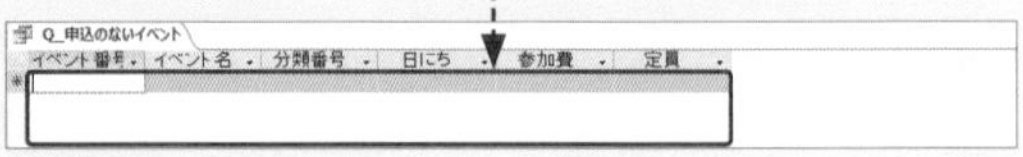

クエリのデザインビュー

1 2つのテーブルを結ぶ結合線をダブルクリックします。

2 結合の種類を指定します。ここでは「2.」を選択します。

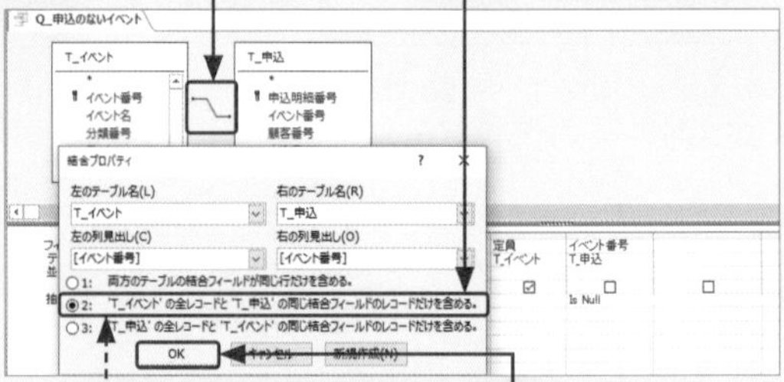

これにより、「T_イベント」テーブルの全レコードを表示します。申込データと結び付きのないイベントのデータも表示します。

3 ＜OK＞をクリックします。

4 結合線に、結合プロパティの種類を示す矢印が表示されます。

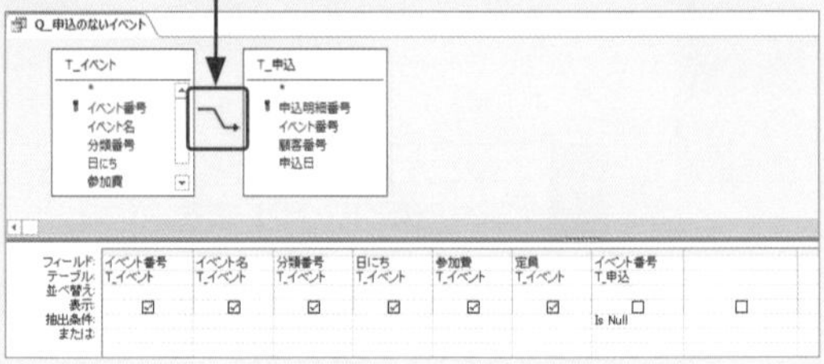

Q 312 重複するデータを抽出したい!

A 重複クエリウィザードを使ってクエリを作成します。

テーブルに入力したデータに重複データがあるかを調べるには、「重複クエリ」を作成します。重複クエリはウィザード画面で作成できます。どのフィールドの値の重複を調べるのかを指定します。
ここでは、会員データから同姓同名の会員データを探します。

1 Q309を参考にクエリを作成します。手順❷で<重複クエリウィザード>を選択して、ウィザード画面を表示します。

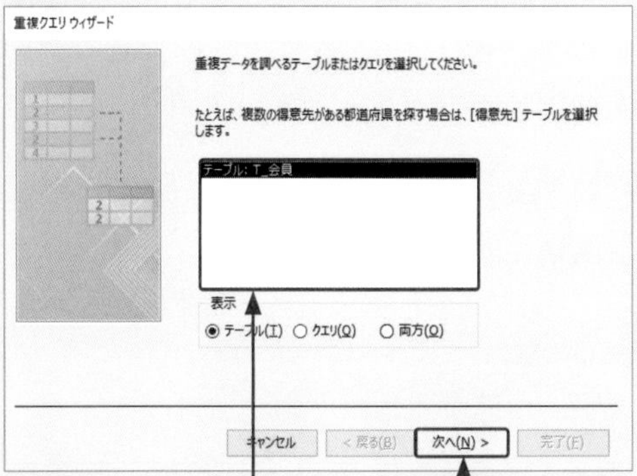

2 重複データを調べるテーブル、またはクエリを選択します。

3 <次へ>をクリックします。

4 重複データが入力されているフィールド(ここでは「氏名」フィールド)を<選択したフィールド>に追加します。

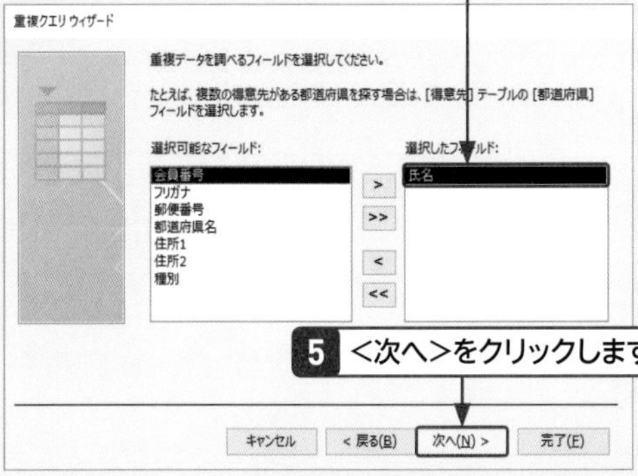

5 <次へ>をクリックします。

6 クエリの実行結果に表示するフィールドを<選択したフィールド>に追加します。

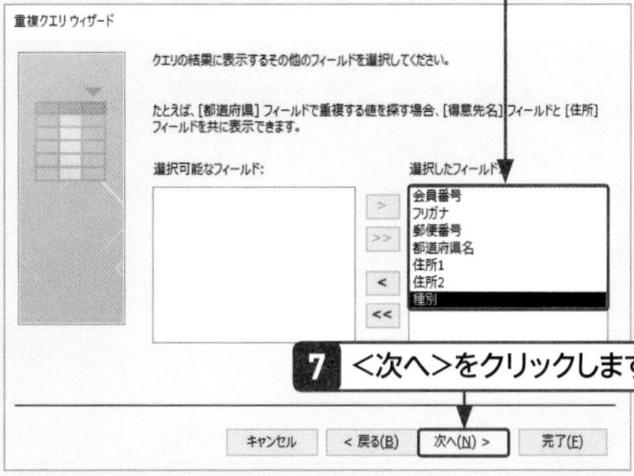

7 <次へ>をクリックします。

8 クエリ名を指定します。

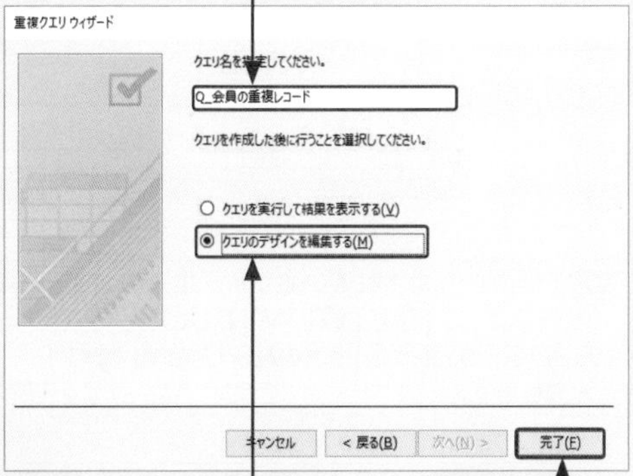

9 このあと行う内容を選択します。ここでは「クエリのデザインを編集する」をクリックします。

10 <完了>をクリックします。

11 クエリのデザインビューでクエリの指定内容を確認します。

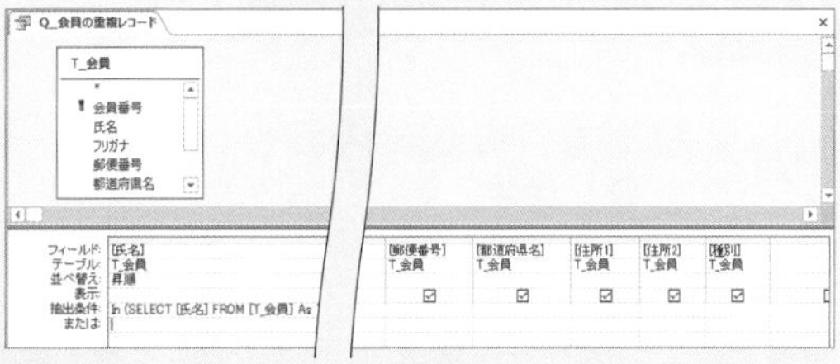

12 クエリをデータシートビューに切り替えると、重複するデータを確認できます。

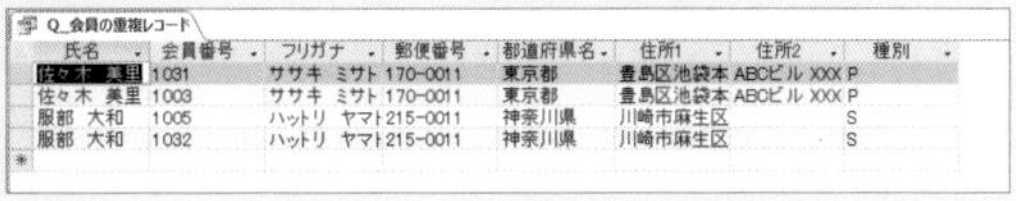

重要度★★★　矛盾・重複するデータの抽出

Q 313 ウィザードを使わずに重複クエリを作成するには？

A <抽出条件>欄で重複データを抽出する式を指定します。

重複クエリは、クエリのデザインビューで一から作ることもできます。その場合、重複するデータがあるか調べるフィールドの<抽出条件>欄に条件を指定します。式の内容は、指定したフィールドに含まれる同じ項目をまとめて、同じデータが2つ以上あるかを調べます。

クエリのデザインビュー

1 重複データを調べるテーブルを追加します。

2 クエリに表示するフィールドをデザイングリッドに追加します。

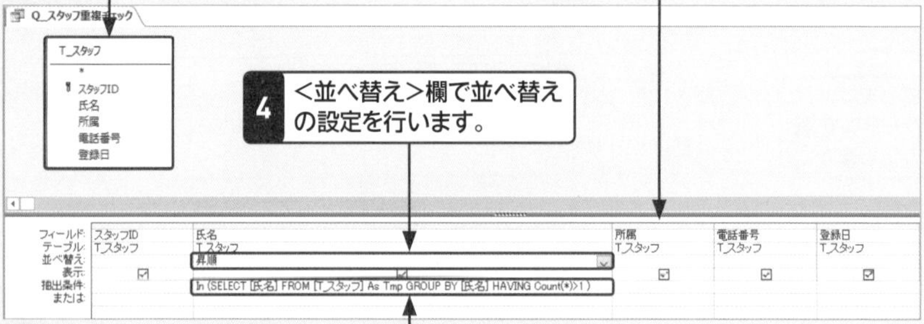

4 <並べ替え>欄で並べ替えの設定を行います。

3 重複データが入力されているフィールドの<抽出条件>欄に
In (SELECT [氏名] FROM [T_スタッフ] As Tmp
GROUP BY [氏名] HAVING Count(*)>1)
と入力します。

5 クエリをデータシートビューに切り替えると、重複するデータを確認できます。

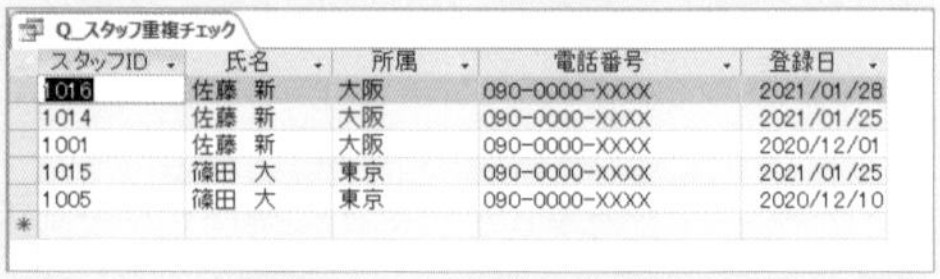

重要度★★★　矛盾・重複するデータの抽出

Q 314 3つ以上重複しているデータを抽出したい！

A 抽出条件の式の内容を変更します。

重複クエリウィザードを使って重複クエリを作成すると、指定したフィールドに同じデータが2つ以上あるかを調べることができます。同じデータが3つ以上あるかを調べるには、クエリのデザインビューで抽出条件の指定方法を変更します。

1 Q313の方法で、重複クエリを作成します。

2 重複するータが2つより多いデータを抽出するため、<抽出条件>欄の条件の右端の数字を「2」に変更します。

3 クエリをデータシートビューに切り替えると、3つ以上重複するデータが表示されます。

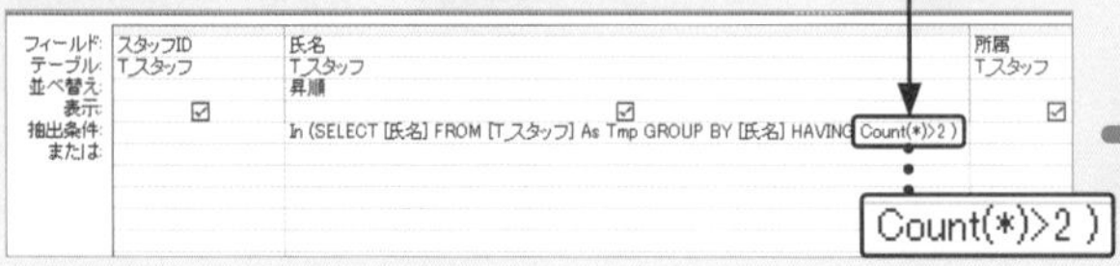

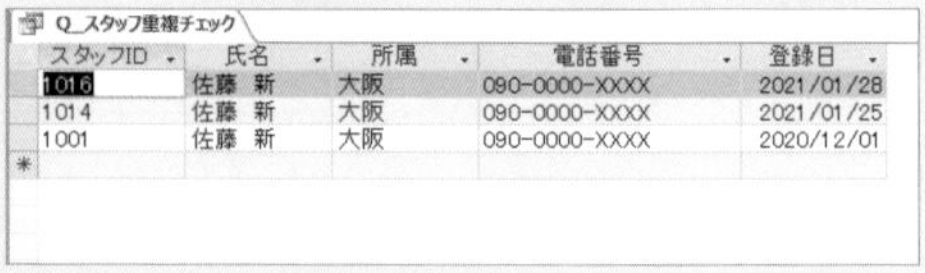

重要度 ★★★ 複数のレコードの一括編集

Q 315 アクションクエリの役割と種類を知りたい！

A アクションクエリは、目的別に複数用意されています。

テーブルのデータの書き換えや削除など、指定したデータに直接手を加えるには、「アクションクエリ」を利用する方法があります。アクションクエリを利用すると、抽出条件を指定して目的のデータを見つけて、1つずつデータを書き換え・削除する手間を省けます。条件に一致するデータをまとめて編集できるので便利です。アクションクエリには、目的別に次のような種類があります。

●アクションクエリの種類

クエリの種類	内容
テーブル作成クエリ	条件に一致するレコードを新しいテーブルに追加します。
追加クエリ	条件に一致するレコードを既存のテーブルに追加します。
更新クエリ	条件に一致するデータを指定した内容に置き換えて、更新します。
削除クエリ	条件に一致するレコードをテーブルから削除します。

● アクションクエリの実行

アクションクエリを実行するには、アクションクエリをデザインビューで開き、<デザイン>タブの<実行>をクリックします。または、ナビゲーションウィンドウでアクションクエリをダブルクリックします。

アクションクエリの実行後は、アクションクエリで指定したテーブルを開いて実行結果を確認しましょう。

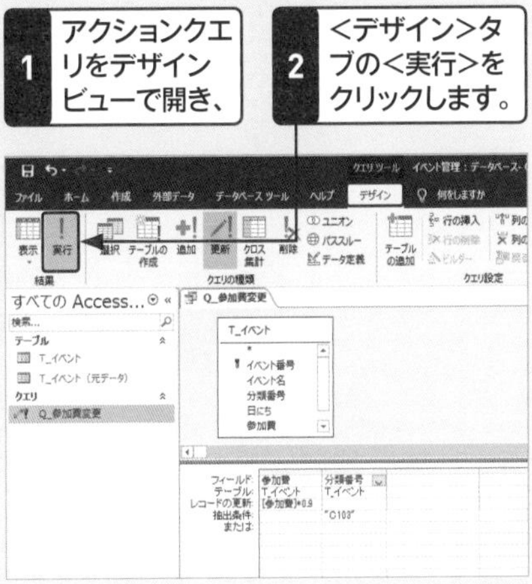
1 アクションクエリをデザインビューで開き、
2 <デザイン>タブの<実行>をクリックします。
表示
実行
結果
クエリの種類
すべての Access...
テーブル
T_イベント
T_イベント（元データ）
クエリ
Q_参加費変更
T_イベント
イベント番号
イベント名
分類番号
日にち
参加費

重要度 ★★★ 複数のレコードの一括編集

Q 316 指定した商品分類の価格をまとめて変更したい！

A 更新クエリを作成します。

条件に一致するデータを対象に、指定したフィールドの値をまとめて変更するには、「更新クエリ」を作成します。ここでは、イベントデータの一覧から、指定した「分類番号」に属するイベントの「参加費」を10%引きにします。

なお、更新クエリなどのアクションクエリを実行すると、テーブルのデータが変更されます。アクションクエリを実行する前には、あらかじめテーブルをコピーするなど、バックアップデータをとってから実行しましょう。また、更新クエリの場合は、変更するデータを事前に確認してから操作すると安心です。

クエリのデザインビュー

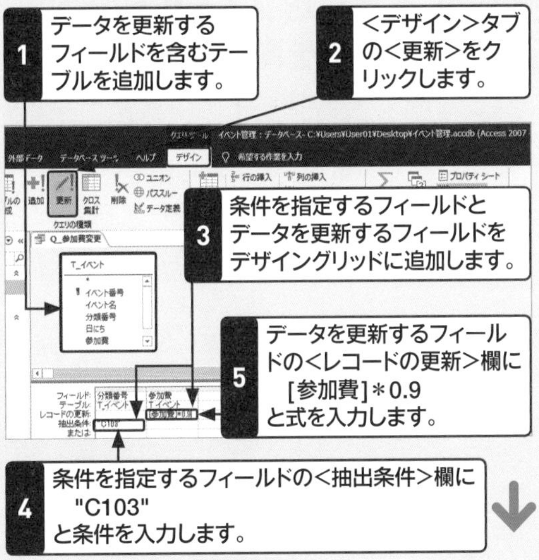
1 データを更新するフィールドを含むテーブルを追加します。
2 <デザイン>タブの<更新>をクリックします。
3 条件を指定するフィールドとデータを更新するフィールドをデザイングリッドに追加します。
5 データを更新するフィールドの<レコードの更新>欄に [参加費]＊0.9 と式を入力します。
4 条件を指定するフィールドの<抽出条件>欄に "C103" と条件を入力します。
Q_参加費変更
T_イベント
イベント番号
イベント名
分類番号
日にち
参加費

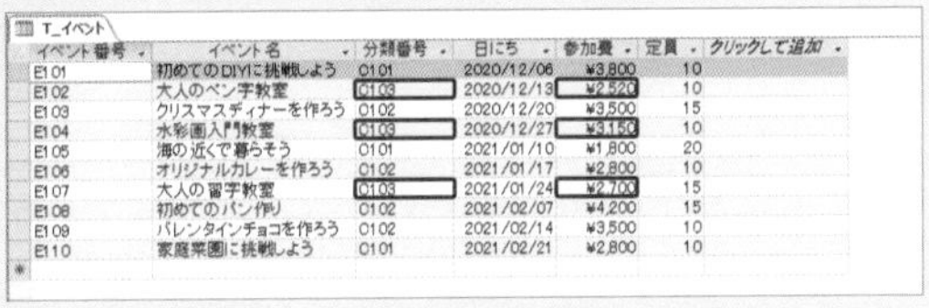

T_イベント

イベント番号	イベント名	分類番号	日にち	参加費	定員	クリックして追加
E101	初めてのDIYに挑戦しよう	C101	2020/12/06	¥3,800	10	
E102	大人のペン字教室	C103	2020/12/13	¥2,520	10	
E103	クリスマスディナーを作ろう	C102	2020/12/20	¥3,500	15	
E104	水彩画入門教室	C103	2020/12/27	¥3,150	10	
E105	海の近くで暮らそう	C101	2021/01/10	¥1,800	20	
E106	オリジナルカレーを作ろう	C102	2021/01/17	¥2,800	10	
E107	大人の習字教室	C103	2021/01/24	¥2,700	15	
E108	初めてのパン作り	C102	2021/02/07	¥4,200	15	
E109	バレンタインチョコを作ろう	C102	2021/02/14	¥3,500	10	
E110	家庭菜園に挑戦しよう	C101	2021/02/21	¥2,800	10	

6 Q315の方法で更新クエリを実行します。

7 データを更新したテーブルを開きます。指定したフィールドのデータが更新されています。

重要度★★★　複数のレコードの一括編集

Q 317 更新クエリの更新結果を事前に確認したい！

A 事前に演算フィールドを作成して確認しましょう。

更新クエリを実行すると、条件に一致するデータが更新されます。更新されたデータはかんたんにもとに戻すことができないので、実行後のデータを確認してから実行すると安心です。
ここでは、Q316の更新クエリで更新されるデータを事前に確認します。

クエリのデザインビュー

1 データを更新するフィールドを含むテーブルを追加します。

2 条件を指定するフィールドをデザイングリッドに追加します。

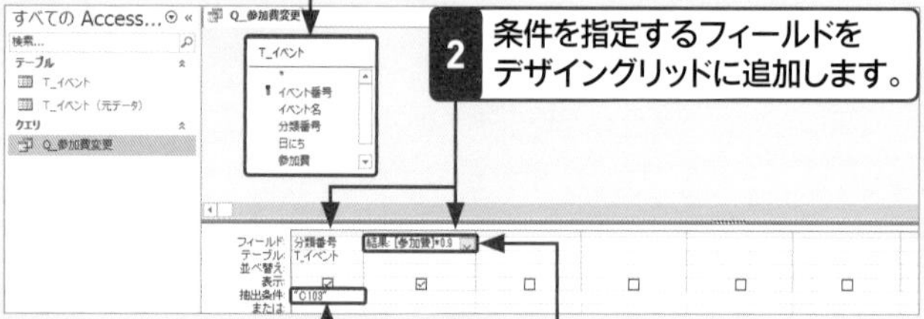

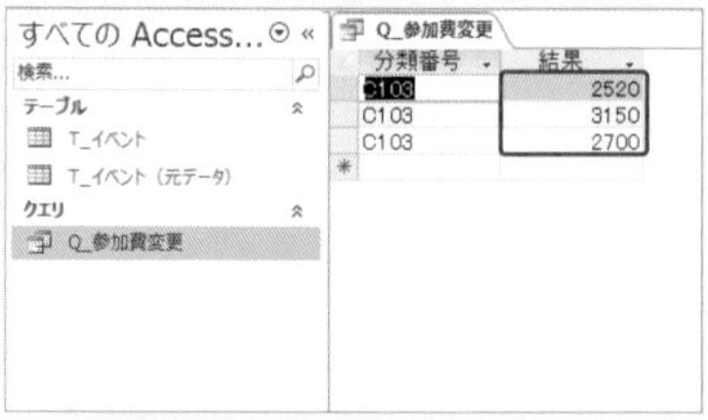

3 条件を指定するフィールドの＜抽出条件＞欄に "C103" と、条件を入力します。

4 新しいフィールドの＜フィールド＞欄に 結果：[参加費]＊0.9 と、データの更新結果を示す式を入力します。

5 クエリをデータシートビューに切り替えると、更新クエリを実行したときのデータが表示されます。

重要度★★★　複数のレコードの一括編集

Q 318 指定したフィールドのデータを削除したい！

A 更新クエリの＜レコードの更新＞欄で「Null」を指定します。

指定した条件に一致するデータの中で、あるフィールドの値をまとめて削除するには、「更新クエリ」を利用します。
ここでは、イベントデータから指定した「分類番号」のイベントの「定員」フィールド内のデータを削除します。

クエリのデザインビュー

1 データを削除したいフィールドを含むテーブルを追加します。

2 ＜デザイン＞タブの＜更新＞をクリックします。

3 条件を指定するフィールドと、データを削除するフィールドをデザイングリッドに追加します。

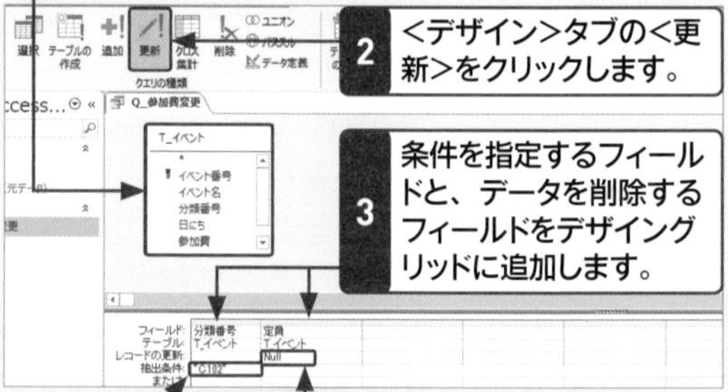

4 条件を指定するフィールドの＜抽出条件＞欄に "C102" を入力します。

5 データを削除するフィールドの＜レコードの更新＞欄に Null と入力します。

6 Q315の方法で更新クエリを実行します。

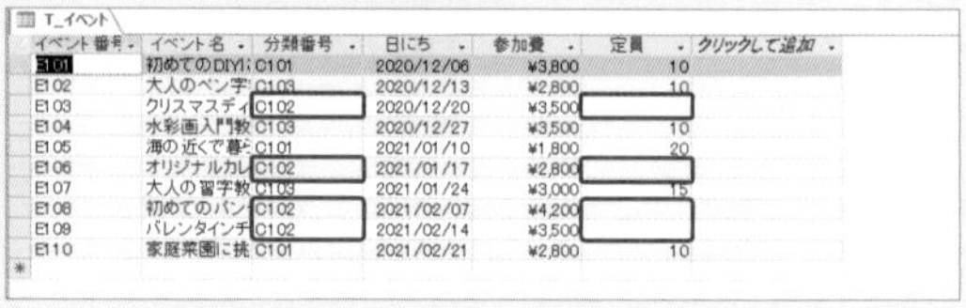

T_イベント

イベント番号	イベント名	分類番号	日にち	参加費	定員	クリックして追加
E101	初めてのDIYに	C101	2020/12/06	¥3,800	10	
E102	大人のペン字	C103	2020/12/13	¥2,800	10	
E103	クリスマスディ	C102	2020/12/20	¥3,500		
E104	水彩画入門教	C103	2020/12/27	¥3,500	10	
E105	海の近くで暮ら	C101	2021/01/10	¥1,800	20	
E106	オリジナルカレ	C102	2021/01/17	¥2,800		
E107	大人の習字教	C103	2021/01/24	¥3,000	15	
E108	初めてのパン	C102	2021/02/07	¥4,200		
E109	バレンタインチ	C102	2021/02/14	¥3,500		
E110	家庭菜園に挑	C101	2021/02/21	¥2,800	10	

7 データを削除したテーブルを開くと、指定したフィールドのデータ（ここでは「分類番号」フィールドが「C102」の、「定員」フィールドのデータ）が削除されています。

重要度 ★★★ 複数のレコードの一括編集

Q 319 更新クエリでデータを更新できない!

A ルールに違反するデータに変更しようとしている可能性があります。

更新クエリを実行したときに、データを更新できない場合は、クエリのもとのテーブルで指定されているさまざまなルールに違反していないか確認しましょう。たとえば、入力規則に合わない内容でデータを更新することはできません。その場合、次のようなメッセージが表示されます。

1 ナビゲーションウィンドウで更新クエリをダブルクリックします。

2 メッセージが表示されるので、<はい>をクリックします。

3 更新されるデータ件数が表示されるので、<はい>をクリックします。

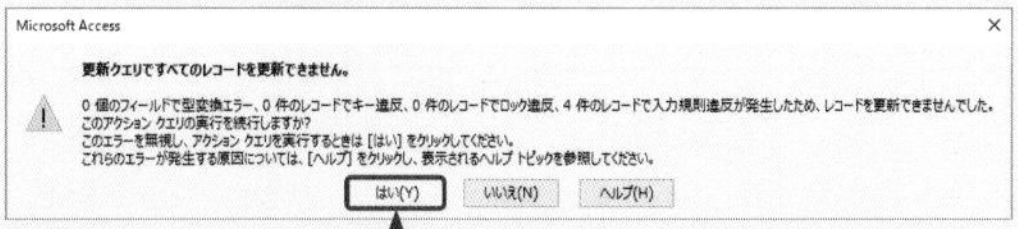

4 データを更新できない場合はエラーメッセージが表示されるので、<はい>をクリックします。

5 更新クエリの内容を確認して修正します。

重要度 ★★★ 複数のレコードの一括編集

Q 320 ほかのテーブルにデータを移動したい!

A 追加クエリを作成します。

テーブルのデータの中から条件に一致するレコードを抽出して、ほかのテーブルにまとめて追加するには、「追加クエリ」を作成します。追加クエリでは、抽出条件と追加先のテーブルなどを指定します。あらかじめ、データを追加する先のテーブルを作成しておきましょう（Q083参照）。ここでは、イベントデータから指定した日付以前のイベントデータを、指定したテーブルに追加します。

参照 ▶ Q 321

クエリのデザインビュー

1 追加するデータを含むテーブルを追加します。

2 <デザイン>タブの<追加>をクリックします。

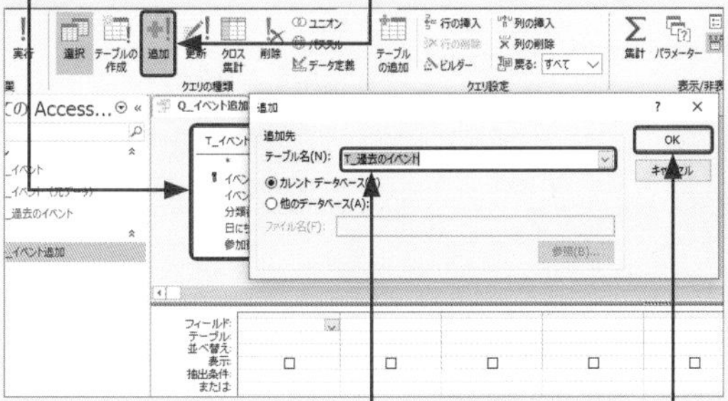

3 追加するテーブルを指定します。

4 <OK>をクリックします。

5 追加するフィールドをデザイングリッドに追加します。

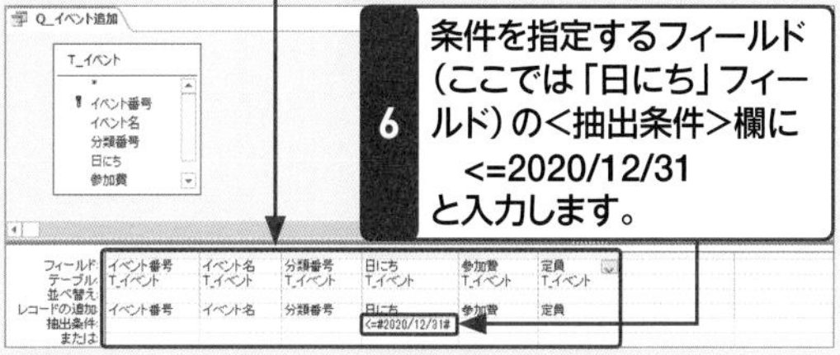

6 条件を指定するフィールド（ここでは「日にち」フィールド）の<抽出条件>欄に <=2020/12/31 と入力します。

7 Q315の方法で追加クエリを実行します。

8 データを移動したテーブルを開くと、指定したデータが追加されています。

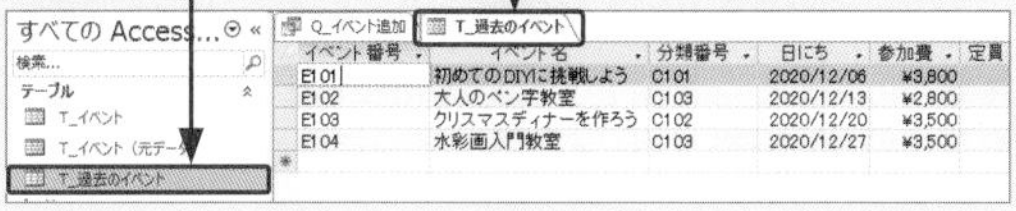

重要度 ★★★ 複数のレコードの一括編集

Q 321 追加クエリでデータを追加できない!

A テーブルの構造が同じかどうかを確認しましょう。

追加クエリのデータの追加先のテーブルは、追加するデータがスムーズに移動できるように、追加元のテーブルと同じ構造である必要があります。既存のテーブルと同じ構造のテーブルを作成する方法は、Q710を参照してください。

また、主キーフィールドのように重複するデータの保存が許可されないフィールドに、値が重複するデータを保存しようとした場合などは、データの追加はできません。その場合は、次のようなメッセージが表示されます。

1 ナビゲーションウィンドウで追加クエリをダブルクリックします。

2 メッセージが表示されるので、<はい>をクリックします。

3 追加されるデータ件数が表示されるので、<はい>をクリックします。

4 データを追加できない場合はエラーメッセージが表示されるので、<はい>をクリックします。

5 追加クエリの内容を確認し、修正します。

重要度 ★★★ 複数のレコードの一括編集

Q 322 テーブルのデータをまとめて削除したい!

A 削除クエリを作成します。

指定した条件に一致するレコードをまとめて削除するには、「削除クエリ」を利用します。<抽出条件>欄で、削除するデータを抽出する条件を指定します。なお、削除したレコードはもとに戻すことができません。万一に備えて削除対象のデータをほかのテーブルに移しておくには、「追加クエリ」を活用する方法もあります。

ここでは、イベント一覧から指定した分類番号のイベントをまとめて削除します。

クエリのデザインビュー

1 削除するデータを含むテーブル(ここでは「Tイベント」テーブル)を追加します。

2 <デザイン>タブの<削除>をクリックします。

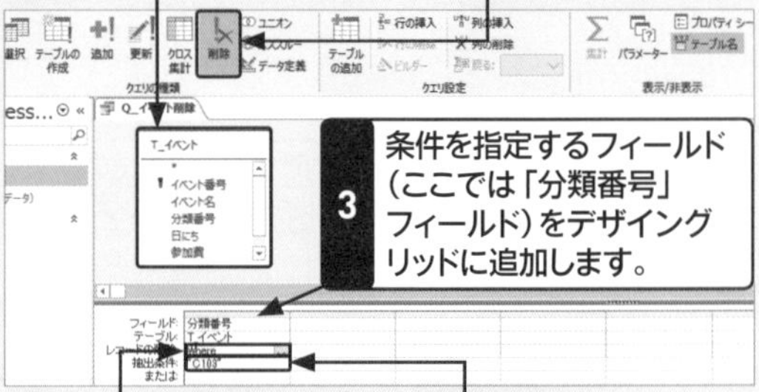

3 条件を指定するフィールド(ここでは「分類番号」フィールド)をデザイングリッドに追加します。

4 <レコードの削除>欄で<Where>を選択します。

5 <抽出条件>欄に "C103" と入力します。

6 Q315の方法で削除クエリを実行します。

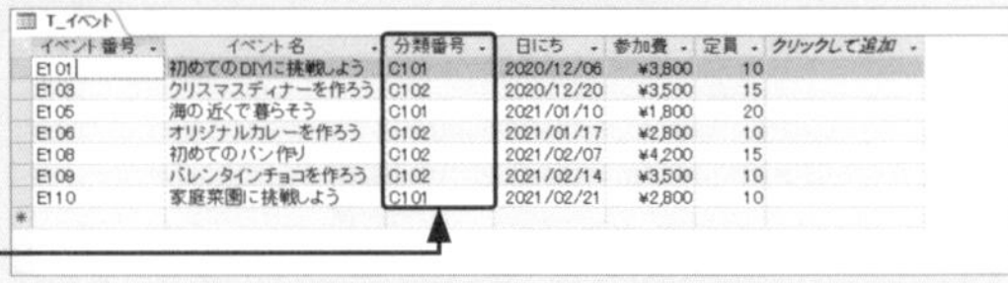

T_イベント

イベント番号	イベント名	分類番号	日にち	参加費	定員	クリックして追加
E101	初めてのDIYに挑戦しよう	C101	2020/12/06	¥3,800	10	
E103	クリスマスディナーを作ろう	C102	2020/12/20	¥3,500	15	
E105	海の近くで暮らそう	C101	2021/01/10	¥1,800	20	
E106	オリジナルカレーを作ろう	C102	2021/01/17	¥2,800	10	
E108	初めてのパン作り	C102	2021/02/07	¥4,200	15	
E109	バレンタインチョコを作ろう	C102	2021/02/14	¥3,500	10	
E110	家庭菜園に挑戦しよう	C101	2021/02/21	¥2,800	10	

7 データを削除したテーブルを開くと、指定したデータ(「分類番号」がC103のレコード)が削除されています。

重要度 ★★★　複数のレコードの一括編集

Q 323 削除クエリでデータを削除できない！

A 参照整合性の設定によって削除できない場合があります。

テーブル間のリレーションシップで参照整合性を設定している場合、削除したいデータに関するデータが関連テーブルに存在すると、そのデータは削除できず、次のようなメッセージが表示されます。関連データも同時に削除するには、参照整合性の設定に「連鎖削除」の設定を追加します。

1 ナビゲーションウィンドウで削除クエリをダブルクリックします。

2 メッセージが表示されるので、＜はい＞をクリックします。

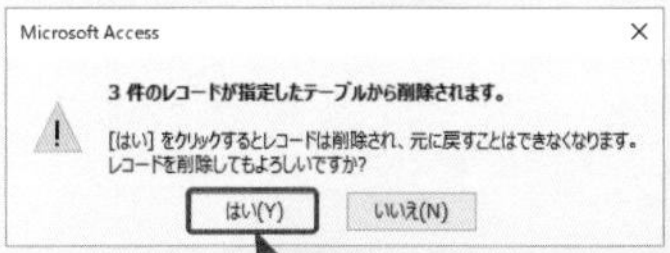

3 削除されるデータ件数が表示されるので、＜はい＞をクリックします。

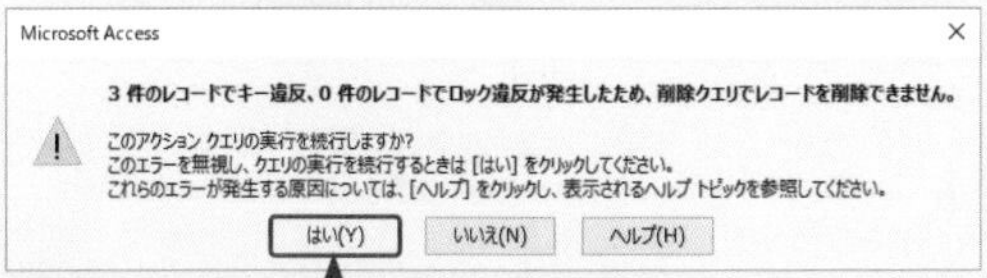

4 データを削除できない場合はエラーメッセージが表示されるので、＜はい＞をクリックします。

5 削除クエリの内容を確認し、修正します。

重要度 ★★★　複数のレコードの一括編集

Q 324 抽出したデータをもとに新しいテーブルを作成したい！

A テーブル作成クエリを作成します。

指定した条件に一致するレコードを新しいテーブルに追加するには、「テーブル作成クエリ」を利用する方法があります。ここでは、イベントデータから指定した日付以降のレコードを新しいテーブルに追加しています。

クエリのデザインビュー

1 データを追加するフィールドを含むテーブル（ここでは「T_イベントテーブル」）を追加します。

2 条件を指定するフィールドと、データを追加するフィールドをデザイングリッドに追加します。

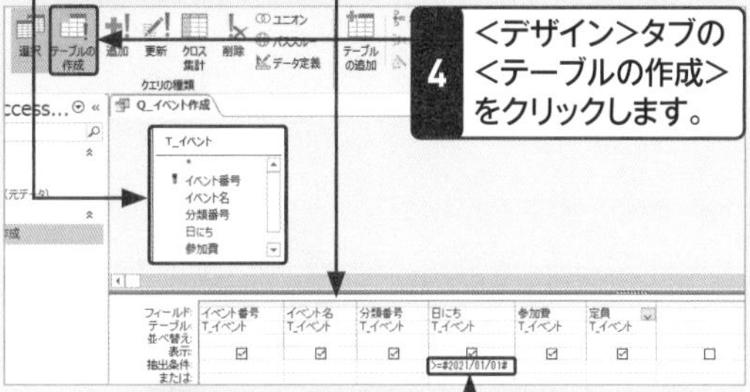

4 ＜デザイン＞タブの＜テーブルの作成＞をクリックします。

3 条件を指定するフィールド（ここでは「日にち」フィールド）の＜抽出条件＞欄に
>=2021/01/01
と入力します。

5 新しく作成するテーブルの追加先を指定します。

6 作成するテーブルのテーブル名を入力し、

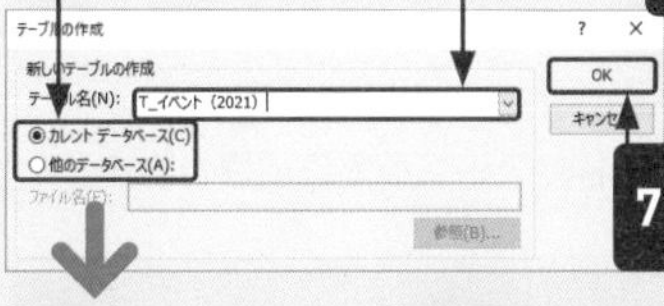

7 ＜OK＞をクリックします。

8 Q315の方法でテーブル作成クエリを実行します。

9 作成されたテーブルを開くと、指定したデータ（「日にち」が2021/01/01以降のデータ）が追加されています。

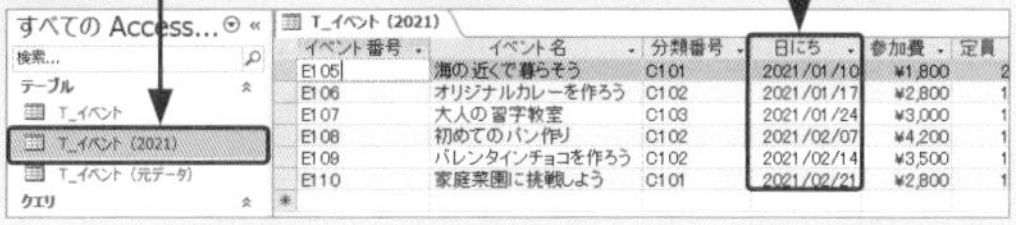

重要度★★★　複数のレコードの一括編集

Q 325 新しいテーブルの名前を指定するには？

A <追加新規テーブル>プロパティで指定します。

テーブル作成クエリを実行したときに、新しく作成するテーブルの名前をあとから変更するには、クエリの<追加新規テーブル>プロパティにテーブル名を入力します。クエリを実行すると、指定したテーブル名のテーブルが作成されます。

クエリのデザインビュー

1 テーブル作成クエリの<追加新規テーブル>プロパティに作成するテーブル名を入力します。

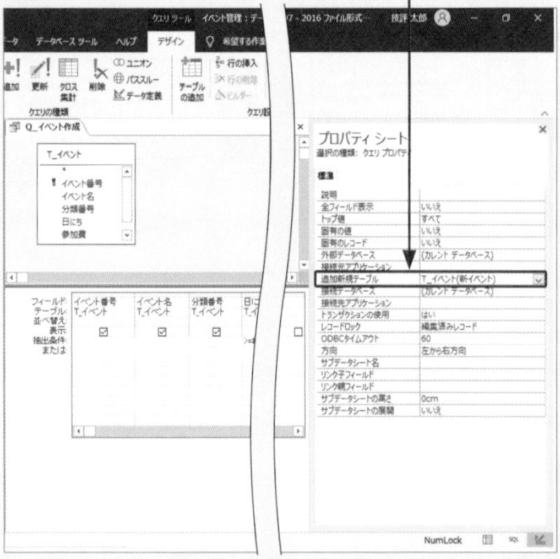

2 Q315の方法でテーブル作成クエリを実行すると、指定したテーブル名のテーブルが作成されます。

重要度★★★　複数のレコードの一括編集

Q 326 テーブル作成クエリでテーブルを作成できない！

A テーブルの作成先のファイルの保存先などを確認します。

テーブル作成クエリを実行してもテーブルを作成できないときは、テーブルの作成先に指定したファイルの保存先やファイル名が変更されている可能性があります。次のようなメッセージが表示された場合は、テーブル作成クエリをデザインビューで開き、Q324の方法でテーブルの作成先のファイルを指定し直します。

1 <ナビゲーションウィンドウ>でテーブル作成クエリをダブルクリックして実行します。

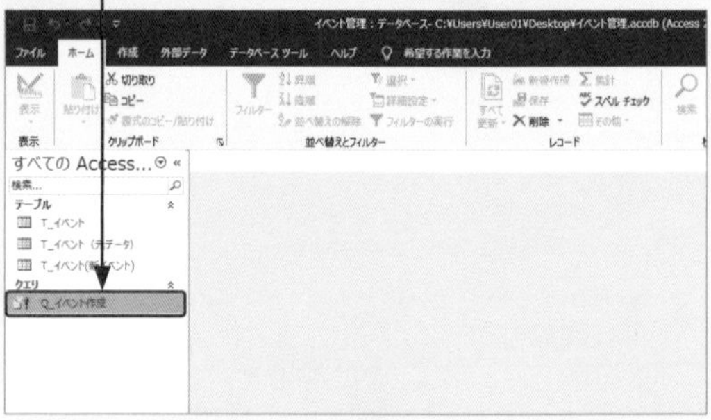

Microsoft Access
テーブル作成クエリを実行すると、新しくテーブルが作成されます。
このアクション クエリを実行してもよろしいですか?
アクション クエリを実行するたびにこのメッセージが表示されないようにするには、[ヘルプ] をクリックして、表示されるヘルプ トピックを参照してください。
はい(Y)
いいえ(N)
ヘルプ(H)

2 メッセージが表示されるので、<はい>をクリックします。

Microsoft Access
ファイル 'C:¥Users¥User01¥Desktop¥売上管理.accdb' が見つかりませんでした。
OK
ヘルプ(H)

3 次のようなメッセージが表示されたら<OK>をクリックします。

4 Q324の方法で、テーブルの作成先を指定し直します。

重要度★★★　複数のレコードの一括編集

Q327 アクションクエリの実行時のメッセージを非表示にするには？

A オプション画面で指定する方法があります。

アクションクエリはテーブルのデータに直接手を加えます。そのため、間違えてデータを書き換えることがないように、アクションクエリを実行する際は確認のメッセージが表示されます。このメッセージが不要ならば非表示に設定できます。ただし、その場合はうっかりアクションクエリを実行してしまう可能性があるので注意が必要です。必要に応じて、アクションクエリを隠しオブジェクトとして指定しておくとよいでしょう。

参照▶Q 712、Q 713

<Accessのオプション>画面（Q039参照）

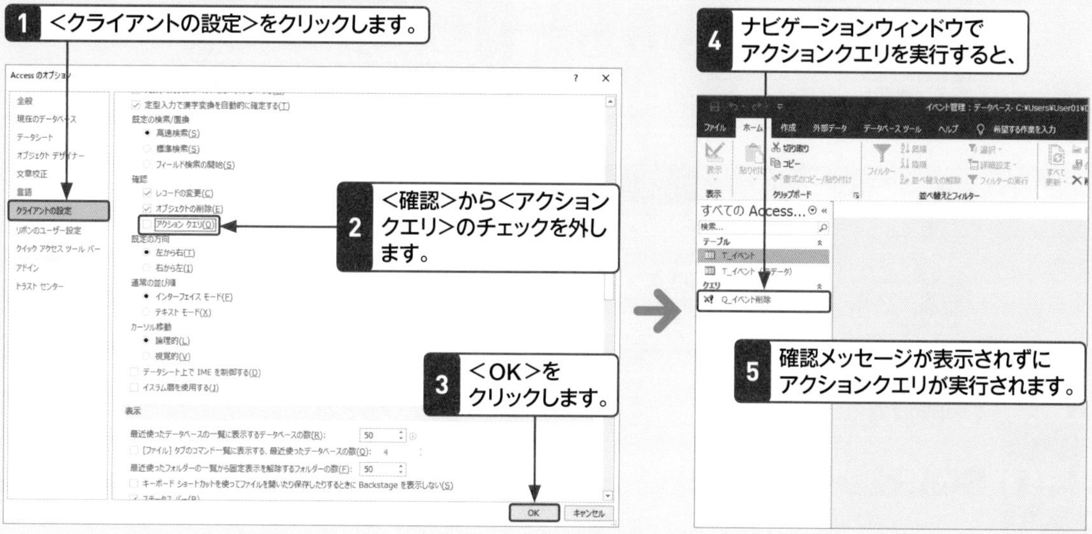
1 <クライアントの設定>をクリックします。
2 <確認>から<アクションクエリ>のチェックを外します。
3 <OK>をクリックします。
4 ナビゲーションウィンドウでアクションクエリを実行すると、
5 確認メッセージが表示されずにアクションクエリが実行されます。

重要度★★★　複数のレコードの一括編集

Q328 複数のアクションクエリを連続して実行するには？

A マクロを活用する方法があります。

アクションクエリを使用してデータを整理するときは、いつも決まった順で複数のアクションクエリを実行するようなケースがよくあります。

たとえば、定期的に、古いデータをあらかじめ用意してある別のテーブルに移す場合などは、条件に一致するデータを別のテーブルに追加する追加クエリを実行した後、追加したデータをもとのテーブルから削除する削除クエリを実行するなど、複数のアクションクエリを連続して実行します。日々の業務をスムーズにこなすためには、複数の操作を連続して実行するマクロを利用すると便利です。

参照▶Q 662

マクロを利用すると、たとえば以下のような一連の操作を自動的に実行できます。

1. アクションクエリを実行しても、メッセージを表示しない設定にします。
2. 追加クエリを実行し、指定した日付以前のレコードを抽出して、指定したテーブルに追加します。
3. 「削除クエリ」を実行し、指定した日付以前のレコードをテーブルから削除します。
4. アクションクエリを実行したときに、確認メッセージが表示される設定に戻します。

重要度★★★ その他のクエリ

Q 329 複数のテーブルを1つにつなげて表示するには？

A ユニオンクエリを作成します。

たとえば、「2020年度の売上」テーブルと「2021年度の売上」テーブルなど、複数のテーブルやクエリのデータをつなげて1つのテーブルであるかのように表示するには、「ユニオンクエリ」を作成します。

ここでは、同じ構造の2つのテーブルのデータをつなげて表示します。

● ユニオンクエリの作成

ここでは「T_スタッフ_2020」テーブルと「T_スタッフ_2021」テーブルをつなげる処理を記述しています。

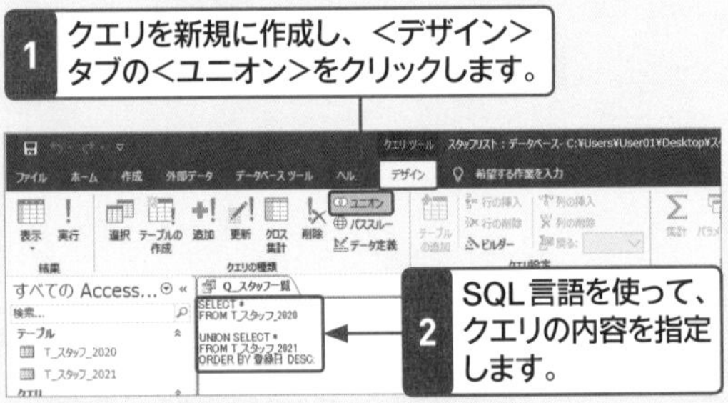
1 クエリを新規に作成し、<デザイン>タブの<ユニオン>をクリックします。
2 SQL言語を使って、クエリの内容を指定します。
SELECT *
FROM T_スタッフ_2020
UNION SELECT *
FROM T_スタッフ_2021
ORDER BY 登録日 DESC;

● ユニオンクエリの実行

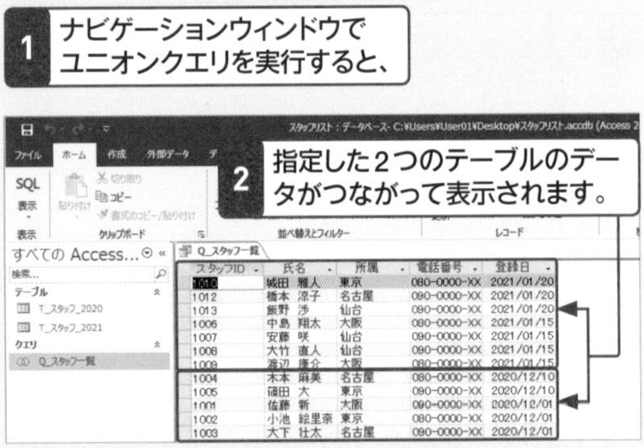
1 ナビゲーションウィンドウでユニオンクエリを実行すると、
2 指定した2つのテーブルのデータがつながって表示されます。

重要度★★★ その他のクエリ

Q 330 SQLビューって何？

A SQL文の表示を確認・編集する画面です。

Accessはデータベースを操作するのにSQL言語を使っています。クエリをデザインビューで開いて作成したクエリも、実際にはSQL文に変換されて保存されています。SQLビューとはSQL文を確認・編集するための画面で、表示の一覧からかんたんに選択できます。

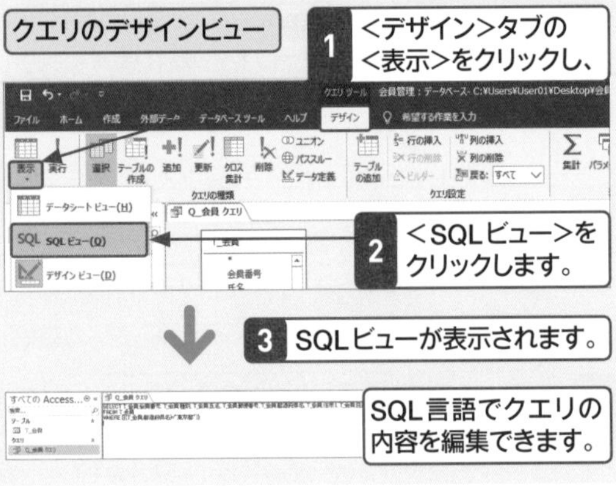
クエリのデザインビュー
1 <デザイン>タブの<表示>をクリックし、
2 <SQLビュー>をクリックします。
3 SQLビューが表示されます。
SQL言語でクエリの内容を編集できます。

重要度★★★ その他のクエリ

Q 331 SQL文にはどんなものがある？

A どのテーブルからどのフィールドを表示するのかなどを指定します。

SQL文を使ってクエリの内容を指定するには、どのテーブルからどのフィールドを取り出すか、また、抽出条件や並べ替えの条件などを指定します。たとえば、次のような句を使って指定します。

句	記述例	内容
SELECT句	SELECTフィールド名	表示するフィールドを指定します。指定したフィールドを表示するには、「顧客ID,顧客名,ふりがな」のようにフィールド名を「,(カンマ)」で囲って指定します。すべてのフィールドを表示する場合は「*」を指定します。
FROM句	FROM テーブル名	どのテーブルからフィールドを取り出すかを指定します。
WHERE句	WHERE 抽出条件	データの抽出条件を指定します。
ORDER BY句	ORDER BY フィールド名 [ASC/DESC]	並べ替え条件を指定します。末尾のASCは昇順、DESCは降順を表し、省略すると昇順になります。

第6章

フォームの作成

重要度 ★★★　フォームの基本

Q 332 フォームにはどんな種類がある？

A カード形式や表形式などさまざまな種類があります。

テーブルやクエリのデータを表示するフォームには、さまざまな種類があります。たとえば、カードを重ねて表示したような「単票形式フォーム」や「表形式（リスト形式）フォーム」、「データシート形式フォーム」や「帳票形式フォーム」などがあります。

また、ほかのフォームやレポートなどをかんたんに開けるようにまとめた「ナビゲーションフォーム」、白紙の状態から作成する「メニューフォーム」などがあります。

参照▶Q 340、Q 343、Q 442、Q 449

● 単票形式（カード形式）のフォーム

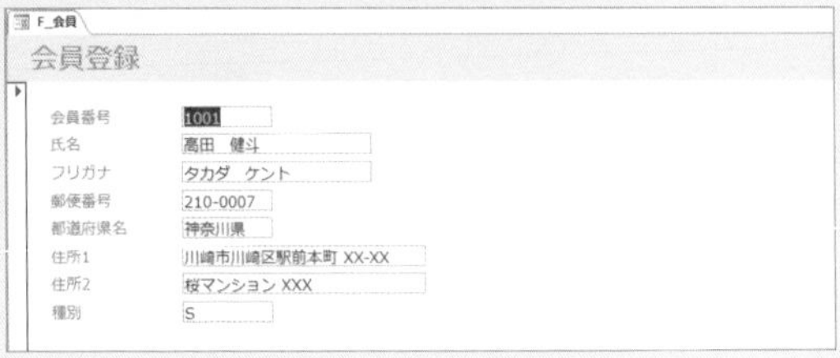

● 表形式（リスト形式）のフォーム

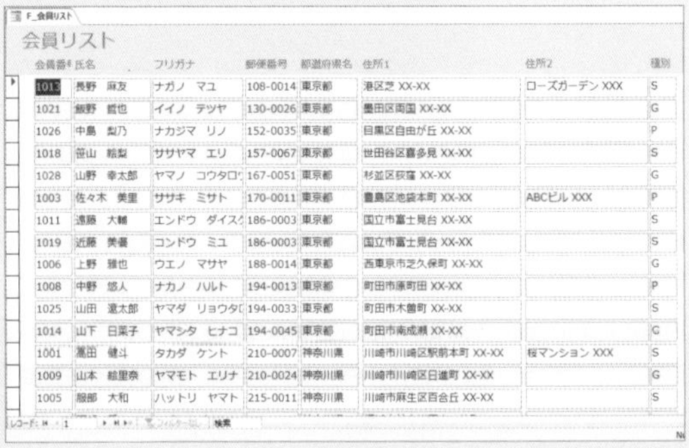

重要度 ★★★　フォームの基本

Q 333 フォーム作成の手順は？

A ウィザード画面で作成する方法がかんたんです。

● テーブルやクエリをもとに作成するフォームの作成例

❶ テーブルやクエリを選択する

フォームのもとになるテーブルやクエリを選択します。

❷ フォームウィザードを起動する

フォームウィザードの画面を起動します。

❸ ウィザード画面の指示に従って操作する

フォームに表示するフィールドや、フォームの形式などを指定します。

❹ フォームのレイアウトなどを整える

フォーム上のコントロールの大きさを整えたり、配置を整えます。

❺ フォームを使いやすいように整える

データを入力しやすくなるように工夫をしたりします。

テーブルやクエリのデータを表示するフォームを作るには、「フォームウィザード」というウィザード画面を利用すると便利です。ウィザード画面の途中で、もとになるテーブルやクエリ、表示するフィールドなどを指定します。

また、ウィザードで作成したフォームは、あとから使いやすいように修正して利用しましょう。レイアウトビューやデザインビューで操作します。

● そのほかのフォーム

＜作成＞タブには、フォームを作成するボタンが複数表示されています。フォームウィザードを起動するボタンのほか、ワンクリックでフォームを作成するボタンもあります。

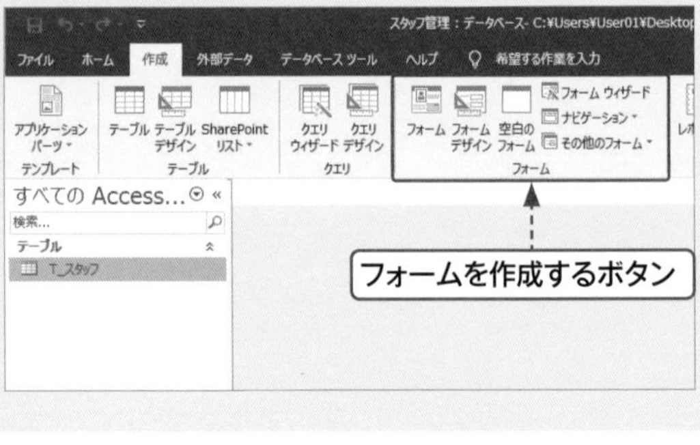

重要度 ★★★　フォームの基本

Q 334 フォームに表示するデータとは？

A テーブルのデータを表示できます。

フォームには、テーブルやクエリのデータを表示できます。フォームを作成するときに、もとになるテーブルやクエリを選択します。また、フォームを作成したあとに、フォームのもとになるテーブルやクエリを指定することもできます。フォームの＜レコードソース＞プロパティで設定します。

フォームのデザインビュー

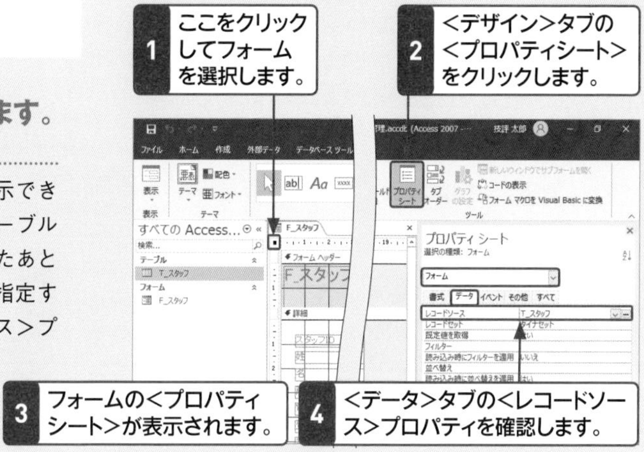

重要度 ★★★　フォームの基本

Q 335 レイアウトビューって何？

A データを見ながらフォームの設計を変えられる表示方法です。

フォームを表示するときのビューは、「フォームビュー」「レイアウトビュー」「デザインビュー」があります。レイアウトビューは、フォームにテーブルやクエリのデータを表示しながらレイアウトを編集できるビューです。ただし、デザインビューでしか編集できない内容もあります。

ビュー	内容
フォームビュー	フォームに表示するデータを確認し、データを表示・編集・追加したりできます。
レイアウトビュー	フォームに表示するデータを確認しながら、フォームのレイアウトを編集できます。
デザインビュー	フォームのデザインを変更できます。

● レイアウトビューの表示例

データを見ながら、コントロールを選択して大きさなどを変更できます。

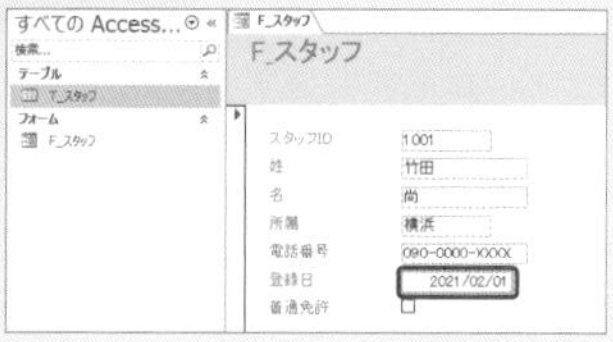

重要度 ★★★　フォームの基本

Q 336 レイアウトビューを表示しないようにするには？

A ＜レイアウトビューの許可＞プロパティで指定します。

フォームを表示して＜ホーム＞タブの＜表示＞ボタンをクリックすると、フォームビューとレイアウトビューを切り替えできます。レイアウトビューをあまり使用しない場合は、フォームの＜レイアウトビューの許可＞プロパティで＜いいえ＞を選択すると、レイアウトビューを表示しないようにできます。

フォームのデザインビュー

1 Q334の方法で、フォームのプロパティシートを表示します。

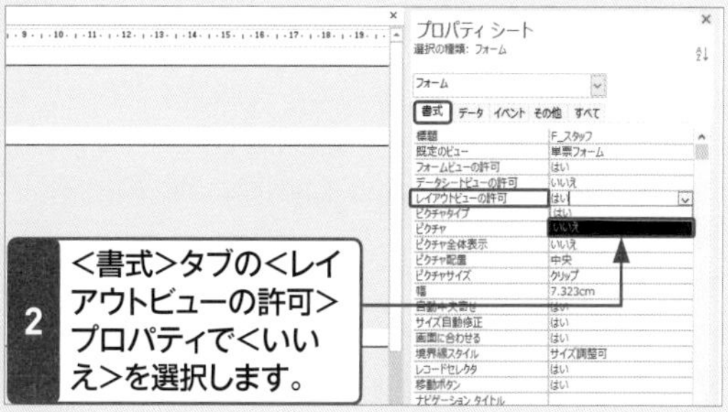

重要度 ★★★　フォームの基本

Q 337 フォームを開いたときの既定のビューを変更したい！

A ＜既定のビュー＞プロパティで指定します。

フォームを開くときの既定のビューは、プロパティシートの＜既定のビュー＞プロパティで指定できます。このプロパティは、指定したビューの表示を許可するかどうかを指定する＜フォームビューの許可＞＜データシートビューの許可＞＜レイアウトビューの許可＞の3つのプロパティと合わせて設定します。たとえば、＜既定のビュー＞を＜単票フォーム＞にしているときは、＜フォームビューの許可＞を＜いいえ＞に設定することはできません。

●既定のビューの設定

設定値	内容
単票フォーム	1件分のデータだけを表示します。
帳票フォーム	複数のデータを連続で表示します。
データシート	データをデータシートの形式で表示します。
分割フォーム	画面を分割して、1件分のデータとデータシート形式のデータを同時に表示します。

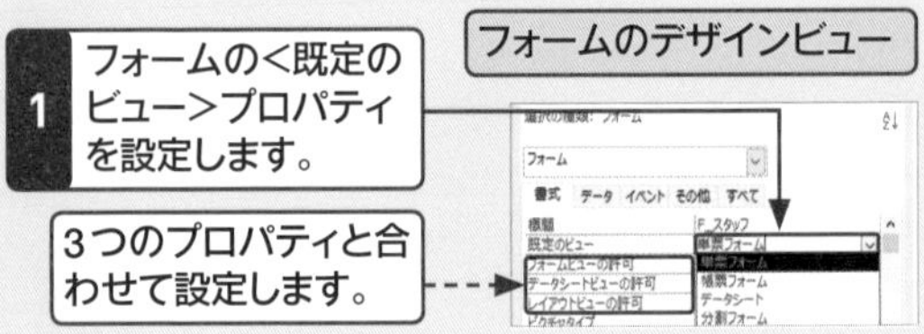

フォームのデザインビュー
1 フォームの＜既定のビュー＞プロパティを設定します。
3つのプロパティと合わせて設定します。

重要度 ★★★　フォームの基本

Q 338 フォームを開いたときのタブの文字を変更したい！

A ＜標題＞プロパティで指定します。

フォームを開いたときに表示されるタブの文字は、通常はフォーム名が表示されます。表示する文字を指定するには、フォームの＜標題＞プロパティで設定します。フォームなどのオブジェクトのウィンドウを重ねて表示する設定にしている場合は、ウィンドウのタイトルバーの文字が変わります。

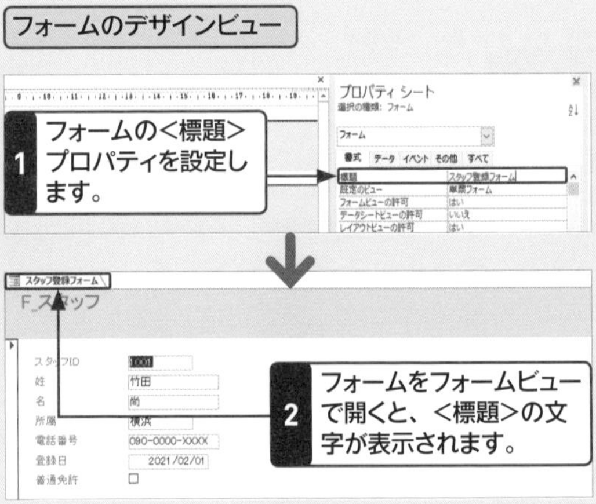

フォームのデザインビュー
1 フォームの＜標題＞プロパティを設定します。
2 フォームをフォームビューで開くと、＜標題＞の文字が表示されます。

重要度 ★★★　フォームの基本

Q 339 フォームを印刷するには？

A 印刷プレビューを確認して印刷しましょう。

データを印刷するには、テーブルやクエリをもとにレポートを作成するのが一般的ですが、フォームでも印刷ができます。印刷する前に、印刷イメージを確認してから印刷しましょう。
印刷イメージを表示し、＜印刷＞をクリックすると印刷画面が表示されます。フォームでフォームビューを開いた状態から操作します。

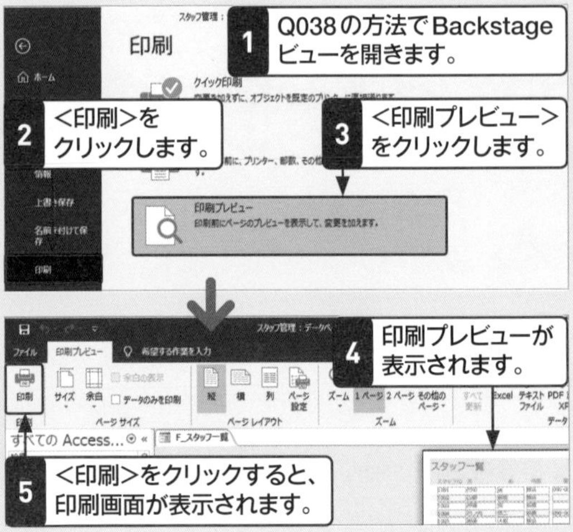

1 Q038の方法でBackstageビューを開きます。
2 ＜印刷＞をクリックします。
3 ＜印刷プレビュー＞をクリックします。
4 印刷プレビューが表示されます。
5 ＜印刷＞をクリックすると、印刷画面が表示されます。

重要度 ★★★ フォームの作成

Q 340 ウィザード画面でフォームを作成するには？

A 画面の指示に従ってフォームの内容を指定します。

テーブルやクエリのデータを表示・編集するフォームを作成するには、「ウィザード画面」を利用すると便利です。ウィザード画面の中で、フォームの種類やフォーム名などを設定します。最初に、フォームのもとになるテーブルやクエリを選択してから操作すると、フォームに配置するフィールドを選択しやすくなります。

1 <ナビゲーションウィンドウ>から、フォームのもとになるテーブルやクエリを選択します。

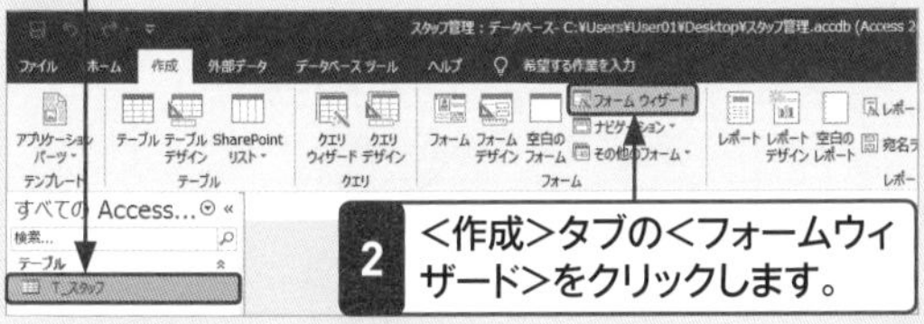

2 <作成>タブの<フォームウィザード>をクリックします。

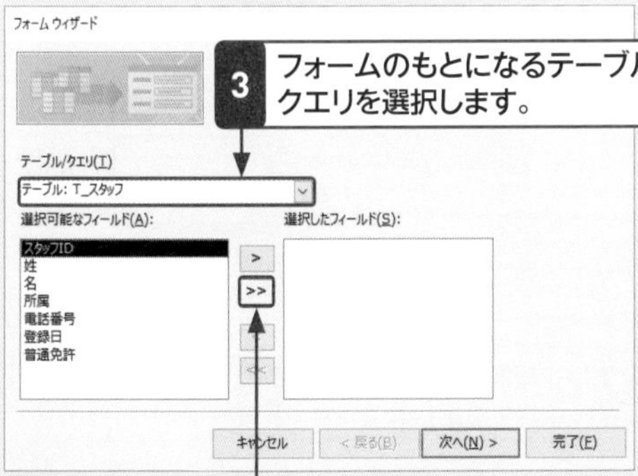

3 フォームのもとになるテーブルやクエリを選択します。

4 <選択可能なフィールド>から、フォームに表示するフィールドを<選択したフィールド>に移動します。ここでは「>>」をクリックします。

5 すべてのフィールドが<選択したフィールド>に移動します。

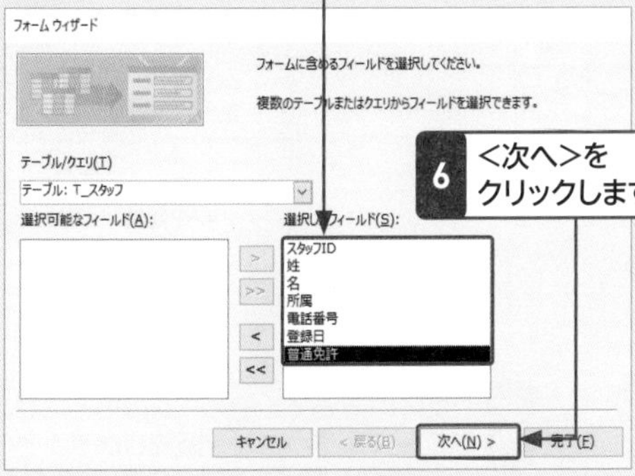

6 <次へ>をクリックします。

7 フォームの形式を選択します。

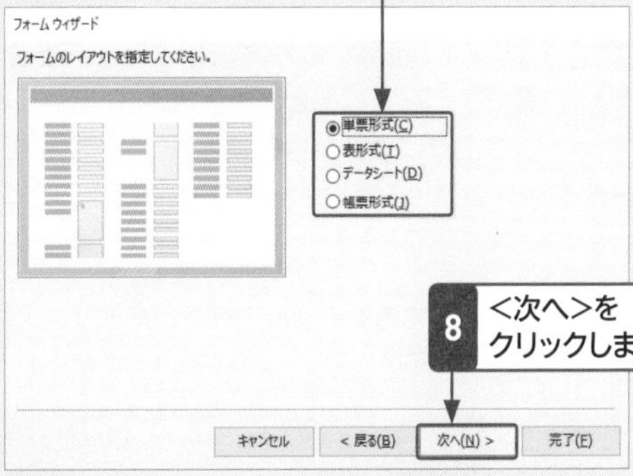

8 <次へ>をクリックします。

9 フォーム名を指定します。

10 このあとに行う操作を選択します。

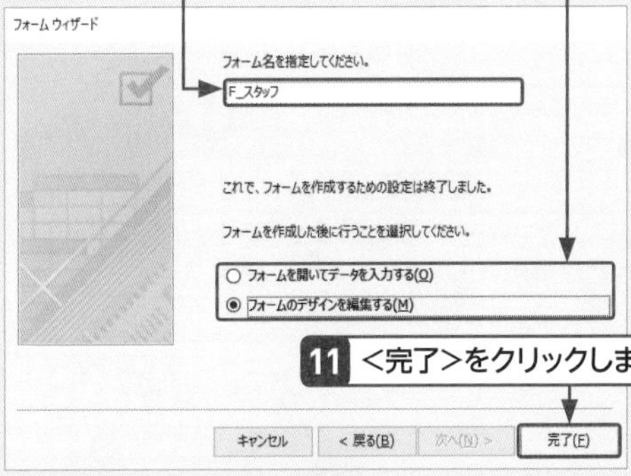

11 <完了>をクリックします。

12 フォームが表示されます。

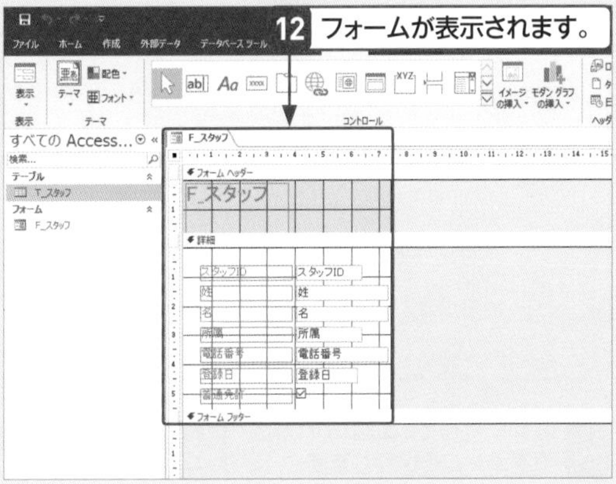

重要度 ★★★ フォームの作成

Q 341 テーブルからフォームを作成するには？

A テーブルを選択してから＜フォーム＞ボタンをクリックします。

テーブルのデータを表示・編集する「単票形式のフォーム」を作成するには、テーブルを選択し、＜作成＞タブからフォームを作成します。この方法でフォームを作成すると、一瞬でフォームの土台ができます。
また、フォームの上部にはロゴマークが表示されます。作成したフォームは、必要に応じて修正しましょう。

参照▶Q 333、Q 360

1 フォームのもとにするテーブルやクエリを選択します。

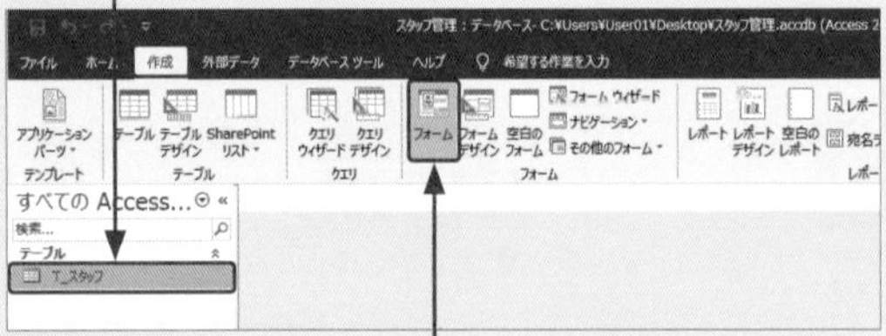

2 ＜作成＞タブの＜フォーム＞をクリックします。

3 選択していたテーブルやクエリをもとにした単票形式のフォームが表示されます。

＜既定のビュー＞プロパティでフォームの形式を確認できます。

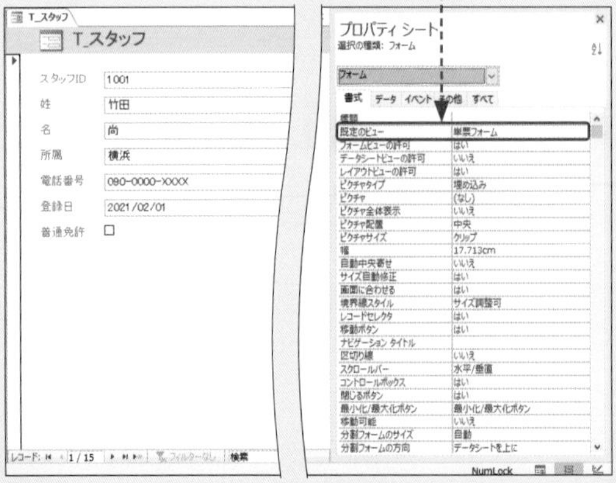

4 必要に応じて、Q346の方法でフォームを保存します。

重要度 ★★★ フォームの作成

Q 342 クエリからフォームを作成するには？

A クエリを選択してから＜フォーム＞ボタンをクリックします。

クエリからもフォームを作成できます。Q341の方法は、クエリに含まれるすべてのフィールドがフォームに表示されます。ウィザードを使用すると、表示するフィールドなどを途中で選択できます。

参照▶Q 340

1 ＜ナビゲーションウィンドウ＞からフォームのもとになるクエリを選択します。

2 Q340 の方法で、フォームウィザードを表示します。

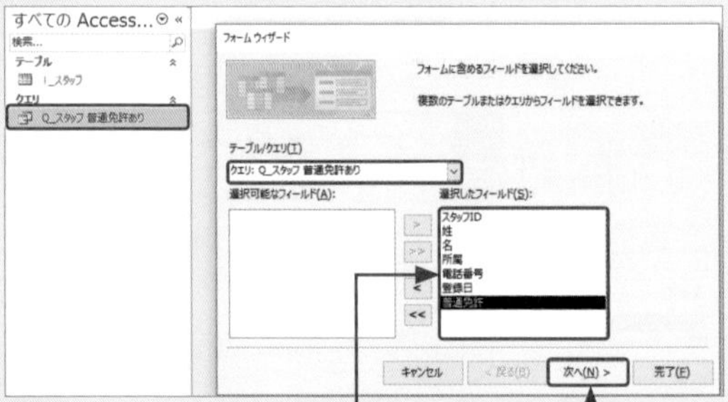

3 クエリを確認して、表示するフィールドを指定します。

4 ＜次へ＞をクリックし、Q340の方法で画面を進めます。

5 フォームが作成されます。

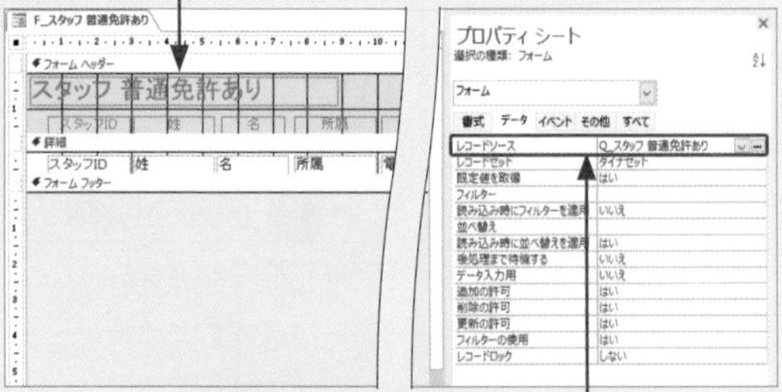

6 Q334の方法で、フォームのもとになるテーブルやクエリを確認します。

重要度 ★★★　フォームの作成

Q 343 表形式のフォームを作成するには？

A ウィザード画面で<表形式>を選択します。

1件分のデータを1行で表示する「表形式のフォーム」を作成するには、フォームウィザード画面で<表形式>を選択します。すると、フォームの<既定のビュー>が<帳票フォーム>の表が完成します。フォームを作成したのちに帳票形式のフォームにするには、<既定のビュー>の設定を変更します。

参照▶Q 340

1 Q340の方法でフォームウィザードを起動し、フォームのレイアウトを指定する画面で<表形式>を選択します。

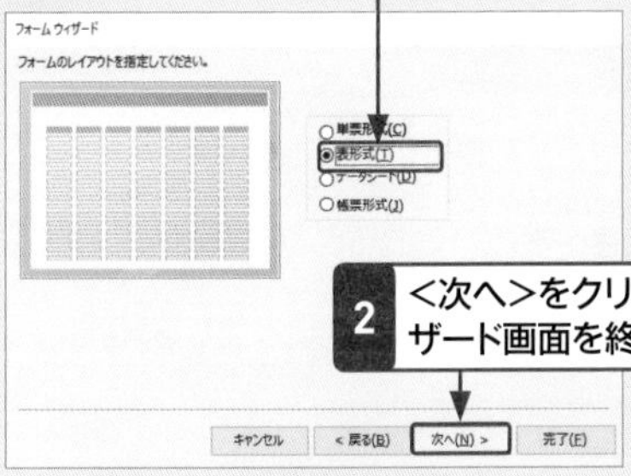

2 <次へ>をクリックして、ウィザード画面を終了させます。

3 表形式のフォームが作成されます。

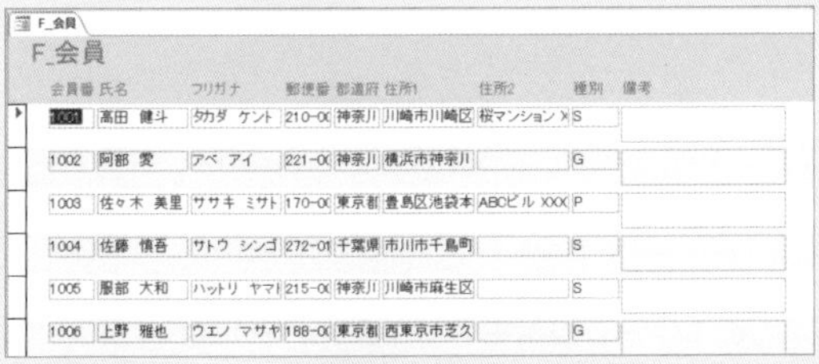

4 フォームをデザインビューに切り替えます。

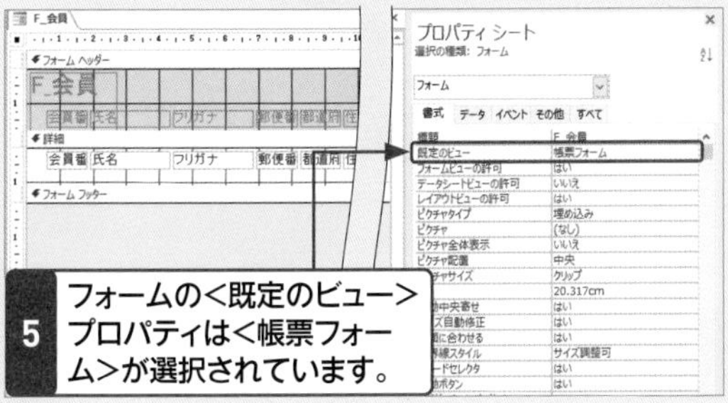

5 フォームの<既定のビュー>プロパティは<帳票フォーム>が選択されています。

重要度 ★★★　フォームの作成

Q 344 帳票形式のフォームを作成するには？

A ウィザード画面で<帳票形式>を選択します。

横長の伝票のような形式で、1つの画面に1件分のデータを表示する「帳票形式のフォーム」を作成するには、フォームのウィザード画面で<帳票形式>を選択します。帳票形式のフォームは、カード形式のフォームと似ていますが、複数のフィールド名が横に並び、データの内容がその下に表示されます。
帳票形式のフォームは、<既定のビュー>が<単票フォーム>のフォームになります。

参照▶Q 340

1 Q340の方法でフォームウィザードを起動し、フォームのレイアウトを指定する画面で<帳票形式>を選択します。

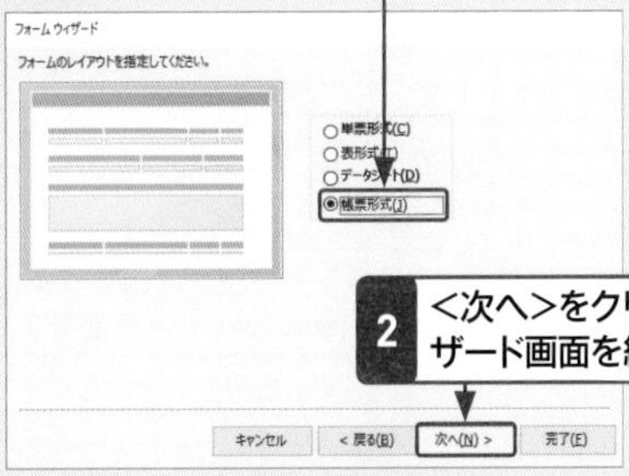

2 <次へ>をクリックしてウィザード画面を終了させます。

3 帳票形式のフォームが作成されます。

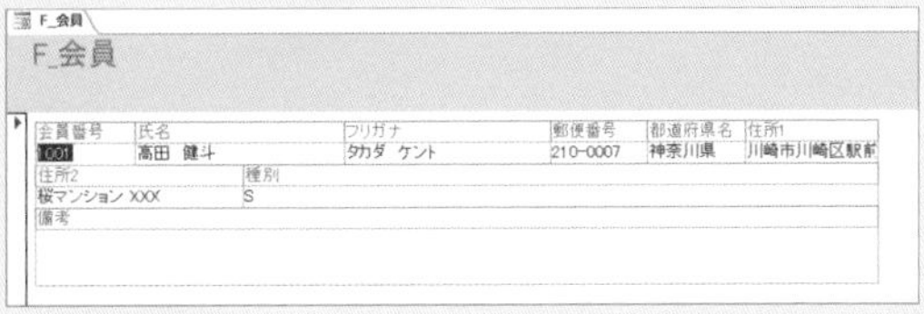

4 フォームをデザインビューに切り替えます。

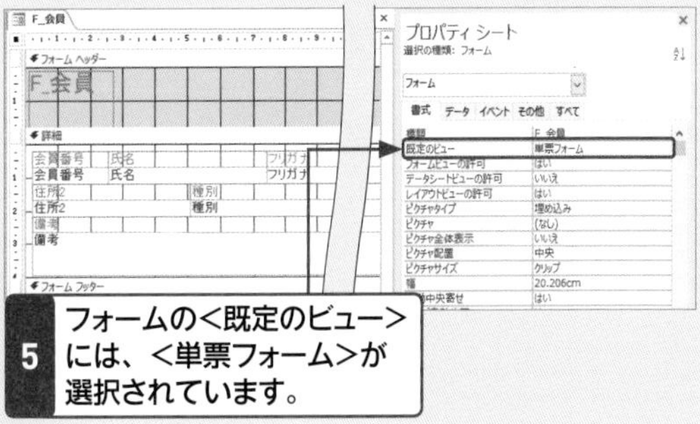

5 フォームの<既定のビュー>には、<単票フォーム>が選択されています。

重要度 ★★★　フォームの作成

Q 345 データシート形式のフォームを作成するには？

A ウィザード画面で<データシート>を選択します。

1件分のデータを1行で表示するには、表形式のフォームや「データシート形式のフォーム」を選択します。データシート形式は、Excelのワークシートのような見た目のフォームです。

データシート形式のフォームを作成するには、フォームウィザード画面で<データシート形式>を選択します。フォームの<既定のビュー>は<データシート>のフォームになります。

参照 ▶ Q340

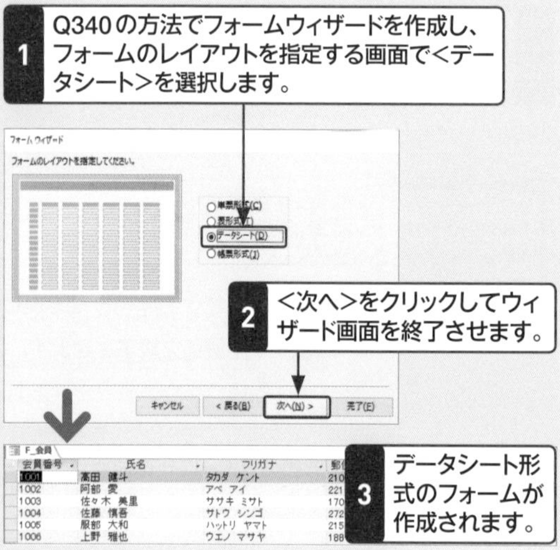

重要度 ★★★　フォームの作成

Q 346 フォームを保存するには？

A <上書き保存>ボタンをクリックします。

作成したフォームをあとで使用するには、フォームを保存します。フォームウィザードで作成したフォームの場合、すでにフォーム名を指定しているので、その名前で上書き保存されます。フォーム名を指定していない場合は、名前を付けて保存します。

なお、フォームを使ってデータを追加・編集した場合、データの内容に関しては自動的に保存されます。

参照 ▶ Q340

● クイックアクセスツールバーから保存する

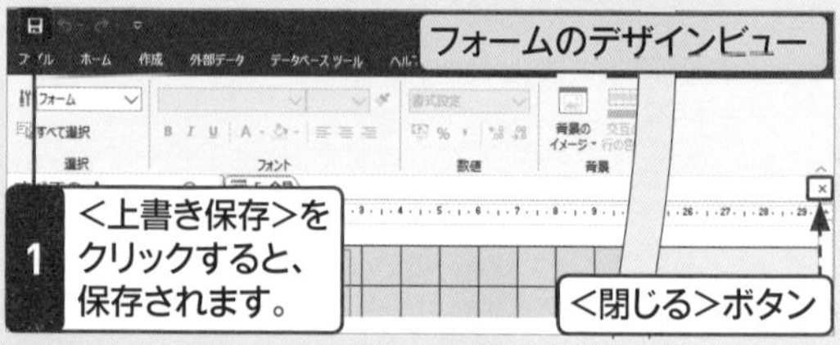

● メッセージが表示されたら?

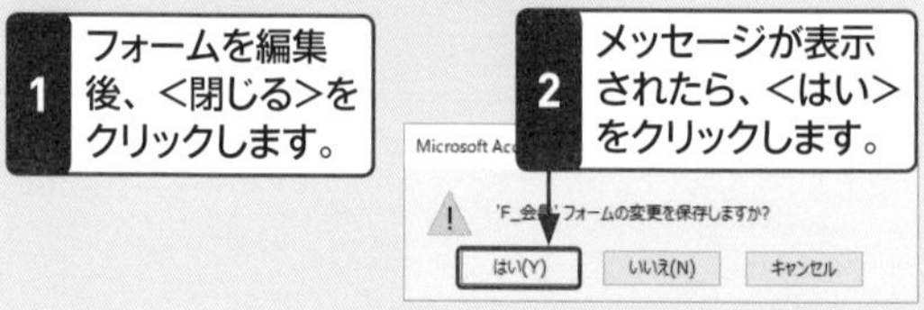

重要度 ★★★　フォームの作成

Q 347 緑色の三角形が表示された！

A エラーを示すメッセージを確認しましょう。

フォームをデザインビューで開いているとき、緑色のエラーインジケーター（ ）が表示されることがあります。これは、Accessが自動的にエラーチェックをして表示される印です。エラーの内容を確認して修正すると、エラーインジケーターが消えます。

ここでは、コントロールの<コントロールソース>プロパティに指定されたフィールドのフィールド名が違っているためエラーが表示されています。<コントロールソース>プロパティの内容を修正すると、エラーが消えます。

フォームのデザインビュー

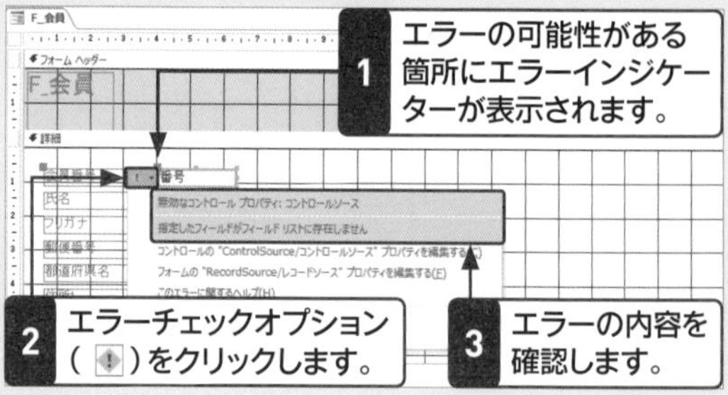

重要度 ★★★ 分割形式のフォーム

Q 348 分割形式のフォームを作成するには？

A ＜その他のフォーム＞から＜分割フォーム＞を選択します。

分割フォームとは、画面が2つに分割されているように見えるフォームです。一方のフォームには、フォームのもとのテーブルやクエリに保存されているデータ一覧が表示されます。もう一方のフォームには、選択したデータの詳細がカード形式で表示されます。データ一覧から見たいデータを選択すると、カード形式のデータが切り替わります。

1 ＜ナビゲーションウィンドウ＞からフォームのもとのテーブルやクエリを選択します。

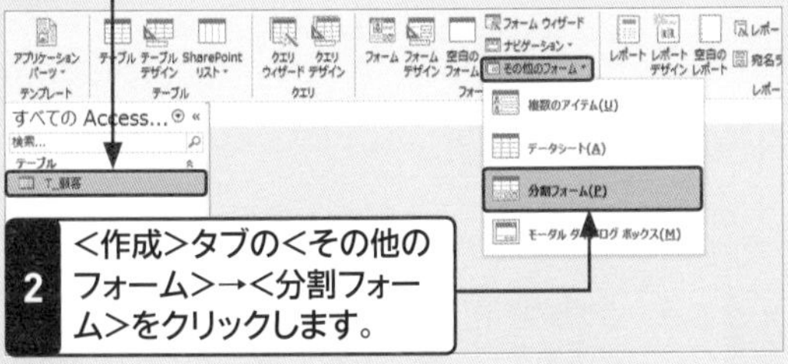

2 ＜作成＞タブの＜その他のフォーム＞→＜分割フォーム＞をクリックします。

3 分割フォームが作成されます。

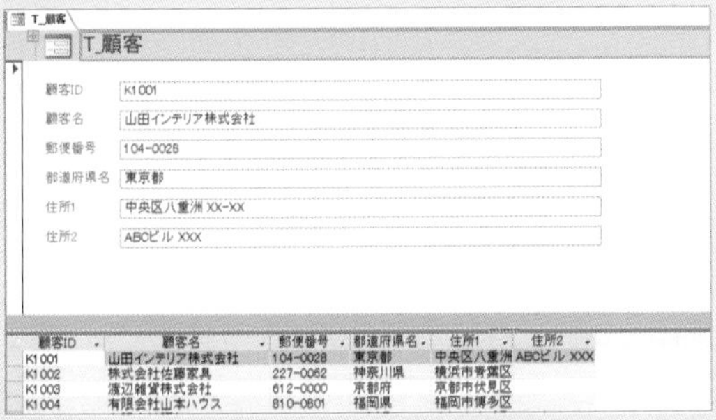

4 フォームをデザインビューに切り替えます。

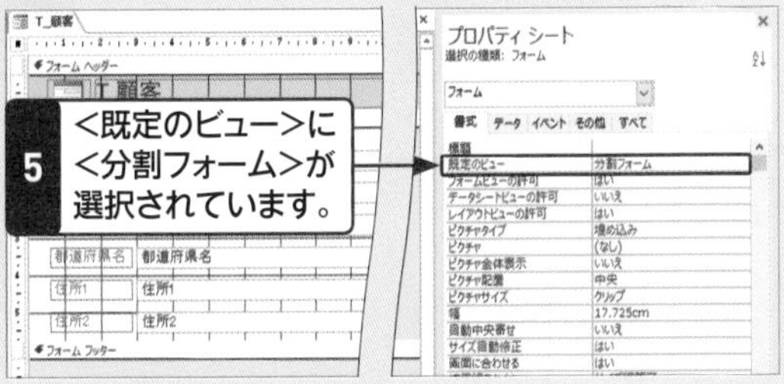

5 ＜既定のビュー＞に＜分割フォーム＞が選択されています。

重要度 ★★★ 分割形式のフォーム

Q 349 分割フォームの上下を入れ替えたい！

A ＜分割フォームの方向＞プロパティで指定します。

分割フォームのデータ一覧の部分と、詳細データが表示されるカード形式の部分の配置を入れ替えるには、フォームの＜分割フォームの方向＞プロパティで設定します。上下を入れ替えたり、左右に並べたりできます。

1 分割フォームを開きます。

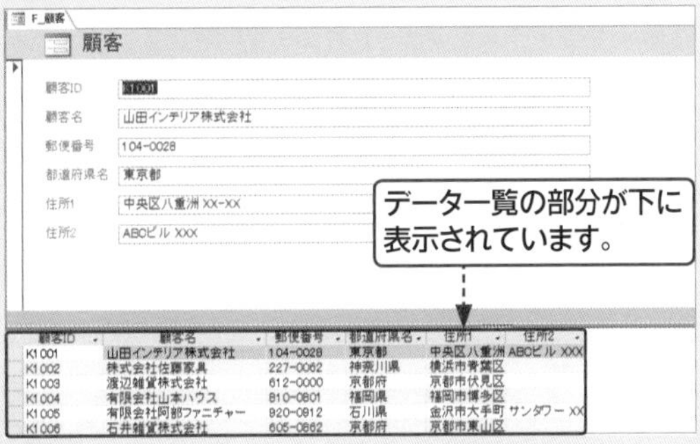

2 フォームをデザインビューに切り替えます。

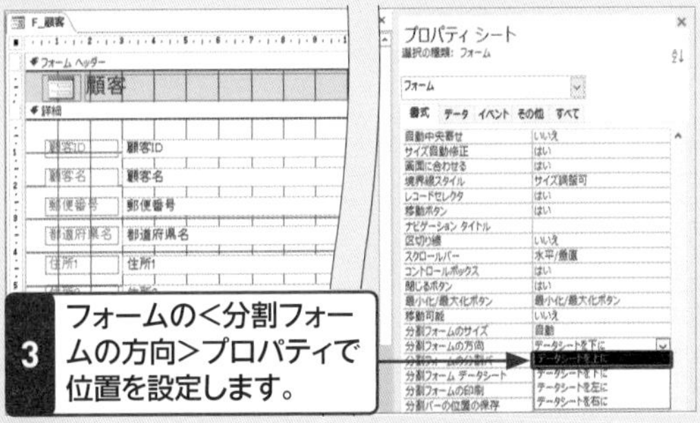

3 フォームの＜分割フォームの方向＞プロパティで位置を設定します。

4 データ一覧の部分が上に表示されました。

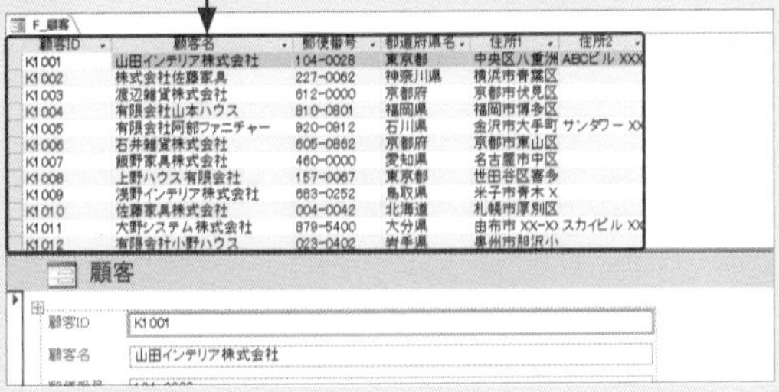

重要度★★★ 分割形式のフォーム

Q 350 分割フォームの画面の割合を変更したい!

A <分割フォームのサイズ>プロパティで指定します。

分割フォームのデータ一覧の部分と、詳細データが表示されるカード形式の部分の画面の表示割合を変更するには、分割バーをドラッグします。大きさを指定すると、フォームの<分割フォームのサイズ>プロパティの値が変わります。数値を直接入力して、大きさを指定することもできます。

1 分割フォームをフォームビューで開きます。

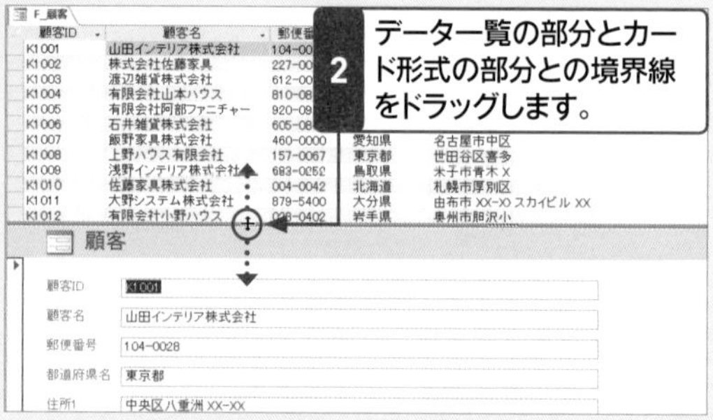

2 データ一覧の部分とカード形式の部分との境界線をドラッグします。

3 分割線の位置が変わりました。

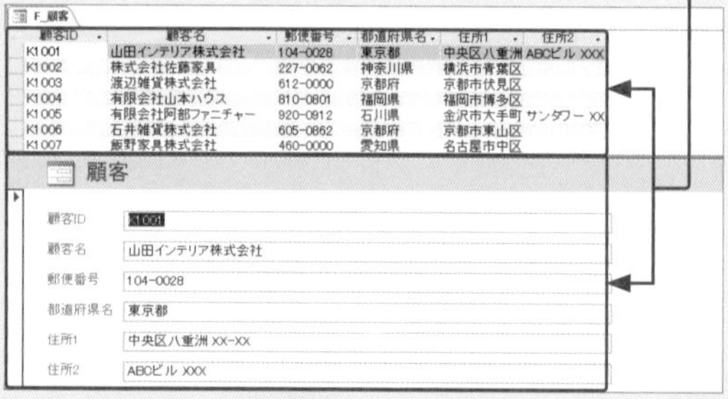

4 フォームをデザインビューに切り替えます。

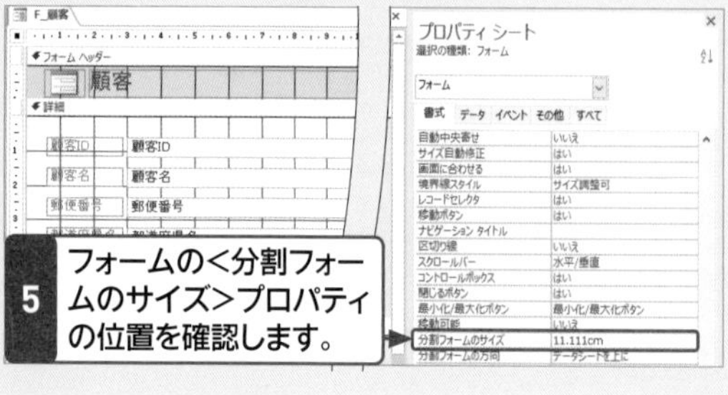

5 フォームの<分割フォームのサイズ>プロパティの位置を確認します。

重要度★★★ 分割形式のフォーム

Q 351 分割フォームの表示幅を変更できないようにするには?

A <分割フォームの分割バー>プロパティで指定します。

分割フォームで分割バーを非表示にすると、分割する箇所を指定できなくなります。分割バーを非表示にするには、フォームをデザインビューで開き、フォームの<分割フォームの分割バー>プロパティで設定します。

1 分割フォームをフォームビューで開きます。

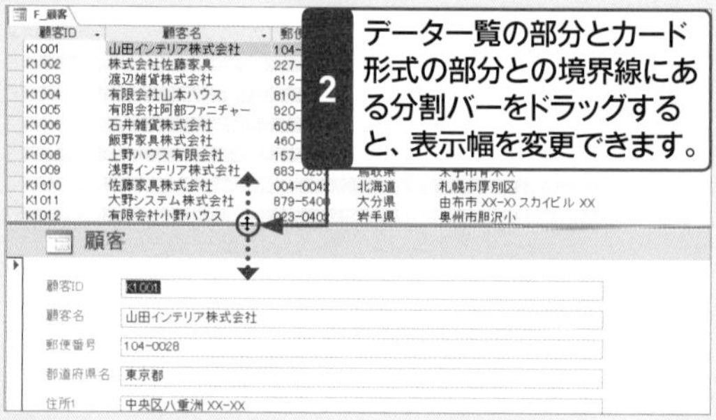

2 データ一覧の部分とカード形式の部分との境界線にある分割バーをドラッグすると、表示幅を変更できます。

3 フォームをデザインビューに切り替えます。

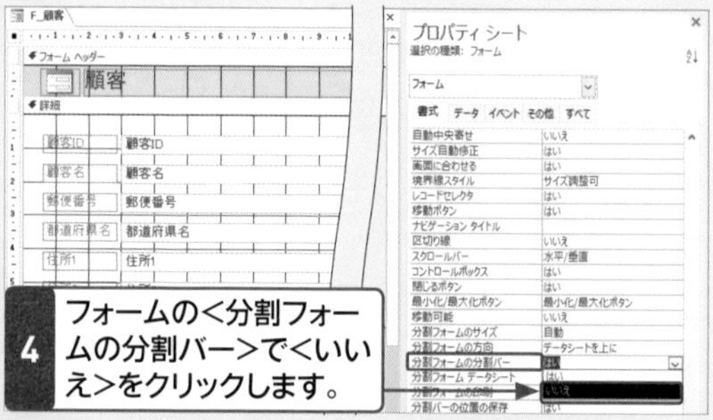

4 フォームの<分割フォームの分割バー>で<いいえ>をクリックします。

5 フォームをフォームビューに切り替えます。

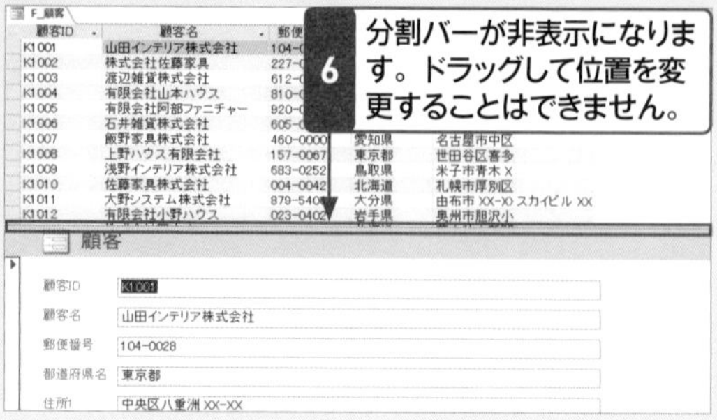

6 分割バーが非表示になります。ドラッグして位置を変更することはできません。

重要度 ★★★　分割形式のフォーム

Q 352 分割フォームのデータを変更できないようにしたい!

A <分割フォームデータシート>プロパティで指定します。

分割フォームで、データ一覧部分のデータを変更できないようするには、フォームの<分割フォームデータシート>プロパティで設定します。なお、このプロパティを変更しても、カード形式の部分は編集できます。カード形式のデータの部分も変更できないようにするには、<追加の許可><削除の許可><更新の許可>プロパティで設定します。

フォームのデザインビュー

1 フォームの<分割フォームデータシート>プロパティの設定で<読み取り専用>を指定します。

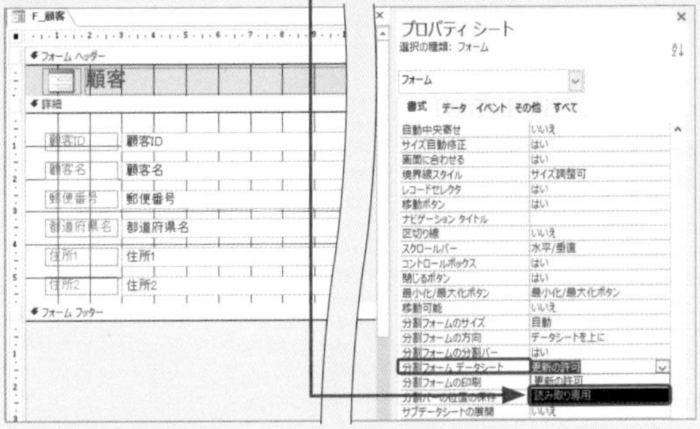

2 フォームをフォームビューに切り替えます。

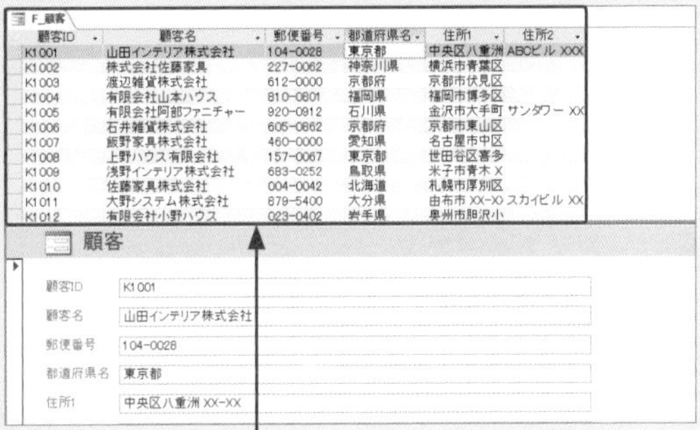

3 データ一覧の部分では、データを変更できなくなります。

重要度 ★★★　分割形式のフォーム

Q 353 フォームを分割フォームに変更したい!

A <既定のビュー>プロパティで指定します。

単票形式のフォームなどを、あとから分割フォームに変更するには、フォームの<既定のビュー>プロパティで設定します。分割フォームに変更したあとは、分割位置や分割フォームの配置などを整えましょう。

参照 ▶ Q 349、Q 350

1 フォームをフォームビューで開き、内容を確認します。

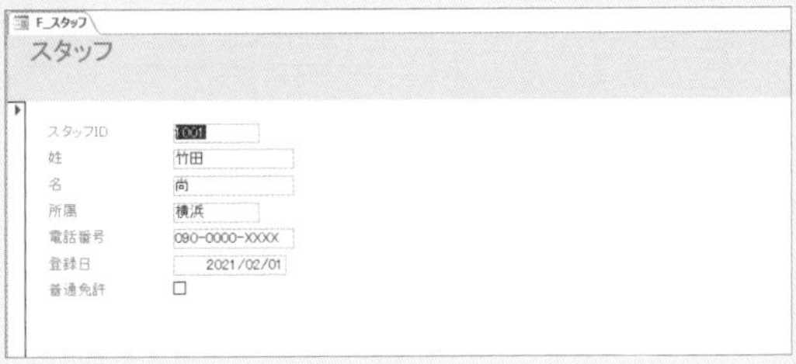

2 フォームをデザインビューに切り替えます。

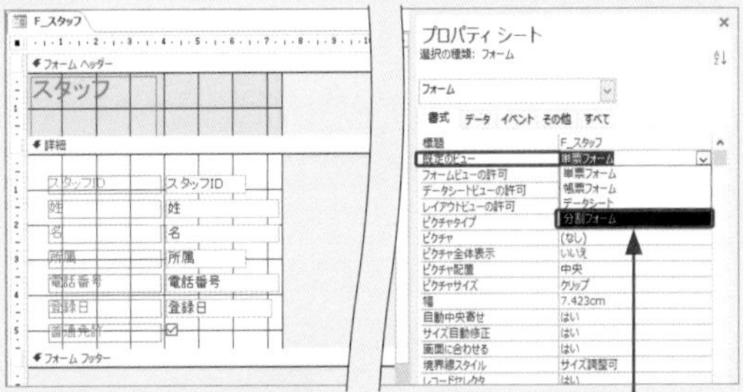

3 フォームの<既定のビュー>で<分割フォーム>を選択します。

4 フォームをフォームビューに切り替えます。

5 分割バーが表示されます。

重要度 ★★★　フォームの編集

Q 354 フォーム全体を選択するには？

A ＜フォームセレクター＞をクリックします。

フォームのプロパティを設定するときは、フォーム全体を選択して、フォームのプロパティシートを表示します。フォーム全体を選択するには、フォームをデザインビューで開いているときは＜フォームセレクター＞をクリックします。レイアウトビューで開いているときは、プロパティシートで＜フォーム＞を選択します。なお、＜フォームセレクター＞をダブルクリックすると、フォーム全体が選択されて、＜プロパティシート＞が表示されます。

フォームのデザインビュー

1 ここをクリックします。

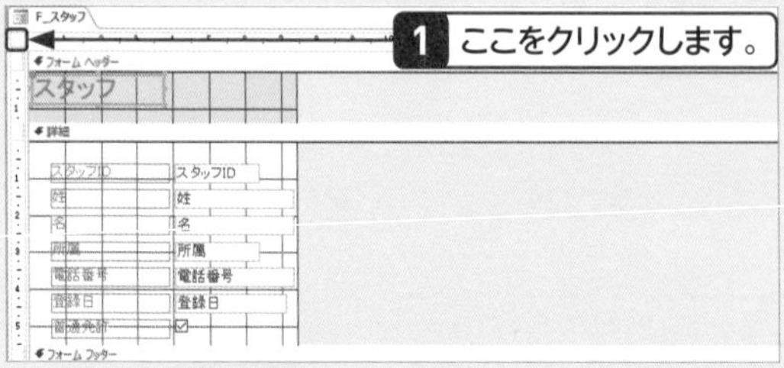

3 ＜デザイン＞タブの＜プロパティシート＞をクリックします。

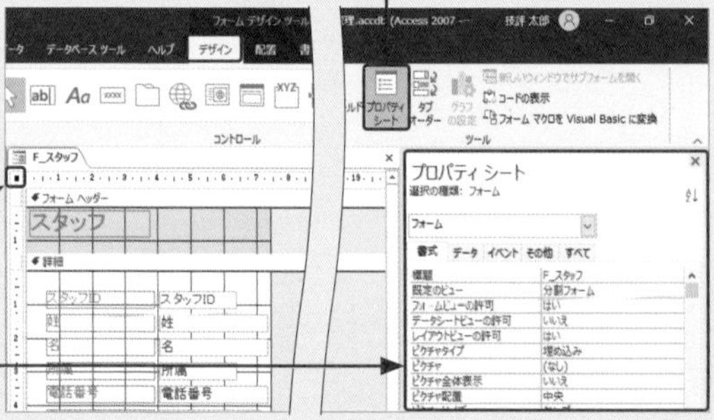

2 フォーム全体が選択されます。

4 フォームの＜プロパティシート＞が表示されます。

重要度 ★★★　フォームの編集

Q 355 フォームのテーマを変更するには？

A ＜テーマ＞を選択しましょう。

＜テーマ＞とは、フォームやレポートなど、全体のデザインを左右するものです。複数のテーマの中から好きなテーマを選択すると、フォームやレポートの色合いやフォントなどのデザインが一気に変わります。なお、＜テーマ＞を設定すると、ほかのフォームやレポートの色合いやフォントなどのデザインも変わりますので注意してください。

1 フォームのデザインを確認します。

2 フォームをデザインビューに切り替えます。

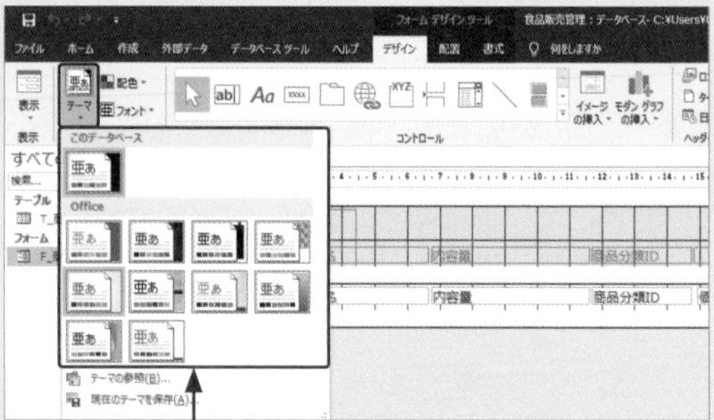

3 ＜デザイン＞タブの＜テーマ＞をクリックし、テーマを選択します。

4 フォームのテーマが変更されます。

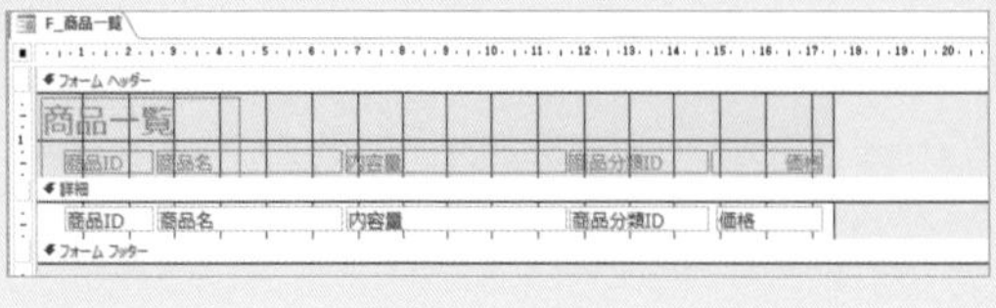

重要度 ★★★　フォームの編集

Q 356 フォームのもとのテーブルを変更するには？

A <レコードソース>プロパティで指定します。

フォームのもとになっているテーブルやクエリを変更するには、フォームの<レコードソース>プロパティで設定します。<レコードソース>プロパティを指定するときは、テーブルやクエリの一覧が表示されるので、そこから選択します。

1 ここをクリックして<フォーム>を選択します。

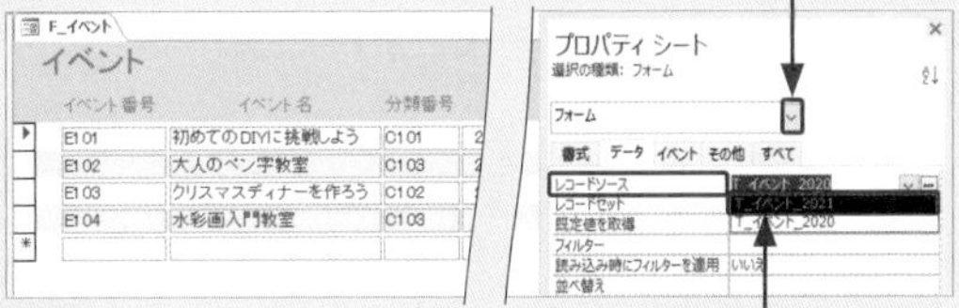

2 フォームの<レコードソース>プロパティで、もとのテーブルやクエリを選択します。

3 ここでは、フォームのもとのテーブルが変わりました。

4 データの内容が変わります。

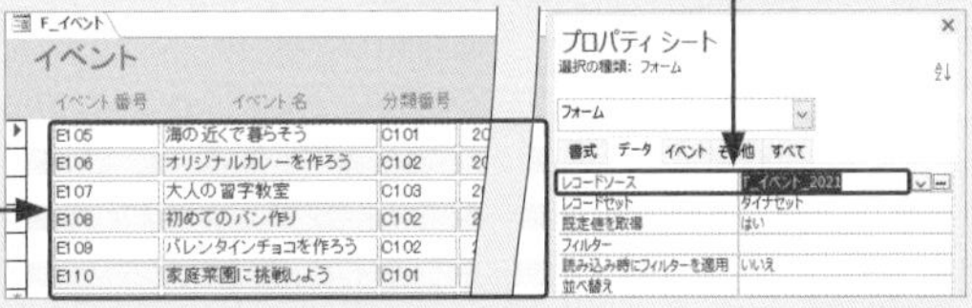

重要度 ★★★　フォームの編集

Q 357 単票形式のフォームを表形式に変更するには？

A <既定のビュー>プロパティの設定とコントロールの配置を調整します。

1 フォームの<既定のビュー>プロパティで<帳票フォーム>を選択します。

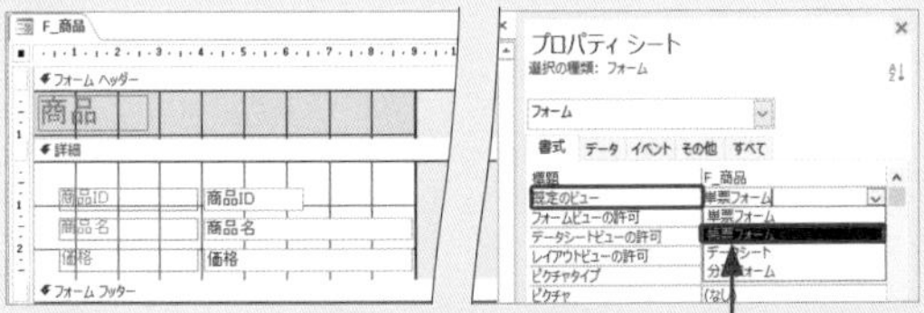

2 フォームをフォームビューに切り替えます。

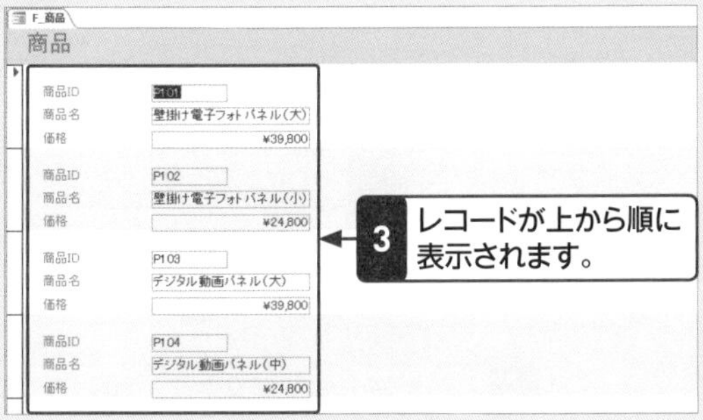

3 レコードが上から順に表示されます。

単票形式のフォームをあとから表形式のフォームに変更するには、<既定のビュー>プロパティで<帳票フォーム>を選択します。続いて、フィールド名を表示しているラベルを<フォームヘッダー>セクションに、データを表示するテキストボックスを<詳細>セクションに横に並べます。作業は少々手間がかかります。フォームを作成した直後であれば、新しく表形式のフォームを作り直す方が速いでしょう。

なお、フォームのコントロールがグループ化されている場合は、かんたんに表形式に変更できます。参照▶Q 563

● フォームヘッダーにフィールド名を配置する

<フォームヘッダー>セクションにフィールド名のラベルを配置し、<詳細>セクションにデータを表示するコントロールを配置します。すると、1件分のデータを1行で表示する表形式のフォームになります。

<フォームヘッダー>セクションにフィールド名のラベルを配置し、

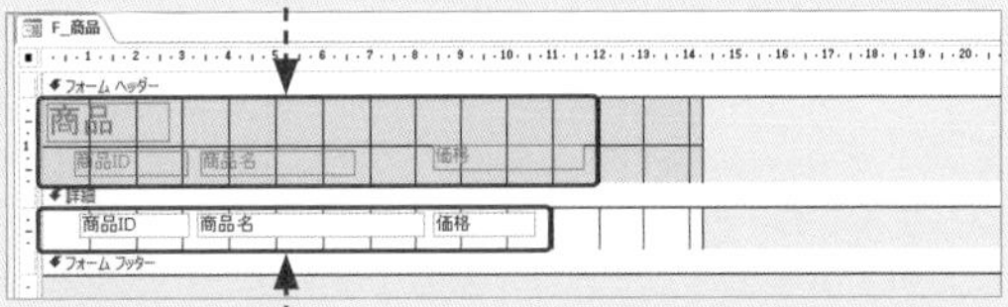

<詳細>セクションにデータを表示するコントロールを配置します。

重要度 ★★★ フォームの編集

Q 358 フォームの背景に色を付けたい！

A セクションを選択して背景色を指定します。

フォームの全体的なデザインは、テーマを選択して指定できます。テーマによってフォームヘッダーなどに色が表示されます。また、<詳細>セクションに色を付けるには、セクションの<背景色>プロパティで指定できます。<背景色>プロパティの欄の横の<▼>や<…>をクリックすると、一覧から色を選択できます。

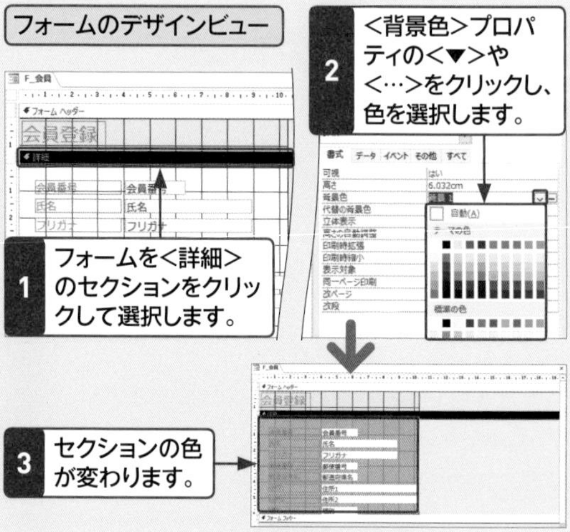
フォームのデザインビュー
1 フォームを<詳細>のセクションをクリックして選択します。
2 <背景色>プロパティの<▼>や<…>をクリックし、色を選択します。
3 セクションの色が変わります。

重要度 ★★★ フォームの編集

Q 359 フォームの横幅を変更するには？

A ドラッグ操作で幅を変更しましょう。

フォームの横幅を指定するには、フォームの右端とグレーの部分の境界線部分をドラッグします。なお、フォームの幅を狭くするとき、狭くしようとしている部分にコントロールがある場合は変更できません。一時的にコントロールの位置をずらしてから指定しましょう。ドラッグ操作で幅を変更すると、フォームの<幅>プロパティに設定が反映されます。

オブジェクトをタブで表示しているときは、幅を気にすることはないかもしれませんが、ウィンドウで表示するときは、指定した幅で表示されます。 参照▶Q 080

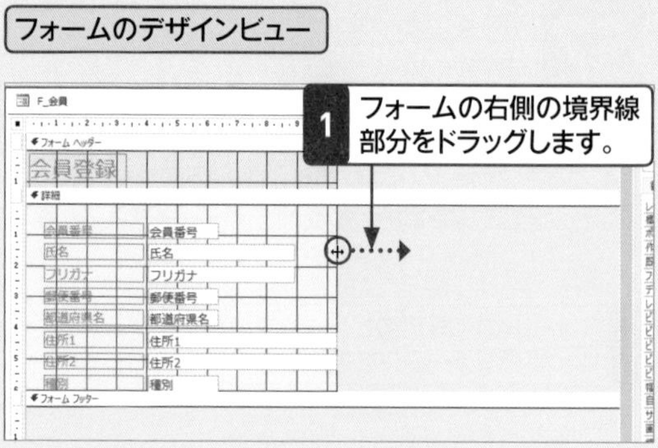
フォームのデザインビュー
1 フォームの右側の境界線部分をドラッグします。

重要度 ★★★ フォームの編集

Q 360 ヘッダーやフッターにロゴを表示したい！

A ロゴとタイトルを指定します。

フォームのヘッダーやフッターにロゴマークなどの画像を表示するには、<デザイン>タブの<ロゴ>をクリックします。すると、決まった位置にロゴとフォームのタイトルを入力するコントロールが配置されます。ロゴマークだけを任意の位置に配置するには、イメージ（Q475参照）を追加する方法もあります。 参照▶Q 341

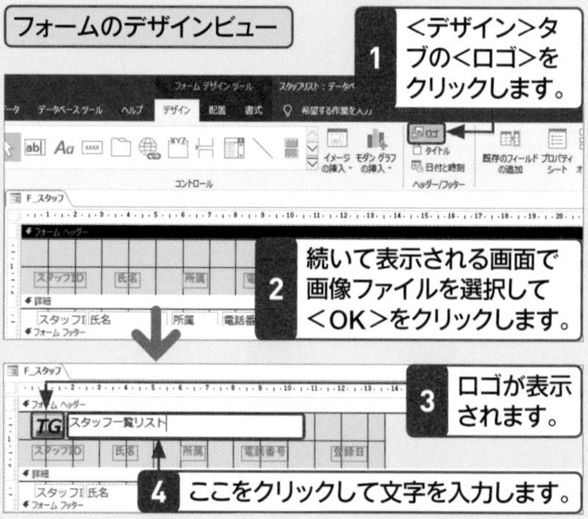
フォームのデザインビュー
1 <デザイン>タブの<ロゴ>をクリックします。
2 続いて表示される画面で画像ファイルを選択して<OK>をクリックします。
3 ロゴが表示されます。
4 ここをクリックして文字を入力します。

重要度 ★★★　データの表示

Q 361 フォームでレコードを切り替えるには？

A <移動ボタン>を使います。

フォームに表示するレコードを切り替えるには、<移動ボタン>を使います。また、レコードセレクターを選択して、↑↓キーを押して切り替えることもできます。

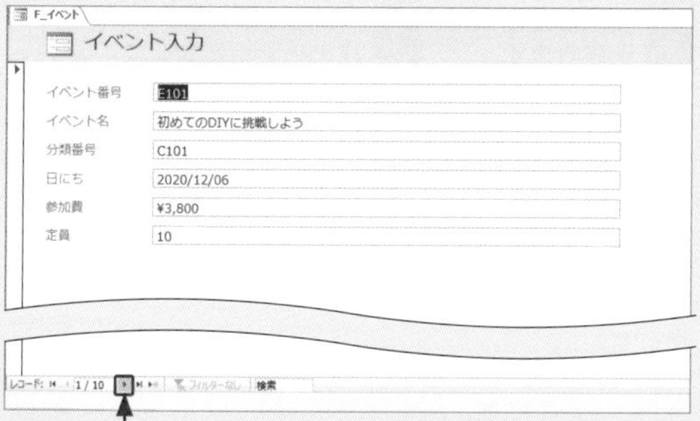

1 <次のレコード>をクリックします。

2 次のレコードが表示されます。

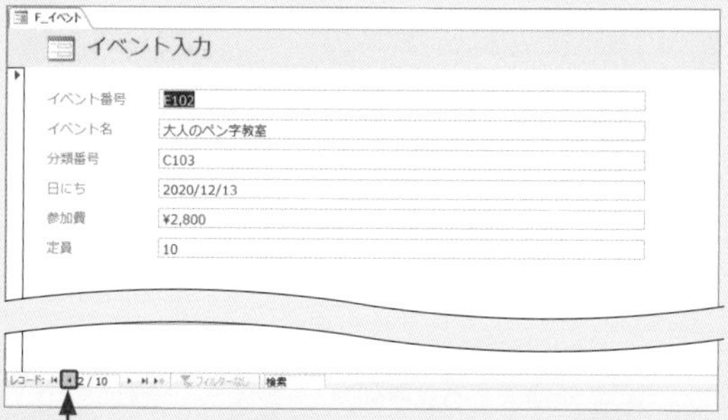

3 <前のレコード>をクリックします。

4 前のレコードが表示されます。

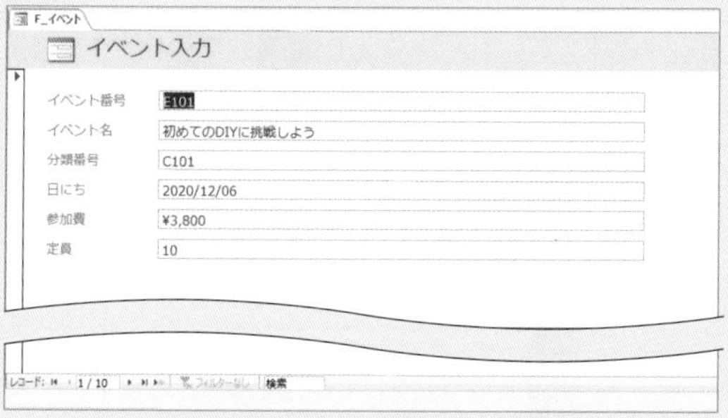

重要度 ★★★　データの表示

Q 362 先頭レコードや最後のレコードに移動するには？

A <最初のレコード>や<最後のレコード>ボタンをクリックします。

フォームの先頭のレコードや最後のレコードに移動するには、移動ボタンを使います。また、レコードセレクターを選択して、Home キーや End キーを押して切り替えることもできます。

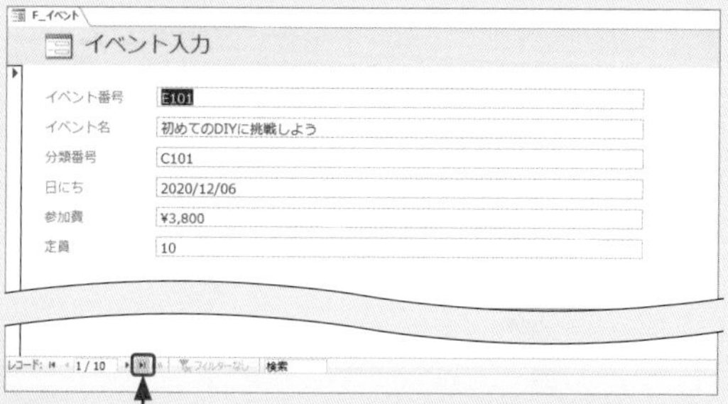

1 <最終レコード>をクリックします。

2 最後のレコードが表示されます。

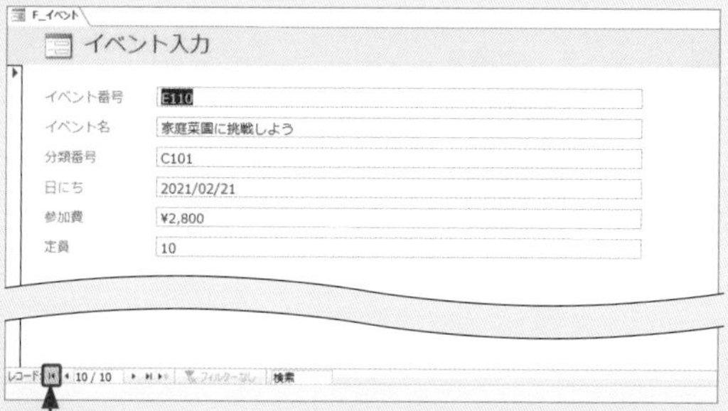

3 <先頭レコード>をクリックします。

4 先頭のレコードが表示されます。

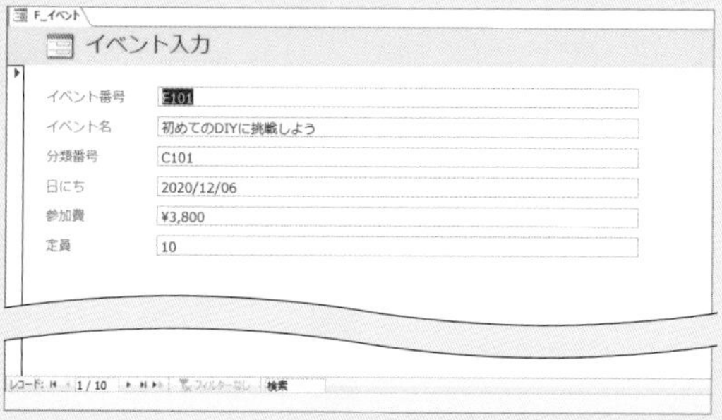

重要度 ★★★　データの表示

Q 363 データを検索するには？

A ＜検索と置換＞画面を表示します。

検索機能を使うと、目的のデータを効率よく探すことができます。＜検索する文字列＞に検索キーワードを入力して検索します。＜探す場所＞は、現在カーソルがあるフィールドを対象にするのか、ほかのフィールドも対象にするのかを設定します。＜検索条件＞は、＜検索する文字列＞がフィールド全体の文字か、フィールドの一部分かなどを指定できます。

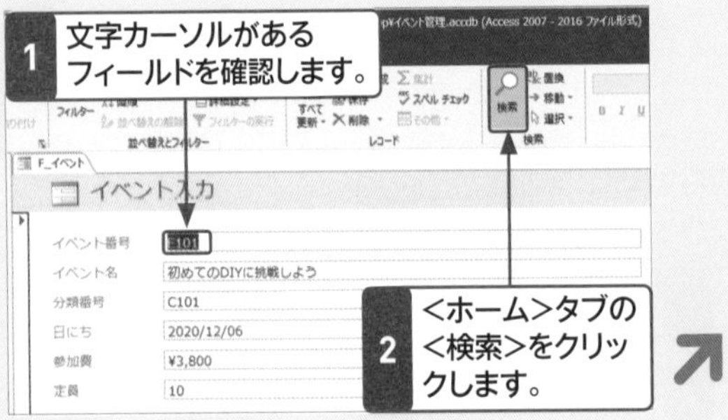

1 文字カーソルがあるフィールドを確認します。
2 ＜ホーム＞タブの＜検索＞をクリックします。
イベント入力

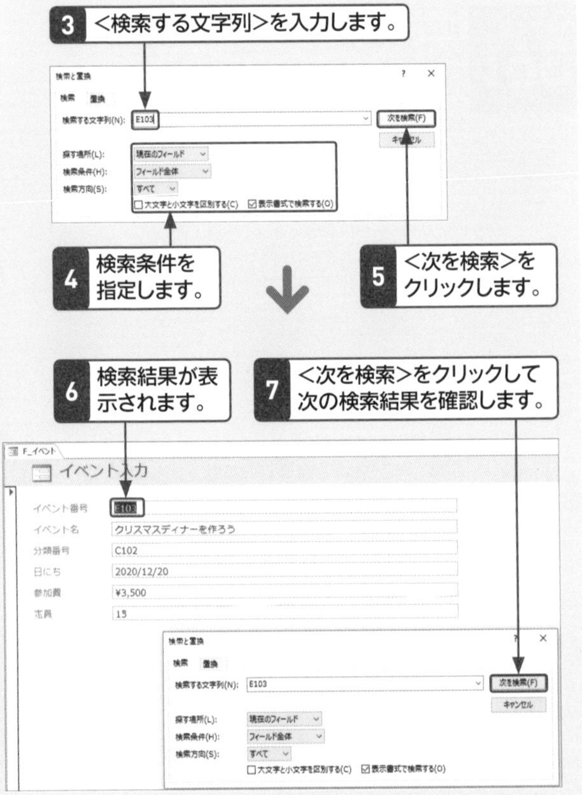

3 ＜検索する文字列＞を入力します。
4 検索条件を指定します。
5 ＜次を検索＞をクリックします。
6 検索結果が表示されます。
7 ＜次を検索＞をクリックして次の検索結果を確認します。
イベント入力

重要度 ★★★　データの表示

Q 364 検索したデータを置き換えるには？

A ＜置換後の文字列＞を指定します。

指定した文字を別の文字に置き換えるには、置換機能を使います。＜検索する文字列＞と＜置換後の文字列＞を指定して置換を実行しましょう。検索された文字を確認しながら置き換えたり、すべてまとめて置き換えたりすることができます。

参照▶Q 363

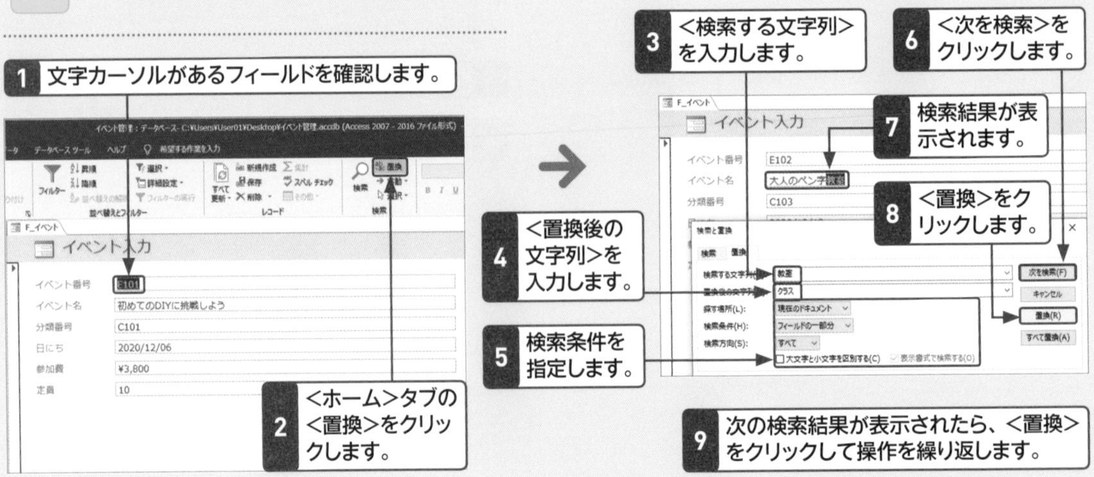

1 文字カーソルがあるフィールドを確認します。
2 ＜ホーム＞タブの＜置換＞をクリックします。
3 ＜検索する文字列＞を入力します。
4 ＜置換後の文字列＞を入力します。
5 検索条件を指定します。
6 ＜次を検索＞をクリックします。
7 検索結果が表示されます。
8 ＜置換＞をクリックします。
9 次の検索結果が表示されたら、＜置換＞をクリックして操作を繰り返します。
イベント入力

重要度 ★★★　データの入力

Q 365 フォームで入力したデータはどこに保存される？

A フォームのもとになっているテーブルに保存されます。

フォームで入力したデータは、フォームのもとになっているテーブルや、フォームのもとになっているクエリのもとのテーブルへ入力されます。フォームを使用して新しいデータを入力後、これらのもとのオブジェクトを開いてみましょう。入力したデータはテーブルの末尾に追加されています。

参照 ▶ Q 356

1 フォームでデータを入力します。

入力したデータは、もとになっているテーブルの末尾に追加されます。

重要度 ★★★　データの入力

Q 366 新しいレコードを追加するには？

A ＜新しいレコード＞ボタンをクリックします。

フォームで新規レコードを追加してデータを入力するには、移動ボタンから＜新しい（空の）レコード＞ボタンをクリックするか、Ctrl＋＋キー（テンキー）を押して入力します。

なお、最後のデータの最後のフィールドにデータを入力したあと、Tab キーを押すことでも新しいレコードが追加されます。

1 ＜新しい（空の）レコード＞をクリックします。

2 新しいレコードを入力する状態になります。

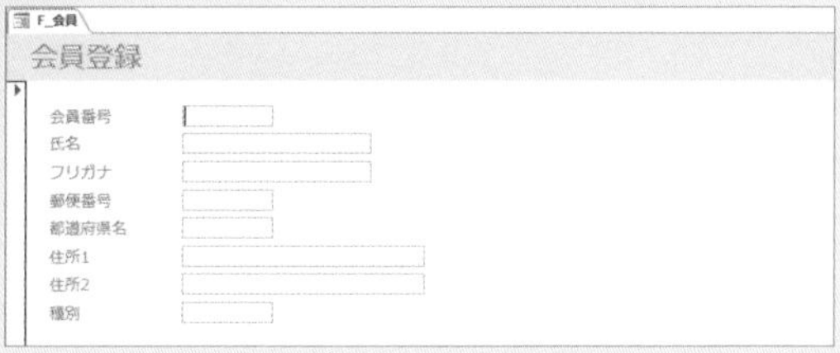

重要度 ★★★　データの入力

Q 367 現在のレコードを削除するには？

A ＜削除＞ボタンをクリックします。

現在選択しているレコードを削除するには、＜削除＞ボタンを使います。レコードセレクターをクリックしてレコードを選択しているときは＜削除＞ボタンをクリックするか、Ctrl＋－キー（テンキー）を押します。カーソルがある位置のレコードを削除する場合は、＜削除＞ボタンの＜▼＞→＜レコードの削除＞の順でクリックします。

1 削除するレコードを表示します。

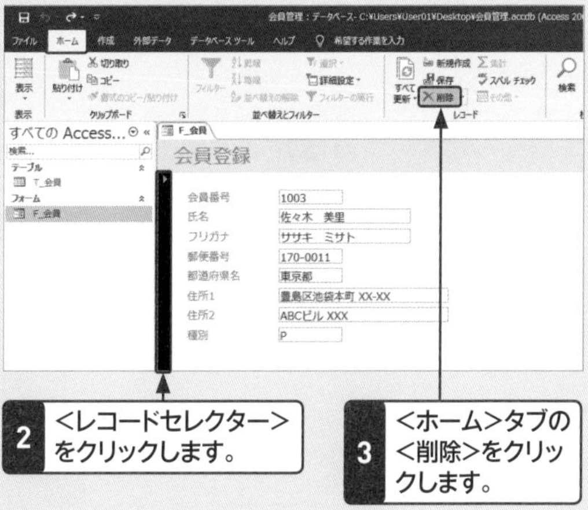

2 ＜レコードセレクター＞をクリックします。

3 ＜ホーム＞タブの＜削除＞をクリックします。

重要度 ★★★ データの入力

Q 368 入力を取り消すには？

A Esc キーでキャンセルします。

新規に追加したレコードに入力したデータを消すには、Esc キーを押します。最初に Esc キーを押すと、編集中のフィールドのデータ入力がキャンセルされます。もう一度 Esc キーを押すと、新規に追加したレコードのデータ入力がすべてキャンセルされます。

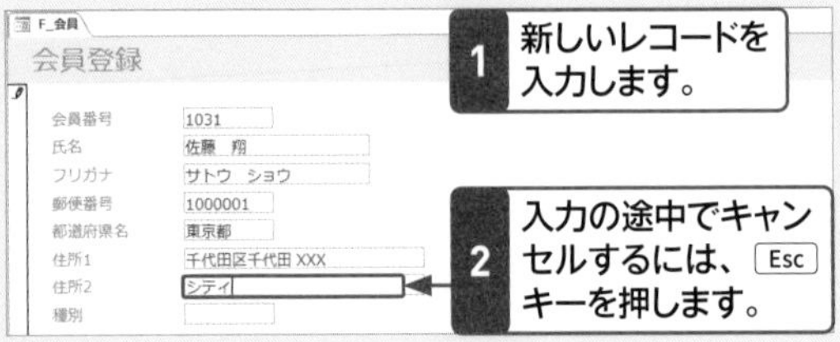

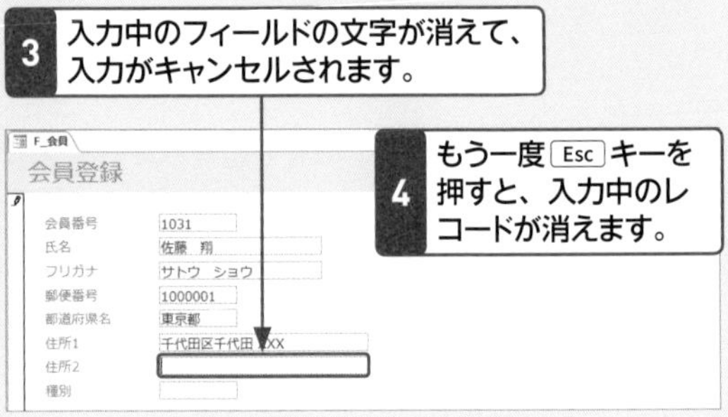

重要度 ★★★ データの入力

Q 369 データを削除するには？

A <削除>ボタンや Delete キーを使います。

入力済みのフィールドのデータを削除するには、まずは、削除するデータを選択しましょう。このとき、Tab キーを押すと、選択するフィールドが移動します。前のフィールドに戻るには、Shift + Tab キーを押します。データを選択したら、<ホーム>タブの<削除>ボタンをクリックします。または、Delete キーを押します。間違ってデータを削除してしまった場合、削除した直後であれば<元に戻す>ボタンでもとに戻せます。

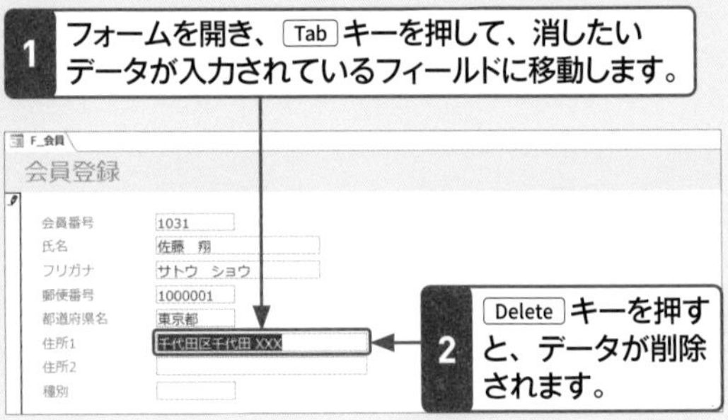

重要度 ★★★ データの入力

Q 370 キー操作でYes/No型のデータを入力するには？

A スペース キーで入力する方法があります。

Yes/No型のフィールドは、チェックボックスやトグルボタン、オプションボタンなどのコントロールを利用してデータを表示している場合があります。オンとオフを切り替えるときは、マウスでクリックする方法もありますが、データの入力中はキーボードから入力できるようにしておくと便利です。

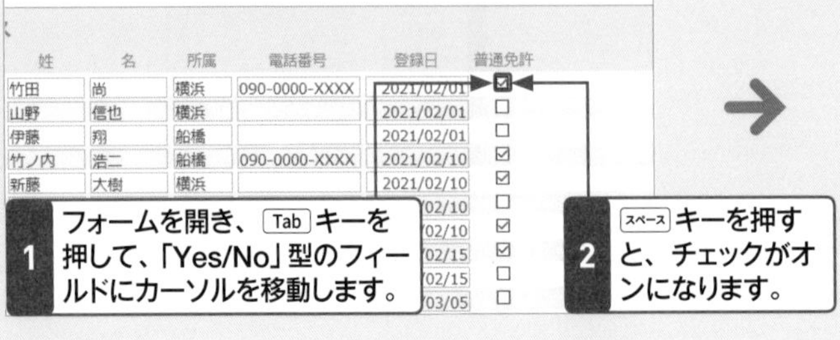

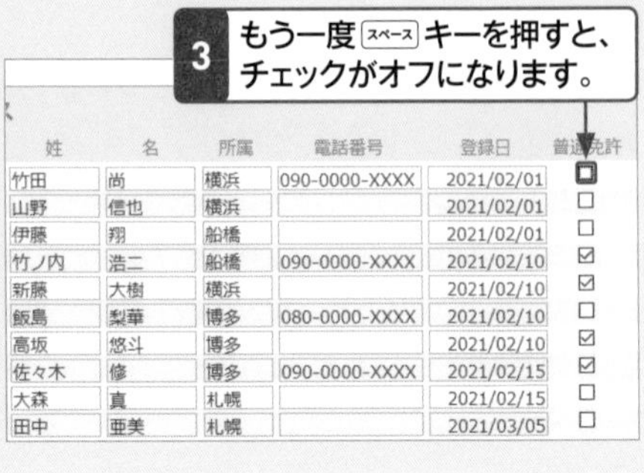

重要度 ★★★　データの入力

Q 371 ハイパーリンク型のリンク先を編集するには？

A 右クリックの操作から編集します。

ハイパーリンク型のフィールドでリンク先データが入力されているとき、リンク先を編集するには、右クリックの操作から始めます。リンク先データを直接クリックすると、リンク先が表示されてしまいます。

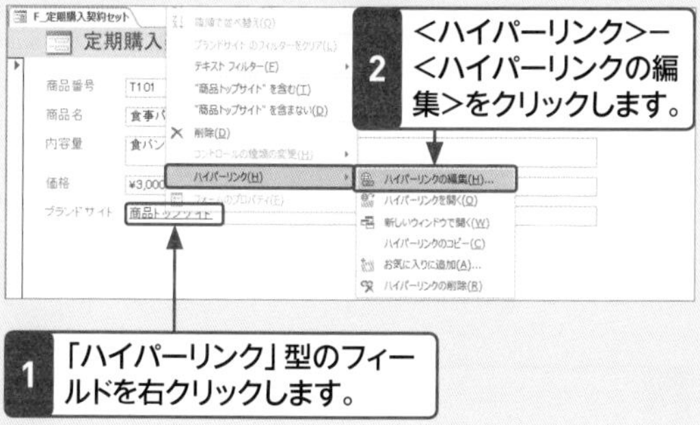

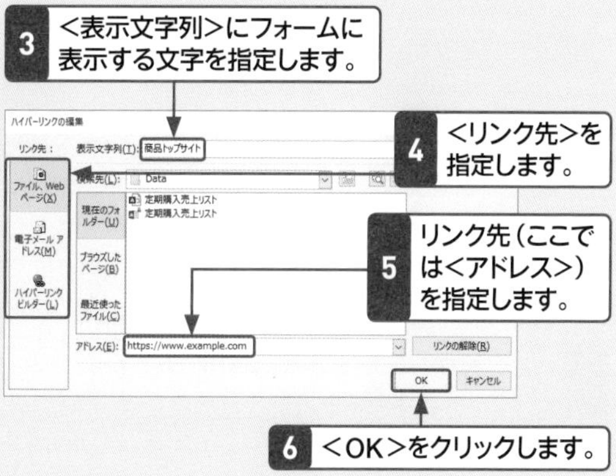

重要度 ★★★　データの入力

Q 372 添付ファイル型のフィールドに添付ファイルを追加するには？

A <添付ファイル>画面から操作します。

添付ファイル型のフィールドに添付ファイルを追加するには、フィールド内をダブルクリックして<添付ファイル>画面で添付するファイルを選択します。ほかの添付ファイルを追加するときも同様の方法で追加します。また、添付されているファイルを開いたり、削除するときも、フィールド内をダブルクリックして<添付ファイル>画面で操作を選択します。

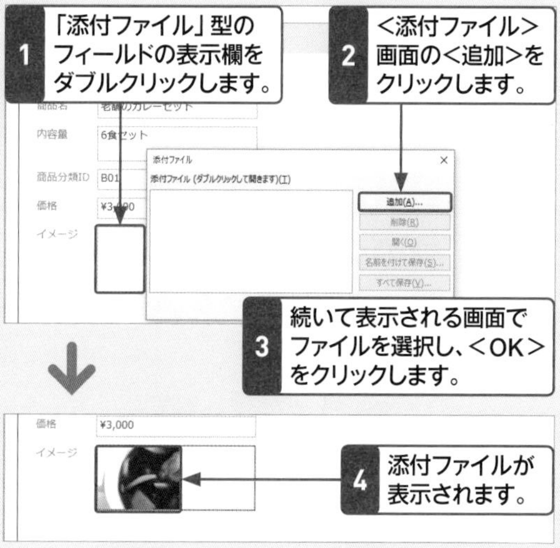

重要度 ★★★　データの入力

Q 373 添付ファイルの表示方法を変更したい！

A <表示方法>プロパティで指定します。

添付ファイル型のフィールドの添付ファイルの表示方法は、添付ファイル型フィールドの<表示方法>プロパティで設定します。添付ファイル自体を開くには、Q372の方法で<添付ファイル>画面を表示して開くファイルをダブルクリックします。 参照▶Q 372

●<表示方法>プロパティの設定について

項目	内容
画像／アイコン	アイコンが表示されます。写真などの画像ファイルは画像の縮小図が表示されます。
アイコン	アイコンが表示されます。
クリップ	クリップの印が表示されます。添付されているファイル数も表示されます。

重要度 ★★★ データの入力

Q 374 今日の日付や時刻を自動入力するには？

A Ctrl + ; キーを押します。

今日の日付を自動的に入力するには、Ctrl + ; キーを押します。現在の時刻を自動的に入力するには、Ctrl + : キーを押します。
ここでは、スタッフデータの「登録日」フィールドに今日の日付を入力してみます。

1 日付を入力するフィールドをクリックし、Ctrl + ; キーを押します。

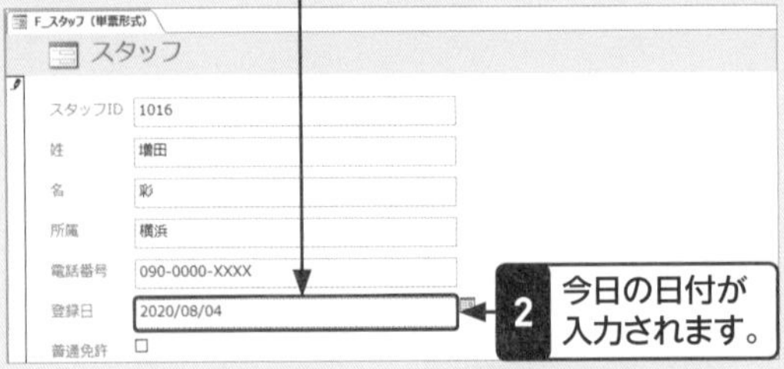

2 今日の日付が入力されます。

重要度 ★★★ データの入力

Q 375 前のレコードと同じフィールドの値を入力したい！

A Ctrl + ' キーを押します。

データを入力するとき、1つ前のレコードの同じフィールドに入力されているデータと同じデータを入力するには、ショートカットキーを使うと便利です。
ここでは、スタッフデータの「所属」フィールドに、前のレコードの「所属」と同じデータを入力します。

1 データを入力するフィールドにカーソルを移動し、Ctrl + ' キーを押します。

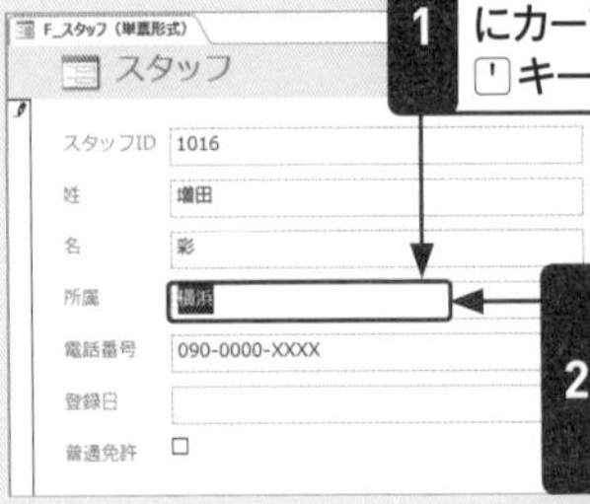

2 前のレコードの同じフィールドのデータ（ここでは「横浜」）が入力されます。

重要度 ★★★ データの入力

Q 376 フィールドの途中で改行するには？

A Ctrl + Enter キーで改行します。

フィールドのデータ型が「短いテキスト」や「長いテキスト」などの文字を入力するフィールドで、文字を入力しているときに、行の途中で改行するには、Ctrl + Enter キーで改行を入れます。Enter キーだけ押すと、次のフィールドにカーソルが移動してしまいます。
ここでは、商品データの「内容量」フィールドにデータを入力中、改行して文字カーソルを移動してみます。

参照 ▶ Q 086

1 フィールドをクリックして文字を入力します。

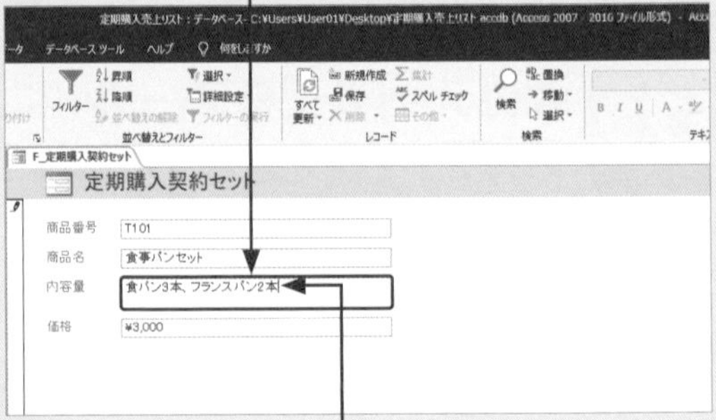

2 Ctrl + Enter キーを押すと、フィールド内で改行されます。

重要度 ★★★ データの入力

Q 377 フォームでデータを入力できない！

A <○○の許可>プロパティなどを確認しましょう。

フォームにデータを入力できない場合、フォームの<追加の許可>、<削除の許可>、<更新の許可>の各プロパティの設定を確認しましょう。また、フォームのもとになっているテーブルで入力ルールが設定されている場合、ルールに合わないデータは入力できません。たとえば、主キーのフィールドに、ほかのデータと重複するデータは入力できないので注意しましょう。 参照 ▶ Q 117

重要度 ★★★　データの並べ替え・抽出

Q 378 データを並べ替えるには？

A ＜ホーム＞タブの＜並べ替えとフィルター＞で指定します。

テーブルやクエリで並べ替え条件が指定されている場合、そのテーブルやクエリをもとにフォームを作成すると、並べ替え条件などはフォームでも引き継がれます。フォーム側で並べ替え条件を指定するには、＜ホーム＞タブの＜並べ替えとフィルター＞で並べ替え条件を指定する方法があります。
ここでは、スタッフデータを「スタッフID」の番号の降順で並べます。

1 並べ替えを指定するフィールドをクリックします。

2 ＜ホーム＞タブの＜降順＞をクリックします。

3 「スタッフID」の降順で並べ替わりました。

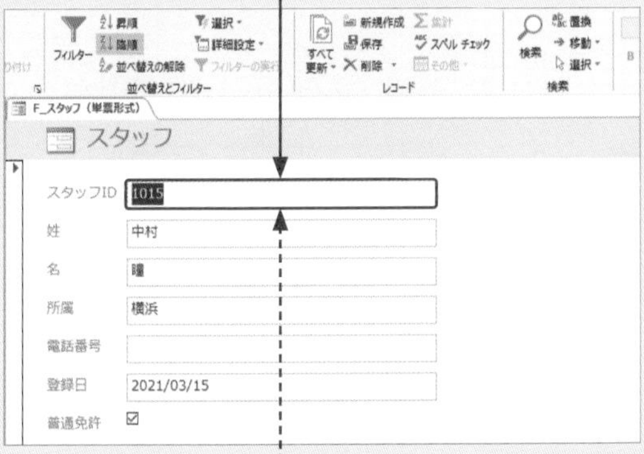

降順に設定したため、「スタッフID」のデータが一番大きいレコードが表示されました。

重要度 ★★★　データの並べ替え・抽出

Q 379 並べ替えを解除するには？

A ＜並べ替えの解除＞ボタンをクリックします。

フォームで指定した並べ替え条件を解除するには、＜並べ替えの解除＞を実行します。並べ替え条件が複数指定されている場合、並べ替えの条件がまとめて解除されます。
ここでは、スタッフデータを「スタッフID」フィールドの降順で並べていますが、並べ替え条件を解除します。

1 ＜ホーム＞タブの＜並べ替えの解除＞をクリックします。

2 並べ替え条件が解除されます。

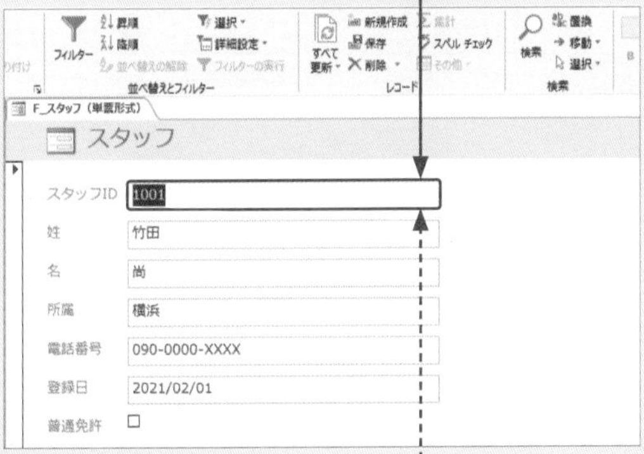

降順の設定が解除されたため、「スタッフID」のデータが一番小さいレコードが表示されました。

重要度 ★★★　データの並べ替え・抽出

Q 380 フォームを開いたときに並べ替えを適用するか指定するには？

A ＜読み込み時に並べ替えを適用＞プロパティで指定します。

フォームで並べ替え条件を指定すると、フォームの＜並べ替え＞プロパティに設定内容が表示されます。フォームを開いたときに並べ替え条件を適用するかどうかを指定するには、＜読み込み時に並べ替えを適用＞プロパティで設定します。

フォームのデザインビュー

1 フォームの＜並べ替え＞プロパティを確認します。

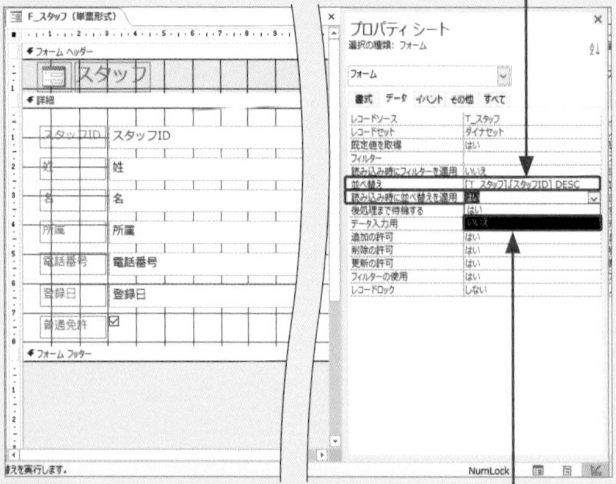

2 フォームの＜読み込み時に並べ替えを適用＞プロパティの設定を、＜いいえ＞に設定します。

3 フォームをフォームビューで開きます。

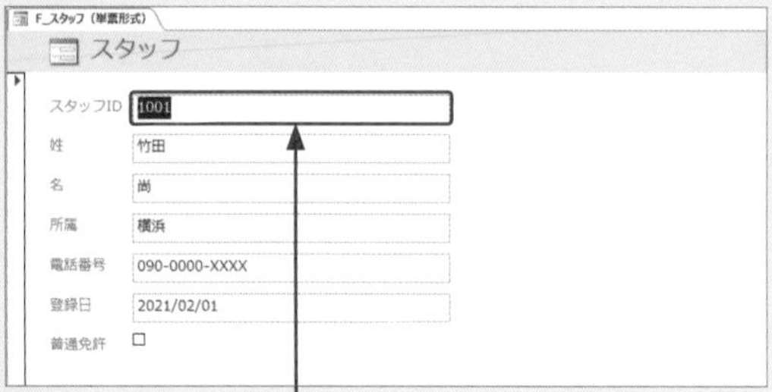

4 ここでは、並べ替え条件が適用されずにフォームが表示されます。

重要度 ★★★　データの並べ替え・抽出

Q 381 指定したデータのみ表示するには？

A ＜ホーム＞タブの＜並べ替えとフィルター＞で指定します。

テーブルやクエリでフィルター条件や抽出条件が指定されている場合、そのテーブルやクエリをもとにフォームを作成すると、フィルター条件や抽出条件などはフォームでも引き継がれます。フォーム側でフィルター条件を指定するには、＜ホーム＞タブの＜並べ替えとフィルター＞で抽出条件を指定します。
ここでは、スタッフデータから所属が「横浜」のスタッフを抽出します。

1 抽出条件を指定するフィールドをクリックします。

2 ＜ホーム＞タブの＜選択＞をクリックし、

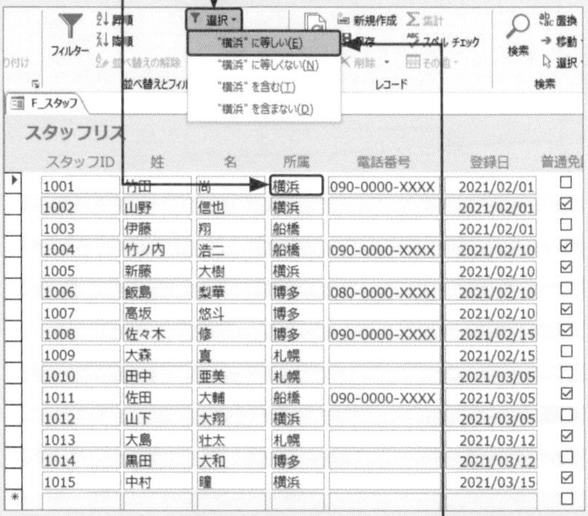

3 ＜横浜に等しい＞を選択します。

4 所属が「横浜」のデータが表示されます。

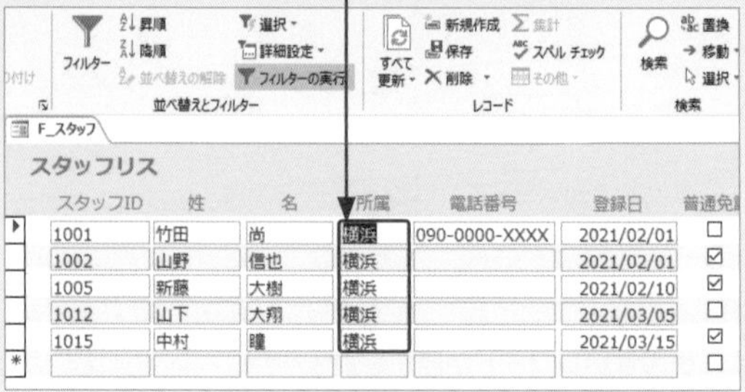

重要度 ★★★　データの並べ替え・抽出

Q 382 データの抽出条件を解除するには？

A <フィルターの実行>をクリックします。

フォームで抽出条件を指定すると、フォームの下部に<フィルター適用>の表示が強調されます。
フィルターの適用は解除できますが、抽出条件は残っていることに注意してください。再度フィルターを実行すると、指定した抽出条件でフィルターが適用されます。
抽出条件をすべて解除するには、<ホーム>タブの<詳細設定>→<すべてのフィルターのクリア>の順でクリックします。

1 <ホーム>タブの<フィルターの実行>をクリックします。

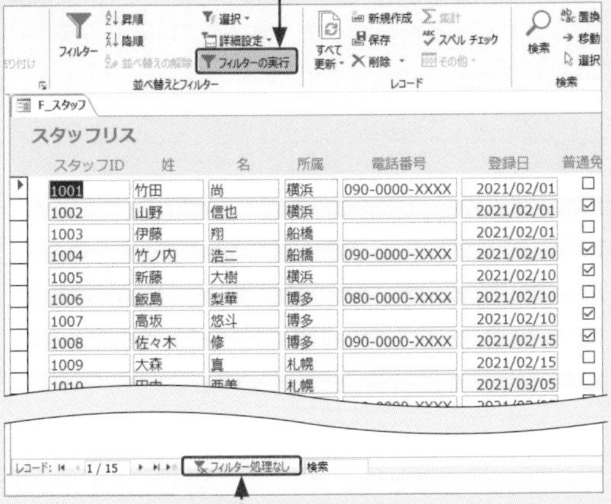

フィルターが適用されていない状態を表します。

2 フィルターが実行されて、抽出条件が適用されます。

3 再度、<ホーム>タブの<フィルターの実行>をクリックします。

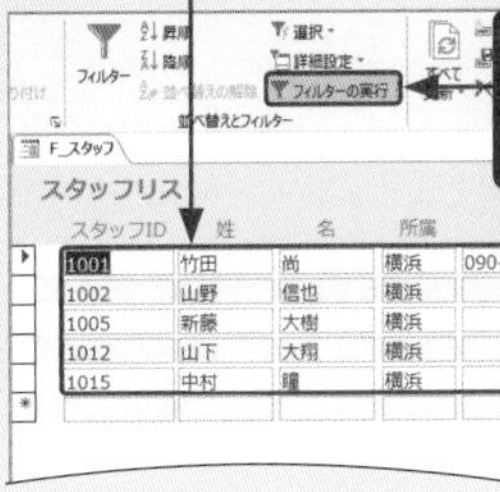

フィルターが実行された状態を表します。

4 フィルターの実行が解除されます。

重要度 ★★★　データの並べ替え・抽出

Q 383 フォームを開いたときにフィルターを適用するか指定したい！

A <読み込み時にフィルター適用>プロパティで指定します。

フォームでフィルター条件を指定すると、フォームの<フィルター>プロパティに設定内容が表示されます。フォームを開いたときにフィルター条件を適用するかどうかを指定するには、<読み込み時にフィルターを適用>プロパティで設定します。

フォームのデザインビュー

1 フォームの<フィルター>プロパティを確認します。

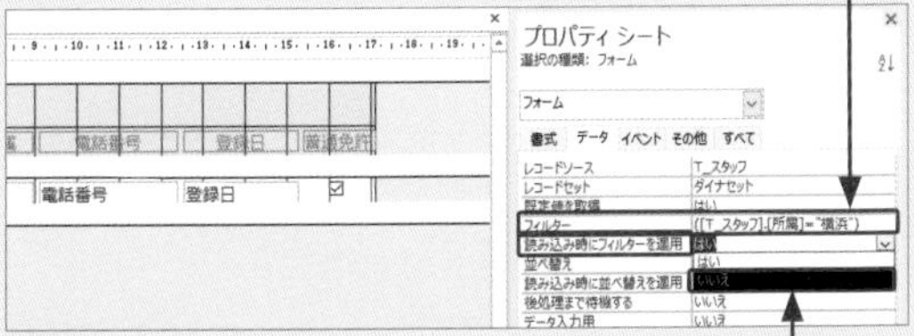

2 フォームの<読み込み時にフィルターを適用>の設定を指定します。ここでは<いいえ>に設定します。

3 フォームをフォームビューで開きます。

4 ここでは、フィルターが適用されずにデータが表示されます。

重要度 ★★★ データの並べ替え・抽出

Q 384 フィルターを使用できないようにするには？

A <フィルターの使用>プロパティで指定します。

フォームでフィルターを実行できないようにするには、フォームの<フィルターの使用>プロパティで設定します。なお、フィルターを実行できないようにしても、すでにフィルター条件を指定してフィルターを適用している場合、フィルターが適用された状態のままになります。

フォームのデザインビュー

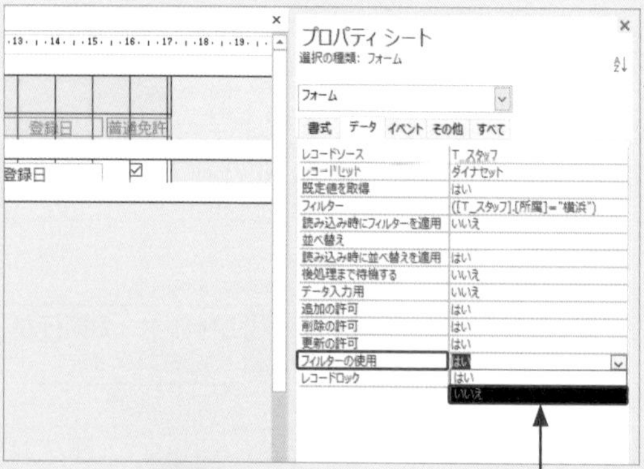

1 フォームの<フィルターの使用>プロパティを<いいえ>に設定します。

2 フォームをフォームビューで開きます。

3 フィルターが使用できない状態になります。

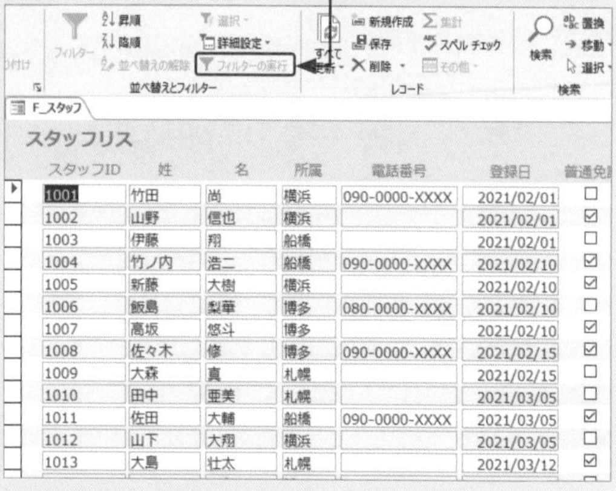

重要度 ★★★ データの並べ替え・抽出

Q 385 並べ替えや抽出条件の指定を確認するには？

A フィルターや並べ替え条件の編集画面を確認します。

フォームで並べ替え条件やフィルター条件を指定すると、フォームの<並べ替え>プロパティと<フィルター>プロパティに設定内容が表示されます。また、クエリのような画面で並べ替え条件やフィルター条件の指定を確認することもできます。 参照▶Q 380、Q 383

1 <ホーム>タブの<詳細設定>をクリックし、<フィルター/並べ替えの編集>を選択します。

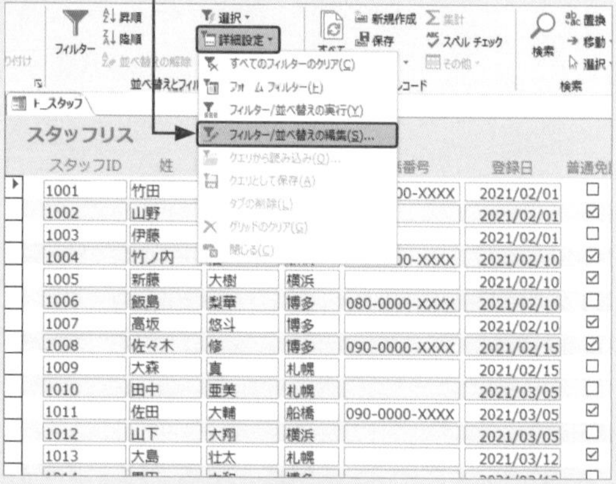

2 フィルターや並べ替えの設定画面が表示されます。

3 ここをクリックすると、画面が閉じます。

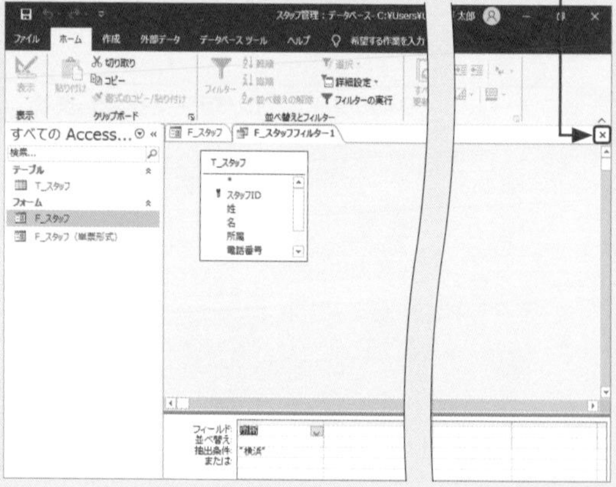

重要度 ★★★　データ入力の効率化

Q 386 入力時に入力する桁がわかるようにするには？

A <定型入力>プロパティで指定します。

フォームで入力時に入力する数字の桁数がわかるようにするには、入力パターンを指定する<定型入力>プロパティで設定します。なお、テーブルを作成するときに<定型入力>プロパティを設定した場合、そのテーブルをもとに作成したフォームは<定型入力>プロパティの設定が反映されるため、ここで紹介する操作は不要です。

ここでは、商品データの「商品番号」を入力するとき、英字2文字＋数字4文字のデータを入力できるようにします。

参照 ▶ Q 106、Q 107、Q 108

フォームのデザインビュー

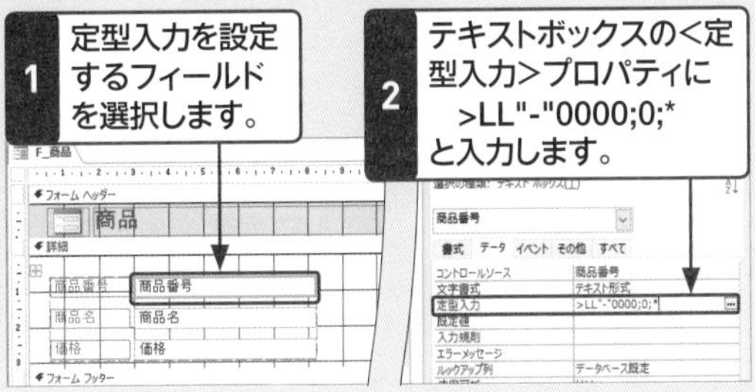
1 定型入力を設定するフィールドを選択します。
2 テキストボックスの<定型入力>プロパティに >LL"-"0000;0;* と入力します。

重要度 ★★★　データ入力の効率化

Q 387 郵便番号から住所を入力できるようにするには？

A <住所入力支援>プロパティで指定します。

郵便番号から住所、住所から郵便番号を自動入力できるようにするには、フィールドの<郵便番号>プロパティで設定します。
なお、テーブルを作成するときに<住所入力支援>プロパティを設定していた場合、そのテーブルをもとに作成したフォームでは、<住所入力支援>プロパティの設定がそのまま反映されるため、ここで紹介する操作は不要です。

参照 ▶ Q 109

フォームのデザインビュー

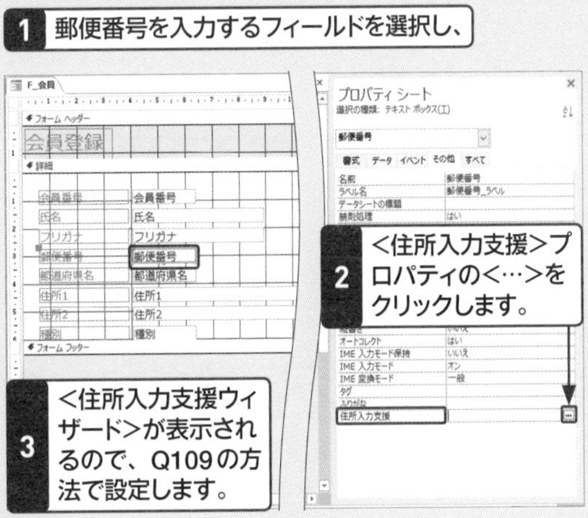
1 郵便番号を入力するフィールドを選択し、
2 <住所入力支援>プロパティの<…>をクリックします。
3 <住所入力支援ウィザード>が表示されるので、Q109の方法で設定します。

重要度 ★★★　データ入力の効率化

Q 388 氏名のふりがなが自動的に表示されるようにするには？

A <ふりがな>プロパティで指定します。

氏名のふりがなが自動的に表示されるようにするには、氏名を入力するフィールドの<ふりがな>プロパティで設定します。なお、テーブルを作成するときに<ふりがな>プロパティを設定していた場合、そのテーブルをもとに作成したフォームでは<ふりがな>プロパティの設定が反映されるので、ここで紹介する操作は不要です。 参照 ▶ Q 110

フォームのデザインビュー

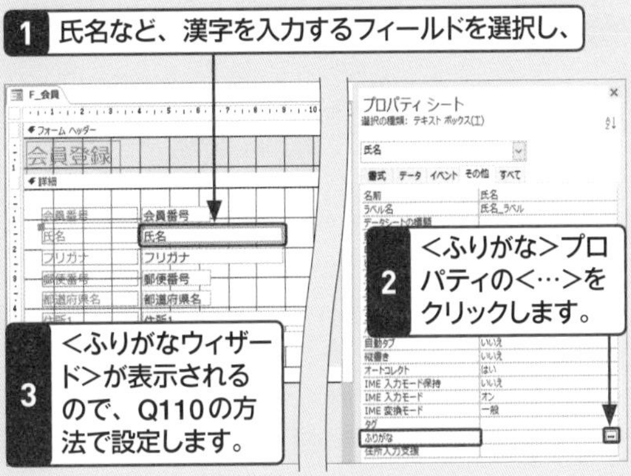
1 氏名など、漢字を入力するフィールドを選択し、
2 <ふりがな>プロパティの<…>をクリックします。
3 <ふりがなウィザード>が表示されるので、Q110の方法で設定します。

重要度 ★★★　データ入力の効率化

Q 389 入力時の既定値を指定したい！

A <既定値>プロパティで指定します。

指定したフィールドに既定値のデータを指定するには、フィールドの<既定値>プロパティで設定します。なお、テーブルを作成するときに<既定値>プロパティを設定していた場合、そのテーブルをもとに作成したフォームでは<既定値>プロパティの設定が反映されるので、ここで紹介する操作は不要です。
ここでは、会員データで「種別」の既定値が「S」になるように指定しています。 参照▶Q 111、Q 112

フォームのデザインビュー

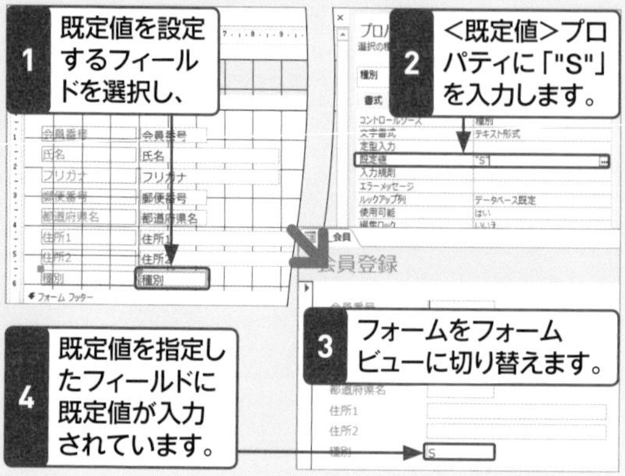
1 既定値を設定するフィールドを選択し、
2 <既定値>プロパティに「"S"」を入力します。
3 フォームをフォームビューに切り替えます。
4 既定値を指定したフィールドに既定値が入力されています。

重要度 ★★★　データ入力の効率化

Q 390 日本語入力モードを自動的に切り替えたい！

A <IME入力モード>プロパティで指定します。

フィールドを選択したときに日本語入力モードを自動的にオン／オフするには、フィールドの<IME入力モード>プロパティで設定します。
なお、テーブルを作成するときに<IME入力モード>プロパティを設定していた場合、そのテーブルをもとに作成したフォームでは<IME入力モード>プロパティの設定が反映されるため、ここで紹介する操作は不要です。
ここでは、会員データで「会員番号」を入力するときにIME入力モードがオフになるようにしています。 参照▶Q 113

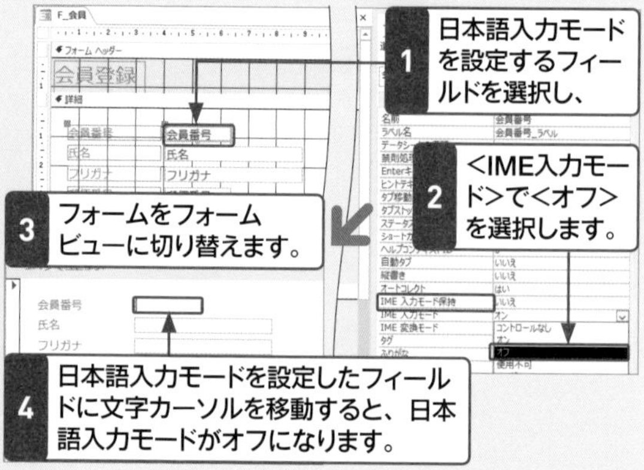
1 日本語入力モードを設定するフィールドを選択し、
2 <IME入力モード>で<オフ>を選択します。
3 フォームをフォームビューに切り替えます。
4 日本語入力モードを設定したフィールドに文字カーソルを移動すると、日本語入力モードがオフになります。

重要度 ★★★　データ入力の効率化

Q 391 フィールドに入力時のルールを指定したい！

A <入力規則>プロパティで指定します。

フィールドに入力できるデータについて、ほかのフィールドのデータなどを使用して入力ルールを指定するには、<入力規則>プロパティで設定します。
なお、テーブルを作成するときに　<入力規則>プロパティを設定していた場合、そのテーブルをもとに作成したフォームでは<入力規則>プロパティの設定が反映されるため、ここで紹介する操作は不要です。
ここでは、イベントデータの「定員」に「50以下」のデータしか入力できないようにします。 参照▶Q 115

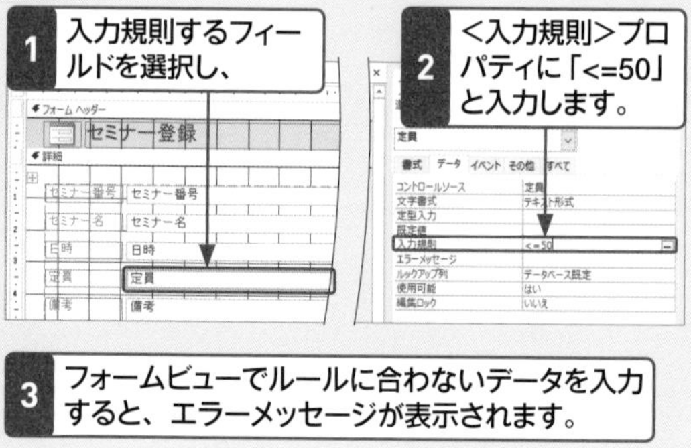
1 入力規則するフィールドを選択し、
2 <入力規則>プロパティに「<=50」と入力します。
3 フォームビューでルールに合わないデータを入力すると、エラーメッセージが表示されます。

重要度 ★★★ データ入力の効率化

Q392 間違ったデータが入力されたらメッセージを表示したい!

A ＜エラーメッセージ＞プロパティを指定します。

フィールドに指定した＜入力規則＞プロパティのルールに合わないデータが入力された場合に、指定したメッセージを表示するには、＜エラーメッセージ＞プロパティで設定します。
なお、テーブルを作成するときに＜エラーメッセージ＞プロパティを設定していた場合、そのテーブルをもとに作成したフォームでは＜エラーメッセージ＞プロパティの設定が反映されるため、ここで紹介する操作は不要です。
ここでは、Q391で指定した入力ルールに合わないときに表示するメッセージを設定します。 参照▶Q 116

フォームのデザインビュー

1 入力規則が指定されているフィールドを選択し、

2 ＜エラーメッセージ＞プロパティでメッセージを設定します。

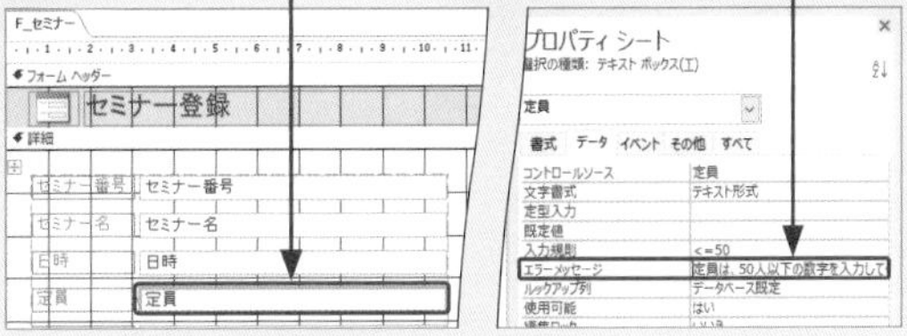

重要度 ★★★ データ入力の効率化

Q393 1つのフィールドで複数の値を選べるようにしたい!

A ルックアップフィールドで複数の値の入力を許可します。

テーブルを作成する際に、フィールドに複数の値の入力を許可できます（Q130参照）。すでに作成されているフォームのフィールドで複数の値を入力できるようにするには、フォームのもとになっているテーブルのフィールドの設定を変更して、設定を反映させます。 参照▶Q 124

テーブルのデザインビュー

1 フォームのもとのテーブルを開きます。

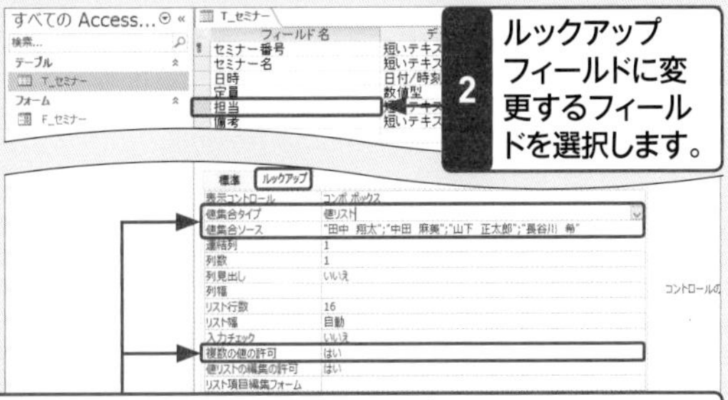

2 ルックアップフィールドに変更するフィールドを選択します。

3 ＜ルックアップ＞タブで＜値集合タイプ＞＜値集合ソース＞＜複数の値の許可＞プロパティの設定を変更します。このとき、既存のオブジェクトに設定を反映させます（Q092参照）。

重要度 ★★★ データ入力の効率化

Q394 入力時の画面にかんたんな説明を表示するには？

A ＜ステータスバーテキスト＞プロパティを指定します。

フォームでデータを入力する際にヒントを表示する方法は、主に2つあります。1つは、フィールドの＜ステータスバーテキスト＞プロパティを指定する方法です。もう1つは、＜ヒントテキスト＞プロパティを指定する方法です。右の画面は、それぞれのプロパティを指定した例です。
なお、テーブルでフィールドの＜説明＞プロパティを指定した場合、そのテーブルをもとに作成したフォームでは、＜説明＞プロパティの内容が＜ステータスバーテキスト＞プロパティに反映されます。

フォームのフォームビュー

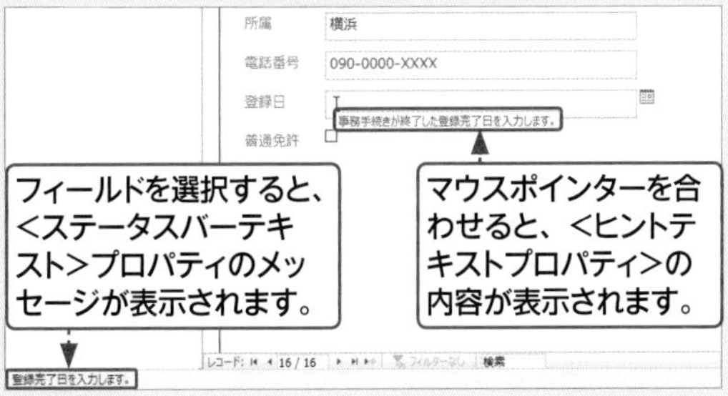

フィールドを選択すると、＜ステータスバーテキスト＞プロパティのメッセージが表示されます。

マウスポインターを合わせると、＜ヒントテキストプロパティ＞の内容が表示されます。

重要度 ★★★　入力項目の追加

Q 395 データ入力用のフィールドを追加するには？

A フィールドリストからフィールドを追加します。

フォームのもとになっているテーブルのデータを表示したり、データを編集したりするフィールドのコントロールを追加するには、フィールドリストからフィールドをドラッグして選択します。すると、追加したコントロールの<コントロールソース>プロパティには、ドラッグしたフィールドの名前が指定されます。

参照▶Q 558

1 Q558の方法で、フィールドの値を表示するコントロールを追加します。

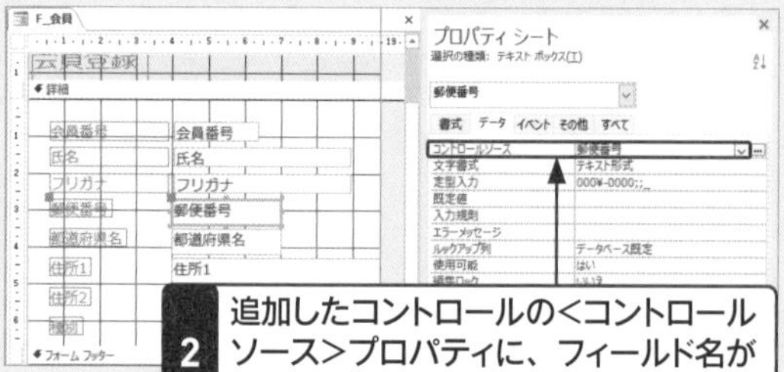

2 追加したコントロールの<コントロールソース>プロパティに、フィールド名が指定されていることを確認します。

重要度 ★★★　入力項目の追加

Q 396 リストからデータを選べるようにするには？

A コンボボックスを追加する方法があります。

ルックアップフィールドなどで、入力候補の中から入力するデータを選べるようにしている場合、そのテーブルをもとにフォームを作成すると、入力候補が自動的に表示されます。

フォームを作成したあとで、入力候補が表示されるようにするには、コンボボックスを利用する方法があります。

たとえば、商品データの「商品分類」を「フード」「スイーツ」「ドリンク」の中から選べるようにします。コンボボックスを配置するときに使うウィザード画面の中で、選択した値をどのフィールドに保存するか設定します。 参照▶Q 124

フォームのデザインビュー

1 <デザイン>タブをクリックし、コントロールの一覧を表示します。

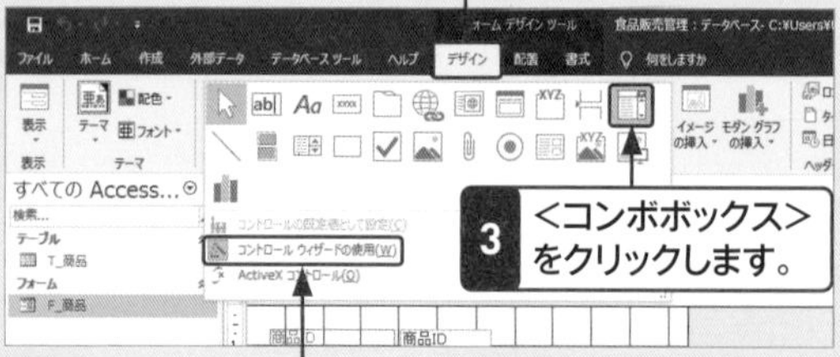

2 <コントロールウィザードの使用>がオンになっていることを確認します。

3 <コンボボックス>をクリックします。

4 コンボボックスを配置する場所をクリックします。

5 <コンボボックスウィザード>が表示されます。

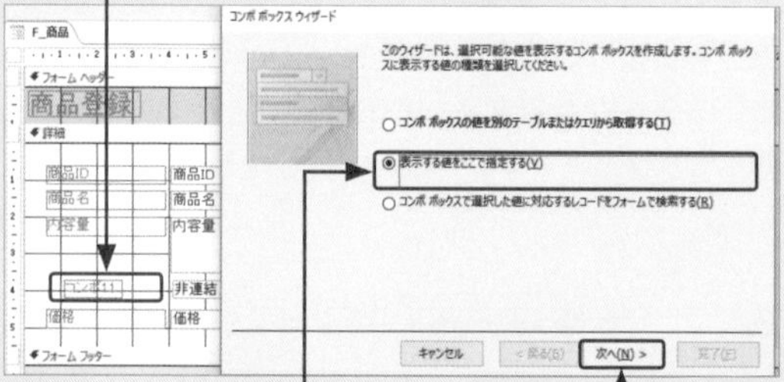

6 <表示する値をここで指定する>を選択します。

7 <次へ>をクリックします。

8 Q124を参照して、選択肢として表示する項目などを設定します。

9 コンボボックスで選択した値を保存するフィールドを選択します。

10 <次へ>をクリックします。

11 この後はQ397を参照して設定を完了し、フォームの動作を確認します。

紙面版

電脳会議

DENNOUKAIGI

一切無料

が旬の情報を満載して
送りします!

脳会議』は、年6回の不定期刊行情報誌です。
判・16頁オールカラーで、弊社発行の新刊・近
書籍・雑誌を紹介しています。この『電脳会議』
特徴は、単なる本の紹介だけでなく、著者と編集
協力し、その本の重点や狙いをわかりやすく説
ていることです。現在200号に迫っている、出
で評判の情報誌です。

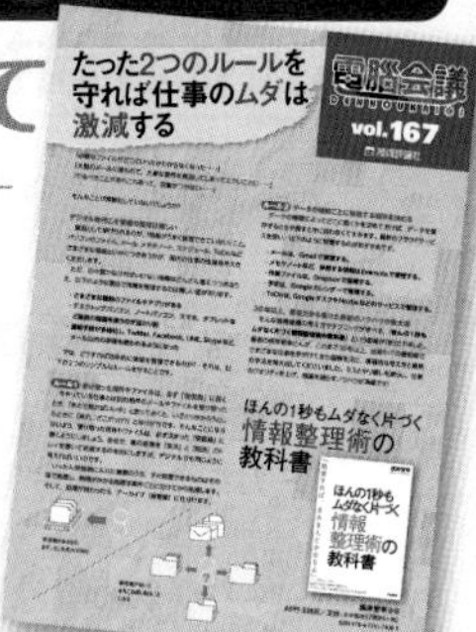

毎号、厳選ブックガイドもついてくる!!

『電脳会議』とは別に、1テーマごとにセレクトした優良図書を紹介するブックカタログ(A4判・4頁オールカラー)が2点同封されます。

重要度 ★★★　入力項目の追加

Q 397 ほかのテーブルの値を表示して選べるようにするには？

A ウィザード画面で表示するテーブルなどを選択します。

ほかのテーブルにある値を表示してデータを入力できるようにするには、ルックアップフィールドを作成する方法があります。テーブルでルックアップフィールドを設定し、そのテーブルをもとにフォームを作成すると、フォームでもほかのテーブルの値を選べるようになります。

フォームを作成後に同様のコンボボックスを作成するには、ウィザード画面を利用します。ここでは、商品データの「分類番号」を、商品分類を保存したテーブルの値から選べるようにします。ウィザード画面の中で、選択した値をどのフィールドに保存するか設定します。

参照▶Q 125

フォームのデザインビュー

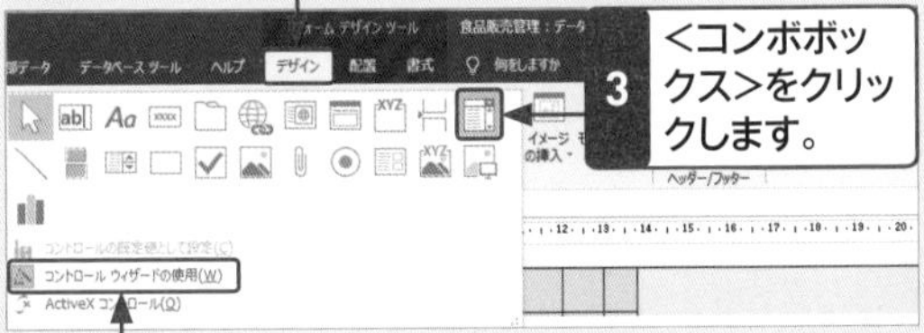

1 <デザイン>タブをクリックし、コントロールの一覧を表示します。

2 <コントロールウィザードの使用>がオンになっていることを確認します。

3 <コンボボックス>をクリックします。

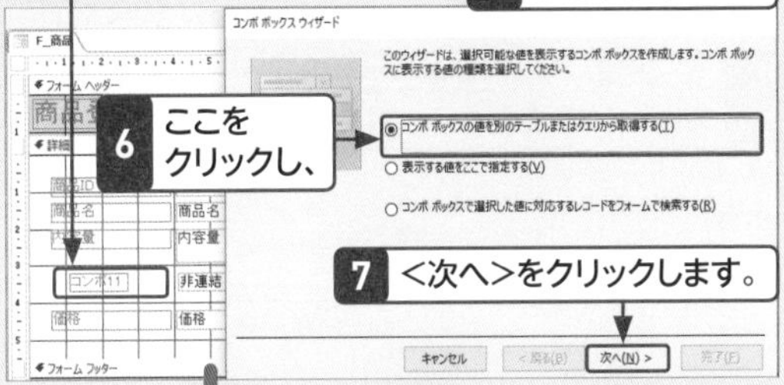

4 コンボボックスを配置する場所をクリックします。

5 <コンボボックスウィザード>が表示されます。

6 ここをクリックし、

7 <次へ>をクリックします。

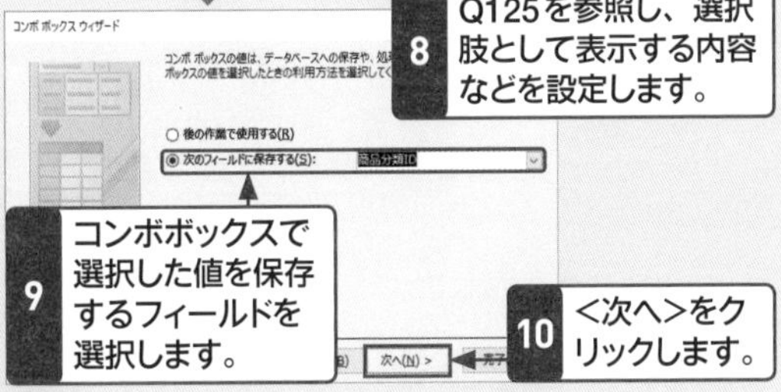

8 Q125を参照し、選択肢として表示する内容などを設定します。

9 コンボボックスで選択した値を保存するフィールドを選択します。

10 <次へ>をクリックします。

11 この後はQ407を参照して設定を完了し、フォームの動作を確認します。

重要度 ★★★　入力項目の追加

Q 398 リストの表示方法を変更するには？

A コントロールの種類を変更します。

Q396の方法で作成したコンボボックスでは、横のボタンをクリックすると入力候補を選択できます。入力候補を常に画面に表示するには、コンボボックスをリストボックスに変更します。

参照▶Q 396

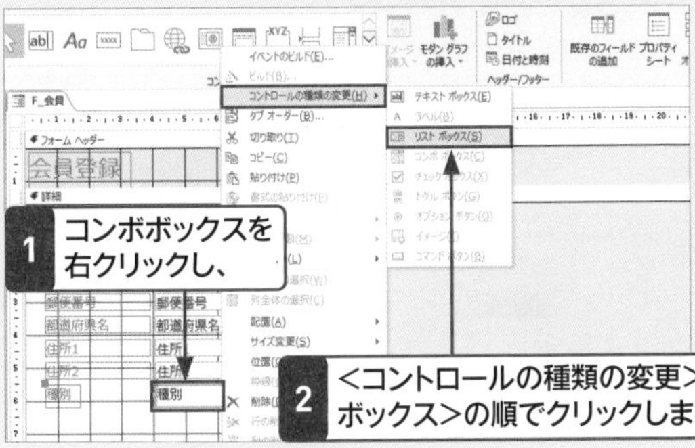

1 コンボボックスを右クリックし、

2 <コントロールの種類の変更>→<リストボックス>の順でクリックします。

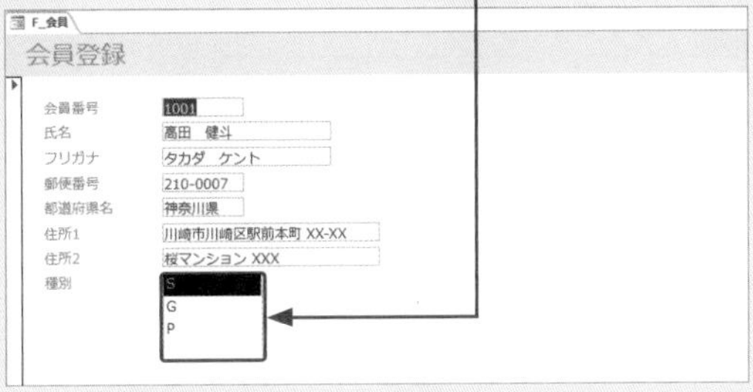

3 フォームをフォームビューで開きます。

4 リストボックスが表示されます。

重要度★★★ 入力項目の追加

Q399 テキストボックスをコンボボックスに変更するには？

A コントロールの種類からコンボボックスを選択します。

コンボボックスを追加するには、Q396の方法でウィザード画面を利用すると便利です。既存のテキストボックスをコンボボックスに変更し、入力候補をリストに表示するには、右クリックして表示されるメニューから操作します。続いて、コンボボックスに表示する選択肢などを設定します。

フォームのデザインビュー

1 コンボボックスに変更するテキストボックスを右クリックし、

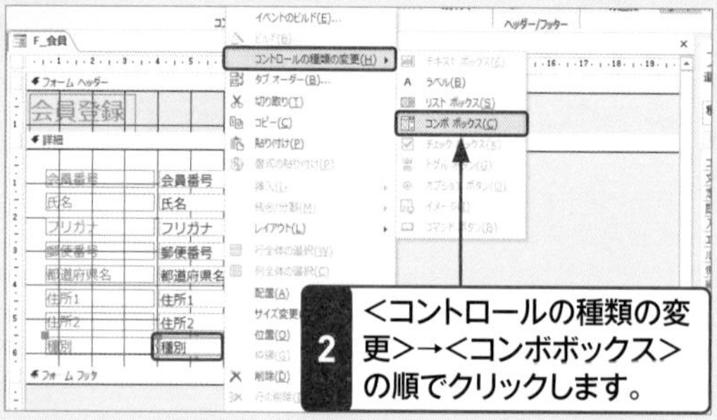

2 <コントロールの種類の変更>→<コンボボックス>の順でクリックします。

3 コンボボックスのフィールドを選択します。

4 <値集合ソース>プロパティで、リストに表示する内容をセミコロン（;）で区切って指定します。

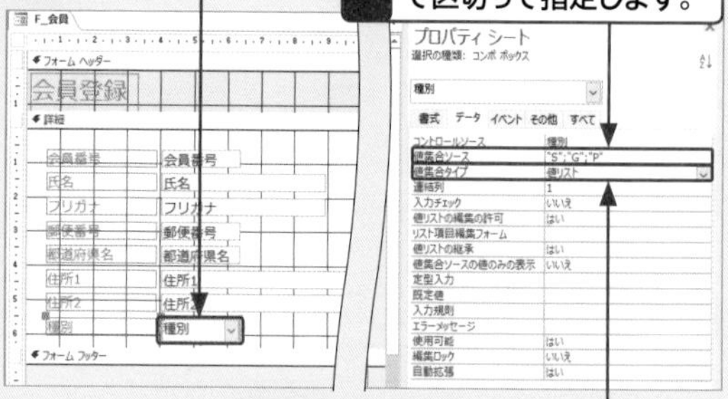

5 <値集合タイプ>プロパティで<値リスト>を選択します。

重要度★★★ 入力項目の追加

Q400 テキストボックスをリストボックスに変更するには？

A コントロールの種類からリストボックスを選択します。

既存のテキストボックスをリストボックスに変更するには、右クリックして表示されるメニューから操作します。リストボックスに表示する選択肢などを設定します。

フォームのデザインビュー

1 コンボボックスに変更するテキストボックスを右クリックし、

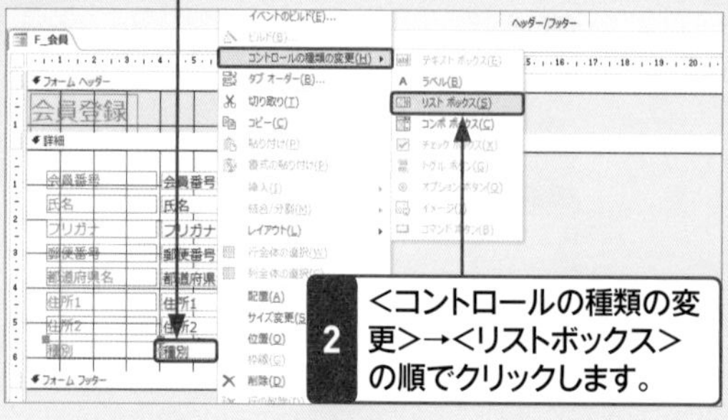

2 <コントロールの種類の変更>→<リストボックス>の順でクリックします。

3 リストボックスのフィールドを選択します。

4 <値集合ソース>プロパティで、リストに表示する内容をセミコロン（;）で区切って指定します。

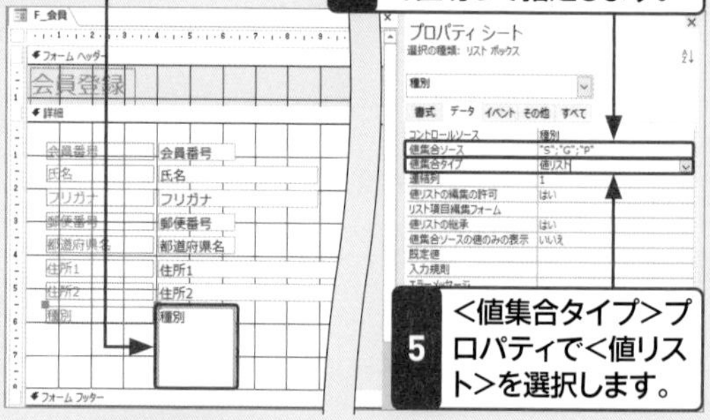

5 <値集合タイプ>プロパティで<値リスト>を選択します。

6 フォームをフォームビューで開きます。

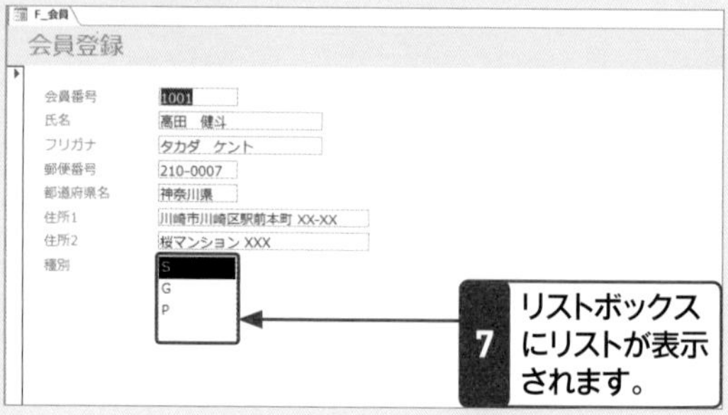

7 リストボックスにリストが表示されます。

重要度 ★★★ 入力項目の追加

Q 401

オプションボタンで項目を選択できるようにするには？

A ウィザード画面でオプションボタンを選択します。

複数の選択肢の中から1つの項目を選べるようにするには、オプショングループを使うと便利です。ウィザード画面を使ってオプショングループを追加すると、ウィザード画面の中で選択肢などを指定できます。ここでは、選択肢から項目を選択すると、フィールドに数値データが保存されるように設定します。

フォームのデザインビュー

1 ＜デザイン＞タブをクリックし、コントロールの一覧を表示します。

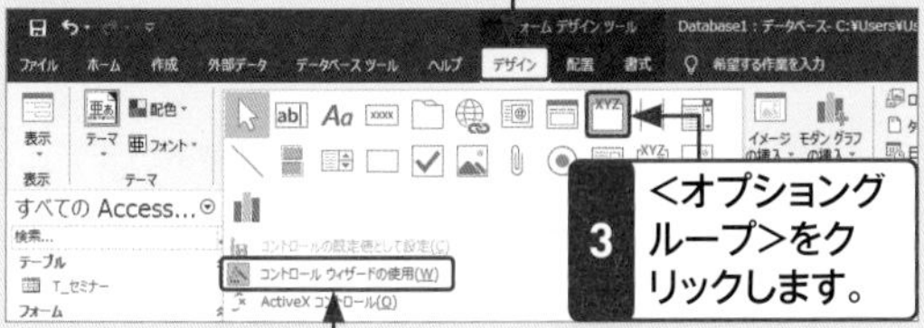

3 ＜オプショングループ＞をクリックします。

2 ＜コントロールウィザードの使用＞がオンになっていることを確認します。

4 オプショングループを配置する場所をクリックします。

5 ＜オプショングループウィザード＞が表示されます。

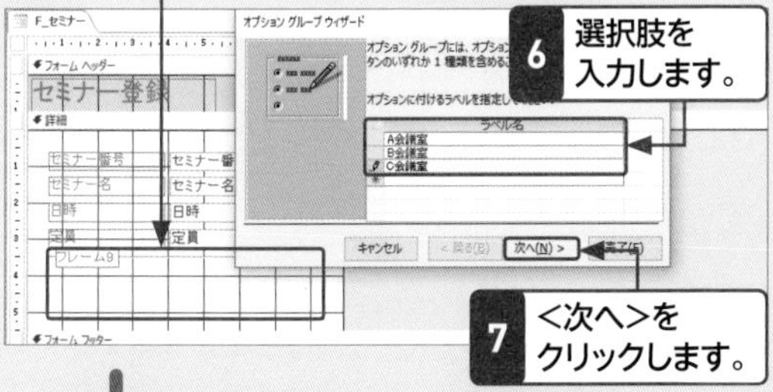

6 選択肢を入力します。

7 ＜次へ＞をクリックします。

8 選択肢の既定値を設定します。

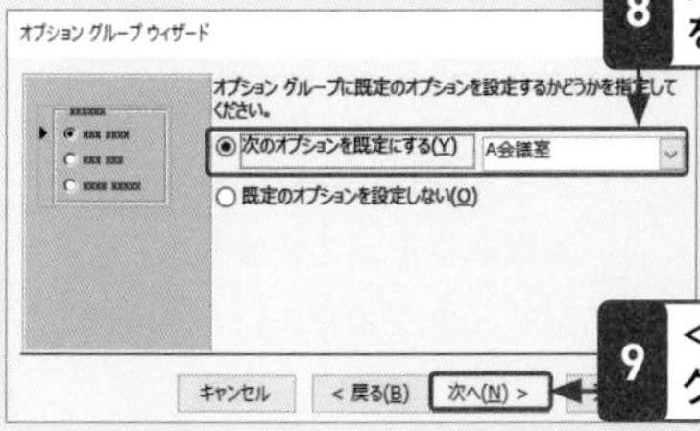

9 ＜次へ＞をクリックします。

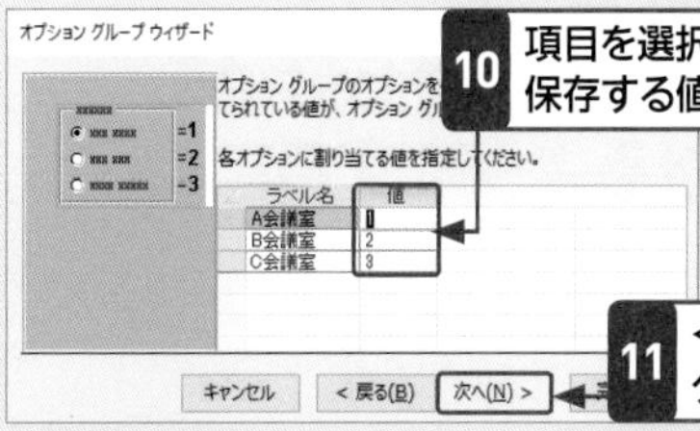

10 項目を選択したときに保存する値を設定します。

11 ＜次へ＞をクリックします。

12 データを保存するフィールドを選択します。

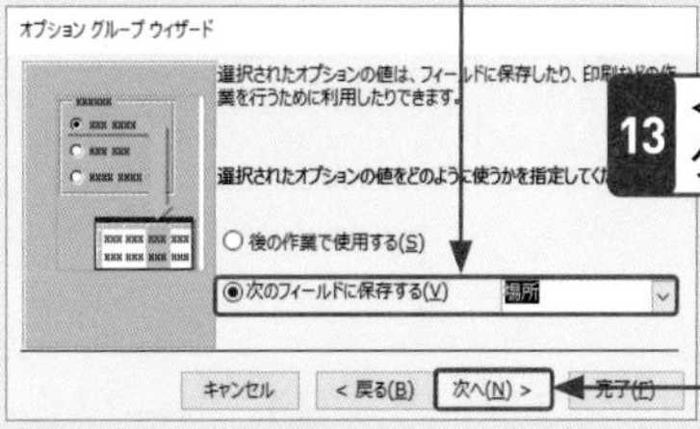

13 ＜次へ＞をクリックします。

14 オプショングループに表示するコントロールとスタイルを選択します。

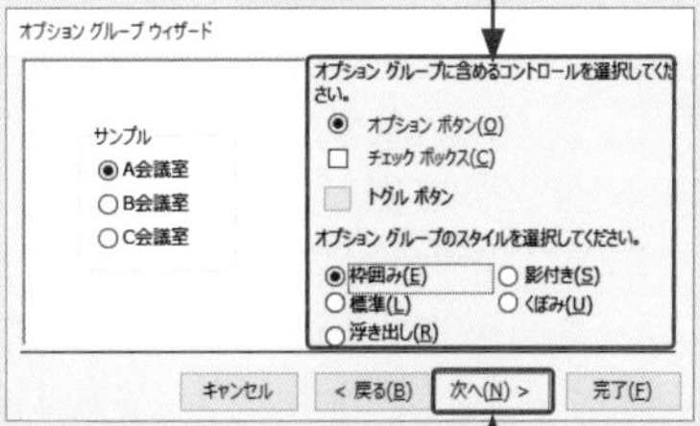

15 ＜次へ＞をクリックします。

16 オプショングループのラベルに表示する文字を設定します。

17 ＜完了＞をクリックします。

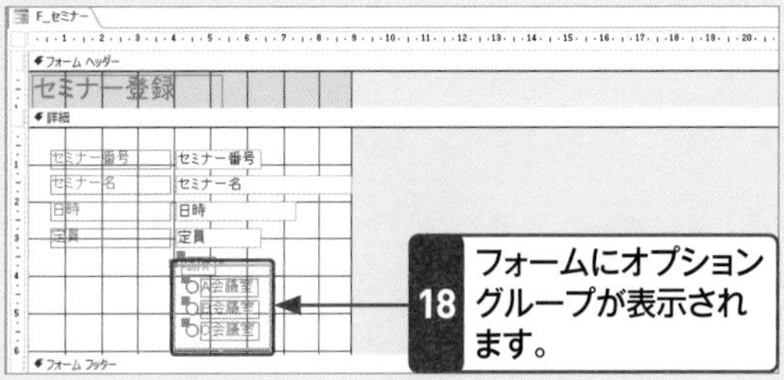

18 フォームにオプショングループが表示されます。

重要度 ★★★　入力項目の追加

Q 402 カレンダーから日付を選べるようにするには？

A ＜日付選択カレンダーの表示＞プロパティを確認します。

フォームで「日付/時刻」型のフィールドに文字カーソルを移動すると、カレンダーのアイコンが表示されて、クリックするとカレンダーから日付を入力できます。カレンダーの表示は＜日付選択カレンダーの表示＞プロパティで設定します。

フォームのデザインビュー

1 「日付/時刻」型のフィールドを選択します。

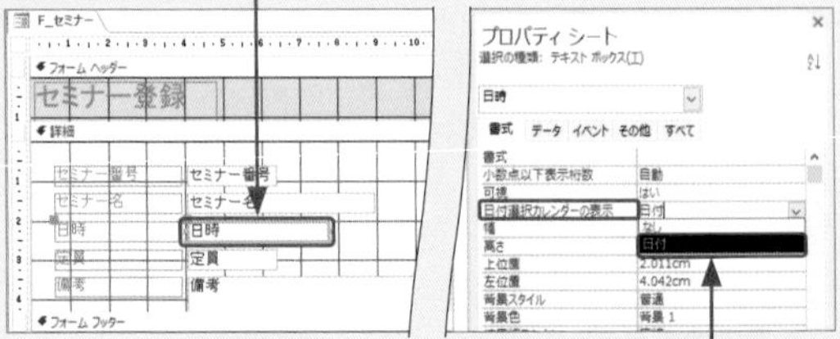

2 ＜日付選択カレンダーの表示＞プロパティで＜日付＞を設定します。

重要度 ★★★　カーソル移動の設定

Q 403 指定したコントロールにカーソルが移動しないようにするには？

A ＜タブストップ＞プロパティで指定します。

複数のテーブルをもとにクエリを作成すると、クエリにデータを入力する際にほかのテーブルのデータを参照して、自動的にデータが表示されるように設定できます。このクエリをもとにフォームを作成した場合、自動的にデータが表示されるフィールドには Tab キーでカーソルが移動しないようにすると便利です。

ここで紹介するフォームは、「分類番号」フィールドにデータを入力すると、自動的に「分類名」フィールドにデータが表示されます。「分類名」フィールドはデータの入力が不要なので、Tab キーを押してもカーソルが移動しないように設定します。

参照▶Q 404

フォームのデザインビュー

1 Tab キーでカーソルを移動しない設定をするコントロール（ここでは「分類名」フィールド）を選択します。

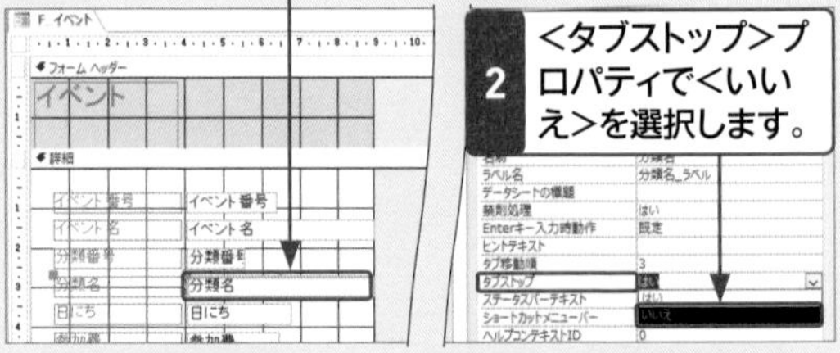

2 ＜タブストップ＞プロパティで＜いいえ＞を選択します。

3 フォームをフォームビューで開きます。

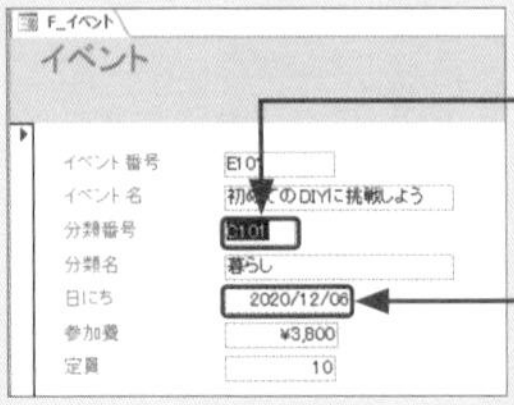

4 「分類番号」にカーソルがある状態で Tab キーを押すと、

5 「分類名」を飛ばして、「日にち」にカーソルが移動します。

重要度 ★★★　カーソル移動の設定

Q 404 指定したコントロールを選択できないようにするには？

A ＜使用可能＞＜編集ロック＞プロパティで設定します。

データの編集が不要なコントロールは、＜使用可能＞＜編集ロック＞プロパティで設定します。設定の組み合わせでコントロールの動作が変わります。

参照▶Q 403

●＜使用可能＞プロパティと＜編集ロック＞プロパティの設定

使用可能	編集ロック	内容
はい	はい	選択できますが、修正はできません。
はい	いいえ	選択／修正ができます。
いいえ	はい	選択／修正ができません。
いいえ	いいえ	選択／修正はできず、グレー表示になります。

Q 405 カーソルの移動順を指定するには？

A <タブオーダー>で指定します。

フォーム内でTabキーを押すと、文字カーソルがコントロール間を順に移動します。このときの移動順はタブオーダーの画面で指定できます。コントロールの配置の変更や、あとからコントロールを追加した場合などは、文字カーソルの移動順を確認して、入力しやすいように調整しましょう。

なお、ここで指定した内容は、コントロールの<タブの移動順>プロパティに反映されます。<タブの移動順>プロパティで移動順を直接指定することも可能です。

フォームのデザインビュー

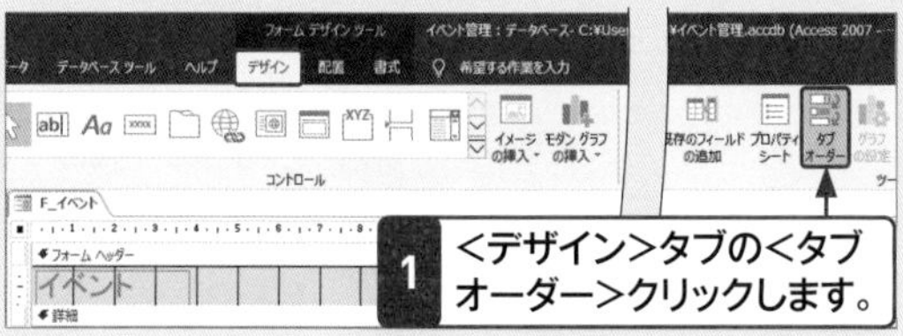
1 <デザイン>タブの<タブオーダー>クリックします。

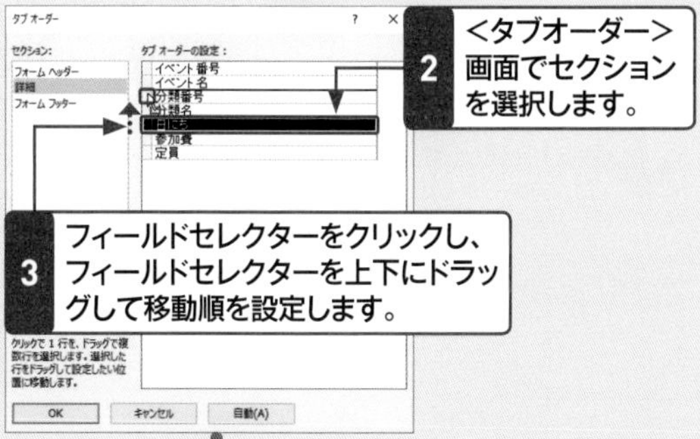
タブ オーダー
セクション:
フォーム ヘッダー
詳細
フォーム フッター
タブ オーダーの設定 :
2 <タブオーダー>画面でセクションを選択します。
3 フィールドセレクターをクリックし、フィールドセレクターを上下にドラッグして移動順を設定します。
OK
キャンセル
自動(A)

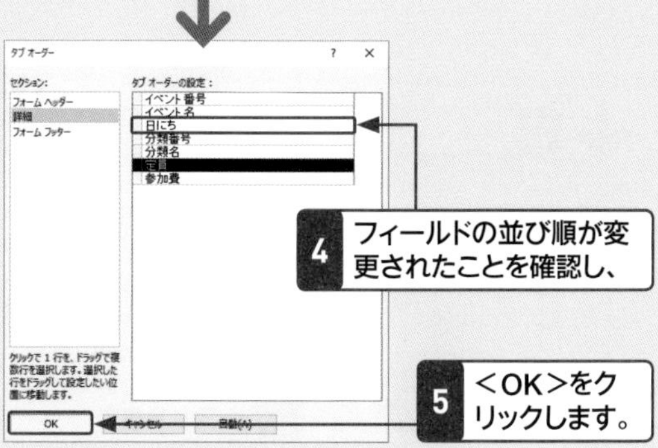
タブ オーダー
4 フィールドの並び順が変更されたことを確認し、
5 <OK>をクリックします。

Q 406 次のレコードにカーソルが移動しないようにするには？

A <Tabキー移動>プロパティで指定します。

通常は、フォーム内でTabキーを押すと文字カーソルが順に移動し、最後のコントロールでTabキーを押すと、次のレコードの最初のコントロールに移動します。最後のコントロールでTabキーを押したとき、次のレコードではなく、同じレコードの最初のフィールドに移動させたい場合は、<Tabキー移動>プロパティで設定します。

フォームのデザインビュー

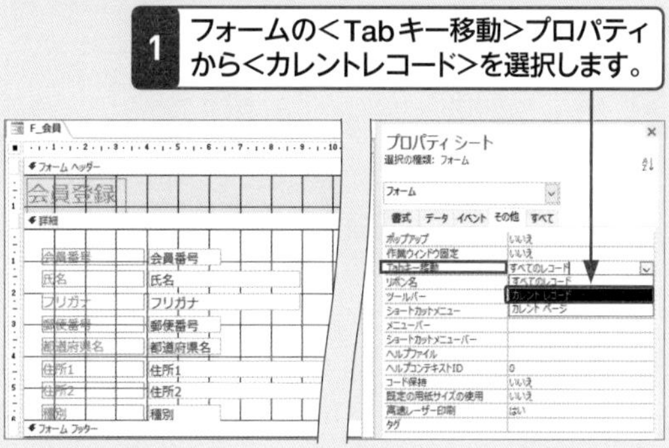
1 フォームの<Tabキー移動>プロパティから<カレントレコード>を選択します。
プロパティ シート
会員登録

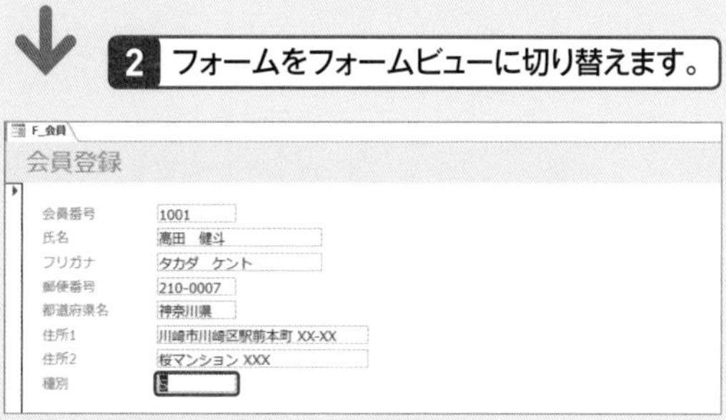
2 フォームをフォームビューに切り替えます。
会員登録

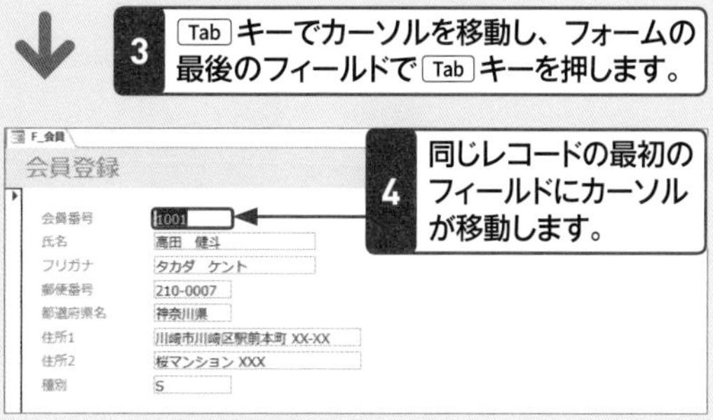
3 Tabキーでカーソルを移動し、フォームの最後のフィールドでTabキーを押します。
会員登録
4 同じレコードの最初のフィールドにカーソルが移動します。

重要度 ★★★　フォームのカスタマイズ

Q 407 選択した顧客番号のレコードを表示できるようにしたい!

A ウィザード画面でコンボボックスを追加します。

カード形式のフォームなどで、検索用のコンボボックスを用意して、表示するデータを検索できるようにするには、コンボボックスを作成するウィザード画面を利用します。検索用のコンボボックスを手軽に作成できて便利です。
ここでは、会員データを表示するフォームで、「会員番号」フィールドの一覧から会員番号を選択し、その会員の情報をすぐに表示できるようにします。

フォームのデザインビュー

1 <デザイン>タブをクリックし、コントロールの一覧を表示します。

3 <コンボボックス>をクリックします。

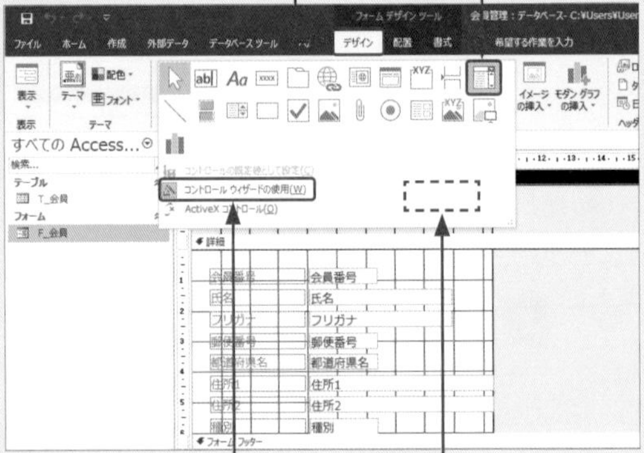

2 <コントロールウィザードの使用>がオンになっていることを確認します。

4 コンボボックスを配置する場所をクリックします。

5 <コンボボックスウィザード>が表示されます。

6 ここをクリックします。

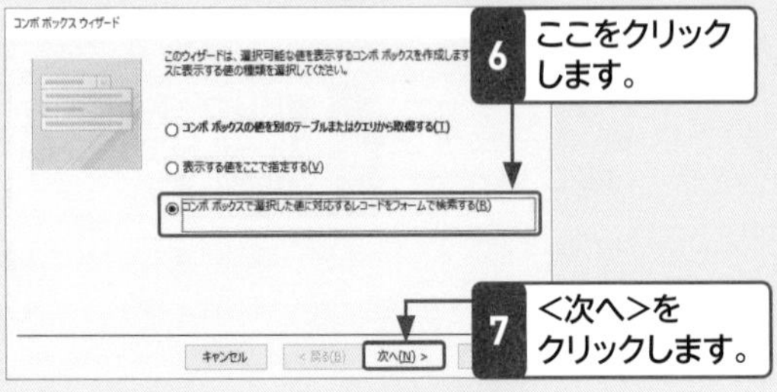

7 <次へ>をクリックします。

8 コンボボックスに表示するフィールドを<選択したフィールド>欄に追加します。

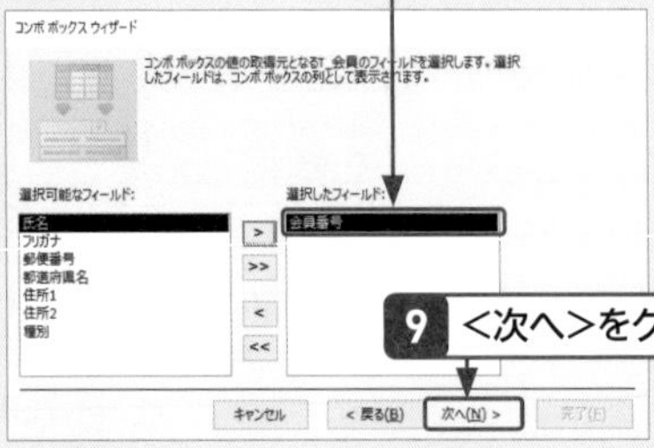

9 <次へ>をクリックします。

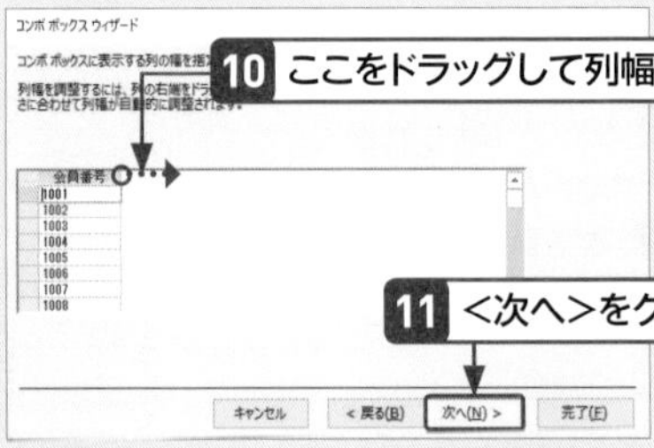

10 ここをドラッグして列幅を調整します。

11 <次へ>をクリックします。

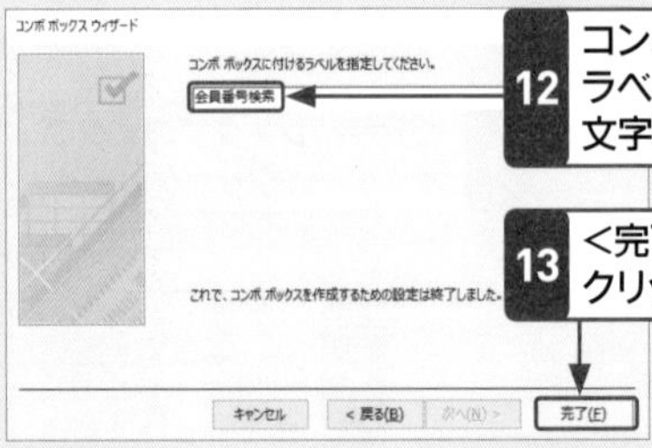

12 コンボボックスのラベルに表示する文字を入力します。

13 <完了>をクリックします。

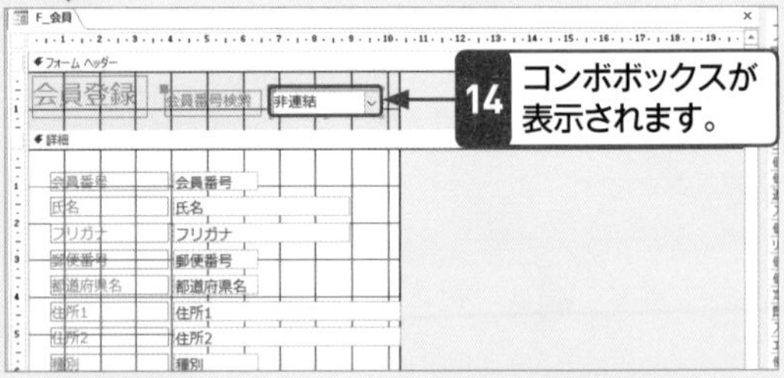

14 コンボボックスが表示されます。

15 フォームをフォームビューに切り替えます。

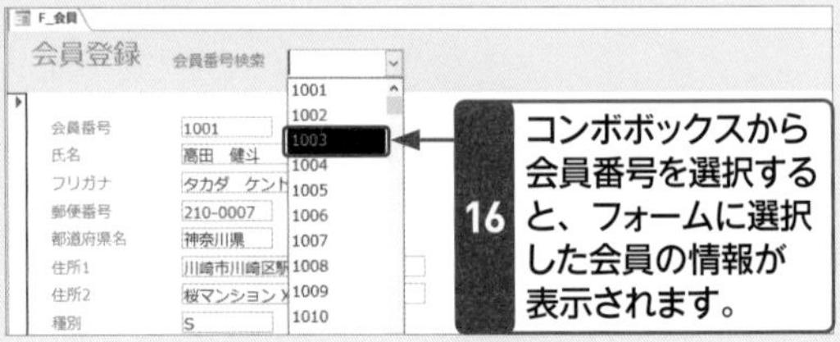

16 コンボボックスから会員番号を選択すると、フォームに選択した会員の情報が表示されます。

重要度★★★　フォームのカスタマイズ

Q 408 タイトルなどの文字をフォームに表示するには？

A ラベルのコントロールを追加します。

タイトルなどの文字列をフォーム内に配置するには、ラベルを追加します。ラベル内をクリックして表示する文字を指定しましょう。ラベルをクリックして指定した文字列は、ラベルの＜標題＞プロパティに反映されます。

参照▶Q 474

重要度★★★　フォームのカスタマイズ

Q 409 フォームにテキストボックスを追加するには？

A コントロールの一覧からテキストボックスを選択します。

フォームのもとのテーブルのデータを表示するテキストボックスを追加するには、テキストボックスを追加したあとに＜コントロールソース＞プロパティで設定します。また、Q558のように、もとのテーブルのフィールド一覧から追加する方法もあります。

ここでは、イベントデータで、定員のデータを保存するテキストボックスを追加します。

参照▶Q 558

フォームのデザインビュー

1 <デザイン>タブをクリックし、コントロールの一覧を表示します。

3 <テキストボックス>をクリックします。

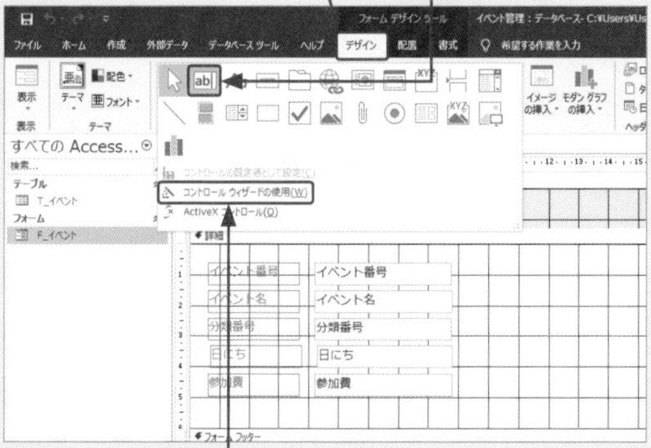

2 <コントロールウィザードの使用>がオフになっていることを確認します。

4 テキストボックスを配置する場所をクリックします。

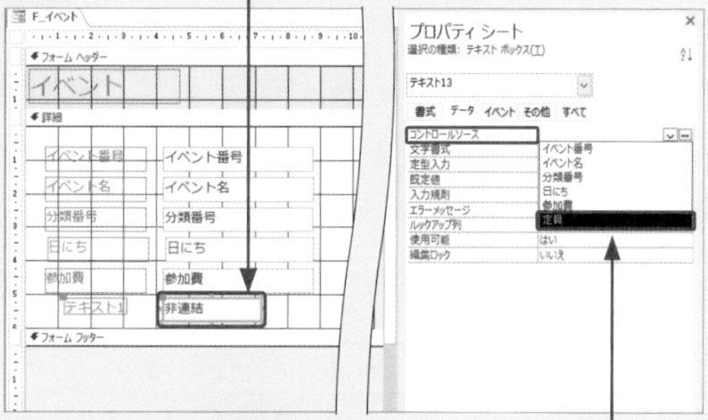

5 テキストボックスの<コントロールソース>プロパティで、表示するフィールドを選択します。

6 テキストボックスのラベルをクリックし、文字を入力します。

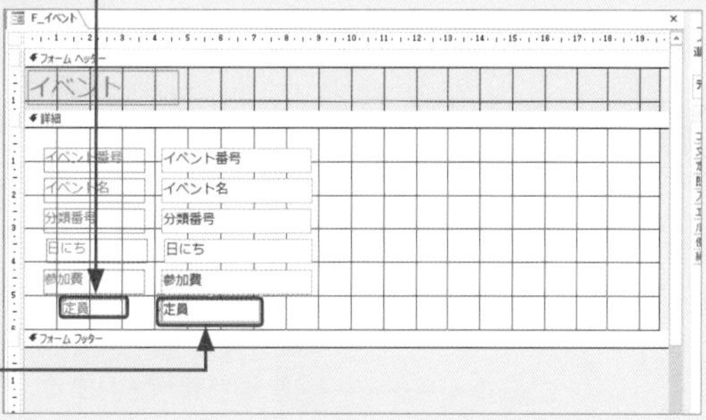

7 テキストボックスが配置されました。

重要度 ★★★ フォームのカスタマイズ

Q 410 「計」×「数量」などフィールド間の計算結果を表示するには？

A <コントロールソース>プロパティで式を指定します。

フォームのもとのテーブルやクエリのフィールドの値を使って計算結果を表示するには、テキストボックスの<コントロールソース>プロパティで指定します。たとえば、フィールド名を使用して「価格」×「数量」などの式を指定できます。

フォームのデザインビュー

1 Q409の方法で、テキストボックスを追加します。

2 テキストボックスを選択し、<コントロールソース>プロパティに式
=[価格]＊[数量]
を設定します。

3 <書式>プロパティで<通貨>を選択します。

4 フォームをフォームビューに切り替えます。

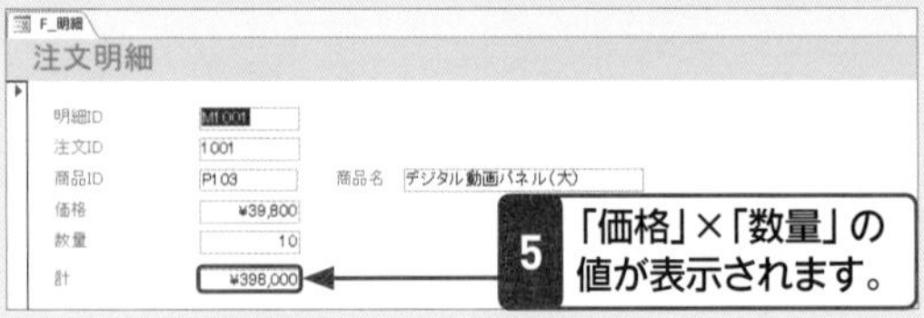

5 「価格」×「数量」の値が表示されます。

重要度 ★★★ フォームのカスタマイズ

Q 411 フォームにタブを表示するには？

A タブコントロールを追加しましょう。

フォームのもとになっているテーブルやクエリのフィールド数が多い場合、タブを使ってフィールドを分類して表示すると、すっきりとわかりやすくなります。
ここではタブコントロールを追加して、フィールドをタブに表示します。

フォームのデザインビュー

1 <デザイン>タブをクリックし、コントロールの一覧を表示します。

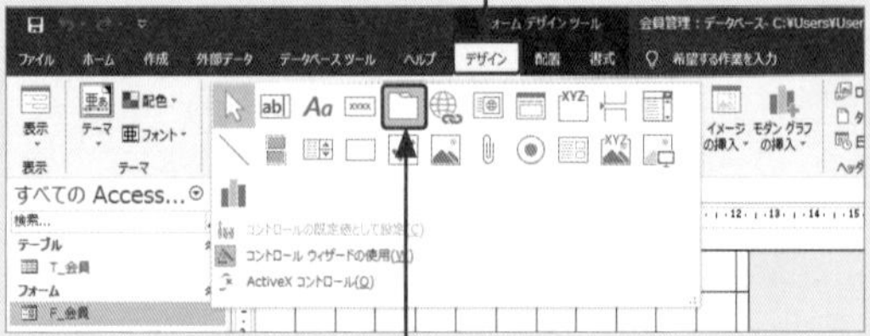

2 <タブコントロール>をクリックします。

3 タブコントロールを追加する場所をクリックします。

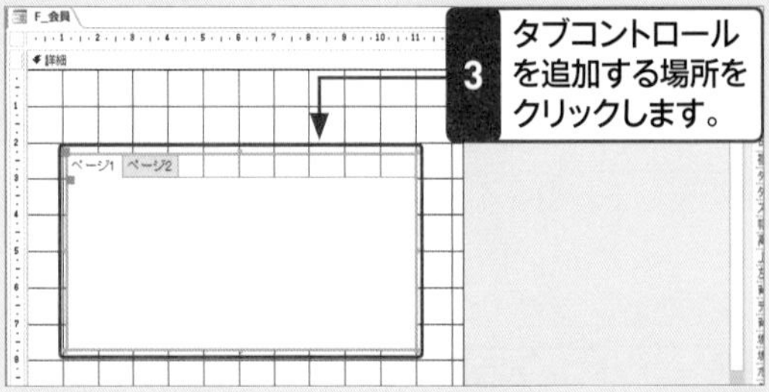

4 文字を変更するタブをクリックします。

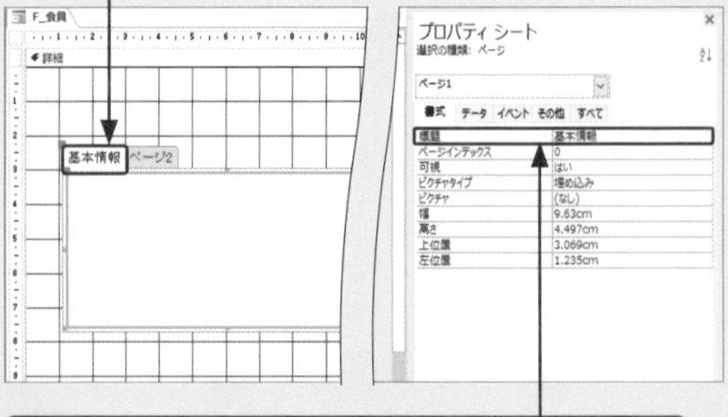

5 <標題>プロパティにタブの文字を入力します。

重要度 ★★★　フォームのカスタマイズ

Q 412 タブコントロールにタブを追加するには？

A 新しいページを追加します。

タブコントロールを追加すると、最初は2つのタブを含むコントロールが追加されます。タブに関する設定をするには、タブを右クリックする操作から始めます。ここでは、3つめのタブを追加します。

フォームのデザインビュー

1 タブの1つを右クリックします。

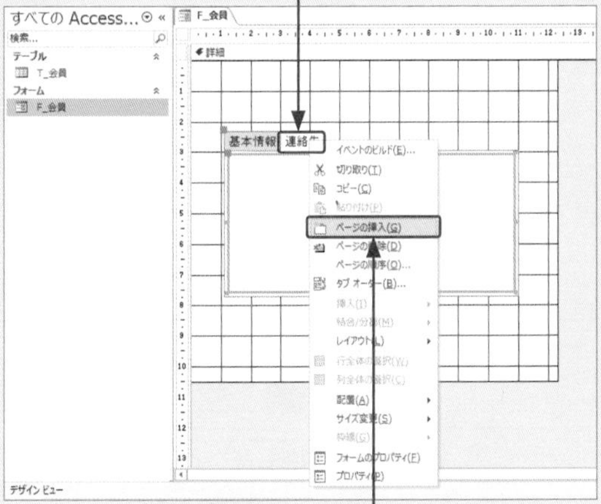

2 表示されたメニューの<ページの挿入>をクリックします。

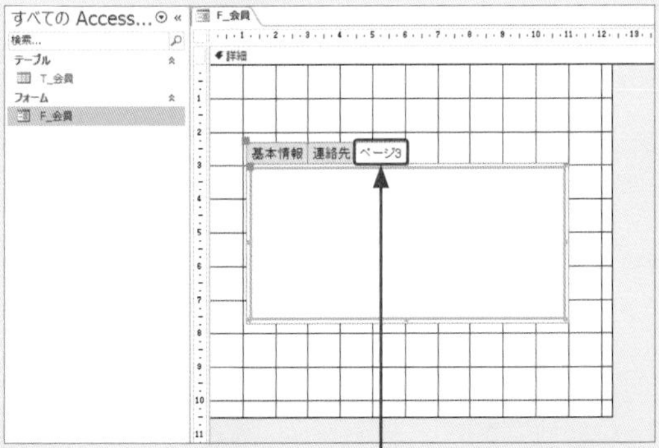

3 タブコントロールの右端に3つめのタブとページが追加されます。

重要度 ★★★　フォームのカスタマイズ

Q 413 タブコントロールのタブを削除するには？

A ページを削除します。

タブコントロール上の不要なタブは、右クリックからの操作で削除できます。その際、確認のメッセージなどは表示されないので注意しましょう。また、タブを削除すると、そのページに表示されているコントロールも同時に削除されます。

フォームのデザインビュー

1 削除したいタブを右クリックします。

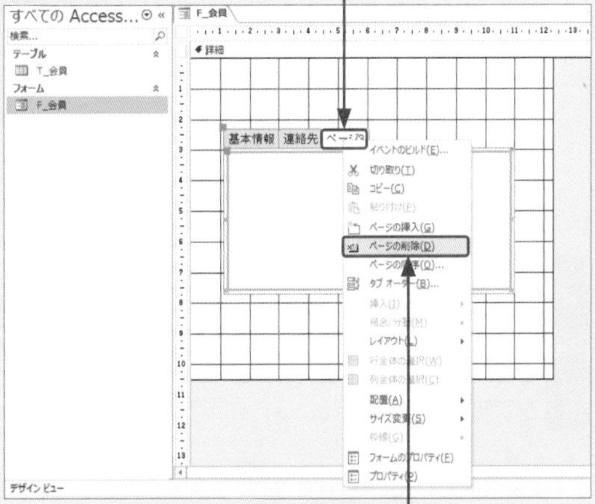

2 <ページの削除>をクリックします。

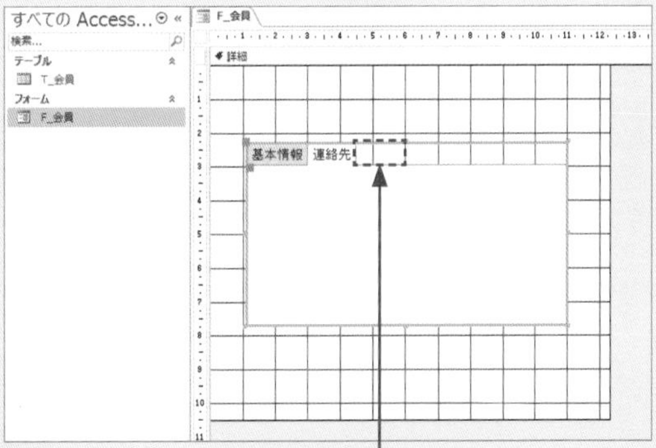

3 タブとページが削除されました。

重要度 ★★★　フォームのカスタマイズ

Q 414 タブの表示順を変更するには？

A <ページの順序>画面で指定します。

タブコントロールのタブの並び順は、<ページの順序>画面で変更できます。移動するタブを選択して、<上に移動>または<下に移動>をクリックして順番を設定します。

フォームのデザインビュー

1 表示順を変更するタブを右クリックし、

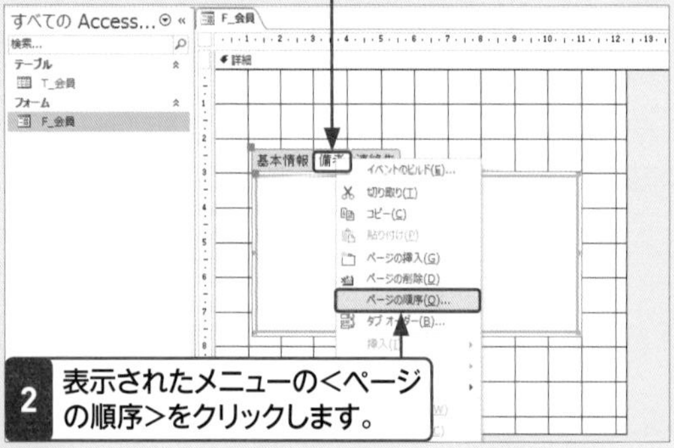

2 表示されたメニューの<ページの順序>をクリックします。

3 <ページの順序>画面でタブ名の項目を選択し、

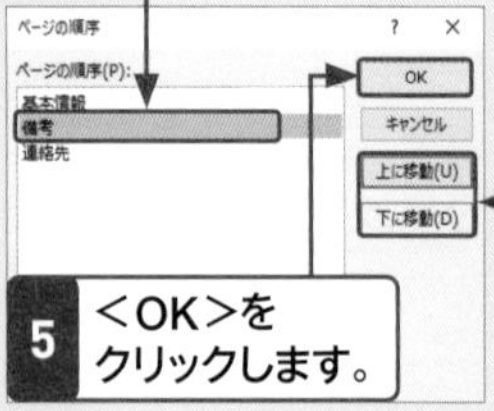

4 <上に移動>や<下に移動>をクリックして、順番を変更します。

5 <OK>をクリックします。

6 ページの表示順が変わります。

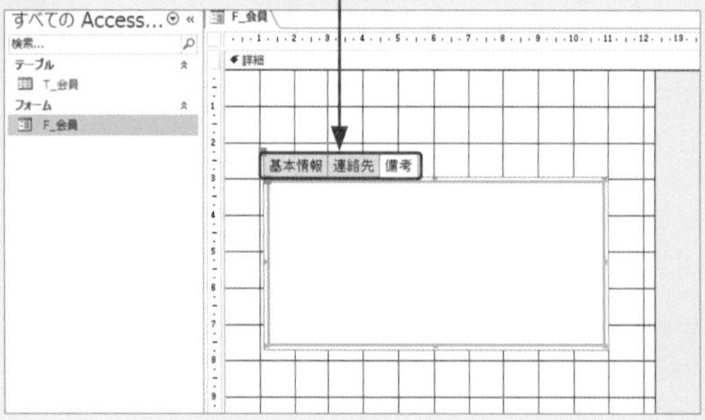

重要度 ★★★　フォームのカスタマイズ

Q 415 タブにコントロールを分類して表示するには？

A タブを選択してフィールドを追加します。

タブコントロールにフォームのもとのテーブルやクエリのフィールドを追加するには、Q558のようにフィールドリストからドラッグします。この操作を利用すると、会員番号や氏名に関するフィールドだけ、会員の住所に関するフィールドだけというように、タブに表示させるフィールドを分類できます。

フォームのデザインビュー

1 目的のタブを選択します。

2 <フィールドリスト>を表示します（Q558参照）。

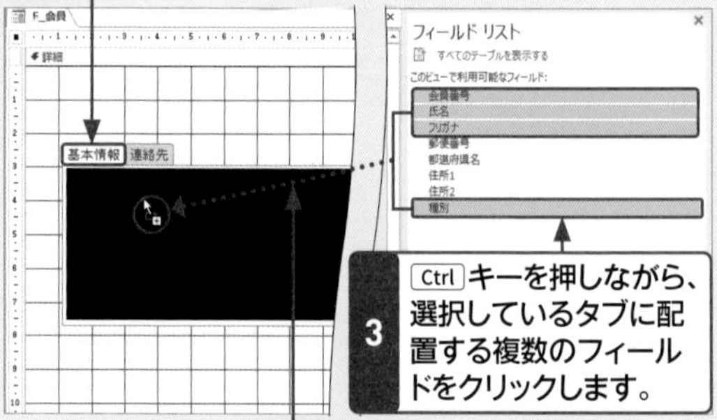

3 Ctrl キーを押しながら、選択しているタブに配置する複数のフィールドをクリックします。

4 選択したフィールドをタブコントロールへドラッグします。

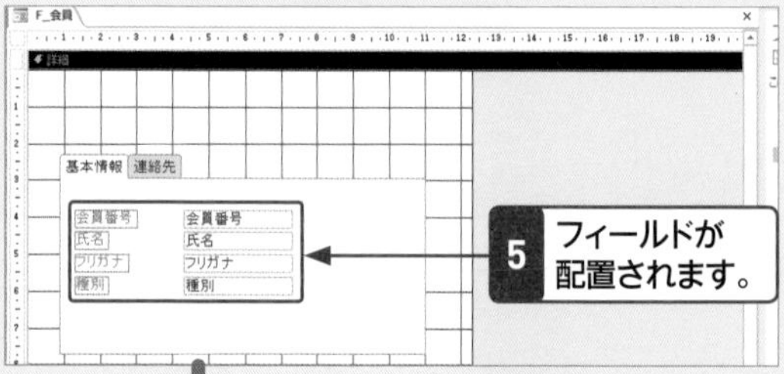

5 フィールドが配置されます。

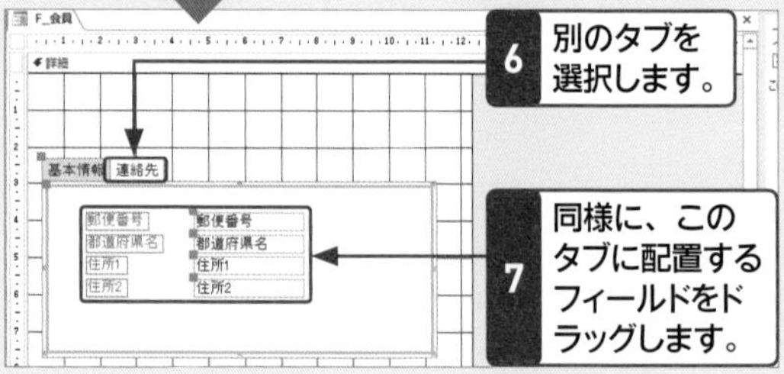

6 別のタブを選択します。

7 同様に、このタブに配置するフィールドをドラッグします。

重要度 ★★★　フォームのカスタマイズ

Q 416 タブの見た目のスタイルを変更するには？

A ＜スタイル＞プロパティで指定します。

タブの表示方法を指定するには、＜スタイル＞プロパティで設定します。また、＜背景色＞や＜境界線スタイル＞＜境界線の色＞といったプロパティで色合いなどを指定できます。

フォームのデザインビュー

1 タブコントロールを選択します。

2 コントロールの＜スタイル＞プロパティでスタイルを選択します。

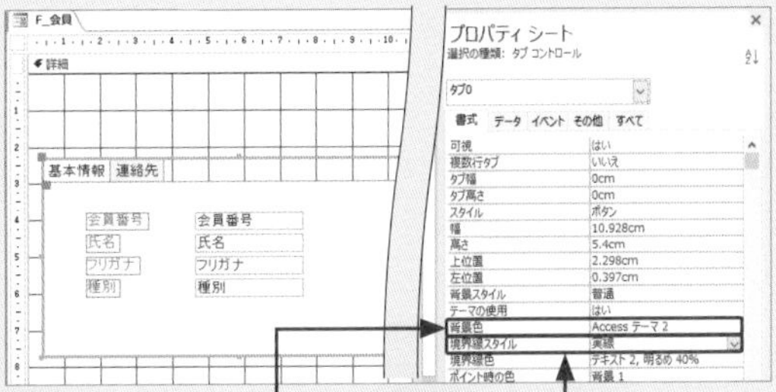

3 ＜背景色＞プロパティを設定します。

4 ＜境界線スタイル＞プロパティを設定します。

5 フォームをフォームビューに切り替えます。

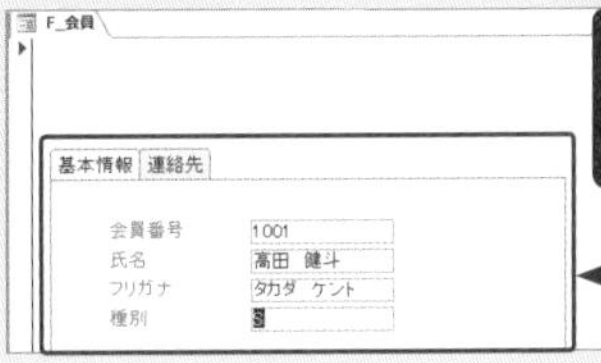

6 タブコントロールの見た目が変わります。

重要度 ★★★　フォームのカスタマイズ

Q 417 フォームに複数ページ表示するには？

A 改ページを追加します。

フォームのもとになるテーブルやクエリのフィールド数が多い場合は、タブコントロールを使ってフィールドを分類するほか、ページを上下に分けて整理する方法もあります。Page Up Page Down キーでページを切り替えながら操作できます。

フォームのデザインビュー

1 ＜デザイン＞タブをクリックし、コントロールの一覧を表示します。

2 ＜改ページの挿入＞をクリックします。

3 改ページを入れる箇所をクリックすると、ページが上下に分かれます。

4 フォームをフォームビューに切り替えると、上のページが表示されます。

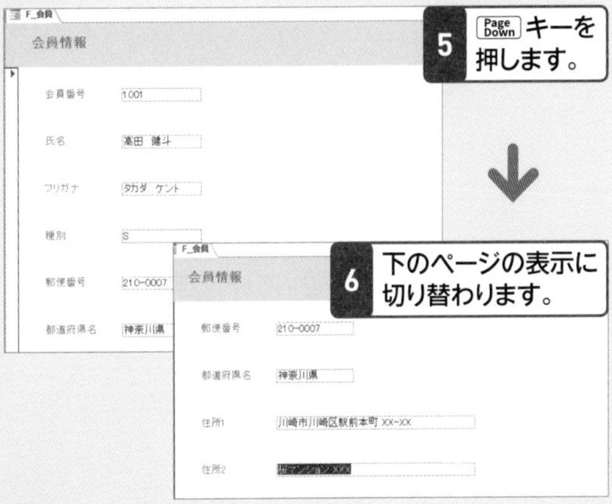

5 Page Down キーを押します。

6 下のページの表示に切り替わります。

7 Page Up キーを押すと、上のページの表示に切り替わります。

重要度★★★ フォームのカスタマイズ

Q 418 フォームの背景に画像を表示したい！

A <ピクチャ>プロパティで指定します。

フォームの背景に画像を表示するには、フォームの<ピクチャ>プロパティで設定します。<ピクチャタイプ>プロパティで、画像を埋め込むか、リンク情報を格納して画像を参照して表示するかなどを指定できます。また、<ピクチャ全体表示><ピクチャ配置><ピクチャサイズ>の各プロパティで表示方法などを指定できます。

●ピクチャ全体表示

設定値	内容
はい	フォーム内で画像を並べて表示します。
いいえ	フォーム内で画像を1つ表示します。

フォームのデザインビュー

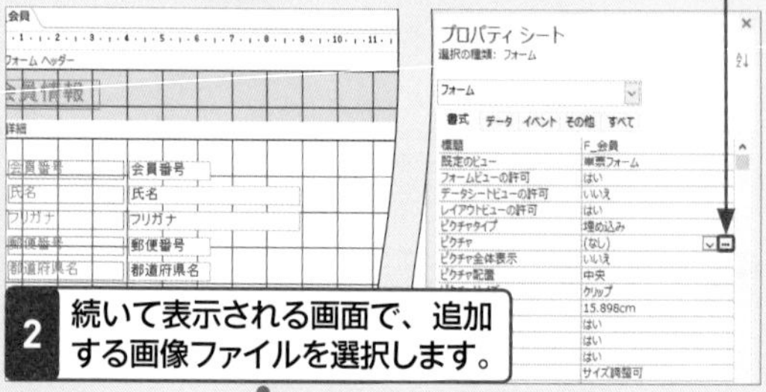
1 フォームの<ピクチャ>プロパティのここをクリックします。
2 続いて表示される画面で、追加する画像ファイルを選択します。

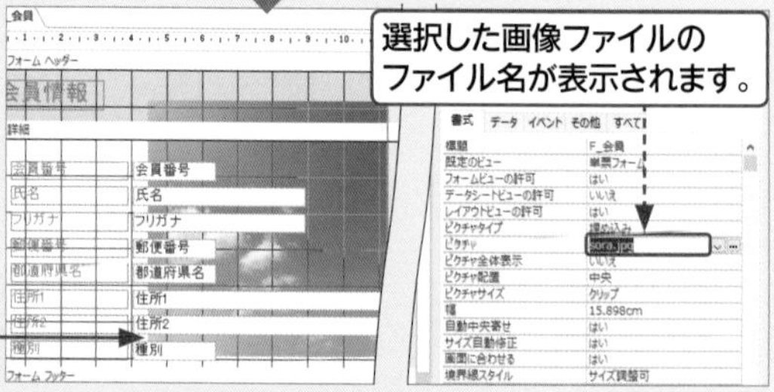
選択した画像ファイルのファイル名が表示されます。
3 フォームに画像ファイルが表示されます。

重要度★★★ フォームのカスタマイズ

Q 419 背景の画像の位置を変更したい！

A <ピクチャ配置>プロパティで指定します。

フォームに画像を表示するとき、画像の表示位置は<ピクチャ配置>プロパティで設定します。<ピクチャ全体表示>プロパティや<ピクチャサイズ>プロパティなどの設定の組み合わせで、表示方法は異なります。

●<ピクチャサイズ>プロパティ

設定値	内容
クリップ	実際のサイズで表示されます。画像がフォームより大きい場合は、画像の一部が表示されます。
ストレッチ	フォームのサイズに合わせて画像を拡大・縮小して表示します。画像の縦横の比率が変わる場合もあります。
ズーム	画像の縦横の比率を変えずに、フォームのサイズに合わせて大きく表示します。
横にストレッチ	画像がフォームのサイズより小さい場合、フォームの幅に合わせて拡大表示されます。
縦にストレッチ	画像がフォームのサイズより小さい場合、フォームの高さに合わせて拡大表示されます。

フォームのデザインビュー

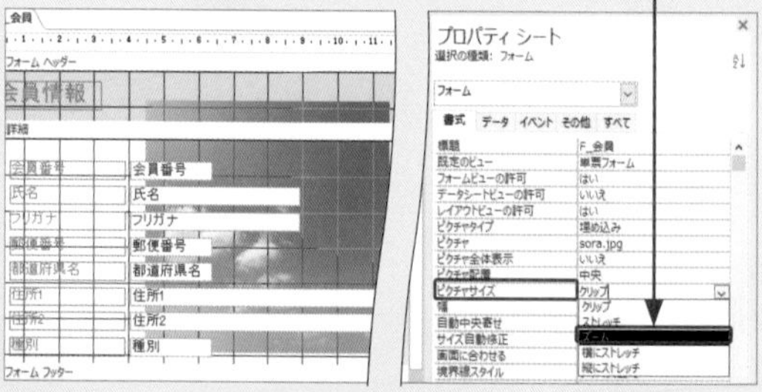
1 <フォーム>の<ピクチャサイズ>プロパティから設定項目を選択します。
2 画像ファイルの配置が変わります。

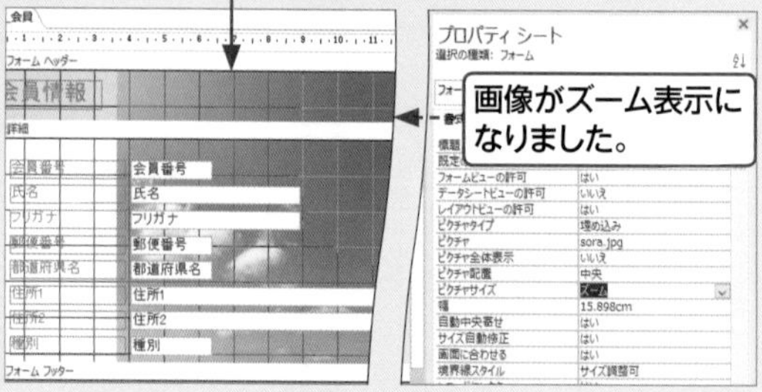
画像がズーム表示になりました。

Q 420 コマンドボタンを追加するには？

A ウィザード画面を使用するとボタンの動作を指定できます。

フォーム上に「フォームを閉じる」「指定したフォームを開く」などの役割を持つボタンを配置するには、いくつか方法があります。
ここでは、ウィザード画面を利用して<フォームを閉じる>ボタンを作成します。ウィザード画面の途中で、ボタンの機能やボタンの名前などを設定します。ボタンの名前は、マクロでボタンを操作する場合などに使います。

フォームのデザインビュー

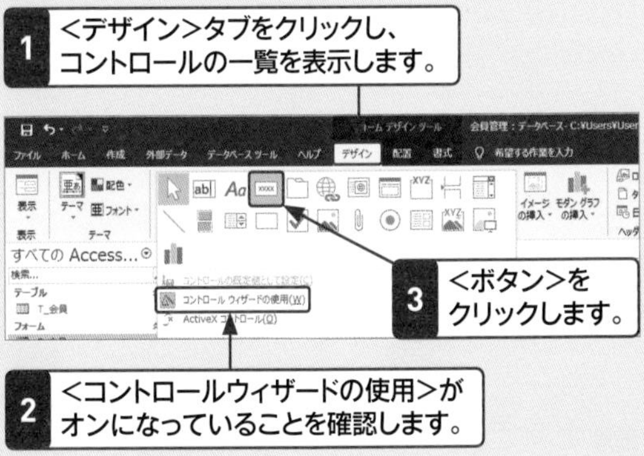
1 <デザイン>タブをクリックし、コントロールの一覧を表示します。
2 <コントロールウィザードの使用>がオンになっていることを確認します。
3 <ボタン>をクリックします。

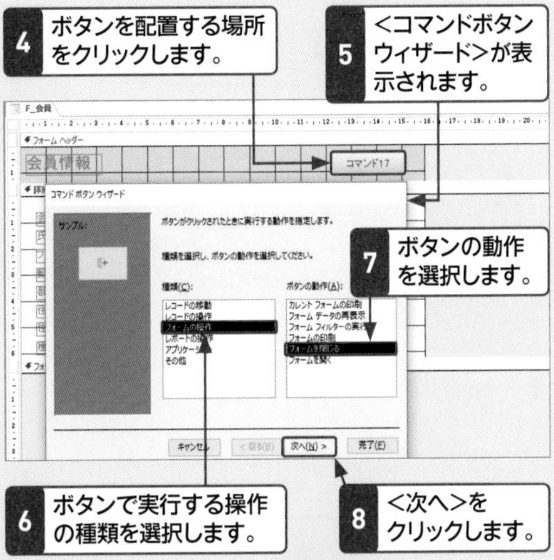
4 ボタンを配置する場所をクリックします。
5 <コマンドボタンウィザード>が表示されます。
6 ボタンで実行する操作の種類を選択します。
7 ボタンの動作を選択します。
8 <次へ>をクリックします。

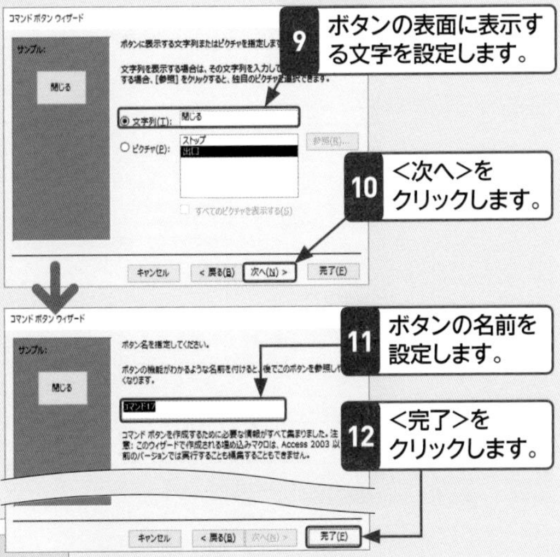
9 ボタンの表面に表示する文字を設定します。
10 <次へ>をクリックします。
11 ボタンの名前を設定します。
12 <完了>をクリックします。

13 フォームをフォームビューで開きます。

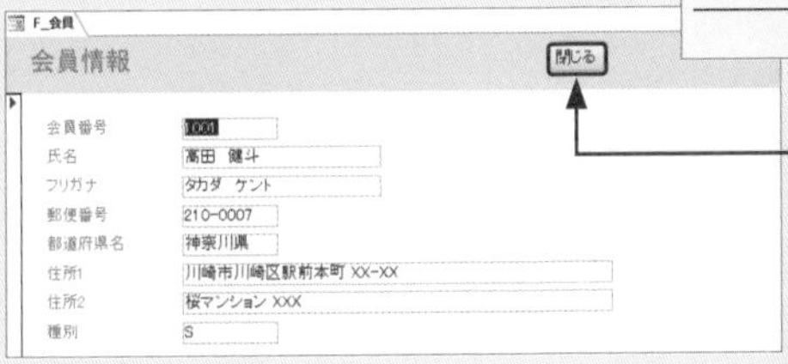
会員情報
閉じる

14 表示されたボタンをクリックすると、フォームが閉じます。

15 フォームを保存するか確認のメッセージが表示されたら<はい>をクリックします。

Q 421 コマンドボタンをキー操作でクリックするには？

A <標題>プロパティでアクセスキーを指定する方法があります。

コマンドボタンを Alt ＋何かのキーでクリックするには、<標題>プロパティにアンパサンド(&)とアクセスキーとして使う文字を指定します(例:閉じる(&C))。

フォームのデザインビュー

プロパティ シート
閉じる(C)
コマンド17
標題
閉じる(&C)

重要度 ★★★ フォームの動作・表示の制限

Q 422 入力専用のフォームにしたい！

A <データ入力用>プロパティで指定します。

新規データを入力する専用のフォームを作成するには、フォームの<データ入力用>プロパティで設定します。<はい>に設定すると、新しいレコードを追加するフォームになります。 参照▶Q 423、Q 424、Q 425

フォームのデザインビュー

1 フォームの<データ入力用>プロパティを<はい>にします。

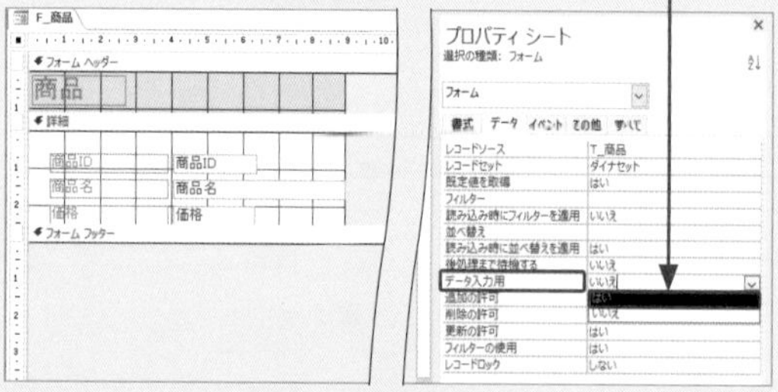

2 フォームをフォームビューで開きます。

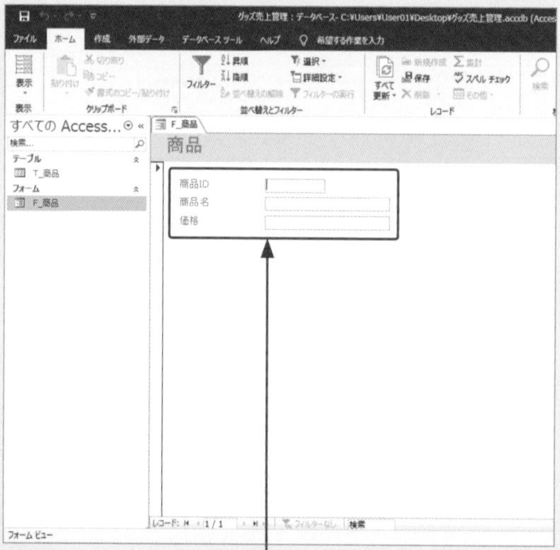

3 新しいレコードを入力する状態になります。

重要度 ★★★ フォームの動作・表示の制限

Q 423 データを追加できないようにしたい！

A <追加の許可>プロパティで指定します。

フォームで新規データを追加できないようにするには、フォームの<追加の許可>プロパティで設定します。<いいえ>を選択すると、新規に追加するボタンなどが使用できない状態になります。 参照▶Q 422、Q 424、Q 425

フォームのデザインビュー

1 フォームの<追加の許可>プロパティを<いいえ>にします。

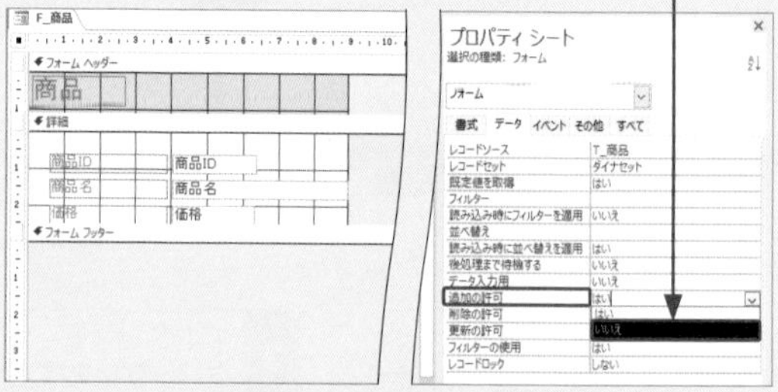

2 フォームをフォームビューで開きます。

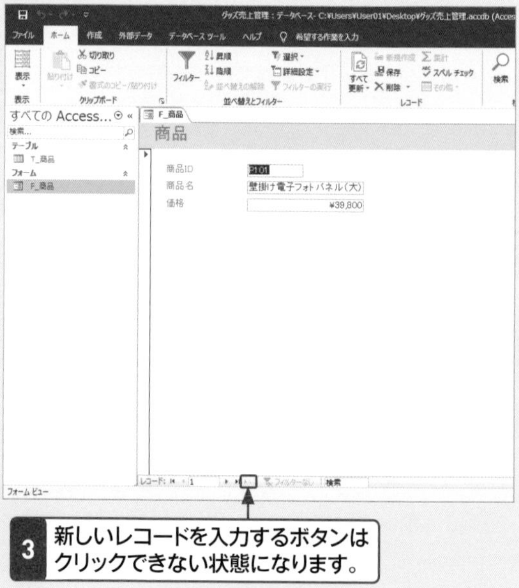

3 新しいレコードを入力するボタンはクリックできない状態になります。

重要度 ★★★　フォームの動作・表示の制限

Q 424 データを編集できないようにしたい！

A ＜更新の許可＞プロパティで指定します。

フォームのデータを修正できないようにするには、フォームの＜更新の許可＞プロパティで設定します。データを追加できるようにするか、データを削除できるようにするか、必要に応じて組み合わせて指定しましょう。 参照▶Q 422、Q 423、Q 425

フォームのデザインビュー

1 フォームの＜更新の許可＞プロパティを＜いいえ＞にします。

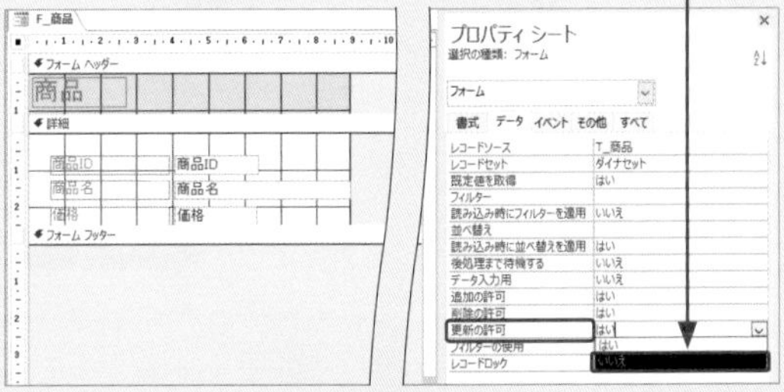

2 フォームをフォームビューで開きます。

3 データの入力や削除をしようとしても、操作できません。

重要度 ★★★　フォームの動作・表示の制限

Q 425 データを削除できないようにしたい！

A ＜削除の許可＞プロパティで指定します。

フォームでデータを削除できないようにするには、フォームの＜削除の許可＞プロパティで設定します。＜いいえ＞を選択した場合、データを削除しようとしても操作できなくなります。 参照▶Q 422、Q 423、Q 424

フォームのデザインビュー

1 フォームの＜削除の許可＞プロパティを＜いいえ＞にします。

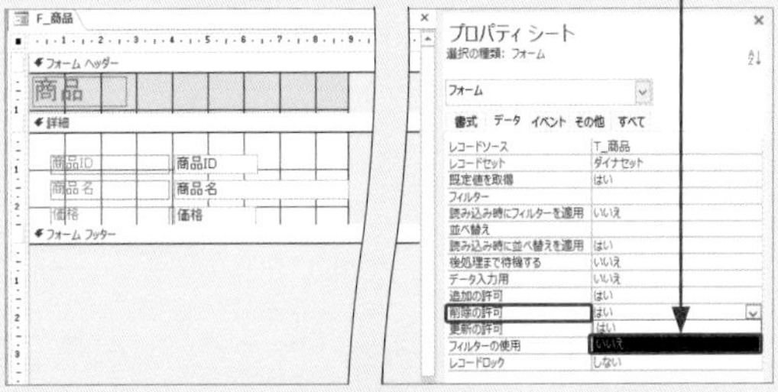

2 フォームをフォームビューで開きます。

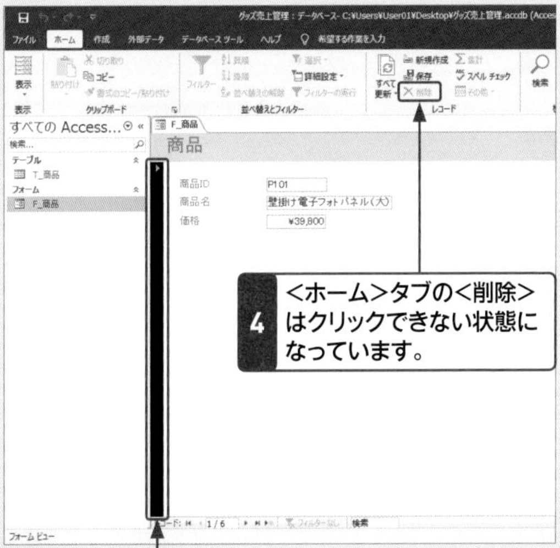

4 ＜ホーム＞タブの＜削除＞はクリックできない状態になっています。

3 レコードセレクターをクリックします。

重要度 ★★★　フォームの動作・表示の制限

Q 426 フォームを常に前面に固定表示したい！

A <ポップアップ>プロパティで指定します。

フォームを常に前面に表示するには、<ポップアップ>プロパティで設定します。フォームの大きさを変更できないようにするには、<境界線スタイル>プロパティで<細線>を選択しておきます。 参照▶Q 427

フォームのデザインビュー

1 フォームの<ポップアップ>プロパティを<はい>にします。

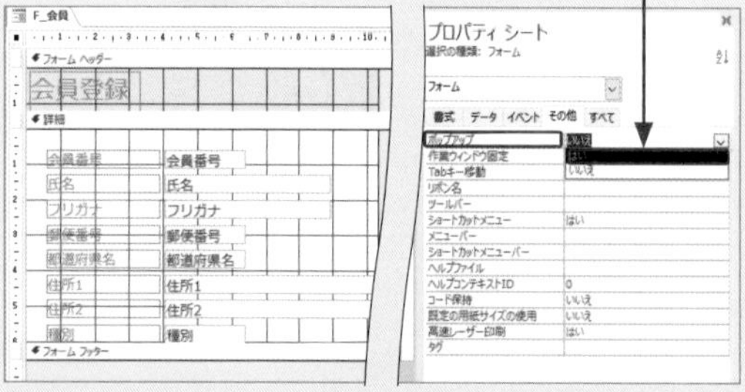

2 フォームをフォームビューで開きます。

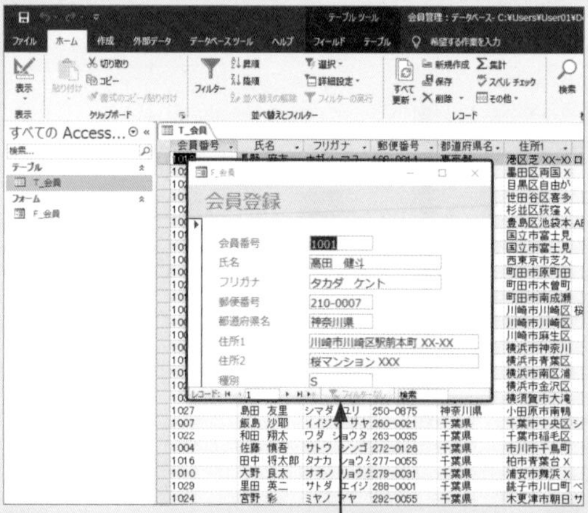

3 フォームが前面に表示されます。

重要度 ★★★　フォームの動作・表示の制限

Q 427 表示しているフォーム以外操作できないようにしたい！

A <作業ウィンドウ固定>プロパティで指定します。

フォームを開いたときに、そのフォームを閉じるまでAccessのほかのオブジェクトのウィンドウを操作できないようにするには、<作業ウィンドウ固定>プロパティで設定します。タブやリボンの操作などもできないようにするには、<ポップアップ>プロパティの設定も<はい>に設定します。 参照▶Q 426

フォームのデザインビュー

1 フォームの<作業ウィンドウ固定>プロパティを<はい>にします。

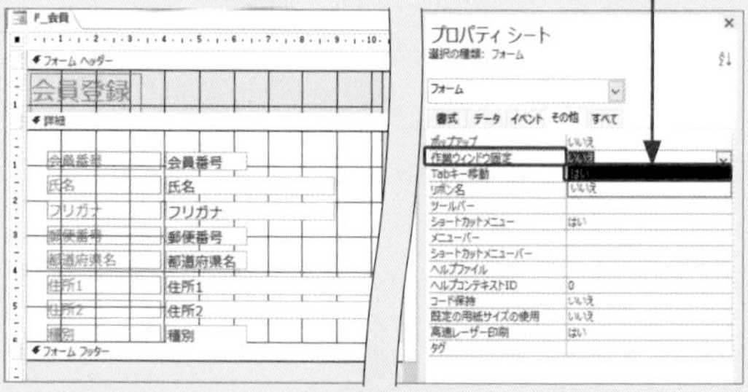

2 フォームをフォームビューで開きます。

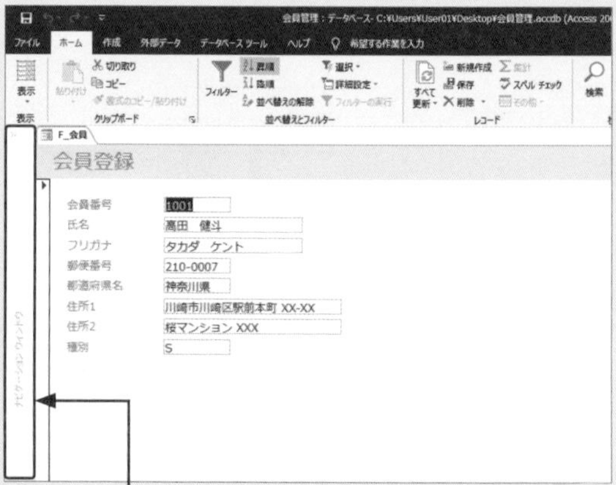

3 ほかのオブジェクトの操作ができない状態になります。

重要度★★★　フォームの動作・表示の制限

Q 428 ほかのビューへ切り替えられないようにしたい！

A ビューの許可に関するプロパティを指定します。

フォームでほかのビューへ切り替えられないようにするには、フォームの＜フォームビューの許可＞＜データシートビューの許可＞＜レイアウトビューの許可＞の各プロパティで設定します。それぞれ、指定したビューに切り替えられるようにするかを＜はい＞＜いいえ＞で設定できます。

ファイルが完成したあとに、フォームやレポートなどでデザインを変更できないようにするには、Q734を参照してください。

参照▶Q 734

1 フォームの＜○○ビューの許可＞プロパティの設定を確認します。

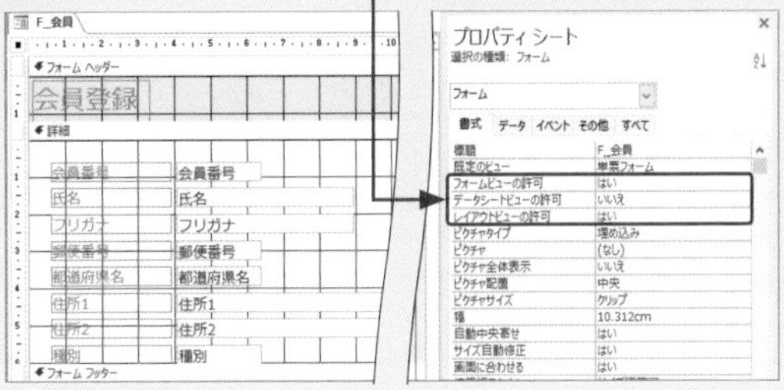

重要度★★★　フォームの動作・表示の制限

Q 429 フォームのサイズを変更できないようにしたい！

A ＜境界線スタイル＞プロパティで指定します。

フォームのサイズを変更できないようにするには、＜境界線スタイル＞プロパティで設定します。通常は＜サイズ調整可＞が選択されています。常に前面に表示されるタイプのフォームにするには、＜ポップアップ＞プロパティを＜はい＞にして、＜境界線スタイル＞で＜細線＞を選択します。

また、ダイアログボックスのように、常に前面に表示してタブやリボンなどの操作もできないようにするには、＜ポップアップ＞プロパティと＜作業ウィンドウ固定＞プロパティの両方を＜はい＞にして、＜境界線スタイル＞プロパティで＜ダイアログ＞を選択します。

ここでは、フォームをウィンドウで表示する場合の表示例を紹介しています。

参照▶Q 080

●＜境界線スタイル＞プロパティの設定

設定値	内容
なし	境界線を表示しません。タイトルバーも表示されず、フォームのサイズ変更や移動もできません。
細線	サイズ変更はできません。
サイズ調整可	サイズ変更が可能な状態になります。
ダイアログ	フォームの最大化や最小化、サイズ変更はできません。

フォームのデザインビュー

1 フォームの＜境界線スタイル＞プロパティを設定（ここでは＜なし＞）します。

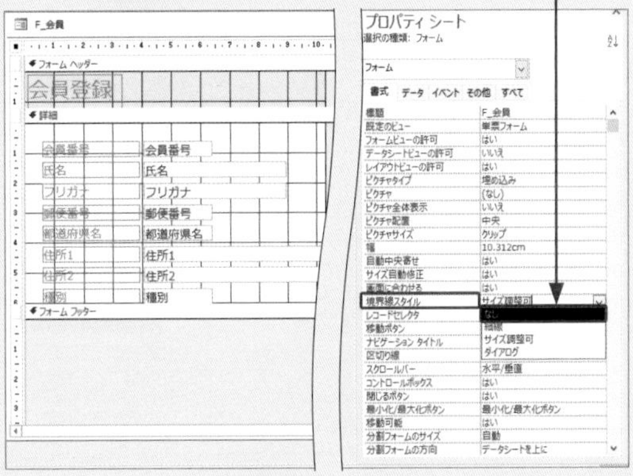

2 フォームをフォームビューで開きます。

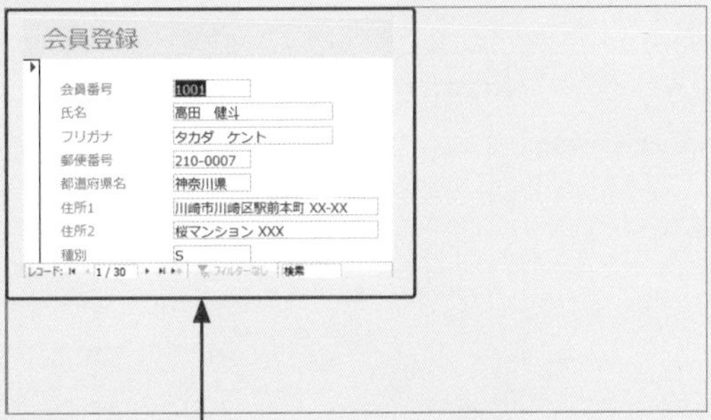

3 境界線が表示されない状態になります。

重要度 ★★★ フォームの動作・表示の制限

Q 430 フォームを移動できないようにしたい！

A <移動可能>プロパティで設定します。

フォームのタイトルバーをドラッグしてフォームを移動できないようにするには、フォームの<移動可能>プロパティで設定します。また、フォームの<自動中央寄せ>プロパティが<はい>の場合、フォームを開くと画面の中央に表示されます。
ここでは、フォームをウィンドウで表示する場合の表示例を解説します。 参照▶Q 080

フォームのデザインビュー

1 フォームの<移動可能>プロパティを<いいえ>にします。

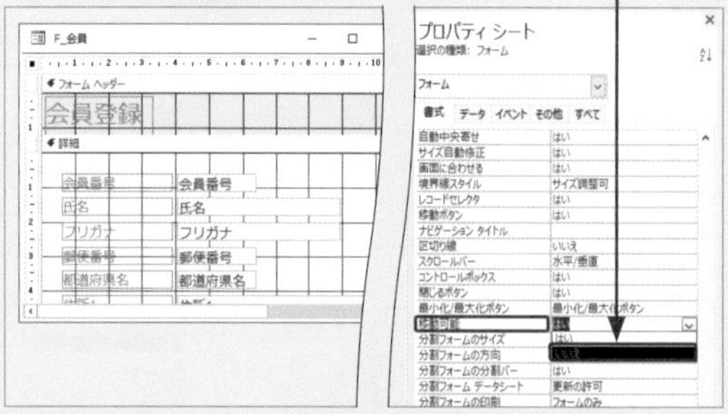

2 フォームをフォームビューで開きます。

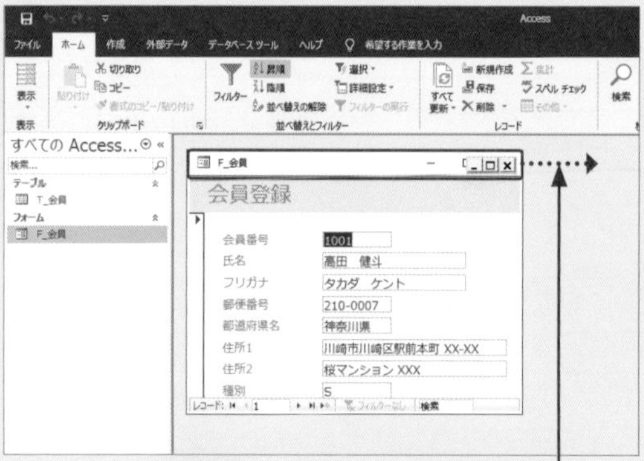

3 フォームのタイトルバーをドラッグしても、フォームを移動できません。

重要度 ★★★ フォームの動作・表示の制限

Q 431 最大化ボタンや最小化ボタンが表示されないようにするには？

A <最小化/最大化ボタン>プロパティで指定します。

フォームの大きさを変更できないようにするとき、<最大化>ボタンや<最小化>ボタンも非表示にするには、<最小化/最大化ボタン>プロパティで設定します。両方のボタンを非表示にするほか、一方のボタンのみ表示させることも可能です。<閉じる>ボタンの表示は、<閉じるボタン>プロパティで設定できます。
ここでは、フォームをウィンドウで表示する場合の表示例を紹介しています。 参照▶Q 080

フォームのデザインビュー

1 フォームの<最小化/最大化>プロパティを<なし>にします。

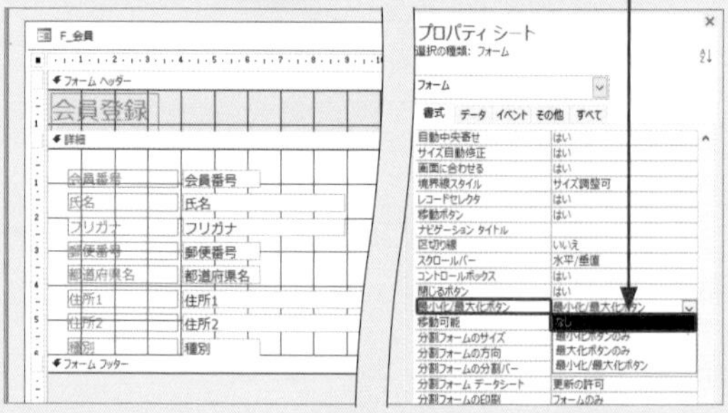

2 フォームをフォームビューで開きます。

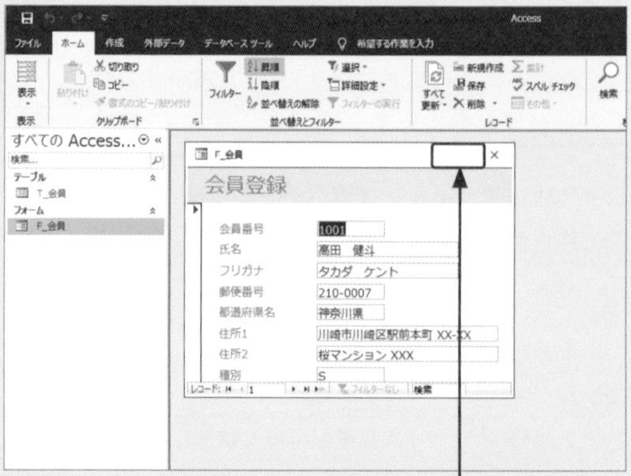

3 <最大化><最小化>ボタンは表示されません。

Q 432 スクロールバーを隠したい！

A ＜スクロールバー＞プロパティで指定します。

フォームの画面にコントロールが収まらない場合、通常は、フォームの右端や下端にスクロールバーが表示されて画面をスクロールできるようになります。スクロールバーの表示方法を変更するには、＜スクロールバー＞プロパティで設定します。
ここでは、フォームを個々のウィンドウで表示する場合の表示例を解説します。

フォームのデザインビュー

1 フォームの＜スクロールバー＞プロパティを＜なし＞に設定します。

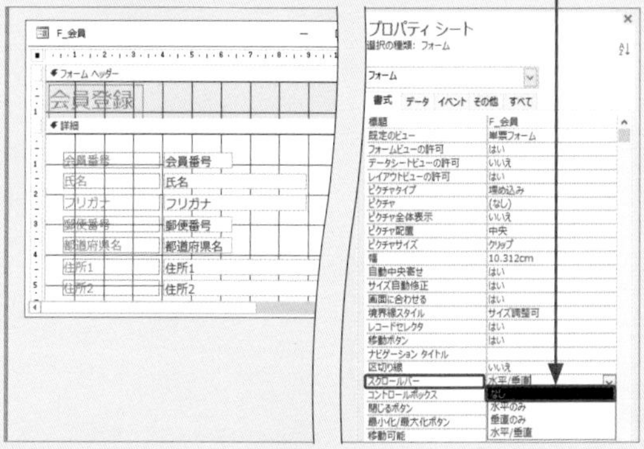

2 フォームをフォームビューで開きます。

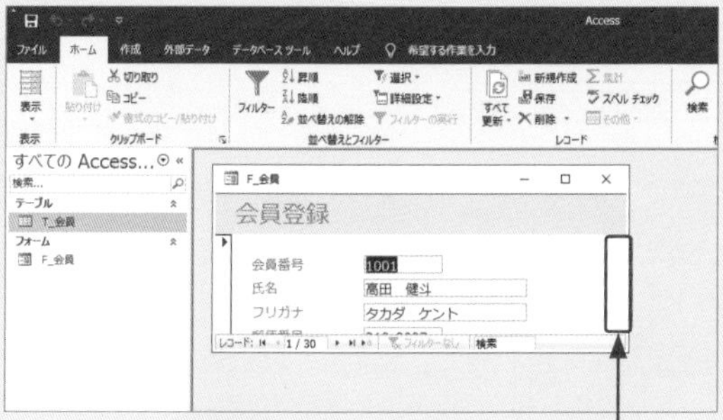

3 フォームの高さなどを変更しても、スクロールバーは表示されません。

Q 433 レコードセレクターを隠したい！

A ＜レコードセレクター＞プロパティで指定します。

レコードを選択するレコードセレクターや移動ボタンの表示方法を指定するには、＜レコードセレクター＞プロパティや＜移動ボタン＞プロパティで設定します。メニュー用のフォームを作成する場合などは、通常はレコードセレクターや移動ボタンは不要なので、非表示にしておくとよいでしょう。

フォームのデザインビュー

1 フォームの＜レコードセレクター＞プロパティを＜いいえ＞にします。

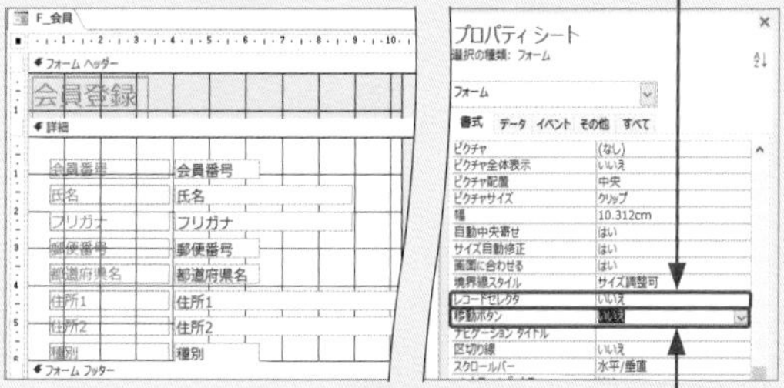

2 ＜移動ボタン＞プロパティを＜いいえ＞にします。

3 フォームをフォームビューで開きます。

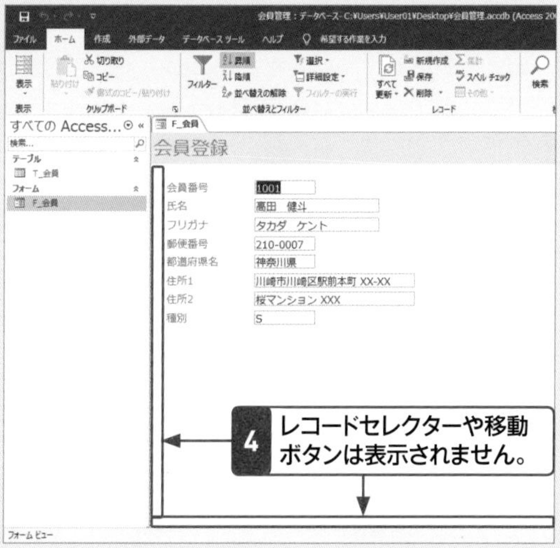

4 レコードセレクターや移動ボタンは表示されません。

重要度 ★★★　メイン／サブフォーム

Q 434 メイン／サブフォームって何？

A メインとなるフォームとサブフォームで構成されるフォームです。

メイン／サブフォームとは、メインのフォーム内にサブフォームを表示して、複数のテーブルのデータを整理してまとめて表示できるフォームです。たとえば、顧客のデータをメインフォームに表示して、その顧客の売上データをサブフォームに表示したり、注文のデータをメインフォームに表示して、その注文の明細データをサブフォームに表示したりできます。

●顧客データ

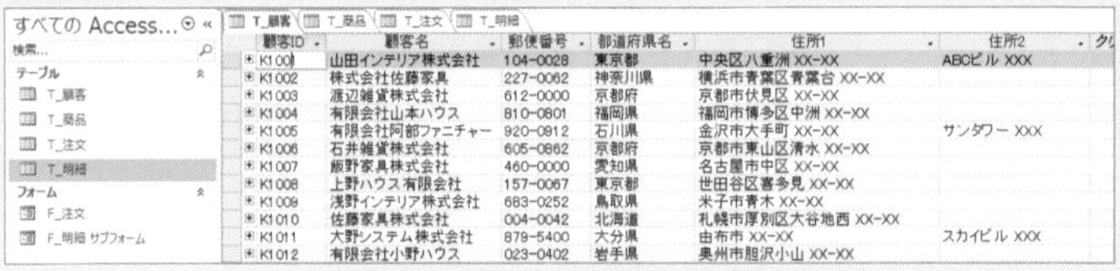

●商品データ

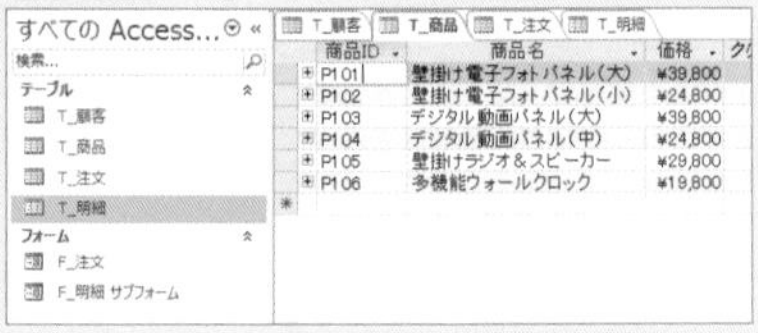

●注文データ

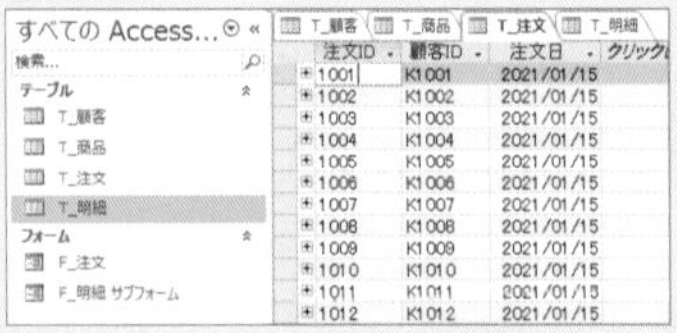

●明細データ

●リレーションシップの設定

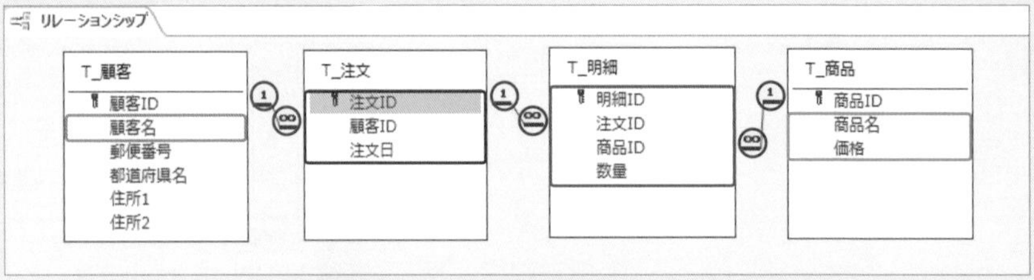

メイン／サブフォームを作成するには、フォームの元になる複数のテーブルに、あらかじめリレーションシップを設定しておきます。リレーションシップの設定によって、メインフォームで表示しているデータの関連データをサブフォームで表示できます。

●メイン／サブフォーム

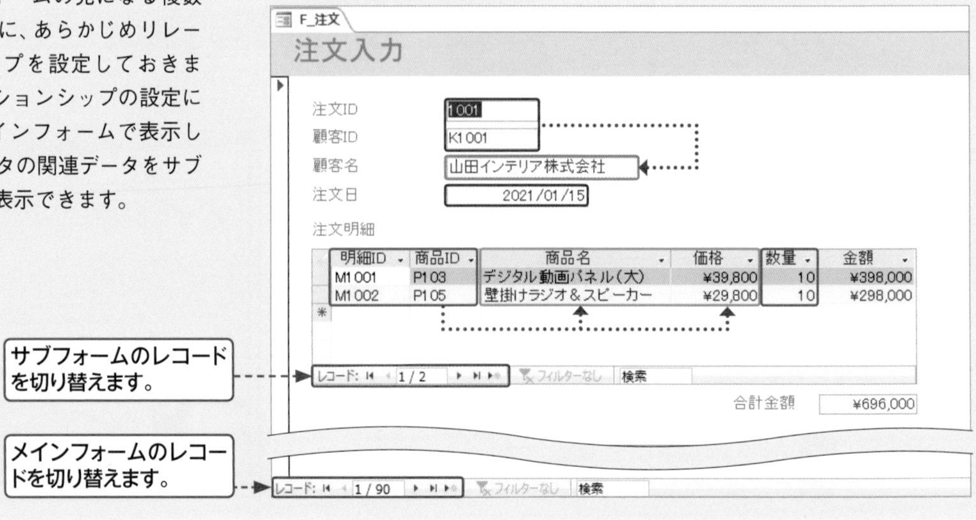

Q 435 メイン／サブフォームを作成するには？

A ウィザード画面で使用する方法があります。

メイン／サブフォームを作成する方法はいくつかあります。そのうちの1つは、フォームウィザードを使用する方法です。
ここではウィザード画面を利用して、注文データをメインフォーム、注文の明細データをサブフォームに表示するメイン／サブフォームを作成します。Q340の方法で<フォームウィザード>の画面を表示して操作します。その際、フォームの元になるテーブルにあらかじめリレーションシップを設定しておきます。 参照▶Q 340、Q 434

1 メインフォームのもとになるテーブルを選択し、表示するフィールドを追加します。

2 <顧客ID>をクリックしておきます。

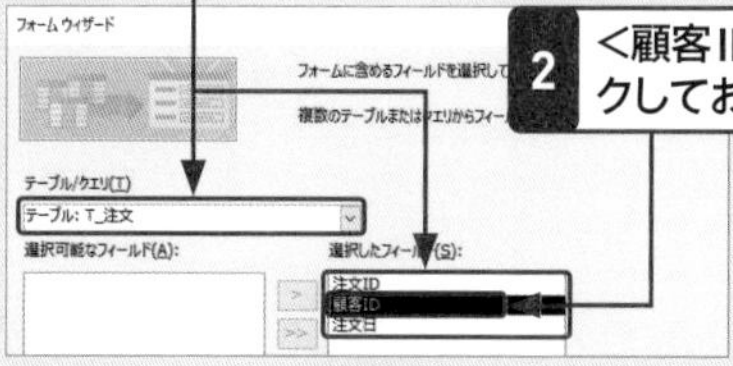

3 顧客情報を参照するテーブルを選択し、「顧客名」フィールドを<選択したフィールド>に追加します。

4 「注文日」フィールドを選択しておきます。

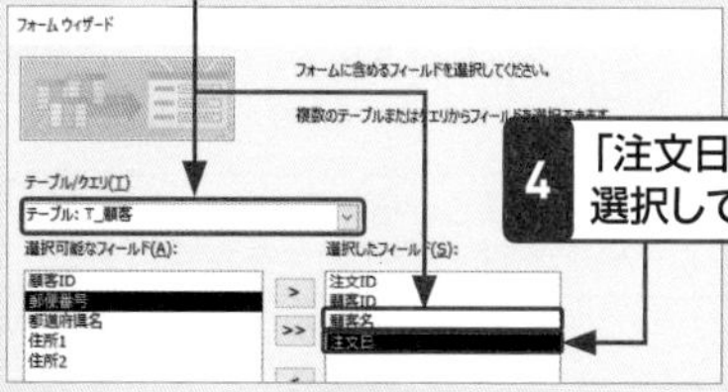

5 サブフォームのもとになるテーブルを選択し、表示するフィールドを<選択したフィールド>に追加します。

6 「商品ID」フィールドを選択しておきます。

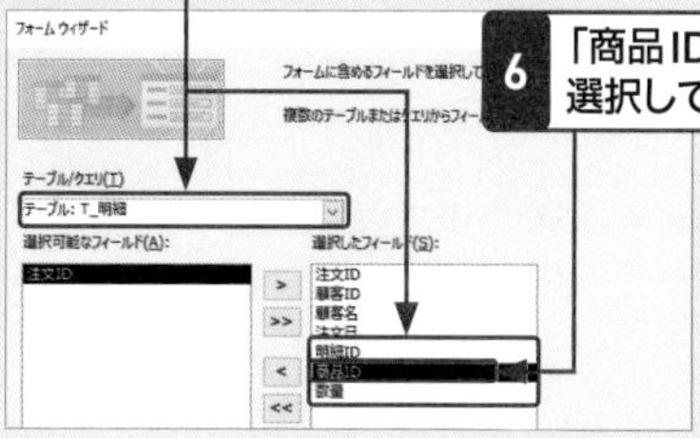

7 商品情報を参照するテーブルを選択し、「商品名」フィールドと「価格」フィールドを<選択したフィールド>に追加します。

8 <次へ>をクリックします。

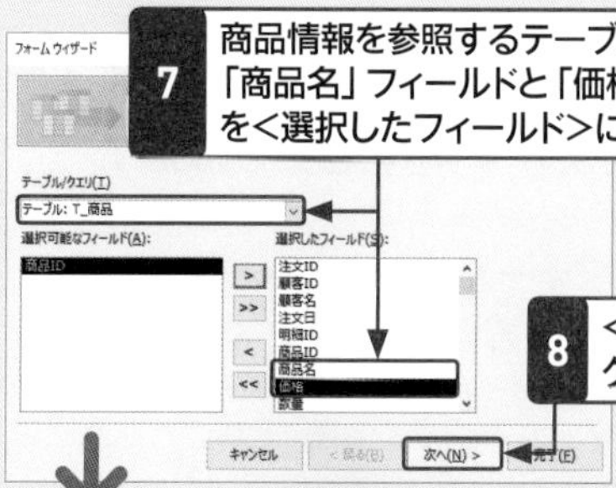

9 メインフォームとして表示するテーブルを選択します。

10 <次へ>をクリックします。

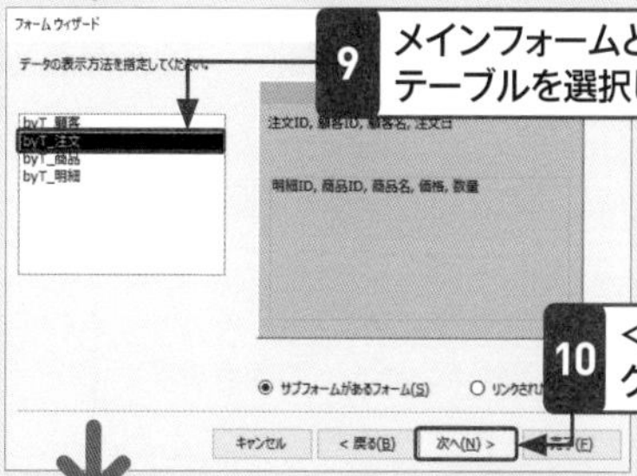

11 サブフォームのレイアウトを選択します。

12 <次へ>をクリックします。

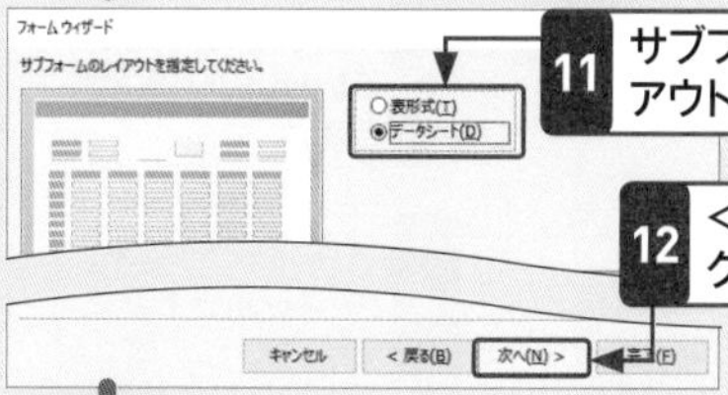

13 メインフォームとサブフォームの名前を指定します。

14 <完了>をクリックします。

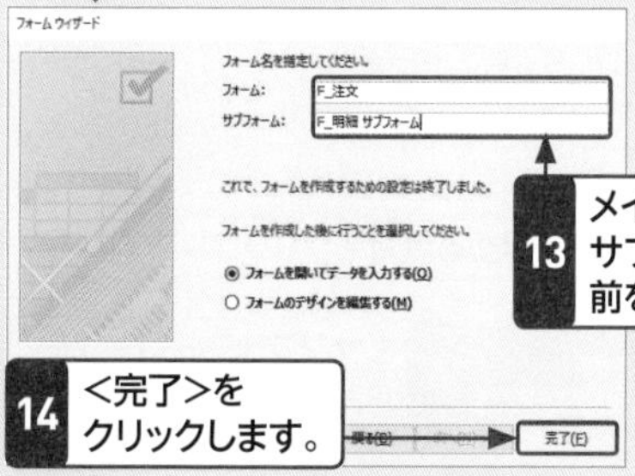

15 ここを左右にドラッグして、列幅を調整します。

16 ここをクリックし、<ホーム>タブの<昇順>をクリックします。

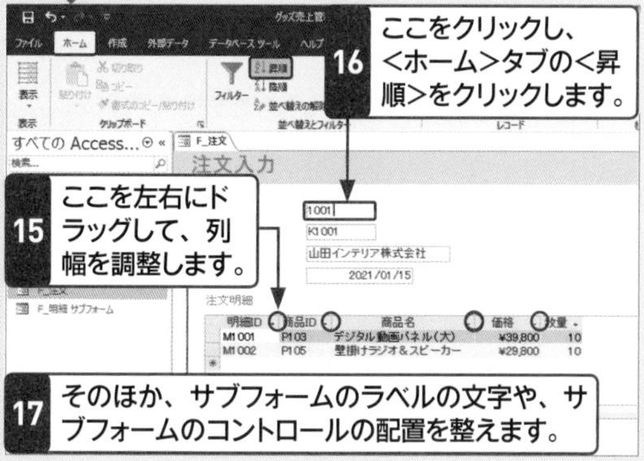

17 そのほか、サブフォームのラベルの文字や、サブフォームのコントロールの配置を整えます。

重要度 ★★★　メイン／サブフォーム

Q 436 メイン／サブフォームを、ウィザードを使わずに作成するには？

A サブフォームコントロールを追加する方法があります。

メイン／サブフォームを作成する際、それぞれを別々に作成して、サブフォームをメインフォームに追加するという作成方法があります。メインフォームとサブフォームとの関係を指定する方法は、Q437で解説します。
ここでは、メインフォームとサブフォームをあらかじめ作成した状態で、メインサブフォームを作成します。

参照 ▶ Q 437

1 メインフォームをデザインビューで開きます。

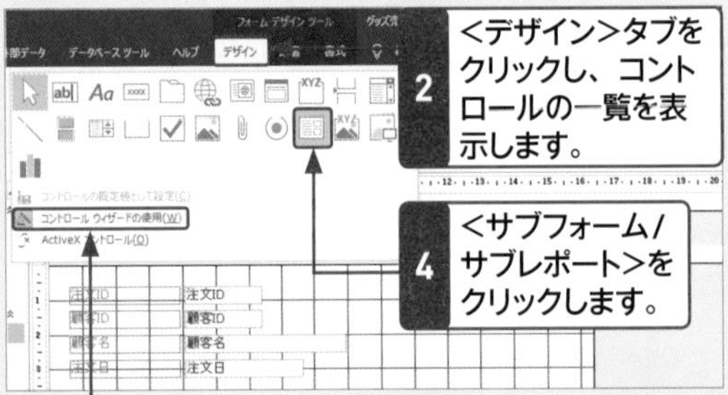

2 <デザイン>タブをクリックし、コントロールの一覧を表示します。

3 <コントロールウィザードの使用>がオンになっていることを確認します。

4 <サブフォーム／サブレポート>をクリックします。

5 サブフォームを配置する場所をクリックします。

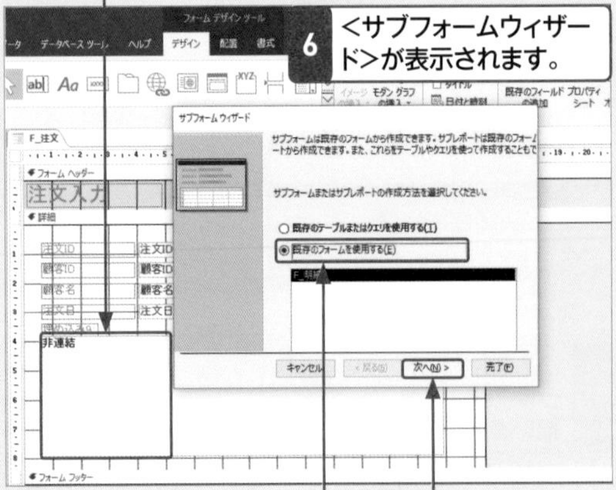

6 <サブフォームウィザード>が表示されます。

7 ここでは、<既存のフォームを使用する>を選択し、フォームを選択します。

8 <次へ>をクリックします。

9 メインフォームとサブフォームをつなぐフィールドを確認します。

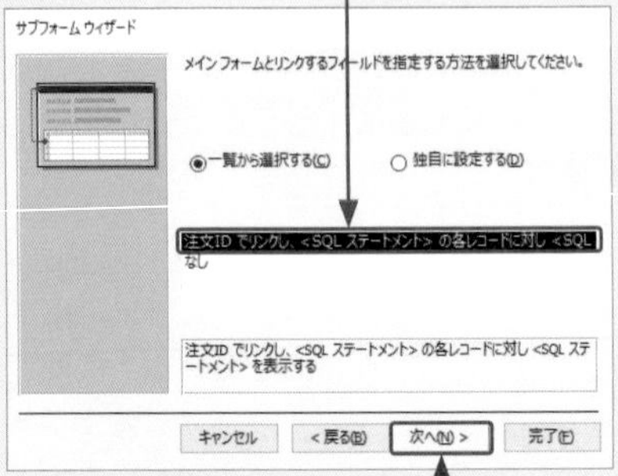

10 <次へ>をクリックします。

11 サブフォーム名を指定します。

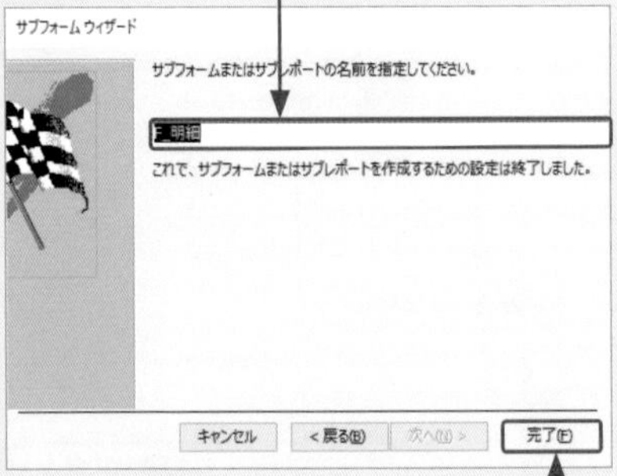

12 <完了>をクリックします。

13 メインフォームの画面に戻ったら、フォームビューに切り替えて、Q378の方法で並べ替えを指定します。

重要度★★★ メイン／サブフォーム

Q 437 メインフォームとサブフォームの関係を確認するには？

A ＜リンク親フィールド＞＜リンク子フィールド＞プロパティを確認します。

メインフォームとサブフォームのデータを関連付けるには、互いのテーブルやクエリを関連付ける共通のフィールドを指定します。サブフォームのプロパティシートを表示し、＜リンク親フィールド＞＜リンク子フィールド＞を確認します。

参照▶Q 334

フォームのデザインビュー

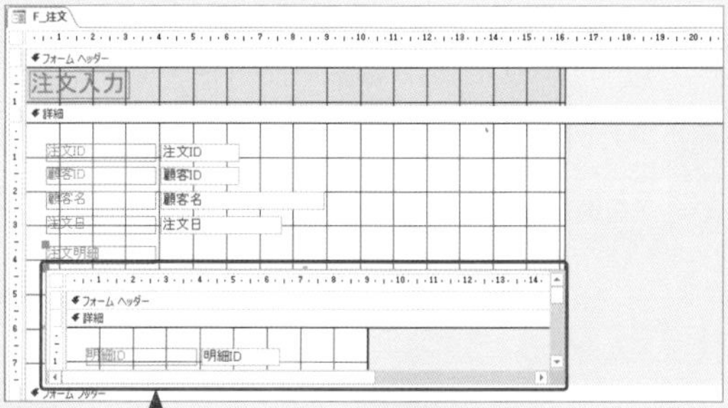

1 サブフォームをクリックします。

2 Q334の方法で＜プロパティシート＞を表示します。

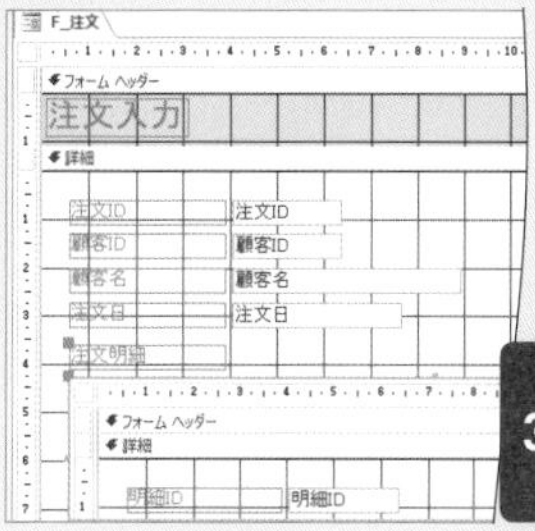

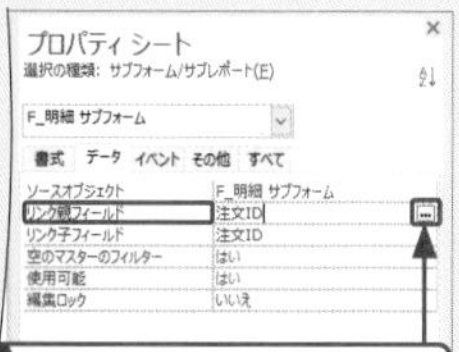

3 ＜リンク親フィールド＞プロパティの＜…＞をクリックします。

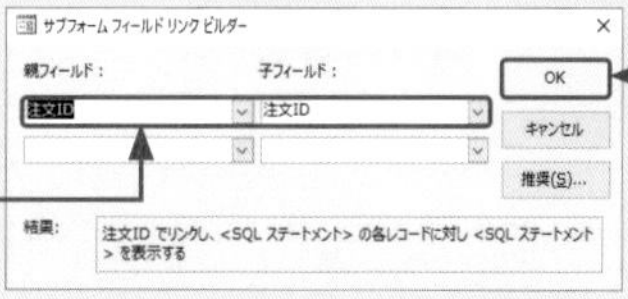

4 ＜親フィールド＞と＜子フィールド＞の共通フィールドを確認します。

5 ＜OK＞をクリックします。

重要度★★★ メイン／サブフォーム

Q 438 サブフォームに数量×価格の金額を表示するには？

A サブフォーム側にコントロールを追加して式を入力します。

サブフォーム側に表示した「価格」と「数量」の値を掛け算して、注文明細の個々の「計」を表示します。サブフォームをデザインビューで開いてコントロールを追加します。

参照▶Q 439、Q 440

1 サブフォームをデザインビューで開きます。

2 ここを下へドラッグして、＜詳細＞セクションを広げます。

3 Q409を参考にして、テキストボックスを追加します。

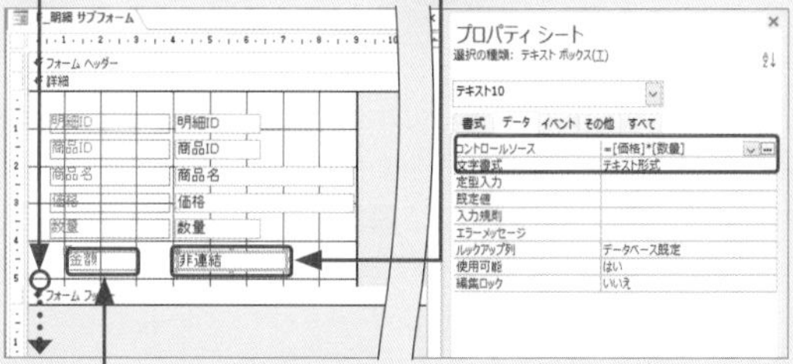

4 ラベルの文字を指定します。

5 テキストボックスの＜コントロールソース＞プロパティに =[価格]*[数量] と入力します。

6 ＜書式＞プロパティから＜通貨＞を選択します。

7 ＜名前＞プロパティに、ここでは「金額」と指定します。

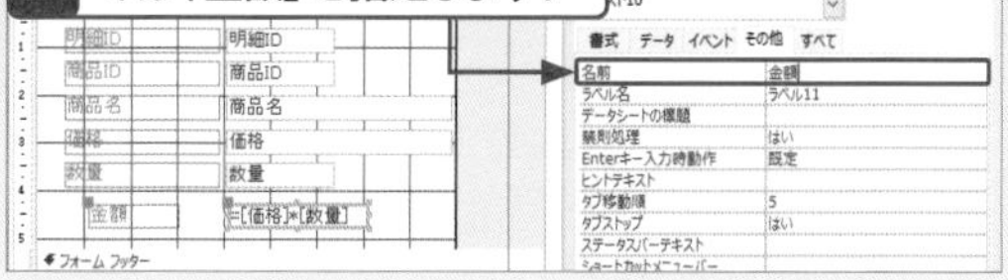

重要度★★★ メイン／サブフォーム

Q 439 サブフォームに合計金額を表示するには？

A サブフォーム側に合計金額を求めるコントロールを追加します。

メイン／サブフォームで注文1件分の明細金額の合計を表示するには、サブフォーム側のフォームフッターに合計金額を表示するテキストボックスを追加します。フォームフッターに追加することで、注文明細の合計金額を表示できます。ここで追加したコントロールは、メインフォーム側で参照して使います。メインフォームに金額の合計を表示します。

参照▶Q 438、Q 440

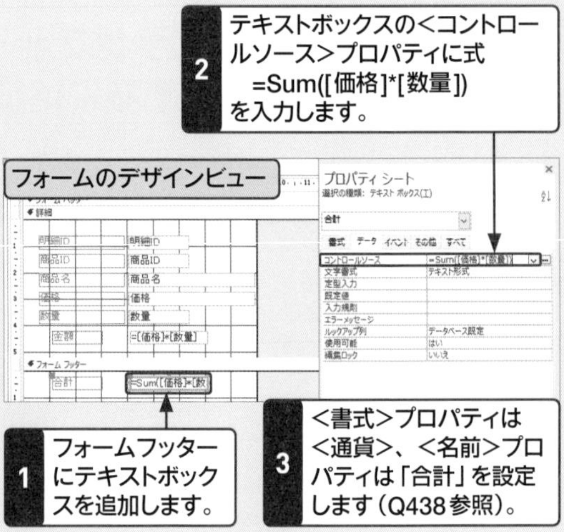
2 テキストボックスの<コントロールソース>プロパティに式
=Sum([価格]*[数量])
を入力します。
フォームのデザインビュー
プロパティ シート
1 フォームフッターにテキストボックスを追加します。
3 <書式>プロパティは<通貨>、<名前>プロパティは「合計」を設定します（Q438参照）。

重要度★★★ メイン／サブフォーム

Q 440 明細データの合計金額をメインフォームに表示したい！

A メインフォーム側にコントロールを参照するコントロールを配置します。

Q439で作成したコントロールをメインフォーム側で参照して表示します。ここでは、メインフォーム側でサブフォームの下にテキストボックスを追加します。ほかのフォームのコントロールのデータを参照するには、どのフォームのどのコントロールのデータを参照するかを指定します。

書式は「[サブフォームの名前].Form![サブフォームにあるコントロールの名前]」で、<コントロールソース>プロパティで指定します。<式ビルダー>画面を利用するとかんたんに入力できます。

テキストボックスを追加したあとは、<書式>プロパティで<通貨>を選択し、<名前>プロパティなどを指定します（Q438参照）。

参照▶Q 438、Q 439

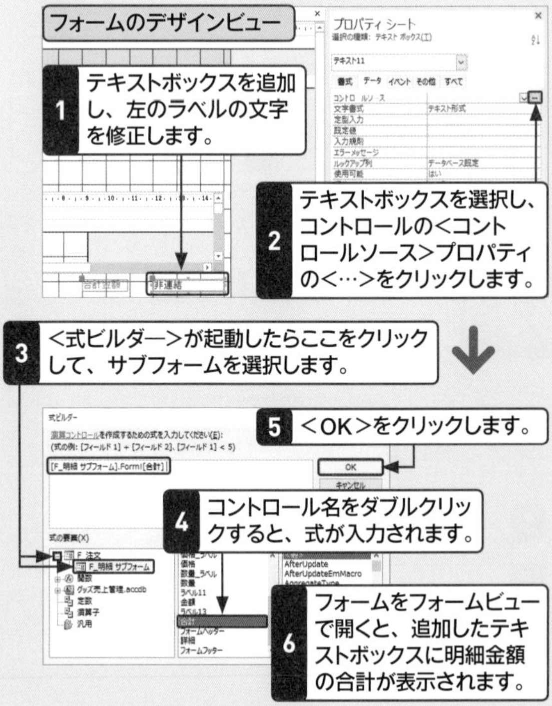
フォームのデザインビュー
プロパティ シート
1 テキストボックスを追加し、左のラベルの文字を修正します。
2 テキストボックスを選択し、コントロールの<コントロールソース>プロパティの<…>をクリックします。
3 <式ビルダー>が起動したらここをクリックして、サブフォームを選択します。
式ビルダー
[F_明細 サブフォーム].Form![合計]
5 <OK>をクリックします。
4 コントロール名をダブルクリックすると、式が入力されます。
6 フォームをフォームビューで開くと、追加したテキストボックスに明細金額の合計が表示されます。

重要度★★★ メイン／サブフォーム

Q 441 サブフォームが全く編集できない！

A サブフォームが別のウィンドウで開いている可能性があります。

メイン／サブフォームを開いているとき、サブフォームが真っ白に表示されて編集できない場合は、サブフォームが別のウィンドウで開いていないか確認しましょう。サブフォームを右クリックして<新しいウィンドウで開く>をクリックすると、サブフォームに切り替えられます。

重要度 ★★★　ナビゲーションフォーム

Q 442 ナビゲーションフォームとは？

A フォームやレポートをかんたんに切り替えられるフォームです。

ナビゲーションフォームとは、既存のフォームやレポートなどのオブジェクトを開くボタンを複数並べて配置するタイプのフォームです。データベースを活用するための、メニューフォームのような感覚で使用できます。ナビゲーションフォームはかんたんに作成できます。まず、ナビゲーションフォームのボタンの配置場所を選択し、続いて、表示するオブジェクトをナビゲーションフォームにドラッグするだけです。

重要度 ★★★　ナビゲーションフォーム

Q 443 ナビゲーションフォームを作成するには？

A <ナビゲーション>ボタンから作成できます。

ナビゲーションフォームを作成するには、<ナビゲーションフォーム>ボタンをクリックして、メニューからレイアウトを選択します。ボタンの表示位置や階層などをかんたんに指定できます。複数の階層があるナビゲーションフォームでは、上部のどのボタンをクリックしたのかに応じて、下部のボタンの表示を切り替えることも可能です。

ここでは、左側に縦にボタンを配置するシンプルなナビゲーションフォームを作成します。

1 <作成>タブの<ナビゲーション>をクリックし、

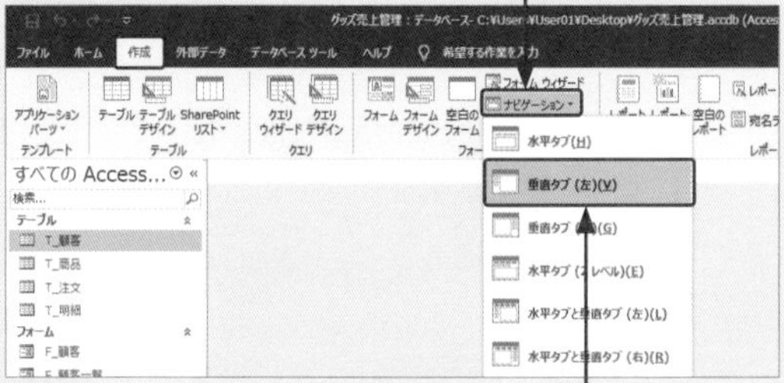

2 ナビゲーションフォームのレイアウト(ここでは<垂直タブ>)をクリックします。

3 ナビゲーションフォームが表示されます。

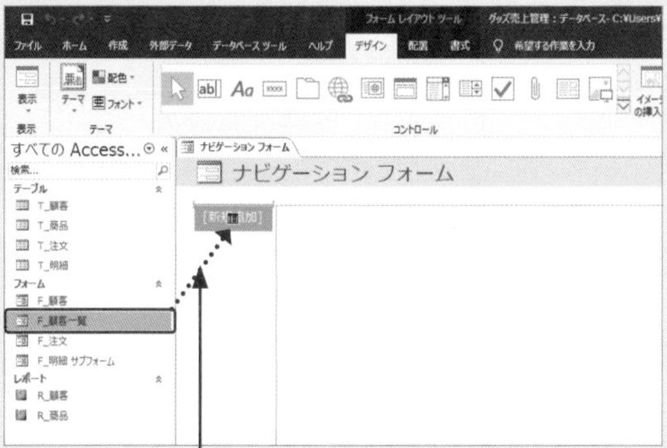

4 <ナビゲーションウィンドウ>から、ナビゲーションフォームに表示するオブジェクトをドラッグします。

5 必要なオブジェクトをドラッグして追加します。

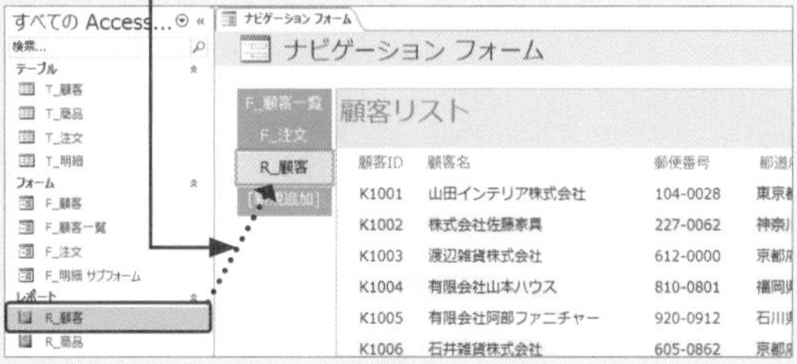

6 フォームをフォームビューに切り替えます。

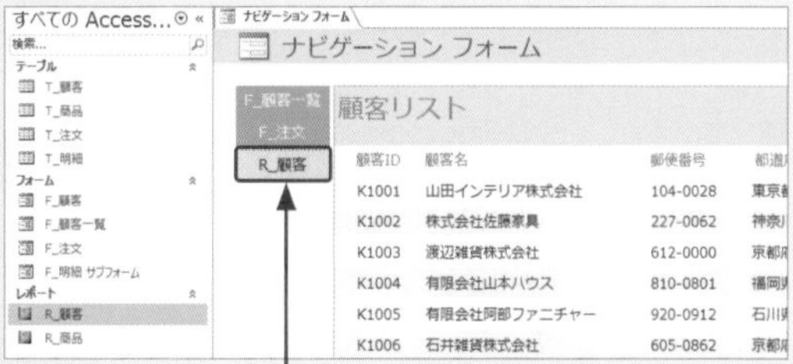

7 ボタンをクリックすると、選択したフォームやレポートが表示されます。

重要度 ★★★ ナビゲーションフォーム

Q 444 ナビゲーションボタンを追加したい!

A <ナビゲーションウィンドウ>からオブジェクトを追加します。

ナビゲーションフォームに、フォームやレポートを切り替えるナビゲーションボタンを追加するには、ナビゲーションウィンドウから表示するフォームやレポートを表示先に向かってドラッグします。ボタンの表示位置の目安になる線を確認しながら操作します。

フォームのレイアウトビュー

1 <ナビゲーションウィンドウ>から追加するオブジェクトをドラッグします。

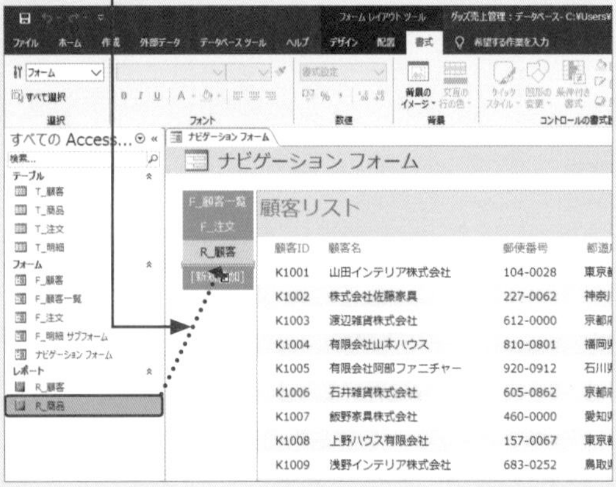

2 ナビゲーションウィンドウにボタンが追加されます。

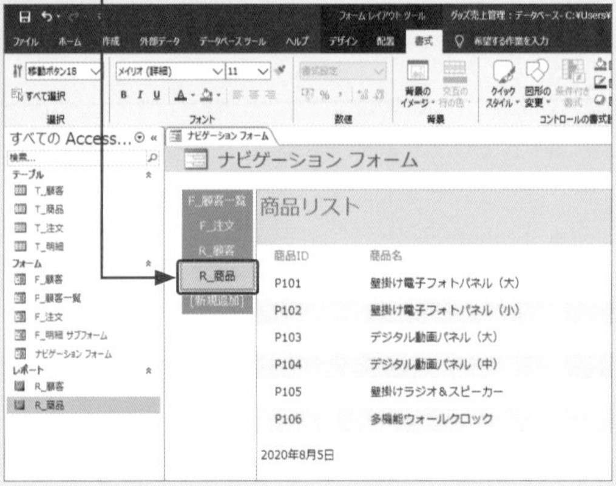

重要度 ★★★ ナビゲーションフォーム

Q 445 ナビゲーションボタンの表示順を変更したい!

A ボタンを移動先に向かってドラッグします。

ナビゲーションボタンのボタンの順番を変更するには、ボタンを移動先に向かってドラッグします。レイアウトビューやデザインビューでかんたんに移動できます。

フォームのレイアウトビュー

1 ナビゲーションフォームのボタンを移動先にドラッグします。

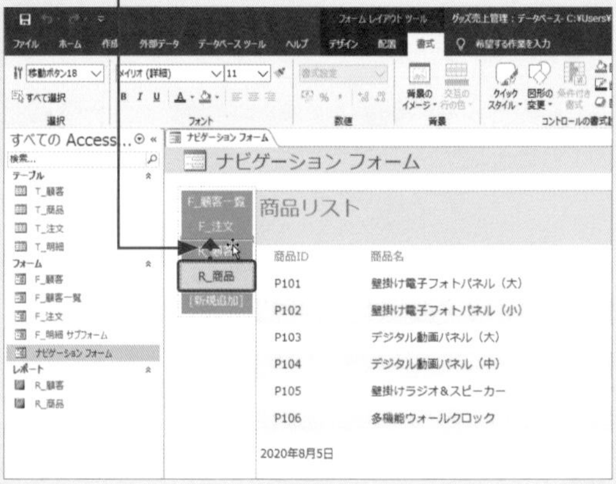

2 ナビゲーションウィンドウのボタンの表示順が変わります。

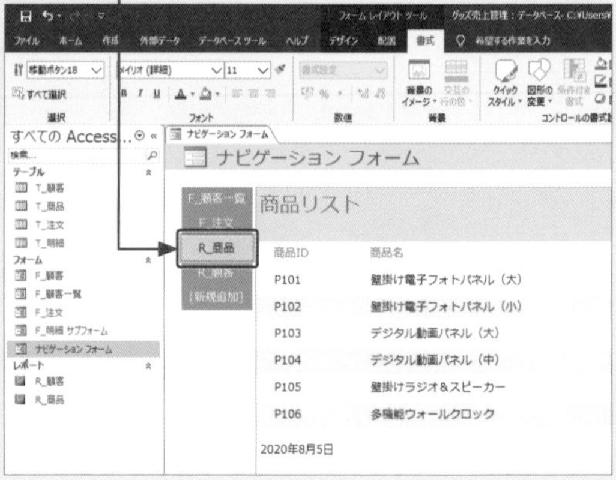

重要度 ★★★　ナビゲーションフォーム

Q 446 ナビゲーションボタンを削除したい！

A ボタンを右クリックして削除します。

ナビゲーションフォームで不要なボタンは、右クリックからの操作で削除できます。誤って削除した場合は、Q444の手順で再度追加します。

参照▶Q 444

1 フォームをレイアウトビューで開き、ナビゲーションフォームのボタンを右クリックします。

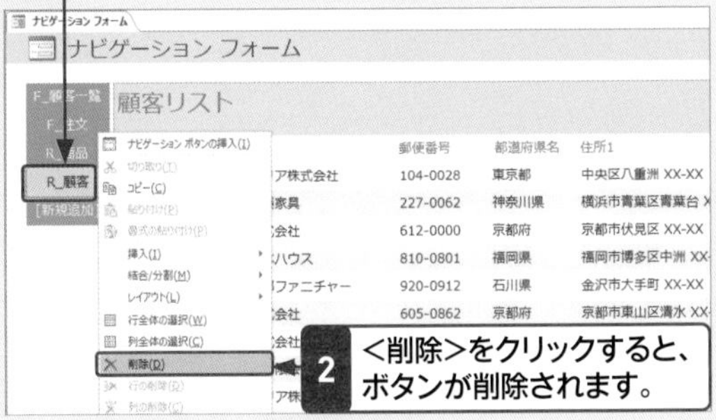

2 <削除>をクリックすると、ボタンが削除されます。

重要度 ★★★　ナビゲーションフォーム

Q 447 ナビゲーションボタンの配置を変更したい！

A 移動コントロールの<範囲>プロパティで指定します。

ナビゲーションフォームを作成する際、オブジェクトを切り替えるボタンの表示位置を指定できます。あとから変更するには、フォームをデザインビューで開き、移動コントロールの<範囲>プロパティを指定します。

ここでは、縦に配置されているボタンの配置を変更して、横に並べています。

フォームのデザインビュー

1 ナビゲーションフォームのコントロールの外枠をクリックして選択します。

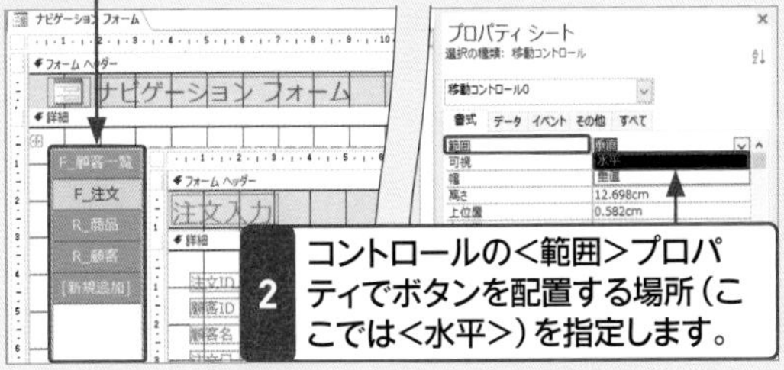

2 コントロールの<範囲>プロパティでボタンを配置する場所（ここでは<水平>）を指定します。

3 オブジェクトが表示される領域をクリックし、移動先に向かってドラッグします。

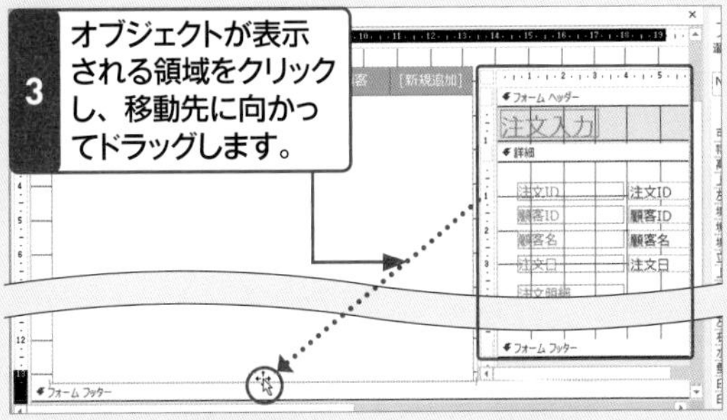

4 移動したコントロールを選択し、外枠部分をドラッグして配置を整えます。

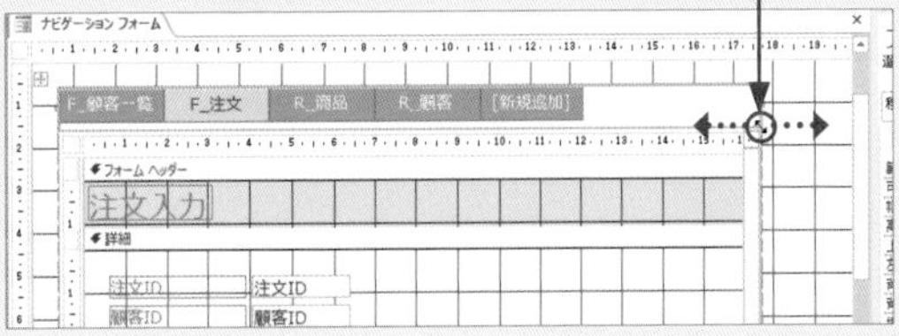

重要度 ★★★　ナビゲーションフォーム

Q 448 ナビゲーションボタンの文字を変更したい！

A <標題>プロパティで指定します。

ナビゲーションフォームに表示されるボタンは、通常、フォーム名やレポート名が表示されます。ボタンの文字を変更するには、ボタンの<標題>プロパティで指定します。

1 フォームをデザインビューで開き、ナビゲーションフォームのボタンをクリックします。

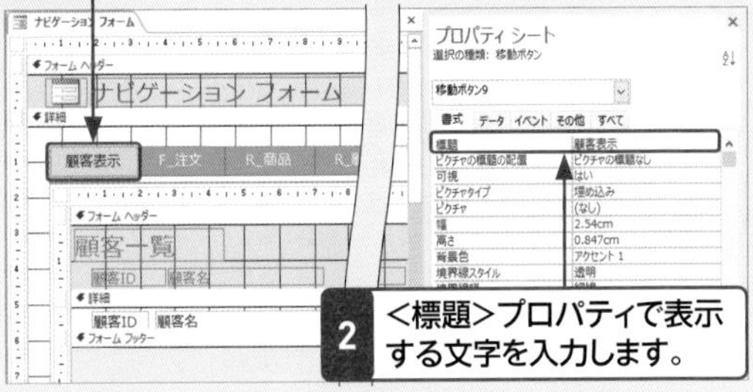

2 <標題>プロパティで表示する文字を入力します。

重要度 ★★★ メニュー画面の作成

Q 449 メニュー画面って何？

A データベースを誰でもかんたんに使えるようにする画面のことです。

売上データの入力や宛名ラベルの印刷など、データベースを使用するときによく行う操作をかんたんに実行できるようにまとめたフォームを「メニュー画面」といいます。フォームやレポートを開くボタン、ファイルを閉じるボタンなどを追加して完成させます。ボタンはコマンドボタンウィザードで配置するほか、マクロ機能を利用して配置することもできます。 参照 ▶ Q 420

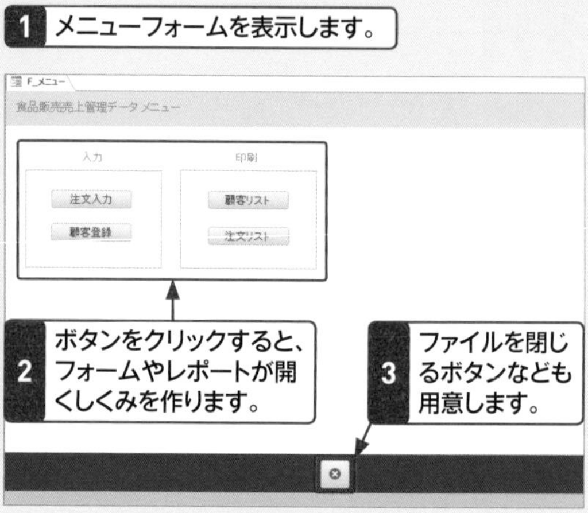
1 メニューフォームを表示します。
F_メニュー
食品販売売上管理データ メニュー
入力
印刷
注文入力
顧客登録
顧客リスト
注文リスト
2 ボタンをクリックすると、フォームやレポートが開くしくみを作ります。
3 ファイルを閉じるボタンなども用意します。

重要度 ★★★ メニュー画面の作成

Q 450 空白のフォームを作成するには？

A <空白フォーム>ボタンをクリックします。

コントロールなどが追加されていない空白のフォームを作成するには、<フォームデザイン>ボタンや<空白フォーム>ボタンをクリックします。白紙の状態のフォームを用意して、必要に応じてボタンを追加します。ボタンを分類して表示するには、四角形などの図形と組み合わせて配置しましょう。

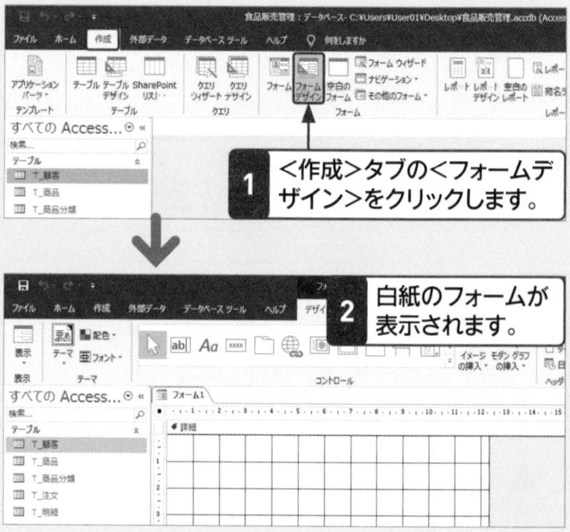
1 <作成>タブの<フォームデザイン>をクリックします。
2 白紙のフォームが表示されます。

重要度 ★★★ メニュー画面の作成

Q 451 メニュー画面を活用するには？

A 必要なボタンを準備して、自動的に表示されるようにしましょう。

ファイルを開くと自動的にメニュー画面が表示される設定にすると、ユーザーはメニュー画面を利用しやすくなります。また、ナビゲーションウィンドウや移動ボタン、レコードセレクターなど、メニュー画面には不要なものは非表示にしておくと、より使いやすいメニュー画面になります。 参照 ▶ Q 433、Q 716、Q 717

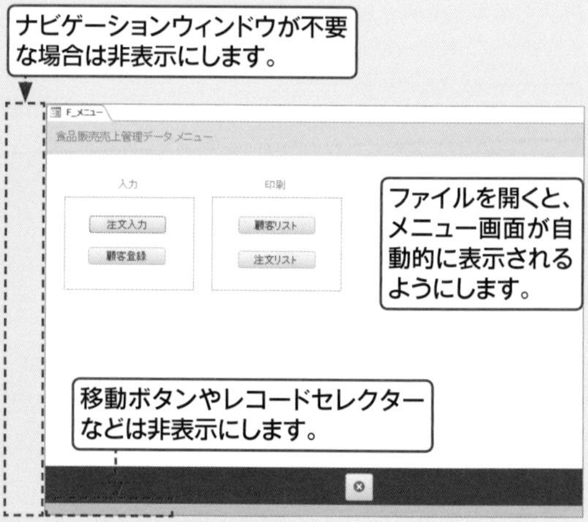
ナビゲーションウィンドウが不要な場合は非表示にします。
F_メニュー
食品販売売上管理データ メニュー
入力
印刷
注文入力
顧客登録
顧客リスト
注文リスト
ファイルを開くと、メニュー画面が自動的に表示されるようにします。
移動ボタンやレコードセレクターなどは非表示にします。

第7章

レポートの作成

重要度 ★★★　レポートの基本

Q 452 レポートにはどんな種類がある？

A 単票形式や表形式、グループ化などさまざまな種類があります。

Accessのレポートは、テーブルやクエリのデータを綺麗に見やすく印刷するためのオブジェクトです。レポートにはさまざまな種類があります。1ページに1件分のデータを印刷するタイプ、表形式で印刷するタイプ、グループごとにデータをまとめて印刷するタイプのほか、宛名ラベルやはがきに印刷するタイプのレポートもあります。

参照 ▶ Q 064

●単票形式のレポート

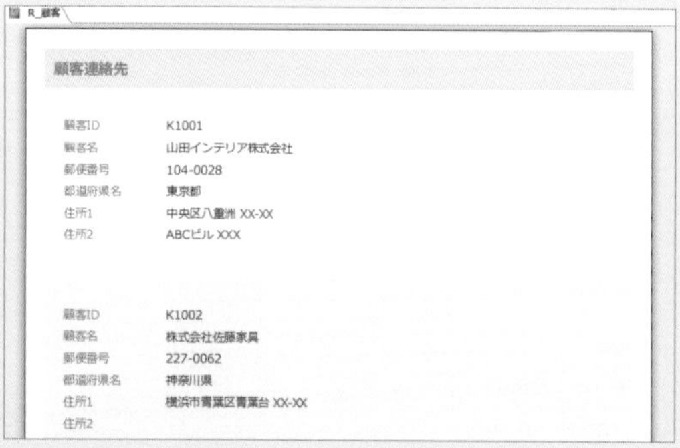
R_顧客

顧客連絡先

顧客ID	K1001
顧客名	山田インテリア株式会社
郵便番号	104-0028
都道府県名	東京都
住所1	中央区八重洲 XX-XX
住所2	ABCビル XXX
顧客ID	K1002
顧客名	株式会社佐藤家具
郵便番号	227-0062
都道府県名	神奈川県
住所1	横浜市青葉区青葉台 XX-XX
住所2	

●表形式のレポート

R_注文明細

月別注文明細

2021年01月

注文ID	明細ID	注文日	顧客ID	商品ID	価格	数量	計
1001	M1001	2021/01/15	K1001	P103	¥39,800	10	¥398,000
1001	M1002	2021/01/15	K1001	P105	¥29,800	10	¥298,000
1002	M1003	2021/01/15	K1002	P101	¥39,800	5	¥199,000
1002	M1004	2021/01/15	K1002	P103	¥39,800	5	¥199,000
1002	M1005	2021/01/15	K1002	P106	¥19,800	5	¥99,000
1003	M1006	2021/01/15	K1003	P101	¥39,800	10	¥398,000
1003	M1007	2021/01/15	K1003	P102	¥24,800	10	¥248,000
1004	M1008	2021/01/15	K1004	P103	¥39,800	5	¥199,000
1004	M1009	2021/01/15	K1004	P104	¥24,800	5	¥124,000
1004	M1010	2021/01/15	K1004	P105	¥29,800	5	¥149,000
1004	M1011	2021/01/15	K1004	P106	¥19,800	5	¥99,000
1005	M1012	2021/01/15	K1005	P102	¥24,800	10	¥248,000
1005	M1013	2021/01/15	K1005	P104	¥24,800	10	¥248,000
1006	M1014	2021/01/15	K1006	P101	¥39,800	5	¥199,000
1006	M1015	2021/01/15	K1006	P102	¥24,800	5	¥124,000
1006	M1016	2021/01/15	K1006	P103	¥39,800	5	¥199,000
1006	M1017	2021/01/15	K1006	P104	¥24,800	5	¥124,000

●データを集計したレポート

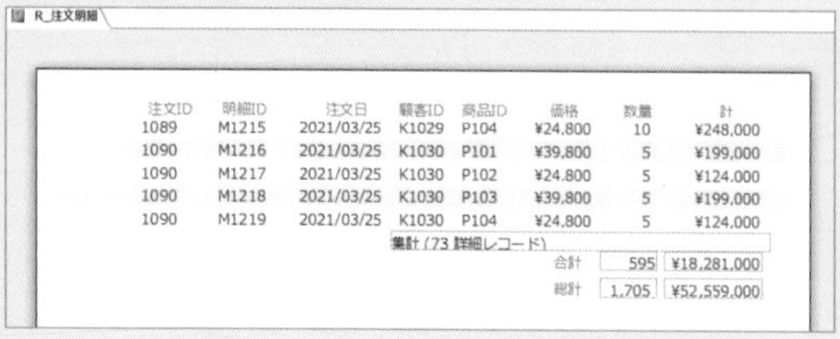
R_注文明細

注文ID	明細ID	注文日	顧客ID	商品ID	価格	数量	計
1089	M1215	2021/03/25	K1029	P104	¥24,800	10	¥248,000
1090	M1216	2021/03/25	K1030	P101	¥39,800	5	¥199,000
1090	M1217	2021/03/25	K1030	P102	¥24,800	5	¥124,000
1090	M1218	2021/03/25	K1030	P103	¥39,800	5	¥199,000
1090	M1219	2021/03/25	K1030	P104	¥24,800	5	¥124,000

集計 (73 詳細レコード)

合計	595	¥18,281,000
総計	1,705	¥52,559,000

重要度 ★★★　レポートの基本

Q 453 レポートを作成する方法は？

A ウィザード画面で作成できます。

レポートを作る方法はいくつかあります。もっとも手軽なのは、「レポートウィザード」というウィザード画面を使う方法です。レポートウィザードの過程で、レポートのもとになるテーブルやクエリ、レポートのレイアウトなどを選択できます。

● テーブルやクエリをもとに作成するレポートの作成例

❶ テーブルやクエリを選択する

レポートのもとになるテーブルやクエリを選択します。

❷ レポートウィザードを起動する

レポートウィザードの画面を表示します。

❸ ウィザード画面の指示に従って操作する

レポートに表示するフィールドや、レポートの形式などを指定します。

❹ レポートのレイアウトなどを整える

レポート上のコントロールの大きさを整えたり、配置を整えます。

● そのほかのレポート

<作成>タブには、レポートを作成するボタンが複数用意されています。<レポートウィザード>を起動するボタンのほか、ワンクリックでレポートを作成するボタンもあります。

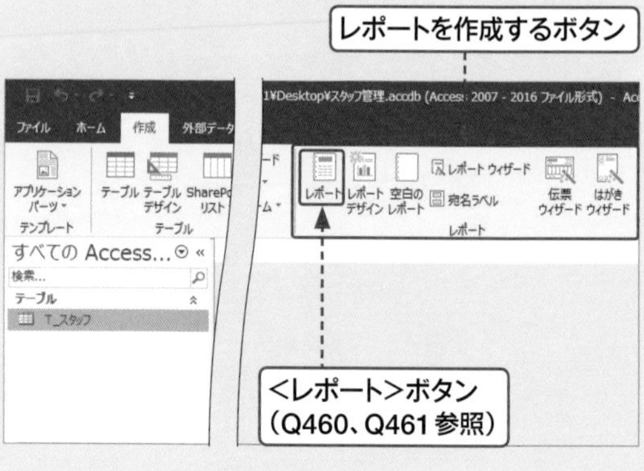

重要度★★★ レポートの基本

Q 454 レポートに表示するデータとは？

A テーブルやクエリのデータを表示できます。

一般に、レポートにはテーブルやクエリのデータを印刷します。レポートウィザードの画面で、レポートのもとになるこれらのオブジェクトを選択できます。レポートの作成後には、<レコードソース>プロパティで指定できます。

レポートのデザインビュー

1 レポートをデザインビューで開きます。

2 <デザイン>タブの<プロパティシート>をクリックします。

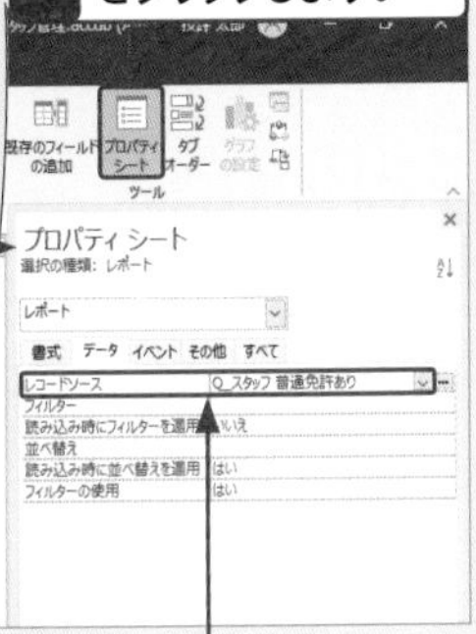

3 レポートの<プロパティシート>が表示されます。

4 レポートの<レコードソース>プロパティを確認します。

5 レポートを印刷プレビューで表示します。

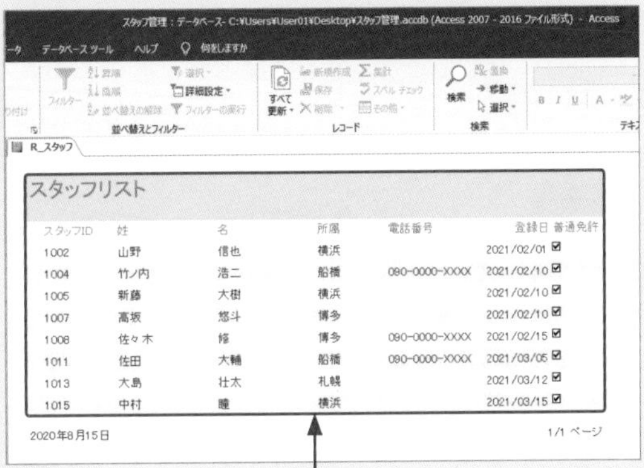

6 <レコードソース>プロパティで指定されているクエリのデータが表示されます。

重要度★★★ レポートの基本

Q 455 レイアウトビューって何？

A データを確認しながらレポートのレイアウトを変更できる画面です。

レポートには、いくつかの表示用のビューが用意されています。そのうちの1つ、「レイアウトビュー」はレポートで印刷する実際のデータを見ながら、レポートのレイアウトを変更できる表示方法です。

●レイアウトビューの表示例

●レポートのビュー

ビュー	内容
レポートビュー	レポートに表示するデータを確認します。
印刷プレビュー	レポートを印刷したときの印刷イメージを表示します。
レイアウトビュー	レポートに表示するデータを確認しながら、レポートのレイアウトを編集できる表示方法です。
デザインビュー	レポートのデザインを変更できる表示方法です。

重要度★★★ レポートの基本

Q 456 レイアウトビューを表示しないようにするには？

A ＜レイアウトビューの許可＞プロパティで指定します。

レポートを表示して＜ホーム＞タブの＜表示＞ボタンをクリックすると、レポートビューとレイアウトビューを切り替えできます。レイアウトビューをあまり使用しない場合は、レポートの＜レイアウトビューの許可＞プロパティを＜いいえ＞に設定して、レイアウトビューに切り替えできなくすることもできます。

この場合、＜ホーム＞タブの＜表示＞ボタンをクリックすると、レポートビューとデザインビューを切り替えできるようになります。

レポートのデザインビュー

1 ＜レイアウトビューの許可＞プロパティを＜いいえ＞に設定します。

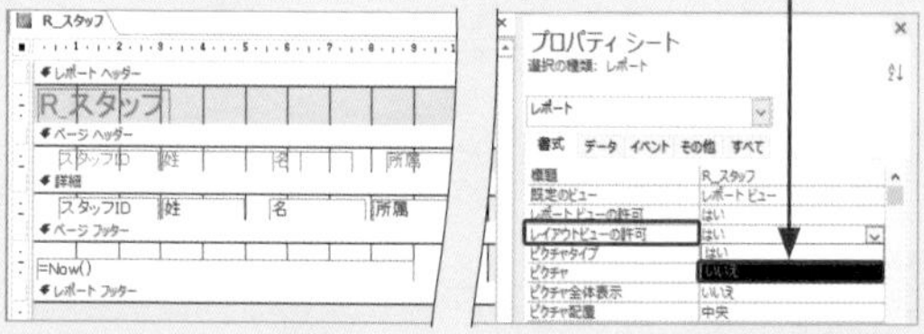

重要度★★★ レポートの基本

Q 457 レポートを開いたときの既定のビューを変更したい！

A ＜既定のビュー＞プロパティで指定します。

レポートを開いたときに表示される既定のビューは、＜既定のビュー＞プロパティで設定できます。このプロパティは、指定したビューの表示を許可するかを指定する＜レポートビューの許可＞プロパティと合わせて設定します。

●既定のビューの設定

設定値	内容
レポートビュー	データを表示します。レイアウトの変更などはできません。
印刷プレビュー	印刷イメージを表示します。レイアウトの変更などはできません。

レポートのデザインビュー

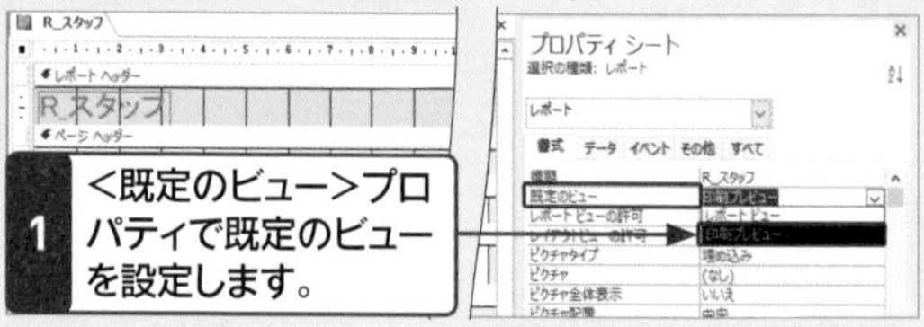

1 ＜既定のビュー＞プロパティで既定のビューを設定します。

重要度★★★ レポートの基本

Q 458 レポートを開いたときにタブに表示する文字を変更したい！

A ＜標題＞プロパティで指定します。

レポートを開いたときのタブの文字は、＜標題＞プロパティで設定できます。レポートなどのオブジェクトのウィンドウを重ねて表示する設定にしている場合は、ウィンドウのタイトルバーの文字が変わります。

レポートのデザインビュー

1 ＜標題＞プロパティで、タブに表示する文字（ここでは「スタッフ一覧印刷」）を設定します。

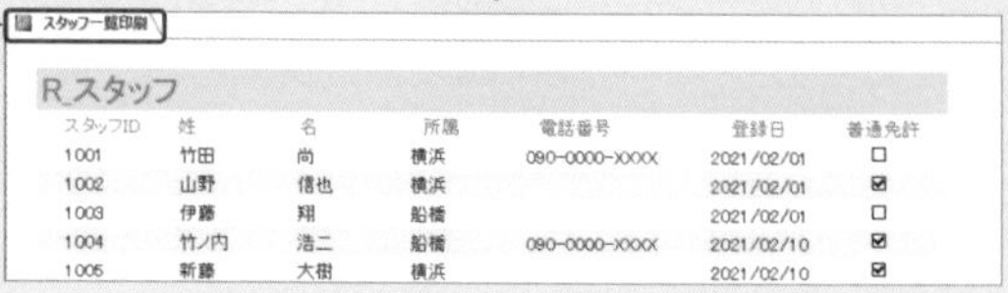

2 レポートをレポートビューで開くと、＜標題＞の文字が表示されます。

重要度 ★★★ レポートの作成

Q 459 ウィザード画面でレポートを作成するには？

A 画面の指示に従ってレポートの内容を指定します。

レポートウィザードを使用すると、ウィザード画面の中でレポートのもとになるテーブルやクエリを選択したり、レポートのレイアウトを指定したりしながらレポートを作成できます。ウィザード画面で作成したレポートは、見栄えの調整や修正をして完成させましょう。

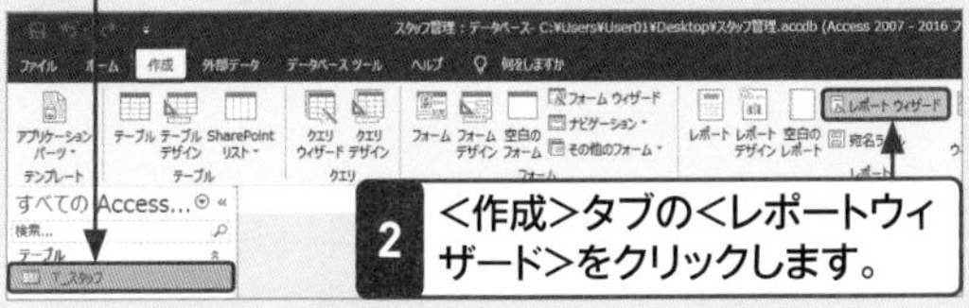

1 <ナビゲーションウィンドウ>でレポートのもとになるテーブルやクエリを確認します。
2 <作成>タブの<レポートウィザード>をクリックします。

3 レポートウィザードが起動します。

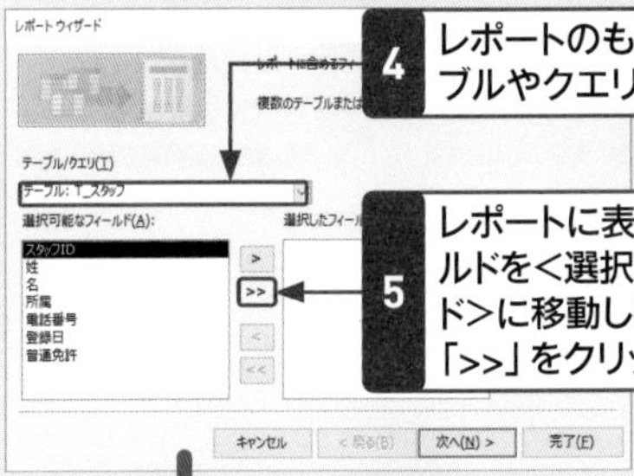

4 レポートのもとになるテーブルやクエリを選択します。
5 レポートに表示するフィールドを<選択したフィールド>に移動します。ここでは「>>」をクリックします。

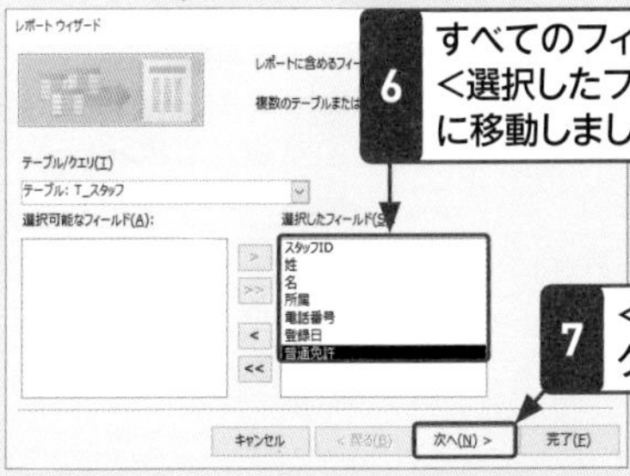

6 すべてのフィールドが<選択したフィールド>に移動しました。
7 <次へ>をクリックします。

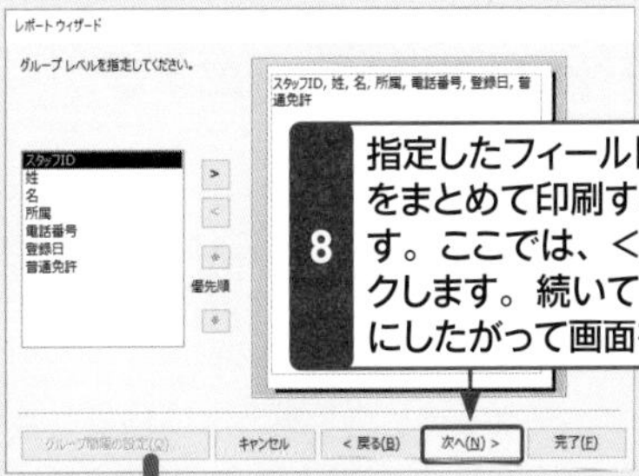

8 指定したフィールドごとにデータをまとめて印刷するか指定します。ここでは、<次へ>をクリックします。続いて、画面の指示にしたがって画面を進めます。

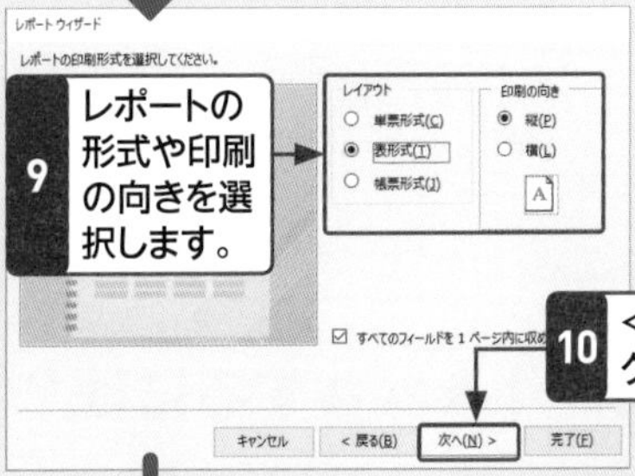

9 レポートの形式や印刷の向きを選択します。
10 <次へ>をクリックします。

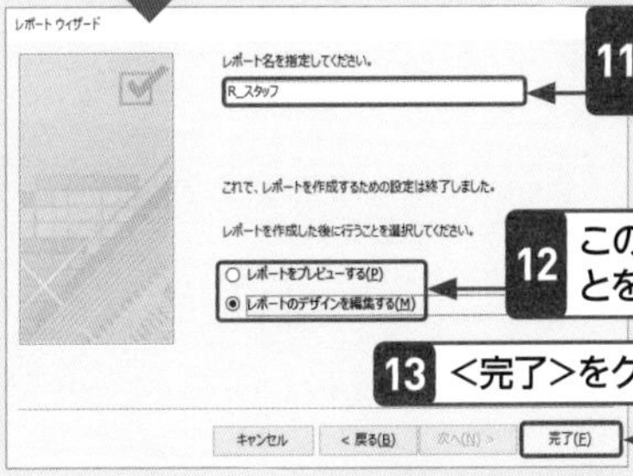

11 レポート名を指定します。
12 このあとに行うことを選択します。
13 <完了>をクリックします。

14 レポートが作成されます。

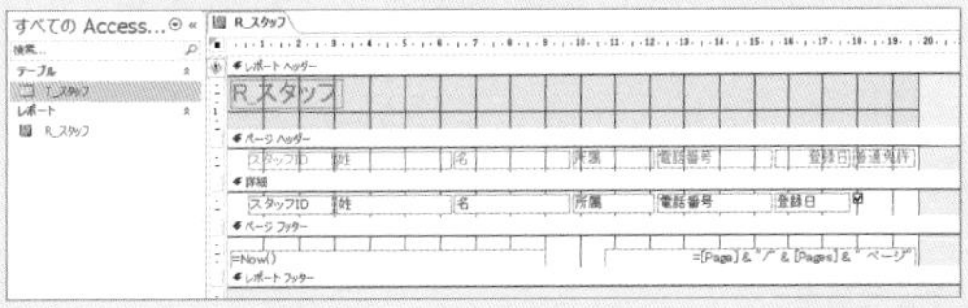

重要度 ★★★ レポートの作成

Q 460 テーブルからレポートを作成するには？

A テーブルを選択してから<レポート>ボタンをクリックします。

テーブルをもとにレポートをワンクリックで作成するには、ナビゲーションウィンドウでテーブルを選択してから<レポート>ボタンをクリックします。すると、表形式のレポートが自動的に作成されます。この方法でレポートを作成すると、レポートの上部にはロゴマークが表示されます。作成したレポートは、必要に応じて修正して使いましょう。

参照▶Q 453

重要度★★★　レポートの作成

Q 461 クエリから レポートを作成するには？

A レポートウィザードで作成する方法があります。

クエリをもとにレポートを作成するには、ナビゲーションウィンドウでクエリを選択してから＜レポート＞ボタンをクリックします。すると、レポートが自動的に作成されます。複数のテーブルをもとに作成したクエリをもとにレポートを作成する場合などは、＜レポートウィザード＞ボタンをクリックすると、グループごとに明細データをまとめたレポートなどを作成できます。レポートの完成後は、レポートの＜レコードソース＞プロパティを確認しましょう。

参照▶Q 453

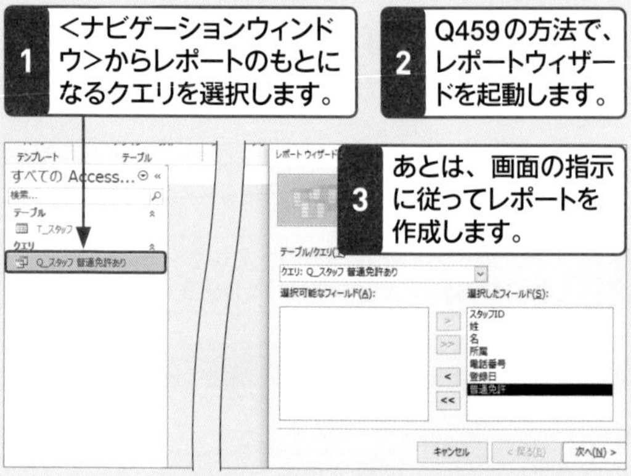

重要度★★★　レポートの作成

Q 462 レポートを保存するには？

A ＜上書き保存＞ボタンをクリックします。

作成したレポートをあとで使用するためには、レポートを保存します。レポートウィザードで作成したレポートの場合、レポート名を指定しているのでその名前で保存されます。レポート名を指定していない場合は、名前を付けて保存します。

参照▶Q 459

● クイックアクセスツールバーからの保存

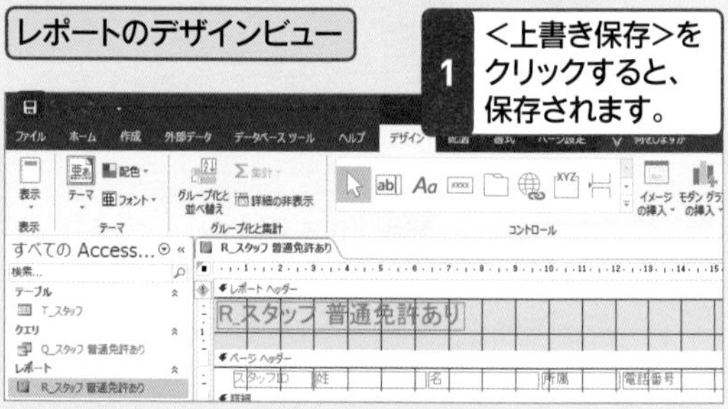

● メッセージが表示されたら？

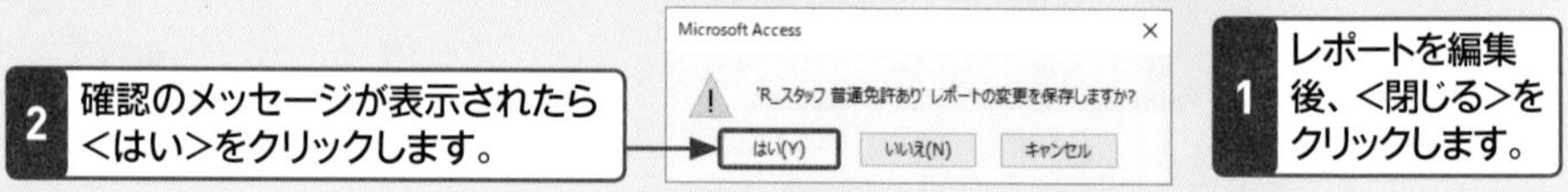

重要度★★★　レポートの作成

Q 463 緑色のエラーが 表示された！

A エラーの内容を確認して修正しましょう。

レポートをデザインビューで開いているとき、緑色のエラーインジケーターが表示されることがあります。これは、Accessが自動的にエラーチェックをして表示される印です。エラーの内容を確認し、必要に応じてレポートの幅や用紙の向きなどを修正しましょう。問題がなくなると、エラーインジケーターは消えます。

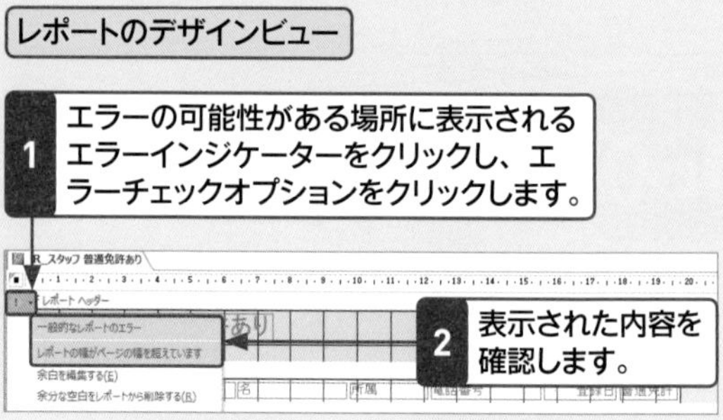

重要度★★★ レポート全体の設定

Q 464 印刷の向きを変更するには？

A ページレイアウトで指定します。

レポートの用紙の向きを選択するには、<ページ設定>タブの<ページレイアウト>で<縦>または<横>を指定します。<ページ設定>ボタンをクリックして、<ページ設定>画面で設定することもできます。

レポートのデザインビュー

1 <ページ設定>タブの<横>をクリックします。

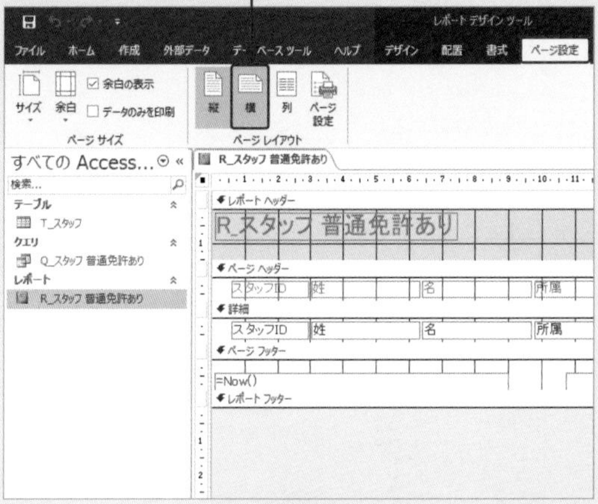

2 レポートを印刷プレビューで開きます。

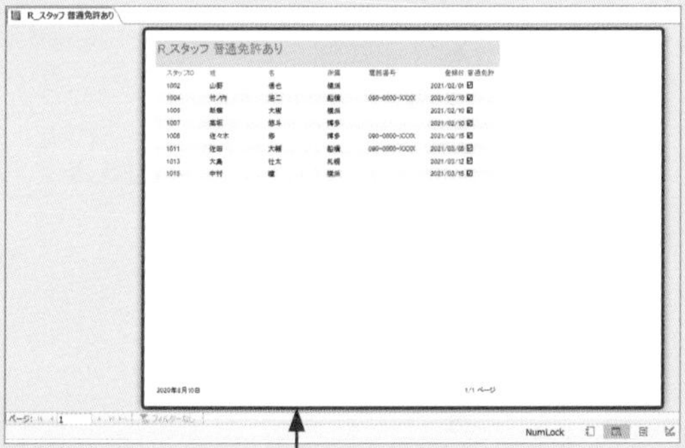

3 用紙が横向きになっています。

重要度★★★ レポート全体の設定

Q 465 用紙のサイズを変更するには？

A <サイズ>ボタンで指定します。

レポートの用紙サイズを指定するには、<ページ設定>タブの<サイズ>ボタンから指定できます。一般的にレポートはA4サイズで印刷することが多いでしょう。用紙サイズを変更したあとは、コントロールが指定した用紙サイズに収まるように調整します。

レポートのデザインビュー

1 <ページ設定>タブの<サイズ>をクリックして、

2 用紙サイズをクリックします。

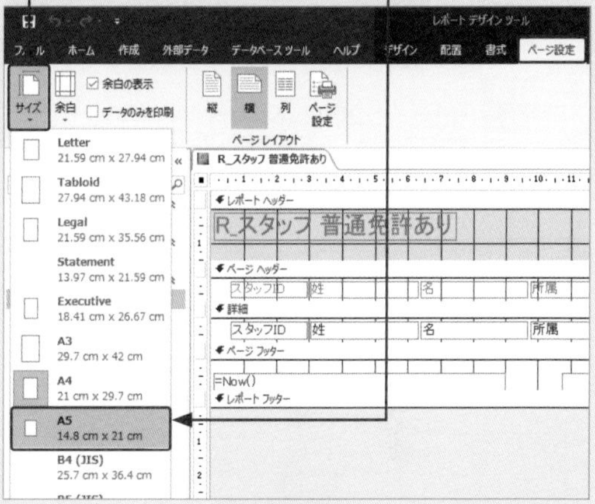

3 レポートを印刷プレビューで開きます。

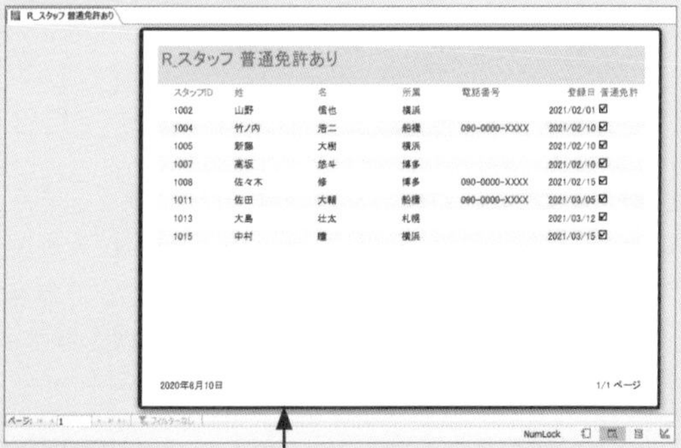

4 用紙のサイズが変わりました。

重要度 ★★★ レポート全体の設定

Q 466 ページの余白のサイズを変更するには？

A <余白>ボタンで指定できます。

レポートの余白のサイズは、<印刷プレビュー>タブの<余白>ボタンから設定できます。余白のサイズは<標準><広い><狭い>の中から選択できます。上下左右の余白位置を数値で指定するには、<ページ設定>タブの<ページ設定>ボタンをクリックして、表示された<ページ設定>画面の<印刷オプション>タブで指定します。

レポートの印刷プレビュー

1 <印刷プレビュー>タブの<余白>をクリックして、

2 余白のサイズを指定します。

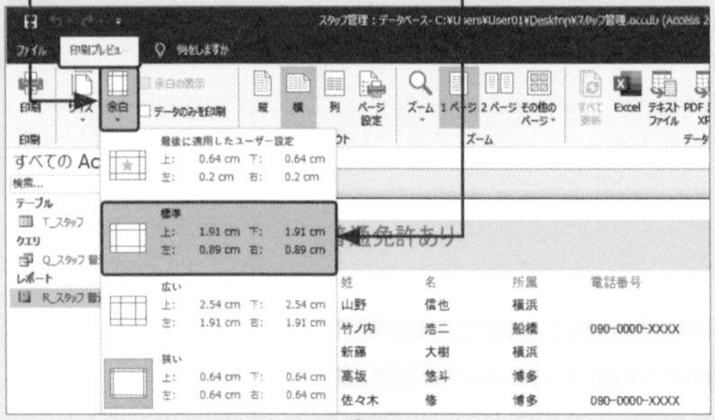

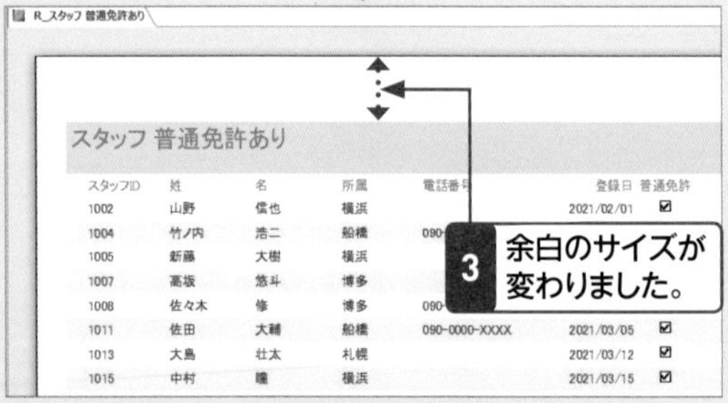

3 余白のサイズが変わりました。

● メッセージが表示された場合

余白が広くてページに収まらない場合などは、次のようなメッセージが表示される場合があります。その場合は、レポートの幅や余白サイズなどを再調整します。

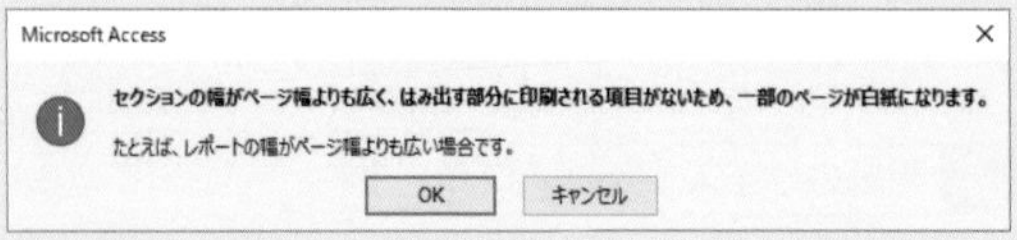

重要度 ★★★ レポート全体の設定

Q 467 レポート全体のデザインを変更するには？

A <テーマ>を選択しましょう。

<テーマ>とは、フォームやレポートの色合い・フォントなど、全体のデザインを決めるしくみです。気に入ったテーマを選択するだけで、レポート全体のデザインをかんたんに変更できます。なお、<テーマ>を変更すると、ほかのフォームやレポートのデザインも変わるので注意しましょう。

1 レポートのデザインを確認します。

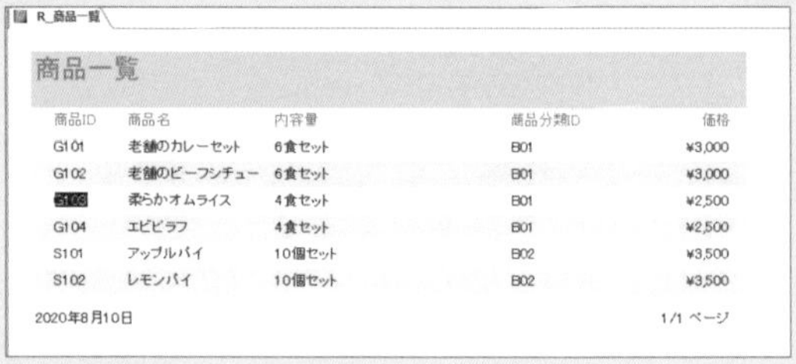

2 レポートをデザインビューに切り替えます。

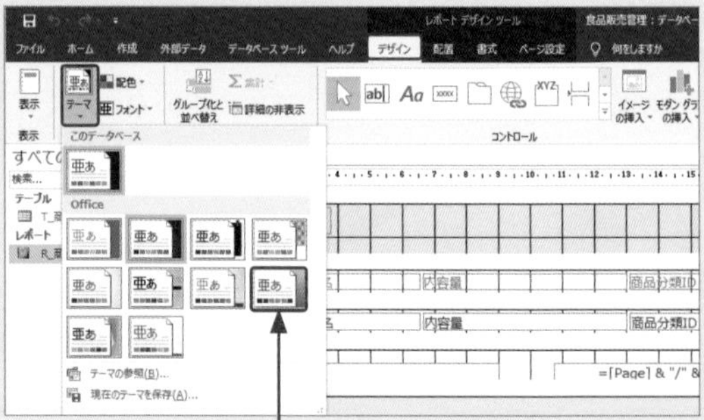

3 <デザイン>タブの<テーマ>をクリックし、テーマを選択します。

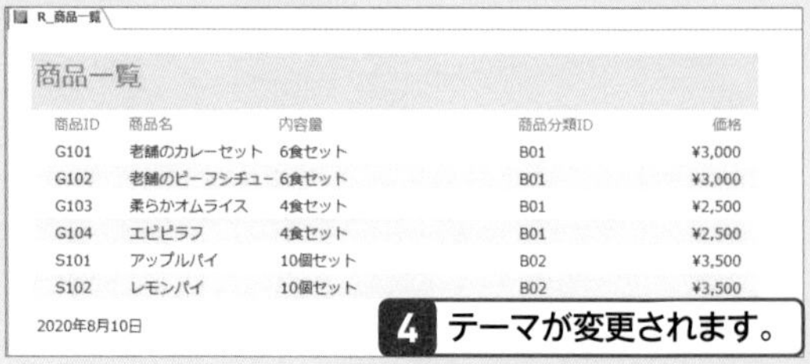

4 テーマが変更されます。

重要度 ★★★　レポート全体の設定

Q 468 レポートのもとのテーブルを変更するには？

A <レコードソース>プロパティで指定します。

レポートのもとのテーブルやクエリを変更するには、レポートの<レコードソース>プロパティで設定します。その際は、テーブルやクエリの一覧が表示されるので、そこから選択します。

レポートのレイアウトビュー

1 レポートを開き、<レコードソース>プロパティでもとのテーブルやクエリを選択します。

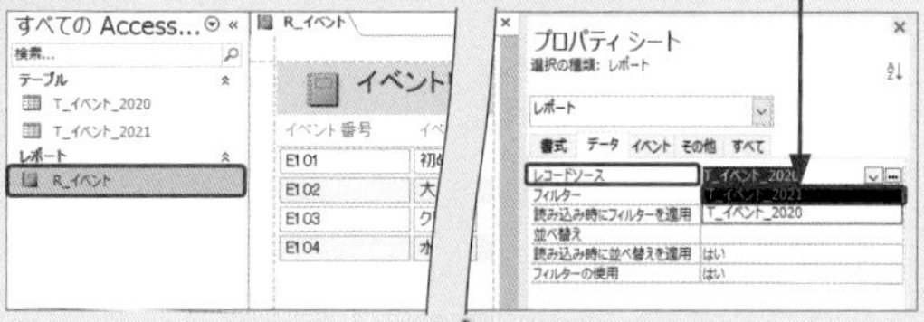

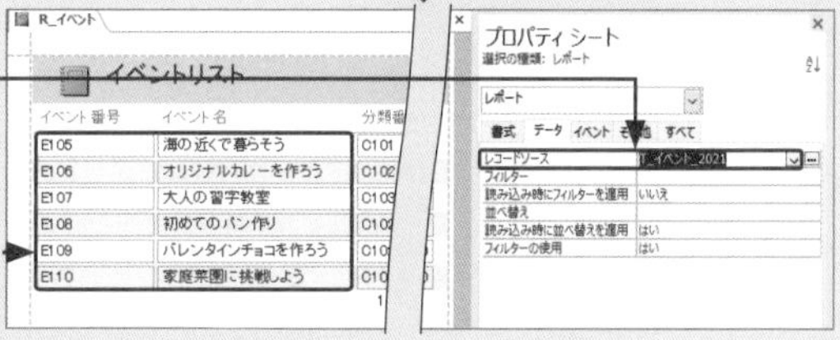

2 レポートのもとのテーブルが変更されました。

データの内容が変わります。

重要度 ★★★　レポート全体の設定

Q 469 単票形式のレポートを表形式のレポートに変更するには？

A セクションを確認してラベルやコントロールの位置を変更します。

単票形式のレポートをあとから表形式のレポートに変更するには、<ページヘッダー>セクションにフィールド名のラベルを配置して、個々のフィールドのコントロールをすぐ下の<詳細>セクションに移動します。<詳細>セクションの高さを調整すると、リスト形式にデータが表示されます。

コントロールがグループ化された状態のレイアウトでは、詳細セクションのコントロールを選択して、<配置>タブから<表形式>に変更してコントロールの配置を調整します。さらに、詳細セクションの高さを調整すると、かんたんに表形式に変更できます。

参照▶Q 452

レポートのデザインビュー

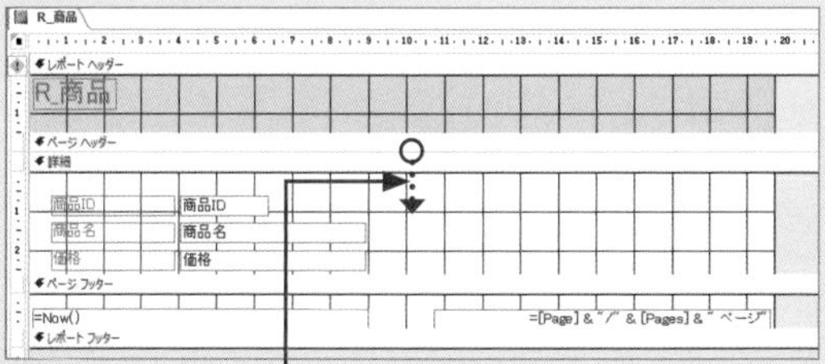

1 <ページヘッダー>セクションを広げます。

2 コントロールの左のラベルをページヘッダーに移動します。

3 テキストボックスを詳細セクションに横に並べます。

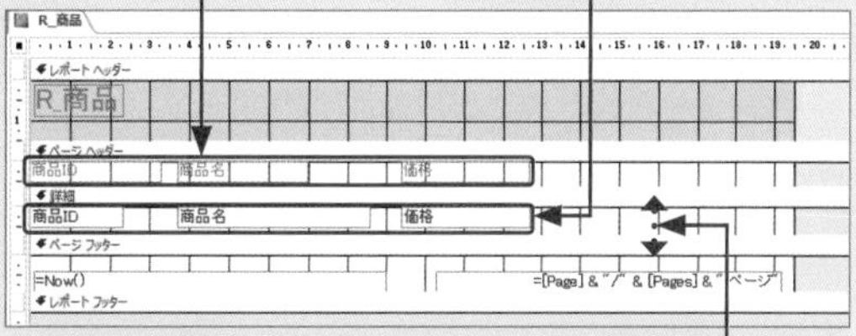

4 <詳細>セクションの高さを調整します。

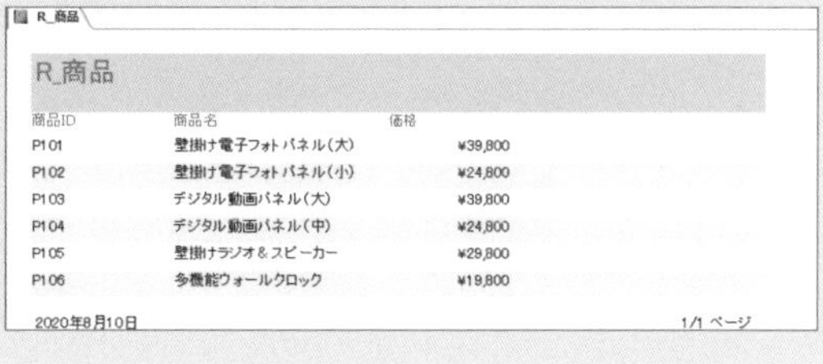

5 レポートビューに切り替えると、データが表示されます。

重要度★★★　レポート全体の設定

Q 470 レポートの横幅を変更するには？

A 境界線部分をドラッグします。

レポートの横幅を指定するには、レポートの右端とグレーの部分の境界線部分をドラッグします。幅を狭めようとする位置にコントロールが配置されていると、幅を変更できません。その場合は、コントロールの位置をずらしてから指定しましょう。なお、ドラッグ操作で幅を変更すると、レポートの<幅>プロパティに設定が反映されます。

レポートのデザインビュー

1 コントロールを左側にドラッグして移動します。

2 レポートの右側の境界線部分をドラッグします。

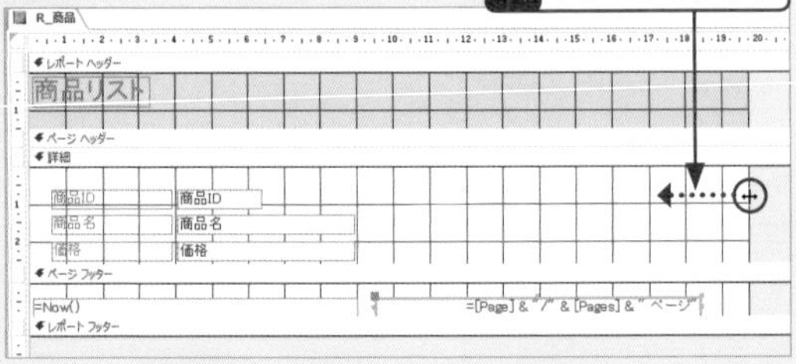

3 レポートの幅が変更されます。

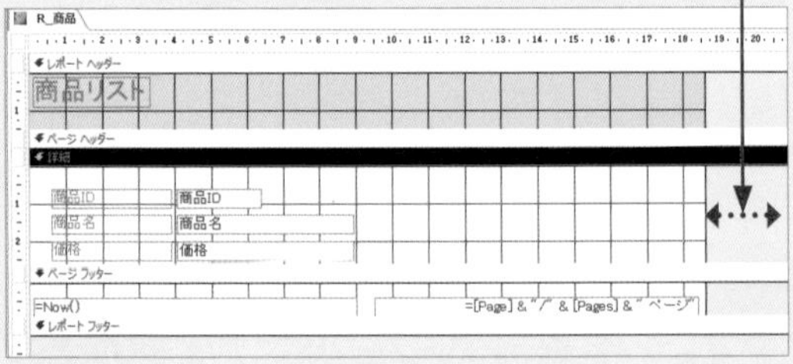

重要度★★★　レポート全体の設定

Q 471 データを区切る線を表示するには？

A <線>のコントロールを追加します。

表形式のレポートなどで、明細データを区別するために境界線を引くには、<線>のコントロールを追加します。たとえば、<詳細>セクションの下に線を引くと、データを区切る線が表示されます。

1 <デザイン>タブでコントロールの一覧を表示し、<直線>をクリックします。

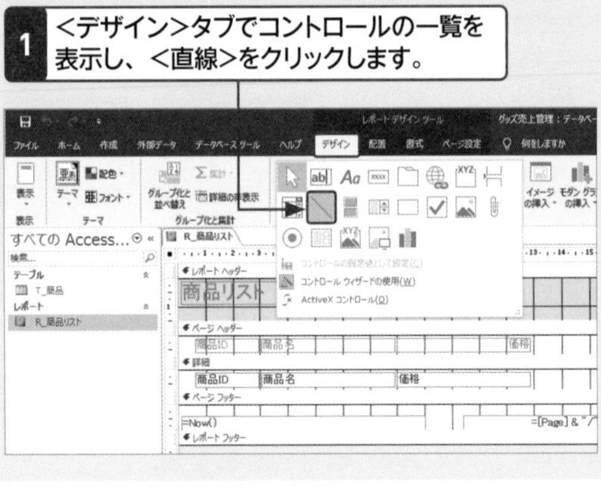

2 <詳細>セクションの下部に水平にドラッグします。

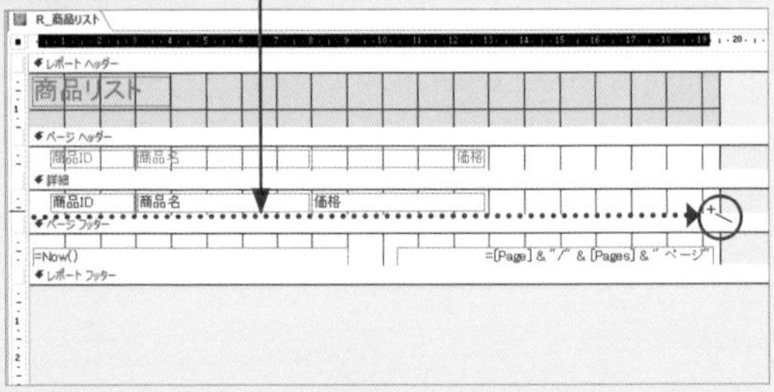

3 レポートビューで開きます。

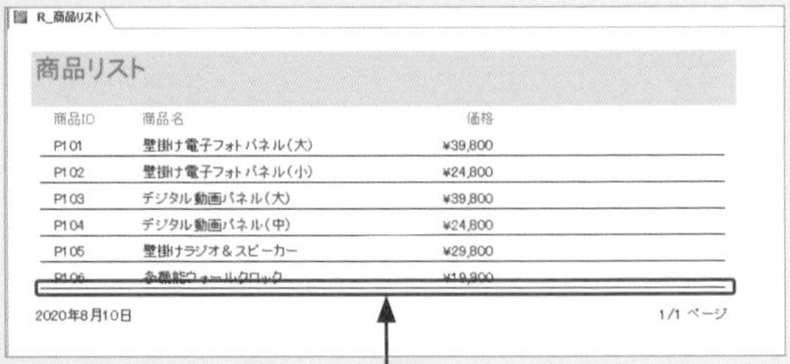

4 <詳細>セクションの下に線が引かれます。

重要度★★★　セクションのカスタマイズ

Q 472 同じセクション内で改ページしたい！

A <改ページの挿入>を追加します。

同じセクション内で改ページを入れるには、コントロールから<改ページの挿入>を追加します。たとえば、<レポートヘッダー>セクションを2ページに分けて印刷する場合などに使用します。
カレントセクションの前後で、改ページを入れる方法は、Q517を参照してください。

参照▶Q 517

レポートのデザインビュー

1 <デザイン>タブでコントロールの一覧から<改ページ>をクリックします。

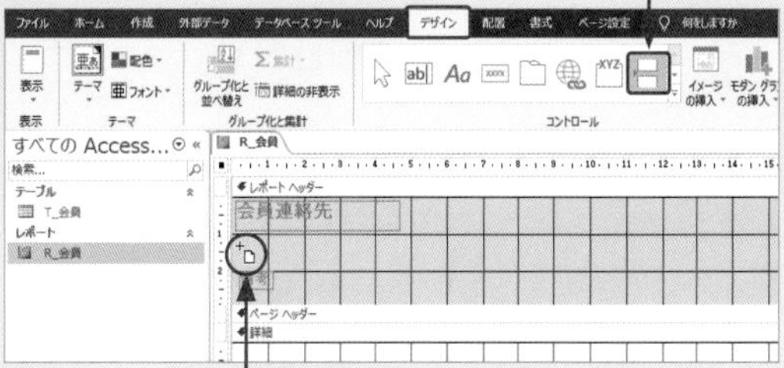

2 改ページする位置をクリックします。

3 印刷プレビューで開きます。

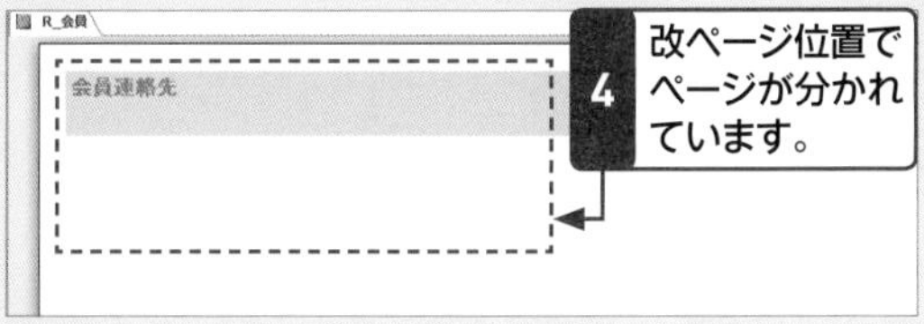

4 改ページ位置でページが分かれています。

5 次のページに切り替えます。

6 次のページが表示されます。

重要度★★★　セクションのカスタマイズ

Q 473 セクションの途中で改ページされないようにしたい！

A <同一ページ印刷>プロパティを指定します。

同じセクションの内容は1ページ内に収めて印刷したい場合は、セクションの<同一ページ印刷>プロパティで設定します。なお、セクションが大きすぎてそもそも1ページ内に収まらない場合は、この設定をしてもページは分かれてしまいます。

レポートの印刷プレビュー

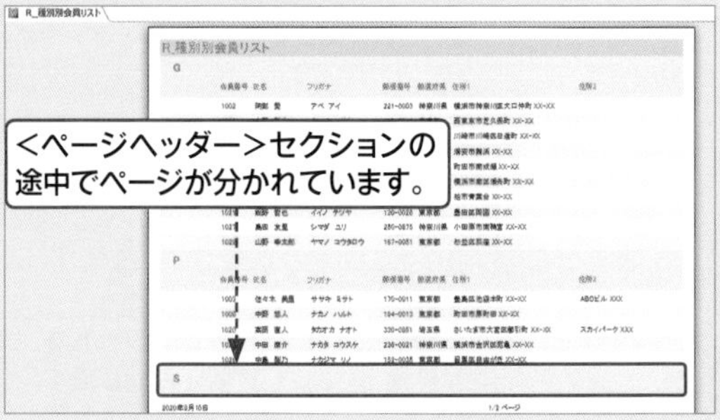

<ページヘッダー>セクションの途中でページが分かれています。

1 レポートをデザインビューで開きます。

2 ここで<グループヘッダー>セクションを選択します。

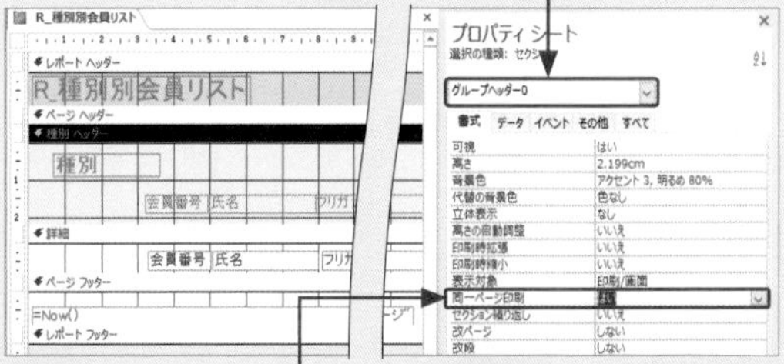

3 <同一ページ印刷>プロパティで<はい>を選択します。

4 印刷プレビューに切り替えて、設定を確認します。

●<同一ページ印刷>プロパティの設定

設定値	内容
はい	セクション全体を同一ページに印刷できない場合は、セクションを次のページの先頭から配置します。
いいえ	セクション全体を同一ページに印刷するかは指定しません。

重要度★★★ セクションのカスタマイズ

Q 474 レポートの冒頭にタイトルを印刷したい！

A <ラベル>を追加します。

レポートに特定の文字列を表示するには、ラベルを追加します。なお、レポートを作成すると、あらかじめいくつかのラベルが追加されます。ラベルの<標題>プロパティを変更して、表示する文字を指定することもできます。

レポートのデザインビュー

1 <レポートヘッダー>セクションを表示します。

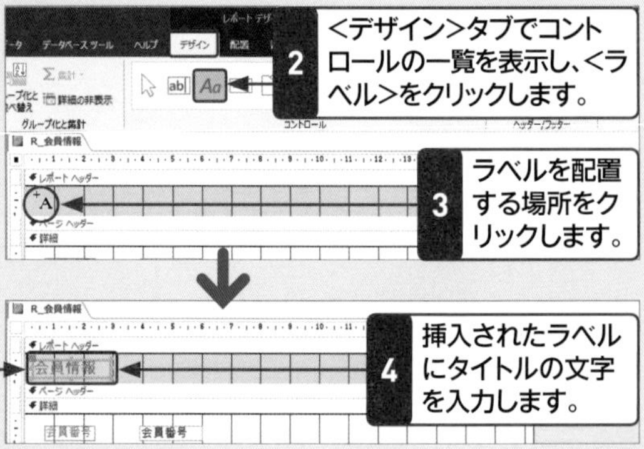

2 <デザイン>タブでコントロールの一覧を表示し、<ラベル>をクリックします。

3 ラベルを配置する場所をクリックします。

4 挿入されたラベルにタイトルの文字を入力します。

5 ラベルを選択し、<プロパティシート>で文字の書式などを設定します。

重要度★★★ セクションのカスタマイズ

Q 475 ヘッダーにロゴを表示したい！

A <ロゴ>や<イメージ>を追加します。

レポートのヘッダーやフッターなどに画像を表示するには、ロゴを追加して、表示する画像ファイルを指定します。画像ファイルだけを表示する場合は、イメージコントロールを追加して<ピクチャタイプ><ピクチャ><ピクチャ配置>の各プロパティで表示方法などを指定する方法もあります。 参照▶Q 418

レポートのデザインビュー

1 <デザイン>タブの<ロゴ>をクリックします。

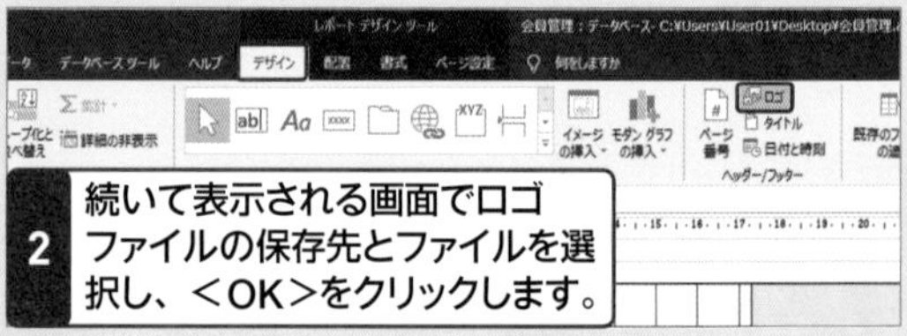

2 続いて表示される画面でロゴファイルの保存先とファイルを選択し、<OK>をクリックします。

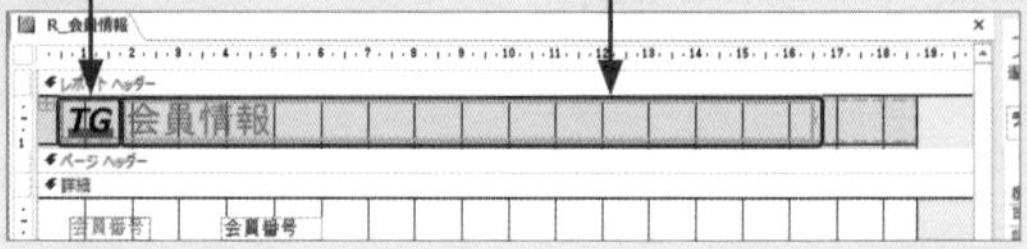

3 ロゴが表示されます。

4 ここをクリックして文字を入力します。

重要度★★★ セクションのカスタマイズ

Q 476 ヘッダーに日付を印刷したい！

A <ページヘッダー>に日付を追加します。

レポートの各ページの上部に日付などの情報を表示するには、<ページヘッダー>にコントロールを追加します。ここでは、ラベルを追加して指定した日付を表示しています。自動的に今日の日付を追加する方法は、Q477を参照してください。 参照▶Q 477

レポートのデザインビュー

1 <ページヘッダー>領域を広げます。

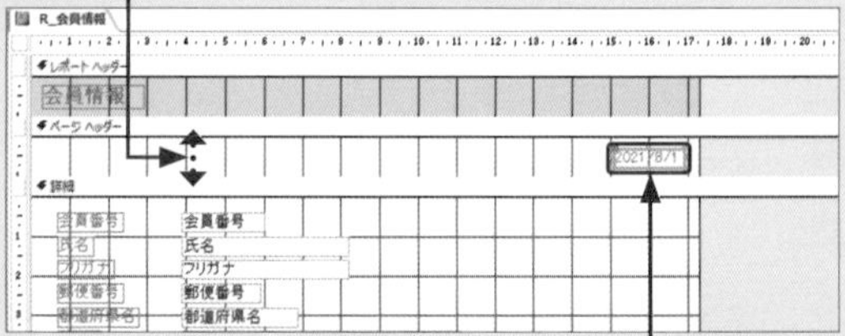

2 Q474の方法で、ラベルを追加して文字を入力します。

重要度 ★★★ セクションのカスタマイズ

Q 477 ヘッダーに今日の日付を印刷したい！

A <日付と時刻>ボタンから追加します。

レポートのヘッダーに常に今日の日付や時刻を表示して印刷するには、「Date関数」や「Time関数」を使った式を作成します。<デザイン>タブの<日付と時刻>ボタンをクリックすると、すでに式が入力されたラベルを追加できます。

レポートのデザインビュー

1 <デザイン>タブの<日付と時刻>をクリックします。

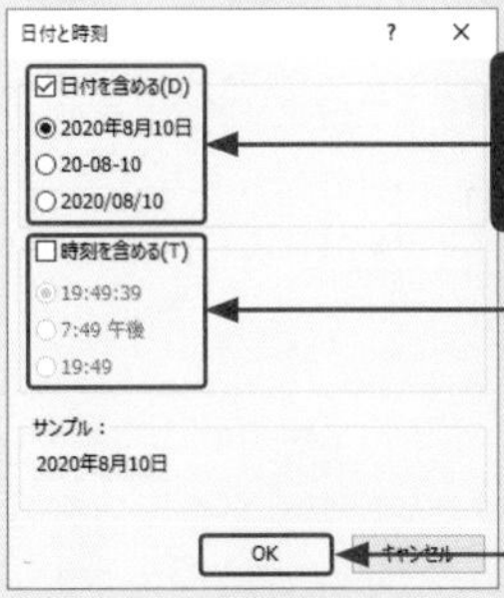

2 <日付と時刻>画面で、日付の表示の有無と書式を指定します。

3 時刻の表示の有無と書式を指定します。

4 <OK>をクリックします。

5 <レポートヘッダー>に日付が表示されます。

6 レポートビューに切り替えると、ヘッダーに日付が表示されます。

重要度 ★★★ セクションのカスタマイズ

Q 478 フッターにページ番号を表示するには？

A <ページ番号>ボタンから配置する方法があります。

レポートウィザードなどでレポートを作成すると、フッター部分にページ番号などが自動的に追加されます。あとからページ番号を追加するには、<デザイン>タブの<ページ番号>ボタンから操作します。ページ番号だけ追加するか、ページ番号＋総ページ数を表示するかなどを選択できます。

レポートのデザインビュー

1 <デザイン>タブの<ページ番号>をクリックします。

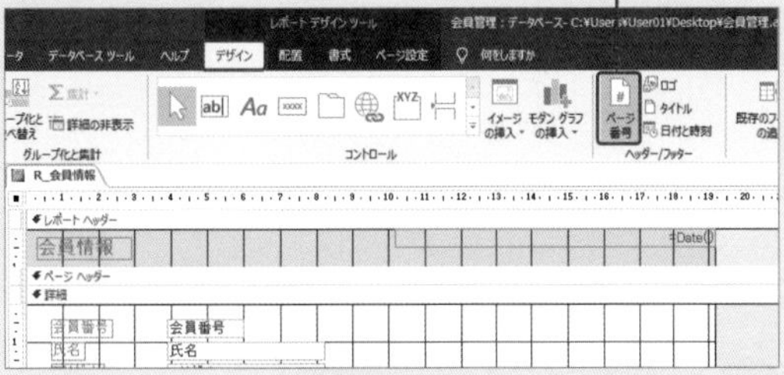

2 <ページ番号>画面でページ番号の書式を指定します。

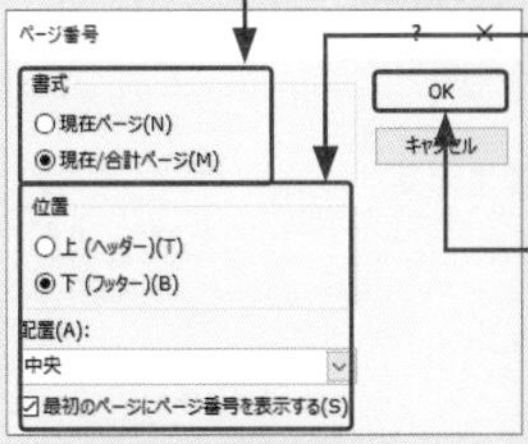

3 位置や配置などを指定します。

4 <OK>をクリックします。

5 ここでは、<ページフッター>にページ番号と総ページ数が表示されます。

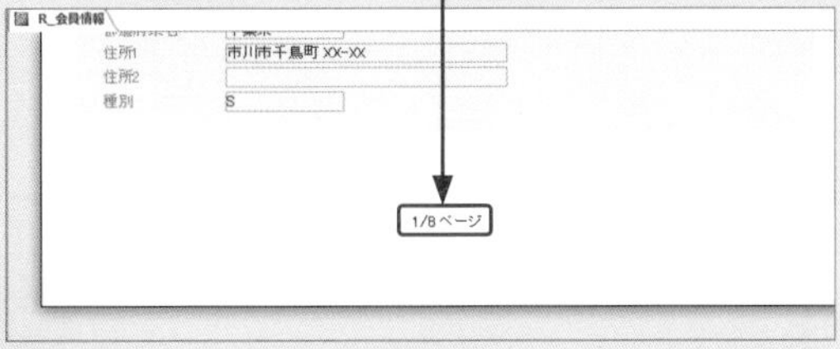

6 印刷プレビューに切り替えるとページ番号などを確認できます。

重要度 ★★★ セクションのカスタマイズ

Q 479 フッターに全データ件数を表示したい！

A Count関数を使ってデータの個数を数える方法があります。

レポートのフッターに、レポートに表示されているデータの件数を表示するには、「Count関数」を使って式を作成します。ここでは、Count関数の引数で、データの個数を数えるフィールドを指定します。計算結果を表示するコントロールを配置します。 参照▶Q 501

レポートのデザインビュー

1 <レポートフッター>領域を広げます。

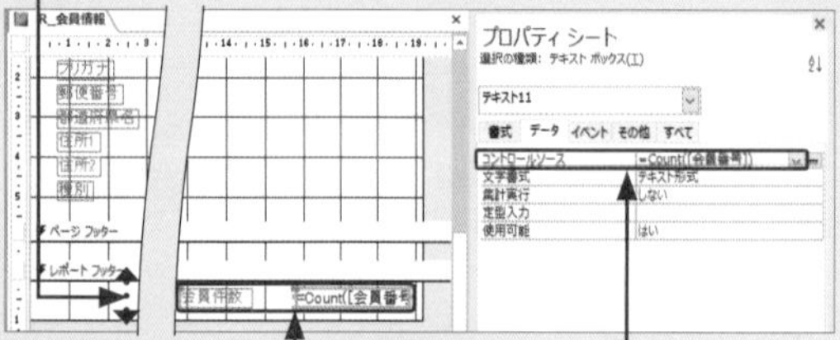

2 Q501の方法でテキストボックスを配置し、ラベル名を変更します。

3 テキストボックスの<コントロールソース>プロパティに =Count([会員番号]) と入力します。

4 印刷プレビューに切り替えます。

5 データ件数が表示されます。

書式	Count(データ)
数を数えます。 データ：数を数えるデータを含むフィールドなどを指定します。	

重要度 ★★★ セクションのカスタマイズ

Q 480 フッターに金額の合計を表示したい！

A Sum関数を使って金額の合計を求めます。

レポートの＜詳細＞セクションに表示されているレコードのフィールドを使用して計算をするとき、データ全体の集計結果を表示するには、レポートのフッターに計算結果を表示する方法があります。ここでは、「金額」フィールドのデータの合計を求めます。 参照▶Q 501

レポートのデザインビュー

1 <レポートフッター>領域を広げます。

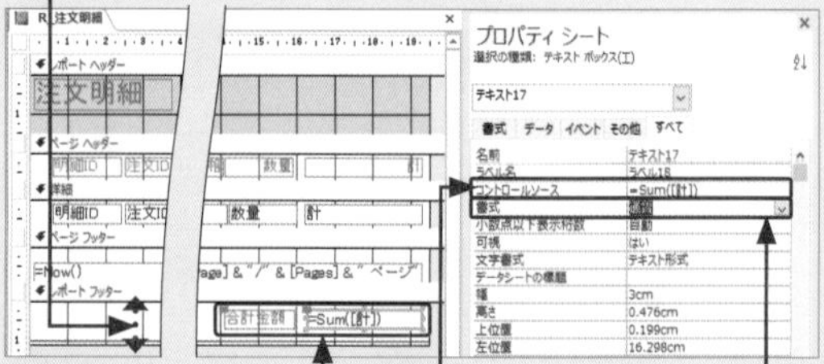

2 Q501の方法でテキストボックスを配置し、ラベル名を変更します。

3 テキストボックスの<コントロールソース>プロパティに =Sum([計]) と入力します。

4 <書式>プロパティで書式を指定します。

5 印刷プレビューに切り替えます。

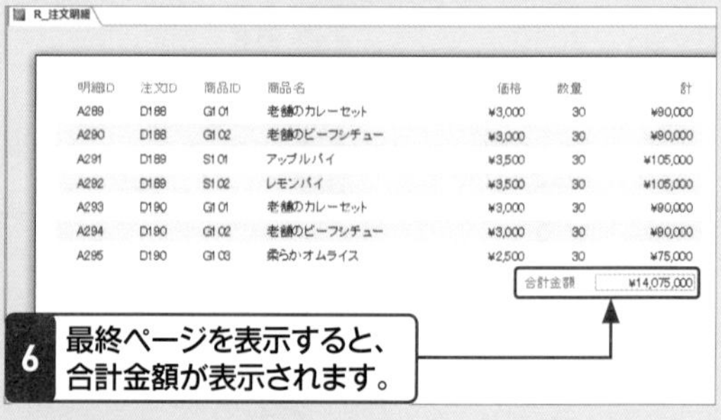

6 最終ページを表示すると、合計金額が表示されます。

書式	Sum(データ)
合計を求めます。 データ：合計を求めるデータを含むフィールドなどを指定します。	

重要度 ★★★ ページの切り替え

Q 481 レポートのページを切り替えるには？

A ＜前のページ＞＜次のページ＞ボタンを使います。

レポートでページを切り替えるには、画面下の＜前のページ＞ボタンや＜次のページ＞ボタンをクリックします。また、＜カレントページ＞と表示される枠に表示したいページを入力して指定することもできます。

レポートの印刷プレビュー

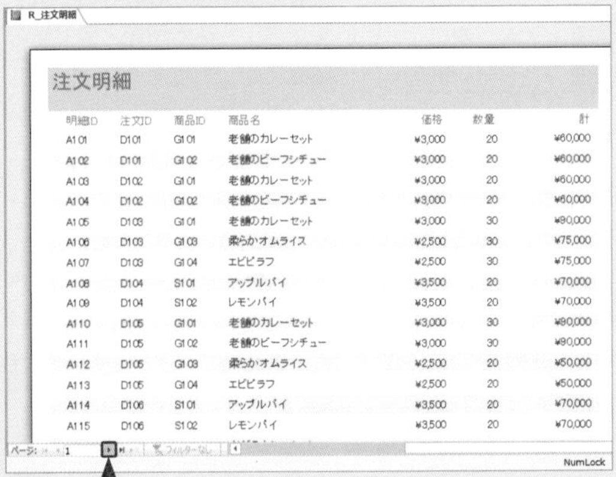

1 ＜次のページ＞ボタンをクリックします。

2 次のページが表示されます。

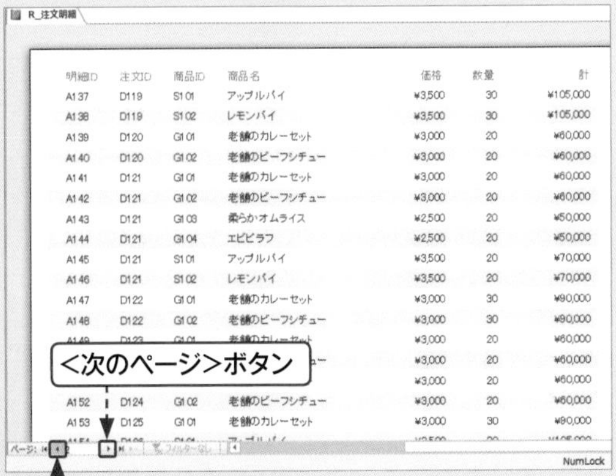

3 ＜前のページ＞ボタンをクリックすると、前のページが表示されます。

重要度 ★★★ ページの切り替え

Q 482 先頭ページや末尾のページに移動するには？

A ＜最初のページ＞ボタンや＜最後のページ＞ボタンをクリックします。

中間にあるページを飛ばして、レポートの最初のページや末尾のページに一気に移動するには、＜最初のページ＞ボタンや＜最後のページ＞ボタンをクリックします。また、印刷プレビュー画面で同時に複数ページを表示するには、＜ズーム＞グループの＜2ページ＞ボタンや＜その他のページ＞ボタンをクリックします。

レポートの印刷プレビュー

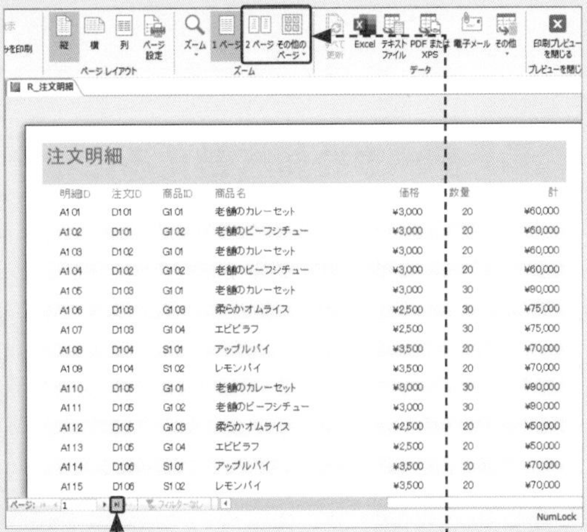

1 ＜最後のページ＞ボタンをクリックします。

クリックすると、印刷プレビュー画面で複数のページを表示できます。

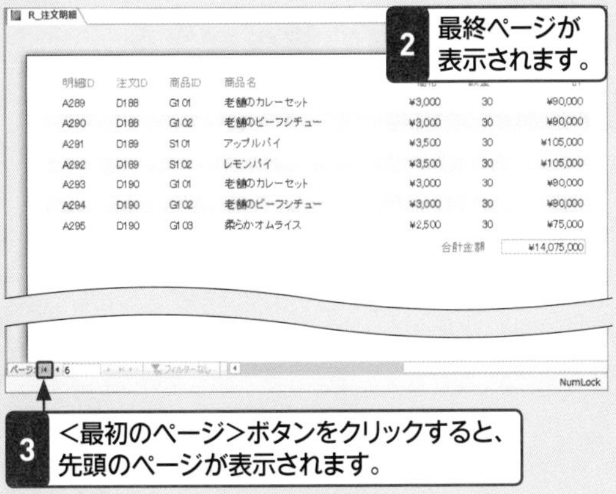

2 最終ページが表示されます。

3 ＜最初のページ＞ボタンをクリックすると、先頭のページが表示されます。

重要度 ★★★　検索・並べ替え・抽出

Q 483 データを検索するには？

A <検索>画面で<検索する文字列>を指定します。

レポートに表示されているテーブルやクエリのデータを検索するには、<検索>画面を使用します。検索する文字列や検索条件、検索方向などを指定して、検索を実行します。

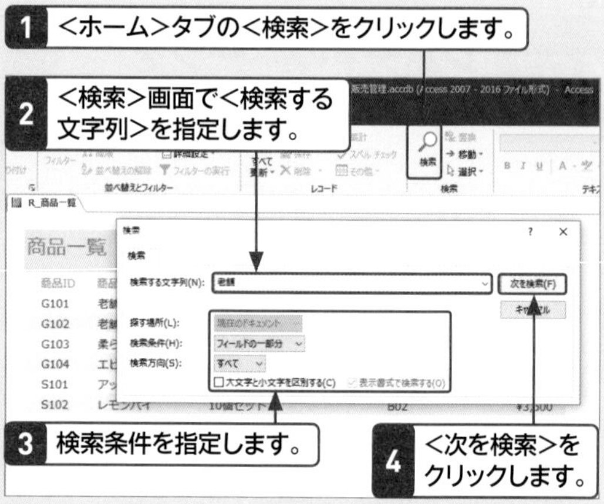
1 <ホーム>タブの<検索>をクリックします。
2 <検索>画面で<検索する文字列>を指定します。
3 検索条件を指定します。
4 <次を検索>をクリックします。
5 検索結果が表示されるので、<次を検索>をクリックして検索を続けます。

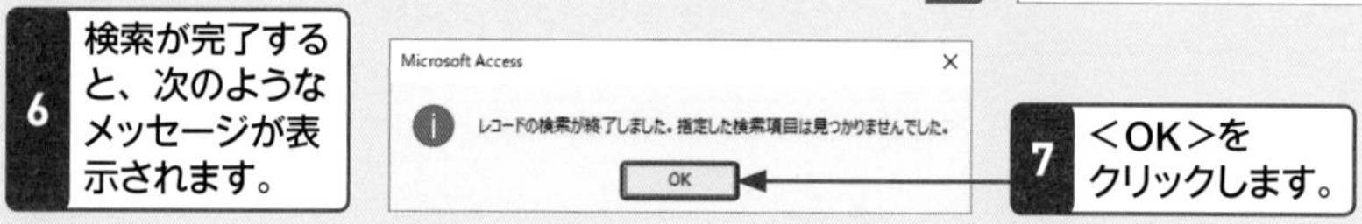
6 検索が完了すると、次のようなメッセージが表示されます。
Microsoft Access
レコードの検索が終了しました。指定した検索項目は見つかりませんでした。
OK
7 <OK>をクリックします。

重要度 ★★★　検索・並べ替え・抽出

Q 484 データを並べ替えるには？

A <ホーム>タブの<昇順><降順>で指定します。

テーブルやクエリで並べ替え条件が指定されている場合、そのテーブルやクエリをもとにレポートを作成すると、指定された並び順でデータが表示されます。レポート側で並べ替え条件を指定するには、<ホーム>タブの<昇順><降順>で並べ替え条件を指定します。ここで指定した内容は、<グループ化と並べ替え>の設定に反映されます（Q515参照）。

ここでは、会員データをフリガナ順で並べます。

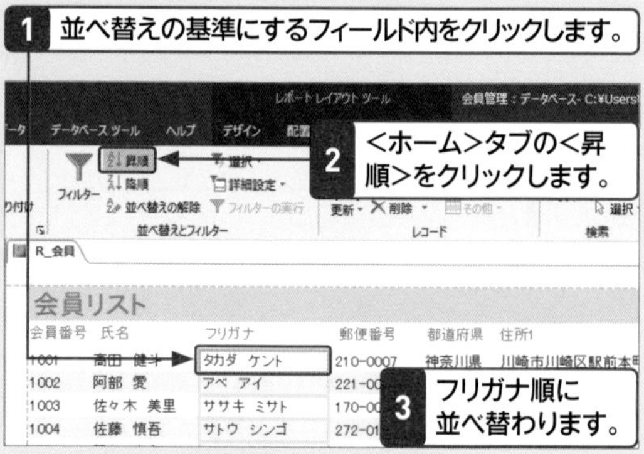
1 並べ替えの基準にするフィールド内をクリックします。
2 <ホーム>タブの<昇順>をクリックします。
会員リスト
3 フリガナ順に並べ替わります。

重要度 ★★★　検索・並べ替え・抽出

Q 485 データの並べ替えを解除するには？

A <並べ替えの解除>を実行します。

レポートで指定した並べ替え条件を解除するには、並べ替えの解除を実行します。並べ替え条件が複数指定されている場合、並べ替えの条件がまとめて解除されます。

レポートのレイアウトビュー

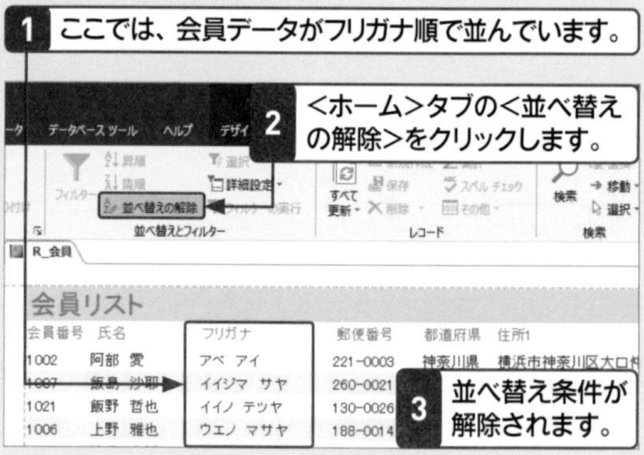
1 ここでは、会員データがフリガナ順で並んでいます。
2 <ホーム>タブの<並べ替えの解除>をクリックします。
会員リスト
3 並べ替え条件が解除されます。

重要度 ★★★ 検索・並べ替え・抽出

Q 486 レポートを開いたときに並べ替えを適用するか指定するには？

A ＜読み込み時に並べ替えを適用＞プロパティで指定します。

レポートで並べ替えを行う方法は複数あります。レポートの＜並べ替え＞プロパティで並べ替え条件を設定するのもその1つです。レポートを開いたときに、レポートの＜並べ替え＞プロパティの設定を適用するかどうかを指定するには、レポートの＜読み込み時に並べ替えを適用＞プロパティで設定します。

参照▶Q 521

レポートのレイアウトビュー

1 レポートの＜並べ替え＞プロパティを確認します。ここでは、「価格」の小さい順が指定されています。

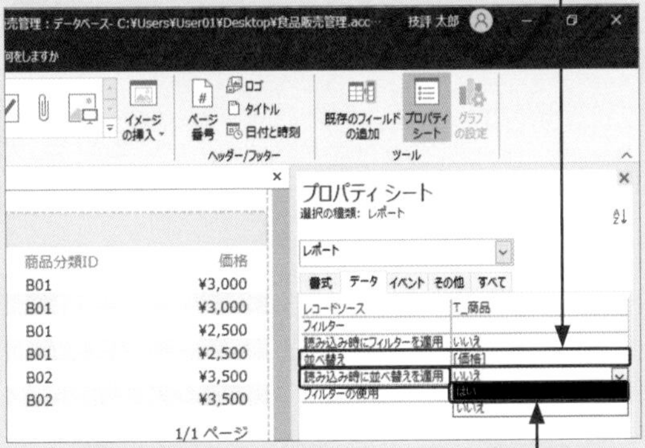

2 レポートの＜読み込み時に並べ替えを適用＞の設定を、ここでは＜はい＞に指定します。

3 レポートを印刷プレビューに切り替えます。

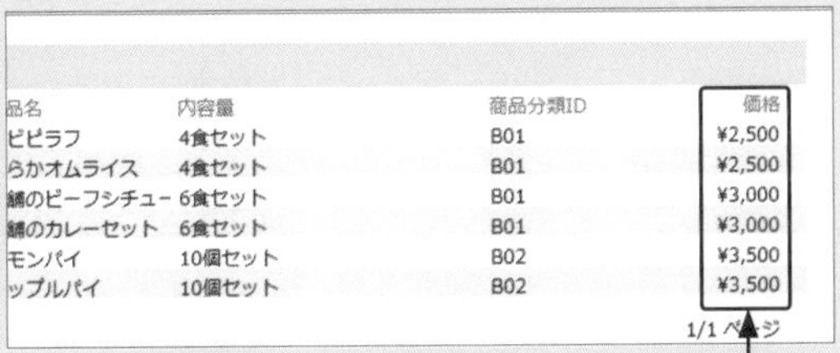

4 並べ替え条件が適用されて、価格順にデータが並べ替えられます。

重要度 ★★★ 検索・並べ替え・抽出

Q 487 条件に一致するデータを表示するには？

A ＜ホーム＞タブの＜選択＞から条件を指定します。

テーブルやクエリでフィルター条件や抽出条件が指定されている場合、そのテーブルやクエリをもとにレポートを作成すると、そこで指定されたルールに沿ってデータが表示されます。レポート側でフィルター条件を指定するには、＜ホーム＞タブの＜並べ替えとフィルター＞で抽出条件を指定する方法があります。ここでは、会員データから「都道府県」が「東京都」の会員を抽出します。

参照▶Q 491

レポートのレイアウトビュー

1 抽出条件を指定するフィールドをクリックします。

2 ＜ホーム＞タブの＜選択＞をクリックします。

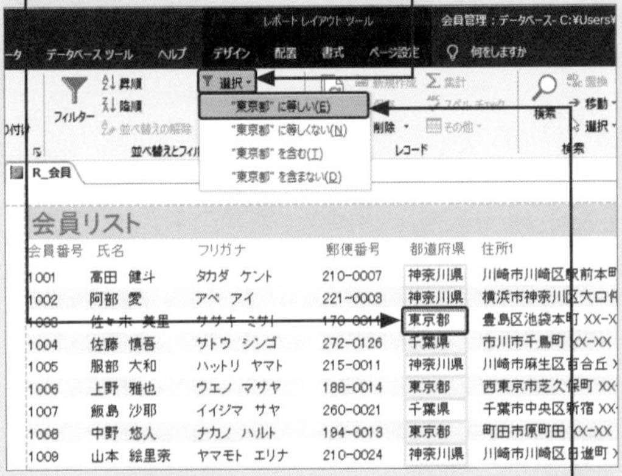

3 ＜東京都に等しい＞をクリックします。

4 都道府県名が「東京都」のデータが表示されます。

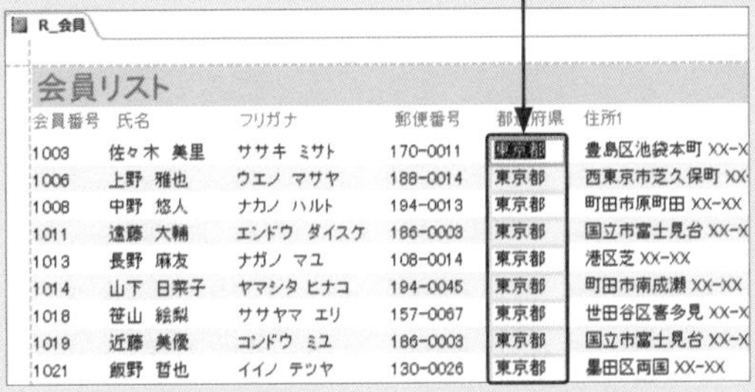

重要度★★★　検索・並べ替え・抽出

Q 488 データの抽出条件を解除するには？

A ＜フィルターの実行＞をクリックします。

レポートでフィルター条件を指定すると、レポートの下部に＜フィルター適用＞の表示が強調されます。フィルターの適用は解除できます。その際、フィルター条件は残っているため、再度フィルターを実行すると、指定した条件でフィルターが適用されます。
ここでは、会員データから「都道府県」が「東京都」の会員を抽出する、という抽出条件を解除します。

レポートのレイアウトビュー

1 ＜ホーム＞タブの＜フィルターの実行＞をクリックします。

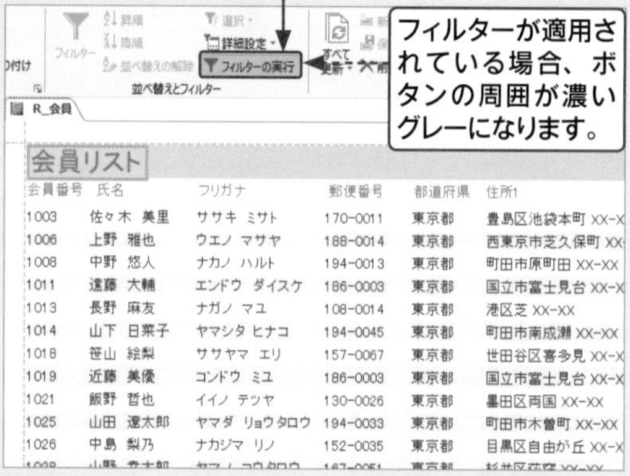

フィルターが適用されている場合、ボタンの周囲が濃いグレーになります。

2 フィルターが解除されます。

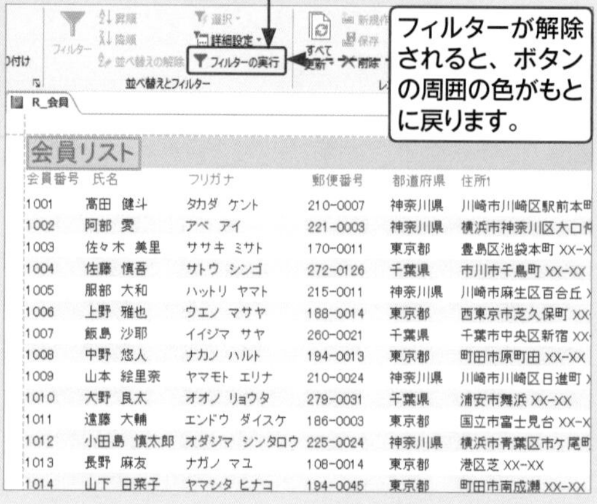

フィルターが解除されると、ボタンの周囲の色がもとに戻ります。

重要度★★★　検索・並べ替え・抽出

Q 489 レポートを開いたときにフィルターを適用するか指定するには？

A ＜読み込み時にフィルター適用＞プロパティで指定します。

レポートでフィルター条件を指定すると、レポートの＜フィルター＞プロパティに設定内容が表示されます。レポートを開いたときにフィルター条件を適用するかどうかを指定するには、＜読み込み時にフィルターを適用＞プロパティで指定します。

レポートのレイアウトビュー

1 レポートの＜フィルター＞プロパティを確認します。

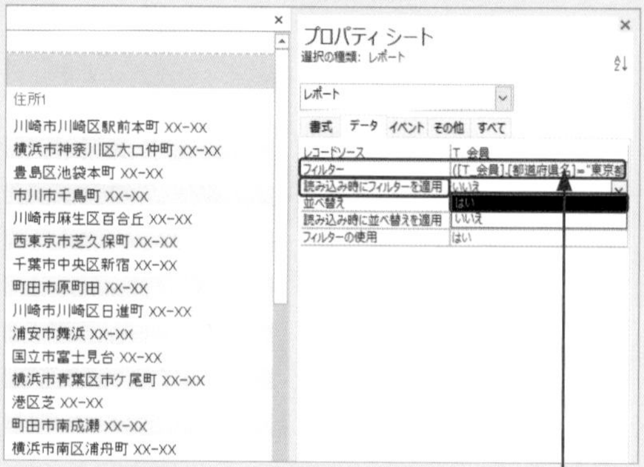

2 レポートの＜読み込み時にフィルターを適用＞を＜はい＞に設定します。

3 レポートをレポートビューで開きます。

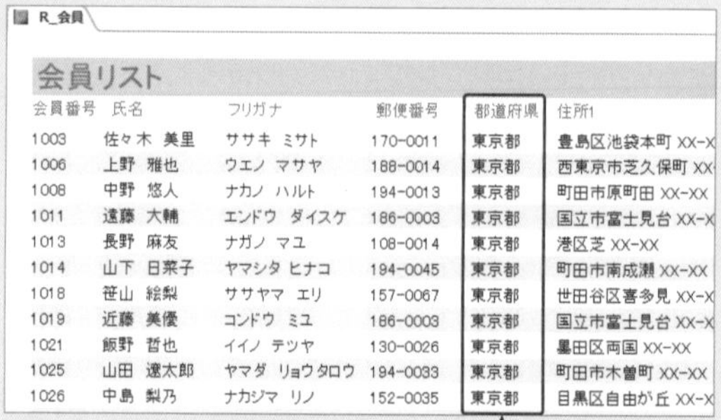

4 フィルター条件が適用されて、ここでは「都道府県」が「東京都」の会員が表示されます。

Q 490 フィルターを使用できないようにするには？

A <フィルターの使用>プロパティで指定します。

レポートでフィルターを実行できないようにするには、レポートの<フィルターの使用>プロパティで設定します。なお、すでにフィルターを適用している場合は、あとからフィルターを実行できない設定にしても、フィルターが適用された状態のままになります。

レポートのレイアウトビュー

1 レポートの<フィルターの使用>プロパティを<いいえ>に指定します。

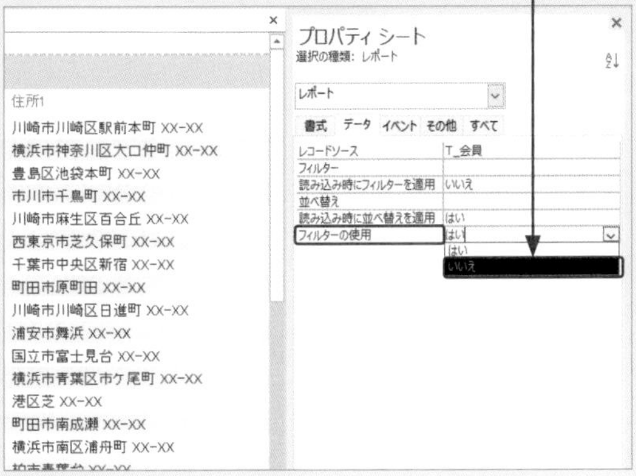

2 <ホーム>タブの<並べ替えとフィルター>グループで、フィルターに関する機能が使用できなくなります。

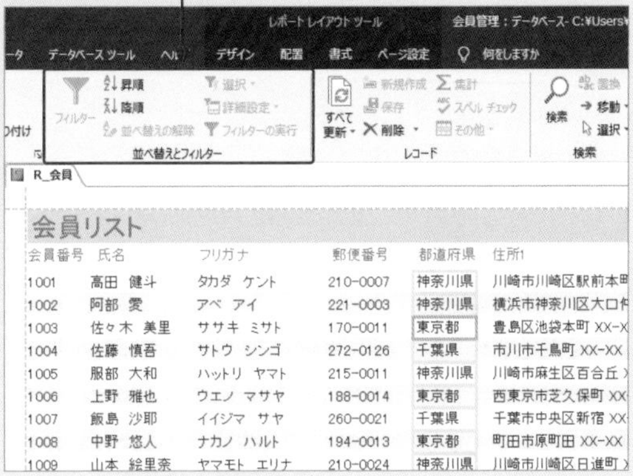

Q 491 並べ替えや抽出条件の設定を確認するには？

A フィルターや並べ替え条件を設定できる画面を確認します。

レポートで並べ替え条件やフィルター条件を指定すると、レポートの<並べ替え>プロパティや<フィルター>プロパティに設定内容が表示されます。また、クエリのような画面で並べ替え条件やフィルター条件の指定を確認することもできます。 参照▶Q 484、Q 487

レポートのレイアウトビュー

1 <ホーム>タブの<詳細設定>をクリックし、<フィルター/並べ替えの編集>を選択します。

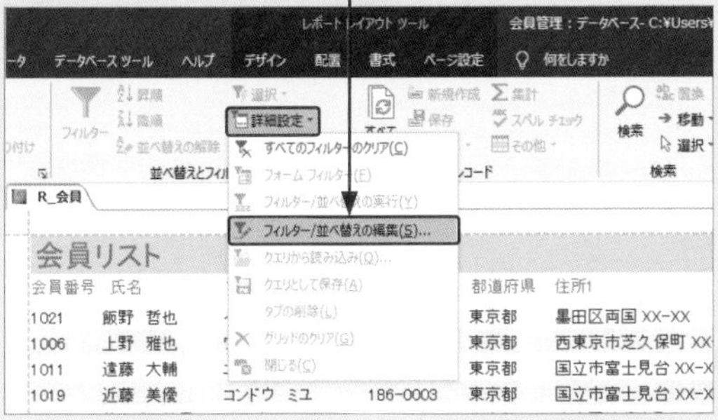

2 フィルターや並べ替えの設定画面が表示されます。

3 ここをクリックすると、画面が閉じます。

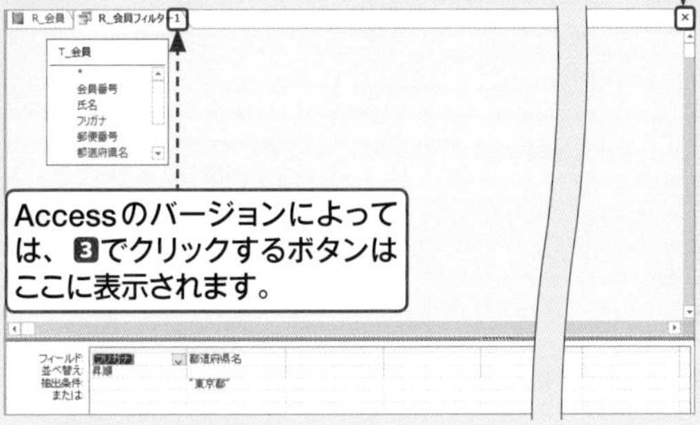

Accessのバージョンによっては、❸でクリックするボタンはここに表示されます。

重要度 ★★★　印刷する位置の調整

Q 492 文字の量に合わせて折り返して表示するには？

A <印刷時拡張>プロパティで指定します。

テキストボックス内の文字が多すぎて途中までしか表示されない場合は、テキストボックスの高さを自動的に調整して、文字が表示されるようにします。コントロールの<印刷時拡張>プロパティで設定します。 参照▶Q 493

1 文字が途中までしか表示されないテキストボックスを確認します。

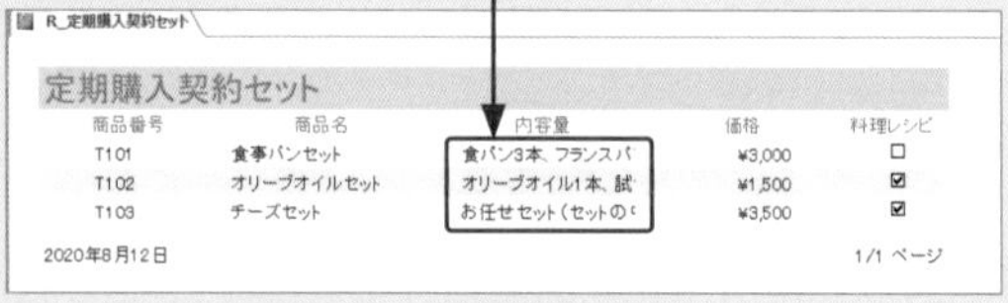

2 レポートをレイアウトビューに切り替えます。

3 テキストボックスコントロールを選択します。

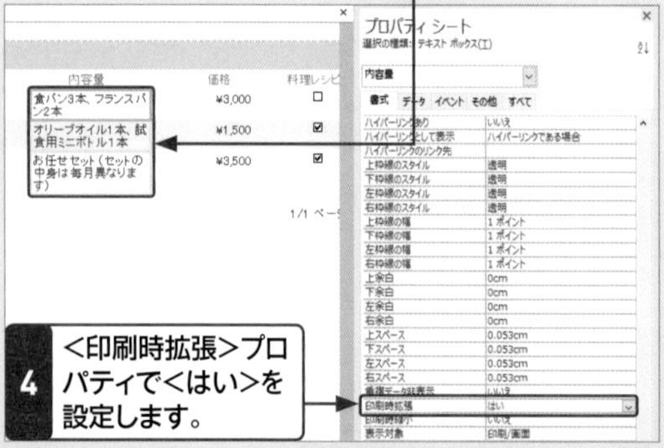

4 <印刷時拡張>プロパティで<はい>を設定します。

5 レポートを印刷プレビューに切り替えます。

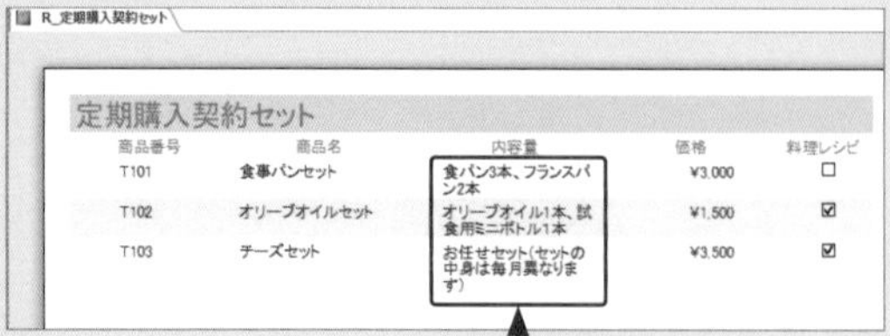

6 文字が折り返されて、すべて表示されます。

重要度 ★★★　印刷する位置の調整

Q 493 文字が折り返して表示されない場合は？

A セクションの<印刷時拡張>プロパティを確認します。

Q492の方法で、テキストボックスに収まらない文字を見えるように設定すると、設定を行ったコントロールを含むセクションの<印刷時拡張>プロパティの設定も自動的に変わります。ただし、あとからセクションの<印刷時拡張>プロパティの設定などを変更した場合、文字が切れたように見えることもあります。セクションの<印刷時拡張>プロパティの設定を確認してみましょう。 参照▶Q 492

レポートのレイアウトビュー

1 文字が切れて見えるテキストボックスを選択します。

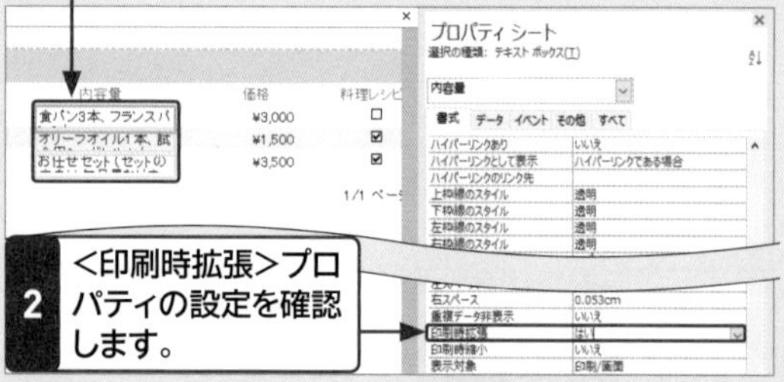

2 <印刷時拡張>プロパティの設定を確認します。

3 デザインビューに切り替えます。

4 <詳細>セクションを選択します。

5 <印刷時拡張>プロパティで<はい>を設定します。

6 レポートを印刷プレビューに切り替えます。

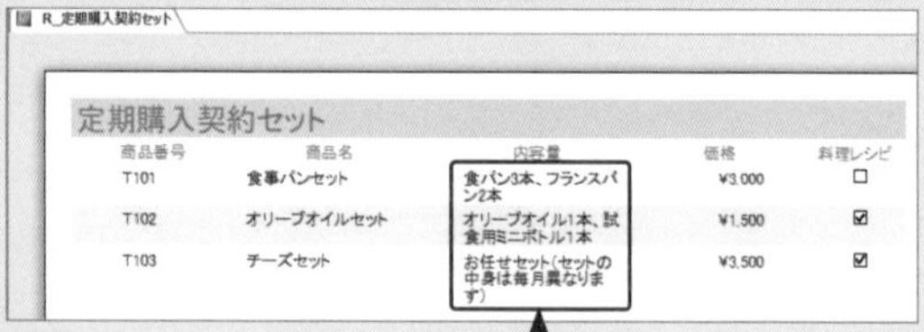

7 文字が折り返されて表示されます。

重要度 ★★★　印刷する位置の調整

Q 494 重複するデータを非表示にするには？

A <重複データ非表示>プロパティで指定します。

レポートの<詳細>セクションの縦に並ぶコントロールのデータが前のデータと同じ場合、重複するデータを非表示にして整理できます。この設定は、コントロールの<重複データ非表示>プロパティで指定します。これにより、グループごとにデータをまとめて印刷する「グループ化レポート」のような見た目になります。一からレポートを作る場合は、レポートウィザードでグループレベルを指定するとかんたんです。

レポートのレイアウトビュー

1 重複データを非表示にするコントロールを選択します。

2 <重複データ非表示>プロパティで<はい>を指定します。

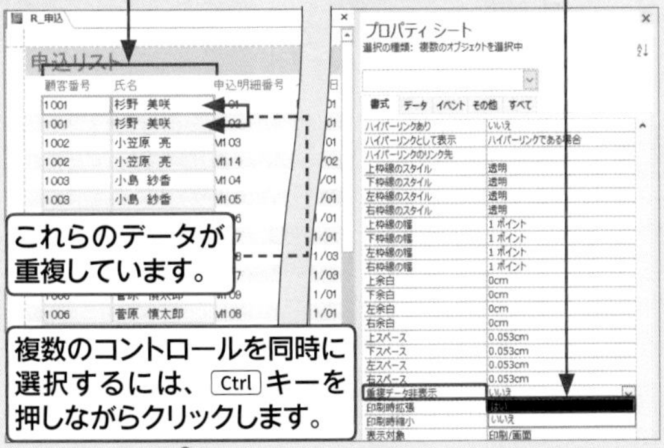

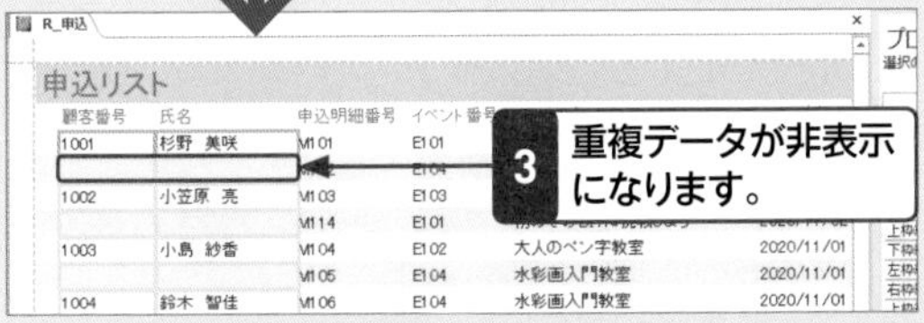

4 レポートビューに切り替えて、データの表示を確認します。

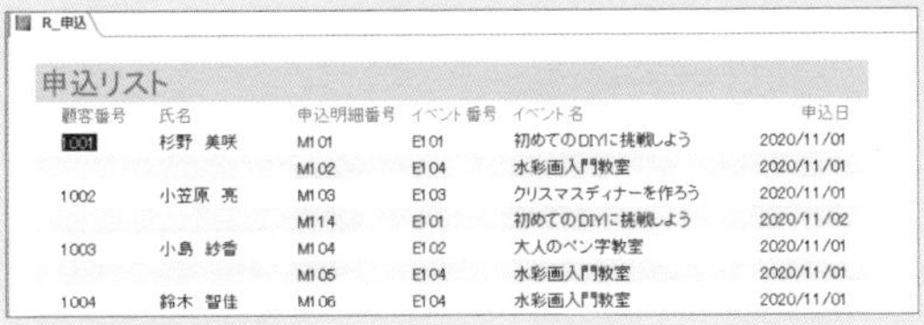

重要度 ★★★　印刷する位置の調整

Q 495 データが未入力の場合は詰めて印刷したい！

A <印刷時縮小>プロパティで指定します。

指定したコントロールにデータがない場合、そのコントロールを非表示にして詰めて表示するには、コントロールの<印刷時縮小>プロパティで設定します。この設定を変更後、このコントロールを含むセクションの<印刷時縮小>プロパティの設定を確認します。セクションの<印刷時縮小>プロパティが<いいえ>になっていると、セクションの高さが自動調整されないので注意します。

ここでは、「住所2」のデータがない場合は詰めて表示するようにします。

レポートのレイアウトビュー

1 データが未入力の場合は詰めて表示するコントロールを選択します。

2 <印刷時縮小>プロパティで<はい>を選択します。

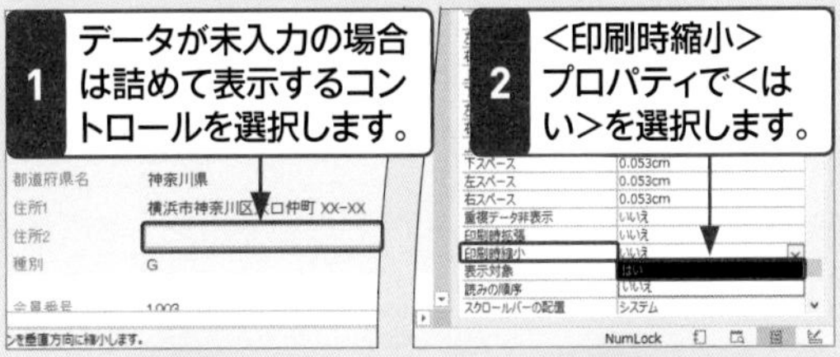

3 「住所2」のラベルは削除しておきます。

5 <詳細>を選択します。

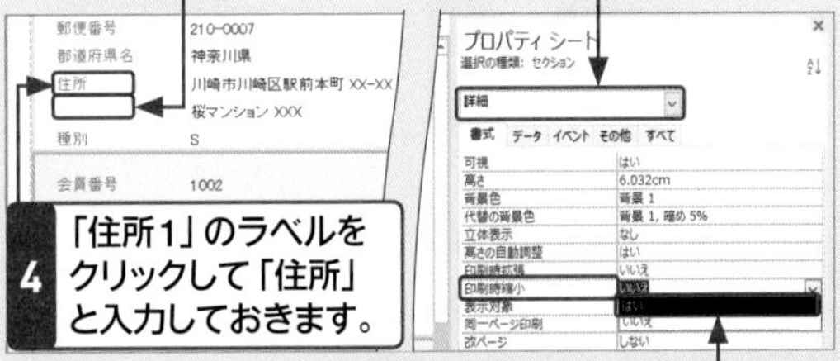

6 <印刷時縮小>プロパティで<はい>を選択します。

7 印刷プレビューに切り替えます。

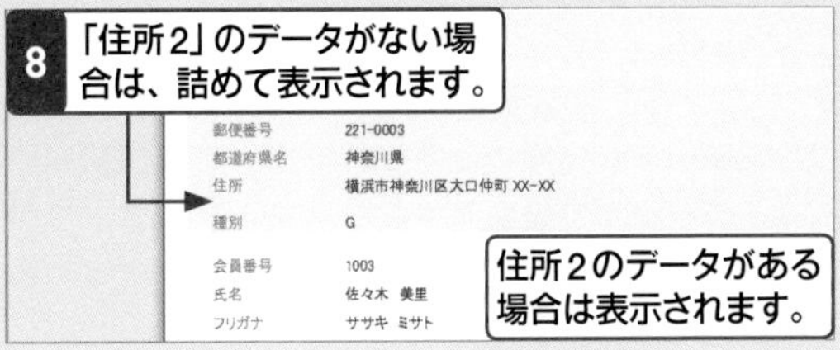

重要度★★★ 印刷する位置の調整

Q 496 データを複数の列に表示するには？

A コントロールの位置を最初に調整します。

詳細セクションの内容を複数の列に分けて印刷するには、ページ設定で列数を指定します。なお、列数を指定しても、用紙の幅に列が収まらないと綺麗に印刷できません。まずは、コントロールの位置などを調整し、続いてQ497の方法で列数などを指定します。

ここでは、用紙の幅に対して2列表示するため、コントロールを用紙の半分の大きさに収まるように調整します。

参照▶Q 497

レポートのデザインビュー

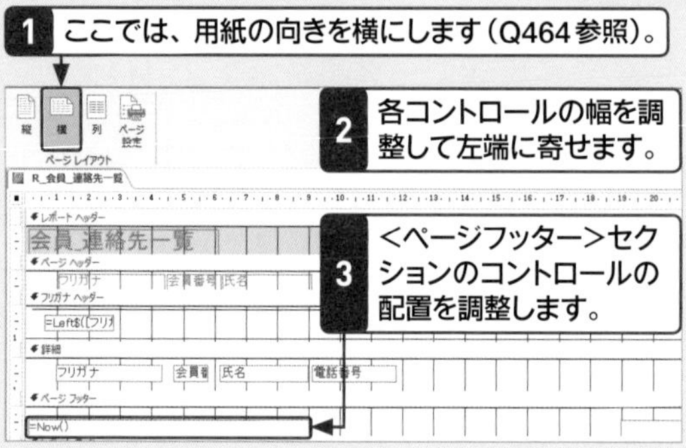
1 ここでは、用紙の向きを横にします（Q464参照）。
2 各コントロールの幅を調整して左端に寄せます。
3 <ページフッター>セクションのコントロールの配置を調整します。

重要度★★★ 印刷する位置の調整

Q 497 複数の列の列幅を変更するには？

A <列数><幅><高さ>を指定します。

複数列を表示するレポートで、列の幅を指定するには、<ページ設定>画面の<レイアウト>タブの<幅>で設定します。<実寸>をクリックすると、レポートの実際の幅を確認できます。

参照▶Q 496

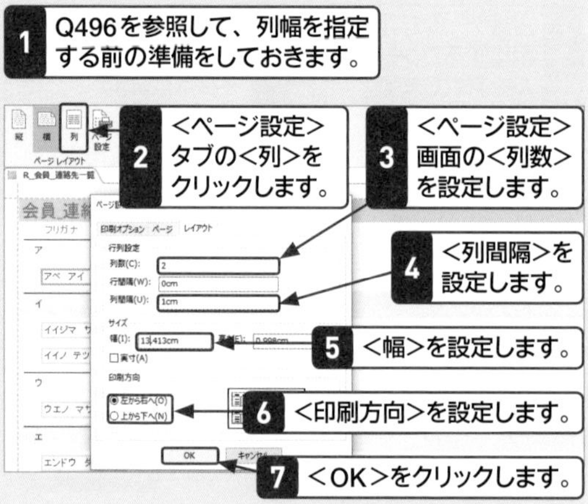
1 Q496を参照して、列幅を指定する前の準備をしておきます。
2 <ページ設定>タブの<列>をクリックします。
3 <ページ設定>画面の<列数>を設定します。
4 <列間隔>を設定します。
5 <幅>を設定します。
6 <印刷方向>を設定します。
7 <OK>をクリックします。

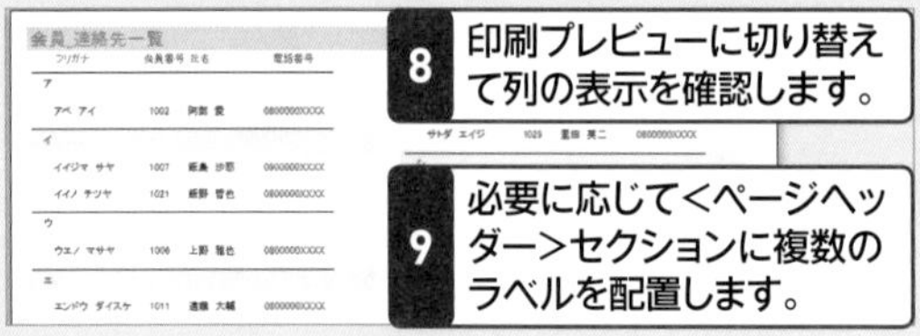
8 印刷プレビューに切り替えて列の表示を確認します。
9 必要に応じて<ページヘッダー>セクションに複数のラベルを配置します。

重要度★★★ 印刷する位置の調整

Q 498 文字を縦書きで表示したい！

A <縦書き>プロパティで指定します。

文字を縦書きで表示するには、コントロールの<縦書き>プロパティで設定します。

文字の飾りを指定するには、コントロールを選択して<ホーム>タブで設定できます。<ホーム>タブで指定した内容は、コントロールの<書式>タブなどに表示されているプロパティに反映されます。

レポートのレイアウトビュー

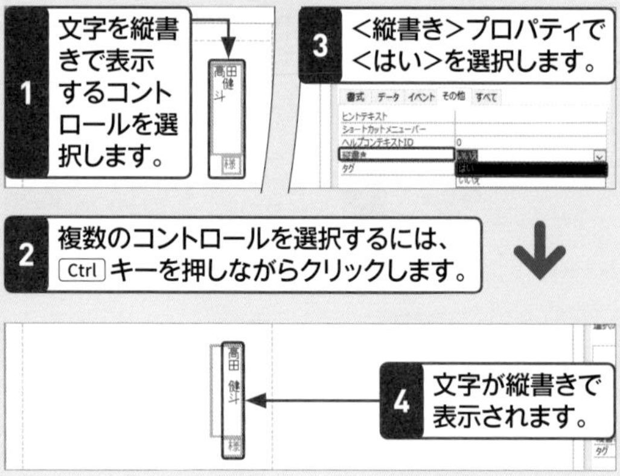
1 文字を縦書きで表示するコントロールを選択します。
3 <縦書き>プロパティで<はい>を選択します。
2 複数のコントロールを選択するには、Ctrl キーを押しながらクリックします。
4 文字が縦書きで表示されます。

重要度 ★★★　レポートのカスタマイズ

Q 499 フィールドを追加するには？

レポートのもとになっているテーブルやクエリのデータを表示するフィールドのコントロールを追加するには、フィールドリストからフィールドをドラッグします。すると、追加したコントロールの＜コントロールソース＞プロパティに、ドラッグしたフィールドの名前が指定されます。

参照 ▶ Q 558

A フィールドリストからフィールドを追加します。

1 Q558の方法で、フィールドの値を表示するコントロールをドラッグして追加します。

2 ＜コントロールソース＞プロパティにフィールド名が指定されています。

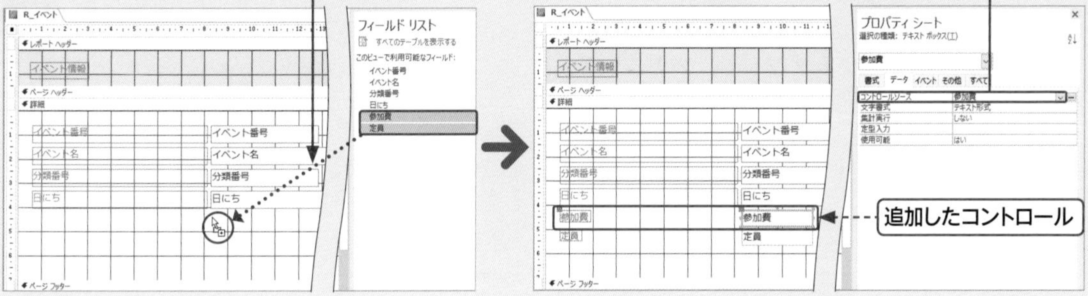

重要度 ★★★　レポートのカスタマイズ

Q 500 ラベルを配置するには？

A ラベルの＜標題＞プロパティを指定します。

レポートに指定した文字を表示するには、ラベルを追加して文字を入力します。入力した文字は、ラベルの＜標題＞プロパティに反映されます。

追加した文字の書式を整えるには、ラベルを選択して＜ホーム＞タブにあるボタンで指定します。

参照 ▶ Q 573、Q 574、Q 575、Q 576

レポートのデザインビュー

1 ＜デザイン＞タブで＜ラベル＞をクリックします。

2 レポート上でラベルを追加する場所をクリックします。

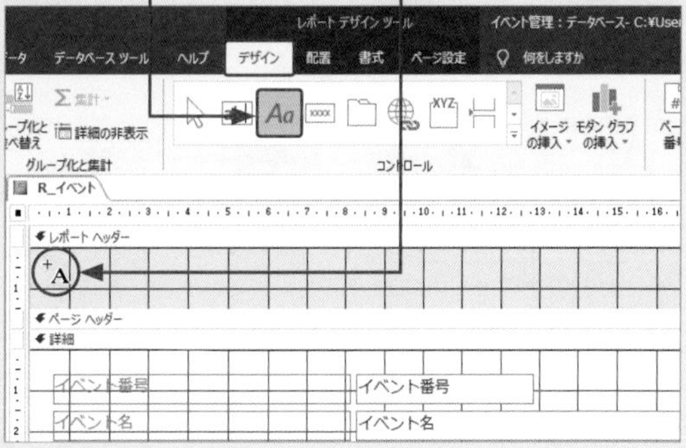

3 ラベルが追加されます。

4 ラベルに文字を入力します。

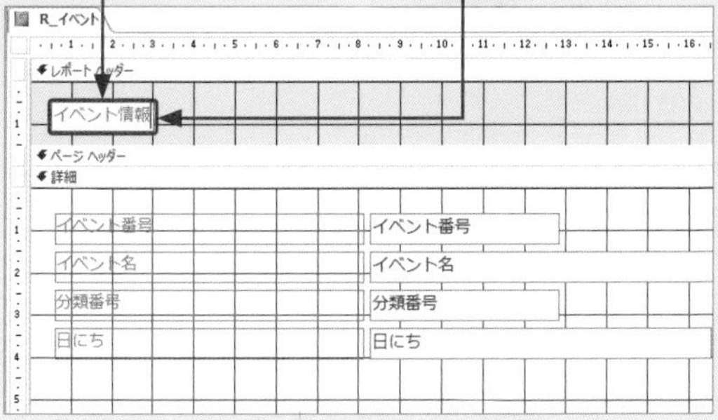

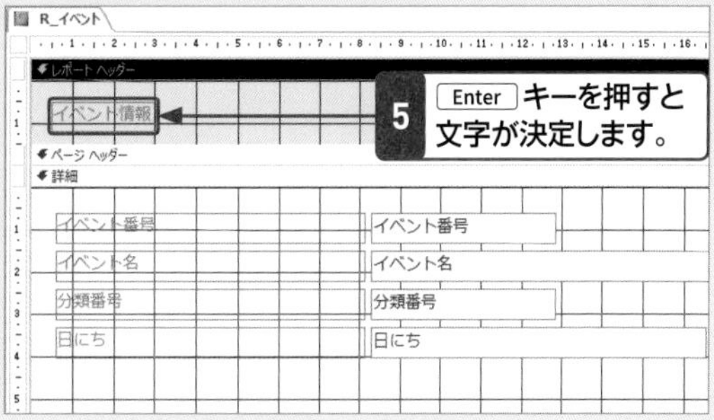

重要度 ★★★ レポートのカスタマイズ

Q 501 テキストボックスを追加するには？

A コントロールの一覧からテキストボックスを選択します。

レポートのもとになるテーブルやクエリのフィールドの値を使って、計算結果を表示したりするには、テキストボックスを追加します。その際、一から操作する方法もありますが（Q503参照）、ここではテキストボックスと付属するラベルを複製して、そこに計算式を指定する方法を使います（Q502参照）。コントロールを複製すると、もとのコントロールの<書式>プロパティなどのプロパティ情報が引き継がれます。 参照▶Q 502、Q 503

レポートのデザインビュー

1 テキストボックスとラベルを選択します。

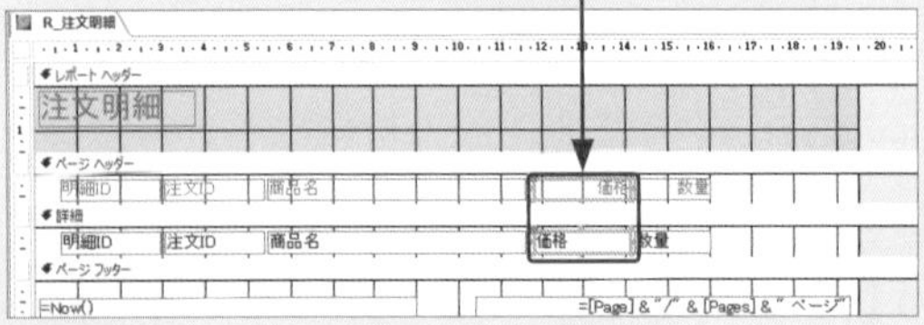

2 Q559の方法で、選択したテキストボックスとラベルをコピーして貼り付けます。

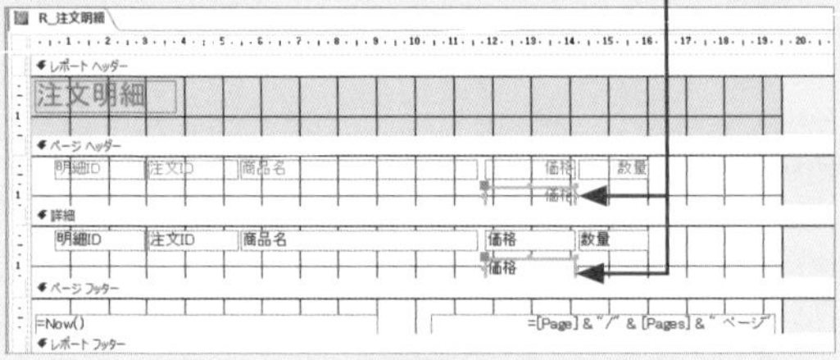

3 テキストボックスとラベルの配置を調整します。

4 テキストボックスに計算式を設定し、ラベルの文字を修正します（Q502参照）。

重要度 ★★★ レポートのカスタマイズ

Q 502 「計」×「数量」などフィールド間の計算結果を表示するには？

A 演算コントロールを配置します。

レポートのもとになっているテーブルやクエリのフィールドの値を使って計算結果を表示します。テキストボックスを追加して、<コントロールソース>プロパティに式の内容を指定します。

ここでは、「価格」×「数量」を計算して表示します。

レポートのデザインビュー

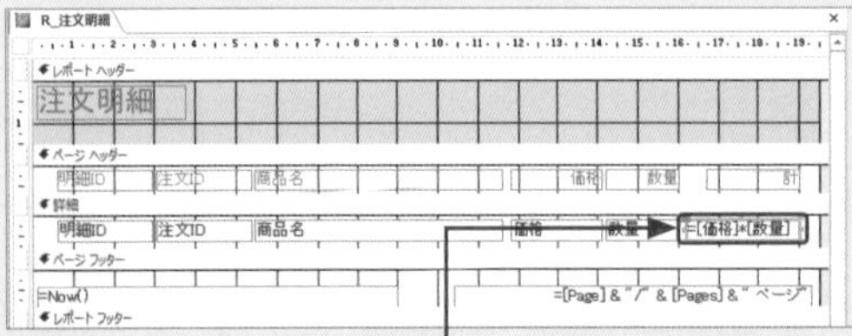

1 式を入力するコントロールを選択します。

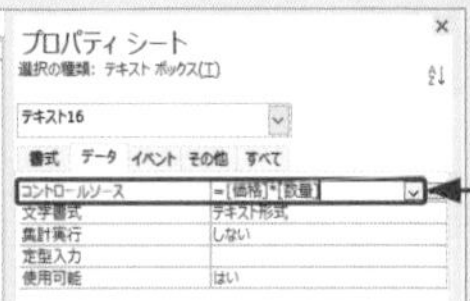

2 コントロールの<コントロールソース>プロパティに =[価格]*[数量] と入力します。

3 レポートをレポートビューで開きます。

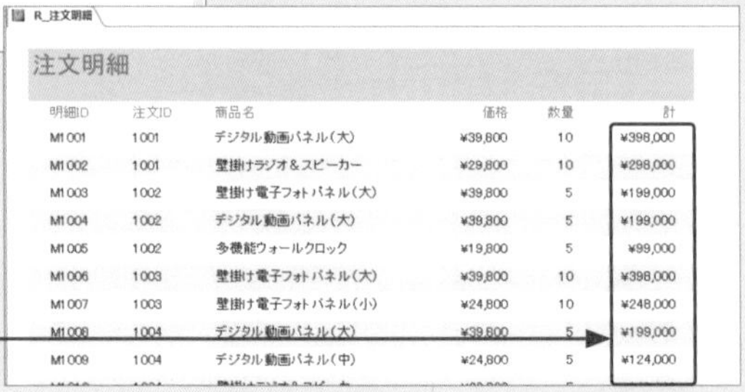

4 コントロールに計算結果が表示されます。

重要度 ★★★　レポートのカスタマイズ

Q 503 最後のページに「計」の「合計」を表示するには？

A レポートフッターにコントロールを配置する方法があります。

レポートの最後に、レポートの<詳細>セクションに配置した明細データのコントロールの合計などを表示するには、<レポートフッター>セクションに計算結果を表示するコントロールを配置します。

ここでは、注文明細の「価格」×「数量」の合計を求めた「計」の合計を計算して、レポートの最後に表示します。

レポートのデザインビュー

1 レポートフッター領域を広げます。

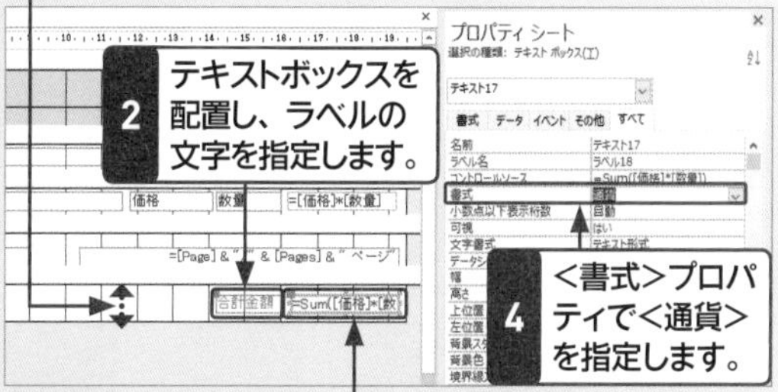

2 テキストボックスを配置し、ラベルの文字を指定します。

3 配置したテキストボックスの<コントロールソース>プロパティに =Sum([価格]＊[数量]) と入力します。

4 <書式>プロパティで<通貨>を指定します。

5 レポートを印刷プレビューに切り替えます。

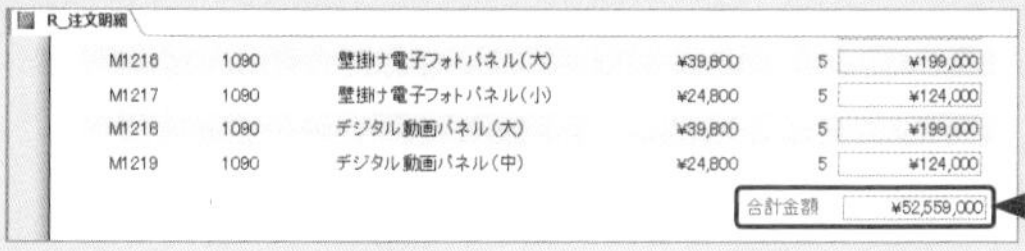

6 1ページ目が表示されたら、最終ページに切り替えます。

7 明細データの最後に合計が表示されます。

重要度 ★★★　レポートのカスタマイズ

Q 504 印刷時にコメントを入力して印刷したい！

A レポートを開いたときにメッセージを入力できるようにする方法があります。

レポートを印刷プレビューに切り替えたときに、メッセージボックスを表示し、入力した内容をコメントとして印刷されるようにします。文字を表示する位置にテキストボックスコントロールを追加して、<コントロールソース>プロパティにメッセージボックスに表示する内容を指定します。

書式	InputBox(メッセージ,タイトル,既定の文字)

メッセージを表示して、文字を受け取ります。

メッセージ：表示するメッセージの内容を指定します。

タイトル：メッセージボックスのタイトルを指定します。

既定の文字：メッセージボックスに入力する既定の文字を指定できます。

そのほかの引数については、ヘルプを参照してください。

レポートのデザインビュー

1 コメントを表示する場所にテキストボックスを配置します。

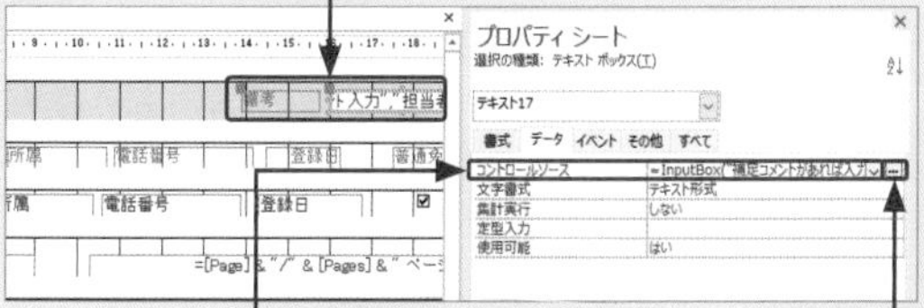

2 <コントロールソース>プロパティのここをクリックします。

3 <式ビルダー>画面で =InputBox("補足コメントがあれば入力してください","コメント入力","担当者：") と入力します。

4 レポートを印刷プレビューに切り替えます。

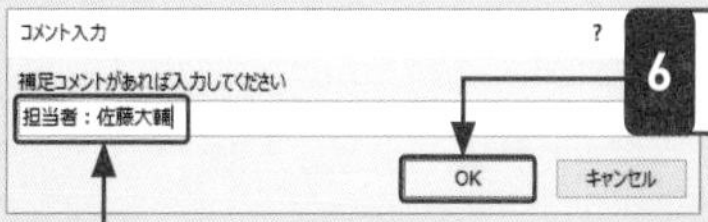

5 メッセージが表示されたら、内容を入力します。

6 <OK>をクリックします。

7 入力した内容がテキストボックスに表示されます。

Q 505 メイン／サブレポートって何？

A メインとサブの2つのレポートを組み合わせたレポートです。

メイン／サブレポートは、メインとなるレポートにサブレポートを表示して、複数のテーブルのデータを整理してまとめて表示できるレポートです。たとえば、注文のデータをメインレポートに表示して、その注文の明細データをサブレポートに表示したりできます。

●顧客データ

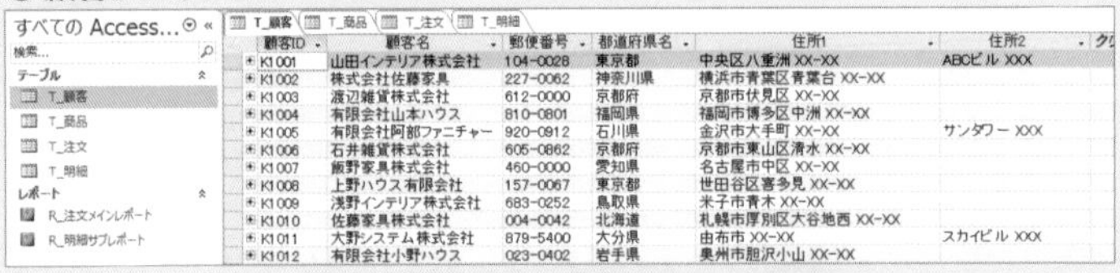

●商品データ

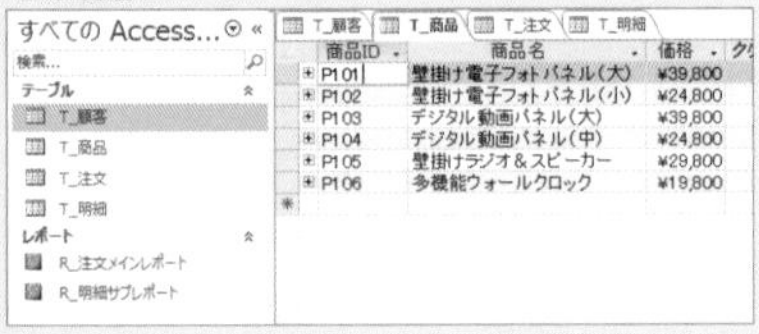

●注文データ

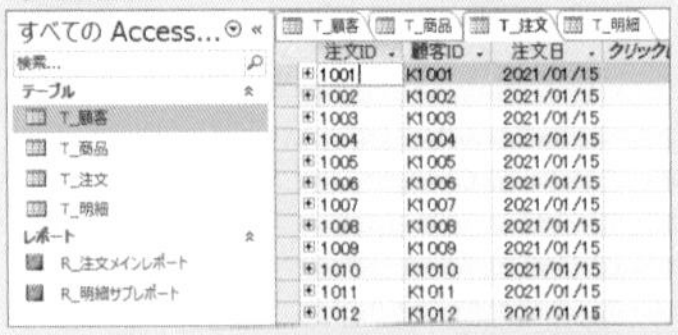

●明細データ

メイン／サブレポートを作成するには、レポートのもとになる複数のテーブルに、あらかじめリレーションシップを設定しておくとよいでしょう。リレーションシップの設定によって、メインレポートで表示しているデータの関連データをサブレポートで表示できます。

●リレーションシップの設定

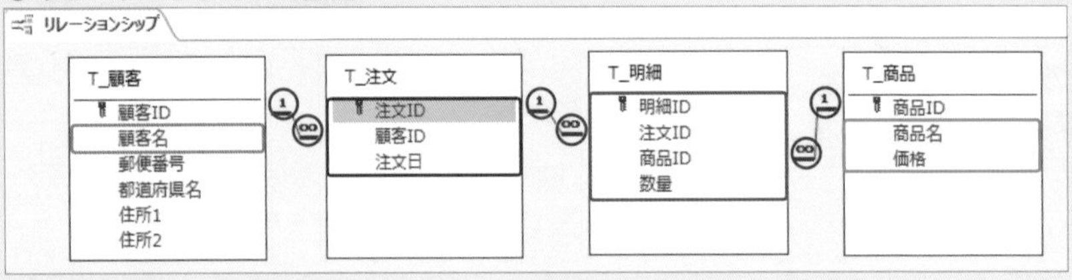

●メイン／サブレポート

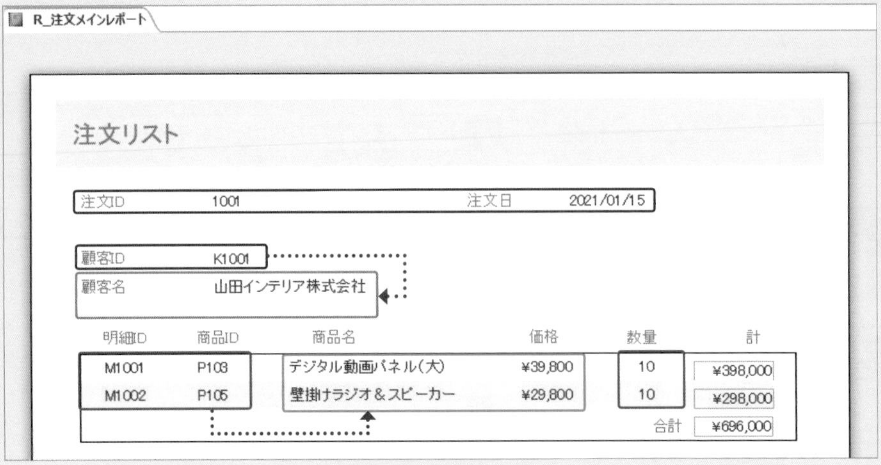

重要度 ★★★　複数のテーブルの活用

Q 506 メイン／サブレポートを作成するには？

A まずはメインレポートを作成します。

メイン／サブレポートを作成するには、いくつかの方法があります。ここでは、メインレポートとサブレポートを別々に作成し、サブレポートをメインレポートに追加する方法を紹介します。
ここでは、注文データをメインレポートに、注文明細データをサブレポートに表示するレポートを作成します。まずは、メインレポートを作成します。メインレポートとサブレポートとのデータを関連付ける共通の「注文ID」フィールドの存在を意識しながら操作しましょう。 参照▶Q 505

● メインレポートの作成

1 メインレポートのもとになるテーブルを選択します。

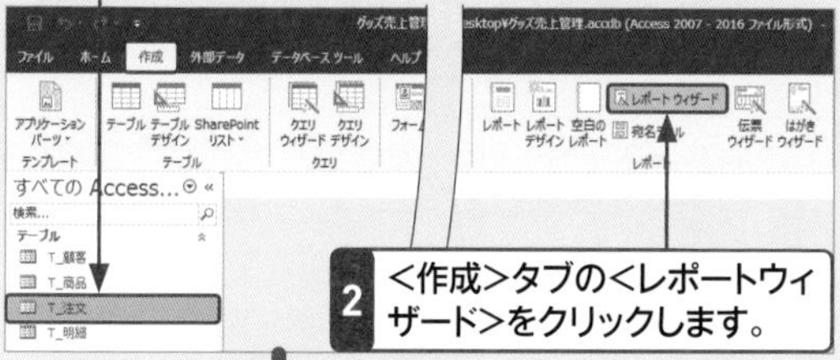

2 ＜作成＞タブの＜レポートウィザード＞をクリックします。

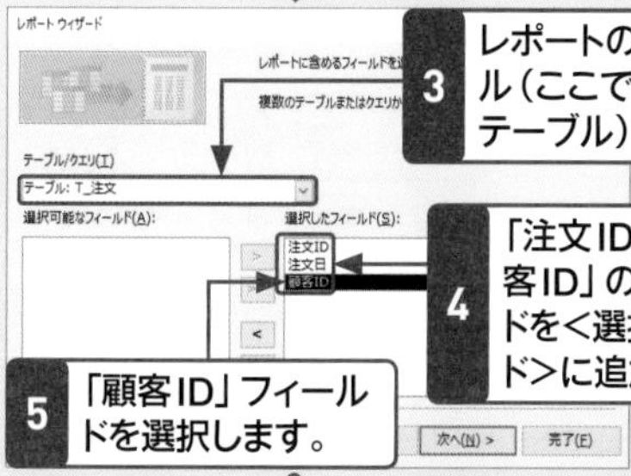

3 レポートのもとのテーブル（ここでは「T_注文」テーブル）を確認します。

4 「注文ID」「注文日」「顧客ID」の順にフィールドを＜選択したフィールド＞に追加します。

5 「顧客ID」フィールドを選択します。

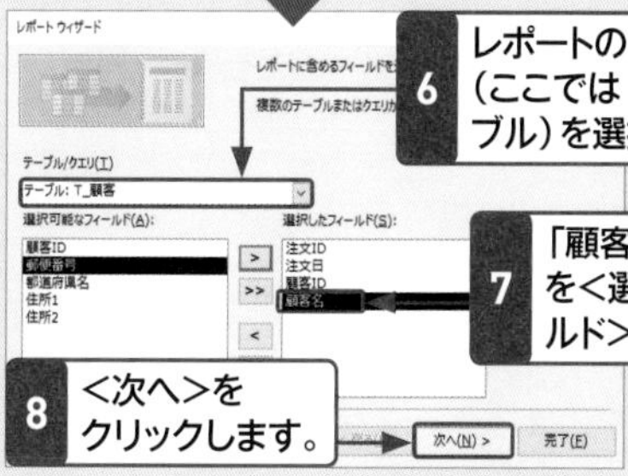

6 レポートのもとのテーブル（ここでは「T_顧客」テーブル）を選択します。

7 「顧客名」フィールドを＜選択したフィールド＞に追加します。

8 ＜次へ＞をクリックします。

9 次に表示される、データの表示方法を選択する画面では、＜byT_注文＞が選択された状態で＜次へ＞をクリックします。

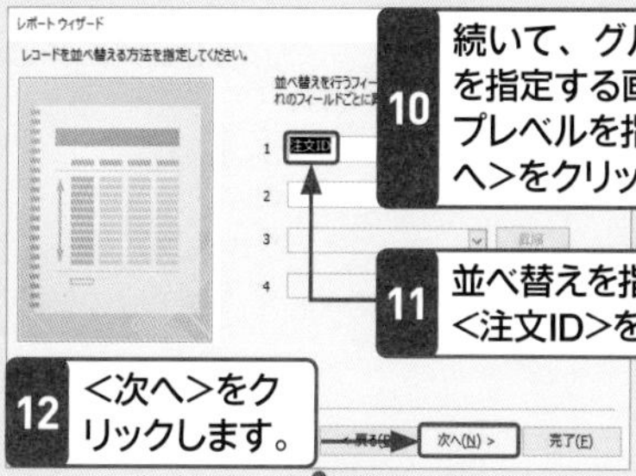

10 続いて、グループレベルを指定する画面で、グループレベルを指定せずに＜次へ＞をクリックします。

11 並べ替えを指定する画面で＜注文ID＞をクリックします。

12 ＜次へ＞をクリックします。

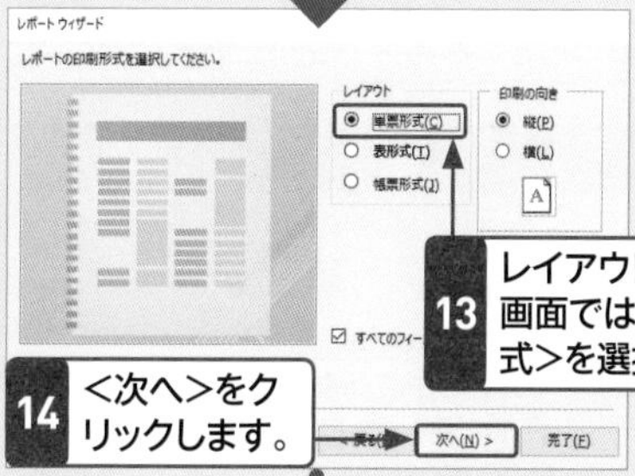

13 レイアウトを選択する画面では、＜単票形式＞を選択します。

14 ＜次へ＞をクリックします。

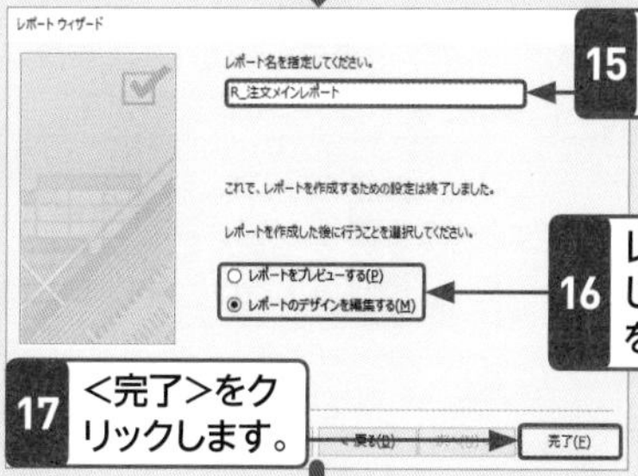

15 レポート名を指定します。

16 レポートを作成した後の操作を指定します。

17 ＜完了＞をクリックします。

18 メインレポートが作成されます。

19 ＜詳細セクション＞を縦に広げます。

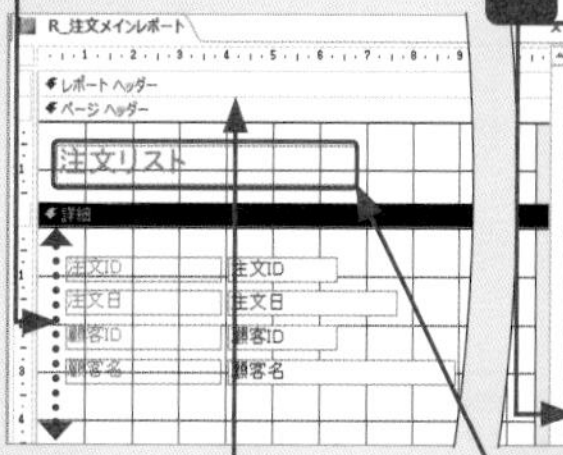

20 ＜詳細＞セクションを選択します。

21 ＜改ページ＞プロパティで＜カレントセクションの前＞を選択します。

22 ＜レポートヘッダー＞領域はなしにします。

23 ＜ページヘッダー＞にレポートタイトルとしてラベルを配置します。

重要度 ★★★　複数のテーブルの活用

Q 507 サブレポートを作成するには？

A レポートウィザードからサブレポートを作成します。

ここでは、Q506で作成したレポートをメインレポートとして、そこに追加するサブレポートを作成します。このサブレポートでは、注文データに対応する明細データを表示します。注文データとデータを関連付ける「注文ID」フィールドの存在を意識しながら操作します。

1 サブレポートのもとになるテーブルを選択します。

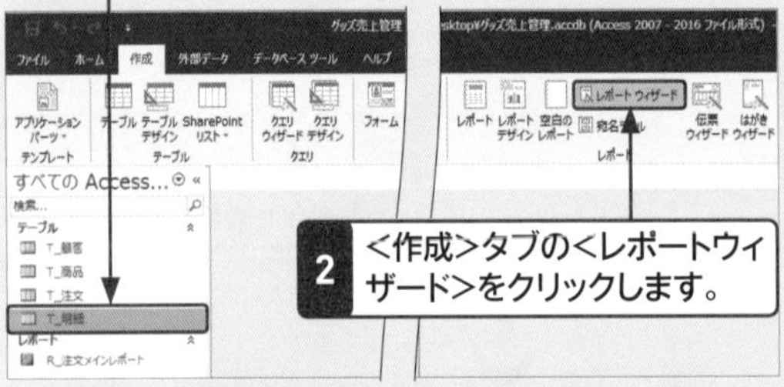

2 <作成>タブの<レポートウィザード>をクリックします。

3 レポートのもとのテーブル（ここでは「T_明細」テーブル）を確認します。

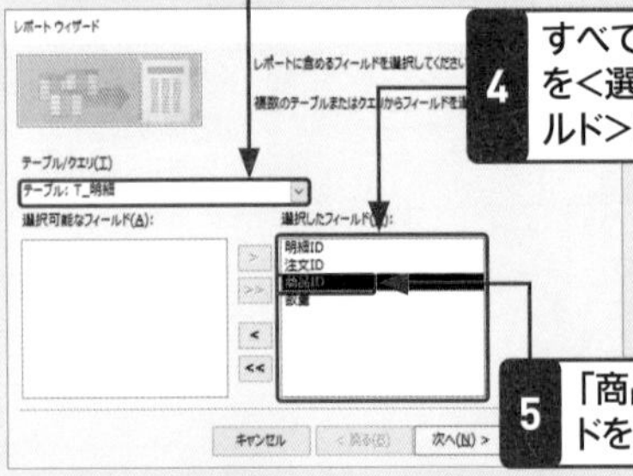

4 すべてのフィールドを<選択したフィールド>に追加します。

5 「商品ID」フィールドを選択します。

6 レポートのもとのテーブル（ここでは「T_商品」テーブル）を選択します。

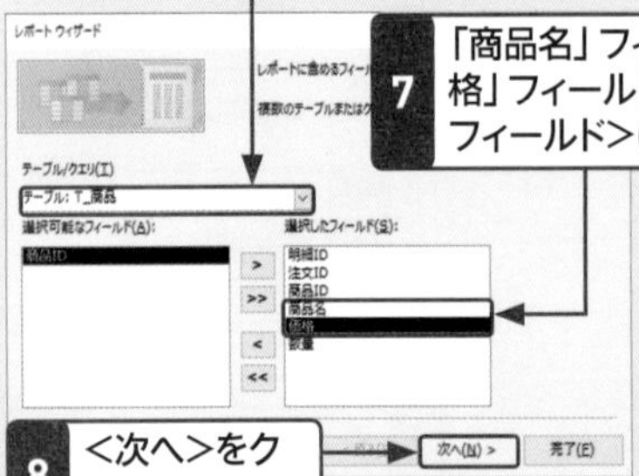

7 「商品名」フィールドと「価格」フィールドを<選択したフィールド>に追加します。

8 <次へ>をクリックします。

9 データの表示方法の画面で、<byT_明細>が選択されている状態で<次へ>をクリックします。

10 続いての画面で、グループレベルは指定せずに<次へ>をクリックします。

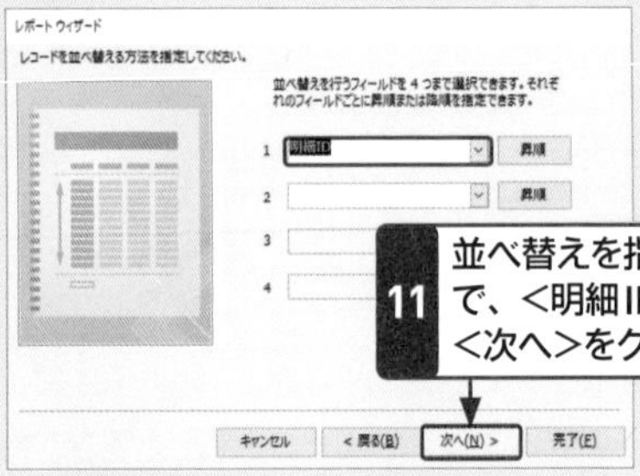

11 並べ替えを指定する画面で、<明細ID>を指定して<次へ>をクリックします。

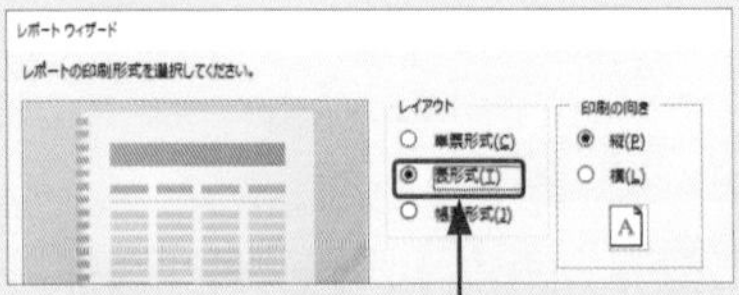

12 レイアウトを選択する画面では<表形式>を選択して画面を進めます。

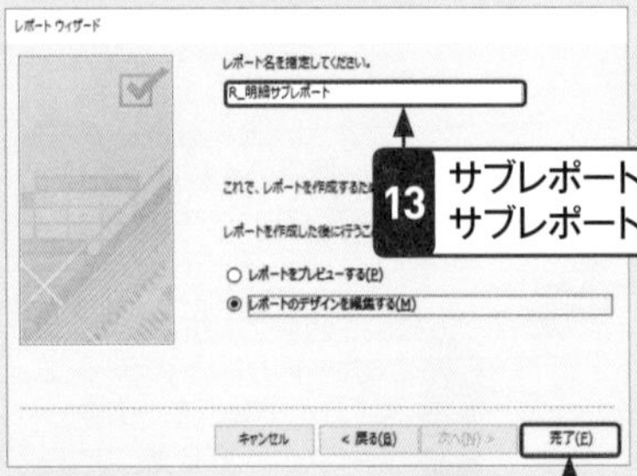

13 サブレポート名は「R_明細サブレポート」と入力し、

14 <完了>をクリックして、ウィザードを終了します。

15 サブレポートが作成されたら、コントロールの配置を整えます。

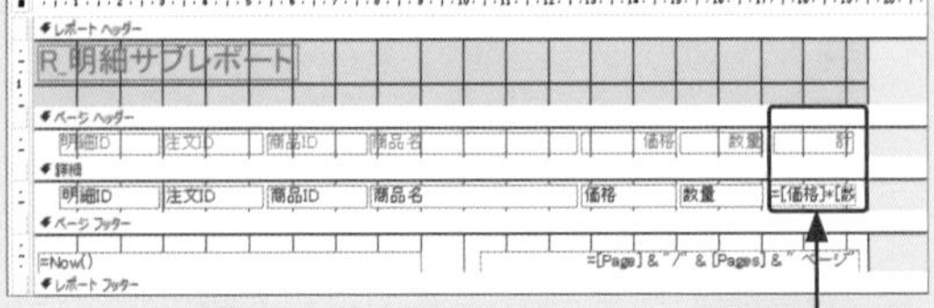

15 Q501、Q502を参考にして、右端に「価格*数量」の値を表示するテキストボックスコントロールを追加しておきます。

重要度★★★ 複数のテーブルの活用

Q 508 サブレポートの明細データの合計を求めるには？

メイン／サブレポートを作成する前に、サブレポートを修正しましょう。ここでは、サブレポートには不要なレポートヘッダーを非表示にします。また、メインレポートに明細データの合計が表示されるように、計算結果を表示するコントロールを配置します。

A サブレポートのレポートフッターにコントロールを追加します。

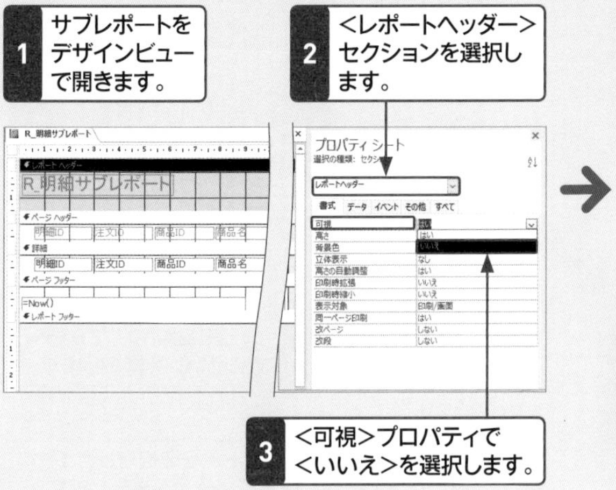
1 サブレポートをデザインビューで開きます。
2 ＜レポートヘッダー＞セクションを選択します。
3 ＜可視＞プロパティで＜いいえ＞を選択します。

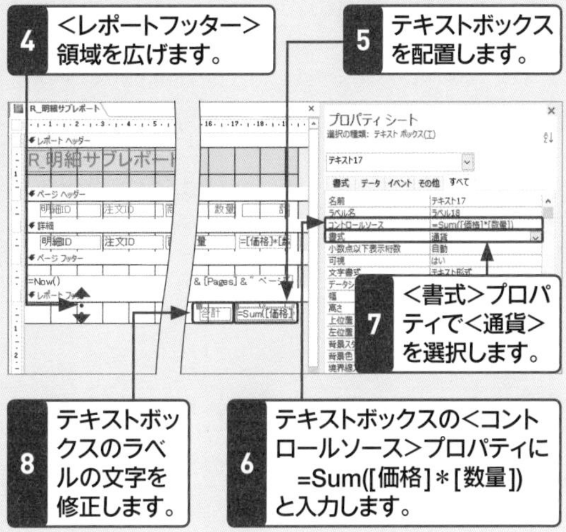
4 ＜レポートフッター＞領域を広げます。
5 テキストボックスを配置します。
6 テキストボックスの＜コントロールソース＞プロパティに =Sum([価格]＊[数量]) と入力します。
7 ＜書式＞プロパティで＜通貨＞を選択します。
8 テキストボックスのラベルの文字を修正します。

重要度★★★ 複数のテーブルの活用

Q 509 サブレポートをメインレポートに追加するには？

メインレポートとサブレポートを作成したら、サブレポートをメインレポートにドラッグして追加します。追加したあとは、メインレポートとサブレポートを関連付けるために利用するフィールドを確認します。＜リンク親フィールド」を指定して、＜リンク親フィールド＞と＜リンク子フィールド＞の設定を確認します。

A メインレポートにドラッグします。

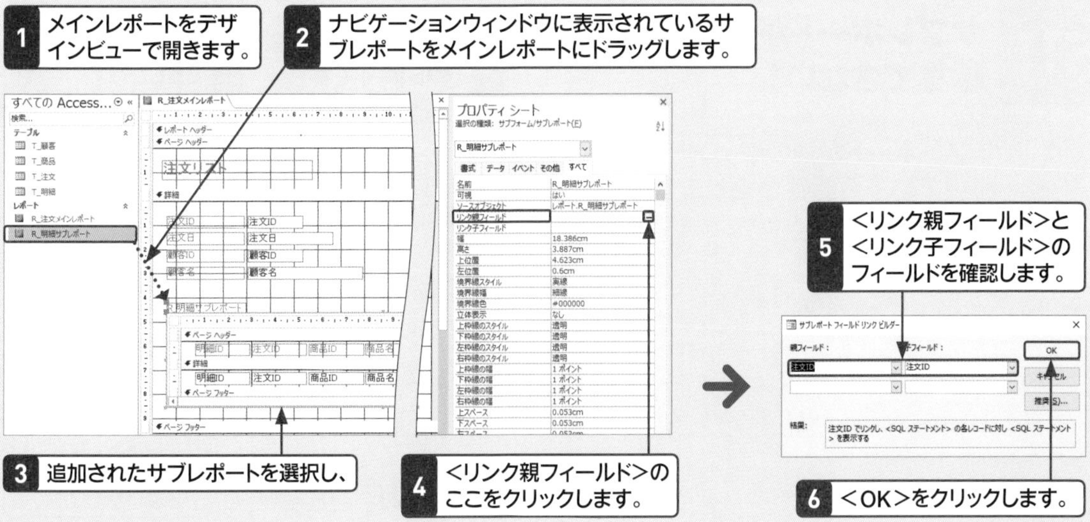
1 メインレポートをデザインビューで開きます。
2 ナビゲーションウィンドウに表示されているサブレポートをメインレポートにドラッグします。
3 追加されたサブレポートを選択し、
4 ＜リンク親フィールド＞のここをクリックします。
5 ＜リンク親フィールド＞と＜リンク子フィールド＞のフィールドを確認します。
6 ＜OK＞をクリックします。

重要度 ★★★　複数のテーブルの活用

Q 510 データの内容に合わせてサブレポートの大きさを調整したい！

A <印刷時縮小>プロパティで指定します。

メイン／サブレポートでは、メインレポートのデータに対応する詳細データをサブレポートに表示します。このとき、詳細データの数に合わせて、サブレポートを表示するコントロールの大きさが自動的に調整されるようにすると便利です。ここでは、詳細データの数に合わせて高さが変わるようにします。

また、メインレポートとサブレポートの表示を見やすく調整します。

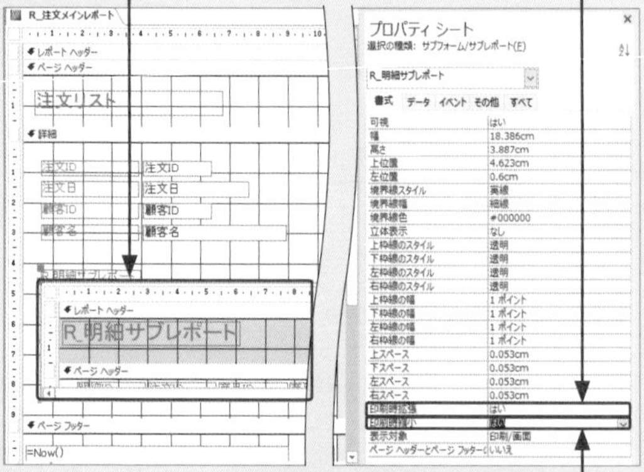
1 メインレポートをデザインビューで開きます。
2 サブレポートを選択します。
3 <印刷時拡張>プロパティで<はい>を選択します。
4 <印刷時縮小>プロパティで<はい>を選択します。
R_注文メインレポート
注文リスト
R_明細サブレポート
プロパティ シート
選択の種類: サブフォーム/サブレポート(E)
印刷時拡張　はい
印刷時縮小　はい

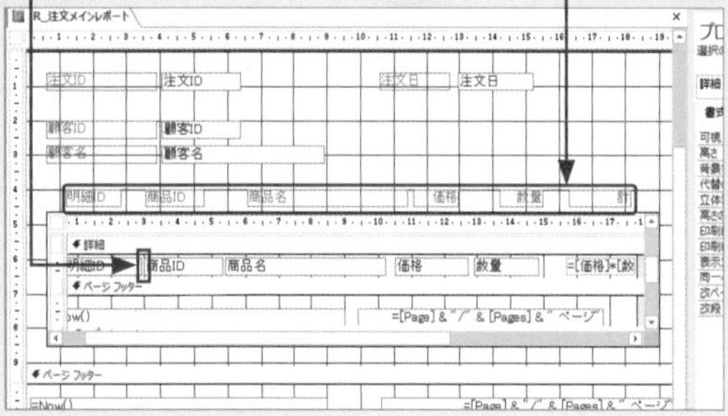
5 サブレポートの「注文ID」フィールドは必要ないので削除します。
6 メインレポート側に、サブレポートのフィールドのラベルを移動します。
R_注文メインレポート

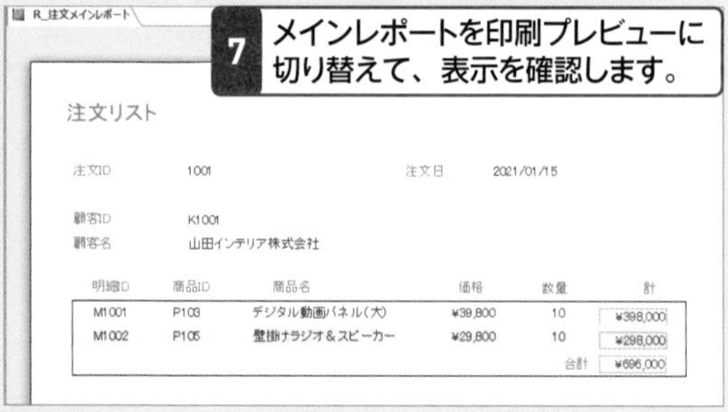
7 メインレポートを印刷プレビューに切り替えて、表示を確認します。
注文リスト
注文ID　1001　注文日　2021/01/15
顧客ID　K1001
顧客名　山田インテリア株式会社
明細ID　商品ID　商品名　価格　数量　計
M1001　P103　デジタル動画パネル(大)　¥39,800　10　¥398,000
M1002　P105　壁掛けラジオ＆スピーカー　¥29,800　10　¥298,000
合計　¥696,000

重要度 ★★★　複数のテーブルの活用

Q 511 サブレポートが編集できない！

A サブレポートが別のウィンドウで開いている可能性があります。

メイン／サブレポートを開いているとき、サブレポートが真っ白に表示されて編集できない場合は、サブレポートが別のウィンドウで開いていないか確認しましょう。なお、この状態でサブレポートを右クリックして、<新しいウィンドウでサブレポートを開く>をクリックすると、サブレポートのデザインビューに切り替えできます。

レポートのデザインビュー

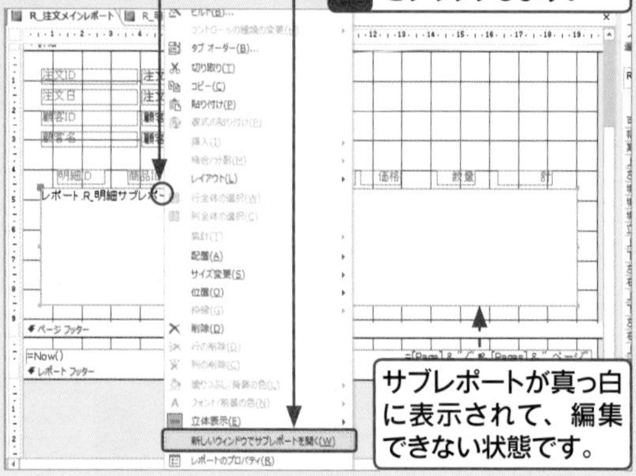
1 サブレポートを右クリックします。
2 <新しいウィンドウでサブレポートを開く>をクリックします。
サブレポートが真っ白に表示されて、編集できない状態です。
新しいウィンドウでサブレポートを開く(W)
レポートのプロパティ(R)

重要度 ★★★　グループ別の集計

Q 512 データをグループごとにまとめて表示するには？

商品分類別の商品一覧や都道府県別の顧客一覧など、指定したフィールドのデータをもとに、グループごとにまとめて表示するには、グループ化レポートを作成します。グループ化レポートはウィザード画面で指定できます。

ここでは、会員データを「種別」ごとにまとめて表示します。

A グループ化レポートを作成します。

1 レポートのもとになるテーブル（ここでは「T_会員」テーブル）やクエリを選択します。

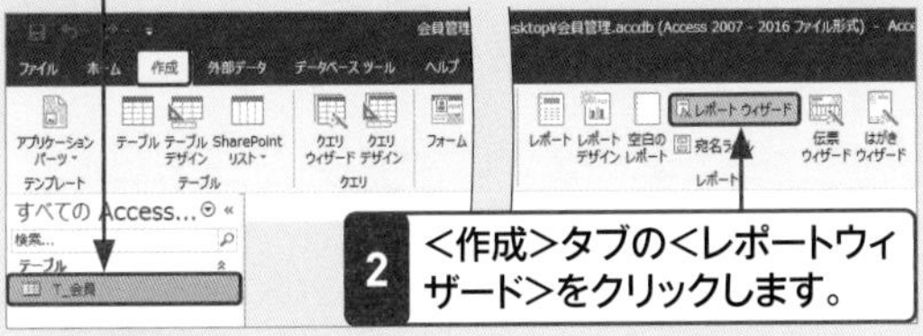

2 <作成>タブの<レポートウィザード>をクリックします。

3 レポートのもとになるテーブル（ここでは「T_会員」テーブル）やクエリを確認します。

4 表示するフィールドを<選択したフィールド>に追加します。

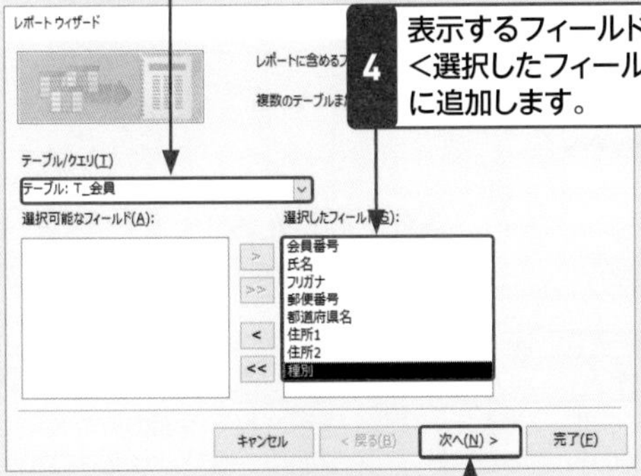

5 <次へ>をクリックします。

6 グループにまとめるフィールドを選択します。

7 「>」をクリックします。

8 グループレベルが指定されます。

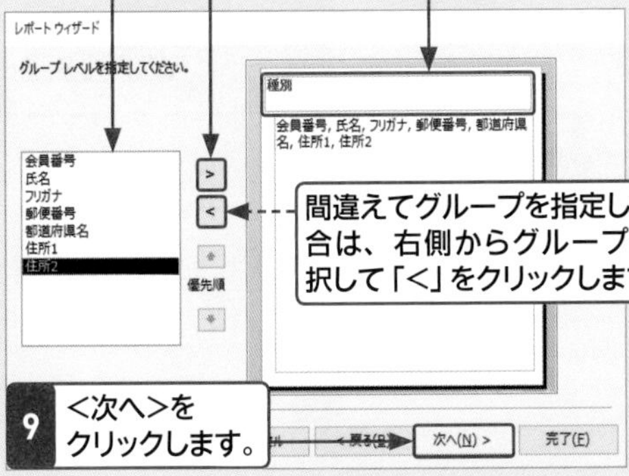

間違えてグループを指定した場合は、右側からグループを選択して「<」をクリックします。

9 <次へ>をクリックします。

10 並べ替えを行うフィールド（ここでは「会員番号」フィールド）を選択します。

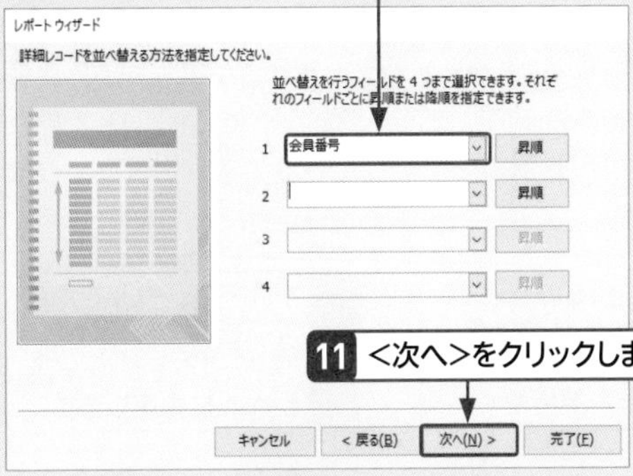

11 <次へ>をクリックします。

12 続いて表示される画面で、レポートのレイアウトを選択して<次へ>をクリックします。

13 レポート名を指定します。

14 このあとに行う操作を選択します。

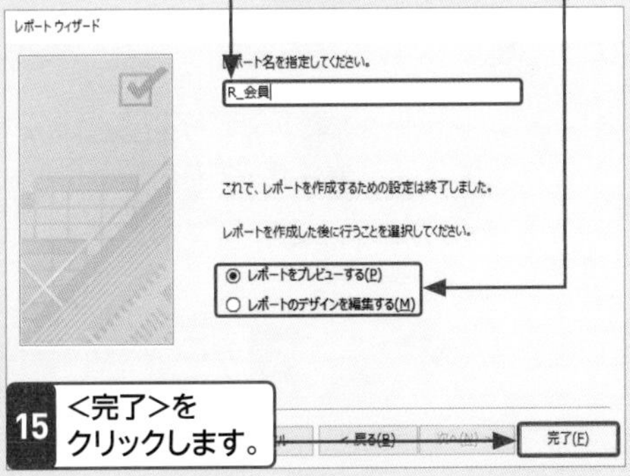

15 <完了>をクリックします。

16 グループ化レポートが表示されます。

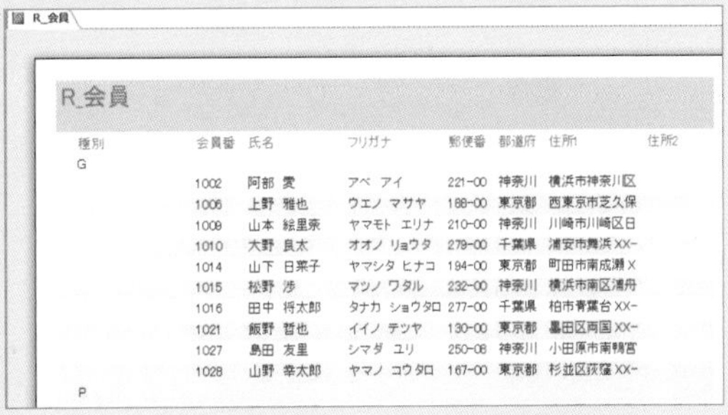

重要度★★★ グループ別の集計

Q 513 月ごとにデータをまとめて表示するには？

A グループ化レポートを作成して月の表示方法を指定します。

売上データなどを月ごとにまとめて表示するには、グループ化レポートを作成し、グループ化するフィールドや日付の間隔などを指定します。レポートの作成後は、日付の表示方法などを指定します。

ここでは、月別の売上合計を表示するレポートを作成します。

参照▶Q 514

1 Q512の方法で、レポートウィザードを表示して画面を進めます。

2 グループレベルを指定する画面で、日付のフィールドをグループレベルに指定します。

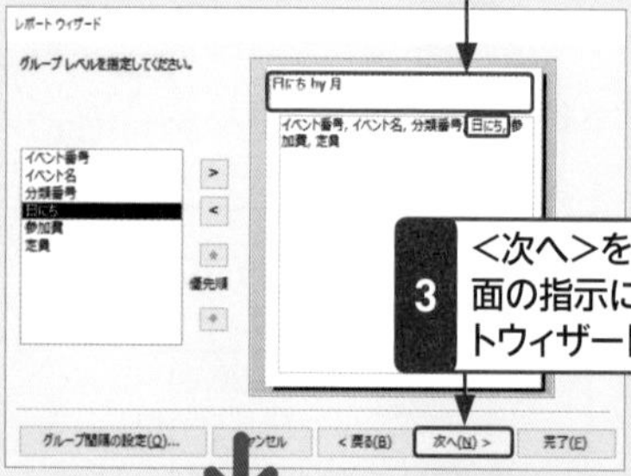

3 <次へ>をクリックし、画面の指示に従ってレポートウィザードを進めます。

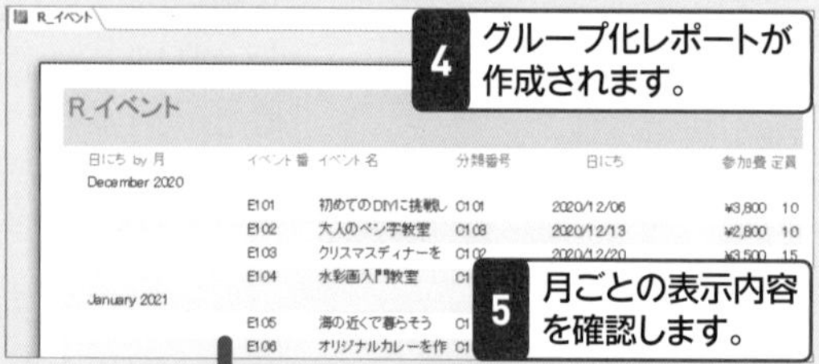

4 グループ化レポートが作成されます。

5 月ごとの表示内容を確認します。

6 <グループヘッダー>の日にちのコントロールを選択します。

7 <コントロールソース>プロパティのここをクリックします。

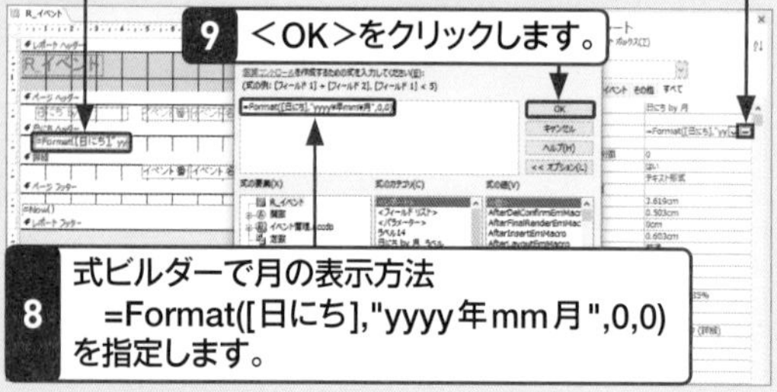

8 式ビルダーで月の表示方法
=Format([日にち],"yyyy年mm月",0,0)
を指定します。

9 <OK>をクリックします。

重要度★★★ グループ別の集計

Q 514 グループにまとめる間隔を変更するには？

A ウィザードの中でグループの間隔を指定します。

グループ化レポートを作成するときは、指定したフィールドのデータをもとにグループを設定します。グループとみなす間隔は、ウィザードの中で指定します。間隔として指定できる内容は、フィールドによって異なります。たとえば、テキスト型など文字が入力されているフィールドでは、先頭の1文字が同じデータを同一グループと見なすことができます。日付／時刻型のフィールドの場合、「年」や「月」などの間隔を指定できます。

1 Q512の方法で、レポートウィザードを表示して画面を進めます。

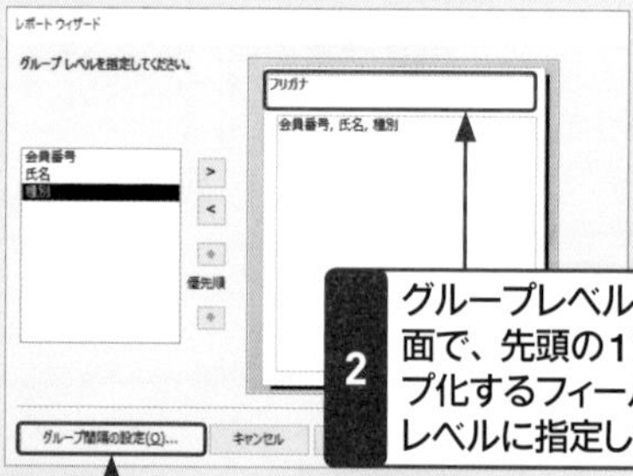

2 グループレベルを指定する画面で、先頭の1文字でグループ化するフィールドをグループレベルに指定します。

3 <グループ間隔の設定>をクリックします。

4 表示される画面の<グループ間隔>欄で、グループ間隔の単位を選択します。

5 <OK>をクリックします。

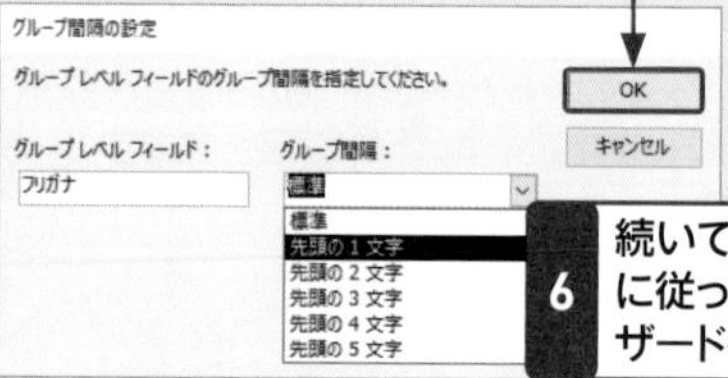

6 続いて、画面の指示に従ってレポートウィザードを進めます。

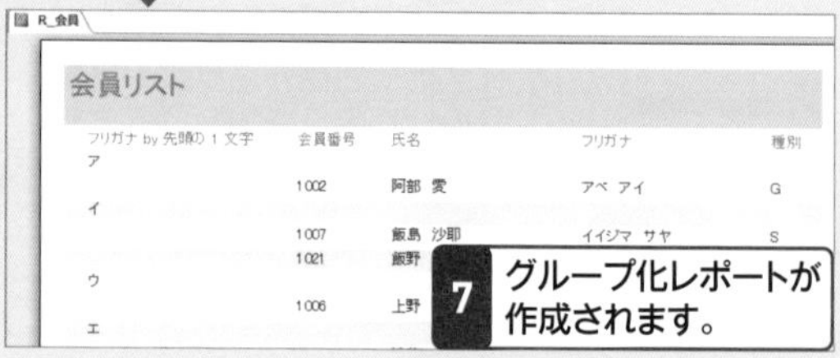

7 グループ化レポートが作成されます。

重要度 ★★★　グループ別の集計

Q 515 グループの設定を確認・変更するには？

A <グループ化と並べ替え>ボタンをクリックします。

グループ化レポートの編集中に、レイアウトビューやデザインビューで<グループ化と並べ替え>ボタンをクリックすると、どのフィールドを基準にグループ化を設定しているかなどを確認できます。グループ間隔を変更することなどもできます。

レポートのデザインビュー

1 <デザイン>タブの<グループ化と並べ替え>をクリックします。

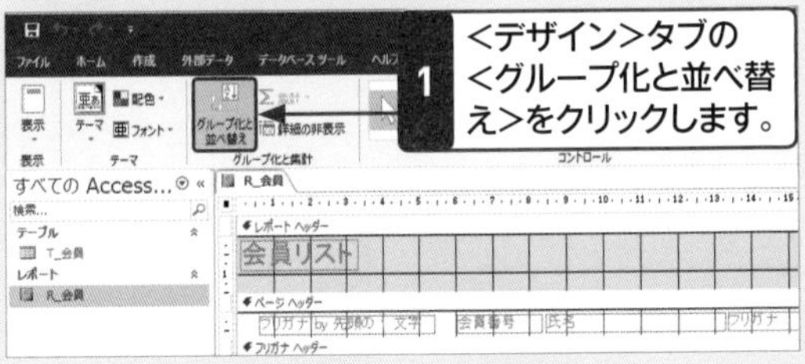

2 グループ化と並べ替えの設定内容を確認できます。

3 <その他>をクリックすると、グループヘッダーやグループフッターの表示方法などを指定できます。

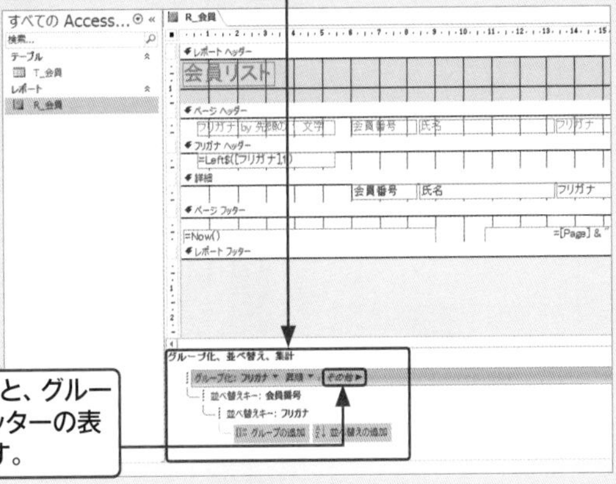

重要度 ★★★　グループ別の集計

Q 516 並べ替え条件を変更するには？

A グループごとの並べ替え条件を指定します。

グループ化レポートで、明細データをグループごとにまとめて表示するとき、グループごとの並べ替え条件を指定できます。並べ替え条件はウィザード画面の中で指定できるほか、あとから変更することもできます。複数の並べ替え条件を指定する方法は、Q520を参照してください。ここでは、イベントデータを日付の古い順に並べ替えます。

参照▶Q 515、Q 520

レポートのデザインビュー

1 <並べ替えの追加>をクリックし、<並べ替えキー>のここをクリックして、

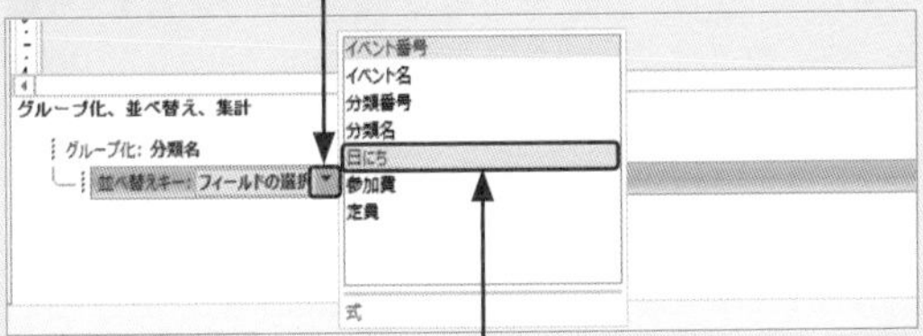

2 並べ替え条件のフィールドを選択します。

3 並べ替え条件を指定します。

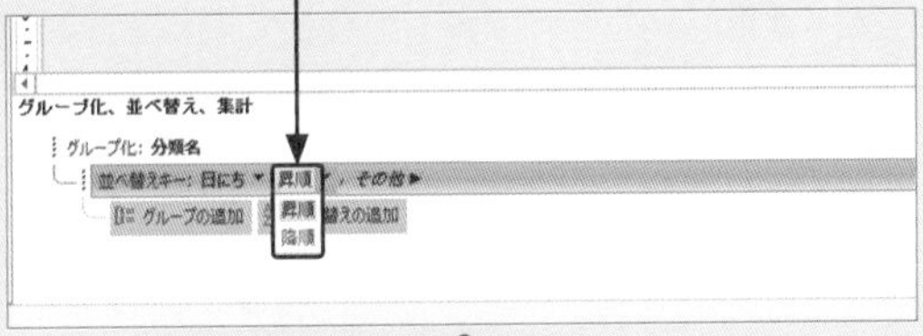

4 レポートをレポートビューで開きます。

5 データの並び順を確認します。

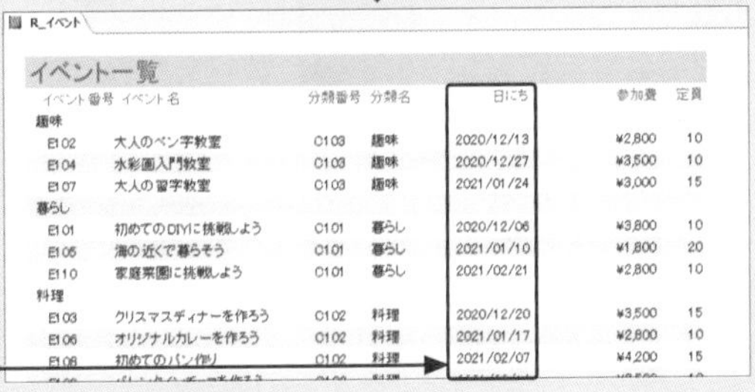

重要度★★★　グループ別の集計

Q 517 グループごとに改ページするには？

A セクションの<改ページ>プロパティを設定します。

グループ化レポートで、グループごとに改ページをして印刷するには、セクションに対して改ページを指定します。たとえば、グループヘッダーの<カレントセクションの前>で改ページされるように指定できます。これにより、グループが変わるときに新しいページから印刷できます。

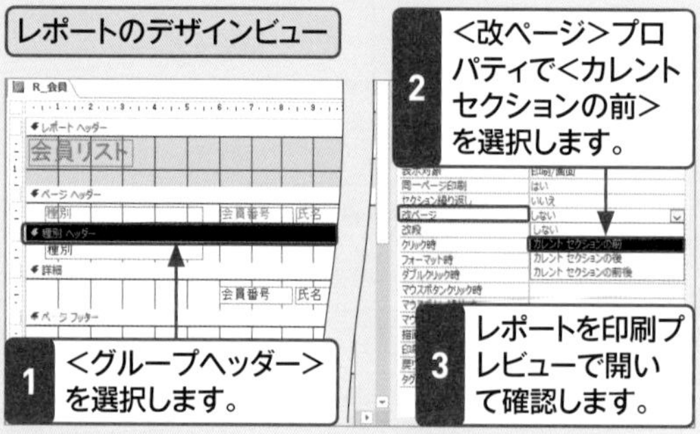
レポートのデザインビュー
R_会員
会員リスト
2 <改ページ>プロパティで<カレントセクションの前>を選択します。
1 <グループヘッダー>を選択します。
3 レポートを印刷プレビューで開いて確認します。

重要度★★★　グループ別の集計

Q 518 同じグループのセットを1ページ内に印刷するには？

A <グループ化と並べ替え>の設定で行います。

グループ化レポートで、グループヘッダー、<詳細>セクション、グループフッターに含まれるデータを同じページにまとめて印刷するには、<グループ化と並べ替え>で設定します。なお、同じグループのセットに含まれるデータが多すぎて1ページに収まらない場合は、この設定は無視されます。

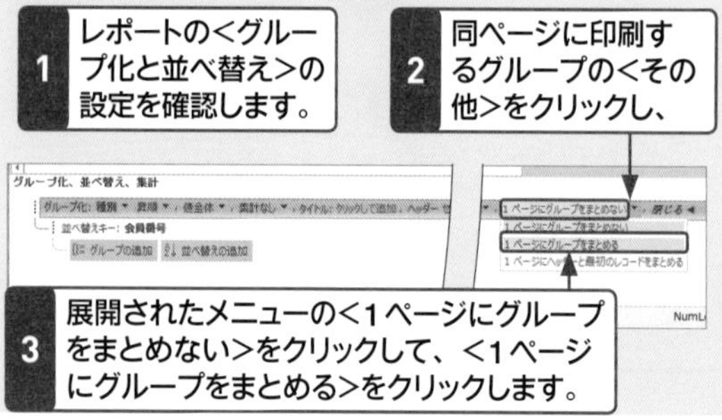
1 レポートの<グループ化と並べ替え>の設定を確認します。
2 同ページに印刷するグループの<その他>をクリックし、
グループ化、並べ替え、集計
並べ替えキー: 会員番号
グループの追加
並べ替えの追加
3 展開されたメニューの<1ページにグループをまとめない>をクリックして、<1ページにグループをまとめる>をクリックします。

重要度★★★　グループ別の集計

Q 519 グループ内のデータを並べ替えたい！

A <並べ替えの追加>ボタンをクリックします。

グループ化レポートでは、並べ替え条件は<グループ化と並べ替え>ボタンをクリックして設定します。並べ替え条件を追加するには、<並べ替えの追加>をクリックして指定します。
ここでは、「種別」ごとに会員データをまとめたリストを変更し、「種別」ごとに会員データをフリガナ順で表示します。

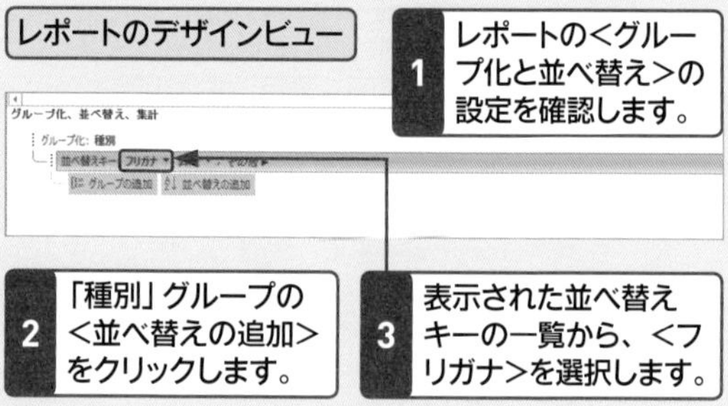
レポートのデザインビュー
1 レポートの<グループ化と並べ替え>の設定を確認します。
グループ化、並べ替え、集計
グループ化: 種別
並べ替えキー フリガナ
2 「種別」グループの<並べ替えの追加>をクリックします。
3 表示された並べ替えキーの一覧から、<フリガナ>を選択します。

重要度★★★　グループ別の集計

Q 520 並べ替え条件を複数指定したい！

A 並べ替え条件の優先順に注意します。

並べ替え条件を複数指定するときは、条件の優先順位に注意します。
ここでは、イベントデータを並べ替えます。まず「分類名」別に並べて、「分類名」が同じ場合は「日にち」の降順で並べます。

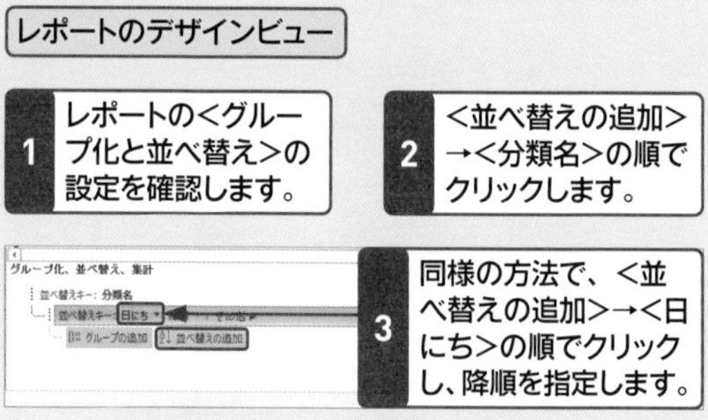
レポートのデザインビュー
1 レポートの<グループ化と並べ替え>の設定を確認します。
2 <並べ替えの追加>→<分類名>の順でクリックします。
グループ化、並べ替え、集計
並べ替えキー: 分類名
日にち
3 同様の方法で、<並べ替えの追加>→<日にち>の順でクリックし、降順を指定します。

重要度 ★★★　グループ別の集計

Q 521 並べ替えの条件を解除したい！

A 並べ替え条件を「×」で削除します。

グループ化レポートで設定した並べ替え条件を削除するには、削除する条件の右端の「×」をクリックします。なお、レポートの並べ替え条件は、グループ化レポートだけでなく、ほかの方法でも指定できます。並べ替え条件をうまく解除できない場合は、ほかの設定も確認しましょう。

レポートのデザインビュー

1 レポートの<グループ化と並べ替え>の設定を確認します。

2 設定項目の横の<×>をクリックします。

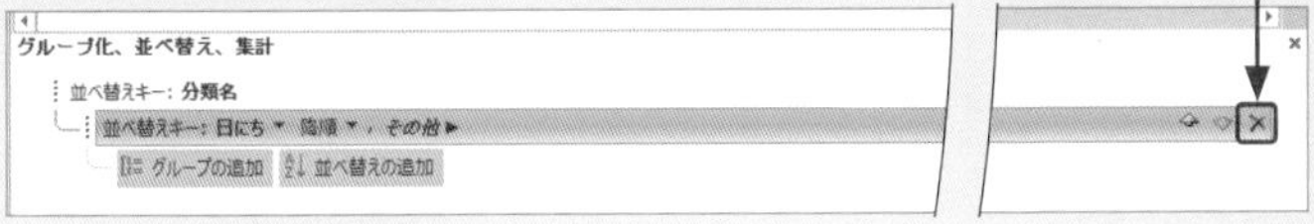

3 同様の方法で、すべての並べ替え条件を解除します。

● 並べ替えの設定について

レポートで並べ替えを指定できる場所は3箇所あります。複数の場所で並び順を指定している場合、<グループ化と並べ替え>の設定が優先されます、続いて、レポートの<並べ替え>プロパティ、もとのテーブルやクエリで指定された内容の順に設定が反映されます。

❶ <グループ化と並べ替え>の設定

❷ レポートの<並べ替え>プロパティ

❸ レポートの<レコードソース>で指定されているテーブルやクエリの設定

重要度 ★★★　グループ別の集計

Q 522 グループごとに集計したい！

A グループ集計レポートを作成します。

グループごとにデータをまとめて印刷するレポートで、「グループごとに指定したフィールドの値の合計を表示する」などの集計をするには、グループ集計レポートを作成します。集計方法は、レポートウィザードの中で指定できます。

1 Q512の方法で、レポートウィザードを表示します。

2 グループレベルを指定する画面で、グループ化の基準を指定します。

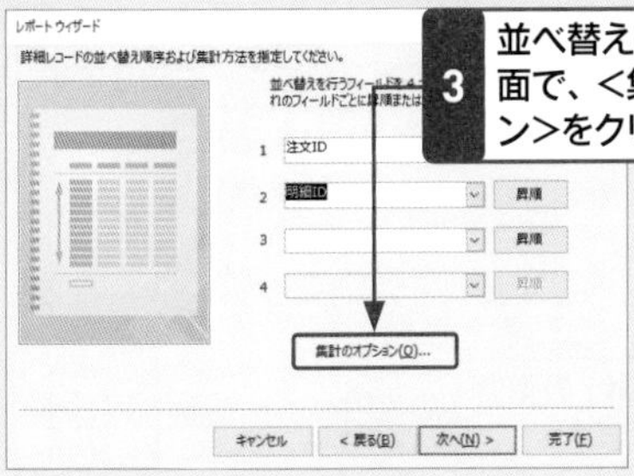

3 並べ替えを指定する画面で、<集計のオプション>をクリックします。

4 集計可能なフィールドの一覧が表示されます。

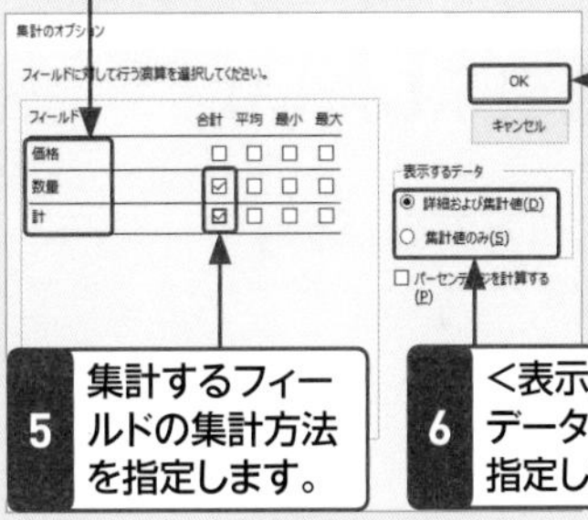

5 集計するフィールドの集計方法を指定します。

6 <表示するデータ>を指定します。

7 <OK>をクリックします。

8 この後、ウィザード画面を進めます。レポートが作成されます。

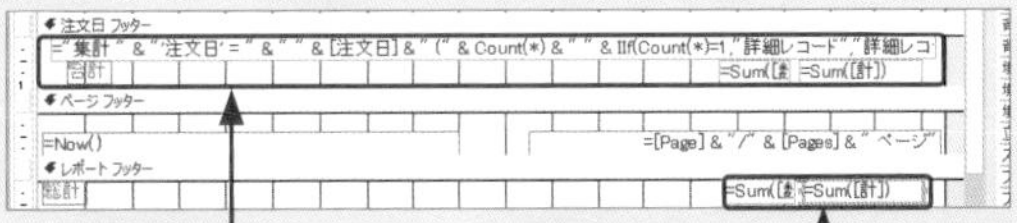

9 集計結果が表示されるコントロールの配置などを調整します。

10 コントロールを選択し、<書式>プロパティや<小数点以下表示桁数>を指定します。

11 レポートを印刷プレビューに切り替えます。

12 集計結果などが表示されます。

重要度 ★★★　グループ別の集計

Q 523 グループ集計レポートの集計方法を変更したい！

グループ集計レポートを作成するときは、ウィザード画面で集計方法を指定できます。また、集計方法を指定する画面で、集計結果に表示するデータを指定したり、合計を100%としたときに各グループの集計結果が何パーセントを占めるかなどを指定したりできます。

A ウィザード画面の中で選択します。

1 Q522の方法で集計レポートを作成します。

2 レポートウィザードの途中で<集計のオプション>画面を表示します。

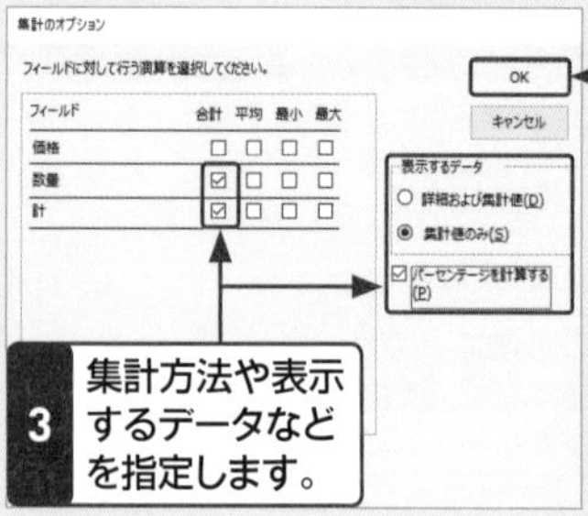

3 集計方法や表示するデータなどを指定します。

4 <OK>をクリックします。

5 ウィザード画面を進めます。

6 ここでは、集計結果のみ表示されます。

7 <グループヘッダー>の月の表示文字なども適宜修正します。

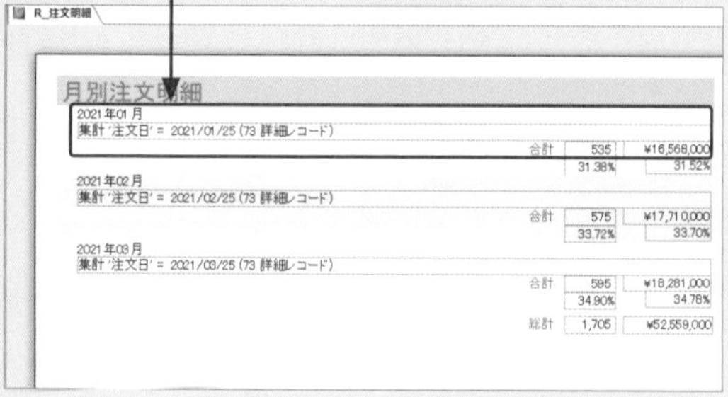

重要度 ★★★　グループ別の集計

Q 524 グループごとにデータの累計を表示したい！

A <集計実行>プロパティで指定します。

グループ集計レポートで、グループごとのデータの累計を求めるには、コントロールの<集計実行>プロパティで指定します。

ここでは、注文明細データの計の累計を求めます。テキストボックスを追加して指定します。

●<集計実行>プロパティ

設定値	内容
しない	もとになるフィールドのデータをそのまま表示します。
グループ全体	同じグループ内で累計を表示します。
全体	レポート全体を対象に累計を表示します。

レポートのデザインビュー

1 集計レポートで、「計」フィールドのテキストボックスとラベルをコピーして貼り付けます。

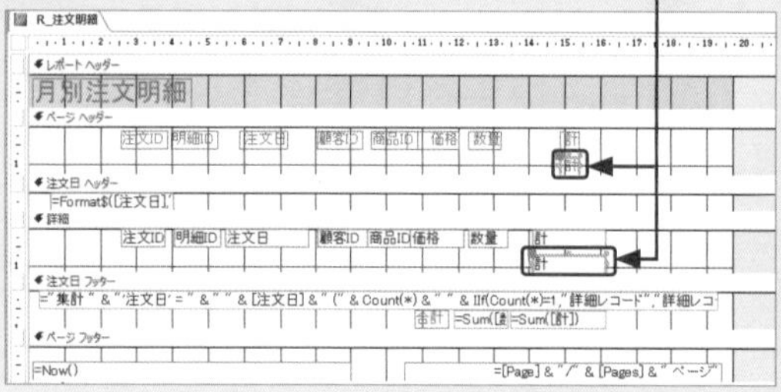

2 テキストボックスとラベルの配置を整えます。

3 ラベルの文字を修正しておきます。

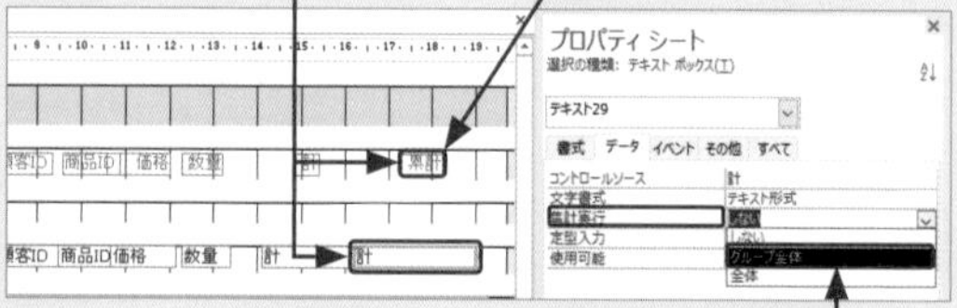

4 コピーしたテキストボックスを選択し、<集計実行>プロパティで<グループ全体>を選択します。

5 レポートを印刷プレビューで開きます。

6 明細行の「計」の累計が表示されます。

重要度 ★★★ グラフの追加

Q 525 レポートに棒グラフを追加するには？

A <モダングラフ>を追加して<棒グラフ>を選択します。

レポートのもとになるテーブルやクエリのデータを集計した結果をグラフ化するには、グラフコントロールを追加します。

Access2019では、<モダングラフの挿入>ボタンからグラフを追加できます。以前のバージョンのAccessでは、コントロールの一覧から<グラフ>ボタンをクリックして追加します。この場合、グラフウィザードが表示されて、ウィザード画面でグラフの種類などを指定します。ここでは、<モダングラフの挿入>ボタンからグラフを追加します。注文明細データから月別の売上金額を棒グラフに表示します。

レポートのデザインビュー

1 <作成>タブの<レポートデザイン>をクリックして、白紙のレポートを作成します。

2 <デザイン>タブの<モダングラフの挿入>をクリックし、<縦棒>→<集合縦棒>をクリックします。

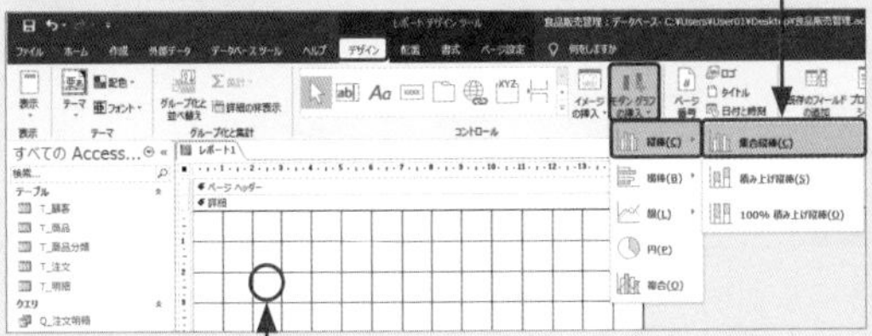

3 レポートの<詳細>セクション上をクリックします。

4 <詳細>セクションにグラフが挿入されて、<グラフの設定>作業ウィンドウが表示されます。

5 <データソース>でグラフのもとのテーブルやクエリ（ここでは「Q_注文明細」クエリ）を選択します。

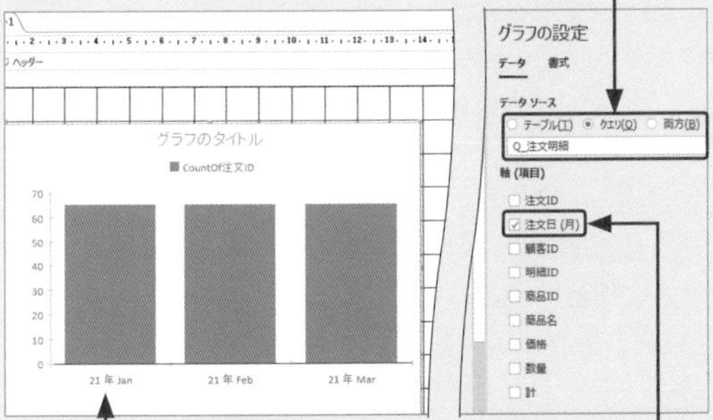

6 <軸（項目>欄から項目軸に表示するフィールドを選択します。

7 手順5～6の操作により、グラフの外観が変化していきます。

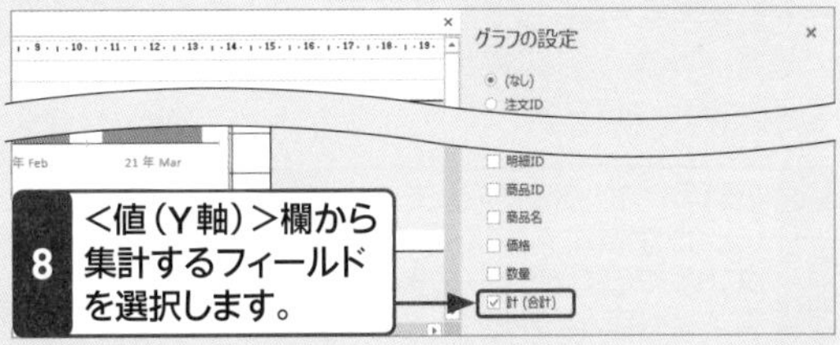

8 <値（Y軸）>欄から集計するフィールドを選択します。

9 <グラフの設定>作業ウィンドウの上部の<書式>をクリックします。

11 グラフ部分をダブルクリックします。

12 <プロパティシート>が表示されます。

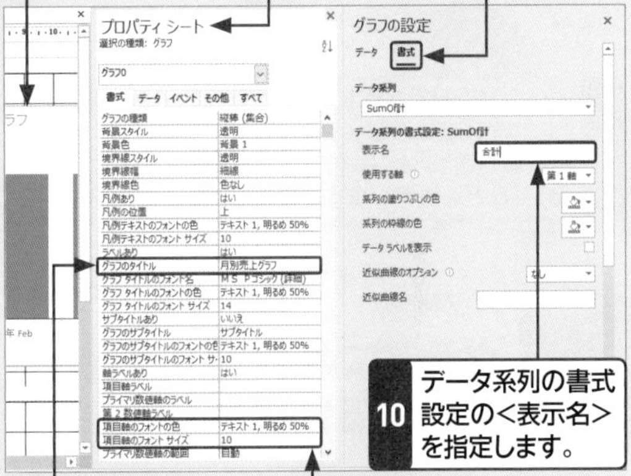

10 データ系列の書式設定の<表示名>を指定します。

13 <グラフのタイトル>プロパティなど指定します。

14 <項目軸の色>や<項目軸のフォントサイズ>なども適宜指定します。

15 レポートをレポートビューで開きます。

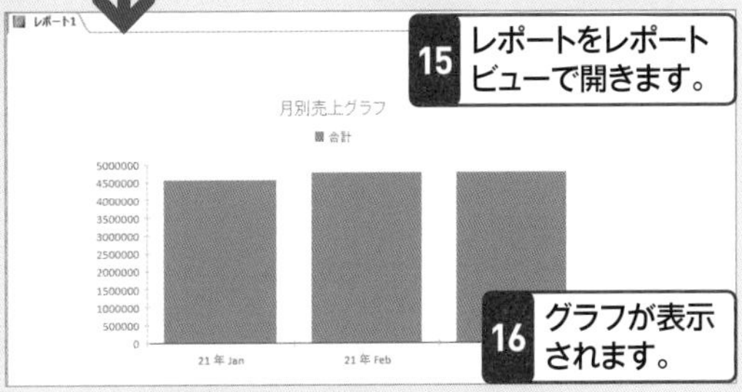

16 グラフが表示されます。

重要度 ★★★　グラフの追加

Q 526 レポートに円グラフを追加するには？

A <モダングラフ>を追加して<円グラフ>を選択します。

レポートのもとになるテーブルやクエリのデータごとの集計結果をグラフ化するとき、データの割合をわかりやすくするには、円グラフが適しています。<グラフの設定>作業ウィンドウで、割合を表示するフィールドなどを指定します。

参照▶Q 525

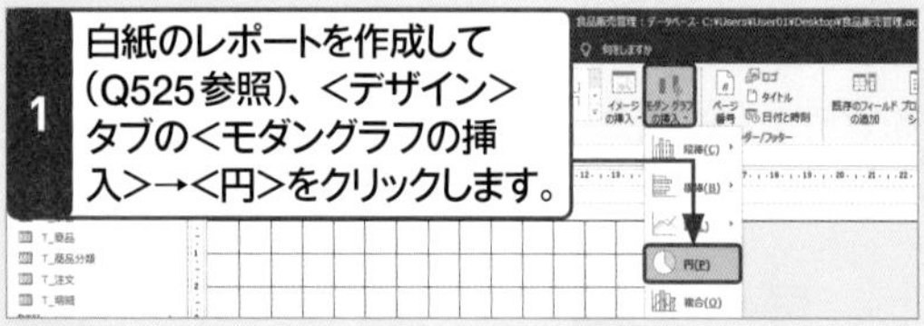
1 白紙のレポートを作成して(Q525参照)、<デザイン>タブの<モダングラフの挿入>→<円>をクリックします。

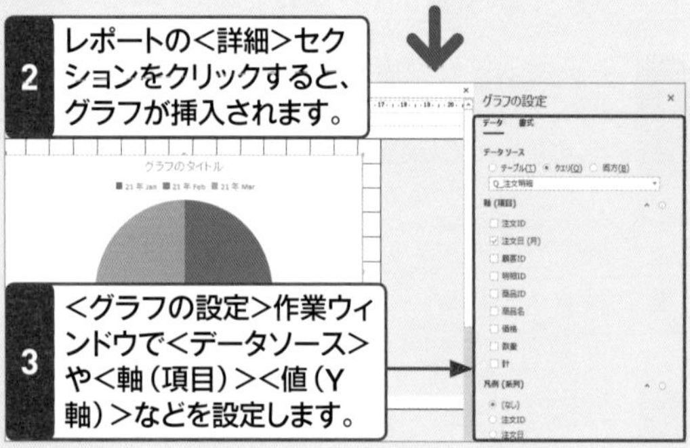
2 レポートの<詳細>セクションをクリックすると、グラフが挿入されます。
3 <グラフの設定>作業ウィンドウで<データソース>や<軸(項目)><値(Y軸)>などを設定します。
グラフの設定
グラフのタイトル

重要度 ★★★　グラフの追加

Q 527 グラフに折れ線グラフを追加するには？

A <モダングラフ>を追加して<折れ線グラフ>を選択します。

レポートのもとになるテーブルやクエリのデータごとの集計結果をグラフ化するとき、データの大きさの推移をグラフ化するには、折れ線グラフが適しています。一般に、<軸(項目)>欄には日付のフィールドを追加します。

参照▶Q 525

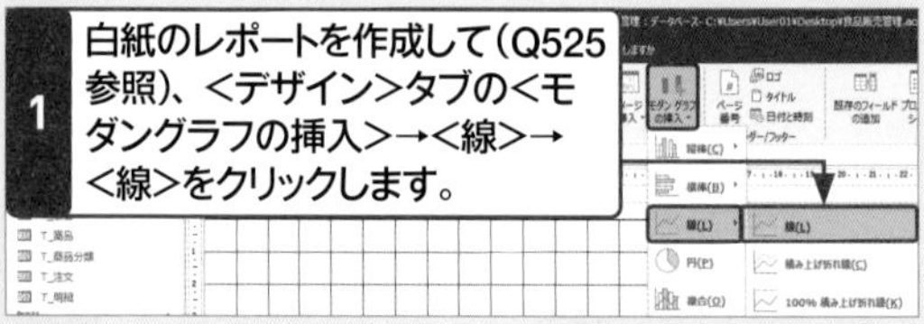
1 白紙のレポートを作成して(Q525参照)、<デザイン>タブの<モダングラフの挿入>→<線>→<線>をクリックします。

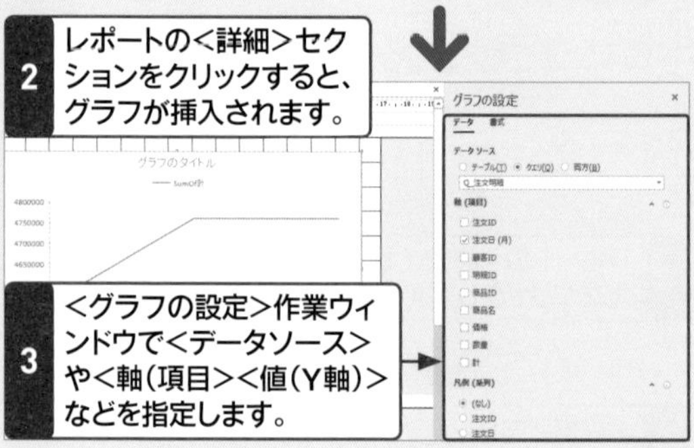
2 レポートの<詳細>セクションをクリックすると、グラフが挿入されます。
3 <グラフの設定>作業ウィンドウで<データソース>や<軸(項目><値(Y軸)>などを指定します。
グラフの設定
グラフのタイトル

重要度 ★★★　グラフの追加

Q 528 グラフに表示する内容を変更するには？

A <グラフの設定>作業ウィンドウを使用します。

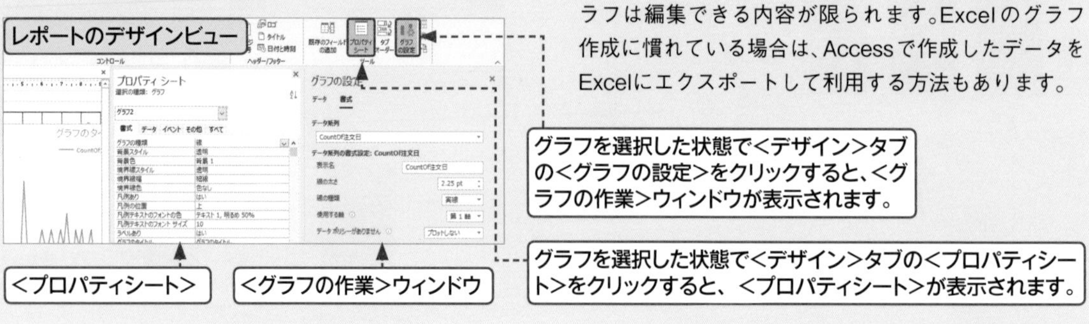
レポートのデザインビュー
プロパティ シート
グラフの設定
グラフを選択した状態で<デザイン>タブの<グラフの設定>をクリックすると、<グラフの作業>ウィンドウが表示されます。
グラフを選択した状態で<デザイン>タブの<プロパティシート>をクリックすると、<プロパティシート>が表示されます。
<プロパティシート>
<グラフの作業>ウィンドウ

グラフの色や凡例の場所を変更するには、グラフを選択して<グラフの設定>作業ウィンドウを表示します。また、グラフの文字のサイズや軸の表示方法などを指定するには、グラフをダブルクリックして<プロパティシート>で編集します。編集箇所を選択し、表示されている項目などで設定を変更できます。

なお、Excelのグラフと比較して、Accessで作成したグラフは編集できる内容が限られます。Excelのグラフ作成に慣れている場合は、Accessで作成したデータをExcelにエクスポートして利用する方法もあります。

重要度 ★★★　グラフの追加

Q 529 テーブルやクエリのレコードごとの集計結果をグラフにするには？

A ＜親フィールド＞と＜子フィールド＞を指定します。

テーブルやクエリの個々のデータを対象にグラフを作成することもできます。＜デザイン＞タブの＜モダングラフの挿入＞ボタンで作成した場合は、個々のデータとグラフに示す内容を関連付けるフィールドを指定します。コントロールの一覧の＜グラフ＞からグラフを作成した場合は、グラフウィザードの中で関連付けを指定するフィールドを指定します。

レポートのデザインビュー

1 単票形式のレポートを作成し、グラフを配置する領域を空けておきます。

2 レポートをデザインビューで開きます。

3 ＜デザイン＞タブの＜モダングラフの挿入＞をクリックし、＜縦棒＞→＜集合縦棒＞を選択します。

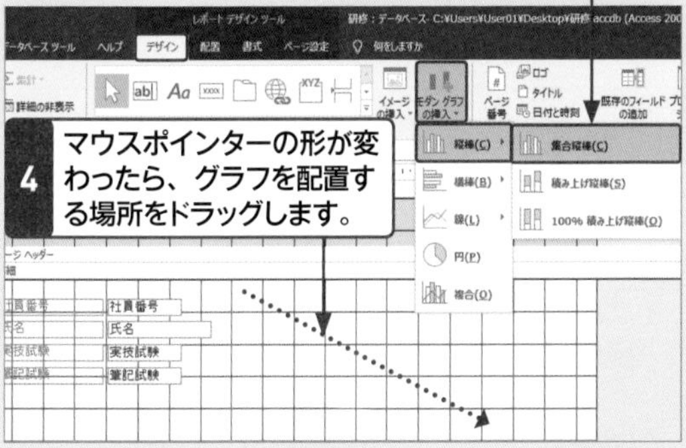

4 マウスポインターの形が変わったら、グラフを配置する場所をドラッグします。

5 グラフが配置されます。

6 ＜グラフの設定＞作業ウィンドウが表示されます。

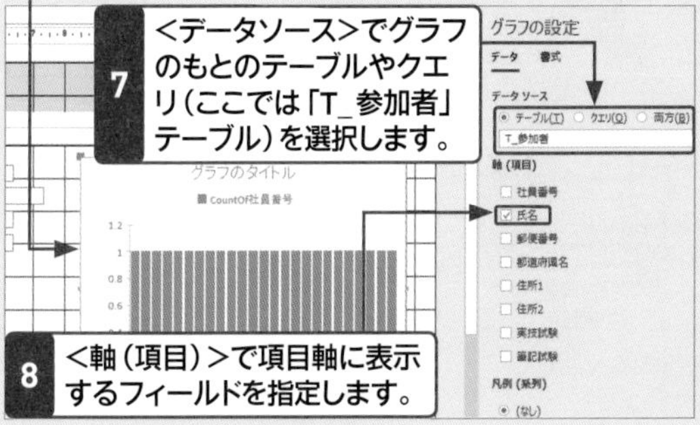

7 ＜データソース＞でグラフのもとのテーブルやクエリ（ここでは「T_参加者」テーブル）を選択します。

8 ＜軸（項目）＞で項目軸に表示するフィールドを指定します。

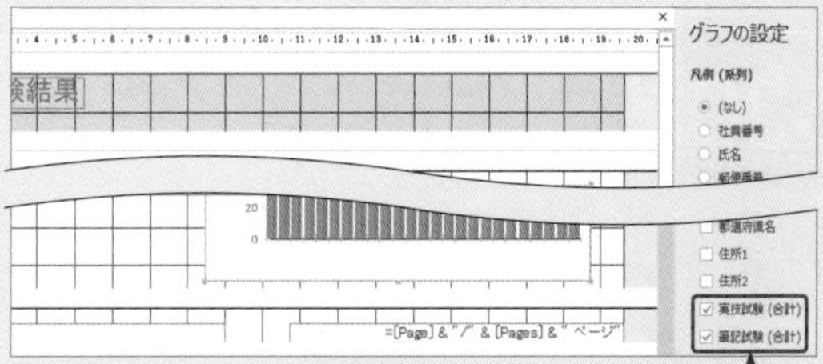

9 ＜値（Y軸）＞に表示するフィールドを選択します。

10 グラフをダブルクリックします。

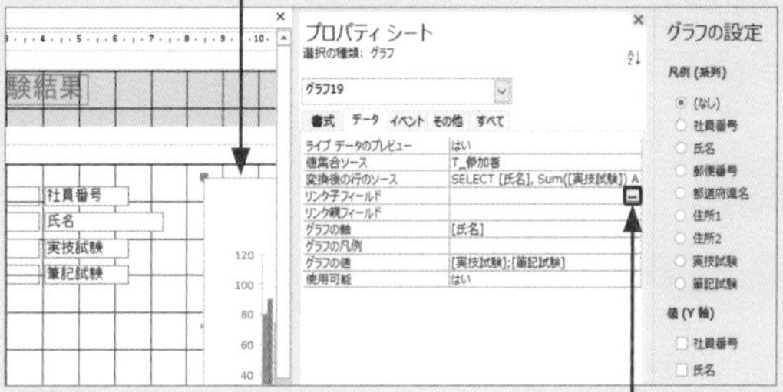

11 表示された＜プロパティシート＞で、＜リンク子フィールド＞のここをクリックします。

12 ＜サブレポートフィールドリンクビルダー＞が表示されます。

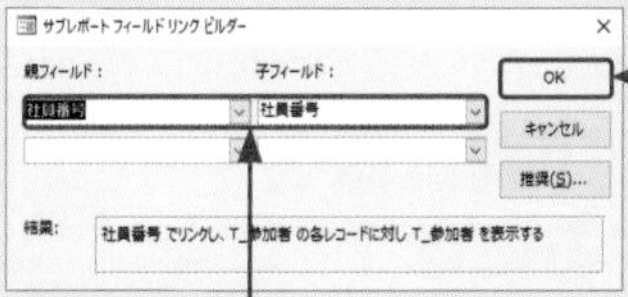

13 ＜親フィールド＞と＜子フィールド＞に、データとグラフを関連付ける共通のフィールドを指定します。

14 ＜OK＞をクリックします。

15 レポートを印刷プレビューで開きます。

16 個々のデータに対応するグラフが表示されます。

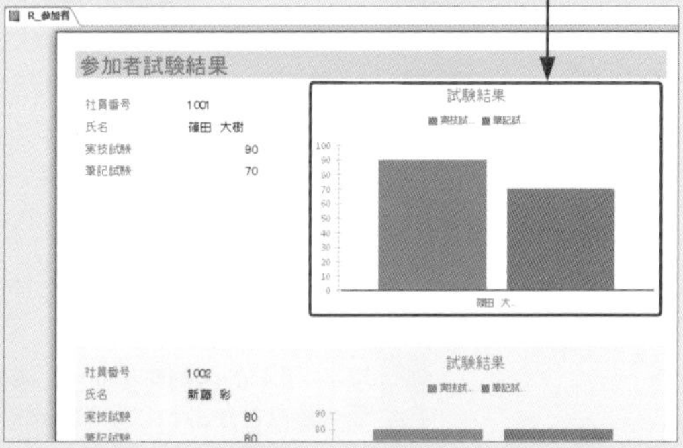

重要度 ★★★ レポートのその他の技

Q 530 特定の伝票にデータを印刷するには？

A ＜伝票ウィザード＞を使用します。

既存の定型の伝票に宛名などを印刷するには、＜伝票ウィザード＞画面を利用して、印刷する伝票・宛名などの内容を指定します。

なお、選択した伝票や使用環境によっては、Windowsの設定で、伝票を印刷するための新しい用紙サイズの登録などが必要な場合もあります。使用しているプリンターの説明書などを確認しましょう。

1 レポートのもとになるテーブルやクエリを選択します。

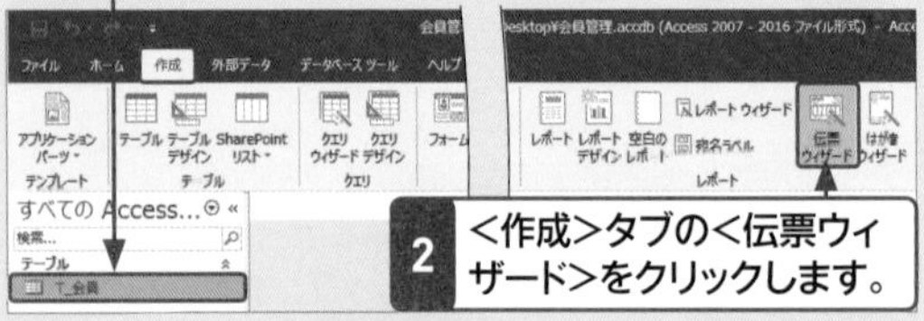

2 ＜作成＞タブの＜伝票ウィザード＞をクリックします。

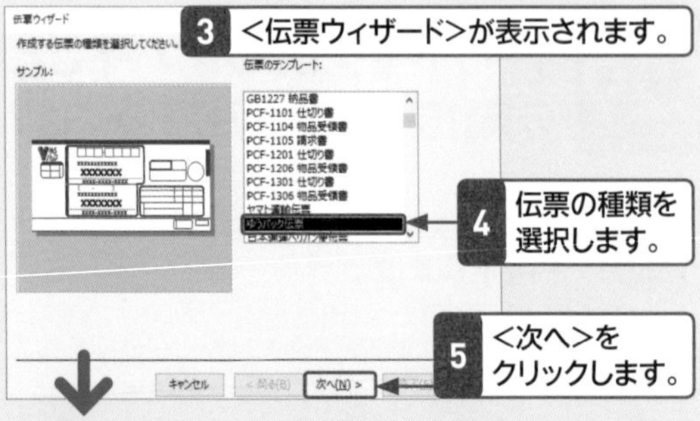

3 ＜伝票ウィザード＞が表示されます。

4 伝票の種類を選択します。

5 ＜次へ＞をクリックします。

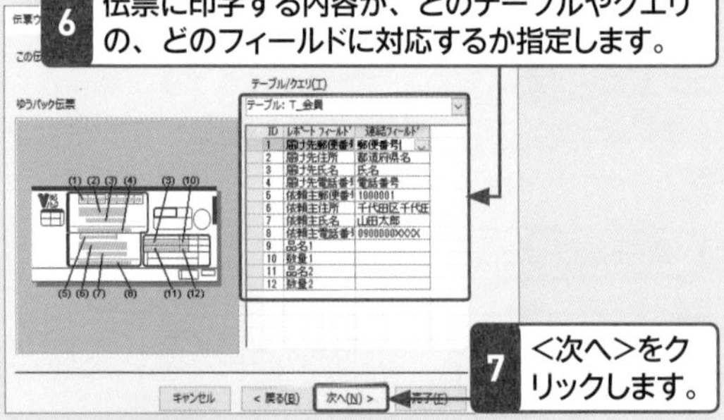

6 伝票に印字する内容が、どのテーブルやクエリの、どのフィールドに対応するか指定します。

7 ＜次へ＞をクリックします。

8 以降は、ウィザード画面の指示に従ってレポートを作成していきます。

9 このメッセージが表示された場合は、＜OK＞をクリックします。

重要度 ★★★ レポートのその他の技

Q 531 伝票の印刷位置を修正するには？

A レポートをデザインビューで開いて修正します。

伝票ウィザードを利用してレポートを作成すると、宛名の印字位置などは自動的に指定されます。

印字位置を修正するには、伝票のレポートをデザインビューで開いてコントロールの表示位置などを調整します。コントロールの位置を微調整するには、←→↑↓キーを押して細かく移動させるとかんたんです。

テーブルやクエリにあるフィールドを伝票ウィザードで選択できなかった場合は、あとから追加します。

参照▶Q 530、Q 558

1 ＜フィールドリスト＞で印刷するフィールドを選択します（Q558参照）。

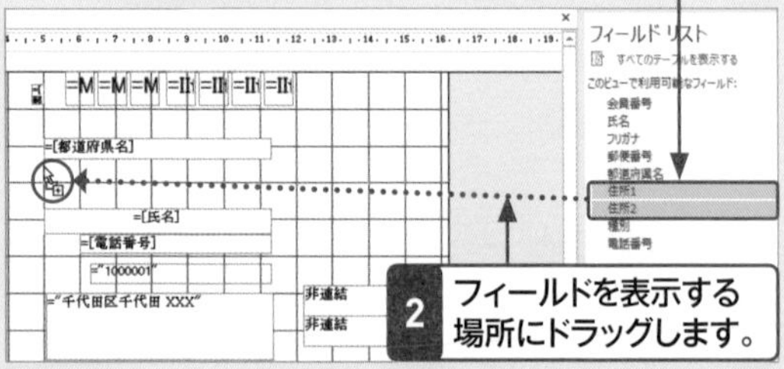

2 フィールドを表示する場所にドラッグします。

複数のコントロールを選択するには、Ctrl キーを押しながらクリックします。

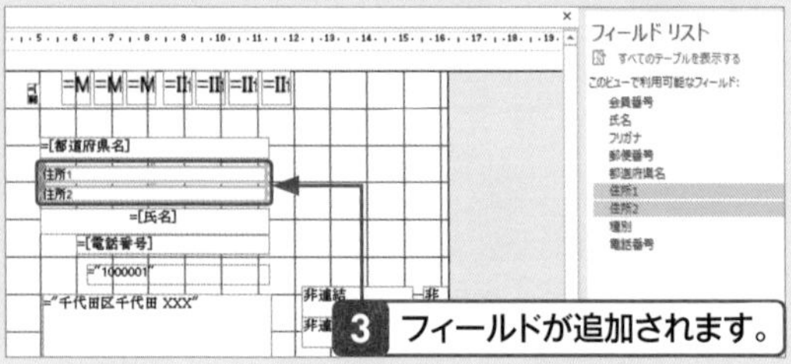

3 フィールドが追加されます。

4 フィールドの位置を調整し、不要なラベルなどがあれば削除します。

Q 532 住所を宛名ラベルに印刷するには？

A <宛名ラベルウィザード>を使います。

宛名ラベルのシールに宛名を印刷するときは、<宛名ラベルウィザード>を利用してレポートを作成します。ウィザードの中で、印刷する宛名ラベルのメーカー、品番、宛名の印字位置などを指定します。印刷する宛名ラベルを手元に用意して操作しましょう。

宛名ラベルのレポートが完成したら、実際に宛名ラベルシールに印刷する前に普通紙で試し印刷をして、印字の位置などを確認しましょう。

参照▶Q 533

1 レポートのもとになるテーブルやクエリを選択します。

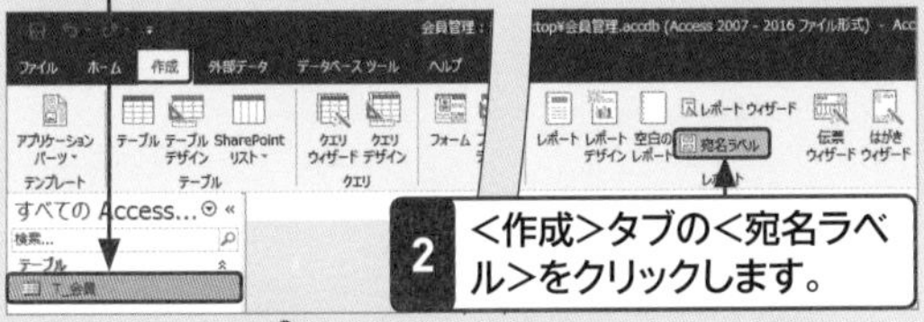

2 <作成>タブの<宛名ラベル>をクリックします。

3 <宛名ラベルウィザード>が表示されます。

4 宛名ラベルの<メーカー>と製品番号などを選択します。

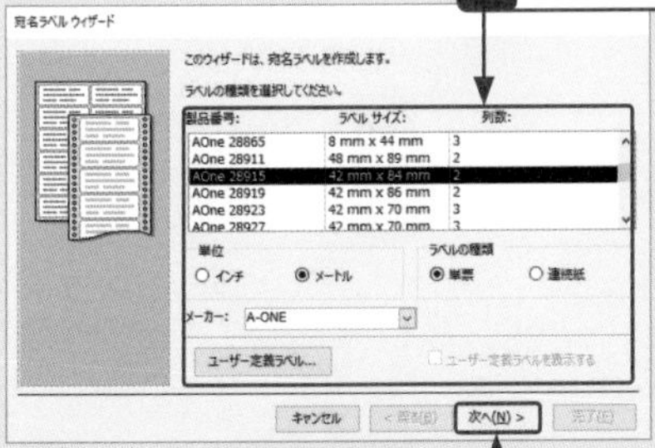

5 <次へ>をクリックします。

6 ラベルのフォントやサイズ、色、スタイルなどを指定します。

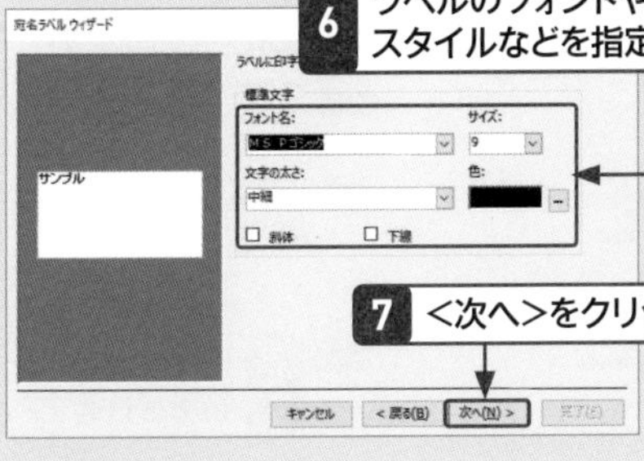

7 <次へ>をクリックします。

8 <ラベルのレイアウト>欄で文字を表示する場所を選択します。

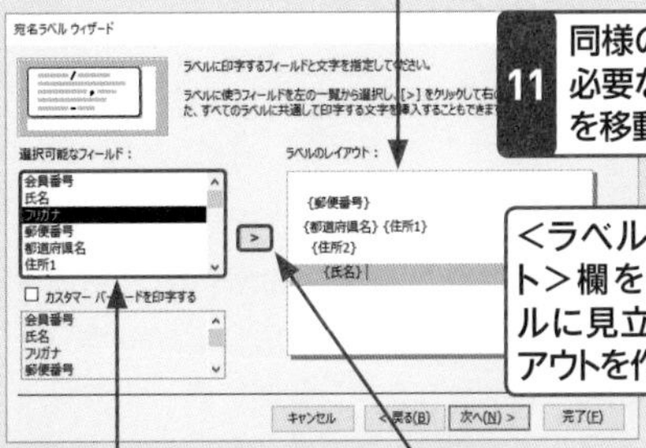

11 同様の操作で、必要なフィールドを移動させます。

<ラベルのレイアウト>欄を1枚のラベルに見立てて、レイアウトを作成します。

9 <選択可能なフィールド>で表示するフィールドを選択し、

10 「>」をクリックして、<ラベルのレイアウト>欄に配置します。

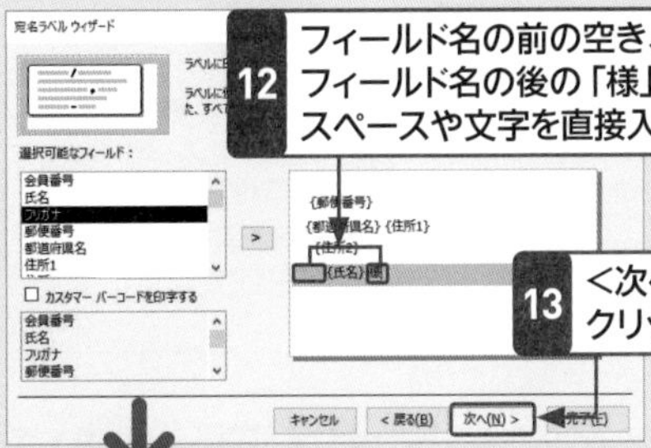

12 フィールド名の前の空き、「氏名」フィールド名の後の「様」などは、スペースや文字を直接入力します。

13 <次へ>をクリックします。

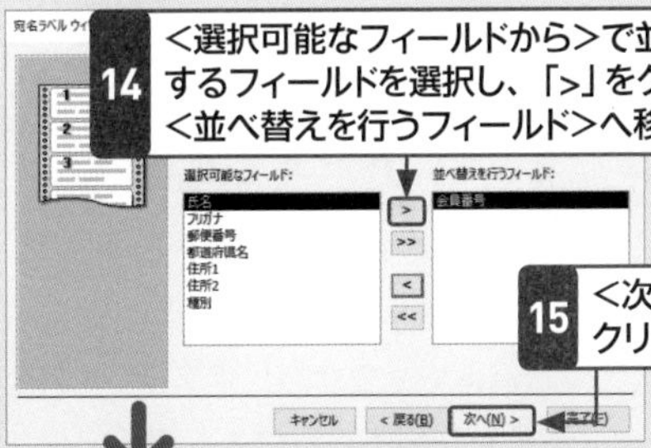

14 <選択可能なフィールドから>で並べ替えをするフィールドを選択し、「>」をクリックして<並べ替えを行うフィールド>へ移動します。

15 <次へ>をクリックします。

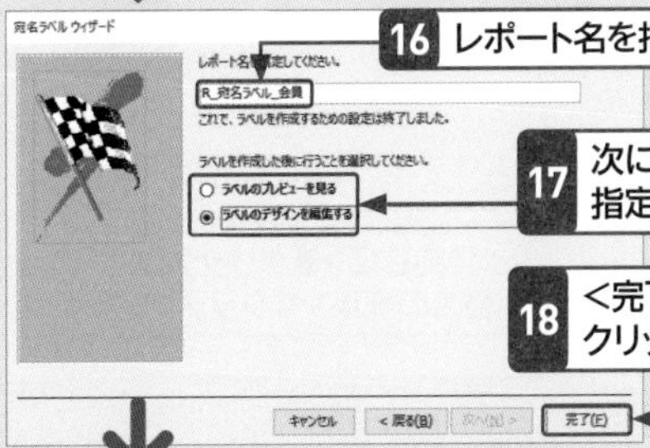

16 レポート名を指定します。

17 次に行う操作を指定します。

18 <完了>をクリックします。

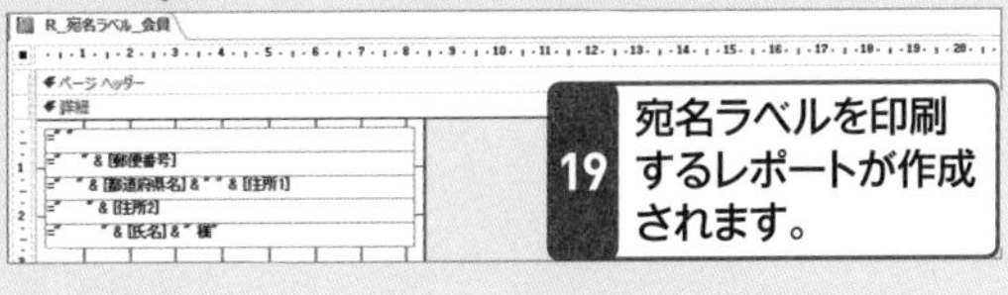

19 宛名ラベルを印刷するレポートが作成されます。

重要度 ★★★ レポートのその他の技

Q 533 ラベルの表示位置を変更するには？

A デザインビューで開いて調整します。

宛名ラベルを作成した後に宛名の印字位置を修正するには、デザインビューで宛名を表示しているコントロールの位置などを調整します。必要に応じて文字を大きくする、太字にするなど、書式を変更しましょう。位置や書式を変更したら、印刷プレビューに切り替えて、すべての宛名がきちんと表示されるか確認しましょう。

参照▶Q 532

レポートのデザインビュー

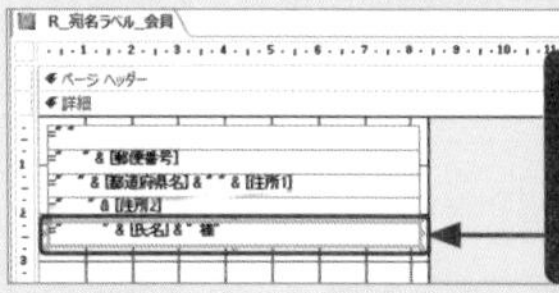

1 位置を変更するコントロールを選択し、←→↑↓キーを押して調整します。

2 書式を変更する場合は、<ホーム>タブのボタンで指定します。

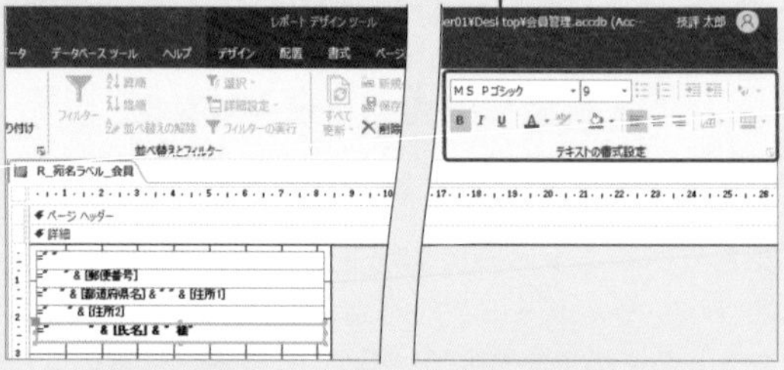

3 印刷プレビューに切り替えて、すべての宛名が表示されるか確認します。

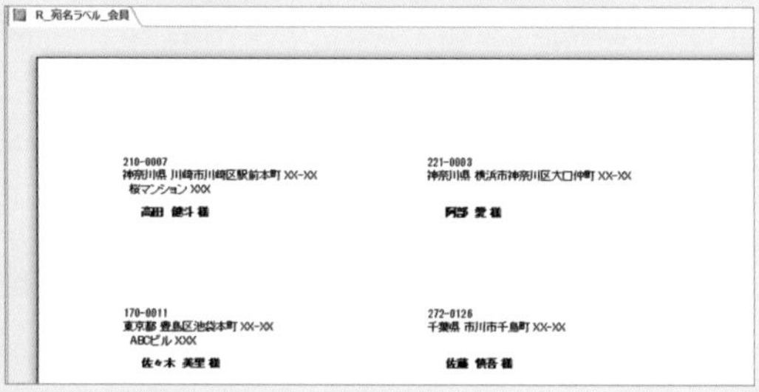

重要度 ★★★ レポートのその他の技

Q 534 条件に一致するデータのみラベルを印刷するには？

A クエリをもとに作成するなどの方法があります。

指定した条件に一致するデータを対象にして、宛名ラベルの印刷をする方法はいくつかあります。かんたんなのは、指定した条件に一致するデータを抽出したクエリをもとに、宛名ラベルレポートを作成する方法です。このとき、パラメータークエリを利用すると、レポートを開いたときに抽出条件を指定できます。また、レポートの作成後に抽出条件を指定するには、レポートでフィルター条件を指定する方法もあります。
ここでは、レポートの作成後に抽出条件を指定しています。

レポートのレポートビュー

1 <ホーム>タブの<詳細設定>をクリックし、<フィルター/並べ替えの編集>をクリックします。

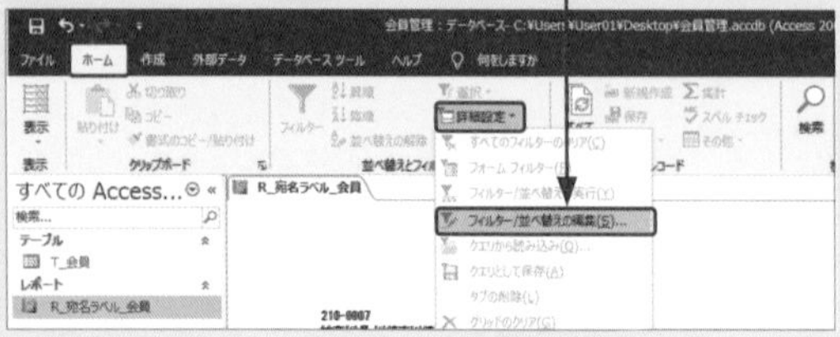

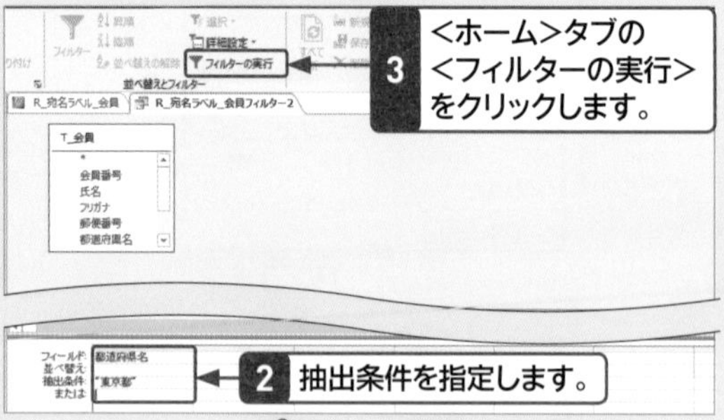

2 抽出条件を指定します。

3 <ホーム>タブの<フィルターの実行>をクリックします。

4 レポートを印刷プレビューで開きます。

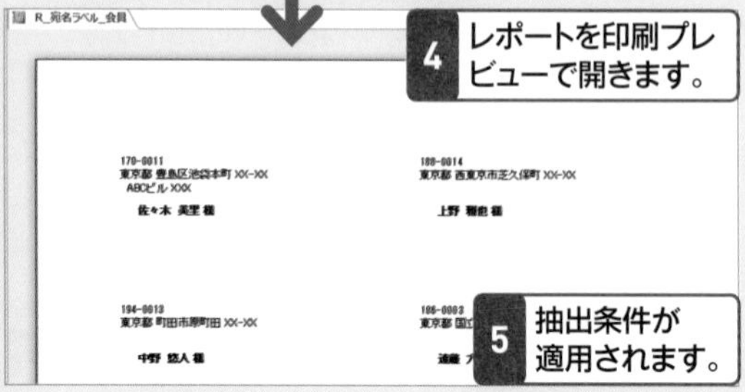

5 抽出条件が適用されます。

Q 535 はがきに印刷するには？

A <はがきウィザード>を使います。

年賀状や普通はがきに宛名を印刷するときは、<はがきウィザード>を利用してレポートを作成します。ウィザードの中で、印刷するはがきの種類、宛名の印字位置などを指定します。
ウィザードの終了後、用紙のサイズを<はがき>に変更しておきましょう。 参照▶Q 465

1 レポートのもとになるテーブルやクエリを選択します。

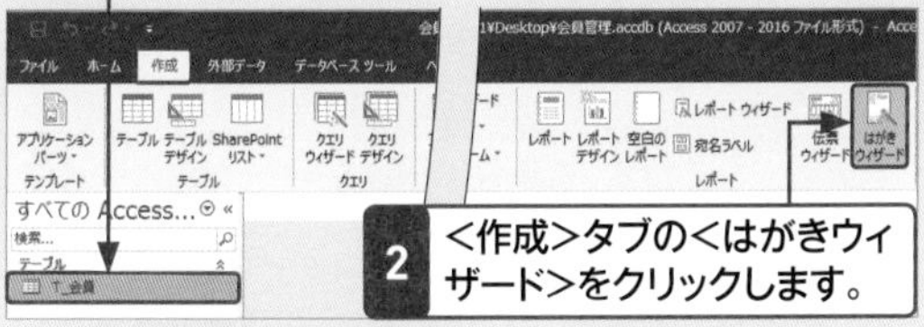

2 <作成>タブの<はがきウィザード>をクリックします。

3 <はがきウィザード>が表示されます。

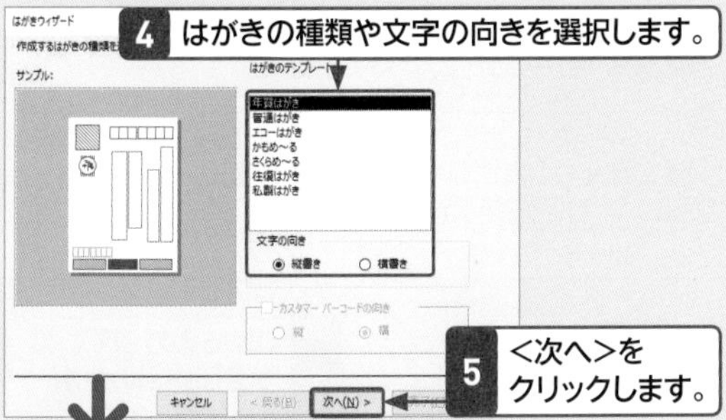

4 はがきの種類や文字の向きを選択します。

5 <次へ>をクリックします。

6 伝票に印字する内容が、どのテーブルやクエリの、どのフィールドに対応するか指定します。

7 敬称などは、直接文字を入力して指定することもできます。

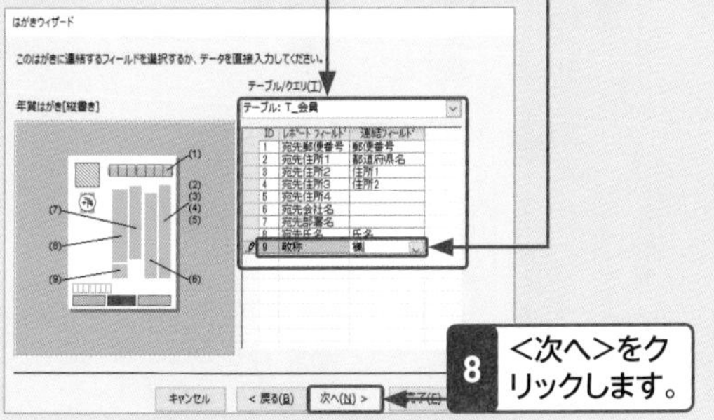

8 <次へ>をクリックします。

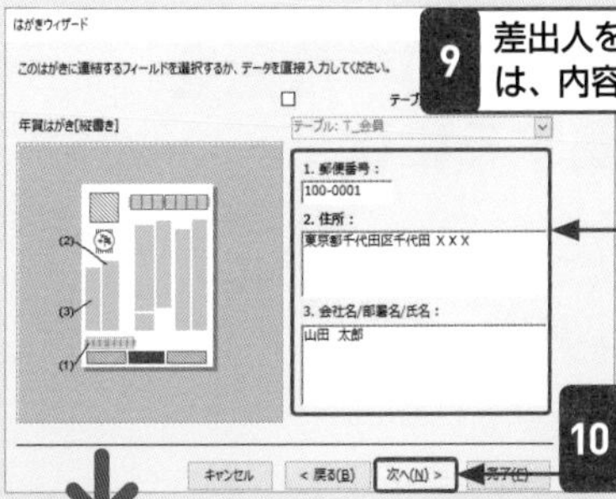

9 差出人を印刷する場合は、内容を入力します。

10 <次へ>をクリックします。

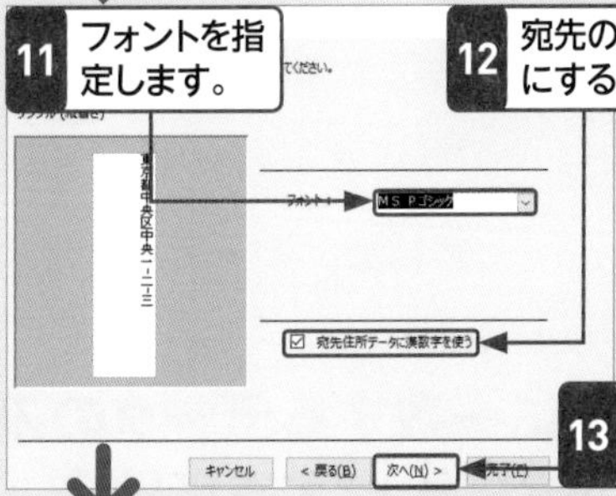

11 フォントを指定します。

12 宛先の数字を漢数字にするか指定します。

13 <次へ>をクリックします。

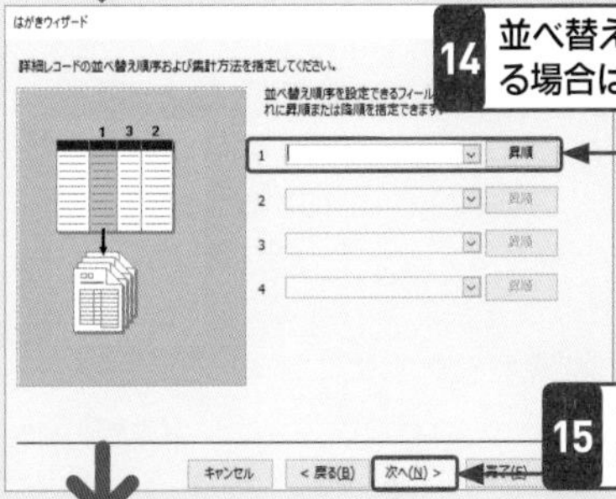

14 並べ替え条件を指定する場合は指定します。

15 <次へ>をクリックします。

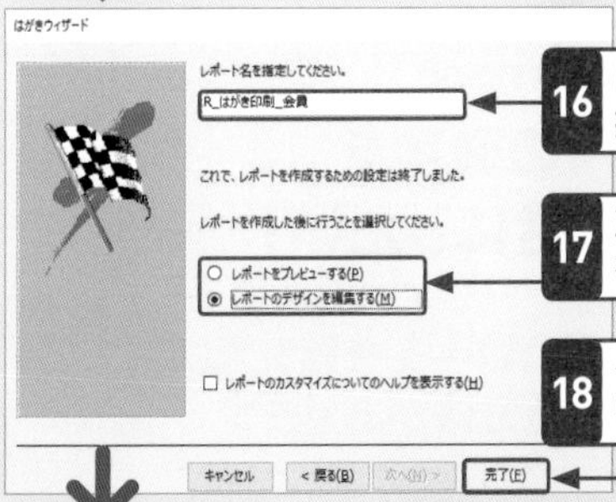

16 レポート名を指定します。

17 次に行う操作を指定します。

18 <完了>をクリックします。

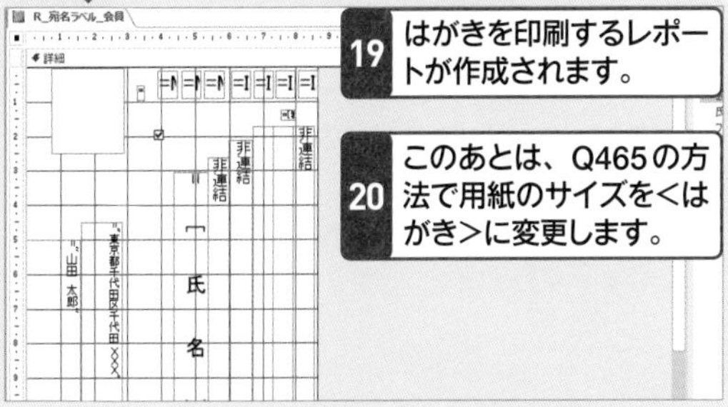

19 はがきを印刷するレポートが作成されます。

20 このあとは、Q465の方法で用紙のサイズを<はがき>に変更します。

重要度★★★ レポートのその他の技

Q 536 はがきの印字位置を編集するには？

A デザインビューで開いて調整します。

はがきの宛名面を作成後は、用紙のサイズを指定します。また、宛名の印字位置を修正するには、デザインビューで宛名を表示しているコントロールの位置などを調整します。すべての宛名を表示して、きちんと表示されるか確認しましょう。

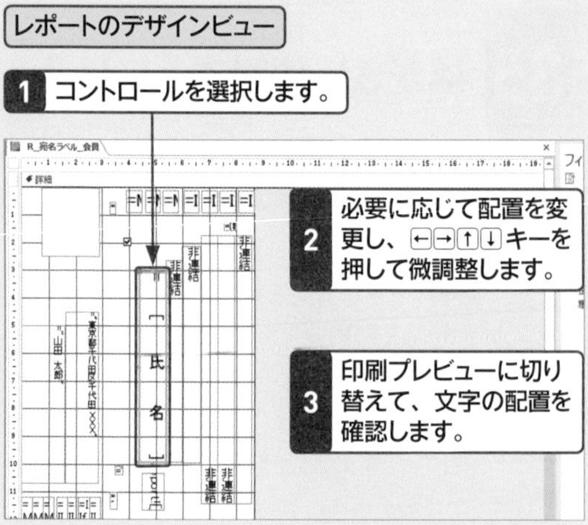
レポートのデザインビュー
1 コントロールを選択します。
R_宛名ラベル_会員
詳細
2 必要に応じて配置を変更し、←→↑↓キーを押して微調整します。
3 印刷プレビューに切り替えて、文字の配置を確認します。

重要度★★★ レポートのその他の技

Q 537 条件に一致するデータのみはがきに印刷するには？

A クエリをもとに作成するなどの方法があります。

指定した条件に一致するデータを対象に宛名の印刷をするには、次のような方法があります。「抽出条件に一致するデータを表示するクエリの有無」などで使い分けましょう。

参照▶Q 534

●条件に一致するデータのみはがきに印刷する方法

方法	概要
選択クエリをもとに作成する	指定した条件に一致するデータを抽出したクエリをもとに作成します。すでにレポートが存在する場合は、レポートの<レコードソース>プロパティに指定したクエリを選択する方法もあります。
パラメータークエリをもとに作成する	クエリを開くときに抽出条件を指定するパラメータークエリをもとに作成します。抽出条件をその都度変更したい場合は、この方法が便利です。
フィルター条件を使用する	レポートの作成後に抽出条件をかんたんに指定できます（Q534参照）。

重要度★★★ レポートのその他の技

Q 538 住所の数字を縦向きにしたい！

A 差出人の数字を全角文字で入力する方法があります。

住所を縦書きで印刷するとき、番地などの数字を漢数字にするには、Q535の方法で<はがきウィザード>を表示し、ウィザード画面の途中の<宛先住所に漢数字を使う>にチェックを付けます。

また、差出人の住所を入力したとき、数字が半角文字の場合は、数字が横向きに表示されてしまいます。数字を全角文字で入力すると、縦向きで表示できます。

参照▶Q 535

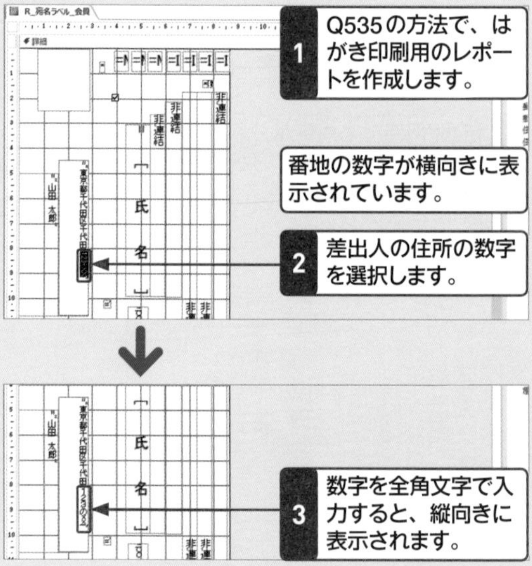
R_宛名ラベル_会員
詳細
1 Q535の方法で、はがき印刷用のレポートを作成します。
番地の数字が横向きに表示されています。
2 差出人の住所の数字を選択します。
3 数字を全角文字で入力すると、縦向きに表示されます。

重要度 ★★★　印刷の実行

Q 539 印刷プレビューを表示するには？

A 印刷プレビュー表示に切り替えます。

レポートを印刷したときの印刷イメージを確認するには、表示を「印刷プレビュー」に切り替えます。印刷プレビューへは＜ホーム＞タブの＜表示＞ボタンなどで切り替えられます。印刷プレビューを閉じるには、＜印刷プレビュー＞タブの＜印刷プレビューを閉じる＞をクリックします。

1 ＜ホーム＞タブの＜表示＞をクリックし、＜印刷プレビュー＞をクリックします。

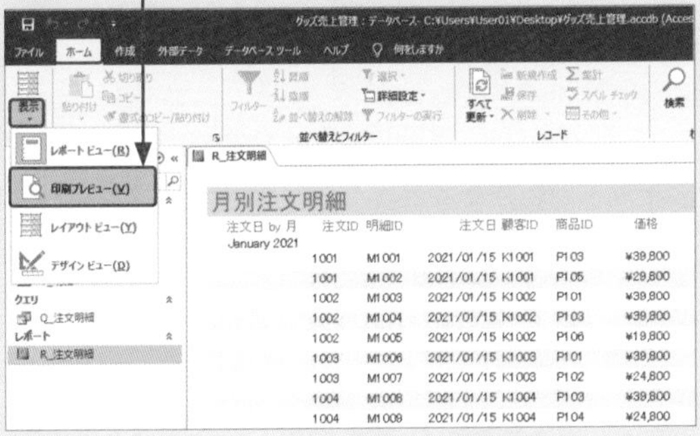

2 印刷プレビューが表示されます。

3 ＜印刷プレビューを閉じる＞をクリックすると、印刷プレビューが閉じます。

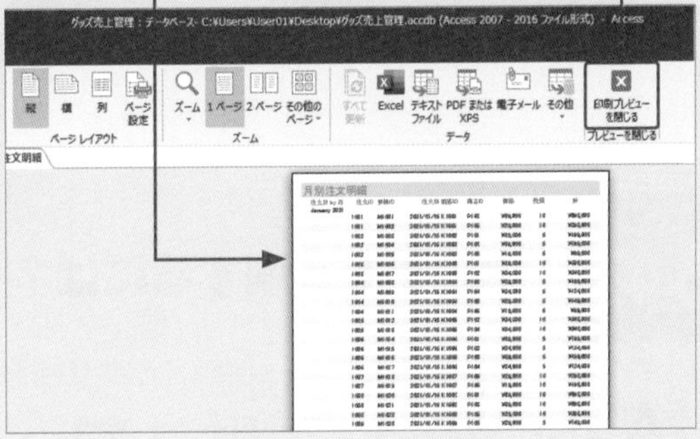

重要度 ★★★　印刷の実行

Q 540 「一部のデータが表示されません」と表示されたら？

A レポートの幅などを調整しましょう。

レポートを印刷するとき、余白の位置などが狭いと確認のメッセージが表示されることがあります。この場合、プリンターによってはデータが正しく印刷されません。レポートの幅や余白位置などを再設定して、エラーを回避しましょう。

参照▶Q 470、Q 539

レポートのデザインビュー

1 Q539の方法で、レポートを印刷プレビューに切り替えます。

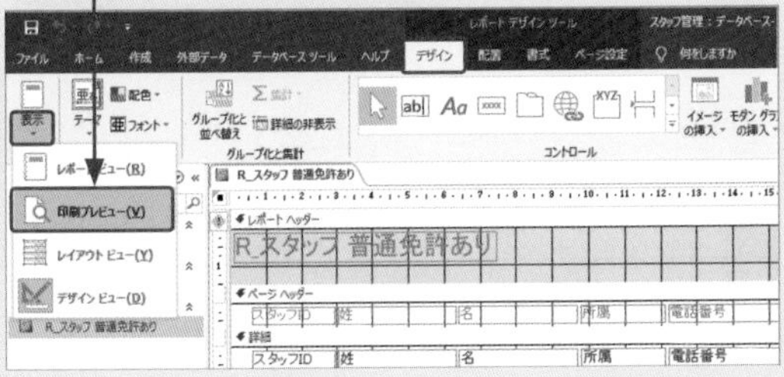

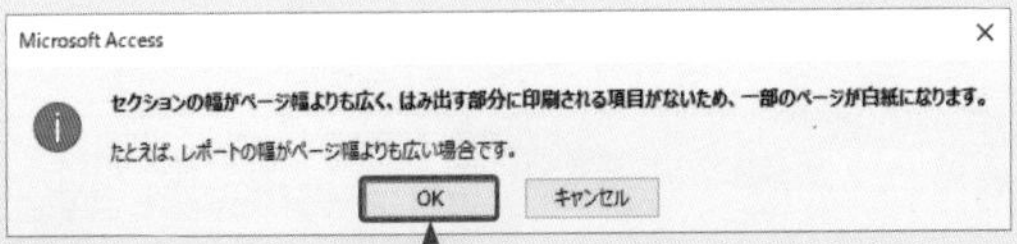

2 メッセージが表示されたら、内容を確認して＜OK＞をクリックします。

3 レポートをデザインビューで開きます。

4 エラーインジケーターをクリックします。

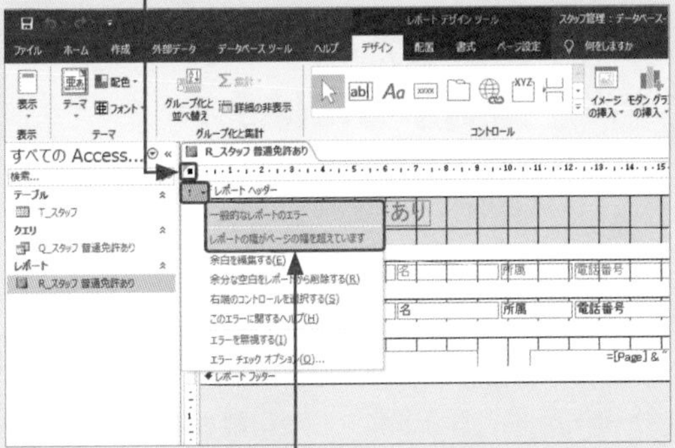

5 エラーチェックオプションをクリックして、レポートの幅を調整したりして修正します。

重要度 ★★★　印刷の実行

Q 541 印刷イメージに複数ページを表示するには？

A <印刷プレビュー>タブの<ズーム>で指定します。

レポートを<印刷プレビュー>で表示しているとき、1画面に複数ページを表示するには、<ズーム>グループでページ数をクリックします。<その他のページ>をクリックすると、それ以上のページ数を指定できます。

レポートの印刷プレビュー

1 <印刷プレビュー>タブで<2ページ>をクリックします。

2 すると、1画面に2ページ分表示されます。

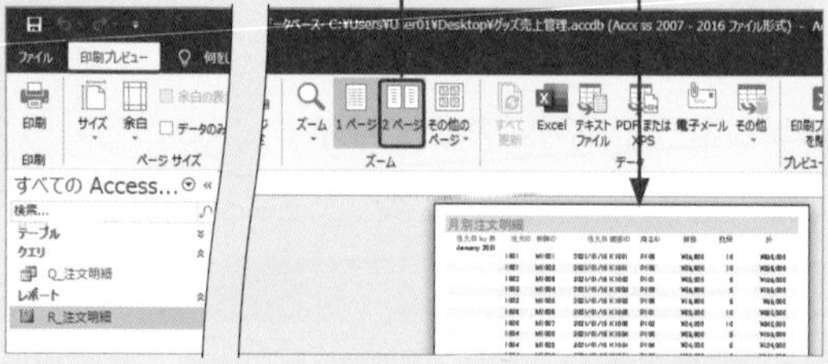

重要度 ★★★　印刷の実行

Q 542 レポートを印刷するには？

レポートを印刷するには、まず<印刷プレビュー>で印刷イメージを確認します。問題がなければ、<印刷>ボタンをクリックして印刷を実行します。

A <印刷>ボタンをクリックします。

レポートの印刷プレビュー

1 印刷プレビューで印字イメージを確認します。

2 問題がなければ、<印刷プレビュー>タブの<印刷>をクリックします。

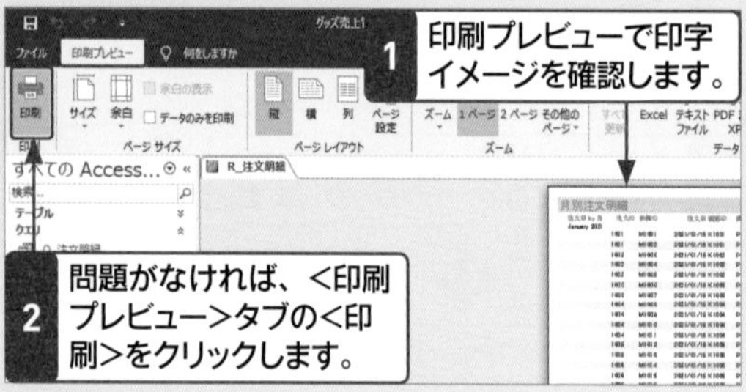

3 <印刷>画面が表示されます。

4 <プリンター名>を確認します。

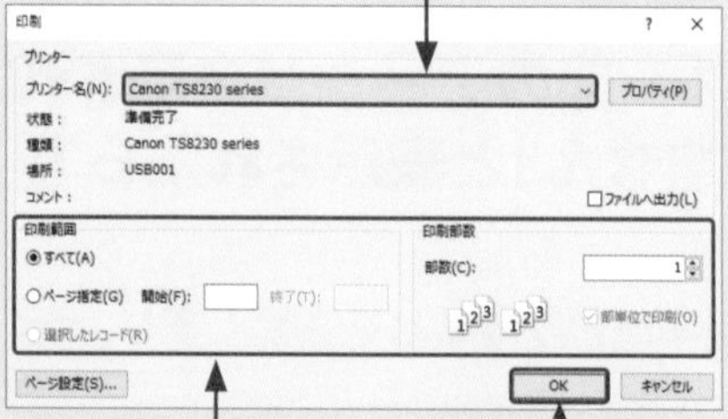

5 印刷範囲や印刷部数を指定します。

6 <OK>をクリックすると、印刷が開始します。

重要度 ★★★　印刷の実行

Q 543 指定したページのみを印刷するには？

A <印刷>画面の<ページ指定>に入力します。

レポートの印刷プレビューで<印刷>をクリックすると、<印刷>画面が表示されます。印刷に使うプリンターや印刷範囲などを指定して印刷を実行します。一部のページのみ印刷するには、印刷をする最初と最後のページを指定します。

参照 ▶ Q 542

1 Q542の方法で<印刷>画面を表示します。

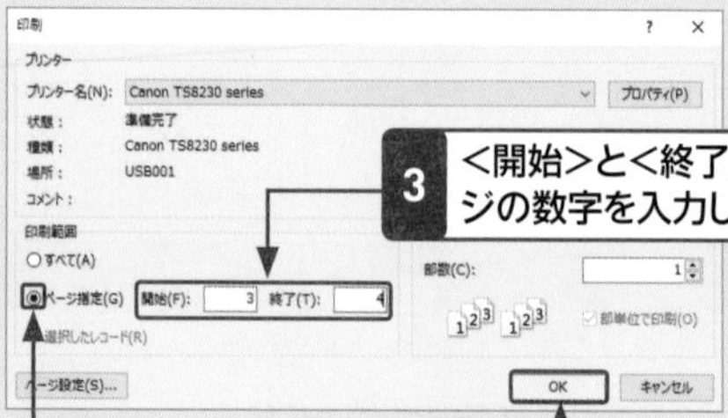

3 <開始>と<終了>にページの数字を入力します。

2 印刷ページを指定する場合は<ページ指定>を選択し、

4 <OK>をクリックすると、指定した範囲のページが印刷されます。

第8章

セクションやコントロールの扱い

重要度★★★　セクションの基本

Q 544 セクションって何？

A フォームやレポートを構成する領域です。

セクションとは、フォームやレポートを構成する領域のことです。フォームビューやレポートビューではわかりづらいかもしれませんが、デザインビューに切り替えると、セクションの違いが分かりやすく表示されます。どのセクションに何を配置するのかによって、オブジェクトの見た目が変わります。

● フォームのデザインビュー

フォームやレポートには複数のセクションがあります。各セクションの上には「セクションバー」が表示されます。

フォームのデザインビュー

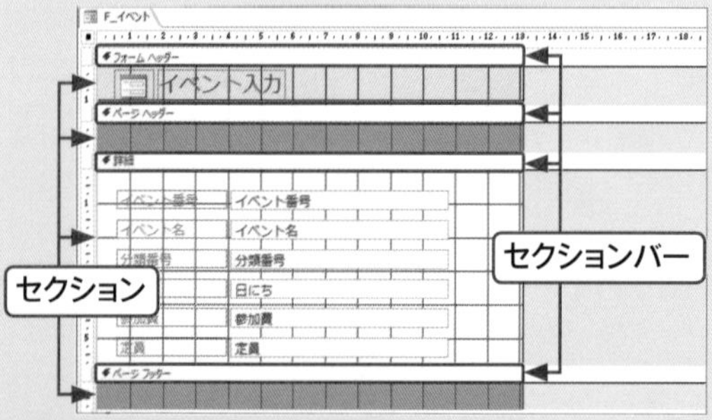

● セクションのプロパティ

セクションの＜プロパティシート＞を表示するには、対象のセクションのセクションバーをクリックして選択し、＜デザイン＞タブの＜プロパティシート＞をクリックします。または、対象のセクションのセクションバーをダブルクリックします。

フォームのデザインビュー

重要度★★★　セクションの基本

Q 545 フォームとレポートにはどんなセクションがある？

A セクション名と役割を知りましょう。

フォームやレポートを構成する各セクションを知りましょう。セクションごとに、さまざまなプロパティが用意されています。

●フォームのセクション

セクション	内容
フォームヘッダー	フォームの冒頭に表示される領域です。
ページヘッダー	フォームを印刷したときに上部に表示される領域です。
詳細	フォームに表示するデータが表示される領域です。
ページフッター	フォームを印刷したときに下部に表示される領域です。
フォームフッター	フォームの末尾に表示される領域です。

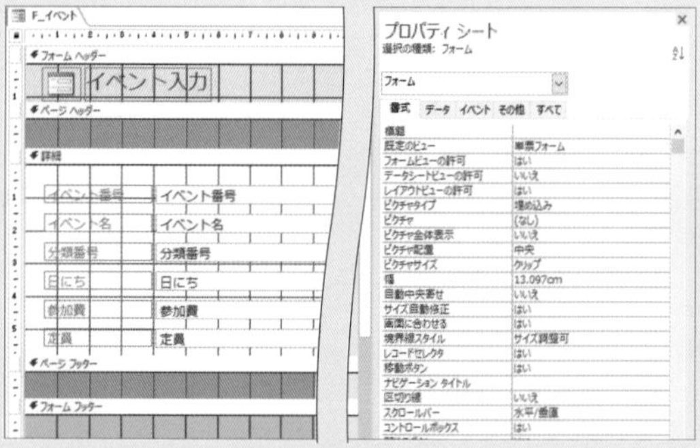

●レポートのセクション

セクション	内容
レポートヘッダー	レポートの最初のページの先頭（先頭ページのページヘッダーの上）に表示される領域です。
ページヘッダー	レポートの各ページの上部に表示される領域です。
詳細	レポートに表示するデータが表示される領域です。
ページフッター	レポートの各ページの下部に表示される領域です。
レポートフッター	レポートの最終ページの最後（最終ページのページフッターより上）に表示される領域です。

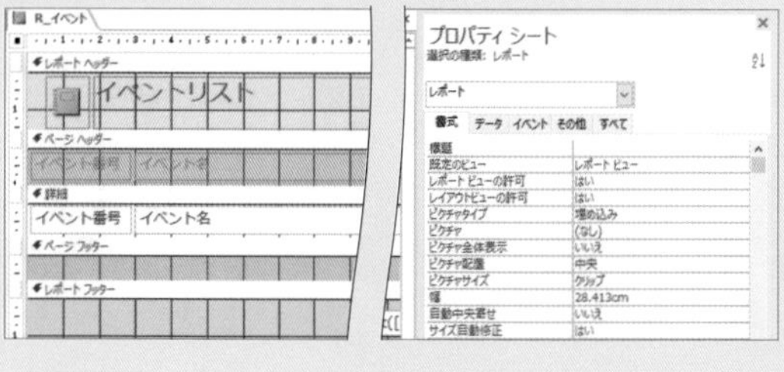

重要度 ★★★　セクションの基本

Q 546 セクションを非表示にするには？

A 右クリックの操作から指定します。

セクションの種類によっては、デザインビューでセクションの表示／非表示を切り替えできます。たとえば、フォームのページヘッダー／フッターやフォームヘッダー／フッターを非表示にできます。コントロールが配置されているセクションを非表示にすると、コントロールも削除されるので注意しましょう。
一時的にセクションを非表示にするには、＜可視＞プロパティで設定します。表示領域を変更することもできます。
ここでは、＜フォームヘッダー＞セクションと＜フォームフッター＞セクションを非表示にします。 参照▶Q 547

フォームのデザインビュー

1 フォームの空いているところを右クリックします。

2 ＜フォームヘッダー／フッター＞をクリックします。

3 セクションにコントロールが配置されている場合はメッセージが表示されます。

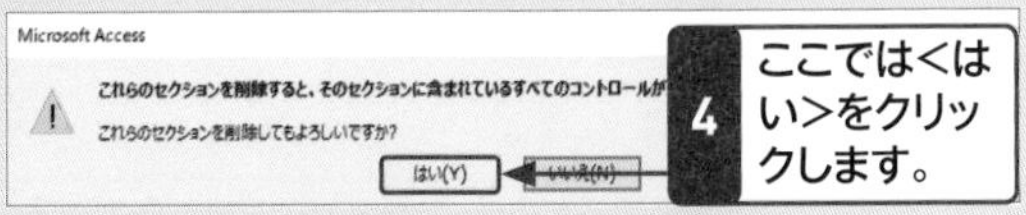

4 ここでは＜はい＞をクリックします。

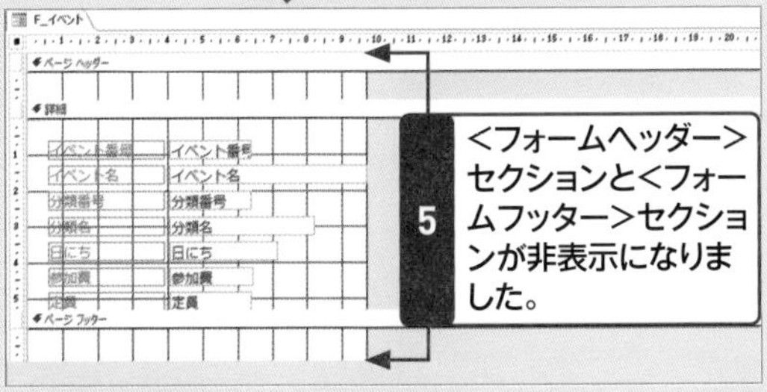

5 ＜フォームヘッダー＞セクションと＜フォームフッター＞セクションが非表示になりました。

手順2で再度＜フォームヘッダー／フッター＞をクリックすると、各セクションが表示されます。

重要度 ★★★　セクションの基本

Q 547 セクションのサイズを変更するには？

A セクションの下境界線をドラッグします。

デザインビューでセクションの下境界線をドラッグすると、セクションのサイズを変更できます。セクションのサイズを変更すると、セクションの＜高さ＞プロパティに反映されます。この操作によって、＜フォームヘッダー＞セクションの表示領域を「なし」にするといったことも可能です。 参照▶Q 359

フォームのデザインビュー

1 ＜フォームヘッダー＞セクションの下境界線にマウスポインターを移動します。

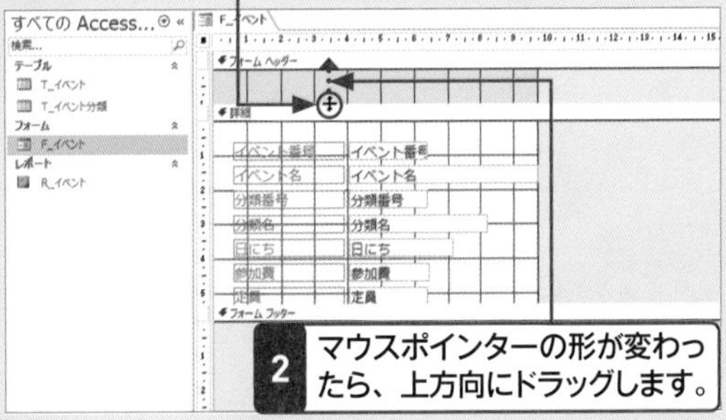

2 マウスポインターの形が変わったら、上方向にドラッグします。

3 ＜フォームヘッダー＞セクションのサイズが変化して、表示領域がなくなりました。

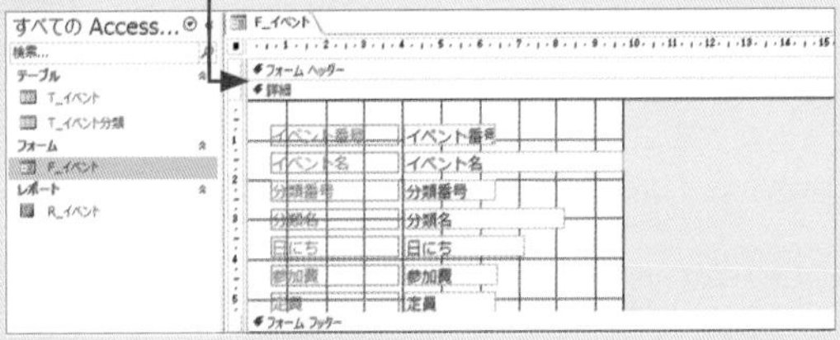

4 領域を広げるときは、下境界線を下方向にドラッグします。

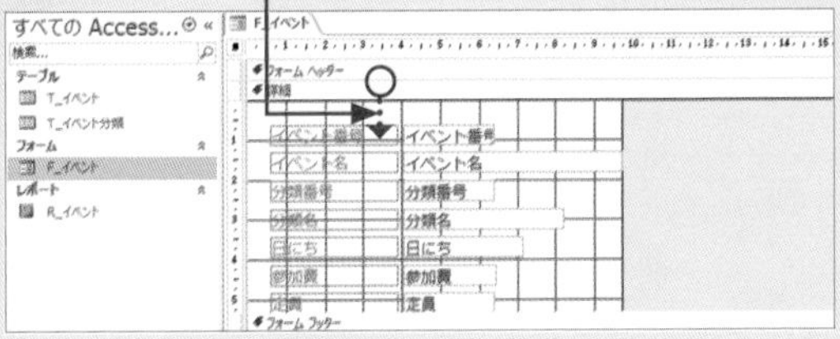

重要度 ★★★ セクションの基本

Q 548 セクションの背景の色を変更するには？

A <背景色>プロパティで指定できます。

フォームやレポートの背景色は、選択しているテーマによって異なります。独自の色に変更するには、セクションを選択して<ホーム>タブの<背景色>で設定します。この設定は、セクションの<背景色>プロパティに反映されます。 参照▶Q 549

フォームのデザインビュー

1 ここでは<詳細>セクションを選択します。

2 <ホーム>タブの<背景色>の<▼>をクリックして、一覧から色を選択します。

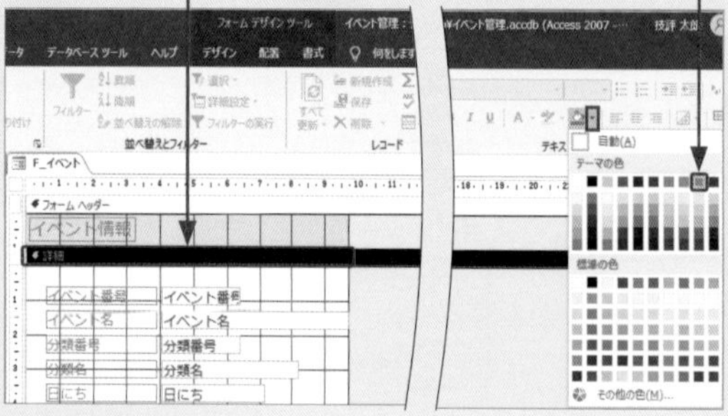

3 <詳細>セクションの背景色が変わります。

4 <詳細>セクションの<背景色>プロパティで、背景色の設定を確認できます。

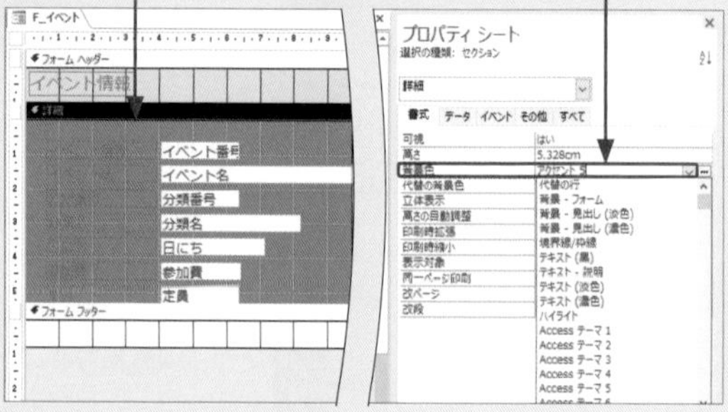

重要度 ★★★ セクションの基本

Q 549 セクションを選択するには？

A セクションバーをクリックします。

セクションを選択するには、セクションバーをクリックします。また、<プロパティシート>で目的のセクションを選択する方法もあります。セクションが表示されていない場合は、Q546の方法で再表示させます。 参照▶Q 546

フォームのデザインビュー

1 <詳細>セクションのセクションバーをクリックします。

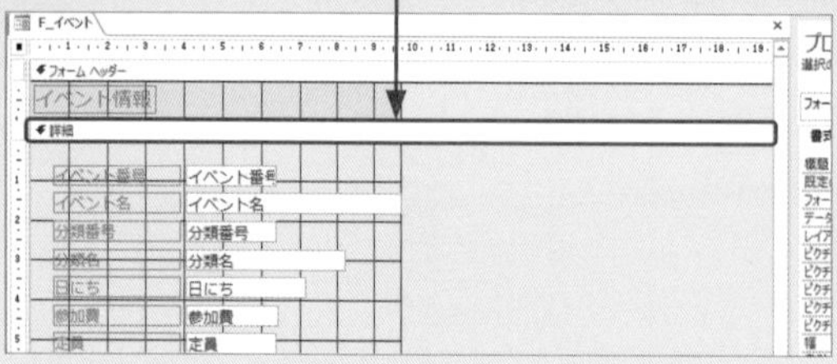

2 セクションバーが黒くなり、<詳細>セクションが選択されます。

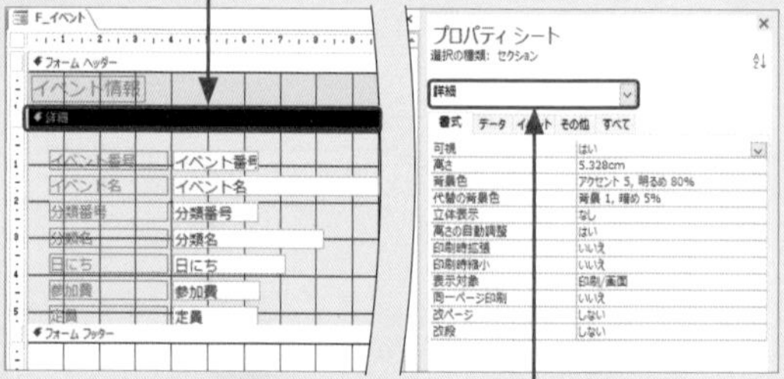

3 選択したセクションの名前が<プロパティシート>に表示されます。

4 <フォームヘッダー>のセクションバーをクリックします。

5 <フォームヘッダー>セクションが選択されます。

重要度 ★★★　コントロールの基本

Q 550 コントロールって何？

A フォームやレポートに配置する部品のことです。

コントロールとは、フォームやレポート上に配置して、フォームやレポートのもとのテーブル・クエリのデータを表示したり、タイトルや日付などの文字を表示したりするときに使う部品です。
コントロールは＜デザイン＞タブの＜コントロール＞グループにあるボタンをクリックして追加します。目的別にさまざまなコントロールがあり、オブジェクトによって追加できるコントロールは異なります。

参照▶Q 556

●＜デザイン＞タブの＜コントロール＞グループ

●主なコントロールの用途

ボタン	種類	内容
	選択	コントロールを選択するモードに切り替えます。
	テキストボックス	テーブルやクエリのデータの表示、計算結果の表などで使う基本的なコントロールです。
	ラベル	タイトルやフィールド名などの文字を表示するときに使う基本的なコントロールです。
	ボタン	クリックするとマクロを実行したりするボタンを配置するときに使います。
	オプショングループ	複数の選択肢から、いずれか1つの値を選択できるようにするときに使います。オプショングループの選択肢として、オプションボタンやトグルボタン、チェックボックスなどを配置します。
	コンボボックス	コンボボックスの横の▼をクリックして入力候補を選択できるようにするときなどに使います。
	リストボックス	入力候補を選択できるようにするときなどに使います。
	チェックボックス	チェックのオン／オフかでYes/No型のデータの内容を表示したりするときに使います。
	オプションボタン	チェックのオン／オフかでYes/No型のデータの内容を表示したりするときに使います。

重要度 ★★★　コントロールの基本

Q 551 コントロールを選択するには？

A クリック操作やプロパティシートで選択します。

コントロールの設定を確認・変更するには、まずコントロールをクリックして選択し、＜デザイン＞タブの＜プロパティシート＞をクリックして＜プロパティシート＞を表示します。コントロールをダブルクリックすることでも＜プロパティシート＞を表示できます。
コントロールを選択しづらい場合は、プロパティシートでコントロールの一覧を表示して、そこから選択する方法が便利です。

フォームのデザインビュー

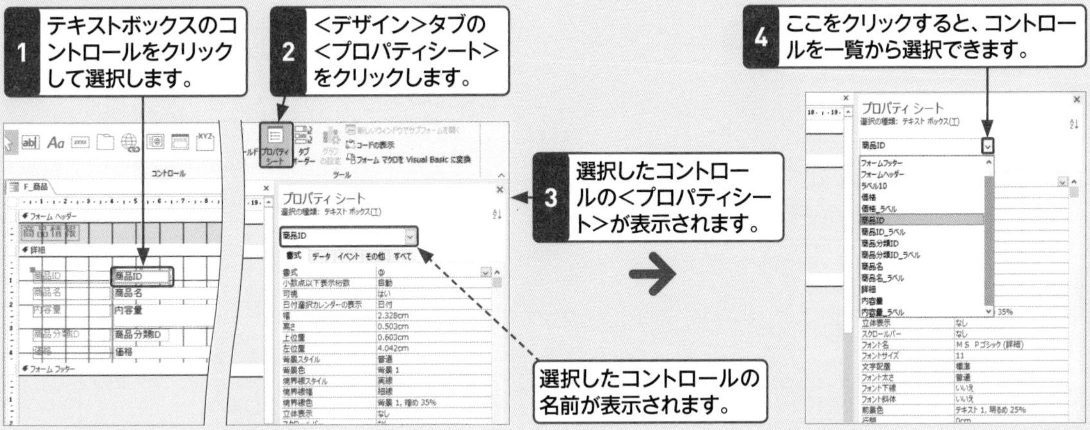

重要度 ★★★　コントロールの基本

Q 552 複数のコントロールを選択するには？

A ルーラーを利用する方法があります。

同じ位置に揃って配置されているコントロールを選択するには、ルーラー上をクリック、またはドラッグして選択する方法があります。また、同時に選択する複数のコントロールを囲むようにドラッグする方法もあります。

フォームのデザインビュー

1 ルーラー上をクリックします。

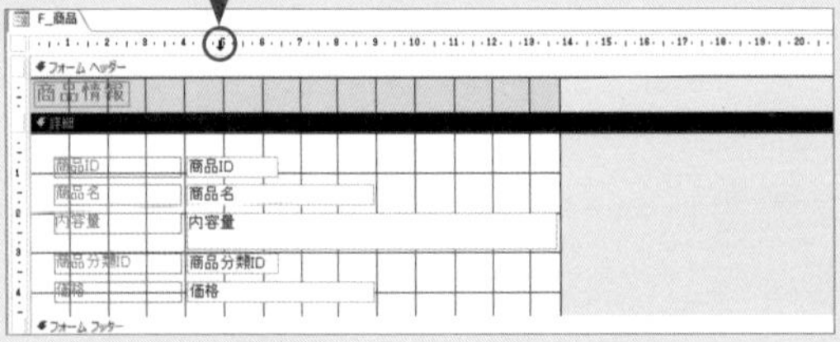

2 クリックした位置の延長にあるコントロールがまとめて選択されます。

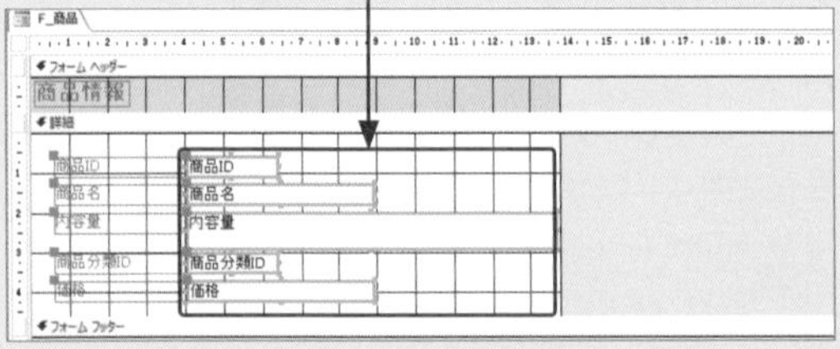

● ドラッグでコントロールを選択する

1 複数のコントロールを囲むようにドラッグします。

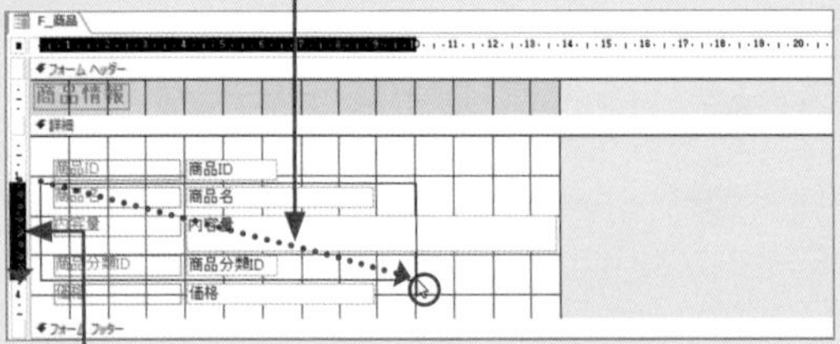

2 あるいは、ルーラー上をドラッグします。

重要度 ★★★　コントロールの基本

Q 553 離れた場所にあるコントロールを同時に選択するには？

A Shift キーを押しながらクリックします。

離れた場所にある複数のコントロールを同時に選択するには、1つめのコントロールを選択したあと、Shift キー（または Ctrl キー）を押しながら同時に選択するコントロールを順にクリックします。また、Q552の方法で複数のコントロールを選択したあと、Shift キーを押しながらほかのコントロールを選択することもできます。

参照▶Q 552

フォームのデザインビュー

1 1つめのコントロールをクリックして選択します。

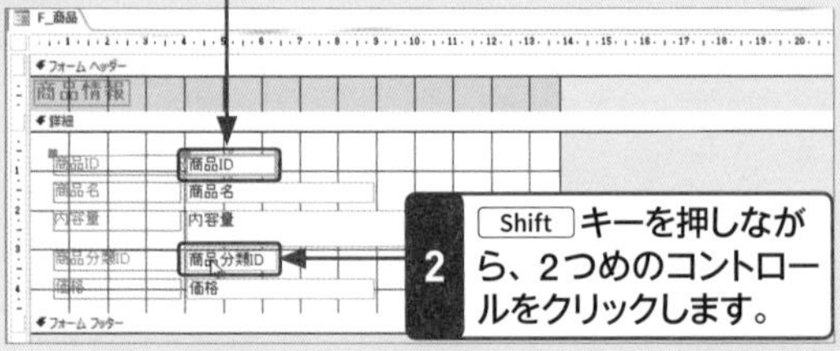

2 Shift キーを押しながら、2つめのコントロールをクリックします。

3 複数のコントロールが選択されます。

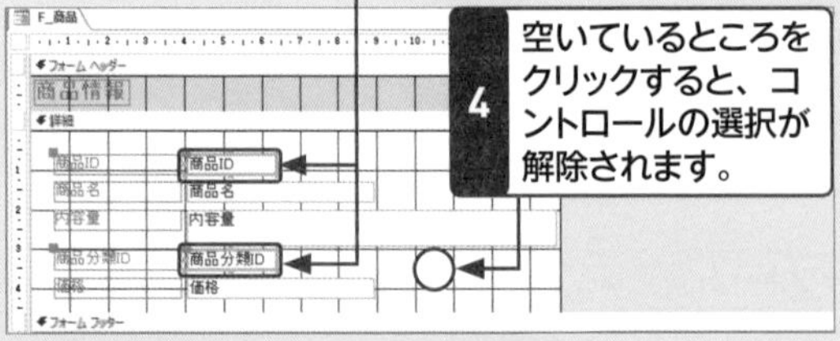

4 空いているところをクリックすると、コントロールの選択が解除されます。

● ルーラーを利用して選択する

1 ルーラー上をドラッグします。

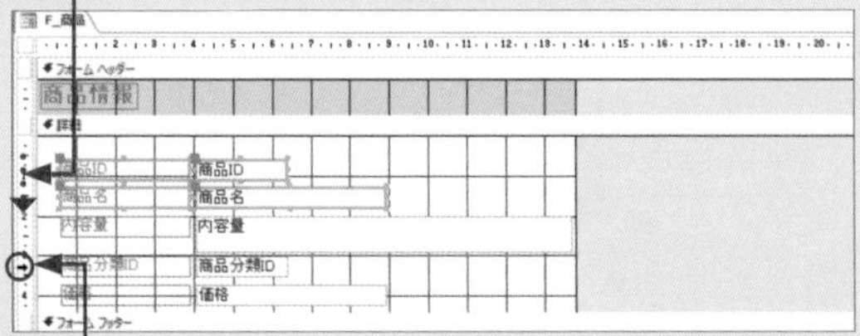

2 Shift キーを押しながら、ルーラー上の離れた位置をクリックします。

重要度 ★★★　コントロールの基本

Q 554 コントロールを削除するには？

A 削除するコントロールを選択して Delete キーを押します。

コントロールを削除するには、削除するコントロールを選択して Delete キーを押します。テキストボックスなどラベル付きのコントロールを削除すると、ラベルも一緒に削除されます。

フォームのデザインビュー

1 削除するコントロールを選択します。

2 ＜ホーム＞タブの＜削除＞をクリックするか、Delete キーを押します。

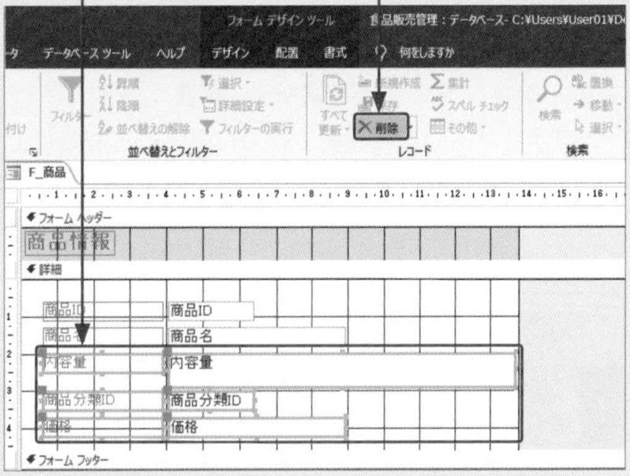

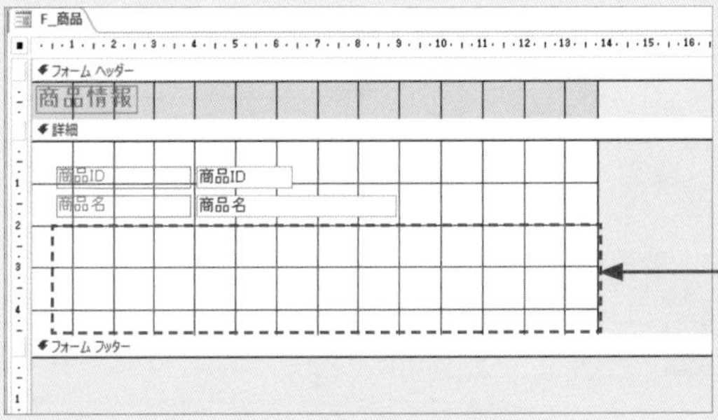

3 選択していたコントロールが削除されます。

重要度 ★★★　コントロールの基本

Q 555 コントロールを非表示にしたい！

A ＜可視＞プロパティで指定できます。

コントロールを一時的に見えなくするには、＜可視＞プロパティで設定します。非表示にすると、フォームビューやレポートビューで見えなくなりますが、レイアウトビューやデザインビューでは表示されます。かんたんにもとの状態に戻せます。

フォームのデザインビュー

1 非表示にするコントロールを選択します。

2 ＜プロパティシート＞の＜可視＞プロパティで＜いいえ＞を選択します。

3 フォームビューに切り替えます。

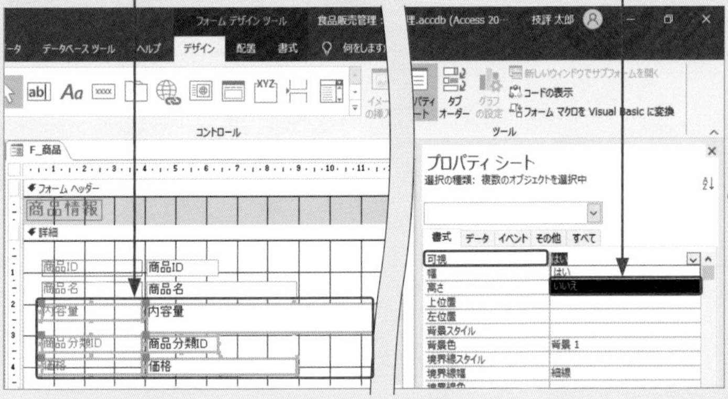

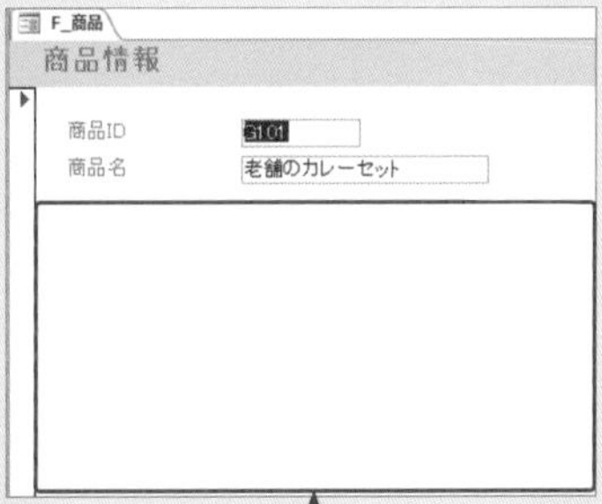

4 ＜可視＞プロパティが＜いいえ＞のコントロールは表示されません。

重要度 ★★★ コントロールの追加・配置

Q 556 コントロールを追加するには？

A コントロールの一覧から、追加するコントロールを選択します。

フォームやレポートにコントロールを追加するには、追加するコントロールを選択し、配置する場所をクリックまたはドラッグします。ドラッグした場合は、ドラッグした範囲にコントロールが表示されます。

なお、＜コントロールウィザードをオンにする＞をオンにしている場合、追加するコントロールによっては、ウィザード画面を利用してコントロールの詳細などを指定できます。

フォームのデザインビュー

1 ＜デザイン＞タブの＜コントロール＞グループの＜その他＞をクリックします。

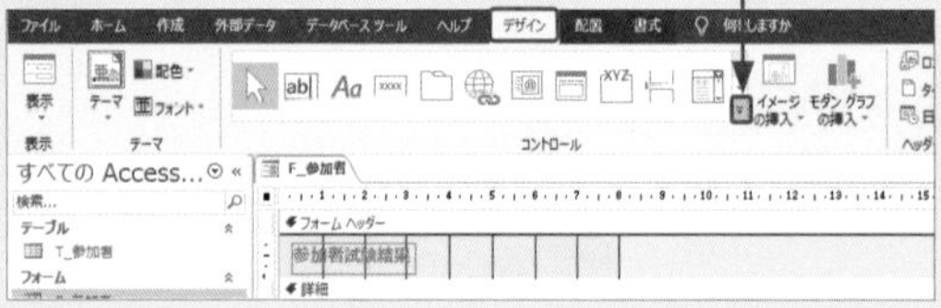

2 コントロールの一覧が表示されます。

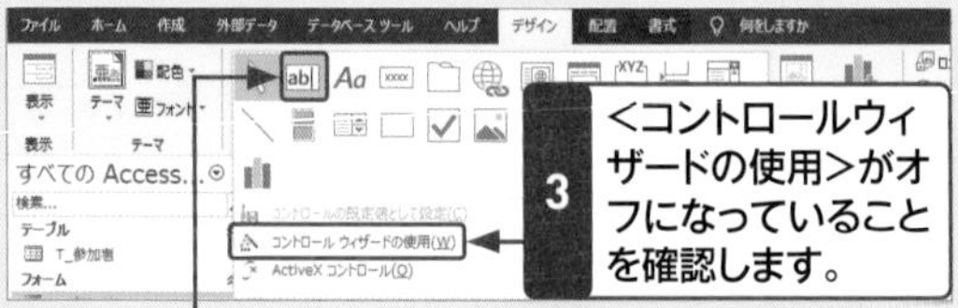

3 ＜コントロールウィザードの使用＞がオフになっていることを確認します。

4 ＜テキストボックス＞をクリックします。

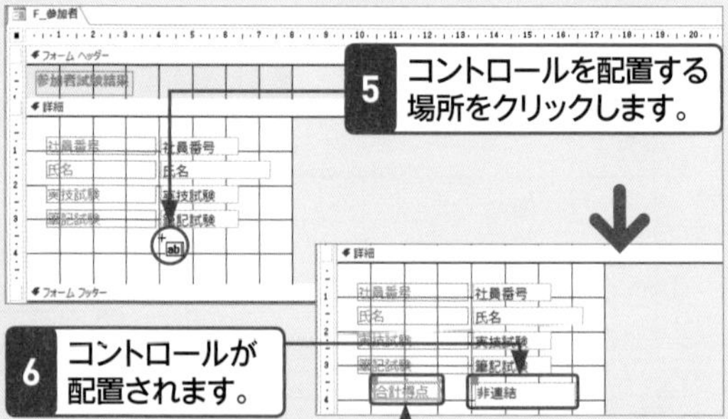

5 コントロールを配置する場所をクリックします。

6 コントロールが配置されます。

7 テキストボックスに付属するラベルをクリックして文字を入力します。

重要度 ★★★ コントロールの追加・配置

Q 557 コントロールに表示する内容を式で入力するには？

A ＜コントロールソース＞プロパティで指定します。

コントロールに表示する内容は、＜コントロールソース＞プロパティで設定します。既存のフィールドのデータを使って計算した結果を表示する場合などは、このプロパティにフィールド名を指定して式を入力します。

ここでは、試験結果データの「実技試験」と「筆記試験」の得点を足した結果を表示します。

フォームのデザインビュー

1 テキストボックスを選択します。

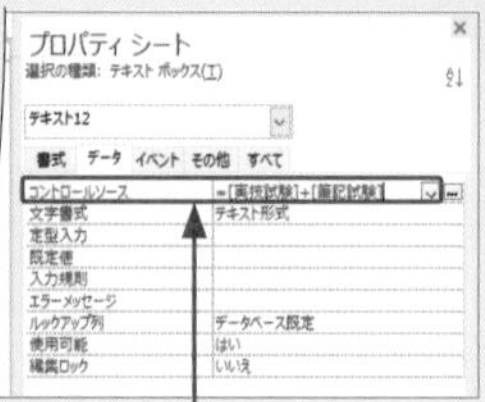

2 ＜データ＞タブの＜コントロールソース＞プロパティに
=[実技試験]+[筆記試験]
と入力します。

3 ＜書式＞タブの＜書式＞プロパティで「標準」、＜小数点以下表示桁数＞プロパティで「0」を指定します。

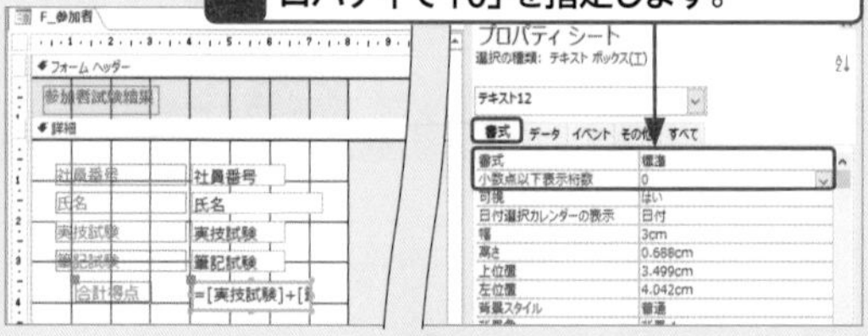

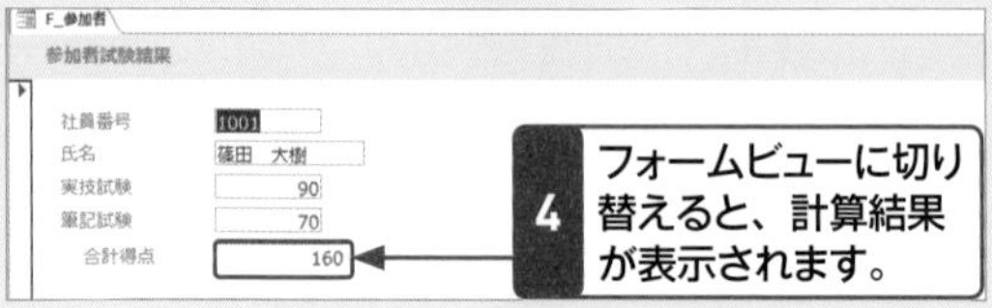

4 フォームビューに切り替えると、計算結果が表示されます。

重要度 ★★★　コントロールの追加・配置

Q 558 フィールドの値を表示するコントロールを追加するには？

A フィールド一覧からドラッグします。

フォームやレポートのもとになったテーブル・クエリのデータを表示するには、フィールドリストからコントロールを追加します。この方法は、コントロールの表示内容などをあとで指定する手間が省けます。

フォームのデザインビュー

1 フォームの右端の境界線をドラッグして、幅を広げます。

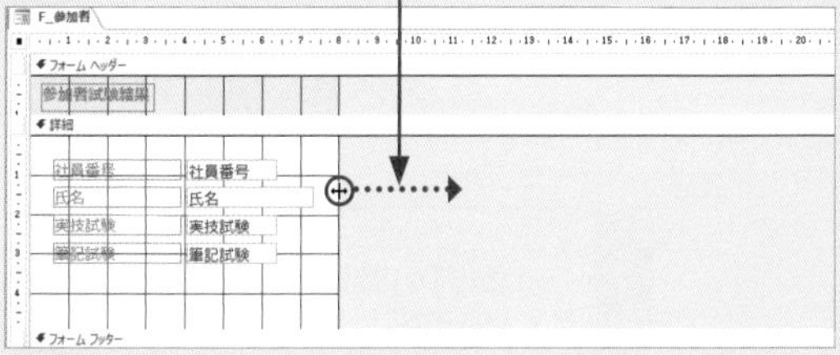

2 <デザイン>タブの<既存のフィールドの追加>をクリックします。

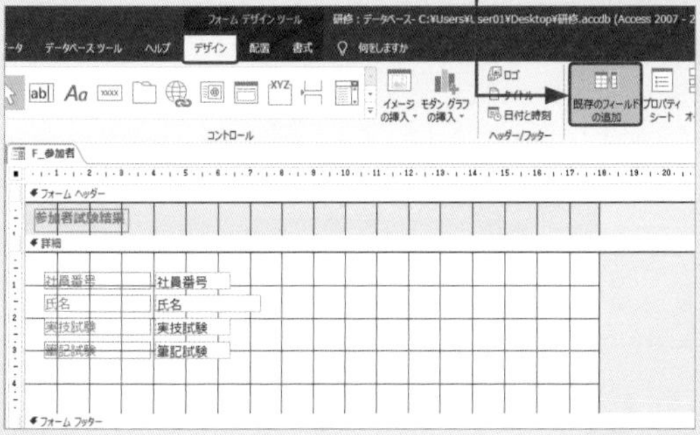

3 フォームに追加するフィールドを選択します。

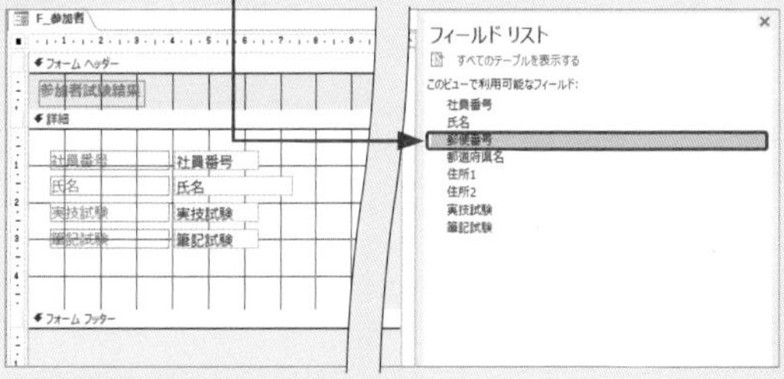

4 Shift キーを押しながらほかのフィールドをクリックすると、

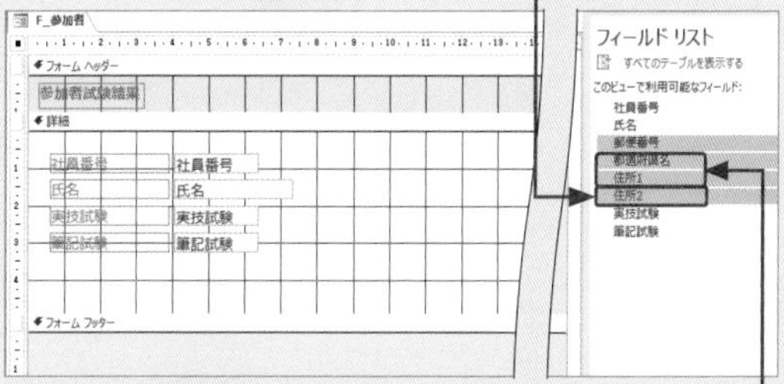

5 最初にクリックしたフィールドとの間に含まれるフィールドが選択されます。

Ctrl キーを押しながら、ほかのフィールドをリックする方法もあります。

6 フォーム上の配置する場所にドラッグします。

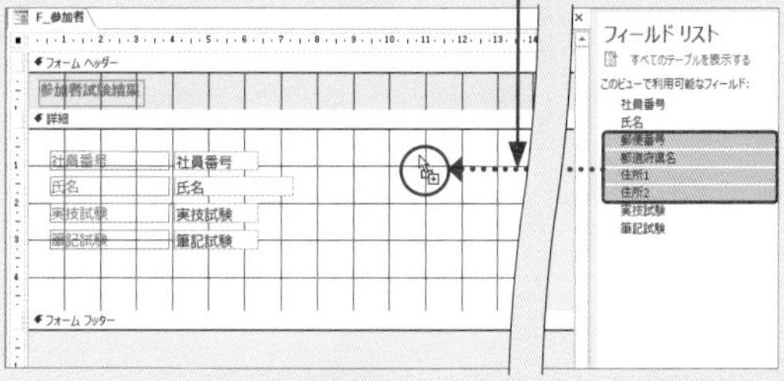

7 コンロトールの配置や文字、書体、色などを整えます。

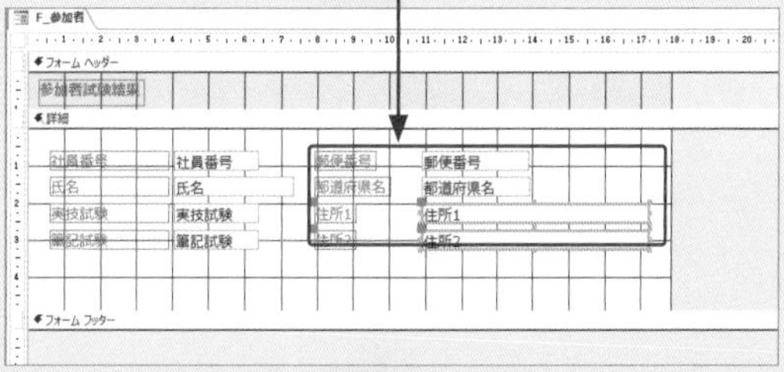

8 フォームビューに切り替えると、フィールドのデータが表示されます。

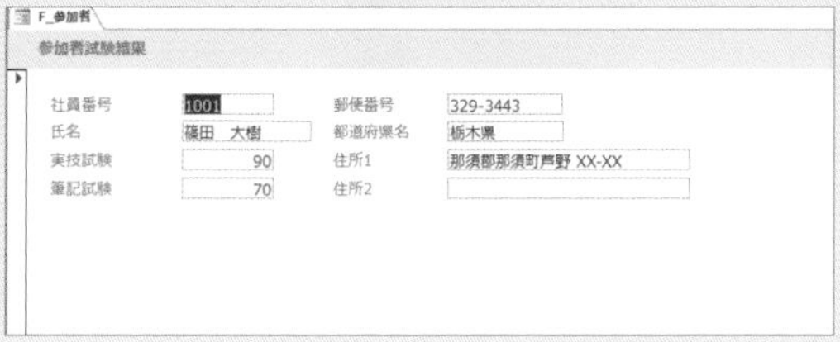

重要度 ★★★ コントロールの追加・配置

Q 559 コントロールをコピーして利用するには？

A コピー貼り付けを使います。

似たようなコントロールを配置するときは、配置済みのコントロールをコピーして利用すると効率的です。<ホーム>タブの<コピー>ボタンや<貼り付け>ボタンを使って操作します。

レポートのデザインビュー

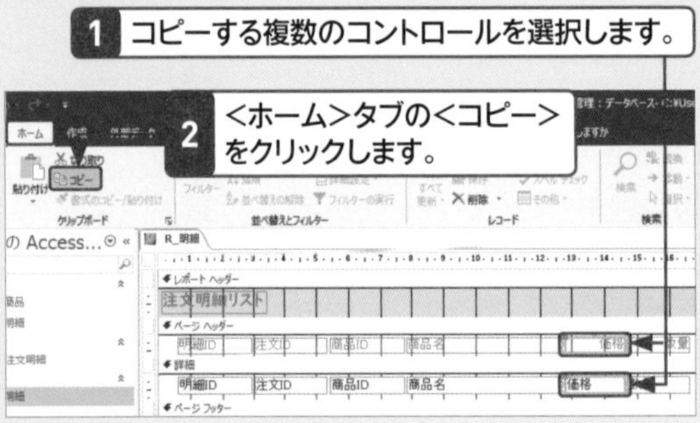
1 コピーする複数のコントロールを選択します。
2 <ホーム>タブの<コピー>をクリックします。

ここでは、レポートの<ページヘッダー>セクションと<詳細>セクションの2つのコントロールをまとめてコピーします。

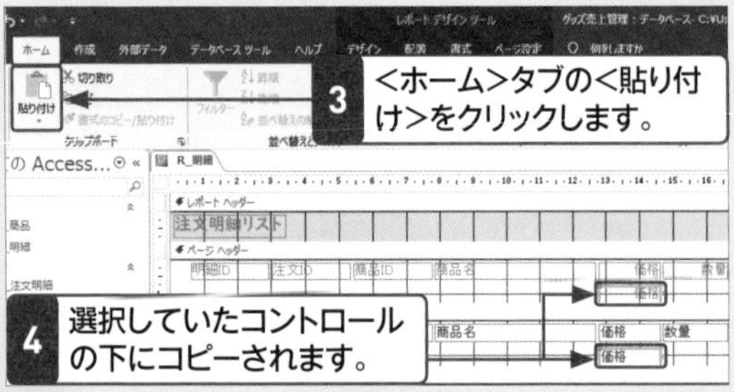
3 <ホーム>タブの<貼り付け>をクリックします。
4 選択していたコントロールの下にコピーされます。

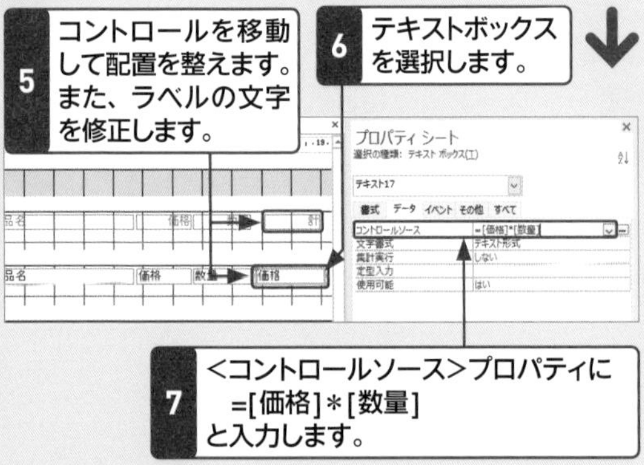
5 コントロールを移動して配置を整えます。また、ラベルの文字を修正します。
6 テキストボックスを選択します。
7 <コントロールソース>プロパティに =[価格]*[数量] と入力します。

重要度 ★★★ コントロールの追加・配置

Q 560 コントロールをほかのセクションにコピーして利用するには？

A セクションを選択してから貼り付けます。

コピーしたコントロールを指定したセクションに貼り付けるには、コントロールを貼り付ける前にセクションを選択します。貼り付けたコントロールは、セクションの左上に貼り付けられます。

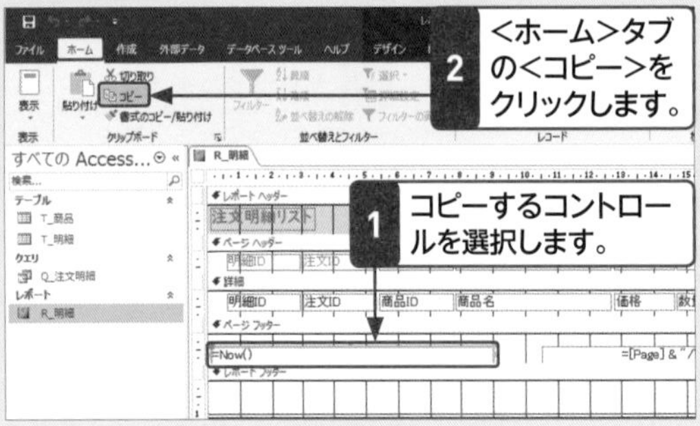
1 コピーするコントロールを選択します。
2 <ホーム>タブの<コピー>をクリックします。

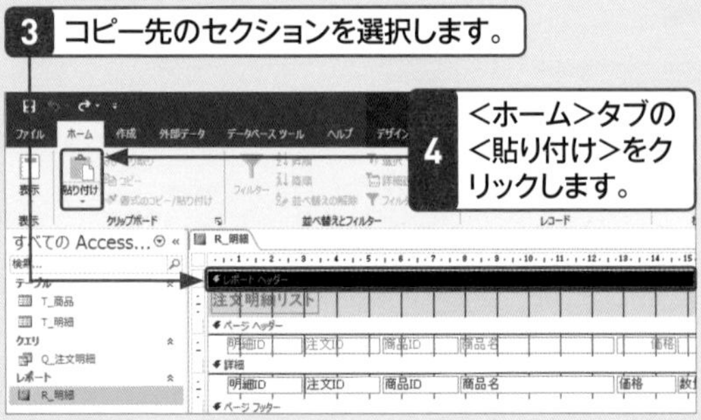
3 コピー先のセクションを選択します。
4 <ホーム>タブの<貼り付け>をクリックします。

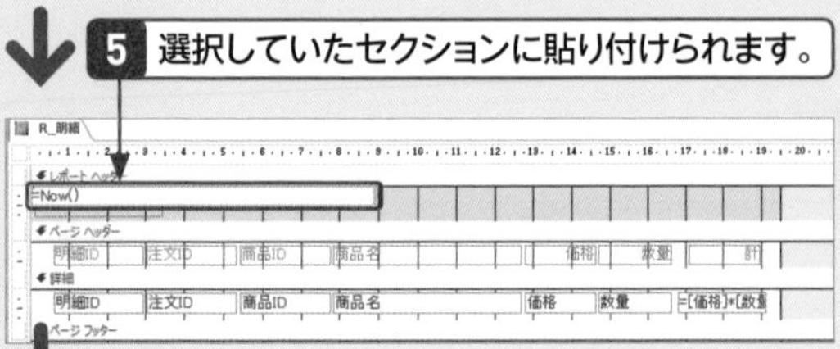
5 選択していたセクションに貼り付けられます。

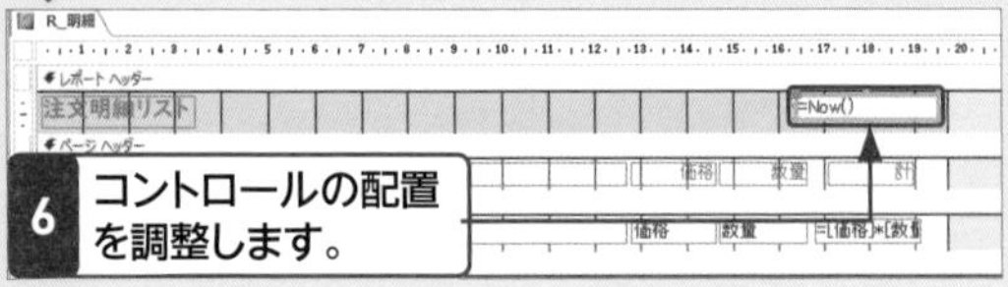
6 コントロールの配置を調整します。

重要度 ★★★　コントロールの追加・配置

Q 561 コントロールのサイズを変更するには？

A コントロールの外枠をドラッグします。

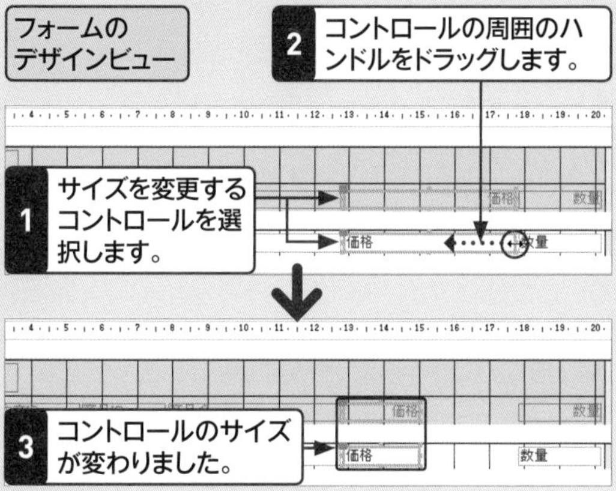

コントロールのサイズを変更するには、コントロールを選択して、周囲に表示されるハンドルをドラッグします。コントロールのサイズを変更すると、＜幅＞プロパティと＜高さ＞プロパティに反映されます。

また、ラベルなどのコントロールの場合、周囲のハンドルをダブルクリックすると、文字の長さに合わせてコントロールのサイズが自動的に調整されます。

● プロパティでサイズを指定する

コントロールの＜高さ＞プロパティや＜幅＞プロパティに数値を入力して、サイズを変更することもできます。

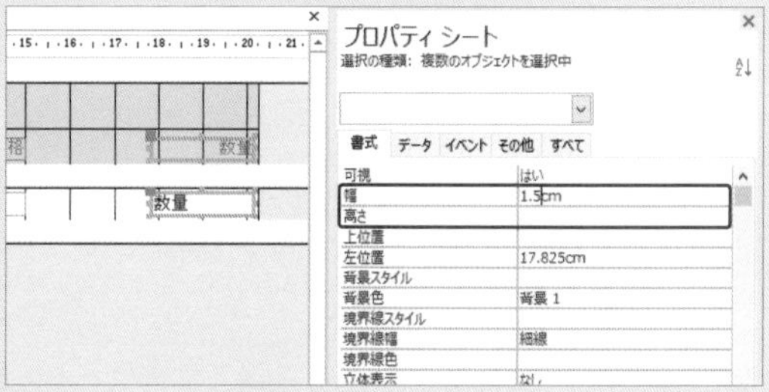

重要度 ★★★　コントロールの追加・配置

Q 562 グループ化されたコントロールのレイアウトを変更するには？

A コントロールの大きさなどはまとめて変更できます。

フォームやレポートを自動的に作成すると、コントロールはグループ化された状態になります。この場合、複数のコントロールをまとめて移動したり、サイズを変えたりできます。ただし、個々のコントロールを自由に移動させることはできません。

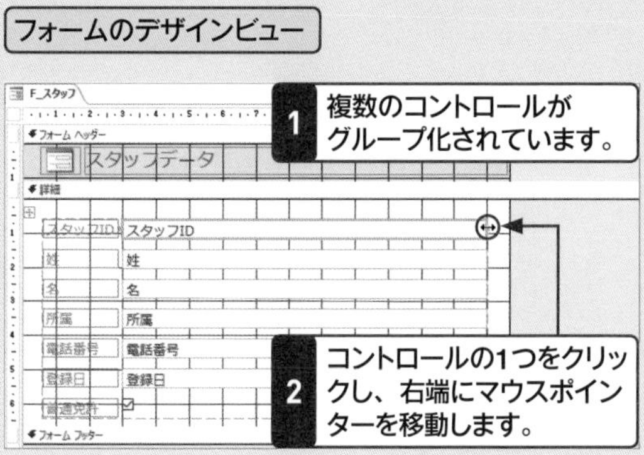

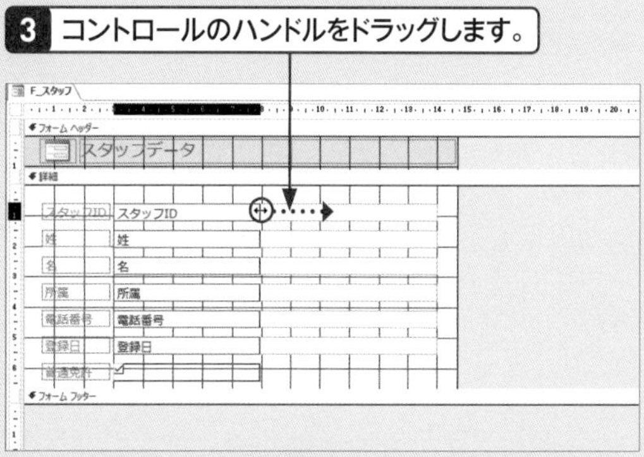

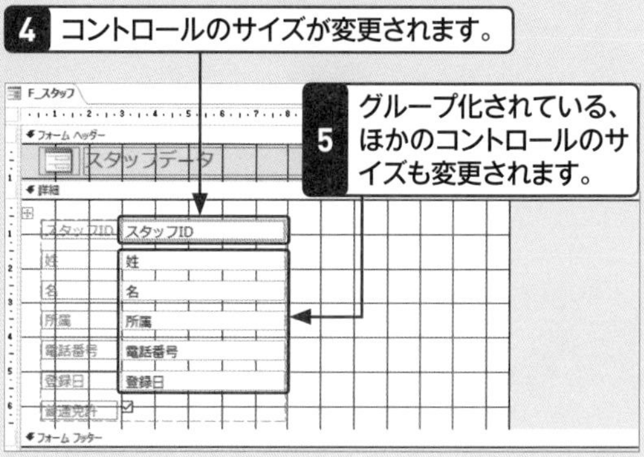

重要度 ★★★ コントロールの追加・配置

Q 563 コントロールのレイアウトの種類を変更するには？

A 集合形式や表形式の違いを知りましょう。

コントロールのレイアウトの種類は、カード型のような<集合形式>と、表のような<表形式>があります。レイアウトの種類はあとから変更することもできます。ここでは、フォームのコントロールのレイアウトを<集合形式>から<表形式>に変更します。1件分のデータが横に並ぶように修正します。

フォームのデザインビュー

1 ここをクリックして、グループ化されたコントロール全体を選択します。

2 <配置>タブの<表形式>をクリックします。

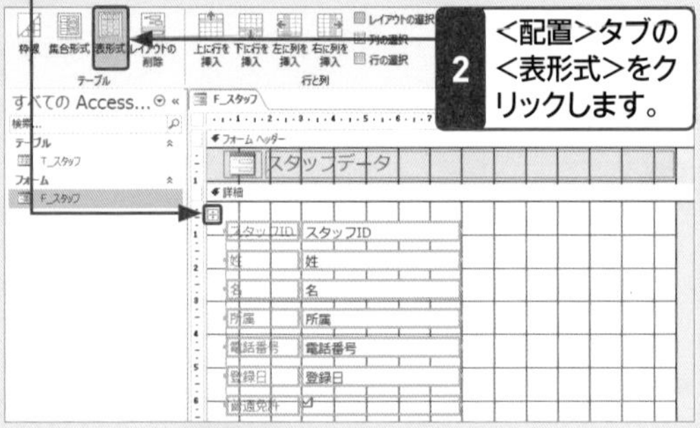

3 ラベルが<フォームヘッダー>セクションに、テキストボックスが<詳細>セクションに横に並びます。

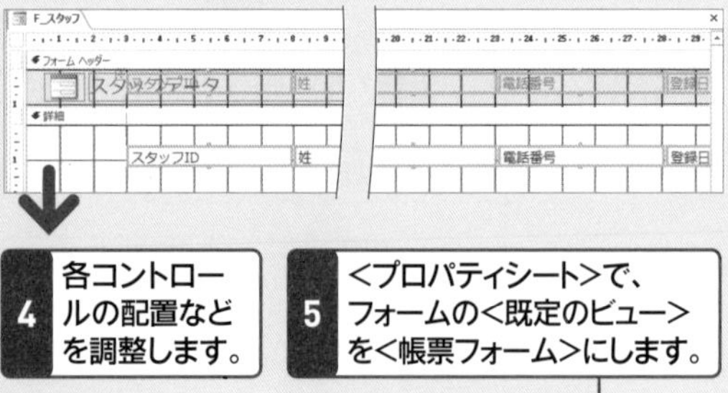

4 各コントロールの配置などを調整します。

5 <プロパティシート>で、フォームの<既定のビュー>を<帳票フォーム>にします。

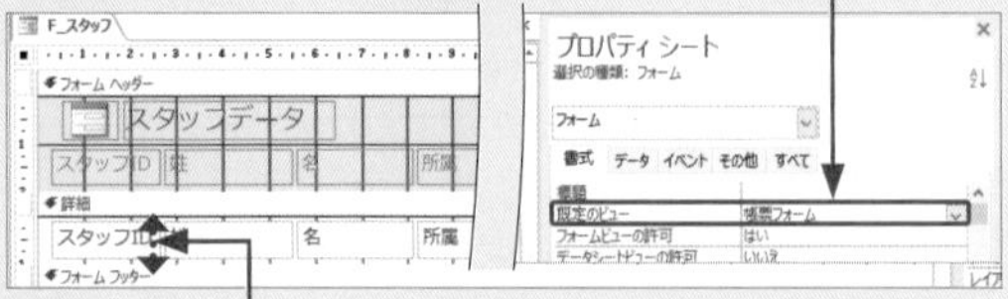

6 <詳細>セクションの高さを1行分に狭くします。

重要度 ★★★ コントロールの追加・配置

Q 564 コントロールをレイアウトの途中に追加するには？

A 移動先の線を目安にドラッグします。

コントロールがグループ化された状態で、1つのコントロールの配置を変更するには、コントロールを移動先に向かってドラッグします。コントロールを配置する場所にスペースがない場合でも、コントロールとコントロールの間に自動的にスペースが作られます。

フォームのデザインビュー

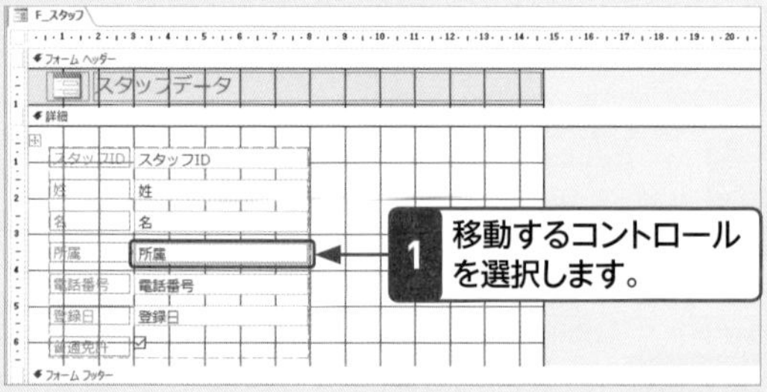

1 移動するコントロールを選択します。

移動先にコントロールを置くスペースはありません。

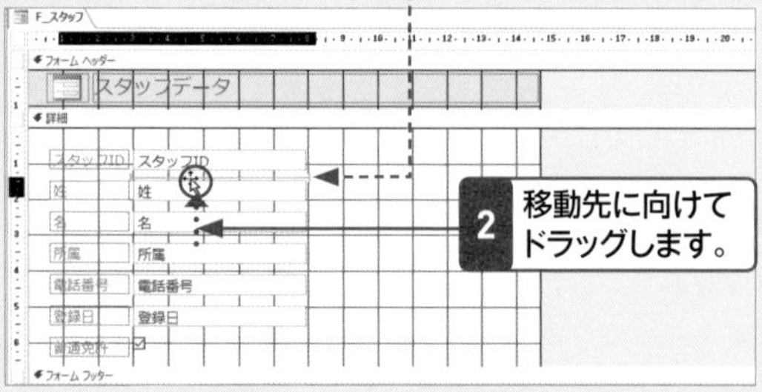

2 移動先に向けてドラッグします。

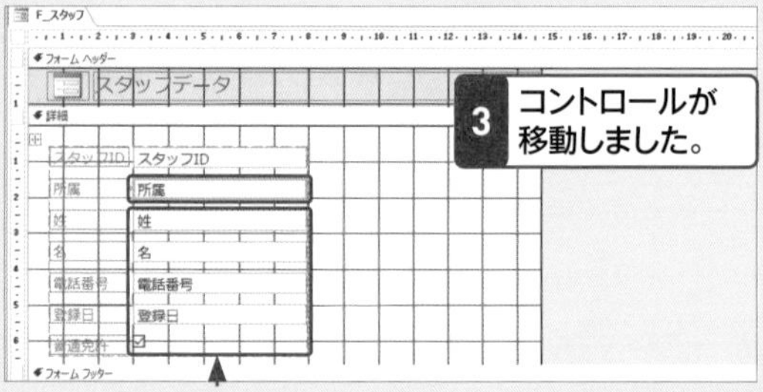

3 コントロールが移動しました。

コントロールが下方向へ移動して、スペースが作られました。

重要度★★★　コントロールの追加・配置

Q 565 コントロールを自由に動かせない！

A コントロールのレイアウトを解除します。

コントロールがグループ化されたレイアウトでは、コントロールをレイアウトの外に自由に移動させることはできません。コントロールを自由に操作するには、レイアウトを解除（グループ化を解除）します。
コントロールを再度グループ化するには、複数のコントロールを選択した状態で、＜配置＞タブの＜集合形式＞や＜表形式＞をクリックします。

フォームのデザインビュー

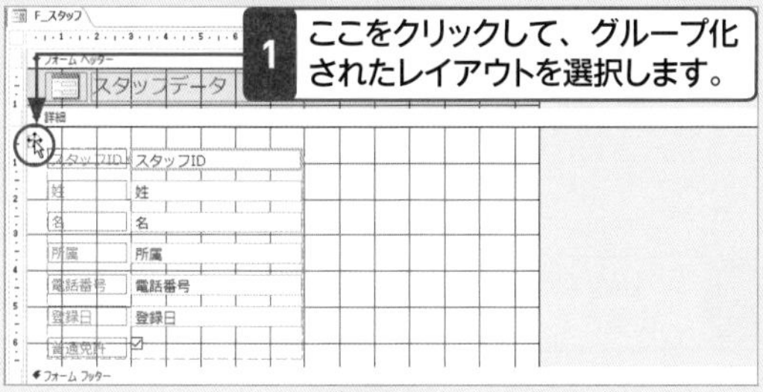
1 ここをクリックして、グループ化されたレイアウトを選択します。

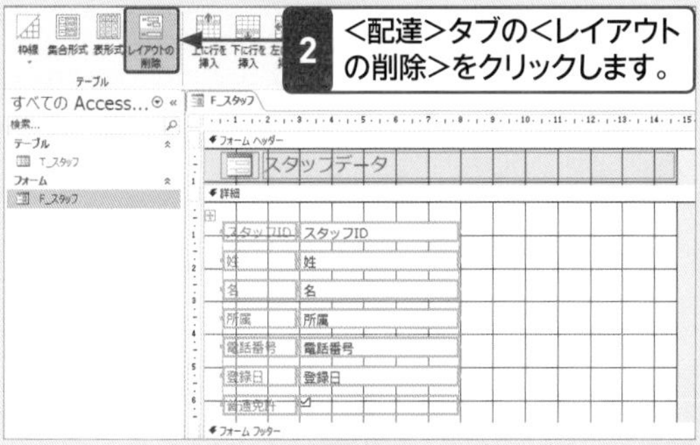
2 ＜配達＞タブの＜レイアウトの削除＞をクリックします。

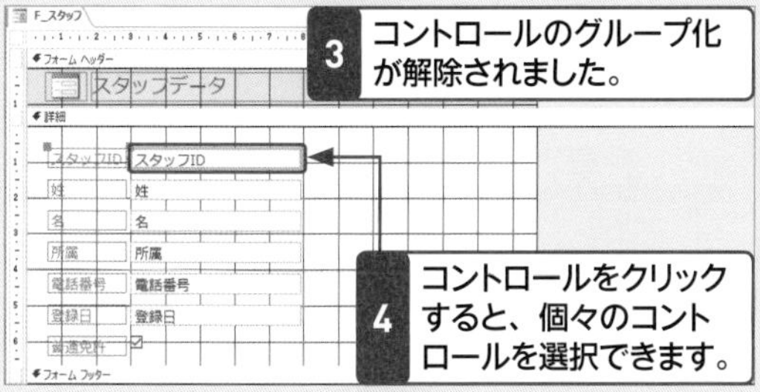
3 コントロールのグループ化が解除されました。
4 コントロールをクリックすると、個々のコントロールを選択できます。

重要度★★★　コントロールの追加・配置

Q 566 指定したコントロールのみレイアウトを解除するには？

A コントロールを選択して解除します。

グループ化されたコントロールのうち、1つのコントロールのみレイアウトを解除（グループ化を解除）するには、解除したいコントロールを選択してからレイアウトを削除します。レイアウトを解除したコントロールは、自由に移動などができます。

フォームのデザインビュー

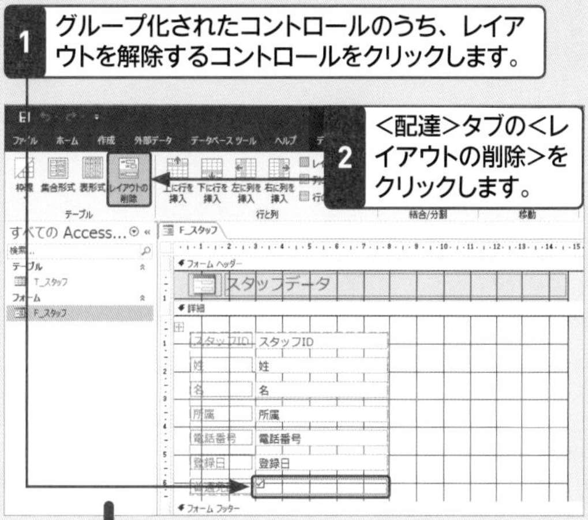
1 グループ化されたコントロールのうち、レイアウトを解除するコントロールをクリックします。
2 ＜配達＞タブの＜レイアウトの削除＞をクリックします。

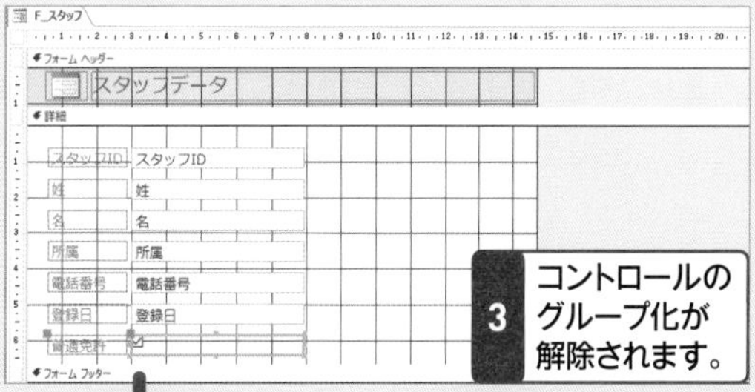
3 コントロールのグループ化が解除されます。

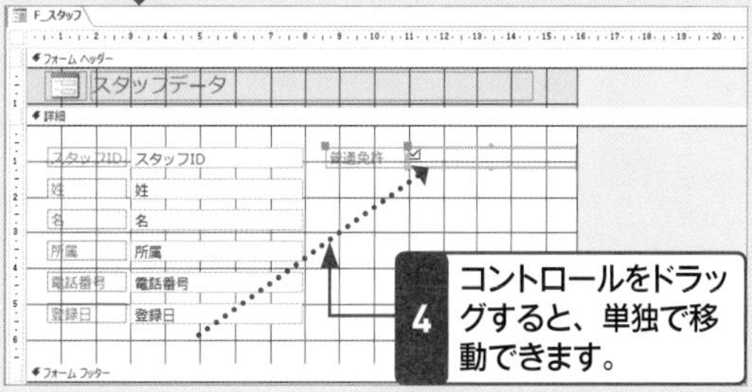
4 コントロールをドラッグすると、単独で移動できます。

重要度 ★★★ コントロールの追加・配置

Q 567 コントロールを移動するには？

A コントロールをドラッグします。

個々のコントロールを移動するには、コントロールを選択してドラッグします。コントロールを移動すると、コントロールの＜上位置＞プロパティと＜左位置＞プロパティに反映されます。

なお、テキストボックスなどを移動すると、通常はコントロールのラベルも一緒に移動します。それぞれ個別に移動するには、コントロールを選択すると表示される左上の大きいハンドルをドラッグします。

1 移動するコントロールを選択します。

2 外枠部分にマウスポインターを移動します。

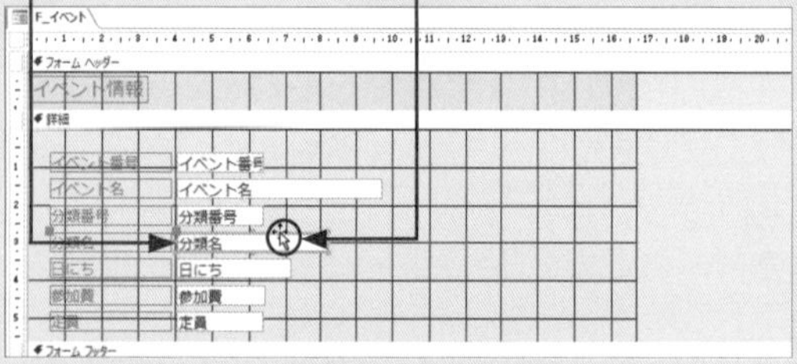

3 移動先に向かってドラッグします。

4 ドラッグした場所に、ラベルとコントロールが移動します。

● 個別に移動する

1 コントロールを選択します。

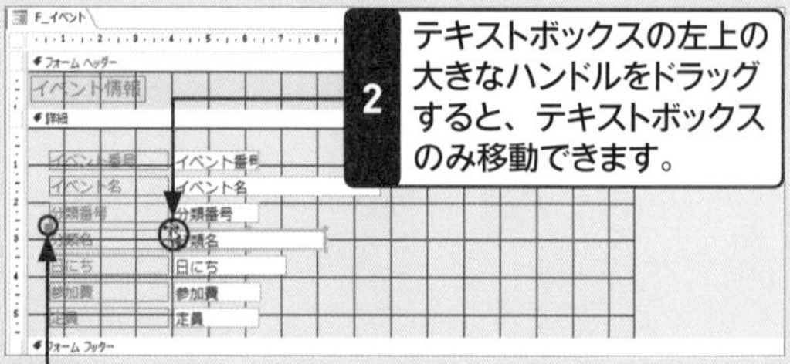

2 テキストボックスの左上の大きなハンドルをドラッグすると、テキストボックスのみ移動できます。

3 ラベルの左上の大きなハンドルをドラッグすると、ラベルのみ移動できます。

重要度 ★★★ コントロールの追加・配置

Q 568 コントロールを等間隔に配置するには？

A ＜配置＞ボタンから操作を選択します。

複数のコントロールを等間隔に並べて表示するには、複数のコントロールを選択して、左右または上下の間隔を均等にします。すると、両端のコントロールを基準に、選択したコントロールがその間に均等に配置されます。間隔を広げたり、狭めたりすることもできます。

フォームのデザインビュー

1 等間隔に配置するコントロールを選択します。

2 ＜配置＞タブの＜サイズ調整＞→＜上下の間隔を均等にする＞をクリックします。

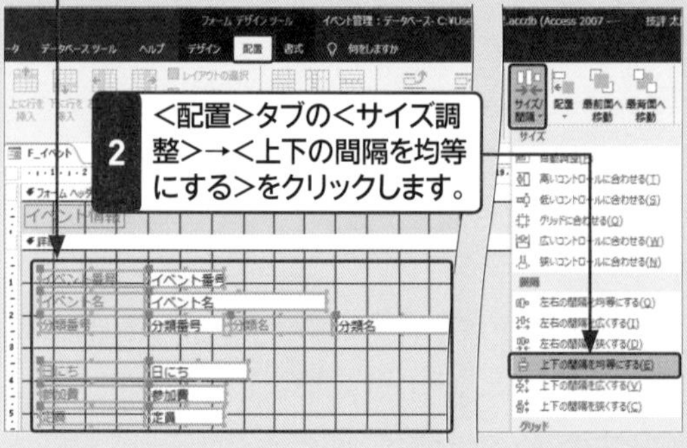

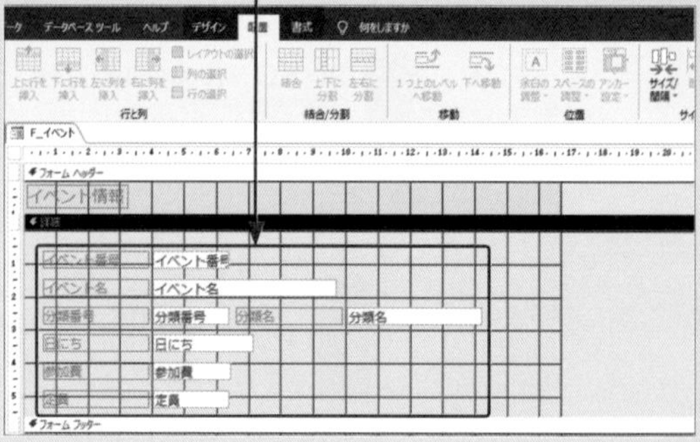

3 選択していたコントロールが縦に等間隔で並びます。

重要度★★★ コントロールの追加・配置

Q 569 コントロールの配置を揃えるには？

A 複数のコントロールを選択し、配置を整える場所を指定します。

複数のコントロールの配置をぴったり揃えるには、配置を整える機能を利用します。一番右や左、上、下にあるコントロールを基準に位置を揃えられます。

ここでは複数のコントロールを選択して、一番左にあるコントロールに合わせて配置を揃えます。

フォームのデザインビュー

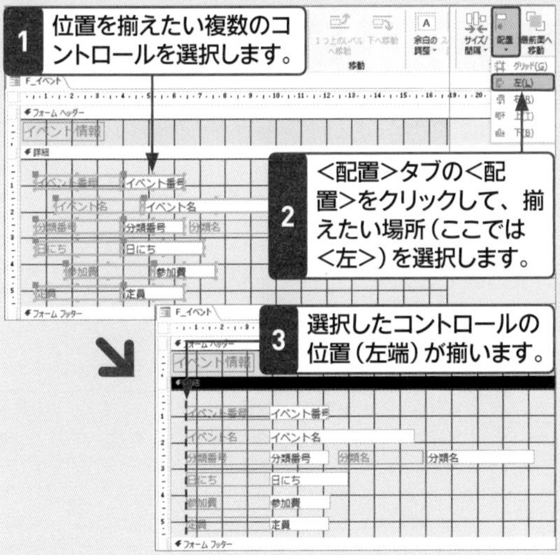
1 位置を揃えたい複数のコントロールを選択します。
2 ＜配置＞タブの＜配置＞をクリックして、揃えたい場所（ここでは＜左＞）を選択します。
3 選択したコントロールの位置（左端）が揃います。

重要度★★★ コントロールの追加・配置

Q 571 コントロールをグリッド線に合わせて配置するには？

A ＜スナップをグリッドに合わせる＞を選択します。

コントロールを移動して位置を整えるときは、表示しているグリッドに合わせて配置されるように設定できます。指定したグリッドの間隔に沿って、コントロールが移動します。

参照▶Q 570

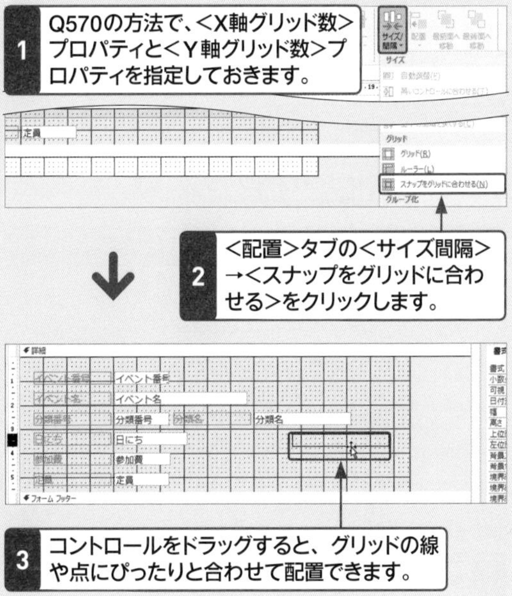
1 Q570の方法で、＜X軸グリッド数＞プロパティと＜Y軸グリッド数＞プロパティを指定しておきます。
2 ＜配置＞タブの＜サイズ間隔＞→＜スナップをグリッドに合わせる＞をクリックします。
3 コントロールをドラッグすると、グリッドの線や点にぴったりと合わせて配置できます。

重要度★★★ コントロールの追加・配置

Q 570 グリッド線の間隔を変更するには？

A ＜X軸グリッド数＞と＜Y軸グリッド数＞で指定します。

フォームやレポートのコントロールの配置を整えるときは、「グリッド線」という目安の線を利用する方法があります。グリッド線の間隔を指定するには、フォームやレポートの＜X軸グリッド数＞プロパティと＜Y軸グリッド数＞プロパティで設定します。数値は1～64の間で指定します。グリッド線を表示するには、＜配置＞タブの＜サイズ間隔＞をクリックして、＜グリッド＞をオンにします。

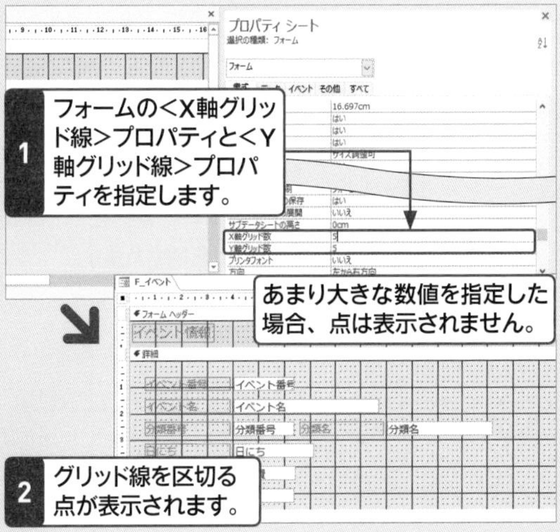
1 フォームの＜X軸グリッド線＞プロパティと＜Y軸グリッド線＞プロパティを指定します。
あまり大きな数値を指定した場合、点は表示されません。
2 グリッド線を区切る点が表示されます。

重要度 ★★★　コントロールの外観

Q 572 ラベルの文字を変更するには？

A ラベル内をクリックして文字を入力します。

ラベルコントロールの文字を変更するには、ラベル内をゆっくり2回クリックして文字カーソルを表示させて、文字を入力します。長い文字列を入力すると、ラベルの幅が自動的に広くなります。途中で改行する場合は、Ctrlキーを押しながらEnterキーを押します。入力した内容は、コントロールの＜標題＞プロパティに反映されます。

レポートのデザインビュー

1 ラベル内をゆっくり2回クリックします。

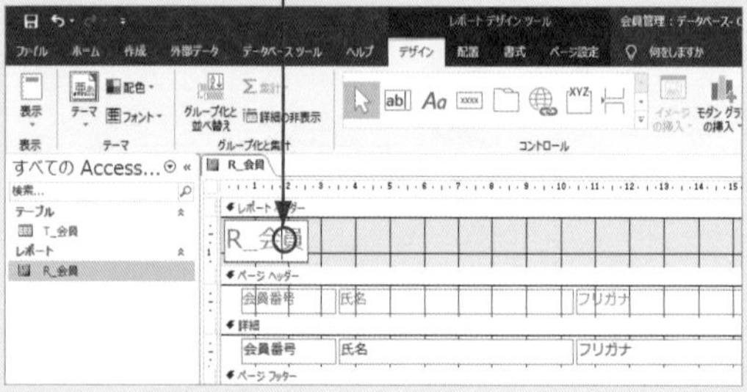

2 文字を入力します。

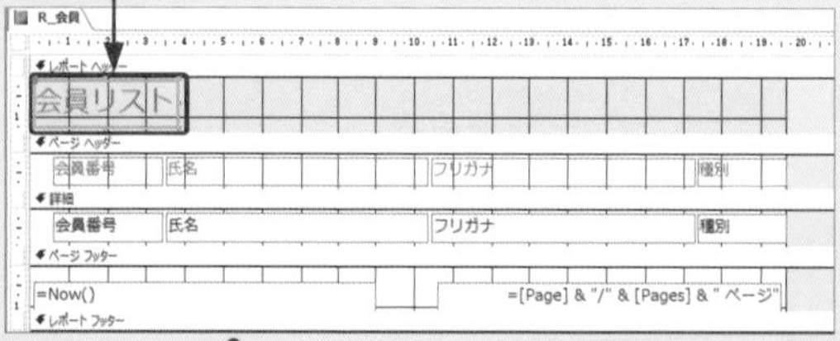

3 ラベルの＜標題＞プロパティに反映されます。

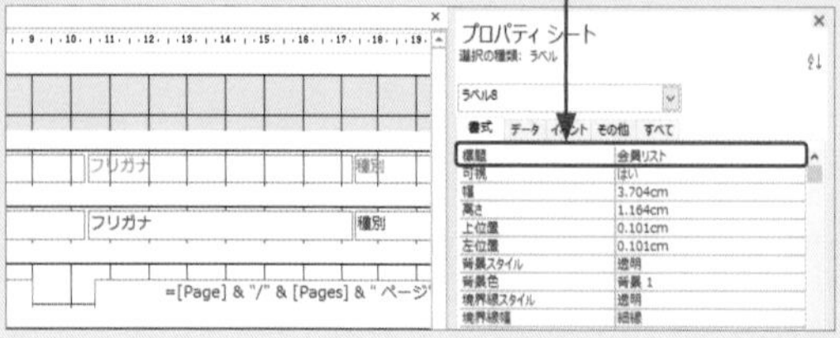

重要度 ★★★　コントロールの外観

Q 573 文字を大きく表示するには？

A ＜フォントサイズ＞プロパティで指定します。

文字を表示しているコントロールで、文字のサイズを変更するには、コントロールを選択し、＜ホーム＞タブの＜フォントサイズ＞から設定します。この設定は、コントロールの＜フォントサイズ＞プロパティに反映されます。

レポートのレイアウトビュー

1 コントロールを選択します。

2 ＜ホーム＞タブの＜フォントサイズ＞をクリックして、文字のサイズをクリックします。

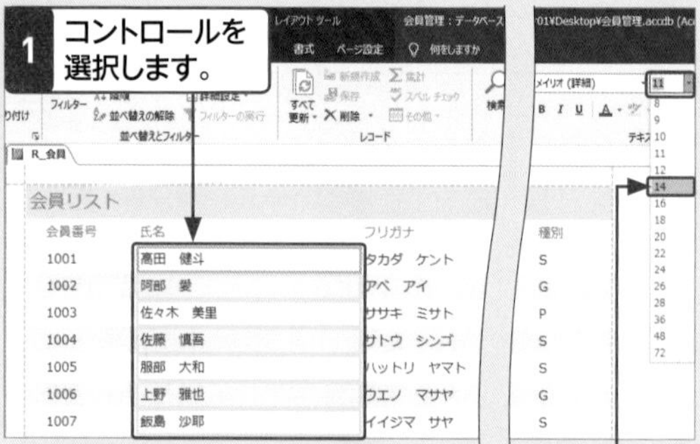

3 文字のサイズが変わります。

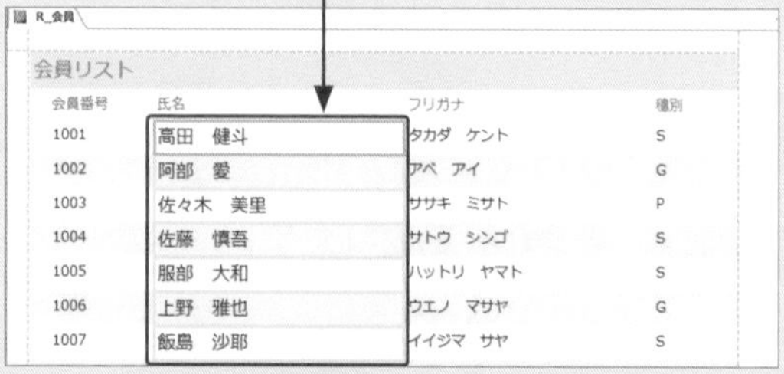

4 設定した文字サイズは、コントロールの＜フォントサイズ＞プロパティに反映されます。

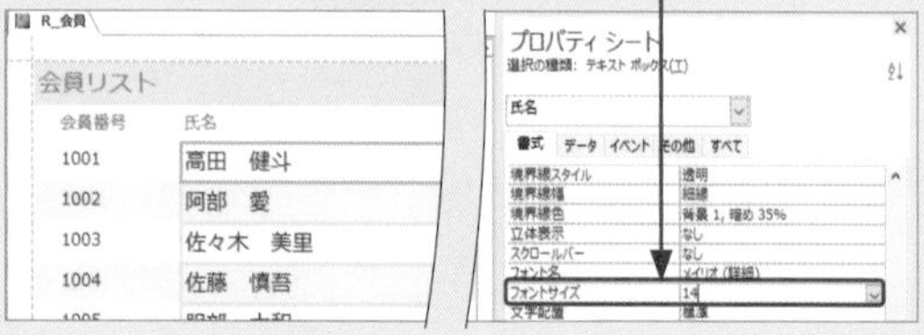

重要度 ★★★ コントロールの外観

Q 574 背景の色を指定するには？

A <背景色>プロパティで指定します。

ラベルやテキストボックスなどのコントロールの背景の色は、かんたんに変更できます。目立たせたいコントロールに色を付けましょう。フォームなどでは、「ユーザーがデータを入力する項目」と「自動的にデータが表示される項目」を区別するために、背景色や文字色を付けると、色の違いでコントロールをわかりやすく分類できます。

レポートのレイアウトビュー

1 背景色を変更するコントロールを選択します。

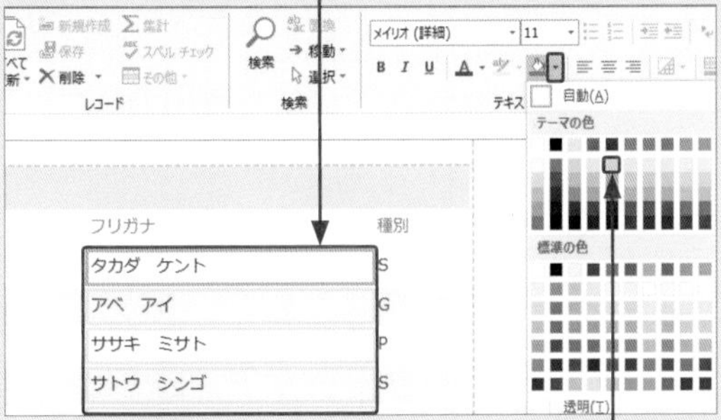

2 <ホーム>タブの<背景色>の<▼>をクリックして、一覧から色を選択します。

3 色が変更されます。

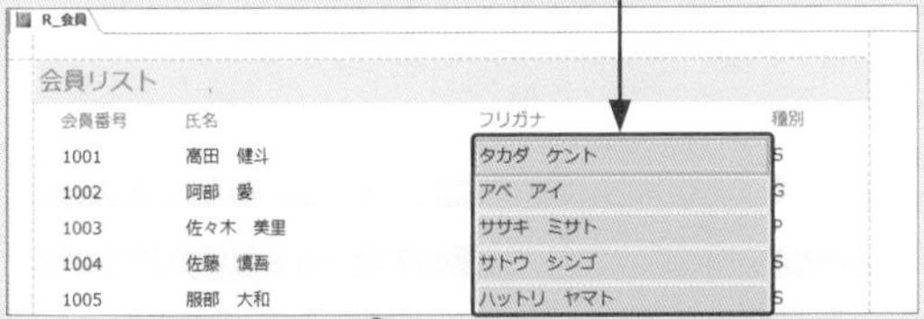

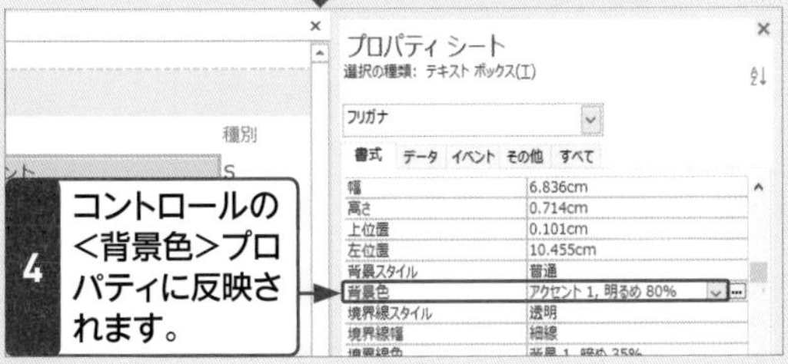

4 コントロールの<背景色>プロパティに反映されます。

重要度 ★★★ コントロールの外観

Q 575 文字の色を変更したい！

A <文字の色>プロパティで指定します。

コントロールに表示する文字の色は変更できます。文字の色を変更することで、コントロールをかんたんに目立たせることができます。

レポートのレイアウトビュー

1 文字の色を変えるコントロールを選択します。

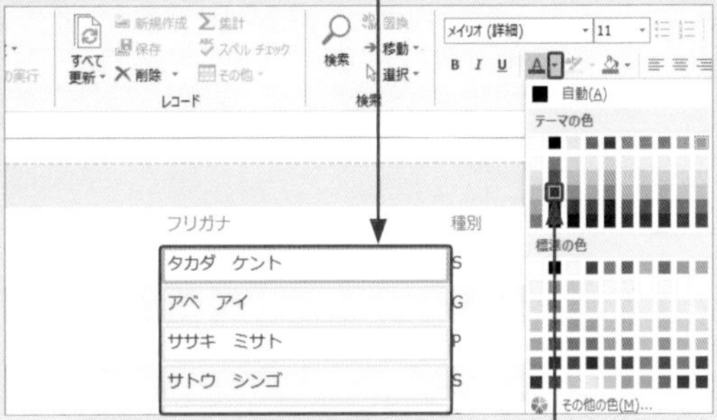

2 <ホーム>タブの<フォントの色>の<▼>をクリックして、一覧から色をクリックします。

3 文字の色が変わります。

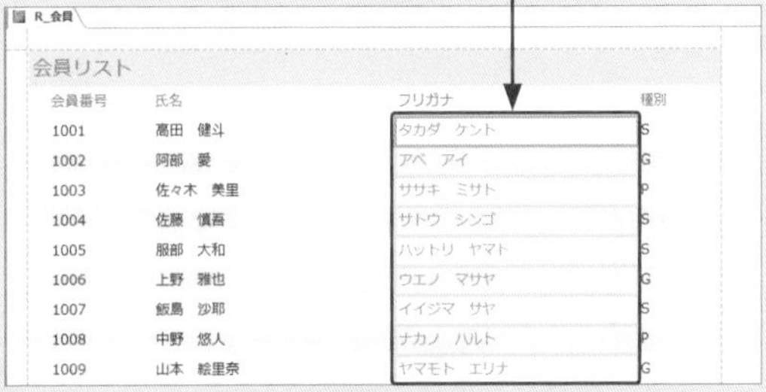

4 コントロールの<前景色>プロパティに反映されます。

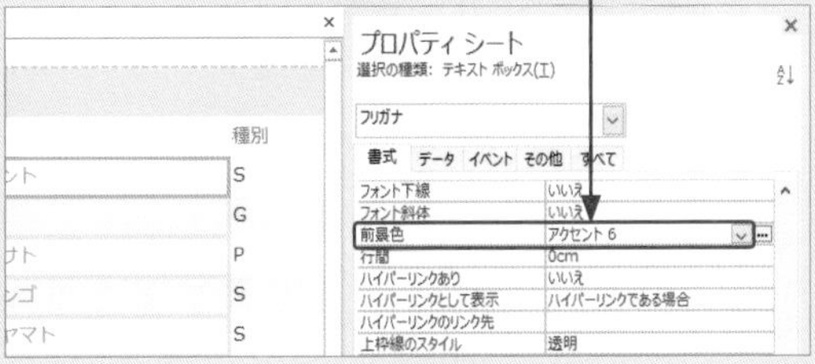

Q 576 文字の配置を変更したい！

A ＜配置＞プロパティで指定します。

コントロール内の文字の配置を変更するには、コントロールを選択し、＜ホーム＞タブの＜右揃え＞＜中央揃え＞＜右揃え＞の各ボタンで設定します。この設定は、コントロールの＜文字配置＞プロパティに反映されます。

レポートのレイアウトビュー

1 文字の配置を変更するコントロールを選択します。

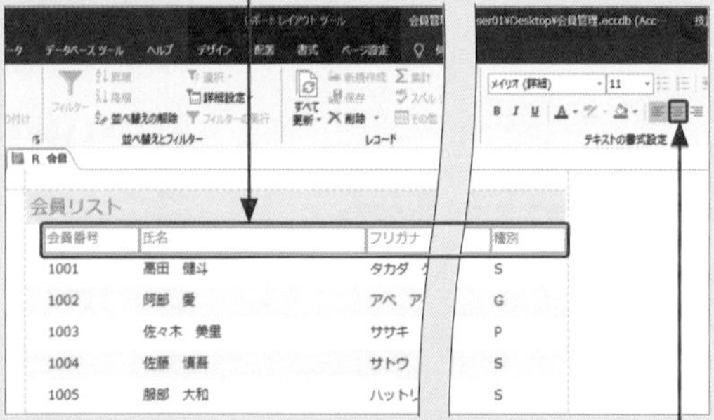

2 ＜ホーム＞タブの＜中央揃え＞をクリックします。

3 文字の配置が変わります。

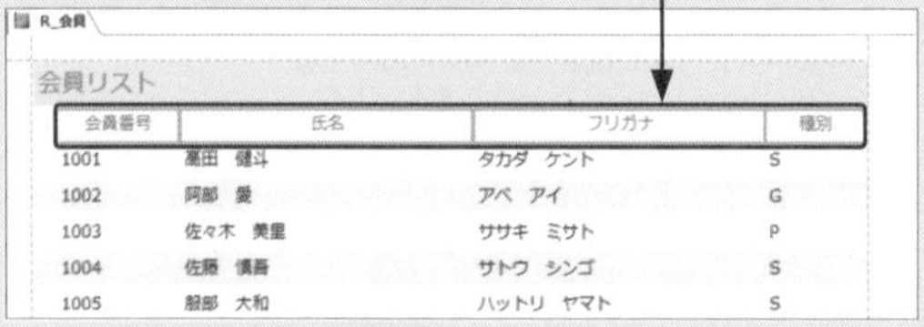

4 コントロールの＜文字配置＞プロパティに反映されます。

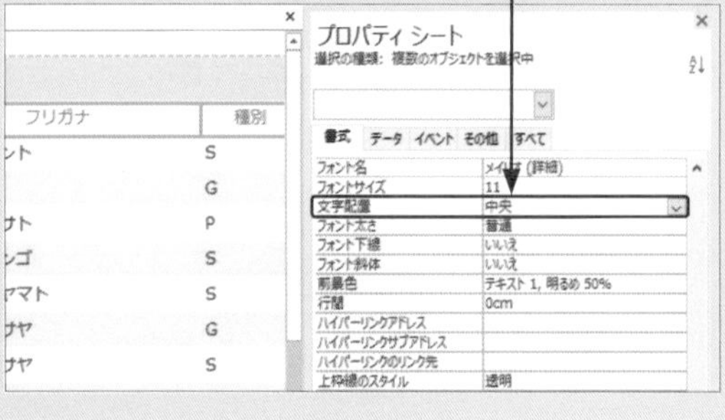

Q 577 枠線の表示方法を変えたい！

A 境界線スタイルの設定を変更します。

コントロールの周囲に表示される枠線の色は、＜書式＞タブの＜図形の枠線＞から変更できます。この設定は、＜境界線の色＞プロパティに反映されます。また、線の太さは＜境界線幅＞プロパティ、線の種類は＜境界線スタイル＞プロパティで設定できます。

レポートのレイアウトビュー

1 コントロールを選択します。

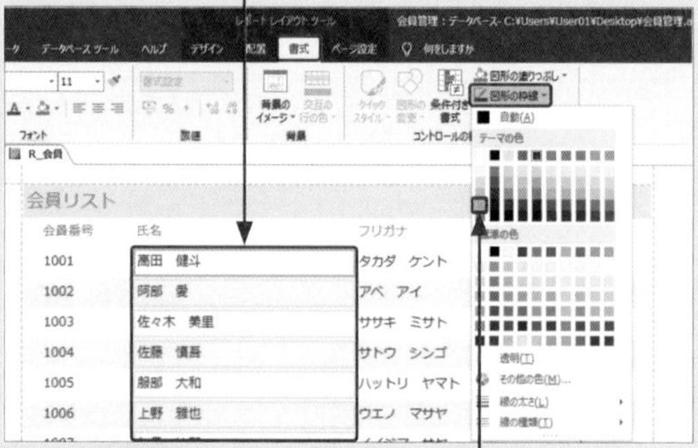

2 ＜書式＞タブの＜図形の枠線＞をクリックして、一覧から色を選択します。

3 コントロールの枠線の色が変わります。

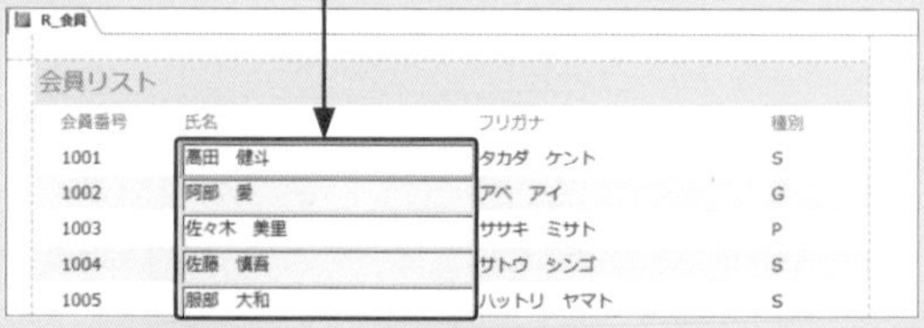

4 コントロールの＜境界線スタイル＞や＜境界線色＞などのプロパティに反映されます。

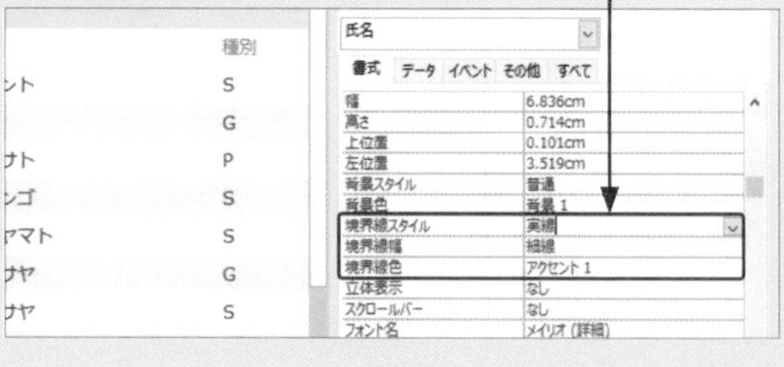

重要度★★★ コントロールの外観

Q 578 枠線を立体的にして目立たせたい！

A ＜立体表示＞プロパティで指定します。

コントロールに立体的な飾りを付けて目立たせるには、コントロールの＜立体表示＞プロパティで設定します。選択しているコントロールなどによって、設定できる効果は異なります。

レポートのレイアウトビュー

1 コントロールを選択します。

2 ＜立体表示＞プロパティで立体化の効果を選択します。

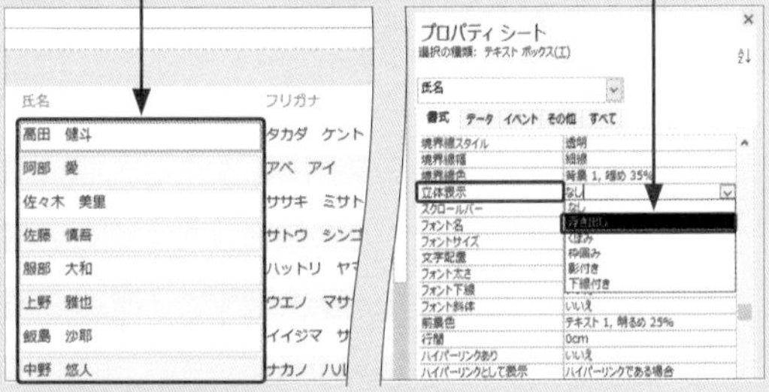

3 コントロールが立体的に表示されます。

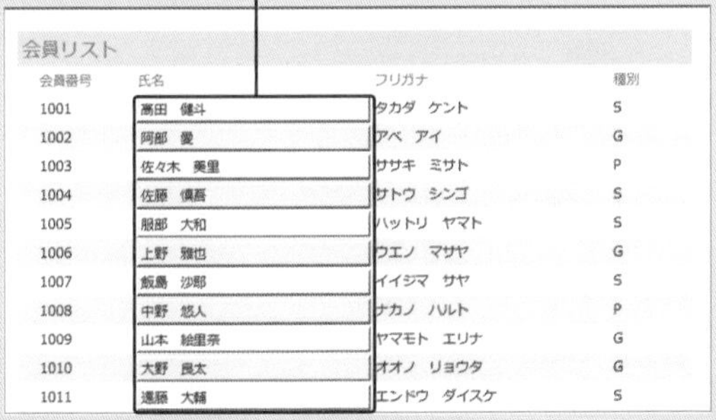

●＜立体表示＞プロパティ

設定値	内容
なし	立体表示しない状態です。
浮き出し	上部と左端が強調されて、下部と右端に影が付きます。
くぼみ	上部と左端に影が付き、下部と右端が強調されます。
枠囲み	コントロールが枠で囲まれます。
影付き	下部と右に影が付きます。
下線付き	下部にくぼんだ線が表示されます。

重要度★★★ コントロールの外観

Q 579 1行おきに色を付けたい！

A ＜交互の行の色＞を指定します。

表形式のフォームやレポートなどで、明細行を1行ずつ色分けすると行の区別がわかりやすくなります。行の色は、＜交互の行の色＞ボタンで設定します。この設定は、＜詳細＞セクションの＜代替の背景色＞プロパティに反映されます。

レポートのレイアウトビュー

1 ＜詳細＞セクションを選択します。

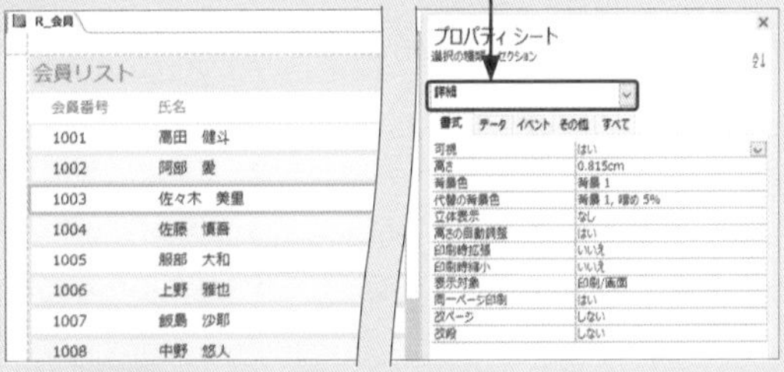

2 ＜ホーム＞タブの＜交互の行の色＞の＜▼＞をクリックして、一覧から色を選択します。

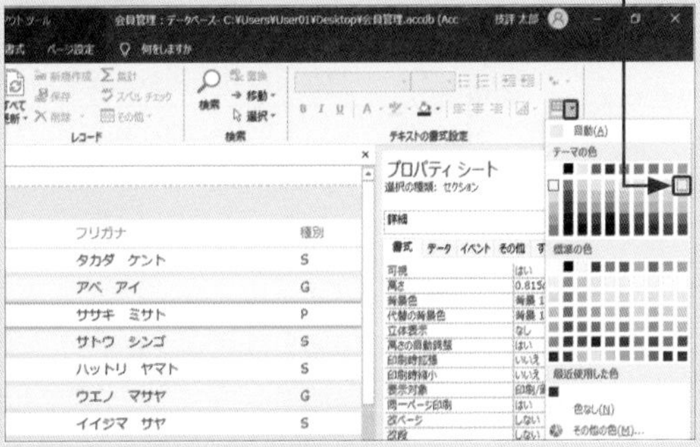

3 1行おきの色が変わります。

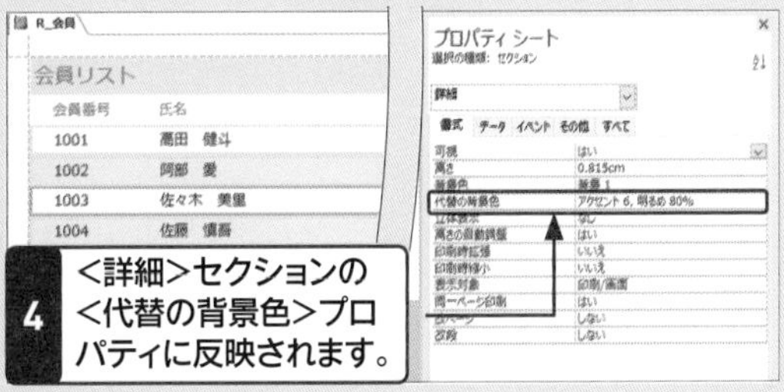

4 ＜詳細＞セクションの＜代替の背景色＞プロパティに反映されます。

Q 580 数値の表示方法を変更したい！

A <書式>プロパティで一覧から選択します。

数値が表示されているコントロールで、数値の表示方法を指定するには、コントロールの<書式>プロパティで一覧から選択します。独自の表示形式を指定するには、<書式>プロパティに書式の内容を入力します。
指定したい書式が一覧にない場合は、<コントロールソース>プロパティでFormat関数を使って設定する方法もあります。

レポートのレイアウトビュー

1 コントロールを選択します。

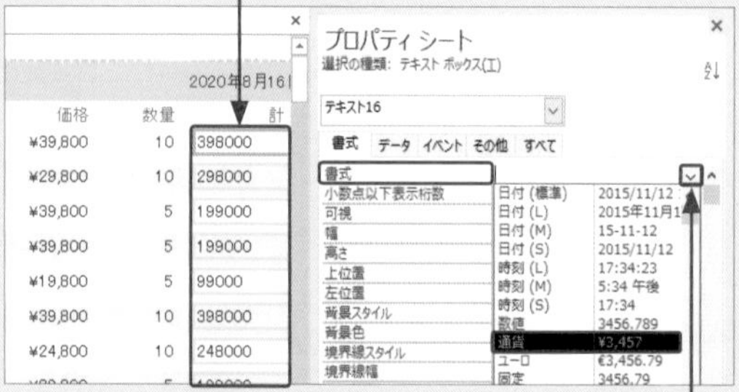

2 <書式>プロパティのここをクリックして、一覧から書式を選択します。

3 書式が指定されます。

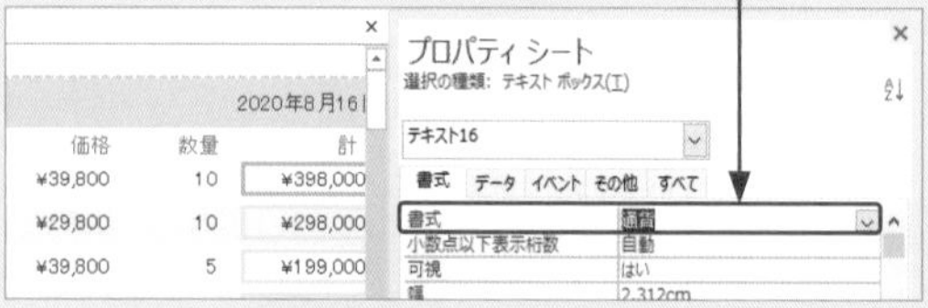

4 数値の表示方法が変わりました。

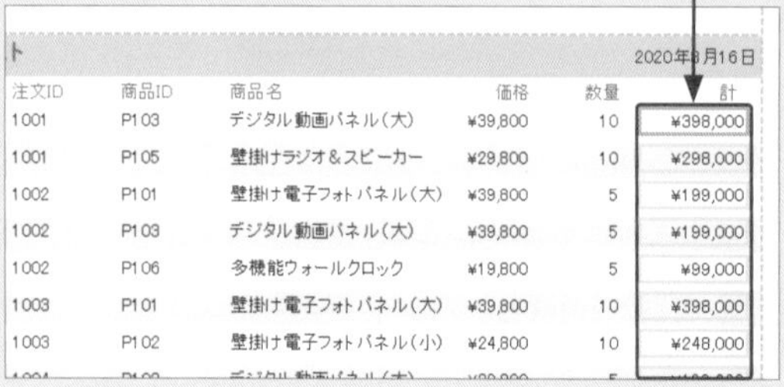

Q 581 日付の表示方法を変更したい！

A <書式>プロパティで一覧から選択します。

日付が表示されているコントロールで、日付の表示方法を変更するには、コントロールの<書式>プロパティで設定します。独自の表示形式を指定するには、<書式>プロパティに書式の内容を入力します。
また、指定したい書式が一覧にない場合は、<コントロールソース>プロパティでFormat関数を使って指定する方法もあります。

レポートのレイアウトビュー

1 コントロールを選択します。

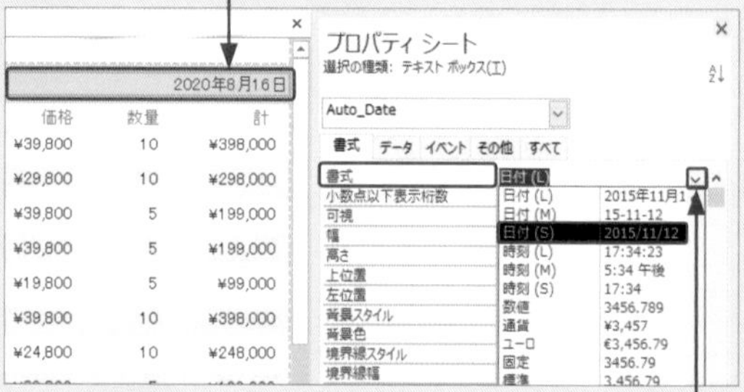

2 <書式>プロパティのここをクリックして、表示される一覧から書式を選択します。

3 書式が指定されます。

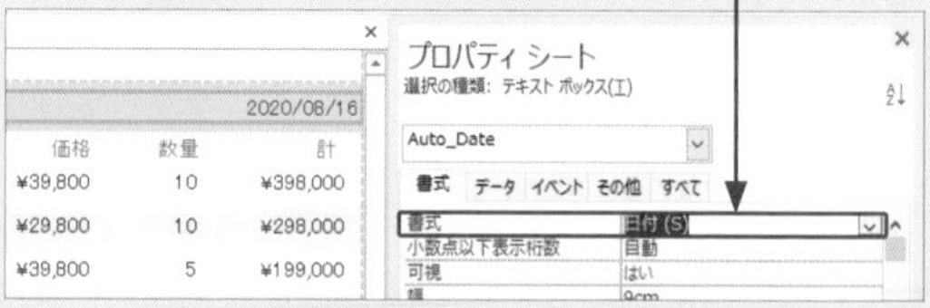

4 日付の表示方法が変わりました。

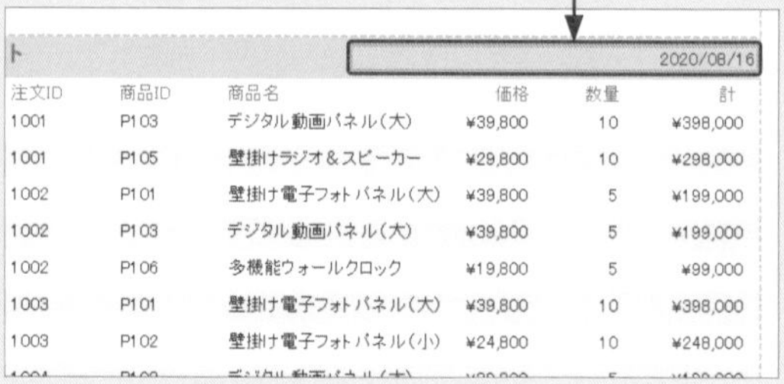

重要度 ★★★　条件付き書式

Q 582 指定したデータを自動的に強調するには？

フォームやレポートにテーブルやクエリのデータを表示するとき、「○○以上」「○○と同じ文字」など指定した条件に一致するデータが自動的に強調されるようにするには、「条件付き書式」を利用します。一覧から条件と書式を選択するだけで、かんたんに設定できます。ここでは、イベントデータから分類が「趣味」のデータに色を付けて強調します。

A 条件付き書式を活用しましょう。

1 条件付き書式を設定するコントロールを選択します。

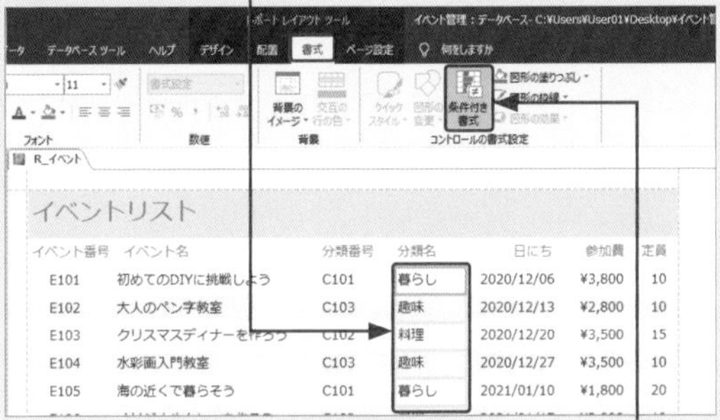

2 <書式>タブの<条件付き書式>をクリックします。

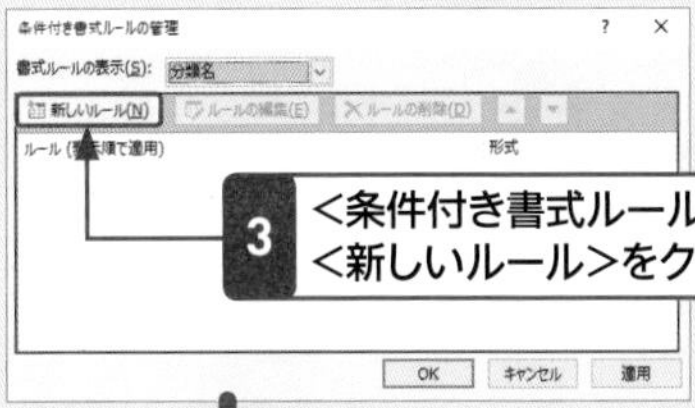

3 <条件付き書式ルールの管理>画面で<新しいルール>をクリックします。

4 <新しい書式ルール>画面で、ルールの種類を選択します。

6 <次の値に等しい>をクリックします。

7 値（ここでは「趣味」）を入力します。

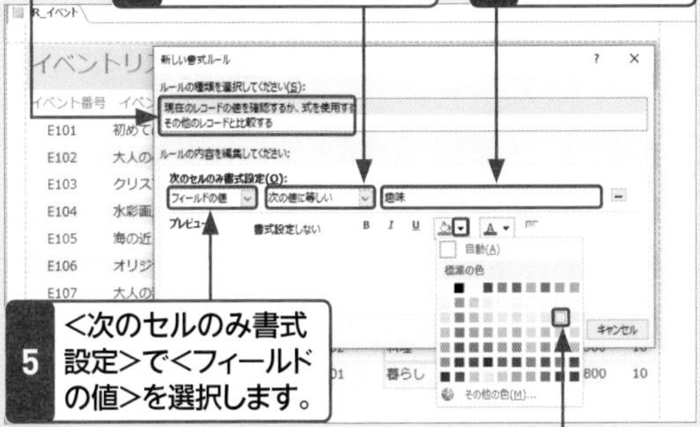

5 <次のセルのみ書式設定>で<フィールドの値>を選択します。

8 <背景色>の<▼>をクリックして、一覧から背景色を選択します。

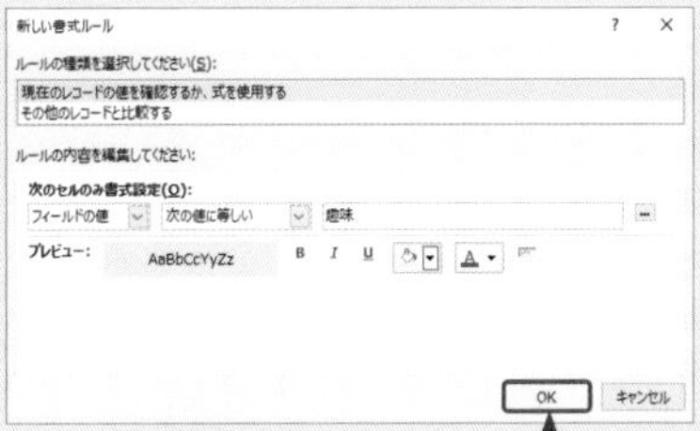

9 <OK>をクリックします。

設定した条件付き書式の内容とプレビューが表示されます。

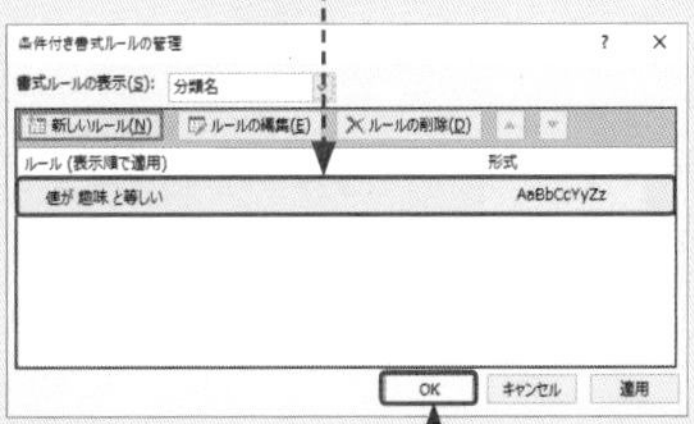

10 <条件付き書式ルールの管理>画面に戻り、<OK>をクリックします。

11 指定した条件に一致するコントロールが強調されます。

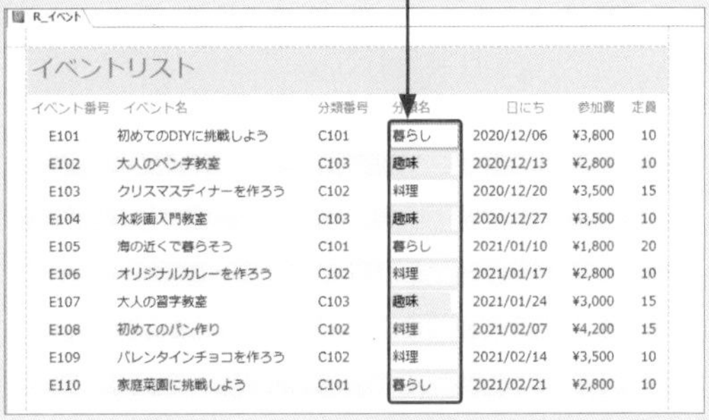

重要度 ★★★ 条件付き書式

Q 583 今月の日付を自動的に強調するには？

A 式を使って条件を指定します。

日付データが表示されているコントロールで、今月の日付を自動的に強調するには、式を使って条件を指定します。ここでは、年月のデータを比較して書式を設定します。コントロールの「年月」が今日の「年月」と同じ場合に強調されるように、Format関数やDate関数を使って指定します。

参照 ▶ Q 582

1 Q582の方法で、日付が入力されているコントロールを選択し、<新しい書式ルール>画面を表示します。

2 ルールの種類を選択します。

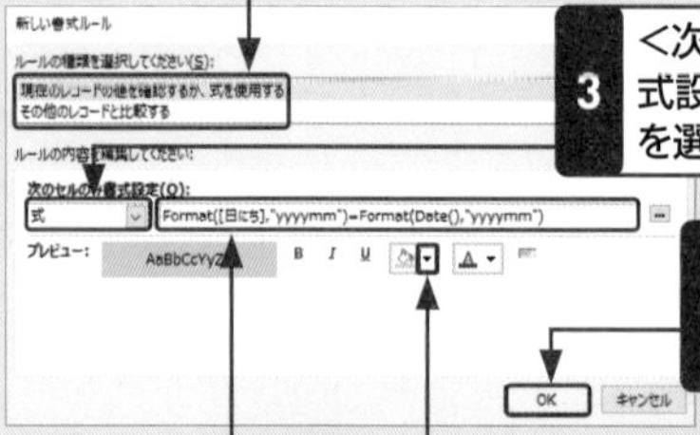

3 <次のセルのみ書式設定>で<式>を選択します。

4 式の内容
Format([日にち],"yyyymm")=
Format(Date(),"yyyymm")
を入力します。

5 <背景色>の<▼>をクリックして、一覧から背景色を選択します。

6 <OK>をクリックします。

7 <条件付き書式ルールの管理>画面に戻ったら、<OK>をクリックします。

8 日付の月が今月の場合は強調されます。レポートを開いた日によって、強調されるデータは異なります。

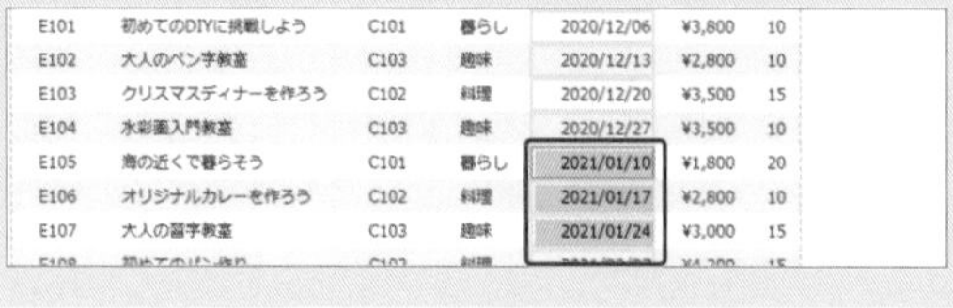

E101	初めてのDIYに挑戦しよう	C101	暮らし	2020/12/06	¥3,800	10
E102	大人のペン字教室	C103	趣味	2020/12/13	¥2,800	10
E103	クリスマスディナーを作ろう	C102	料理	2020/12/20	¥3,500	15
E104	水彩画入門教室	C103	趣味	2020/12/27	¥3,500	10
E105	海の近くで暮らそう	C101	暮らし	2021/01/10	¥1,800	20
E106	オリジナルカレーを作ろう	C102	料理	2021/01/17	¥2,800	10
E107	大人の習字教室	C103	趣味	2021/01/24	¥3,000	15

重要度 ★★★ 条件付き書式

Q 584 指定した値以上のデータを自動的に強調するには？

A <次の値以上>の条件を指定します。

数値データを表示するコントロールで、指定した値以上のデータが自動的に強調されるようにするには、<次の値以上>の条件を利用して条件を指定します。ここでは、試験結果の得点が「85点」以上のデータを強調します。

参照 ▶ Q 582

レポートのレイアウトビュー

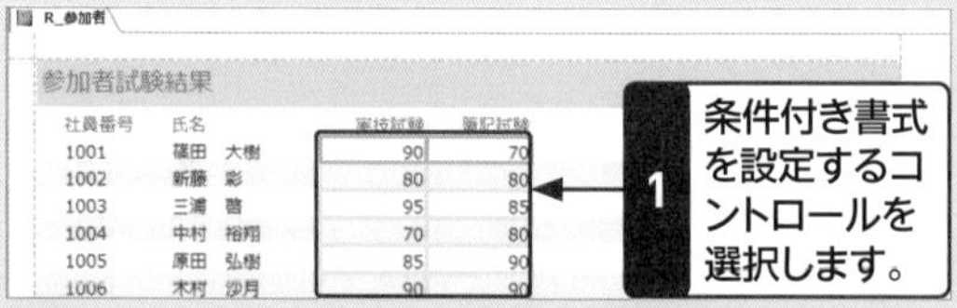

社員番号	氏名	実技試験	筆記試験
1001	篠田 大樹	90	70
1002	新藤 彩	80	80
1003	三浦 哲	95	85
1004	中村 裕翔	70	80
1005	原田 弘樹	85	90
1006	木村 沙月	90	90

1 条件付き書式を設定するコントロールを選択します。

2 Q582の方法で<新しい書式ルール>画面を表示します。

3 ルールの種類を選択します。

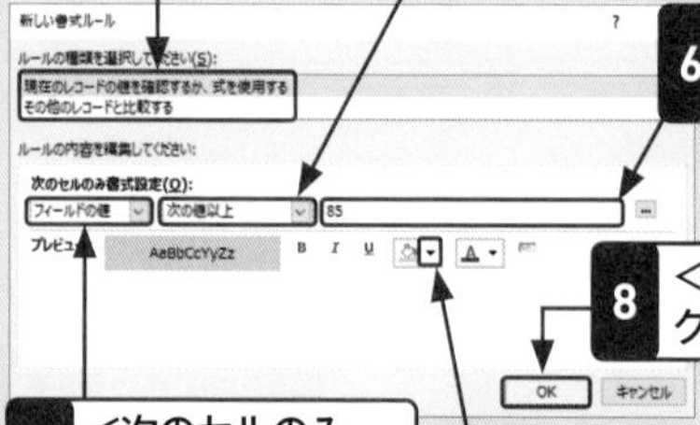

4 <次のセルのみ書式設定>で<フィールドの値>を選択します。

5 <次の値以上>を選択します。

6 「85」と入力します。

7 <背景色>の<▼>をクリックして、一覧から背景色を選択します。

8 <OK>をクリックします。

9 続いて、<条件付き書式ルールの管理>画面を閉じます。

10 点数が「85」点以上のデータが強調されます。

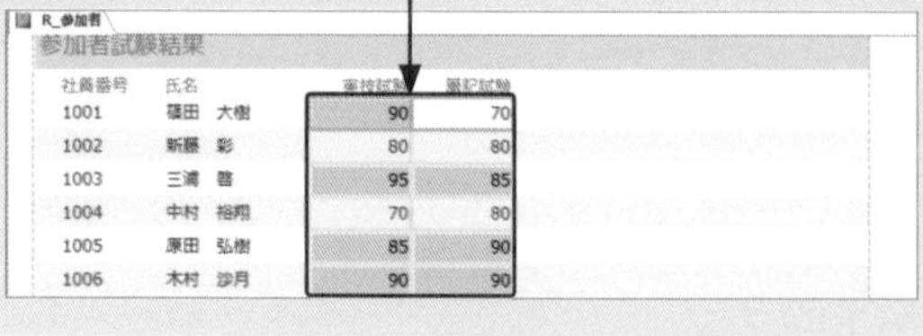

社員番号	氏名	実技試験	筆記試験
1001	篠田 大樹	90	70
1002	新藤 彩	80	80
1003	三浦 哲	95	85
1004	中村 裕翔	70	80
1005	原田 弘樹	85	90
1006	木村 沙月	90	90

重要度 ★★★　条件付き書式

Q 585 値の大きさによって表示する文字の色を自動的に分けるには？

A 複数の条件付き書式を設定します。

数値データが表示されているコントロールで、「○○以上のデータは赤文字」「○○以上のデータは青文字」など値の大きさによって文字の色を自動的に分けるには、条件付き書式のルールを複数設定します。1つめの条件付き書式を設定してから、2つめの条件付き書式を設定します。

ここでは、試験の得点が「95」点以上は青、「90」点以上はオレンジで表示します。

参照▶Q 582、Q 584

1 条件付き書式を設定するコントロールを選択し、Q582の方法で、<条件付き書式ルールの管理>画面を表示します。

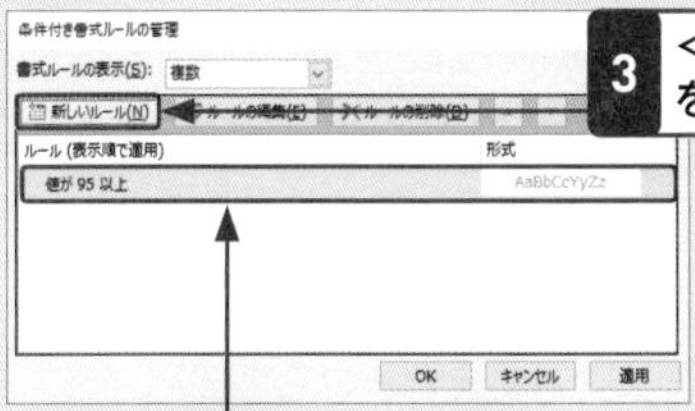

3 <新しいルール>をクリックします。

2 Q584の方法で、「95」以上のデータが強調される条件付き書式を指定します。

4 Q584の方法で、「90」以上のデータを強調するルールを設定します。

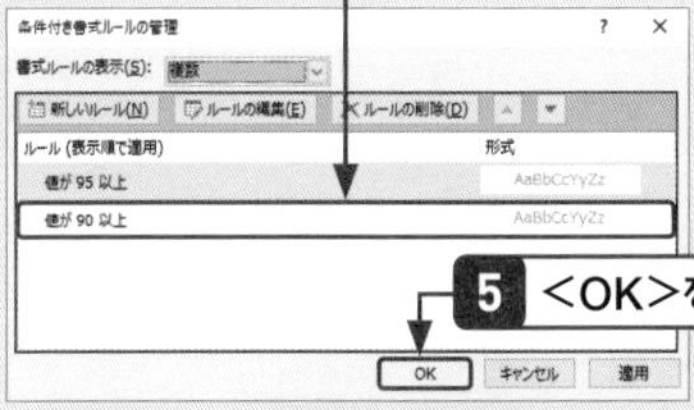

5 <OK>をクリックします。

6 「95」点以上は青、「90」点以上は「オレンジ」の文字になります。

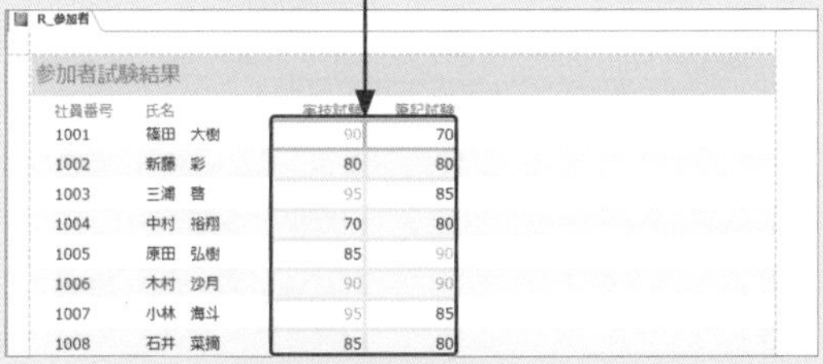

重要度 ★★★　条件付き書式

Q 586 条件の優先順位を変更するには？

A <条件付き書式ルールの管理>で優先順位を指定します。

複数の条件付き書式を設定している場合、条件の優先順位に注意する必要があります。たとえば、Q585では試験の得点が「95」点以上は青、「90」点以上はオレンジ色で文字が表示されるようにしました。この場合、最初に「95」点以上か否かを判定して文字を青文字にします。しかし、「90」点以上か否かを判定する条件を優先してしまうと、「90」点以上の点数がすべてオレンジ色で表示されてしまい、想定したとおりに動作しません。正しく動作させるには、「95」点以上か否かを先に判定する必要があります。ここでは、条件付き書式のルールの優先順位を変更します。

参照▶Q 582

レポートのレイアウトビュー

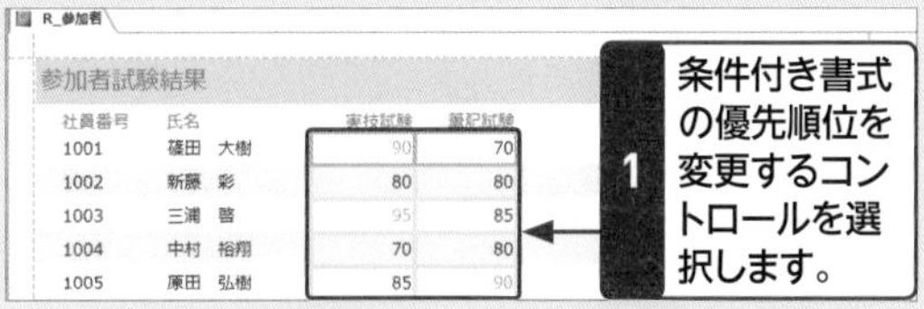

1 条件付き書式の優先順位を変更するコントロールを選択します。

2 Q582の方法で<条件付き書式ルールの管理>画面を表示します。

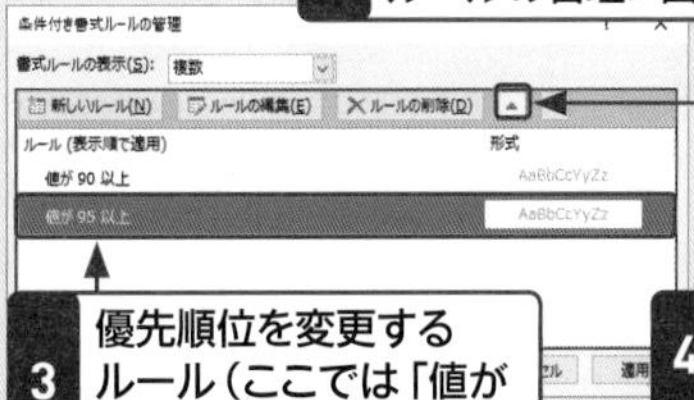

3 優先順位を変更するルール（ここでは「値が95以上」）を選択して、

4 <▲>をクリックします。

5 指定したルールの優先順位が上位に変更されました。

6 <OK>をクリックして設定画面を閉じて、表示を確認します。

重要度 ★★★ 条件付き書式

Q 587 条件付き書式の条件や書式を編集するには？

A <ルールの編集>から編集画面を表示します。

条件付き書式で、条件や書式の内容を変更するには、条件付き書式のルールを編集しましょう。修正後は、指定した条件付き書式を適用して確認します。
ここでは、イベントデータの分類が「趣味」のデータを強調するルールを変更して、「料理」のデータが強調されるようにします。 参照▶Q 582

1 条件付き書式を編集するコントロールを選択します。

2 Q582の方法で<条件付き書式ルールの管理>画面を表示します。

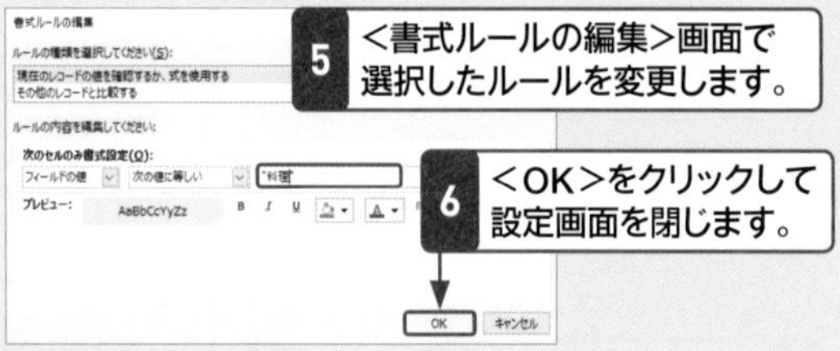

重要度 ★★★ 条件付き書式

Q 588 値の大きさに応じたバーを自動的に表示するには？

A データバーを表示します。

数値データの大きさの違いがひと目でわかるようにするには、数値の大きさに応じて長さの異なるバーを表示する方法があります。条件付き書式のデータバーを表示することで、かんたんに表示できます。特に指定しない場合、フィールドに入力されているデータの大きさに応じて、自動的にデータバーが表示されます。データバーを表示する際の最小値や最大値を指定することもできます。 参照▶Q 582

1 数値が保存されているコントロールを選択します。

2 Q582の方法で<条件付き書式ルールの管理>画面を表示し、<新しい書式ルール>画面を表示します。

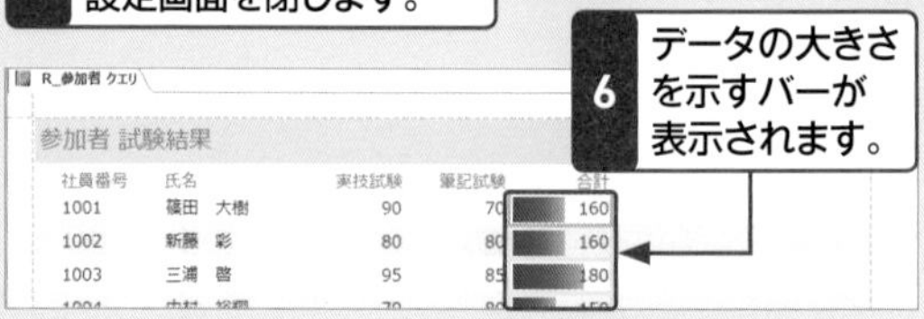

重要度 ★★★ 条件付き書式

Q 589 条件付き書式の設定を削除するには？

A 条件付き書式のルールを削除します。

条件付き書式の設定を解除するには、条件付き書式を設定したコントロールを選択して、条件付き書式のルールを削除します。条件付き書式の一覧から不要なルールを選んで削除しましょう。 参照▶Q 582

1 条件付き書式の設定を削除するコントロールを選択します。

2 Q582の方法で<条件付き書式ルールの管理>画面を表示します。

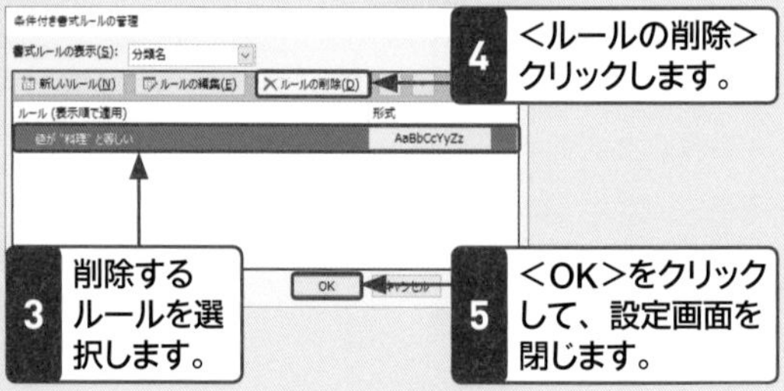

第9章

関数の活用

重要度 ★★★ 関数を利用する場面

Q 590 関数を使ってデータを操作する場面とは？

A さまざまなオブジェクトで目的の値を求めるときに使います。

集めたデータをもとにして、さまざまな値を計算するときは、単純な四則演算だけでなく「関数」を使った計算式を利用できます。数値を計算する関数のほか、文字列や日付などから目的の値を求める関数もあります。関数を利用すると複雑な計算式を作成する必要がなくなり、目的の値をかんたんに得ることができます。
関数を利用するには、「＝関数名(引数)」という書式で記述します。「引数」とは、関数の計算に必要になるもとの情報です。関数によって、指定する引数の数や内容は異なります。複数の引数を指定する場合は「,」(カンマ)で区切ります。たとえば、Left関数（Q594参照）は、引数に指定したデータから左側にある文字を取り出す関数です。

参照 ▶ Q 594

重要度 ★★★ 関数を利用する場面

Q 591 クエリのフィールドで関数を使うには？

A 演算フィールドの式などで使用できます

クエリで関数を使う場面はいくつかあります。たとえば、クエリのもとになるテーブルやクエリのフィールドの値を使って、演算フィールドの式を作成するときに使います。演算フィールドを作成して求めた値は、このクエリをもとに作成したフォームやレポートなどでも利用できます。フォームやレポート側でコントロールを配置して、関数を使った計算式を作成することもできます。しかし、同じクエリをもとに複数のフォームやレポートを作成して、計算結果を表示したい場合は、あらかじめクエリで演算フィールドを用意して、計算結果を求めておくとかんたんです。
また、集計クエリなどで集計方法を指定してクエリを保存すると、自動的に関数が指定されて、式が保存されることもあります。

重要度 ★★★ 関数を利用する場面

Q 592 フォームやレポートのコントロールで関数を使うには？

A ＜コントロールソース＞プロパティで指定します。

フォームやレポートで、もとのテーブルやクエリの値を利用して計算をするには、テキストボックスを追加して＜コントロールソース＞プロパティで計算式を入力する方法があります。
よく使われるのは、もとのテーブルやクエリの1件1件のデータを対象にして、データごとに計算結果を表示する方法です。たとえば、個々のデータの「価格」と「数量」を掛けた「計」を求めたりします。この場合は、フォームやレポートの＜詳細＞セクションにコントロールを追加して、式を作成します。
また、もとのテーブルやクエリのすべてのデータを対象にして「価格」と「数量」を掛けた「計」の合計を求める場合は、＜フォームフッター＞などにコントロールを追加して、式を作成します。

重要度 ★★★ 関数を利用する場面

Q 593 計算式を入力する画面を大きく表示したい！

A ＜ズーム＞や＜式ビルダー＞を使う方法があります。

関数を使って式を入力するときは、小さな枠内では入力しづらいものです。入力する枠を広げた「ズーム」の画面や、入力を支援する機能を使える「式ビルダー」を利用すると、入力ミスを防ぐ効果も期待できます。

●「ズーム」の画面を表示する方法

・右クリックして＜ズーム＞を選択する。
・Shift＋F2キーを押す。

●式ビルダーを表示する方法

・右クリックして＜ビルド＞を選択する。
・「デザイン」タブの「ビルダー」をクリックする。
・Ctrl＋F2キーを押す。

重要度★★★ 文字の操作

Q 594 文字列の端から1文字目を表示するには？

A 文字を取り出すLeft関数を使います。

文字列のデータの左端または右端から数文字の文字を取り出すには、Left関数やRight関数を使います。ここではLeft関数を使って、「商品ID」フィールドの先頭の1文字を取り出して表示します。

書式 Left(文字列,文字数)

文字列の左端から、指定した文字数分を取り出します。
文字列：取り出すもとの文字列を指定します。
文字数：何文字分を取り出すか指定します。

書式 Right(文字列,文字数)

文字列の右端から、指定した文字数分を取り出します。
文字列：取り出すもとの文字列を指定します。
文字数：何文字分を取り出すか指定します。

クエリのデザインビュー

1 新しい列の<フィールド>欄をクリックし、
色：Left([商品ID],1)
と入力します。

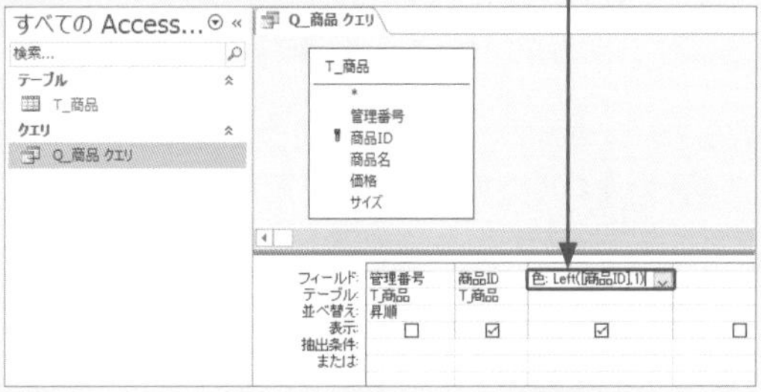

2 クエリをデータシートビューに切り替えます。

3 結果が表示されます。

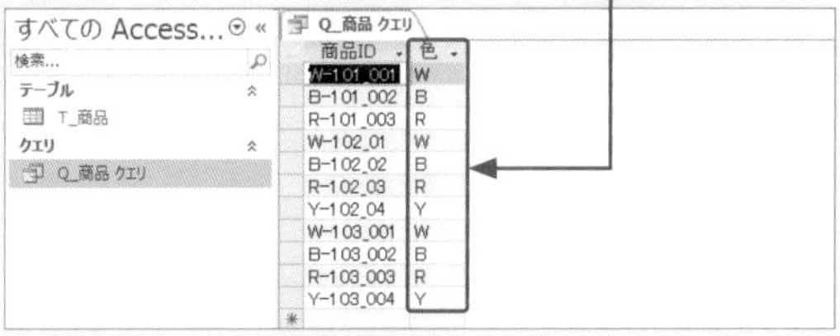

重要度★★★ 文字の操作

Q 595 文字列の途中の文字を表示するには？

A 指定した場所から始まる文字を取り出すMid関数を使います。

指定した文字列の○文字目から、指定した数だけの文字を取り出すにはMid関数を使います。
ここでは、「商品ID」フィールドの先頭から3文字目より後ろの3文字分を取り出して表示します。

書式 Mid(文字列,開始位置,[文字数])

指定した文字列の○文字目から○文字分を取り出します。
文字列：取り出すもとの文字列を指定します。
開始位置：文字列の取り出しを開始する位置を指定します。
文字数：何文字分を取り出すか指定します。省略した場合、文字列の末尾までの文字が取り出されます。

クエリのデザインビュー

1 新しい列の<フィールド>欄をクリックし、フィールド欄に
種類：Mid([商品ID],3,3)
と入力します。

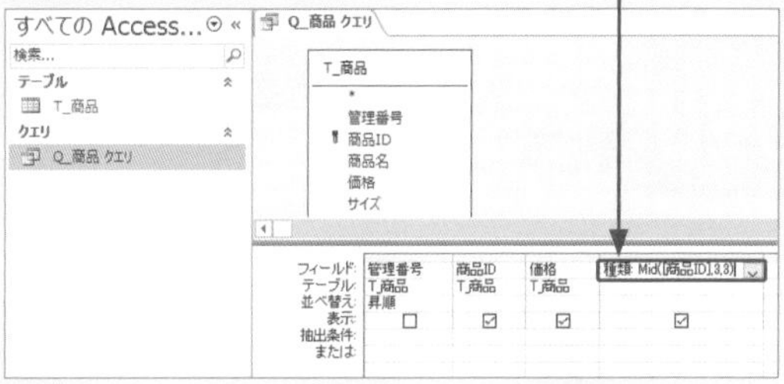

2 クエリをデータシートビューに切り替えます。

3 結果が表示されます。

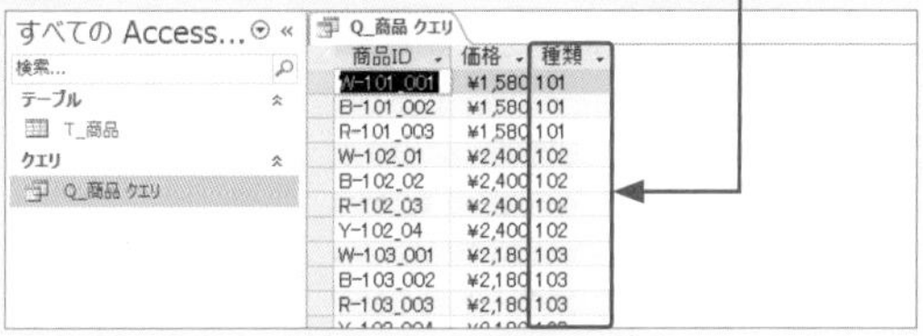

重要度 ★★★ 文字の操作

Q 596 未入力のデータを表示するには？

A Nullかどうかを判定するNz関数を使う方法があります。

数値の計算をするとき、計算に使うフィールドにデータが入力されていないと計算できない場合があります。未入力の場合は「0」とみなして計算をしたい場合などは、Nz関数を使います。

ここでは、「価格」から「割引額」を引いた金額を求めます。「割引額」が未入力場合は、「価格」の金額を表示します。

参照 ▶ Q 307

クエリのデータシートビュー

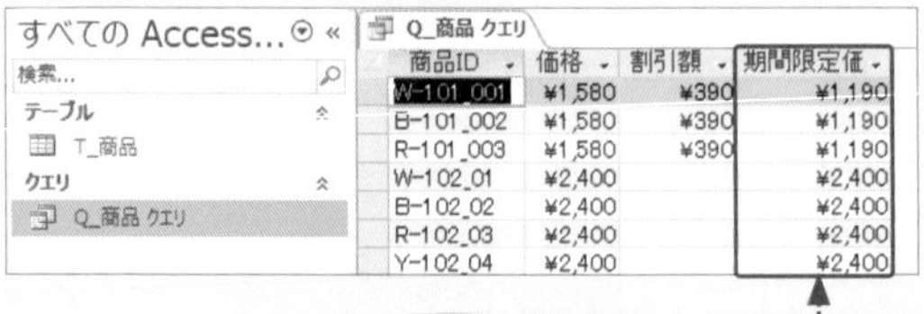

クエリのデザインビューで、
期間限定価格: [価格]-Nz([割引額],0)
と入力しています（Q307）。

重要度 ★★★ 文字の操作

Q 597 文字の長さを数えたい！

A 文字の数を数えるLen関数を使います。

文字列の長さを数えるには「Len関数」を使います。Len関数は主に他の関数と組み合わせて、文字列データから目的の文字を取り出すときなどに使います。

ここでは、「商品ID」フィールドに入力されている文字の文字数を求めます。

参照 ▶ Q 598

クエリのデータシートビュー

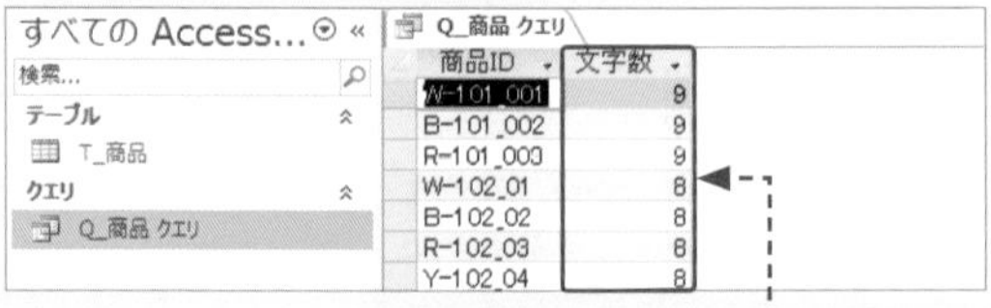

クエリのデザインビューで、
文字数: Len([商品ID])
と入力しています（Q598参照）。

書式	Len(文字)
指定した文字の数を数えます。 文字：文字数を数えたい文字を指定します。	

重要度 ★★★ 文字の操作

Q 598 ○○の文字の後を表示したい！

A Len関数と組み合わせて式を作成します。

「商品ID」などのフィールドでは、「先頭の文字は英字、その後ハイフン（－）で区切って数字が並ぶ」のように、ある程度ルールが決まっている場合があります。それらの文字列から特定の文字を取り出すには、いくつかの関数を組み合わせて指定する方法があります。

ここでは、「商品ID」フィールドの「 _ 」の後の文字を取り出します。Right関数で「 _ 」の右端の何文字分の文字かを求めます。文字数は、Len関数で全体の文字数を求めて、InStr関数で「 _ 」の位置を求めた数を引き算して求めます。たとえば、全体の文字数が7文字で「 _ 」の位置が4文字目の場合、「7-4=3」の3文字分を右端から取り出します。

参照 ▶ Q 594、Q 597、Q 599

クエリのデータシートビュー

クエリのデザインビューで、
種別：Right([商品ID],Len([商品ID])-InStr([商品ID],"_"))
と入力しています（Q594、Q597、Q599参照）。

重要度 ★★★　文字の操作

Q 599 ○○の文字の前までを表示したい！

A 特定の文字の位置を求めるInStr関数を使います。

商品番号に含まれる「_（アンダーバー）」の前の文字を取り出すなど、指定した記号や文字の位置を求めるにはInStr関数を使います。

ここでは、InStr関数を使って「_」の位置を求めます。そして、Left関数を使って、求めた位置より1を引いた数分の文字を、左から取り出します。たとえば、全体の文字数が7文字で「_」の位置が3文字目の場合は、「3-1=2」の2文字分を左端から取り出します。InStr関数の書式については、Accessのヘルプを参照してください。

参照▶Q 594

クエリのデータシートビュー

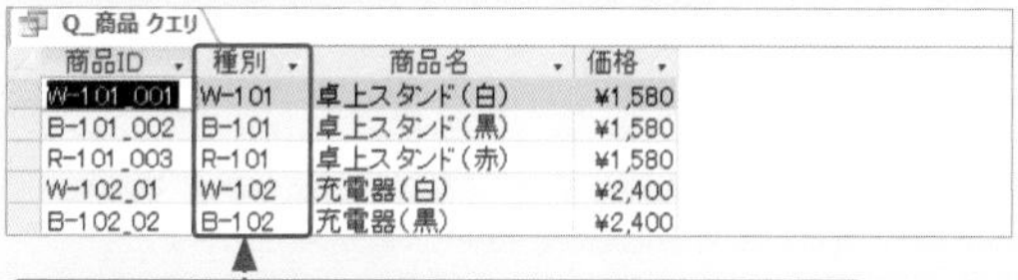

Q_商品 クエリ

商品ID	種別	商品名	価格
W-101_001	W-101	卓上スタンド(白)	¥1,580
B-101_002	B-101	卓上スタンド(黒)	¥1,580
R-101_003	R-101	卓上スタンド(赤)	¥1,580
W-102_01	W-102	充電器(白)	¥2,400
B-102_02	B-102	充電器(黒)	¥2,400

クエリのデザインビューで、
　種別: Left([商品ID],InStr([商品ID],"_")-1)
と入力しています（Q594参照）。

重要度 ★★★　文字の操作

Q 600 文字を別の文字に置き換えたい！

A Replace関数で文字を置き換えて表示する方法があります。

指定した文字を別の文字に置き換えて表示するには、Replace関数を使います。文字を置き換えるには、置換機能を使う方法がありますが、この場合、テーブルのデータが変わります。一方、Replace関数を使った場合、実際のデータは変更されません。Replace関数の書式はAccessのヘルプを参照してください。

クエリのデータシートビュー

Q_商品 クエリ

商品ID	商品名	価格	新商品ID
W-101_001	卓上スタンド(白)	¥1,580	W-101*001
B-101_002	卓上スタンド(黒)	¥1,580	B-101*002
R-101_003	卓上スタンド(赤)	¥1,580	R-101*003
W-102_01	充電器(白)	¥2,400	W-102*01
B-102_02	充電器(黒)	¥2,400	B-102*02
R-102_03	充電器(赤)	¥2,400	R-102*03
Y-102_04	充電器(黄)	¥2,400	Y-102*04
W-103_001	小型キャビネット(白)	¥2,180	W-103*001

クエリのデザインビューで、
　新商品ID: Replace([商品ID],"_","＊")
と入力しています。

重要度 ★★★　文字の操作

Q 601 ひらがなをカタカナで表示したい！

A 文字の種類を変換するStrConv関数を使う方法があります。

クエリで表示する文字の種類を変更するには、StrConv関数を使って変換する文字の種類を指定します。ここでは、「ふりがな」フィールドの文字をカタカナにします。

書式	StrConv(文字,文字の種類)

指定した文字を別の種類の文字に変換します。
文字列：もとの文字列を指定します。
文字の種類：右の表のような値を指定します。

クエリのデータシートビュー

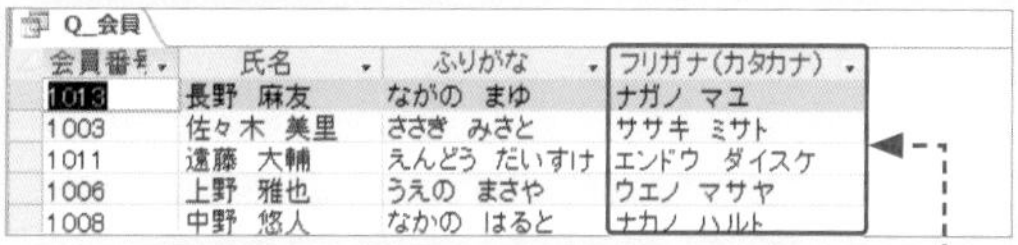

Q_会員

会員番号	氏名	ふりがな	フリガナ(カタカナ)
1013	長野　麻友	ながの　まゆ	ナガノ　マユ
1003	佐々木　美里	ささき　みさと	ササキ　ミサト
1011	遠藤　大輔	えんどう　だいすけ	エンドウ　ダイスケ
1006	上野　雅也	うえの　まさや	ウエノ　マサヤ
1008	中野　悠人	なかの　はると	ナカノ　ハルト

クエリのデザインビューで、
　フリガナ（カタカナ）: StrConv([ふりがな],16)
と入力しています。

●StrConv関数の引数で指定する文字の種類（例）

値	内容	値	内容
1	英字を大文字にします。	4	半角を全角します。
2	英字を小文字にします。	8	全角を半角に変換します。
3	英字の先頭を大文字にします。	16	ひらがなをカタカナにします。
		32	カタカナをひらがなにします。

重要度★★★　文字の操作

Q 602 文字列の空白を除いて表示したい！

A Trim関数を使って空白を除きます。

フィールドのデータの先頭や末尾に空白が含まれる場合、それを除いて表示するにはTrim関数を使います。データの中間（文字と文字の間）にある空白は、そのまま残して表示します。

文字列の先頭の空白だけ除いて表示するLTrim関数、末尾の空白だけ除いて表示するRTrim関数もあります。

書式　Trim（文字列）

文字列の先頭や末尾にある空白を除いて表示します。
文字列：文字列を指定します。

クエリのデータシートビュー

Q_会員

会員番号	氏名	郵便番号	都道府県名	空欄詰める
1001	高田　健斗	210-0007	神奈川県	神奈川県
1002	阿部　愛	221-0003	神奈川県	神奈川県
1003	佐々木　美里	170-0011	東京都	東京都
1004	佐藤　慎吾	272-0126	千葉県	千葉県
1005	服部　大和	215-0011	神奈川県	神奈川県
1006	上野　雅也	188-0014	東京都	東京都
1007	飯島　沙耶	260-0021	千葉 県	千葉 県

クエリのデザインビューで、
　空欄詰める：Trim([都道府県名])
と入力しています。

書式　LTrim（文字列）

文字列の先頭（左端）左の空白を除いて表示します。
文字列：文字列を指定します。

書式　RTrim（文字列）

文字列の末尾（右端）の空白を除いて表示します。
文字列：文字列を指定します。

重要度★★★　文字の操作

Q 603 住所の都道府県名だけを表示したい！

A Switch関数などを組み合わせて式を作ります。

住所から都道府県名だけを表示します。ここでは、住所に都道府県名が必ず入力されていることを前提にします。住所の3文字目が「都」「道」「府」「県」の場合は、先頭から3文字取り出します。4文字目が「県」の場合は、先頭から4文字取り出します。In演算子は、( )内に指定した項目のいずれかの値と一致する値があるか調べる時に使います。

参照►Q 231

クエリのデータシートビュー

Q_会員

会員番号	氏名	住所1	都道府県名
1001	高田　健斗	神奈川県川崎市川崎区駅前本町 XX-XX	神奈川県
1002	阿部　愛	神奈川県横浜市神奈川区大口仲町 XX-XX	神奈川県
1003	佐々木　美里	東京都豊島区池袋本町 XX-XX	東京都
1004	佐藤　慎吾	千葉県市川市千鳥町 XX-XX	千葉県
1005	服部　大和	神奈川県川崎市麻生区百合丘 XX-XX	神奈川県
1006	上野　雅也	東京都西東京市芝久保町 XX-XX	東京都

クエリのデザインビューで、次の式を入力しています。
　都道府県名：Switch(Mid([住所1],3,1) In ("都","道","府","県"),Left([住所1],3),Mid([住所1],4,1)="県",Left([住所1],4))
と入力しています（Q231参照）。

重要度★★★　文字の操作

Q 604 氏名の姓と名を分けて表示したい！

A スペースなどの記号で区切られた氏名を分割します。

「氏名」のデータの姓と名が空白などで区切られている場合は、空白の位置を手掛かりに「姓」と「名」を取り出して表示できます。空白の位置を知るには、特定の文字の位置を求めるInStr関数を使います。Left関数やMid関数と組み合わせて指定します。

参照►Q 594、Q 599

クエリのデータシートビュー

クエリのデザインビューで、
　姓：Left([氏名],InStr([氏名]," ")-1)
入力しています（Q594参照）。

Q_会員

会員番号	氏名	姓	名
1001	高田　健斗	高田	健斗
1002	阿部　愛	阿部	愛
1003	佐々木　美里	佐々木	美里
1004	佐藤　慎吾	佐藤	慎吾
1005	服部　大和	服部	大和

クエリのデザインビューで、
　名：Mid([氏名],InStr([氏名]," ")+1)
と入力しています（Q599参照）。

重要度★★★　日付の操作

Q 605 指定した月のデータを表示するには？

A Month関数を使って月のデータを取得します。

日付のデータから月のデータを取り出すにはMonth関数を使います。Year関数を使うと年のデータ、Day関数では日のデータを取り出せます。

ここでは、「生年月日」から月のデータを取り出します。

クエリのデータシートビュー

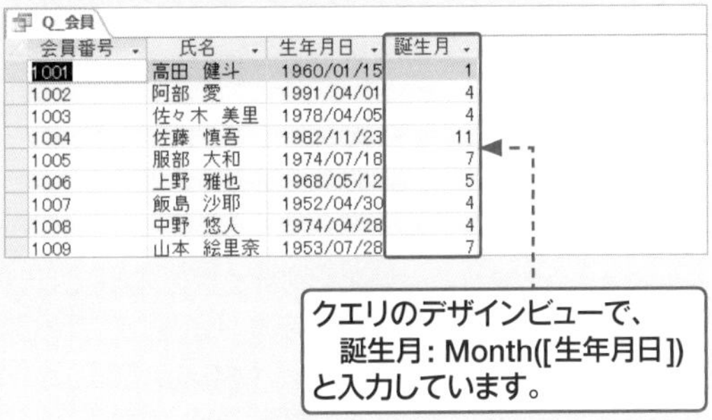

書式 Year(日付)	書式 Month(日付)	書式 Day(日付)
「年」のデータを表示します。 日付: 日付データを指定します。	「月」のデータを表示します。 日付: 日付データを指定します。	「日」のデータを表示します。 日付: 日付データを指定します。

重要度★★★　日付の操作

Q 606 四半期のデータを表示したい！

A 指定した期間のデータを求めるDatePart関数を使う方法があります。

日付のデータをもとに、指定した日付の単位の情報を求めるにはDatePart関数を使います。指定した日付の単位によっては、より細かな引数を指定する必要があります。

ここでは、「申込日」フィールドの日付から第2四半期のデータを求めます。

参照▶Q 608

クエリのデータシートビュー

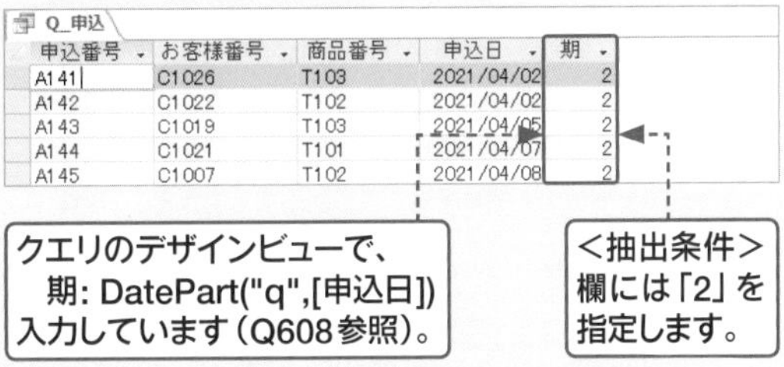

書式	DatePart(単位,日付)
	日付をもとに、指定した日付の単位の情報を求めます。 単位: Q608を参照してください。 日付: 日付データを指定します。

重要度★★★　日付の操作

Q 607 今月のデータだけを表示したい！

A 今日の日付を求めるDate関数を利用します。

今月のデータだけを表示するには、日付から月のデータを求めるMonth関数を使います。さらに、今日の日付を求めるDate関数とMonth関数を組み合わせて、抽出条件を指定します。

ここでは、「生年月日」フィールドから今月の月と同じデータを表示します。

参照▶Q 111

クエリのデータシートビュー

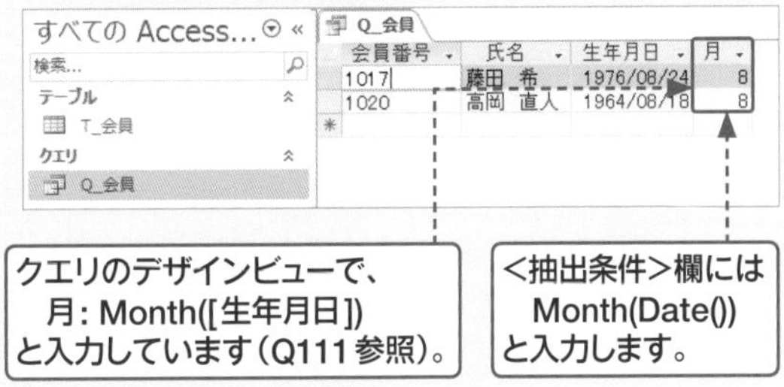

重要度 ★★★ 日付の操作

Q 608 指定した日付から今日までの日数を表示したい！

A 日付の差を求めるDateDiff関数を利用します。

指定した2つの日付との期間を求めるには、DateDiff関数を使います。指定した日付から今日までの日付の日数を求めるには、今日の日付を求めるDate関数と組み合わせて式を指定します。

ここでは、「日にち」フィールドの日付まであと何日かを求めます。 参照▶Q 111、Q 610

クエリのデータシートビュー

Q_イベント

イベ:	イベント名	日にち	残日数
E101	初めてのDIYに挑戦しよう	2020/12/06	108
E102	大人のペン字教室	2020/12/13	115
E103	クリスマスディナーを作ろう	2020/12/20	122
E104	水彩画入門教室	2020/12/27	129
E105	海の近くで暮らそう	2021/01/10	143
E106	オリジナルカレーを作ろう	2021/01/17	150
E107	大人の習字教室	2021/01/24	157
E108	初めてのパン作り	2021/02/07	171
E109	バレンタインチョコを作ろう	2021/02/14	178
E110	家庭菜園に挑戦しよう	2021/02/21	185
*			

クエリのデザインビューで、
残日数: DateDiff("d",Date(),[日にち])
と入力しています（Q111、Q610参照）。

書式 DateDiff(単位,日付1,日付2)

2つの日付の期間を求めます。
単位：次のような記号を使って単位を指定します。

単位	意味	単位	意味
"yyyy"	年	"w"	平日
"q"	四半期	"ww"	週
"m"	月	"h"	時
"y"	年間通算日	"n"	分
"d"	日	"s"	秒

日付1：期間を求める最初の日付データを指定します。
日付2：期間を求める最後の日付データを指定します。
その他の引数は、Accessのヘルプを参照してください。

重要度 ★★★ 日付の操作

Q 609 曜日の情報を表示したい！

A 日付の曜日を番号で返すWeekday関数を利用する方法があります。

日付のデータから曜日の情報を求めるには、日付の曜日を番号で返すWeekday関数と、曜日を示す番号から曜日の情報を文字列で返すWeekdayName関数を組み合わせて指定します。

ここでは、「日にち」フィールドの日付の曜日を表示します。

クエリのデータシートビュー

Q_イベント

イベ:	イベント名	日にち	曜日
E101	初めてのDIYに挑戦しよう	2020/12/06	日曜日
E102	大人のペン字教室	2020/12/12	土曜日
E103	クリスマスディナーを作ろう	2020/12/20	日曜日
E104	水彩画入門教室	2020/12/27	日曜日
E105	海の近くで暮らそう	2021/01/10	日曜日
E106	オリジナルカレーを作ろう	2021/01/17	日曜日
E107	大人の習字教室	2021/01/24	日曜日
E108	初めてのパン作り	2021/02/07	日曜日
E109	バレンタインチョコを作ろう	2021/02/14	日曜日
E110	家庭菜園に挑戦しよう	2021/02/21	日曜日
*			

クエリのデザインビューで、
曜日: WeekdayName(Weekday([日にち]))
と入力しています。

書式 Weekday(日付)

日付から曜日の番号を取得します。
日付：日付データを指定します。
ほかの引数を指定しない場合、日曜日が「1」、月曜日が「2」…の番号が返ります。

書式 WeekdayName(番号,表示方法)

曜日を返します。
番号：曜日を示す番号を指定します。
表示方法：「True」を指定すると「日」「月」、「False」を指定すると「日曜日」「月曜日」のように表示します。
ほかの引数を指定しない場合、「1」は日曜、「2」は月曜…と見なされます。

Q 610 生年月日から年齢を調べて表示したい！

A DateDiff関数を使います。

DateDiff 関数を使うと、異なる2つの日付の期間を求められます。この関数を使って生年月日から年齢を割り出すには、生年月日と今日までの日付の差を求めます。式の中で、今年誕生日を迎えているかどうかを判断し、誕生日を迎えていない場合は年を1つ引いた数を表示します。

参照 ▶ Q 608

クエリのデータシートビュー

Q_会員

会員番号	氏名	生年月日	年
1001	高田　健斗	1960/01/15	60
1002	阿部　愛	1991/04/01	29
1003	佐々木　美	1978/04/05	42
1004	佐藤　慎吾	1982/11/23	37
1005	服部　大和	1974/07/18	46
1006	上野　雅也	1968/05/12	52
1007	飯島　沙耶	1952/04/30	68
1008	中野　悠人	1974/04/28	46
1009	山本　絵里	1953/07/28	67
1010	大野　良太	1975/10/07	44
1011	遠藤　大輔	1980/06/30	40
1012	小田島　慎	1984/07/09	36
1013	長野　麻友	1978/11/14	41
1014	山下　日菜	1962/07/06	58
1015	松野　涉	1986/09/10	33
1016	田中　将太	1990/12/28	29
1017	藤田　希	1976/08/24	43
1018	笹山　絵梨	1979/06/30	41
1019	近藤　美優	1980/05/29	40
1020	高岡　直人	1964/08/18	56
1021	飯野　哲也	1963/07/29	57
1022	和田　翔太	1982/07/30	38
1023	中田　康介	1968/06/17	52
1024	宮野　彩	1956/07/20	64
1025	山田　遼太	1958/11/04	61
1026	中島　梨乃	1951/12/28	68
1027	島田　友里	1978/06/26	42
1028	山野　幸太	1963/04/29	57
1029	里田　英二	1965/06/30	55
1030	野島　翔	1985/07/26	35
*			

クエリのデザインビューで、
年：DateDiff("yyyy",[生年月日],Now())+Int(Format(Now(),"mmdd")<Format([生年月日],"mmdd"))
入力しています（Q608参照）。

Q 611 1か月前（後）の日付を表示したい！

A 期間を足したり引いたりするDateAdd関数を使用します。

DateAdd関数を使うと、指定した日付データを基準にして、指定した単位の時間や日付を足したり、引いたりした日付を求められます。引数には、足したり引いたりする日付の間隔や数を指定します。

ここでは、「日にち」フィールドの日付の1か月前のデータを表示します。

参照 ▶ Q 608

クエリのデータシートビュー

Q_イベント

イベ：	イベント名	日にち	申込期限
E101	初めてのDIYに挑戦しよう	2020/12/06	2020/11/06
E102	大人のペン字教室	2020/12/13	2020/11/13
E103	クリスマスディナーを作ろう	2020/12/20	2020/11/20
E104	水彩画入門教室	2020/12/27	2020/11/27
E105	海の近くで暮らそう	2021/01/10	2020/12/10
E106	オリジナルカレーを作ろう	2021/01/17	2020/12/17
E107	大人の習字教室	2021/01/24	2020/12/24
E108	初めてのパン作り	2021/02/07	2021/01/07
E109	バレンタインチョコを作ろう	2021/02/14	2021/01/14
E110	家庭菜園に挑戦しよう	2021/02/21	2021/01/21
*			

クエリのデザインビューで、
申込期限：DateAdd("m",-1,[日にち])
と入力しています（Q608参照）。

DateAdd関数で求めた日付は、Windowsのコントロールパネルの「時計と地域」の「地域」の日付で指定されている形式で表示されます。表示形式を変更するには、Format関数などと組み合わせて指定します。

●コントロールパネルの「地域」の設定

書式　DateAdd（単位,数,日付）

日付に指定した期間を足したり、引いたりします。
単位：Q608を参照してください。
数：足したり引いたりする数を指定します。
日付：日付データを指定します。

重要度★★★　数値の操作

Q 612 四捨五入して表示したい！

A Int関数を使う方法があります。

数値の端数を四捨五入するには、小数点以下のデータを切り捨てるInt関数を使います。関数で処理する数値に「0.5」を足して、そのデータの小数点以下を切り捨てることで、小数点以下を四捨五入します。
ここでは、「価格」フィールドの3%引きの「新価格」を求めて、「新価格」の小数点以下を四捨五入して表示します。
なお、Excelで数値を四捨五入する場合はRound関数を使用します。AccessにもRound関数はありますが、こちらは四捨五入で銀行型の方式を使います。銀行型では、「5」を処理した結果が偶数にならない場合は数値を切り捨てるため、意図したとおりの結果にならないこともあります。たとえば、「2.5」と「3.5」の小数点以下第1位を四捨五入すると、一般の感覚では「3」「4」になりそうですが、銀行型では「2」「4」になってしまいます。

参照▶Q 613、Q 614

クエリのデータシートビュー

Q_商品 クエリ

管理番号	商品ID	価格	新価格	四捨五入
01	W-101_001	¥1,580	1532.6	1533
02	B-101_002	¥1,580	1532.6	1533
03	W-201_001	¥1,520	1474.4	1474
04	B-201_002	¥1,520	1474.4	1474
05	W-102_01	¥2,400	2328	2328

クエリのデザインビューで、
四捨五入: Int([新価格]+0.5)
と入力しています（Q613、Q614参照）。

重要度★★★　数値の操作

Q 613 1の位の値を四捨五入したい！

A Int関数と組み合わせて式を作成します。

数値の1の位や小数点以下第2位などの値を四捨五入するときも、Int関数を利用できます。たとえば、数値の1の位を四捨五入するには、数値を10で割り算することで数値の桁を一時的に右側にずらして処理し、最後に10を掛けて桁をもとに戻します。この方法を応用すれば、10の位や小数点以下第2位の四捨五入なども可能です。
ここでは、「価格」フィールドの3%引きの「新価格」を求めて、「新価格」の1の位の値を四捨五入して表示します。

参照▶Q 612、Q 614

クエリのデータシートビュー

Q_商品 クエリ

管理番号	商品ID	価格	新価格	新価格2
01	W-101_001	¥1,580	1532.6	1530
02	B-101_002	¥1,580	1532.6	1530
03	W-201_001	¥1,520	1474.4	1470
04	B-201_002	¥1,520	1474.4	1470
05	W-102_01	¥2,400	2328	2330

クエリのデザインビューで、
新価格2: Int([新価格]/10+0.5)*10
と入力しています（Q612、Q614参照）。

重要度★★★　数値の操作

Q 614 小数点以下の値を切り捨てて表示したい！

A Int関数やFix関数を使う方法があります。

小数点以下の端数を切り捨てるには、Int関数やFix関数を使います。どちらも引数に数値データを指定します。引数に指定された数値が正の数の場合、結果は同じになります。負の数を指定した場合、Int関数は引数に指定した数値データ以下の数値に、Fix関数は数値データ以上の数値になるように処理されます。たとえば、数値データが「-3.5」の場合、Int関数では「-4」、Fix関数では「-3」になります。
ここでは、「価格」フィールドの3%引きの「新価格」を求めて、「新価格」の小数点以下の値を切り捨てて表示します。

参照▶Q 612、Q 613

クエリのデータシートビュー

Q_商品 クエリ

管理番号	商品ID	価格	新価格	新価格3
01	W-101_001	¥1,580	1532.6	1532
02	B-101_002	¥1,580	1532.6	1532
03	W-201_001	¥1,520	1474.4	1474
04	B-201_002	¥1,520	1474.4	1474
05	W-102_01	¥2,400	2328	2328

クエリのデザインビューで、
新価格3: Int([新価格])
と入力しています（Q612、Q613参照）。

重要度★★★ 数値の操作

Q 615 最大値を表示したい！

A DMax関数を使います。

指定したフィールドに保存されているデータの中で最大値を求めるには、DMax関数を使います。引数でテーブルやクエリのフィールドを指定すると、そのフィールド内の最大値を求められます。引数でデータ範囲を指定すると、その範囲内にあるデータの中で最大値を求められます。データ範囲を省略すると、すべてのデータが対象になります。

ここでは、指定したテーブルの「価格」フィールドの最大値を求めます。DMax関数の書式については、Accessのヘルプを参照してください。

クエリのデータシートビュー

Q_商品

商品ID	商品名	価格
P101	壁掛け電子フォトパネル（大）	¥39,800
P103	デジタル動画パネル（大）	¥39,800

クエリのデザインビューで、「価格」の列の<抽出条件>欄をクリックし、
DMax("価格","T_商品")
と入力しています。

重要度★★★ 数値の操作

Q 616 平均以上のデータを表示したい！

A DAvg関数を使います。

フィールドに入力されている数値の平均値を求めるには、DAvg関数を使います。
ここでは、指定したテーブルの「価格」フィールドの平均値以上の価格の商品を表示します。

クエリのデータシートビュー

Q_商品

商品ID	商品名	価格
P101	壁掛け電子フォトパネル（大）	¥39,800
P103	デジタル動画パネル（大）	¥39,800
P105	壁掛けラジオ＆スピーカー	¥29,800

クエリのデザインビューで、「価格」の列の<抽出条件>欄をクリックし、
>=DAvg("価格","T_商品")
と入力しています。

重要度★★★ 数値の操作

Q 617 Null値と空白を分けて集計したい！

A IsNull関数を使ってNull値を判定します。

Accessでは、同じ空欄に見えるデータでも内容を区別しているケースがあります。たとえば、電話番号がわからない場合はデータを空欄（Null値）にし、電話番号が未入力の場合は、空欄に見えていても実は「長さ0の文字列」が入力されていることがあります。フィールドのデータがNull値か、あるいは「長さ0の文字列」かを判定するにはIsNull関数を使います。
ここでは、電話番号が未入力の場合は「不明」と表示する式を作成しています。また、電話番号が未入力の場合は「不明」、長さ0の文字列が入力されている場合は「なし」と表示する式を作成しています。

参照▶Q 307、Q 618

クエリのデータシートビュー

Q_スタッフ クエリ

スタッフI	姓	電話番号	電話番号情報	電話番号情報2	電話番号補足
1001	竹田	090-0000-XXXX	090-0000-XXXX	090-0000-XXXX	
1002	山野		不明	不明	未入力
1003	伊藤			なし	長さ0の文字列
1004	竹ノ内	090-0000-XXXX	090-0000-XXXX	090-0000-XXXX	
1005	新藤			なし	長さ0の文字列
1006	飯島	080-0000-XXXX	080-0000-XXXX	080-0000-XXXX	
1007	高坂		不明	不明	未入力

クエリのデザインビューで、
電話番号情報：Nz([電話番号],"不明")
と入力しています（Q307参照）。

クエリのデザインビューで、
電話番号情報2：IIf(IsNull([電話番号]),"不明",IIf([電話番号]="","なし",[電話番号]))
と入力しています（Q618参照）。

書式 IsNull(式)

Null値かどうかを判定します。
式：Null値かどうかを判定する式を指定します。Null値の場合は「-1」、そうでない場合は「0」を返します。

重要度★★★　条件分岐

Q 618 条件に一致する場合とそうでない場合で別のデータを表示するには？

A IIf関数を使って条件に合う場合を判定します。

指定した条件に合う場合と合わない場合で別々の処理を行うには、IIf関数を使います。引数には、①判定をするための条件、②条件に合う場合に実行する処理、③条件に合わない場合に実行する処理を指定します。

ここでは、試験結果から実技試験と筆記試験の得点の合計が「160」点以上の場合に「合格」と表示します。

参照▶Q 619、Q 620

クエリのデータシートビュー

Q_研修結果

氏名	実技試験	筆記試験	合計	評価1
篠田 大樹	90	70	160	合格
新藤 彩	80	80	160	合格
三浦 啓	95	85	180	合格
中村 裕翔	70	80	150	
原田 弘樹	85	90	175	合格

クエリのデザインビューで、
評価1: IIf([合計]>=160,"合格","")
と入力しています（Q619、Q620参照）。

書式 IIf(条件,処理1,処理2)

条件に合うか否かを判定し、別々の処理をします。

条件：True／Falseで判定できる条件を指定します。

処理1：条件に合う場合に実行する処理を書きます。

処理2：条件に合わない場合の処理を書きます。

重要度★★★　条件分岐

Q 619 複数の条件を判定するには？

A IIf関数の引数の中でIIf関数を使う方法があります。

IIf関数を使うと、指定した条件に合う場合と合わない場合とで異なる処理を実行できます。この場合は条件を1つだけ指定しています。複数の条件を判定する方法はいくつかあります。その一例として、IIf関数の引数でさらにIIf関数を使って条件を判定する方法を紹介します。ここでは、実技試験と筆記試験の合計得点が「180」点以上の場合に「優」と表示します。そうでない場合、さらにIIf関数を使って合計が「160」点以上かを判定します。2つめの条件に一致する場合は「良」を表示し、そうでない場合は何も表示しません。

参照▶Q 618、Q 620

クエリのデータシートビュー

Q_研修結果

氏名	実技試験	筆記試験	合計	評価2
篠田 大樹	90	70	160	良
新藤 彩	80	80	160	良
三浦 啓	95	85	180	優
中村 裕翔	70	80	150	
原田 弘樹	85	90	175	良

クエリのデザインビューで、
評価2: IIf([合計]>=180,"優",IIf([合計]>=160,"良",""))
と入力しています（Q618、Q620参照）。

重要度★★★　条件分岐

Q 620 複数の条件をかんたんに判定する方法は？

A Switch関数を使う方法があります。

Q619の方法を利用すると、複数の条件で処理を分けることができます。しかし、指定する条件が多いと式が長くなり、式の内容がわかりにくくなります。そんなときは、Switch関数を利用してみましょう。この場合はこの処理、この場合はこの処理というように、かんたんに式を作成できます。

ここでは、Q619で作成したIIf関数の式を、Switch関数を利用して書き直しています。

参照▶Q 231、Q 619

クエリのデータシートビュー

Q_研修結果

氏名	実技試験	筆記試験	合計	評価3
篠田 大樹	90	70	160	良
新藤 彩	80	80	160	良
三浦 啓	95	85	180	優
中村 裕翔	70	80	150	
原田 弘樹	85	90	175	良

クエリのデザインビューで、
評価3：Switch([合計]>=180,"優",[合計]>=160,"良",True,"")
と入力しています（Q231、Q619参照）。

第10章

データの取込・出力

重要度 ★★★ 外部データの利用

Q 621 インポートって何？

A データを取り込んで利用できるようにすることです。

既存のデータをデータベースファイルに取り込んで利用することを「インポート」といいます。Accessはさまざまな種類のデータをインポートして利用できます。Accessで作成したほかのデータベースファイルのテーブル、Excelで作成したファイル、テキストファイルなど、さまざまなデータをインポートできます。Accessにインポートしたデータは、インポートもとのデータとの関係はなくなります。このため、もとのデータを変更しても、インポートしたデータには影響はありません。

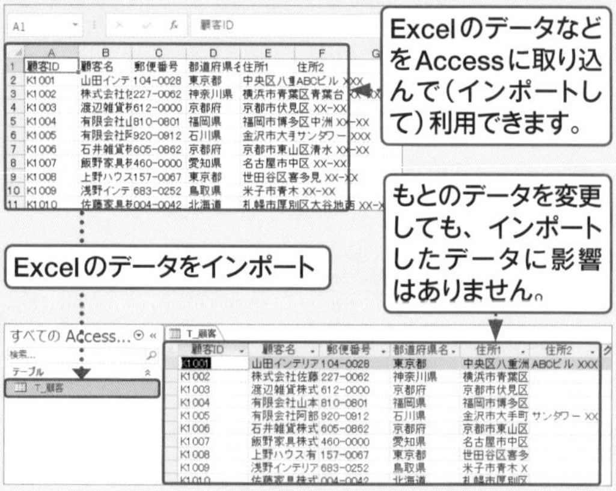
Excelのデータなどを Access に取り込んで（インポートして）利用できます。
もとのデータを変更しても、インポートしたデータに影響はありません。
Excelのデータをインポート

重要度 ★★★ 外部データの利用

Q 622 リンクって何？

A ほかの場所にあるデータを参照して見られるようにすることです。

既存のデータを現在使用中のデータベースファイルから参照して利用できる状態にすることを「リンク」といいます。Accessはさまざまな種類のデータをリンクして利用できます。Accessで作成したほかのデータベースファイルのテーブルはもちろん、Excelのファイルやテキストファイルなどのデータもリンクできます。

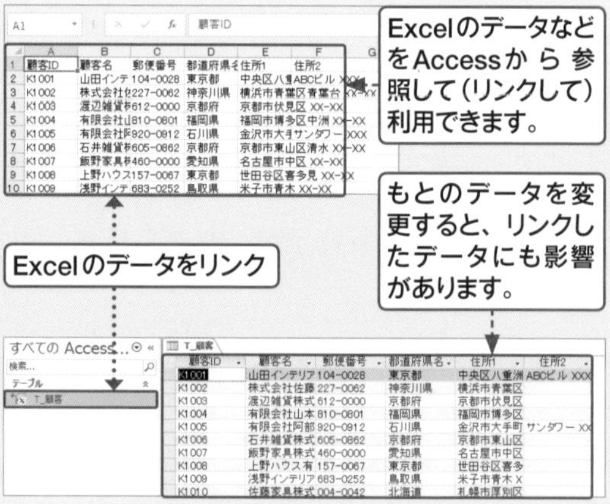
Excelのデータなどを Access から参照して（リンクして）利用できます。
もとのデータを変更すると、リンクしたデータにも影響があります。
Excelのデータをリンク

重要度 ★★★ 外部データの利用

Q 623 エクスポートって何？

A データを指定したファイル形式で出力することです。

テーブルやクエリのデータを、指定したファイル形式で出力（保存）することを「エクスポート」といいます。Acceessでは、Excelファイルやテキストファイル形式など、さまざまな形式でデータをエクスポートできます。エクスポートしたデータは、エクスポートもとのデータとの関係はなくなります。このため、エクスポートもとのデータを変更しても、エクスポートしたデータに影響はありません。

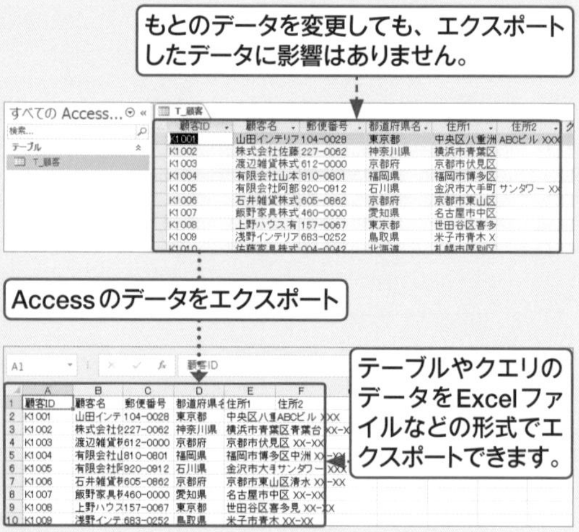
もとのデータを変更しても、エクスポートしたデータに影響はありません。
Accessのデータをエクスポート
テーブルやクエリのデータをExcelファイルなどの形式でエクスポートできます。

重要度 ★★★ 外部データの取り込み

Q 624 ほかのAccessファイルのテーブルをインポートするには？

A インポート時に<Access>をクリックします。

ほかのAccessファイルのテーブルをインポートするには、Accessファイルの保存先とインポートするテーブルを選択して操作します。インポートが完了すると、ナビゲーションウィンドウにテーブルが表示されます。 参照▶Q 625

1 データをインポートするファイルを開いておきます。

2 <外部データ>タブの<新しいデータベースソース>をクリックします。

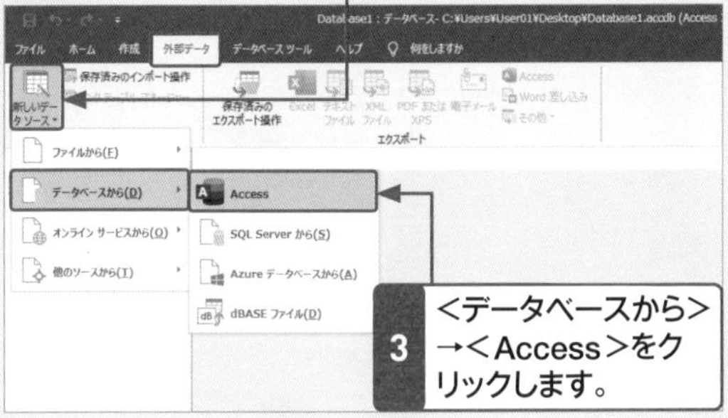

3 <データベースから>→<Access>をクリックします。

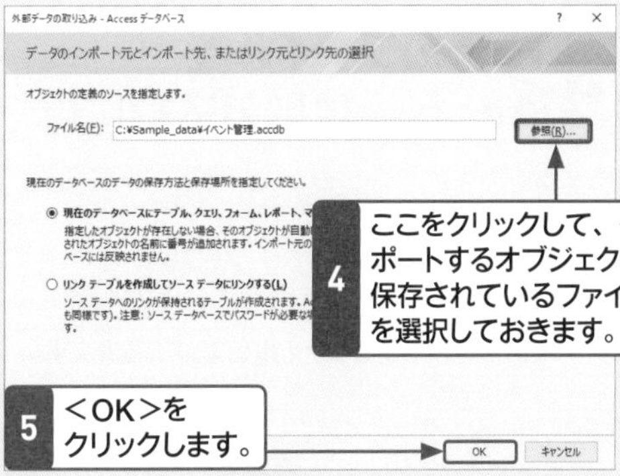

4 ここをクリックして、インポートするオブジェクトが保存されているファイルを選択しておきます。

5 <OK>をクリックします。

6 <テーブル>タブからインポートするオブジェクトを選択します。

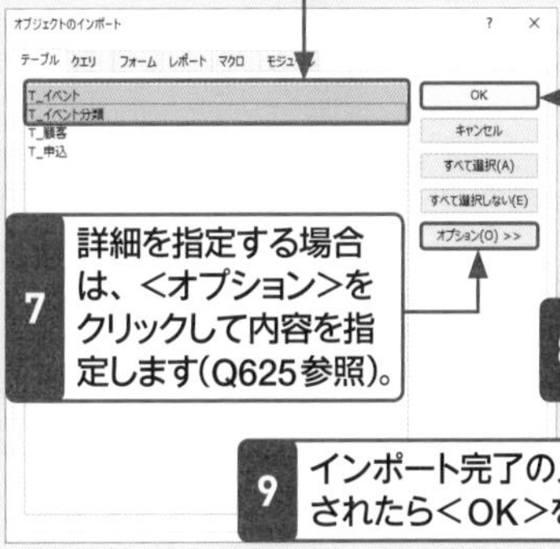

7 詳細を指定する場合は、<オプション>をクリックして内容を指定します(Q625参照)。

8 <OK>をクリックします。

9 インポート完了のメッセージが表示されたら<OK>をクリックします。

重要度 ★★★ 外部データの取り込み

Q 625 ほかのAccessファイルのオブジェクトをインポートするには？

A Accessファイルの保存先とオブジェクトを選択します。

1 Q624の方法で、Accessファイルのオブジェクトをインポートする画面を開きます。

2 インポートするオブジェクトのタブをクリックします。

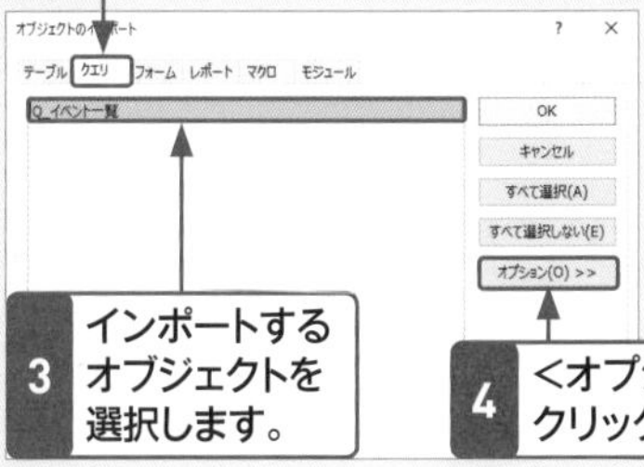

3 インポートするオブジェクトを選択します。

4 <オプション>をクリックします。

ほかのAccessファイルのオブジェクトをインポートするには、Accessファイルの保存先とインポートするオブジェクトを選択して操作します。フォームやレポートなどのオブジェクトをインポートしたときは、必要に応じてそれらのもとになるテーブルなどもインポートしましょう。インポート後には、フォームやレポートを開き、<レコードソース>プロパティでもとのテーブルやクエリを確認しておきましょう。 参照▶Q 624

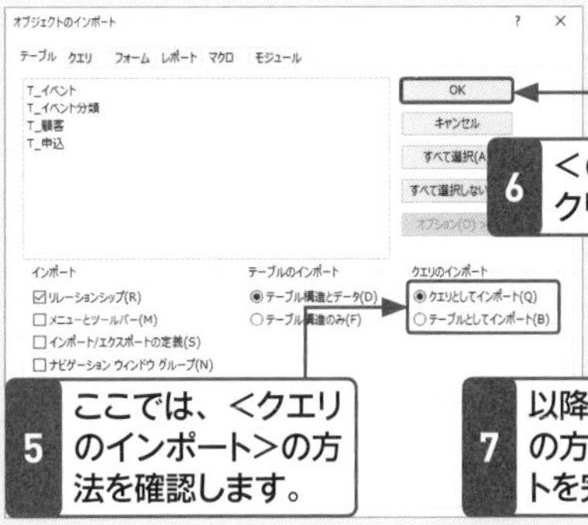

6 <OK>をクリックします。

5 ここでは、<クエリのインポート>の方法を確認します。

7 以降は、Q624の方法でインポートを完了します。

重要度 ★★★ 外部データの取り込み

Q 626 Excelファイルを Accessに取り込むには？

A インポート時に <Excel>をクリックします。

Excelファイルのデータを Accessにインポートするには、ウィザード画面で操作します。たとえば、どのフィールドを取り込むか、また、どのフィールドをどのデータ型として取り込むか、どのフィールドに主キーを設定するかなどを選択します。必要に応じて、Excel側で表を整理しておきましょう。

インポートが完了すると、ナビゲーションウィンドウにテーブルが追加されます。 参照▶Q 627、Q 628

1 データをインポートするファイルを開いておきます。

2 <外部データ>タブの<新しいデータベースソース>をクリックします。

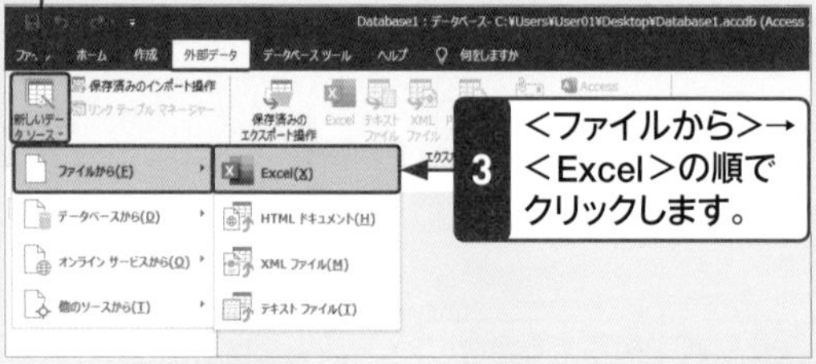

3 <ファイルから>→<Excel>の順でクリックします。

4 ここをクリックして、インポートするExcelファイルを選択しておきます。

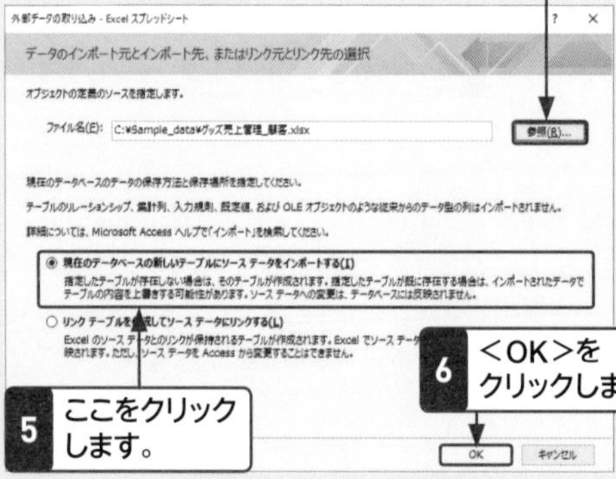

5 ここをクリックします。

6 <OK>をクリックします。

7 ここでは、<先頭行をフィールド名として使う>をクリックします。

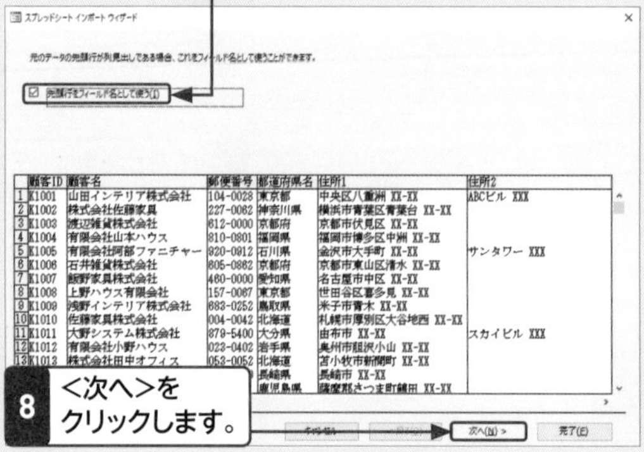

8 <次へ>をクリックします。

9 インポートするフィールドを選択し、データ型などを指定します。

10 <次へ>をクリックします。

11 主キーの設定方法を指定します。

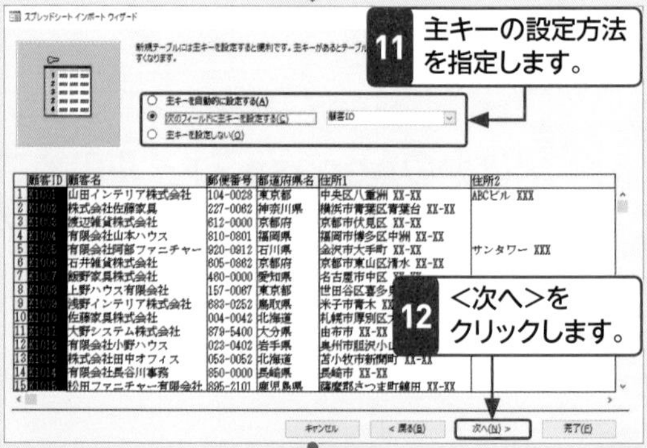

12 <次へ>をクリックします。

13 <インポート先のテーブル>を指定します。

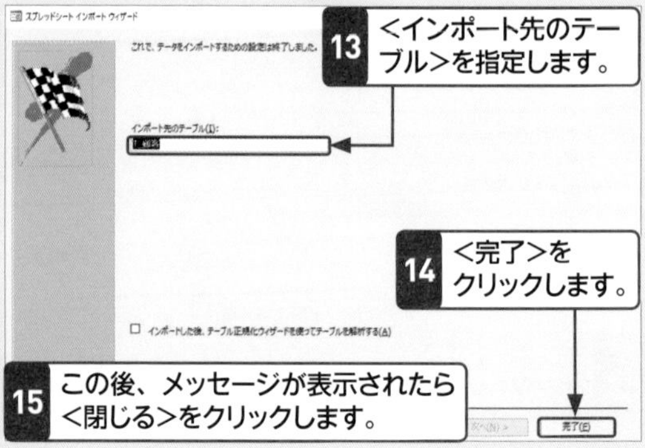

14 <完了>をクリックします。

15 この後、メッセージが表示されたら<閉じる>をクリックします。

重要度★★★　外部データの取り込み

Q 627 既存のテーブルにExcelファイルを追加するには？

A 追加先のテーブルを選択して操作します。

既存のテーブルにExcelファイルのデータを追加するには、ウィザード画面でデータの保存先のテーブルを選択して操作します。なお、テーブルで指定しているルールに合わないデータはインポートできません。必要に応じて、Excel側で表を整理しておきましょう。

参照▶Q 626

● Excelの表について

既存のテーブルにデータを取り込む際、もとのExcelファイルを開いて以下の点を確認しておきましょう。

- 表の列見出しは、Accessのテーブルのフィールド名と同じにする。
- 表の列見出しの数は、Accessのテーブルのフィールド数を超えないようにする。
- Accessの主キーのフィールドには重複するデータをインポートできないので、重複データがないか確認する。
- Accessのテーブルに含まれるフィールドのデータ型と、もとのExcelの表のフィールドに入力されているデータの種類が合っているか確認する。
- Accessのテーブルに含まれるフィールドのフィールドプロパティの設定と、もとのExcelの表のフィールドに入力されているデータが合っているか確認する。

● Accessのテーブルについて

ここでは、次のようなテーブルにExcelのデータを追加します。

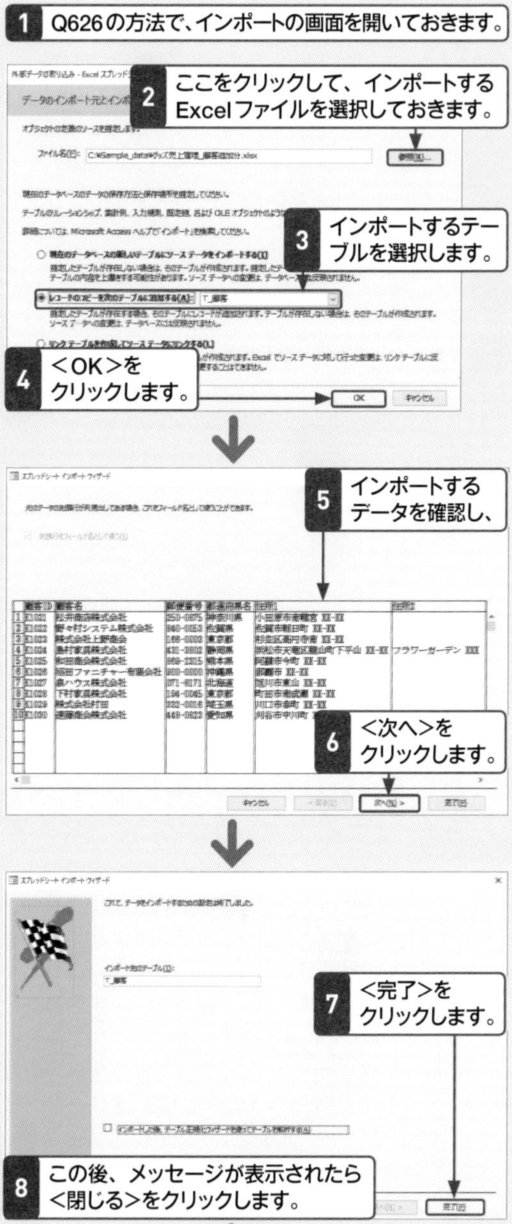
1 Q626の方法で、インポートの画面を開いておきます。
2 ここをクリックして、インポートするExcelファイルを選択しておきます。
3 インポートするテーブルを選択します。
4 <OK>をクリックします。
5 インポートするデータを確認し、
6 <次へ>をクリックします。
7 <完了>をクリックします。
8 この後、メッセージが表示されたら<閉じる>をクリックします。

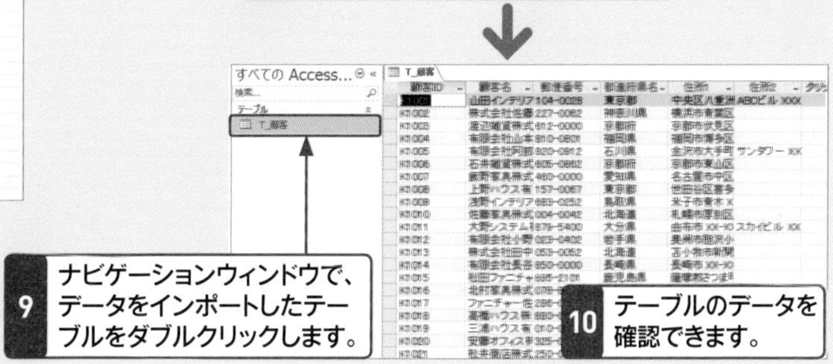
9 ナビゲーションウィンドウで、データをインポートしたテーブルをダブルクリックします。
10 テーブルのデータを確認できます。

重要度 ★★★ 外部データの取り込み

Q628 Excelデータをコピーして Accessに貼り付けるには？

A コピー&貼り付けで新しいテーブルを作成できます。

ExcelデータをAccessにインポートする方法はいくつかありますが、コピー&貼り付けも利用できます。この場合、必要なデータだけを手早くインポートできるので便利です。

インポートが完了すると、ナビゲーションウィンドウにテーブルが追加されます。

参照▶Q 627

1 インポートするデータが保存されたExcelファイルを開きます。

2 インポートするデータをドラッグなどで選択します。

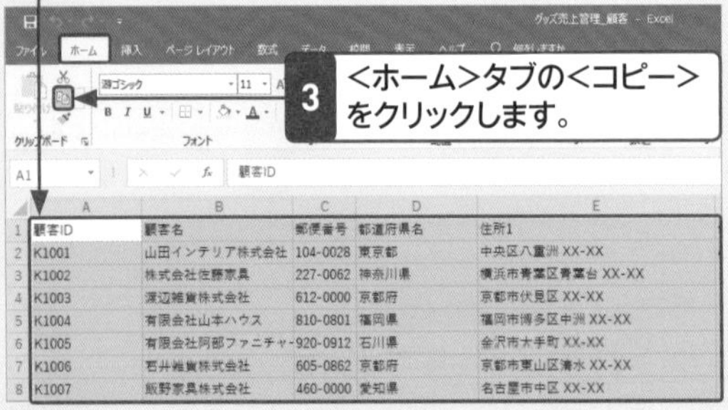

3 <ホーム>タブの<コピー>をクリックします。

4 インポート先のAccessファイルを開きます。

5 画面の何も表示されていない箇所をクリックします。

6 <ホーム>タブの<貼り付け>をクリックします。

7 インポートするExcelデータの先頭行に列見出しが含まれる場合は<はい>をクリックします。

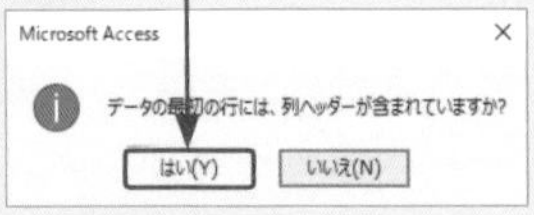

8 このあと、メッセージが表示されたら<OK>をクリックします。

重要度 ★★★ 外部データの取り込み

Q629 既存のテーブルにテキストファイルを追加するには？

A インポート時に追加するテーブルを選択します。

既存のテーブルにテキストファイルのデータを追加するには、ウィザード画面の中でテキストファイルの形式を指定します。テーブルで指定しているルールに合わないデータは、インポートできません。インポートが完了したら、ナビゲーションウィンドウからテーブルを開いて確認しましょう。

参照▶Q 630

1 データをインポートするファイルを開いておきます。

2 <外部データ>タブの<新しいデータベースソース>をクリックします。

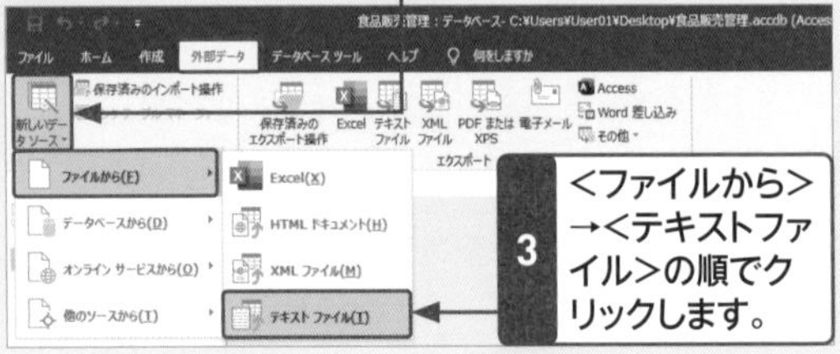

3 <ファイルから>→<テキストファイル>の順でクリックします。

4 ここをクリックして、インポートするテキストが保存されているファイルを選択しておきます。

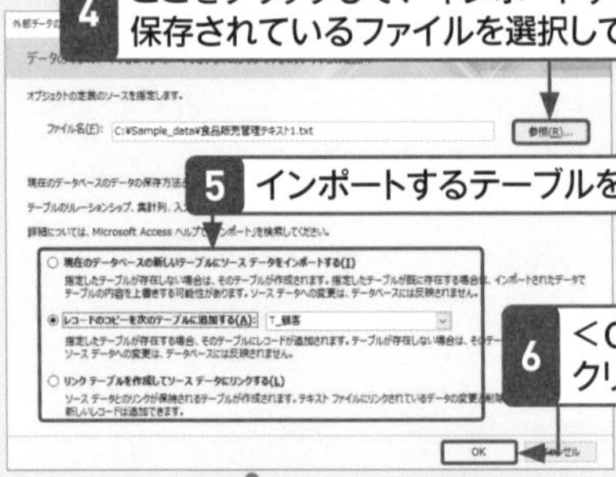

5 インポートするテーブルを選択します。

6 <OK>をクリックします。

7 インポートするデータの種類を確認します。

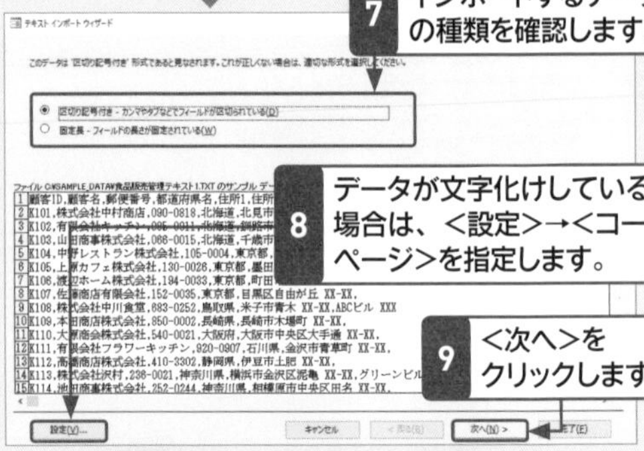

8 データが文字化けしている場合は、<設定>→<コードページ>を指定します。

9 <次へ>をクリックします。

10 以降はQ630の手順⑨～⑪、および手順⑯以降を参照して、操作を完了します。

Q 630 テキストファイルをAccessに取り込むには？

A インポート時にテキストファイルの種類などを指定します。

さまざまなソフトウェアで広く利用できるテキストファイルのデータをインポートするには、ウィザード画面でインポートするテキストファイルのデータの形式などを指定します。インポートするテキストファイルを事前に開いて、確認しておきましょう。

正常にインポートが完了すると、ナビゲーションウィンドウにテーブルが追加されます。 参照▶Q 629

1 データをインポートするファイルを開いておきます。

2 <外部データ>タブの<新しいデータベースソース>をクリックします。

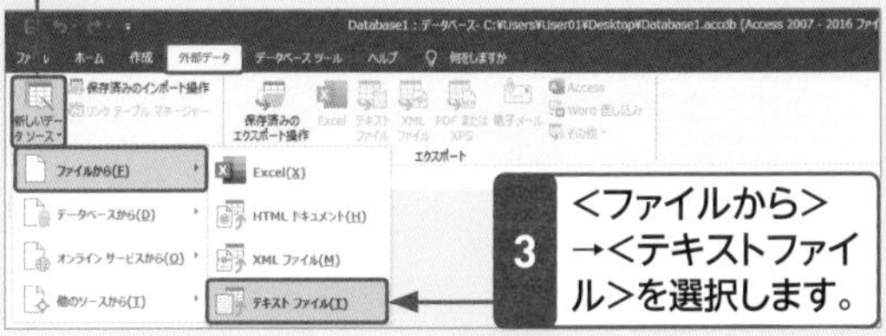
3 <ファイルから>→<テキストファイル>を選択します。

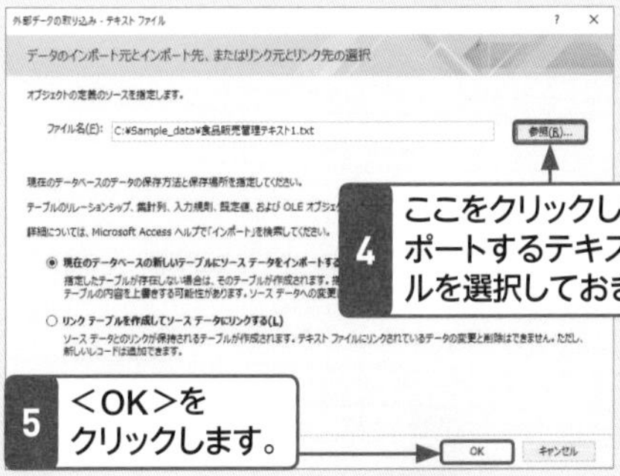
4 ここをクリックして、インポートするテキストファイルを選択しておきます。
5 <OK>をクリックします。

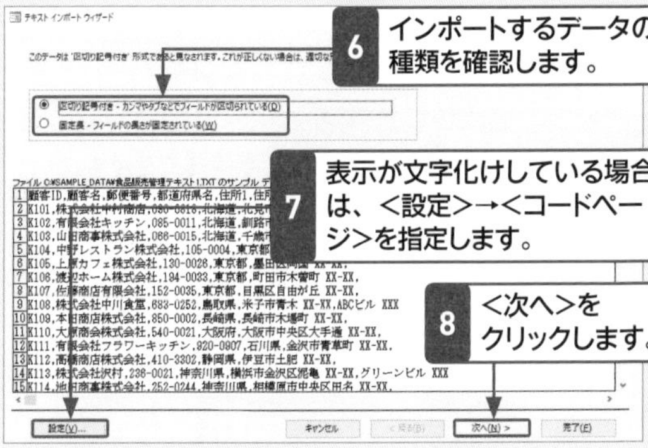
6 インポートするデータの種類を確認します。
7 表示が文字化けしている場合は、<設定>→<コードページ>を指定します。
8 <次へ>をクリックします。

●テキストファイルについて

テーブルにテキストファイルを取り込むには、そのテキストファイルを開いて以下の点を確認しましょう。

- テキストファイルの種類は、各フィールドの長さが決まっている固定長なのか？ または、フィールドとフィールドが特定の記号で区切られたものか？
- フィールドとフィールドが特定の記号で区切られた形式の場合、どの記号で区切られているか？
- 文字のデータが何かの記号で囲って指定されているか？ どんなテキスト区切り記号を使っているか？
- 先頭行にフィールド名が含まれているか？

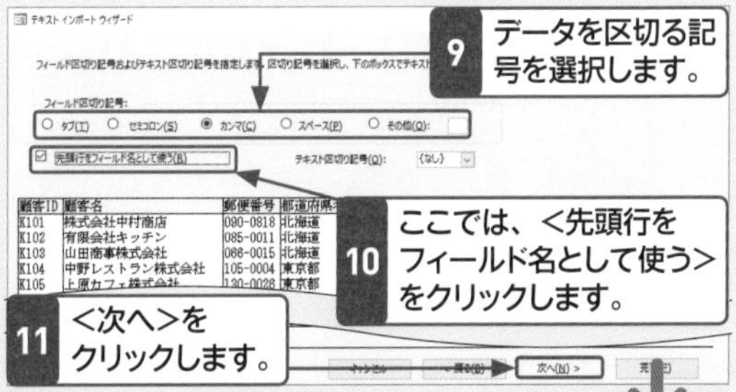
9 データを区切る記号を選択します。
10 ここでは、<先頭行をフィールド名として使う>をクリックします。
11 <次へ>をクリックします。

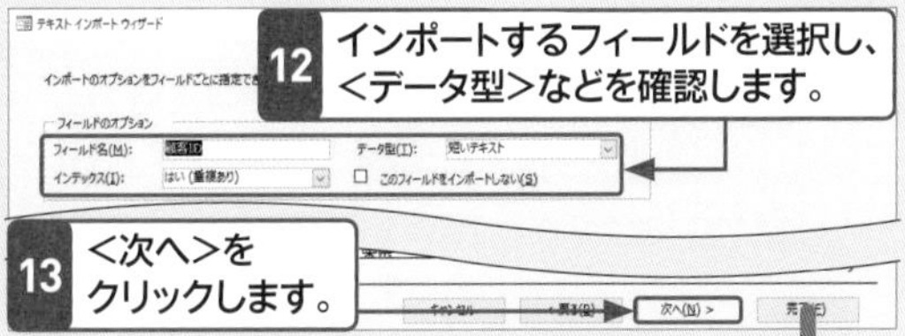
12 インポートするフィールドを選択し、<データ型>などを確認します。
13 <次へ>をクリックします。

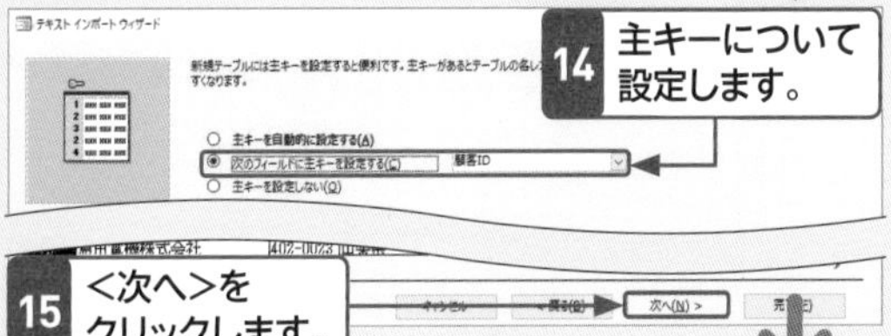
14 主キーについて設定します。
15 <次へ>をクリックします。

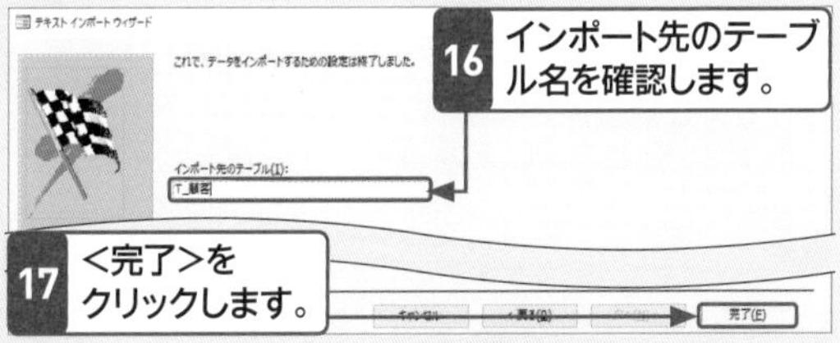
16 インポート先のテーブル名を確認します。
17 <完了>をクリックします。

18 インポート完了のメッセージが表示されたら、<閉じる>をクリックします。

重要度 ★★★　外部データの取り込み

Q 631 インポートの手順を再利用したい！

A インポート操作を保存して利用できます。

指定した保存先にある指定したファイルのExcelデータを何度も繰り返してインポートする場合は、インポートの操作を保存しておくと便利です。インポートするデータの保存先やファイル名、インポートするテーブルの名前などを毎回指定する必要がなく、かんたんにインポートを実行できます。

なお、既存のテーブルと同じテーブル名でExcelデータをインポートしようとすると、テーブルを上書き保存するか確認するメッセージが表示されます。上書き保存する場合は、＜はい＞をクリックします。

● インポート操作の保存

1 インポート操作の最後の画面で＜インポート操作の保存＞をクリックします。

2 保存時の名前を指定します。

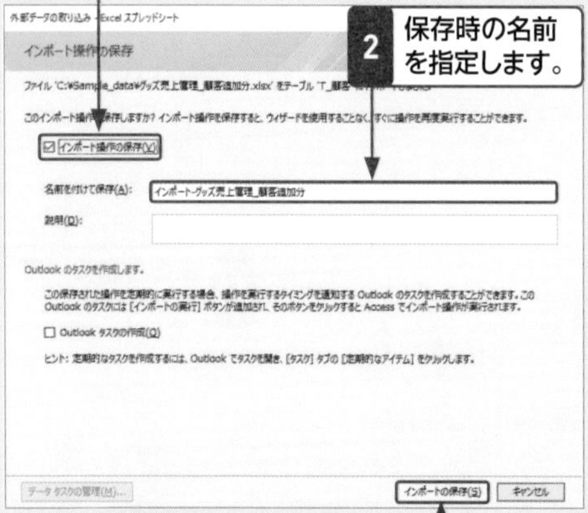

3 ＜インポートの保存＞をクリックします。

● インポート操作の実行

1 データをインポートするファイルを開いておきます。

2 ＜外部データ＞タブの＜保存済みのインポート操作＞をクリックします。

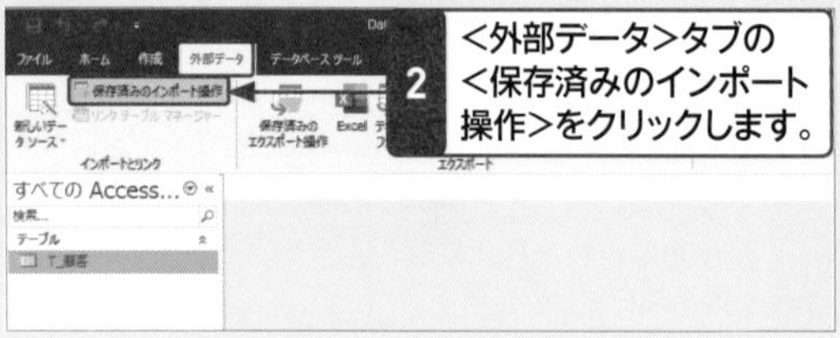

3 実行するインポート操作の名前を選択します。

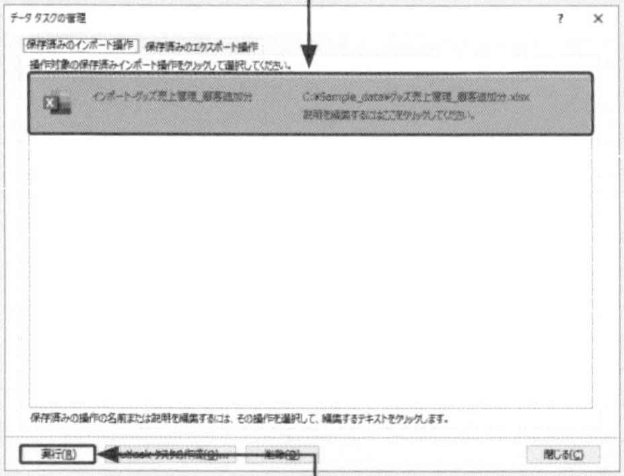

4 ＜実行＞をクリックします。

5 インポートが完了したら、＜OK＞をクリックします。

6 ＜閉じる＞をクリックします。

7 ナビゲーションウィンドウからテーブルをダブルクリックします。

8 インポートしたデータを確認できます。

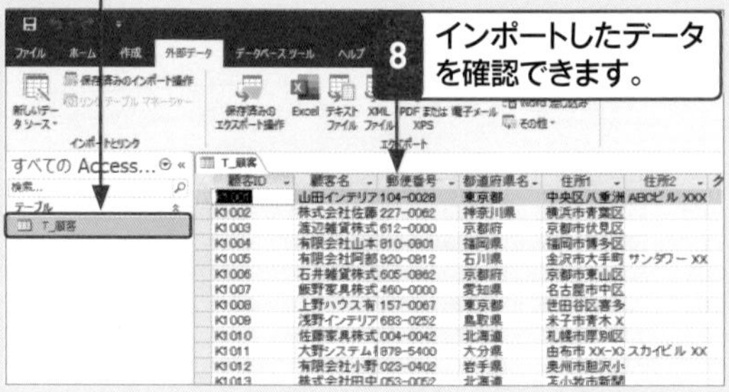

重要度★★★ 外部データの取り込み

Q 632 HTML形式のデータをAccessに取り込むには？

A インポート時に<HTMLドキュメント>をクリックします。

HTMLはWebページを表示するために利用する言語です。WebページはHTML形式のファイルとして保存できます。HTML形式で保存された表形式のリストのデータなどをAccessに取り込むには、次のように操作します。正常にインポートが完了すると、ナビゲーションウィンドウにテーブルが追加されます。

1 データをインポートするファイルを開いておきます。

2 <外部データ>タブの<新しいデータベースソース>をクリックします。

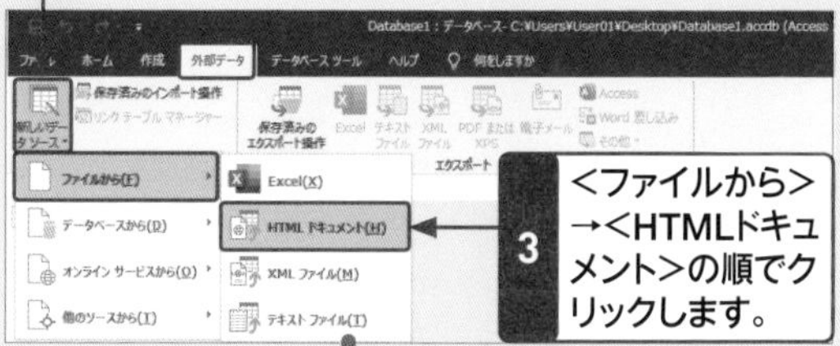

3 <ファイルから>→<HTMLドキュメント>の順でクリックします。

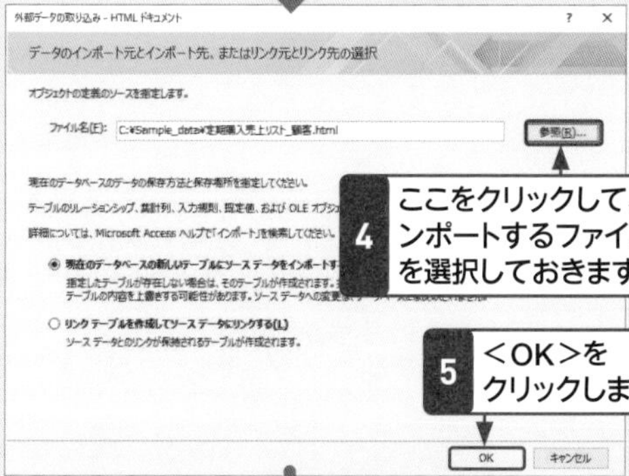

4 ここをクリックして、インポートするファイルを選択しておきます。

5 <OK>をクリックします。

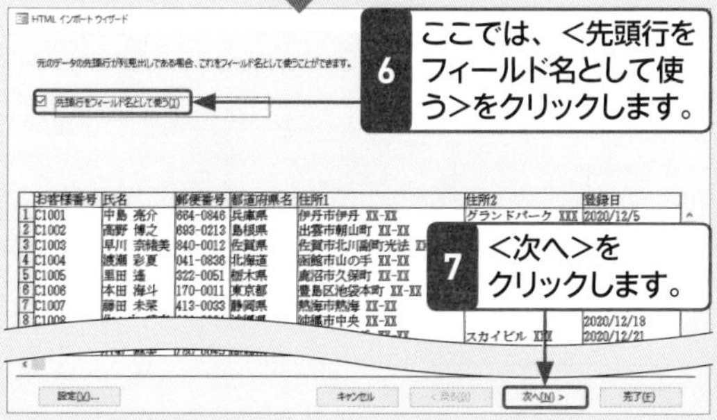

6 ここでは、<先頭行をフィールド名として使う>をクリックします。

7 <次へ>をクリックします。

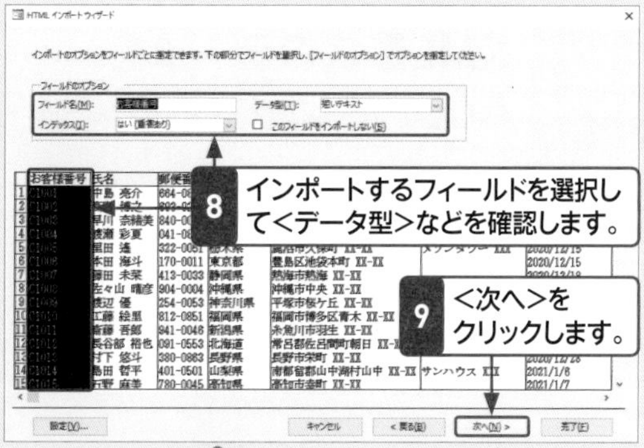

8 インポートするフィールドを選択して<データ型>などを確認します。

9 <次へ>をクリックします。

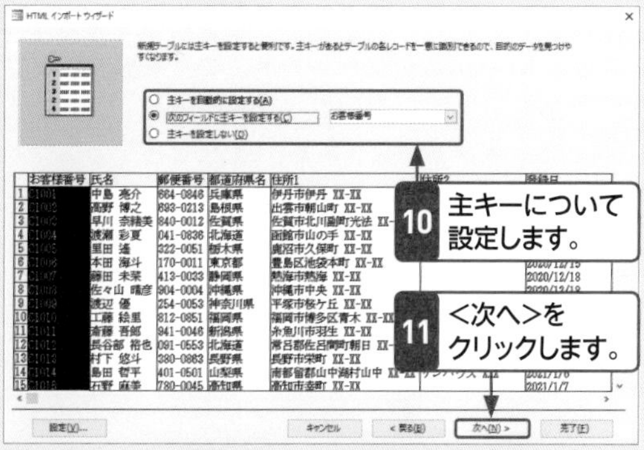

10 主キーについて設定します。

11 <次へ>をクリックします。

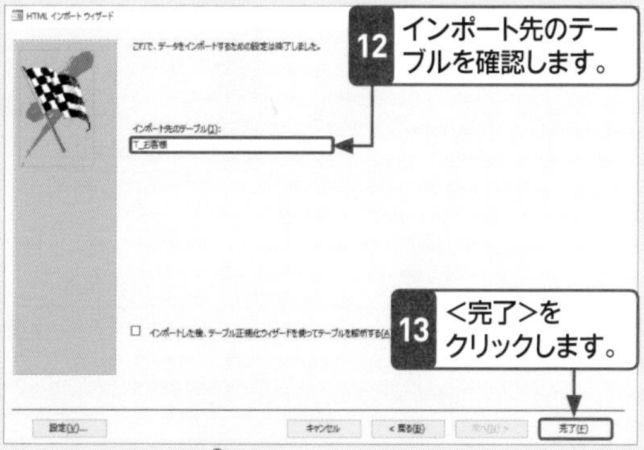

12 インポート先のテーブルを確認します。

13 <完了>をクリックします。

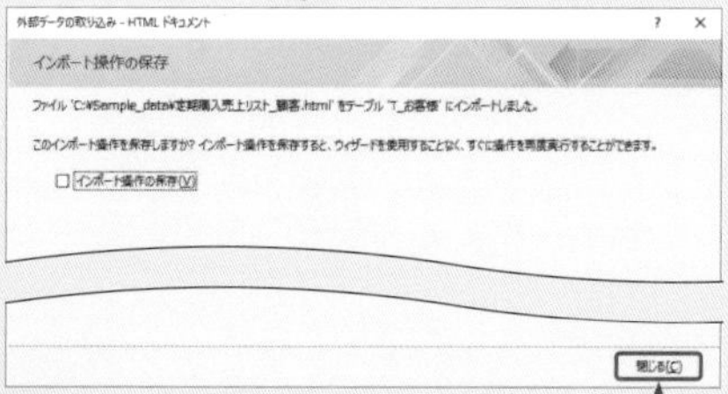

14 インポート完了のッセージが表示されたら、<閉じる>をクリックします。

1 Accessの基本
2 オブジェクト
3 テーブル
4 リレーションシップ
5 クエリ
6 フォーム
7 レポート
8
9 関数
10 取込・出力
11 マクロ
12 テクニック

Q 633 XML形式のデータをAccessに取り込むには？

A インポート時に<XMLファイル>をクリックします。

データのやり取りなどに使用されるXML形式のファイルをAccessに取り込むには、メニューの<新しいデータベースソース>から<XMLファイル>を選択して操作します。データが保存されているXMLファイルや、データ構造などが定義されているXSDファイルを指定してインポートできます。また、XMLファイルにXSDファイルが関連付けられている場合は、XSDファイルも用意してインポートします。
正常にインポートが完了すると、ナビゲーションウィンドウにテーブルが追加されます。

1 データをインポートするファイルを開いておきます。

2 <外部データ>タブの<新しいデータベースソース>をクリックします。

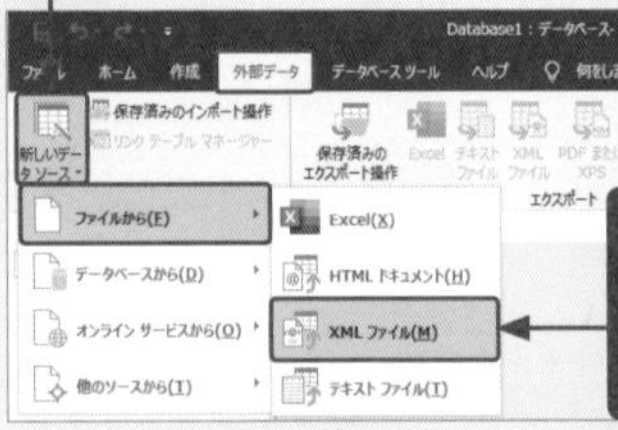

3 <ファイルから>→<XMLドキュメント>の順でクリックします。

4 ここをクリックして、インポートするファイルを選択しておきます。

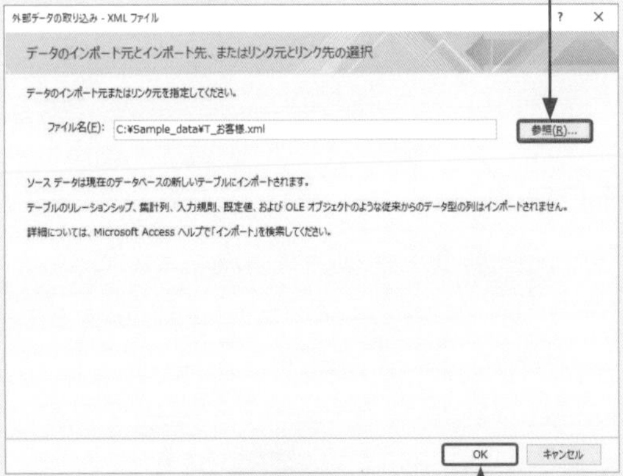

5 <OK>をクリックします。

6 <+>をクリックして、インポートするフィールドを確認します。

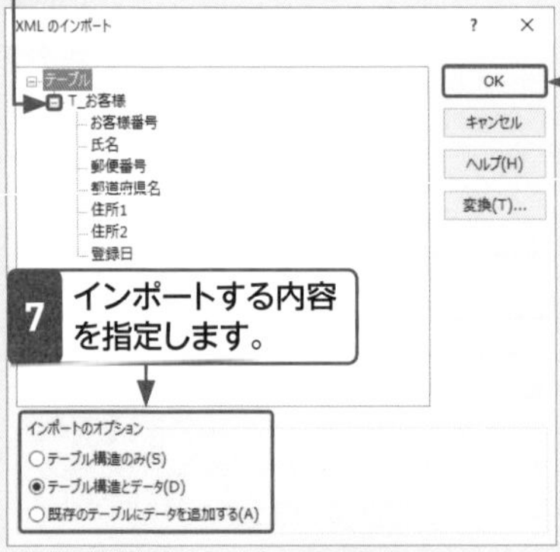

7 インポートする内容を指定します。

8 <OK>をクリックします。

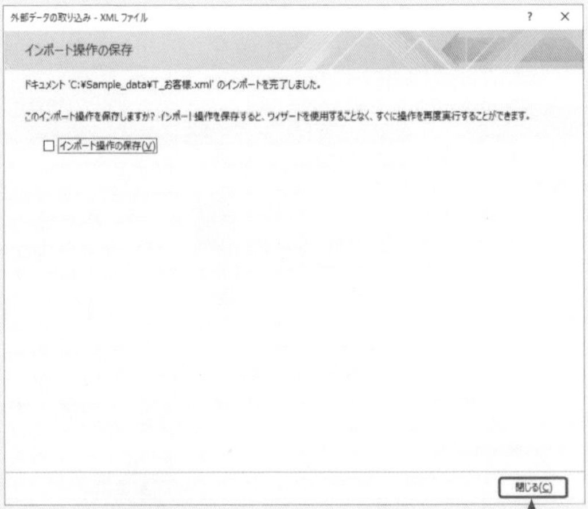

9 インポート完了のメッセージが表示されたら、<閉じる>をクリックします。

10 ナビゲーションウィンドウから、インポートしたテーブルをダブルクリックします。

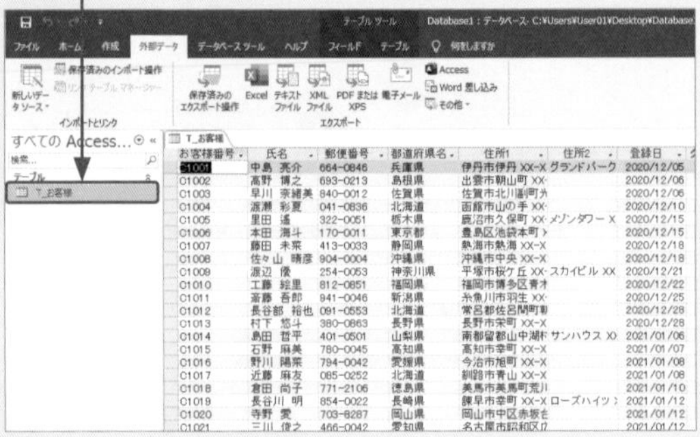

11 データを確認できます。

Q 634 Outlookのアドレス帳のデータをAccessに取り込むには？

A インポート時に<Outlookフォルダー>をクリックします。

Outlookのアドレス帳で管理している連絡先の情報をAccessで利用したい場合は、データをインポートして利用できます。インポート時に必要なフィールドを選択しましょう。

インポートが完了すると、ナビゲーションウィンドウにテーブルが追加されます。インポート後はテーブルを開き、デザインビューなどでテーブルの構成などを調整しておきましょう。

1 データをインポートするファイルを開いておきます。

2 <外部データ>タブの<新しいデータベースソース>をクリックします。

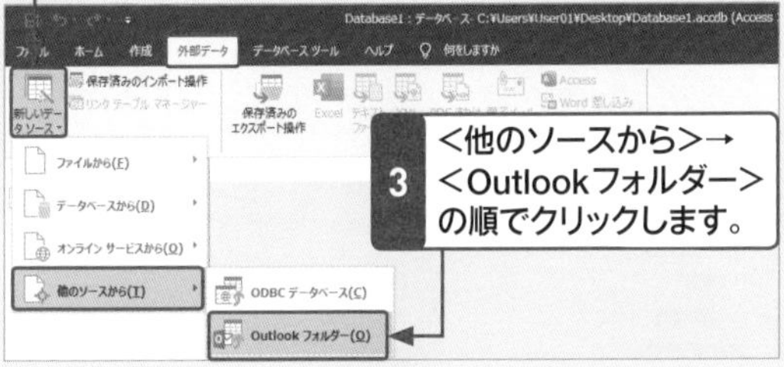
3 <他のソースから>→<Outlookフォルダー>の順でクリックします。
ファイルから(F)
データベースから(D)
オンライン サービスから(O)
他のソースから(T)
ODBC データベース(C)
Outlook フォルダー(O)

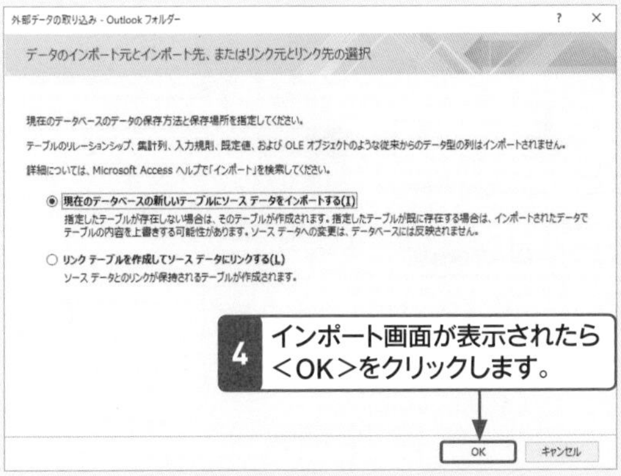
外部データの取り込み - Outlook フォルダー
データのインポート元とインポート先、またはリンク元とリンク先の選択
現在のデータベースの新しいテーブルにソース データをインポートする(I)
リンク テーブルを作成してソース データにリンクする(L)
4 インポート画面が表示されたら<OK>をクリックします。
OK
キャンセル

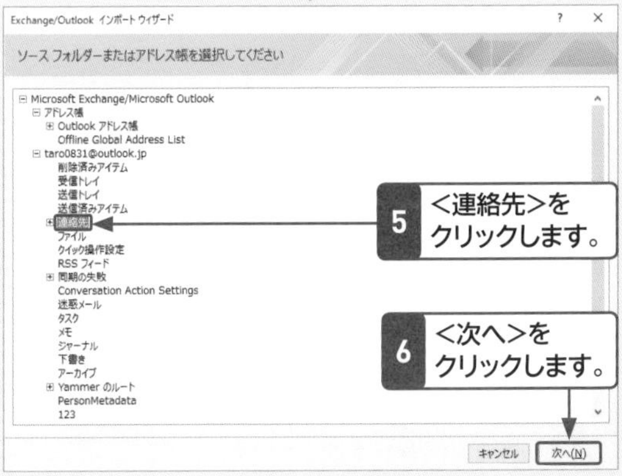
Exchange/Outlook インポート ウィザード
ソース フォルダーまたはアドレス帳を選択してください
5 <連絡先>をクリックします。
6 <次へ>をクリックします。
キャンセル
次へ(N)

7 インポートするフィールドを選択し、<データ型>などを指定します。

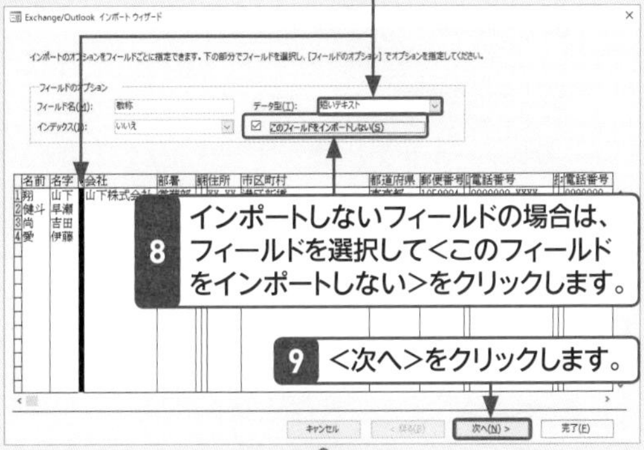
Exchange/Outlook インポート ウィザード
このフィールドをインポートしない(S)
8 インポートしないフィールドの場合は、フィールドを選択して<このフィールドをインポートしない>をクリックします。
9 <次へ>をクリックします。

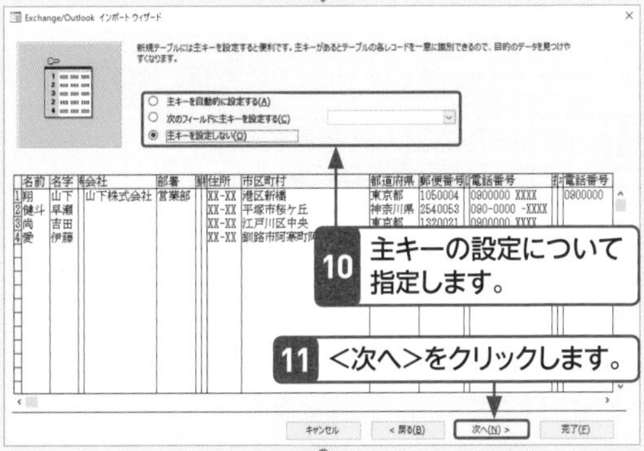
主キーを自動的に設定する(A)
次のフィールドに主キーを設定する(C)
主キーを設定しない(O)
10 主キーの設定について指定します。
11 <次へ>をクリックします。

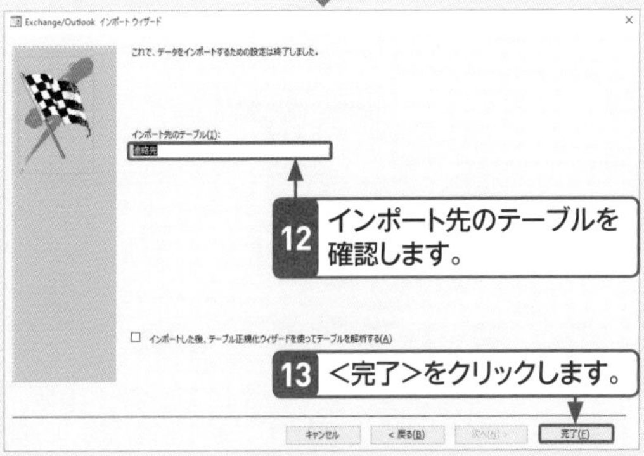
これで、データをインポートするための設定は終了しました。
インポート先のテーブル(I):
連絡先
12 インポート先のテーブルを確認します。
13 <完了>をクリックします。
完了(F)

重要度 ★★★　外部データの取り込み

Q 635 インポート時にエラーが発生した！

A よくあるエラーを確認してみましょう。

ほかのアプリなどで作成したデータをAccessのテーブルにインポートする際、エラーが発生してインポートできない場合もあります。Excelファイルでエラーが発生する場合はQ627の注意点、テキストファイルの場合はQ630の注意点を確認しましょう。

参照▶Q 627、Q 630

● よくあるエラー

主キーのフィールドなど、重複するデータの入力が許可されていないフィールドに、重複するデータが含まれている列のデータをインポートしようとすると、エラーが発生します。

また、Accessのテーブルで指定されているフィールドのデータ型と、インポートしようとしているデータの種類が異なる場合があります。その場合、次のようなメッセージが表示され、エラー情報が記述されたテーブルが自動的に作成されます。テーブルの内容にある行番号は、Excelファイルなどもとのリストの行番号です。インポート元ファイルを開き、データの種類を確認します。

1 インポートの終わりの画面で次のようなメッセージが表示されます。

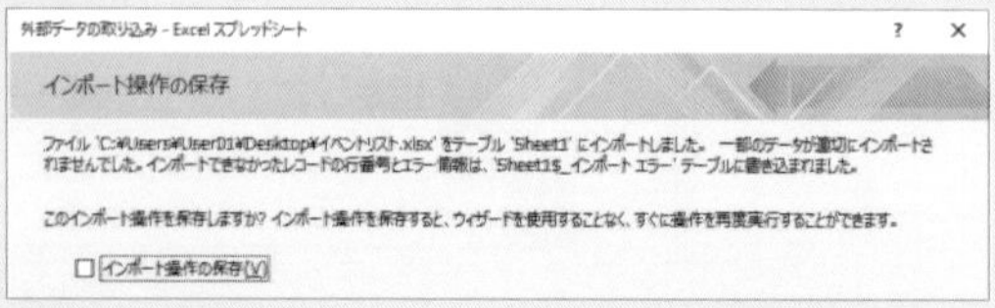

2 自動的に作成されたエラーのテーブルをダブルクリックします。

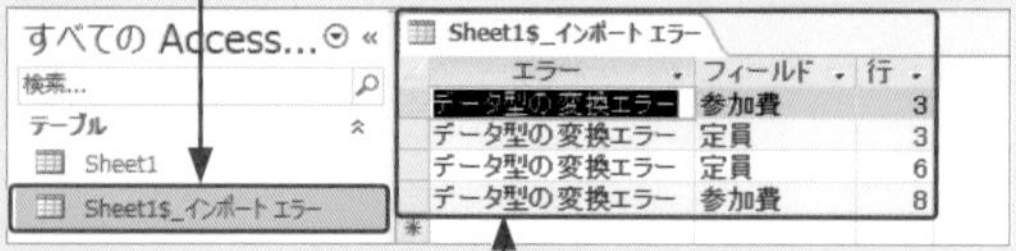

3 エラーの内容を確認します。

● テキストファイルの場合～定義の保存

テキストファイルのインポートでは、インポート時のさまざまな設定に定義名を付けて保存できます。毎回同じ設定でテキストファイルをインポートする場合などは、定義名を保存して活用すると便利です。

1 Q630の手順⑯のあとで、＜設定＞をクリックします。

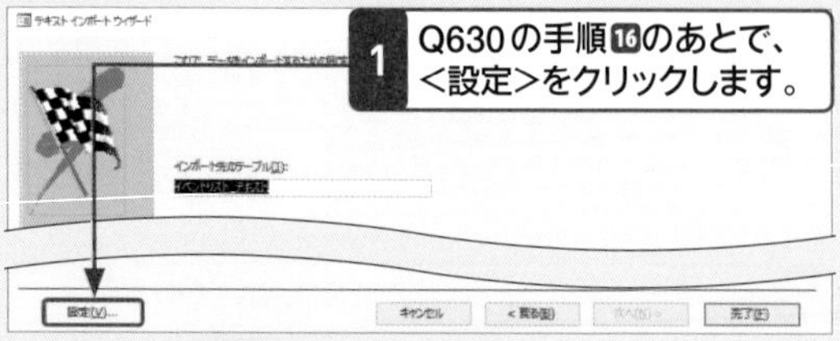

2 表示される画面で、インポートの定義を保存する設定内容を確認します。

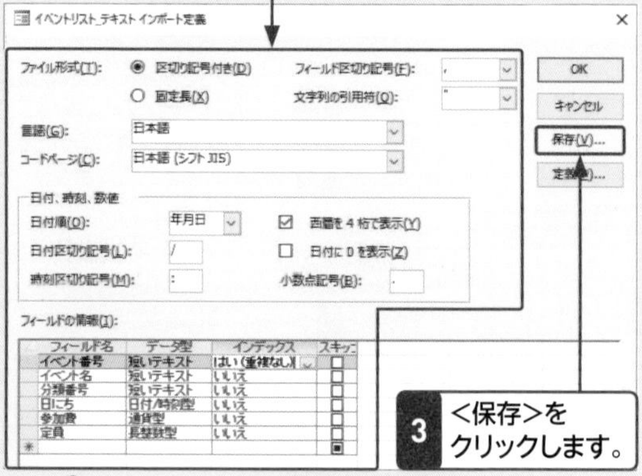

3 ＜保存＞をクリックします。

4 定義名を指定して＜OK＞をクリックします。

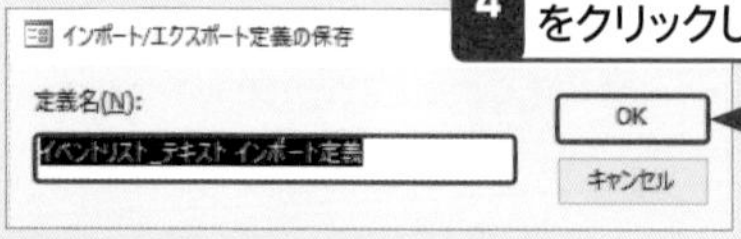

5 このあとは、Q630の方法でインポートを完了します。

● テキストファイルの場合～定義の利用

保存した定義を使用してインポートをするには、次のように操作します。手順❷のあとで定義を選択し、＜開く＞をクリックして操作を進めます。

1 Q630の手順⑯のあとで、＜設定＞をクリックします。

2 表示される画面で＜定義＞をクリックし、保存した定義を選択します。

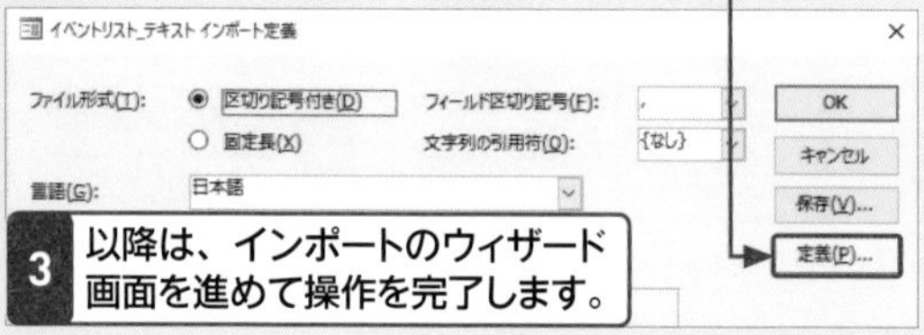

3 以降は、インポートのウィザード画面を進めて操作を完了します。

重要度 ★★★　外部データの参照

Q 636 リンクテーブルって何？

A ほかの場所にあるデータを参照して利用するテーブルです。

リンクテーブルとは、既存のデータを参照して利用するテーブルのことです。データを参照しているため、参照元のデータが変更されると、リンクテーブルでもその変更が反映されます。

リンクテーブルは＜リンクテーブルマネージャー＞画面で確認できます。参照元のファイルの保存先などが変更になった場合は、この画面で指定し直します。

●リンクテーブル

リンクテーブルは、ほかの場所にあるデータを参照するテーブルです。

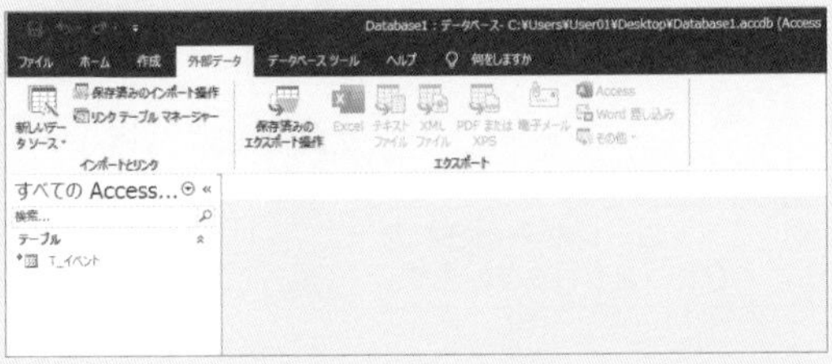

リンクテーブルを開くと、参照元のデータを確認できます。

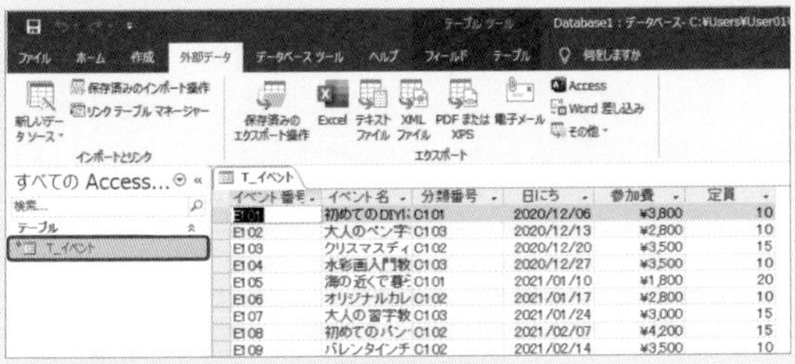

●リンクテーブルマネージャー

リンクもとのデータの情報は、リンクテーブルマネージャーで管理できます。

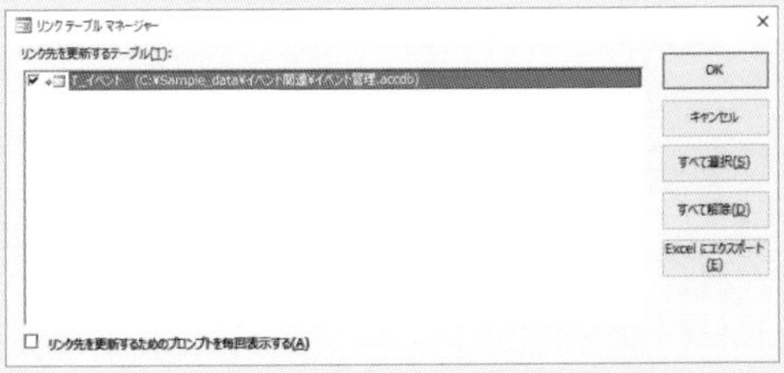

重要度 ★★★　外部データの参照

Q 637 ほかのAccessファイルのデータを参照して利用するには？

A リンクテーブルの作成時に＜Access＞をクリックします。

ほかのAccessファイルのデータを参照してリンクテーブルを作成するには、保存先のファイルやテーブルを選択します。

リンクテーブルを追加した後に、ナビゲーションウィンドウに追加されたリンクテーブルを開いてデータを編集すると、リンク元のテーブルのデータの内容が変わります。

1 リンクテーブルを作成するファイルを開いておきます。

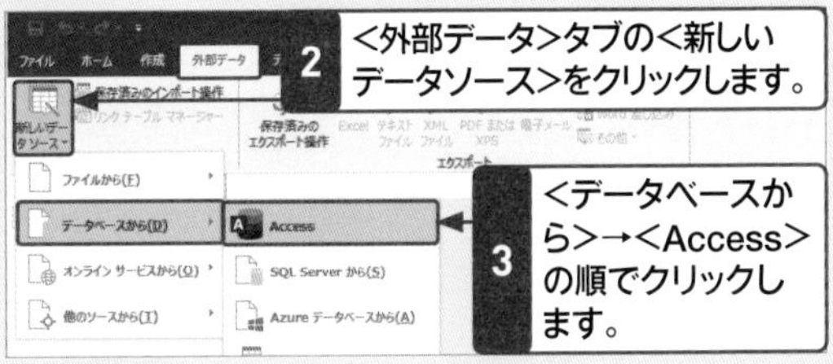

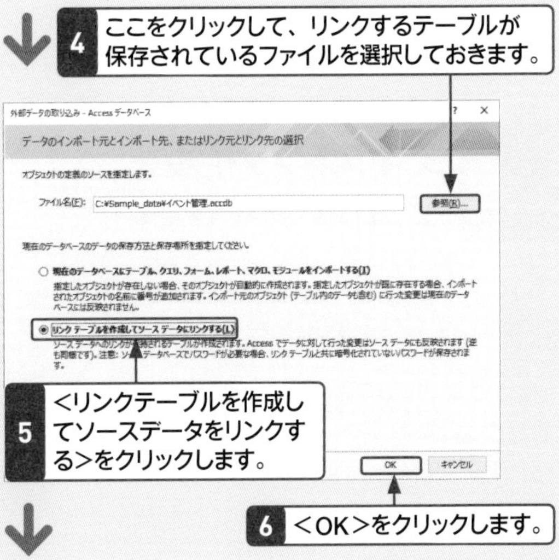

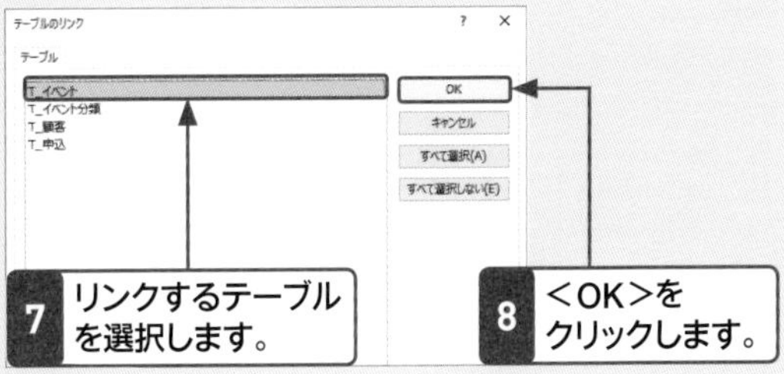

重要度 ★★★ 外部データの参照

Q 638 Excelのデータを参照してテーブルに表示するには？

A リンクテーブルの作成時に<Excel>をクリックします。

Excelで作成したリストのデータをAccessから参照するには、Access側にリンクテーブルを追加します。Excelデータのリンクテーブルからデータを編集することはできません。ただし、もとのExcelのリストを開いてデータを変更した場合、Access側でその変更を確認できます。

参照▶Q 640

1 リンクテーブルを追加するファイルを開いておきます。

2 <外部データ>タブの<新しいデータベースソース>をクリックします。

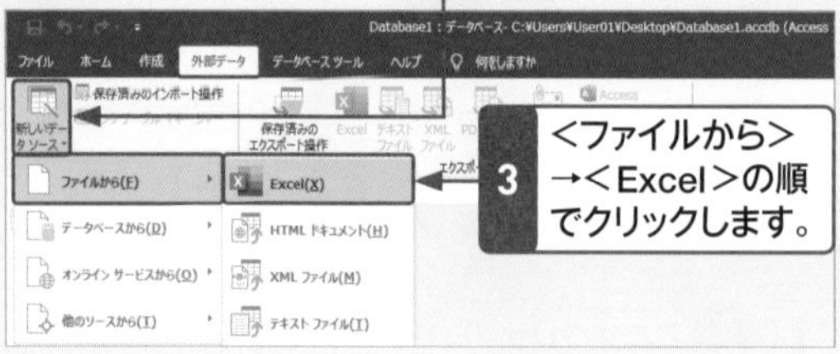

3 <ファイルから>→<Excel>の順でクリックします。

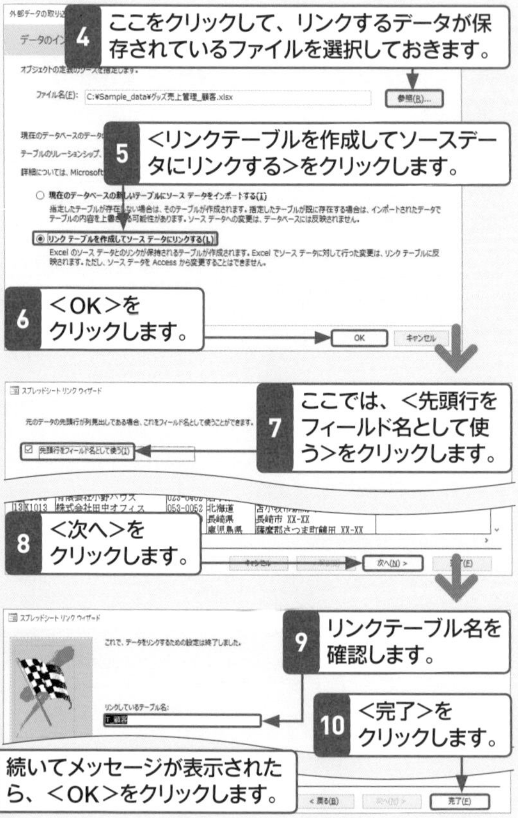

4 ここをクリックして、リンクするデータが保存されているファイルを選択しておきます。

5 <リンクテーブルを作成してソースデータにリンクする>をクリックします。

6 <OK>をクリックします。

7 ここでは、<先頭行をフィールド名として使う>をクリックします。

8 <次へ>をクリックします。

9 リンクテーブル名を確認します。

10 <完了>をクリックします。

11 続いてメッセージが表示されたら、<OK>をクリックします。

重要度 ★★★ 外部データの参照

Q 639 テキストファイルを参照して利用したい！

A リンクテーブルの作成時に<テキストファイル>をクリックします。

既存のテキストファイルのデータをAccessで参照して利用するには、リンクテーブルを追加します。その際、リンクするテキストファイルの形式などを指定します。リンクが完了したら、ナビゲーションウィンドウに追加されるリンクテーブルを開いて内容を確認しましょう。なお、テキストファイルのリンクテーブルからデータを編集することはできません。ただし、もとのテキストファイルを開いてデータを変更した場合、Access側でその変更を確認できます。

参照▶Q 640

1 リンクテーブルを追加するファイルを開いておきます。

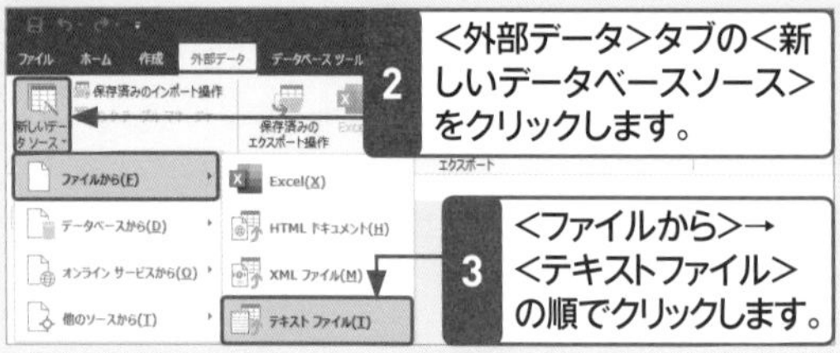

2 <外部データ>タブの<新しいデータベースソース>をクリックします。

3 <ファイルから>→<テキストファイル>の順でクリックします。

4 ここをクリックして、リンクするデータが保存されているファイルを選択しておきます。

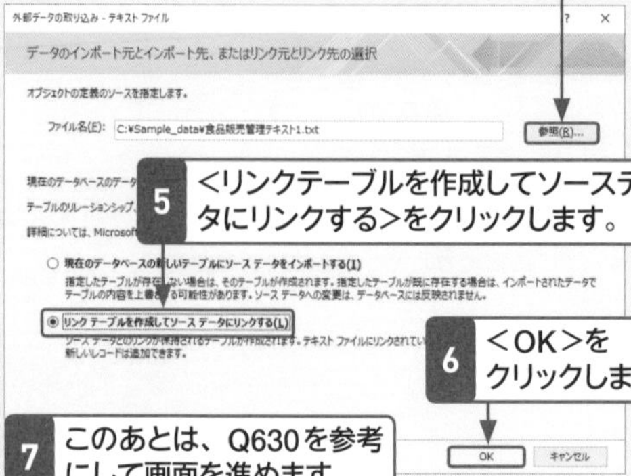

5 <リンクテーブルを作成してソースデータにリンクする>をクリックします。

6 <OK>をクリックします。

7 このあとは、Q630を参考にして画面を進めます。

重要度 ★★★　外部データの参照

Q 640 リンク先を更新するには？

A リンクテーブルマネージャーを使用します。

リンクテーブルを使用して参照しているデータのファイルの保存先やファイル名などが変更された場合、リンクテーブルでデータを参照できなくなってしまいます。そのような場合は、リンクテーブルマネージャーを使用して、リンク元のファイルの保存先などの情報を更新します。

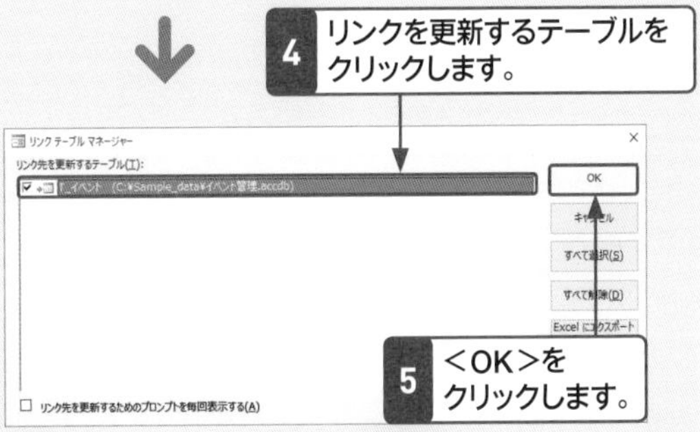

6 続いて表示される画面で、リンク元のファイルを選択します。

7 <リンクテーブルマネージャー>を閉じます。

重要度 ★★★　外部データの参照

Q 641 リンクしたデータを編集できない！

A Excelのファイルなどは編集できません。

リンクテーブルでは、参照元のデータによっては、Access側でデータの編集はできません。たとえば、Excelファイルをもとにリンクテーブルを作成した場合、リンクテーブルを開いてデータを編集することはできません。また、テーブルの設計を変更することもできません。データの内容などを変更したい場合は、Excelでリンク元のファイルを開いて編集します。すると、Accessのリンクテーブルでその変更が反映されます。

重要度 ★★★　外部データの参照

Q 642 リンクしたデータをAccessのテーブルに変換したい！

A ローカルテーブルに変換する方法があります。

リンクテーブルを現在使用しているAccessのファイルのテーブルで利用するには、ローカルテーブルに変換します。ローカルテーブルに変換されたデータは、リンク元のファイルとの関連はなくなります。

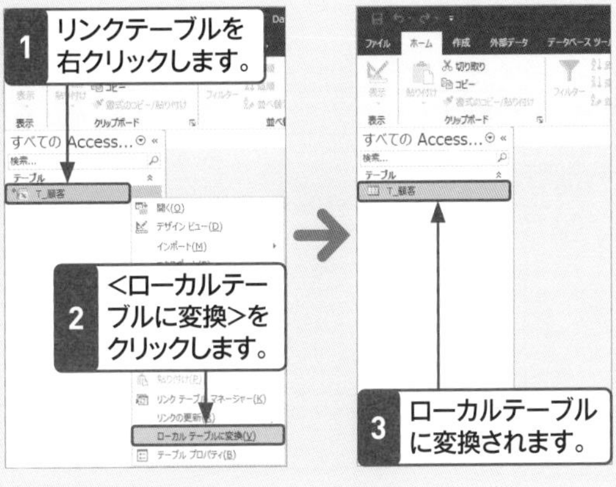

重要度 ★★★ 外部へのデータの出力

Q 643 ほかのAccessファイルにテーブルを出力するには？

A テーブルのエクスポート時に<Access>をクリックします。

ほかのAccessファイルにテーブルを出力して利用できるようにするには、テーブルをエクスポートします。エクスポートできるファイル形式は複数ありますが、ここでは、現在開いているデータベースファイルのテーブルを、ほかのAccessのデータベースファイルにエクスポートします。エクスポートが完了したら、エクスポート先のデータベースファイルを開いてテーブルを確認しましょう。

参照 ▶ Q 644

1 エクスポートするテーブルを選択します。

2 <外部データ>タブの<Access>をクリックします。

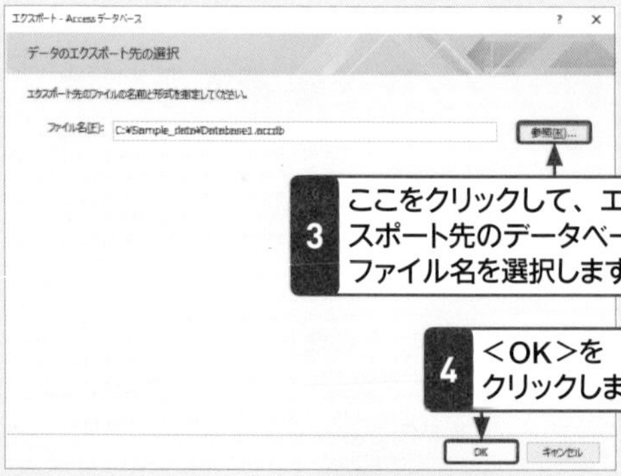

3 ここをクリックして、エクスポート先のデータベースファイル名を選択します。

4 <OK>をクリックします。

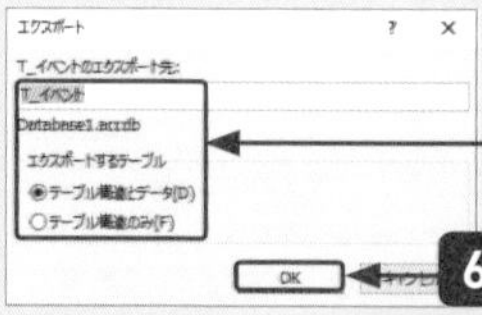

5 エクスポート先のテーブル名やエクスポート方法を選択します。

6 <OK>をクリックします。

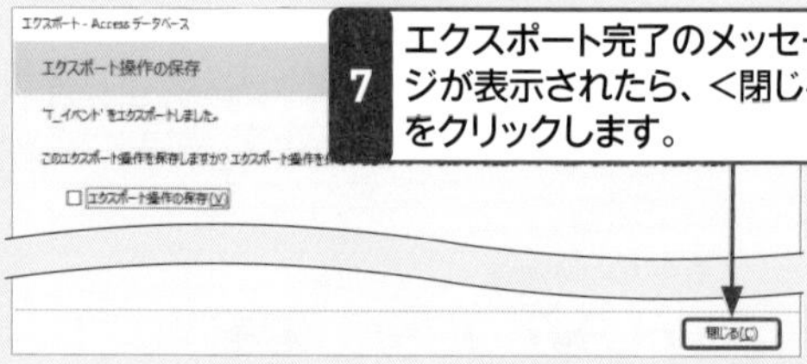

7 エクスポート完了のメッセージが表示されたら、<閉じる>をクリックします。

重要度 ★★★ 外部へのデータの出力

Q 644 ほかのAccessファイルにオブジェクトを出力するには？

A オブジェクトを選択してデータベースファイルを指定します。

ほかのAccessファイルに、現在使用中のデータベースに保存されているオブジェクトを出力して利用できるようにするには、オブジェクトをエクスポートします。エクスポートするオブジェクトを選択してから操作します。なお、フォームやレポートなどをエクスポートするときは、必要に応じて、それらのもとのテーブルなどもエクスポートしましょう。

エクスポートが完了したら、エクスポート先のファイルを開き、エクスポートしたオブジェクトの<レコードソース>プロパティの設定を確認します。

参照 ▶ Q 643

1 エクスポートするオブジェクトを選択します。

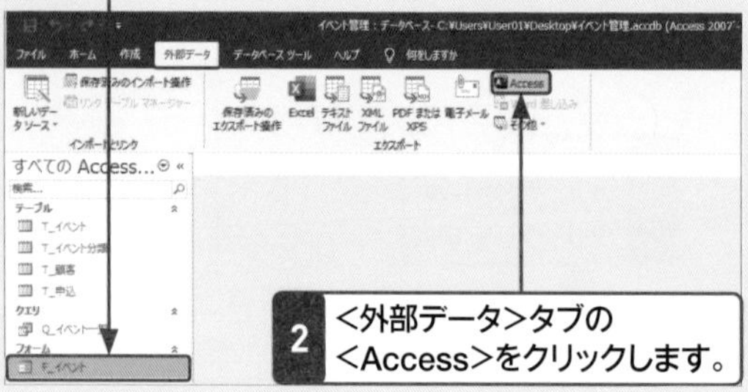

2 <外部データ>タブの<Access>をクリックします。

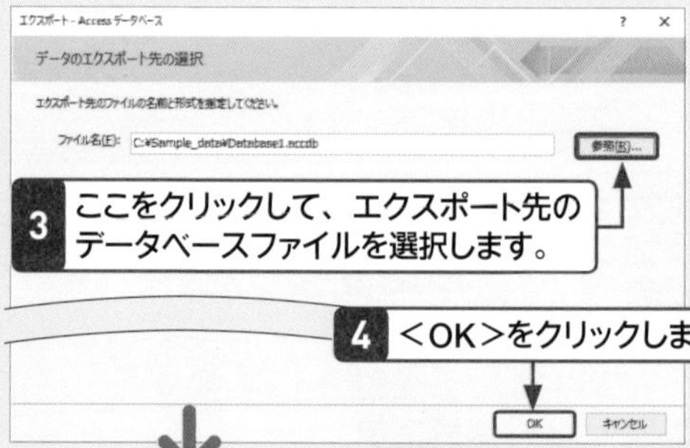

3 ここをクリックして、エクスポート先のデータベースファイルを選択します。

4 <OK>をクリックします。

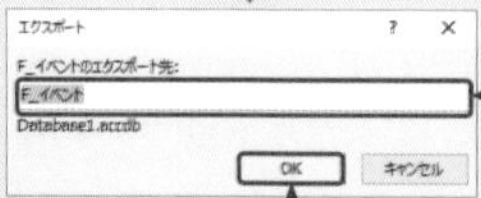

5 エクスポートするオブジェクトの名前を確認します。

6 <OK>をクリックします。

重要度 ★★★ 外部へのデータの出力

Q 645 AccessのデータをExcel形式で出力するには？

A エクスポート時に<Excel>をクリックします。

テーブルやクエリのデータをExcelのファイル形式で出力するには、エクスポートしたファイルの保存先やファイル名、エクスポート方法を選択します。選択しているデータだけを単純にコピーして貼り付ける方法は、Q648を参照してください。

参照▶Q 648

1 エクスポートするオブジェクトを選択します。

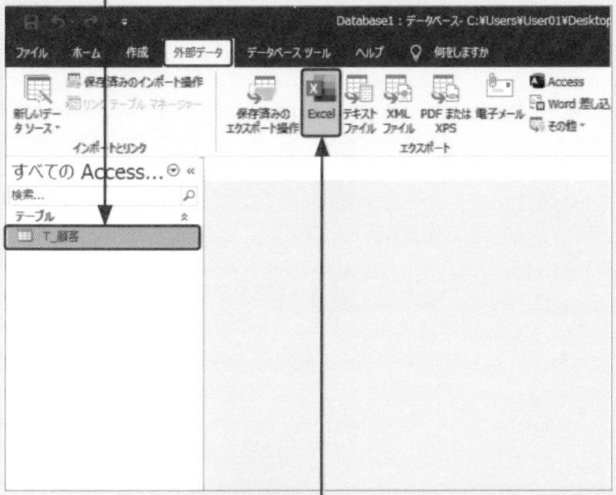

2 <外部データ>タブの<Excel>をクリックします。

3 ここをクリックして、エクスポートするファイル名を指定します。

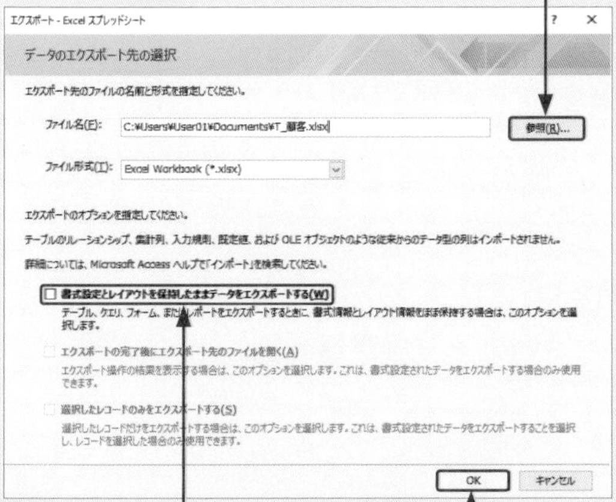

4 書式設定などを保持してエクスポートする場合は、ここにチェックを付けます。

5 <OK>をクリックします。

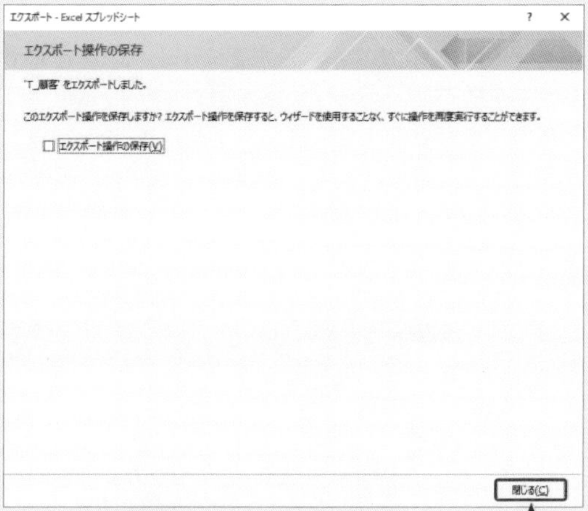

6 エクスポート完了のメッセージが表示されたら、<閉じる>をクリックします。

7 エクスポートしたExcelファイルを開くと、データが表示されます。

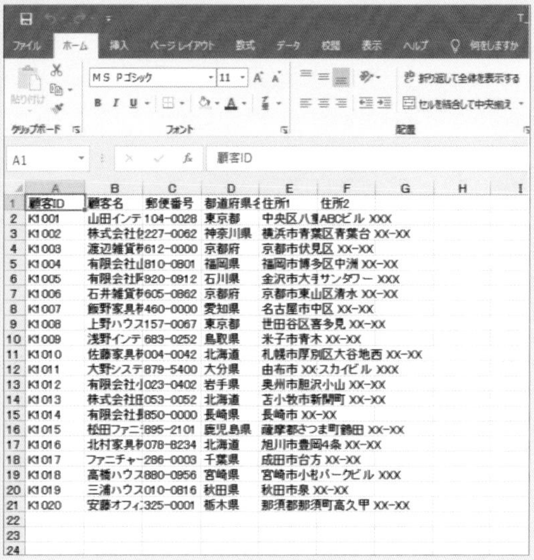

Q 646 Accessのデータをテキスト形式で出力するには？

A エクスポート時に<テキストファイル>をクリックします。

テーブルやクエリのデータをテキストファイル形式で出力するには、エクスポートするファイルの保存先やファイル名、エクスポート方法を選択します。選択しているデータだけをエクスポートするには、Q648の方法でデータをコピーして、メモ帳などのソフトに貼り付ける方法があります。

参照▶Q 648

1 エクスポートするオブジェクトを選択します。

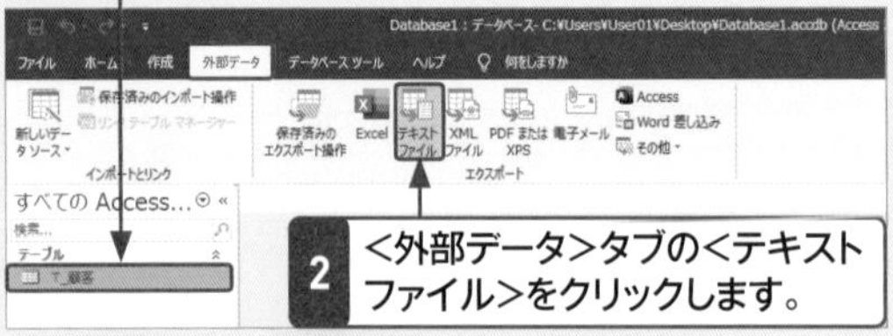

2 <外部データ>タブの<テキストファイル>をクリックします。

3 ここをクリックして、エクスポート先のファイル名を指定します。

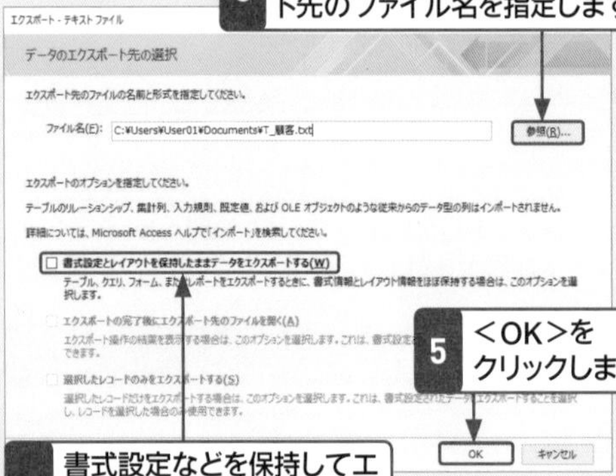

5 <OK>をクリックします。

4 書式設定などを保持してエクスポートする場合は、ここにチェックを付けます。

6 テキストファイルの形式を選択します。

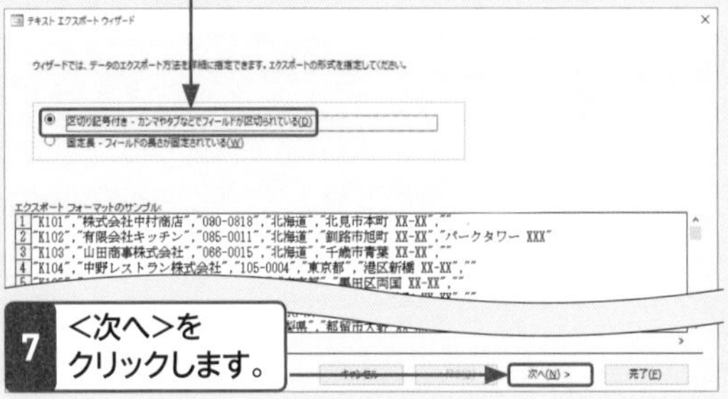

7 <次へ>をクリックします。

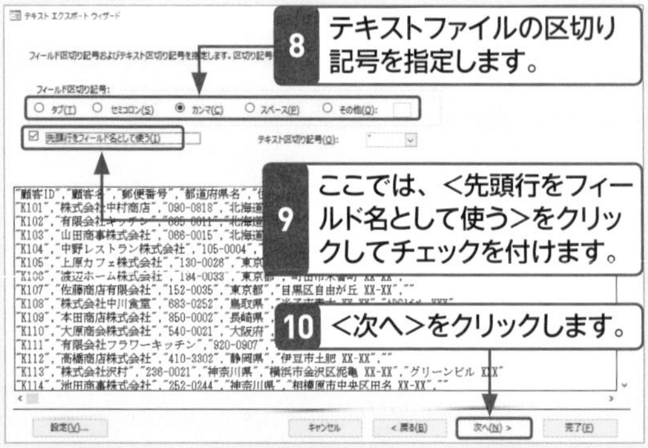

8 テキストファイルの区切り記号を指定します。

9 ここでは、<先頭行をフィールド名として使う>をクリックしてチェックを付けます。

10 <次へ>をクリックします。

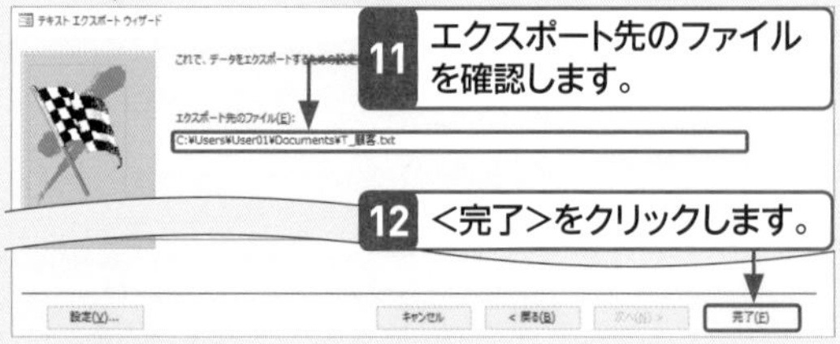

11 エクスポート先のファイルを確認します。

12 <完了>をクリックします。

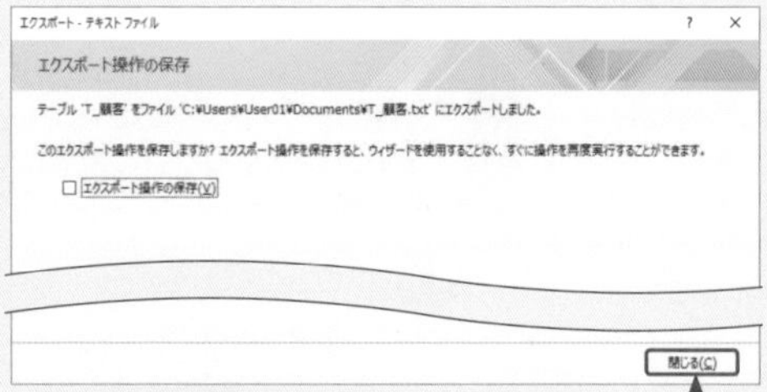

13 エクスポート完了のメッセージが表示されたら、<閉じる>をクリックします。

14 エクスポートしたファイルを開くと、データを確認できます。

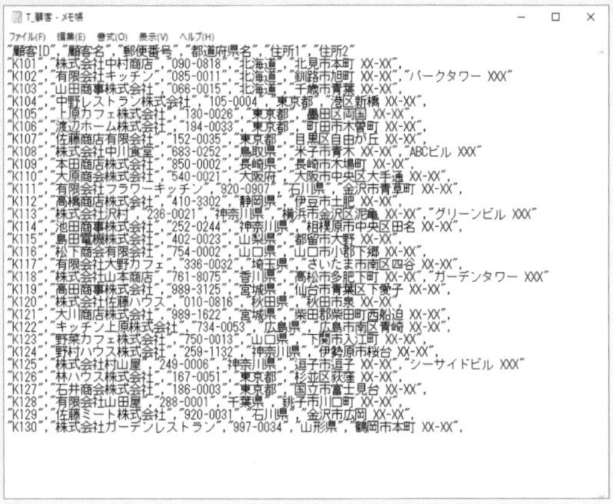

重要度 ★★★ 外部へのデータの出力

Q 647 エクスポートの手順を保存して利用したい!

A エクスポート操作を保存して利用できます。

同じデータを何度も繰り返してエクスポートする場合は、エクスポートの操作を保存して利用すると便利です。エクスポートの操作を保存すると、エクスポートするデータの保存先やファイル名、エクスポートするテーブルの名前などを毎回指定する必要がなくなります。なお、エクスポート先にすでにエクスポート済みの同じ名前のファイルがある場合、ファイルが上書きされるので注意しましょう。

● エクスポートの保存

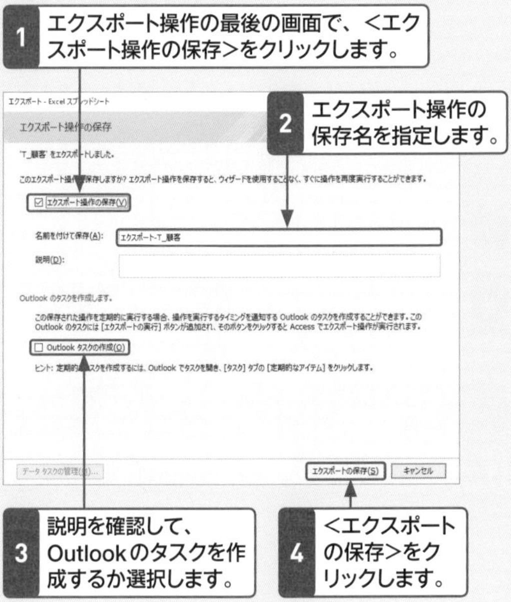
1 エクスポート操作の最後の画面で、＜エクスポート操作の保存＞をクリックします。
2 エクスポート操作の保存名を指定します。
3 説明を確認して、Outlookのタスクを作成するか選択します。
4 ＜エクスポートの保存＞をクリックします。
エクスポート操作の保存
エクスポート操作の保存(V)
名前を付けて保存(A): エクスポート-T_顧客
説明(D):
Outlook タスクの作成(O)
エクスポートの保存(S)
キャンセル

● エクスポートの実行

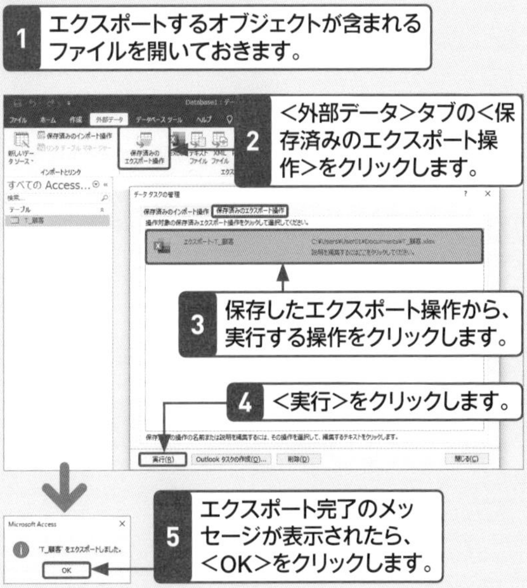
1 エクスポートするオブジェクトが含まれるファイルを開いておきます。
2 ＜外部データ＞タブの＜保存済みのエクスポート操作＞をクリックします。
3 保存したエクスポート操作から、実行する操作をクリックします。
4 ＜実行＞をクリックします。
5 エクスポート完了のメッセージが表示されたら、＜OK＞をクリックします。
保存済みのエクスポート操作
エクスポート-T_顧客
実行(E)
Microsoft Access
'T_顧客' をエクスポートしました。
OK

重要度 ★★★ 外部へのデータの出力

Q 648 データの一部をExcelのワークシートに貼り付けるには?

A 「コピー&貼り付け」で貼り付ける方法があります。

テーブルやクエリのデータの一部をExcelのワークシートに貼り付けるには、データをコピー&貼り付けする方法もあります。指定したデータだけを手軽に貼り付けたいときには、この方法を使うと便利です。
データの数が多い場合などは、目的のデータを抽出するクエリを作成し、クエリをExcel形式でエクスポートする方法があります。 参照▶Q 645

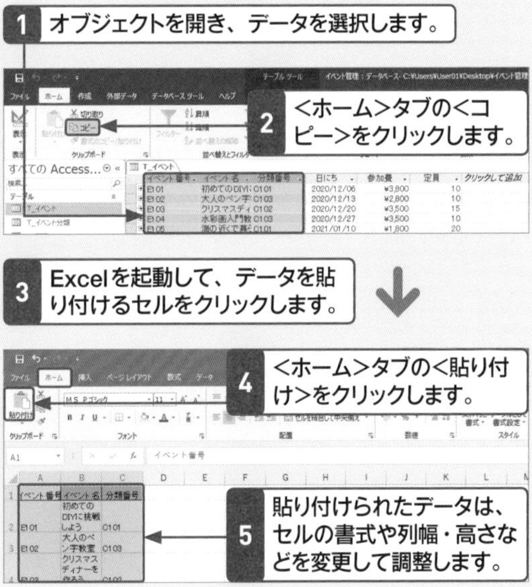
1 オブジェクトを開き、データを選択します。
2 ＜ホーム＞タブの＜コピー＞をクリックします。
3 Excelを起動して、データを貼り付けるセルをクリックします。
4 ＜ホーム＞タブの＜貼り付け＞をクリックします。
5 貼り付けられたデータは、セルの書式や列幅・高さなどを変更して調整します。

Q 649 データをWordの文書の一部に差し込んで利用するには？

A Access側から差し込み印刷の設定ができます。

Wordで作成した文書の宛名部分を差し替えて印刷したりするときは、Wordの「差し込み印刷」の機能を使います。Wordの差し込み印刷を利用するとき、差し込むデータが保存されているファイルなどを指定しますが、その際にAccessのテーブルなどのオブジェクトを指定することもできます。

設定は、Word側でもAccess側でも行えますが、ここではAccess側から差し込み印刷で使用するリストを設定する方法を紹介します。設定後、Wordで差し込むフィールドを指定します。さらに、データを差し込んだ状態の文書を新しく作成します。文書を作成せずに、そのまま印刷することも可能です。

1 データを利用するテーブルやクエリを選択します。

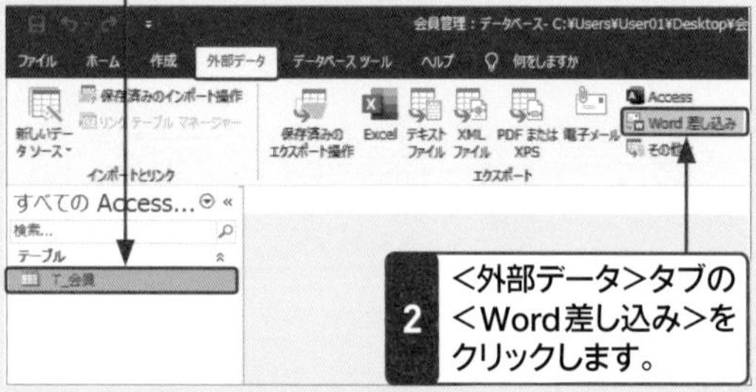

2 <外部データ>タブの<Word差し込み>をクリックします。

3 <Word差し込みウィザード>画面で<既存のWord文書に差し込む>をクリックします。

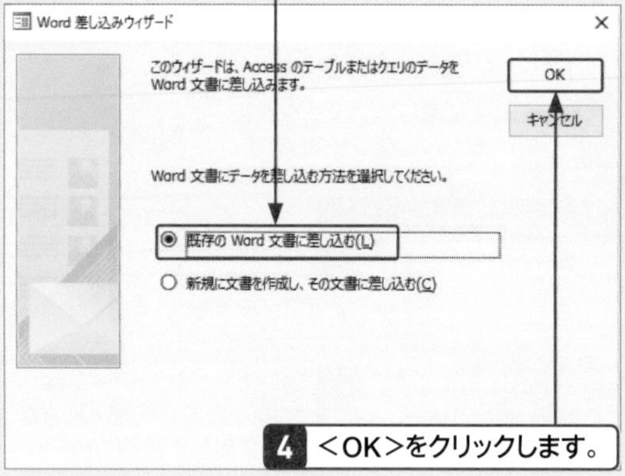

4 <OK>をクリックします。

5 データを差し込むWordの文書を選択します。

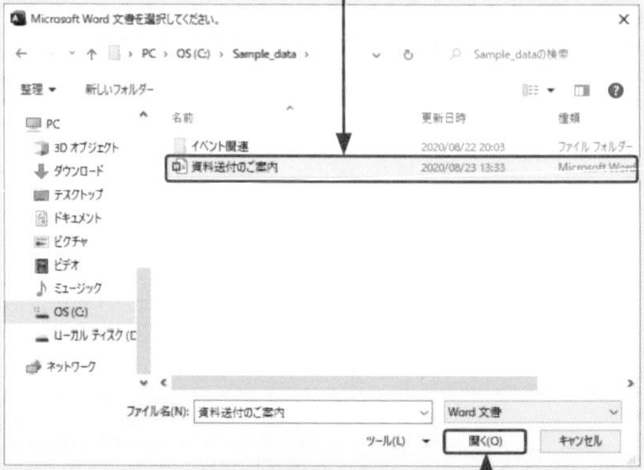

6 <開く>をクリックします。

7 選択した文書が開きます。

8 データを差し込む場所をクリックします。

9 <差し込みフィールドの挿入>の<▼>をクリックします。

10 フィールドの一覧から、差し込むフィールドをクリックします。

11 フィールドが表示されます。

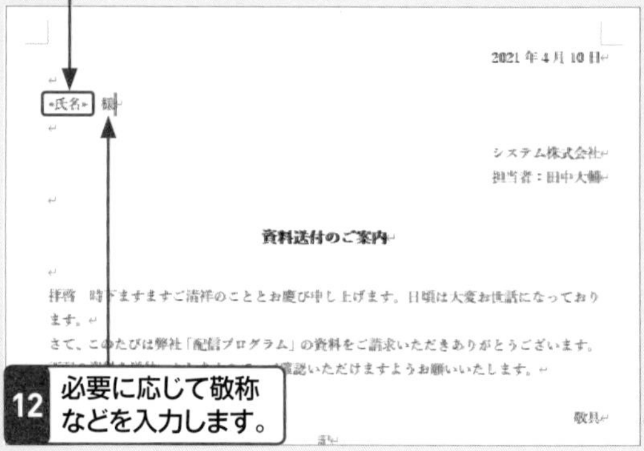

12 必要に応じて敬称などを入力します。

13 <差し込み文書>タブの<結果のプレビュー>をクリックします。

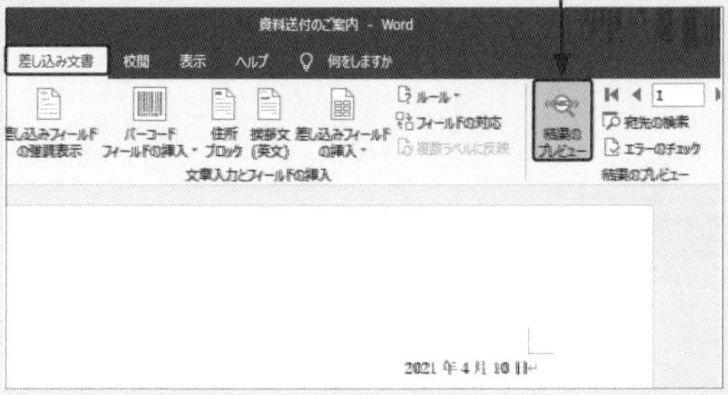

14 名前が表示されます。

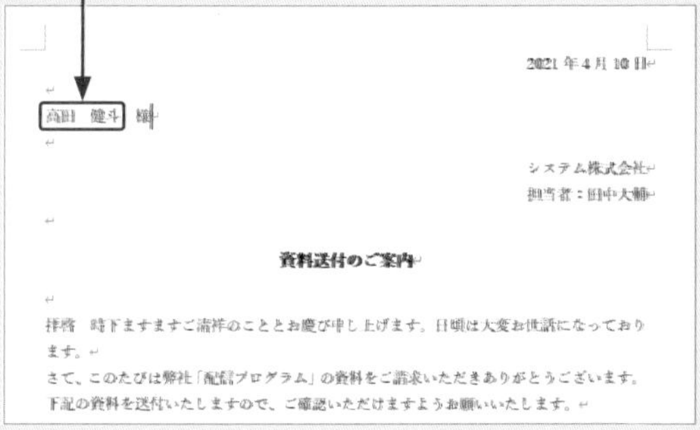

15 <差し込み文書>タブの<完了と差し込み>をクリックし、ここでは、<個々のドキュメントの編集>をクリックします。

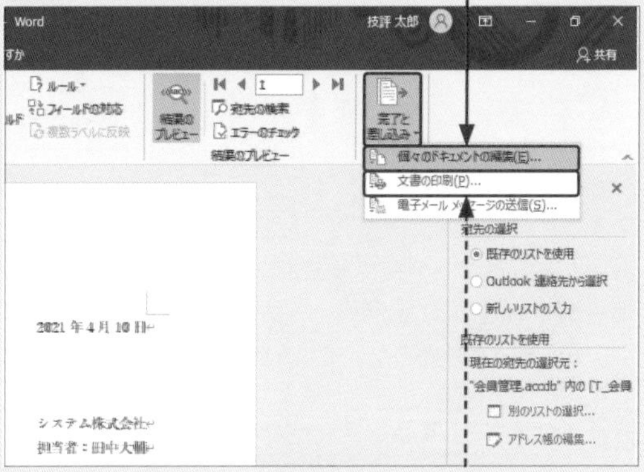

ここで<文書の印刷>を選択すると、印刷データを選択して印刷の操作に進みます。

16 データを差し込んだ状態の新規文書を作成します。差し込むデータを選択します。

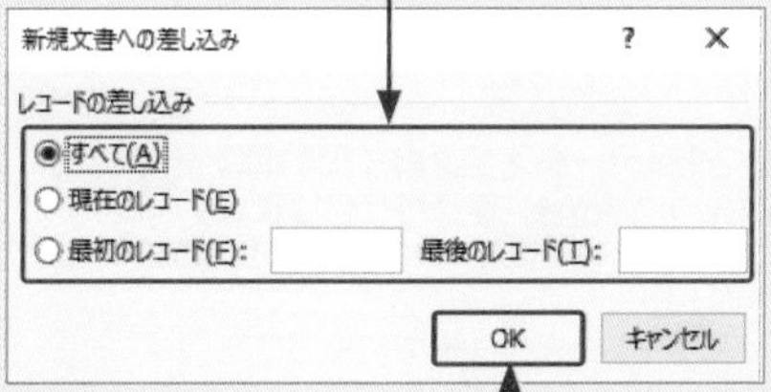

17 <OK>をクリックします。

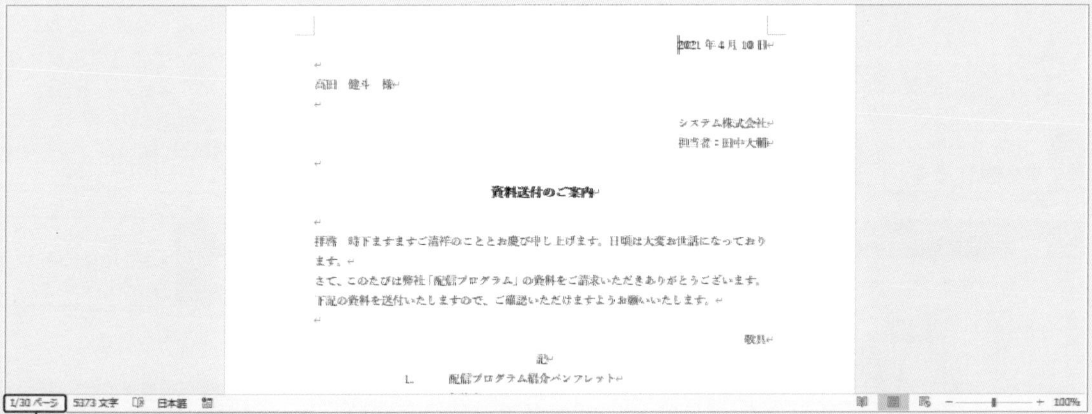

18 データを差し込んだ状態の、新規の文書が表示されます。

重要度 ★★★　外部へのデータの出力

Q 650 データをWordの文書として出力したい！

A リッチテキスト形式で出力する方法があります。

Accessで作成したオブジェクトのデータをWordで編集するには、リッチテキスト形式でエクスポートする方法があります。テーブルやクエリのデータをエクスポートした場合は、表形式でデータが表示されます。リッチテキスト形式のファイルをWord形式のファイルで保存するには、Wordでファイルを保存する画面でファイル形式を<Word文書>にして保存します。 参照▶Q 651

1 エクスポートするオブジェクトを選択します。

2 <外部データ>タブの<その他>をクリックし、<Word>をクリックします。

3 ここをクリックして、エクスポート先のファイル名を指定します。

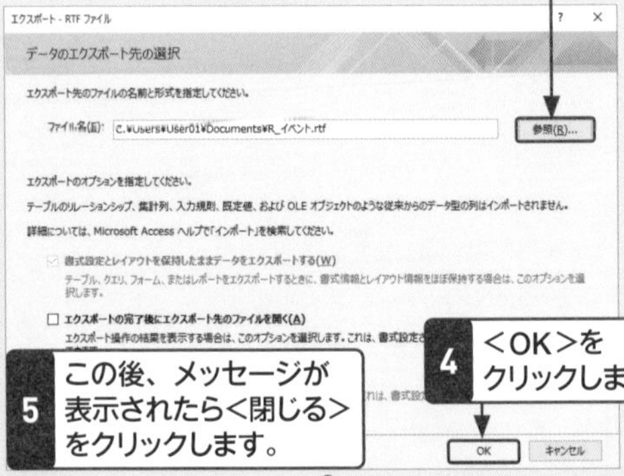

4 <OK>をクリックします。

5 この後、メッセージが表示されたら<閉じる>をクリックします。

6 エクスポートしたWordファイルを開くと、データを確認できます。

重要度 ★★★　外部へのデータの出力

Q 651 データの一部をWord文書に貼り付けるには？

A 「コピー&貼り付け」で貼り付ける方法があります。

オブジェクトのデータの一部をWord文書に貼り付けるには、データをコピー&貼り付けする方法があります。コピーするデータが少ない場合は、この方法が便利です。データ数が多い場合は、目的のデータを抽出するクエリを作成し、クエリをリッチテキスト形式などでエクスポートして、そのファイルをWordで開く方法があります。 参照▶Q 646、Q 650

1 コピーするデータを選択します。

2 <ホーム>タブの<コピー>をクリックします。

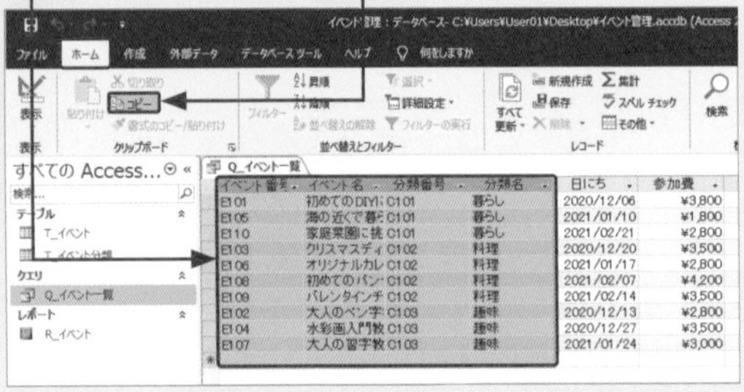

3 Word文書を開き、データを貼り付ける場所をクリックします。

4 <ホーム>タブの<貼り付け>をクリックします。

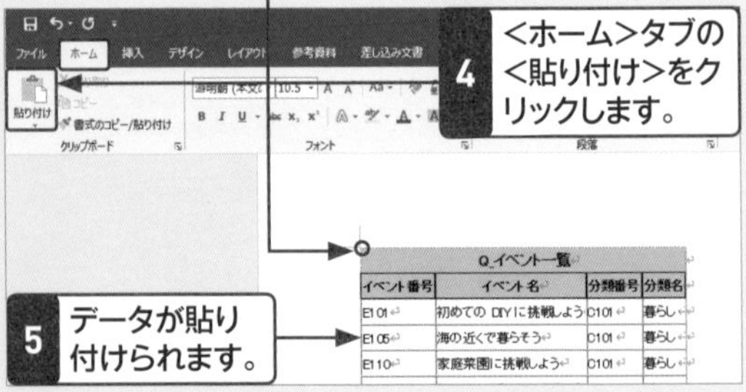

5 データが貼り付けられます。

重要度 ★★★ 外部へのデータの出力

Q 652 レポートをPDF形式で出力するには？

A エクスポート時に<PDFまたはXPS>をクリックします。

レポートの内容をPDF形式で保存するには、PDF形式でデータをエクスポートします。指定したページのみを対象に出力するには、ファイルを保存する画面で<オプション>をクリックして、エクスポートするページを指定してから保存します。

1 エクスポートするレポートを選択します。

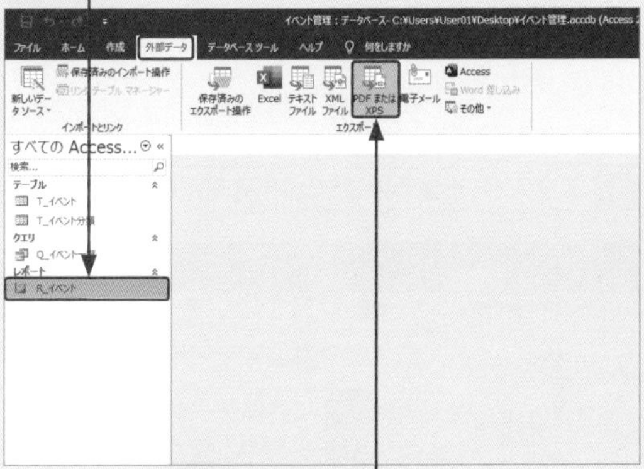

2 <外部データ>タブの<PDFまたはXPS>をクリックします。

3 ファイルの保存先や、<ファイルの種類>を確認します。

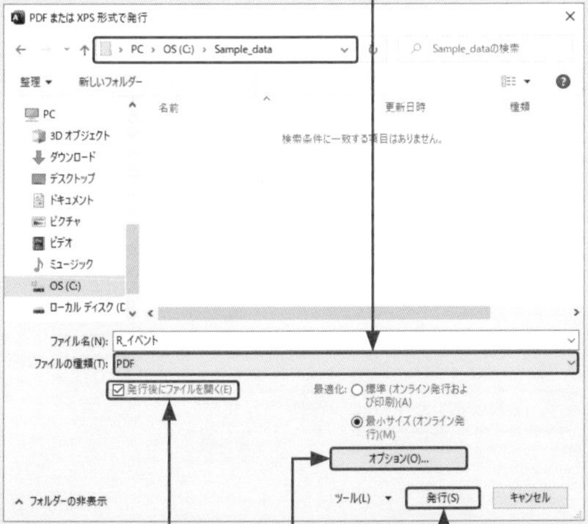

4 ここにチェックを付けておきます。

5 <オプション>をクリックすると、出力する範囲などを指定できます。

6 <発行>をクリックします。

7 PDFビューアーが起動して、エクスポートしたPDFファイルが自動的に開かれ、データの内容が表示されます。

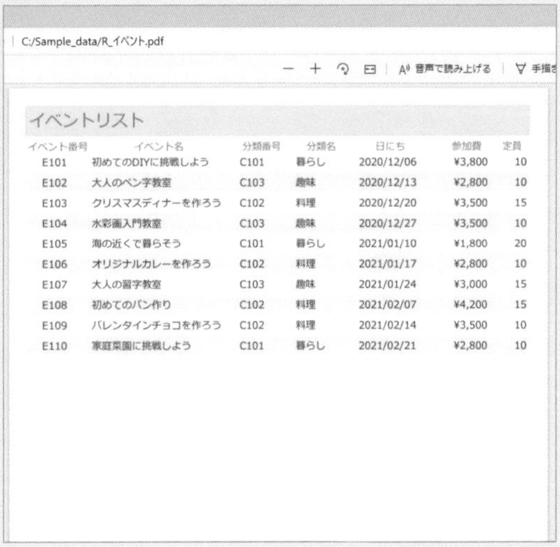

イベント番号	イベント名	分類番号	分類名	日にち	参加費	定員
E101	初めてのDIYに挑戦しよう	C101	暮らし	2020/12/06	¥3,800	10
E102	大人のペン字教室	C103	趣味	2020/12/13	¥2,800	10
E103	クリスマスディナーを作ろう	C102	料理	2020/12/20	¥3,500	15
E104	水彩画入門教室	C103	趣味	2020/12/27	¥3,500	10
E105	海の近くで暮らそう	C101	暮らし	2021/01/10	¥1,800	20
E106	オリジナルカレーを作ろう	C102	料理	2021/01/17	¥2,800	10
E107	大人の習字教室	C103	趣味	2021/01/24	¥3,000	15
E108	初めてのパン作り	C102	料理	2021/02/07	¥4,200	15
E109	バレンタインチョコを作ろう	C102	料理	2021/02/14	¥3,500	10
E110	家庭菜園に挑戦しよう	C101	暮らし	2021/02/21	¥2,800	10

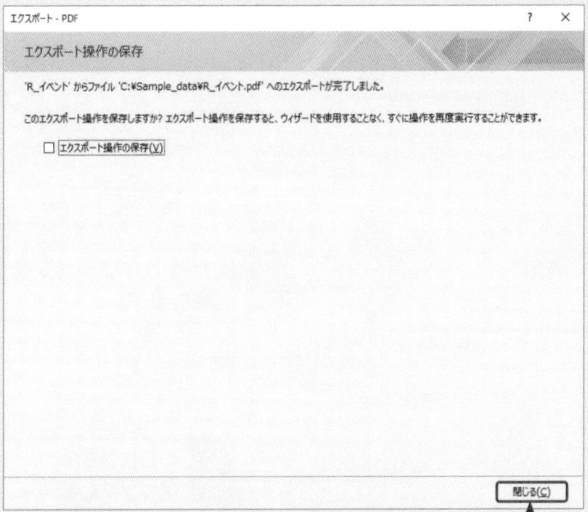

8 Access側でエクスポート完了のメッセージが表示されたら、<閉じる>をクリックします。

重要度 ★★★ 外部へのデータの出力

Q 653 データをHTML形式で出力するには？

A エクスポート時に<HTMLドキュメント>をクリックします。

オブジェクトをHTMLファイル形式で保存するには、保存時にファイル形式を選択します。保存したファイルをダブルクリックして開くと、既定のWebブラウザーが起動して内容が表示されます。

1 エクスポートするオブジェクトを選択します。

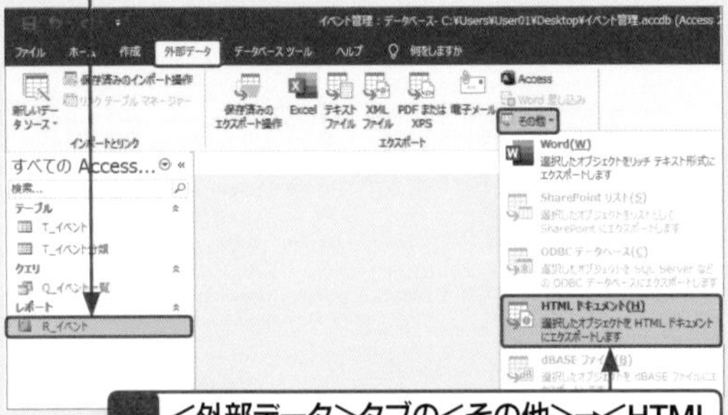

2 <外部データ>タブの<その他>→<HTMLドキュメント>の順でクリックします。

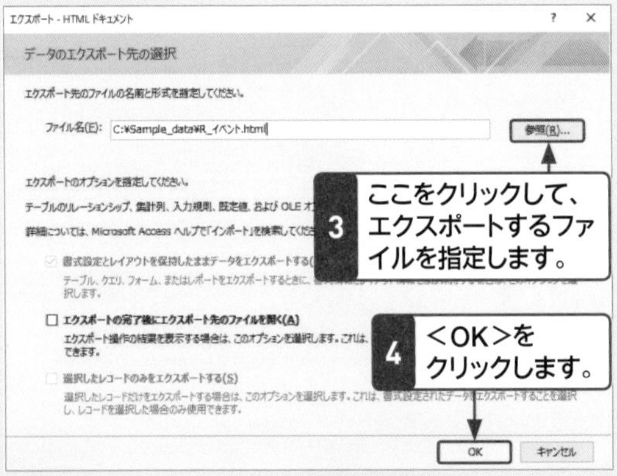

3 ここをクリックして、エクスポートするファイルを指定します。

4 <OK>をクリックします。

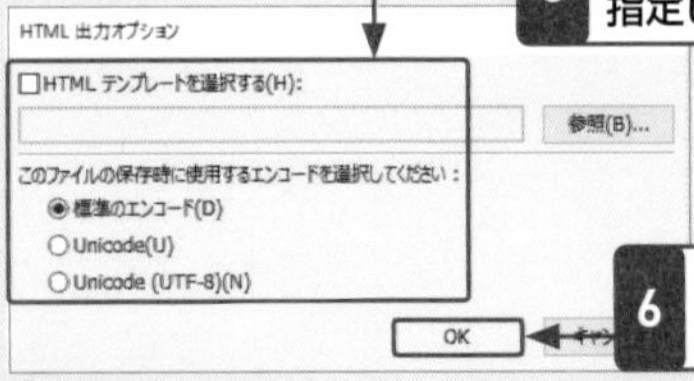

5 保存時のオプションを指定します。

6 <OK>をクリックします。

7 この後メッセージが表示されたら、<閉じる>をクリックします。

重要度 ★★★ 外部へのデータの出力

Q 654 データをXML形式で出力するには？

A エクスポート時に<XMLファイル>をクリックします。

オブジェクトをXMLのファイル形式で保存するには、ファイル形式を選択して保存します。保存時には、保存するファイルの種類などを指定できます。保存したファイルは、XML形式のファイルに対応しているさまざまなソフトウェアで開くことができます。

1 エクスポートするオブジェクトを選択します。

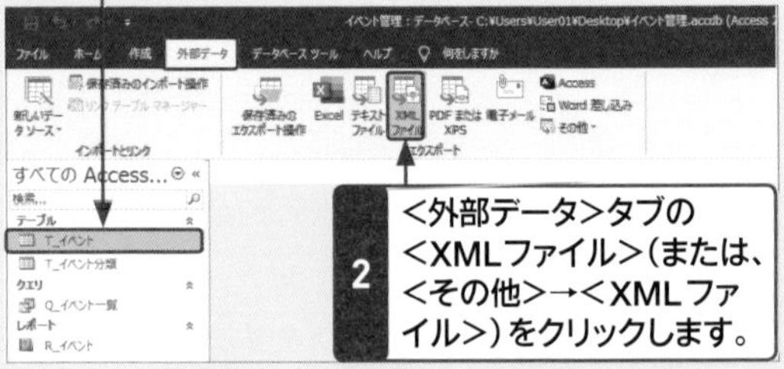

2 <外部データ>タブの<XMLファイル>（または、<その他>→<XMLファイル>）をクリックします。

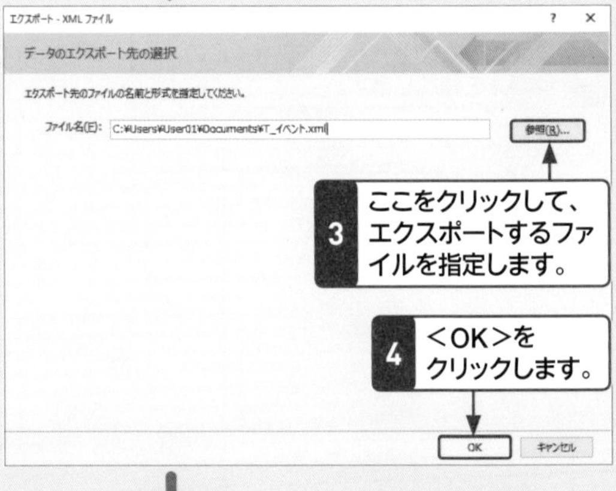

3 ここをクリックして、エクスポートするファイルを指定します。

4 <OK>をクリックします。

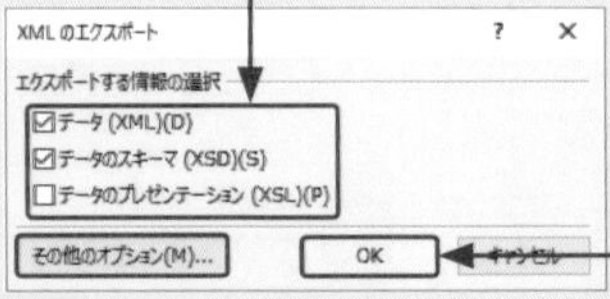

5 保存時のオプションを指定します。

6 <OK>をクリックします。

7 この後メッセージが表示されたら、<閉じる>をクリックします。

第11章

マクロによる自動化

重要度 ★★★　マクロとは？

Q 655 マクロにはどんな種類がある？

A ナビゲーションウィンドウに表示されるマクロのほか、表示されないマクロもあります。

マクロを使用すると、さまざまな操作を自動化できます。Accessのマクロには、次のような種類があります。本書では、ナビゲーションウィンドウに表示される一般的なマクロのほか、埋め込みマクロを紹介します。

●Accessのマクロの種類

マクロの種類	内容
一般的なマクロ	ナビゲーションウィンドウに表示される基本的なマクロです。＜作成＞タブの＜マクロ＞をクリックして作成します。フォームやレポートに配置したボタンをクリックして実行できます。
埋め込みマクロ	フォームやレポートのボタンなどに埋め込むタイプのマクロです。
イベントデータマクロ	テーブルのデータを編集したタイミングなどで実行するマクロです。
名前付きデータマクロ	テーブルに関連付けられたマクロです。ほかのマクロなどから実行できます。

重要度 ★★★　マクロとは？

Q 656 マクロを実行する方法にはどんな種類がある？

A ボタンをクリックしたタイミングなどで実行できます。

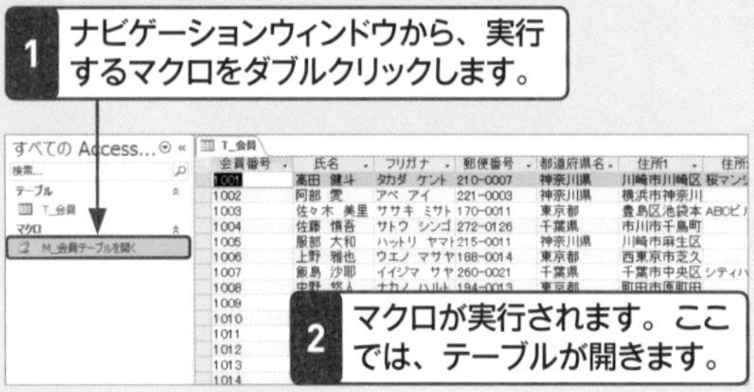
1 ナビゲーションウィンドウから、実行するマクロをダブルクリックします。
すべての Access...
テーブル
T_会員
マクロ
M_会員テーブルを開く
T_会員
2 マクロが実行されます。ここでは、テーブルが開きます。

マクロを実行する方法はいくつかあります。たとえば、ナビゲーションウィンドウのマクロをダブルクリックすると実行できます。また、フォームやレポートなどに配置したボタンをクリックしたとき、テキストボックスなどのコントロールをダブルクリックしたとき、などのタイミングでマクロを実行することもできます。

● このほかのマクロを実行する方法

- マクロのデザインビューで＜データベースツール＞タブの＜マクロの実行＞ボタンをクリックして、マクロを選択する。
- マクロのデザインビューで＜デザイン＞タブの＜実行＞をクリックする。
- フォームやレポートにマクロを実行するボタンを配置し、ボタンをクリックする。

重要度 ★★★　マクロとは？

Q 657 マクロを作成する手順は？

A ＜作成＞タブからマクロを作成する画面を表示します。

マクロを作成する手順は、マクロの種類によって異なります。一般的なマクロは、＜作成＞タブの＜マクロ＞から作成できます。実行する内容は、アクションの一覧から選択します。＜デザイン＞タブの＜すべてのアクションを表示＞をクリックすると、非表示のアクションも表示されます。また、＜デザイン＞タブの＜アクションカタログ＞をクリックすると表示される＜アクションカタログ＞からも選択できます。

選択したアクションによっては、引数で操作の詳細を指示できます。引数は省略できるものもあり、省略した場合はその既定値が指定されます。

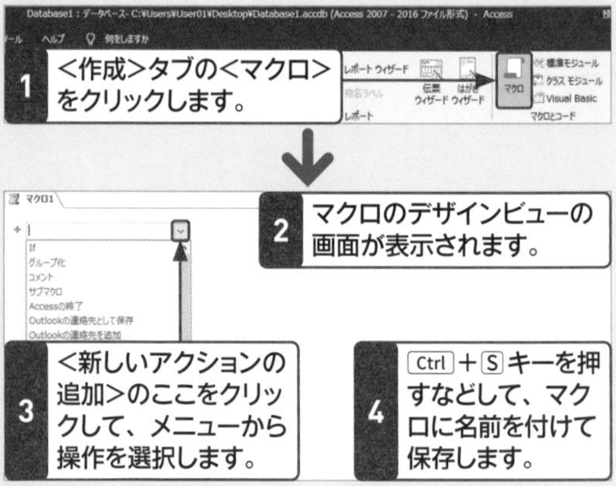
1 ＜作成＞タブの＜マクロ＞をクリックします。
マクロ
2 マクロのデザインビューの画面が表示されます。
マクロ1
If
グループ化
コメント
サブマクロ
Accessの終了
3 ＜新しいアクションの追加＞のここをクリックして、メニューから操作を選択します。
4 Ctrl＋Sキーを押すなどして、マクロに名前を付けて保存します。

重要度 ★★★　メニュー画面でマクロを活用

Q 658 メニュー画面にマクロを実行するボタンを表示するには？

A ボタンの<クリック時>のイベントに実行するマクロを指定します。

ボタンをクリックしたときに指定したマクロが実行されるようにするには、ボタンの<クリック時>のイベントに実行するマクロを指定します。イベントとは、コントロールを扱うときのさまざまなタイミングのことです。

フォームのデザインビュー

1 フォーム上のボタンを選択し、

3 <イベント>タブの<クリック時>のここをクリックして、

2 <プロパティシート>を表示します（Q334参照）。

4 実行するマクロの名前を選択します。

5 フォームをフォームビューで開きます。

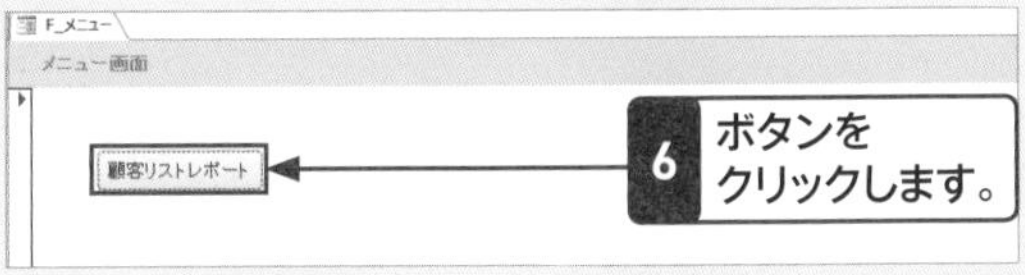

6 ボタンをクリックします。

7 マクロが実行されます。ここでは、レポートが開きます。

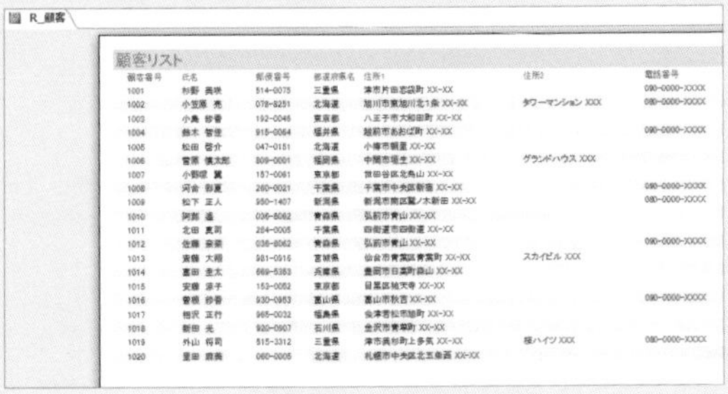

重要度 ★★★　メニュー画面でマクロを活用

Q 659 テーブルを開くマクロを作成するには？

A <テーブルを開く>アクションを指定します。

テーブルを開くマクロを作成するには、アクションの一覧から<テーブルを開く>を選択します。引数で表示するテーブル名やビュー、データモードを指定できます。

マクロのデザインビュー

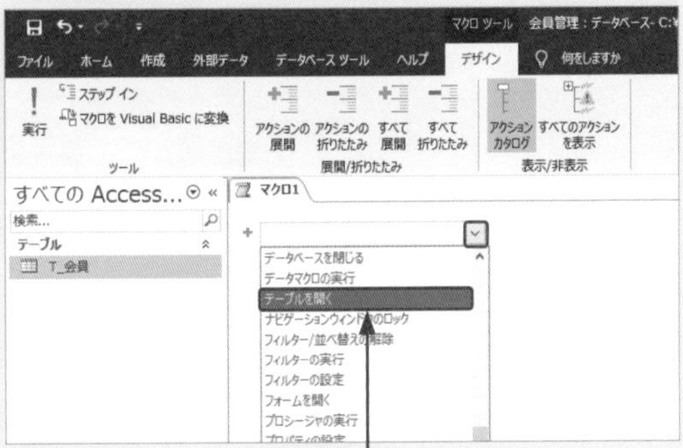

1 <新しいアクションの追加>から<テーブルを開く>をクリックします。

2 <テーブル名>を指定します。

3 開く<ビュー>を指定します。

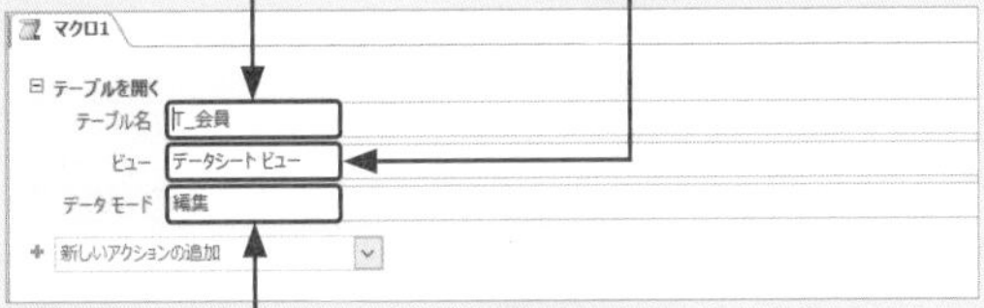

4 <データモード>を指定します。

5 マクロに名前を付けて保存します。

●データモードについて

データモード	内容
追加	新規データを追加する状態で開く。既存のデータは編集できない。
編集	既存のデータを編集したり、新規データを追加したりできる。
読み取り専用	既存のデータを表示できる状態。編集はできない。

重要度 ★★★　メニュー画面でマクロを活用

Q 660 クエリを開くマクロを作成するには？

A <クエリを開く>アクションを指定します。

クエリを開くマクロを作成するには、アクションの一覧から<クエリを開く>を選択します。引数で表示するクエリ名やビュー、データモードを指定できます。

マクロのデザインビュー

1 <新しいアクションの追加>から<クエリを開く>をクリックします。

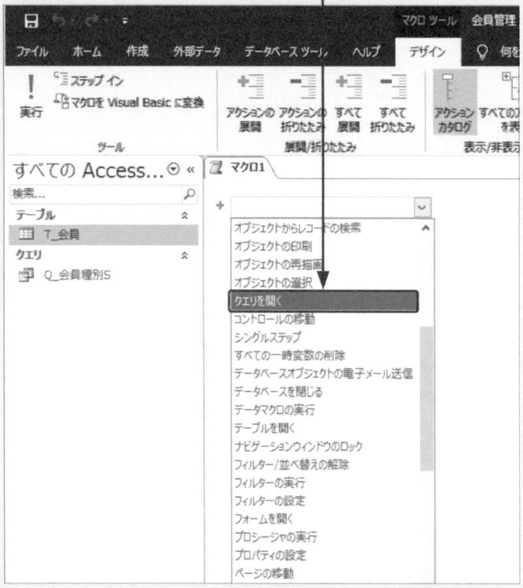

2 <クエリ名>を指定します。

3 開く<ビュー>を指定します。

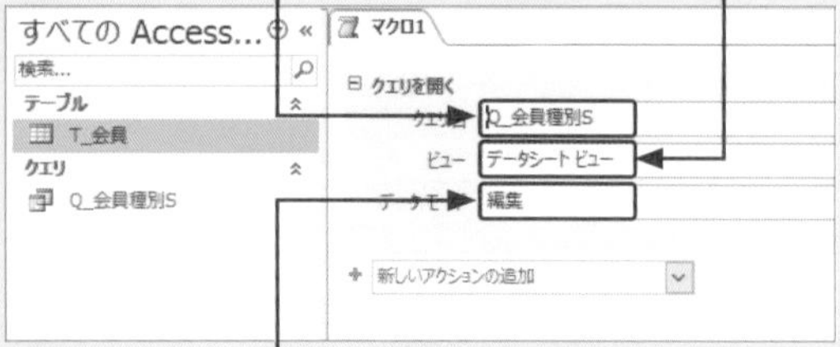

4 <データモード>を指定します。

5 マクロに名前を付けて、保存します。

重要度 ★★★　メニュー画面でマクロを活用

Q 661 アクションクエリを実行するマクロを作成するには？

A 引数で<データシートビュー>を選択します。

アクションクエリを実行するマクロを作成するには、クエリを開くマクロを作成し、引数の<ビュー>で<データシートビュー>を選択します。アクションクエリの実行時にメッセージが表示されないようにするには、Q662を参照してください。 参照▶Q 662

● マクロの作成

マクロのデザインビュー

1 <新しいアクションの追加>から<クエリを開く>をクリックします。

2 <クエリ名>でクエリ名を指定します。

3 <ビュー>で<データシートビュー>を指定します。

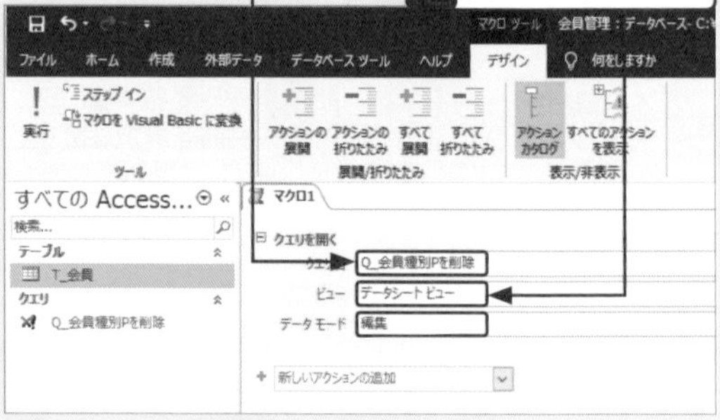

4 マクロに名前を付けて保存し、閉じます。

● マクロの実行

1 ナビゲーションウィンドウで、実行するマクロをダブルクリックします。

2 アクションクエリを実行するメッセージが表示されます。

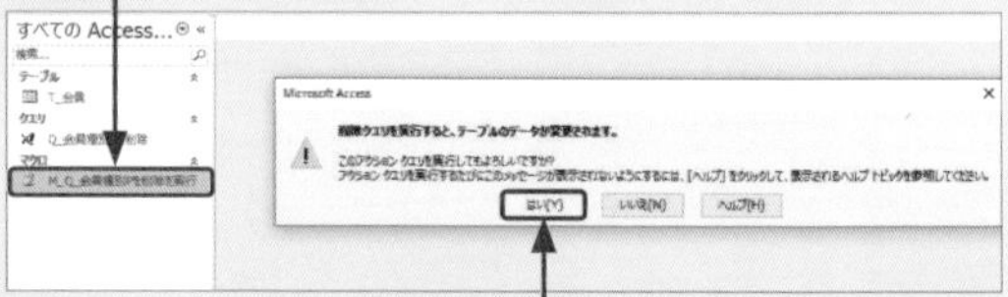

3 <はい>をクリックすると、アクションクエリが実行されます。

Q 662 複数のアクションクエリを自動実行するマクロを作成するには？

A クエリを実行する順番どおりに、アクションを並べます。

アクションクエリを実行してデータを整理するときは、クエリ1に続いてクエリ2を実行するというように、複数のクエリを連続して実行するケースが多くあります。連続した操作をマクロで実行するには、複数のアクションを指定します。

ここでは、①会員データ中の指定した会員のデータを別テーブルに追加する「追加クエリ」（ここでは「Q_会員種別Pを追加」クエリ）を実行し、②会員データから不要になったデータを削除する「削除クエリ」（ここでは「Q_会員種別Pを削除」クエリ）を実行する、という動作をするマクロを作成します。

参照▶Q 661

● マクロの作成

マクロのデザインビュー

1 Q661の方法で、追加クエリを実行する内容を指定します。

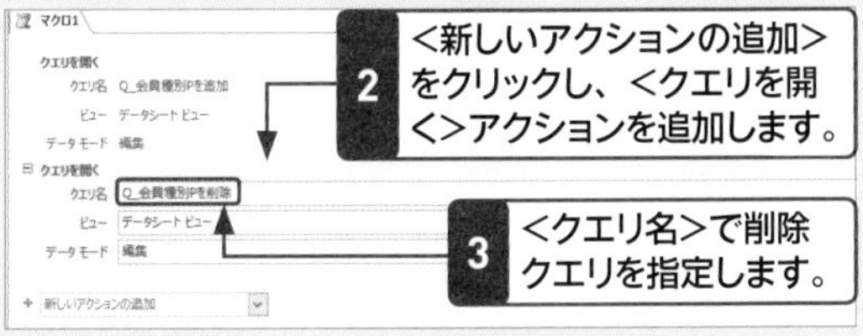

4 マクロを保存して閉じます。

● メッセージが表示されないようにする

マクロの動作の中で、アクションクエリを実行する前の確認メッセージが表示されないようにするには、<メッセージの設定>アクションを追加してメッセージを非表示にする方法があります。メッセージを非表示にしても、マクロが終了するともとの状態に設定が戻ります。なお、ここではわかりやすいように、クエリの実行後にもとの状態に設定を戻すアクションも追加しています。

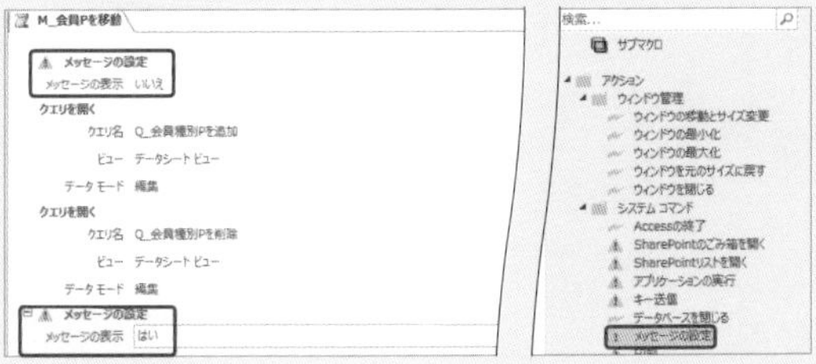

Q 663 フォームを開くマクロを作成するには？

A <フォームを開く>アクションを指定します。

フォームを開くマクロを作成するには、<フォームを開く>アクションを選択し、引数で詳細を指定します。表示するフォーム名やビュー、データモードなどを指定します。

マクロのデザインビュー

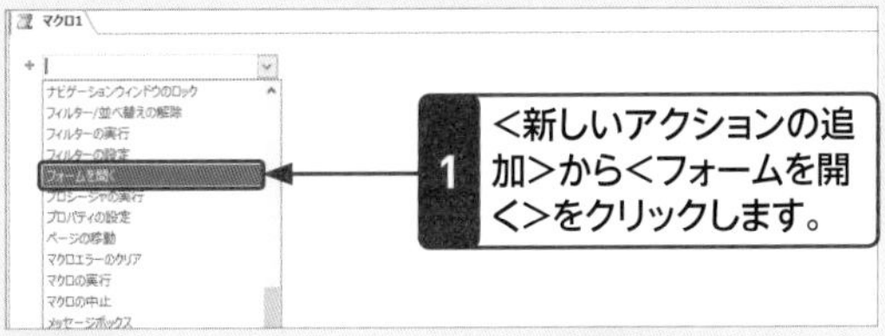

2 <フォーム名>を指定します。

3 開く<ビュー>を指定します。

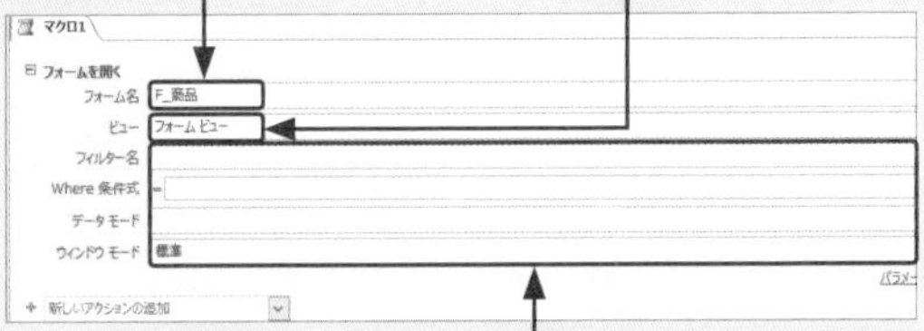

4 必要に応じて、ほかの引数を指定します。

●フォームを開くマクロの引数

引数	内容
フォーム名	開くフォーム名を指定します。
ビュー	表示するビューを指定します。フォームの<既定のビュー>やビューの設定に関するプロパティが指定されている場合、マクロの引数で指定した内容が優先されます。
フィルター名	指定したデータのみ表示します。抽出条件が指定されたクエリ名などを指定します。
Where条件式	指定したデータのみ表示します。式を入力して指定する場合は、ここに入力します。
データモード	フォームを開くときのデータ入力モードを指定します。フォームの<更新の許可><追加の許可><データ入力用>の各プロパティが指定されている場合、マクロの引数で指定した内容が優先されます。
ウィンドウモード	フォームを開くときのウィンドウモードを指定します。オブジェクトの表示方法によっては、設定が適用されない場合もあります。オブジェクトの表示方法の設定と合わせて指定します。

重要度 ★★★　メニュー画面でマクロを活用

Q 664 レポートを開くマクロを作成するには？

A <レポートを開く>アクションを指定します。

マクロでレポートを開くには、<レポートを開く>アクションを指定します。引数の内容は、フォームを開く場合（Q663）を参照してください。

参照▶Q 663

マクロのデザインビュー

1 <新しいアクションの追加>から<レポートを開く>をクリックします。

2 <レポート名>を指定します。

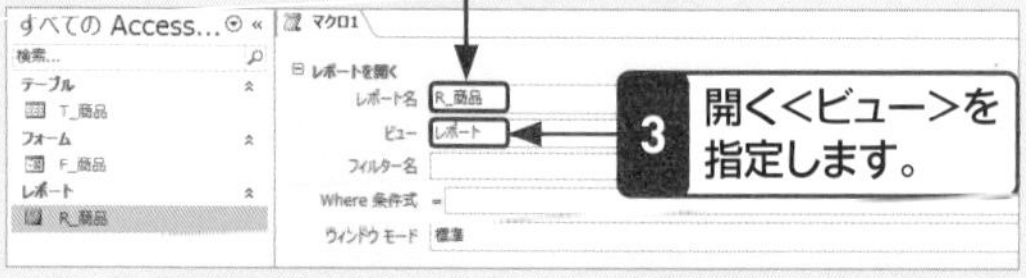

3 開く<<ビュー>を指定します。

4 必要に応じて、ほかの引数を指定します。

重要度 ★★★　メニュー画面でマクロを活用

Q 665 指定した条件に一致するデータを表示するレポートを開くには？

A 引数の<フィルター>を指定します。

マクロでフォームやレポートを開くとき、特にデータを指定しない場合は、フォームやレポートで指定しているデータが表示されます。指定した条件に一致するデータのみ表示するには、引数の<フィルター名>や<Where条件式>で抽出条件を指定します。<Where条件式>で指定する場合、たとえば、レポートのもとのテーブルのフィールドとそのフィールドのデータを「[フィールド名]=データ」のように指定します。文字データの場合は「"」で囲んで指定します。

ここでは、商品データを表示するレポートで、指定した商品分類の商品を表示します。

● マクロの作成

マクロのデザインビュー

1 <新しいアクションの追加>から<レポートを開く>をクリックします。

2 <レポート名>を指定します。

3 <Where条件式>に[商品分類ID]="B01"と入力します。

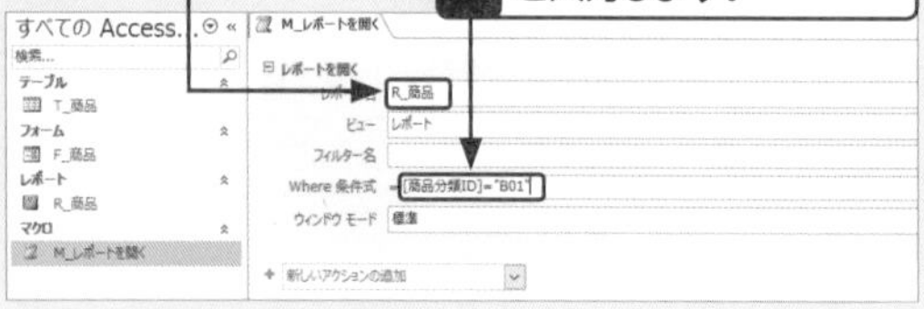

● マクロの実行

1 マクロを実行すると、指定した商品分類の商品データが表示されます。

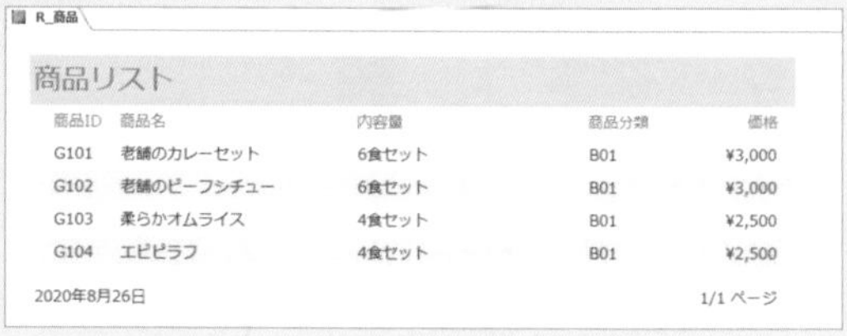
R_商品

商品リスト

商品ID	商品名	内容量	商品分類	価格
G101	老舗のカレーセット	6食セット	B01	¥3,000
G102	老舗のビーフシチュー	6食セット	B01	¥3,000
G103	柔らかオムライス	4食セット	B01	¥2,500
G104	エビピラフ	4食セット	B01	¥2,500

2020年8月26日　1/1 ページ

● その他の方法

指定した条件に一致したデータのみ表示するには、引数の<フィルター名>にクエリ名を指定する方法もあります。たとえば、商品データから［商品分類ID］フィールドが「B01」のデータを表示するクエリ（ここでは「Q_商品分類指定」）を作成した場合、そのクエリをフィルター条件に指定するには、引数の<フィルター名>に「Q_商品分類指定」と指定します。ここでは、商品データを表示するレポートで、指定した商品分類の商品を表示します。

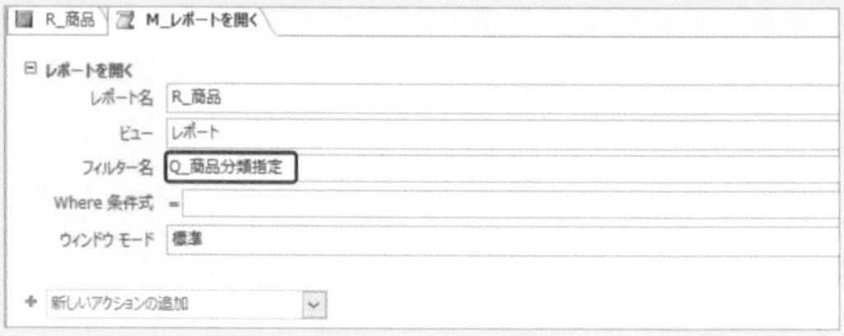

重要度 ★★★　メニュー画面でマクロを活用

Q 666 レポートを印刷するマクロを作成するには？

A 引数の<ビュー>で<印刷>を選択します。

レポートを開くマクロを作成する際、マクロを実行すると自動的にレポートが印刷されるようにするには、<レポートを開く>アクションの引数<ビュー>で<印刷>を選択します。

引数の<ビュー>で<印刷プレビュー>を選択した場合は、すぐに印刷は実行されずに、指定したレポートが印刷プレビュー画面で開きます。印刷プレビューを確認してから手動で印刷を実行したい場合は、<印刷プレビュー>を選択しましょう。

● マクロの作成

マクロのデザインビュー

1 <新しいアクションの追加>から<レポートを開く>をクリックします。

2 <レポート名>を指定します。

3 <ビュー>から<印刷>を指定します。

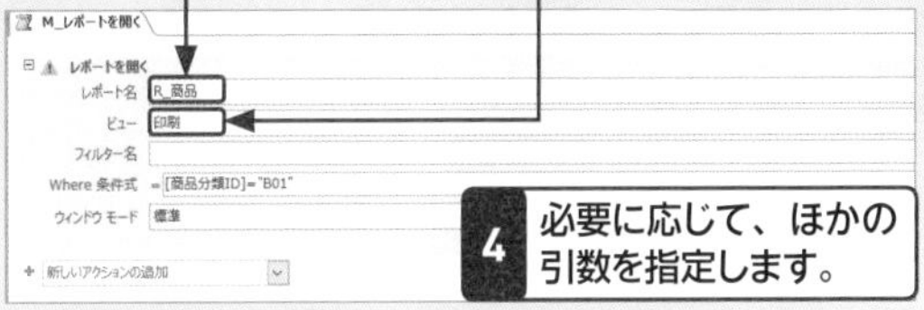

4 必要に応じて、ほかの引数を指定します。

● マクロの実行

1 マクロを実行すると、指定したレポートの印刷が実行されます。

重要度 ★★★　メニュー画面でマクロを活用

Q 667 フォームやレポートを閉じるボタンを追加したい！

A <ウィンドウを閉じる>アクションを選択します。

開いているフォームやレポートを閉じるには、<ウィンドウを閉じる>アクションを指定します。引数で閉じるオブジェクトを指定できます。

ここでは、フォームに配置したボタンをクリックしたときに、ボタンが配置されているフォームを閉じるマクロを作成します。現在開いているオブジェクトを閉じるように指定します。

参照▶Q 658

● マクロの作成

マクロのデザインビュー

1 <新しいアクションの追加>から<ウィンドウを閉じる>をクリックします。

● マクロの実行

1 フォームにボタンを配置します。

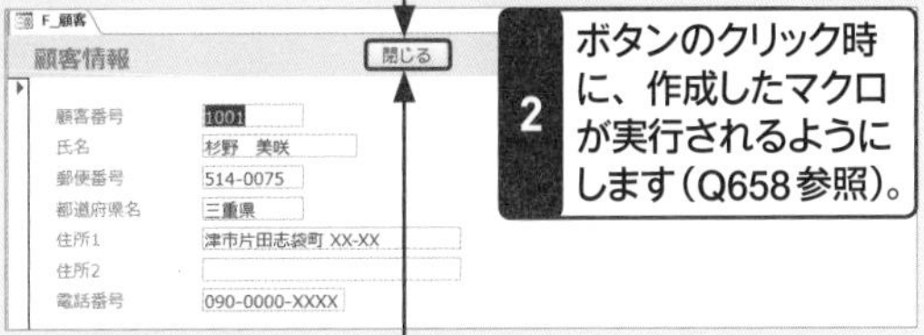

2 ボタンのクリック時に、作成したマクロが実行されるようにします（Q658参照）。

3 ボタンをクリックすると、フォームが閉じます。

●ウィンドウを閉じるマクロの引数

引数	内容
オブジェクトの種類	閉じるオブジェクトの種類を指定します。省略した場合、現在開いているオブジェクトと見なされます。
オブジェクト名	閉じるオブジェクトの名前を指定します。引数<オブジェクトの種類>を省略した場合は、この引数も省略します。
保存	保存して閉じるかどうか指定します。<確認>を指定した場合、オブジェクトを保存するか確認するメッセージを表示します。

重要度★★★　メニュー画面でマクロを活用

Q668 データベースを閉じるマクロを作成するには？

A <データベースを閉じる>アクションを指定します。

現在開いているデータベースファイルを閉じるには、<データベースを閉じる>アクションを指定します。このアクションに引数はありません。

なお、マクロを実行するとファイルが閉じますが、Accessは終了しません。同時にAccessも終了する場合は、<Accessの終了>アクションを指定しましょう。

参照▶Q 658

● マクロの作成

1 <新しいアクションの追加>から<メニューコマンドの実行>をクリックします。

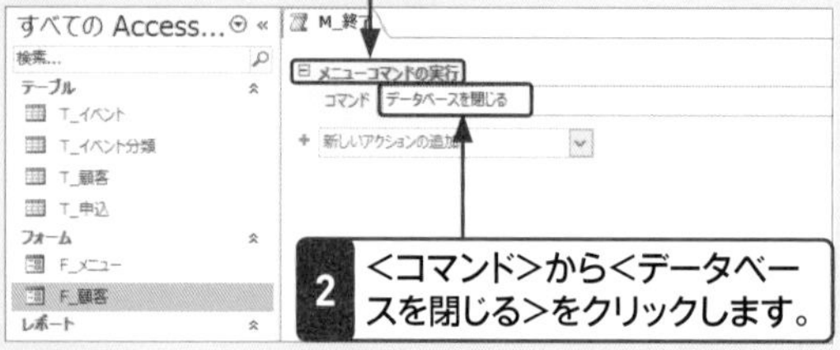

2 <コマンド>から<データベースを閉じる>をクリックします。

● マクロの実行

1 フォームにボタンを配置します。

2 ボタンのクリック時に、作成したマクロが実行されるようにします。

3 ボタンをクリックすると、ファイルが閉じます。

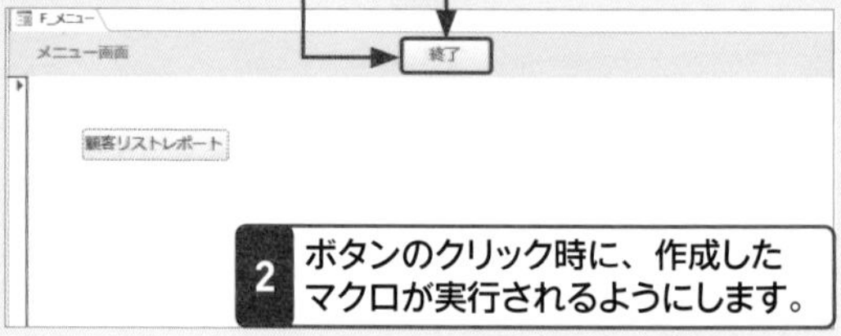

重要度★★★　メニュー画面でマクロを活用

Q669 データベースの起動時に実行するマクロを指定するには？

A 「AutoExec」マクロを作成する方法があります。

ファイルを開いたときに、指定したマクロが自動的に実行されるようにするには、実行するマクロに「AutoExec」という名前を付けて保存します。これだけで、ファイルを開いたときに「AutoExec」マクロが自動的に実行されます。

なお、ファイルを開いたときに指定したフォームを開くには、Q716の方法を使用するとかんたんです。

参照▶Q 716

1 起動時に自動的に実行するマクロを右クリックします。ここでは、レポートを開くマクロを指定しています。

2 メニューの<名前の変更>をクリックします。

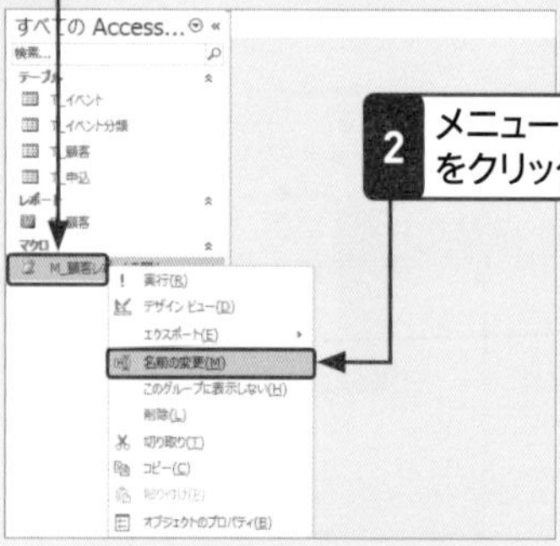

3 名前を「AutoExec」と入力して、Enter キーを押します。

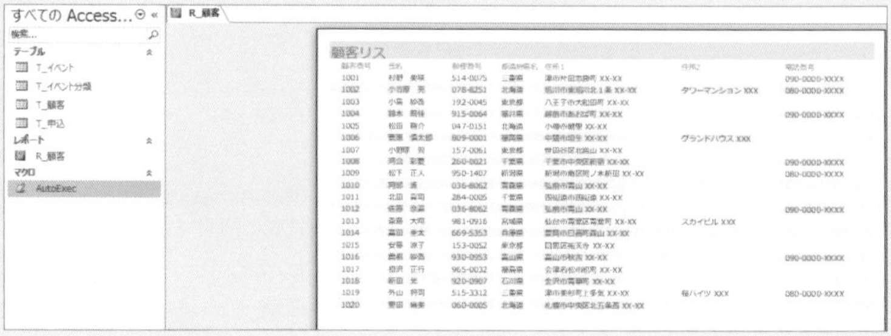

4 ファイルを開き直すと、マクロが実行されます。ここでは、レポートが開きます。

重要度 ★★★ 埋め込みマクロ

Q 670 ボタンに割り当てる埋め込みマクロって何？

A フォームやレポートに配置したボタンなどに保存されるマクロです。

フォームやレポートに配置したボタンに保存するタイプのマクロを「埋め込みマクロ」といいます。一般のマクロはフォームやレポートに配置した複数のボタンに割り当てられますが、埋め込みマクロは「指定したボタンに保存される」ことに注意しましょう。埋め込みマクロはナビゲーションウィンドウにも表示されません。

ボタンに保存する埋め込みマクロを作成するには、ボタンを作成するウィザード画面でボタンの動作、ボタンの表面の文字、ボタンをプログラム言語から操作する場合に指定するボタンの名前などを指定します。

参照▶Q 671

1 ボタンを配置するフォームをデザインビューで開きます。

3 配置したい<ボタン>をクリックします。

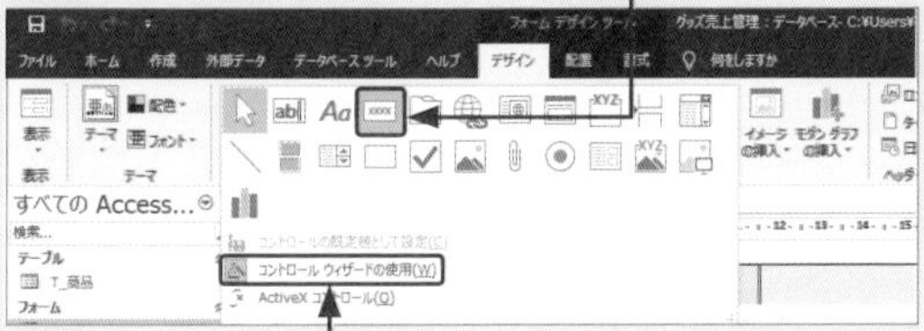

2 <デザイン>タブの<その他>をクリックして、<コントロールウィザードの使用>がオンになっていることを確認します。

4 ボタンを配置する場所をクリックすると、<コマンドボタンウィザード>が表示されます。

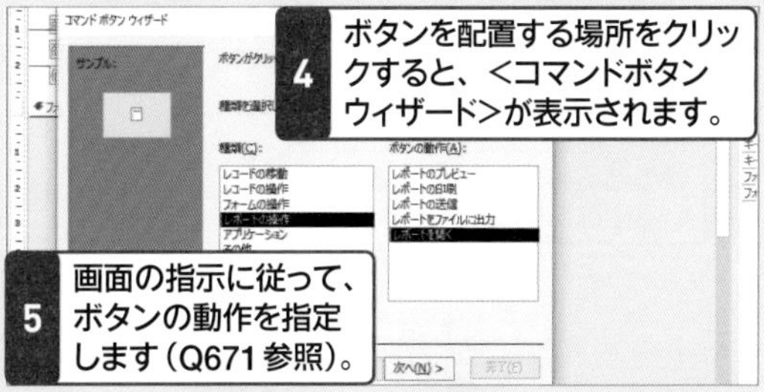

5 画面の指示に従って、ボタンの動作を指定します（Q671参照）。

6 ウィザード画面を完了すると、ボタンが作成されます。

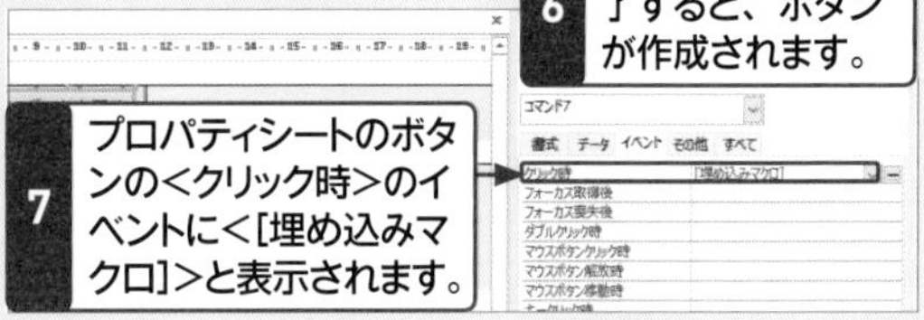

7 プロパティシートのボタンの<クリック時>のイベントに<[埋め込みマクロ]>と表示されます。

重要度 ★★★ 埋め込みマクロ

Q 671 フォームを閉じる埋め込みマクロを作成するには？

A コントロールウィザードを使用します。

<コマンドボタンウィザード>を使用して、フォームを閉じるボタンを作成します。ボタンのクリック時の操作に埋め込みマクロが指定されます。

参照▶Q 670

1 Q670の方法で、<コマンドボタンウィザード>を開いておきます。

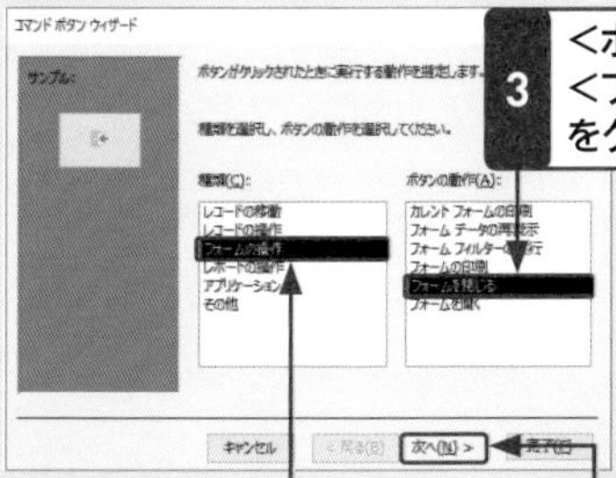

3 <ボタンの動作>で<フォームを閉じる>をクリックします。

2 <種類>で<フォームの操作>を選択します。

4 <次へ>をクリックします。

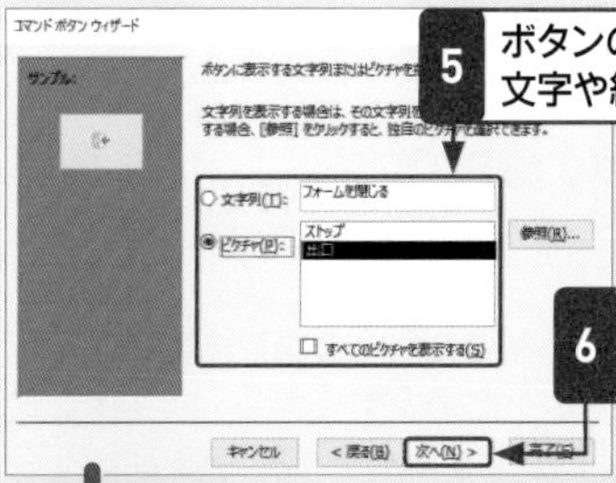

5 ボタンの表面に表示する文字や絵を選択します。

6 <次へ>をクリックします。

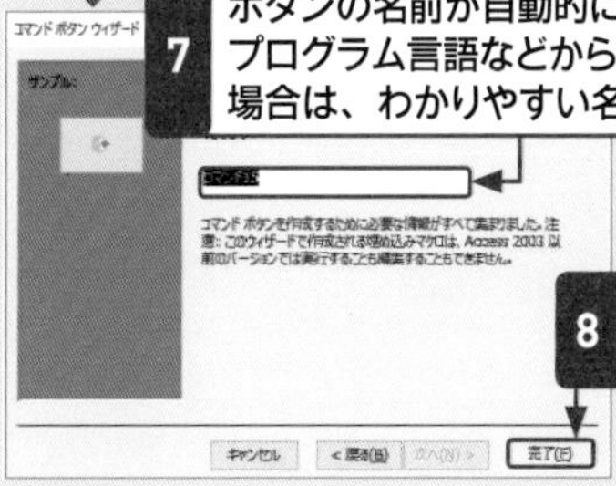

7 ボタンの名前が自動的に指定されます。プログラム言語などからボタンを操作する場合は、わかりやすい名前に変更します。

8 <完了>をクリックします。

重要度 ★★★　埋め込みマクロ

Q 672 埋め込みマクロを編集したい!

A <プロパティシート>から編集画面を表示します。

埋め込みマクロの内容を編集するには、ボタンの<クリック時>のイベントをクリックして<…>ボタンをクリックし、埋め込みマクロの内容を表示させます。ここでマクロの内容を修正し、マクロの修正画面を閉じると、ボタンをクリックしたときに実行される内容が変更されます。

ここでは、レポートを開くボタンをクリックしたときに、レポートが印刷プレビューで開くようにします。

フォームのデザインビュー

1 埋め込みマクロが設定されているボタンを選択します。

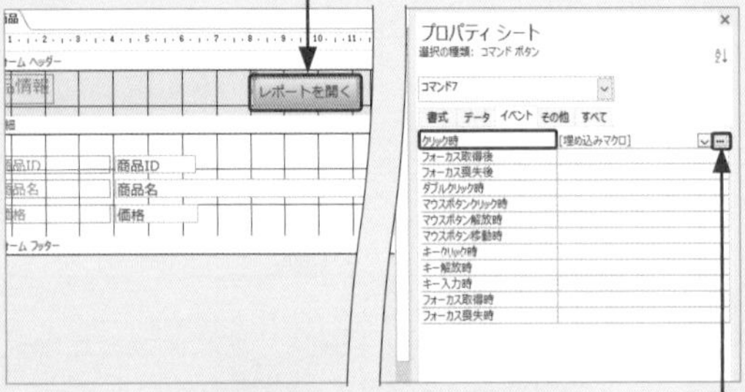

2 ボタンの<クリック時>イベントの<…>をクリックします。

3 マクロの編集画面が表示されます。

4 ここでは、<ビュー>で<印刷プレビュー>を指定します。

5 <上書き保存>をクリックします。

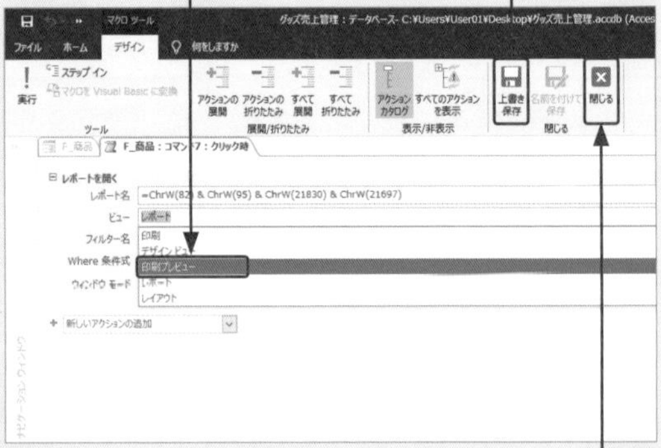

6 ここをクリックして、マクロの編集画面を閉じます。

重要度 ★★★　埋め込みマクロ

Q 673 埋め込みマクロを削除したい!

A <クリック時>の<埋め込みマクロ>を削除します。

ボタンに保存されている埋め込みマクロを削除するには、ボタンを選択して<クリック時>のイベントに表示されている<埋め込みマクロ>の文字を削除します。埋め込みマクロを削除すると、ボタンをクリックしても何も反応しない状態になります。

フォームのデザインビュー

1 埋め込みマクロが設定されているボタンを選択します。

3 Delete キーを押します。

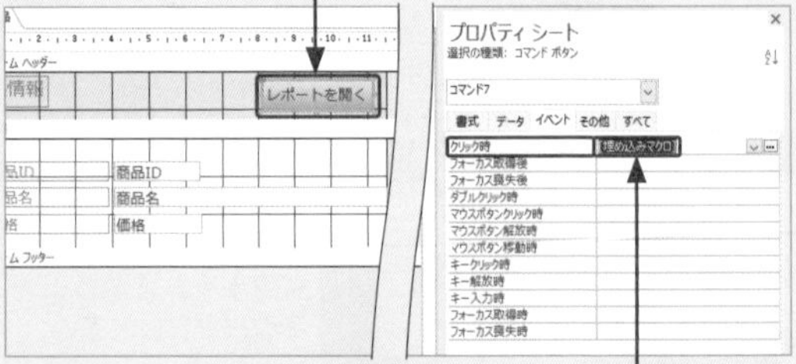

2 ボタンの<クリック時>イベントの<[埋め込みマクロ]>の文字を選択します。

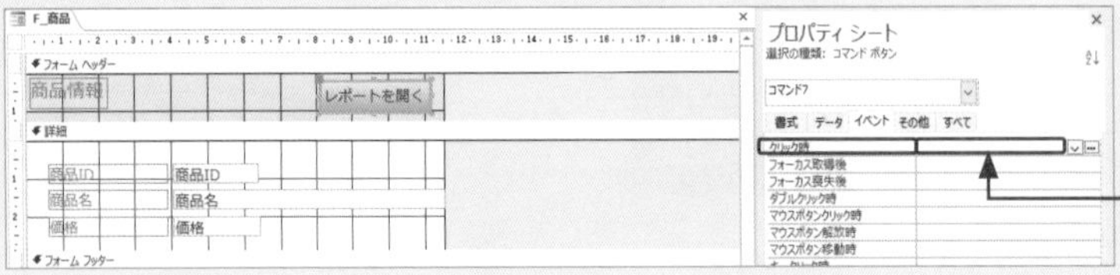

4 ボタンのクリック時の動作を指定する埋め込みマクロが削除されました。

Q 674 指定したレコードに移動するには？

A <レコードの移動>アクションを指定します。

マクロでフォームを開いたあとに、指定したレコードを表示したい場合などは、フォームを開いたあとに<レコードの移動>アクションを指定して、引数で移動先を指定します。

ここでは、フォームを開いたあと、最後のレコードを表示する動作を指定しています。

● マクロの作成

マクロのデザインビュー

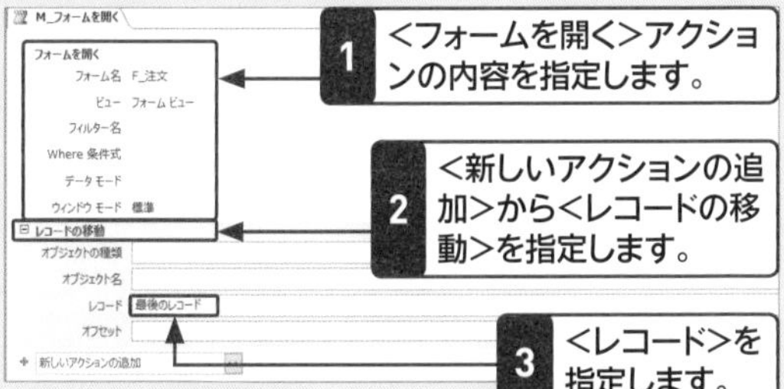
1 <フォームを開く>アクションの内容を指定します。
2 <新しいアクションの追加>から<レコードの移動>を指定します。
3 <レコード>を指定します。

● マクロの実行

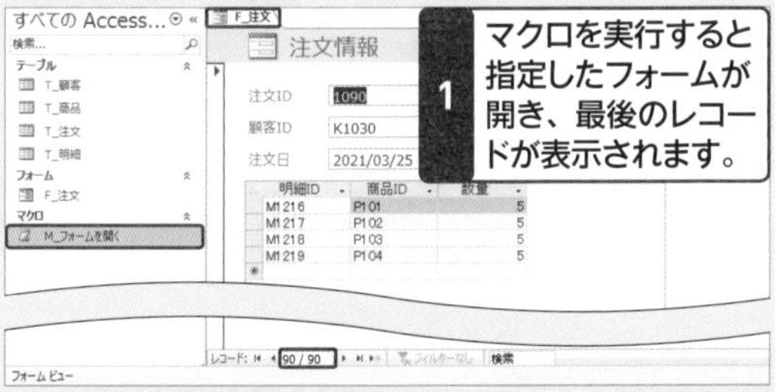
1 マクロを実行すると指定したフォームが開き、最後のレコードが表示されます。

●<レコードの移動>の<レコード>の引数

引数	内容
オブジェクトの種類	レコードの移動先を指定する、オブジェクトの種類を選択します。省略した場合、現在開いているオブジェクトの指定したレコードに移動します。
オブジェクト名	レコードを移動するオブジェクト名を指定します。引数<オブジェクトの種類>を省略した場合、この引数も省略します。
レコード	レコードの移動先を指定します。
オフセット	引数<レコード>が<次のレコード><前のレコード>の場合、ここで指定したレコード数だけ前、または後ろに移動します。引数<レコード>が<移動先>の場合、移動先のレコード番号を指定します。

重要度 ★★★ マクロによるフォームの操作

Q 675 新しいレコードを追加するには？

A 引数<レコード>で<新しいレコード>を選択します。

レコードを移動するときに新しいレコードを追加するには、引数<レコード>で移動先を指定します。<新しいレコード>を選択した場合は、レコードを新しく入力する状態になります。

ここでは、新しいレコードを入力する状態にするマクロを作成し、作成したマクロをボタンに割り当てて利用できるようにしています。 参照▶Q 658

● マクロの作成

マクロのデザインビュー

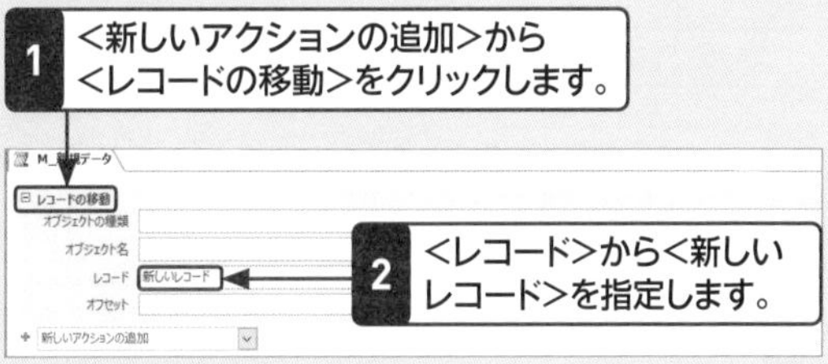
1 <新しいアクションの追加>から<レコードの移動>をクリックします。
2 <レコード>から<新しいレコード>を指定します。

● マクロの実行

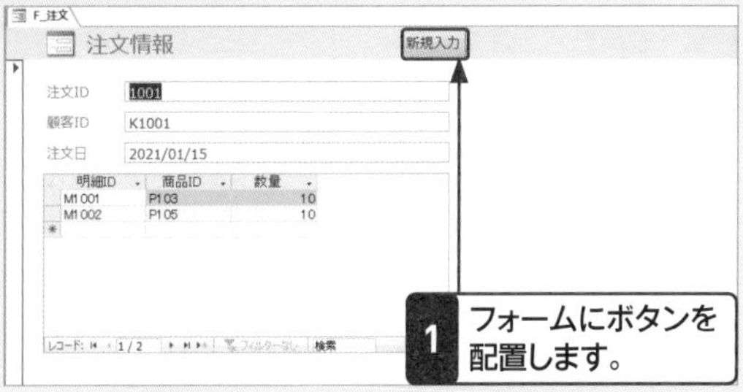
1 フォームにボタンを配置します。

2 ボタンのクリック時に、作成したマクロが実行されるようにします（Q658参照）。

3 ボタンをクリックすると、新規入力の画面が表示されます。

重要度 ★★★　マクロによるフォームの操作

Q 676 テキストボックスに入力した顧客番号のデータを表示したい！

A テキストボックスのデータを参照するしくみを利用します。

指定した会員番号の会員データを抽出して表示するには、クエリで抽出条件を指定します。クエリを実行する際に、抽出条件を指定する方法はいくつかあります。ここでは、フォームのテキストボックスに入力したデータを抽出条件として利用する方法を紹介します。

まずは、抽出条件を入力するフォームを作成します。次にクエリを作成し、抽出条件に、フォームのテキストボックスのデータを参照する式を作成します。続いて、クエリを実行するマクロを作成します。マクロはフォーム上のボタンから実行できるようにしておくとよいでしょう。

テキストボックスのデータを参照する式は、「Forms![コントロールが配置されているフォーム名]![コントロール名]」のように指定します。ビルダー画面を利用するとかんたんに入力できます。

参照▶Q 658

● フォームの準備

フォームのデザインビュー

1 フォームを作成し、抽出条件を入力するテキストボックスとボタンを配置します。

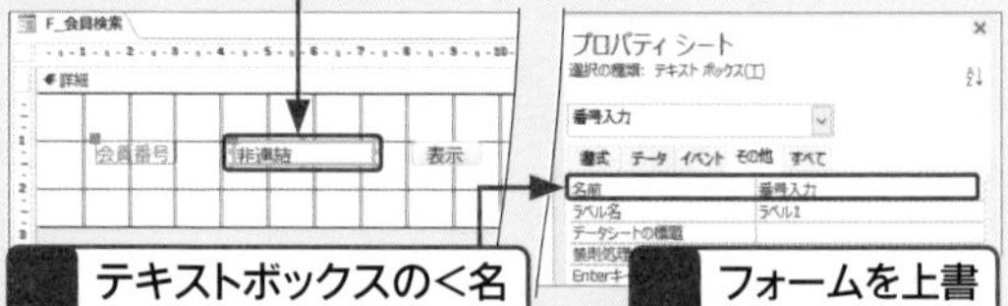

2 テキストボックスの<名前>プロパティに「番号入力」と入力します。

3 フォームを上書き保存して、閉じておきます。

● クエリの作成

クエリのデザインビュー

1 「T_会員」テーブルのデータを表示するクエリを作成します。

2 デザイングリッドに「会員番号」などのフィールドをドラッグして追加します。

3 「会員番号」の<抽出条件>欄をクリックし、

4 <デザイン>タブの<ビルダー>をクリックします。

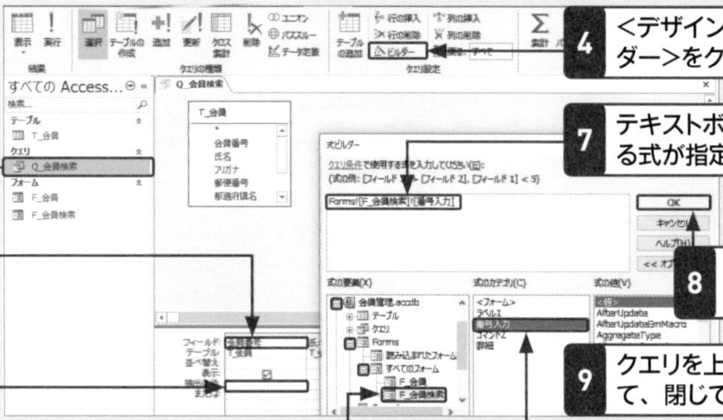

5 <式の要素>で<Forms>からたどり、目的のフォーム（ここでは<F_会員検索>）をクリックします。

6 検索用のテキストボックスの名前（ここでは<番号入力>）をダブルクリックすると、

7 テキストボックスを参照する式が指定されます。

8 <OK>をクリックします。

9 クエリを上書き保存して、閉じておきます。

● マクロの作成

マクロのデザインビュー

1 マクロを作成し、<新しいアクションの追加>から<クエリを開く>をクリックします。

2 <クエリ名>で開くクエリ（ここでは<Q_会員検索>）を指定します。

3 マクロに名前（ここでは<M_クエリを開く>）を付けて保存します。

● マクロの実行

1 ボタンのクリック時に、作成したマクロが実行されるようにしておきます（Q658参照）。

2 会員番号を入力し、<表示>をクリックします。

3 クエリが開き、入力した会員番号に一致するデータが表示されます。

重要度★★★ マクロによるフォームの操作

Q 677 オプションボタンで選択したデータを抽出したい！

A オプショングループの＜クリック時＞の動作を指定します。

フォームでテーブルやクエリのデータの一覧を表示しているとき、データをかんたんに抽出できるようにするには、オプションボタンで抽出条件を指定する方法があります。オプショングループ内のオプションボタンの＜オプション値＞プロパティを利用すると、どのオプションボタンが選択されているかがわかります。＜オプション値＞プロパティの値によって処理を分岐します。ここでは、イベントデータからイベントの分類を選択できるようにします。

● フォームの準備　フォームのデザインビュー

1 オプショングループを配置し、＜名前＞プロパティを設定します（ここでは「分類検索」）。

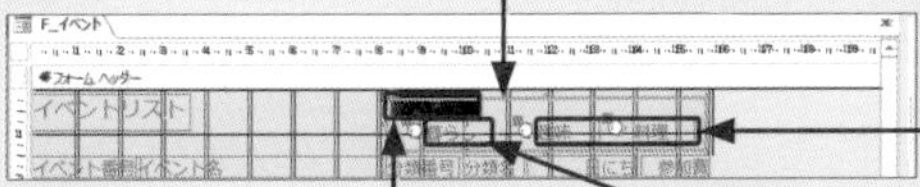

2 オプショングループのラベルの＜標題＞プロパティを設定します（ここでは「絞込表示」）。

3 オプショングループを選択してオプションボタンを配置し、オプションボタンの＜オプション値＞プロパティに「1」、ラベルの＜標題＞プロパティにここでは「暮らし」と設定します。

4 同様に2つのオプションボタンを追加し、オプションボタンの＜オプション値＞プロパティ、ラベルの＜標題＞プロパティを以下のように設定します。
＜オプション値＞：2、ラベルの＜標題＞：趣味
＜オプション値＞：3、ラベルの＜標題＞：料理

● マクロの作成　マクロのデザインビュー

1 ＜新しいアクションの追加＞から＜If＞を追加します。

2 オプショングループの名前を指定して、オプション値が「1」の場合の処理を記述します。

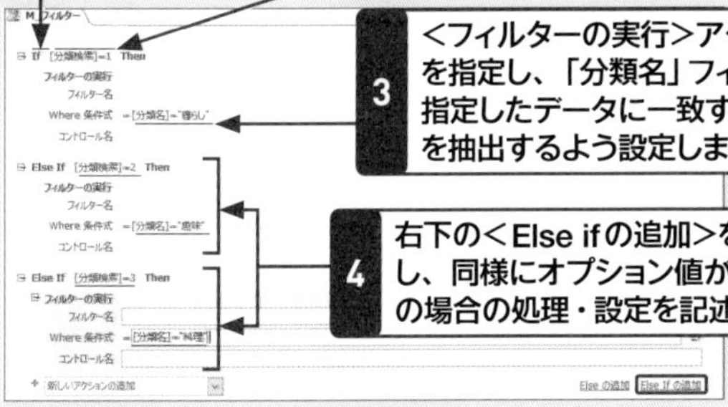

3 ＜フィルターの実行＞アクションを指定し、「分類名」フィールドが指定したデータに一致するデータを抽出するよう設定します。

4 右下の＜Else ifの追加＞をクリックし、同様にオプション値が「2」「3」の場合の処理・設定を記述します。

● マクロの割り当て

1 作成したマクロ（左図）を保存しておきます。

2 オプショングループを選択し、＜クリック時＞イベントで実行するマクロを選択します。

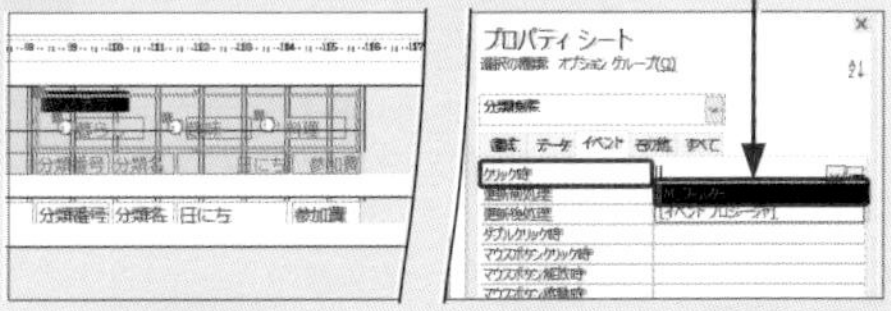

3 フォームビューに切り替えて、オプションボタンの動作を確認します。

重要度★★★ マクロによるフォームの操作

Q 678 トグルボタンで選択したデータを抽出したい！

A トグルボタンの＜クリック時＞の動作を指定します。

オプショングループにトグルボタンを配置すると、クリックでオン／オフの切り替えができます。オプショングループの配置・設定、マクロの作成・実行などについては、Q677を参照してください。

参照▶Q 677

● フォームの準備　フォームのデザインビュー

1 オプショングループを選択して、トグルボタンを配置します。
＜オプション値＞プロパティ：1
＜標題＞プロパティ：暮らし

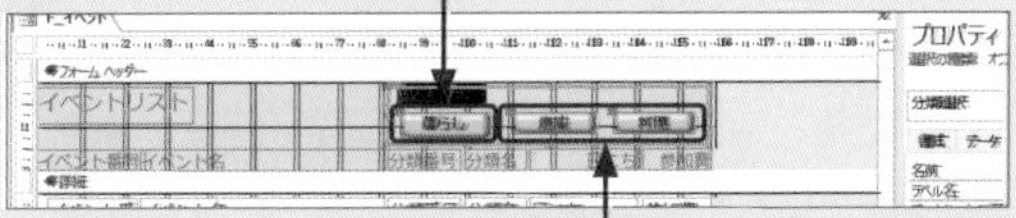

2 同様に、2つのオプションボタンを追加します。
＜オプション値＞プロパティ：2、＜標題＞プロパティ：趣味
＜オプション値＞プロパティ：3、＜標題＞プロパティ：料理

重要度 ★★★　マクロによるフォームの操作

Q 679 ダブルクリックした顧客の受注データを表示したい！

A テキストボックスの<ダブルクリック時>の動作を指定します。

ここでは、顧客一覧リストの「顧客ID」をダブルクリックすると、その顧客の詳細データが別フォームで表示されるようにします。まずは、リスト形式のフォームと、各顧客の詳細を表示するカード型のフォームを作成しておきます。続いて、フォームを開くマクロを作成します。なお、フォームを開くマクロで抽出条件を指定するときに、フォームのテキストボックスのデータを参照する式は「Forms![コントロールが配置されているフォーム名]![コントロール名]」のように指定します。ビルダー画面を利用すると、かんたんに入力できます。

● マクロの作成　マクロのデザインビュー

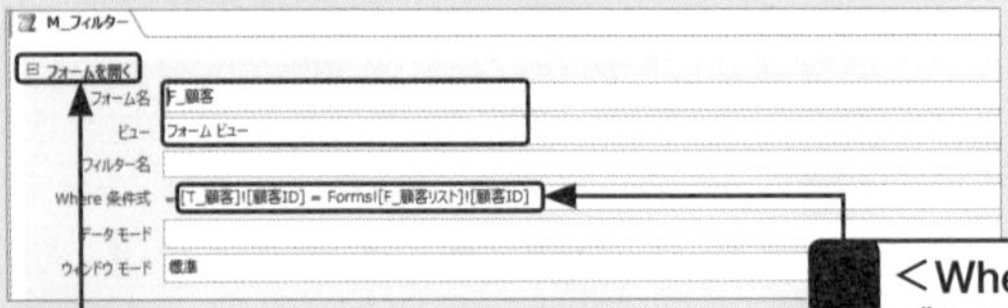

1 <新しいアクションの追加>から<フォームを開く>をクリックします。

2 <Where条件式>で、「顧客ID」フィールドがフォームでダブルクリックした「顧客ID」と同じデータが表示されるように [T_顧客]![顧客ID]=[Forms]![F_顧客リスト]![顧客ID] と入力します。

● フォームの動作

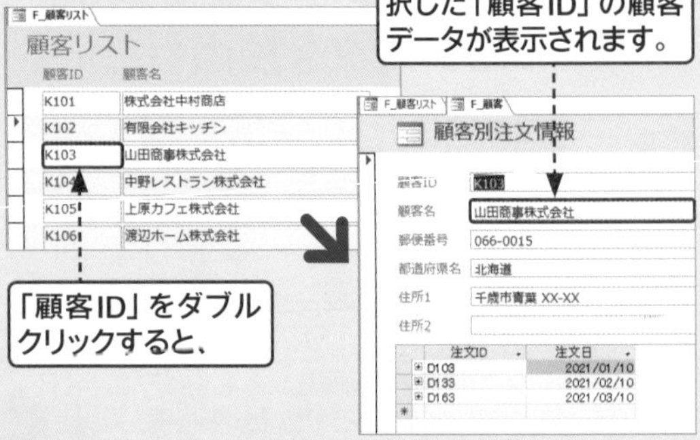

「顧客ID」をダブルクリックすると、

別のフォームが開き、選択した「顧客ID」の顧客データが表示されます。

● マクロの割り当て　フォームのデザインビュー

1 テキストボックスを選択し、<ダブルクリック時>イベントでマクロを選択します。

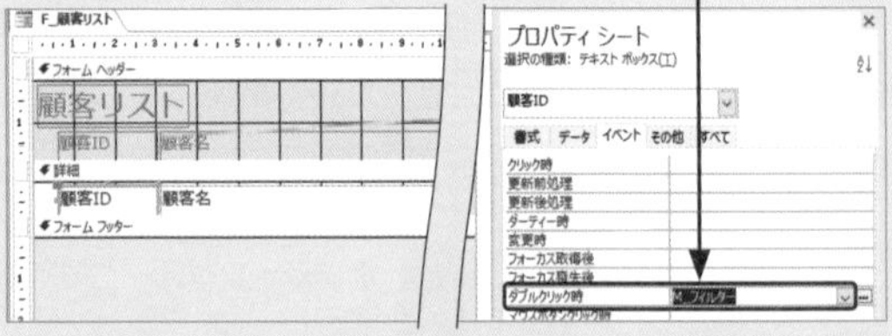

重要度 ★★★　マクロによるフォームの操作

Q 680 複数の検索条件に一致する顧客データを表示したい！

A 抽出条件欄に複数の条件を指定します。

● フォームの動作

フォームに2つのテキストボックスを配置し、それぞれの<名前>プロパティに「フリガナ入力」「都道府県名入力」と設定します。

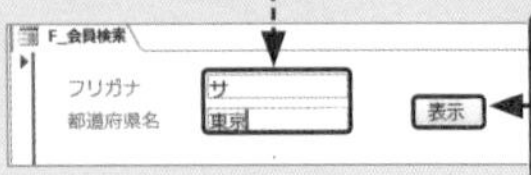

抽出条件を指定して<表示>をクリックすると、

マクロが実行されてクエリが開き、抽出結果が表示されます（Q676参照）。

Q676では、フォームで入力した抽出条件をもとにデータを検索して、クエリで抽出結果を表示する方法を紹介しました。

ここでは、複数の抽出条件を指定できるようにします。マクロの作成や実行などの方法は、Q676を参照してください。

参照▶Q 676

● クエリの指定

1 Q676を参照して、クエリを作成します。

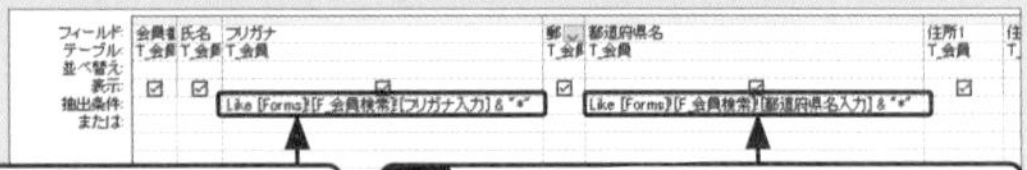

2 「フリガナ」の抽出条件欄に Like [Forms]![F_会員検索]![フリガナ入力] & "*" と条件を入力します。

3 「都道府県名」の抽出条件欄に Like [Forms]![F_会員検索]![都道府県名入力] & "*" と条件を入力します。

4 クエリを保存して閉じます。

重要度 ★★★　マクロによるフォームの操作

Q 681 抽出結果をフォームに表示したい！

A フォームの<レコードソース>プロパティを指定します。

Q680では、フォームで入力した抽出条件をもとに、条件に一致するデータをクエリで表示する方法を紹介しました。ここでは、検索結果が表形式のフォームに表示されるように変更します。Q680で使用したクエリをもとに作成したフォームを使用します。 参照▶Q 680

● マクロの作成　マクロのデザインビュー

1 フォームを開くマクロを作成します。

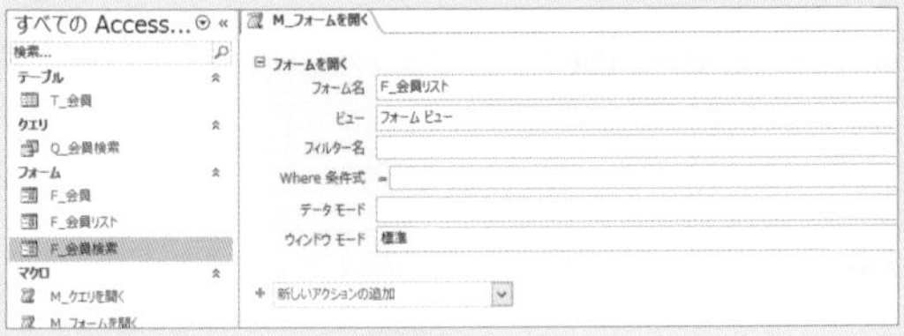

● 結果を表示するフォームの準備　フォームのデザインビュー

1 抽出結果を表示するクエリをもとに、フォームを作成します。

2 フォームの<レコードソース>プロパティで抽出条件を受け取るクエリを指定します。

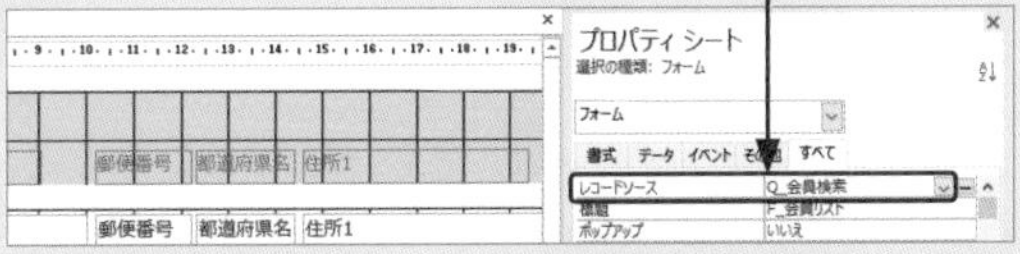

● マクロの実行　フォームのフォームビュー

1 フォームにボタンを配置します。

2 クリック時に、作成したフォームを開くマクロが実行されるようにします。

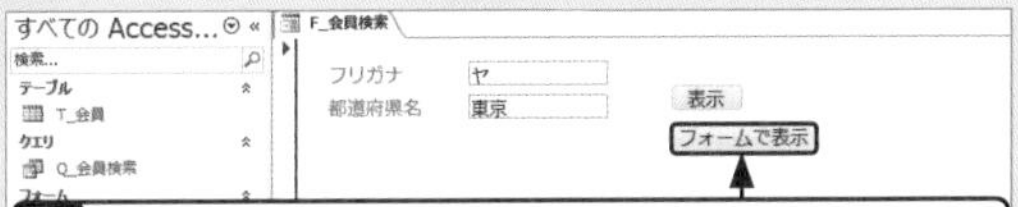

3 抽出条件を入力してボタンをクリックすると、事前に準備したフォームが開いて結果が表示されます。

重要度 ★★★　マクロによるフォームの操作

Q 682 トグルボタンで並べ替え条件を指定したい！

A オプショングループの<クリック時>の操作を指定します。

トグルボタンを使ってデータをかんたんに並べ替えできるようにするには、トグルボタンの<オプション値>プロパティに応じて処理を分岐するマクロを利用します。ここでは、イベントデータを参加費順に並べ替えられるようにします。 参照▶Q 677、Q 678

● フォームの準備

1 Q677の方法でオプショングループを配置します。
<名前>プロパティ：「並べ替え」

2 Q678の方法でトグルボタンを配置します。
<オプション値>プロパティ：1、<標題>プロパティ：安い順
<オプション値>プロパティ：2、<標題>プロパティ：高い順

● マクロの作成

1 <新しいアクション>から<If>を追加し、オプショングループでオプション値が「1」の場合を指定します。

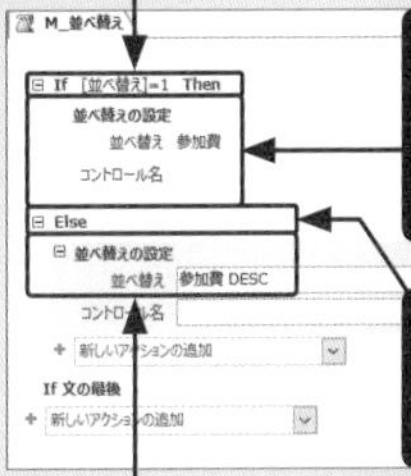

2 <並べ替えの設定>アクションを指定し、並べ替えに使用するフィールド（ここでは「参加費」）を指定します。

3 <Elseの追加>をクリックし、オプション値が1ではない処理を記述します。

4 <並べ替えの設定>アクションを指定し、並べ替えに使用するフィールドを指定して、降順（DESC）を指定します。

● マクロの実行

Q677を参照し、オプショングループの<クリック時>のイベントにマクロを割り当てておきます。フォームをフォームビューで開き、トグルボタンをクリックして動作を確認します。

重要度 ★★★ マクロによるフォームの操作

Q 683 並べ替え条件を解除したい!

A <フィルター/並べ替えの解除>アクションを指定します。

Q682で作成したフォームでは、並べ替えを行うトグルボタンを作成しました。ここでは、並べ替えの指定を解除するトグルボタンを追加します。ボタンを追加して、マクロの内容を修正します。修正後は、フォームを開いて動作を確認します。

参照▶Q 682

● フォームの設定

フォームのデザインビューで、オプショングループを選択して3つめのトグルボタンを追加し、以下のプロパティを設定しています。
<オプション値>プロパティ:3
<標題>プロパティ:解除

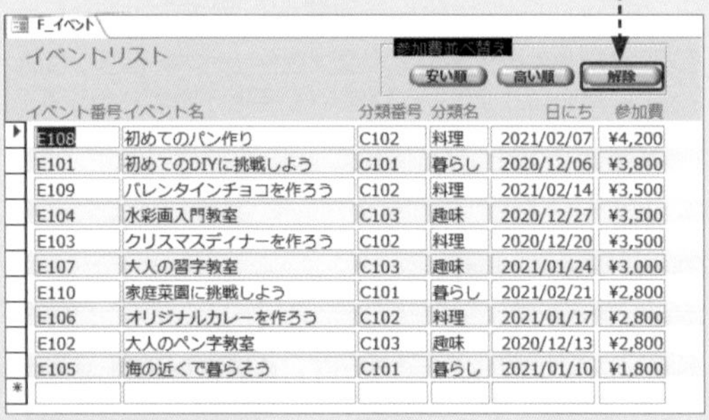

● マクロの修正

1 ここでは、<Else If>を追加して内容を指定します。

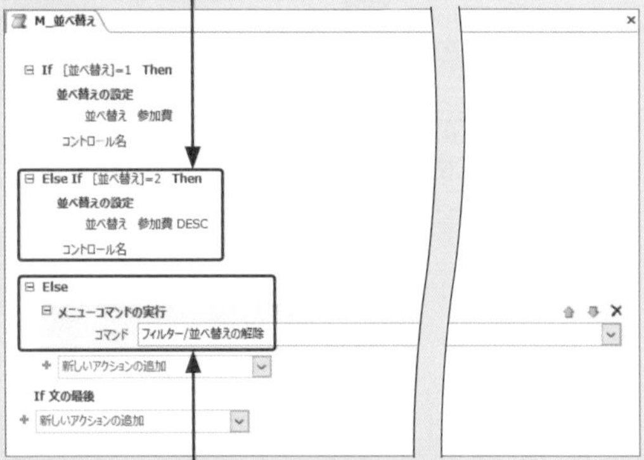

2 <Else>を追加して内容を指定します。

重要度 ★★★ マクロによるフォームの操作

Q 684 ほかのフォームに切り替えるボタンを追加したい!

A フォームを開いたあとに、もとのフォームを閉じます。

フォームにボタンを配置して、ほかのフォームを表示するマクロを作成します。マクロの最初のアクションでは、目的のフォームを開く内容を指定します。続いて、ボタンが配置されていたフォームを閉じる内容を指定します。現在開いているオブジェクトとは別のオブジェクトを閉じるには、閉じるオブジェクトの名前を指定します。なお、ここで紹介する方法では、閉じるオブジェクトの指定を省略すると、開いたフォームがそのまますぐに閉じてしまいます。

参照▶Q 658

● マクロの作成

マクロのデザインビュー

1 <新しいアクション>から<フォームを開く>を追加します。

2 <フォーム名>に開く<フォームの名前(ここでは「F_参加者一覧」)を指定します。

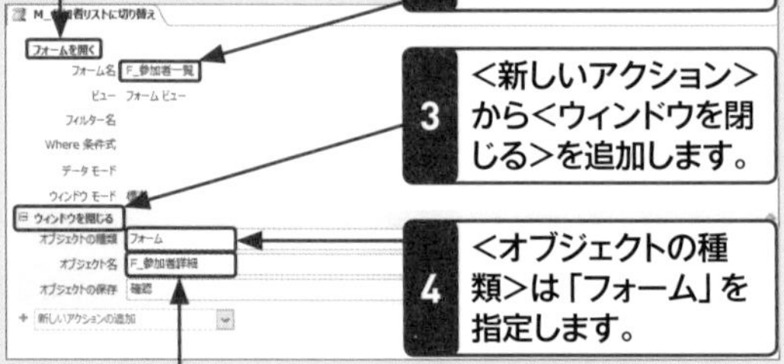

3 <新しいアクション>から<ウィンドウを閉じる>を追加します。

4 <オブジェクトの種類>は「フォーム」を指定します。

5 <オブジェクト名>に閉じるフォームの名前(ここでは「F_参加者詳細」)を指定します。

● マクロの実行

1 フォームのデザインビューでボタンを配置し、ボタンの<クリック時>プロパティに作成したマクロ(ここでは「M_参加者リストに切り替え」)を割り当てます(Q658参照)。

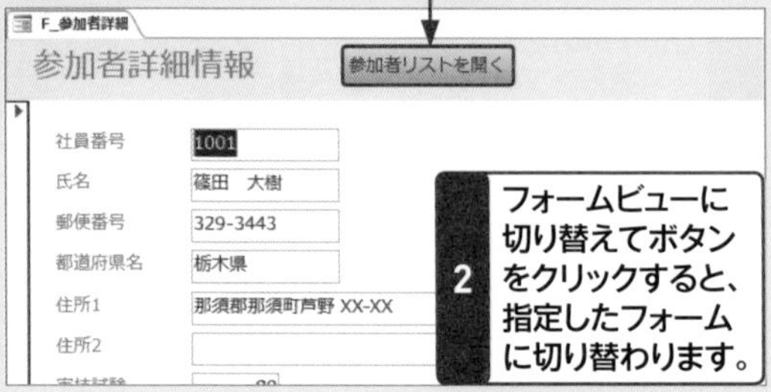

2 フォームビューに切り替えてボタンをクリックすると、指定したフォームに切り替わります。

重要度 ★★★ マクロによるデータの操作

Q 685 ほかのデータベースファイルからテーブルをインポートするには？

A ＜データのインポート/エクスポート＞アクションを指定します。

Accessデータベースで保存しているデータを頻繁にインポート・エクスポートする場合は、「インポート・エクスポートの操作を保存して利用する」「マクロでデータをインポート・エクスポートする操作を指定する」「マクロでインポート・エクスポートを実行するアクションを追加する」などの方法があります。

ここでは、マクロを使用して、開いているデータベースファイルに指定したAccessファイルの「T_イベント」テーブルをインポートする方法を紹介します。インポート後のテーブル名は「T_イベント」にします。すでにあるテーブルと同じ名前でテーブルをインポートしようとすると、「テーブル名1」のような仮の名前でインポートされます。

参照▶Q 621、Q 624

マクロのデザインビュー

1 ＜デザイン＞タブの＜アクションカタログ＞をクリックし、アクションカタログを表示させます。

2 ＜デザイン＞タブの＜すべてのアクションを表示＞をクリックします。

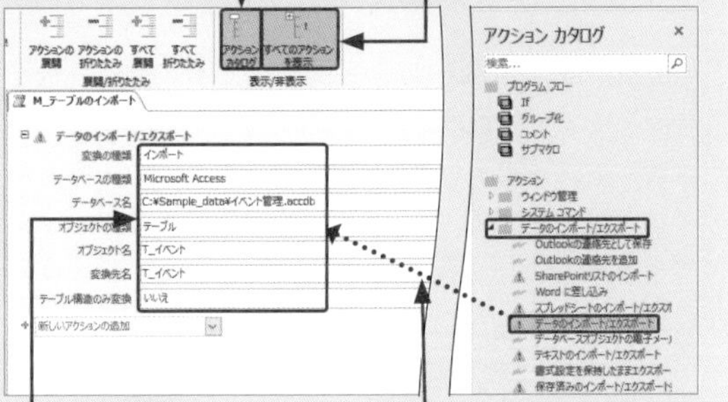

3 アクションカタログの＜データのインポート/エクスポート＞を展開し、その中にある＜データのインポート/エクスポート＞をマクロの作成画面にドラッグします。

4 引数を指定します。

重要度 ★★★ マクロによるデータの操作

Q 686 Excelファイルからテーブルにデータをインポートするには？

A ＜スプレッドシートのインポート/エクスポート＞を指定します。

Excelのリストをテーブルにインポートするには、アクションカタログで＜スプレッドシートのインポート/エクスポート＞を選択します。引数でExcelファイルやインポート時のテーブル名などを指定します。インポートするテーブルと同じ名前のテーブルがある場合、マクロを実行すると、通常は同じ名前のテーブルにデータが追加されます。

引数の＜フィールド名の設定＞では、Excelリストの先頭行がフィールド名の場合は＜はい＞を指定します。

参照▶Q 626、Q 685

● マクロの作成　マクロのデザインビュー

1 ＜デザイン＞タブの＜アクションカタログ＞をクリックし、アクションカタログを表示させます。

2 ＜デザイン＞タブの＜すべてのアクションを表示＞をクリックします。

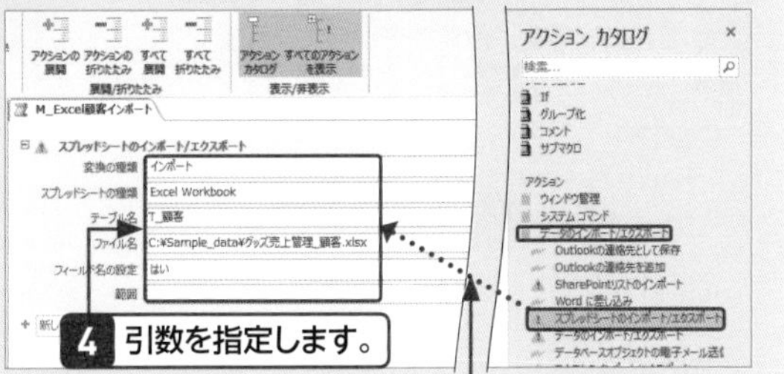

4 引数を指定します。

3 アクションカタログの＜データのインポート/エクスポート＞を展開し、＜スプレッドシートのインポート/エクスポート＞をマクロの作成画面にドラッグします。

● マクロの実行

1 マクロを実行すると、Excelのリストがインポートされます。

2 ナビゲーションウィンドウに表示されたテーブルをダブルクリックして開きます。

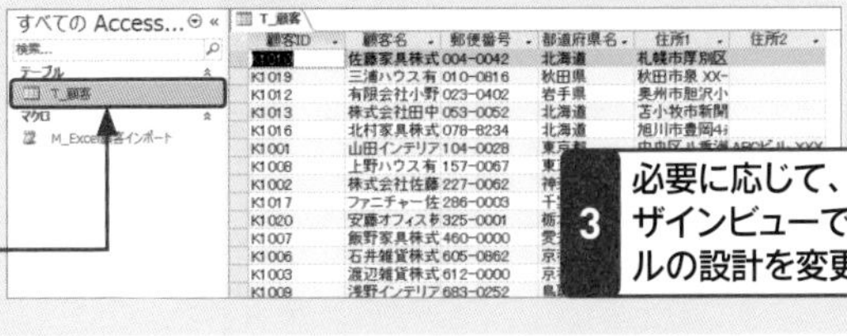

3 必要に応じて、テーブルをデザインビューで開いてテーブルの設計を変更します。

Q 687 テキストファイルからテーブルにデータをインポートするには？

A ＜テキストのインポート/エクスポート＞アクションを指定します。

テキストファイルをテーブルにインポートするには、アクションカタログで＜テキストのインポート/エクスポート＞を選択します。引数でテキストファイルやインポート時のテーブル名などを指定します。インポートするテーブルと同じ名前のテーブルがある場合、マクロを実行すると、通常は同じ名前のテーブルにデータが追加されます。

なお、テキストファイルをインポートするときは、インポート時のさまざまな設定に定義名を付けて保存することができます。マクロを作成するとき、その定義名を指定してインポートを実行することもできます。

インポートできない場合は、「インポートの操作を保存する」「インポートを実行するアクションをマクロで追加する」などの方法を利用してみましょう。

参照▶Q 630、Q 685

● テキストファイルのインポート時の定義の保存

1 ＜外部データ＞タブ→＜新しいデータソース＞→＜ファイルから＞→＜テキストファイル＞の順でクリックします。

2 ＜外部データの取り込み＞画面でインポートするテキストファイルを選択し、＜OK＞をクリックします。

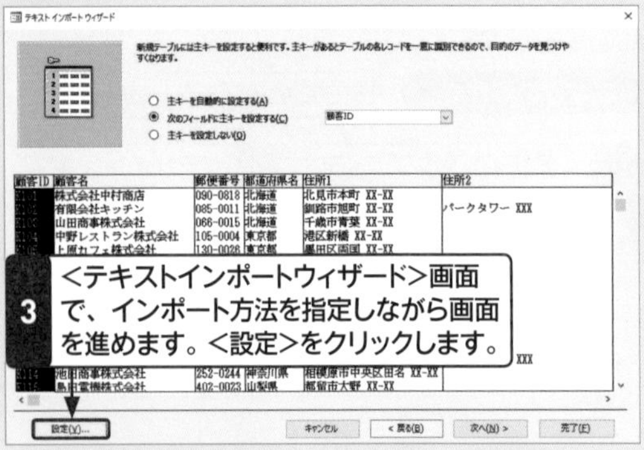

3 ＜テキストインポートウィザード＞画面で、インポート方法を指定しながら画面を進めます。＜設定＞をクリックします。

4 インポート時の設定を確認します。

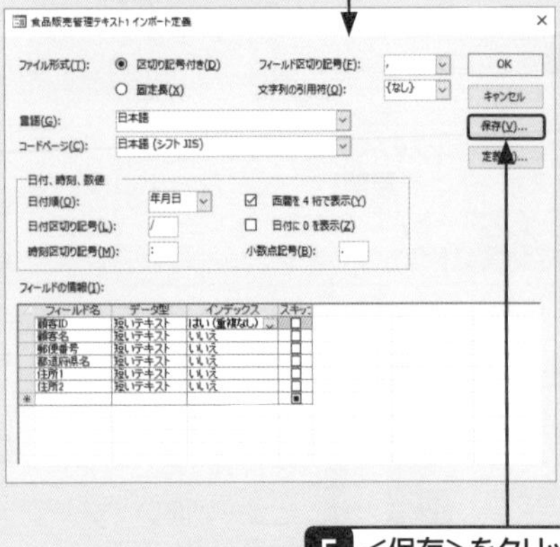

5 ＜保存＞をクリックします。

6 ＜定義名＞を指定します。

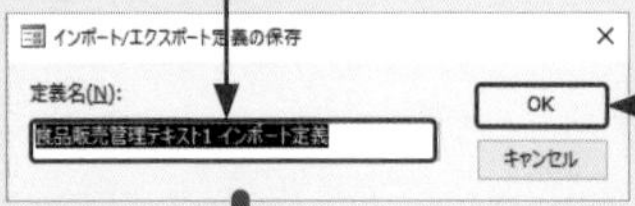

7 ＜OK＞をクリックします。

8 ここをクリックして、インポート画面を閉じます。

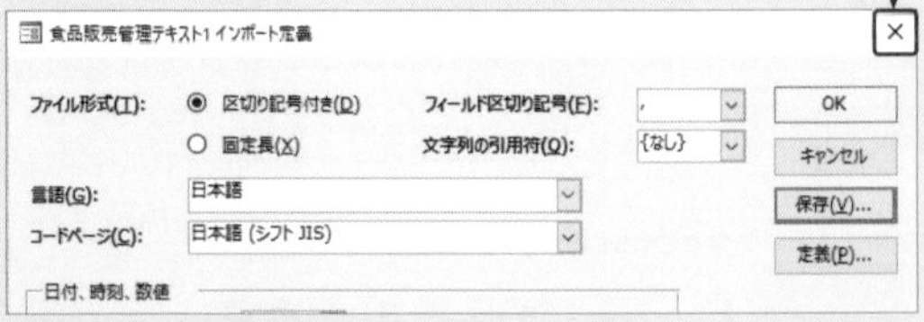

9 この後、手順3の＜テキストインポートウィザード＞画面で＜完了＞をクリックし、手順2の＜外部データの取り込み＞画面で＜閉じる＞をクリックします。

● マクロの作成

マクロのデザインビュー

1 ＜デザイン＞タブの＜アクションカタログ＞をクリックし、アクションカタログを表示させます。

2 ＜デザイン＞タブの＜すべてのアクションを表示＞をクリックします。

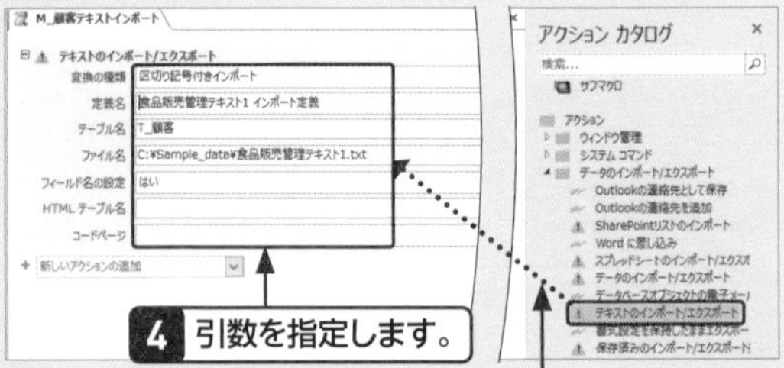

3 ＜テキストのインポート/エクスポート＞をマクロの作成画面にドラッグします。

4 引数を指定します。

重要度 ★★★　マクロによるデータの操作

Q 688 ほかのデータベースファイルにテーブルをエクスポートするには？

A ＜データのインポート／エクスポート＞アクションを指定します。

Accessで保存しているデータを、ほかのAccessのデータベースファイルにエクスポートするマクロを作成するには、＜データのインポート/エクスポート＞アクションを使います。
ここでは、開いているファイルの「T_イベント」テーブルを、指定したAccessファイルへエクスポートします。すでにあるテーブルと同じ名前でテーブルをエクスポートしようとすると、テーブルが上書きされます。
エクスポートできない場合は、「エクスポートの操作を保存する」「エクスポートを実行するアクションをマクロで追加する」などの方法を利用してみましょう。

参照▶Q 643、Q 685

● マクロの作成

マクロのデザインビュー

1 ＜デザイン＞タブの＜アクションカタログ＞をクリックします。

2 ＜デザイン＞タブの＜すべてのアクションを表示＞をクリックします。

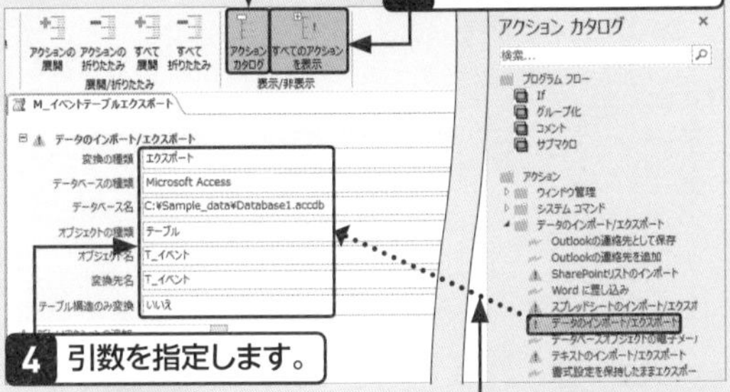

4 引数を指定します。

3 ＜データのインポート/エクスポート＞を展開して、＜データのインポート/エクスポート＞をマクロの作成画面にドラッグします。

● マクロの実行

1 マクロを実行します。

2 エクスポート先に指定したデータベースファイルを開きます。

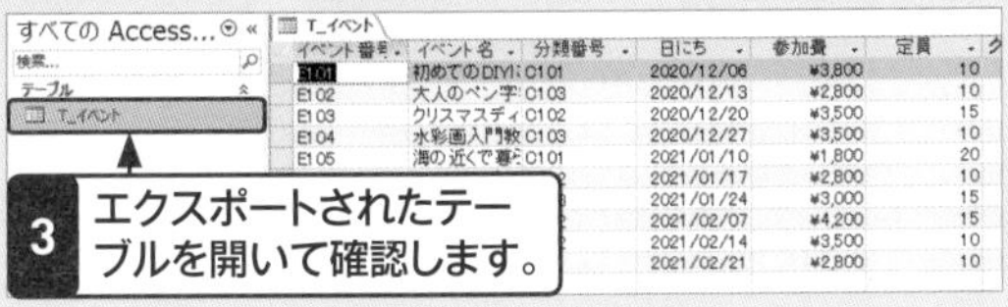

3 エクスポートされたテーブルを開いて確認します。

重要度 ★★★　マクロによるデータの操作

Q 689 テーブルをExcelファイルとしてエクスポートするには？

A ＜スプレッドシートのインポート/エクスポート＞を指定します。

Accessで保存しているデータを、Excelファイルにエクスポートするマクロを作成するには、＜スプレッドシートのインポート/エクスポート＞アクションを使います。
ここでは、開いているファイルの「T_顧客」テーブルをExcelファイルへエクスポートします。すでにあるテーブルと同じ名前でテーブルをエクスポートしようとすると、テーブルが上書きされます。
エクスポートできない場合は、「エクスポートの操作を保存する」「エクスポートを実行するアクションをマクロで追加する」などの方法を利用してみましょう。

参照▶Q 645、Q 685

● マクロの作成

マクロのデザインビュー

1 ＜デザイン＞タブの＜アクションカタログ＞をクリックします。

2 ＜デザイン＞タブの＜すべてのアクションを表示＞をクリックします。

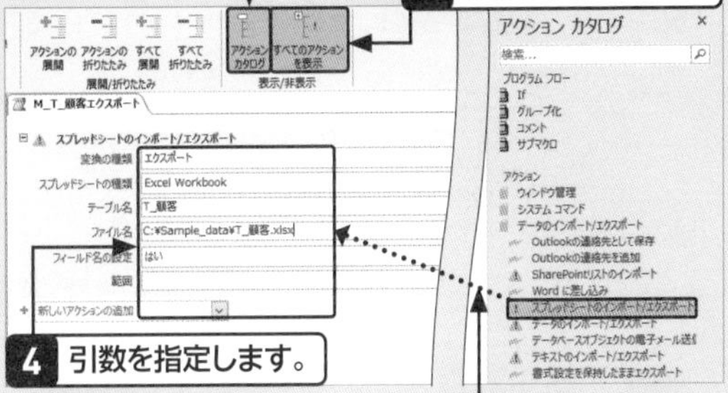

4 引数を指定します。

3 ＜データのインポート/エクスポート＞を展開して、＜スプレッドシートのインポート/エクスポート＞をマクロの作成画面にドラッグします。

● マクロの実行

1 マクロを実行します。

2 指定した場所に保存されたExcelファイルを開くと、データが表示されます。

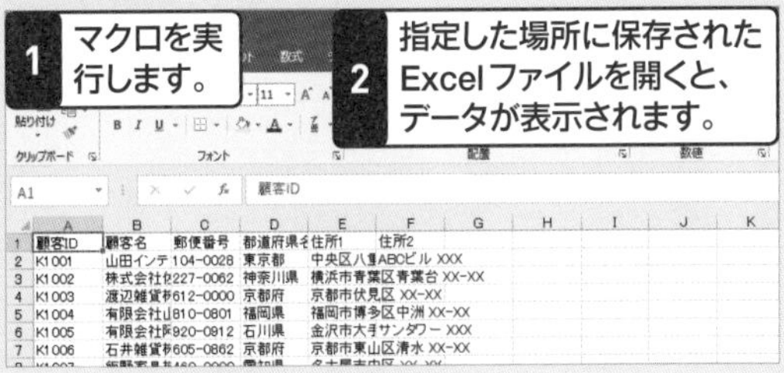

重要度 ★★★　マクロによるデータの操作

Q 690 テーブルのデータをテキストファイル形式でエクスポートするには？

A ＜テキストのインポート/エクスポート＞アクションを指定します。

Accessで保存しているデータをテキストファイルにエクスポートするマクロを作成するには、＜テキストのインポート/エクスポート＞アクションを使います。ここでは、開いているファイルの「T_顧客」テーブルをテキストファイル形式でエクスポートします。すでにあるテーブルと同じ名前でテーブルをエクスポートしようとすると、テキストファイルが上書きされます。エクスポートできない場合は、「エクスポートの操作を保存する」「エクスポートを実行するアクションをマクロで追加する」などの方法を利用してみましょう。

参照▶Q 646、Q 685

● マクロの作成　　マクロのデザインビュー

1 ＜デザイン＞タブの＜アクションカタログ＞をクリックします。

2 ＜デザイン＞タブの＜すべてのアクションを表示＞をクリックします。

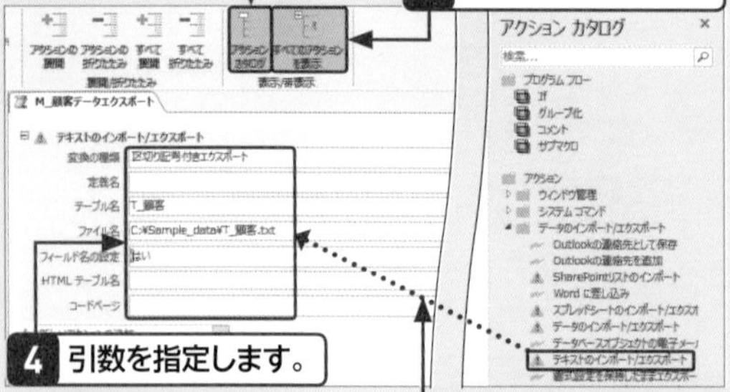

4 引数を指定します。

3 ＜データのインポート/エクスポート＞を展開して、＜テキストのインポート/エクスポート＞をマクロの作成画面にドラッグします。

● マクロの実行

1 マクロを実行します。

2 指定した場所に保存されたテキストファイルを開くと、データが表示されます。

重要度 ★★★　マクロによるデータの操作

Q 691 クエリの実行結果を指定したファイル形式でエクスポートするには？

A 出力するオブジェクト名を指定します。

テーブルから目的のデータを抽出したクエリを、ほかのデータベースファイルにエクスポートするには、＜データのインポート/エクスポート＞アクションを選択し、引数の＜オブジェクト名＞でクエリを指定します。

ここでは、「Q_東京都顧客」というクエリのデータを「T_東京都の顧客」というテーブルとして、指定したデータベースファイルにエクスポートします。

● マクロの作成　　マクロのデザインビュー

1 ＜デザイン＞タブの＜アクションカタログ＞をクリックします。

2 ＜デザイン＞タブの＜すべてのアクションを表示＞をクリックします。

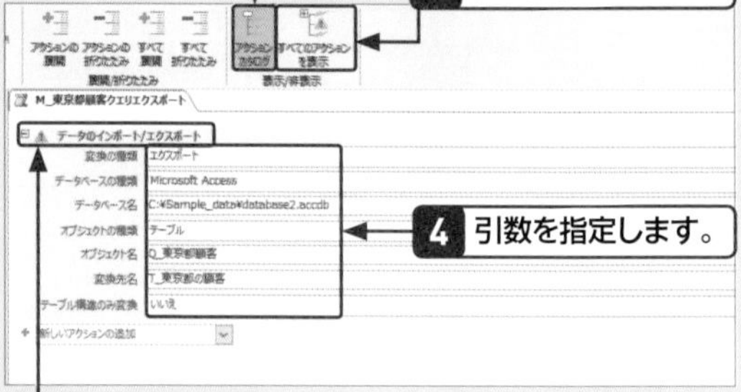

4 引数を指定します。

3 アクションカタログの＜データのインポート/エクスポート＞を展開して、＜データのインポート/エクスポート＞をマクロの作成画面にドラッグします。

● マクロの実行

1 エクスポート先のデータベースファイルを開きます。

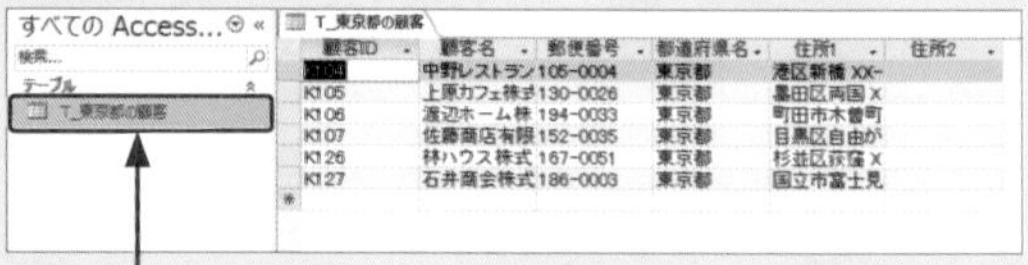

2 エクスポートされたテーブルをダブルクリックして開くと、データを確認できます。

重要度 ★★★　条件付きマクロ

Q 692 条件に一致する／しないで異なる処理を実行するには？

A アクションから<If>を指定します。

指定した条件に一致するか否かでマクロで行う処理を分岐するには、<If>のアクションを追加します。ここでは、スタッフデータを表示するフォームで、「所属」フィールドのコントロールをダブルクリックしたときに処理を分岐します。「所属」欄が空欄の場合はメッセージを表示し、空欄でない場合は選択した所属のデータのみ表示します。

● 書式：If～Then～Else

まず、Ifのあとに「True」または「False」で判定できる条件を指定し、「Then」のあとに条件に一致する場合の処理を記述します。続いてElseを指定し、条件に一致しない場合の処理を記述します。条件に一致しない場合の処理が不要な場合は、「Else」とその後の内容を省略できます。

```
If 条件 Then
    条件に一致する場合の処理
Else
    条件に一致しない場合の処理
If文の最後
```

● 書式：If～Then～ElseIf

Ifのあとに「True」または「False」で判定できるような「条件A」を指定し、「条件A」を満たす場合の処理を記述します。「条件A」を満たさない場合は、次の条件として「条件B」と、「条件B」満たす場合の処理を記述します。上から順に条件を判定していき、どの条件も満たさない場合は、「Else」のあとの処理を実行します。どの条件も満たさない場合の処理が不要な場合は、「Else」とその後の内容の指定を省略できます。

```
If 条件A Then
        条件Aに一致する場合の処理
Else If 条件B Then
        条件Bに一致する場合の処理
:
Else
        全ての条件に一致しない場合の処理
If文の最後
```

● マクロの作成

1 <新しいアクション>から<If>を選択します。

2 ここでは『「所属」フィールドのコントロールが空欄だったら場合』という条件を指定するため、
　IsNull([所属])
と入力します。

3 <新しいアクションの追加>から<メッセージボックス>を選択して、

4 条件に一致する場合に表示するメッセージの内容を指定します。

5 <Elseの追加>をクリックします。

6 <新しいアクションの追加>から<フィルターの設定>を選択します。

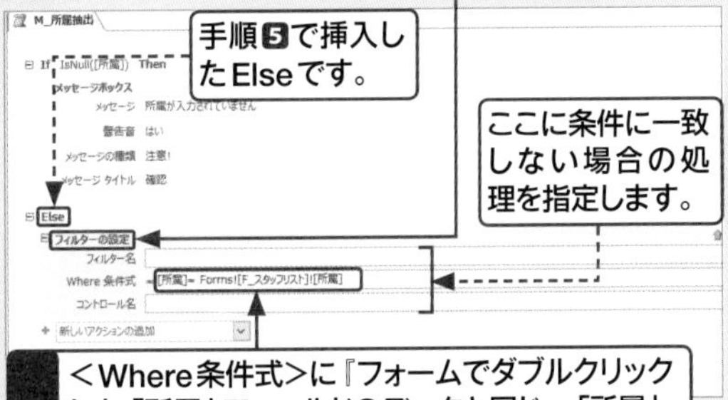

手順5で挿入したElseです。

ここに条件に一致しない場合の処理を指定します。

7 <Where条件式>に『フォームでダブルクリックした「所属」フィールドのデータと同じ、「所属」フィールドのデータ』という内容を指定するため、
　[所属]=[Forms]![F_スタッフリスト]![所属]
と入力します。

8 マクロに名前を付けて保存します。

● マクロの割り当て

1 スタッフデータの一覧を表示するフォームを作成します。

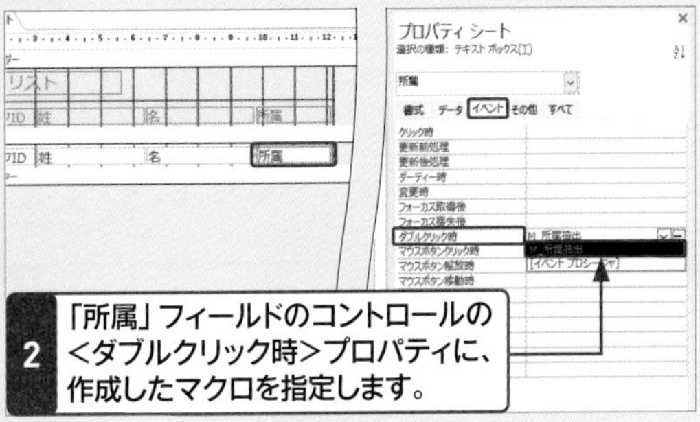

2 「所属」フィールドのコントロールの<ダブルクリック時>プロパティに、作成したマクロを指定します。

重要度 ★★★　条件付きマクロ

Q 693 条件付きマクロを実行するには？

A 条件に一致する場合とそうでない場合の動作を確認します。

ここでは、Q692で作成したマクロを実行します。Q692のマクロは、フォームの「所属」フィールドのコントロールをダブルクリックしたときに実行されます。「所属」フィールドが空欄のコントロールをダブルクリックした場合は、メッセージウィンドウを表示します。空欄でない場合は、フィルターを実行してダブルクリックした「所属」のデータのみを表示します。

参照▶Q 692

1 「所属」のコントロールのうち、空欄のコントロールをダブルクリックします。

2 メッセージが表示されるので、<OK>をクリックします。

3 たとえば、「横浜」と入力されているコントロールをダブルクリックすると、

4 フィルターが実行されて、「所属」フィールドが「横浜」のデータのみ表示されます。

重要度 ★★★　条件付きマクロ

Q 694 条件付きマクロに条件を追加するには？

A <Else If>をクリックして条件を追加します。

複数の条件を順番に判定して処理を分岐するには、<If>のアクションの中に<Else If>を追加して、条件と条件に一致する場合に実行する処理を記述します。ここでは、Q692で作成したマクロを修正します。このマクロは、フォームの「所属」フィールドのコントロールをダブルクリックしたときに実行するものです。「所属」フィールドが空欄の場合は、メッセージを表示します。「要入力」の場合は「F_スタッフ登録」フォームを開きます。このとき、ダブルクリックしたデータの「スタッフID」に対応するデータを表示します。それ以外の場合は、ダブルクリックした「所属」のデータを抽出条件としてフィルター機能を実行します。
マクロの修正後はフォームをフォームビューで表示し、「所属」フィールドに「要入力」と入力されているコントロールをダブルクリックして、動作を確認します。

参照▶Q 693

マクロのデザインビュー

1 <メッセージボックス>のアクションが指定されている箇所をクリックします。

2 右端に表示される<Else Ifの追加>をクリックします。

3 ここでは『「所属」フィールドのデータが「要入力」だったら？』という条件を指定するため、
[所属]="要入力"
と入力します。

4 <新しいアクションの追加>から<フォームを開く>をクリックします。

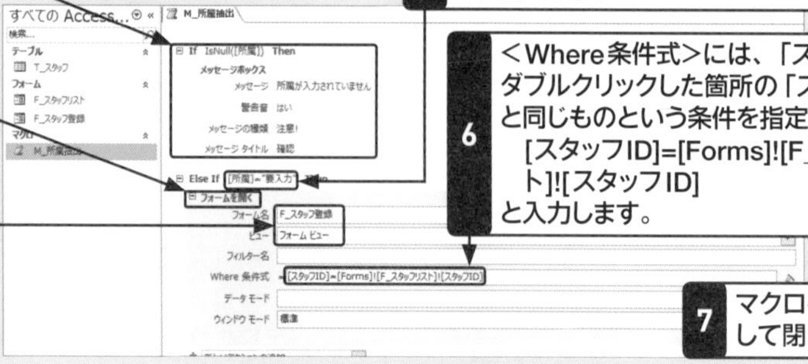

5 引数を指定します。

6 <Where条件式>には、「スタッフID」がダブルクリックした箇所の「スタッフID」と同じものという条件を指定するので、
[スタッフID]=[Forms]![F_スタッフリスト]![スタッフID]
と入力します。

7 マクロを上書き保存して閉じます。

Q 695 マクロを実行するか選べるようにするには？

A メッセージ画面に操作を選択するボタンを表示します。

マクロを実行する前などにメッセージを表示して、マクロを実行するか否かを選択できるようにするには、<If>のアクションの条件の指定時にMsgBox関数を使ってメッセージを表示させます。

ここでは、Accessを終了するかを確認するメッセージを表示します。<はい><いいえ>のボタンを表示して、<はい>がクリックされたときはAccessを終了し、<いいえ>がクリックされたときはメッセージを表示します。メッセージの表示方法は、Q696を参照してください。

参照▶Q 696

● マクロの作成

マクロのデザインビュー

1 <新しいアクションの追加>から<If>のアクションを追加します。

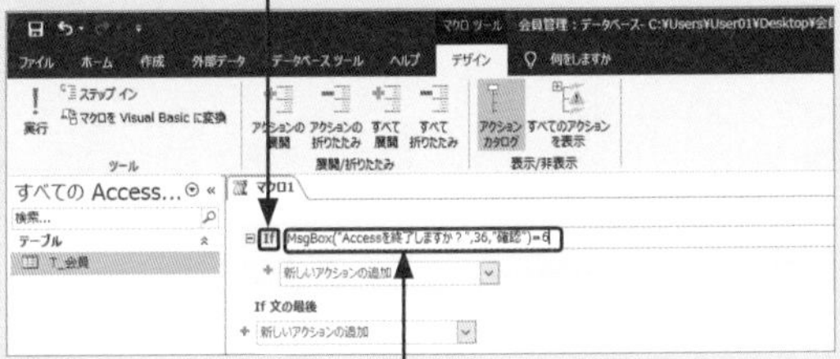

2 MsgBox関数を入力します。メッセージを表示して、<はい>がクリックされた場合を条件にするので、
MsgBox("Accessを終了しますか？",36,"確認")=6
と入力します。

3 <新しいアクションの追加>から<Accessの終了>を選択します。

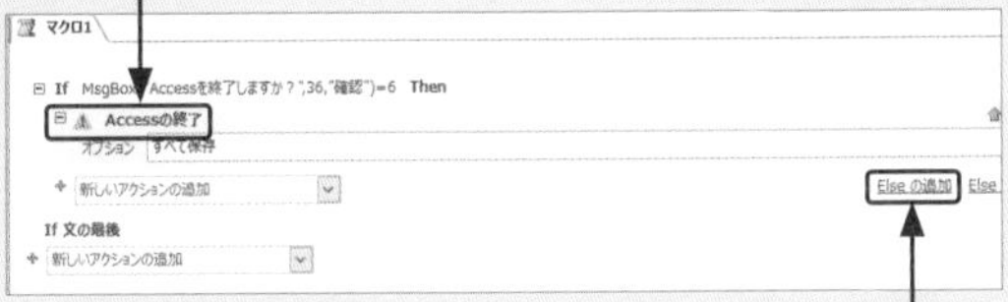

4 <Elseの追加>をクリックします。

5 <新しいアクションの追加>から<メッセージボックス>を選択して、

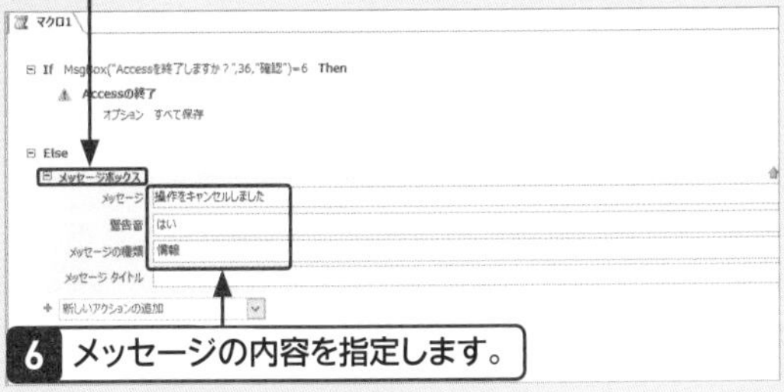

6 メッセージの内容を指定します。

● マクロの実行

1 ナビゲーションウィンドウでマクロをダブルクリックして実行します。

2 メッセージが表示されます。

3 <いいえ>をクリックします。

4 メッセージが表示されます。

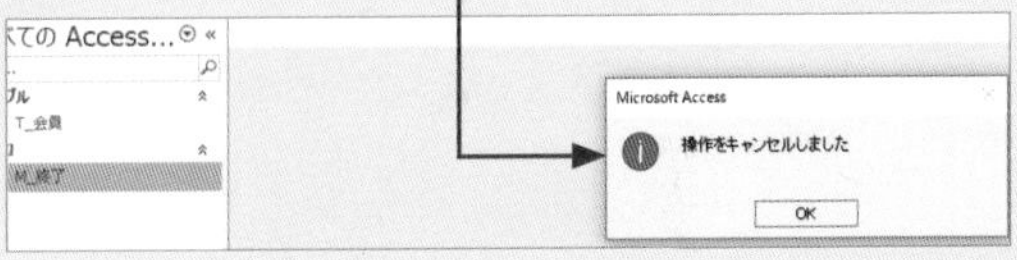

手順3で<はい>をクリックした場合は、Accessが終了します。

● Accessの終了について

マクロで<Accessの終了>アクションを指定するときは、引数で、保存していないオブジェクトを保存するかを指定できます。

●保存していないオブジェクトを保存するかの指定

設定値	内容
確認	未保存のオブジェクトがある場合、保存するか選択する画面を表示します。
すべて保存	未保存のオブジェクトを保存して終了します。
終了	未保存のオブジェクトを保存せずに終了します。

Q 696 メッセージ画面を表示して操作を選べるようにするには？

A MsgBox関数の引数の指定方法を知りましょう。

MsgBox関数を使うとメッセージボックスを表示できます。メッセージの表示内容や表示するボタンの種類、アイコンなどは、関数の引数で指定します。

書式 MsgBox(メッセージ,[ボタン表示],[タイトル,[ヘルプファイル],[コンテキスト])

メッセージ：メッセージの内容を指定します。
ボタン表示：表示するボタンの種類やアイコンを指定します。
タイトル：メッセージボックスのタイトルバーの文字を指定します。
ヘルプファイル：ヘルプを表示する場合のヘルプファイルを指定します。
コンテキスト：ヘルプを表示する場合に対応するコンテキスト番号を指定します。

● Q695で紹介した指定例

MsgBox("Accessを終了しますか？",36,"確認")=6

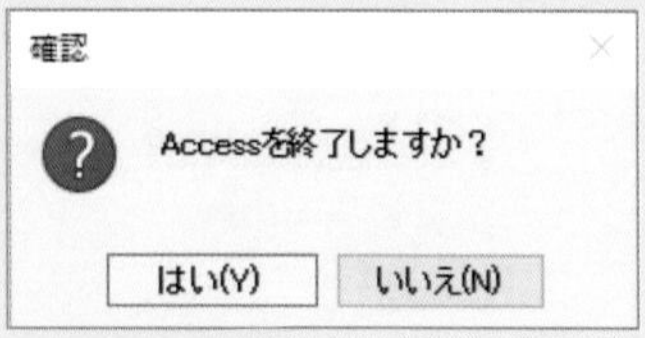

●ボタンの指定

ボタン	設定値	番号
OK	vbOKOnly	0
OK　キャンセル	vbOKCancel	1
中止(A)　再試行(R)　無視(I)	vbAbortRetryIgnore	2
はい(Y)　いいえ(N)　キャンセル	vbYesNoCancel	3
はい(Y)　いいえ(N)	vbYesNo	4
再試行(R)　キャンセル	vbRetryCancel	5

●デフォルトボタンの指定

ボタン	設定値	番号	内容
はい(Y)　いいえ(N)　キャンセル	vbDefaultButton1	0	左端のボタン
はい(Y)　いいえ(N)　キャンセル	vbDefaultButton2	256	2番目のボタン
はい(Y)　いいえ(N)　キャンセル	vbDefaultButton3	512	3番目のボタン

Q695では左記のような式を入力しています。引数のメッセージは、メッセージに表示する文字を指定します。「,」(カンマ)で区切って引数のボタン表示でボタンの種類を指定します。ここでは、<問い合わせアイコン>を表示して<はい><いいえ>ボタンを表示します。問い合わせアイコンを表示する番号の「32」と<はい><いいえ>ボタンを表示する番号の「4」を足して「36」を指定します。「,」で区切って引数のタイトルでメッセージボックスのタイトルバーの文字を指定します。また、このメッセージ画面では、クリックされたボタンの番号が戻り値として帰ります。ここでは、<はい>がクリックされたときに返る番号「6」を指定します。これにより、「メッセージ画面で<はい>がクリックされたら」という内容が条件になります。

参照▶Q 695

●アイコンの指定

アイコン	設定値	番号	内容
	vbCritical	16	警告アイコン
	vbQuestion	32	問い合わせアイコン
	vbExclamation	48	注意アイコン
	vbInformation	64	情報アイコン

●ボタンの戻り値

ボタン	戻り値	値
OK	vbOK	1
キャンセル	vbCancel	2
中止(A)	vbAbort	3
再試行(R)	vbRetry	4
無視(I)	vbIgnore	5
はい(Y)	vbYes	6
いいえ(N)	vbNo	7

Q 697 マクロをグループにまとめて整理するには？

A <グループブロックの作成>を選択します。

1つのマクロには複数のアクションを指定できます。アクションの数が増えてくると、内容を把握しづらくなる場合もあるでしょう。関連するアクションをまとめて整理するには、複数のアクションをグループ化します。
ここでは、マクロでレポートやフォームを開いた後に、最後のレコードを選択する動作が指定されています。後半の「フォームを開いてレコードを移動する動作」を1つのグループにまとめます。

マクロのデザインビュー

1 複数のマクロが設定されています。

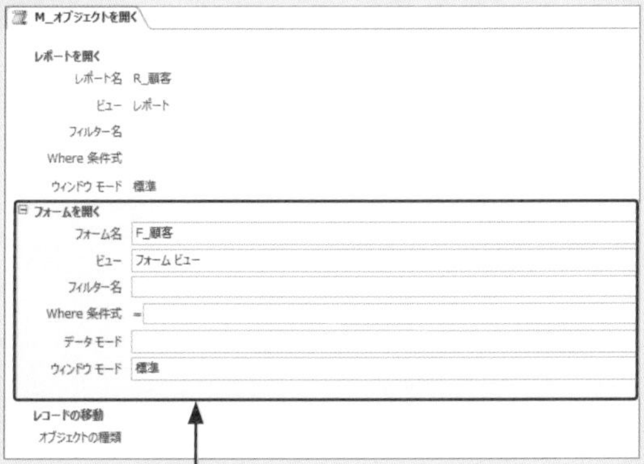

2 1つにまとめる動作の先頭の動作をクリックします。

3 Ctrl キーを押しながら、1つにまとめる動作のアクションをクリックします。

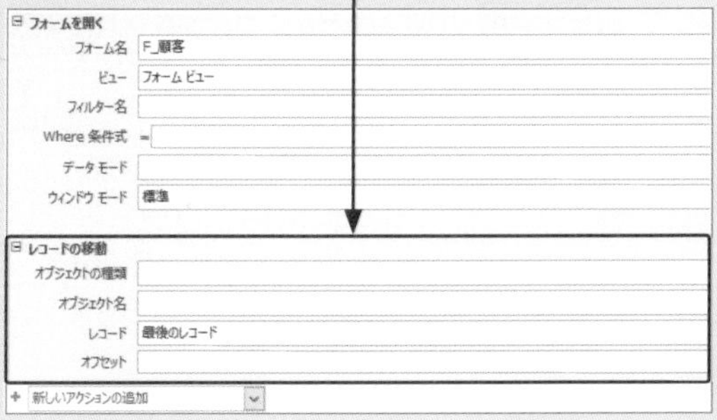

4 複数の動作が選択されます。

5 選択された動作の上で右クリックします。

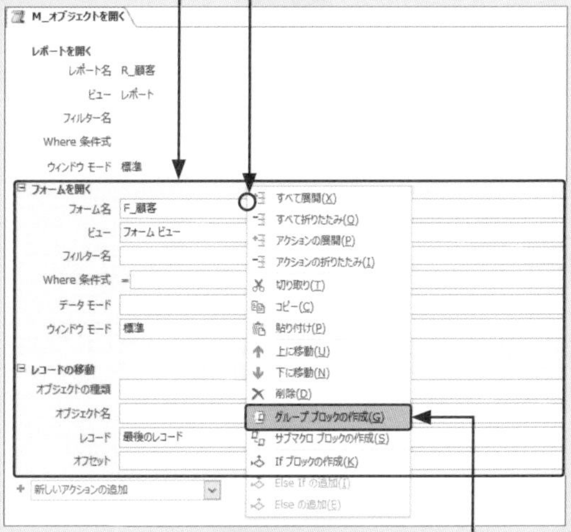

6 <グループブロックの作成>をクリックします。

7 グループ名を入力し、空いている場所をクリックします。

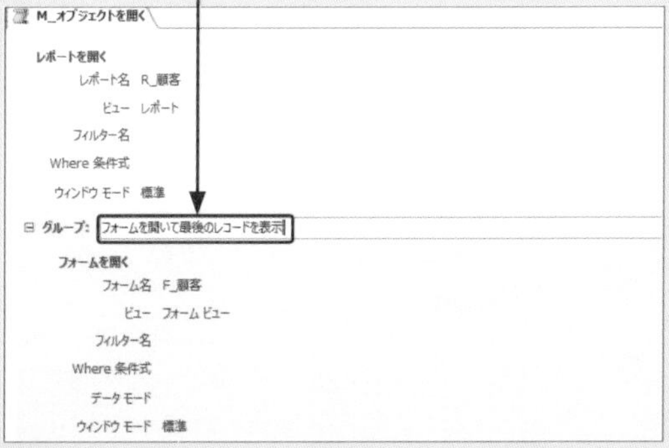

8 グループ名の先頭の ⊟ をクリックすると、グループが折りたたんで表示されます。

重要度 ★★★ マクロの整理

Q 698 グループにアクションを追加するには？

A <新しいアクションの追加>欄から追加します。

マクロのグループにあとからアクションを追加するには、追加する前の動きの指定欄をクリックして新しいアクションを追加します。

ここでは、マクログループの末尾に新しいアクションを追加します。追加するアクションは、「顧客名」フィールドを選択する操作です。

マクロのデザインビュー

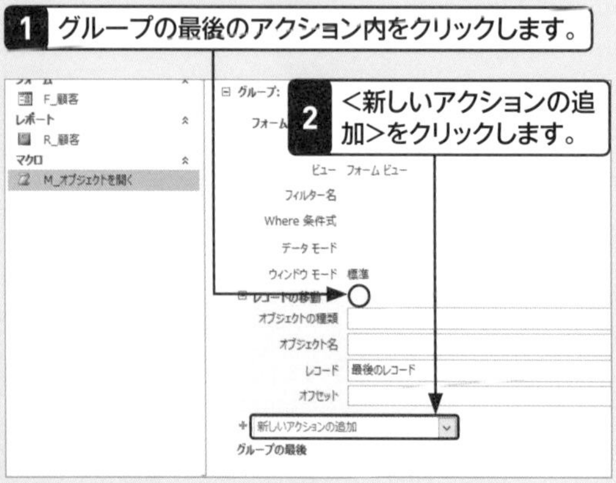

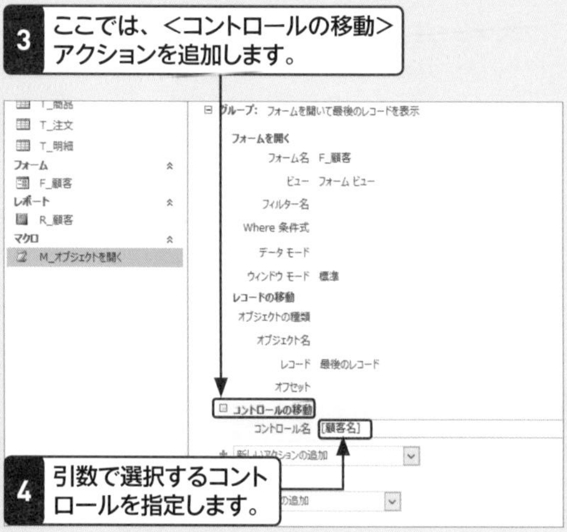

重要度 ★★★ マクロの整理

Q 699 グループからアクションを削除するには？

A アクションを選択してから削除します。

グループに追加したアクションを削除するには、削除するアクション内をクリックし、右端に表示される ☒ をクリックします。また、動きの順番を入れ替えるには、動きの右側に表示される ⇧ ⇩ をクリックします。

マクロのデザインビュー

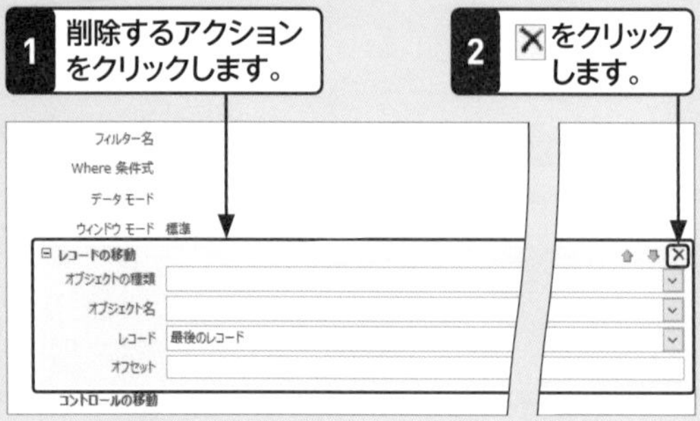

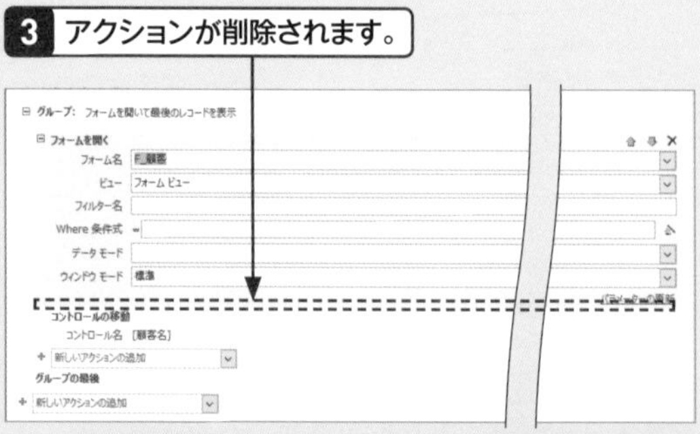

● グループを削除する

グループ全体を削除するには、グループ名をクリックし、右端に表示される ☒ をクリックします。

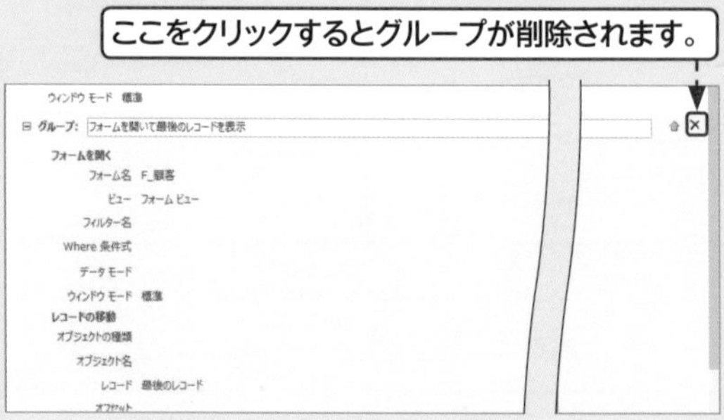

重要度 ★★★　マクロの整理

Q 700 1つのマクロに複数のマクロを作成するには？

A <サブマクロブロックの作成>を選択します。

1つのマクロに複数の異なるマクロを保存するには、「サブマクロ」を作成します。サブマクロはグループ化とは異なり、サブマクロ1つ1つが独立したマクロです。似たようなマクロを複数作成するとき、1つのマクロに複数のサブマクロとして追加することで、マクロを整理できます。

参照▶Q 697

マクロのデザインビュー

1 サブマクロにするアクションを選択します。連続する複数のアクションを選択するには、Q697を参照します。

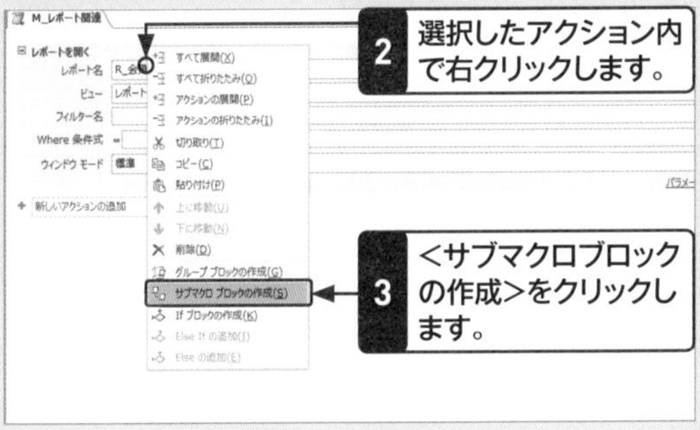

2 選択したアクション内で右クリックします。

3 <サブマクロブロックの作成>をクリックします。

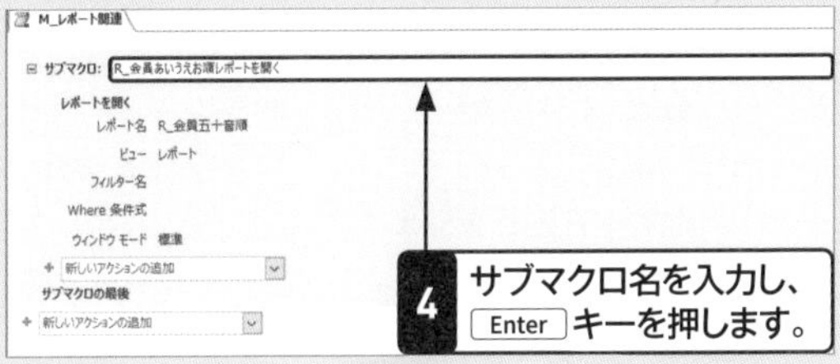

4 サブマクロ名を入力し、Enter キーを押します。

5 同様の方法で、ほかのサブマクロを作成します。

重要度 ★★★　マクロの整理

Q 701 サブマクロに複数のアクションを追加するには？

A <新しいアクションの追加>欄から追加します。

サブマクロに後からアクションを追加するには、追加する前の動きの指定欄をクリックして、新しいアクションを追加します。

ここでは、サブマクロの末尾に新しいアクションを追加します。レポートを開くサブマクロにアクションを追加して、表示倍率を指定します。

マクロのデザインビュー

1 サブマクロの最後のアクション内をクリックします。

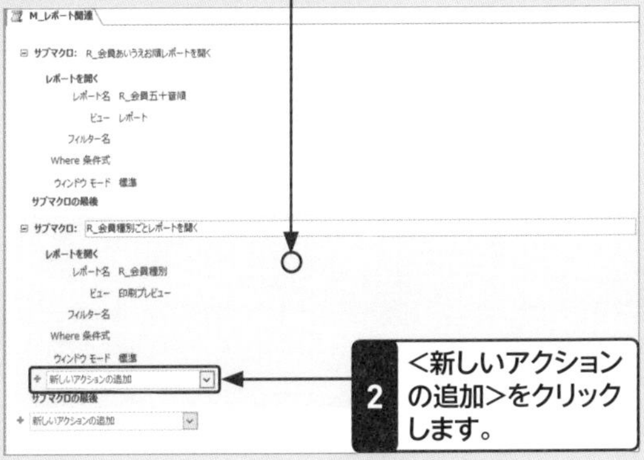

2 <新しいアクションの追加>をクリックします。

3 ここでは、アクションに<メニューコマンドの実行>を指定します。

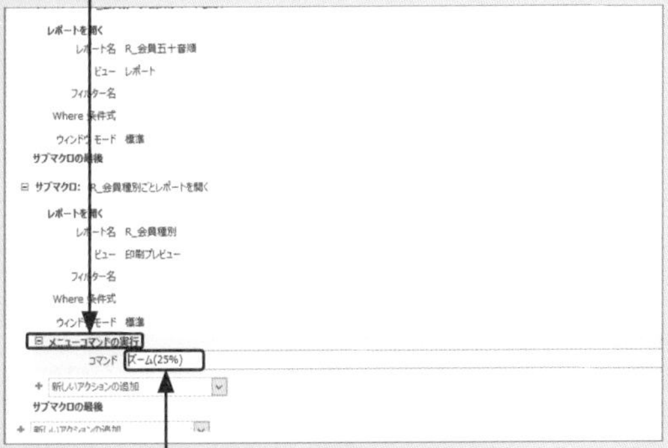

4 <コマンド>に引数などを指定します。

Q 702 サブマクロを実行するには？

A マクロ名とサブマクロ名のセットを選んで指定します。

サブマクロを実行する方法はいくつかあります。マクロの作成中は、<データベースツール>タブの<マクロの実行>ボタンをクリックし、サブマクロを選択してから実行する方法があります。

ボタンをクリックしたタイミングで実行する場合は、ボタンの<クリック時>イベントで「マクロ名.サブマクロ名」の項目を選択し、サブマクロを指定します。マクロ名だけが表示されている項目を選択した場合、指定したマクロでサブマクロに含まれないアクションや、最初のサブマクロが実行されてしまうので注意してください。

フォームのデザインビュー

1 フォームにサブマクロを実行するボタンを配置します。

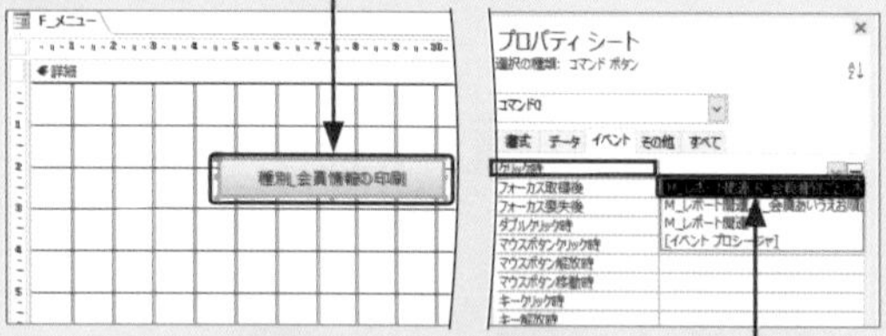

2 サブマクロを割り当てるボタンの<クリック時>のイベント欄でサブマクロの名前を選んで選択します。

3 フォームをフォームビューで開きます。

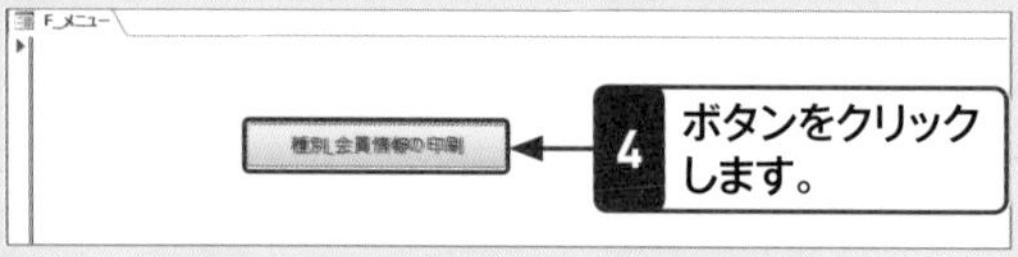

4 ボタンをクリックします。

5 指定したサブマクロが実行されます。ここでは、レポートが開きます。

Q 703 マクロを実行できない！

A <コンテンツの有効化>をクリックします。

マクロが含まれるファイルを開くと、通常は<セキュリティの警告>が表示されて、安全性が不明のマクロなどは実行できない状態になります。マクロを実行するには、<コンテンツの有効化>をクリックします。

なお、一部のマクロは<コンテンツの有効化>をクリックしなくても実行できる場合があります。 参照▶Q 029

1 ファイルを開きます。

2 マクロを実行します。

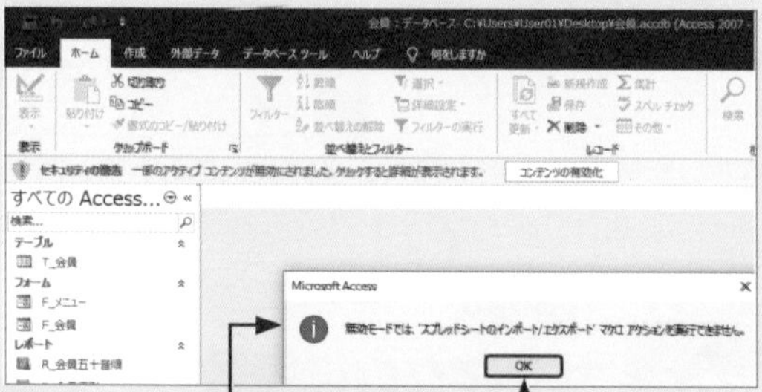

3 マクロの実行ができない旨のメッセージが表示されます。

4 <OK>をクリックします。

5 このような画面が表示されたら、ここをクリックして画面を閉じます。

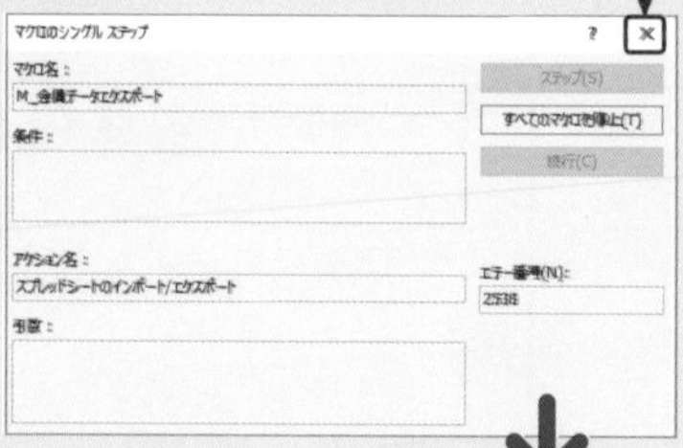

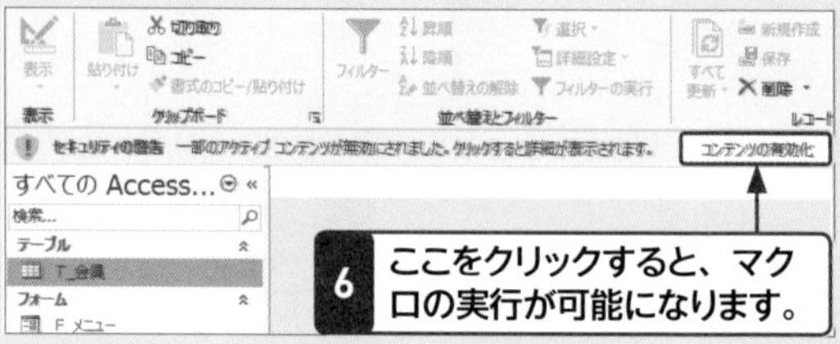

6 ここをクリックすると、マクロの実行が可能になります。

1 Accessの基本
2 オブジェクト
3 テーブル
4 リレーションシップ
5 クエリ
6 フォーム
7 レポート
8 セクション・コントロール
9 関数
10 取込・出力
11 マクロ
12 テクニック

重要度 VBA

Q 704 VBAやVBEって何？

A 操作を自動化するプログラムを書くときに使うものです。

マクロを使うと、ワンクリックでさまざまな操作をかんたんに自動化できるメリットがありますが、複雑な処理を思いどおりに実行させることが難しいケースもあります。そんな時に役立つのがプログラム言語を使って操作を記述する方法です。

VBA（Visual Basic for Applications）とは、Accessの操作を自動化するプログラムを書くときに使うプログラム言語のことです。VBE（Visual Basic Editor）とは、VBAでプログラムを書くときに使うツールのことです。VBEはAccessに付属しており、ここで紹介する手順で起動できます。なお、本書では、VBAやVBEについての詳細は解説していません。

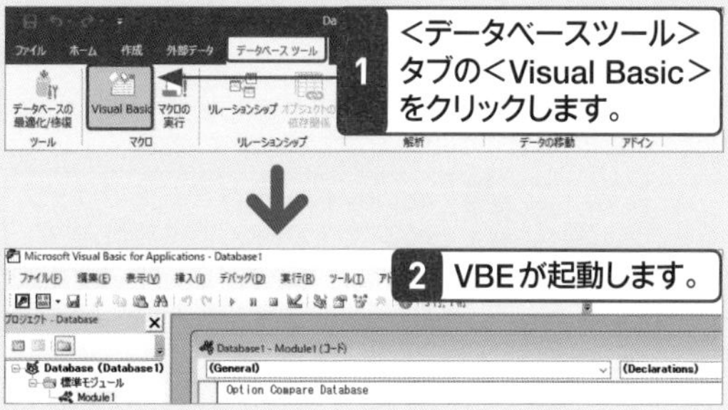

1 <データベースツール>タブの<Visual Basic>をクリックします。
2 VBEが起動します。

重要度 VBA

Q 705 マクロをVBAのモジュールに変換するには？

A マクロを選択して自動的に変換する方法があります。

Accessでは、VBAというプログラム言語を使って、操作を自動化するプログラムを作成できます。また、Accessで作成したマクロも、一部を除いてVBAで記述したプログラムに変換することができます。変換した内容は、修正することも可能です。

たとえば、レポートを開くマクロをVBAに変換するには、次のように操作します。

マクロのデザインビュー

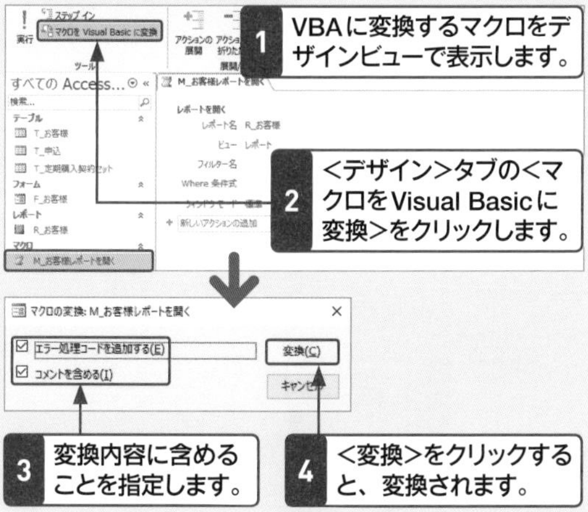

1 VBAに変換するマクロをデザインビューで表示します。
2 <デザイン>タブの<マクロをVisual Basicに変換>をクリックします。
マクロの変換: M_お客様レポートを開く
エラー処理コードを追加する(E)
コメントを含める(I)
変換(C)
3 変換内容に含めることを指定します。
4 <変換>をクリックすると、変換されます。

重要度 VBA

Q 706 モジュールの内容を表示するには？

A ナビゲーションウィンドウから表示できます。

Q705の方法でマクロをVBAに変換すると、モジュールというオブジェクトが作成されます。<ナビゲーションウィンドウ>からモジュールを選択すると、内容を確認できます。

参照▶Q 705

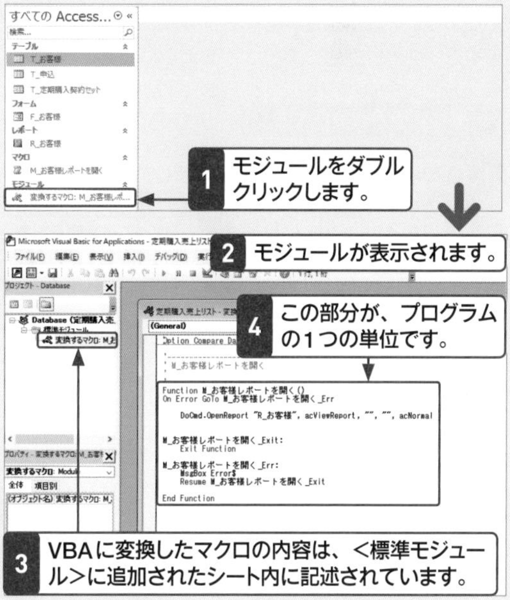

1 モジュールをダブルクリックします。
2 モジュールが表示されます。
4 この部分が、プログラムの1つの単位です。
3 VBAに変換したマクロの内容は、<標準モジュール>に追加されたシート内に記述されています。

重要度★★★　VBA

Q 707 VBAのモジュールを編集するには？

A 編集箇所を選択してかんたんに書き換えられます。

マクロをVBAに変換したモジュールは、内容を修正することもできます。ここでは、Q705でマクロを変換して作成したモジュールを開き、内容を書き換えます。当初はレポートをレポートビューで開きましたが、印刷プレビューで開くように修正します。

参照▶Q 705、Q 706

1 Q706の方法でモジュールを表示します。

2 「acViewReport」の前をクリックして、文字カーソルを移動します。

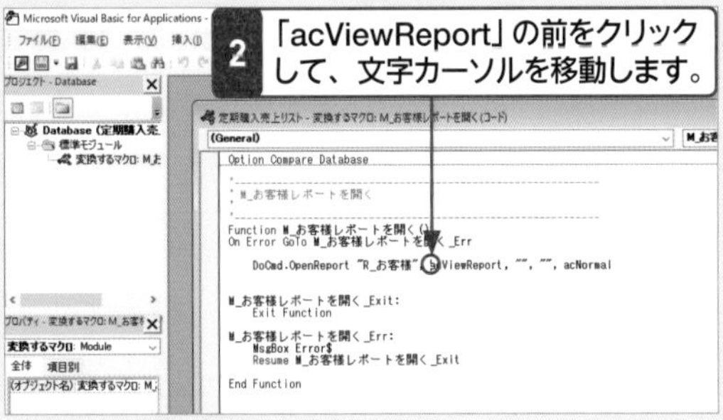
Microsoft Visual Basic for Applications
(General)
Option Compare Database
Function M_お客様レポートを開く()
On Error GoTo M_お客様レポートを開く_Err
DoCmd.OpenReport "R_お客様", acViewReport, "", "", acNormal
M_お客様レポートを開く_Exit:
Exit Function
M_お客様レポートを開く_Err:
MsgBox Error$
Resume M_お客様レポートを開く_Exit
End Function

3 「acViewReport」を消して「acViewPreview」に変更します。

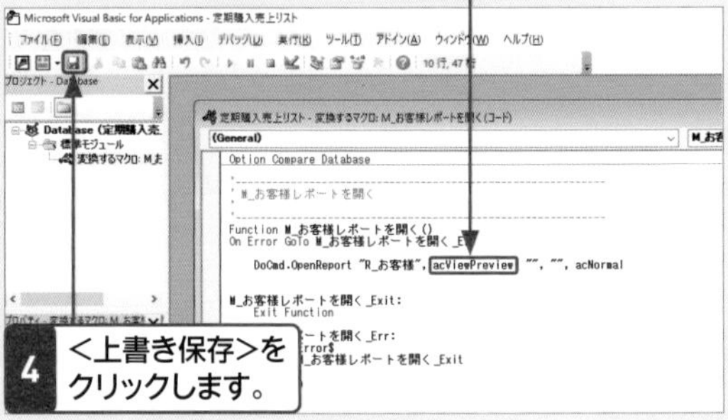
DoCmd.OpenReport "R_お客様", acViewPreview, "", "", acNormal

4 <上書き保存>をクリックします。

重要度★★★　VBA

Q 708 モジュールの内容を実行するには？

A モジュールの編集画面のほか、ボタンで実行できます。

モジュールを実行するには、さまざまな方法があります。モジュールの編集画面から実行できるほか、さまざまなタイミングで自動的に実行されるように指定できます。

参照▶Q 706

● 編集画面から実行する

1 Q706の方法でモジュールを表示します。

2 実行するプログラム内をクリックします。

3 <マクロの実行>をクリックすると、実行されます。

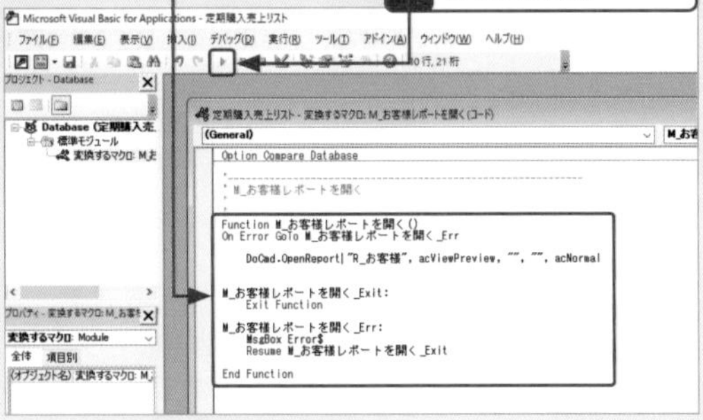
Microsoft Visual Basic for Applications - 定期購入売上リスト
Function M_お客様レポートを開く()
DoCmd.OpenReport "R_お客様", acViewPreview, "", "", acNormal
End Function

● ボタンのクリック時に実行する

フォームのデザインビュー

1 フォームなどに配置したボタンの、<クリック時>のイベント欄の<…>をクリックします。

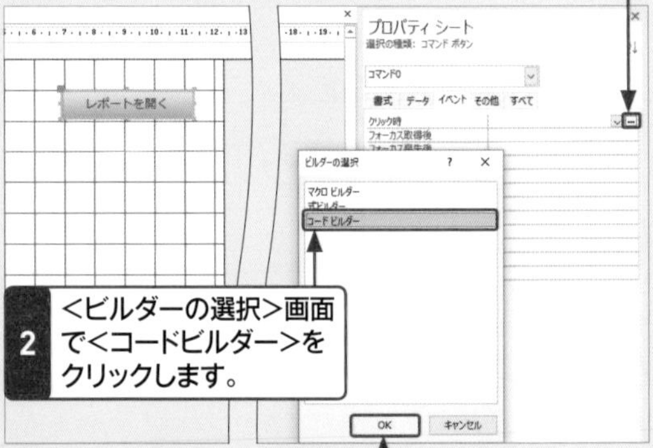
プロパティ シート
コマンド0
レポートを開く
ビルダーの選択
マクロ ビルダー
式ビルダー
コード ビルダー
OK
キャンセル

2 <ビルダーの選択>画面で<コードビルダー>をクリックします。

3 <OK>をクリックします。

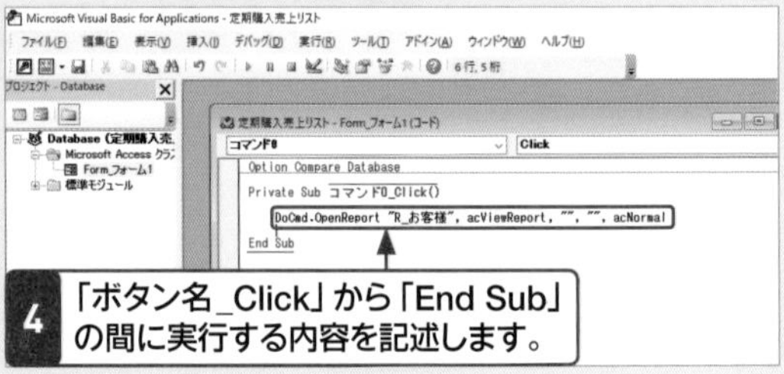
Option Compare Database
Private Sub コマンド0_Click()
DoCmd.OpenReport "R_お客様", acViewReport, "", "", acNormal
End Sub

4 「ボタン名_Click」から「End Sub」の間に実行する内容を記述します。

第12章

覚えておきたいテクニック

重要度★★★ オブジェクトのテクニック

Q 709 オブジェクトの名前を変更するには？

A ＜名前の変更＞を選択します。

オブジェクトの名前をあとから変更するには、ナビゲーションウィンドウでオブジェクトを右クリックする操作から始めます。名前を変更したオブジェクトをもとに作成した別のオブジェクトがある場合、通常は、名前の変更が自動的に反映されます。ただし、名前の自動修正に関する設定がオフになっている場合、名前の変更が自動的に反映されません。その場合は、そのオブジェクトをもとに作成したオブジェクト側で、＜レコードソース＞プロパティの設定を変更するなど対応が必要です。

参照▶Q 090、Q 334

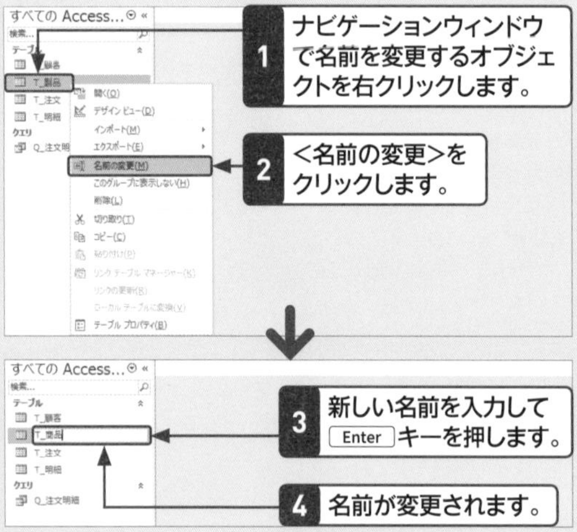
すべての Access...
1 ナビゲーションウィンドウで名前を変更するオブジェクトを右クリックします。
2 ＜名前の変更＞をクリックします。
3 新しい名前を入力して Enter キーを押します。
4 名前が変更されます。

重要度★★★ オブジェクトのテクニック

Q 710 オブジェクトをコピーして使いたい！

A コピーしてナビゲーションウィンドウに貼り付けます。

既存のオブジェクトと似たようなオブジェクトを作成する場合は、「オブジェクトのコピー＆貼り付け」を利用すると便利です。貼り付け時に、保存されているデータも一緒に貼り付けるかどうかなど、貼り付け方法を選択できます。

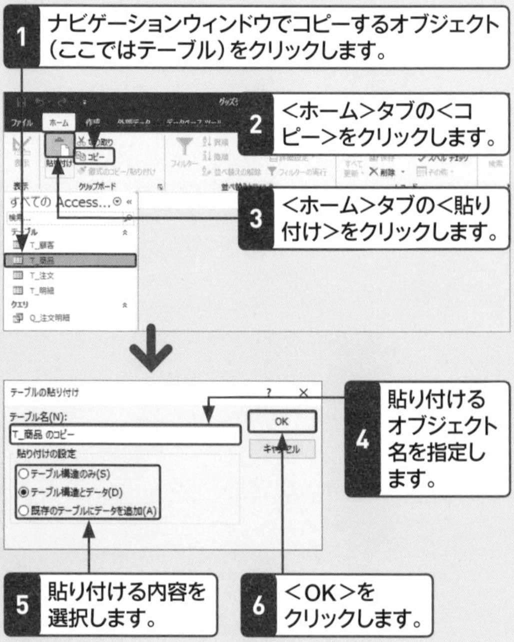
1 ナビゲーションウィンドウでコピーするオブジェクト（ここではテーブル）をクリックします。
2 ＜ホーム＞タブの＜コピー＞をクリックします。
3 ＜ホーム＞タブの＜貼り付け＞をクリックします。
テーブルの貼り付け
テーブル名(N):
T_商品 のコピー
貼り付けの設定
テーブル構造のみ(S)
テーブル構造とデータ(D)
既存のテーブルにデータを追加(A)
OK
キャンセル
4 貼り付けるオブジェクト名を指定します。
5 貼り付ける内容を選択します。
6 ＜OK＞をクリックします。

重要度★★★ オブジェクトのテクニック

Q 711 オブジェクトの構造だけをコピーしたい！

A テーブル構造のみを貼り付けます。

既存のテーブルをコピーして利用するとき、テーブルに保存されているデータは除いてテーブル構造のみ貼り付けるには、貼り付け時に＜テーブル構造のみ＞を選択します。同じ構造のテーブルを複数作成したい場合は、この方法が便利です。

参照▶Q 710

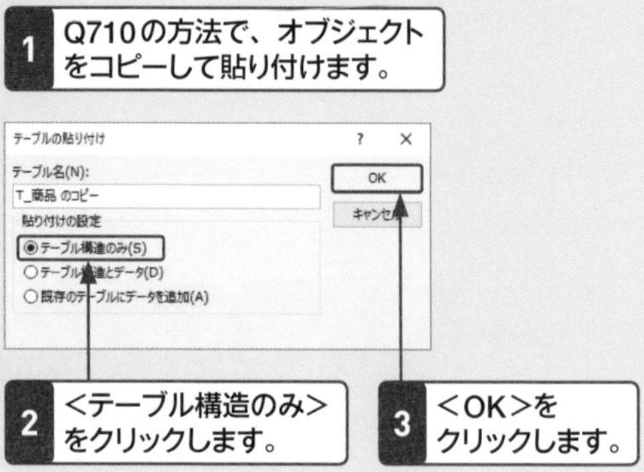
1 Q710の方法で、オブジェクトをコピーして貼り付けます。
テーブルの貼り付け
テーブル名(N):
T_商品 のコピー
貼り付けの設定
テーブル構造のみ(S)
テーブル構造とデータ(D)
既存のテーブルにデータを追加(A)
OK
キャンセル
2 ＜テーブル構造のみ＞をクリックします。
3 ＜OK＞をクリックします。

重要度★★★ オブジェクトのテクニック

Q 712 アクションクエリやマクロが勝手に実行されないようにしたい！

A 隠しオブジェクトにしましょう。

ナビゲーションウィンドウでアクションクエリやマクロが見える状態になっていると、第三者がクエリやマクロを勝手に実行してしまう可能性があります。オブジェクトが第三者に実行されないようにするには、ナビゲーションウィンドウに表示されない「隠しオブジェクト」にします。

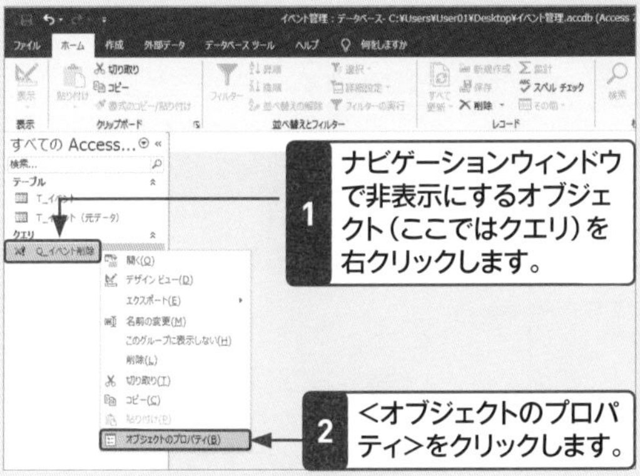
1 ナビゲーションウィンドウで非表示にするオブジェクト（ここではクエリ）を右クリックします。
2 ＜オブジェクトのプロパティ＞をクリックします。

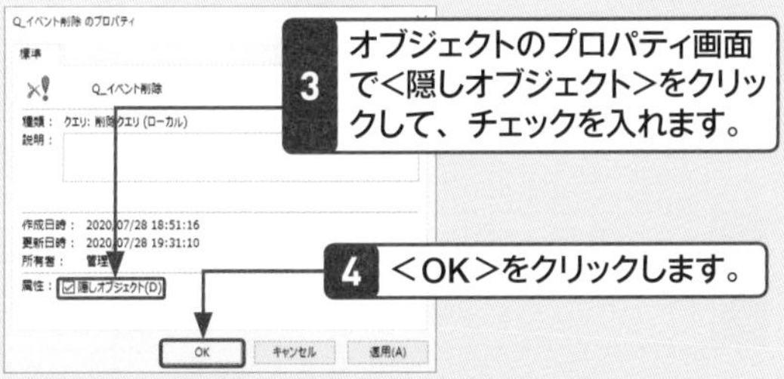
3 オブジェクトのプロパティ画面で＜隠しオブジェクト＞をクリックして、チェックを入れます。
4 ＜OK＞をクリックします。

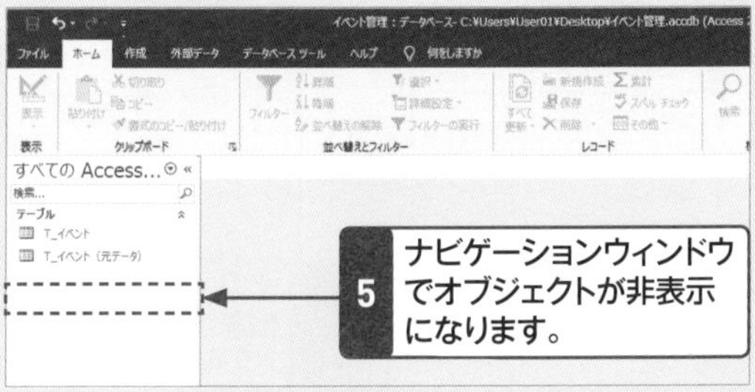
5 ナビゲーションウィンドウでオブジェクトが非表示になります。

重要度★★★ オブジェクトのテクニック

Q 713 隠しオブジェクトを表示するには？

A ＜隠しオブジェクト＞の設定を解除します。

隠しオブジェクトに指定したオブジェクトはナビゲーションウィンドウから消えますが、かんたんに再表示させることができます。隠しオブジェクトを確認するには、ナビゲーションウィンドウで隠しオブジェクトを表示する設定に切り替えます。すると、隠しオブジェクトが薄く表示されます。
隠しオブジェクトの使用後は、必要に応じて手順1からの操作を繰り返して、手順3の表示をオフに戻しておきましょう。

参照▶Q 712

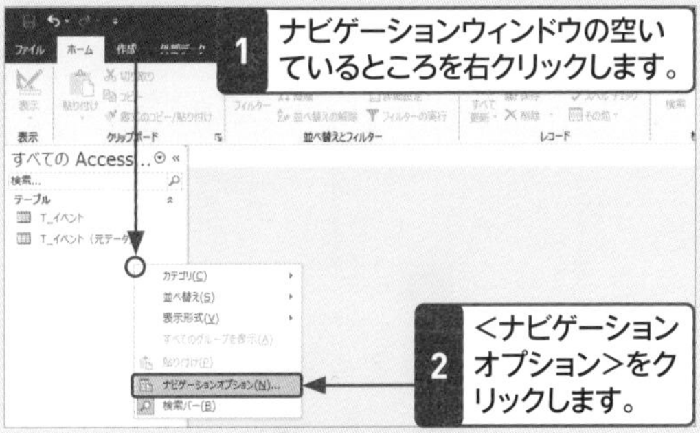
1 ナビゲーションウィンドウの空いているところを右クリックします。
2 ＜ナビゲーションオプション＞をクリックします。

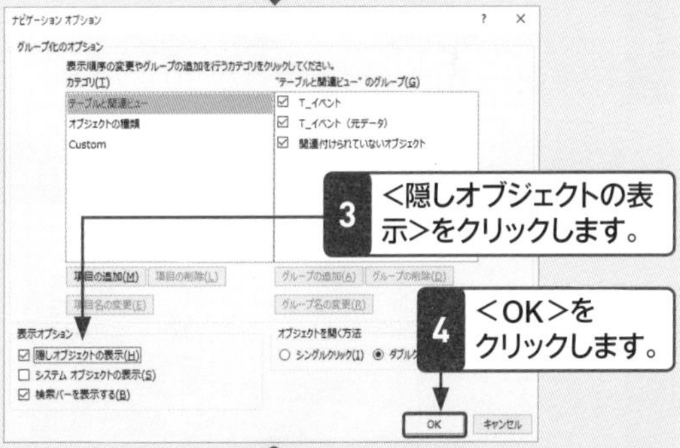
3 ＜隠しオブジェクトの表示＞をクリックします。
4 ＜OK＞をクリックします。

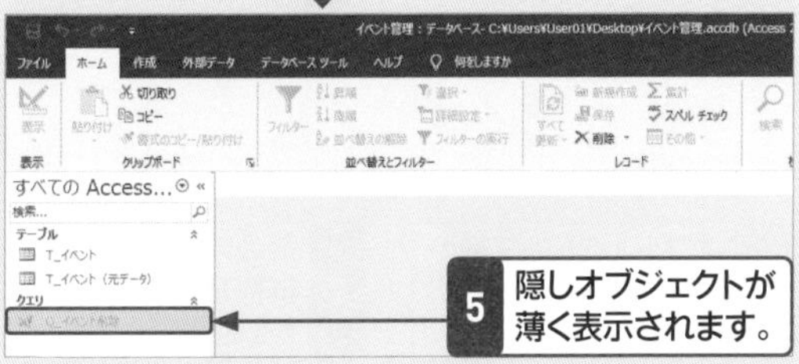
5 隠しオブジェクトが薄く表示されます。

重要度 ★★★ オブジェクトのテクニック

Q 714 オブジェクトに依存するオブジェクトを確認するには？

A ＜このオブジェクトに依存するオブジェクト＞を選択します。

「テーブルAをもとに作成したクエリB」など、オブジェクトの関係を確認するには、オブジェクトを選択して＜このオブジェクトに依存するオブジェクト＞を選択します。

このように別のオブジェクトに依存するオブジェクトは、依存先のオブジェクトを削除してしまうと、正しいデータを表示できなくなるので注意しましょう。

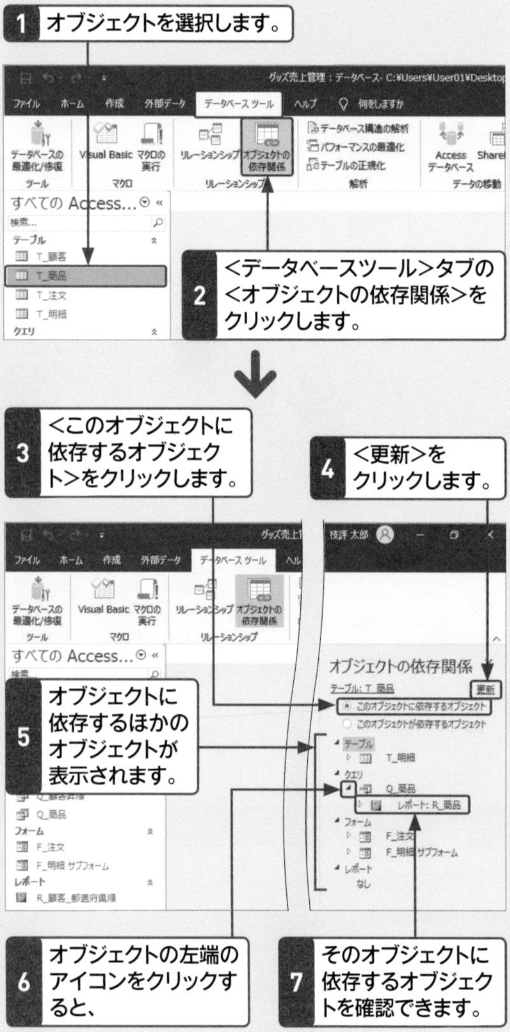

重要度 ★★★ オブジェクトのテクニック

Q 715 オブジェクトが依存するオブジェクトを確認するには？

A ＜このオブジェクトが依存するオブジェクト＞を選択します。

オブジェクトがどのオブジェクトをもとに作成しているか、オブジェクトの関係を確認するには、オブジェクトを選択して＜このオブジェクトが依存するオブジェクト＞を選択します。たとえば、クエリをもとに作成したフォームなどを選択してオブジェクトの関係を確認すると、もとのクエリや、さらにそのもとのテーブルなどを確認できます。

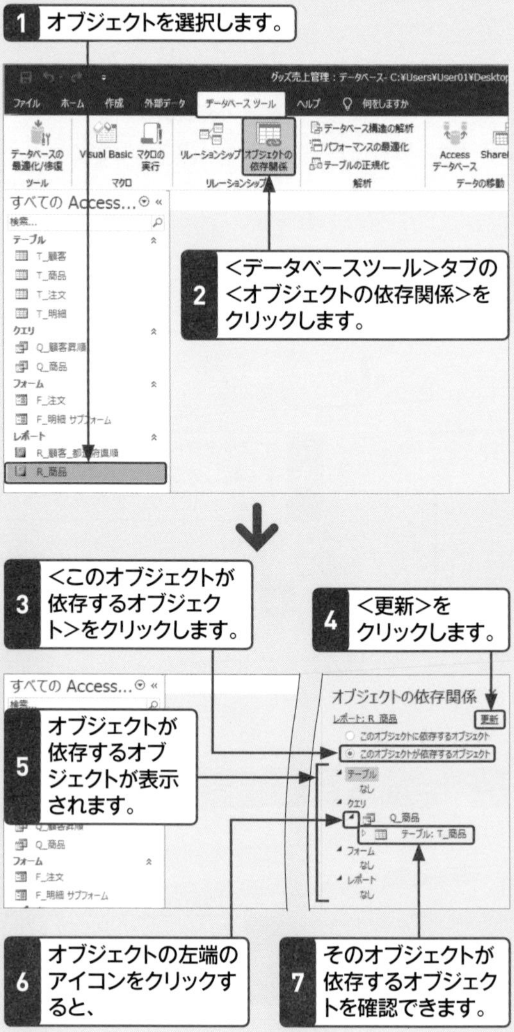

重要度 ★★★　データベースの設定のテクニック

Q 716 データベースを開いたときに指定したフォームを自動表示するには？

A ＜フォームの表示＞を指定します。

Accessのファイルを開いたとき、メニュー画面として利用するフォームを同時に表示するには、ファイルを開いたときに自動的に開くフォームとして指定します。＜Accessのオプション＞画面でフォームの名前を指定しましょう。

参照▶Q 039

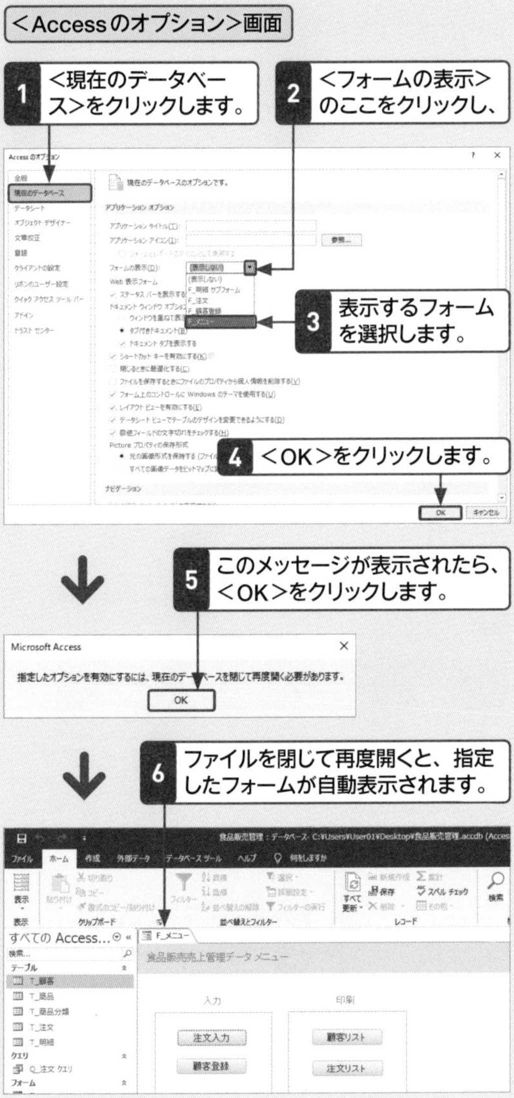
＜Accessのオプション＞画面
1 ＜現在のデータベース＞をクリックします。
2 ＜フォームの表示＞のここをクリックし、
3 表示するフォームを選択します。
4 ＜OK＞をクリックします。
5 このメッセージが表示されたら、＜OK＞をクリックします。
Microsoft Access
指定したオプションを有効にするには、現在のデータベースを閉じて再度開く必要があります。
OK
6 ファイルを閉じて再度開くと、指定したフォームが自動表示されます。
食品販売売上管理データ メニュー
入力
印刷
注文入力
顧客登録
顧客リスト
注文リスト

重要度 ★★★　データベースの設定のテクニック

Q 717 ナビゲーションウィンドウを非表示にして開くには？

A ＜ナビゲーションウィンドウを表示する＞をオフにします。

ファイルを開いたときに、メニュー画面を自動的に表示される設定にしている場合などは、ナビゲーションウィンドウが不要な場合もあるでしょう。その場合は、ナビゲーションウィンドウを非表示にすることもできます。

参照▶Q 039

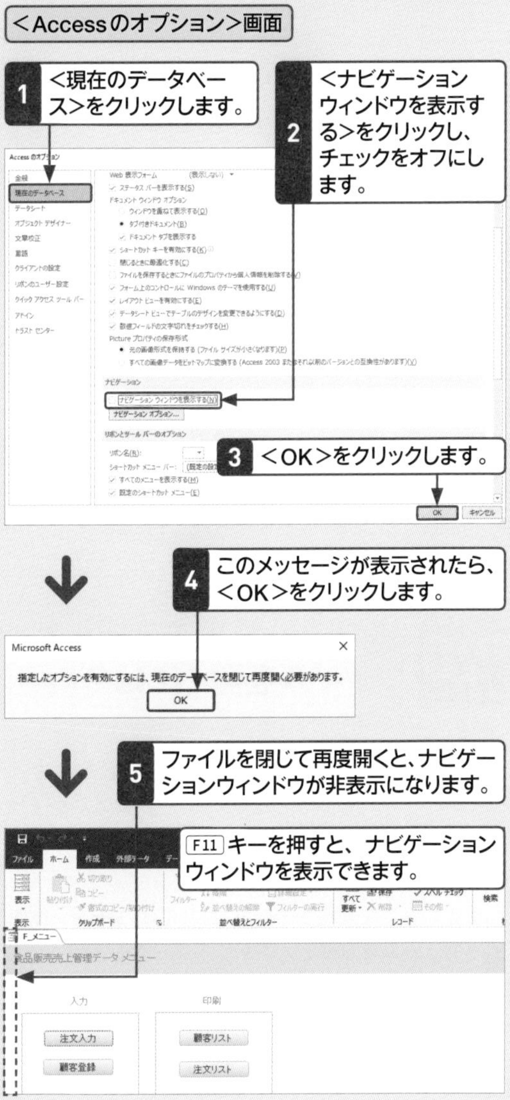
＜Accessのオプション＞画面
1 ＜現在のデータベース＞をクリックします。
2 ＜ナビゲーションウィンドウを表示する＞をクリックし、チェックをオフにします。
3 ＜OK＞をクリックします。
4 このメッセージが表示されたら、＜OK＞をクリックします。
Microsoft Access
指定したオプションを有効にするには、現在のデータベースを閉じて再度開く必要があります。
OK
5 ファイルを閉じて再度開くと、ナビゲーションウィンドウが非表示になります。
F11 キーを押すと、ナビゲーションウィンドウを表示できます。
食品販売売上管理データ メニュー
入力
印刷
注文入力
顧客登録
顧客リスト
注文リスト

重要度 ★★★　データベースの設定のテクニック

Q 718 データベースを閉じると自動的に最適化されるようにしたい！

A <閉じるときに最適化する>をクリックします。

ファイルを閉じるときに、自動的にそのファイルが最適化されるようにするには、<Accessのオプション>画面で指定します。この設定をオンにしておけば、定期的にファイルを最適化する手間が省けます。

参照▶Q 039

<Accessのオプション>画面

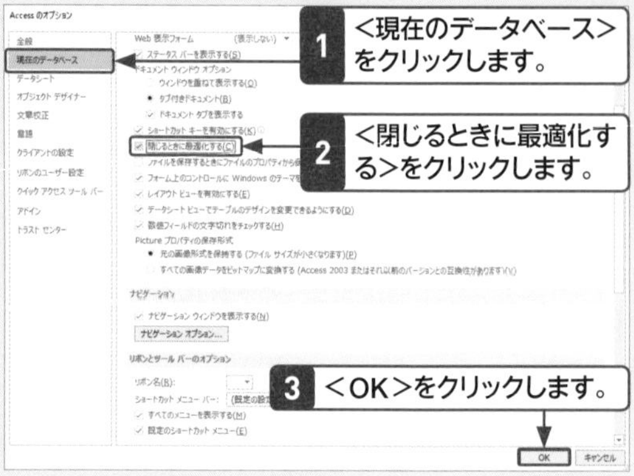
1 <現在のデータベース>をクリックします。
2 <閉じるときに最適化する>をクリックします。
3 <OK>をクリックします。

重要度 ★★★　データベースの設定のテクニック

Q 719 作成者の個人情報が保存されないようにしたい！

A 保存時に自動的に削除する設定にします。

ファイルが保存されるときに、ファイルのプロパティから作成者名などの個人情報が自動的に削除されるようにするには、<Accessのオプション>画面で指定します。ファイルのプロパティ情報を確認する方法は、Q722を参照してください。

参照▶Q 039、Q 722

<Accessのオプション>画面

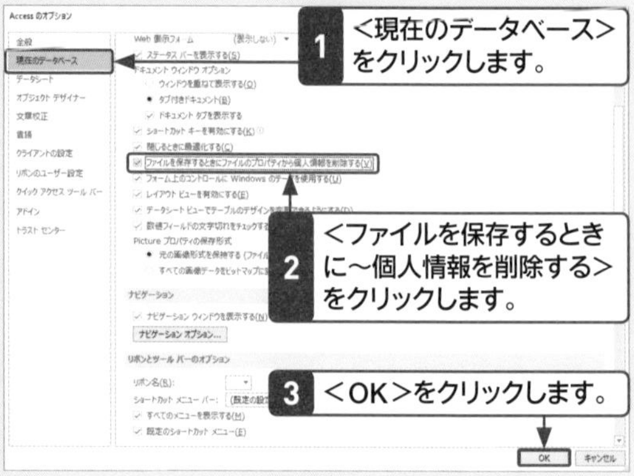
1 <現在のデータベース>をクリックします。
2 <ファイルを保存するときに～個人情報を削除する>をクリックします。
3 <OK>をクリックします。

重要度 ★★★　データベースの設定のテクニック

Q 720 起動時の設定を無視してファイルを開くには？

A Shift キーを押しながら開きます。

ファイルを開くとき、Shift キーを押しながら開くと、<Accessのオプション>の<現在のデータベース>の設定の多くを無視できます。たとえば、ファイルを開くとフォームを自動的に表示してナビゲーションウィンドウが表示されないように指定している場合でも、指定したフォームを開かずにナビゲーションウィンドウを表示できます。

1 Shift キーを押しながらファイルを開きます。

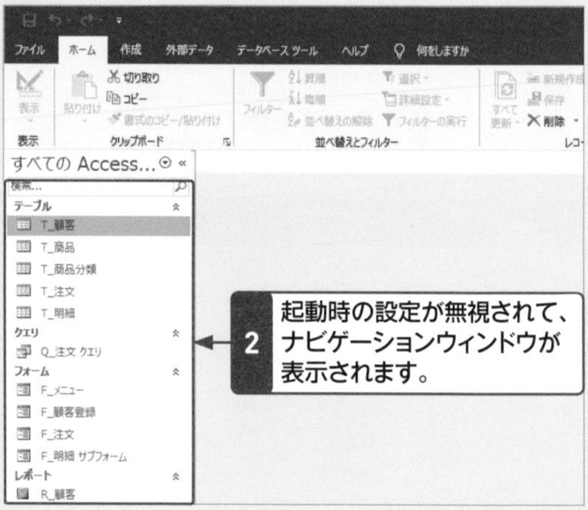
すべての Access...
テーブル
T_顧客
T_商品
T_商品分類
T_注文
T_明細
クエリ
Q_注文 クエリ
フォーム
F_メニュー
F_顧客登録
F_注文
F_明細 サブフォーム
レポート
R_顧客
2 起動時の設定が無視されて、ナビゲーションウィンドウが表示されます。

重要度 ★★★　データベースファイルのテクニック

Q 721 データベースのファイルサイズを小さくするには？

A ファイルを最適化します。

データベースファイルを利用する中で、オブジェクトの作成や削除、データの編集などの操作を繰り返していると、ファイルに無駄な領域が発生してファイルサイズが大きくなっていきます。無駄な領域を削除してパフォーマンスの低下を防ぐには、ファイルを定期的に最適化しましょう。

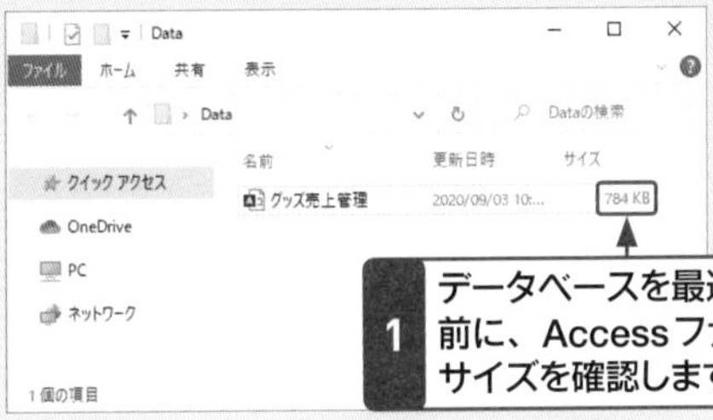

1 データベースを最適化する前に、Accessファイルのサイズを確認します。

2 Accessファイルを開きます。

3 <データベースツール>タブの<データベースの最適化／修復>をクリックします。

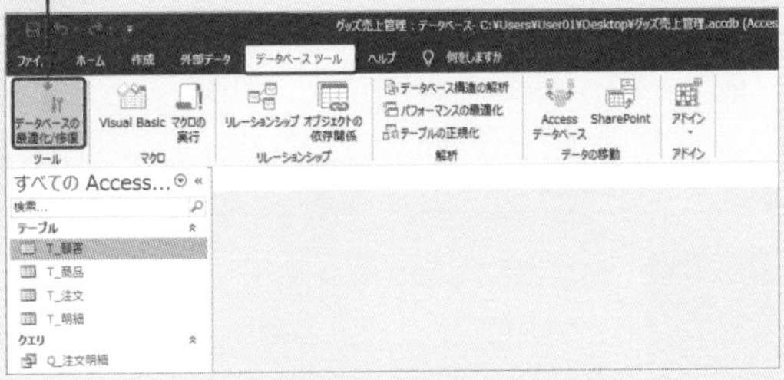

4 最適化したファイルのサイズを確認します。

重要度 ★★★　データベースファイルのテクニック

Q 722 ファイルのプロパティを設定するには？

A ファイルのプロパティ画面で設定します。

ファイルに関する情報は、ファイルのプロパティの情報として保存されています。たとえば、ファイルを作成すると、作成者情報が保存されます。この作成者情報は、通常は<オプション>画面の<全般>の<ユーザー名>に指定されているユーザー名になります。プロパティの内容を追加したり編集したりするには、プロパティ画面で設定します。プロパティ情報は、ファイルを検索するときの条件として指定したりできます。また、VBAでファイルを扱うときにプロパティ情報を取得して、利用したりもできます。

1 ファイルを開きます。

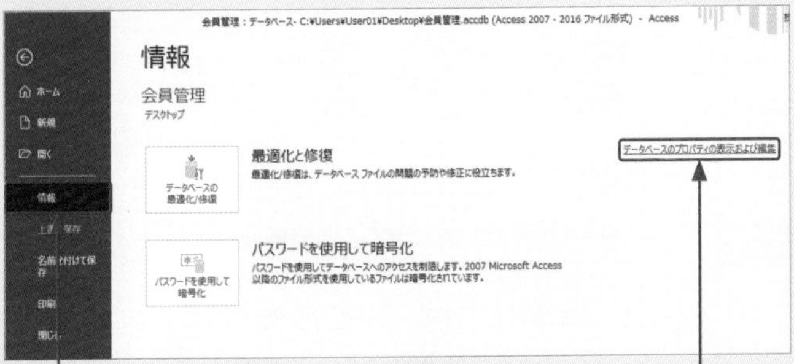

2 Backstageビューの<情報>をクリックします。

3 <データベースのプロパティの表示および編集>をクリックします。

4 プロパティ画面が表示されます。

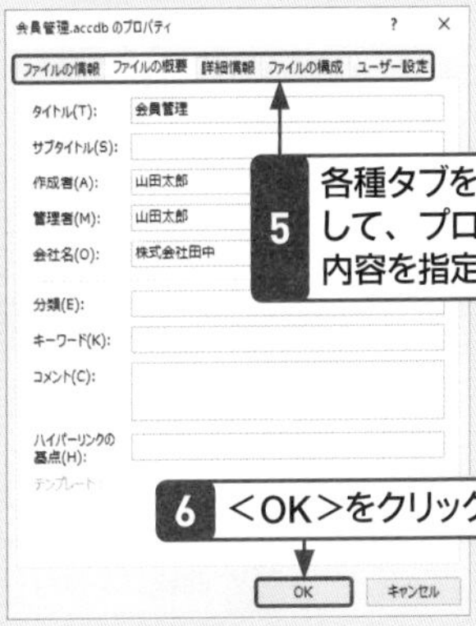

5 各種タブをクリックして、プロパティの内容を指定します。

6 <OK>をクリックします。

重要度 ★★★　データベースファイルのテクニック

Q 723 バックアップファイルを作成するには？

データベースのバックアップファイルを作成するには、名前を付けて保存画面で＜データベースのバックアップ＞を選択します。すると、ファイル名に自動的に日付情報が追加され、ファイルのコピーを作成できます。

A ＜データベースのバックアップ＞を選択します。

1 ファイルを開きます。

2 Backstageビューの＜名前を付けて保存＞をクリックします。

3 ここをクリックします。

4 ＜名前を付けて保存＞をクリックします。

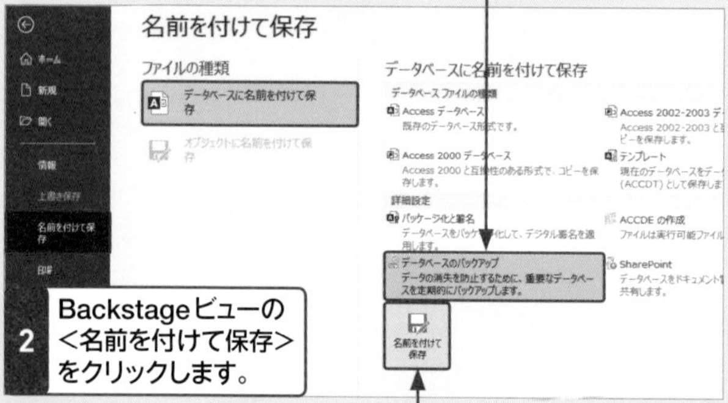

5 ＜名前を付けて保存＞画面が表示されるので、保存先を指定します。

6 ファイル名を確認します。

7 ＜保存＞をクリックします。

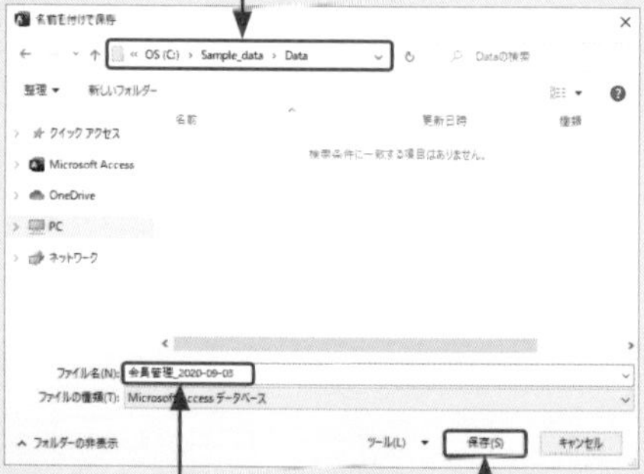

重要度 ★★★　データベースファイルのテクニック

Q 724 ファイルの処理速度を上げるヒントを見たい！

A ＜パフォーマンス最適化ツール＞を使用する方法があります。

＜パフォーマンス最適化＞ツールを利用すると、データベースのパフォーマンスを最適化するヒントを得られます。内容を確認し、必要に応じて修正しましょう。

ヒントには、「推奨事項」「提案事項」「アイデア」があります。「推奨事項」は改善が進められている項目です。「提案事項」は改善が進められている項目ですが、注意事項があるものです。下に表示される＜メモ＞を確認して、改善するか検討します。「推奨事項」「提案事項」はAccessに修正してもらうことができます。「アイデア」は必要に応じて自分で修正する内容です。下に表示されるメモを確認します。

1 ファイルを開いておきます。

2 ＜データベースツール＞タブの＜パフォーマンスの最適化＞をクリックします。

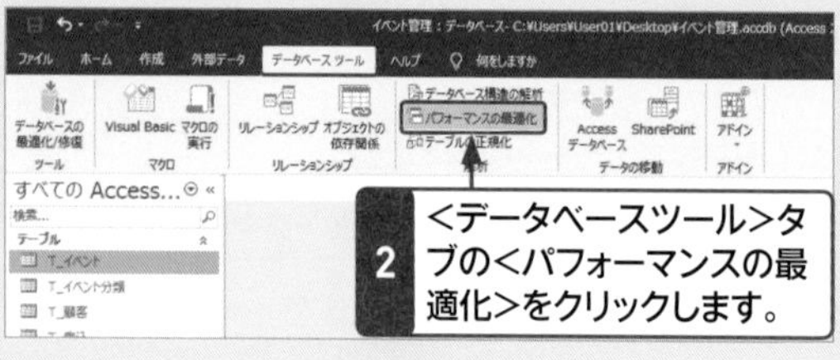

3 ヒントを確認するオブジェクトを選択します。

4 ＜OK＞をクリックします。

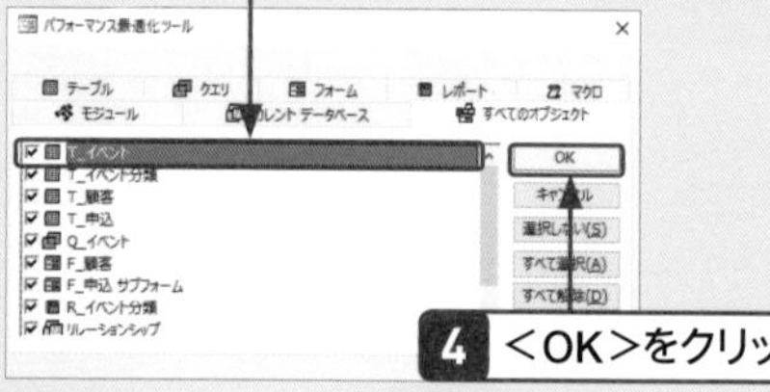

5 結果が表示されます。

6 項目をクリックして、＜メモ＞の説明を確認します。

7 ＜最適化＞をクリックして修正できる場合もあります。

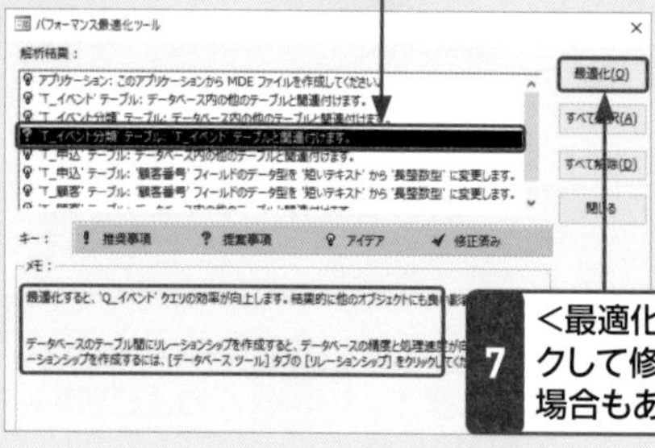

重要度 ★★★ データベースファイルのテクニック

Q 725 データベースの構造の一覧を印刷するには？

A <データベース構造の解析>をクリックします。

ファイルに保存されているオブジェクトの構造の一覧を印刷して手元に置いておきたい場合は、<データベース構造の解析>をクリックしてレポートを作成できます。

作成されたレポートは、<印刷プレビュー>タブの<データ>グループのボタンから、ほかのファイル形式で保存しておくこともできます。

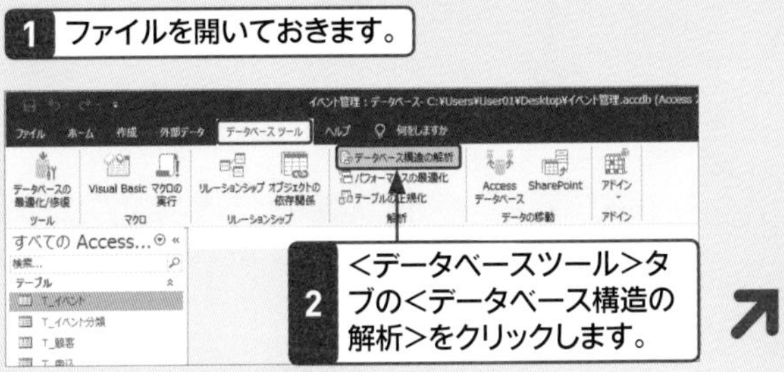

1 ファイルを開いておきます。
データベースツール
データベース構造の解析
2 <データベースツール>タブの<データベース構造の解析>をクリックします。

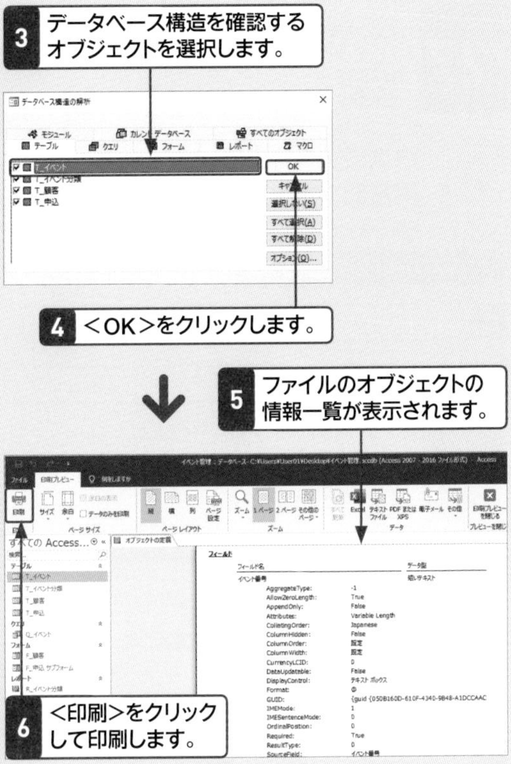

3 データベース構造を確認するオブジェクトを選択します。
データベース構造の解析
T_イベント
T_イベント分類
T_顧客
T_申込
OK
4 <OK>をクリックします。
5 ファイルのオブジェクトの情報一覧が表示されます。
6 <印刷>をクリックして印刷します。

重要度 ★★★ データベースファイルのテクニック

Q 726 データベースにパスワードを設定するには？

A 排他モードで開いて設定します。

ファイルを開くときのパスワードを設定しておくと、パスワードを知らない第三者が勝手にファイルを開いてしまうことを防げます。パスワードは文字や数字、記号を組み合わせて指定できます。大文字と小文字は区別されるので注意してください。

パスワードが設定されたファイルを開く方法は、Q727を参照してください。 参照▶Q 727、Q 731

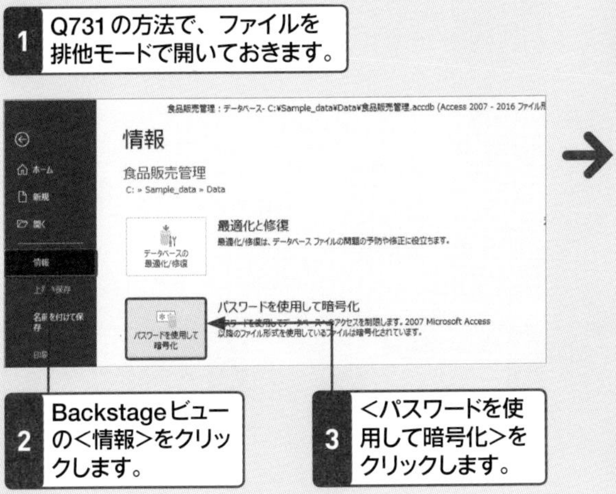

1 Q731の方法で、ファイルを排他モードで開いておきます。
情報
食品販売管理
最適化と修復
パスワードを使用して暗号化
2 Backstageビューの<情報>をクリックします。
3 <パスワードを使用して暗号化>をクリックします。

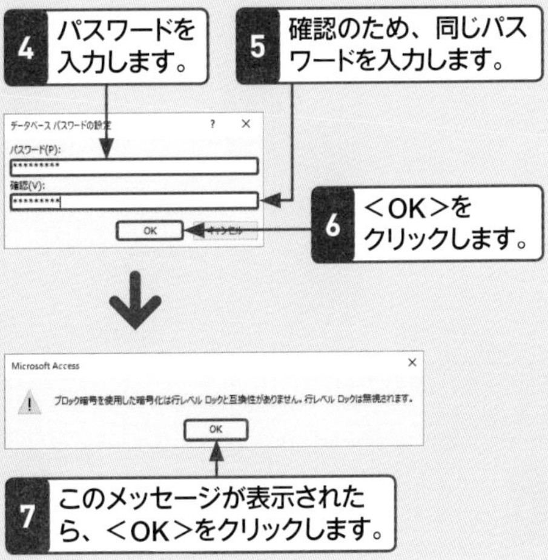

4 パスワードを入力します。
5 確認のため、同じパスワードを入力します。
データベース パスワードの設定
パスワード(P):
確認(V):
OK
6 <OK>をクリックします。
Microsoft Access
ブロック暗号を使用した暗号化は行レベル ロックと互換性がありません。行レベル ロックは無視されます。
7 このメッセージが表示されたら、<OK>をクリックします。

重要度 ★★★　データベースファイルのテクニック

Q 727 パスワードを変更するには？

A パスワードを解除して再度設定します。

設定済みのパスワードを変更するには、一度パスワードを解除してから再設定します。ファイルを排他モードで開いて操作します。

なお、パスワードが設定されているファイルを開くと、パスワードの入力が求められます。正しいパスワードを入力すると、ファイルを開くことができます。

参照▶Q 726、Q 728、Q 731

● パスワードを再設定する

1 Q728の方法で、パスワードを削除しておきます。

2 Q731の方法で、ファイルを排他モードで開きます。

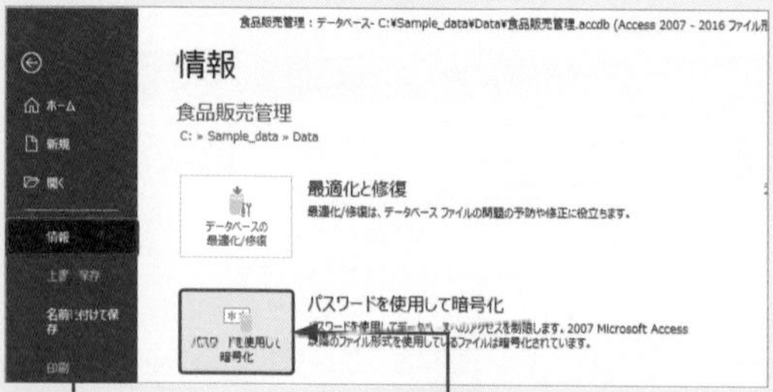

3 Backstageビューの＜情報＞をクリックし、

4 ＜パスワードを使用して暗号化＞をクリックします。

5 あとは、Q726の方法でパスワードを設定します。

● パスワードが設定されたファイルを開く

1 パスワードが設定されているファイルを開きます。

2 表示される画面でパスワードを入力します。

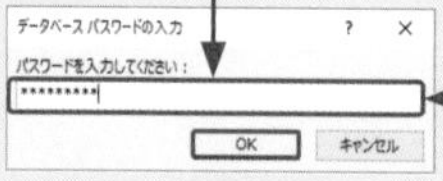

3 ＜OK＞をクリックします。

4 ファイルが開きます。

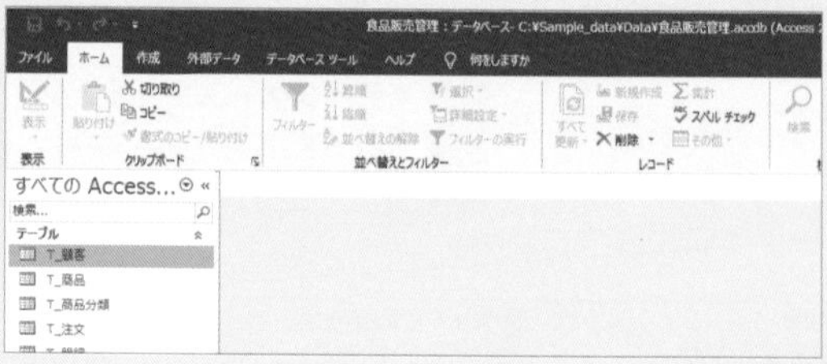

重要度 ★★★　データベースファイルのテクニック

Q 728 パスワードを削除するには？

A 排他モードで開いて解除します。

ファイルのパスワードを削除するには、ファイルを排他モードで開いて操作します。なお、パスワードを解除するには、ファイルに設定されている既存のパスワードの入力が必要です。

参照▶Q 726、Q 731

1 Q726の方法で、パスワードを設定しておきます。

2 Q731の方法で、ファイルを排他モードで開いておきます。

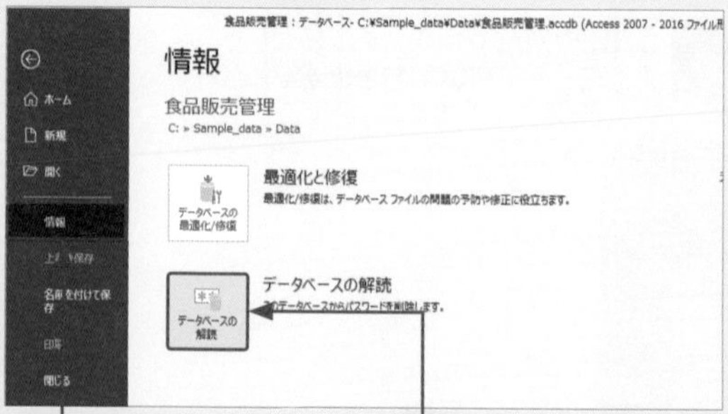

3 Backstageビューの＜情報＞をクリックし、

4 ＜データベースの解読＞をクリックします。

5 設定済みのパスワードを入力します。

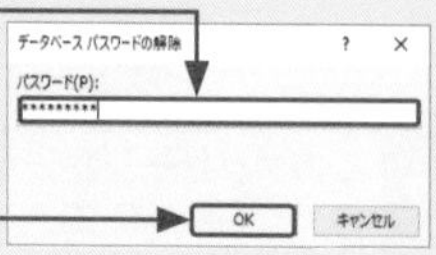

6 ＜OK＞をクリックします。

重要度 ★★★　データベース共有のテクニック

Q 729 複数のユーザーが同時に編集できるようにするか指定するには？

A 通常は、共有モードで開きます。

Accessのファイルを複数の人で共有する方法は、いくつかあります。たとえば、単純にファイルをネットワーク上の共有フォルダーに保存して利用する方法があります。ファイルを開くモードには、共有モードと排他モードがあります。通常は共有モードでファイルが開くため、複数のユーザーで同じファイルを操作できます。なお、誰かが共有モードでファイルを開いて利用しているときは、ファイルの保存先に、拡張子が「.laccdb」のロックファイルが作成されます。このロックファイルはWordやExcelなどで開くことができ、ファイルを開いているコンピューター名などを確認できます。ほかの人がファイルを閉じると、ロックファイルは自動的に削除されます。ここでは、ネットワーク上の共有フォルダー内にあるファイルを開く例を紹介します。

参照▶Q 742

1 共有フォルダーを開きます。

2 ほかの人によってAccessファイルが開かれている場合は、拡張子が「.laccdb」のロックファイルが表示されます。

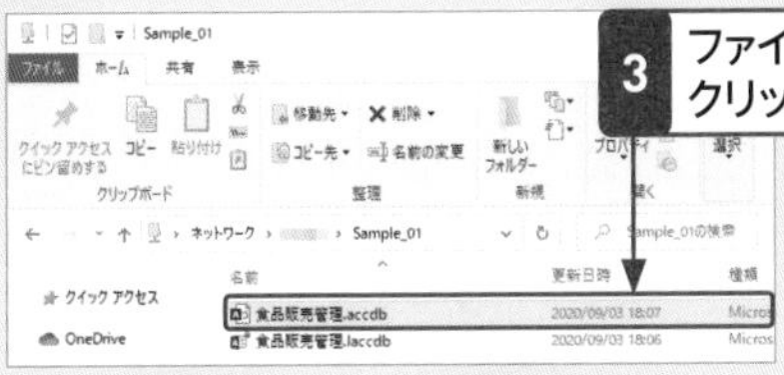

3 ファイルをダブルクリックします。

4 ファイルが開きます。

5 <コンテンツの有効化>をクリックします。

6 このメッセージが表示されたら、信頼済みドキュメントにするか選択します（Q742参照）。

重要度 ★★★　データベース共有のテクニック

Q 730 データが同時に編集されたらどうなる？

A レコードロックの状態を確認します。

ファイルの共有中に、同じデータを複数のユーザーが同時に編集しようとした場合にどうするかは、<Accessのオプション>画面で指定できます。この設定はクエリやフォーム単位でも指定できます。その場合は、クエリやフォームの<レコードロック>プロパティで指定します。

●<既定のレコードロック>の設定

レコードロック	内容
ロックしない	レコードロックをしない状態。あるユーザーが編集していても、後からほかのユーザーが編集できます。通常はこの設定が選択されています。
すべてのレコード	編集されているテーブル全体をロックします。ほかのユーザーは編集できません。
編集済みレコード	編集されているレコードをロックします。ほかのユーザーはそのレコードを編集できません。

●レコードロックの設定

<Accessのオプション>画面

1 <クライアントの設定>をクリックします。

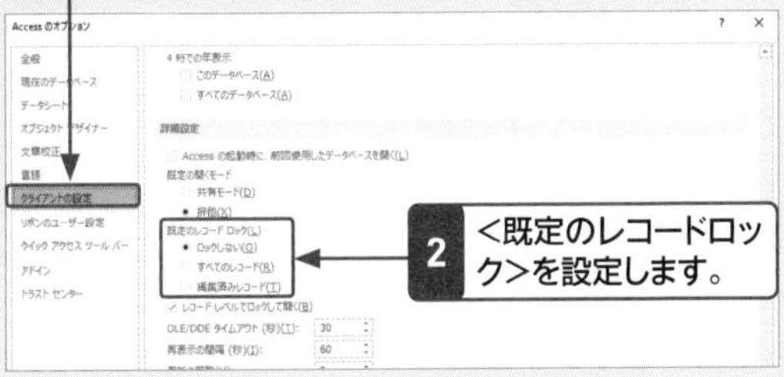

2 <既定のレコードロック>を設定します。

ほかのユーザーと同じデータを編集した場合、データの保存時に以下のようなメッセージが表示されます。画面の内容を確認して、どの変更を保存するかを指定します。

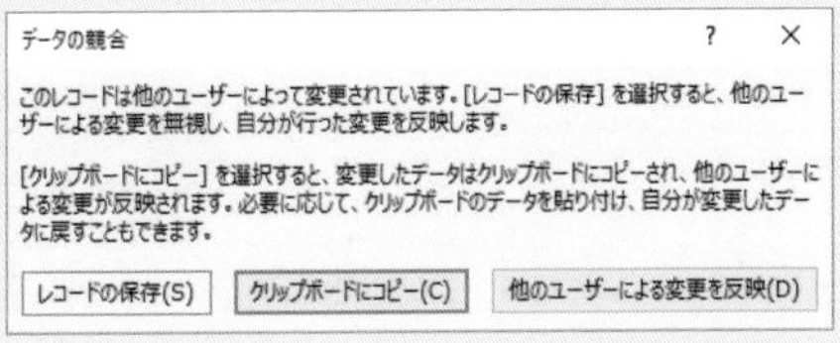

重要度 ★★★ データベース共有のテクニック

Q 731 データベースを排他モードで開くには？

A <開く>ボタンから選択します。

ほかのユーザーが同時に開くことができない状態でファイルを開くには、ファイルを排他モードで開きます。排他モードは<開く>ボタンから選択できます。また、ファイルにパスワードを設定するときなども、排他モードで開く必要があります。

参照▶Q 033、Q 732

●<開く>ボタンで選択できるモード

モード	状態
開く	編集可能な状態で開きます。次の人が普通に開くと、編集可能な状態で開きます。
読み取り専用で開く	読み取り専用で開きます。次の人が普通に開くと、編集可能な状態で開きます。
排他モードで開く	編集可能な状態で開きます。次の人はファイルを開けません。
排他および読み取り専用で開く	読み取り専用で開きます。次の人は読み取り専用で開けます。

1 Q033の方法で<ファイルを開く>画面を表示します。

2 ファイルの保存先を指定し、ファイルを選択します。

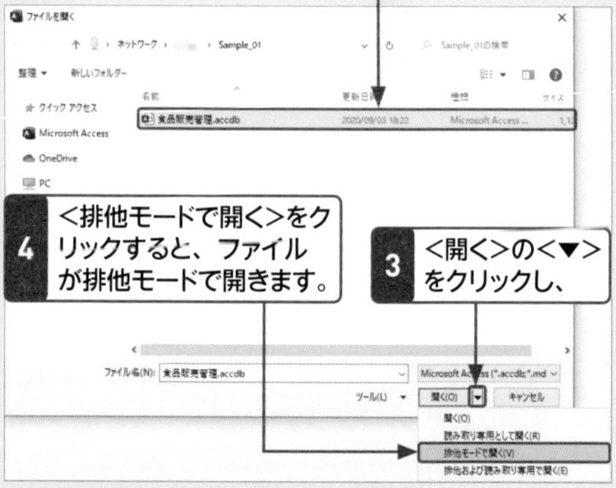

3 <開く>の<▼>をクリックし、

4 <排他モードで開く>をクリックすると、ファイルが排他モードで開きます。

● メッセージが表示された場合

ほかの人がファイルを開いている場合は、排他モードで開くことができません。その場合、以下のようなメッセージが表示されます。

重要度 ★★★ データベース共有のテクニック

Q 732 既定の開くモードを指定するには？

A <Accessのオプション>画面で指定できます。

ファイルを開くときの既定のモードは、<Accessのオプション>画面（Q039参照）で指定できます。通常は<共有>が選択されていますが、<排他>に変更することもできます。設定を<排他>にすると、ほかのファイルを開くときも<排他>モードで開く状態になります。

参照▶Q 039

<Accessのオプション>画面

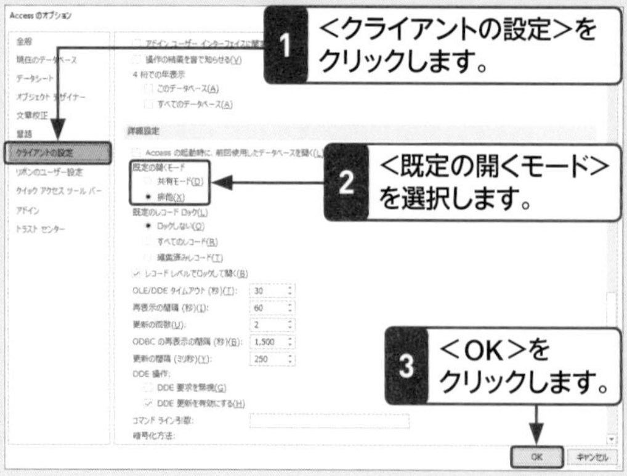

1 <クライアントの設定>をクリックします。

2 <既定の開くモード>を選択します。

3 <OK>をクリックします。

4 このメッセージが表示されたら、<OK>をクリックします。

5 ファイルを開き直します。

6 ほかの人が開いている場合はこのメッセージが表示されて、排他モードで開くことはできません。

重要度 ★★★　データベース共有のテクニック

Q 733 データベースを分割して利用するには？

A ＜データベース分割ツール＞を利用します。

複数の人でファイルを共有するとき、データベースを分割して利用する方法があります。データベースを分割すると、データが保存されているテーブルを含む「バックエンドデータベース」と、そのほかのオブジェクトを含む「フロントエンドデータベース」に分割できます。データベースを利用する人には、フロントエンドデータベースのファイルを配布して利用してもらいます。

データベースを分割するメリットは、データ部分を1か所で管理することで、データの処理が効率化してパフォーマンスの向上が期待できることです。また、テーブル以外のオブジェクトはテーブルのデータを利用する各ユーザーが個別に作成できるため、目的に合わせて使い勝手を改善させることもできます。

なお、データベースを分割すると、デーデータベースファイルが実際に分割されます。念のため、ファイルのバックアップを作成してから操作しましょう。

1 分割するファイルを開きます。

2 ＜データベースツール＞タブの＜Accessデータベース＞をクリックします。

3 ＜データベース分割ツール＞が表示されます。

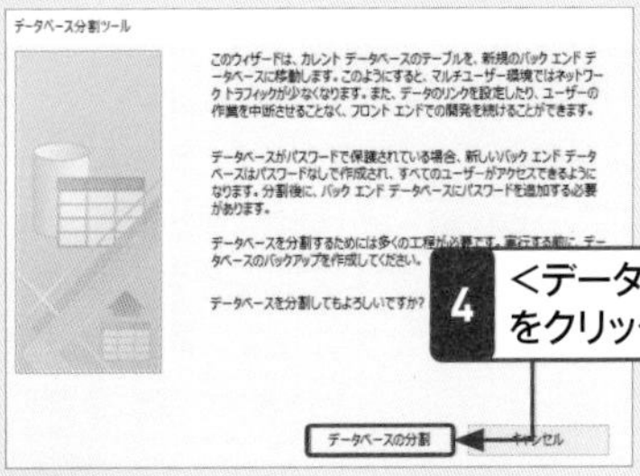

4 ＜データベースの分割＞をクリックします。

5 このあとは、画面の指示に従って、バックエンドデータベースの保存先を指定します。

6 すると、バックエンドデータベースファイルが保存されて、フロントエンドデータベースが表示されます。

重要度 ★★★　データベース共有のテクニック

Q 734 フォームやレポートを編集できない形式で保存するには？

A ACCDE形式で保存する方法があります。

ファイルが完成して、フォームやレポートなどを変更する必要がない状態になったら、実行可能ファイルの「ACCDE形式」に変換して利用する方法があります。ACCDE形式では、フォームやレポートなどの設計を変更されてしまう心配はなくなります。なお、通常のAccessファイルはファイルの種類を示す拡張子が「.accdb」ですが、ACCDE形式のファイルは拡張子が「.accde」になり、アイコンの形も異なります。

● ACCDEファイル

ACCDEファイルを開き、たとえばフォームをフォームビューで表示します。続いてデザインビューに切り替えようとしても、切り替えはできません。

1 ファイルを開いておきます。

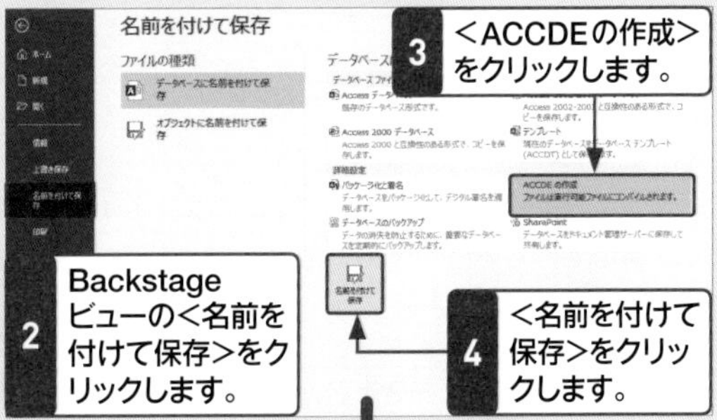

2 Backstageビューの＜名前を付けて保存＞をクリックします。

3 ＜ACCDEの作成＞をクリックします。

4 ＜名前を付けて保存＞をクリックします。

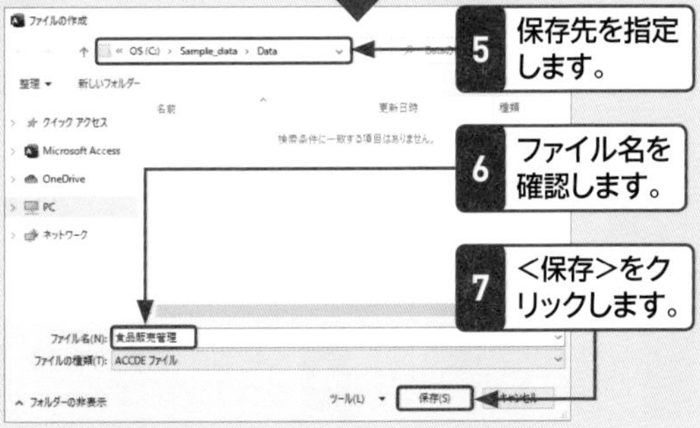

5 保存先を指定します。

6 ファイル名を確認します。

7 ＜保存＞をクリックします。

重要度 ★★★ Accessのバージョンに関するテクニック

Q 735 Accessのファイル形式の違いとは？

A 拡張子やアイコンの違いを知っておきましょう。

Access 2019/2016/2013やMicrosoft 365など新しいバージョンのAccessでは、ファイルを保存すると通常は「.accdb」という拡張子がつきます。一方、Access 2003などの古いバージョンでファイルを保存すると、「.mdb」という拡張子がつきます。Accessのファイルを古いバージョンの形式で保存すると、新しいバージョンの機能が利用できないなどの制限が生じます。なお、Accessで新規ファイルを作成するときの既定のファイル形式は、＜Accessのオプション＞画面の＜全般＞で選択できます。

参照▶Q 736、Q 738

●ファイルアイコンと拡張子

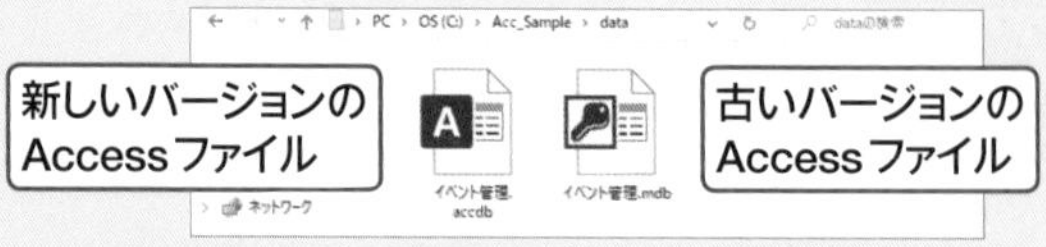

●「.accdb」ファイル形式で使用できる主な機能

使用できる機能	概要
添付ファイル型	データ型として添付ファイル型を利用できます。
複数値の格納	複数値を保存するフィールドをサポートしています。
集計の追加	テーブルでデータ型を＜集計＞にして、フィールド間の集計をサポートしています。
長いテキストフィールドの履歴	データ型として長いテキストを使用するとき、変更履歴を管理する機能をサポートしています。

●「.accdb」ファイル形式で使用できない機能例

使用できない機能	概要
レプリケーション機能	「.accdb」ファイル形式では、以前のレプリケーション機能は利用できません。
メニュー用フォームビルダー	メニュー用フォームビルダーを使用してメニューを作成したりする機能は利用できません。

重要度 ★★★ Accessのバージョンに関するテクニック

Q 736 ファイルを古い形式で保存するには？

A ファイル形式を指定して保存します。

Accessのファイルを古いバージョンの形式で保存するには、名前を付けて保存する際にファイル形式を指定します。ただし、新しいバージョンのファイル形式でのみ使用できる機能を使用していると、そのままでは変換できない場合もあります。

1 ファイルを開いておきます。

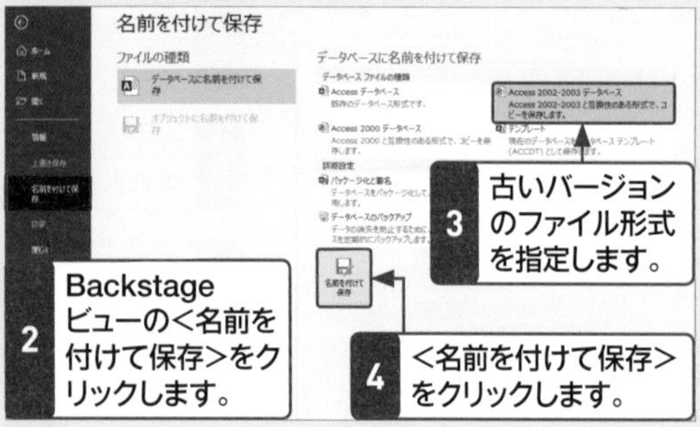

2 Backstageビューの＜名前を付けて保存＞をクリックします。

3 古いバージョンのファイル形式を指定します。

4 ＜名前を付けて保存＞をクリックします。

5 ＜名前を付けて保存＞画面で保存先を指定します。

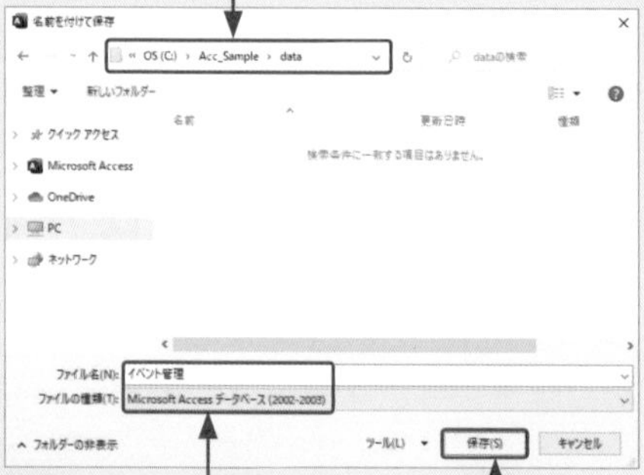

6 ＜ファイル名＞＜ファイルの種類＞を確認します。

7 ＜保存＞をクリックします。

8 新しいファイル形式のみ使用できる機能などが使われている場合、このようなメッセージが表示されます。

9 ＜OK＞をクリックします。

重要度★★★ Accessのバージョンに関するテクニック

Q 737 古い形式のファイルは使用できる？

A Access2000や2002/2003の形式のファイルなどは使用できます。

Access2000や2002/2003など古いバージョンのAccessのファイル形式は、Access 2019/2016/2013やMicrosoft 365など新しいバージョンのAccessでも使用できます。その場合、新しいバージョンのAccessでのみサポートされている機能は利用できなくなります。

1 古いバージョンのファイルを開きます。

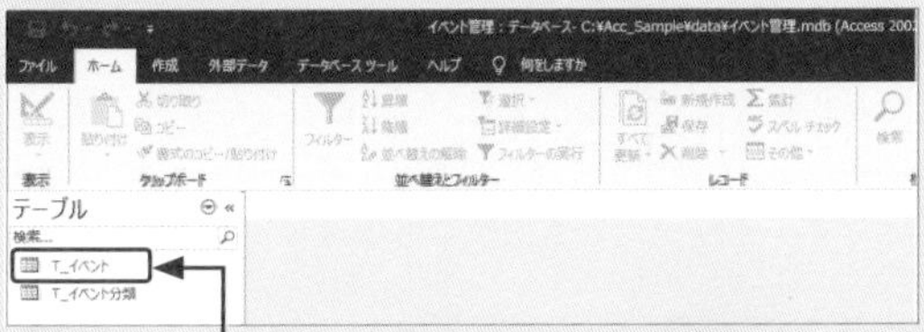

2 テーブルをデザインビューで開きます。

3 <データ型>欄をクリックします。

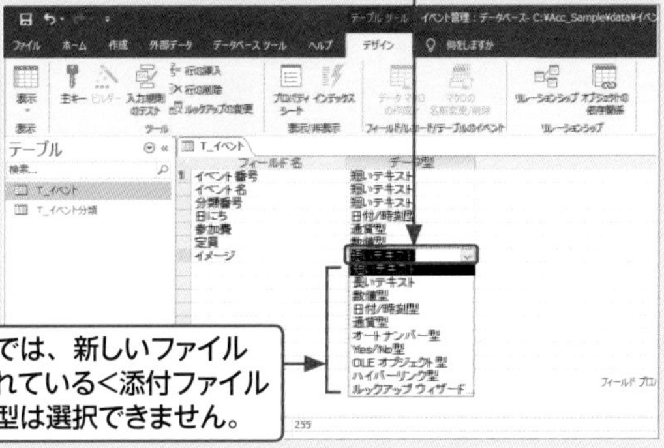

4 古いファイル形式では、新しいファイル形式でサポートされている<添付ファイル型>などのデータ型は選択できません。

重要度★★★ Accessのバージョンに関するテクニック

Q 738 古い形式のファイルを新しい形式に変換したい！

A 既定のデータベースのファイル形式で保存しましょう。

古い「.mdb」形式のAccessファイルを開いているときは、新しい「.accdb」形式でサポートされている新機能は利用できません。ファイルを新しい形式に変換すると、新機能を利用できるようになります。ただし、古い「.mdb」形式でのみサポートされている機能などは、新しい形式に変換すると利用できなくなります。

1 古いファイル形式のファイルを開いておきます。

3 <Accessデータベース（*.accdb）>をクリックします。

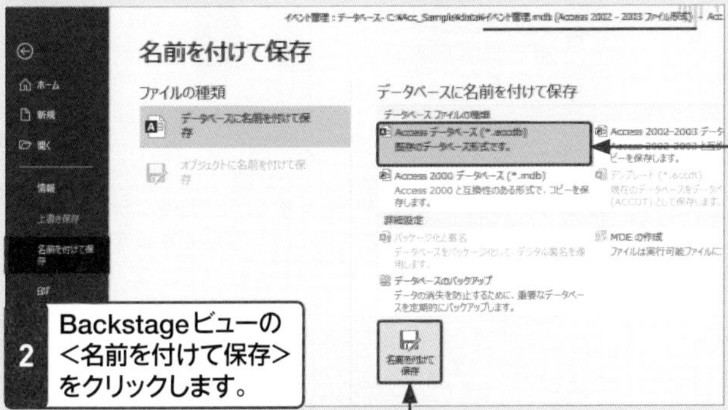

2 Backstageビューの<名前を付けて保存>をクリックします。

4 <名前を付けて保存>をクリックします。

5 <名前を付けて保存>画面でファイルの保存先を指定します。

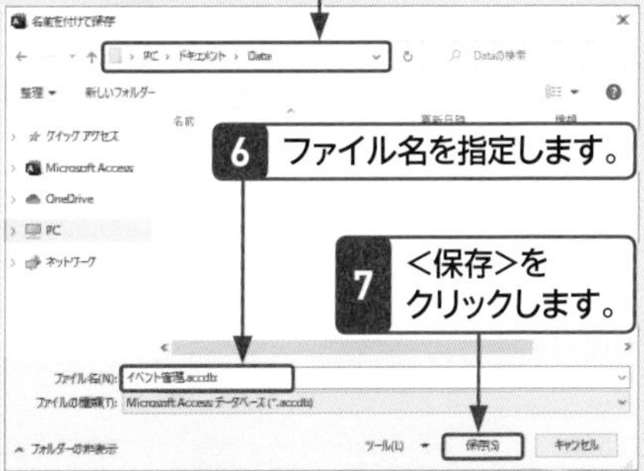

6 ファイル名を指定します。

7 <保存>をクリックします。

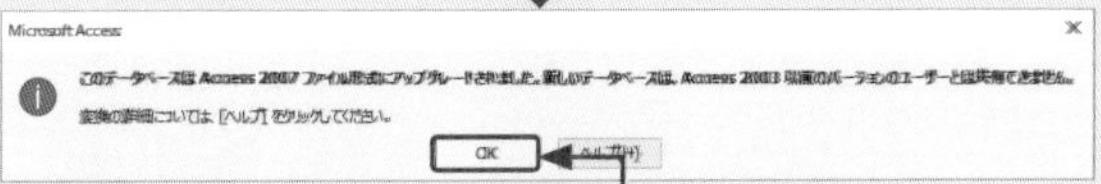

8 このメッセージが表示されます。

9 内容を確認して<OK>をクリックします。

重要度 ★★★ データシートのテクニック

Q 739 データシートの既定の文字の大きさを指定するには？

A <既定のフォント>を指定します。

テーブルやクエリをデータシートビューで開くと、データの内容を手軽に確認できます。データが見づらい場合は、表示を調整しましょう。ここでは、データシートの既定の文字の大きさやかんたんな書式を変更します。

なお、ここで指定した設定は、ほかのデータベースファイルを開いたときにも反映されます。 参照▶Q 039

<Accessのオプション>画面

1 <データシート>をクリックします。

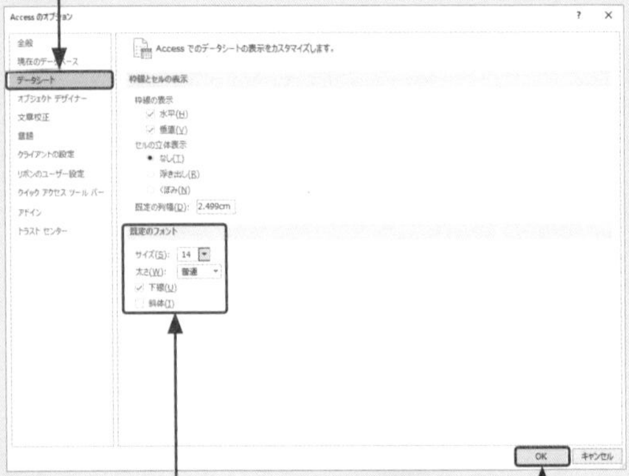

2 <既定のフォント>欄で文字の大きさや書式を指定します。

3 <OK>をクリックします。

4 テーブルやクエリを表示すると、文字のサイズ装飾が変化したことを確認できます。

T_会員

会員番号	氏名	フリガナ	郵便番号	都道府県名
1001	高田 健斗	タカダ ケント	210-0007	神奈川県
1002	阿部 愛	アベ アイ	221-0003	神奈川県
1003	佐々木 美里	ササキ ミサト	170-0011	東京都
1004	佐藤 慎吾	サトウ シンゴ	272-0126	千葉県
1005	服部 大和	ハットリ ヤマト	215-0011	神奈川県
1006	上野 雅也	ウエノ マサヤ	188-0014	東京都
1007	飯島 沙耶	イイジマ サヤ	260-0021	千葉県
1008	中野 悠人	ナカノ ハルト	194-0013	東京都
1009	山本 絵里奈	ヤマモト エリナ	210-0024	神奈川県
1010	大野 良太	オオノ リョウタ	279-0031	千葉県
1011	遠藤 大輔	エンドウ ダイスケ	186-0003	東京都
1012	小田島 慎太郎	オダジマ シンタロウ	225-0024	神奈川県
1013	長野 麻友	ナガノ マユ	108-0014	東京都
1014	山下 日菜子	ヤマシタ ヒナコ	194-0045	東京都

重要度 ★★★ データシートのテクニック

Q 740 データシートの表示方法を変更するには？

A <枠線とセルの表示>を指定します。

テーブルやクエリのデータシートビューで、データを区切る枠線の表示方法などを変更するには、<枠線とセルの表示>欄で指定します。「データを区切るマス目のセルを立体的に表示する」などの指定もできます。

なお、ここで設定した表示方法は、ほかのデータベースファイルを開いたときも反映されます。 参照▶Q 039

<Accessのオプション>画面

1 <データシート>をクリックします。

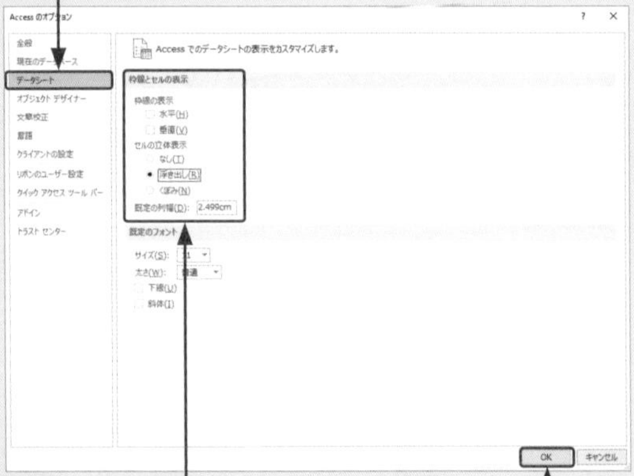

2 <枠線とセルの表示>欄で表示方法を指定します。

3 <OK>をクリックします。

4 テーブルやクエリを表示すると、データシートの表示方法が変わったことを確認できます。

T_会員

会員番号	氏名	フリガナ	郵便番号	都道府県名	
1001	高田 健斗	タカダ ケント	210-0007	神奈川県	川崎市川
1002	阿部 愛	アベ アイ	221-0003	神奈川県	横浜市神
1003	佐々木 美里	ササキ ミサト	170-0011	東京都	豊島区池
1004	佐藤 慎吾	サトウ シンゴ	272-0126	千葉県	市川市千
1005	服部 大和	ハットリ ヤマト	215-0011	神奈川県	川崎市麻
1006	上野 雅也	ウエノ マサヤ	188-0014	東京都	西東京市
1007	飯島 沙耶	イイジマ サヤ	260-0021	千葉県	千葉市中
1008	中野 悠人	ナカノ ハルト	194-0013	東京都	町田市原
1009	山本 絵里奈	ヤマモト エリ	210-0024	神奈川県	川崎市川
1010	大野 良太	オオノ リョウ	279-0031	千葉県	浦安市舞
1011	遠藤 大輔	エンドウ ダイ	186-0003	東京都	国立市富
1012	小田島 慎太郎	オダジマ シン	225-0024	神奈川県	横浜市青
1013	長野 麻友	ナガノ マユ	108-0014	東京都	港区芝 XX
1014	山下 日菜子	ヤマシタ ヒナ	194-0045	東京都	町田市南
1015	松野 渉	マツノ ワタル	232-0024	神奈川県	横浜市南
1016	田中 将太郎	タナカ ショウ	277-0055	千葉県	柏市青葉
1017	藤田 希	フジタ ノゾミ	330-0854	埼玉県	さいたま市
1018	笹山 絵梨	ササヤマ エリ	157-0067	東京都	世田谷区
1019	近藤 美優	コンドウ ミユ	186-0003	東京都	国立市富

重要度 ★★★　データベース保存のテクニック

Q 741 データベースの既定の保存先を指定するには？

A <空のデータベースの既定のファイル形式>を指定します。

Accessの新しいファイルを作成する際には、まず保存先を指定してファイルを保存します。このとき、最初に指定される既定の保存先を変更するには、<オプション>画面で操作します。特に指定していない場合は、<ドキュメント>フォルダーが指定されています。設定を変更すると、次回、新規にファイルを作成するときの既定の保存先が変わります。

参照▶Q 039

<Accessのオプション>画面

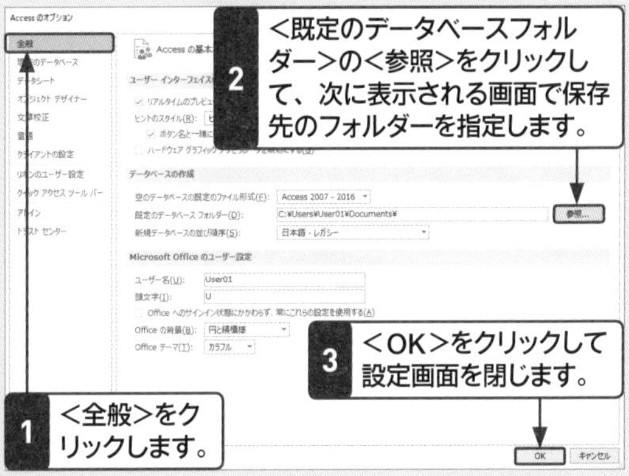
1 <全般>をクリックします。
2 <既定のデータベースフォルダー>の<参照>をクリックして、次に表示される画面で保存先のフォルダーを指定します。
3 <OK>をクリックして設定画面を閉じます。

重要度 ★★★　セキュリティに関するテクニック

Q 742 セキュリティの警告が表示されないようにするには？

A <信頼できる場所>にファイルを保存します。

マクロを含むファイルを開くと、危険なマクロが勝手に実行されたりしないように、<セキュリティの警告>のバーが表示されます。安全であることが明確なファイルは、「信頼できる場所」を追加して、そこに保存しましょう。「信頼できる場所」にあるファイルを開いた場合は、この警告は表示されません。

参照▶Q 029、Q 039

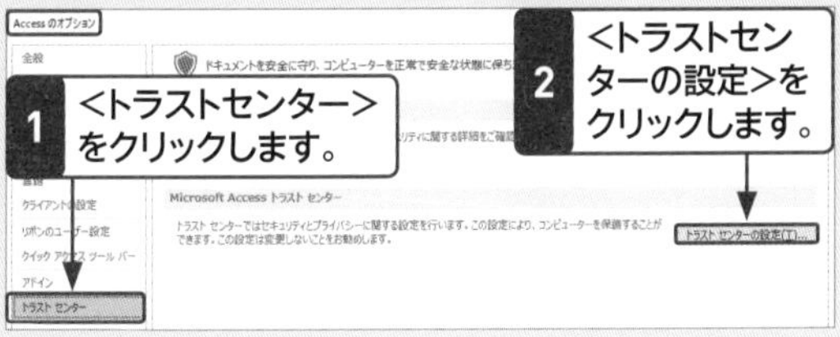
1 <トラストセンター>をクリックします。
2 <トラストセンターの設定>をクリックします。

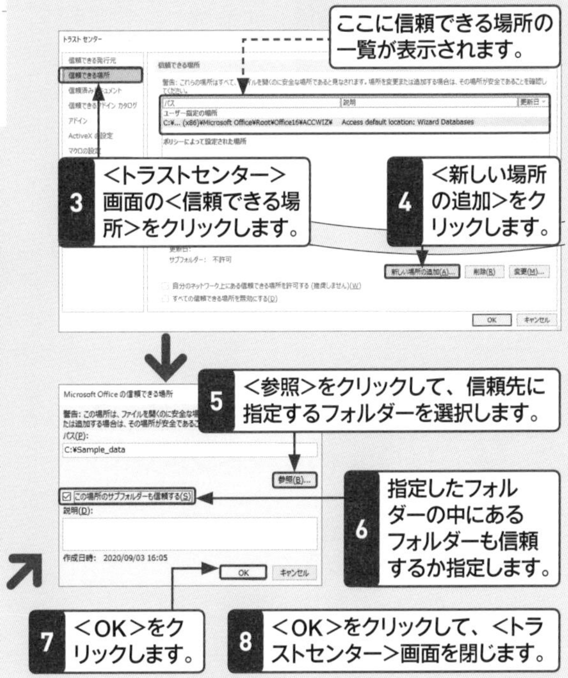
ここに信頼できる場所の一覧が表示されます。
3 <トラストセンター>画面の<信頼できる場所>をクリックします。
4 <新しい場所の追加>をクリックします。
5 <参照>をクリックして、信頼先に指定するフォルダーを選択します。
6 指定したフォルダーの中にあるフォルダーも信頼するか指定します。
7 <OK>をクリックします。
8 <OK>をクリックして、<トラストセンター>画面を閉じます。

重要度 ★★★　セキュリティに関するテクニック

Q 743 セキュリティの警告が表示されるようにするには？

A <信頼済みドキュメント>をクリアします。

安全性が不明なファイルを開いたときに表示される<セキュリティの警告>を確認してコンテンツの使用を有効化すると、次回、同じファイルを開くと安全なファイルとみなされて、「信頼済みドキュメント」という扱いになります。<セキュリティの警告>が表示される状態に戻すには、Q742の方法で<トラストセンター>画面を開き、左側で<信頼済みドキュメント>をクリックし、右に表示される<クリア>をクリックします。

参照▶Q 742

重要度 ★★★ 時短のテクニック

Q 744 最近使ったファイルを素早く開くには？

A 最近使ったファイルの一覧から開きます。

最近使用したファイルを開く場合は、履歴の一覧からかんたんに開けます。この場合、ファイルの保存先を探さなくてよいので便利です。

最近使ったファイルをいくつ表示するかなどは、＜Accessのオプション＞画面の＜クライアントの設定＞の＜表示＞欄で指定できます。

● 起動時に開く

1 Accessを起動します。

2 ＜最近使ったアイテム＞の一覧に表示されたファイルをクリックすると、ファイルが開きます。

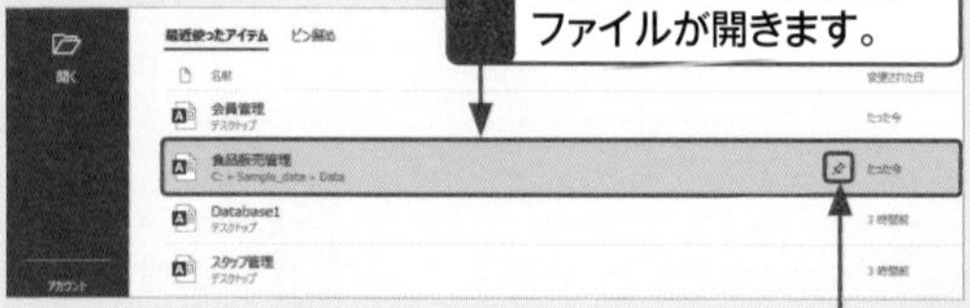

3 頻繁に使用する場合は、ファイルにマウスポインターを移動すると表示されるピンの印をクリックします。

4 ファイルがピン留め（固定）されます。

5 ここをクリックすると、ピン留めされたファイルのみ表示されます。

● Backstageビューから開く

既存のファイルが開いているとき、Backstageビューの＜開く＞をクリックすると、開くファイルを選択できます。＜最近使ったファイル＞をクリックすると、最近使ったファイルの履歴が表示されます。ファイル名をクリックすると、ファイルが開きます。

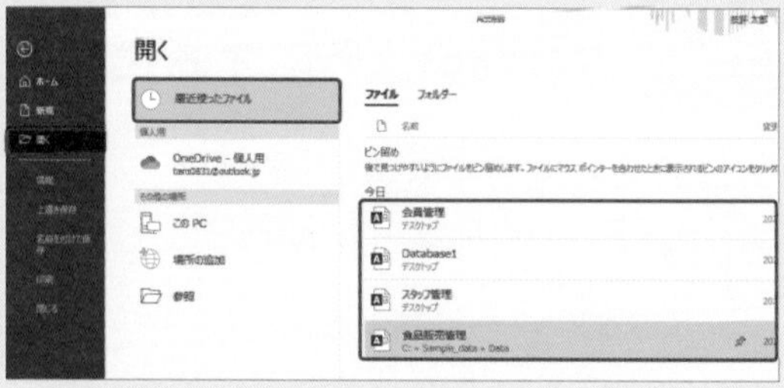

重要度 ★★★ 時短のテクニック

Q 745 よく使うファイルをスタート画面から開けるようにしたい！

A スタート画面にファイルの表示を固定しましょう。

頻繁に使用するファイルをすぐに開く方法はいくつかあります。ここでは、スタート画面に表示したAccessのタイルからかんたんに開けるようにする方法を紹介します。スタート画面のタイルにファイルを固定しておきましょう。ファイル名の横のピンの印をクリックすると、表示を固定（ピン留め）するかどうかを切り替えられます。

参照 ▶ Q 014

1 Q014の方法で、＜Access＞の項目をスタート画面のタイルに追加します。

2 ＜Access＞のタイルを右クリックします。

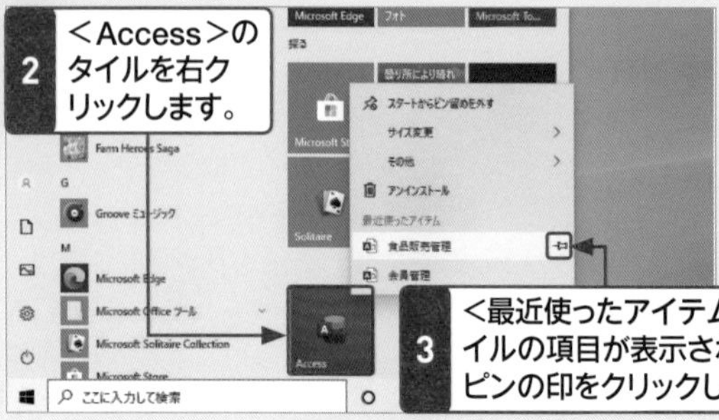

3 ＜最近使ったアイテム＞にファイルの項目が表示されます。ピンの印をクリックします。

4 タイルを右クリックして、

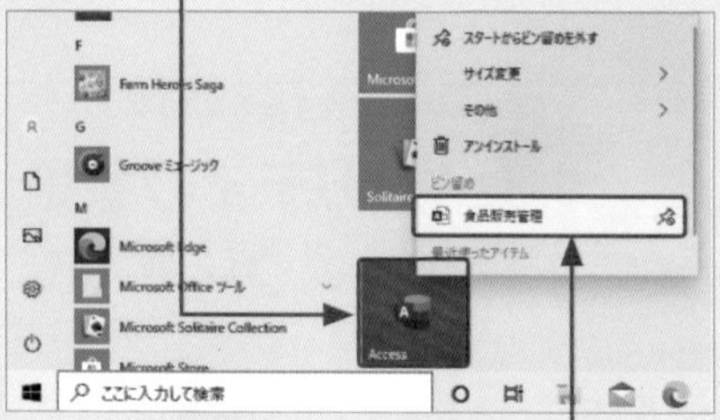

5 ファイル名をクリックすると、ファイルが開きます。

重要度 ★★★ 時短のテクニック

Q 746 よく使うファイルをタスクバーにピン留めするには？

A タスクバーにファイルの表示を固定しましょう。

Q015の操作により、Accessのプログラムアイコンをタスクバーに追加できます。頻繁に使うファイルは、このプログラムアイコンから開けるように設定できます。ピンの印をクリックすると、表示を固定する／しないを交互に切り替えられます。

参照▶Q 015

1 Q015の方法で、タスクバーに<Access>のプログラムアイコンを追加します。

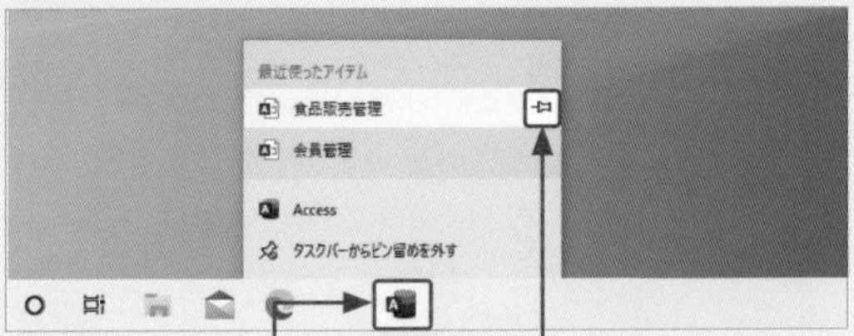

2 <Access>のプログラムアイコンを右クリックします。

3 <最近使ったアイテム>にファイルの項目が表示されます。ピンの印をクリックします。

4 ファイルの項目の表示が固定されます。

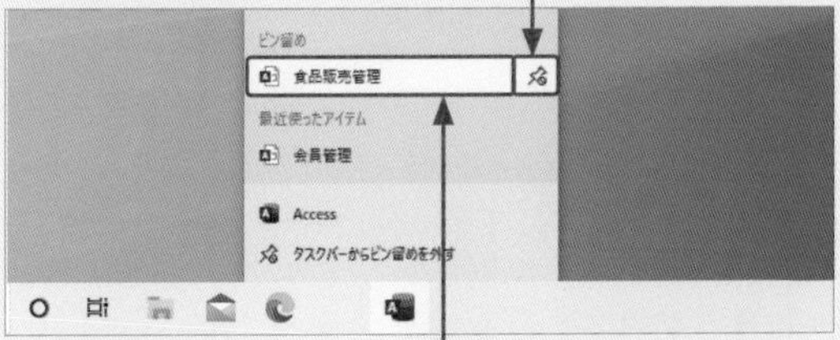

5 項目をクリックすると、ファイルが開きます。

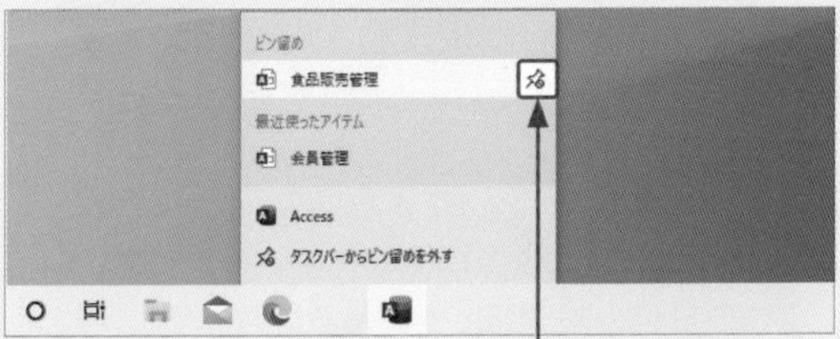

6 ピンの印をクリックすると、表示の固定が解除されます。

重要度 ★★★ 時短のテクニック

Q 747 最近使ったファイルをタスクバーから開くには？

A 右クリックしてファイルの名前を選択します。

タスクバーに追加したプログラムアイコンを右クリックすると、最近使ったファイルの一覧が表示されます。表示されるファイルの数が多い場合は、不要な表示を一時的に消すと、目的のファイルが見つけやすくなります。頻繁に使うファイルは、Q746の方法で表示を固定しておくとよいでしょう。

参照▶Q 015、Q 746

1 Q015の方法で、タスクバーに<Access>のプログラムアイコンを追加します。

3 <最近使ったアイテム>にファイルの項目が表示されます。

4 ファイルの項目にマウスポインターを移動すると、保存先の情報などが表示されます。

2 <Access>のプログラムアイコンを右クリックします。

5 項目をクリックすると、ファイルが開きます。

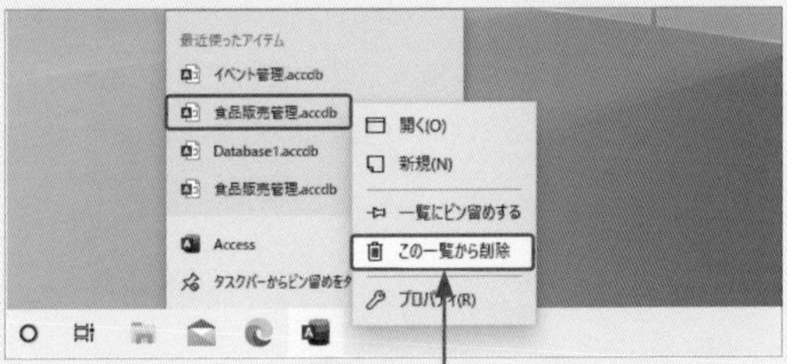

6 一時的に表示を消す項目を右クリックして、<この一覧から削除>をクリックします。

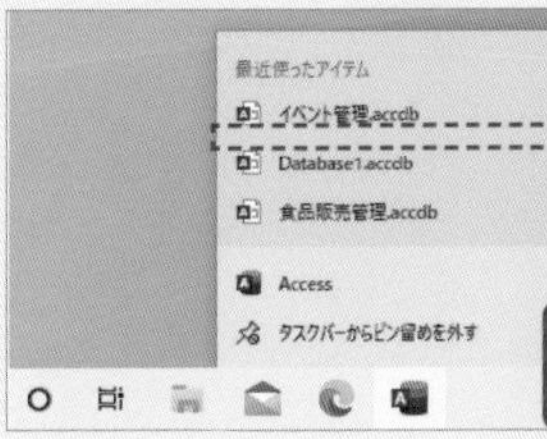

7 一覧から項目が一時的に削除されます。

用語集153選

&(演算子)

文字やフィールドのデータをつなげて表示したりするときに使用する演算子です。「[氏名]&"様"」のように指定して使います。

.accdb

Accessで作成したデータベースファイルの拡張子です。Access2007以降で使用されているファイル形式です。

.mdb

Access2003以前の古いバージョンのAccessで使用されていたデータベースファイルの拡張子です。

Access

Microsoft社が販売しているデータを管理・活用するデータベースソフトです。Office製品の中には、Accessが含まれているものとそうでないものがあります。

<Accessのオプション>画面

現在開いているデータベースファイルや、Access全体のさまざまな設定を行う画面です。

AND条件

データの抽出条件を指定する際、複数の条件を指定するときはAnd条件またはOR演算子で指定します。And条件とは、複数の条件すべてを満たすデータを抽出したいときに指定するものです。

Backstageビュー

<ファイル>タブをクリックすると表示される画面です。ファイルの基本操作を行ったり、<Accessのオプション>画面を表示したりするときに使用します。

Between～And～(演算子)

「○○以上○○以下」のように、指定した範囲のデータを抽出するときに使用する演算子です。「Between 10 And 15」のように指定して使います。

Count関数

数を数えるときに使う関数です。

書式	Count(データ)
データ:数を数えるデータを含むフィールドなどを指定します。	

DateAdd関数

日付に指定した期間を足したり、引いたりするときに使う関数です。

書式	DateAdd(単位,数,日付)
単位:DateDiff関数の項目を参照してください。 数:足したり引いたりする数を指定します。 日付:日付データを指定します。	

DateDiff関数

2つの日付の差(期間)を求める関数です。

書式	DateDiff(単位,日付1,日付2)

単位:次のような記号を使って単位を指定します。

単位	意味	単位	意味
"yyyy"	年	"w"	平日
"q"	四半期	"ww"	週
"m"	月	"h"	時
"y"	年間通算日	"n"	分
"d"	日	"s"	秒

日付1:期間を求める最初の日付データを指定します。
日付2:期間を求める最後の日付データを指定します。

DatePart関数

日付をもとに、指定した日付の単位の情報を求める関数です。

書式	DatePart(単位,日付)

単位:Q606を参照。
日付:日付データを指定します。

DAvg関数

平均値を求める関数です。

書式	DAvg(フィールド名,テーブル/クエリ名,データ範囲)

フィールド名:平均値を求めるフィールドを指定します。
テーブル/クエリ名:フィールドが含まれるテーブル名やクエリ名を指定します。
データ範囲:平均値を求めるデータの範囲を指定するときに指定します。

Day関数

日付から日のデータを表示する関数です。

書式	Day(日付)

日付:日付データを指定します。

DMax関数

最大値を求める関数です。

書式	DMax(フィールド名,テーブル/クエリ名,データ範囲)

フィールド名:最大値を求めるフィールドを指定します。
テーブル/クエリ名:フィールドが含まれるテーブル名やクエリ名を指定します。
データ範囲:最大値を検索するデータの範囲を指定するときに指定します。

DSum関数

フィールドの値の合計を求める関数です。

書式	DSum(フィールド名,テーブル/クエリ名,データ範囲)

フィールド名:合計を求めるフィールドを指定します。
テーブル/クエリ名:フィールドが含まれるテーブル名やクエリ名を指定します。
データ範囲:計算対象にするデータの範囲を指定するときに指定します。

Excel

Microsoft社が販売している表計算ソフトです。Office製品の中にも含まれています。

Fix関数

数値の整数部分を返す関数です。Int関数との違いについては、Q614を参照してください。

書式	Fix(数値)

数値:数値を指定します。

Format関数

日付や数値などのデータを指定した方法で表示する関数です。

書式	Format(データ,表示形式)

データ:表示形式を変更したいデータを指定します。
表示形式:表示方法を指定します。

IIf関数

条件に合うかを判定して、条件に合う場合とそうでない場合とで別々の処理をする時に使う関数です。

書式	IIf(条件,条件に合う場合の内容,条件に合わない場合の内容)

条件：条件を指定します。TrueやFalseで判定できるような条件を指定します。
条件に合う場合の内容：条件に合う場合に行う処理を書きます。
条件に合わない場合の内容：条件に合わない場合に行う処理を書きます。

IME入力モード

日本語入力モードの状態を示します。<IME入力モード>プロパティでは、日本語入力モードの状態を指定できます。

InputBox関数

メッセージを表示して、文字を受け取るときに使う関数です。

書式	InputBox(メッセージ,タイトル,既定の文字)

メッセージ：表示するメッセージの内容を指定します。
タイトル：メッセージボックスのタイトルを指定します。
既定の文字：メッセージボックスに入力する既定の文字を指定できます。
そのほかの引数については、ヘルプを参照してください。

InStr関数

指定した文字の位置を求める関数です。

書式	InStr(開始位置,文字,検索する文字,比較方法)

開始位置：文字を探し始める位置を指定します。省略した場合は、最初の文字から検索します。
文字：検索対象の文字を指定します。
検索する文字：検索する文字を指定します。
比較方法：バイナリモード、テキストモードなどの比較方法を指定します（省略可）。詳細はヘルプなどを参照してください。「比較方法」を指定する場合は、「開始位置」も指定します。

Int関数

数値の整数部分を返す関数です。Fix関数との違いは、Q614を参照してください。

書式	Int（数値）

数値：数値を指定します。

IsNull関数

Null値かどうかを判定する関数です。

書式	IsNull(式)

式：Null値かどうかを判定する式を指定します。Null値の場合は「-1」、そうでない場合は「0」を返します。

Left関数

左から○文字分取り出す関数です。

書式	Left(文字,文字数)

文字：取り出すもとの文字を指定します。
文字数：何文字分取り出すかを指定します。

Len関数

指定した文字の数を数える関数です。

書式	Len(文字)

文字：文字数を数えたい文字を指定します。

LTrim関数

先頭の空白を除いて表示する関数です。

書式	LTrim（文字）

文字：文字を指定します。

Microsoft 365

年単位や月単位などでOffice製品やそのほかのサービスを受けられるサブスクリプション版のOfficeです。Microsoft 365にはさまざまな種類があり、種類によって利用できるサービス内容は異なります。以前はOffice 365という名称でした。

Microsoft アカウント

Microsoft社が提供するさまざまなサービスを利用するためのアカウントです。Windows 10がインストールされたパソコンにログインしたり、Officeにサインインするときなどにも使用できます。

Mid関数

指定した文字の何文字目から何文字分を取り出す関数です。

書式	Mid(文字,開始位置,文字数)

文字：取り出すもとの文字を指定します。
開始位置：文字の取り出しを開始する位置を指定します。
文字数：何文字分取り出すかを指定します。省略した場合、文字列の末尾までの文字が取り出されます。

Month関数

日付から月のデータを表示する関数です。

書式	Month(日付)

日付：日付データを指定します。

MsgBox関数

メッセージを表示する関数です。

書式	MsgBox(メッセージ,ボタン,タイトル,ヘルプファイル,コンテキスト)

メッセージ：メッセージの内容を指定します。
ボタン：表示するボタンの種類やアイコンを指定します(省略可)。
タイトル：メッセージボックスのタイトルバーの文字を指定します(省略可)。
ヘルプファイル：ヘルプを表示する場合のヘルプファイルを指定します(省略可)。
コンテキスト：ヘルプを表示する場合に対応するコンテキスト番号を指定します(省略可)。

Not(演算子)

「○○ではない」を抽出条件にするときなどに使用する演算子です。「Not 10」のように指定します。

Nz関数

Null値の場合に、指定された文字などを表示するときに使う関数です。

書式	Nz(値,返す値)

値：Null値かどうかを調べる値を指定します。
返す値：Nullの場合に表示する値を指定します。

Office 2019

OfficeはMicrosoft社が販売するパッケージソフトの1つです。パッケージソフトとは、複数のソフトウェアや利用できるサービスをセットにした製品です。Officeにはさまざまな種類(エディション)があり、種類によってOfficeに含まれるソフトウェアの内容は異なります。Office2019とは、2021年6月時点で一番新しいバージョンのOfficeです。

OR条件

データの抽出条件を指定するときに、複数の条件を指定するときはAND条件またはOR条件で指定します。OR条件とは、複数の条件のいずれか、またはすべての条件を満たすデータを抽出したいときに指定するものです。

PDF形式

案内文などの文書を保存するときに利用されるファイル形式の1つです。さまざまな環境で文書を表示できるため、インターネット上で文書ファイルを配布する際などに広く使用されているファイル形式です。

Replace関数

指定した文字を別の文字に置き換えて表示する関数です。

書式	Replace(文字,検索文字,置換文字,開始位置,置換回数,比較の種類)

文字：もとの文字列を指定します。
検索文字：検索する文字を指定します。
置換文字：置き換える文字を指定します。
開始位置：文字を探し始める位置を指定します。省略時は先頭から開始されます。
置換回数：置換する数を指定します。省略すると、検索されたすべての文字が置き換わります。
比較方法：バイナリモード、テキストモードなどの比較方法を指定します（省略可）。詳細はヘルプなどを参照してください。

Right関数

右から○文字分取り出す関数です。

書式	Right(文字,文字数)

文字：取り出すもとの文字を指定します。
文字数：何文字分取り出すかを指定します。

RTrim関数

末尾の空白を除いて表示する関数です。

書式	RTrim(文字)

文字：文字を指定します。

SQL (Structured Query Language)

データベースを操作するのに使用する言語の1つです。クエリには「SQLビュー」というビューがあります。SQLビューでは、SQL文に変換された内容を確認したり編集したりできます。

StrConv関数

指定した文字を別の種類の文字に変換する関数です。

書式	StrConv(文字,文字の種類)

文字：もとの文字列を指定します。
文字の種類：次のような値を指定します。

値	内容
1	アルファベットを大文字に変換します。
2	アルファベットを小文字に変換します。
3	アルファベットの単語の先頭文字を大文字に変換します。
4	半角文字を全角文字に変換します。
8	全角文字を半角文字に変換します。
16	ひらがなをカタカナに変換します。
32	カタカナをひらがなに変換します。
64	システムの既定のコードページを使いUnicodeに変換します。
128	Unicodeからシステムの既定のコードページに変換します。

Sum関数

合計を求める関数です。

書式	Sum(データ)

データ：合計を求めるデータを含むフィールドなどを指定します。

Switch関数

指定した内容に一致するか順番に判定し、判定結果を返す関数です。いずれの項目にも一致しない場合は、Null値を返します。

書式	Switch(式1,値1,式2,値2,式3,値3, …)

引数：式と値をセットで指定します。式1に一致した場合は値1を返し、式2に一致した場合は値2を返します。以降、順番に判定します。

Trim関数

空白を除いて表示する関数です。

書式	Trim(文字)

文字：文字を指定します。

Val関数

文字列に含まれる数値を返す関数です。

書式	Val(文字列)
文字列:文字列を指定します。	

VBA (Visual Basic for Applications)

AccessやExcelなどのソフトウェアで操作を自動化するためのプログラムを作るときに、使用するプログラミング言語です。Accessのマクロは、VBAに変換して編集することもできます。

VBE (Visual Basic Editor)

VBAで操作を自動化するプログラムを書くときに使うツールです。AccessにはVBEが付属しています。

WeekdayName関数

番号の情報をもとに曜日の情報を返す関数です。

書式	WeekdayName(番号,表示方法)
番号:曜日を示す番号を指定します。 表示方法:「True」を指定すると「日」「月」、「False」を指定すると「日曜日」「月曜日」のように表示します。 ほかの引数を指定しない場合、「1」は日曜、「2」は月曜…とみなされます。	

Weekday関数

日付から曜日の番号を取得する関数です。

書式	Weekday(日付)
日付:日付データを指定します。 ほかの引数を指定しない場合、日曜日が「1」、月曜日が「2」…の番号が返ります。	

Word

Microsoft社が販売している文書作成ソフトです。Office製品の中にも含まれています。

Year関数

日付から年のデータを表示する関数です。

書式	Year(日付)
日付:日付データを指定します。	

アクション

Accessのマクロを作成するときに指定する、マクロで実行する動作のことです。たとえば、「フォームを開く」「レポートを開く」などのアクションがあります。

アクションクエリ

クエリの種類の1つです。条件に一致するレコードやデータを削除したり、変更するなど、テーブルのデータを直接書き換えることができます。

宛名ラベルレポート

宛名ラベルのシールに宛名を印刷する用に作成するレポートです。

一側テーブル

リレーションシップの設定においてテーブルどうしに関連付けを設定するときに、結び付ける共通のフィールドが主キーの側のテーブルを一側テーブルといいます。一方、外部キーの側のテーブルは多側テーブルといます。

インデックス

検索や並べ替えなどを素早く実行できるように、フィールドに対して設定するしくみです。インデックスを作成する設定をすると、本の索引のようなものが作成されて、検索や並べ替えを効率よく実行できるようになります。

インポート

ほかのソフトウェアなどで集めたデータやファイルなどをAccessに取り込み、利用できるようにすることです。Accessはさまざまなファイル形式のデータをインポートして利用できます。

埋め込みマクロ

フォームやレポートに配置したボタンなどに埋め込んで利用するタイプのマクロです。

エクスポート

Accessで管理しているデータをほかのソフトウェアなどで利用できる形式で出力することです。Accessでは、さまざまなファイル形式でデータをエクスポートできます。

エラーインジケーター

フォームやレポートなどで、エラーの可能性がある場合に表示される緑色の印のことです。エラーインジケーターの横に表示される＜エラーチェックオプション＞をクリックすると、エラーの内容を確認したり、修正したりできます。

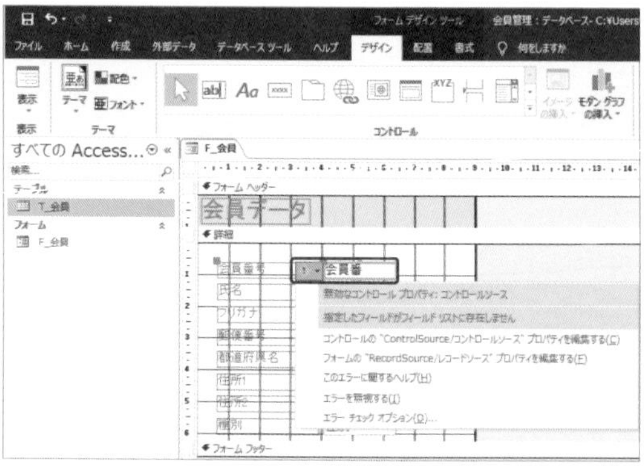

演算フィールド

クエリなどで、ほかのフィールドのデータなどを利用して計算結果を表示するときに使用するフィールドです。演算フィールドは「フィールド名:計算式」のような形式で書きます。

オブジェクト

Accessでデータベースを作成するときに追加する部品です。オブジェクトにはテーブル、クエリ、フォーム、レポート、マクロ、モジュールがあります。それぞれ役割が異なります。

外部キー

リレーションシップの設定において、多側テーブル側で一側テーブルにあるレコードを参照するために用意するフィールドです。

隠しオブジェクト

ナビゲーションウィンドウに表示したくないオブジェクトに対して、設定するしくみです。たとえば、アクションクエリなどが誰かに勝手に実行されてしまうことを防止したい場合、そのアクションクエリのオブジェクトを隠しオブジェクトにしておきます。

関数

目的の値を取得するために利用する公式のようなも

のです。関数にはさまざまな種類があります。関数を使用することで、複雑な長い計算式などを作成する手間がなくなり、文字、日付、数値などのデータから目的の値を取り出せます。

既定値

あらかじめ決められているデータのことです。たとえば、テーブルのフィールドの＜既定値＞プロパティを設定すると、新規のレコードが追加されたときに指定したデータが入力された状態になります。

行セレクター

テーブルのデザインビューなどで、フィールドを選択するときにクリックする部分です。

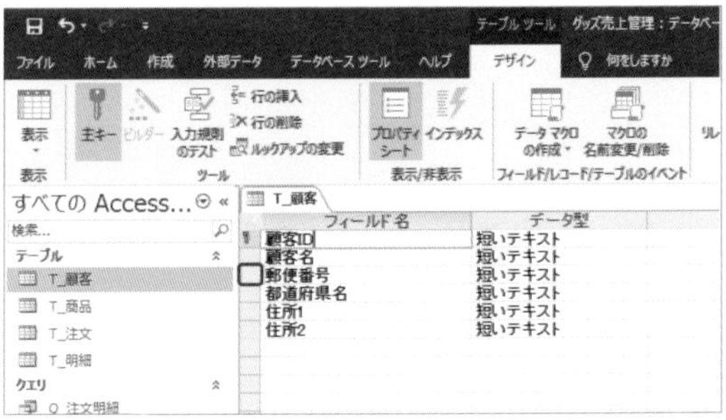

共有モード

複数のユーザーが同時にデータベースを開いて利用できるモードのことです。逆の「排他モード」については、Q731を参照してください。

クイックアクセスツールバー

Accessのウィンドウの左上に表示されているツールバーです。「上書き保存」「元に戻す」など、よく使用する機能のボタンを配置して利用します。

クエリ

テーブルにデータの問い合わせをして、指定した条件に一致するデータを抽出したり、並べ替えをしたりした結果を表示する際に使用するオブジェクトです。クエリにはさまざまな種類があります。テーブルのデータを書き換えるアクションクエリや、データの集計結果を表示する集計クエリなどがあります。

グループ化レポート

フィールドのデータをグループごとにまとめて表示するタイプのレポートです。グループごとにデータを集計して表示することもできます。

クロス集計クエリ

クエリの種類の1つです。縦と横に配置した項目に沿って集計した結果を表示するタイプのクエリです。

検索

指定したキーワードのデータを探す機能です。指定したキーワードを別のキーワードに置き換えるには、置換機能を使います。

更新クエリ

条件に一致するデータを別のデータに更新する際に使用するクエリです。たとえば、「商品分類が○○の商品データの価格を10%引きの価格に変更する」といった場合に使用します。

コンテキストタブ

操作によって表示されたり、隠れたりするタイプのタブです。たとえば、フォームをデザインビューで開くと右端にコンテキストタブの＜デザイン＞＜配置＞＜書式＞タブが表示されます。

コントロール

フォームやレポートなどに配置する部品のことです。コントロールにはさまざまな種類があります。たとえば、フィールドのデータの内容や文字、画像などを表示するタイプのものなどがあります。

コントロールソース

コントロールに表示する内容を指定するしくみです。たとえば、フォームに配置したテキストボックスのコントロールの＜コントロールソース＞プロパティを設定すると、テキストボックスに指定したフィールドのデータを表示できます。

最適化

データベースファイルの無駄な領域を削除して、効率よくデータベースファイルを使用できるようにすることです。ファイルを閉じる際に、自動的に最適化するように設定することもできます。

削除クエリ

条件に一致するレコードをまとめて削除する際に使用するクエリです。たとえば、「商品分類が○○の商品のレコードをまとめて削除する」などの場合に使用します。

サブデータシート

リレーションシップが設定されているテーブルなどを開いたときに、各レコードの関連データを表示するシートです。サブデータシートに表示するテーブルやクエリは指定することもできます。

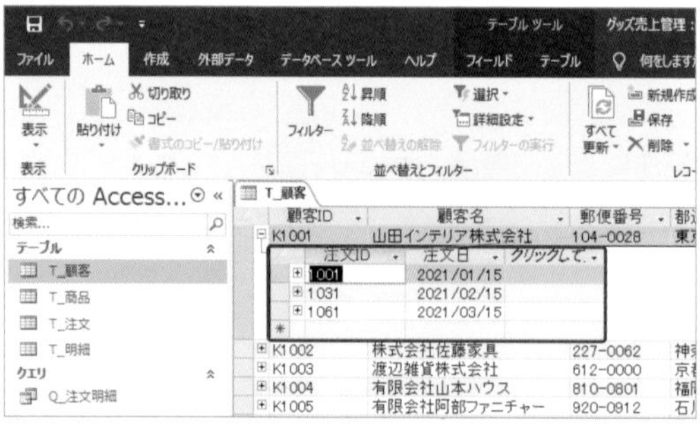

参照整合性

リレーションシップでテーブルどうしに関連付けを設定するとき、データを参照できない迷子のデータが発生することを防止するために設定する項目です。参照整合性を設定することで、3つのルールが加わります。

式ビルダー

クエリなどで、式を入力するときに使用するウィンドウです。入力を手助けしてくれる機能を利用できます。

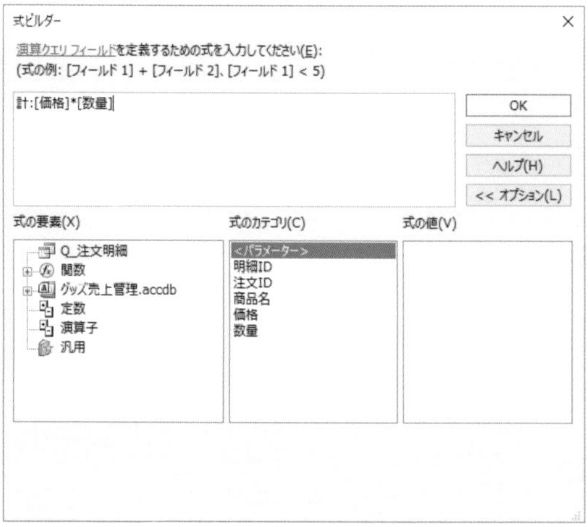

集計クエリ

フィールドのデータをグループごとにまとめて集計結果を表示するタイプのクエリです。グループ化するフィールドや、集計をするフィールドなどを指定して作成します。

住所入力支援

郵便番号を入力して住所に変換したり、住所を入力して郵便番号に変換したりするときに設定するプロパティです。テーブルやフォームなどでフィールドに対して設定します。

主キー

テーブル内のレコードを区別するために、フィールドに対して設定するしくみです。主キーが設定されたフィールドには、ほかのレコードと重複するデータを入力したり、空欄のままレコードを保存したりはできません。テーブルどうしに関連付けを指定するリレーションシップを設定する際も、主キーの存在が重要になります。

条件付き書式

フォームやレポートなどでデータを表示するときに、条件に一致するデータを自動的に強調する場合に設定します。また、数値データの大小に応じて、棒グラフのようなバーを表示することもできます。

書式

日付や数値などのデータの表示方法を指定するしくみです。たとえば、フィールドの＜書式＞プロパティを設定することで、日付を「2020年10月30日」「2020/10/30」のように表示するなどの指定ができます。

ステータスバー

Accessのウィンドウの下に表示されるグレーの領域です。操作に応じて、さまざまな情報が表示されます。

ズーム

クエリなどで、式を入力するときに使用するウィンドウです。大きい画面で式を入力できて便利です

セキュリティの警告

安全性が不明のデータベースファイルを開いたときに表示される警告メッセージです。一部の機能の実行が制限された状態になります。安全なファイルであることが明確な場合は＜コンテンツの有効化＞をクリックして、制限されている機能を有効化して使用できます。

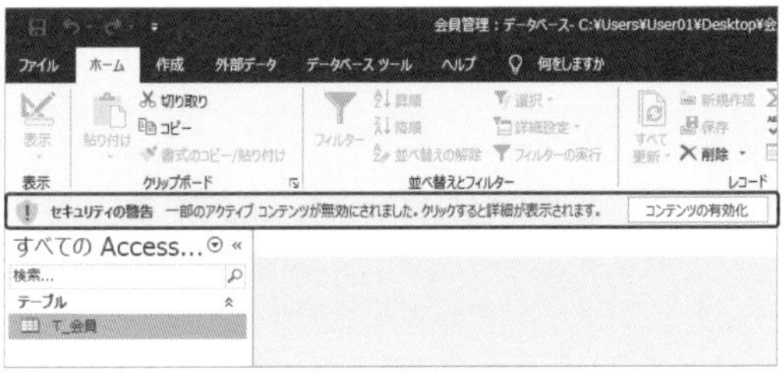

セクション

フォームやレポートを構成する領域のことです。たとえば、フォームには、＜フォームヘッダー＞セクションや＜詳細＞セクション、＜フォームフッター＞セクションなどがあります。どのセクションにどのコントロールを配置するのかによって、フォームのレイアウトが変わります。

選択クエリ

テーブルから目的のデータを抽出して、見やすく表示するときに使うクエリです。表示するフィールド、並べ替え条件、抽出条件などを指定して作成します。

操作アシスト

わからないことを調べたり、操作方法を調べたりするときに使うところです。調べたい内容を入力すると、機能を実行する項目やヒントが表示されます。

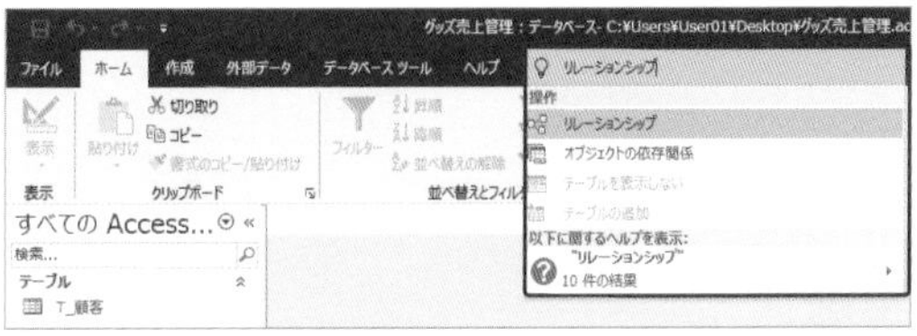

多側テーブル

テーブルどうしに関連付けを設定するリレーションシップの設定において、共通のフィールドが外部キーの側のテーブルを多側テーブルといいます。一方、主キーの側のテーブルは一側テーブルといいます。

タブ

Accessの画面の上部に表示される項目です。タブをクリックすると、下のリボンの表示が切り替わります。また、フォームやレポートでは、タブという名前のコントロールを配置できます。タブコントロールとは、タブを利用してさまざまなコントロールを分類して表示するときに使います。

タブオーダー

フォームでデータを入力するときは、入力欄に表示するカーソルを移動するときに「Tab」キーを利用できます。タブオーダーとは、「Tab」キーで入力欄を移動する順番のことです。あとから配置したコントロールは、入力欄の移動順があとになります。必要に応じて、入力がしやすくなるようにタブオーダーを設定しましょう。一般的には、上から順にカーソルが移動するようにしておくと便利です。

置換

指定した検索キーワードに一致する文字を別の文字に置き換える機能です。

重複クエリ

テーブルに保存されたレコードの中で、重複するデータがあるかを調べるときに利用するクエリです。ウィザード画面を使って作成できます。

追加クエリ

条件に一致するレコードを別のテーブルに追加するときに使用するクエリです。たとえば、「2020年以前のイベントデータを、過去のイベント情報を保存しているテーブルに追加する」などの場合に使用します。

定型入力

テーブルやフォームでデータを入力する際に、入力のパターンを指定したい場合に設定するプロパティです。たとえば、商品番号を入力するときに「AB-1001」など、英字半角2文字＋ハイフン＋数字半角4文字などのパターンを指定できます。

データ型

テーブルでデータを集めるときに、フィールドごとにどのような種類のデータを集めるのか指定するしくみです。たとえば、会員データを集めるとき、「入会日」など日付を入力するフィールドは「日付/時刻型」、「氏名」など文字を入力するフィールドは「短いテキスト型」、というように指定します。

データシートビュー

テーブルやクエリでデータを表示するときに使用するビューです。データシートビューで表示する文字の大きさなどは指定できます。

データベースソフト

ルールに沿って正しくデータを集めて、集めたデータを活用するために利用するソフトウェアです。Accessはデータベースソフトの一種です。

テーブル

テーブルとは、「Accessでデータを集める器」のような役割を持つオブジェクトです。最も基本的なオブジェクトです。データベースを作成するときは、一般的にテーブルから作成します。

テーブル作成クエリ

新しいテーブルを作成する際に、条件に一致するレコードを追加するために使用するクエリです。たとえば、「過去のイベント」という名前のテーブルを作成して、2020年以前のイベントデータを追加する場合などに使用します。

テーマ

フォームやレポート全体のデザインを管理する役割を持つしくみです。「オーガニック」「ギャラリー」など、いくつか用意されたテーマの中から気に入ったテーマを選択すると、フォントや指定する色の配色などが変わります。テーマを利用すると、複数のフォームやレポートに対して統一感のあるデザインを適用できます。

テキストファイル

文字だけの情報が保存されたファイルです。テキストファイルは多くのソフトウェアでサポートされている形式で、さまざまな種類があります。たとえば、カンマなどの記号でデータが区切られた形式のテキストファイルがあります。Accessではテキストファイルの形式を指定して、データを取り込んで利用できます。

デザイングリッド

クエリのデザインビューで、ウィンドウの下部に表示される領域です。クエリに表示するフィールドを指定したり、クエリに表示する内容を指定したりするときに使用します。

デザインビュー

オブジェクトを作成する際、オブジェクトの設計をするときに使用するビューです。

テンプレート

Accessでデータベースファイルを作成するときは、「タスク管理」「資産管理」など、いくつか用意されているひな形をもとに作成することもできます。このひな形をテンプレートといいます。

トップ値

クエリでデータを表示する際に、数値などのデータをもとに上位や下位のレコードを抽出するときに指定するプロパティです。上位「10個」や下位「10%」など指定できます。

ナビゲーションウィンドウ

現在開いているデータベースファイルに含まれるオブジェクトが表示されるウィンドウです。ナビゲーションウィンドウからオブジェクトを開くことができます。

＜ナビゲーションオプション＞画面

ナビゲーションウィンドウのオブジェクトの表示方法などを設定する画面です。ナビゲーションウィンドウを右クリックし、＜ナビゲーションオプション＞をクリックすると表示されます。

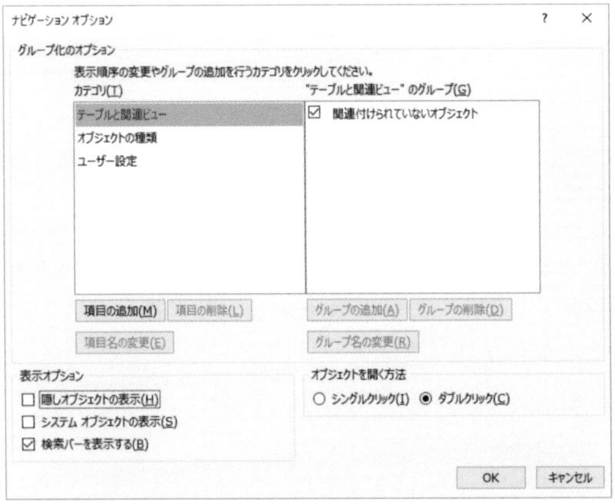

ナビゲーションフォーム

1つのフォーム内で、さまざまなフォームやレポートに切り替えてデータを表示できるタイプのフォームです。フォームやレポートなどを表示するボタンを並べる、移動コントロールを含みます。

並べ替え

集めたデータを表示するときに、指定したフィールドのデータを基準にデータを並べ替えて表示することです。あいうえお順や小さい順を「昇順」、あいうえおの逆順や大きい順を「降順」と言います。

入力規則

テーブルやフォームでデータを入力する際に、入力できるデータのルールを決めるために指定するプロパティです。たとえば、数値を入力するフィールドに「100より大きい数字は入力できない」などの指定ができます。

排他モード

複数の人でデータベースを利用しているときに、ほかのユーザーが同時に開くことができない状態でデータベースファイルを開くモードのことです。反対の共有モードについては、Q729を参照してください。

バックアップ

間違えてデータベースファイルを削除してしまった場合などに備えて、データベースファイルのコピーを保存しておく機能です。バックアップファイルを作成すると、バックアップファイルを作成した日付の情報がファイル名に追加されます。

パラメータークエリ

クエリを実行するときに、クエリに表示するデータの抽出条件を指定できるタイプのクエリです。パラメータークエリを実行すると、抽出条件を入力するメッセージ画面が表示されます。

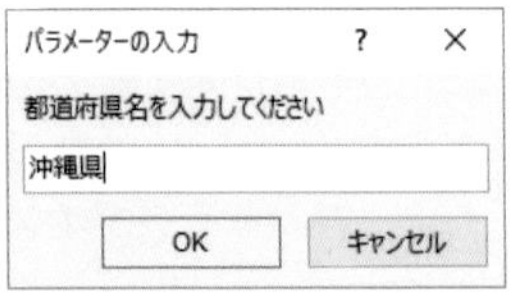

比較演算子

「○○以上」「○○より大きい」などの条件を指定するために使用する演算子です。「A>=B」「A>B」のように指定して、TrueまたはFalse、Nullの結果を求めます。

ビュー

オブジェクトを表示するときの表示モードのことです。オブジェクトごとに複数のビューが用意されています。データを表示するためのビューや、オブジェクトの設計を変更するためのビューなどがあります。

フィールド

テーブルでデータを集めるときは「項目」を指定します。たとえば、会員データを集めるときは「会員番号」「会員名」「住所」「電話番号」などの項目を指定します。この項目がフィールドで、データを表にしたときの「列」にあたります。フィールドの名前をフィールド名といいます。

フィールドプロパティ

フィールドに対して設定するさまざまな設定項目のことです。たとえば、フィールドに入力できるデータのサイズを指定する＜フィールドサイズ＞プロパティ、フィールドの既定値を指定する＜既定値＞プロパティ、フィールドのデータの表示方法を指定する＜書式＞プロパティなどがあります。

フィールドリスト

テーブルやクエリに含まれるフィールドをリスト形式に表示したものです。クエリを作成する際や、リレーションシップを設定する画面などで表示します。

不一致クエリ

リレーションシップを設定したテーブルなどにおいて、共通のフィールドを通じてデータを参照するときに、片方のテーブルに関連データがないレコードを抽出する場合などに使用します。たとえば、一度も注文実績がない商品データを探す場合などに使用します。

フィルター

テーブル、クエリ、フォーム、レポートでかんたんな条件を指定して、一時的にデータを抽出したい場合に利用する機能です。複雑な抽出条件を指定する場合や、常に同じ条件でデータを抽出して利用する場合などは、選択クエリを作成して利用するほうが便利です。

フォーム

テーブルやクエリのデータを見やすく表示したり、データを効率よく入力したりするために作成するオブジェクトです。

フォームセレクター

デザインビューでフォーム全体を選択するときにクリックする場所です。

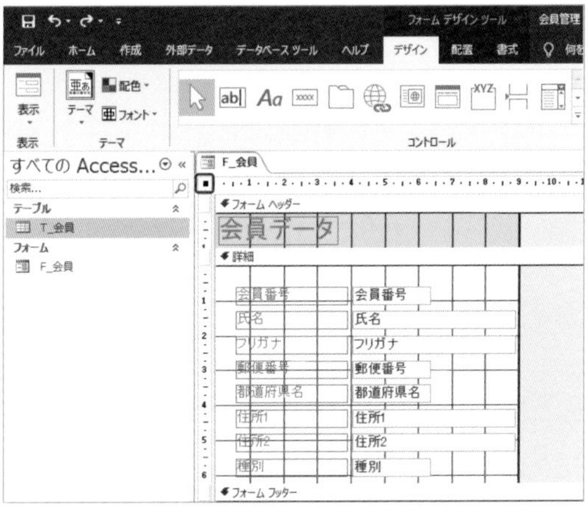

ふりがな

氏名を入力したときに、その読み仮名をもとに自動的にふりがなが入力されるように設定するときに使用するフィールドプロパティです。たとえば、テーブルの「氏名」フィールドの＜ふりがな＞プロパティで指定します。

プロパティ

オブジェクトやフィールド、コントロールなどに対して指定するさまざまな設定項目のことです。設定対象を選択して＜プロパティシート＞などを使用して指定します。設定対象によって、指定できるプロパティの内容は異なります。

分割フォーム

フォームの種類の1つです。フォームの画面を分割し、一方にテーブルやクエリのデータの一覧表を表示して、もう一方に一覧表で選択しているレコードの詳細データをカード形式で表示するタイプのフォームです。

ボタン（コマンドボタン）

フォームやレポートに配置するボタンのことです。「ボタンをクリックするとマクロを実行する」などのしくみを作成できます。

マクロ

Accessで行う複数の操作などを自動化して、かんたんに実行できるようにするときに使用するオブジェクトです。

メイン／サブフォーム

テーブルにリレーションシップを設定している場合などで、複数のテーブルやクエリのデータを1つのフォームで表示したものです。たとえば、メインフォームに顧客の情報をカード形式で表示し、サブフォームに表示中の顧客の注文データの一覧を同時に表示したりできます。

メイン／サブレポート

テーブルにリレーションシップを設定して利用している場合などで、複数のテーブルやクエリのデータを1つのレポートで表示したものです。たとえば、メインレポートに注文の情報をカード形式で表示し、サブレポートに表示中の注文データの明細データを同時に表示したりできます。

モジュール

Accessで行う操作を自動化して実行できるようにするときに使用するオブジェクトです。実行する内容は、VBAというプログラム言語を使って記述します。

リボン

Accessの画面上部にある、さまざまな機能のボタンが配置されている領域です。リボンの上に表示されているタブをクリックすると、リボンの内容が切り替わります。

リレーションシップ

複数のテーブルを関連付けて、効率よくデータを管理するために行う設定です。2つのテーブルの共通のフィールドをつなげて、互いにデータを参照できるしくみを作ります。

リンク

ほかの場所にあるデータなどを参照して、利用できる状態にすることです。たとえば、Excelで作成したデータをAccessから参照して利用するには、リンクテーブルを作成する方法があります。

リンク親フィールド／リンク子フィールド

メイン／サブフォームやメイン／サブレポートでは、メイン側に表示されているレコードの関連データをサブ側に表示します。このようなしくみを作成するには、関連データを結び付ける共通フィールドを指定します。リンク親フィールドは、メイン側の共通フィールドを指定します。リンク子フィールドは、サブ側の共通フィールドを指定します。

リンクテーブル

ほかの場所に保存されているファイルのデータを参照して利用するテーブルです。

ルックアップ

データを参照して表示するしくみです。たとえば、テーブルでフィールドを設定するときに、ほかのテーブルに保存されているデータを参照して利用できるようにするには、ルックアップフィールドを設定します。

レイアウトビュー

フォームやレポートなどのオブジェクトで、実際のデータを表示しながらコントロールの配置やさまざまなプロパティを編集・設定できる表示モードです。

レコード

テーブルに保存されている1件分のデータです。1つのレコードは、テーブル上では1行で表示されます。

レコードソース

フォームやレポートなどで指定するプロパティの1つです。フォームやレポートで表示するデータの、もとのテーブルやクエリを指定します。

レコード番号

レコードを区別する記号です。現在選択しているレコード、表示しているレコードのレコード番号は、画面の下部に表示されます。

レコードロック

データベースファイルを共有して利用するときに、同じデータを複数のユーザーが同時に編集しようとした場合、どのように処理するかを指定するしくみです。ほかのユーザーが編集できないように指定したりできます。

レポート

テーブルやクエリのデータを見やすく印刷する役割を持つオブジェクトです。さまざまな形式のレポートを作成できます。

レポートセレクター

レポートのデザインビューで、レポート全体を選択するときにクリックする場所です。

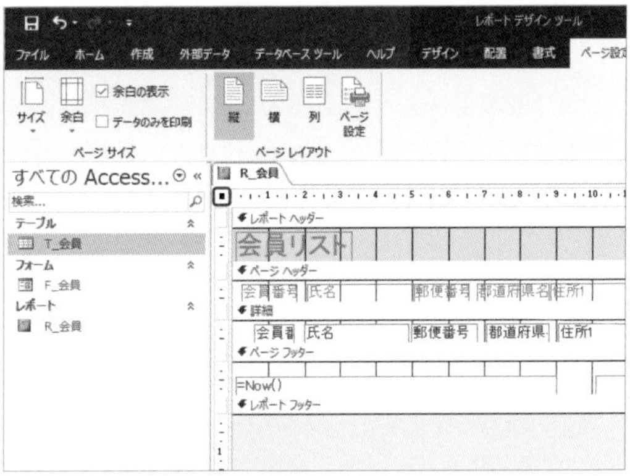

連鎖更新／連鎖削除

リレーションシップの設定で参照整合性を設定すると、3つのルールが加わります。連鎖更新や連鎖削除は、それらのルールを若干緩和するときに指定するしくみです。関連付けが設定されているテーブルに迷子のデータが生じることがないようにしつつ、連鎖更新はデータを編集できるようにします。同様に、連鎖削除はデータを削除できるようにします。

ワイルドカード

データの抽出条件を指定するときに、「"山"から始まる」や「"山"からはじまる2文字」など曖昧な条件を指定する場合に使用する記号です。「*」や「?」などいくつか種類があります。

目的別索引

Access 全般の操作・設定

関数の操作・設定

クエリの操作・設定

テーブルの操作・設定

フォームの操作・設定

マクロの操作・設定

レポートの操作・設定

覚えておきたいテクニック

用語索引

記号・英字

さ行

た行

ま・や行

ら・わ行

お問い合わせについて

本書に関するご質問については、本書に記載されている内容に関するもののみとさせていただきます。本書の内容と関係のないご質問につきましては、一切お答えできませんので、あらかじめご了承ください。また、電話でのご質問は受け付けておりませんので、必ずFAXか書面にて下記までお送りください。
なお、ご質問の際には、必ず以下の項目を明記していただきますよう、お願いいたします。

1　お名前
2　返信先の住所またはFAX番号
3　書名（今すぐ使えるかんたん Access 完全ガイドブック 困った解決＆便利技[2019/2016/2013/365対応版]）
4　本書の該当ページ
5　ご使用のOSとソフトウェアのバージョン
6　ご質問内容

なお、お送りいただいたご質問には、できる限り迅速にお答えできるよう努力いたしておりますが、場合によってはお答えするまでに時間がかかることがあります。また、回答の期日をご指定なさっても、ご希望にお応えできるとは限りません。あらかじめご了承くださいますよう、お願いいたします。

■お問い合わせの例

FAX

1　お名前

技術　太郎

2　返信先の住所またはFAX番号

03-XXXX-XXXX

3　書名

今すぐ使えるかんたん
Access 完全ガイドブック
困った解決＆便利技
[2019/2016/2013/365 対応版]

4　本書の該当ページ

181ページ　Q 308

5　ご使用のOSとソフトウェアのバージョン

Windows 10 Pro
Access 2019

6　ご質問内容

手順2のボタンが表示されない

※ご質問の際に記載いただきました個人情報は、回答後速やかに破棄させていただきます。

問い合わせ先

〒162-0846
東京都新宿区市谷左内町21-13
株式会社技術評論社　書籍編集部
「今すぐ使えるかんたん Access 完全ガイドブック
困った解決＆便利技 [2019/2016/2013/365対応版]」
質問係
FAX番号　03-3513-6167

URL：https://book.gihyo.jp/116

今《いま》すぐ使《つか》えるかんたん Access《アクセス》
完全《コンプリート》ガイドブック 困《こま》った解《かい》決《けつ》&《アンド》便《べん》利《り》技《わざ》
[2019/2016/2013/365 対《たい》応《おう》版《ばん》]

2021年　7月14日　初版　第1刷発行
2022年　6月　9日　初版　第2刷発行

著　者●門《かど》脇《わき》香《か》奈《な》子《こ》
発行者●片岡 巌
発行所●株式会社　技術評論社
　　　東京都新宿区市谷左内町21-13
　　　電話　03-3513-6150　販売促進部
　　　　　　03-3513-6160　書籍編集部
カバーデザイン●岡崎 善保（志岐デザイン事務所）
本文デザイン●リンクアップ
編集●田村 佳則
DTP●酒徳 葉子
製本／印刷●大日本印刷株式会社

定価はカバーに表示してあります。

ISBN978-4-297-12146-4 C3055
Printed in Japan